国家发改委“中国金属镁工业发展战略与对策研究”项目
国家科技部“镁及镁合金关键技术开发与应用”项目
支持出版

镁合金
制备与加工技术

Magnesium Alloy
Fabrication and Processing Technology

徐 河 刘静安 谢水生 编著

北 京
冶 金 工 业 出 版 社
2007

内 容 简 介

本书是由中国有色金属工业协会镁业分会与中国有色金属工业协会有色金属技术交流中心组织国内镁行业专家、学者和工程技术人员撰写与审定的实用性技术著作。

本书全面总结了国内外近年来镁加工工业，特别是镁加工技术方面所取得的成就和经验，系统地阐述了镁加工工业的产品、工艺、技术和装备，重点对镁加工工业的新产品、新工艺、新技术和新设备进行了详细介绍，内容丰富，实用性强。

全书共分 11 章，包括：绪论，镁合金的分类、牌号、状态、化学成分与性能，镁合金的熔炼与铸造，镁合金塑性成形技术，镁合金材料的热处理与精整矫直，镁合金材料的深加工及产品开发，镁合金材料的腐蚀及表面处理，镁合金新材料及制备新技术的研究开发，镁及镁合金材料的市场分析与应用开发，镁及镁合金废料回收与再生利用，镁及镁合金材料的安全生产与防护。另外，附录中列出了国内外镁及镁合金现行标准目录。

本书是镁加工企业及科研设计院所的工程技术人员和研究人员必备的工具书；也可供从事金属材料生产、科研、设计、产品开发与深加工及应用的技术人员阅读；并可作为大专院校有关专业师生的参考书。

图书在版编目(CIP)数据

镁合金制备与加工技术／徐河等编著．—北京：冶金工业出版社，2007.5

ISBN 978-7-5024-4229-3

Ⅰ．镁…　Ⅱ．徐…　Ⅲ．① 镁合金－制备－技术
② 镁合金－金属加工－技术　Ⅳ．TG146.2-62

中国版本图书馆 CIP 数据核字(2007)第 031607 号

出 版 人　曹胜利（北京沙滩嵩祝院北巷 39 号，邮编 100009）
策　　划　张登科（电话：010-64062877　E-mail：zhdengke@sina.com）
责任编辑　张登科　美术编辑　王耀忠　版面设计　张　青
责任校对　刘　倩　李文彦　责任印制　牛晓波
ISBN 978-7-5024-4229-3
北京百善印刷厂印刷；冶金工业出版社发行；各地新华书店经销
2007 年 5 月第 1 版，2007 年 5 月第 1 次印刷
787mm×1092mm　1/16；34.75 印张；914 千字；530 页；1－3500 册
128.00 元
冶金工业出版社发行部　电话：(010)64044283　传真：(010)64027893
冶金书店　地址：北京东四西大街 46 号(100711)　电话：(010)65289081
（本社图书如有印装质量问题，本社发行部负责退换）

作 者 简 介

徐河，维恩克科技集团董事长/CEO，博士。中国有色金属工业协会镁业分会副会长、专家组专家，河南省有色金属工业协会镁业分会会长，河南省镁合金及制品工程研究中心主任。

1982年赴美，获美国俄亥俄州立大学博士学位。曾在美国俄亥俄州立大学和德克萨斯大学任教并从事研究工作，期间任联合国开发计划署新能源顾问。曾在多家美国公司任研发部主任、副总裁、总裁等。

1996年回国从事镁合金研发、生产和市场推广工作。先后在中国山东临沂、河南鹤壁、北京、香港、澳门和美国休斯顿分别建立了镁合金产品生产基地、研发机构和销售中心。承担国家“十五”科技攻关镁专项“五千吨镁合金牺牲阳极产业化示范基地”项目，获部级二等奖；承担“十一五”国家科技支撑计划重点项目“镁及镁合金关键技术开发与应用”子课题“镁合金管型材低成本成形技术研究”；承担多项省、市科技攻关项目，并多次获奖。多次获中国有色金属工业协会镁业分会颁发的多项成果和成就奖。参与修订“镁合金牺牲阳极”（2003版）国家标准和“镁产品能耗”（2007版）国家标准。发表镁合金相关论文30余篇。

刘静安，西南铝业（集团）有限责任公司原副总工程师，教授。1964年毕业于中南矿业学院(现中南大学)有色金属压力加工与热处理专业，享受国务院政府特殊津贴，是我国著名的金属挤压和模具专家。

一直在特大型铝加工企业第一线从事科研、技术开发、新产品研制和生产技术工作，具有深厚的理论基础和丰富的生产实践经验。曾组织并参与完成了多项国家重点科研攻关、技术开发与新产品研制项目。曾获国家级科技进步奖5项，省部（市）级科技进步奖40余项。

出版《轻合金挤压工具与模具》、《铝型材模具设计、制造、使用与维修》、《铝加工技术实用手册》、《铝合金材料的应用与技术开发》等著作30余部，在国内外刊物上发表论文200余篇。

谢水生，北京有色金属研究总院教授、博士生导师。1986年获清华大学工学博士学位，澳大利亚Monash大学访问学者，享受国务院政府特殊津贴。现兼任中国有色金属学会合金加工学术委员会主任；北京市机械工程学会压力加工学会主任；《稀有金属》、《塑性工程学报》编辑委员会委员等。

承担并负责：国家“863”课题6项，国家自然科学基金课题7项，国家“攻关”课题6项，国际合作课题2项。获得国家专利15项，部级一等奖1项、二等奖3项等。

出版《铝加工技术实用手册》、《铝加工生产技术500问》、《金属塑性成形工步的有限元数值模拟》、《半固态金属加工技术及其应用》等著作8部。在国内外刊物上发表论文140余篇。

A Brief Introduction of Authors

Dr. He Xu, Chairman of the Board and CEO of WINCA Tech Group. Currently, he is Vice Chairman of the China Magnesium Association, Chairman of the Magnesium Branch of the Henan Provincial Non-Ferrous Metal Industry Association and Director of the Henan Provincial Magnesium Alloy Research Center.

After earning his Ph.D. from the Ohio State University, he was a faculty member for teaching and research there and also at the University of Texas, at El Paso. During that period, he was appointed to be a project consultant for renewable energy for the UNDP. Before joining WINCA, he also held positions as Director of R&D, Vice President and President for several U.S. companies respectively.

In1996, Dr. He Xu became the CEO of WINCA Tech Group. Continuing in that position, he has engaged in material research, product development, marketing and sales and production management for magnesium alloys and magnesium alloy products. He has published over 30 technical papers related to magnesium alloys fabrication and processing technology.

Professor Jingan Liu, former Deputy Chief Engineer of South-West Aluminum Industry (Group) Co., Ltd.. He graduated from Zhongnan Mineral College (now, Zhongnan University) with his major in metal forming and heat treatment of non-ferrous metals.

He is a specialist in the field of light metal extrusion and has been engaged in basic research, new product development, processes design and mold design, for over 30 years. He has participated in numerous national R & D projects and state "Key Project" for light metal forming and heat treatment, winning five prizes for "Achievement in Science and Technology" at the state level.

Professor Jingan Liu has authored over thirty technical books including "Application and Development of Aluminum Alloys" and he has published more than 200 technical papers.

Dr. Shuisheng Xie, Professor at the General Research Institute for Non-ferrous Metals of Beijing. He earned his Ph.D. from Tsinghua University in Mechanical Engineering, in 1986. At present, he is serving as Director of Alloy Processing Committee of the Non-Ferrous Metals Society of China and as Director of the Metal Forming Branch of the Beijing Machinery Engineering Society.

He has headed six state "863" projects, seven projects of National Natural Science Foundation of China and six state "Key Project". He has won one first prize and three second prizes for "Achievement in Science and Technology" at the state level.

Dr. Shuisheng Xie is the author of 8 technical books, including "Handbook on Aluminum Processing Technology". He has published over 140 papers in technical journals worldwide.

致 词

祝贺《镁合金制备与加工技术》出版！

镁、铝元素是同时代被科学家发现的。200 多年来铝的科技发展突飞猛进，铝材料的应用已深入到人们生活的各个领域，2006 年，我国原铝产量达 900 万 t，铝加工材产量达 814 万 t，但我国铝资源有限，开发利用将面临资源匮乏。而我国镁资源十分丰富，是保持稳定可持续发展极好的后续资源。镁作为结构材料，其潜力尚未充分挖掘出来，开发利用的程度远不如钢铁、铜、铝等，这给镁业科技工作者提出了艰巨的任务，同时也提供了施展才华的广阔空间和创新机遇。我们坚信，随着技术的突破，在全球范围内大规模开发应用镁合金材料的时机已经到来。

在“十五”国家科技攻关计划引导下，遵循“一条产业链，两个创新体系和三个结合”的发展思路，经过广大科技工作者的努力，镁合金的开发应用已取得丰硕成果，电子信息、装备制造等行业表现出应用镁合金的积极性，从而进一步激发了国内更大范围开发镁产业的热情，同时，我国已取得的进展也得到国际同行的高度关注与认可。我国镁业在大陆、台湾、香港两岸三地建立起了密切交流；与美国、加拿大开展的三国合作项目已进入实施阶段；与欧洲、亚洲等国家也正在进行交流，不少国际公司与我们洽谈合作事宜。这些极大地提高了广大科技工作者攻克镁材料关键与核心技术的信心，为大规模开展镁的开发应用奠定了基础。

“十五”期间，我本人有幸直接参与国家科技计划“镁合金开发应用及产业化”项目的酝酿、策划和实施，为推动镁合金的开发应用尽了微薄之力，也为取得的成就感到欣喜和鼓舞。我希望，我国广大镁业科技工作者，坚持科学发展观，大力提高自主创新能力，从全国镁产业科技发展的全局出发，抓住当前国际、国内有利条件，携手共创大业；集中人力、物力和财力开展节能降耗减排的原镁生产新工艺研究，镁合金材料基础理论研究，镁合金材料制备技术与装备的研究开发及镁合金材料扩大应用研究等；形成具有中国特色的以企业为主体，以市场为导向，产学研相结合的镁材料技术创新体系，促进镁产业又好又快发展，为实现镁产业从资源优势向技术优势和经济优势的转变，为把我国从镁资源大国发展成为镁产业强国贡献力量。《镁合金制备与加工技术》一书的出版，正好适应这种形势的需要，将为镁业的进一步发展起到积极的促进作用。

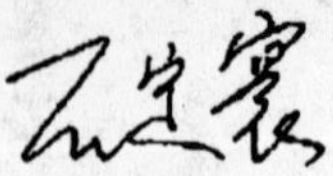

Shi Dinghuan

国务院参事 Counselor of Counselor's Office of the State Council of China

科技部原秘书长 Former General Secretary of Ministry of Science and Technology of China

2007 年 3 月 March, 2007

序

镁具有低密度、高比强度、高比刚度，良好的阻尼减振性、导热性、可切削加工性和可回收性等特点，被称为新世纪的“绿色”工程材料。因此，镁及镁合金在航空航天、交通运输和电子工业等领域有着重要的应用价值。

镁是地球上储量最丰富的元素之一，我国镁资源非常丰富，为我国镁工业的可持续发展提供了物质保证。近 10 年来，我国镁工业以年均 20.4%的增长速度快速发展，2006 年原镁产量已达 52.56 万 t，成为世界镁生产大国、出口大国，连续 8 年镁产量居世界第一。特别是近几年来，皮江法炼镁技术装备水平不断提高，环保条件有所改善，节能降耗取得了显著进步，产业结构调整取得了新进展，镁合金应用及产业化也取得新成果，镁及镁合金深加工产品品种在增加，开始向高附加值产品转变。

但是，目前我国镁工业整体水平，特别是镁合金深加工技术及应用与发达国家差距较大，突出表现在基础理论研究不够，缺乏关键性核心技术。我国镁工业的发展，必须贯彻科学发展观，依靠科技创新转变增长方式，节能减排，实现产业升级，努力把我国的镁工业建设成为资源节约、环境友好和技术创新型产业。

为了提高镁产业的技术水平，更广泛而有效地推广镁的应用，最大限度地开发利用镁资源，中国有色金属工业协会镁业分会与中国有色金属工业协会有色金属技术交流中心及时组织行业内的专家学者编写、审定，完成了《镁合金制备与加工技术》一书，可喜可贺。

本书作者多年来从事镁冶炼、镁合金及材料加工技术的研究与开发，基础理论扎实，实践经验丰富，曾编写过不少相关著作，在有色金属材料界享有较高的声誉。

本书比较全面地阐述了镁及镁合金生产加工方法与工艺特点，系统地介绍了镁合金分类、牌号、状态、相图、产品性能与用途，并用大量翔实的数据反映了近年来镁及镁合金的最新科技成果，是一部不可多得的镁及镁合金材料制备与加工技术方面的参考书，对从事金属镁及镁合金生产、科研、教学和应用方面的科技人员、管理人员及高校师生将大有裨益。

康义　　Kang Yi

会　长　　Chairman

中国有色金属工业协会　　China Non-Ferrous Metal Industry Association

2007 年 3 月　　March, 2007

前　言

随着许多金属矿产资源的日益枯竭，镁以其资源丰富而日益受到重视，镁及镁合金与其他金属结构材料相比，所具有的一系列优点，在交通运输、电子电器、航空航天和国防军事工业等领域具有极其重要的应用价值和广阔的应用前景，特别是结构轻量化技术及环保问题的需求更加刺激了镁工业的发展。目前，镁及镁合金材料的研究、开发和应用，已成为世界性的课题与普遍关注的热点。特别是20世纪80年代以来，出于对环境和能源问题的考虑，工业发达国家相继制定了各自的镁研究计划，并投入了巨额资金开展研究。我国自2001年开始制订了镁合金开发、应用及产业化的"十五"科技攻关计划，并于2006年制订了镁及镁合金关键技术开发与应用的"十一五"科技支撑计划，取得了一系列科研和产业化成果。然而，由于镁属于密排六方结构金属，塑性变形能力差，加工成板、带、棒、型材困难，目前还未能很好地解决加工成形问题以及镁合金纯净化困难和耐腐蚀差等问题，从而导致镁合金开发与应用及产业化发展缓慢。随着近年来研究开发的不断深入，上述问题可望得到解决。

为了使广大镁及镁合金的冶炼企业、加工企业、应用企业的生产部门、技术部门、质量部门、市场营销部门及采购部门的相关人员以及与镁行业相关的各类使用单位，包括大学、研究院所、检测部门、咨询服务机构和市场贸易机构等行业的人员能够方便地查阅镁合金的熔炼、铸造、塑性加工、连接（焊接）、表面处理等有关技术；为了充分发挥我国的镁资源优势；为了促进建设镁合金开发应用的技术创新体系，建立具有国际竞争力的镁合金高新技术产业化群体，将镁的资源优势转化为经济优势，中国有色金属工业协会镁业分会与中国有色金属工业协会有色金属技术交流中心于2005年初开始组织编写《镁合金制备与加工技术》一书。同时，本书的编写荣幸地得到了国家发改委"中国金属镁工业发展战略与对策研究"项目和国家科技部"十一五"科技支撑计划项目"镁及镁合金关键技术开发与应用"的资助。

本书的初稿由徐河博士、刘静安教授、谢水生教授编撰，其中：第1、2、3、9、10章及附录由徐河博士编撰；第4、5、7章由刘静安教授编撰；第6、8、11章由谢水生教授编撰。为了进一步完善本书的内容，中国有色金属工业协会镁业分会与中国有色金属工业协会有色金属技术交流中心组织了编委会，分别对各章节进行审阅和修改。编委会（按姓氏笔画排序）由丁培道、史文芳、刘正、刘静安、刘黎明、关绍康、朱祖芳、李向宇、李华伦、李培杰、吴秀铭、何振波、周昆、孟树昆、赵家生、徐河、徐日瑶、康义、崔建忠、章宗和、曾小勤、谢水生、韩薇等23位专家组成。2006年12月编委会又在北京召开会议，对本书进行了终审定稿。会议由中国有色金属工业协会镁业分会吴秀铭会长主持，冶金工业出版社张登科副编审参加了终审定稿会议。

本书全面详细地介绍了镁及镁合金材料的发展现状与展望；镁合金的分类、牌号、状态、化学成分与性能；镁合金的熔炼铸造技术；镁合金塑性成形技术；镁合金材料的热处理与精整矫直技术；镁合金材料的深加工技术及产品开发；镁合金材料的腐蚀及表面处理技术；镁合金新材料及制备新技术的研究开发；镁及镁合金材料的市场分析与应用开发；镁及镁合金废料回收与再生利用；镁及镁合金材料的安全生产与防护等。

本书在系统介绍镁合金熔炼铸造、制备技术、塑性加工、腐蚀与防护理论技术的基础上，还介绍了大量的镁合金制备和生产工艺，并指出了不同技术各自存在的关键问题及相应的解决方法；特别突出的是，介绍了目前变形镁合金材料的一些最新制备与加工新技术及镁合金研究领域的最新进展。编者参阅了近年来出版的国际会议文集，最新版本图书和各种材料科学杂志的专辑和大量的研究论文、国内外研究动态、文献资料，概括了镁合金当今的发展趋势。可以说，本书是从事镁及镁合金熔炼、加工技术人员的小百科全书。

本书的编撰密切结合生产实际，内容新颖丰富，全面系统，图文并茂，数据翔实，具有很强的实用性和可查阅性；可供从事镁及镁合金科研开发和生产的工程技术人员参考，也可作为高等院校材料科学与工程专业本科生或研究生教材。

我们衷心希望本书能够为从事镁合金研究工作的学者和从事镁合金开发、应用研究的广大技术人员提供一些帮助或指导作用。由于镁合金材料正处于发展中，诸如合金的各类标准，一些基础理论远不如铝合金成熟，所以本书局限性和疏漏之处在所难免，真诚希望同行专家、读者给予批评指正并提出宝贵意见。

在本书出版之际，对作者和参与本书修改、终审的全体专家编委一并表示感谢。

中国有色金属工业协会镁业分会

China Magnesium Association

2007年3月

关于镁合金牌号的说明

一、主要国家和有关组织的镁合金牌号表示情况

关于镁合金牌号，不同国家和组织有自己的不同表示方法：国际标准（ISO）采用 WD 加 5 位数字来表示变形镁合金的牌号，详见本书 2.4.2 节；美国 ASTM 命名法规定镁合金名称由字母—数字—字母三部分组成，详见本书 2.4.1 节；中国在变形镁及镁合金牌号的表示方面有新旧牌号，新的牌号为 GB/T5153—2003，旧的牌号为 GB/T5153—1985，新的牌号规定镁合金名称也由字母—数字—字母三部分组成，详见本书 2.4.3 节；英国（BS）、德国（DIN）、日本（JIS）、前苏联（ГОСТ）、法国（NF）的镁合金牌号及化学成分，详见本书 2.4.4 节。

二、中国新国标 GB/T5153—2003 对变形镁及镁合金牌号的命名规则

根据新国标 GB/T5153—2003，变形镁及镁合金牌号的命名规则如下：

（1）纯镁牌号以 Mg 加数字的形式表示，Mg 后的数字表示含镁的质量分数；

（2）镁合金的牌号以英文字母加数字再加英文字母的形式表示，前面的英文字母是其最主要的合金组成元素代号（元素代号应符合表 1 的规定），其后的数字表示其次主要的合金组成元素的大致含量。最后面的英文字母为标识代号，用以标识各具体组成元素相异或元素含量有微小差别的不同合金。

表 1　镁合金牌号中的元素代号

元素代号	元素名称	元素代号	元素名称	元素代号	元素名称	元素代号	元素名称	元素代号	元素名称
A	铝	E	混合稀土	K	锆	P	铅	T	锡
B	铋	F	铁	L	锂	Q	银	W	镱
C	铜	G	钙	M	锰	R	铬	Y	锑
D	镉	H	钍	N	镍	S	硅	Z	锌

如，牌号“AZ91D”镁合金：第一位代表名义的质量含量最高的合金元素“Al”；第二位代表名义的质量含量次高合金元素“Zn”；第三位表示 Al 的质量含量大致为 9%；第四位表示 Zn 的质量含量小于 1%；第五位为标识代号。

三、中国新旧镁合金牌号的对照

中国新（GB/T5153—2003）、旧（GB/T5153—1985）镁合金牌号的对照如表 2 所示。

表 2　中国新、旧镁合金牌号对照表

新牌号	M2M	AZ40M	AZ41M	AZ61M	AZ62M	AZ80M	ME20M	ZK61M	Mg99.50	Mg99.00
旧牌号	MB1	MB2	MB3	MB5	MB6	MB7	MB8	MB15	Mg1	Mg2

四、本书镁合金牌号的表示

由于镁合金材料的应用较晚，但是发展很快，目前，国内外对镁合金的表示方法还不统一；同时，中国的新标准（GB/T5153—2003）制定只有 3 年，许多企业还在使用国外标准或中国的旧标准；特别是中国的部分旧标准牌号还没有对应的新标准牌号，旧牌号镁合金的性能和数据无法完全应用新标准来表示。

因此，本书在尽可能采取新标准的前提下，新旧牌号同时采用。

目　录

Contents

1

绪 论

Introduction

1.1 概述

镁于1774年首次被人们发现,并以希腊古城Magnesia命名,元素符号为Mg,属周期表中ⅡA族碱土金属元素。相对原子质量为24.305。纯镁的密度为1.738 g·cm^{-3},是轻金属的一种。

镁是具有银白色金属光泽的金属,化学性质活泼,在空气中由于氧化而迅速变暗。镁与铍、钛一样,呈密排六方晶体结构,晶格常数为$a=0.3202$ nm;$c=0.5199$ nm。在室温下滑移系少,故加工性能比面心立方晶格的铝要差得多。

镁的资源十分丰富,是自然界中分布最广的元素之一,在地壳中的含量高达2.7%,仅次于O、Si、Al、Fe、Ca,居第六位。在工业金属中仅次于Al和Fe而居第三位。同时,占地球表面积70%的海洋也是一个天然的镁资源宝库。据估算,每立方米海水中约含有1.3 kg镁,仅死海一处的镁,若能得到充分开发,就可供人类使用上万年,可以说海水是镁金属取之不尽的源泉。由于镁的化学活性很高,在自然界中只能以化合物形式存在。主要存在于白云石、菱镁矿、光卤石矿、橄榄石矿、蛇纹石、盐矿、地下卤水以及盐湖和海水中。含镁的化合物主要有碳酸盐类、硅酸盐类、硫酸盐类和氯化物盐类等。目前主要用电解法和热还原法来生产金属镁。

在镁中添加不同合金元素,可以形成具有不同性能和用途的镁合金。镁合金是目前世界上最轻质的商用金属工程结构材料。

镁及镁合金既可以铸造成形的方式制备出各种铸件或压铸件,也可通过各种塑性成形和热处理加工出不同品种、规格、性能和用途的管、棒、型、线、板、带、条、箔、锻件和模锻件等半成品等,然后进行切削加工、冷冲压成形和表面处理等深加工成各种零件或结构部件。与其他结构材料相比,镁及其合金具有一系列的优点:如密度低,比强度和比刚度高,阻尼减振降噪能力强,电磁屏蔽性能优异,抗辐射,摩擦时不起火花,热中子捕获截面小,液态成形性能优越,切削加工和热成形性好,可焊接和胶接,对碱、煤油、汽油和矿物油具有化学稳定性,易于回收利用等,符合“21世纪绿色结构材料”的特征,越来越受到人们的青睐。近年来,镁材在汽车、摩托车等交通工具、计算机、通讯、仪器仪表、家电等电子电器工业、轻工、化工、冶金、航空航天、国防军工等部门获得了广泛的应用。随着镁的提炼及加工技术的发展,以及成本的下降,镁材已成为钢铁和铝之后的第三类金属材料,在全球范围内将得到快速发展。

1.2 镁的发展历史与原镁的生产方法

1.2.1 镁的发展历史

1808年英国化学家汉弗雷·戴维(Humphrey Davy)确认氧化镁是一种新金属元素的氧化物。1828年,法国科学家安东尼亚历山大·布赛(Antoine Alexander Bussy)以钾还原无水氯化镁制备出了金属镁。1883年麦克·法拉第(Michael Faraday)首次用电解还原氯化物的方法成功地生产出了镁。用蒂维尔·卡昂(Deville Caron)法进行镁的商业化生产始于19世纪中叶的法国巴黎,其实质是在加热的密闭容器中用钾来还原氯化镁。在此后的几年内,全世界所有的镁几乎全部都被制成供照相业用的镁丝和镁粉。于1860年开始在英国曼彻斯特市的Johnson Matthey公司也使用类似的方法生产镁。1852年德国人罗赫特·邦森(Rohert Bunsen)建造了一个小型的实验室用电解槽来电解熔融状态的氯化镁。1886年德国葛锐涉姆·伊利克创

(Griesheim Elektron)公司使用经过改进的邦森电解槽建起了世界上第一家商业化镁厂，开创了镁金属产业化的先河。1896年，伊利克创厂和铝镁厂联合采用这种方法来生产镁，直到1914～1915年，它一直是全世界主要的镁生产厂家之一。1916年美国道屋(DOW)化学公司建立了自己的第一家电解氯化镁法生产镁的工厂。从此，镁工业走上了快速发展的道路。

第一次世界大战以前，美国所有的镁都由欧洲提供。因时价太高(5美元/磅)，一些美国大公司都力图开发镁，但仅有少数几家企业试制成功。1920年美国铝业公司收购了美国制镁股份有限公司。虽然已取得了用氧化池法制镁的专利，但仍普遍采用熔融电解氯化镁工艺制镁。当时道屋公司是美国制镁业的支柱，第二次世界大战前几年，它成了美国唯一的镁生产商。1930年德国法奔(I.G.Farben)公司发明了采用竖式炉制备无水氯化镁新工艺。第二次世界大战期间，热还原法生产镁的技术迅速发展起来。意大利埃买第(Amati)和鲁威力(Ravelli)发明了在真空高温炉内用硅铁还原白云石生产镁的工艺；同期，奥地利科学家发明了用碳直接还原氧化镁来生产镁的亨氏格(Hansgirg)技术；加拿大皮江(Pidgeon)等人发明了在外热式真空蒸馏罐内用硅铁还原白云石制镁新工艺。第二次世界大战以后，这些工艺用于工业化生产。1950～1960年代，法国皮齐尼·尤金库曼(Pechiney Ugine Kuhlman)发明了一种镁热技术，即使用硅铁或铝作还原剂，在大型内热炉内还原白云石，半连续制取金属镁的新技术，该法被称为迈格耐色姆(Magnetherm)工艺。当时，西方国家用镁热技术生产镁的产量占镁总产量的50%以上。

由于技术的不断改进与创新和军需的推动，镁工业发展很快。1910年全世界年产镁仅约10 t/a，1915年年产量也仅上升到350 t/a。由于美国等国大力修建镁厂，到第一次世界大战后期，全世界镁的年产量上升到3000 t/a，但到1920年又下降到330 t/a。

在第二次世界大战的刺激下，镁工业获得了飞速发展。从1935年开始，德、法、奥、意、前苏联等国分别新建了镁厂。第二次世界大战期间，美国的镁产能扩大了10倍。1939年世界镁产量上升到32000 t/a，1943年世界镁年产量达235 kt/a，在此期间，镁制品主要用来制造燃烧弹、照明弹、电光弹以及军车和飞机等军用装备的零部件。

第二次世界大战结束后，世界镁年产量又大幅回落，1946年世界镁年产量下降到25 kt/a，美国原镁产量降低到4834 t/a。为促进镁工业的发展，各国开始考虑镁在民用工业上的开发与应用，在此之后的20年中，DOW化学公司在开发镁合金工业及其生产技术方面取得了突破性的进展，为镁及其合金在冶金、电子、航空航天、电器、轻工、汽车、交通运输，化学化工、印刷、文体等部门的应用开辟了道路，使镁工业出现了连续发展的势头。第二次世界大战以后，世界镁产量年均增长率一直保持在7%左右，1998年年平均产销量达36万 t/a，此后以每年9%左右的速度递增。2000年世界原镁产能已超过64万 t/a，实际产量已达48.8万 t/a以上。我国是世界上的“镁大国”，镁资源约占全球70%，我国的镁工业起步较晚，20世纪60年代才形成工业规模，但1990年以来，获得了飞速的发展，产量成倍增加，2000年，我国镁产量已逾19.5万 t/a，成为名副其实的产镁大国。由于国内镁的消费还处于较低水平，镁合金在汽车产品上的应用刚刚起步，在电子产品上的应用仍然还是比较少，2000年镁的消费量仅有2.55万 t，产量的绝大部分用于出口。2006年，我国的镁产量达到52.56万 t/a，并已成为世界上主要的镁出口国，2006年出口34.98万 t。表1-1是我国近12年来的镁产量。充分利用我国丰富的镁资源，加强镁及镁合金的应用研究及深加工制品的开发，尽快将初级原材料转化成为具有高附加值的产品，是我国发展镁工业的首要任务。

表1-1 我国1995～2006年镁产量一览表

年 份	1995	1996	1997	1998	1999	2000	2001	2002	2003	2004	2005	2006
镁产量/万 t	9.35	7.3	9.2	12.3	15.7	19.5	21.6	26.8	35.4	45.0	46.7	52.56

1.2.2 原镁的生产方法

目前镁的基本生产方法有两种：(1)从尖晶石、卤水或海水中将含有氯化镁的溶液经脱水或焙融氯化制成氯化镁熔体，之后进行电解，此法称为电解法；(2)用硅铁对从碳酸盐矿石中经煅烧产生的氧化镁(MgO)进行热还原，此法称为热还原法。

最近人们又开发出了第三种方法：将从蛇纹石矿石经酸浸得到的氯化镁溶液，再经脱水及焙融制备无水氯化镁，之后进行电解。

1.2.2.1 电解法

许多生产厂家所采用的电解法都与道屋海水法相似，如图 1-1 所示。不同电解法的主要区别在于生产无水氯化镁时的方法不同。尽管分离出 $MgCl_2 \cdot 6H_2O$ 相当容易，但实践表明要完全去除其中的结晶水却很困难。通过在空气中加热可以将部分水蒸发出来，但继续加热却并不可取，否则将会导致形成不希望有的各种氧化物和氯化物。道屋公司所采用的方法是：向电解槽中的大量镁、钠和氯化钙的熔体混合物中直接加入少量部分脱水的氯化镁，以便将残留的水闪蒸出来。欧洲主要的镁生产厂家海德鲁(Norsk Hydro)公司，采用的完全脱水法是以 $MgCl_2$ 33% 的溶液经造粒，二次热气流脱水后，经 330℃ 氯化氢(含 HCl 99.5%)彻底脱水。而独联体国家的生产厂所采用的则是另一种不同的方案：在电解槽中采用更容易脱水的光卤石。

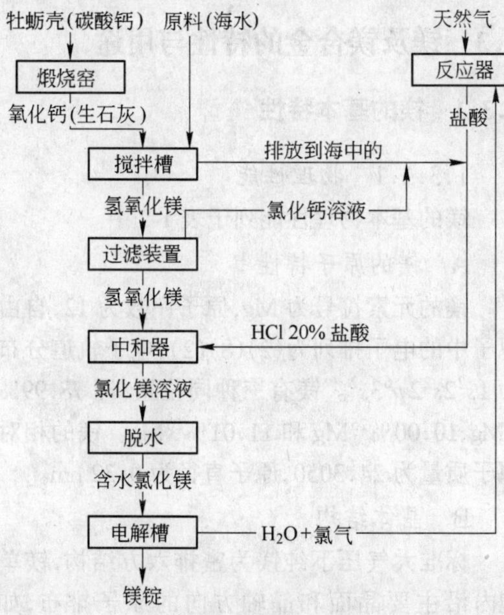

图 1-1 道屋海水法

道屋工艺中所用电解槽结构如图 1-2 所示，锥形电极直接焊接在不锈钢内壁上。由于使用的原料含有部分结晶水，电极损耗较大。另外电解副产物也不容易排除。生产 1 t 镁约可获得 2 t 氯。

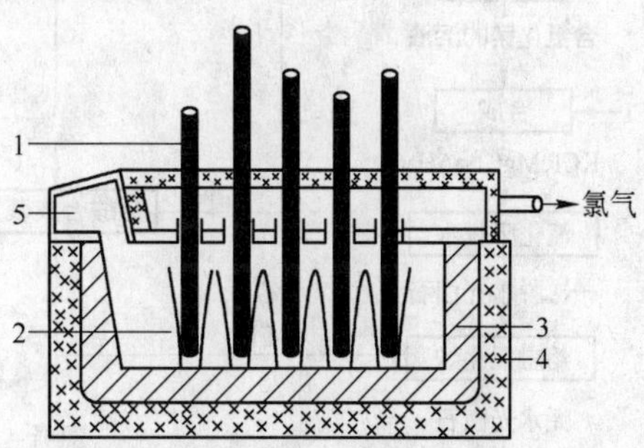

图 1-2 DOW 电解槽结构

1—柱形石墨阳极；2—锥形钢阴极；3—钢壳；4—燃气外壳；5—Mg 收集槽

最近，澳大利亚镁业公司开发出了一种全新的方法用于生产作为基本原料的无水 $MgCl_2$。首先将乙二醇添加到 $MgCl_2$ 溶液中，其次用蒸馏法除水，再用氨气搅动法生成六氨络合氯化镁。然后通过煅烧生产出高质量的无水氯化镁，溶剂和氨气均可循环使用。

在加拿大，研究人员开发出了从蛇纹石中分离出来的氧化镁作为原料的一种被称为迈格拉(Magnola 法)的电解方法，该方法便于利用石棉尾矿中所含的硅酸镁来生产镁，工艺流程如图 1-3 所示。这种工艺流程的特点是：蛇纹石(MgO40%，$SiO_2$38%)用盐酸浸获 $MgCl_2$ 溶液，再与 KCl 合成光卤石($KCl \cdot MgCl_2 \cdot 6H_2O$)，经二次脱水，获无水光卤石熔体，在 200 kA 无隔板电解槽中电解，直流电耗为 14 kW·h/kg。

1.2.2.2 热还原法

各种热反应法均为在真空条件下进行的批次操作法，并且通常用白云石作为原料，用硅铁作还原剂，产生镁蒸气经过冷凝之后收集在结晶器中。最老的几种热反应法是由加拿大科学家皮江(Lloyd Montgomery Pidgeon)于 1941 年开发成功的。皮江法采用一系列外部加热还原罐,每个还原罐每天可生产 40～50 kg 镁,工艺流程如图 1-4 所示。这种方法在加拿大、印度和中国的工厂中广泛使用。在我国一般称之为皮江法制镁工艺。

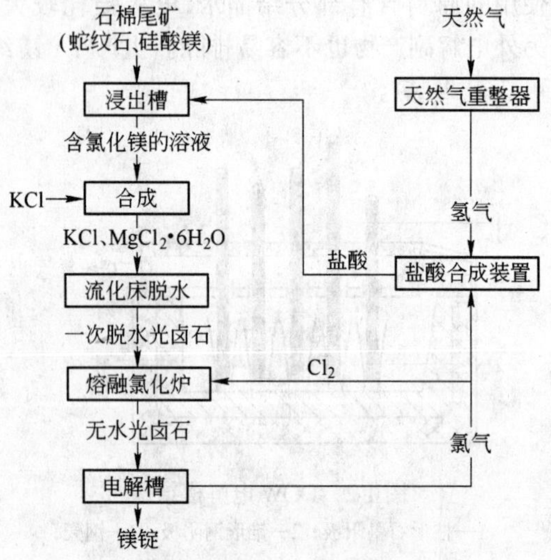

图 1-3　Magnola 电解法

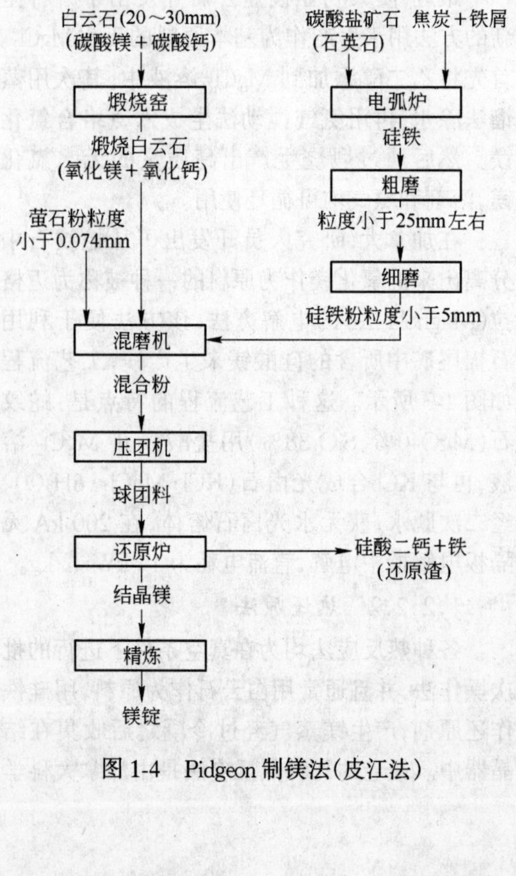

图 1-4　Pidgeon 制镁法(皮江法)

法国的彼西涅电冶厂于第二次世界大战结束后不久便开发成功了迈格耐色姆(Magnetherm)电热制镁法,工艺流程如图 1-5 所示。该法与皮江法制镁的区别在于:它产生的熔渣在充氩气破真空后排除。炉子在内部用电加热,并用氧化铝作熔剂以降低炉渣的熔点。每批料的重量可以达到 11 t。法国、美国和前南斯拉夫的工厂采用的便是这种生产方法。

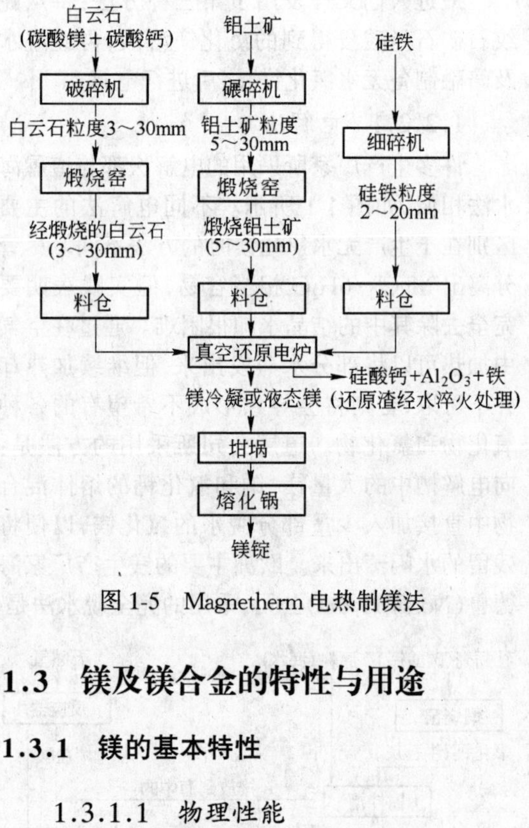

图 1-5　Magnetherm 电热制镁法

1.3　镁及镁合金的特性与用途

1.3.1　镁的基本特性

1.3.1.1　物理性能

镁的基本物理性能列于表 1-2 中。

A　镁的原子特性

镁的元素符号为 Mg,原子序数为 12,自由原子中的电子排列为(2)(8)(2),电子轨道分布为 $1s^2 2s^2 2p^6 3s^2$。镁有三种同位素,即 78.99% ^{24}Mg、10.00% ^{25}Mg 和 11.01% ^{26}Mg。镁的相对原子质量为 24.3050,原子直径为 0.32 nm。

B　晶体结构

标准大气压下纯镁为密排六方结构,镁单胞内沿主要晶面和晶轴方向的原子排布,如图 1-6所示。当压力大于一定值时,纯镁可能以复合密排六方相 MgⅡ存在,但至今未能证实。镁晶格常数的理论估计值为 $a = 0.32092$ nm, $c = 0.52105$ nm,已有的实际测量值与之接近,误差一般在 ±0.01%内。对于按 ABAB 顺序堆积的原子层,若采用理想钢球,则 $c/a = 1.633$。实验数据表明室温下镁晶格的 $c/a = 1.6236$,这表明镁晶格几乎是理想的紧密堆积。镁晶格常数 a 和 c 与温度的关系如图 1-7 所示。

表 1-2　镁的基本物理性能

性　质	数　值	性　质	数　值
原子序数	12	沸点/℃	1107±3
原子价	2	汽化潜热/$kJ\cdot kg^{-1}$	5150～5400
相对原子质量	24.3050	升华热/$kJ\cdot kg^{-1}$	6113～6238
原子体积/$cm^3\cdot moL^{-1}$	14.0	燃烧热/$kJ\cdot kg^{-1}$	24900～25200
原子直径/nm	0.32	镁蒸气比热容/$kJ\cdot kg^{-1}\cdot K^{-1}$	0.8709
泊松比	0.33	MgO 生成热/$kJ\cdot mol^{-1}$	0.6105
密度/$g\cdot cm^{-3}$	1.738(室温)	结晶时的体积收缩率/%	3.97～4.2
	1.584(熔点)	声音在固态镁中的传播速度/$m\cdot s^{-1}$	4800
电阻温度系数(0～100℃)	3.9×10^{-3}	标准电极电位/V	
电阻率 ρ/nΩ·m	47	氢电极	−1.55
热导率 λ/$W\cdot m^{-1}\cdot K^{-1}$	153.6556	甘汞电极	−1.83
20℃下的电导率/$(\Omega\cdot m)^{-1}$	23×10^{6}	对光的反射率/%	
再结晶温度/℃	150	$\lambda = 0.500\ \mu m$	72
熔点/℃	650±1	$\lambda = 1.000\ \mu m$	74
镁单晶的平均线膨胀系数(15～350℃)/$℃^{-1}$		$\lambda = 3.000\ \mu m$	80
沿 a 轴	27.1×10^{-6}	$\lambda = 9.000\ \mu m$	93
沿 c 轴	24.3×10^{-6}	收缩率/%	
熔化潜热/$kJ\cdot kg^{-1}$	360～377	固、液	4.2
681℃下的表面张力/$N\cdot m^{-1}$	0.563	熔点至室温	5

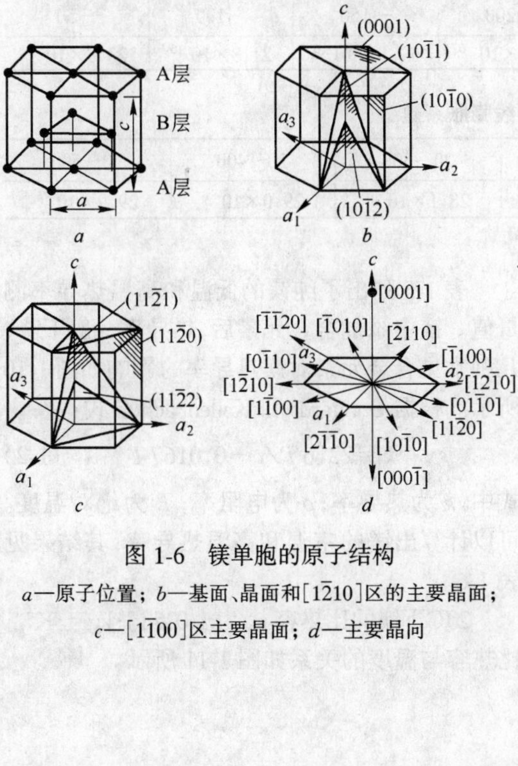

图 1-6　镁单胞的原子结构

a—原子位置; b—基面、晶面和[1$\bar{2}$10]区的主要晶面;
c—[1$\bar{1}$00]区主要晶面; d—主要晶向

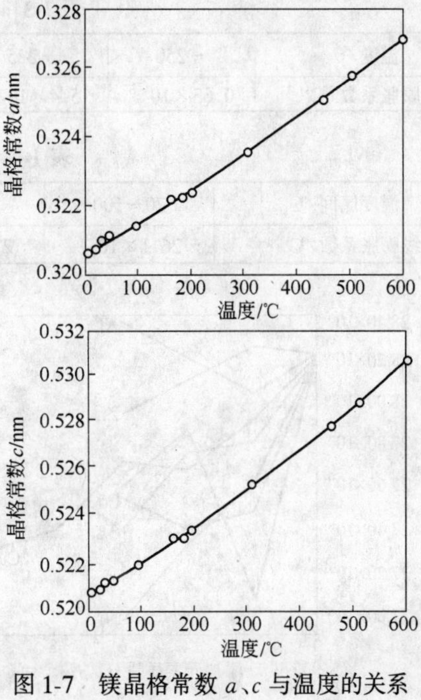

图 1-7　镁晶格常数 a、c 与温度的关系

低于 225℃时，镁的主要滑移系为$\{0001\}\langle 11\bar{2}0\rangle$，次滑移系为$\{10\bar{1}0\}\langle 11\bar{2}0\rangle$，高于 225℃时，滑移还可以在$\{10\bar{1}1\}\langle 11\bar{2}0\rangle$上进行。孪晶出现在$\{10\bar{1}2\}$晶面簇上，二次孪晶出现在$\{30\bar{3}4\}$晶面上。高温下，$\{10\bar{1}3\}$晶面上也出现孪晶。在纯镁中还没有发现确定的解理面。纯镁断裂是大量晶内裂纹汇合的结果。接近或低于室温时，由于$\{30\bar{3}4\}$孪晶面和高度有序晶面如$\{10\bar{1}4\}$、$\{10\bar{1}5\}$与$\{11\bar{2}4\}$等上的晶内裂隙纹汇合，纯镁会发生断裂。纯镁和传统铸造镁合金的脆性源自于晶间失效和在孪晶区或大晶粒的(0001)基面上的局部穿晶断裂。晶界裂纹和气蚀是影响镁高温断裂的重要因素。

C　密度与体积收缩率

20℃下，镁的密度为 1.738 $g\cdot cm^{-3}$；接近熔点 650℃时，固态镁的密度大约为 1.65 $g\cdot cm^{-3}$，液态镁的密度约为 1.58 $g\cdot cm^{-3}$。凝固结晶时，纯镁体积收缩率为 4.2%。固态镁从 650℃降温至 20℃时，体积收缩率为 5%左右。镁在铸造和凝固冷却时的收缩量大，从而会导致铸件中形成微孔，使铸件具有低韧性和高缺口敏感性。

D　镁的热力学性能

在标准大气压下，纯镁的熔点为(652±1)℃，沸点为 1107℃。随着压力增加，镁的熔点逐渐升高，参见图 1-8。在镁中添加 Pb、Al 和 Sb 等元素将提高镁的沸点，而添加 Zn、Cd 则降低镁的沸点。

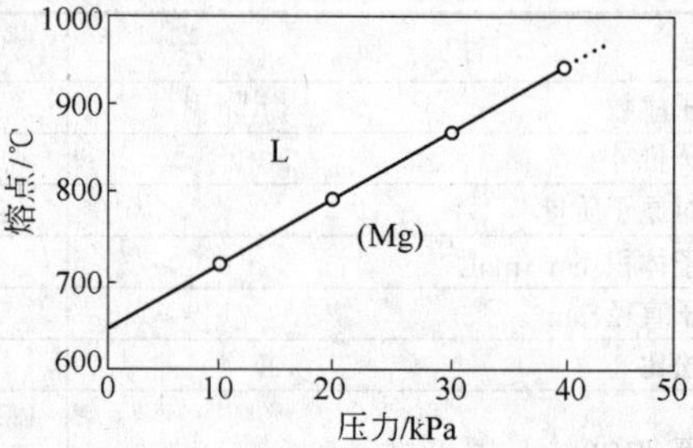

图 1-8　纯镁熔点与气压的关系

低温下多晶镁的线膨胀系数见表 1-3 所示。根据实验数据，多晶镁在 0～550℃范围内的线膨胀系数可表示为：

$$a_1=(25.0+0.0188t)\times 10^{-6}℃^{-1} \quad (1\text{-}1)$$

式中，a_1 为线膨胀系数；t 为摄氏温度。由该公式推导出来的不同温度下，多晶镁平均线膨胀系数列于表 1-4。添加元素对镁线膨胀系数的影响情况如图 1-9 所示。

表 1-3　低温下镁的线膨胀系数

温度/℃	−250	−225	−200	−150	−100	−50
线膨胀系数/$℃^{-1}$	0.63×10^{-6}	5.4×10^{-6}	11.0×10^{-6}	17.9×10^{-6}	21.8×10^{-6}	23.8×10^{-6}

表 1-4　镁的平均线膨胀系数

温度区间/℃	20～100	20～200	20～300	20～400	20～500
线膨胀系数/$℃^{-1}$	26.1×10^{-6}	27.1×10^{-6}	28.1×10^{-6}	29.0×10^{-6}	29.9×10^{-6}

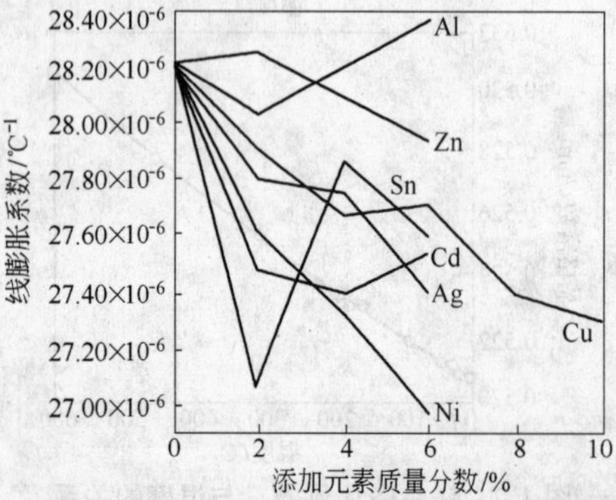

图 1-9　添加元素对镁线膨胀系数的影响(0～300℃)

表 1-5 列出了纯镁的低温和高温热导率测量值。镁中添加合金元素后，热导率一般下降，几种常见合金元素对镁热导率的影响如图 1-10 所示。根据 Bungardt 和 Kallenbach 公式：

$$k=22.6T/\rho+0.0167T \quad (1\text{-}2)$$

式中，k 为热导率；ρ 为电阻率；T 为绝对温度。可以计算出镁的室温和高温热导率，其结果见表 1-6。

20℃下镁的比热容 c_p 为 1.025 $kJ\cdot kg^{-1}\cdot K^{-1}$，比热容与温度的关系如图 1-11 所示。

表 1-5 镁热导率测量值

温 度		热导率 k /W·m^{-1}·K^{-1}	温 度		热导率 k /W·m^{-1}·K^{-1}	温 度		热导率 k /W·m^{-1}·K^{-1}
K	℃		K	℃		K	℃	
1	－272	986	15	－258	4110	150	－123	161
2	－271	1960	20	－253	2720	200	－73	159
3	－270	2900	30	－243	1290	250	－23	157
4	－269	3760	40	－233	719	300	－27	156
5	－268	4500	50	－223	465	350	77	155
6	－267	5080	60	－213	327	400	127	153
7	－266	5470	70	－203	249	500	227	151
8	－265	5670	80	－193	202	600	327	149
9	－264	5700	90	－183	178			
10	－263	5580	100	－173	179			

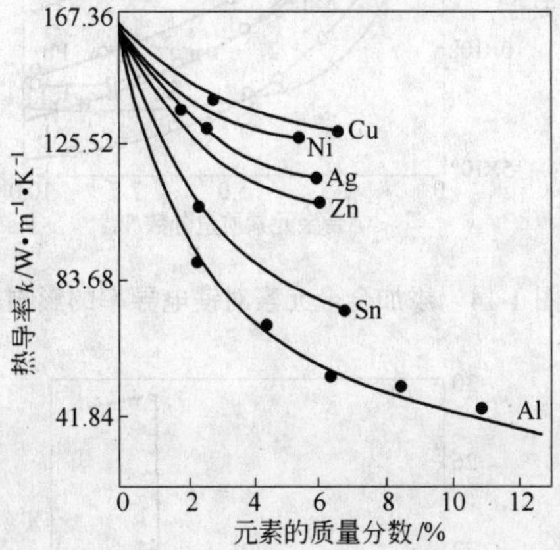

图 1-10 几种常见合金元素对镁热导率的影响

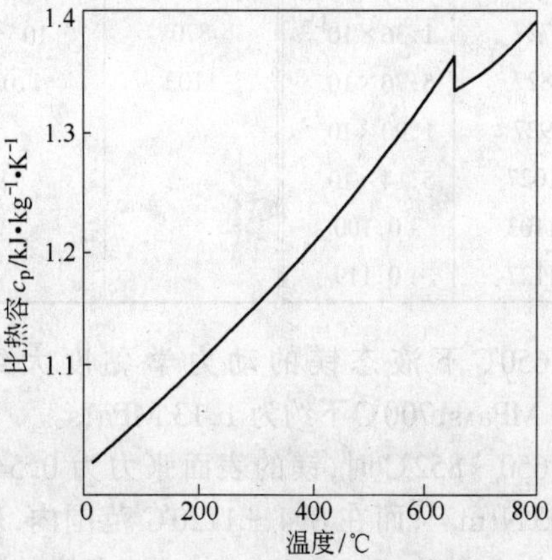

图 1-11 镁比热容与温度的关系

表 1-6 镁热导率的计算值

温度/℃	热导率 k /W·m^{-1}·K^{-1}	温度/℃	热导率 k /W·m^{-1}·K^{-1}	温度/℃	热导率 k /W·m^{-1}·K^{-1}	温度/℃	热导率 k /W·m^{-1}·K^{-1}
－18	155.7	38	154.1	204	152.8	371	153.7
0	155.3	93	153.7	260	152.8	427	154.1
20	154.5	149	153.2	316	153.2	482	154.9

镁在－243℃以上的德拜特征温度 θ 为 326 K (53℃)。熔化潜热 ΔH 为 360～377 kJ·kg^{-1}。20℃下的升华潜热 ΔH 为 6113～6238 kJ·kg^{-1}。汽化潜热 ΔH 为 5150～5400 kJ·kg^{-1}。表 1-7 列出了镁的部分蒸气压值。镁的蒸气压与温度的关系如图 1-12 所示。

镁在空气中加热至 632～635℃时会燃烧，燃烧热为 24900～25200 kJ·kg^{-1}。

468℃下镁的自扩散系数为 4.4×10^{-10} cm^2·s^{-1}；551℃下为 3.6×10^{-9} cm^2·s^{-1}；627℃下为 2.1×10^{-8} cm^2·s^{-1}。

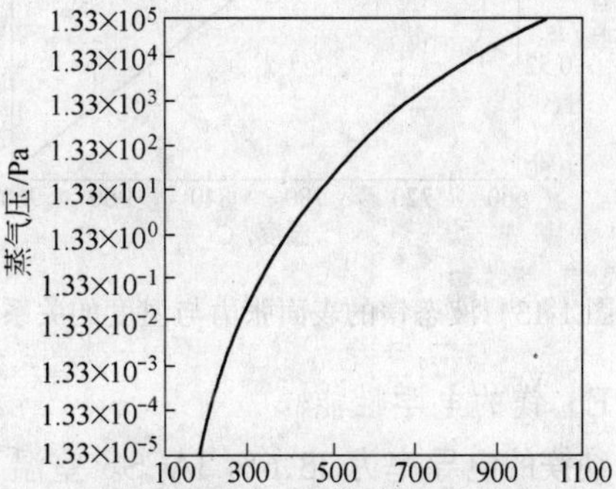

图 1-12 镁的蒸气压与温度的关系

表 1-7　镁的部分蒸气压值

温度/℃	蒸气压/MPa	温度/℃	蒸气压/MPa
给定温度下的蒸气压		给定蒸气压时的温度	
25.15	1.5×10^{-21}	249	10^{-11}
127	5.2×10^{-15}	241	10^{-10}
227	3.9×10^{-11}	278	10^{-9}
327	1.38×10^{-8}	321	10^{-8}
427	8.92×10^{-7}	371	10^{-7}
527	1.99×10^{-5}	430	10^{-6}
627	2.21×10^{-4}	503	10^{-5}
650(固体)	3.55×10^{-4}	592	10^{-4}
650(液体)	3.55×10^{-4}	709	10^{-3}
727	1.36×10^{-3}	870	10^{-2}
827	5.76×10^{-3}	1103	1.0
927	1.90×10^{-2}		
1027	5.14×10^{-2}		
1103	0.100		
1127	0.119		

650℃下液态镁的动力学黏度大约为1.25 MPa·s;700℃下约为1.13 MPa·s。

650～852℃时,镁的表面张力为0.545～0.563 $N\cdot m^{-1}$;而在894～1120℃范围内,表面张力为0.502～0.504 $N\cdot m^{-1}$。液态镁的表面张力与温度的关系如图1-13所示。

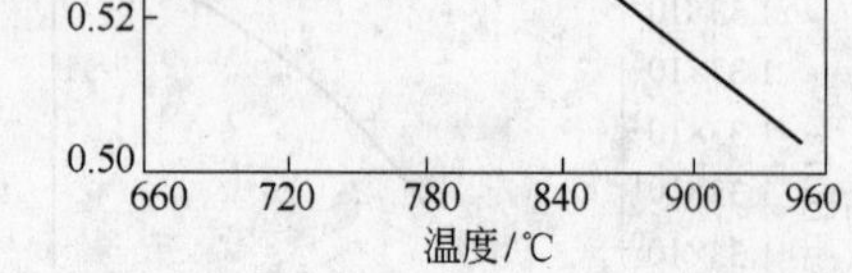

图 1-13　液态镁的表面张力与温度的关系

E　镁的电学性能

纯镁的电导率为38.6% IACS。室温下添加合金元素对镁电导率的影响如图1-14所示。20℃下镁单晶 a 轴向电阻率为45.3 nΩ·m,c 轴向电阻率为37.8 nΩ·m。镁的电阻率随温度的升高而增加,其关系曲线如图1-15所示。20℃下镁单晶 a 轴向电阻温度系数为0.165 $n\Omega\cdot m\cdot K^{-1}$,$c$ 轴向电阻温度系数为0.143 $n\Omega\cdot m\cdot K^{-1}$。多晶固态镁和液态镁的电阻率见表1-8。

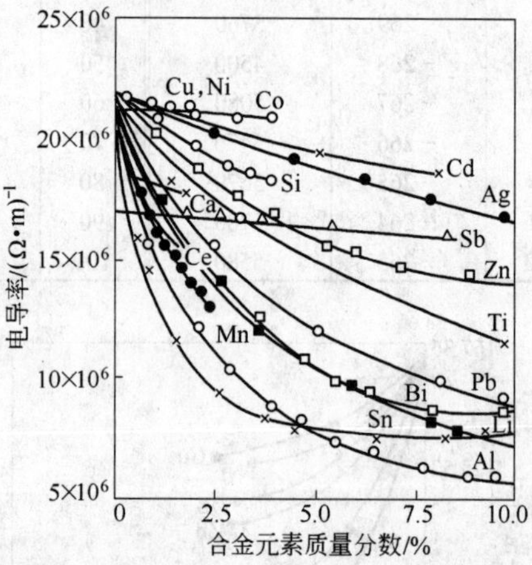

图 1-14　添加合金元素对镁电导率的影响

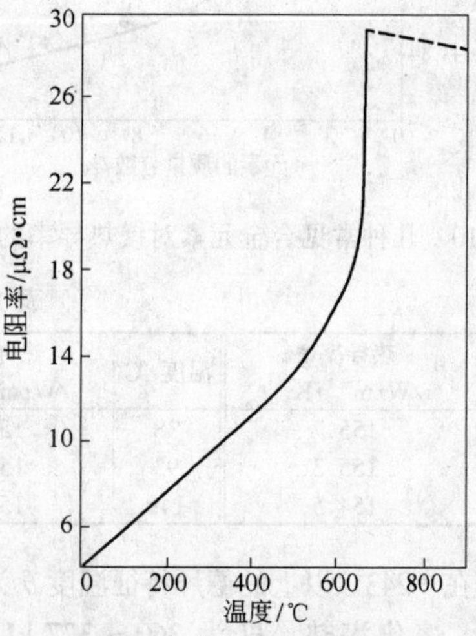

图 1-15　温度对镁电阻率的影响

25℃下以饱和甘汞电极为参比电极,镁的接触电极电位为44 mV;27℃下以铜电极为参比电极,镁的接触电极电位为-0.222 mV。相对标准氢电极,镁的标准电极电位为-2.37 V;Mg^{+}的离子电位为7.65 eV;Mg^{2+}的离子电位为15.05 eV。已报道的镁的功函数有3.61 eV和3.66 eV两种数值。

表 1-8 镁的电阻率

温度/℃	电阻率 /nΩ·m	温度/℃	电阻率 /nΩ·m	温度/℃	电阻率 /nΩ·m	温度/℃	电阻率 /nΩ·m
固态		204	74.5	538	129.8	760	280.1
0	41.0	260	83.6	593	139.5	816	282.9
20	44.5	316	92.8	650	153.5	871	285.6
38	47.2	371	101.9	液态		921	288.5
93	56.3	427	111.1	650	274.0		
149	65.4	482	120.3	704	277.4		

F 镁的磁学性质

纯镁的磁化率为$(6.27\sim6.32)\times10^{-3}$，磁导率为1.000012，霍尔系数为$-1.06\times10^{-16}\ \Omega\cdot m\cdot(A\cdot m)^{-1}$。

G 镁的光学性质

镁具有金属光泽，呈亮白色。入射光波长为0.50 μm时，镁的反射率为0.72；波长为1.00 μm时，反射率为0.74；波长为3.0 μm时，反射率为0.8；波长为9.0 μm时，反射率为0.93。日光吸收率为0.31。22℃下辐射系数为0.07。波长为0.589 μm时，吸收率为4.42，折射率为0.37。

H 镁的声学性质

声波在拉拔并退火的镁材中的传播速度为$5.77\ km\cdot s^{-1}$；横波传播速度为$3.05\ km\cdot s^{-1}$；纵波传播速度为$4.94\ km\cdot s^{-1}$。

I 镁的原子核特性

在热中子发射中，天然镁及同位素的中子吸收截面值（单位：$barn\cdot atom^{-1}$，$1\ barn=10^{-24}\ cm^2$）如下：天然镁为0.063 ± 0.004，^{24}Mg为0.03，^{25}Mg为0.27，^{26}Mg为0.03。

镁的放射性同位素有关数据列于表1-9中，X射线吸收系数为$32.9\ m^2\cdot kg^{-1}$。

表 1-9 镁的放射性同位素

放射性同位素	半衰期	衰变能 /MeV	射线	放射线①/MeV
^{21}Mg	0.21 s	–	β(+)质子	(3.44,4.03,4.81,6.45)
			γ	0.074,0.59
^{22}Mg	3.9 s	5.04	β(+)	3.0
^{23}Mg	12 s	4.06	γ	0.44
			β(−)	1.75,1.59
^{27}Mg	9.5 min	2.61	γ	0.84,1.01
			β(−)	0.45,2.87
^{28}Mg	21.3 h	1.84	γ	0.032,1.35,0.95,0.40,(1.78)

① 括号中数据为短周期裂变元素产生的射线。

1.3.1.2 力学性能

室温下镁的拉伸性能和压缩性能见表1-10所示。温度和应变速率对镁拉伸性能的影响如图1-16和图1-17所示。

表 1-10 室温下（20℃）镁的典型力学性能

试样规格	σ_b/MPa	$\sigma_{0.2}$/MPa	$\sigma_{0.2}$(压缩)/MPa	δ/%	硬度	
					HRE	HB①
砂型铸件 φ13 mm	90	21	21	2~6	16	30
挤压件 φ13 mm	165~205	69~105	34~55	5~8	26	35
冷轧薄板	180~220	115~140	105~115	2~10	48~54	45~47
退火薄板	160~195	90~105	69~83	3~15	37~39	40~41

① 载荷 500 kg，球面直径 10 mm。

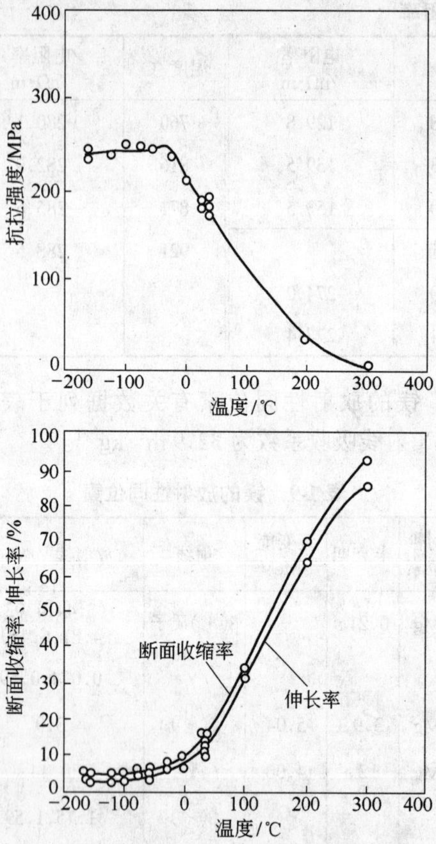

图 1-16　试验温度对镁拉伸性能的影响

试验材料：ϕ15.875 mm 挤压棒材；

应变速率为：1.27 mm·min^{-1}

20℃下镁的最高纯度为 99.98%时，动态弹性模量为 44 GPa，静态弹性模量为 40 GPa；镁的纯度为 99.80%时，动态弹性模量为 45 GPa，静态弹性模量为 43 GPa。随着温度的增加，镁的弹性模量下降，弹性模量与温度的关系如图 1-18所示。纯镁的泊松比为 0.33。阻尼性能如图 1-19 所示，纯镁的蠕变断裂数据如图 1-20 和图 1-21 所示。20℃下镁－镁摩擦的摩擦系数为 0.36。

1.3.1.3　腐蚀性能

镁的标准电极电位为 －2.37 V，比铝(－1.71 V)低，是电负性很强的金属，其耐蚀性很差。镁在潮湿大气、海水、无机酸及其盐类、有机酸甲醇等介质中均会发生剧烈的腐蚀；只有在干燥的大气、碳酸盐、氟化物、铬酸盐、氢氧化钠的溶液、苯、四氯化碳、汽油、煤油及不含水和酸的润滑油中才稳定。镁在室温下很容易被空气氧化，生成一层很薄的氧化膜。这种薄膜多孔疏松，脆性较大，远不如铝及铝合金的氧化膜坚实致密，耐蚀性很差。在储存和使用过程中，必须采取适当的措施防止镁的腐蚀，如表面氧化和涂油、涂装等。

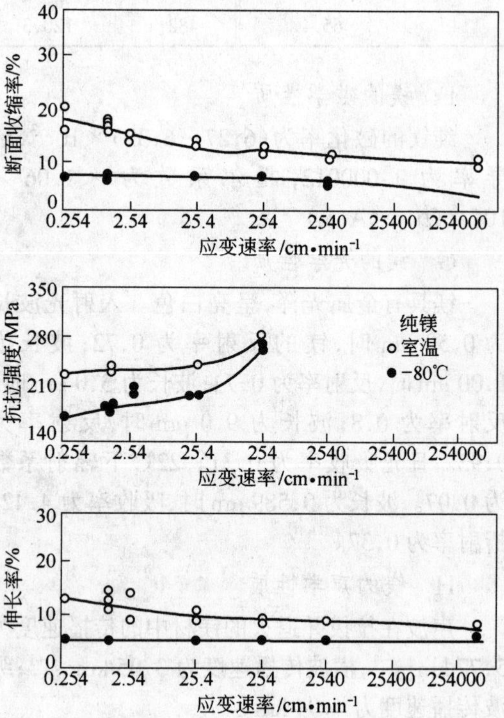

图 1-17　镁的室温拉伸性能

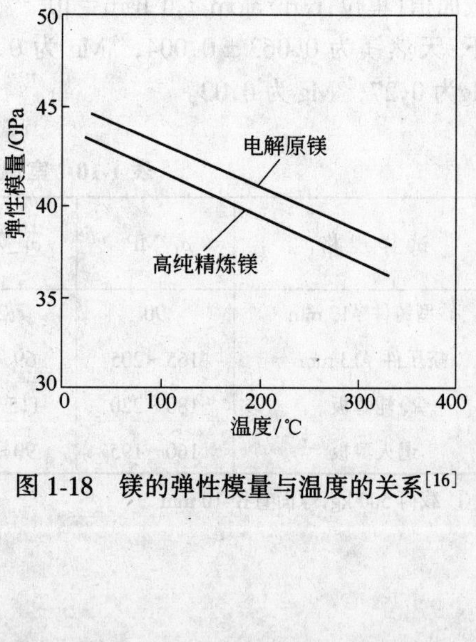

图 1-18　镁的弹性模量与温度的关系[16]

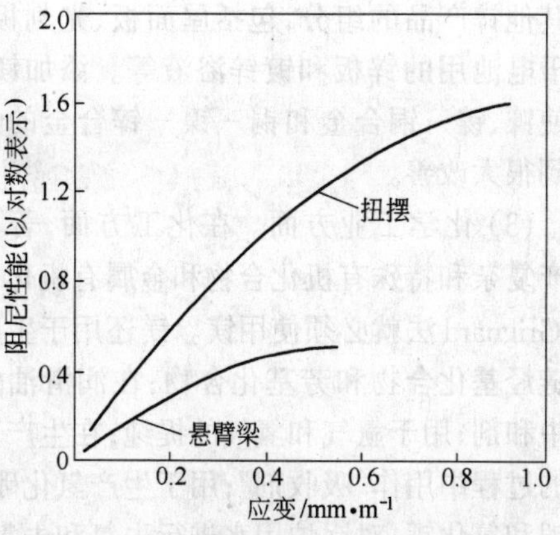

图 1-19 镁的阻尼性能与应变的关系图

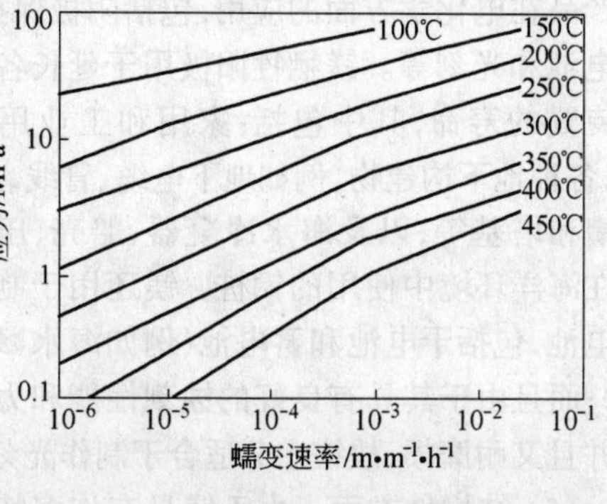

图 1-20 镁的蠕变速率与应力和温度的关系

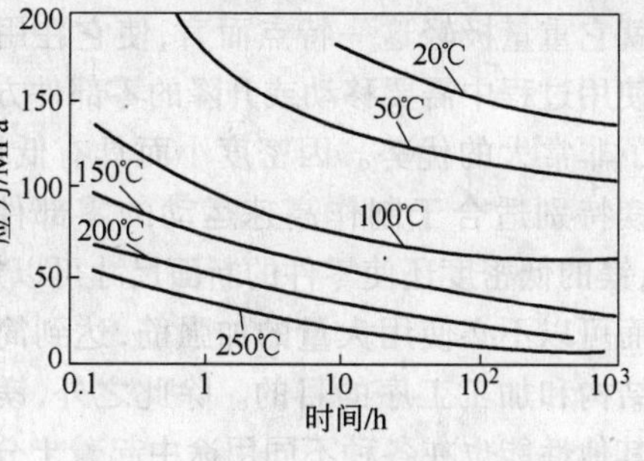

图 1-21 镁的应力断裂寿命与应力和温度的关系

1.3.1.4 工艺性能

镁为密排六方晶格,室温变形时只有单一的滑移系{0001}⟨11$\bar{2}$0⟩,因而镁的塑性比铝的低,各向异性也比铝显著。随着温度的升高,镁的滑移系会增多,在225℃以上发生(10$\bar{1}$1)面上[11$\bar{2}$0]方向滑移,从而塑性显著提高。因此镁合金可以在300~500℃温度范围内通过挤压、轧制和锻造成形。此外镁合金还可通过铸造成形,且镁合金的压铸工艺性能比大多数铝合金好。

镁容易被空气氧化生成热脆性较大的氧化膜,该氧化膜在焊接时极易形成夹渣,严重阻碍焊缝的成形,因此镁合金的焊接工艺比铝合金的复杂。另外,镁还具有很好的切削加工性能。

1.3.2 镁合金的特点

在纯镁中加入某些有用的合金元素可获得不同的镁合金,它们不仅具有镁的各种特性,而且能大大改善镁的物理、化学和力学性能,扩大其应用领域。目前,已开发出几十种不同性能的镁合金,形成了镁合金体系。

大多数镁合金具有以下特点:

(1) 镁合金的密度比纯镁(1.738 g·cm^{-3})稍高,为 1.74~1.85 g·cm^{-3},比铝合金低36%,比锌合金低73%,仅为钢铁的1/4,因而其比强度、比刚度很高。镁合金是目前世界上最轻的结构材料,采用镁合金制作零部件,可减轻结构重量,降低能源消耗,减少污染物排放,增大运输机械的载重量和速度,是航空航天和交通运输工具轻量化的良好材料。

(2) 镁合金的比弹性模量与高强度铝合金、合金钢大致相同,用镁合金制造刚性好的整体构件,十分有利。镁合金的焊接性能和抗疲劳性能也不错。

(3) 镁合金弹性模量较低,当受外力作用时应力分布更为均匀,避免过高的应力集中。

(4) 镁合金有高的振动阻尼容量,即高的减振性、低惯性。

(5) 镁及其合金在高温和常温下都具有一定的塑性,因此可用压力加工的方法获得各种规格的棒材、管材、型材、锻件、模锻件和板材以及压铸件、冲压件和粉材等。

(6) 镁合金具有优良的切削加工性能,其切削速度大大高于其他金属,因其较高的稳定性,铸件的铸造和加工尺寸精度高。

(7) 镁在碱性环境下是稳定的,有抗盐雾腐蚀性能。

(8) 镁与铁的反应性低,压铸时压铸模熔损少,使用寿命长,镁的压铸速度比铝高。

(9) 镁在铸造工业方面具有较大的适应性,几乎用所有的特种铸造工艺都可以铸造。

与其他合金材料相比,镁合金也存在如下缺点:

(1) 镁的化学活性很强,在空气中易氧化,易燃烧,且生成的氧化膜疏松,所以镁合金必须在专门的熔剂覆盖下或保护气氛下熔炼。加工车间和制粉车间要特别注意防火。

(2) 抗盐水腐蚀能力差,因此必须进行防腐处理。

(3) 同钢铁材料接触时,易产生电化学腐蚀。

(4) 杨氏模量、疲劳强度和冲击值等零件设计方面的材料性能比铝低。当代替铝合金制零件时,厚度要增加,有时得不到所期望的轻量效果。

(5) 镁合金的铸造性差。凝固时易产生显微气孔,因而降低铸件的力学性能。

(6) 镁合金铸件的综合成本比铝合金高,加工件的价格远远高于铝合金。

1.3.3 镁及镁合金的主要应用领域

由于镁及镁合金具有以上的一系列特性,因此其用途十分广阔,几乎遍及各个领域。

(1) 照明器制造方面。由于铝含量超过30%的镁-铝合金细粉在燃烧时能发出极明亮的折光,故镁的第一个工业用途就是用在照明器制造方面,如用于制造照相用的闪光灯等。镁粉还被用于制作供夜航摄影用的曳光管、各种焰火、高能燃料和燃烧器。

(2) 冶金工业方面。在冶金工业中,镁被用于生产球墨铸铁:用镁脱除一部分硫和使石墨球化,从而使铸铁的韧性和强度大大提高。镁还被广泛地用于钢脱硫。此外,在生产黄铜和青铜之类的铜合金以及生产镍合金时,镁是十分有用的脱氧剂或"除气剂"。在Betterton-Kroll制铅法中,必须将钙与镁结合使用,以便除去铅中的铋。

在冶金工业中,镁的最大用途之一是作为铝合金的合金元素,它可以改善材料的强度和抗腐蚀性能。此外,镁还被添加到压铸锌合金中以改善其力学性能和尺寸稳定性。镁还被用作其他锌产品的组分,包括屋面板、光刻板、生产干电池用的锌板和镀锌浴液等。添加镁,还可使镍、镍-铜合金和铜-镍-锌合金的性能得到很大改善。

(3) 化学工业方面。在化工方面,著名的生产复杂和特殊有机化合物和金属有机化合物的Grignard法就必须使用镁。镁还用于生产镁的链烃基化合物和芳基化合物;在润滑油中用作中和剂;用于氩气和氢气的提纯;在生产真空管的过程中用作"吸收剂";用于生产氢化硼、氢化锂和氢化钙;对锅炉用水进行去氧和去氯。

(4) 电化学方面。镁和镁合金的铸造与加工产品在电化学方面的应用,包括阴极保护、制造电池和光刻等。镁牺牲阳极用于延长各种金属装置的寿命,其中包括:家用和工业用热水器;各种地下构建物,例如地下电缆、管线、井体、储槽和塔基等;以及海水冷凝器、船壳、压载箱和在海洋环境中使用的钢桩。镁还用于制造各种电池,包括干电池和蓄电池(例如海水赋能电池);而且由于其具有良好的蚀刻性能和力学性能并且又耐磨损,故镁十分适合于制作光刻版。

(5) 结构件方面。由于镁具有许多特别优良的性能,故已被成功地用于制作各种结构件。单就它重量极轻这一特点而言,使它在用于制造使用过程中需要移动或升降的零部件方面占据了非常大的优势。因密度小而具有低惯性,使镁特别适合于制作高速运动的零部件。此外,镁的低密度还使零件的断面尺寸可以加大,从而可以不必使用大量的加强筋,达到简化零件结构和加工工序的目的。除此之外,镁合金的其他性能也在各种不同用途中起着十分显著的作用,如制造飞机和导弹所需的高温性能(与塑料和以聚合物为基的合成材料相比较),制造车轮所需的疲劳强度,制造飞机和导弹电子装置箱体所需的减震性能,制造电子装置箱体及夹具和装具等所需的尺寸稳定性,制造工模具所需的机械加工性能,制造行李箱所需的抗硌伤性能,制造纺织机械所需的无印痕特性,水泥行业所需的耐碱性,制造X光底片盒所需的对X光的低阻抗性能,制造核燃料罐所需的对热中子的低阻抗性能等等。因此,镁已被用于制造一些军事装备，例如掩体支架、迫击炮底座和导弹等。它还被用于制造飞机和陆地车辆的框架、壁板、地板、支架、轮毂，以及发动机的缸体、缸盖箱和活塞等零件。镁还被用于制造各种工业机械。例如纺织机上的经线卷轴和电动机端盖等；在制造货物装卸转运设备（例如船坞板和集装箱等）时也使用镁。制造粉刷工用的工具、手工工具、计算机柜和其他办公机械时也要使用镁。镁还被用于制造家庭用品（例如缝纫机）和运动器材（例如射箭运动员用的箭弓柄）。近年来，镁合金材料在电子、通讯以及汽车、摩托车工业上的应用有了大的突破，前景十分可观。

1.4 镁及镁合金材料的品种、规格、技术质量要求

目前，世界上约有 40% 以上的镁直接以原镁的形式用于冶金和化工电池等部门，用作合金化元素、除氧剂、脱硫剂、球化剂、还原剂和电池材料等，其他绝大部分熔炼成工业纯镁和各种镁合金，通过铸造、压铸或轧制、挤压、锻造等方式加工成铸件、压铸件、板带材和管、棒、型材、锻件、模锻件以及粉材和复合材料等。在镁合金材料中，一般铸件和压铸件占 90% 以上，加工材不到 10%。在我国，铸造产品高达 95% 以上，加工材仅占 3% 左右。但是，目前国内外都在积极的开展镁合金材的应用开发，可以预言，在不久的将来，加工材的生产和应用将会有一个迅速的增长。

1.4.1 镁合金铸造材的品种、规格及技术质量要求

1.4.1.1 一般铸件

在镁合金铸造产品中，一般铸件仅占 10% 左右。但其品种繁多，目前常见的品种主要有砂型铸件、金属型铸件、熔模铸件、壳模铸件等。规格范围很广，常用的有上千种。镁合金一般铸件的品种、状态、规格、尺寸与公差范围以及质量要求，参见国家标准 GB/T13820—1992（镁合金铸件）；GB/T1177—1991（铸造镁合金）；GB/T19078—2003（铸造镁合金锭）；HB964—1982（铸造镁合金技术标准）；ASTMB80—1997（镁合金砂型铸件）；ASTMB199：1999（镁合金永久型模铸件）；ASTMB403：1996（镁合金熔模铸件）；JISHS203；2000（镁合金铸件）等技术标准。

1.4.1.2 压铸件

压铸是镁合金铸造最主要的成形方法，世界上镁合金铸造产品的 93% 左右是用压铸工艺生产的，这主要是由于镁合金有很好的压铸工艺性能：

(1) 镁合金液黏度低，流动性好，易于充满复杂型腔，用镁合金可以很容易生产出壁厚为 1.0～2.0 mm 的压铸件，最小壁厚可达 0.6 mm，而铝合金压铸件的最小壁厚则是 2.3～3.5 mm；

(2) 镁合金压铸件的尺寸精度比铝压铸件高 50%；

(3) 镁合金压铸件的铸造斜度为 1.5°，而铝合金为 2°～3°；

(4) 镁合金的熔点和结晶潜热都比铝合金低，压铸过程中对模具冲蚀比铝合金小，且不易粘模，其模具寿命可比铝合金的长 2～4 倍；

(5) 镁合金压铸周期比铝合金短，因而生产率可比铝合金提高 25%；

(6) 镁合金铸件的加工性能优于铝合金铸件，镁合金铸件的切削速度可比铝合金件提高 50%，加工耗能比铝合金低 50%。

镁合金压铸件品种繁多，规格范围十分宽广，主要用于汽车、摩托车等现代化交通工具和航天航空、机械制造、电子电器等工业部门。目前，世界上已开发出数千种镁合金压铸件，主要品种有低压铸件、高压铸件、真空压铸件、精密压铸件、充氧压铸件、挤压和液态挤压铸件、半固态压铸件等。镁合金压铸件的最大投影面积（冷室压铸）可达 3 m^2 左右，最小（热室压铸）可达 0.01 m^2；最重可达几十公斤，最小只有几十克；最小壁厚可达 0.5～0.6 mm。可见其规格范围是十分广的。镁合金压铸件的品种、状态、规格、尺寸与公差以及质量要求等可详见 GB/T19078—2003（铸造镁合金锭）；GB/T13820—1992（镁合金铸件）；HB964—1982（铸造镁合金技术标准）；ASTMB93—1998（砂型铸造、永久模铸件和压铸件用镁合金锭）；ASTMB94—1994（镁合金压模铸造）；JISHS303—2000（镁合

金压铸件)；ГОСТ2856—1979(铸造镁合金技术条件)等标准。

1.4.2 镁合金加工材的品种、规格及技术质量要求

1.4.2.1 板、带材

镁合金轧制产品主要有平直薄板、厚板、薄板带卷、圆片等。因镁合金的冷轧性能不好，从而普通厚板一般在热轧机上直接生产，薄板一般采用冷轧和温轧成形。镁合金厚板的厚度范围为11.0～70 mm，薄板为0.8～10 mm。有的国家或企业将镁合金板材分为厚板、中板和薄板，厚板：22～70 mm；中板：6.0～21 mm；薄板：0.5～5.0 mm。镁合金板、带材的品种、状态、规格、尺寸与公差以及技术质量要求，详见GB/T5154—1985(镁合金板材)；ASTM B90—1998(镁合金薄板和厚板)；BS3370—1970(93)(一般工程用镁合金板、带)；JIS H4201—1998(镁合金板)；ГОСТ21990—1976(镁及镁合金板技术条件)；ГОСТ22635—1977(镁板技术条件)等标准。

1.4.2.2 管、棒、型、线材

镁合金在225℃以上具有良好的塑性，可以温挤压或热挤压成各种不同形状和规格的棒材、管材、型材和线材，从原则上说，凡铝合金能生产的品种规格镁合金都能生产。

镁合金棒材可分为圆棒、方棒、多角棒等，其合金品种、规格、尺寸与公差以及技术质量要求，详见GB/T5155—2003(镁合金热挤压棒材)；ASTMB107—1994(镁合金挤压棒材)；BS3373—1970(93)(一般工程用变形镁合金棒材)；JIS H4203—19901(镁合金棒)；NFA65—727/737(镁合金半成品：挤压矩形/圆形棒材尺寸和公差)等标准。

镁合金管材可分为厚壁管、薄壁管、圆管、方管、矩形管、焊合管和无缝管等，其合金状态、品种、规格、尺寸公差及技术质量要求详见YB630—66(镁合金管材)；YS/T1517—2004(镁合金热挤压管材)；ASTMB107—2000(镁合金挤压棒、型、管和线材)；NFA65—777(镁合金半成品：挤压圆管尺寸和公差)；JISH4202—1998(镁合金无缝管)等标准。

镁合金型材品种繁多，主要分实心型材、空心型材、半空心型材、异形型材、壁板型材等，其合金状态、品种、规格、尺寸公差及技术质量要求详见GB/T5156—2003(镁合金热挤压型材)；ASTMB107—1994(镁合金挤压型材)；BS3373—1970(93)(一般工程用变形镁合金型材)；JISH4204(镁合金挤压型材)；DIN9712—1969(镁和铝合金挤压型材)；NFA65—767—1981(镁合金型材尺寸与公差)；ГОСТ19657—1984(镁合金挤压型材技术条件)等标准。

镁合金线材的品种规格较少，很多国家尚未形成规模，也未制订技术标准。目前常用的合金状态、品种规格、尺寸公差及质量要求详见美国标准ASTMB107—1994(镁合金线材)。

1.4.2.3 锻件

镁合金锻造产品可分为自由锻件和模锻件，其品种规格范围与铝合金大致相同。镁合金锻件的合金、状态、品种、规格、尺寸公差及技术质量要求详见HB6690(镁合金锻件)；ASTMB91—1997(镁合金锻件)；BS3373—1970(93)(一般工程用变形镁合金锻坯)；DIN9005T1—1973(镁合金模锻件交货条件)；DIN9005T2/T3(镁合金模锻件设计规则和允许偏差)等标准。

1.4.2.4 粉材

镁合金粉材应用十分广泛，品种很多，详见GB/T5150—2004(铝镁合金粉)；GB5149(镁粉)等标准。

1.5 镁及镁合金材料工业的发展现状与趋势

1.5.1 全球镁工业的发展现状与趋势

1.5.1.1 原镁产量

自20世纪80年代初以来，全球的镁产量呈增长趋势，年增长率为2%以上。全球前5名产镁大国是中国、挪威、美国、俄罗斯和以色列，见表1-11。自20世纪90年代以来，我国镁工业高速发展，原镁产量由1990年的0.53万t猛增到2006年的52.56万t。表1-12列出了2000～2006年全球及中国原镁产量。中国已经成为镁的生产大国和出口大国。

表 1-11 世界前 5 名产镁国的原镁产量 (万 t)

国别	2000 年	2001 年	2002 年	2003 年	2004 年	2005 年
中国	19.5	21.6	26.8	35.4	45	46.76
挪威	8.5	7.8	4.0	3.5	3.5	3.6
美国	7.2	5.0	4.0	2.5	2.5	2.8
俄罗斯	4.0	4.5	5.2	4.0	4.5	5.2
以色列	3.0	2.5	2.5	2.6	2.8	3.0

表 1-12 2000～2005 年全球及中国原镁产量 (万 t)

年份	2000	2001	2002	2003	2004	2005	2006
全球原镁产量	48.8	45.0	47.0	53.15	55.5	65	70.08
中国原镁产量	19.5	21.6	26.8	35.4	45	46.76	52.56
中国占全球镁产量的比例/%	39.9	48.0	57.0	66.6	81.1	71.8	75

1.5.1.2 消费量及消费结构

目前,世界上镁的消费主要集中在三大领域,用于铝合金生产、镁合金压铸件生产及炼钢脱硫,占总消费量的 91%左右,其中,镁合金压铸件的发展速度最快。镁合金压铸件的消费市场中,北美、拉美及西欧用量最多,在过去的 10 年里,镁合金压铸件在汽车上的使用量上升迅速,每年以 15%左右的速度递增,这种趋势今后几年还会进一步增加。

日本近几年也开始重视镁合金压铸件的应用开发,其主要消费领域是 3C 产业。亚洲的镁合金电子产品占全球的 14.8%,其中 90%是由日本和中国台湾的厂商提供的。以笔记本电脑用镁合金零配件为例,2002 年日本和中国台湾的厂商占有全球 85%的市场。由于镁合金结构件的广泛应用,全世界对镁及镁合金材料的需求与日俱增,市场不断扩大。

1.5.1.3 镁合金材料的研发特点

国外对于镁及其合金的研究开发较早,到目前镁及其合金材料的开发应用已进入相对比较成熟的阶段,并已达到产业化的工业规模,表 1-13所示为 2003 年世界一些厂家的生产能力。其中北美是目前镁及其合金材料用量最多的地区,其发展速度约为年增长率 30%,而欧洲镁及镁合金产业的年发展速度达到了 60%。但比较来看,不同国家和地区对于镁及其合金材料的开发应用仍然存在较大的差异,表现突出的仍然集中在德国、俄罗斯、美国、加拿大、日本等对镁合金研究开发较早的国家。

表 1-13 2003 年世界各国一些厂家的生产能力

生产厂家	产能/t	生产厂家	产能/t
US Magnesium/Magcorp	43000	Brasmag	11000
Timminco	7000	Russian Exports	35000
Dead Sea Maghesiurn	33000	Chinese Exports	298000
Bela Stena	3000	Ust Kamenogorst Export	5000
SAIM	7000	India	1500

(1) 德国。德国发展镁合金历史悠久,早在 1894 年就研究开发出了 Mg-Al 合金,1934 年德国镁及其合金的产量就已达到 6000 t。而且长期以来,尤其是 1990 年代以来,德国在镁合金压铸领域一直居世界领先地位。可以说,德国是推动镁合金发展,特别是镁合金压铸发展的先驱和主力军,1997 年德国由联邦科技教育部牵头,联合大众汽车公司等 50 余家企业和慕尼黑工业大学等 6 所大学及一些研究所,投资 2500 万马克进行了一项为期 3 年的“MADICA”(镁合金压铸)发展项目,其目的在于解决镁合金压铸生产及加工中的各种关键技术难题,建立一套完整的镁合金压铸及加工的工业规范,并将镁合金压铸件进一步应用于汽车、计

算机、航空、通讯、医疗和轻工等领域。在政府、企业和科研部门的共同努力下，该项目自实施以来，取得了丰硕的成果，拓宽了镁合金在德国及欧盟工业领域的应用。

近年来，由德国科学技术协会牵头，启动了欧洲最大的镁合金及镁合金压铸项目“SFB390”。该项目的主要目标是研究镁合金在结构件中的应用，其共分为17个子项目，其中7个子项目涉及金属学及微观结构领域，7个子项目主要研究镁压铸件的生产工艺，而另外3个项目则侧重于新型镁合金材料的研制。

(2) 美国。美国是世界上镁资源丰富的国家之一，也是开发应用镁最早的(1865年)国家之一。但该国早期对镁的开发主要用于生产镁丝和镁粉，而且大量的菱镁矿仅用于耐火材料的生产，而对于镁合金材料的开发却相对较晚。自1980年以来，以汽车工业为龙头，美国镁合金材料的开发应用开始得到迅速发展。福特、通用和克莱斯勒等著名汽车公司一直致力于新型镁合金和镁合金离合器壳体、转向柱架、进气歧管及照明夹持器等汽车零部件的研究、开发和应用，大大促进了镁合金的发展。由于镁合金在应用中显示出的巨大优势，因此其研究和开发逐渐受到政府的关注和重视。1996年政府能源部与通用、福特和克莱斯勒三大集团签署了一项名为“PNGV”(新一代交通工具)的合作计划，目的在于生产出符合市场要求的节能轿车。政府的这一行为极大地促进了镁合金的开发及应用。此外，在汽车行业的带动下，镁合金在通讯、计算机等行业的应用也随之不断扩大。表1-14列出了美国2003年及2004年1～2月镁产品的进出口情况。

表1-14 美国2003年及2004年镁产品1～2月的进出口情况 (t)

项目		2003年	2004年		
			1月	2月	1、2月总和
进口	金属镁	27300	2710	1920	4630
	合　金	38800	3870	3660	7530
	板、管、线材等	1160	125	66	191
	废　料	16200	980	977	1960
	总　计	83400	7680	6630	14300

续表1-14

项目		2003年	2004年		
			1月	2月	1、2月总和
出口	金属Mg	8770	209	93	302
	合　金	2320	203	226	429
	板、管、线材等	4260	291	487	778
	废　料	5040	423	371	794
	总　计	20400	1130	1180	2300

(3) 日本。日本镁工业在战后相当长的时间发展缓慢。但在1980年代末期，随着镁合金先进低压金属型铸造装置在日本的开发成功，日本镁工业的发展十分迅速，并在镁合金的研究开发与应用上具有一定的地位。到目前，日本已基本形成了以官(政府投资)、产(镁合金生产企业、镁合金制品应用企业)、学(高等学校、国家研究所)为一体的镁合金研究开发队伍，并全方位地从基础到应用对镁合金及其制品展开了深入研究，研究内容涉及高性能镁合金的制造技术、镁合金加工设备制造技术、储氢镁合金的制备技术及镁合金的循环再生技术等，其中在原材料一次制造方面重点开展了快速凝固法、固相反应法和ECAE等工艺的研究，在二次加工方面则重点开展了压延、挤压、锻造、板材加工、焊接、表面处理等研究工作。以这些技术为支撑，日本开发出了一系列镁合金压铸产品，如丰田汽车公司首先制造出了镁合金汽车轮毂、转向轴系统、凸轮罩等零部件；此外，三菱公司与澳大利亚工业科技合作，也开发出了超轻量镁合金发动机等。目前，日本的各家汽车公司都生产和应用了大量的镁合金壳体类零部件，而且日本正在开发6500 kN、13000 kN和18000 kN等三种压铸机，以便为大型镁合金零部件提供生产手段。此外，日本还在计算机、通讯等领域进行了镁合金的开发与应用，1997年3月，松下公司也开发出了新型便携式电脑外壳；同年，索尼公司也成功开发出了结构紧凑的数字摄像系统VTR的镁合金压铸件外壳。

目前，日本对于镁及镁合金的研究开发极为重视，如为了降低环境负担，使日本成为“循环性社会”，日本针对镁及镁合金正在开展以下研究工作：1)室温条件下镁合金的变形；2)无余量热加工；3）替代地球温暖化系数较高的 SF_6 气体的其他压铸防燃保护气体的开发；4）0.5 mm 厚度的便携式电子产品的镁合金外壳的生产；5）高可靠性表面处理和耐蚀性研究；6）高可靠性、高环境适应性焊接方法研究；7）提高镁合金回收过程中的回收率技术；8）利用玻璃、石灰等合成 Mg_2Si/MgO 粒子等新型材料技术；9）大尺寸镁合金原料或半成品材料的生产技术。

（4）加拿大。加拿大镁资源丰富，镁产业十分发达，早就建设了几个世界级的大型原镁生产厂。随着镁材应用领域的扩大，1995 年与挪威海德鲁公司共建镁研究中心，其宗旨在于通过优化设计、新工艺和材质的研究开发，获得具有优良性能的镁合金压铸零部件，从而进一步拓宽镁合金的应用。在政府的参与下，加拿大镁合金的开发应用得到了突飞猛进的发展。

（5）俄罗斯。前苏联对镁及镁合金的科学研究及生产工艺开发做了大量富有开拓性的工作，除成功研发出砂模铸造法、永久模铸造法、压铸法和无熔剂熔炼等镁合金铸造工艺外，还深入开展了高性能镁合金（镁－锂、镁－钇、镁－稀土）锭的铸造生产研究，并首次在世界上铸出了直径达 700 mm 的镁合金锭，模锻成直径达 3 m 的各种锻件。目前，俄罗斯已形成了一个完整的镁矿开采－冶炼－镁合金研发与加工－废料再生的完整产业链，包括了铸锭加工、熔炼与圆锭铸造、挤压与热处理、应用与防腐蚀处理以及切削加工等。俄罗斯镁工业的成就促进了镁产品在汽车工业、光学器械工业、飞机制造业、航空航天工业等上的应用，如前苏联发射到月球上的登月车就是用镁合金制造的。

除以上国家外，挪威、以色列、乌克兰、意大利、瑞士、澳大利亚、瑞典等也在镁及镁合金的开发应用方面做了大量的工作，并取得了不少的成果。但自 20 世纪末以来，随着中国镁工业的崛起，世界镁工业生产格局被打破，一些国家镁工业的发展受到一定的影响。如：面对中国金属镁的竞争优势，道屋公司于 1998 年退出镁业，加拿大诺兰达采用先进技术新建的金属镁厂难以正常投产；澳大利亚拟建的新厂由于大股东撤资而无法建设；法国普基公司的金属镁厂也被迫关闭。迫于成本压力，海德鲁公司于 2006 年 7 月宣布，其属下的三个镁厂将全部关闭。

1.5.2 中国镁工业的发展现状与趋势

中国是镁资源大国，菱镁矿储量居世界第一，占世界已查明储量的 1/4，而且具有世界各国难以比拟的质量优势和可规模开采经营优势。中国有巨大的市场需求，钢铁和铝的产量雄居世界第一，汽车年产量 2006 年超过 700 万辆，居世界第三，而且很快会达到 1000 万辆/a，为镁材的应用提供了广阔的市场。中国有丰富的能源和劳动力资源，以及政府的高度重视和引导与民营企业的积极参与等优越条件，因此，已经成为世界镁生产大国和出口大国。但还不是镁应用强国，特别是在镁合金材料的研制开发与应用方面与世界先进水平还有一定的距离。

1.5.2.1 原镁产量

2006 年，中国的原镁产量达到 52.56 万 t/a，占世界总产量的 75%，是世界上第一镁生产大国，表 1-15 为 2005 年中国各地区镁产量情况。由于发达国家的成本居高不下，原镁产能和产量不会有大的增长，而中国的产能和产量还会进一步增加。所以，中国居世界第一原镁生产大国的地位，在相当一段时间内不会改变。

表 1-15 2005 年中国各地区镁产量（前 5 名）

地区名称	全国镁产量	山西	宁夏	陕西	内蒙	河南
产量/万 t	46.76	35.84	5.06	3.55	1.04	1.0

目前，中国共有原镁生产企业近 100 家，多分布在山西、宁夏、陕西、内蒙、河南等地。平均生产规模约 3000 t/a 左右，超过年产量万吨的企业不多，2005 年中国金属镁产量 1 万 t 以上企业如表 1-16 所示。

表 1-16 2005 年中国金属镁产量 1 万 t 以上的企业

序号	企业名称	产量/万 t
1	太原市同翔金属镁有限公司	7.6
2	山西闻喜银光镁业（集团）有限公司	3.5
3	太原易威镁业集团有限公司	2.6

续表 1-16

序号	企业名称	产量/万 t
4	山西万科金润镁品有限公司	2.6
5	宁夏惠冶镁业有限公司	2.2
6	山西孝义金信易威镁业有限公司	1.5
7	宁夏华源冶金实业有限公司	1.5
8	山西闻喜宏富镁业有限公司	1.1
9	山西启真镁业有限公司	1.0
	合 计	15.5

1.5.2.2 镁出口量

中国虽然是镁生产大国，但国内消费量并不大，大部分以初级原料出口，如 2006 年中国原镁产量为 52.56 万 t/a，而国内消费量仅为 15.65 万 t/a，出口量约为 34.98 万 t，成为世界最大的原镁出口国。表 1-17 是中国近 12 年来的原镁产量和出口量。

表 1-17 中国 1995～2006 年的原镁产量和出口量

年 份	1995	1996	1997	1998	1999	2000	2001	2002	2003	2004	2005	2006
产量/万 t	9.35	7.3	9.2	12.3	15.7	19.5	21.6	26.8	35.4	45.0	46.76	52.56
出口量/万 t	4.69	4.91	7.81	9.99	13.7	16.6	17.3	20.9	29.8	38.4	35.3	34.98

欧盟、日本和美国是中国镁的三大出口市场。2005 年中国镁出口产品的种类及数量见表 1-18。

表 1-18 2005 年中国镁出口品种及数量

名 称	全年数量 /万 t·a^{-1}	比上年增减 /%
含镁量至少为 99.8% 的未锻轧镁	18.19	20.11
其他未锻轧镁	9.29	15.40
镁废碎料	0.33	−2.94
镁锉屑、车屑及颗粒，已按规格分级；镁粉	7.14	2.88
镁加工材	0.16	128.57
镁制品	0.2	42.86
合 计	35.31	−7.97

1.5.2.3 消费量及消费结构

中国镁产品的消费主要分布在铝合金、铸件、金属还原、稀土合金、炼钢脱硫等方面。随着我国国民经济的高速发展，镁的消费量在逐年增加。2002 年消费量为 4.01 万 t，占总产量的 14.96%；2003 年消费量为 5.12 万 t，占总产量的 14.46%；2004 年消费量达 7.05 万 t/a，占总产量的 15.66%；2005 年消费量为 10.55 万 t/a，占总产量的 22.56%，2006 年消费量达 15.65 万 t，占总产量的 29.78%，估计今后还会大幅度增长。中国的镁主要用于制造铝合金等非结构型消费，而在压铸件、铸件以及加工产品等方面比例较小，大大落后于工业发达国家。这种现象将会很快改变。表 1-19 为中国 2000～2005 年镁的消费量及消费结构。

表 1-19 中国 2000～2005 年镁的消费量及消费结构

年 份	铝合金	铸件	金属还原	稀土合金	炼钢脱硫	球墨铸铁球化剂	其他	合计	占国内产量比/%
2000	1.01	0.40	0.37	0.35	0.11		0.31	2.55	13.08
2001	1.35	0.47	0.40	0.37	0.45		0.36	3.4	15.74
2002	1.74	0.61	0.37	0.38	0.5		0.41	4.01	14.96
2003	2.10	1.02	0.30	0.40	0.80		0.50	5.12	14.46
2004	2.30	1.80	0.50	0.45	1.50		0.50	7.05	15.66
2005	3.01	2.59	0.65	0.60	1.92	0.95	0.83	10.55	22.56

1.5.2.4 研究开发特点

A 产品品种不断扩大，质量不断提高

(1) 高纯优质镁形成批量生产能力。高纯优质镁主要用于满足特定用户如医药、军工、科研及特殊变形加工的需求。一贯重视精品生产的河南的维恩克(鹤壁)镁基材料有限公司以其创新的专利技术能够低成本大批量生产高纯（$w(Mg)>99.99\%$）和低锰（$w(Mn)<0.004\%$）镁；新乡久立镁业有限公司突破质量关后，产能的80%以上为高纯镁，山西广灵精华化工有限责任公司优质镁（$w(Mg)>99.98\%$）的生产能力可达2000 t/a。表1-20所示为几家企业生产的优质镁的化学成分。此外，惠冶、闻喜银光、加美华等也曾试产优质镁。

表1-20 几家企业生产的优质镁的化学成分

生产企业	杂质含量（质量分数）/%							含镁量（质量分数）/%
	Fe	Si	Mn	Al	Cu	Ni	Cr	
久立	0.0011	0.0015	0.0005	0.0004	0.0004	0.0001	0.0004	99.995
精华	0.004	0.004	0.003	0.002	0.0005	0.0008	0.003	99.98
维恩克	0.002	0.003	0.003	0.003	0.003	0.001	0.003	99.98

（2）镁合金企业不断提高产品质量。镁合金生产企业普遍重视提高产品质量，例如云海特种金属有限公司、维恩克（鹤壁）镁基材料有限公司、闻喜银光镁业公司、曼格斯普太原镁业公司等生产的压铸用合金除主成分完全合格外，其氧化夹杂和熔剂夹杂均控制在很低的水平，深受国内外压铸厂商的欢迎。维恩克（鹤壁）镁基材料有限公司提高产品质量的主要措施是采用新技术和新工艺，即清洁燃料技术、节能环保技术、镁的再生和资源综合利用技术、生产过程机械化和自动化技术、镁熔体除气除渣技术、电磁和超声波搅拌技术、粗镁直接合金化短流程制备镁合金材料技术等。

（3）镁牺牲阳极质量世界领先。维恩克技术材料（临沂）有限公司，经过2002年以来的机构重组，上下游产品的整合，工艺技术、环保设施的改造和扩建，再加上运用现代企业管理模式，至今已能生产近百种型号铸造和挤压镁阳极，产能超过6000 t/a，占世界60%以上的市场份额。特别是镁阳极的电化学性能超过了ASTM标准，如表1-21所示。

表1-21 维恩克镁阳极电化学性能与ASTM标准比较

电化学性能	维恩克镁阳极			ASTMB92M—83	
	Mg-Mn高电位阳极	AZ63B	AZ31B(挤压)	Mg-Mn	AZ63
开路电位/V	1.77～1.82	1.57～1.67	1.57～1.67	1.70～1.75	1.50～1.55
闭路电位/V	1.64～1.69	1.52～1.57	1.52～1.57	1.57～1.62	1.45～1.50
电流效率/%	≥50	≥50	≥50	≥50	≥50

注：维恩克镁阳极化学组成与ASTMB843—1993规定相同，但ASTMB843—1993未规定电化学性能，而ASTM B92M—83化学成分与此相同，并规定有化学性能，故现引用并与其对比。

维恩克公司建有世界领先的镁合金电化学性能试验室以及热水器用镁、铝合金牺牲阳极腐蚀性能专用试验室。

（4）镁合金变形加工材批量生产有新突破。以生产高品质立式半连铸变形镁合金棒/板坯著称的维恩克技术材料（临沂）有限公司从产品的洁净化和晶粒细化入手，不断提高产品内部和外部质量，其生产的棒、板坯等均经过白度计测试、荧光探伤、超声波探伤、金相分析、盐雾试验、湿室测试等，从而保证了产品质量。

洛阳华陵镁业有限公司也是镁合金、半连铸板坯和型材（异型挤压镁、锌、铝阳极）的生产企业，总产能近5000 t/a，能生产粗糙度低的厚度为5～100 mm、宽0.6～2 m的镁合金板材，生产能力为200～300 t/月，产品质量超过国标，出口韩国。华陵是继中铝洛阳铜业有限公司之后的镁合金板材规模生产企业，质量有新突破。

焦作黄河镁合金有限公司与日住金、三协铝合作，在2002～2003年扩建自产原镁原料基地，产能力达2000 t/a。同时，更新了装备、采用气体保护设施，并强化了镁合金生产过程的控制。

B　提高装备水平有新进展

近年来皮江法炼镁企业装备水平有所提高。除采用回转窑煅烧外，采用微机电子配料及封闭连动线的生产厂家占35%。此外，采用多级精炼、机械化搅拌和连续浇铸镁锭的厂家增多。在原镁生产中，采用机械化出渣，取代人工操作，减轻劳动强度，且改善环境。

1997年开始，蒸汽射流泵应用于皮江法炼镁，操作更加方便，真空度更加可靠，取得了满意的应用效果。采用蒸汽射流泵，一般能带150～170只罐，预抽20～30 min达30～40 Pa，主抽后能保持真空5～10 Pa，具有节电、节油、备件费和维修费用低等优点，已被许多新、老厂选用。蒸汽射流泵的应用是对传统皮江法生产装备的提升，使皮江法炼镁工艺技术更加完善。

C　还原渣的利用与环保治理取得新进展

2002年广灵精华与闻喜银光公司利用还原渣生产325号、425号复合硅酸盐水泥，分别生产水泥35万t/a和5万t/a。因此，闻喜银光镁业(集团)有限公司、广灵精华化工(集团)有限责任公司、维恩克(集团)公司和南京云海特种金属有限公司等先后通过了ISO14001环境论证单位。许多新扩建的大型企业中，将利用先进工艺装备与环保同步，着力建成技术型、环保型企业。由此表明，我国镁业环保有了新的进步。广灵精华化工(集团)有限责任公司、南京云海特种金属有限公司等，都正在申请ISO14001环保管理体系论证。许多新扩建的大型企业中，将利用先进工艺装备与环保同步，着力建成技术型、环保型企业。由此表明，中国镁业环保有了新的进步。

1.5.2.5　生产和技术水平

中国虽然是镁生产大国和出口大国，镁合金材料品种、质量应用及生产装备和环保安全等也有了一定的进步，但从整体来看，中国镁及镁合金材料产业的发展水平与工业发达国家相比，还有很大的差距，特别是基础研究、新合金新材料的研制开发与应用、结构材料的铸造生产和塑性加工技术与装备等方面的工作还比较弱，处于起步阶段。例如，2005年中国的镁合金铸件和压铸件产量还不足26000 t，生产厂家也不多。主要生产厂家有：上海乾通和重庆镁业的产量最大，年产约3000 t镁压铸件，主要产品是桑塔纳车变速箱壳体和长安汽车与隆鑫摩托上的部分零件；西北林机是中国最早生产镁压铸件的工厂，主要产品用于链锯、汽油发动机等。近年来，广东等地陆续建厂生产电子和电器产品用的镁合金压铸件，如深圳的嘉瑞和富士康等。目前，中国已经能生产的镁合金的压铸装备，如深圳力劲机械公司与清华大学合作开发出从160～3000 t的10多种冷室压铸机和热室压铸机。近年来，中国国内部分企业也从意大利、瑞士、德国等国引进了800 t、1000 t大中型先进压铸机，大大提高了镁压铸生产水平。中国的台湾地区镁合金产业发展很快，目前已有20多家企业采用国际先进的装备生产电子产品的配件，如：手提电脑外壳，手提电话及电视零件。

目前，中国在镁合金的塑性加工和深加工方面的研发力量比较薄弱，镁合金挤压件、板带材、锻件的生产技术水平比较低，应用领域也比较窄，需要大力发展。

1.5.2.6　存在的主要问题

(1) 镁的生产地区分布不均衡。中国山西、宁夏、陕西三省的镁总产量占全国总产量的绝大部分。镁生产规模在10000 t/a以上的企业主要分布在山西、宁夏两省。

(2) 镁工业集中度不高，无序竞争严重，产业结构不合理，技术水平不高。2005年产量居全国前10位的生产企业，其产量合计仅占全国总产量的52.99%。全国100多家企业中，大多数企业的生产规模在5000 t/a以下，企业无序竞争、低价格竞争情况严重，加之企业应用开发严重滞后，技术和设备落后，产品技术含量低，环境污染严重，企业效益受到影响。

(3) 镁工业生产一体化程度不高，产品结构不合理,造成资源严重浪费。突出表现在镁冶炼能力过剩,深加工能力不足,75%以上作为初级原料低价出口,属于典型的以牺牲资源和环境为代价的原料出口型工业。

(4) 镁企业的生产主要以满足出口需要为主,呈资源型出口,内需开发不足。2005 年中国镁产品产量为 46.76 万 t,其中出口量为 35.3万 t,国内消费量为 10.55 万 t,两者之比为 3.3∶1。同时,全国上百家镁生产企业为了出口,无序竞争,竞相压价,严重影响中国镁工业整体效益。产品开发和应用迟缓,加工技术落后,相关行业用镁积极性不高,制约了镁材在相关行业的应用。

(5) 企业运营水平不高。中国镁企业受生产规模小,企业实力不足的影响,缺乏对专利、商标、文化和品牌等无形资产的规划,运作不到位,投入远远不能适应企业发展和市场开拓需要,建立境外推行品牌战略和企业形象提升战略的企业微乎其微。

(6) 基础研究亟待加强。与工业发达国家相比,在材料体系化、加工工艺稳定化、有效的耐蚀防腐手段、基础数据库的建立、专用设备中关键技术的突破、生产中安全问题等方面仍相对落后,难以全面支撑起中国镁产业发展的技术需求。

(7) 技术含量低,生产装备落后,产品质量不稳定。皮江法炼镁工艺落后,机械化、自动化程度低,产品质量不够稳定;电解法炼镁的新工艺——用水氯镁石二次脱水制备无水氯化镁作电解法炼镁原料,尚未产业化和商品化;镁合金及其加工材料的生产工艺、技术、设备还比较落后,产品的品种、规格、质量与发达国家相比仍有差距。某些合金除满足化学成分要求外,力学性能难以保证,除少数厂家产品被用户认可外,多为初级产品,用户需再次熔炼后才能使用。而这也是造成“资源型出口,内需开发不足,扩大应用迟缓”的原因之一。

(8) 对环保重视不够,环保治理投入不足。目前,大部分皮江法炼镁企业仍以煤炭为主要能源。因此,皮江法炼镁如何控制 SO_2 有害气体的排放,以及还原渣如何处理,是摆在镁业界面前的一项重要课题。

(9) 能源结构需要调整。目前,大多数企业以煤直接燃烧作能源,煤燃烧产生的大部分热量被烟气带走,热效值利用不高,影响了镁产品的竞争力提升。

1.5.2.7 发展前景与方向

A 加强宏观管理,促进企业结构的调整

要强化行业管理,做好行业发展规划、技术投资导向、质量价格监督等工作;发挥行业组织的引导、协调作用,规范竞争秩序,深入研究、积极应对国际镁市场变动;扶强汰劣,鼓励支持优势企业,促进大企业品牌的形成,通过市场运作和竞争,使部分规模企业通过兼并、重组、联合等形式实现快速扩张,逐步建立与经济发展相适应的、有竞争力和高附加值产品的镁工业体系,增强对国内外市场的影响力和抗风险能力。

B 加强政府宏观调控,发展以镁为中心的特色产业群

国家应高度重视镁产业的现状;从战略和长远的高度,在资源、规模、布局、结构和应用等方面组织并研究镁产业的发展问题,多头研究、集中观点、认清问题、理顺思路,尽快定位镁产业的发展方针和目标。加强对镁合金行业的管理和引导,建立行业贸易信息网络和完善预警机制,建立、健全镁工业的国家、行业级产品系列标准,统一出口价格,消除无序竞争。通过政策引导、市场调节、行业自律等手段,延伸产业链、发挥综合优势,促进镁行业按地区整合成若干个具有相当规模的、品种逐步齐全的、具有产权关系的或多形式多层次结合的镁工业集团,建成全面、协调、可持续发展的镁产业体系。

此外,为了使镁产业走可持续发展之路,国家还应加大对镁工业环保的投资,并按照国际环保标准,实施源头治理,从项目立项开始就对原材料、工艺和技术的选择进行评价,最大限度地规避技术的环境风险,使镁生产企业真正成为环保型、科技型企业。

C 加强基础研究,突破关键技术,促进科研成果的孵化和转化

从中国镁产业的实际出发,对制约镁产业

发展的根本性、共通性基础理论和技术问题进行深入系统研究。特别要重视原镁生产的相关理论和关键技术、镁及镁合金高纯净化理论与技术、镁合金凝固过程理论和成型技术、镁合金塑性和变形加工技术、镁合金强化理论及技术、镁合金连接及表面处理技术、清洁生产技术等方面的研究，特别是要加强超前性和原创性技术的研究与开发。在研究和产业基础上，建立相应的镁产业基地，并通过整合镁产业领域的科研力量和生产企业，形成合力，促进科研成果的转化，实现产业化。

D 加强科技创新，“官、产、学、研、用”结合，推动企业技术进步

按市场机制的要求，把技术创新与体制创新紧密结合起来，让企业真正成为参与和投入的主体，并实现“官、产、学、研、用”结合。主要应从以下三个方面开展工作。

(1) 促进镁冶炼加工企业与有条件有实力的高等院校、研究院所的有机结合，解决好镁产业高质化问题；

(2) 促进有核心竞争力的镁合金加工企业与汽车零部件生产企业、计算机、通讯、航空和交通等应用领域的企业，以共同制定专项合作计划或形成上、下游多种方式合作的有机结合，打通镁合金加工业与制品应用的通道，实现镁产业链的扩展和延伸；

(3) 促进镁合金制品加工企业与机器制造业发达地区的设备制造专业化集团及有关院校之间，形成实施镁合金加工装备研发专项计划的有机结合。

依靠科技创新和高新技术改造镁工业；结合镁资源条件全面优化现行生产工艺；通过技术改造不断提高生产的机械化、连续化、自动化水平。从而达到改进产品质量、节能降耗、降低成本、改善环保条件的目的，全面提高镁工业的产业技术水平。

E 加大新产品开发力度，拓宽内需市场，扩大应用领域，优化出口结构

针对目前出口主要以初级产品为主的现状，研究开发高科技含量、高附加值的新产品、新合金、新材料，同时引进与合作生产优质的镁合金铸件、压铸件、挤压型材、管材和棒材、板带材或家电、电子、汽车等零部件终端产品，拓展镁在交通运输、电子信息、通讯、计算机、声像器材、手提工具、电机、林业、纺织、核动力、冶金、化工、医药、石油、军事、航空航天等领域的应用，拉动国内市场，改善镁产品出口结构，逐渐将原镁产业优势转化为镁产品市场优势。在加速开发拓宽内需市场的同时，争取与外商合作，全面开发国际市场，逐步与国外用户建立长期供销关系，力争有较稳定的国外销售市场。同时，加强国内用户间的信息交流，减少进口，杜绝浪费。

F 重视节能降耗和环保安全，发展循环经济，走可持续发展之路

要建立从前沿高技术研发到产业化技术开发的技术研发创新体系；进一步研究镁合金的基础特性；尽快进行镁合金深加工产品生产工艺技术的研究；要以前期基础较好、未来有较大应用潜力和技术创新空间的研究方向为重点；突出环保、节能降耗技术开发和工程应用技术开发；加强镁产业链上的薄弱环节的研发工作。在自我开发的同时，也要积极注意引进国外科研成果及新工艺、新技术，使镁工业的技术水平得到尽快提升，形成具有自主知识产权的镁合金及镁产品的研究开发体系。

发展镁工业要坚持科学发展观和可持续发展的原则。坚持统筹规划、合理开发，提高镁资源的利用率，最大限度地节约资源。加强镁的回收和再生利用，发展循环经济，实现镁工业的可持续发展必须高度重视保护环境，提高环保意识，加强环境污染的控制和治理，正确解决环境与发展的关系，以实现环境与经济效益的可持续发展。

G 加强人才培养和对外交流与合作

在知识创新、技术创新时代，领先科技，振兴经济，教育是基础，人才是关键。镁合金的研究开发是一个多领域、多层次、多部门合作的持续过程，通过在相关专业的人才培养过程中，增加镁及镁合金的内容，加强对镁合金的宣传力度，培育一批高质量的、具有创新精神和能力的专业科技人才队伍非常重要。按照“不求所有，

不求所在,但求所为”的方针,以多种形式吸引国内外优秀人才为镁产业发展服务。同时,加强对外合作与交流,及时掌握国际国内的发展动态和市场需求情况,选准突破点,做出自己的特色。

H 全面创新,提高镁行业的国际竞争力,加强政策导向,促进镁产业高速健康发展

在观念创新方面,要牢固树立市场经济的观念、意识和思维(商品、竞争、诚信、共赢),坚持科学发展观,坚持全面、协调、可持续发展;在体制创新方面,进行资产股分化、股东多元化改革;在机制创新方面,建立有效的激励机制和必要的约束机制;在管理创新方面,以人为本,以法为本,推行信息化、科学化管理;在科技创新方面,逐步实现传统产业的高新化和高新技术产业化。

镁工业是正在崛起的具有广阔市场前景的新兴产业,国家应制定和推行有利于镁产业持续、健康、有序发展的法律和政策,在突出全社会和国家整体利益的前提下,确定镁产业的发展目标,用相应的技术政策和出口政策,促使我国镁产业改变目前为发达国家提供原镁等初级产品的地位。针对国内镁的消费市场尚未形成、内需严重不足的状况,应制定鼓励推广镁的应用的政策,促使镁行业与应用行业,如汽车工业、摩托车工业、3C产业等有机结合起来,鼓励企业整合资源,追求利益最大化,培植终端市场。

中国正处于国民经济持续高速发展时期,也是镁产业高速发展的良好时机,并且有发展镁业的优越条件和良好基础,只要更进一步合理调配和使用资源,加强宏观调控,调整产业和产品结构,加强科技创新和技术进步,加强现代化科学管理,中国在不久的将来会由镁业大国变为镁业强国。

参考文献

1 徐日瑶. 金属镁生产工艺学. 长沙:中南大学出版社, 2003

2 Michael M Avedesian, Hugh Baker. ASM Speciality Handbook——Magnesium and Magnesium Alloys. Ohio: ASM International, 1999

3 High-Purity Magnesium, Bulletin TIB 551, Dominion Magnesium Ltd.

4 Polmear I J. Light Metals: Metallurgy of the Light Metals (3rd ed). London: Edward Arnold, 1995. 204. Courtesy K J Gradwell. Ph. D. thesis, UK: University of Manchester, 1972

5 Kainer K U, Buch F von. The Current State of Technology and Potential for Futher Development of Magnesium Applications. in Kainer K U (ed). Kaiset F (trans). Magnesium Alloys and Technology. Weinheim: WILEY-VCH Verlag GmbH, 2003

6 Haferkamp H, Boehm R, Holzkamp U, Jaschik C, Kaese V, Niemeyer M. Alloy Development, Processing and Applications in Magnesium Lithium Alloys. Materials Transactions, 2001, 42 (7): 1160～1171

7 ASM International Handbook Committee, Forming and Forging. Metals Handbook, Ninth Edition Vol.14.1988

8 张丁非,彭健,丁培道等. 镁及镁合金的资源使用与市场需求. 全国镁开发工作会议暨产业发展研讨会重庆地区论文集,2003

9 曾荣昌,柯伟等. Mg 合金的最新发展及应用前景. 金属学报,2001,(2):673

10 潘复生,张静,汪凌云等. 变形镁合金研究最新进展及应用前景. 2002 年材料科学与工程新进展. 北京:冶金工业出版社,2003

11 Aghion E, Bronfin B. Magnesium Alloys Development towards the 21st Century. Materials Science Forum. 2000, 350:19～28

12 曾荣昌,柯伟,徐永波等. Mg 合金的最新发展及应用情景. 金属学报,2001,37(7):673～685

13 郭兴伍,丁文江. 镁合金阳极氧化的研究及发展现状. 材料保护,2002,35(2):1～3

14 刘静安. 镁合金加工技术发展趋势与开发应用前景. 轻合金加工技术,2001,Vol.29,No.11

15 王祝堂. 世界镁产量与镁的用途. 轻金属,1999, No.11

16 潘玉敏等. 未来十年镁业展望与新增产能的预测. 轻金属,2001,No.8

17 Eliezer D, Aghion E et al. Magnesium science, technology and application. Advanced Performance Materials, 1998, (5): 201～202

18 小原久. マクネシゥム合金の市場動向,工業材料特集:需要泫大すゐマクネシゥム合金,1999,47(5):23

19 刘正,王中光,王越等. 压铸镁合金在汽车工业中的应用和发展趋势. 特种铸造及有色合金,1999,(5):55

20 王文先,张金山,许并社. 镁合金材料的应用及其加工成型技术. 太原理工大学学报,2001,32(6):599

21 李华清,谢水生,吴朋越,黄国杰. 硅热还原炼镁工艺

的发展探讨. 轻金属,2005,No.9:47～50
22 李华清,谢水生. 关于中国镁工业发展的思考. 轻合金加工技术,2005,No.6
23 潘洪平,谢水生,丁志勇. 镁合金加工技术的研究与应用. 轻合金加工技术,2002,Vol.30,No.7:7～10
24 孟树昆,董春明. 中国镁工业——面向世界可持续发展的优势产业. 日本国际镁研讨会论文集. 日本·东京,1999
25 孟树昆,徐河. 提高中国镁工业水平的进展. IMA60届世界镁业大会年会论文集. 德国·斯图加特,2003
26 孟树昆. 稳定产品质量,扩大国内需求. 中国有色金属报, 2003-06-17
27 孟树昆,吴秀铭. 推动发展中国镁应用市场. IMA61届世界镁业大会年会论文集. 美国·新奥尔良市,2004
28 孟树昆. 2003 年镁工业发展报告. 中国镁业, 2004, No.3
29 孟树昆. 我国成为世界最大镁出口国,资源型出口内需开发不足仍是切肤之痛. 中国有色金属报, 2004-04-15
30 孟树昆. 2004 年镁工业发展分析报告, 2004 年中国有色金属工业发展报告. 2005
31 孟树昆. 对我国镁工业"十五"科技发展战略的思考. 中国镁业, 2001,No.2
32 孟树昆,徐河等. 提升中国皮江法炼镁水平、发展循环经济. IMA62 届世界镁业大会年会论文集. 德国·柏林,2005

2

镁合金的分类、牌号、状态、化学成分与性能

Magnesium Alloy Systems, Chemical Composition and Performance

2.1 工业纯镁

工业纯镁的纯度可达99.9%以上，因强度低和其他一些原因，很少在工程上用做结构材料。在纯镁中加入铝、锌、锰、稀土、锆、锂、银、铈、钍等元素，合金化后得到的高强度轻质镁合金，可广泛用做结构材料。目前，也生产出几种非合金化工业纯镁，用于非结构用途，如用做功能材料和化工材料等。

2.1.1 工业纯镁的牌号和化学成分

原生电解镁和硅热还原金属镁的纯度可达99.8%以上，根据一些具体的技术规范对其单个或多个杂质元素含量加以限制可以满足多数化学和冶金用途的要求。因此，大多数商用纯镁都是原生电解镁或硅热还原金属镁。而某些对某一具体杂质含量有特殊要求或纯度要求很高的场合可采用一些特殊牌号的高纯镁。高纯度的精炼镁通常是用原生镁真空精炼而成。表2-1为常用工业（商用）纯镁的牌号及化学组成。

表 2-1 工业纯镁的牌号及杂质含量（质量分数） （%）

名称	化学成分									其他金属元素		Mg
	Al	Ca	Cu	Fe	Mn	Ni	Pb	Si	Sn	单一元素	总量	
原生电解镁	0.005	0.0014	0.0014	0.029	0.06	<0.0005	0.0007	0.0015	<0.001	<0.05	<0.13	99.87
二级电解镁	—	—	<0.02	<0.05	<0.01	<0.001	<0.01	—	<0.01	<0.05	<0.10	99.90
三级电解镁	<0.004	<0.003	<0.005	<0.03	<0.01	<0.001	<0.01	<0.005	<0.005	<0.05	<0.08	99.92
四级电解镁	<0.002	<0.003	<0.004	<0.03	<0.004	<0.001	<0.005	<0.005	<0.005	<0.05	<0.07	99.93
五级电解镁	—	—	<0.003	<0.003	<0.004	<0.001	<0.005	<0.005	<0.005	<0.01	<0.05	99.95
硅热还原镁	0.007	0.004	<0.001	0.001	0.002	<0.0005	0.001	0.006	0.001	<0.01	<0.04	99.96
高纯度精炼镁	0.0004	0.001	0.0002	0.0007	<0.001	<0.0005	<0.0005	<0.001	<0.001	<0.01	<0.02	99.98

2.1.2 杂质元素对纯镁组织和性能的影响

镁中最常见的金属元素有铝、铁、硅、铜、镍、钠、钾、铍、钙等。铍和钙为有益元素，铝能溶于镁中形成固溶体，对镁的组织和性能没有明显影响。其他金属元素为有害杂质，其中以铁、铜、镍的危害为最大。

铁、钠、钾不溶于镁内，而以纯金属形式存在于晶界。硅、铜、镍在镁中的溶解度极小，常与镁形成 Mg_2Si、Mg_2Cu、Mg_2Ni 等金属间化合物，以网状形式分布于晶界。钠、钾能使合金的偏析及收缩增大，导致合金力学性能降低。

少量的铁、铜、镍、硅对镁的力学性能影响不大，但会强烈降低镁的耐蚀性能，尤以铁、铜、镍为甚。图2-1为少量铁、铜、镍对镁耐蚀性的影响情况。

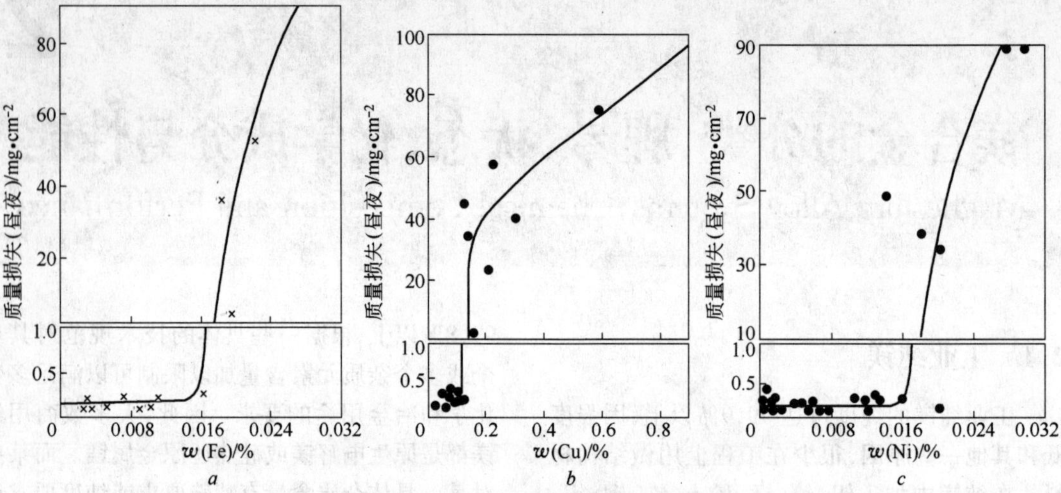

图 2-1 杂质元素铁、铜和镍对镁耐蚀性的影响

a—铁对镁耐蚀性的影响；*b*—铜对镁耐蚀性的影响；*c*—镍对镁耐蚀性的影响

由图 2-1*a* 可知，只有当铁含量小于 0.016%时，才对镁的耐蚀性不发生影响。实际生产中铁的含量远远超过这个范围。为了消除铁的有害影响，通常在镁及镁合金中加入一定量的锰(0.15%～0.5%)。锰能与铁生成化合物并沉积于熔体底部，从而消除了铁的有害影响。

由图 2-1*b*、*c* 可知，只有当铜和镍含量分别小于 0.15%和 0.016%时，才对镁的耐蚀性能不产生影响。实际生产的镁及镁合金中，铜和镍的含量均在此限度以内，因此其影响一般可不予以考虑。

铁在镁熔体中的溶解度与温度的关系见表 2-2。

表 2-2 铁在镁熔体中的溶解度与温度的关系

温度/℃	溶解在液态镁中的铁(质量分数)/%	温度/℃	溶解在液态镁中的铁(质量分数)/%
650～655	0.025～0.026	800	0.10～0.12
660～670	0.026～0.027	850	0.16
665～675	0.028	900	0.186～0.201
680～690	0.033～0.034	950	0.22～0.24
700	0.035～0.040	1000	0.32
725	0.045	1100	0.56
750	0.050～0.051	1200	0.84

注：在铁管中将试样加热至规定温度，然后在水中淬火。

熔炼时加入少量的铍(0.005%～0.02%)，可在熔体表面上形成一层致密的氧化膜，提高了熔体的抗氧化能力。但当铍含量超过 0.02%时，会导致晶粒粗大，降低力学性能，并使合金的热脆倾向增大。

钙加入镁中可减少镁的氧化及显微疏松。有时在变形镁合金中加入少量的钙(0.05%～0.2%)，可细化组织，提高力学性能。但钙含量超过 0.3%时，会使镁的焊接性能变坏。

2.1.3 工业纯镁的性能

工业纯镁是在电解原镁或硅热还原金属镁的基础上，精炼或控制某些杂质含量制成的，镁含量都大于 99%，因此，其基本的物理性能，如晶体结构、密度、线膨胀系数、扩散系数、比热容、热导系数、电阻系数、沸点、蒸汽压、热电动势等是基本相同或相似的，详见 1.3.1 节。本节重点介绍工业纯镁的使用性能，如力学性能、耐蚀性能和工艺性能等。

2.1.3.1 力学性能

纯镁的室温力学性能见表 2-3，高温力学性能见表 2-4。

2.1.3.2 耐蚀性能

镁的标准电位为 −2.363V，比铝的标准电位(−1.663 V)低，是负电性很强的金属，其耐蚀性很差。

表 2-3 纯镁在 20℃ 时的力学性能

材料品种及状态	σ_b/MPa	$\sigma_{0.2}$/MPa	δ/%	ψ/%	硬度 HB	σ_{-1}/MPa	弹性模量 E/GPa	切变模量 G/GPa	泊松系数 μ
挤压棒材	200	90	11.5	12.5	400	—	45	16	0.35
退火板材	190	95	16.0	—	400	63	45	16	0.35
冷轧板材	260	190	9.0	—	500	—	45	16	0.35

表 2-4 纯镁的挤压棒材在高温时的力学性能

温度/℃	σ_b/MPa	$\sigma_{0.2}$/MPa	δ/%	ψ/%	a_K/kJ·m^{-2}
200	60	25	42.5	36.5	23
250	30	20	41.5	92.5	50
300	20	16	58.5	95.5	125
350	18	12	95.0	98.0	170
400	10	5	60.0	93.5	103
450	6	4	65.5	95.5	135

镁很容易与空气中的氧化合，生成一层很薄的氧化膜(MgO)。这种薄膜多孔疏松，远不如铝及铝合金的氧化膜坚实致密，见表 2-5，因此其保护作用很差。纯镁在各种介质中的腐蚀情况见表 2-6。

表 2-5 纯镁及某些常用金属的氧化膜的相对致密性

金属	氧化物	氧化物的分子体积与金属的原子体积之比	金属	氧化物	氧化物的分子体积与金属的原子体积之比
不能生成致密氧化膜的金属			铝	Al_2O_3	1.24
钾	K_2O	0.41	铅	PbO	1.29
锂	Li_2O	0.57	锡	SnO_2	1.34
钠	Na_2O	0.57	锌	ZnO	1.57
钙	CaO	0.64	镍	NiO	1.60
硅	SiO_2	0.73	铍	BeO	1.71
镁	MgO	0.79	铜	Cu_2O	1.71
能生成致密氧化膜的金属			铬	Cr_2O_3	2.03
镉	CdO	1.21	铁	Fe_2O_3	2.16

表 2-6 纯镁在各种介质中的腐蚀情况

介质种类	腐蚀情况	介质种类	腐蚀情况
淡水、海水、潮湿大气	腐蚀破坏	甲醚、乙醚、丙酮	不腐蚀
有机酸及其盐	强烈腐蚀破坏	石油、汽油、煤油	不腐蚀
无机酸及其盐(不包括氟盐)	强烈腐蚀破坏	芳香族化合物(苯、甲苯、二甲苯、酚、甲酚、萘、蒽)	不腐蚀
氨溶液、氢氧化铵	强烈腐蚀破坏		
甲醛、乙醛、三氯乙醛	腐蚀破坏	氢氧化钠溶液	不腐蚀
无水乙醇	不腐蚀	干燥空气	不腐蚀

为了防止镁的腐蚀，在储存使用之前，需采取适当的防腐措施，如进行表面氧化和涂油、涂漆保护。

镁及镁合金在与其他金属接触时，还可能产生接触腐蚀。因此，在和铝及铝合金(铝－镁系合金除外)、铜及铜合金、镍及镍合金、钢及贵金属接触时，需在接触面上垫以浸油纸、石蜡纸或其他对镁无腐蚀作用的材料。

在一定条件下，镁可与其他元素反应形成化合物，表 2-7 和表 2-8 为部分镁化合物的性质与生成热。

表 2-7 部分镁化合物的性质

名称	分子式	相对分子质量	颜色	密度/g·cm^{-3}	熔点/℃	沸点/℃	生成热效应/kJ·mol^{-1}
氮化镁	Mg_3N_2	100.93	黄绿色	—	—	—	+500.3
氢氧化镁	$Mg(OH)_2$	58.34	无色	2.36	—	—	+908.3
偏硅酸镁	$MgSiO_3$	100.39	无色	3.16	1560	—	—

续表 2-7

名　称	分子式	相对分子质量	颜色	密度/g·cm^{-3}	熔点/℃	沸点/℃	生成热效应/kJ·mol^{-1}
氧化镁	MgO	40.33	白色	3.2～3.7	<2500	2800	+609.4
硫酸镁	$MgSO_4$	120.37	白色	2.66	1120	—	+1263.6
七水硫酸镁	$MgSO_4·7H_2O$	246.47	无色	1.68	—	—	—
碳酸镁	$MgCO_3$	84.32	白色	3.04	—	—	+1114.4
氯化镁	$MgCl_2$	95.21	无色	1.32	718	—	+631.2

表 2-8　部分镁金属间化合物的生成热

金属间化合物	生成热/kJ·mol^{-1}	金属间化合物	生成热/kJ·mol^{-1}	金属间化合物	生成热/kJ·mol^{-1}
$Mg_{17}Al_{12}$	29.3	Mg_3La	13.4	Mg_3Ce	18.0
MgCd	19.2	Mg_2Sn	83.6	MgCe	27.2
Mg_4Ca_3	25.5	Mg_3Pr	11.7	$MgZn_2$	17.6
MgLa	12.1	MgPr	17.1		

2.1.3.3　工艺性能

镁的工艺塑性比铝低，其原因是镁为密排六方晶格。在室温变形时，只有单一的滑移系（基面），因此，其各向异性也比铝显著。但当温度高于225℃时，镁的滑移系增多，塑性显著提高，因此镁及镁合金的压力加工大都在加热状态下进行。

纯镁的主要工艺参数见表 2-9。

表 2-9　纯镁的主要工艺参数

铸造温度/℃	热加工温度范围/℃	开轧温度/℃	挤压温度/℃	两次退火间最大允许压下量/%
670～710	230～480	470～480	400～440	50～60

镁变形后，强度提高而塑性降低。欲恢复其塑性，可进行再结晶退火。再结晶退火温度可根据再结晶图来决定，参见图 2-2。退火也是纯镁的唯一热处理方式。

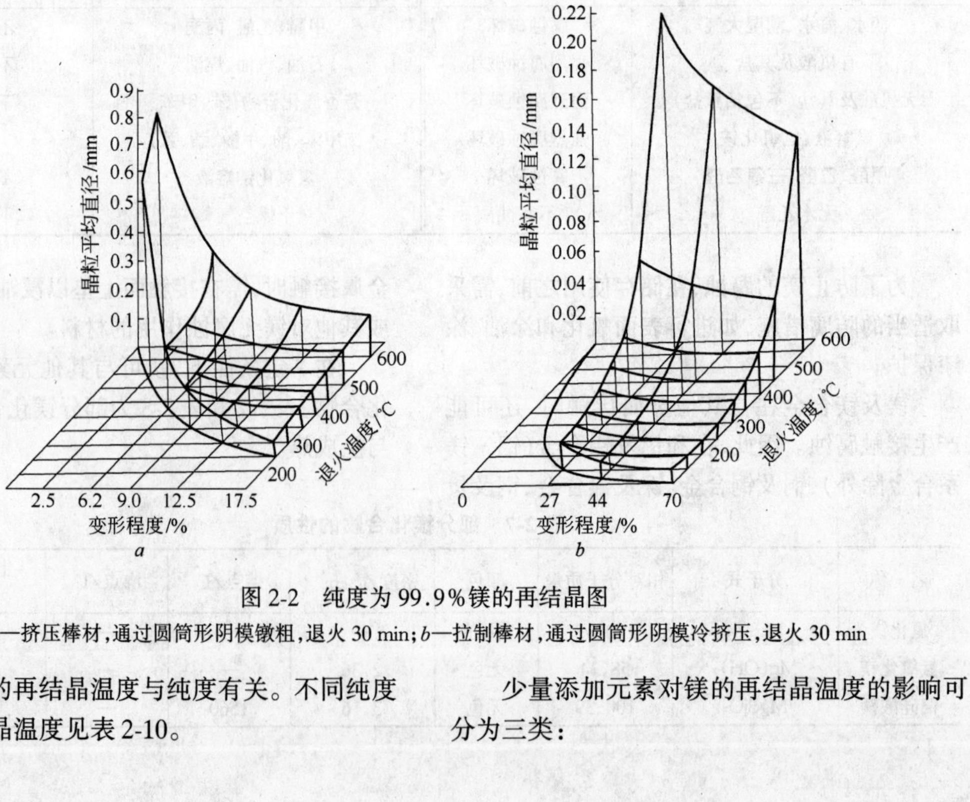

图 2-2　纯度为 99.9%镁的再结晶图

a—挤压棒材，通过圆筒形阴模镦粗，退火 30 min；*b*—拉制棒材，通过圆筒形阴模冷挤压，退火 30 min

纯镁的再结晶温度与纯度有关。不同纯度镁的再结晶温度见表 2-10。

少量添加元素对镁的再结晶温度的影响可分为三类：

表 2-10 镁的纯度对再结晶温度的影响

纯度/%	开始再结晶温度/℃	再结晶终了温度/℃	备　注
99.8	170	260	10%变形,退火 1 h
99.9	150～175	250～275	20%～30%变形,退火 1 h
99.99	100～125	225～250	20%～30%变形,退火 1 h
99.994	75～100	200～225	20%～30%变形,退火 1 h

(1) 能显著提高再结晶温度的元素:锆、铈、铜、锰、钙、钍;

(2) 能稍微提高再结晶温度的元素:铝、镉、锡、锌、镍;

(3) 对再结晶温度几乎无影响的元素:铬、硅、铁。但,硅和铁能提高再结晶终了温度。

由于镁与氧的亲和力大,其氧化膜又无保护作用,在高温下极易氧化甚至燃烧,因此在熔炼镁及镁合金时必须在专用熔剂(氯盐和氟盐的混合物)覆盖保护下进行,否则熔体金属很容易被氧化烧损。铸造时,也需在模子中加入硫磺粉或通入 SO_2 气体进行保护,以防止氧化。

在镁及镁合金材料加热时,必须事先清除材料边角处的毛刺及碎屑,否则很容易由于激烈氧化而引起燃烧。不允许将镁材与铝材放在一起加热,更不允许将镁材在硝盐槽内进行热处理。

如果镁及镁合金材料发生燃烧时,可采用二号熔剂、干砂或石棉布进行灭火,严禁使用水,也不能采用普通的灭火剂。

镁可以进行氩弧焊和点焊,但焊接工艺比铝复杂。因为,当气焊时,镁很容易形成氧化膜及熔渣,并且具有较大的热脆性。

镁的切削加工性能十分良好。

2.1.4 工业纯镁的用途

工业纯镁的力学性能低,不做结构材料使用。在工业上,工业纯镁除了少部分用于化学工业、仪表制造及军事工业外,主要用于制造镁合金及生产含镁铝合金的合金元素。目前,世界上的原镁产量约有 50%用于制造镁合金,33%用于制造铝合金,其余的用做生产某些合金的还原剂、脱氧剂及变质剂等。

2.2 镁合金的冶金特性与合金化原理

2.2.1 镁合金的物理冶金特性

常温下,金属镁具有密排六方晶格结构,原子直径为 0.320 nm,可以固溶多种元素,如锌、锰和铝等。常规镁合金存在固溶强化和沉淀强化两种强化机制。影响镁合金固溶体类型的因素很多,如晶体结构、原子价态和电化学因素等。如果溶剂与溶质原子半径差不大于 15%就会生成宽广固溶体(固溶度较大的固溶体)。溶剂与溶质原子半径差愈大,固溶度愈有限。原子价态差异影响合金元素在镁中的固溶度,合金元素的原子价态与镁越接近,则其固溶度越大,趋向于形成无限固溶体。在原子尺寸因素有利的情况下,镁的强正电性对合金元素的固溶影响非常大。镁同硅、锡等元素具有很强的化学亲和性,将形成稳定性很高的化合物。周期表中ⅡB 族元素锌、镉具有与镁相同的晶体结构,即密排六方结构,在镁中具有很高的固溶度。高于 250℃时,镉能与镁形成连续固溶体,大多数合金元素与镁形成二元共晶合金,有时也会形成包晶系。二元镁合金中主要合金元素固溶度及其与镁形成的合金系见表 2-11。

表 2-11 二元镁合金中主要合金元素固溶度及其与镁形成的合金系

合金元素	原子分数/%	质量分数/%	固溶体类型	合金元素	原子分数/%	质量分数/%	固溶体类型
Li	17.0	5.5	共晶系	Mn	1.0	2.2	包晶系
Al	11.6	12.7	共晶系	Th	0.52	4.75	共晶系
Ag	3.8	15.0	共晶系	Ce	0.1	0.5	共晶系
Y	3.35	12.4	共晶系	Cd	100	100	完全固溶
Zn	2.4	6.2	共晶系	In	19.4	53.2	包晶系
Nd	约 0.1	约 0.6	共晶系	Tl	15.4	60.5	共晶系
Zr	1.0	3.8	包晶系	Sc	约 15	约 24.5	包晶系

续表 2-11

合金元素	原子分数/%	质量分数/%	固溶体类型	合金元素	原子分数/%	质量分数/%	固溶体类型
Pb	7.75	41.9	共晶系	Bi	1.1	8.9	共晶系
Tu	6.3	31.8	共晶系	Ca	0.82	1.35	共晶系
Tb	4.6	24.0	共晶系	Sm	约 1.0	约 6.4	共晶系
Sn	3.35	14.5	共晶系	Au	0.1	0.8	共晶系
Ga	3.1	8.4	共晶系	Ti	0.1	0.2	包晶系
Yb	1.2	8.0	共晶系				

合金元素对镁合金的固溶强化效果与溶质及溶剂原子半径差有关。二者半径差越大，固溶强化效果越显著。为了达到有效的固溶强化效果，尽量选择与镁原子半径相差较大的元素。如果合金元素在镁中的固溶度大于 0.5%（原子分数），并且原子半径差足够大，则可能出现显著的固溶强化效应。对于镁的沉淀强化机制来说，实现沉淀强化有两点要求：其一是合金元素在镁中的固溶度随温度下降而减小；其二是合金元素与镁反应所生成的沉淀产物在材料使用温度下是稳定的。某些合金元素在镁中的固溶度受原子尺寸因素影响强烈，但是总体而言随温度的降低而减小，这正是沉淀强化所要求的。大多数镁合金都存在沉淀强化机制，而一些铝合金中的沉淀强化影响并不显著。一般而言，镁合金中的沉淀析出过程非常复杂，其中一个共性是形成与镁晶格一致的有序六方沉淀相（具有 DO_{19} 结构），它与时效 AlCu 合金中形成的 θ 相类似。通常在镁合金中产生最大程度的加工硬化时，就会出现这种相。DO_{19} 单胞 a 轴长度是镁 a 轴的 2 倍，而 c 轴长度相同。沉淀相为片状或盘状，沿 $\{10\bar{1}0\}_{Mg}$ 和 $\{11\bar{2}0\}_{Mg}$ 晶面排列，平行于 $\langle 0001\rangle_{Mg}$ 方向。$(10\bar{1}0)_{Mg}$ 和 $(11\bar{2}0)_{Mg}$ 晶面交替排列，呈 Mg_3X 结构，由镁原子堆垛而成。只要改变次近邻原子的结合力，就能沿这些晶面形成低能界面。结构特征表明：在较宽的温度范围内，沉淀相相对稳定是提高镁合金蠕变抗力的关键因素。一些镁合金固溶体的脱溶过程及产物见表 2-12。

表 2-12　一些镁合金固溶体的脱溶过程及产物

合　金	脱溶过程				
Mg-Al	SSSS①→在 $(0001)_{Mg}$ 晶面上形核的平衡析出相 $Mg_{17}Al_{12}$				
Mg-Zn(-Cu)	SSSS →	G.P. 区 → 圆盘状 $\parallel\{0001\}_{Mg}$ （连续）	$MgZn_2$ → 棒状 $\perp\{0001\}_{Mg}$ hcp $a=0.52$ nm $c=0.85$ nm （连续）	$MgZn_2$ → 圆盘状 $\parallel\{0001\}_{Mg}$ $(11\bar{2}0)_{MgZn_2}\parallel\{10\bar{1}0\}_{Mg}$ hcp $a=0.52$ nm $c=0.848$ nm （半连续）	Mg_2Zn_3 三角形 $a=1.724$ nm $b=1.445$ nm $c=0.52$ nm $\gamma=138°$ （不连续）
Mg-RE(Nd)	SSSS →	G.P. 区 → (Mg-Nd) 片状 $\parallel\{10\bar{1}0\}_{Mg}$ （连续）	β'' → Mg_3Nd? hcp DO_{19} 超格子 片状 $(0001)_{\beta''}\parallel(00\bar{1}0)_{Mg}$ $(10\bar{1}0)_{\beta''}\parallel(10\bar{1}0)_{Mg}$	β' → Mg_3Nd fcc 片状 $a=0.736$ nm $(011)_{\beta'}\parallel(0001)_{Mg}$ $(\bar{1}1\bar{1})_{\beta'}\parallel(\bar{2}110)_{Mg}$ （不连续）	β $Mg_{12}Nd$ bct $a=1.03$ nm $c=0.593$ nm （半连续）

续表 2-12

合 金	脱溶过程
Mg-Y-Nd	SSSS → ? → β″ → β′ → β β″：DO_{19}超格子；六边形；片状；$(0001)_{\beta''} \| (0001)_{Mg}$；$\{10\bar{1}0\}_{\beta''} \| \{10\bar{1}0\}_{Mg}$ β′：$Mg_{12}NdY$?；斜方；片状；$(0001)_{\beta'} \| (0001)_{Mg}$；$[100]_{\beta'} \| [\bar{2}110]_{Mg}$；$[010]_{\beta'} \| [01\bar{1}0]_{Mg}$ β：$Mg_{11}NdY_2$?；bcc；$(011)_{\beta} \| (0001)_{Mg}$；$[1\bar{1}1]_{\beta} \| [1\bar{2}10]_{Mg}$；（不连续）
Mg-Th	SSSS → β″ → β β″：Mg_3Th?；hcp；DO_{19}超晶格；圆盘$\| \{10\bar{1}0\}_{Mg}$；（连续） {Mg_2Th；（Ⅰ）β′六边形；（Ⅱ）β′fcc；（半连续）} β：$Mg_{23}Th_6$；fcc；$a = 1.41$ nm；（不连续）
Mg-Ag-RE（Nd）	SSSS → 类棒状 → γ 类棒状：G.P. 区；$\perp \{0001\}_{Mg}$；（连续） γ：六边形；棒状；$a = 0.963$ nm；$c = 1.024$ nm；$\| [0001]_{Mg}$；（连续） SSSS → 椭球形 → β → $Mg_{12}Nd_2Ag$ 椭球形：G.P. 区；$\| (0001)_{Mg}$；（连续） β：六边形；等轴；$a = 0.556$ nm；$c = 0.521$ nm；$(0001)_{\beta} \| (0001)_{Mg}$；$(11\bar{2}0)_{\beta} \| (10\bar{1}0)_{Mg}$；（半连续） $Mg_{12}Nd_2Ag$：络合物；六边形；板条状；（不连续）

① SSSS 为过饱和固溶体状态，即 Supersaturation Solution State 的缩写。

镁具有强正电性，能与大部分合金元素生成金属间化合物，其稳定性随合金元素电负性的增加而增加。在所有能形成的金属间化合物中，AB、AB_2 和 CaF_2 型是最常见的三种。AB 型化合物如 MgT1、MgAg、CeMg 和 SnMg 等具有简单立方 CsCl 结构，Mg 要么充当正电性组元，要么充当负电性组元。AB_2 型化合物包括半径比 R_A/R_R 为 1.23 的 Laves 相，存在三种结构：$MgCu_2$ 型面心立方晶格、$MgZn_2$ 型六方结构和 $MgNi_2$ 型六方结构。CaF_2 型化合物具有面心立方结构，镁与元素周期表中十四列元素形成这类化合物，如 Mg_2Si、Mg_2Sn 等。在镁中添加合金元素的最大量与该元素在熔融镁中的溶解度、合金元素的交互作用等有关，见表 2-13 和表 2-14。

表 2-13 合金元素在镁中的溶解度及合金化

添加元素	添 加 形 式	有效溶解度/%	合金化效率/%
Al	金 属	100	90～100
Sb	金 属	100	100
As	金属颗粒	—	60～100
Ba	金 属	100	25～100
Be	Al-Be 和 $BeCl_2$	0.01	10～30
Bi	金 属	100	100

续表 2-13

添加元素	添加形式	有效溶解度/%	合金化效率/%
B	BCl_2 和金属粉末	—	<5
Cd	金属	100	100
Ca	80Ca-20Mg 和金属	100	50～100
Ce	封装在石英管内的金属	—	0(含 Si 为 0.23)
Cr	金属、金属粉末和 $CrCl_3$	0.04	0～8
Co	金属粉末、切屑和金属	约 5	1～100
Cu	金属	100	100
Ga	金属粒子	100	85～100
Ge	金属	100	70～100
Au	金属	100	100
In	金属	100	95～100
I	I_2	—	0
Fe	金属粉末、切屑和 $FeCl_3$	约 0.1	10
Pb	金属	100	100
Li	金属	100	95
Mn	$MnCl_2$、Al-Mn/Mn 粉/片晶	约 5.0	75/50～90/95～90
Hg	金属	100	70
RE	金属、REF_3 和 $RECl_3$	100	80～100
Mo	$MoCl_4$、金属和金属粉末	≥1.0	100/0～45
Ni	金属	100	100
Nb	金属、金属粉末	0	0
Os	金属粉末	—	58
Pd	金属	100	100
P	Fe_2P	约 0.01	0～60
Pt	金属	100	100
K	金属	约 0.02	5～15
Rh	金属	约 0.5	100
Rb	封装在石英管内的金属	0	0(含 Si 量为 0.10)
Ru	金属粉末	≥0.003	<1
Sm	稀土金属混合物	0	0
Se	金属	—	0～38
Si	FeSi(95%Si)和金属粉末	100	35～85
Ag	金属	100	100
Na	金属	约 0.1	10～80
Sr	金属	100	30～100
Ta	金属/金属粉末	约 0.015	0/0～1.5
Te	金属	约 0.2	20～50
Tl	金属	100	95～100
Th	金属、ThF_4 和 $ThCl_4$	100	75～100
Sn	金属	100	100
Ti	金属、$TiCl_4$	≥1.0	0～100/10
W	金属、金属粉末	≥0.2	0～21
U	金属	—	<10
V	金属粉末、VCl_4	≥0.02	0
Y	REF_3 混合物	—	约 0
Zn	金属	100	95～100
Zr	金属	0.95	20～50

表 2-14 与熔融态镁形成界面的化合物

Al-Ba	Al-Th	Be-Zr	Fe-Li	Li-Th	Ni-Zr
Al-Co	Al-Zr	Bi-Ca	Fe-Zr	Li-Zr	Pb-Zr
Al-Fe①	B-Fe	Bi-Li	Li-MM-Mn②	MM-Sb②	Sb-Th
Al-Mn①	B-Mn	Ca-Sb	Li-Mn	MM-Si②	Sb-Zr
Al-MM-Li②	Be-Fe	Co-Zr	Li-Ni	Mn-Si	Si-Th
Al-Ni	Be-Mn	Cu-Li	Li-Sb	Mn-Zr	Si-Zr

注：如果单独考虑各组元，某些化合物在熔融的镁中是可溶的，有些高熔点化合物在熔融镁中不可溶。

① 可能为三元化合物；

② MM 表示混合稀土。

2.2.2 镁合金的晶粒细化机理

镁合金的一个重要缺点是晶粒粗大和分布不均匀，给强度和塑性带来极坏的影响，表 2-15 所示是 AZ92 合金晶粒度对铸件力学性能的影响。因此，晶粒细化是镁合金化必须考虑的重要问题之一。

表 2-15 **AZ92**(Mg-9Al-2Zn)合金晶粒度对铸件力学性能的影响

晶粒度/mm	σ_b/MPa	δ/%
0.076	286	10.6
0.635	216	4.5

Mg-Al 合金晶粒细化的传统方法是对液态合金进行过热处理，将合金过热到 850℃左右保温 30 min，然后快冷到铸造温度浇注。这种处理最适于砂模铸造，尤其是含 Al、Mn 和杂质 Fe 的合金细化效果最为明显。但细化原因还没有一致的看法，Nelson 用电子衍射研究 Mg-8Al-0.2Mn 合金后指出，过热处理的合金有 $MnAl_4$ 相（六方晶格）存在，但在 715℃以下或 1000℃加热的合金，没有这种含 Mn 相存在。据此他认为 $MnAl_4$ 或具有六方晶格的其他高熔点化合物在结晶过程中起晶核作用，是晶粒细化的主要原因。

另一种观点认为液态合金冷却到铸造温度结晶出来的 Al_4C_3 化合物是结晶核心。现在熔炼含 Al 合金常用的挥发性含 C 化合物，如甲烷、丙烷、四氯化碳、六氯乙烷或固体炭粉等，有明显的细化晶粒作用，就可能是液态合金中的 Al 与 C 反应生成 Al_4C_3 或 $AlN \cdot Al_4C_3$ 等结晶核心的结果。

过热处理法的缺点是只适用于 Mg-Al 系合金，而且必须快速冷却到铸造温度在短时间内即铸造完毕，否则过热处理效果即消失，铸造工艺难以控制。

在德国还发展了另一种处理方法，向液体合金中加入少量无水 $FeCl_3$，生成高熔点含 Fe 化合物，起结晶核心作用。这种方法的缺点是 $FeCl_3$ 易于潮解，还原到 Mg 合金中的 Fe（0.005%）有抗蚀性。加 Mn 可以消除 Fe 的有害影响，但能降低 $FeCl_3$ 的细化效果。

后来发现 Zr 是 Mg 合金的有效晶粒细化剂，Zr 在液态 Mg 中的溶解度虽不大（645℃，0.58%），但在固态 Mg 中却有很高的溶解度，如图 2-3 所示。加入 0.2%～0.7% Zr 即能显著细化晶粒，消除铸件的显微缩孔或疏松，改善铸锭质量和塑性加工性能。此外，Zr 还有净化作用，同杂质 Fe 形成 Zr_2Fe_3 和 $ZrFe_2$ 化合物，沉积于坩埚底部，使合金的纯度和抗蚀性提高。

值得说明的是，Zr 必须充分溶解在 Mg 液中才有细化晶粒的作用，如图 2-3 所示，在理论上溶于 Mg 液中的 Zr 必须超过 0.58%，才能得到预期的效果。为了保证这一点，在坩埚底部必须保持过剩的 Zr，才能保证 Mg 液中溶解足够的 Zr。因此在浇铸前应避免倒换坩埚，应直接用原坩埚铸造，否则 Mg 液中溶解的 Zr 量会立即下降。如果必须倒换坩埚，应向新坩埚中补加 Zr，以保证晶粒细化效果。

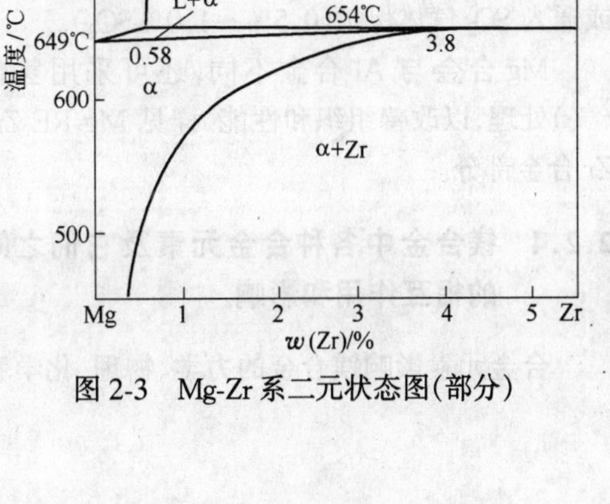

图 2-3 Mg-Zr 系二元状态图（部分）

Zr的晶粒细化作用可用包晶反应的形核机理来说明，但应注意同Zr共存元素的影响。有些元素如Zn、Cd、Ce、Ca、Th、Ag、Cu、Bi、Ti和Pb等，能促进Zr的晶粒细化作用；有的元素如Al、Si、Mn、Ni、Sb、Fe和H等，通过降低Zr在Mg液中的溶解度，或者形成Zr化合物，而起阻碍作用。因此，Zr在Mg-Zn-Zr、Mg-Ce-Zr和Mg-Th-Zr合金中的晶粒细化作用非常有效，但应限制Mn含量，也不能用Al作这类合金的合金元素。

Zr对纯Mg铸件力学性能的影响如表2-16所示，0.7%Zr即能显著细化晶粒，能同时提高强度和塑性，效果甚为显著。

表2-16　Zr对纯Mg铸件力学性能的影响

牌　号	状　态	σ_b/MPa	$\sigma_{0.2}$/MPa	δ/%
工业纯Mg	铸造	95	18	6.0
Mg-0.68Zr	铸造	165	38	13.1
Mg-0.66Zr	铸造	179	60	18.5

2.2.3　镁合金的热处理

镁合金分铸造用和变形用两类，两类合金均可进行退火、自然时效、淬火和人工时效等热处理，其状态符号和应用范围与铸造铝合金基本相同，只是Mg合金的扩散速度慢，淬火敏感性低，可用静止或流动空气淬火，在个别情况下也用热水淬火（如T61），冷却强度比空冷的T6高。值得指出的是，绝大多数Mg合金对自然时效不敏感，淬火后在室温能长期保持淬火状态，即使人工时效，时效温度也要比Al合金高（达175～250℃）。另外，Mg合金的氧化倾向比Al合金高，为了防止燃烧，加热炉应保持中性气氛或通入SO_2气体保护（0.5%～1.0%SO_2）。

Mg合金与Al合金不同，还可采用氢化（气）处理，以改善组织和性能，详见Mg-RE-Zn-Zr合金部分。

2.2.4　镁合金中各种合金元素及它们之间的相互作用和影响

合金元素影响镁合金的力学、物理、化学和工艺性能。铝是镁合金中最重要的合金元素，通过形成$Mg_{17}Al_{12}$相能显著提高镁合金的抗拉强度；锌和锰也具有类似的作用；银能提高镁合金的高温强度；硅能降低镁合金的铸造性能，并导致脆性；锆与氧的亲和力较强，能形成氧化锆质点细化晶粒；稀土元素Y、I和Ce等通过沉淀强化而大幅度提高镁合金强度；铜、镍和铁等因影响腐蚀性而很少采用。合金元素含量对镁合金电阻率的影响如图2-4所示。

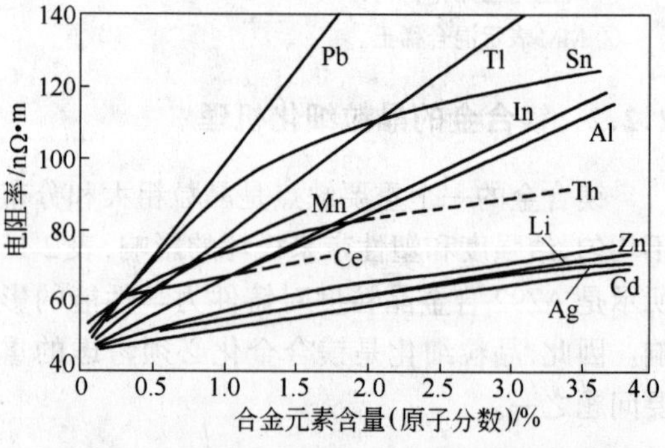

图2-4　合金元素含量对镁合金电阻率的影响

特别值得注意的是，合金用作结构材料时，合金元素对加工性能的影响比对物理性能的影响重要得多。下面分别介绍镁合金中常见合金元素的作用。

(1) 锂（Li）。锂在镁中的固溶度相对较高，可以产生固溶强化效应，并能显著降低镁合金的密度，甚至能够得到比纯镁密度还低的镁锂合金。锂还可以改善镁合金的延展性，特别是当锂含量达到约11%（质量分数）时，能形成具有体心立方结构的β相，从而大幅度提高镁合金的塑性变形能力。锂能提高镁合金的延展性，同时也会显著降低强度和抗蚀性。温度稍高时，Mg-Li合金会出现过时效现象，但有时也能产生时效强化效应。由于Mg-Li合金的强度问题，至今为止其应用仍然非常有限。此外，锂增大了镁蒸发及燃烧的危险，只能在保护密封条件下冶炼。当锂含量达到约30%（质量分数）以上时，镁锂合金具有面心立方结构。

(2) 铍（Be）。微量的铍（一般低于30×10^{-6}）能有效地降低镁合金在熔融、铸造和焊接过程中金属熔体表面的氧化。目前，压铸镁合金和锻造镁合金都成功地应用了这种特性。铍存在晶粒粗化效应，因此砂铸镁合金中需谨慎使用。

(3) 铝(Al)。铝是镁合金中最常用的合金元素。铝与镁能形成有限固溶体，在共晶温度(437℃)下的饱和溶解度为12.7%（质量分数）。在提高合金强度和硬度的同时，也能拓宽凝固区，改善铸造性能。由于溶解度随温度下降而显著减小，所以镁铝合金可以进行热处理。含铝量过高时，合金的应力腐蚀倾向加剧，脆性提高。市售镁合金的铝含量通常低于10%（质量分数）。铝含量为6%（质量分数）时，合金的强度和延展性匹配得最好。

(4) 钙(Ca)。少量的钙能够改善镁合金的冶金质量，许多生产厂家利用这一点来实现镁合金的冶金质量控制。添加钙的目的主要有两点：其一是在铸造合金浇注前加入来减轻金属熔体和铸件热处理过程中的氧化；其二是细化合金晶粒，提高合金蠕变抗力，提高薄板的可轧制性。钙的添加量应控制在0.3%（质量分数）以下，否则薄板在焊接过程中容易开裂。钙还可以降低镁合金的微电池效应。在Mg-Cu-Ca合金中，由于Mg_2Ca的析出，中和了Mg_2Cu相的电池效应，从而导致阴极活性区减小。快速凝固AZ91合金中添加2%Ca后，腐蚀速率由$0.8\ mm\cdot a^{-1}$下降至$0.2\ mm\cdot a^{-1}$。然而Ca在水溶液中不稳定，在pH值较高时能形成$Ca(OH)_2$。此外，添加钙将导致铸造镁合金产生粘模缺陷和热裂。

(5) 铜(Cu)。铜是影响镁合金抗蚀性的元素，添加量不小于0.05%（质量分数）时，显著降低镁合金抗蚀性，但能提高合金的高温强度。

(6) 铁(Fe)。与铜一样，铁也是一种影响镁合金抗蚀性的元素。即使含极微量的杂质也能大大降低镁合金的抗蚀性。通常镁合金中铁平均含量为0.01%～0.03%（质量分数）。为了保证镁合金的抗蚀性，铁含量不得超过0.005%（质量分数）。

(7) 锰(Mn)。镁合金中添加锰对抗拉强度几乎没有影响，但是能稍微提高屈服强度。锰通过除去铁及其他重金属元素，避免生成有害的金属间化合物来提高Mg-Al合金和Mg-Al-Zn合金的抗海水腐蚀能力，在熔炼过程中部分有害的金属间化合物会分离出来。锰在镁中的固溶度较低，镁合金中的锰含量通常可以细化晶粒，提高可焊性。

(8) 镍(Ni)。镍类似于铁，是另一种有害的杂质元素，少量的镍会大大降低镁合金的抗蚀性。常用镁合金的镍含量为0.01%～0.03%（质量分数）。如果要保证镁合金的抗蚀性，镍含量不得超过0.005%（质量分数）。

(9) 稀土元素。稀土元素是一种重要的合金化元素，开发高温稀土镁合金是近年来的研究热点。稀土镁合金的固溶和时效强化效果随着稀土元素原子序数的增加而增加，因此稀土元素对镁的力学性能的影响基本是按镧、铈、富铈的混合稀土、镨、钕的顺序排列。镁合金中添加的稀土元素分两类，一类为含铈的混合稀土，另一类为不含铈的混合稀土。含铈的混合稀土是一种天然的稀土混合物，由镧、钕和铈组成，其中铈含量为50%（质量分数）；不含铈的混合稀土为85%（质量分数）钕和15%（质量分数）镨的混合物。稀土元素原子扩散能力差，既可以提高镁合金再结晶温度和减缓再结晶过程，又可以析出非常稳定的弥散相粒子，从而能大幅度提高镁合金的高温强度和蠕变抗力。有研究表明，Gd、Dy和Y等通过影响沉淀析出反应动力学和沉淀相的体积分数来影响镁合金的性能，Mg-Nd-Gd合金时效后的抗拉强度高于相应的Mg-Nd-Y和Mg-Nd-Dy合金。镁合金中添加两种或两种以上稀土元素时，由于稀土元素间的相互作用，能降低彼此在镁中的固溶度，并相互影响其过饱和固溶体的沉淀析出动力学，后者能产生附加的强化作用。此外，稀土元素能使合金凝固温度区间变窄，并且能减轻焊缝开裂和提高铸件的致密性。

(10) 硅(Si)。镁合金中添加硅能提高熔融金属的流动性，与铁共存时，会降低镁合金的抗蚀性。添加硅后生成的 Mg_2Si 具有高熔点(1085℃)、低密度(1.9 g·cm^{-3})、高弹性模量(120 GPa)和低线膨胀系数(7.5×10^{-6}℃$^{-1}$),是一种非常有效的强化相,通常在冷却速度较快的凝固过程中得到。特别是与稀土一起加入时,可以形成稳定的硅化物来改善合金的高温抗拉性能和蠕变性能,但对合金抗腐蚀行为不利。

(11) 银(Ag)。银在镁中的固溶度大,最大可达到 15.5%(质量分数)。银的原子半径与镁的相差 11%,当 Ag 溶入 Mg 中后,间隙式固溶原子造成非球形对称畸变,产生很强的固溶强化效果。同时 Ag 能增大固溶体和时效析出相之间的单位体积自由能。此外,Ag 与空位结合能较大,可优先与空位结合,使原子扩散减慢,阻碍时效析出相长大,阻碍溶质原子和空位逸出晶界,减少或消除了时效处理时在晶界附近出现的沉淀带,使合金组织中弥散性连续析出的 γ 相占主导地位。因此,镁合金中添加银,能增强时效强化效应,提高镁合金的高温强度和蠕变抗力,但降低合金抗蚀性。有关银对 Mg-Al-Zn 合金显微组织和力学性能影响的研究表明:随 Ag 含量增加,合金屈服强度和抗拉强度显著提高。

(12) 钍(Th)。镁合金中添加钍能提高合金在 370℃以上的蠕变强度。常规镁合金中含 2%~3%(质量分数)钍,与锌、锆和锰结合。Th 能够提高镁合金的焊接性能。Th 是提高镁合金高温强度和蠕变性能的最佳元素,但是具有放射性,其应用受到很大限制。

(13) 锡(Sn)。在镁合金中添加锡并与少量的铝结合是非常有用的。锡能提高镁合金的延展性,降低热加工时的开裂倾向,从而有利于锤锻。

(14) 锑(Sb)。Sb 能细化 Mg-Al-Zn-Si 合金晶粒,并改变 Mg_2Si 相的形貌,由粗大的汉字形颗粒变为细小的多变形颗粒,其晶粒细化效果甚至比 Ca 更显著。Sb 和混合稀土一起加入 Mg-Al-Zn-Si 合金时,镁合金的抗蚀性大大提高,甚至优于 AE42 合金;其室温力学性能优于 AZ91 合金;其高温性能优于 AE42 合金。

(15) 锌(Zn)。锌在镁中最大固溶度为 6.2%(质量分数),是除铝以外的另一种非常有效的合金化元素,具有固溶强化和时效强化的双重作用。锌通常与铝结合来提高室温强度。当镁合金中铝含量为 7%~10%(质量分数)且锌添加量超过 1%(质量分数)时,镁合金的热脆性明显增加。锌也同锆、稀土或钍结合,形成强度较高的沉淀强化镁合金。高锌镁合金由于结晶温度区间间隔太大,合金流动性大大降低,从而铸造性能较差。此外,锌也能减轻因铁、镍存在而引起的腐蚀作用。

(16) 锆(Zr)。锆在镁中的固溶度很小,在包晶温度下仅为 0.58%(质量分数),具有很强的晶粒细化作用。α-Zr 的晶格常数(a = 0.323 nm, c = 0.514 nm)与镁(a = 0.321 nm, c = 0.521 nm)非常接近,在凝固过程中先形成的富锆固相粒子将为镁晶粒提供异质形核位置。锆可以添加到含锌、稀土、钍或这些元素的合金中充当晶粒细化剂。锆不能添加到含铝的合金中,因为它能同这些元素形成稳定的化合物而从固溶体中分离出来。此外,锆也能与熔体中的铁、硅、碳、氮、氧和氢等形成稳定的化合物。由于只有固溶体中的锆用于晶粒细化,从而对合金有用的只是固溶的那部分锆,而并不是所有的锆。目前锆细化镁合金的机理尚不十分清楚,普遍认为锆可以作为镁合金形核的基底。锆在变形镁合金中可以抑制晶粒长大,因而含锆镁合金在退火或加工后仍具有较高的力学性能。

(17) 钇(Y)。钇在镁中的固溶度较高,为 12.4%(质量分数),同其他稀土元素一起能提高镁合金高温抗拉性能及蠕变性能,改善腐蚀行为。高温力学性能的改善可归因于固溶强化、对合金枝晶组织的细化和沉淀产物的弥散化。镁中添加 4%~5%(质量分数)Y 能形成 WE54、WE43 合金,在 250℃以上的高温性能优良。就 Mg-Y 二元合金而言,合金的延性随钇含量的增加而由高延性→延性→脆性转变，当钇含量大于8%（质量分数）时，Mg-Y合金就会产生脆性。然而从实用的观点，钇价格昂贵且难以加进熔融的镁中。

常见合金元素对镁合金组织和性能的影响扼要归纳于表2-17中。

表2-17 常见合金元素对镁合金组织与性能的影响

元素	熔炼及铸造性能	力学性能	腐蚀性能
Ag		在同时加入稀土时，改善高温抗拉和蠕变性能	对腐蚀不利
Al	改善铸造性能，有形成显微疏松的倾向	提高强度，低温（<120℃）下沉淀硬化。对蠕变性能不利	提高耐蚀性，增加应力腐蚀敏感性
Be	在很低浓度（$<30\times10^{-6}$）时，可明显降低熔体表面的氧化导致晶粒粗大		
Ca	有效的晶粒细化作用，可抑制熔融金属的氧化	改善蠕变性能	对腐蚀不利
Cu	易形成非晶态的合金系，改善铸造性能		对腐蚀不利，必须限制
Fe	镁与低碳钢坩埚几乎不反应		对腐蚀不利，必须限制
Li	增大蒸发及燃烧危险，只能在有保护的及密封的炉中熔炼	降低密度，增加延性	强烈降低耐蚀性，Mg-Li-Al合金在空气中也产生应力腐蚀
Mn	以沉淀FeMnAl化合物来控制铁含量，细化沉淀产物	提高韧性，增大蠕变抗力	由于控制铁的作用而提高耐蚀性，过量的Mn则增加腐蚀速度
Ni、Co	易形成非晶态的合金系		对腐蚀不利，必须限制
RE	改善铸造性能，减少显微缩松，细化晶粒	在室温下和高温下固溶强化和沉淀硬化；改善高温抗拉及蠕变性能	提高耐蚀性。提高应力腐蚀敏感性
Si	降低铸造性能，与许多其他合金元素形成稳定的硅化物，与Al、Zn及Ag相溶，弱的晶粒细化剂	改善蠕变性能	有害
Th	抑制显微疏松	改善高温抗拉及蠕变性能，改善延性最有效	
Y	晶粒细化作用	改善高温抗拉及蠕变性能	改善腐蚀行为
Zn	增加熔体流动性，弱的晶粒细化剂，有形成显微疏松和热裂倾向	沉淀硬化，改善室温强度，如不加入Zr则有脆化及热脆倾向	较小影响，增加应力腐蚀敏感性。加入足量的Zr可补偿Cu的有害影响
Zr	最有效的晶粒细化剂，与Si、Al及Mn不相溶，从溶体中清除Fe、Al及Si	稍改善室温下抗拉强度	提高耐蚀性，降低应力腐蚀敏感性

2.3 镁合金的分类与基本特性

2.3.1 镁合金的分类

镁合金的分类方法很多，各国不尽统一。但总的来说，不外乎根据镁中所含的主要元素（化学成分）、成形工艺（或产品形式）和是否含锆等三种原则来分类。

2.3.1.1 按照合金成分分类

镁合金可分为含铝镁合金和不含铝镁合金两大类。因多数不含铝镁合金都添加锆以细化晶粒组织（Mg-Mn合金除外）。因此，工业镁合金系列又可分为含锆镁合金和不含锆镁合金两大类。以五个主要合金元素Mn、Al、Zn、Zr和稀土为基础，组成基本镁合金系：Mg-Mn、Mg-Al-Mn、Mg-Al-Zn-Mn、Mg-Zr、Mg-Zn-Zr、Mg-RE-Zr、Mg-Ag-RE-Zr、Mg-Y-RE-Zr。Th也是镁合金中的一种主要合金元素，亦可组成镁合金系：Mg-Th-Zr、Mg-Th-Zn-Zr、Mg-Ag-Th-RE-Zr。但因Th具有放射性，除个别情况外，已很少使用。

2.3.1.2 根据加工工艺或产品形式分类

工业镁合金可分为铸造镁合金和变形镁合金两大类，参见图2-5。两者没有严格的区分，铸造镁合金AZ91、AM20、AM50、AM60、AE42等也可以作为变形镁合金。

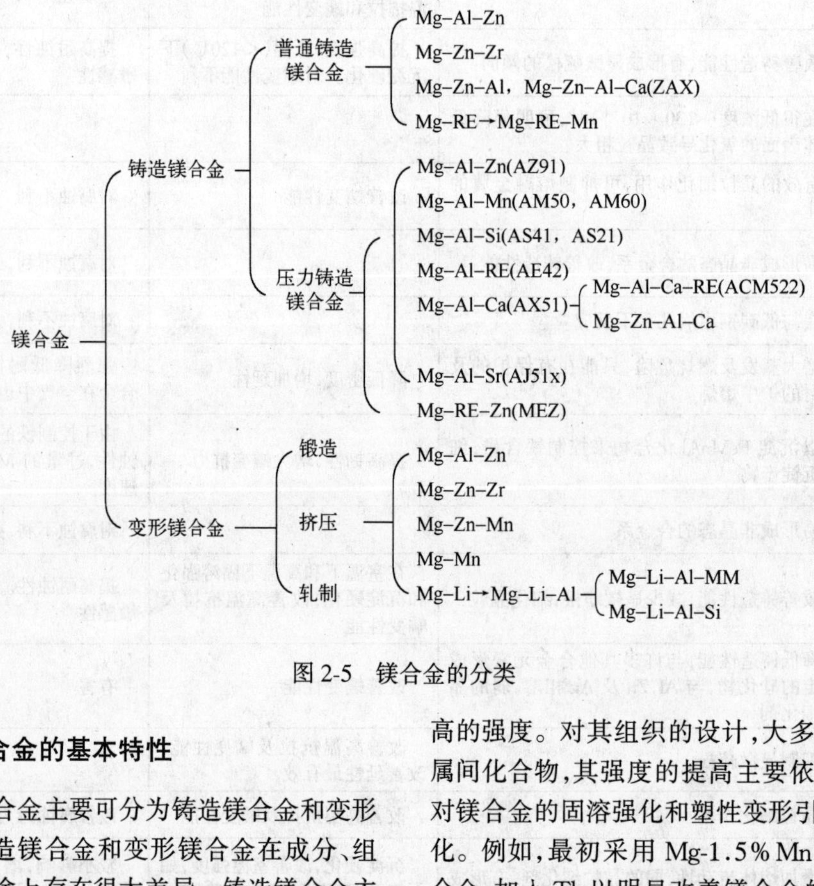

图2-5 镁合金的分类

2.3.2 镁合金的基本特性

工业镁合金主要可分为铸造镁合金和变形镁合金。铸造镁合金和变形镁合金在成分、组织性能与用途上存在很大差异。铸造镁合金主要应用于汽车零件、机件壳罩和电气构件等。铸造镁合金多用压铸工艺生产，其主要工艺特点为生产效率高、精度高、铸件表面质量好、铸态组织优良、可生产薄壁及复杂形状的构件等。合金元素Al可使镁合金强化，并具有优异的铸造性能。为了易于压铸，镁合金中的含Al量需大于3%。稀土元素能够改善镁合金的铸造性能。为了使镁合金能够大量用作结构材料，开展变形镁合金的研制非常必要。由于密排六方的镁变形能力有限，易开裂，因此早期的变形镁合金要求其兼有良好的塑性变形能力和尽可能高的强度。对其组织的设计，大多要求不含金属间化合物，其强度的提高主要依赖合金元素对镁合金的固溶强化和塑性变形引起的加工硬化。例如，最初采用Mg-1.5%Mn(质量分数)合金，加入Th以明显改善镁合金的强度、塑性及高温性能。目前，变形镁合金中主要含有Al、Mn、RE、Y、Zr和Zn等合金元素。这些元素一方面能提高镁合金的强度，另一方面能提高热变形性，以利于锻造和挤压成形。AZ31B和AZ31C是最重要的工业用变形镁合金，具有良好的强度和延展性，两者区别在于所允许的杂质含量。AZ系列合金随Al含量提高而轧制开裂倾向增大，因此AZ61合金很少以板材形式出售。目前开发成功的ZK60也是一种很有前途的新型变形镁合金。表2-18列出了按ASTM系列的常规工业镁合金的基本特性。

表 2-18 主要工业镁合金的基本特性(按 ASTM 系列)

合 金	特 性	合 金	特 性
砂型铸件和永久型铸件		AS21-F	类似于 AE42
AM100A-T61	气密性好,强度和伸长率匹配良好	AS41A-F③	类似于 AS21-F,延展性和抗蠕变性能降低,强度和铸造性能提高
AZ63A-T6	室温强度、延展性和韧性良好	AZ91A、B 和 D-F④	铸造性能优良、强度较高
AZ81A-T4	铸造性能、韧性和气密性良好	锻件	
AZ91C 和 E-T6	普通合金,强度适中	AZ31B-F	锻造性能优良,强度适中,可锤锻,但很少应用
AZ92A-T6	气密性和强度适中	AZ61A-F	强度比 AZ31B-F 高
EQ21A-T6	气密性和短时间高温力学性能优良	AZ80A-T5	强度比 AZ61A-F 高
EZ33A-T5	铸造性能、阻尼性、气密性和 245℃ 抗蠕变性能优良	AZ80A-T6	抗蠕变性能比 AZ80A-T5 高
HK31A-T6①	铸造性能、气密性和 350℃ 抗蠕变性能优良	M1A-F	抗腐蚀性高,中等强度,可锤锻,但很少应用
HZ32A-T5①	铸造性能、气密性良好和阻尼性能好	ZK31-T5	强度高,焊接性能适中
K1A-F	阻尼性能良好	ZK60A-T5	强度接近 AZ80A-T5,但延展性更高
QE22A-T6	铸造性能、气密性良好和 200℃ 屈服强度较高	ZK61A-T5	类似于 AZ60A-T5
QH21A-T6①	铸造性能、气密性、抗蠕变性和 250℃ 屈服强度较高	ZM21-F	锻造性能和阻尼性良好,中等强度
		挤压件	
WE43A-T6	室温和高温强度较高,抗腐蚀性良好	AZ10A-F	成本低,强度适中
WE54A-T6	类似于 WE43A-T6, 150℃ 下会缓慢失去延展性	AZ31B 和 C-F	中等强度
		AZ61A-F	成本适中,强度高
ZC63A-T6	气密性良好,强度和铸造性能比 AZ91C 优良	AZ80A-T5	强度比 AZ61A-F 高
ZE41A-T5	气密性好,中等强度高温合金,铸造性能比 ZK51A 优良	M1A-F	抗腐蚀性高,强度低,可锤锻,但是很少应用
		ZC71-T6	成本适中,强度和延展性高
ZE63A-T6	特别适合于强度高、薄壁和无气孔铸件	ZK21A-F	强度适中,焊接性能良好
ZH62A-T5①	室温屈服强度高	ZK31-T5	强度高,焊接性能适中
ZK51A-T5	室温强度和延展性良好	ZK40A-T5	强度高,比 ZK60A 的挤压性能好,但不适合焊接
ZK61A-T5	类似于 ZK51A-T5,屈服强度较高		
ZK61A-T6	类似于 ZK61A-T5,屈服强度较高	ZK60A-T5	强度高,不适合焊接
压铸件		ZM21-F	成型性和阻尼性能良好,中等强度
AE42-F	强度高和 150℃ 抗蠕变性能优良	片材与板材	
AM20-F	延展性和冲击强度较高	AZ31B-H24	中等强度
AM50A-F	延展性和能量吸收特性优异	ZM21-0	成形性和阻尼性能良好
AM60A 和 B-F②	类似于 AM50A-F,强度稍高	ZM21-H24	中等强度

① 已废弃不用的合金。

② A 和 B 性能差不多,但 AM60B 铸件杂质含量为:≤0.005%Fe、≤0.002%Ni、≤0.010%Cu。

③ A 和 B 性能差不多,但 AS41B 铸件的杂质含量为:≤0.0035%Fe、≤0.002%Ni、≤0.020%Cu。

④ A、B 和 D 性能相同,在 AZ91B 中 Cu 含量不大于 0.30%,AZ91D 铸件中杂质含量为:≤0.005%Fe、≤0.002%Ni、≤0.030%Cu。

2.4 镁合金的牌号和状态表示方法及化学成分

2.4.1 ASTM 命名法及镁合金的化学成分

目前,国际上习惯于采用美国 ASTM 镁合金命名法来表示镁合金牌号。

2.4.1.1 镁合金牌号表示方法

ASTM 命名法规定镁合金名称由字母－数字－字母三部分组成。第一部分由两种主要合金元素的代码组成,按含量高低顺序排列,元素代码见表 2-19。第二部分由这两种元素的质量分数组成,按元素代码顺序排列。第三部分由指定的字母如 A、B 和 C 等组成,表示合金发展的不同阶段。大多数情况下,该字母表征合金的纯度,区分具有相同名称、不同化学组成的合金。"X"表示该合金仍是实验性的。例如:AZ91D 是一种含铝约 9%(质量分数),锌约 1%(质量分数)的镁合金,是第四种登记的具有这种标准组成的镁合金。ASTM 规定该合金的化学组成为:$w(\mathrm{Al}) = 8.3\% \sim 9.7\%$;$w(\mathrm{Zn}) = 0.35\% \sim 1.0\%$;$w(\mathrm{Si}) \leqslant 0.10\%$;$w(\mathrm{Mn}) \leqslant 0.15\%$;$w(\mathrm{Cu}) \leqslant 0.30\%$;$w(\mathrm{Fe}) \leqslant 0.005\%$;$w(\mathrm{Ni}) \leqslant 0.002\%$;其他不大于 0.02%。Fe、Cu 和 Ni 降低镁合金的抗蚀性,因而需要严格控制其含量。

表 2-19 镁合金牌号中的元素代码

英文字母	元素符号	中文名称	英文字母	元素符号	中文名称	英文字母	元素符号	中文名称
A	Al	铝	H	Th	钍	R	Cr	铬
B	Bi	铋	K	Zr	锆	S	Si	硅
C	Cu	铜	L	Li	锂	T	Sn	锡
D	Cd	镉	M	Mn	锰	W	Y	钇
E	RE	混合稀土	N	Ni	镍	Y	Sb	锑
F	Fe	铁	P	Pb	铅	Z	Zn	锌
G	Ca	钙	Q	Ag	银			

2.4.1.2 镁合金状态代号表示方法

ASTM 镁合金命名法中还包括表示镁合金状态的代码系统,由字母外加一位或多位数字组成,参见表 2-20。合金代码后为状态代码,以连字符分开,如 AZ91C-F 表示铸态 Mg-9Al-Zn 合金。

表 2-20 镁合金牌号中的状态代码

代码		状态	代码		状态
一般分类	F	铸态	T 细分	T1	冷却后自然时效状态
	O	退火、再结晶(对锻制产品而言)		T2	退火状态(仅指铸件)
	H	应变硬化状态		T3	固溶处理后冷加工状态
	T	热处理获得不同于 F、O 和 H 的稳定状态		T4	固溶处理状态
	W	固溶处理(不稳定状态)		T5	冷却和人工时效状态
H 细分	H1 或	仅应变硬化状态		T6	固溶处理和人工时效状态
	H1×××			T61	热水中淬火和人工时效状态
	H2 或	应变硬化和部分退火		T7	固溶处理和稳定化处理状态
	H2×××			T8	固溶处理、冷加工和人工时效状态
	H3 或	应变硬化后稳定化处理		T9	固溶处理、人工时效和冷加工状态
	H3×××			T10	冷却、人工时效和冷加工状态

2.4.1.3 镁合金的化学成分

美国按 ASTM 牌号系统命名的主要镁合金的化学成分见表 2-21。常见的压铸镁合金和变形镁合金的化学成分分别列于表 2-22 和表 2-23 中。

表 2-21 按 ASTM 牌号系统命名的镁合金的化学成分(质量分数) (%)

合金			Al	Zn	Mn	RE	Zr	Cu	Fe	Ni	Si	其他	其他每种杂质	其他杂质之和
Mg-Al	铸造合金	AZ63A	5.5~6.5	2.7~3.3	0.18~0.50			0.2		0.01	0.20			0.30
		AZ81A	7.2~8.0	0.50~0.9	0.15~0.50			0.08		0.01	0.20			0.30
		AZ91A	8.5~9.5	0.45~0.9	≥0.15			0.08		0.01	0.20			0.30
		AZ91B	8.5~9.5	0.45~0.9	≥0.15			0.25		0.01	0.20			0.30
		AZ91C	8.3~9.2	0.45~0.9	0.15~0.50			0.08		0.01	0.20			0.30
		AZ91D	8.5~9.5	0.45~0.9	≥0.17			0.015	0.004	0.001	0.05		0.01	
		AZ91E	8.3~9.2	0.45~0.9	0.17~0.50			0.015	0.005	0.0010	0.20		0.01	0.30
		AZ92A	8.5~9.5	1.7~2.3	0.13~0.50			0.20		0.01	0.20			0.30
		AM100A	9.4~10.6	0.20	0.13~0.50			0.08		0.01	0.20			0.30
		AM60A	5.7~6.3	0.20	≥0.15			0.25		0.01	0.20			0.30
		AM60B	5.7~6.3	0.20	≥0.27			0.008	0.004	0.001	0.05		0.01	
		AM50A	4.5~5.3	0.20	0.28~0.50			0.008	0.004	0.001	0.05		0.02	
		AM20 (b)	1.7~2.5	0.20	≥0.2			0.008	0.004	0.001	0.05			0.01
		AS41A	3.7~4.8	0.10	0.22~0.48			0.04		0.01	0.60~1.4			0.30
		AS41B	3.7~4.8	0.10	0.35~0.6			0.015	0.0035	0.001	0.60~1.4		0.01	
		AS21 (a)	2.2		0.1						1.0			
		AE42 (b)	3.6~4.4	0.2	≥0.1	2.0~3.0		0.04	0.004	0.001				0.01
	变形合金	AZ10A	1.0~1.5	0.2~0.6	≥0.20			0.10	0.005	0.005	0.10	0.40Ca		0.30
		AZ31B	2.5~3.5	0.6~1.4	≥0.20			0.05	0.05	0.005	0.10	0.04Ca		0.30
		AZ31C	2.4~3.6	0.5~1.5	≥0.15			0.10		0.03	0.10			0.30
		AZ61A	5.8~7.2	0.40~1.5	≥0.15			0.05	0.0005	0.005	0.10			0.30
		AZ80A	7.8~9.2	0.20~0.8	≥0.12			0.05	0.005	0.005	0.10			0.30

续表 2-21

合金			Al	Zn	Mn	RE	Zr	Cu	Fe	Ni	Si	其他	其他每种杂质	其他杂质之和
Mg-Zn	铸造合金	ZC63		5.5~6.5	0.25~0.75			2.4~3.0		0.010	0.20			0.30
		ZK51A		3.8~5.3			0.3~1.0	0.03		0.010				0.30
		ZK61A		5.7~6.3			0.3~1.0	0.03		0.010	0.01			0.30
		ZE41A		3.7~4.8	0.15	1.0~1.75	0.3~1.0	0.03		0.010				0.30
		ZE63A(c)		5.5~6.0		2.1~3.0	0.4~1.0	0.10		0.01				0.30
		ZH62A(c)		5.2~6.2			0.5~1.0	0.10		0.01		1.4~2.2Th		0.30
	变形合金	ZC71(a)	0.02	6.5	0.5			1.25						
		ZK21A		2.0~2.6			0.45~0.8	0.10		0.01				0.30
		ZK31(d)		2.5~3.5			0.5~1			0.002				
		ZK40A		3.5~4.5			≥0.45	0.10		0.01				0.30
		ZK60A		4.8~6.2			≥0.45							0.30
		ZK61(e)		5.5~6.5			0.6~1			0.01				
		ZE10A		1.0~1.5		0.12~0.22								0.30
		ZM21(d)		2~2.8	1~1.5			0.003	0.003	0.001	0.01	0.30Ca		
Mg-Mn	变形合金	M1A			1.2~2.0			0.05		0.01	0.10			0.30
		MA8(f)			2.0	Ce0.3								
Mg-Zr	铸造合金	K1A					0.3~1.0	0.30		0.010	0.01			0.30
Mg-RE	铸造合金	EK30A(g)		≥0.30		2.5~4.0	0.20	0.10		0.01				0.30
		EZ33A(c)		2.0~3.1		2.5~4.0	0.50~1.0	0.10		0.01		1.3~1.7Ag		0.30
		EQ21A				1.5~3.0	0.3~1.0	0.05~0.10		0.01		4.75~5.5Y		0.30
		WE54		0.20	0.15	1.5~4.0	0.40~1.0	0.03		0.005	0.01	3.7~4.3Y		0.30
		WE43		0.20	0.15	2.4~4.4	0.3~1.0	0.03		0.005	0.01	0.005Na		0.30
Mg-Li	变形合金	LA141A①	1.0~1.4		≥0.15			0.005		0.005	0.04	0.005Na		0.20
		LS141A②	0.05		≥0.15			0.05	0.005	0.005	0.50~0.60			
Mg-Ag	铸造合金	QE22A③		0.2	0.15	1.9~2.4	0.3~1.0	0.03		0.010				0.30
		QH21A③		0.2	0.15	0.6~1.6	0.3~1.0	0.30		0.010	0.01	1.0Th		0.30
Mg-Th	铸造合金	HK31A(c)		0.30			0.40~1.0	0.10		0.001		2.5~4.0Th		0.30
		HZ32A		1.8~2.4		0.10	0.3~1.0	0.03		0.010		2.6~3.8Th		

① 含 13.1%~15.0%Li；② 含 12.0%~15.0%Li；③ 含 2.0%~4.0%Ag；(a)取自 ASM Specialty Handbook；(b)取自 Hydro Magnesium Spezifikationen；(c)取自 ASTM B 80；(d)取自 CSA HG.5；(e)取自 CSA HG.9；(f)前苏联牌号；(g)取自 ASTM 275，其他铸造合金均取自 ASTM B 93。其他变形合金均取自 ASTM B 275，未指明时，均指最大含量。

表 2-22 常用压铸镁合金的化学成分(质量分数) (%)

合 金	Al	Zn	Mn	Si	Cu	Ni	Fe	其 他	Mg
AZ91D	8.3～9.7	0.35～1.0	0.15～0.50	≤0.01	≤0.030	≤0.002	≤0.005	≤0.02	余量
AM69B	5.5～6.5	≤0.22	0.24～0.5	≤0.10	≤0.010	≤0.002	≤0.005	≤0.02	余量
AM50A	4.4～5.4	≤0.22	0.26～0.6	≤0.10	≤0.010	≤0.002	≤0.004	≤0.02	余量
AM20	1.7～2.5	≤0.20	≥0.20	≤0.05	≤0.008	≤0.001	≤0.004	≤0.01	余量
AS41B	3.5～5.0	≤0.12	0.35～0.7	0.50～1.5	≤0.02	≤0.002	≤0.0035	≤0.02	余量
AS21	1.9～2.5	0.15～0.25	≥0.20	0.7～1.2	≤0.008	≤0.001	≤0.004	≤0.01	余量
AE42	3.6～4.4	≤0.20	≥0.10	2.0～3.0(RE)	≤0.04	≤0.001	≤0.004	≤0.01	余量

表 2-23 常用变形镁合金的化学成分(质量分数) (%)

合 金	Al	Zn	Mn	Si	Cu	Ni	Fe	Mg
AZ31B	2.5～3.5	0.7～1.3	0.2(最小)	0.30(最大)	0.05(最大)	0.005(最大)	0.005(最大)	余量
AZ61A	5.8～7.2	0.4～1.5	0.15(最小)	0.30(最大)	0.05(最大)	0.005(最大)	0.005(最大)	余量
AZ80A	7.8～9.2	0.5(最小)	0.2～0.8	0.30(最大)	0.05(最大)	0.005(最大)	0.005(最大)	余量
M1A			1.20(最小)	0.30(最大)	0.05(最大)	0.005(最大)		余量
ZK60A		4.8～6.2	Zr0.45(最小)					

2.4.2 国际标准中镁合金牌号、状态的表示方法

国际标准 ISO3116 中采用 WD 加 5 位数字来表示变形镁合金的牌号，见表 2-24。ISO/DIS16220 中用元素符号来表示铸造镁合金的牌号，如 MgZn4RE1Zr 代表 Zn、RE 和 Zr 的含量分别为 3.5%～5.0%、1.0%～1.75%、0.1%～1.0%的铸造镁合金。ISO 标准中镁合金的状态表示法基本上与 ASTM 的表示法相同。

表 2-24 ISO3116 中变形镁合金所采用的数字牌号的结构含义

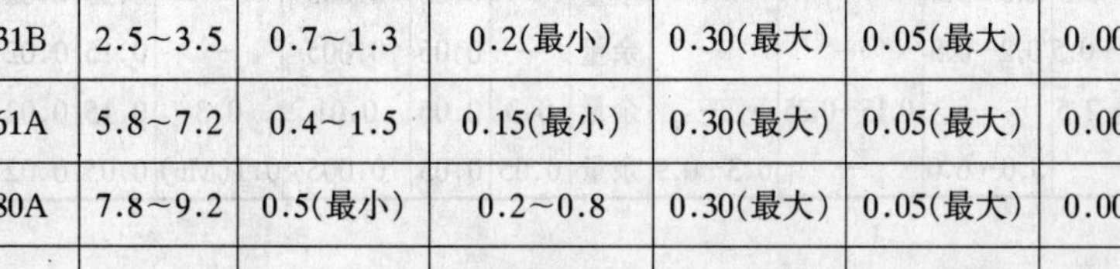

W D	第一位数字	第二、第三位数字	第四位数字	第五位数字
代表变形镁及镁合金	表示名义含量最大的元素 1—Mg 6—RE 2—Al 7—Zr 3—Zn 8—Ag 4—Mn 9—Y 5—Si	表示合金主要组成元素，即组别 11–Mg+Al+Zn 12–Mg+Al+Mn 13–Mg+Al+Si 21–Mg+Zn+Cu 51–Mg+Zn+RE+Zr 52–Mg+RE+Ag+Zr 53–Mg+RE+Y+Zr	表示同一组别中的顺序号	表示改型情况： 0–原始合金，其他数字为改型合金，即在原始合金基础上，对个别元素进行调整

2.4.3　中国镁及镁合金牌号、状态命名系统及化学成分

中国的镁合金牌号由两个汉语拼音和阿拉伯数字组成，前面汉语拼音将镁合金分为变形镁合金（MB）、铸造镁合金（ZM）、压铸镁合金（YM）和航空镁合金。例如，1号铸造镁合金为ZM1，2号变形镁合金为MB2，5号压铸镁合金为YM5，5号航空铸造镁合金为ZM-5。表2-25和表2-26分别列出了中国变形镁及镁合金与铸造镁合金的牌号。

表2-25　中国变形镁合金的牌号和主要成分(GB/T5153—2003)

合金牌号	主要成分(质量分数)/%						杂质(质量分数)/%(不高于)						
	Al	Mn	Zn	Ce	Zr	Mg	Al	Cu	Ni	Zn	Si	Be	其他杂质
一号镁合金　MB1	—	1.3~2.5	—	—	—	余量	0.3	0.05	0.01	0.3	0.15	0.02	0.2
二号镁合金　MB2	3.0~4.0	0.15~0.5	0.2~0.8	—	—	余量	—	0.05	0.005	—	0.15	0.02	0.3
三号镁合金　MB3	3.5~4.5	0.3~0.6	0.8~1.4	—	—	余量	—	0.05	0.005	—	0.15	0.02	0.3
五号镁合金　MB5	5.5~7.0	0.15~0.5	0.5~1.5	—	—	余量	—	0.05	0.005	—	0.15	0.02	0.3
六号镁合金　MB6	5.0~7.0	0.2~0.5	2.0~3.0	—	—	余量	—	0.05	0.005	—	0.15	0.02	0.3
七号镁合金　MB7	7.8~9.2	0.15~0.5	0.2~0.8	—	—	余量	—	0.05	0.005	—	0.15	0.02	0.3
八号镁合金　MB8	—	1.5~2.5	—	0.15~0.35	—	余量	0.3	0.05	0.01	0.3	0.15	0.02	0.3
十五号镁合金 MB15	—	—	5.0~6.0	—	0.3~0.9	余量	0.05	0.05	0.005	0.1(Mn)	0.05	0.02	0.3

表2-26　中国铸造镁合金的牌号和主要化学成分(GB1177—99)

合金牌号	化学成分①(质量分数)/%										
	Al	Mn	Si	Zn	RE②	Zr	Ag	Fe	Cu	Ni	杂质总量
ZM1　MgZn5Zr				3.5~5.5	—	0.5~1.0	—		0.10	0.01	0.30
ZM2　ZMgZn4RE1Zr				3.5~5.0	0.75~1.75	0.5~1.0	—		0.10	0.01	0.30
ZM3　ZMgRE3ZnZr				0.2~0.7	2.5~4.0②	0.4~1.0			0.10	0.01	0.30
ZM4　ZMgRE3Zn2Zr				2.0~3.0	2.5~4.0②	0.5~1.0			0.10	0.01	0.30
ZM5　ZMgAl8Zn	7.5~9.0	0.15~0.5	0.30	0.2~0.8	—	—		0.06	0.20	0.01	0.50
ZM6　ZMgRE2ZnZr				0.2~0.7	2.0~2.8③	0.4~1.0	—		0.10	0.01	0.30
ZM7　ZMgZn8AgZr				7.5~9.0	—	0.5~1.0	0.6~1.2		0.10	0.01	0.30
ZM10 ZMgAl10Zn	9.0~10.2	0.1~0.5	0.30	0.6~1.2	—	—	—	0.06	0.20	0.01	0.50

① 可以加入不大于0.002%铍。

② RE为含铈量45%的混合稀土。

③ 含钕量不小于85%的混合稀土金属，其中钕加镨不少于95%。

根据GB/T5153—2003，变形镁及镁合金牌号的命名规则如下：

(1) 纯镁牌号以Mg加数字的形式表示，Mg后的数字表示含镁的质量分数；

(2) 镁合金的牌号以英文字母加数字再加英文字母的形式表示，前面的英文字母是其最主要的合金组成元素代号（元素代号应符合表2-27的规定），其后的数字表示其最主要的合金组成元素的大致含量。最后面的英文字母为标识代号，用以标识各具体组成元素相异或元素含量有微小差别的不同合金。

表 2-27　镁合金牌号中的元素代号

元素代号	元素名称	元素代号	元素名称	元素代号	元素名称
A	铝	H	钍	R	铬
B	铋	K	锆	S	硅
C	铜	L	锂	T	锡
D	镉	M	锰	W	镱
E	稀土	N	镍	Y	锑
F	铁	P	铅	Z	锌
G	钙	Q	银		

GB/T5153—2003 镁合金牌号命名法示例之一：

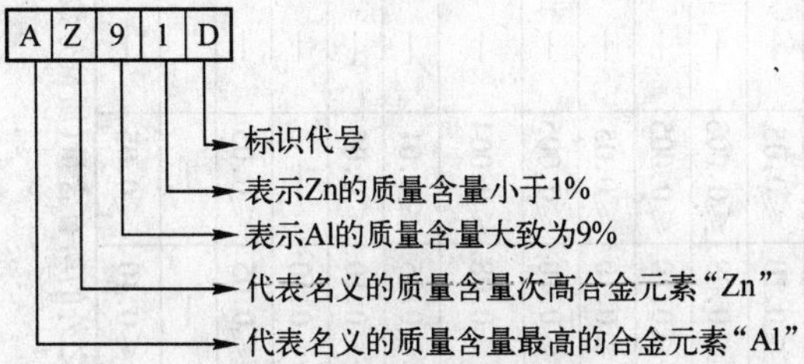

GB/T5153—2003 镁合金牌号命名法示例之二：

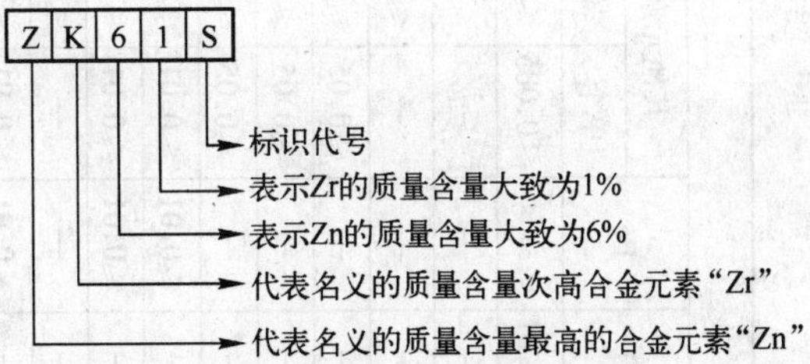

中国变形镁及镁合金旧牌号(GB/T5153—1985)与新牌号(GB/T5153—2003)对照如表 2-28 所示。

近年来，中国仿制或直接使用了一些 ASTM 的镁合金牌号，表 2-29 中列出了中国镁合金牌号与美国镁合金牌号的对照。

按 GB/T5153—2003 规定，中国变形镁及镁合金的化学成分列于表 2-30 中。

铸造镁合金的牌号命名及化学成分见 GB1177—99。

镁及镁合金的状态代号与铝及铝合金的大致相同，也可采用 ASTM 的状态代号。

表 2-28　中国镁合金新、旧牌号对照表

新牌号 (GB/T5153—2003)	M2M	AZ40M	AZ41M	AZ61M	AZ62M	AZ80M	ME20M	ZK61M	Mg99.50	Mg99.00
旧牌号 (GB/T5153—1985)	MB1	MB2	MB3	MB5	MB6	MB7	MB8	MB15	Mg1	Mg2

表 2-29　中国镁合金牌号与美国镁合金牌号对照

种　类	系　列	中国	美国	Al	Mn	Zn	其　他
		化学成分(质量分数)/%					
变形镁合金	Mg-Mn	MB1	M1	0.20	1.30~2.50	0.3	—
		MB8	M2	0.20	1.30~2.20	0.3	0.15~0.35Ce
	Mg-Al-Zn	MB2	AZ31	3.0~4.0	0.15~0.50	0.2~0.8	
		MB3	—	3.7~4.7	0.30~0.60	0.8~1.4	
		MB5	AZ61	5.5~7.0	0.15~0.50	0.5~1.5	
		MB6	AZ63	5.0~7.0	0.20~0.50	2.0~3.0	
		MB7	AZ80	7.8~9.2	0.15~0.50	0.2~0.8	
	Mg-Zn-Zr	MB15	ZK60	0.05	0.10	5.0~6.0	0.30~0.9Zr
铸造镁合金	Mg-Zn-Zr	ZM-1	ZK51A	—	—	3.5~5.5	0.5~1.0Zr
		ZM-2	ZE41A	—	0.7~1.7RE	3.5~5.0	0.5~1.0Zr
		ZM-4	EZ33		2.5~4.0RE	2.0~3.0	0.5~1.0Zr
		ZM-8	ZE63		2.0~3.0RE	5.5~6.5	0.5~1.0Zr
	Mg-RE-Zr	ZM-3	—		2.5~4.0RE	0.2~0.7	0.3~1.0Zr
		ZM-6	—	—	2.0~2.8RE	0.2~0.7	0.4~1.0Zr
	Mg-Al-Zn	ZM-5	AZ81A	7.5~9.0	0.2~0.8	0.15~0.5	

表 2-30　中国变形镁及镁合金的化学成分(GB/T5153—2003)

合金组别	牌号	对应 ISO3116 的数字牌号	化学成分(质量分数)/%													
			Mg	Al	Zn	Mn	Ce	Zr	Si	Fe	Ca	Cu	Ni	Ti	Be	其他元素② 单个	其他元素② 总计
纯 Mg	Mg99.95	—	≥99.95	≤0.01	—	≤0.004	—	—	≤0.005	≤0.003	—	—	≤0.001	≤0.01	—	≤0.005	≤0.05
	Mg99.50①	—	≥99.50	—	—	—	—	—	—	—	—	—	—	—	—	—	≤0.50
	Mg99.00①	—	≥99.00	—	—	—	—	—	—	—	—	—	—	—	—	—	≤0.10
MgAlZn	AZ31B	—	余量	2.5~3.5	0.60~1.4	0.20~1.0	—	—	≤0.08	≤0.003	≤0.04	≤0.01	≤0.001	—	—	≤0.05	≤0.30
	AZ31S	ISO-WD21150	余量	2.4~3.6	0.50~1.5	0.15~0.40	—	—	≤0.10	≤0.005	—	≤0.05	≤0.005	—	—	≤0.05	≤0.30
	AZ31T	ISO-WD21151	余量	2.4~3.6	0.50~1.5	0.05~0.40	—	—	≤0.10	≤0.05	—	≤0.05	≤0.005	—	—	≤0.05	≤0.30
	AZ40M	—	余量	3.0~4.0	0.20~0.80	0.15~0.50	—	—	≤0.10	≤0.05	—	≤0.05	≤0.005	—	≤0.01	≤0.01	≤0.30
	AZ41M	—	余量	3.7~4.7	0.80~1.4	0.30~0.60	—	—	≤0.10	≤0.05	—	≤0.05	≤0.005	—	≤0.01	≤0.01	≤0.30
	AZ61A	—	余量	5.8~7.2	0.40~1.5	0.15~0.50	—	—	≤0.10	≤0.005	—	≤0.05	≤0.005	—	—	—	≤0.30
	AZ61M	—	余量	5.5~7.0	0.50~1.5	0.15~0.50	—	—	≤0.10	≤0.05	—	≤0.05	≤0.005	—	≤0.01	≤0.01	≤0.30
	AZ61S	ISO-WD21160	余量	5.5~6.5	0.50~1.5	0.15~0.40	—	—	≤0.10	≤0.005	—	≤0.05	≤0.005	—	—	≤0.05	≤0.30
	AZ62M	—	余量	5.0~7.0	2.0~3.0	0.20~0.50	—	—	≤0.10	≤0.05	—	≤0.05	≤0.005	—	≤0.01	≤0.01	≤0.30
	AZ63B	—	余量	5.3~6.7	2.5~3.5	0.15~0.60	—	—	≤0.08	≤0.003	—	≤0.01	≤0.001	—	—	—	≤0.30
	AZ80A	—	余量	7.8~9.2	0.20~0.80	0.12~0.50	—	—	≤0.10	≤0.005	—	≤0.05	≤0.005	—	—	—	≤0.30
	AZ80M	—	余量	7.8~9.2	0.20~0.80	0.15~0.50	—	—	≤0.10	≤0.05	—	≤0.05	≤0.005	—	≤0.01	≤0.01	≤0.30
	AZ80S	ISO-WD21170	余量	7.8~9.2	0.20~0.80	0.12~0.40	—	—	≤0.10	≤0.005	—	≤0.05	≤0.005	—	—	≤0.05	≤0.30
	AZ91D	—	余量	8.5~9.5	0.45~0.90	0.17~0.40	—	—	≤0.08	≤0.004	—	≤0.025	≤0.001	—	0.0005~0.003	≤0.01	—
MgMn	M1C	—	余量	≤0.01	—	0.50~1.3	—	—	≤0.05	≤0.01	—	≤0.01	≤0.001	—	—	≤0.05	≤0.30
	M2M	—	余量	≤0.20	≤0.30	1.3~2.5	—	—	≤0.10	≤0.05	—	≤0.05	≤0.007	—	≤0.01	≤0.01	≤0.20
	M2S	ISO-WD43150	余量	—	—	1.2~2.0	—	—	≤0.10	—	—	≤0.05	≤0.01	—	—	≤0.05	≤0.30
MgZnZr	ZK61M	—	余量	≤0.05	5.0~6.0	≤0.10	—	0.30~0.90	≤0.05	≤0.05	—	≤0.05	≤0.005	—	≤0.01	≤0.01	≤0.30
	ZK61S	ISO-WD3260	余量	—	4.8~6.2	—	—	0.45~0.80	—	—	—	—	—	—	—	≤0.05	≤0.30
MgMnRE	ME20M	—	余量	≤0.20	≤0.30	1.3~2.2	0.15~0.35	—	≤0.10	≤0.05	—	≤0.05	≤0.007	—	≤0.01	≤0.01	≤0.30

① Mg99.50、Mg99.00 的镁含量(质量分数) = 100% -(Fe+Si)含量(质量分数) - 除 Fe、Si 之外的所有含量(质量分数)≥0.01%的杂质元素的含量(质量分数)之和。

② 其他元素指在本表表头中列出了元素符号,但在本表中却未规定极限数值含量的元素。

2.4.4 世界各国主要镁合金牌号状态与化学成分对照

世界各主要工业发达国家都有自己的镁合金牌号、状态和化学成分标准及命名体系，分别见 ISO、ASTM、EN、DIN、BS、NF、JIS 和 ГОСТ 与 GB 标准。表 2-31 举例列出了前苏联部分工业镁合金的牌号和化学成分。表 2-32 列出了几个主要工业发达国家部分镁合金相近牌号对照，表 2-33～表 2-66 分别列出了不同国家几种典型的工业纯镁、变形镁合金和铸造镁合金的牌号和化学成分的对照。

表 2-31 前苏联部分工业镁合金的牌号和化学组成

合金牌号	合 金 系	化学组成(主要元素)(质量分数)/%					
		Al	Zn	Mn	Si	Ce	Mg
铸造合金							
MJI1	Mg-Si	—	—	—	1.0～1.5		余量
MJI2	Mg-Mn	—	—	1.0～2.0	—	—	余量
MJI3	Mg-Al-Zn	2.5～3.5	0.5～1.5	0.15～0.5	—	—	余量
MJI4	Mg-Al-Zn	5.0～7.0	2.0～3.0	0.15～0.5	—	—	余量
MJI5	Mg-Al-Zn	7.5～9.3	0.2～0.8	0.15～0.5	—	—	余量
MJI6	Mg-Al-Zn	9.0～11.0	2.0 以下	0.1～0.5	—	—	余量
变形合金							
MA1	Mg-Mn	—	—	1.3～2.5	—	—	余量
MA2	Mg-Al-Zn	3.0～4.0	0.2～0.8	0.15～0.5	—	—	余量
MA3	Mg-Al-Zn	5.5～7.0	0.5～1.5	0.15～0.5	—	—	余量
MA4	Mg-Al-Zn	6.5～8.0	2.5～3.5	0.15～0.5	—	—	余量
MA5	Mg-Al-Zn	7.8～9.2	0.2～0.8	0.15～0.5	—	—	余量
MA8	Mg-Mn-Ce	—	—	1.5～2.5	—	0.15～0.5	余量

表 2-32 几个主要国家部分镁合金相近牌号对照

中国(YB)	美国(ASTM)	英国(BS)	德国(DIN)	日本(JIS)	前苏联(ГОСТ)	法国(NF)
变形镁合金						
MB1	M1A	MAG101	MgMn2	—	MA1	G-M2
MB2	AZ31B	MAG111	MgAl3Zn	—	MA2	—
MB3	—	—	—	—	MA2-1	—
MB5	AZ61A	MAG121	MgAl6Zn	AZ61A	MA3	—
MB6	AZ63A	—	MgAl6Zn3	—	MA4	—
MB7	AZ80A	—	MgAl8Zn	—	MA5	—
MB8	—	—	—	—	MA8	—
MB14	—	—	—	—	BM17	—
MB15	ZK60A	MAG161	MgZn6Zr	—	MA14(BM65-1)	—
铸造镁合金						
ZM5	AZ81A	MAG1	G-MgAl8Zn1	—	MJI5	GA8Z
	AZ91C	3L122	G-MgAl9Zn1			GA9Z
ZM10	AM100A	MAG3 3L125	G-MgAl9Zn1	—	MJI6	GA9Z

（1）原生镁锭牌号和化学成分对照如表 2-33～表 2-36 所示。

表 2-33　Mg9998 牌号和化学成分（质量分数）对照　（%）

标准号	牌　号	Mg≥	杂质元素含量≤											
			Fe	Si	Ni	Cu	Sn	Al	Mn	Cl	Ti	Pb	Zn	其他单个
GB/T 3499	Mg9998	99.98	0.002	0.003	0.0005	0.0005	—	0.004	0.002	0.002	0.001	0.001	—	0.005
ISO 8287	Mg99.98	99.98	0.002	0.003	0.0005	0.0005	0.005	0.004	0.002	—	—	0.005	0.005	总和 0.02
EN 12421	EN MB99.95A EN MB10030	99.95	0.003	0.006	0.001	0.005	0.005	0.01	0.006	Ca 0.003	Na 0.003	0.005	0.005	0.005
ГОСТ 804	Mr96	99.96	0.004	0.004	0.002	0.002	—	0.006	0.004	—	Na 0.01	—	—	总和 0.04
ASTM B92M UNS	9998A M19998	99.98	0.002	0.003	0.0005	0.0005	—	0.004	0.002	—	0.001	0.001	—	0.005

表 2-34　Mg9995 牌号和化学成分（质量分数）对照　（%）

标准号	牌　号	Mg≥	杂质元素含量≤											
			Fe	Si	Ni	Cu	Sn	Al	Mn	Cl	Ti	Pb	Zn	其他单个
GB/T 3499	Mg9995	99.95	0.003	0.01	0.001	0.002	—	0.01	0.01	0.003	—	—	0.01	0.005
ISO 8287	Mg99.95	99.95	0.003	0.01	0.001 +Fe0.005	0.005	0.005	0.01	0.01	—	Sn 0.005	0.005	0.01	0.01 总和 0.05
EN 12421	EN MB99.95A EN MB10030	99.95	0.003	0.006	0.001	0.005	0.005	0.01	0.006	Ca 0.003	Na 0.003	0.005	0.005	0.005
ГОСТ 804	Mr95	99.95	0.004	0.004	0.007	0.003	—	0.006	0.01	—	0.014	Na 0.005	—	总和 0.05
ASTM B92M UNS	9995A M19995	99.95	0.003	0.005	0.001	—	—	0.01	0.004	—	0.01	—	—	0.005

表 2-35　Mg9990 牌号和化学成分（质量分数）对照　（%）

标准号	牌　号	Mg≥	杂质元素含量≤								
			Fe	Si	Ni	Cu	Al	Mn	Cl	Na	Zn	其他单个
GB/T 3499	Mg9990	99.90	0.04	0.02	0.001	0.004	0.02	0.03	0.005	—	—	0.01
ГОСТ 804	Mr90	99.90	0.04	0.009	0.001	0.004	0.02	0.01	—	0.01	—	总和 0.1
JIS H2150	1 级	99.90	0.01	0.01	0.001	0.005	0.01	0.01	—	—	0.05	—
ASTM B92M UNS	9990A M19990	99.90	0.04	0.005	0.001	—	0.003	0.004	—	—	—	0.01

表 2-36　Mg9980 牌号和化学成分（质量分数）对照　（%）

标准号	牌　号	Mg≥	杂质元素含量≤											
			Fe	Si	Ni	Cu	Sn	Al	Mn	Cl	Na	Pb	Zn	其他单个
GB/T 3499	Mg9980	99.80	0.05	0.03	0.002	0.02	—	0.05	0.05	0.005	—	—	—	0.05
ISO 8287	Mg99.8	99.80	0.05	0.05	0.002	0.02	—	0.05	0.1	—	—	—	—	0.05 总和 0.02
EN 12421	EN MB99.80A EN MB10020	99.80	0.05	0.05	0.001	0.02	0.01	0.05	0.05	Ca 0.003	0.003	0.01	0.05	0.05
ASTM B92M UNS	9980A M19980	99.80	—	—	0.001	0.02	0.01	—	0.10	—	0.006	0.01	—	0.05

(2) 变形镁及镁合金牌号和化学成分对照　如表 2-37～表 2-58 所示。

表 2-37　Mg99.95、Mg99.50、Mg99.00 牌号和化学成分(质量分数)对照　(%)

标准号	牌　号	Mg≥	Al	Mn	Si	Fe	Ni	Ti	其他单个≤	
			≤						单个	总计
GB/T 5153	Mg99.95	99.95	0.01	0.004	0.005	0.003	0.001	0.01	0.005	0.05
GB/T 5153	Mg99.50	99.50	—	—	—	—	—	—	—	0.50
GB/T 5153	Mg99.00	99.00	—	—	—	—	—	—	—	1.0

表 2-38　AZ31B 牌号和化学成分(质量分数)对照　(%)

标准号	牌　号	Mg	Al	Zn	Mn	Si	Fe	Ca	Cu	Ni	Be	其他元素≤	
						≤						单个	总计
GB/T 5153	AZ31B	余量	2.5～3.5	0.6～1.4	0.20～1.0	0.08	0.003	0.04	0.01	0.001	—	0.05	0.30
BS 3370	Mg-Al3Zn1Mn	余量	2.50～3.50	0.60～1.40	0.15～0.40	0.10	0.03	0.04	0.1	0.005	—	—	—
NF A65-717	G-A3Z1	余量	2.50～3.50	0.5～1.5	≥0.20	0.1	0.03	0.04	0.1	0.005	—	—	—
ГОСТ 14957	MA2	余量	3.0～4.0	0.2～0.8	0.15～0.5	0.10	0.05	—	0.05	0.005	0.002	—	0.3
ASTM B90 UNS	AZ31B M11311	余量	2.5～3.5	0.6～1.4	0.20～1.0	0.10	0.005	0.04	0.05	0.005	—	—	0.30

表 2-39　AZ31S 牌号和化学成分(质量分数)对照　(%)

标准号	牌　号	Mg	Al	Zn	Mn	Si	Fe	Cu	Ni	Ca	Be	其他元素≤	
						≤						单个	总计
GB/T 5153	AZ31S	余量	2.4～3.6	0.50～1.5	0.15～0.40	0.10	0.005	0.05	0.005	—	—	0.05	0.30
ISO 3116	WD21150	余量	2.4～3.6	0.50～1.5	0.15～0.40	0.10	0.005	0.05	0.005	—		0.05	0.30
BS 3370	Mg-Al3Zn1Mn	余量	2.50～3.50	0.60～1.40	0.15～0.40	0.10	0.03	0.1	0.005	0.04	—	—	—
NF A65-717	G-A3Z1	余量	2.50～3.50	0.5～1.5	≥0.20	0.1	0.03	0.1	0.005	0.04	—	—	—
ГОСТ 14957	MA2	余量	3.0～4.0	0.2～0.8	0.15～0.5	0.10	0.05	0.05	0.005	—	0.002	—	0.3
ASTM B90 UNS	AZ31B M11311	余量	2.5～3.5	0.6～1.4	0.20～1.0	0.10	0.005	0.05	0.005	0.04	—	—	0.3

表 2-40　AZ31T 牌号和化学成分(质量分数)对照　(%)

标准号	牌　号	Mg	Al	Zn	Mn	Si	Fe	Cu	Ni	Ca	Be	其他元素≤	
						≤						单个	总计
GB/T 5153	AZ31T	余量	2.4～3.6	0.50～1.5	0.05～0.40	0.10	0.05	0.05	0.005	—	—	0.05	0.30
ISO 3116	WD21150	余量	2.4～3.6	0.50～1.5	0.05～0.40	0.10	0.05	0.05	0.005	—		0.05	0.30
BS 3370	Mg-Al3Zn1Mn	余量	2.50～3.50	0.60～1.40	0.15～0.40	0.10	0.03	—	0.005	0.04	—	—	—
NF A65-717	G-A3Z1	余量	2.50～3.50	0.5～1.5	≥0.20	0.1	0.03	0.1	0.005	0.04	—	—	—
ГОСТ 14957	MA2	余量	3.0～4.0	0.2～0.8	0.15～0.5	0.10	0.05	0.05	0.005	—	0.002	—	0.3
ASTM B90 UNS	AZ31B M11311	余量	2.5～3.5	0.6～1.4	0.20～1.0	0.10	0.005	0.05	0.005	0.04	—	—	0.30

表 2-41 AZ40M 牌号和化学成分(质量分数)对照 (%)

标准号	牌 号	Mg	Al	Zn	Mn	Si	Fe	Cu	Ni	Be	Ca	其他元素≤	
						≤						单个	总计
GB/T 5153	AZ40M	余量	3.0~4.0	0.20~0.80	0.15~0.50	0.10	0.05	0.05	0.005	0.01	—	0.01	0.30
ISO 3116	Mg-Al3Zn1Mn	余量	2.5~3.5	0.5~1.5	≤0.20	0.1	0.03	0.01	0.005	—	0.04	—	0.03
DIN 1729.1 W-Zr	MgAl3Zn 3.5312	余量	2.5~3.5	0.5~1.5	0.15~0.4	0.1	0.03	0.1	0.005	—	—	—	0.1
BS 3370	Mg-Al3Zn1Mn	余量	2.50~3.50	0.60~1.40	0.15~0.40	0.1	0.03	0.1	0.005	—	0.04	—	—
NF 65-717	G-A3Z1	余量	2.50~3.50	0.5~1.5	≤0.20	0.1	0.04	0.1	0.005	—	—	—	—
ГОСТ 14957	MA2	余量	3.0~4.0	0.2~0.8	0.15~0.5	0.10	0.05	0.05	0.005	0.002	—	—	0.3
JIS H4203	MB1	余量	2.5~3.5	0.5~1.5	≤0.15	0.10	0.01	0.10	0.005	—	0.04	—	0.30
ASTM B107 UNS	AZ31B M11311	余量	2.5~3.5	0.6~1.4	0.20~1.0	0.10	0.005	0.05	0.005	—	0.04	—	0.30

表 2-42 AZ41M 牌号和化学成分(质量分数)对照 (%)

标准号	牌 号	Mg	Al	Zn	Mn	Si	Fe	Cu	Ni	Be	其他元素≤	
						≤					单个	总计
GB/T 5153	AZ41M	余量	3.7~4.7	0.80~1.4	0.30~0.60	0.10	0.05	0.05	0.005	0.01	0.01	0.30
ГОСТ 14957	MA2-1	余量	3.8~5.0	0.8~1.5	0.3~0.7	0.10	0.04	0.05	0.004	0.002	—	0.3

表 2-43 AZ61A 牌号和化学成分(质量分数)对照 (%)

标准号	牌 号	Mg	Al	Zn	Mn	Si	Fe	Cu	Ni	其他元素≤	
						≤				单个	总计
GB/T 5153	AZ61A	余量	5.8~7.2	0.40~1.5	0.15~0.50	0.10	0.005	0.05	0.005	—	0.30
ISO 3116	Mg-Al6Zn1Mn	余量	5.5~7.2	0.5~1.5	0.15~0.4	0.1	0.03	0.1	0.005	—	0.03
DIN 1729.1 W-Zr	MgAl6Zn 3.5612	余量	5.5~7.0	0.5~1.5	0.15~0.4	0.1	0.03	0.1	0.005	—	0.1
BS 3370	Mg-Al6Zn1Mn	余量	5.5~6.5	0.5~1.5	0.15~0.40	0.1	0.03	0.1	0.005	—	—
NF 65-717	G-A6Z1	余量	5.5~6.5	0.5~1.5	0.15~0.40	0.1	0.03	0.1	0.005	—	—
JIS H4203	MB2	余量	5.5~7.2	0.5~1.5	0.15~0.4	0.1	0.01	0.10	0.005	—	0.30
ASTM B107 UNS	AZ61A M11610	余量	5.8~7.2	0.40~1.5	0.15~0.5	0.10	0.005	0.05	0.005	—	0.30

表 2-44 AZ61M 牌号和化学成分(质量分数)对照 (%)

标准号	牌 号	Mg	Al	Zn	Mn	Si	Fe	Cu	Ni	Be	其他元素≤	
						≤					单个	总计
GB/T 5153	AZ61M	余量	5.5~7.0	0.50~1.5	0.15~0.50	0.10	0.05	0.05	0.005	0.01	0.01	0.30
ISO 3116	Mg-Al6Zn1Mn	余量	5.5~7.2	0.5~1.5	0.15~0.4	0.1	0.03	0.1	0.005	—	—	0.03
DIN 1729.1 W-Zr	MgAl6Zn 3.5612	余量	5.5~7.0	0.5~1.5	0.15~0.4	0.1	0.03	0.1	0.005	—	—	0.1
BS 3370	Mg-Al6Zn1Mn	余量	5.5~6.5	0.50~1.5	0.15~0.40	0.1	0.03	0.1	0.005	—	—	—
NF 65-717	G-A6Z1	余量	5.5~6.5	0.5~1.5	0.15~0.40	0.1	0.03	0.1	0.005	—	—	—
JIS H4203	MB2	余量	5.5~7.2	0.5~1.5	0.15~0.4	0.10	0.01	0.10	0.005	—	—	0.30
ASTM B107 UNS	AZ61B M11611	余量	5.8~7.2	0.40~1.5	0.15~0.5	0.10	0.005	0.05	0.005	—	—	0.30

表 2-45 AZ61S 牌号和化学成分(质量分数)对照 (%)

标准号	牌 号	Mg	Al	Zn	Mn	Si	Fe	Cu	Ni	其他元素≤	
						≤				单个	总计
GB/T 5153	AZ61S	余量	5.5~6.5	0.50~1.5	0.15~0.40	0.10	0.005	0.05	0.005	0.05	0.30
ISO 3116	WD21160	余量	5.5~6.5	0.5~1.5	0.15~0.4	0.10	0.005	0.05	0.005	0.05	0.30
DIN 1729.1 W-Zr	MgAl6Zn 3.5612	余量	5.5~7.0	0.5~1.5	0.15~0.4	0.1	0.03	0.1	0.005	—	0.1
BS 3370	Mg-Al6Zn1Mn	余量	5.5~6.5	0.50~1.5	0.15~0.40	0.1	0.03	0.1	0.005	—	—
NF A 65-717	G-A6Z1	余量	5.5~6.5	0.5~1.5	0.15~0.40	0.1	0.03	0.1	0.005	—	—
JIS H4203	MB2	余量	5.5~7.2	0.5~1.5	0.15~0.4	0.10	0.01	0.10	0.005	—	0.30
ASTM B107 UNS	AZ61A M11610	余量	5.8~7.2	0.40~1.5	0.15~0.5	0.10	0.005	0.05	0.005	—	0.30

表 2-46 AZ62M、AZ63B 牌号和化学成分(质量分数)对照 (%)

标准号	牌 号	Mg	Al	Zn	Mn	Si	Fe	Cu	Ni	Be	其他元素≤	
						≤					单个	总计
GB/T 5153	AZ62M	余量	5.0~7.0	2.0~3.0	0.20~0.50	0.10	0.05	0.05	0.005	0.01	0.01	0.30
GB/T 5153	AZ63B	余量	5.3~6.7	2.5~3.5	0.15~0.60	0.08	0.003	0.01	0.001	—	—	0.30

表 2-47 AZ80A 牌号和化学成分(质量分数)对照 (%)

标准号	牌 号	Mg	Al	Zn	Mn	Si	Fe	Cu	Ni	其他元素≤	
						≤				单个	总计
GB/T 5153	AZ80A	余量	7.8~9.2	0.20~0.80	0.12~0.50	0.10	0.005	0.05	0.005	—	0.30
ISO 3116	Mg-Al8Zn1Mn	余量	7.5~9.2	0.2~1.0	0.1~0.4	0.1	0.005	0.05	0.005	—	0.30
DIN 1729.1 W-Zr	MgAl8Zn 3.5812	余量	7.8~9.0	0.2~0.8	0.12~0.3	0.1	0.005	0.05	0.005	—	0.30
NF A 65-717	G-A8Z	余量	7.5~9.2	0.2~1.0	0.1~0.4	0.1	0.005	0.05	0.005	—	—
JIS H4203	MB3	余量	7.5~9.2	0.2~1.0	0.15~0.50	0.1	0.01	0.05	0.01	—	0.30
ASTM B107 UNS	AZ80A M11800	余量	7.8~9.2	0.20~0.8	0.10~0.40	0.1	0.005	0.05	0.005	—	0.30
ГОСТ 14957	MA5	余量	7.8~9.2	0.20~0.80	0.12~0.5	0.1	0.05		0.005		0.3

表 2-48 AZ80M 牌号和化学成分(质量分数)对照 (%)

标准号	牌 号	Mg	Al	Zn	Mn	Si	Fe	Cu	Ni	Be	其他元素≤	
						≤					单个	总计
GB/T 5153	AZ80M	余量	7.8~9.2	0.20~0.80	0.15~0.50	0.10	0.05	0.05	0.005	0.01	0.01	0.30
ISO 3116	Mg-Al8Zn1Mn	余量	7.5~9.2	0.2~1.0	0.1~0.4	0.1	0.005	0.05	0.005	—	—	0.30
DIN 1729.1 W-Zr	MgAl8Zn 3.5812	余量	7.8~9.0	0.2~0.8	0.12~0.3	0.1	0.005	0.05	0.005	—	—	0.30
NF A 65-717	G-A8Z	余量	7.5~9.2	0.2~1.0	0.1~0.4	0.1	0.005	0.05	0.005	—	—	—
ГОСТ 14957	MA5	余量	7.8~9.2	0.2~0.3	0.15~0.5	0.1	0.05	0.05	0.005	0.002	—	0.3
JIS H4203	MB3	余量	7.5~9.2	0.2~1.0	0.10~0.40	0.1	0.01	0.05	0.01	—	—	0.30
ASTM B107 UNS	AZ80A M11800	余量	7.8~9.2	0.20~0.8	0.12~0.5	0.1	0.005	0.05	0.005	—	—	0.30

表 2-49 AZ80S 牌号和化学成分(质量分数)对照 (%)

标准号	牌 号	Mg	Al	Zn	Mn	Si	Fe	Cu	Ni	其他元素≤	
						≤				单个	总计
GB/T 5153	AZ80S	余量	7.8~9.2	0.20~0.80	0.12~0.40	0.10	0.005	0.05	0.005	0.05	0.30
ISO 3116	WD21170	余量	7.8~9.2	0.20~0.80	0.12~0.40	0.10	0.005	0.05	0.005	0.05	0.30
DIN 1729.1 W-Zr	MgAl8Zn 3.5812	余量	7.8~9.2	0.2~0.8	0.12~0.3	0.1	0.005	0.05	0.005	—	0.30
NF A 65-717	G-A8Z	余量	7.5~9.2	0.2~1.0	0.1~0.4	0.1	0.005	0.05	0.005	—	—
ГОСТ 14957	MA5	余量	7.8~9.2	0.2~0.3	0.15~0.5	0.1	0.05	0.05	0.05	—	0.3
JIS H4203	MB3	余量	7.5~9.2	0.2~1.0	0.10~0.40	0.1	0.01	0.05	0.01	—	0.30
ASTM B107 UNS	AZ80A M11880	余量	7.8~9.2	0.20~0.8	0.12~0.5	0.1	0.005	0.05	0.005	—	0.30

表 2-50 AZ91D 牌号和化学成分(质量分数)对照 (%)

标准号	牌 号	Mg	Al	Zn	Mn	Si	Fe	Cu	Ni	Be	其他元素≤	
						≤					单个	总计
GB/T 5153	AZ91D	余量	8.5~9.5	0.45~0.9	0.17~0.40	0.08	0.004	0.025	0.001	0.0005~0.003	0.01	—
ISO 3116	Mg-Al8Zn1Mn	余量	7.5~9.2	0.2~1.0	0.1~0.4	0.1	0.005	0.05	0.005	—	—	0.03
NF A 65-717	G-A8Z	余量	7.5~9.2	0.2~1.0	0.1~0.4	0.1	0.005	0.05	0.005	—	—	—
ГОСТ 14957	MA5	余量	7.8~9.2	0.2~0.3	0.15~0.5	0.10	0.05	0.05	0.005	0.002	—	0.3
JIS H4203	MB3	余量	7.5~9.2	0.2~1.0	0.10~0.40	0.1	0.01	0.05	0.01	—	—	0.30
ASTM B107 UNS	AZ91D M11917	余量	8.5~9.5	0.45~0.9	0.17~0.40	0.05	0.004	0.025	0.001	—	0.01	

表 2-51 MIC 牌号和化学成分(质量分数)对照 (%)

标准号	牌 号	Mg	Mn	Ce	Al	Zn	Si	Fe	Cu	Ni	Ca	其他元素≤	
					≤							单个	总计
GB/T 5153	MIC	余量	0.50~1.3	—	0.01	—	0.05	0.01	0.01	0.001	—	0.05	0.30
BS 3370	Mg-Mn1.5	余量	1.0~2.0	—	0.05	0.03	0.02	0.03	0.02	0.005	0.02	—	—
ГОСТ 14957	MASЛЧ	余量	1.0~1.5	0.15~0.35	0.01	0.06	0.01	0.01	0.01	0.002	—	—	0.1
ASTM B107 UNS	M1A M15100	余量	1.2~2.0	—	—	—	0.10	—	0.05	0.01	0.30	—	0.30

表 2-52 M2M 牌号和化学成分(质量分数)对照 (%)

标准号	牌 号	Mg	Mn	Al	Zn	Si	Fe	Cu	Ni	Be	Ca	其他元素≤	
				≤								单个	总计
GB/T 5153	M2M	余量	1.3~2.5	0.20	0.30	0.10	0.05	0.05	0.007	0.01	—	0.01	0.20
DIN 1729.1 W-Nr	MgMn2 3.5200	余量	1.2~2.0	0.05	0.30	0.10	0.005	—	0.001	—	—	—	0.10
BS 3370	Mg-Mn1.5	余量	1.0~2.0	0.05	0.03	0.02	0.03	0.02	0.005	—	0.02	—	—
NF A 65-717	G-M2	余量	1.2~2.0	0.05	0.30	0.1	0.03	0.05	0.005	—	—	—	—
ГОСТ 14957	MA1	余量	1.3~2.5	0.1	0.3	0.10	0.05	0.05	0.007	0.002	—	—	0.2
ASTM B107 UNS	M1A M15100	余量	1.2~2.0	—	—	0.10	—	0.05	0.01	—	0.30	—	0.30

表 2-53 M2S 牌号和化学成分(质量分数)对照 (%)

标准号	牌 号	Mg	Mn	Al	Zn	Si	Fe	Cu	Ni	Ca	Be	其他元素≤	
				≤								单个	总计
GB/T 5153	M2S	余量	1.2~2.0	—	—	0.10	—	0.05	0.01	—	—	0.05	0.30
ISO 3116	WD43150	余量	1.2~2.0	—	—	0.10	—	0.05	0.01	—	—	0.05	0.30
BS 3370	Mg-Mn1.5	余量	1.0~2.0	0.05	0.03	0.02	0.03	0.02	0.005	0.02	—	—	—
NF A 65-717	G-M2	余量	1.2~2.0	0.05	0.30	0.10	0.03	0.05	0.005	—	—	—	—
ГОСТ 14957	MA8	余量	1.3~2.2	0.10	0.3	0.10	0.05	0.05	0.007	0.002	—	—	0.3
ASTM B107 UNS	M1A M15100	余量	1.2~2.0	—	—	0.10	—	0.05	0.01	—	0.30	—	0.30

表 2-54 ZK61M 牌号和化学成分(质量分数)对照 (%)

标准号	牌 号	Mg	Zn	Zr	Al	Mn	Si	Fe	Cu	Ni	Be	其他元素≤	
					≤							单个	总计
GB/T 5153	ZK61M	余量	5.0~6.0	0.30~0.90	0.05	0.10	0.05	0.05	0.05	0.005	0.01	0.01	0.30
ISO 3116	Mg-Zn6Zr	余量	4.8~6.2	0.45~0.80	—	—	—	—	0.03	0.005	—	—	0.30
BS 3370	Mg-Zn6Zr	余量	4.8~6.2	0.45~0.80	0.02	0.15	0.01	0.01	0.03	0.005	—	—	—
NF A 65-717	G-Z5Zr	余量	4.8~6.2	0.45~0.80	0.02	0.15	0.01	0.01	0.03	0.005	—	—	—
ГОСТ 14957	MA14	余量	5.0~6.0	0.3~0.9	0.05	0.1	0.05	0.03	0.05	0.005	0.002	—	0.3
JIS H4203	MB6	余量	4.8~6.2	0.45~0.8	—	—	—	—	0.03	0.005	—	—	0.30
ASTM B107 UNS	ZK60A M16600	余量	4.8~6.2	≥0.45	—	—	—	—	—	—	—	—	0.30

表 2-55 ZK61S 牌号和化学成分(质量分数)对照 (%)

标准号	牌 号	Mg	Zn	Zr	Al	Mn	Si	Fe	Cu	Ni	Be	其他元素≤	
					≤							单个	总计
GB/T 5153	ZK61S	余量	4.8~6.2	0.45~0.80	—	—	—	—	—	—	—	0.05	0.30
ISO 3116	WD32260	余量	4.8~6.2	0.45~0.80	—	—	—	—	—	—	—	0.05	0.30
BS 3370	Mg-Zn6Zr	余量	4.8~6.2	0.45~0.80	0.02	0.15	0.01	0.01	0.03	0.005	—	—	—
NF A 65-717	G-Z5Zr	余量	4.8~6.2	0.45~0.80	0.02	0.15	0.01	0.01	0.03	0.005	—	—	—
ГОСТ 14957	MA14	余量	5.0~6.0	0.3~0.9	0.05	0.1	0.05	0.03	0.05	0.005	0.002	—	0.3
JIS H4203	MB6	余量	4.8~6.2	0.45~0.8	—	—	—	—	0.03	0.005	—	—	0.30
ASTM B107 UNS	ZK60A M16600	余量	4.8~6.2	≥0.45	—	—	—	—	—	—	—	—	0.30

表 2-56 ME20M 牌号和化学成分(质量分数)对照 (%)

标准号	牌 号	Mg	Mn	Ce	Al	Zn	Si	Fe	Cu	Ni	Be	其他元素≤	
					≤							单个	总计
GB/T 5153	ME20M	余量	1.3~2.2	0.15~0.35	0.20	0.30	0.10	0.05	0.05	0.007	0.01	0.01	0.30
BS 3373	Mg-Mn1.5	余量	1.0~2.0	—	0.05	0.03	0.02	0.03	0.02	0.005	—	—	—
NF A 65-717	G-M2	余量	1.2~2.0	—	0.05	0.03	0.1	0.03	0.05	0.005	—	—	—

续表 2-56

标准号	牌号	Mg	Mn	Ce	Al	Zn	Si	Fe	Cu	Ni	Be	其他元素≤	
					≤							单个	总计
ГОСТ 14957	MA8	余量	1.3~2.2	0.15~0.35	0.10	0.3	0.10	0.05	0.05	0.007	0.002	—	0.30
ASTM B107 UNS	M1A M15100	余量	1.2~2.0	—	—	—	0.10	—	0.05	0.01	Ca 0.30	—	0.30
ГОСТ 14957	MA14	余量	5.0~6.0	0.3~0.9	0.05	0.1	0.05	0.03	0.05	0.005	0.002	—	0.3
JIS H4203	MB6	余量	4.8~6.2	0.45~0.8	—	—	—	—	0.03	0.005	—	—	0.30
ASTM B107 UNS	ZK60A M16600	余量	4.8~6.2	≥0.45	—	—	—	—	—	—	—	—	0.30

表 2-57 ZK61S 牌号和化学成分(质量分数)对照 (%)

标准号	牌号	Mg	Zn	Zr	Al	Mn	Si	Fe	Cu	Ni	Be	其他元素≤	
					≤							单个	总计
GB/T 5153	ZK61S	余量	4.8~6.2	0.45~0.80	—	—	—	—	—	—	—	0.05	0.30
ISO 3116	WD32260	余量	4.8~6.2	0.45~0.80	—	—	—	—	—	—	—	0.05	0.30
BS 3370	Mg-Zn6Zr	余量	4.8~6.2	0.45~0.80	0.02	0.15	0.01	0.01	0.03	0.005	—	—	—
NF A 65-717	G-Z5Zr	余量	4.8~6.2	0.45~0.80	0.02	0.15	0.01	0.01	0.03	0.005	—	—	—
ГОСТ 14957	MA14	余量	5.0~6.0	0.3~0.9	0.05	0.1	0.05	0.03	0.05	0.005	0.002	—	0.3
JIS H4203	MB6	余量	4.8~6.2	0.45~0.8	—	—	—	—	0.03	0.005	—	—	0.30
ASTM B107 UNS	ZK60A M16600	余量	4.8~6.2	≥0.45	—	—	—	—	—	—	—	—	0.30

表 2-58 ME20M 牌号和化学成分(质量分数)对照 (%)

标准号	牌号	Mg	Mn	Ce	Al	Zn	Si	Fe	Cu	Ni	Be	其他元素≤	
					≤							单个	总计
GB/T 5153	ME20M	余量	1.3~2.2	0.15~0.35	0.20	0.30	0.10	0.05	0.05	0.007	0.01	0.01	0.30
BS 3373	Mg-Mn1.5	余量	1.0~2.0	—	0.05	0.03	0.02	0.03	0.02	0.005	—	—	—
NF A 65-717	G-M2	余量	1.2~2.0	—	0.05	0.03	0.1	0.03	0.05	0.005	—	—	—
ГОСТ 14957	MA8	余量	1.3~2.2	0.15~0.35	0.10	0.3	0.10	0.05	0.05	0.007	0.002	—	0.30
ASTM B107 UNS	M1A M15100	余量	1.2~2.0	—	—	—	0.10	—	0.05	0.01	Ca 0.30	—	0.30

(3) 铸造镁及镁合金牌号和化学成分对照 如表 2-59~表 2-66 所示。

表 2-59 ZMgZn5Zr 牌号和化学成分(质量分数)对照 (%)

标准号	牌号	Mg	Zn	Zr	Si	Cu	Ni	杂质合计
					≤			
GB/T 1177	ZMgZn5Zr(ZM1)	余量	3.5~5.5	0.5~1.0	—	0.10	0.01	0.30
ASTM B80 UNS	ZK51A M16510	余量	3.5~5.3	0.5~1.0	—	0.10	0.01	0.30

表 2-60 ZMgZn4RE1Zr 牌号和化学成分(质量分数)对照 (%)

标准号	牌号	Mg	Zn	RE	Zr	Mn	Si	Cu	Fe	Ni	杂质合计
						≤					
GB/T 1177	ZMgZn4RE1Zr (ZM2)	余量	3.5~5.0	0.75~1.75	0.5~1.0	—	—	0.10	—	0.01	0.30
ISO/DIS 16220	ZMgZn4RE1Zr	余量	3.5~5.0	1.0~1.75	0.1~1.0	0.15	0.01	0.03	0.01	0.005	0.01(其他)
EN 1753	EN MBMgZn4RE1Zr 35110	余量	3.5~5.0	1.0~1.75	0.1~1.0	0.15	0.01	0.03	0.01	0.005	0.01(其他)
JIS H2221	MC 110	余量	3.7~4.8	1.0~1.75	0.3~1.0	0.15	0.01	0.03	—	0.010	—
ASTM B80 UNS	ZE41A M16411	余量	3.7~4.8	1.0~1.75	0.3~1.0	0.15	0.01	0.03	—	0.010	0.30

表 2-61 ZMgRE3ZnZr 牌号和化学成分(质量分数)对照 (%)

标准号	牌号	Mg	RE	Zn	Zr	Mn	Si	Cu	Ni	杂质合计
						≤				
GB/T 1177	ZMgRE3ZnZr (ZM3)	余量	2.5~4.0	0.2~0.7	0.4~1.0	—	—	0.10	0.01	0.30
ASTM B80 UNS	WE43A M18430	余量	2.4~4.4	0.20	0.3~1.0	0.15	0.01	0.03	0.005	0.30

表 2-62 ZMgRE3Zn2Zr 牌号和化学成分(质量分数)对照 (%)

标准号	牌号	Mg	RE	Zn	Zr	Mn	Si	Cu	Fe	Ni	杂质合计
						≤					
GB/T 1177	ZMgRE3Zn2Zr (ZM4)	余量	2.5~4.0	2.0~3.0	0.5~1.0	—	—	0.10	—	0.01	0.30
ISO/DIS 16220	MgRE3Zn2Zr	余量	2.4~4.0	2.0~3.0	0.1~1.0	0.15	0.01	0.03	0.01	0.005	0.01(其他)
EN 1753	EN MBMgRE3Zn2Zr 65120	余量	2.4~4.0	2.0~3.0	0.1~1.0	0.15	0.01	0.03	0.01	0.005	0.01(其他)
JIS H2221	MC 18	余量	2.6~3.9	2.0~3.0	0.3~1.0	—	0.01	0.03	—	0.01	—
ASTM B93M UNS	EZ33A M12331	余量	2.6~3.9	2.0~3.0	0.3~1.0	—	0.01	0.03	—	0.01	0.30

表 2-63 ZMgAl8Zn 牌号和化学成分(质量分数)对照 (%)

标准号	牌号	Mg	Al	Zn	Mn	Zr	Si	Cu	Fe	Ni	其他元素	杂质合计
						≤						
GB/T 1177	ZMgAl8Zn(ZM5)	余量	7.5~9.0	0.2~0.8	0.15~0.5	—	0.30	0.20	0.05	0.01	—	0.50
ISO/DIS 16220	MgAl8Zn1	余量	7.2~8.5	0.45~0.9	≥0.17	—	0.05	0.025	0.004	0.001	0.01	—
EN 1753	EN MBMgAl8Zn1 21110	余量	7.2~8.5	0.45~0.9	≥0.17	—	0.05	0.025	0.004	0.001	0.01	—
ГОСТ 2856	МЛ5	余量	7.5~9.0	0.2~0.8	0.15~0.5	0.002	0.25	0.1	0.06	0.01	0.1	0.5
JIS H2221	MC 12A	余量	8.3~9.2	0.45~0.9	0.15~0.35	—	0.20	0.08	—	0.010	—	—
ASTM B93M UNS	AZ91C M11915	余量	8.3~9.2	0.45~0.9	0.15~0.35	—	0.20	0.08	—	0.010		0.30

表 2-64 ZMgRE2ZnZr 牌号和化学成分(质量分数)对照 (%)

标准号	牌 号	Mg	RE	Zn	Zr	Mn	Si	Cu	Ni	杂质合计
						≤				
GB/T 1177	ZMgRE2ZnZr (ZM6)	余量	2.0~2.8	0.2~0.7	0.4~1.0	—	—	0.10	0.01	0.30
ASTM B93M UNS	WE54A M18540	余量	1.5~4.0	0.2	0.4~1.0	0.15	0.01	0.03	0.005	0.30

表 2-65 ZMgZn8AgZr 牌号和化学成分(质量分数)对照 (%)

标准号	牌 号	Mg	Zn	Ag	Zr	Cu	Ni	Si	杂质合计
						≤			
GB/T 1177	ZMgZn8AgZr(ZM7)	余量	7.5~9.0	0.6~1.2	0.5~1.0	0.10	0.01	—	0.30

表 2-66 ZMgAl10Zn 牌号和化学成分(质量分数)对照 (%)

标准号	牌 号	Mg	Al	Zn	Mn	Si	Cu	Fe	Ni	杂质合计
						≤				
GB/T 1177	ZMgAl10Zn(ZM10)	余量	9.0~10.2	0.6~1.2	0.1~0.5	0.30	0.20	0.05	0.01	0.50
ISO/DIS 16220	MgAl9Zn1No2	余量	8.0~10.0	0.3~1.0	—	0.3	0.20	0.03	0.01	0.05(其他)
EN 1753	EN MBMgAl9Zn1(B) 21110	余量	8.0~10.0	0.3~1.0	—	0.3	0.20	0.03	0.01	0.05(其他)
JIS H2221	MC 15	余量	9.4~10.6	0.2	0.13~0.35	0.20	0.08	—	0.010	—
ASTM B93M UNS	AM100A M10101	余量	9.4~10.6	0.2	0.13~0.35	0.20	0.08	—	0.010	0.30

2.5 主要镁合金的相图、相结构与相组成

2.5.1 Mg-Al 系合金

2.5.1.1 相图

图 2-6 为 Mg-Al 二元合金相图。铝与镁形成有限固溶体。其中虚线表示界限尚不确定(以下同),在共晶温度 437℃ 时的溶解度为 12.7(质量分数,%,以下同)。溶解度随温度降低而显著减小,在室温时约为 2%。铝含量(质量分数)大于 6% 的合金为热处理可强化合金。但商业镁合金中,铝含量一般不超过 10%。铝的加入可以有效提高合金的强度和硬度,改善合金的铸造性能。含铝约 6% 的镁合金具有最佳强度和塑性的配合。

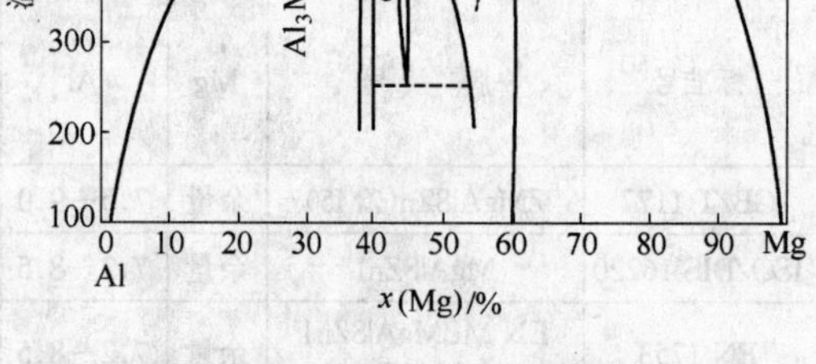

图 2-6 Mg-Al 二元合金相图

2.5.1.2 相结构及组成

铝含量大于 2% 时,铸造组织中的化合物相为 $Mg_{17}Al_{12}$ 或 Mg_4Al_3,当铝含量超过 8% 时,

这些化合物以共晶形式沿晶界呈不连续网状分布。430℃左右的退火或固溶处理可以使全部或部分β相溶解。在随后的淬火时效过程中，平衡β相直接在镁基体的(0001)基面上析出，无GP区或中间化合物析出。β相与基体之间具有以下位向关系：$(0001)_{Mg} \parallel (1\bar{1}0)_{\beta}$；$[01\bar{1}0]_{Mg} \parallel [11\bar{2}]_{\beta}$。由于无共格或半共格中间沉淀相析出，因而Mg-Al系合金时效硬化效果不明显。$Mg_{17}Al_{12}$可以以连续和不连续沉淀两种方式从镁固溶体中析出。当时效温度高于约205℃时，$Mg_{17}Al_{12}$以widmanstatten方式析出；当时效温度较低、铝含量大于8%时，通常以不连续沉淀方式析出，β相在晶界形核，并向晶内长成层片状；在大约290℃时，层片状β开始粗化，370℃左右重新溶解在基体镁中。$Mg_{17}Al_{12}$为体心立方结构，其晶格常数 $a=1.05438$nm。$Mg_{17}Al_{12}$的析出会增大合金的应力腐蚀开裂敏感性；P.Uzan等人的研究结果则表明，$Mg_{17}Al_{12}$虽然相对于镁基体来说是阴极相，但是晶界上分布的该相却可以作为腐蚀障碍，而提高合金的抗腐蚀能力。

Mg-Al系合金中，一般添加锌及少量的锰。加入锌可以使固溶体强化，提高合金的室温强度，并略提高耐蚀性。但是，在铝含量为7%～10%的镁合金中添加大于1%的锌，将增加合金的热收缩率。锰可提高合金耐蚀性。加入的锰可能与铝化合生成针状或短棒状的Mn-Al化合物。当合金中含有杂质铁时，在淬火条件下，还可能在晶内沿一定取向析出FeAl相。锌对共晶化合物种类和形态的影响比较复杂。当合金中加入锌时，共晶化合物以离异共晶形式存在，而且当合金中Zn/Al之比超过1∶3时，共晶化合物的组成将由$Mg_{17}Al_{12}$向$Mg_{32}(Al,Zn)_{49}$转变。在Mg-10%Zn-2%Al的合金中，除存在$Mg_{12}(Al,Zn)_{49}$外，还存在MgZn相，但不存在$Mg_{17}Al_{12}$化合物相；Mg-10%Zn-4%Al合金中只存在$Mg_{32}(Al,Zn)_{49}$一种化合物相；Mg-10%Zn-6%Al合金中的中间相则主要为$Al_2Mg_5Zn_2$。Z.Zhang等人将这些含锌量较高的Mg-Zn-Al系中的复杂三元中间化合物相统称为$Mg_xZn_yAl_z$型化合物相，$Mg_{32}(Al,Zn)_{49}$相有利于提高合金的蠕变抗力。

铸造Mg-Al合金中，铝含量一般为6%～10%，可用来铸造大型复杂和薄壁零件。典型牌号如AZ63A、AZ81A、AZ91A-E、AZ92A、AM100A。为适应特殊性能要求，开发了新的压铸合金牌号。如为获得高的韧性和断裂强度，开发了一系列高纯、低铝的合金，如AM60A、AM60B、AM50A、AM20等。这些合金性能的提高源于晶界$Mg_{17}Al_{12}$颗粒的减少，可用于轮毂、座椅框架、方向盘等汽车零部件。变形Mg-Al合金中铝含量为0～8%，锌含量为0～1.5%，典型牌号如AZ10A、AZ31B、AZ31C、AZ61A、AZ80A等，可用于锻件和板材，其中含铝量为8%的AZ80是高强度和唯一可进行淬火时效强化的合金，但应力腐蚀倾向严重，已被更好的Mg-Zn-Zr系合金取代。

Mg-Al系合金具有良好的力学性能、铸造性能和抗大气腐蚀性能，是目前室温下应用最广泛的合金系。但是AZ和AM系镁合金的力学性能在高于120～130℃时急剧下降。这是因为镁合金的蠕变主要是借晶界滑动，而$Mg_{17}Al_{12}$的熔点约为460℃，在不高的温度下即为一软质相，因而不能有效钉扎晶界造成。Mg-Al合金中加入1%的钙，可以提高合金的蠕变强度，但是Ca含量超过1%合金具有热裂倾向。降低铝含量和加入硅，也可以改善蠕变性能，从而开发了AS系镁合金，如AS41A、AS41B、AS21等。这是因为Al含量降低使$Mg_{17}Al_{12}$数量减少，同时Si与Mg结合生成细小的硬质相Mg_2Si，阻碍了晶界滑动，从而提高了蠕变抗力。Mg_2Si呈角状，棱角光滑，呈淡蓝色。AS21具有较低的铝含量，蠕变性能优于AS41A和AS41B，但是铸造性能差。Mg-Al-Si系合金的蠕变性能仍低于相应的压铸铝合金(如A380)。在Mg-Al合金中添加RE，可以进一步提高合金的蠕变性能，如AE42，其蠕变强度优于Mg-Al-Si合金，且具有较好的综合性能，但是稀土的添加将导致成本的大幅度增加。稀土对蠕变性能的影响机制至今仍未弄清楚。研究表明，在晶界形核的$Mg_{12}RE$颗粒可能通过阻碍晶界滑动而提高蠕变性能，并且指出

Mg-Al-RE合金只适用于冷却速度较快的压铸件，因为冷速低于压铸冷速将导致粗大Al-RE化合物生成。H. Westengen等人对Mg-4Al-1.4RE(50%Ce,25%La,20%Nd,3%Pr)合金铸态组织的研究表明，加入Mg-Al合金中的RE并没有与镁形成Mg-RE或Mg-RE-Al相，而是与Al化合形成了$Al_{11}RE_3$和$Al_{10}RE_2Mn_7$相；并且认为这是由于铝在镁基体中偏析致使铝在晶界和晶内的浓度不同而造成的；此外还存在着$Mg_{17}Al_{12}$相。对Mg-Al-RE系合金相的不同检测结果很可能是由于不同的样品制备条件引起的。在AZ合金系基本成分基础上，提高锌含量、降低铝含量(如ZA104)，合金蠕变抗力提高，而成本并不增加，同时又具有较好的铸造性能，是一种有开发潜力的铸造镁合金系。日本开发了一种新的耐热压铸镁合金(ACM522)，其成分为Mg-5Al-2Ca-2RE-0.3Mn，组织为初生α-Mg和在晶界分布的黑色Al-Ce相粒子和浅色的由Al-Ca、Mg-Ca等相组成的化合物。ACM522具有比AE42合金更高的蠕变抗力，其耐热性和耐蚀性可以与A384铝合金媲美，而且铸造性能良好。

2.5.2 Mg-Zn系合金

2.5.2.1 相图

锌是镁合金中另一个重要的合金元素，锌在镁中的固溶度为6.2%，除了起固溶强化作用外，时效硬化也是很有效的。锌还可以消除镁合金中铁、镍等杂质元素对腐蚀性能的不利影响。文献中发表的Mg-Zn二元合金相图有两种不同的形式，如图2-7*a*、*b*所示。其不同之处主要表现在相区富镁端的共晶温度和共晶化合物的存在范围上；共晶化合物的组成稍有差异，分别为Mg_7Zn_3和$Mg_{51}Zn_{20}$，Mg/Zn之比大致在2.3～2.4之间。

2.5.2.2 相结构及其组成

Mg-9Zn二元合金铸态组织的共晶相主要为$Mg_{51}Zn_{20}$；另外还有合金凝固冷却过程中由$Mg_{51}Zn_{20}$化合物分解而来的MgZn相和$MgZn_2$相。合金经315℃、4 h固溶处理后，$Mg_{51}Zn_{20}$完全分解形成与$MgZn_2$ Laves相晶体结构相同的中间相。$Mg_{51}Zn_{20}$具有体心正交点阵，晶格常数$a=1.4083$ nm，$b=1.4486$ nm，$c=1.4025$ nm。

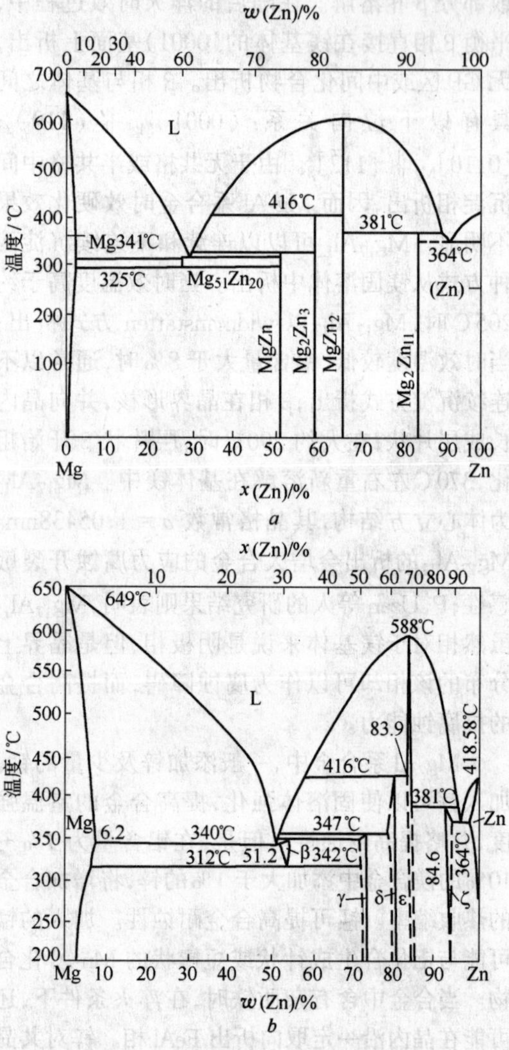

图2-7 Mg-Zn二元合金相图

a—Mg-Zn二元合金相图一；

b—Mg-Zn二元合金相图二

β—Mg_7Zn_3；γ—MgZn；δ—Mg_2Zn_3；ζ—$MgZn_3$；ε—$MgZn_2$

与Mg-Al合金不同，Mg-Zn合金在时效过程中有共格GP区和半共格中间沉淀相形成，其时效析出序列为：

SSSS→GP区→β'_1($MgZn_2$)→β'_2($MgZn_2$)→Mg_2Zn_3

这里，SSSS表示过饱和固溶体(以下同)；

其中，GP区呈圆盘状，与基体完全共格，盘平行于$\{0001\}_{Mg}$；

β'_1 呈棒状，与基体完全共格，棒垂直于 $\{0001\}_{Mg}$；密排六方结构，$a = 0.52$ nm，$c = 0.85$ nm；该相的析出对应于合金的时效硬化峰值；

β'_2 呈圆盘状，与基体半共格，盘平行于 $\{0001\}_{Mg}$，$(11\bar{2}0)_{MgZn} \parallel (10\bar{1}0)_{Mg}$；密排六方结构，$a = 0.52$ nm，$c = 0.848$ nm；β'_2 的大量析出使合金开始发生过时效。

过时效生成的平衡非共格析出相 Mg_2Zn_3 属三角晶系，$a = 1.724$ nm，$b = 1.445$ nm，$c = 0.52$ nm，$\gamma = 138°$。

但是，Mg-Zn 二元合金难以晶粒细化，易于形成微孔洞，因而不用于商业铸件或变形产品。

在 Mg-Zn 合金中加入 Cu 可以显著提高合金塑性和时效强化程度。时效硬化与上述提到的棒状 β'_1（$MgZn_2$）共格相和圆盘状 β'_2（$MgZn_2$）半共格相两种主要析出相相关，有 Cu 存在时，β'_1 和 β'_2 中至少一种析出相的浓度比不含 Cu 时增加。室温下 Mg-Zn-Cu 合金铸件的力学性能与 AZ91 相仿，而且有较好的高温稳定性。一种典型的 Mg-Zn-Cu 砂型铸件的牌号为 ZC63。Cu 的加入可以提高共晶温度，因而可以在更高的温度下进行固溶处理，从而提高了 Zn 和 Cu 的最大固溶量。同时，共晶化合物的形态也发生了变化。Mg-Zn 合金中，Mg-Zn 合金物以离异共晶形式分布在晶界和枝晶间；而在三元含 Cu 合金中，则以层片状共晶形式存在。大部分的 Cu 以化合物的形式存在于共晶相 $Mg(Cu,Zn)_2$ 中，因而减小了 Cu 对合金抗腐蚀性的不利影响。这类合金铸件可用于汽车发动机部件，但腐蚀仍是一个亟待解决的问题。

四元合金 Mg-Zn-Cu-Mn，如 ZC71，同样具有时效硬化特征，可用于制造挤压产品。

在含锌小于 4% 的 Mg-Zn 合金中添加大于 0.5% 的 Ca，在 167℃ 以下析出几个原子层厚的细小盘片状化合物，可以显著提高 Mg-Zn 合金的蠕变抗力。当温度高于 167℃ 时，析出物粗化，合金抗蠕变性能恶化；锌含量增加时，蠕变抗力也下降。含 Ca 析出物成分为 Mg_2Ca 及 $Mg_5Ca_2Zn_5$。含锌量较高的 Mg-Zn-Al（ZA）合金（如 ZA142、ZA144）的抗蠕变性能大大优于 AZ91 合金。在合金中加入 Ca 和 Sr，可以进一步提高 ZA 合金的蠕变抗力。Ca 的作用比 Sr 更明显。少量的 Ca 和 Sr 固溶在镁基体中，大量的 Ca 和 Sr 存在于 $Mg_xZn_yAl_z$ 化合物相中。Ca 作为主要合金元素的 Mg-Zn-Ca 三元合金可望具有良好的室温和高温力学性能。Park 等人对添加 Ca 或 Zr 的快速凝固 MCZZ 合金（Mg-6%Zn-5%Ca-2%Co）和 MCZC 合金（Mg-6%Zn-5%Ca-0.5%Zr）的研究表明，MCZC 具有比 MCZZ 更高的热稳定性。在铸态的 MCZC 合金中，化合物相为 Mg-Ca 和 Mg-Co-Zn 沉淀相；150℃、1h 时效后，沿晶界析出大量更细小的 Mg-Ca-Zn-Co 四元沉淀相，使合金得到进一步强化。Mg-Ca-Zn-Co 四元合金相具有与 MgCaZn 三元相相同的晶体结构。温度升高至 300℃，四元 Mg-Ca-Zn-Co 化合物相逐渐粗化。在 MCZZ 合金中，只存在 MgZnCa 一种化合物相。

Mg-Zn 合金中一般添加含量大于 0.5% 的锆。在 Mg-Zn 合金中，加入锆可有效细化晶粒。Mg-Zn-Zr 合金铸造组织为镁固溶体和 Mg-Zn 块状化合物，并可能存在 Zn_3Zr_2 金属间化合物。Zn_3Zr_2 金属间化合物可能在熔铸过程中，由于不合适的熔炼或熔体转移工艺而形成；也可能在铸造过程中，由于异常的慢冷而形成。Mg-Zn-Zr 合金属高强度镁合金，一般锌含量不超过 6%～6.5%，也有锌含量高达 9% 的铸造合金。随锌含量增加，抗拉强度和屈服强度提高，伸长率略有下降，铸造性能、工艺塑性和焊接性能恶化。铸造 Mg-Zn-Zr 三元合金典型牌号有 ZK51A、ZK61A，变形合金有 ZK21A、ZK31、ZK40A、ZK60A、ZK61。由于锌增加热裂倾向和显微疏松，铸造合金中锌含量高于 4% 时合金便不可焊，因此在使用上受到较大限制。但是对变形合金却不存在这一问题，如 ZK40A 和 ZK60A 均是常用的挤压产品合金。铸造 Mg-Zn-Zr 合金采用 T1 沉淀处理或 T6 固溶时效处理，变形 Mg-Zn-Zr 挤压制品或锻件只在人工时效状态下使用。

为了解决 Mg-Zn-Zr 合金锌含量高而给工艺上带来的困难，可以采取牺牲强度来达到改善合金工艺性能的目的，如降低锌含量，或添加稀土金属或钍，从而形成了 Mg-Zn-RE-Zr 和 Mg-Zn-Th-Zr 系合金。添加 RE 或 Th 后，由于形成了 Mg-Zn-Re(Th)化合物，固溶体中锌含量大大降低，从而使合金热裂、显微疏松倾向大为改善。但也正是由于晶界上分布了含锌和稀土的脆性化合物，而且由于 Mg-Zn-RE 相十分稳定，一般的固溶处理不能使其溶解或破碎，同时化合物的形成使固相线温度降低，从而降低了时效前的固溶处理效果，因此，通过一般的固溶处理不能明显地提高合金的力学性能。含钍化合物脆性较小，对合金力学性能的降低较稀土小，另外钍的加入还使离散 Mg-Zn 共晶化合物转变为层片状的 Mg-Th-Zn 共晶化合物。目前得到广泛应用的 Mg-Zn-RE-Zr 铸造合金为 ZE41A，人工时效后具有中等强度，可用于直升机传动箱体；Mg-Zn-Th-Zr 系合金如 ZH62A；开发出的该类变形合金牌号有 ZE10A 板材，ZE42A 和 ZE62 锻件，但目前无相应产品。将含稀土的 Mg-Zn-Zr 合金置于 H_2 中固溶处理，合金可以恢复到未添加稀土时的高性能水平。这是因为固溶处理时，氢扩散到合金基体中去，与晶界上的 Mg-Zn-RE 相中的稀土元素反应，生成不连续而细小的颗粒状稀土氢化物，而 Mg-Zn-RE 相中的锌则释放出来并扩散到基体内强化了合金，从而使合金兼有优良的铸造性能和力学性能。这一工艺目前已成功地应用于 ZE63A 薄壁铸件的处理中。

H. Westengen 等人对添加 1.5%RE 对 Mg-8Zn 合金组织和性能的影响的研究表明，RE 的加入不仅改变了铸态组织中原有二元相的结构形态，而且生成了一种新的三元共晶相，Westengen 将其称为 T 相。T 相具有较宽的成分组成范围，主要为 Mg52.6Zn39.5RE7.9 或 (MgZn)92.1RE7.9。T 相具有 C 心正交结构，其晶格常数 $a=0.96$ nm，$b=1.12$ nm，$c=0.94$ nm。另外，RE 的加入还改变了合金的时效硬化特征：RE 阻碍了 β'_2 相的析出，因而推迟了过时效的发生。

2.5.3　Mg-Mn 系合金

2.5.3.1　相图

在镁合金中加入锰可以提高合金的应力腐蚀抗力。锰对合金的力学性能影响不大，但降低合金塑性，Mg-Mn 二元合金相图如图 2-8 所示。

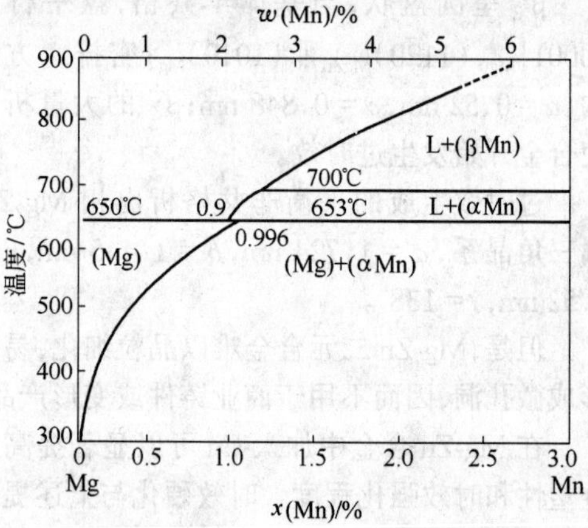

图 2-8　Mg-Mn 二元合金相图

2.5.3.2　相结构及其组成

Mg-Mn 合金室温下的组织为 α(Mg) 固溶体和角状的初生锰。当合金中有铝存在时，Mn 与 Al 化合生成 MnAl，$MnAl_4$ 或 $MnAl_6$ 等化合物相，而且这些化合物可能同时存在于同一个化合物颗粒中，Al/Mn 之比由颗粒中心向表面逐渐增加。固溶处理将使 MnAl 和 $MnAl_4$ 相向 $MnAl_6$ 化合物相转变。Mn-Al 化合物通常呈短棒状或针状，有时则具有不规则、锯齿形的表面，这是化合物在半固态或早期凝固过程中的生长造成的。当有足够量的铁杂质元素存在时，将生成硬脆的 Mn-Al-Fe 化合物，取代 Mn-Al 化合物。另外还可能形成 MgFeMn 化合物相，该相的形成有利于提高镁合金的耐热性。

Mg-Mn 系合金在盐水溶液中有很好的抗腐蚀性，并且易于焊接。Mg-Mn 合金具有中等强度，可用于制造各种型材和锻件，已用来制造飞机蒙皮、壁板及外形复杂的模锻件和汽油等系统中要求耐蚀性高的附件。典型牌号如 MIA。

在 Mg-Mn 二元系中添加少量 Ce(0.15%～0.35%)，Ce 的作用使晶粒细化，从而可以使合金强度明显提高。如前苏联开发的 MA8 镁合金。Ce 的添加使 Mg-Mn 合金中出现 Mg_9Ce 化合物相。

在 Mg-Mn 合金中加入 Sc 的 Mg-Mn-Sc 三元

合金可望用于300℃以上的工作温度。Sc提高镁固溶体的熔点,而且在镁基体中具有低的扩散系数,是提高镁合金高温性能最具潜力的合金元素之一。Sc加到Mg-Mn合金中,在时效过程中生成了与基体共格的Mn_2Sc第二相,该相的生成可以显著提高合金的抗蠕变性、强度和硬度。该类合金如MgSc6Mn1和MgSc15Mn1。由于Sc比较贵,开发了Sc含量较低的Mg-Mn-Sc系合金,如MgMn1Gd5Sc0.8和MgMn1Gd5Sc0.3,平衡状态下合金中相的种类、数量与温度的关系,如图2-9所示。

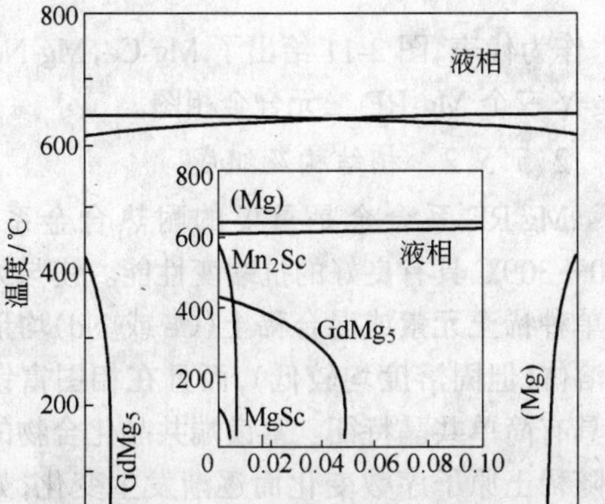

图2-9 平衡状态下镁合金中相的种类、数量与温度的关系
a—MgMn1Gd5Sc0.8镁合金;
b—MgMn1Gd5Sc0.3镁合金

Mg-Sc-Mn合金中加入Ce,可以提高合金的塑性。在Mg-Sc-Mn-Ce四元系中,化合物为Mn_2Sc和$Mg_{12}Ce$。目前该类合金尚处于实验室研究阶段,未得到商业化应用。

2.5.4 Mg-Zr系合金

2.5.4.1 相图

目前,Mg-Zr二元合金相图有两种形式,如图2-10*a*、*b*所示。

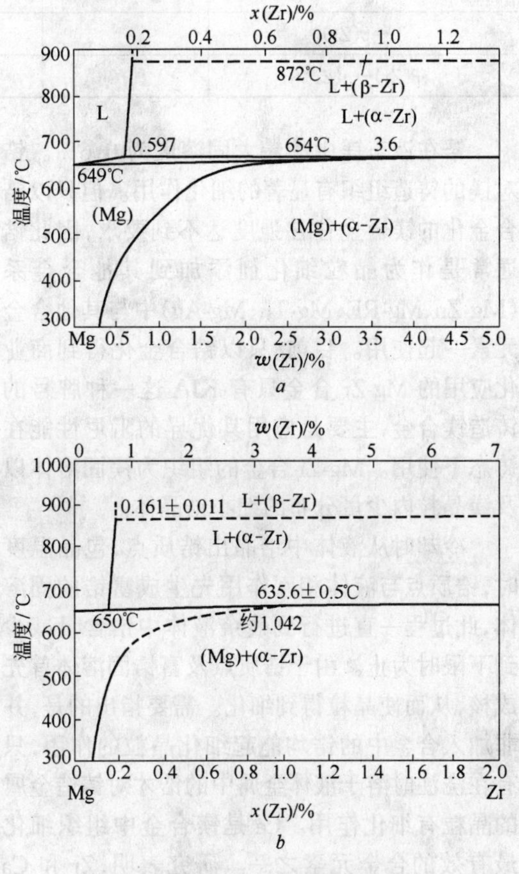

图2-10 Mg-Zr二元合金相图
a—Mg-Zr二元合金相图一;
b—Mg-Zr二元合金相图二

2.5.4.2 相结构及其组成

表2-67为Mg-Zr系二元合金的相反应及结构特点。在一定温度下,镁与锆发生包晶反应:L + (α-Zr)→ α(Mg)。

α为锆在镁中的固溶体。锆以(α-Zr)状态存在,不与镁形成化合物。在液态下,(α-Zr)在熔融镁中的溶解度很小,654℃时只有0.6%。

镁－锆相图的这一特点给合金熔炼工艺带来很大困难，在熔化合金时锆不易溶入液体金属中，容易出现成分偏析。在铸造的镁－锆和镁－锌－锆合金组织中，常常可以看到许多富锆偏析区。偏析区的中心部分锆浓度很高，甚至是纯α-Zr质点，由中心向外，浓度逐渐降低。侵蚀后偏析区呈年轮状，有时也呈花朵状。高温均匀化退火可以消除锆偏析现象。

表 2-67　Mg-Zr 系二元合金的相反应及结构特点

反　应	w(Zr)/%			温度/℃	反应类型
L↔Mg		0		650	熔化反应
L＋α(Zr)↔α(Mg)	0.161±0.011		－1.042	653.6±0.5	包晶反应
L↔β(Zr)		100		1855	熔化反应
β(Zr)↔α(Zr)		100		863	同素异形反应

锆在液态镁中的最大固溶度为0.6%。锆对镁的铸造组织有显著的细化作用。但只以锆合金化的镁合金往往强度达不到要求，因此锆通常是作为晶粒细化剂添加到其他合金系(Mg-Zn、Mg-RE、Mg-Th、Mg-Ag)中与其他合金元素一起使用。目前，只以锆合金化得到商业化应用的 Mg-Zr 合金只有 KIA 这一种牌号的铸造镁合金，主要是应用其优异的阻尼性能在铸态下使用。Mg-Zr 合金的组织为镁固溶体以及镁晶粒内少量分布的细小锆晶体。

冷却时从液体中结晶出锆质点，包晶温度时，锆质点与液体相互作用先生成富锆的固溶体，此过程一直进行到残余液体中锆含量减少到下限时为止。由于锆质点及富锆固溶体首先成核，从而使晶粒得到细化。需要指出的是，并非加入合金中的锆均能起细化晶粒的作用，只有在浇注时溶于液体金属中的锆才对铸造金属的晶粒有细化作用。Ca 是镁合金中组织细化最有效的合金元素之一。研究表明，Zr 和 Ca 联合加入到镁合金中(如阻燃镁合金 Mg-Y-Ca-Zr 和 Mg-Zn-Ca-Zr)，可以使合金显著细化，这是因为 Ca 促进了 Zr 在镁熔体中的溶解。当金属液中存在铝、硅、铁、氢等杂质时，锆可能和这些元素结合生成高熔点金属间化合物从镁液中沉淀出来。

2.5.5　Mg-RE 系合金

2.5.5.1　相图

镁与很多稀土元素都能单独或混合形成合金，作为代表，图 2-11 给出了 Mg-Ce，Mg-Nd 和 Mg-Y 三个 Mg-RE 二元合金相图。

2.5.5.2　相结构及组成

Mg-RE 系合金是重要的耐热合金系，在200～300℃具有良好的抗蠕变性能。镁与大多数单种稀土元素或混合稀土(Ce 或 Nd)均形成固溶体(但固溶度均较低)，而且在相图富镁端均具有简单共晶特征。富镁端共晶化合物的类型随稀土原子序数变化而逐渐发生变化，如图 2-12 所示，对轻稀土为 $REMg_{12}$(如 Ce)，对重稀土为 RE_5Mg_{24}(如 Y)。稀土在镁中溶解度随稀土原子半径的增大而降低。Mg-RE 合金中晶界上网状分布的低熔点共晶化合物可以抵制显微疏松的形成，因而合金具有良好的铸造工艺性能。铸态下，合金由等轴 α 晶粒和晶界网状化合物组成。时效时，晶内析出细小沉淀相，由于时效析出相的强化作用以及晶界相的存在，阻碍了晶界滑动而使 Mg-RE 合金具有良好的抗蠕变性能。随着稀土元素在镁中溶解度的增大，稀土对改善合金常温力学性能和高温性能的作用也随之提高。

Mg-RE 系具有时效硬化特征。以 Mg-Nd 为例，其时效析出序列为：

$$SSSS \rightarrow GP区 \rightarrow \beta'' \rightarrow \beta'(Mg_3Nd) \rightarrow \beta(Mg_{12}Nd)$$

其中，GP 区呈盘状，与基体完全共格，盘平行于$\{10\bar{1}0\}_{Mg}$。

β″为具有 DO_{19} 型超结构的密排六方沉淀相，可能具有 Mg_3Nd 的化学组成，呈盘状，与基体完全共格：

$(0001)\beta''//(0001)_{Mg}$

$\{1010\}\beta''//\{10\bar{1}0\}_{Mg}$

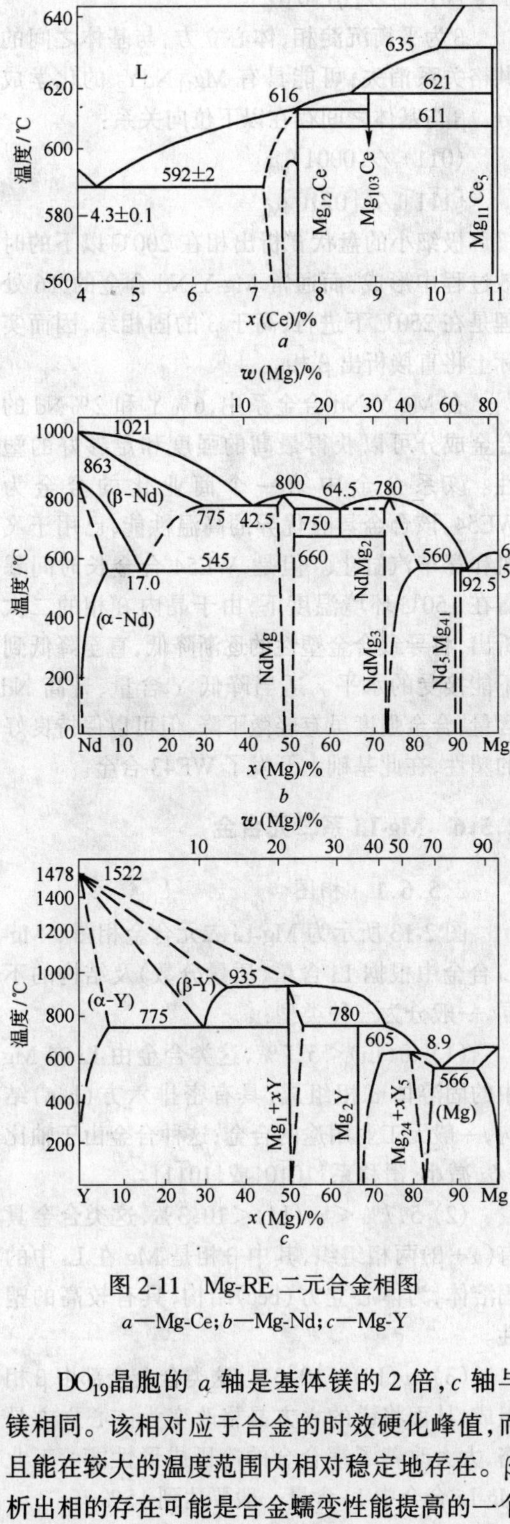

图 2-11　Mg-RE 二元合金相图

a—Mg-Ce；*b*—Mg-Nd；*c*—Mg-Y

DO_{19}晶胞的 *a* 轴是基体镁的 2 倍，*c* 轴与镁相同。该相对应于合金的时效硬化峰值，而且能在较大的温度范围内相对稳定地存在。β″析出相的存在可能是合金蠕变性能提高的一个主要因素。

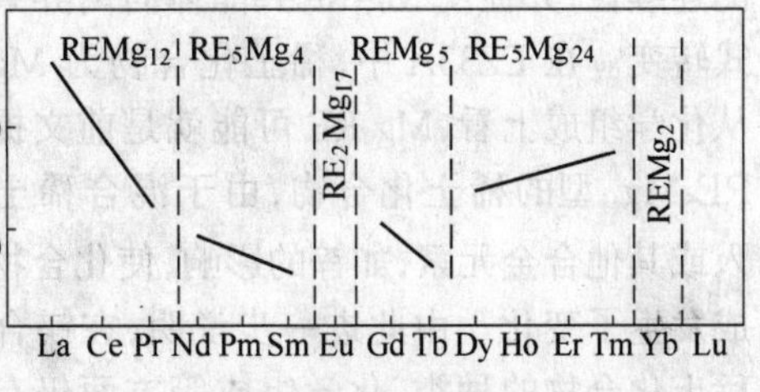

图 2-12　Mg-RE 系中共晶化合物的类型

β′(Mg_3Nd)呈盘状，面心立方结构，*a* = 0.736 nm，与基体半共格：

$(011)_{\beta'}//(0001)_{Mg}$

$(\bar{1}1\bar{1})_{\beta'}//(\bar{2}110)_{Mg}$

过时效生成的平衡沉淀相为 β($Mg_{12}Nd$)，体心四方晶系，*a* = 1.03 nm，*c* = 0.593 nm，与基体之间的共格关系消失。

从 Mg-Nd 二元相图(见图 2-11*b*)来看，时效析出平衡相应该具有 Nd_5Mg_{41} 的化学组成，这与以上给出的 $Mg_{12}Nd$ 的化学式不同。从图 2-12 共晶化合物类型的变化规律看，元素 Nd 恰好处于共晶化合物由 $REMg_{12}$ 向 RE_5Mg_{41} 转型的过渡线上，因此对含钕稀土化合物(或其他稀土化合物)的类型仍需进一步确认。

Mg-RE 合金系中通常加入 Zr 和 Zn，Zr 可以使铸态组织显著细化，Zn 可以进一步提高合金的抗蠕变性能。Mg-RE 二元合金因晶粒粗大，致使拉伸强度极差，实际上不能作为结构件使用。加入 Zr 后，合金组织显著细化，才使合金铸态拉伸性能提高到了可以接受的水平，因此 Mg-RE 二元系中均含有一定量的 Zr。EK30A(Mg-3% RE-0.7% Zr)是第一个以稀土为主要合金元素的高温铸造镁合金，该项合金满足了在 205℃ 下强度和蠕变性能的要求，在航空发动机上得到了应用。在 Mg-RE-Zr 中加入锌，可以进一步提高合金的力学性能。这类合金的典型牌号如 EZ33A，该合金正逐步取代 EK30A 而应用于航空发动机上。在 Mg-Re-Zr 中加入银，可以大大提高合金的拉伸性能，这类合金的典型牌号如 EQ21A。

Mg-Re-Zn-Zr 系合金的显微组织特征是由固溶体及晶界不同数量的块状化合物所组成。

锌的加入增加了晶界上化合物的数量和化合物的连续性,并促使 Mg-Re 共晶体向离异共晶形式转变。在 EZ33A 中,稀土化合物为 Mg_9RE。从化学组成上看,Mg_9RE 可能就是前文提到的 RE_5Mg_{41}型的稀土化合物,由于混合稀土的加入或其他合金元素,如锌的影响,使化合物的组成发生了变化。由此进一步说明,在镁合金中稀土化合物的种类、化学组成等方面仍有待于深入研究。

近年来在 Mg-RE 耐热合金系方面,研究者们致力于利用钇在镁中的高固溶度(12.5%)和 Mg-Y 合金的时效硬化潜力,来开发新的 Mg-RE 合金。如开发了 Mg-Y-Zn-Zr、Mg-Y-Nd-Zn-Zr、Mg-Y-Nd-Zr 等合金系。Mg-Y-Zn-Zr 合金具有良好的综合力学性能和铸造工艺性能,长期使用温度为 300℃;在 Mg-Y-Zn-Zr 合金中添加 Nd,可以进一步提高其热强性能。对钇和锌含量的变化对 Mg-Y-Zn-Zr 系铸造合金性能及组织的影响的研究结果表明,$w(Y)/w(Zn)$比低于约 0.9,晶界仅存在一深色共晶相;随 $w(Y)/w(Zn)$比的增高,晶界开始出现第二种白色块状化合物相并逐渐增多,深色相则逐渐减少直到消失;当 $w(Y)/w(Zn)$比为 1.5 左右时,组织结构中两相共存,白色相占绝大多数,此时合金具有最佳抗蠕变性能。但文献并没有给出这些化合物相的类型。Mg-Y-Nd-Zr 合金兼有良好的室温强度和 300℃下的抗蠕变性能,同时又具有优良的抗腐蚀性,抗腐蚀性可以与铝基铸造合金媲美。由于钇较贵以及难以与镁化合,人们开发了一种相对便宜的混合稀土来替代钇,该混合稀土含 75% 的钇和钆、铒等重稀土元素。

Mg-Y-Nd 合金系中的沉淀析出相比较复杂。在沉淀过程、沉淀相的成分、结构等方面仍有待于进一步研究。一般认为 Mg-Y-Nd 合金系时效过程中的析出序列为:

SSSS → GP 区→β″→β′→β

β″与 Mg-RE 二元系中的时效析出相 β″相同。

β′呈盘状,可能具有 $Mg_{12}NdY$ 的化学成分,体心单斜,与基体之间存在以下位向关系:

$(0001)_{\beta'}//(0001)_{Mg}$

$[100]_{\beta'}//[\bar{2}110]_{Mg}$

$[010]_{\beta'}//[01\bar{1}0]_{Mg}$

β为平衡沉淀相,体心立方,与基体之间的共格关系消失,可能具有 $Mg_{11}NdY_2$ 的化学成分。β与基体之间存在以下位向关系:

$(011)_{\beta}//(0001)_{Mg}$

$[1\bar{1}1]_{\beta}//[0\bar{2}10]_{Mg}$

极细小的盘状 β″析出相在 200℃以下的时效过程中形成,而通常 Mg-Y-Nd 合金的 T6 处理是在 250℃下进行,高于 β″的固相线,因而实际上将直接析出 β′相。

在 Mg-Y-Nd 合金系中,6% Y 和 2% Nd 的合金成分可以获得最高的强度和足够好的塑性。该系合金中第一个商业化的合金为 WE54,该合金具有优异的高温性能,已用于飞机和赛车汽缸上。但是,WE54 合金长时间暴露在 150℃环境温度下,由于晶内 β″相的二次析出,将导致合金塑性的逐渐降低,直至降低到不能接受的水平。适当降低 Y 含量、升高 Nd 含量,合金强度虽有轻微下降,但可以保持良好的塑性,在此基础上开发了 WE43 合金。

2.5.6 Mg-Li 系二元合金

2.5.6.1 相图

图 2-13 所示为 Mg-Li 二元合金相图。Mg-Li 合金中根据 Li 含量(质量分数)及结构的不同,一般分为三种类型:

(1) $w(Li)<5.7\%$,这类合金由 Li 在 Mg 中的固溶体 α 相组成,具有密排六方(hcp)结构,一般无工业用途的合金;这种合金由于轴比 c/a 减小,滑移系$\{10\bar{1}0\}$或$\{10\bar{1}1\}$。

(2) $5.7\%<w(Li)<10.3\%$,这类合金具有(α+β)两相组织,其中 β 相是 Mg 在 Li 中的固溶体,为体心立方(bcc)结构,具有较高的塑性。

(3) $w(Li)>10.3\%$,这类合金全部由 β 相组成,从而将镁的六方晶格改变为体心立方晶格,大大改善了镁合金的冷压成形性能。工业 Mg-Li 合金中 Li 含量一般要达到 15%。

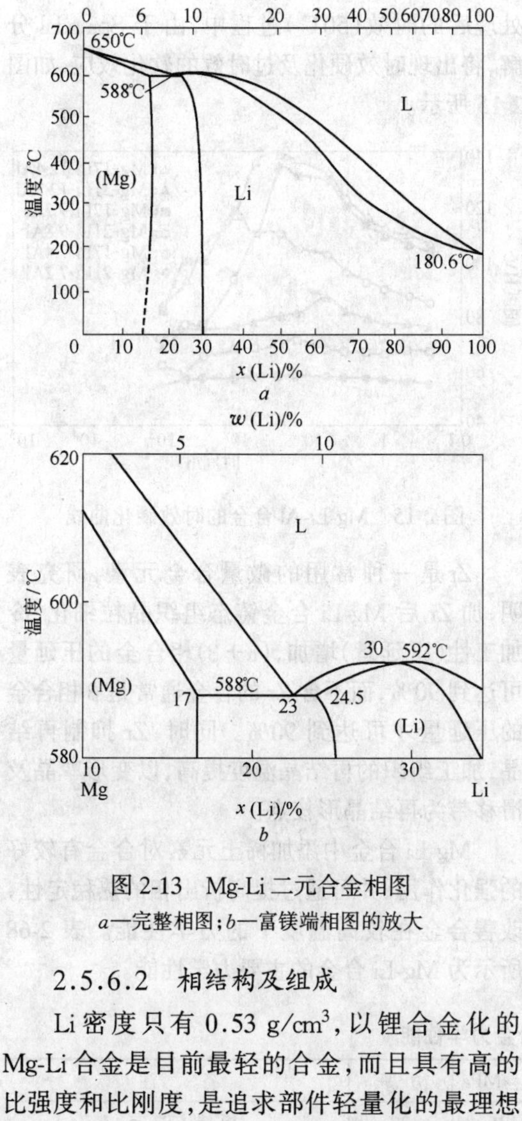

图 2-13 Mg-Li 二元合金相图

a—完整相图；*b*—富镁端相图的放大

2.5.6.2 相结构及组成

Li 密度只有 0.53 g/cm^3，以锂合金化的 Mg-Li 合金是目前最轻的合金，而且具有高的比强度和比刚度，是追求部件轻量化的最理想的合金材料。但是，锂对一些杂质特别敏感（尤其是钠），当钠含量超过 0.06%，合金塑性就急剧下降。Mg-Li 合金化学活性极高，以及腐蚀抗力低等问题，Mg-Li 合金迄今只得到了有限应用，并且尚未商业化生产。商业化应用比较成功的两种 Mg-Li 合金为 LA141A 和 LS141A。20 世纪 60 年代曾开发出航空和军事用的板材、挤压产品和锻件。

锂的加入会降低合金的强度，但提高了合金的塑性。Mg-Li 合金中一般添加铝、锌或硅。加入铝可以起到提高合金的蠕变抗力和稳定性能的作用。LA141A 和 LS141A 中的锂含量均在 13%～15%，因此具有单一的体心立方晶格的 β 相固溶体。LA141A 中除 β 相外，还存在面心立方晶格的 LiAl 和面心立方晶格的 Li_2MgAl 等亚稳的金属间化合物相。Li-Al 具有很高的化学活性，对合金抗腐蚀性能不利。加入合金中的硅可能与镁化合生成 Mg_2Si 相。也有一些牌号的 Mg-Li 合金，如 LA91，具有 α(Mg)/β(Li) 两相混合组织。研究发现，在含锂 8%～10%，由 α(Mg) 和 β(Li) 两相组成的合金中，当添加少量的 Al、Zr、Pb、Ag 或 Y 时，合金具有超塑性。

含 Li 量较低、具有六方晶格的 Mg-Li 合金虽然塑性较差，但具有较高的热化学稳定性。在 Mg-Li-Al(Li5.3%) 合金中加入 RE，合金兼有优良的变形性能和热化学稳定性。Mg-Li-Al-RE 合金的组织为 α-Mg 和在晶粒内分布的球状 Al_2RE 和 Al_4RE 颗粒，未观察到低熔点的 $Mg_{17}Al_{12}$ 相。Al_xRE 在大气中具有很好的稳定性。挤压变形可以使 Al_xRE 中间相更均匀地分布。

Mg-Li 合金同样具有时效硬化效应。但 Mg-Li 合金在不太高的温度下即具有过时效倾向。LA141A 合金通常采用 T7 处理，固溶处理温度为 288℃，稳定化处理温度为 177℃。稳定化处理还可以消除 Mg-Li 合金对应力腐蚀开裂的敏感性。尽管如此，Mg-Li 合金焊件在焊接之后必须立即进行去应力处理，以防止应力腐蚀开裂。

Mg-Li-Zn 合金为时效硬化型合金，由于 Li 含量及 Zn 含量的差异，合金中第二相析出行为不同，导致其时效硬化行为的差异；如图 2-14 所示为不同成分 Mg-Li-Zn 合金的时效硬化行为曲线。当合金中 Li 含量较小时，合金由 α 相组成，时效时于基体 α 相中析出稳定相 θ(MgLiZn) 而产生硬化。

Li 含量增加，合金由 (α+β) 两相组成，且 Zn 主要溶解于 β 晶粒中；其中 α 晶粒基本无时效硬化效应，而 β 晶粒将出现时效硬化及过时效的软化效应。这里 β 晶粒的时效硬化效应主要是亚稳相 θ′($MgLi_2Zn$) 析出而导致的；过时效效应则是由于 β 晶粒中析出 α 粒子及稳定的 θ

相所造成的。

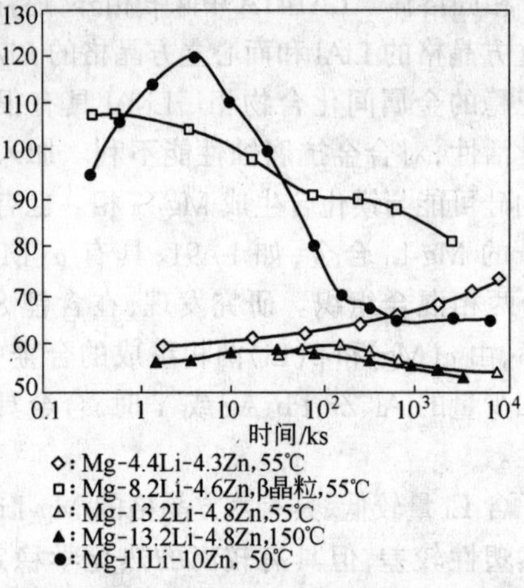

图 2-14　不同成分 Mg-Li-Zn 合金的时效硬化行为曲线

Li 含量进一步增加，合金全部由 β 相组成，同样由于 β 晶粒中 θ′相及 α 粒子和稳定的 θ 相析出，而导致合金的时效硬化及过时效的软化。β 晶粒的时效析出过程及析出相的作用如下：

$$\beta \xrightarrow[\text{时效硬化}]{\text{析出 } \theta'(MgLi_2Zn)} \xrightarrow[\text{过时效软化}]{\text{析出 } \alpha+\theta(MgLiZn)}$$

研究还表明，Mg-Li-Zn 合金时效温度越高，达到峰值硬度的时间越短，且峰值硬度越低。同时 β 晶粒中的 Zn 含量越低，θ 相析出延迟，硬化效果更好。

Mg-Li-Al 合金经固溶（350℃ ×1 h）-淬火处理后的时效（50℃）过程中，由于 Spinodal 分解，将出现时效硬化及过时效的软化效应，如图 2-15 所示。

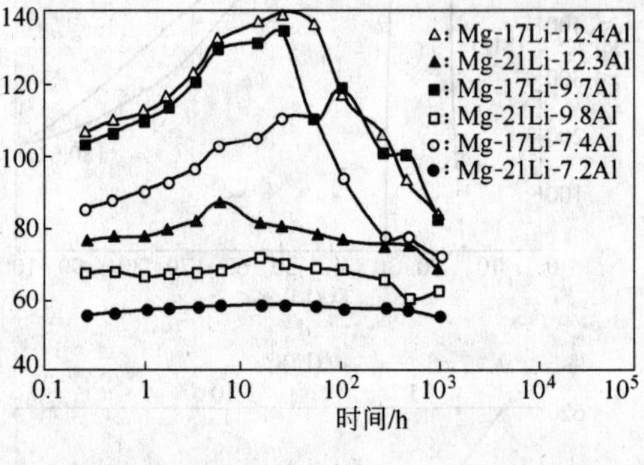

图 2-15　Mg-Li-Al 合金的时效硬化曲线

Zr 是一种常用的微量合金元素，研究表明，加 Zr 后 Mg-Li 合金铸态组织晶粒细化，冷加工性（压延量）增加，（α+β）相合金的压延量可达到 90%，而不含 Zr 的合金通常是 β 相合金的压延量才可达到 90%。同时，Zr 抑制再结晶，加工组织的再结晶温度提高，以变形孪晶及滑移带为再结晶形核点。

Mg-Li 合金中添加稀土元素对合金有较好的强化作用；并可通过提高析出相的热稳定性，改善合金在较高温度下的力学性能。表 2-68 所示为 Mg-Li 合金的主要力学性能。

表 2-68　Mg-Li 合金力学性能

合　金	σ_b/MPa	$\sigma_{0.2}$/MPa	δ/%	备　注
Mg-11%～15%Li-1.0%～1.5%Al(LA141)	145	125	23	板、带(T7 态)
	122	85	17	铸态
Mg-8.7%Li	132	93	52	棒材，350℃挤压
Mg-8.8%Li-6.4%Al	239	184	33	棒材，350℃挤压
Mg-8.2%Li-6.8%Al-1.2%Si-2.7%Ce-1.8%La	260	200	14	棒材，350℃挤压
Mg-10.6%Li-1.57%Al	117	100	40	板材 300℃1 h 淬火 + 180℃2 h 时效

由于含 Li 多的合金时效时发生 β→$MgLi_2X$→MgLiX 转变（X 为第三金属组元），$MgLi_2X$ 为又硬又强的强化相，而 MgLiX 较软，过时效时析出 MgLiX 使合金强度降低，Li 含量越高，软化速度越快。因此人们逐渐把研究的重点放在双相组织（α+β）的 Mg-Li 合金上。

2.5.7　Mg-Th 系二元合金

2.5.7.1　相图

Mg-Th 二元合金相图如图 2-16 所示。钍在镁中的最大固溶度为 4.75%。由于合金偏析，合金仅含 2% 钍时，即存在离异共晶。Mg-Th 共晶化合物的精确化学组成仍有待于进一步证实，目前有 $Mg_{23}Th_6$ 和 Mg_4Th 两种表达式。当温度低于共晶温度时，还可能从镁固溶体中析出 $Mg_{23}Th_6$ 或 Mg_4Th 化合物。Mg-Th 合金的组织为 α(Mg) 固溶体和晶界分布的块状 Mg_4Th(或 $Mg_{23}Th_6$) 共晶化合物。

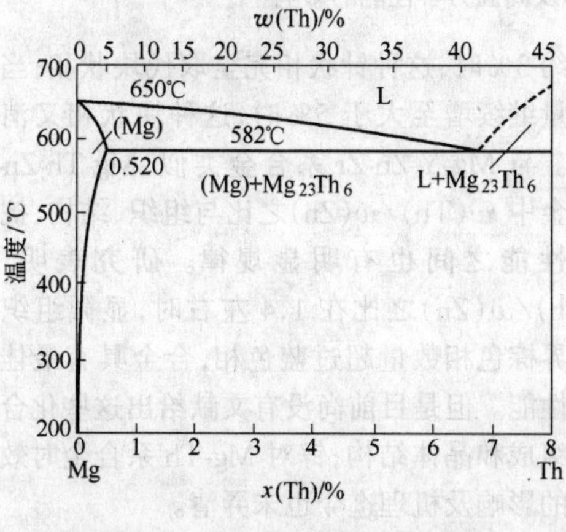

图 2-16 Mg-Th 二元合金相图

图 2-17 为镁-钍系二元合金相图的相分析详图。在 589℃，钍含量为 42% 时，发生共晶反应，形成简单的二元共晶组织：α + Mg_4Th。在 589℃ 时，钍在镁中的最大溶解度为 4.5%，且随温度降低而减小，故 Mg-Th 合金是可以热处理强化的。

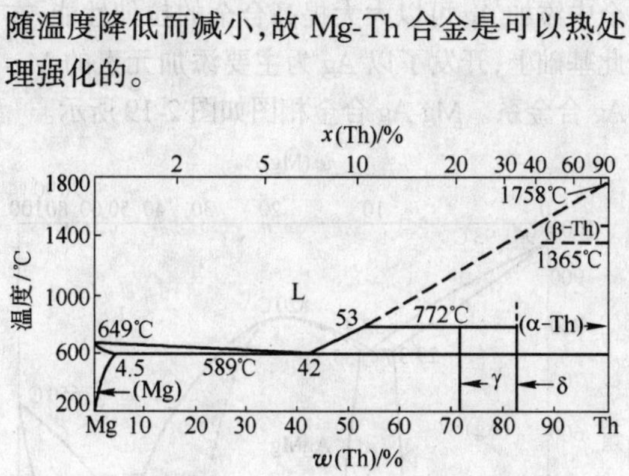

图 2-17 镁-钍二元系相图

γ—Mg_4Th(或 $Mg_{23}Th_6$)；δ—Mg_2Th

2.5.7.2 合金化与相组成

钍作为主要合金元素的 Mg-Th 合金是最近几年才发展起来的合金系，主要用于导弹和航天飞行器。在镁合金中，钍的作用和稀土非常相似。钍可以提高合金在高达 370℃ 下的蠕变强度；此外，钍还可以改善合金的铸造性能和含锆合金的焊接性能。Mg-Th 合金中钍含量一般为 2%～3%；与 Mg-RE 合金系一样，Mg-Th 合金中通常加入锆和锌。考虑到钍对环境的污染，含钍镁合金正逐步被其他合金代替，但是目前还在使用的含钍镁合金仍有不少。

以钍做主要合金元素的镁合金比含稀土的镁合金具有更高的耐热性。当前研究和应用得较多的镁钍系合金有镁－钍－锰、镁－钍－锆、镁－钍－锌－锆系，其主要化学成分列于表 2-69 中。

表 2-69 镁－钍系变形镁合金的主要化学成分

（质量分数） （%）

合金牌号	国 别	钍	锰	锌	锆
HM21XA	美 国	1.5～2.5	0.35～0.8	—	—
MA13	俄罗斯	1.5～2.5	0.4～0.8	—	—
HM31XA	美 国	2.5～3.5	>1.2	—	—
ВМД1(MA14)	俄罗斯	2.5～3.5	1.2～2.0	—	—
HK31XA	美 国	2.5～4.0	—	—	0.5～1.0
ZH62A	美 国	1.4～2.2	—	5.2～6.2	0.5～1.0

化合物 Mg_4Th 是镁－钍合金的强化相，它有很高的热稳定性，在高温下不易软化，因而显著地提高了合金的耐热性。

不同钍含量对镁－钍合金力学性能的影响示于图 2-18 中。可以看出，当钍含量为 3% 时，合金的强度和塑性的综合性能最好，因此镁－钍系合金的钍含量一般在 1.5%～4.0% 范围内。

向镁－钍合金中加锰，不形成三元化合物，仅当锰含量较高时（$w(Th)/w(Mn) \leqslant 5:1$）才有含锰相出现，这时合金的组织为 α + Mg_4Th + Mn。在常用的镁－钍系合金中，只有当锰含量超过 0.5%～0.8% 时，组织中才能出现含锰相。

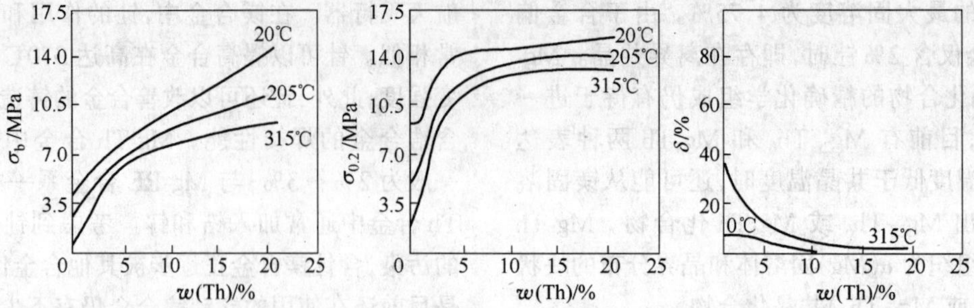

图 2-18 钍含量对镁－钍合金室温及高温力学性能的影响

向镁－钍合金中添加少量锆(0.5%～1.0%)能显著细化晶粒和提高合金的高、低温力学性能。再加入锌,能进一步提高合金的高温性能。

Mg-Th 合金具有时效硬化效应。时效析出序列为:

$$SSSS \rightarrow \beta'' \rightarrow \beta'(Mg_2Th) \rightarrow \beta(Mg_{23}Th_6)$$

需要指出的是,β″可能直接转变为平衡 β 沉淀相,也可以先转变为中间过渡相 β′,然后再转变为平衡 β 沉淀相。

其中,β″为具有 DO_{19} 型超结构的密排六方沉淀相,可能具有 Mg_3Th 的化学组成,呈盘状,盘平行于$\{10\bar{1}0\}_{Mg}$,与基体完全共格;

β′(Mg_2Th)与基体半共格,具有两种晶体结构,六方结构和面心立方结构;

β($Mg_{23}Th_6$)为过时效生成的平衡沉淀相,与基体之间的共格关系消失,面心立方结构,$a = 1.43$ nm。

β″相通常对应于合金的时效硬化峰值。Mg-Th 合金中晶内细小弥散析出相以及晶界含钍化合物相是这类合金具有高的蠕变抗力的主要原因。Mg-Th-Zr 合金的显微组织与 Mg-RE-Zr 类似。Mg-Th-Zr 系合金的典型牌号如 HK31A,曾被用来制作板材和铸件。与 Mg-RE-Zr 系合金相似,Mg-Th-Zr 系合金中加入锌可以进一步提高合金的蠕变抗力。Mg-Th-Zn-Zr 系合金的典型牌号如 HZ32A。锌的加入使合金中形成一种沿晶分布的针状相,该相的形成可能是合金蠕变抗力提高的一个原因。在含钍大于 2% 的 Mg-Th 系合金中添加约 2% 的锌,合金中生成一种针状或片状相;锌含量提高至约 3% 时,这种针状相完全取代块状相;当锌含量继续增至大于 5% 时,这种块状相又消失了。与 Mg-Y-Zn-Zr 系合金类似,Mg-Th-Zn-Zr 合金中 $w(Th)/w(Zn)$ 之比与组织、结构、抗蠕变性能之间也有明显规律。研究表明,$w(Th)/w(Zn)$ 之比在 1.4 左右时,显微组织中晶界棕色相数量超过蓝色相,合金具有最佳蠕变性能。但是目前尚没有文献给出这些化合物的组成和晶体结构;锌对 Mg-Th 系合金时效析出的影响及机理迄今也未弄清。

2.5.8 Mg-Ag 系二元合金

2.5.8.1 相图

Ag 的加入可以提高时效硬化效应,从而提高合金的力学性能。人们发现在 Mg-RE-Zr 合金中添加 Ag 可以大大提高合金的拉伸性能,在此基础上,开发了以 Ag 为主要添加元素的 Mg-Ag 合金系。Mg-Ag 合金相图如图 2-19 所示。

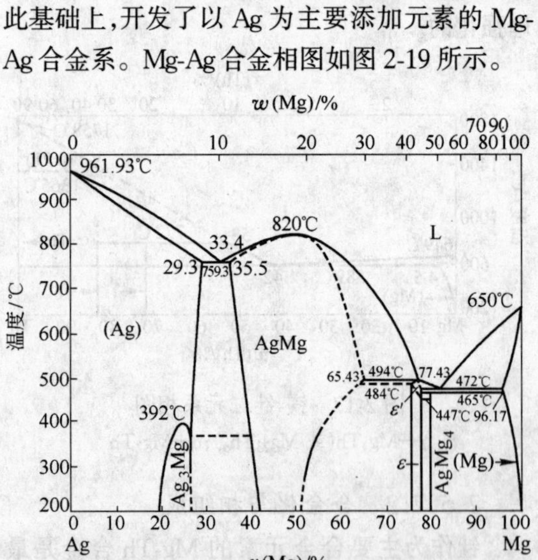

图 2-19 Mg-Ag 二元合金相图

2.5.8.2　相结构及组成

与以稀土为主要添加元素的 Mg-RE-Zr 系(Ag<2%;如 EQ21A;其时效析出过程如前所述)不同,Ag 含量较高的 Mg-Ag-RE(Nd)系合金的时效析出包括两个独立的析出序列。

SSSS→GP 区→γ→$Mg_{12}Nd_2Ag$

和　SSSS→GP′区→β→$Mg_{12}Nd_2Ag$

其中,GP 区呈棒状,棒垂直于$(0001)_{Mg}$与基体完全共格;γ 亦呈棒状,密排六方结构,$a=0.963$ nm, $c=1.024$ nm,与基体完全共格;$Mg_{12}Nd_2Ag$ 为平衡沉淀相,呈板条状,与基体之间的共格关系消失;GP′区呈椭球状,平行于$(0001)_{Mg}$,与基体完全共格。

β 呈等轴状,密排六方结构,$a=0.556$ nm, $c=0.521$ nm,与基体半共格:

$(0001)_{\beta}//(0001)_{Mg}$

$(11\bar{2}0)_{\beta}//(10\bar{1}0)_{Mg}$

在时效过程中,是否同样存在 DO_{19}超结构的析出相仍未得到证实,但某些特征表明 γ 相很可能就是具有 DO_{19}超结构的析出相。Mg-Ag-RE 合金的时效硬化峰值和最高蠕变抗力对应于 γ 相和 β 相的析出。此外,Ag 的加入还细化了析出相的尺寸。在铸态或固溶不充分的 Mg-Ag-RE 合金中,还存在着 Mg_9RE 共晶化合物。

目前,应用最广泛的 Mg-Ag 铸造合金牌号为 QE22A,已用于飞机变速箱等部件。QE22A 合金具有很高的屈服强度,250℃以下的瞬时拉伸和疲劳性能也较高,200℃ 的蠕变性能与 EZ33A 相当,但这种合金在温度稍高时将发生过时效而使抗蠕变性能急剧恶化。如果以钍代替部分稀土,则可以进一步提高合金的高温性能。这类合金的典型牌号如 QH21A 铸造合金。QH21A 合金的铸造性能与 QE22A 相似,室温性能稍高于 QE22A,高温性能明显提高,其使用温度提高了 30～40℃;在含钇合金开发以前,QH21A 具有 250℃下最佳的拉伸强度和蠕变抗力。但是由于钍具有放射性,与其他 Mg-Th 合金一样,该合金正逐步被废弃。

2.5.9　其他二元合金及三元合金的相图选编

镁合金的相图很多,同一种合金,用不同的方法和标识尺度,也可得出不同形式的相图。除了以上所列举的最常用的二元镁合金的相图外,下面还选编了一些较为典型的二元和三元镁合金相图,以供参考。

下面选编的二元相图有:Mg-Si, Mg-Pr, Mg-Nd, Mg-Y, Mg-Ce 等,三元相图有:Mg-Al-Mn, Mg-Al-Zn, Mg-Zn-Zr 及 Mg-Al-Zn 镁角等温截面图,Al-Li-Mg 等,详见图 2-20～图 2-28。

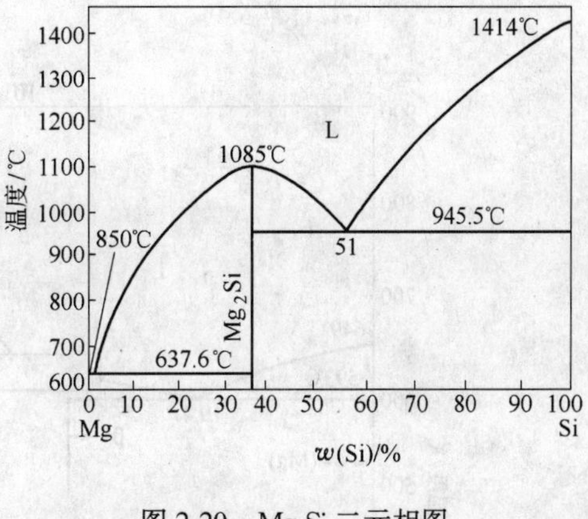

图 2-20　Mg-Si 二元相图

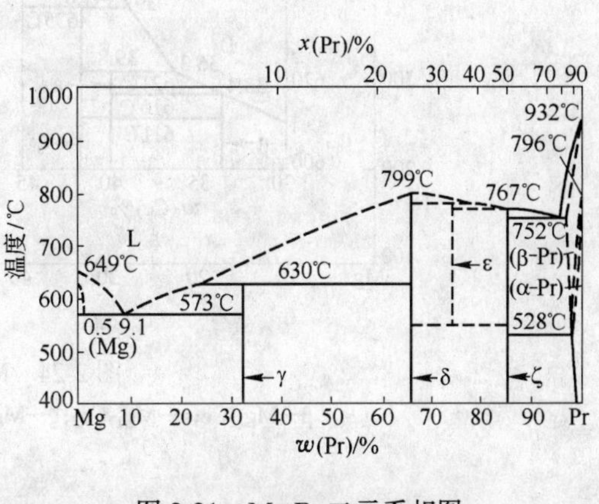

图 2-21　Mg-Pr 二元系相图

γ—$Mg_{12}Pr$;δ—Mg_3Pr;ε—Mg_2Pr;ζ—MgPr

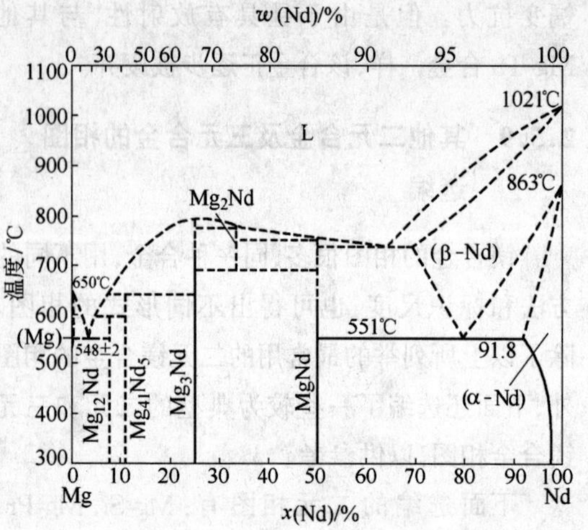

图 2-22　Mg-Nd 二元系相图

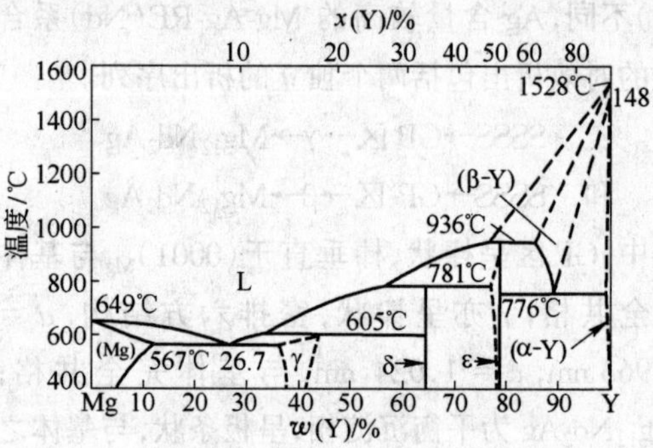

图 2-23　Mg-Y 二元系相图

γ—$Mg_{24}Y_5$；δ—Mg_5Y_2；ε—MgY

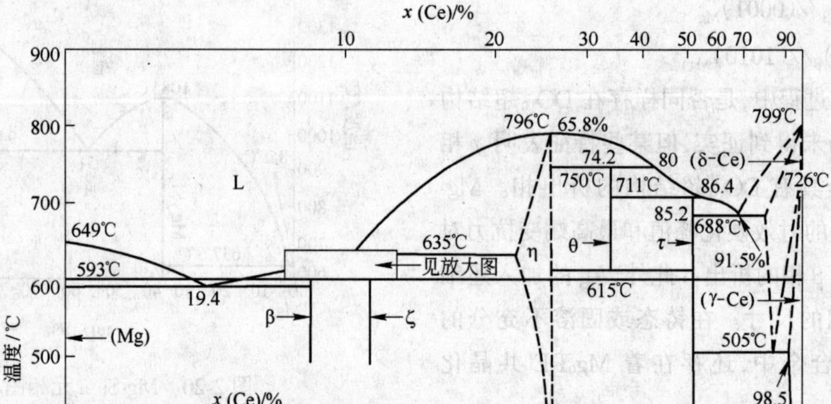

图 2-24　Mg-Ce 二元系相图

β—$Mg_{12}Ce$；ε—$Mg_{17}Ce_2$；ζ—$Mg_{8.25}Ce$；η—Mg_3Ce；θ—Mg_2Ce；τ—MgCe

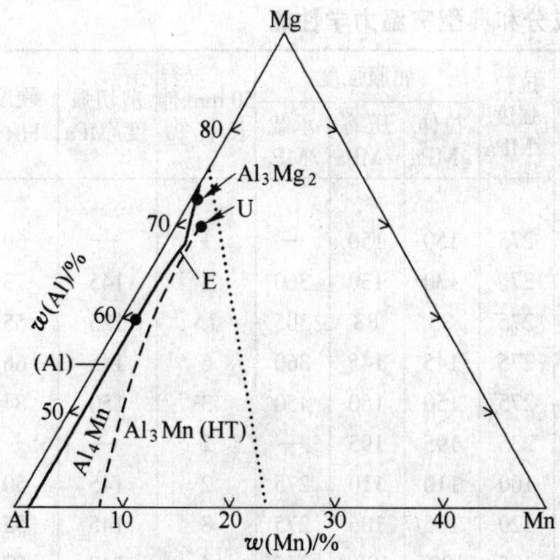

图 2-25 Mg-Al-Mn 三元相图

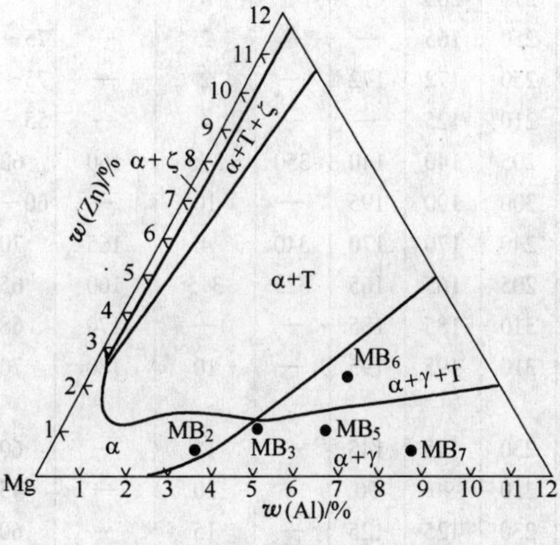

图 2-26 Mg-Al-Zn 三元系相图的镁角部分

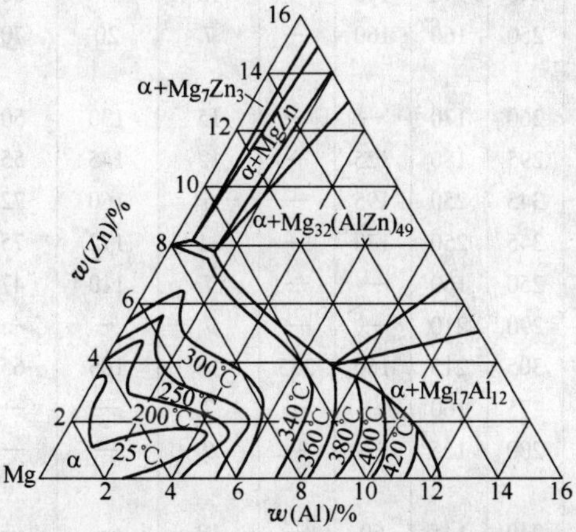

图 2-27 Mg-Al-Zn 合金系镁角的三元等温截面图

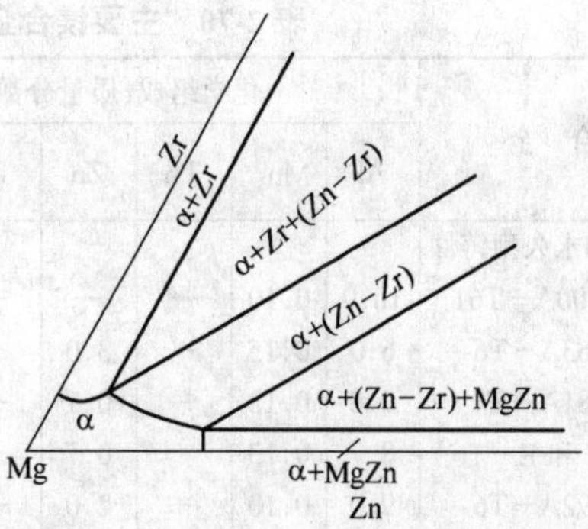

图 2-28 Mg-Zn-Zr 三元相图(示意图)

2.6 镁合金的组织、性能、品种和用途

2.6.1 概述

按加工方式、产品的品种与用途,镁合金可分为铸造镁合金和变形镁合金,二者在组织与性能方面有些差异,但没有铸造铝合金和变形铝合金之间的差异大。如 Mg-Al 系合金中,既包括铸造镁合金又包括变形镁合金,是目前牌号最多,应用最广泛的镁合金系列。各主要合金元素对镁合金组织与性能的影响在前面的 2.2.4 节中进行了讨论,各系合金的相组织的结构与组成以及相图也在 2.5 节中进行了分析。表 2-70 综合性地列出了 ASTM 标准主要铸造镁合金和变形镁合金的典型室温力学性能。本节将详细讨论各系镁合金。

2.6.2 铸造镁合金

镁合金铸造有多种方法,包括重力铸造和压力铸造,可细分为砂型铸造、永久模铸造、半永久模铸造、熔模铸造、挤压铸造、低压铸造和高压铸造等。通常所说的压铸(Die Casting)是指高压铸造,以区分重力铸造和低压铸造。对于具体材料,应根据其化学成分、工艺要求来选择合适的铸造方法。合金成分和铸造工艺对组织结构有重要的影响。合金元素,尤其是稀土元素 RE 引起中间相结构的复杂变化,对镁合金的组织和性能产生很大的影响。

表 2-70 主要镁合金的标准化学成分和典型室温力学性能

合 金	化学组成(质量分数)/%						抗拉强度/MPa	屈服强度			50 mm 伸长率/%	剪切强度/MPa	硬度 HR[3]
	Al	Mn[1]	Th	Zn	Zr	其他[2]		拉伸/MPa	压缩/MPa	承载/MPa			
砂型和永久型铸件													
AM100A-T61	10.0	0.10	—	—	—	—	275	150	150	—	1	—	69
AZ63A-T6	6.0	0.15	—	3.0	—	—	275	130	130	360	5	145	73
AZ81A-T4	7.6	0.13	—	0.7	—	—	275	83	83	305	15	125	55
AZ91C 和 E-T6[4]	8.7	0.13	—	0.7	—	—	275	145	145	360	6	145	66
AZ92A-T6	9.0	0.10	—	2.0	—	—	275	150	150	450	3	150	84
EQ21A-T6	—	—	—	—	0.7	1.5Ag2.1Di	235	195	195	—	2	—	65~85
EZ33A-T5	—	—	—	2.7	0.6	3.3RE	160	110	110	275	2	145	50
HK31A-T6	—	—	3.3	—	0.7	—	220	105	106	275	8	145	55
HZ32A-T5	—	—	3.3	2.1	0.7	—	185	90	90	255	4	140	57
K1A-F	—	—	—	—	0.7	—	180	55	—	125	1	55	—
QE22A-T6	—	—	—	—	0.7	1.5Ag2.1D	260	195	195	—	3	—	80
QH21A-T6	—	—	1.0	—	0.7	1.5Ag1.0D	275	205	—	—	4	—	—
WE43A-T6	—	—	—	—	0.7	4.0Y3.4RE	250	165	—	—	2	—	75~95
WE54A-T6	—	—	—	—	0.7	5.4Y3.0RE	250	172	172	—	2	—	75~95
ZC63A-T6	—	0.25	—	6.0	—	2.7Cu	210	125	—	—	4	—	55~65
ZE41A-T5	—	—	—	4.2	0.7	1.2RE	205	140	140	350	3.5	160	62
ZE63A-T6	—	—	—	5.8	0.7	2.6RE	300	190	195	—	10	—	60~85
ZH62A-T5	—	—	1.8	5.7	0.7	—	240	170	170	340	4	165	70
ZK51A-T5	—	—	—	4.6	0.7	—	205	165	165	325	3.5	160	65
ZK61A-T5	—	—	—	6.0	0.7	—	310	185	185	—	—	170	68
ZK61A-T6	—	—	—	6.0	0.7	—	310	195	195	—	10	180	70
压铸件													
AE42-F	4.0	0.1	—	—	—	2.5RE	230	145	145	—	11	—	60
AM20-F	2.1	0.1	—	—	—	—	210	90	90	—	20	—	45
AM50-F	4.9	0.26	—	—	—	—	230	125	125	—	15	—	60
AM60A 和 B-F[5]	6.0	0.13	—	—	—	—	240	130	130	—	13	—	65
AS21-F	2.2	0.1	—	—	—	10Si	220	120	120	—	13	—	55
AS41A-F[6]	4.2	0.20	—	—	—	10Si	240	140	140	—	15	—	60
AZ91A,B,D-F[7]	9.0	0.13	—	0.7	—	—	250	160	160	—	7	20	70
锻件													
AZ31B-F	3.0	0.20	—	1.0	—	—	260	170	—	—	15	130	50
AZ61A-F	6.6	0.15	—	1.0	—	—	295	180	125	—	12	145	55
AZ80A-T5	8.5	0.12	—	0.5	—	—	345	250	195	—	6	160	72
AZ80A-T6	8.5	0.12	—	0.5	—	—	345	250	170	—	11	172	75
M1A-F	—	1.2	—	—	—	—	250	160	—	—	7	110	47
ZK31-T5	—	—	—	3.0	0.6	—	290	210	—	—	7	—	—
ZK60A-T5	—	—	—	5.5	0.45[1]	—	305	215	160	285	16	165	65
ZK61-T5	—	—	—	6.0	0.8	—	275	160	—	—	7	—	—
ZM21-F	—	0.5	—	2.0	—	—	200	125	—	—	9	—	—
挤压件													
AZ10A-F	1.2	0.2	—	0.4	—	—	240	145	69	—	10	—	—
AZ31B 和 C-F[8]	3.0	0.2	—	1.0	—	—	255	200	97	230	12	130	49

续表 2-70

合 金	化学组成(质量分数)/%						抗拉强度/MPa	屈服强度			50 mm 伸长率/%	剪切强度/MPa	硬度 HR③
	Al	Mn①	Th	Zn	Zr	其他②		拉伸/MPa	压缩/MPa	承载/MPa			
AZ61A-F	6.5	0.15	—	1.0	—	—	305	205	130	285	16	140	60
AZ80A-T5	8.5	0.12	—	0.5	—	—	380	275	240	—	7	165	80
M1A-F	—	1.2	—	—	—	—	255	180	83	195	12	125	44
ZC71-T6	—	0.5	—	6.5	—	1.25Cu	295	324	—	—	3	—	70~80
ZK21A-F	—	—	—	2.3	0.45①	—	260	195	135	—	4	—	—
ZK31-T5	—	—	—	3.0	0.6	—	295	210	—	—	7	—	—
ZK40A-T5	—	—	—	4.0	0.45①	—	275	255	140	—	4	—	—
ZK60A-T5	—	—	—	5.5	0.45①	—	350	285	250	405	11	180	82
ZM21-F	—	—	—	2.0	—	—	235	155	—	—	8	—	—
片材与板材													
AZ31B-H24	3.0	0.20	—	1.0	—	—	290	220	180	325	15	160	73
ZM21-O	—	0.5	—	2.0	—	—	240	120	—	—	11	—	—
ZM21-H24	—	0.5	—	2.0	—	—	250	165	—	—	6	—	—

① 最小量。

② RE(稀土)和 Pr(主要含钕和镨的混合稀土)。

③ 载荷 5000 N,球径 10 mm。

④ C 和 E 的性能相同,但在 AZ91E 铸件中:≥0.17%Mn、≤0.005%Fe、≤0.0010%Ni 和≤0.015%Cu。

⑤ A 和 B 性能相同,但在 AM60B 铸件中:≤0.005%Fe、≤0.002%Ni、≤0.010%Cu。

⑥ A 和 B 性能相同,但在 AS41B 铸件中:≤0.0035%Fe、0.002%Ni、0.002%Cu。

⑦ A、B 和 D 性能相同,但在 AZ91B 铸件中:≤0.30%Cu、AZ91D 铸件中含≤0.0005%Fe、≤0.002%Ni 和≤0.030%Cu。

⑧ B 和 C 性能相同,但在 AZ31C 铸件中:≥0.15%Mn、≤0.03%Ni 和≤0.1%Cu。

铸造镁合金可分为普通铸造(砂型铸造、永久模铸造)镁合金和压力铸造(压铸)镁合金。常见的普通铸造镁合金有 Mg-Al-Zn、Mg-Zn-Zr、Mg-Zn-Al(Mg-Zn-Al-Ca)、Mg-RE、Mg-RE-Mn 等系合金;常见的压铸镁合金有:Mg-Al-Zn、Mg-Al-Mn、Mg-Al-Si、Mg-Al-RE、Mg-Al-Ca、Mg-Al-Sr、Mg-RE-Zn 等系合金。以下只对几种最常用的重要铸造镁合金进行讨论。

2.6.2.1 Mg-Al-Zn 合金

Mg-Al 合金是常用 Mg 合金的基础,Al 在 Mg 中有高的溶解度(达 12.7%以上),并有明显的溶解度变化,时效硬化效应较明显。Mg-Al 合金中添加其他合金元素,可以获得不同系列的合金,获得了广泛的应用。

Mg-Al-Zn 合金是在 Mg-Al 合金的基础上形成的一种高强度铸造镁合金,有较高的室温强度和铸造性能,但耐热性能差,工作温度不能超过 150℃。

ZM5 合金是一种典型 Mg-Al-Zn 合金,其化学成分列于表 2-71 中。

表 2-71 ZM5 合金的化学成分与杂质含量(质量分数) (%)

技术标准	合金元素				杂质含量(不大于)					
	Al	Zn	Mn	Mg	Si	Fe	Ni	Cu	Be	杂质总和≤
GB/T1177—1991	7.5~9.0	0.2~0.8	0.15~0.5	余量	0.30	0.05	0.01	0.20	0.002	0.30
HB964—1982	7.5~9.0	0.2~0.8	0.15~0.5	余量	0.25	0.08	0.01	0.1	0.001	其他单个≤ 0.10

ZM5 与美国的 AZ81(Mg-8Al-0.5Zn)合金相当,是唯一的国产 Mg-Al-Zn 系合金,也是应用最广的一种合金。适于砂模和压铸法铸造各种零件,韧性好,气密性高。国外还用含 Zn 量更高的 AZ63(Mg-6Al-3Zn)和高 Al 合金 AZ91(Mg-9Al-0.5Zn),这两种合金室温强度和塑性

高,后者还有较高的疲劳强度,所以用途比 Mg-Al 系二元合金(AZ80)广。Mg-Al-Zn 系合金(AZ81)可代替铸铁生产摩托车的曲轴箱,能减轻 50kg 重量,是节能的好材料。

ZM5 能进行 T4 和 T6 处理,淬火温度 410～420℃,空冷,$T_a = 175 \sim 200 \pm 5$℃,时效 16 h 或 8 h。T6 的强度,尤其是屈服强度比 T4 高,但塑性明显降低(表 2-72),应根据零件的要求选择热处理制度。例如,发动机零件要求组织性能有高的稳定性,选用 T6 较好,要求塑性高的飞机零件,则应选择 T4 制度。

表 2-72　ZM5 合金的热处理与力学性能

状　态	σ_b/MPa	$\sigma_{0.2}$/MPa	a_K/kJ·m^{-2}	δ/%
铸态	180	—	—	3.5
T4	250	95	49	8.5
T6	255	120	29.4	3.5

ZM5 合金的砂型和金属型铸件,主要以 T4 或 T6 状态供应使用;而压铸件只在铸态(F)下应用。该合金也可用其他铸造工艺方法生产铸件,铸件尺寸一般也不受限制。

ZM5 合金的熔化温度范围为 430～600℃;热导率 $\lambda = 7.85$ W/(m·℃);比热容 $c = 1047$ J/(kg·℃)(20～100℃);密度 $\rho = 1.81$ g/cm^3;线膨胀系数见表 2-73;电阻率见表 2-74;无磁性。

表 2-73　ZM5 合金的线膨胀系数

温度/℃	20～100	20～200	20～300	100～200	200～300
α/℃$^{-1}$	26.8×10^{-6}	28.1×10^{-6}	28.7×10^{-6}	29.4×10^{-6}	29.9×10^{-6}

表 2-74　ZM5 合金的电阻率

热处理状态	F	T4	T6
电阻率 ρ/nΩ·m	150	175	151.5

ZM5 合金的化学活性大,在空气中的燃点为 400℃ 以上,与材料尺寸和形状有关。熔融镁合金与水接触会产生剧烈反应,危险性比较大。

ZM5 合金的耐蚀性能比较差,但用高纯镁与控制杂质含量(特别是铁、铜、镍、硅、氯化物等)可大幅提高其耐腐蚀性能。表 2-75 为 ZM5 合金腐蚀试验后的强度损失。

表 2-75　ZM5 合金腐蚀试验后的强度损失

热处理状态	未经腐蚀试验的性能		100 h 喷雾腐蚀试验后性能①			100 h 交替腐蚀试验后性能②		
	σ_b/MPa	δ_{10}/%	σ_b/MPa	δ_{10}/%	强度损失/%	σ_b/MPa	δ_{10}/%	强度损失/%
T4	276	13.7	249	9.6	9.8	244	8.9	11.6

① 按 HCS209—1966《金属材料及其防护层盐雾腐蚀试验方法》。

② 按 HCS206—1960《金属材料及其防护层交替腐蚀试验方法》。

ZM5 合金铸件的室温硬度值见表 2-76;高温硬度值见表 2-77;典型的室温拉伸性能见表 2-78,高温拉伸性能见表 2-79;室温压缩性能见表2-80;室温冲击韧性见表 2-81;高温持久强度极限见表 2-82;高温蠕变强度极限见表 2-83;旋转弯曲疲劳极限见表 2-84;高温疲劳极限见表 2-85;弹性模量和切变模量分别列于表 2-86 和表 2-87 中;泊松比 $\mu = 0.34$。

表 2-76　ZM5 合金的室温硬度值

热处理状态	F	T4	T6
硬度 HBS	50	62	78

表 2-77　ZM5 合金高温硬度值(热处理状态 T4)

热处理温度/℃	100	150	200	250
硬度 HBS	55	55	40	30

表 2-78　ZM5 合金铸件的典型室温拉伸性能

热处理状态	σ_b/MPa	$\sigma_{p0.01}$/MPa	$\sigma_{p0.2}$/MPa	S_K/MPa	δ_{10}/%	ψ/%
F	157	—	93	—	3.3	4.0
T4	245	29	83	284	9.0	15.0
T6	250	44	118	275	4.0	8.5

表 2-79 ZM5 合金铸件的典型高温拉伸性能

铸造方法及热处理状态	θ/℃	σ_b/MPa	$\sigma_{p0.2}$/MPa	δ_{10}/%
砂型铸造 T4	100	226	78	10.0
	125	216	—	12.0
	150	181	59	12.0
	175	157	—	15.0
	200	152	49	15.0
	250	118	39	15.0
砂型铸造 T6	100	226	—	6.0
	125	216	—	8.0
	150	181	—	10.0
	175	157	—	12.0
	200	152	—	15.0
	250	118	—	15.0

注:试验前在试验温度下加热 30 min。

表 2-80 ZM5 合金铸件的典型室温压缩性能

铸造型式	状 态	σ_{bc}/MPa	S_K/MPa
砂型单铸	T2	275	—
	T4	358	299
	T6	333	299

表 2-81 ZM5 合金铸件的典型室温冲击韧性

铸造型式	热处理状态	a_{KU}/kJ·m^{-2}
单铸试样	T2	20
	T4	49
	T6	29

表 2-82 ZM5 合金铸件高温持久强度极限值

热处理状态	θ/℃	σ_{100}/MPa
T4	150	83
	200	49
	250	25

表 2-83 ZM5 合金铸件高温蠕变强度极限

热处理状态	θ/℃	$\sigma_{0.2/100}$/MPa	
		总变形	残余变形
T4	100	46	69
	125	41	59
	150	21	25
	175	—	—
	200	—	8

续表 2-83

热处理状态	θ/℃	$\sigma_{0.2/100}$/MPa	
		总变形	残余变形
T6	100	—	73
	125	—	—
	150	—	26
	175	—	—
	200	—	11

表 2-84 ZM5 合金铸件旋转弯曲疲劳极限值

铸造型式	热处理状态	σ_{-1}/MPa	σ_{-1H}/MPa	N/周
单铸试样	F	83	69	5×10^7
	T4	98	78	
	T6	83	69	

注:缺口半径 $r=0.75$ mm。

表 2-85 ZM5 合金铸件高温疲劳极限值

热处理状态	θ/℃	σ_{-1}/MPa	σ_{-1H}/MPa	N/周
T4	150	39	25	2×10^7

表 2-86 ZM5 合金铸件的弹性模量值

热处理状态	F	T2	T4	T6
E/GPa	41	41	41	41

表 2-87 ZM5 合金铸件的切变模量值

热处理状态	F	T2	T4	T6
G/GPa	16	16	16	16

ZM5 合金铸态组织是由 α-Mg 固溶体及沿晶界不连续网状分布的 $Mg_{17}Al_{12}$块状化合物所组成。由于组织高度偏析,化合物也分布于晶粒的枝晶网间。化合物的大小、数量和形状与凝固时的冷却速度有关。固溶处理后,化合物溶入固溶体,其组织为具有轮廓分明的晶粒组织,在某些晶界交接处有少量块状化合物残余。如冷却速度缓慢,则可能在晶界上有某些片状沉淀。时效引起固溶体的分解,沉淀出细小魏氏体型组织,而 165℃或更高温度下时效处理

晶界出现较粗片状沉淀物。

在金属补缩不足部分，晶界处有时出现显微疏松缺陷（显微孔洞）。

ZM5 合金工艺性能和使用性能都不错。铸造温度范围为 690～800℃，有良好的流动性，但凝固时易形成显微疏松，铸件气密性较差。

ZM5 合金易于用氩弧焊进行补焊，补焊工艺性能良好。

ZM5 合金铸件可进行各种热处理。固溶处理时热处理炉内的气氛应含有 0.7%（不少于 0.5%）SO_2（每立方米的炉膛体积内须加入 0.5～1.5 kg 硫铁矿或硫化亚铁）或 3% CO_2 气体作为保护气氛，以保护镁铸件不致氧化燃烧。

ZM5 合金铸件表面应经化学氧化处理，使其表面形成一薄防护层。在处理之前，铸件必须经吹砂、除油。根据零件的不同用途，在氧化处理后再进行涂油和涂漆保护。

ZM5 合金具有优良的切削加工性能，可在较其他金属大的吃刀量，并以很高速度进行切削加工。切削掉一定量金属所需要的功率低于其他任何金属。切削加工时，用和不用切削液，一般都不需磨削和抛光，即可得到极好的光洁表面。

2.6.2.2 Mg-Zn-Zr 合金

A 概述

Mg-Zn-Zr 合金也是一种常见的铸造镁合金。其力学性能与 Zn 含量间的关系如图 2-29 所示，Zn 含量升高到 6%，强度达极大值，Zn 再升高强度亦不增加，但 δ 值却强烈降低，得不偿失。因此，工业用 Mg-Zn-Zr 合金的 Zn 含量均在 3.5%～6.5% 范围以内，详见表 2-88 所示。

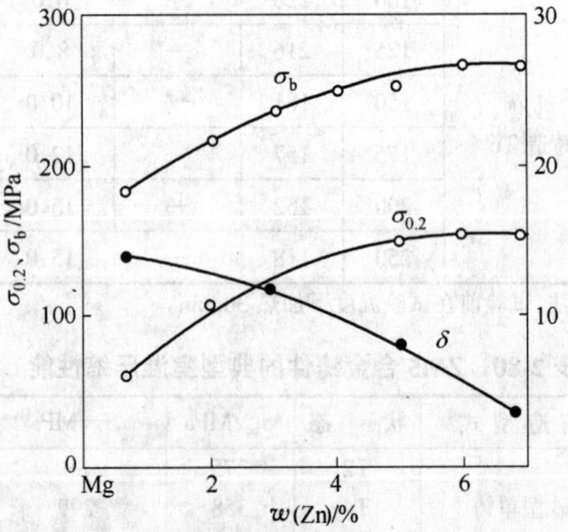

图 2-29　Zn 含量对 Mg-Zn-0.7Zr 合金力学性能的影响（铸造，T1）

表 2-88　主要 Mg-Zn-Zr 系铸造合金的化学成分与常温力学性能

牌　号	主要成分（质量分数）/%						热处理	20℃	
	Zn	Zr	Mn	RE	Nd	Al		σ_b/MPa	δ/%
ZM1	3.5～5.5	0.5～1.0	—	—	—	—	T1，T6	240	5.0
ZM2	3.5～5.0	0.5～1.0	—	0.7～1.7	—	—	T1	220	4.0
ZM3	5.5～6.5	0.5～1.0	—	2.0～3.0	—	—	T6	310	9.5

注：Zr 的下限为熔解 Zr，总量达 1%，RE 为 Ce 不小于 45% 的混合稀土。

ZM1 是简单的三元 Mg-Zn-Zr 合金，只有 3.5%～5.5% Zn 和 0.5%～1.0% Zr，组织是 α＋MgZn 相，还有少量 Zn-Zr 化合物（Zn_2Zr_3 或 ZnZr）。一般采用 T1 处理，不经淬火，直接在（175±5）℃ 时效 28～32 h 或在 195℃ 时效 16 h。

表 2-89　ZM1 合金的典型力学性能

状态	σ_b/MPa	$\sigma_{0.2}$/MPa	δ/%	ψ/%	a_K/kJ·m^{-2}
铸态	230	100	13.0	—	39.2
T1①	240	—	5.0	—	—
T1	280	170	7.5	9.4	39.2
T6	270	170	10.0	—	—

① 技术条件规定的最低指标。

ZM1 的 σ_b 和 $\sigma_{0.2}$ 比 Mg-Zn-Al 系合金(ZM5)高,该合金另一重要优点是对铸件壁厚和显微疏松敏感性低,铸件的性能与试样接近。适于铸造强度和屈服强度要求高,并且耐高冲击负荷的零件。

ZM1 的主要缺点是铸造性能差,氧化和热裂倾向比 Mg-Al-Zn 合金高,焊接性能也比较差。为了弥补这些缺点,向 ZM1 合金中添加 RE,又发展了 Mg-Zn-RE-Zr 系合金 ZM2 和 ZM8。

ZM2 是 ZM1 加入 0.7% ~ 1.7% Ce 的合金。加 RE 后合金中形成了 Mg-Zn-RE 化合物或 Mg_9Ce 相,以离异共晶形式分布于晶界上,因而改善了热裂和疏松倾向。在一定范围内,RE 加入量愈多,共晶量愈高,铸造性能也愈好。但 RE 过多会从 α 固溶体中夺取大量 Zn,降低时效后的强度和塑性,故 RE 加入量应控制在合理范围内。

ZM2 有良好的铸造性能和均匀而又高的铸件切削性能,常用来代替 ZM5 铸造各种零件。

分布在晶界上的 MgZnRE 化合物热稳定性高,固溶处理也不溶解和破坏,对室温强度和塑性没有改善作用,甚至于还有不利影响。但对耐热性有好处,故 ZM2 有较高的高温瞬时强度和在 150～200℃有良好的抗蠕变性能,适于铸造在该温度工作的发动机匣、整流舱和电机壳体等。

ZM2 多在 T1 状态工作,$T_a = (325 \pm 5)$℃,5～8 h。T1 处理对强度的提高作用不大,但能提高 $\sigma_{0.2}$(由铸态的 120 提高到 T1 的 150 MPa)。一般不进行 T6 处理,因固溶处理能使晶粒长大,$\sigma_{0.2}$反而降低(降低到 120 MPa)。

ZM8 合金同时提高了 Zn 和混合 RE 的含量,充分发挥了强度高,铸造性能好的优点,是铸镁合金中强度最高的一种。这种合金可进行 T6 处理,更适合氢化处理。但进行氢化处理的 ZM8 合金,Zn 不能超过 6.0%～6.5%,否则强度不再升高,δ 值降低,不过 RE 在 2.0% ~ 3.7%范围内无明显影响。

RE 对 Mg-Zn-Zr 合金塑性的不良影响可通过氢化处理来改善。氢化处理的原理是把 ZM8 或 ZM2 合金放在 480℃ 的 H_2 中固溶处理,H_2 沿晶界向内部扩散,同偏聚于晶界内的 MgZnRE 化合物($Mg_{20}Zn_5Ce$,T 相)中的 RE 发生反应,生成不连续的颗粒状 REH 化合物。因 H_2 不与 Zn 发生反应,当 RE 从 MgZnRE 相中被夺走,被还原的 Zn 原子即复溶于 α 固溶体,结果使 Zn 的过饱和度升高。最终时效后,晶粒内部生成细针状沉淀相(β 或 β′),强度显著提高,没有显微疏松,伸长率和疲劳强度也得到改善,综合性能极为优秀。表 2-90 是 ZM8 合金氢化处理前后的力学性能变化。

表 2-90　ZM8 氢化处理前后的力学性能

处理条件	σ_b/MPa	$\sigma_{0.2}$/MPa	δ/%
铸　态	160	129	2
480℃,H_2 中加热 24 h,空冷	292	127	12.1
H_2 化处理后 150℃时效 24 h	316	223	7.1

氢化处理遇到的困难是 H_2 的扩散速度慢,厚壁件需要极长的时间。美国在航空工业很重要的 ZE63 合金(Mg-5.8Zn-2.5RE-0.7Zr,与 ZM8 相当),在 480℃和 0.1 MPa 下,H_2 的渗入速度仅为 6 mm/24 h,平均每 4 h 穿透 1 mm。增加 H_2 的压力虽能提高穿透速度,但毕竟氢化物的形成速度很慢,所以这种处理只适用于薄壁件。

B　ZM1 合金的成分、性能和用途

(1) ZM1 合金化学成分。ZM1 合金的化学成分及杂质含量见表 2-91。

表 2-91　ZM1 铸造合金的化学成分及杂质含量(质量分数)　　(%)

标　准	合金元素				杂质,不大于					
	Zn	Zr		Mg	Si	Fe	Ni	Cu	Be	杂质总量
GB/T1177—1991	3.5～5.5	0.5～1.0		余量	—	—	0.01	0.10	0.002	0.3
HB964—1982	3.5～5.5	Zr 溶解	Zr 总量	余量	0.01	0.01	0.03	0.03	0.001	其他单个
		≥0.5	0.5～1.0							0.05

(2) 热处理制度。按 HB5462—1990《镁合金铸件热处理》的规定。时效：(175±5)℃保持28～32 h,空冷或(195±5)℃保持 16 h 空冷。

(3) 熔炼与铸造工艺：

1) 合金的熔炼和浇注应在同一坩埚内进行。如采取熔炼坩埚转注金属液到铸造坩埚的工艺，则会造成合金中锆的损失。锆的加入是在合金液升温到 780～800℃时，以镁－锆中间合金形式加入。经彻底搅拌后对合金进行精炼。要用足够的熔剂来控制合金的氧化燃烧。

2) 合金制备过程中要防止铝、铁、硅、锰等元素沾污合金，因为这些元素会妨碍锆的晶粒细化效果。

3) 由于锆的溶解度低，且易与各种杂质元素形成化合物而损失，锆的加入量必须为合金中所要求含锆量的 3～5 倍。

4) 该合金晶粒的细化程度与合金中的溶解锆含量密切相关，所以熔炼技术和温度控制是极为重要的。

(4) ZM1 合金的物化性能。ZM1 合金的熔化温度范围为 560～640℃。热导率见表 2-92。比热容和线膨胀系数见表 2-93。密度为 $1.82\ g\cdot cm^{-3}$。20℃ 时电阻率 $\rho=62n\Omega\cdot m$。ZM1 合金无磁性，在空气中燃点为 400℃ 以上。熔融镁合金与水接触会产生剧烈反应。

表 2-92 ZM1 合金的热导率 λ

θ/℃	50	100	200
$\lambda/W\cdot m^{-1}\cdot ℃^{-1}$	113	117	121

表 2-93 ZM1 合金的比热容和线膨胀系数

θ/℃	20～100	20～200
比热容 $c/J\cdot kg^{-1}\cdot ℃^{-1}$	967	1022
线膨胀系数 $\alpha/℃^{-1}$	25.8×10^{-6}	26.2×10^{-6}

(5) ZM1 合金的力学性能。ZM1 合金部分室温力学性能见表 2-94。典型室温拉伸性能见表 2-95。典型低温、高温拉伸性能见表 2-96。高温持久和高温蠕变性能分别见表 2-97 和表 2-98。室温疲劳强度($N=2\times10^7$)，σ_{-1} = 74 MPa，室温弹性模量 E = 42 GPa，切变模量 G = 17 GPa，泊松比 μ = 0.35。

表 2-94 ZM1 合金部分室温力学性能

硬度 HBS	弹性模量 E /GPa	泊松比 μ	压缩强度 $\sigma_{p0.2}$ /MPa	冲击韧性 a_{KU} /$kJ\cdot m^{-2}$	疲劳极限 σ_{-1}① /MPa	切变模量 G /GPa
62	42	0.35	147	39	74	17

① 光滑试样，$N=2\times10^7$。

表 2-95 ZM1 合金铸件典型室温拉伸性能

铸造型式	热处理状态	σ_b/MPa	$\sigma_{p0.01}$/MPa	$\sigma_{p0.2}$/MPa	δ_{10}/%	ψ/%
砂型单铸	T1	277	102	175	7.5	9.4

表 2-96 ZM1 合金铸件典型低温、高温拉伸性能

热处理状态	试验温度/℃	σ_b/ MPa	$\sigma_{p0.2}$/MPa	δ_{10}/%
T1	−70	245	196	2.0(δ_5)
	100	215	161	12.7
	125	194	146	13.7
	150	172	142	15.9
	175	143	123	—
	200	124	111	15.1
	250	91	82	—

表 2-97 ZM1 合金高温持久性能

热处理状态	θ/℃	σ_{100}/ MPa
T1	150	78
	200	39
	250	20

表 2-98 ZM1 合金高温蠕变性能

热处理状态	θ/℃	$\sigma_{0.2/100}$/MPa	$\sigma_{0.2/1000}$/ MPa
T1	100	55	45
	150	34	25
	200	21	12

注：0.2/100、0.2/1000 分别为 100 h、1000 h 的总伸长为 0.2%，总伸长高于原始伸长加蠕变伸长。

(6) ZM1 合金的组织结构。ZM1 合金的相变温度：液相线温度为 640℃，固相线温度为 550℃。组织结构：铸态组织为 α-Mg 固溶体沿晶界分布少量 MgZn 块状化合物，晶界和富锌区分布有微粒状 MgZn 化合物沉淀，常有可见的晶内偏析。时效处理后，晶粒内部析出沉淀物。在铸件厚大部位冷却速度缓慢时，可能形成 Zn_3Zr_2 化合物密度偏析。

(7) ZM1 合金的耐腐蚀性能。镁在干燥空气中有很好的耐蚀性，但在潮湿空气、水(尤其是海水)中的化学性是不稳定的，与大多数无机酸相互作用剧烈。在工业气氛中，镁的耐腐蚀性与中碳钢相近。镁的氧化膜不致密，故须经表面处理后，方可在大气条件下长期使用。

镁合金对硒酸、氟化物、氢氟酸作用稳定，形成不溶性盐。与铝相反，镁合金不与苛性碱相互作用，在汽油、煤油、润滑油中也很稳定。镁是负电性最高的金属之一，不允许与铝(铝-镁合金除外)、铜合金、钢等零件直接接触装配，否则将导致电化学腐蚀。

铁、硅、铜、镍、氯化物和其他夹杂物以及某些铸造缺陷会降低镁合金的腐蚀稳定性。合金中的锆可消除杂质的有害作用并细化晶粒，从而大大提高合金的耐腐蚀能力。

(8) ZM1 合金的工艺性能与工艺特点。

1) 成形性能：

• 铸造温度：705～815℃。

• 铸件是有较高的和均匀的力学性能，显微疏松降低铸件性能的程度比 ZM5 合金为轻。

• 铸造性能　用浇铸试棒长度的方法测定流动性为 182 mm。凝固时形成显微疏松的倾向较大，但随合金成分中锌含量的降低而稍有减轻。锌在下限时，显微疏松由分散趋向集中。热裂倾向性试验测定的第一个裂纹是在环的宽度为 25～27.5 mm 处形成。线收缩率为 1.5%。

2) 焊接性能　该合金焊接性能较差，不宜补焊。

3) 零件热处理工艺　合金铸件仅采用时效处理。

4) 表面处理工艺：

• 铸件表面应经化学氧化处理，使其表面形成一薄层防护层。在处理之前铸件必须经喷砂、除油处理。

• 根据零件的不同用途，在氧化处理后进行涂油或涂漆保护。

5) 切削加工及磨削性能　合金具有优良的切削加工性能，可在较其他金属大的吃刀量下，并以很高的速度进行切削加工。切削掉一定量金属所需要的功率低于其他任何金属。切削加工时，用和不用切削液一般都不需磨削和抛光，即可得到极好的光洁表面。

(9) 品种规格与供应状态：

1) 铸件采用砂型铸造工艺或金属型铸造工艺生产。

2) 人工时效(T1)状态下应用。

(10) 应用。ZM1 合金主要用于多种飞机机轮铸件，并可广泛用作飞机和各种机械的受力结构件。

C　ZM2 合金的成分、性能和用途

(1) ZM2 合金的化学成分。ZM2 合金的化学成分及杂质含量见表 2-99。

表 2-99　ZM2 合金的化学成分及杂质含量(质量分数)　(%)

标　准	合金元素					杂质，不大于					
	Zn	RE①	Zr		Mg	Si	Fe	Ni	Cu	Be	总量
GB/T1177—1991	3.5～5.0	0.75～1.75	0.5～1.0		余量	—	—	0.01	0.10	0.002	0.30
HB964—1982	3.5～5.0	0.7～1.7	溶解 ≥0.5	总量 0.5～1.0	余量	0.01	0.01	0.01	0.03	0.001	其他单个

① 铈的质量分数不小于 45% 的铈混合稀土金属，其中稀土金属总量不小于 98%。

(2)热处理制度(T1)。ZM2 合金常用的有三种时效制度：

1) 325℃±5℃保温 5～8 h,空冷。

2) 330℃保温 2 h,空冷；175℃保温 16 h,空冷。

3) 330℃保温 2 h,空冷；140℃保温 48 h,空冷。

(3) 熔炼与铸造工艺：

1) ZM2 合金的熔炼铸造工艺与其他含稀土、锆的合金相似。锌以金属形式加入,其损耗可忽略不计。稀土以混合稀土金属加入,其损耗量视熔铸条件而变。

2) 合金制备过程中要防止铝、铁、硅、锰等元素沾污合金,因为这些元素会妨碍锆对合金的晶粒细化效果。

3) 由于锆的溶解度低,且易与各种杂质元素形成化合物而损失,锆的加入量必须为合金中所要求含锆量的 3～5 倍。

4) 锆的质量分数与 ZM2 合金的力学性能密切相关,见图 2-30。因此要特别注意熔炼操作和温度控制。

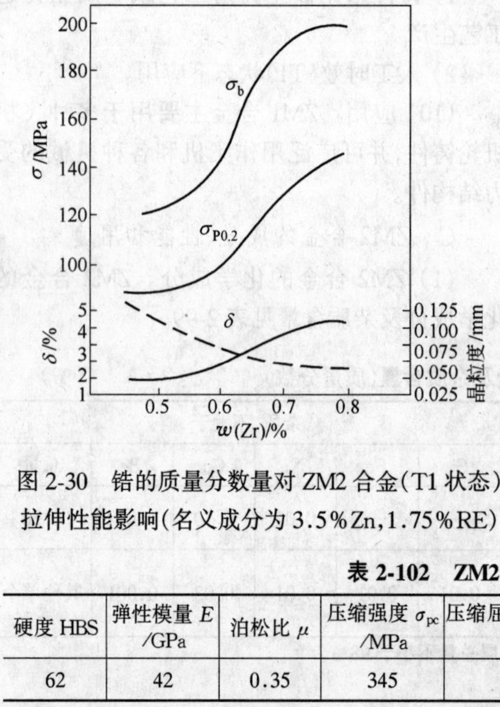

图 2-30　锆的质量分数量对 ZM2 合金(T1 状态)拉伸性能影响(名义成分为 3.5%Zn,1.75%RE)

(4) 物理性能。ZM2 合金的熔化温度范围在 525～645℃；密度为 1.85 $g\cdot cm^{-3}$；20℃时的电阻率为 60 nΩ·m；无磁性；热导率见表 2-100；比热容和线膨胀系数见表 2-101。

表 2-100　ZM2 合金的热导率 λ

θ/℃	50	100	150	200
$\lambda/W\cdot m^{-1}\cdot ℃^{-1}$	117	121	126	126

表 2-101　ZM2 合金的比热容和线膨胀系数

θ/℃	20～100	20～200	20～300
比热容 $c/J\cdot kg^{-1}\cdot ℃^{-1}$	945	1005	1043
线膨胀系数 $\alpha/℃^{-1}$	25.8×10^{-6}	26.2×10^{-6}	27.2×10^{-6}

(5) ZM2 合金的抗氧化性能。镁合金在空气中的燃点为 400℃和 400℃以上,但燃烧的难易程度还与材料本身的尺寸和形状有关。细小颗粒与粉尘状态的镁极易燃烧。机械加工和锯切时产生的细屑较大,着火的危险程度也低于粉末,但切屑一旦加热到燃点以上就容易燃烧。厚大截面的镁合金只有在延长加热之后燃烧。熔融镁合金与水接触产生剧烈反应,因此,危险性比其他金属大。

(6) 组织结构。ZM2 合金铸态组织为 α-Mg 固溶体和晶界分布的 α-Mg 加化合物的断续网状共晶。330℃温度下时效处理 4 h 后,晶内析出细小沉淀物。

(7) 耐腐蚀性能。ZM2 铸造镁合金在干燥空气中有很好的耐蚀性,但在潮湿空气、水(尤其是海水)中的化学性是不稳定的,与大多数无机酸相互作用剧烈。在工业气氛中,镁的耐腐蚀性与中碳钢相近。镁的氧化膜不致密,故须经表面处理后,方可在大气条件下长期使用。其他的耐蚀性能与 ZM1 合金相同。

(8) 力学性能。ZM2 合金部分室温力学性能见表 2-102；典型室温和高温拉伸性能见表 2-103；高温持久和高温蠕变分别见表 2-104 和表 2-105。

表 2-102　ZM2 合金部分室温力学性能

硬度 HBS	弹性模量 E /GPa	泊松比 μ	压缩强度 σ_{pc} /MPa	压缩屈服强度 $\sigma_{pc0.2}$ /MPa	冲击韧性 a_{KU} /$kJ\cdot m^{-2}$	疲劳极限 σ_{-1}① /MPa	切变模量 G /GPa
62	42	0.35	345	140	24	118	17.6

① 光滑试样,$N=2\times10^7$。

表 2-103 ZM2 合金铸件典型室温和高温拉伸性能

热处理状态	温度/℃	σ_b/MPa	$\sigma_{P0.01}$/MPa	$\sigma_{P0.2}$/MPa	δ_{10}/%	ψ/%	备注
T1	室温	230	102	152	6.2	6.7	砂型单铸
	150	174		134	26.0		
	200	145		120	32.8		
	250	119		104	34.7		

表 2-104 ZM2 合金铸件的高温持久性能

试样型式	热处理状态	θ/℃	σ_{100}/MPa
砂型单铸	T1	175	103
		200	83

表 2-105 ZM2 合金铸件的高温蠕变性能

试样型式	热处理状态	θ/℃	$\sigma_{0.2/100}$/MPa	$\sigma_{0.2/1000}$/MPa
砂型单铸	T1	93	76	68
		149	68	63
		204	41	23
		260	12	7

注：0.2/100、0.2/1000 分别为 100 h、1000 h 的总伸长为 0.2%，总伸长高于原始伸长加蠕变伸长。

(9) 工艺性能与工艺操作特点：

1) 铸造温度 675～815℃。

2) 铸造性能：

ZM2 铸造镁合金具有良好的铸造工艺性能。用浇铸试棒长度的方法测定流动性为 170 mm。合金形成显微疏松的倾向较小。热裂倾向性试验测定的第一个裂纹是在环宽度为 22.5 mm 处形成。线收缩率为 1.5%。

3) 焊接性能：

• ZM2 合金可用氩弧焊焊接，合金在锌含量低、稀土含量高的情况下焊接性能好；反之则较差。

• 焊接后消除应力。

• 焊后要经内部质量和表面裂纹检查。

4) 零件热处理工艺。铸件仅经时效处理。

5) 表面处理工艺：

• 铸件表面应经化学氧化处理，使其表面形成一薄防护层。在处理之前铸件必须经吹砂处理。

• 根据零件的不同用途，氧化处理后进行涂油或涂漆保护。

6) 切削加工及磨削性能。合金具有优良的切削加工性能，可在较其他金属大吃刀量下，并且很易进行切削加工。切削掉一定量金属所需要的功率低于其他任何金属。切削加工时，用或不用切削都不需磨削和抛光，即可得到极好的光洁表面。

(10) 品种规格与供应状态：

1) 合金铸件主要用砂型铸造工艺生产，也可用金属型铸造工艺生产。

2) 铸件在人工时效状态下应用。

(11) 应用概况与特殊要求：

1) 合金已用于涡轮喷气发动机的前支承壳体、飞机电机壳体、油泵壳体等零件，并可用于各类机匣铸件及结构件。

2) 在规定成分范围内，低锌、高稀土的合金具有最好的铸造、焊接工艺性能，但拉伸性能最低；反之，高锌、低稀土合金，拉伸性能最高，而铸造、焊接工艺性能最差。

D ZM8 合金的成分、性能和用途

ZM8 合金是强度最高的铸造镁合金，流动性和铸造性能也很好。但因合金中含有较高 RE 元素，在进行氢化处理时，H_2 沿晶界向内部扩散的速度很慢，因此适用于薄壁零件，限制了其应用。有关 ZM8 合金的基本情况，可参阅本节概述部分。

2.6.2.3 Mg-RE-Zn-Zr 系耐热铸造镁合金

A 概述

在合金化原理中已指出，RE 元素中 Nd 在 Mg 中的溶解度比较大，对室温和高温强度的贡献也较大；混合 RE 和 Ce 的溶解度最小（0.85%），对高温强度虽有贡献，但对室温强度和塑性不利；La 的作用最弱，对高、低温强度的贡献均不及 Nd 和 Ce。

Mg-Nd 系合金的 γ 相（Mg_9Nd 或 $Mg_{12}Nd$）热稳定性很高，从室温加热到 200℃，硬度只降低 20%左右，但 Mg_4Al_3和 MgZn 相则降低 50%～60%，是极重要的强化相。Mg-Nd 合金的时效硬化与共格的 β′相（DO_{19}结构，Mg_3Nd）直接相关，当这种相在 250℃ 失去共格性时，蠕变速度则急剧升高。β′相是面心立方晶格，在 200～300℃时效，在位错线上生核和长大。Mg-Ce 系合金的时效过程与 Mg-Nd 系合金大致相同，最终导致平衡相 Mg_9Ce（或 $Mg_{12}Ce$，$Mg_{27}Ce_2$）的沉淀。

ZM3 和 ZM4 属于 Mg-Ce 系合金，两者的混合 RE（以 Ce 为主）和 Zr 含量完全相同，如表 2-106 所示，只是前者含 Zn 低（0.2%～0.7%），室温强度低些，后者含 Zn 高，室温强度高些，但高温强度却低些。两种合金在 200～250℃ 有良好的耐热性，ZM3 的强度直到 250℃ 几乎不发生变化。

Mg-Ce 系合金的铸态组织是 α + 晶界 RE 化合物，晶粒尺寸随溶解 Zr 的增加而变细，因而室温性能也随之升高。因此，为了保证铸件达到标准规定的性能，ZM3 的溶解 Zr 应不小于 0.4%，ZM4 的溶解 Zr 应不小于 0.5%（晶粒平均直径不大于 0.04 mm）。

两种合金铸件中的脆性晶界 RE 化合物，固溶处理后也不溶解，对室温性能没有明显的改善作用。相反，固溶处理时由于温度高，铸件反而易于变形，所以 ZM4 通常多在铸态、退火（T2）或 T1 状态下使用。T1 处理的 T_a = (250 ± 5)℃，保温 10 h；T2 为 (325 ± 5)℃，3～5 h。

表 2-106 Mg-RE-Zn-Zr 系耐热铸造镁合金的化学成分与高低温力学性能

牌号	主要成分（质量分数）/%				热处理	20℃		250℃		300℃
	Zn	Zr	RE	Nd		σ_b/MPa	δ/%	σ_b/MPa	$\sigma_{0.2/100}$/MPa	σ_b/MPa
ZM3	0.2～0.7	0.4～1.0	2.5～4.0	—	T2	145	3.0	145	25	110
ZM4	2.0～3.0	0.5～1.0	2.5～4.0	—	T1	150	4.0	130	30	95
ZM6	0.2～0.7	0.2～0.7	—	2.0～3.0	T6	260	5.0	170	38	110

注：1. Zr 的下限为熔解 Zr，总量达 1.0%；RE 为 Ce 不小于 45%的混合稀土；Nd 为 Nd 不小于 85%的混合稀土。
2. $\sigma_{0.2/100}$为 100 h 内残留变形小于 0.2%的蠕变强度。

这两种合金在 200～300℃ 的力学性能较高，铸造性能特别好，适于铸造各种形状复杂的零件。ZM3 可以铸造发动机压气机匣，ZM4 可铸造飞机液压恒速装置的壳体。另外，致密性也特别高。

Mg-Nd 系合金 ZM6 是 Mg-RE 系合金中性能最好的一种合金，可以进行固溶处理（T4）和时效硬化处理（T6）。热处理后室温强度高，高温瞬时强度和蠕变强度也很高，可在 250℃ 长期工作。

在 Mg-Nd 合金中加入 0.2%～0.7% Zn 能提高 250℃ 的抗蠕变性能，而不影响室温性能。加入 0.2%～0.7% Zn 的残留变形 $\varepsilon_{残}$ = 0.15%，但 Zn 量增加到 1.0%，与无 Zn 合金一样，蠕变速度反而增大。

ZM6 的铸态组织是 α + 晶界 Mg_{12}(Nd, Zn) 相，固溶处理（T4）后晶界相能大部分溶解，晶内出现密集的点状沉淀相。人工时效（T6 或 T61）后基体沉淀相增多，此外与 T4 状态无明显差异。当然组织中除了 Mg_{12}(Nd, Zn) 相外，还有 ZrH_2 和 α-Zr 质点等。

Mg-Nd-Zr 合金加入少量 Zn 使 α 固溶体和沉淀相晶格常数减小，原子间结合力增大，稳定性增高，有利于合金（ZM6）抗蠕变性能的提高。

含 Nd 的 ZM6 合金铸造性能优良，显微疏松倾向虽比前述两种 Mg-RE 合金大，但这种倾向对含 Zr 合金力学性能的影响不大。

ZM6 合金可进行充分热处理 T6（或 T61），T_s = (530 ± 5)℃，8～12 h（或 4～8 h），空冷（或≥80℃热水淬火），T_a = 205℃，时效 12～16 h（8～12 h）。T6 处理后，σ_b = 260 MPa，$\sigma_{0.2}$ = 160 MPa，σ_{-1} = 90 MPa，δ = 4.0%，a_K = 313.6 kJ/m²。综合性能比 ZM3 和 ZM5 优越。适于铸造发动机机匣、各种支臂、支架、框、梁和轮毂等零件。

ZM9 是 Mg-Y 系试用性合金，Y 在 Mg 中的溶解度很大(567℃时12.6%),并能形成中间化合物γ相($Mg_{24}Y_5$)。γ相在α固溶体中有明显的溶解度变化,故对时效硬化有较大的贡献。ZM9与其他Mg-RE系合金一样,也需要加入少量Zr和Zn来细化晶粒和改善高低温力学性能,当钇锌比接近1.5时,300℃的抗拉强度和蠕变强度,见表2-106,比ZM6还高,是一种综合性能相当好的合金,这种合金可以进行T1处理(315℃,16 h),适于铸造在300℃长期工作的各种发动机壳体等铸件。

Mg-Y-Zn-Zr系合金加入适量的Nd,可进一步改善300～350℃的高温强度和抗蠕变性能。前苏联的MJI19就是Mg-Y-Nd-Zn-Zr系合金的代表牌号,参见表2-107和表2-108。

表2-107　几种外国耐热铸造Mg合金的主要成分(质量分数)　(%)

牌　号	Nd	Th	Zr	Zn	Y
MJI19	1.6～2.3	—	0.4～1.0	0.1～0.6	1.4～2.0
HK31	—	3.2	0.7	—	—
HZ32	—	2.5～4.0	0.4～1.0	1.7～2.5	—

表2-108　几种外国耐热铸造镁合金的力学性能

牌　号	20℃			300℃				350℃			
	σ_b/MPa	$\sigma_{0.2}$/MPa	δ/%	σ_b/MPa	$\sigma_{0.2}$/MPa	δ/%	$\sigma_{0.2/100}$/MPa	σ_b/MPa	$\sigma_{0.2}$/MPa	δ/%	$\sigma_{0.2/100}$/MPa
MJI19	220	120	4	150	100	10	35	110	80	15	7
HK31	190	90	4	135	70	10	23	105	50	15	7
HZ32	190	90	6	77	42	20	37	65	40	25	18

B　ZM3合金的成分、性能和用途

(1) ZM3合金化学成分。ZM3合金的化学成分及杂质含量见表2-109。

表2-109　ZM3合金的化学成分及杂质含量(质量分数)　(%)

<table>
<tr><th rowspan="2">标　准</th><th colspan="4">合金元素</th><th colspan="7">杂质,不大于</th></tr>
<tr><th>RE①</th><th>Zn</th><th colspan="2">Zr</th><th>Mg</th><th>Si</th><th>Fe</th><th>Ni</th><th>Cu</th><th>Be</th><th>杂质总和</th></tr>
<tr><td>GB/T1177—1991</td><td>2.5～4.0</td><td>0.2～0.7</td><td colspan="2">0.4～1.0</td><td></td><td>—</td><td>—</td><td>0.01</td><td>0.10</td><td>0.002</td><td>0.3</td></tr>
<tr><td rowspan="2">HB 964—1982</td><td rowspan="2">2.5～4.0</td><td rowspan="2">0.2～0.7</td><td>溶解</td><td>总量</td><td rowspan="2">余量</td><td rowspan="2">0.01</td><td rowspan="2">0.01</td><td rowspan="2">0.01</td><td rowspan="2">0.03</td><td rowspan="2">0.001</td><td>其他单个</td></tr>
<tr><td>≥0.3</td><td>0.4～1.0</td><td>0.05</td></tr>
</table>

① 铈的质量分数不小于45%的铈混合稀土金属,其中稀土总量不小于98%。

(2) ZM3合金的热处理制度。ZM3合金通常为铸态,热处理制度主要是退火,退火制度是(325±5)℃保温3～5 h,空冷。

(3) ZM3合金的熔炼与铸造工艺:

1) 合金的熔炼在焊接的低碳钢坩埚中进行。含锆合金的熔炼工艺不同于含铝的镁合金,应和浇注在同一坩埚内进行,转注到另一坩埚进行浇注的方法会使锆含量损失。合金熔炼在熔剂覆盖中进行,这种熔剂由氯化物、氟化物所组成。合金化过程中应避免将稀土金属在液面上空气中升至高温,应避免将稀土金属移出液面使其氧化而烧损。锌的烧损可忽略不计,而稀土的烧损则视熔铸操作情况而变,一般为10%～15%。锆以锆的质量分数大于25%的镁-锆中间合金形式加入。精炼期间在金属液面撒以不含氯化镁的特种熔剂。因普通熔剂中的氯化镁会与稀土金属化合,形成稀土氯化物从金属液中沉淀出来,使稀土损失。浇注前静置15～20 min,让熔剂与金属分离和不溶化合物沉淀。然后降至要求的温度浇铸铸件。坩埚底部必须剩留15%～20%合金熔液,以免将坩埚底部的渣泥、熔剂和不溶锆等浇入铸型。

2) 合金制备过程中要防止铝、铁、硅、锰等元素沾污合金,因为这些元素妨碍锆的晶粒细化效果。

3) 由于锆的溶解度低,且易与各种杂质元素形成化合物而损失，锆的加入量必须为合金中所要求含锆量的3～5倍。

4）晶粒的细化程度与合金中溶解锆的含量密切相关，同时锆的含量对合金的拉伸性能有着极其显著的影响，所以熔炼技术和温度控制是极为重要的。

（4）ZM3合金的物理性能。ZM3合金无磁性；熔化温度范围为590～645℃；100～300℃时，热导率 $\lambda = 117$ W/cm·℃；密度 $\gamma = 1.80$ g/cm^3；20℃时，电阻率 $\rho = 73$ nΩ·m。ZM3合金的比热容和线膨胀系数分别见表2-110和2-111。

表2-110　ZM3合金的比热容

温度/℃	100	200	300
比热容/J·kg^{-1}·℃$^{-1}$	1038	1047	1089

表2-111　ZM3合金的线膨胀系数

温度范围/℃	20～100	20～200	20～300
线膨胀系数 α/℃$^{-1}$	23.6×10^{-6}	25.1×10^{-6}	25.9×10^{-6}

（5）ZM3合金的化学性能。ZM3合金在空气中燃点为400℃和400℃以上，但燃烧的难易程度还与材料本身的尺寸和开关有关。细小颗粒与粉尘状态的镁极易燃烧。机械加工和锯切时产生的细屑较大，着火的危险程度也低于粉末，但切屑一旦加热到燃点以上就容易燃烧。厚大截面的镁合金只有延长加热后才能燃烧。

（6）ZM3合金的组织结构。ZM3合金在铸态下组织为α-Mg固溶体和分布在晶界上的块状化合物所组成。在较深腐蚀情况下，可发现锆的晶内偏析。锆含量较高则合金晶粒度细，化合物在枝晶内的倾向就小。在325℃温度下，退火3～5 h之后，部分化合物以小质点从晶内析出。

（7）耐腐蚀性能。ZM3镁合金在干燥空气中有很好的耐蚀性，但在潮湿空气、水（尤其是海水）中的化学性是不稳定的，与大多数无机酸相互作用剧烈。在工业气氛中，镁的耐腐蚀性与中碳钢相近。镁的氧化膜不致密，故须经表面处理后，方可在大气条件下长期使用。

镁合金对硒酸、氟化物、氢氟酸作用稳定，形成不溶性盐。与铝相反，镁合金不与氢氧化钠相互作用，在汽油、煤油、润滑油中也很稳定。镁是负电性最高的金属之一，不允许与铝合金（铝－镁合金除外）、铜合金、钢等零件直接接触装配，否则将导致电化学腐蚀。

铁、铜、镍、硅、氯化物和其他夹杂物以及某些铸造缺陷会降低镁合金的腐蚀稳定性。合金中的锆可以细化晶粒，并消除杂质的有害作用，大大提高合金的耐腐蚀能力，见图2-31。

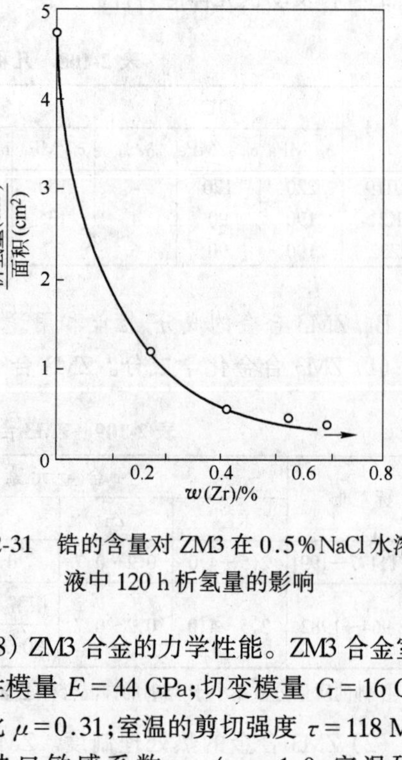

图2-31　锆的含量对ZM3在0.5%NaCl水溶液中120 h析氢量的影响

（8）ZM3合金的力学性能。ZM3合金室温的弹性模量 $E = 44$ GPa；切变模量 $G = 16$ GPa；泊松比 $\mu = 0.31$；室温的剪切强度 $\tau = 118$ MPa；室温缺口敏感系数 $\sigma_{bH}/\sigma_b = 1.0$；室温硬度为HBS55；U形缺口试样室温冲击韧性 $a_{KU} = 25$ kJ/m^2；光滑试样，$N = 2\times10^7$ 周，旋转弯曲疲劳极限 $\sigma_{-1} = 69$ MPa。室温和高温拉伸性能见表2-112。

（9）ZM3合金的工艺性能：

1）成形性。ZM3合金具有优良的铸造工艺性，铸造温度720～800℃。合金充型性良好，用浇铸试棒长度的方法测定流动性为300 mm。合金凝固时无形成显微疏松的倾向。热裂倾向性试验测定的第一个裂纹是在环的宽度为12.5～15 mm处形成。线收缩率为1.3%。

表 2-112 ZM3 合金铸件的典型室温和高温拉伸性能

铸造型式	热处理状态	温度/℃	σ_b/MPa	$\sigma_{p0.01}$/MPa	$\sigma_{p0.2}$/MPa	S_k/MPa	δ_{10}/%	ψ/%
砂型单铸	F	室温	137	52	96		2.7	3.5
		100	151		84	171	7.0	8.2
		150	140		67	182	13.0	22.0
		200	146		69	186	14.3	29.1
		250	147		72	206	15.0	32.2
		300	107		56	220	26.7	68.4

2）焊接性能。合金可用氩弧焊焊接，补焊工艺性能良好。焊后应消除内应力，焊后应经内部质量和表面裂纹检查。

3）零件热处理工艺。合金仅在必要时经退火处理。

4）切削加工及磨削性能 合金具有优良的切削加工性能，可在较其他金属大的吃刀量下，并以很高速度进行切削加工。切削掉一定量金属所需要的功率低于其他任何金属。切削加工时，用或不用切削液一般都不需磨削和抛光，即可得到极好的光洁表面。

(10) 表面处理工艺：

1）铸件表面应经化学氧化处理，使其表面形成一薄层防护层。在化学氧化处理之前铸件必须经吹砂、除油处理。

2）根据零件的不同用途，在氧化处理后进行涂油或涂漆保护。

(11) 品种规格与供应状态。铸件主要采用砂型铸造工艺生产，也可采用金属型铸造。铸件在铸态下应用，必要时进行退火处理以消除内应力。

(12) 应用概况与特殊要求：

1）ZM3 合金已用于喷气涡轮发动机的压气机匣、离心机匣等。还可广泛用于发动机、附件、各种机匣、壳体等零件。

2）ZM3 合金的抗拉强度能保持至 250℃，高于此温度则开始下降。

C ZM4 合金的成分、性能和用途

(1) ZM4 合金的化学成分。ZM4 合金的化学成分及杂质含量见表 2-113。

表 2-113 ZM4 合金化学成分及杂质含量（质量分数） （%）

技术标准	合金元素					杂质，不大于					
	RE①	Zn	Zr		Mg	Si	Fe	Ni	Cu	Be	杂质总量
GB/T1177—1991	2.5～4.0	2.0～3.0	0.5～1.0		余量	—	—	0.01	0.10	0.002	0.30
HB964—1982	2.5～4.0	2.0～3.0	溶解	总量		0.01	0.01	0.01	0.03	0.001	其他单个
			≥0.5	0.5～1.0							0.05

① 铈的质量分数不小于 45% 的铈混合稀土金属，其中稀土金属总量不小于 98%。

(2) 热处理制度。时效处理：200～250℃，保温 5～12 h。

(3) 熔炼铸造工艺：

1）合金的熔炼铸造工艺与其他含稀土、锆的合金相似。稀土以含铈混合稀土金属形式加入，锌以金属形式加入。

2）合金制备过程中要防止铝、铁、硅、锰等元素沾污合金，因为这些元素会妨碍锆的晶粒细化效果。

3）由于锆的溶解度低，且易与各种杂质元素形成化合物而损失，锆的加入量必须是合金中要求含锆量的 3～5 倍。锆以镁－锆中间合金形式加入。

4）该合金的熔炼和铸造参看 HB/Z5123—1979《镁合金铸造》。

5）晶粒的细化程度与合金中的溶解锆含量密切相关，所以熔炼技术和温度控制是极为重要的。

(4) 物理性能。ZM4 合金无磁性；熔化温度范围为 545～645℃；密度 $\rho=1.82\ g/cm^3$；20℃时的电阻率 $\rho=70\ n\Omega\cdot m$；在 0.1% $\sigma_{p0.2}$的应力下，测定的减振指数为 4.3。热导率和比热容见表 2-114。线膨胀系数见表 2-115。

表 2-114　ZM4 合金的热导率和比热容

θ/℃	50	100	150	200	250	300
热导率 λ /$W\cdot m^{-1}\cdot℃^{-1}$	96	100	106	110	114	116
比热容 c /$J\cdot kg^{-1}\cdot℃^{-1}$	896	1005	1038	1097	1147	1222

表 2-115　ZM4 合金线膨胀系数

θ/℃	20～100	20～150	20～200	20～250	20～300
线膨胀系数 α/℃$^{-1}$	23.90×10^{-6}	24.99×10^{-6}	25.76×10^{-6}	26.27×10^{-6}	26.72×10^{-6}

(5) 化学性能。ZM4 合金的化学性能同 ZM3 合金。

(6) 组织结构。ZM4 合金组织由 α-Mg 固溶体和分布在晶界上的 Mg-RE-Zn 合金物所组成。铸态及经 170～250℃温度范围内时效处理，晶内无可见沉淀物。在 340℃热处理后，晶内出现 Mg-RE-Zn 沉淀，但对力学性能无明显影响。

(7) 耐腐蚀性能。ZM4 镁合金在干燥空气中有很好的耐蚀性，但在潮湿空气、水(尤其是海水)中化学性是不稳定的，与大多数无机酸相互作用剧烈。在工业气氛中，镁的耐腐蚀性与中碳钢相近。镁的氧化膜不致密，故须经表面处理后，方可在大气条件下长期使用。

镁合金对硒酸、氟化物、氢氟酸作用稳定，形成不溶性盐。与铝相反，镁合金不与苛性碱相互作用，在汽油、煤油、润滑油中也很稳定。

镁是负电性最高的金属之一，不允许与铝合金(铝－镁合金除外)、铜合金、钢等零件直接接触装配，否则将导致电化学腐蚀。

铁、铜、镍、硅氯化物和其他夹杂物以及某些铸造缺陷会降低镁合金的腐蚀稳定性。合金中的锆可以消除杂质的有害作用并细化晶粒，从而大大提高合金的耐腐蚀能力。

ZM4 合金腐蚀试验后的强度损失见表 2-116。

表 2-116　ZM4 合金腐蚀试验后的强度损失

试验方法	试验前 σ_b/MPa	试验后 σ_b/MPa	强度损失 /%
交替腐蚀①	149	141	5.5
喷雾腐蚀②	149	144	3.6

① 按 HCS 206—1980《金属材料及其防护层交替腐蚀试验方法》，时间 100 h。

② 按 HCS 209—1966《金属材料及其防护层盐雾腐蚀试验方法》，时间 100 h。

(8) 力学性能。ZM4 合金的室温弹性模量 $E=43$ GPa；切变模量 $G=16$ GPa；泊松比 $\mu=0.35$；室温硬度为 HBS 58；室温压缩屈服强度 $\sigma_{p0.2}=110$ MPa；扭转强度 $\tau_b=161$ MPa；光滑试样，$N=2\times10^7$ 周，旋转弯曲疲劳极限 $\sigma_{-1}=83$ MPa；承载性能 $\sigma_{bru}=395$ MPa，$\sigma_{bry}=275$ MPa。室温典型拉伸性能见表 2-117。高温持久极限和蠕变性能见表 2-118。高温弹性模量见表 2-119。

表 2-117　ZM4 合金铸件的典型室温和高温拉伸性能

铸造型式	热处理状态	温度/℃	σ_b/MPa	$\sigma_{p0.01}$/MPa	$\sigma_{p0.2}$/MPa	δ_{10}/%	ψ/%
砂型单铸	T1	室温	149	64	99	3.2	4.7
		100	148	46	85	4.0	4.5
		150	156	42	73	20.0	20.9
		200	141	44	67	23.9	37.2
		250	132	45	63	25.0	55.2
		300	94	27	53	31.4	74.8

表 2-118 ZM4 合金铸件高温持久极限和蠕变性能

铸造型式	热处理状态	温度 θ/℃	持久极限 σ_{1000}/MPa	蠕变性能 $\sigma_{0.2/1000}$/MPa
砂型单铸	T1	200 250	108 59	59 29

表 2-119 ZM4 合金铸件的高温弹性模量

温度 θ/℃	100	150	200	250	300
E/GPa	39	39	39	38	32

(9) 工艺性能:

1) 成形性能。砂型铸造温度为 705～815℃。金属型铸造温度为 670～785℃。

2) 铸件性能。合金具有优良的铸造工艺性,充型性良好。热裂纹倾向用热脆性试验测定,第一个裂纹是环的宽度为 12.5～15 mm 处形成;合金线收缩率为 1.3%～1.4%。

3) 焊接性能。合金能用氩弧焊焊接,补焊工艺性能良好;焊后应消除应力;焊后要经内部质量和表面裂纹检查;铸件补焊工艺及检验按照 HB/Z 328—1998《镁合金铸件补焊工艺及检验》进行。

4) 切削加工及磨削性能。同 ZM3 合金。

(10) 表面处理工艺。表面处理工艺同 ZM3 合金。

(11) 品种规格与供应状态:

1) 铸件主要采用砂型铸造工艺生产,也可采用金属型和熔模铸造。

2) 铸件在人工时效状态下应用。

(12) 应用概况与特殊要求:

1) 该合金已用于液压恒速装置壳体,并可广泛用于发动机、附件各种机匣、壳件等零件。

2) 为保证合金有较好的室温拉伸性能,合金中溶解锆的质量分数必须大于 0.5%。

D ZM6 合金的成分、性能和用途

(1) ZM6 合金的化学成分。ZM6 合金的化学成分及杂质含量见表 2-120。

表 2-120 ZM6 合金化学成分及杂质含量(质量分数) (%)

技术标准	合金元素					杂质,不大于					
	Nd①	Zn	Zr		Mg	Si	Fe	Ni	Cu	Be	杂质总量
GB/T1177—1991	2.0～2.8	0.2～0.7	0.4～1.0		余量	—	—	0.01	0.10	0.002	0.30
HB 964—1982	2.0～2.8	0.2～0.7	溶解	总量		0.01	0.01	0.01	0.03	0.001	其他单个
			>0.4	0.4～1.0							0.05

① 钕的质量分数不小于 85%的钕混合稀土金属,其中钕加镨的总量不小于 95%。

(2) 热处理制度。热处理制度按 HB5462—1990《镁合金铸件热处理》的规定。固溶处理:525～535℃保温 12～16h,空冷。人工时效:195～205℃保温 12～16 h,空冷。

(3) 熔炼与铸造工艺:

1) 合金的熔炼铸造工艺与其他含稀土金属、锆的合金相似。钕以纯金属或镁－钕中间合金形式,锌以纯金属形式,锆以镁－锆中间合金形式加入。熔炼时锌的损耗可忽略不计,钕的损耗随熔铸条件而变,一般为 10%～15%。精炼时如用含氯化镁的 RJ-2 熔剂,则钕的损耗增加,见 Q/6SZ30—1980《ZM6 铸造镁合金熔炼和热处理工艺说明书》。

2) 合金制备过程中要防止铝、铁、硅、锰等元素以及氧化镁等沾污合金,因为这些元素和杂质妨碍锆的晶粒细化效果。

3) 由于锆的溶解度低,且易与各种杂质元素形成化合物损失,锆的加入量必须为合金所要求含锆量的 3～5 倍。镁－锆中间合金应符合 HB6773—1993《镁锆中间合金》的规定。

(4) 物理性能。ZM6 合金无磁性;密度 $\gamma=1.77\ g/cm^3$;电阻率 $\rho=84\ n\Omega\cdot m$;熔化温度范围为 550～640℃。ZM6 合金的热导率和比热容见表 2-121。线膨胀系数见表 2-122。

表 2-121 ZM6 合金的热导率和比热容

温度 θ/℃	25	100	200	300	400
热导率 $\lambda/W\cdot m^{-1}\cdot ℃^{-1}$	113	113	113	113	118
比热容 $c/J\cdot kg^{-1}\cdot ℃^{-1}$	—	963	1050	1130	1210

表 2-122 ZM6 合金的线膨胀系数

θ/℃	20～100	20～200	20～300	20～400	20～500	100～200	200～300	300～400	400～500
线膨胀系数 α/℃$^{-1}$	27.7×10^{-6}	28.0×10^{-6}	28.3×10^{-6}	28.6×10^{-6}	29.1×10^{-6}	28.3×10^{-6}	29.0×10^{-6}	29.4×10^{-6}	31.1×10^{-6}

(4) 化学性能。ZM6 合金的化学性能同 ZM3 合金。

(5) 组织结构。ZM6 合金铸态组织为 α-Mg 固溶体和晶界分布的块状化合物 Mg_{12}(Nd,Zn)所组成。经固溶处理后,化合物大部分溶入固溶体,仅有少量残留于晶界上,同时晶内可见密集点状沉淀。经时效后,除析出相稍有增多外,组织无明显差异。这些沉淀相为 Mg_{12}(Nd,Zn),但还伴有 ZrH_2、α-Zr 等的存在。

(6) 耐腐蚀性能。ZM6 镁合金在干燥空气中有很好的耐蚀性,但在潮湿空气、水(尤其是海水)中的化学性是不稳定的,与大多数无机酸相互作用剧烈。在工业气氛中,镁的耐腐蚀性与中碳钢相近。镁的氧化膜不致密,故须经表面处理后,方可在大气条件下长期使用。镁合金对硒酸、氟化物、氢氟酸作用稳定,形成不溶性盐。与铝相反,镁合金不与苛性碱相互作用,在汽油、煤油、润滑油中也很稳定。镁是负电性最高的金属之一,不允许与铝合金(铝-镁合金除外)、铜合金、钢等零件直接接触装配,否则将导致电化学腐蚀。铁、硅、铜、镍、氯化物和其他夹杂物以及某些铸造缺陷会降低镁合金的腐蚀稳定性。合金中的锆可消除杂质的有害作用并细化晶粒,从而大大提高合金的腐蚀能力。ZM6 腐蚀试验后的强度损失见表 2-123(附 ZM5 对比试验)。

表 2-123 ZM6 合金腐蚀试验后的强度损失

合金	热处理状态	未经腐蚀试验的性能		100 h 喷雾腐蚀试验后的性能			100 h 交替腐蚀试验后的性能		
		σ_b/MPa	δ_{10}/%	σ_b/MPa	δ_{10}/%	强度损失/%	σ_b/MPa	δ_{10}/%	强度损失/%
ZM6	T6	251	7.4	239	5.2	4.7	242	5.7	3.6
ZM5	T4	276	13.7	249	9.6	9.8	244	8.9	11.6

(7) 力学性能。ZM6 合金的室温硬度为 HBS70;切变模量 $G=16$ GPa;泊松比 $\mu=0.33$;室温冲击韧性 $a_{KU}=49$ kJ/m^2。ZM6 合金的室温和高温拉伸性能见表 2-124。ZM6 合金的扭转和剪切性能见表 2-125。ZM6 合金铸件的高温持久性能和高温蠕变性能见表 2-126。ZM6 合金铸件的室温和高温疲劳极限见表 2-127。ZM6 合金的室温和高温弹性模量见表 2-128。

表 2-124 ZM6 合金的典型室温和高温拉伸性能

铸造型式	热处理状态	θ/℃	σ_b/MPa	$\sigma_{p0.01}$/MPa	$\sigma_{p0.2}$/MPa	δ_{10}/%
砂型单铸	T6	室温	251	81	142	7.4
		100	203	76	130	10.9
		150	196	70	129	9.4
		200	193	69	126	16.7
		250	162	65	121	13.3
		300	109	33	79	22.2

表 2-125 ZM6 合金的扭转和剪切性能

铸造型式	热处理状态	τ_b/MPa	$\tau_{p0.015}$/MPa	$\tau_{p0.2}$/MPa
砂型单铸	T6	191	69	99

表 2-126 ZM6 合金铸件的高温持久性能和高温蠕变性能

铸造型式	热处理状态	θ/℃	高温持久性能 σ_{100}/MPa	高温蠕变性能 $\sigma_{0.2/100}$/MPa
砂型单铸	T6	200	137	110
		250	76	38
		300	29	—

表 2-127 ZM6 合金铸件的室温和高温疲劳极限

θ/℃	热处理状态	σ_{-1}/MPa	σ_{-1H}/MPa	N/周
室温	T6	80	60	2×10^7
150		70	49	
200		60	—	
250		50	—	

表 2-128 ZM6 合金铸件的高温弹性模量

θ/℃	20	100	150	200	250	300
弹性模量 E/GPa	43.4	40.3	39.1	38.3	36.8	34.2

(8) 工艺性能：

1) 铸造性能。ZM6 合金具有优良的铸造工艺性能。用浇铸试棒长度的方法，测定流动性为 250 mm。热裂倾向性试验，测定的第一个裂纹是在环的宽度为 15～200 mm 处形成。线收缩率为 1.2%～1.5%，气密性高，壁厚大于 5 mm的铸件能承受 25～30 MPa 空气压力。通常铸造温度：砂型铸造为 720～800℃；金属型铸造为 680～780℃。

2) 焊接性能。ZM6 合金可采用氩弧焊进行焊接，补焊工艺性能良好。其可焊性评定见表 2-129。已经热处理的铸件，在补焊后，如其力学性能受到影响，则应按技术标准的规定进行重复热处理。补焊工艺及检验按 HB/Z328—1998《镁合金铸件补焊工艺检验》进行。

表 2-129 ZM6 合金铸件的可焊性评价

焊接方法	填充材料	炉内预热温度/℃	σ_b/MPa 基体	σ_b/MPa 接头	焊接接头强度系数	可焊性评定
氩弧焊	合金挤压丝材	400～440	23～25	20.0～24.0	0.85	用基体材料作填充材料进行氩弧焊，可焊性良好

3) 零件热处理工艺：

① 固溶处理时，热处理炉内的气氛应含有 0.7%(至少 0.5%)SO_2(每立方米炉膛体积需加入 0.5～1.5 kg 小块状硫铁矿或硫化亚铁)或 5%CO_2 气体作为保护气氛，以保护镁铸件不致氧化和燃烧。

② 在热处理架上放置铸件时，应注意避免产生翘曲变形。必要时需用专门的夹具或支架。

③ 在流动的空气中冷却，必要时可采用风扇。

④ 切削加工性能及磨削性能。ZM6 合金切削加工性能及磨削性能同 ZM3 合金。

(9) 表面处理工艺。ZM6 合金表面处理工艺同 ZM3 合金。

(10) 品种规格与供应状态。铸件主要采用砂型铸造工艺生产，也可用金属型铸造。铸件一般固溶处理后，进行人工时效(T6)处理，供应使用。

(11) 应用概况与特殊要求。合金已用于直升飞机发动机的后减速机匣，飞机液压恒速装置支架、机翼翼肋等零件，并可广泛用于发动机各种机匣、壳体和飞机受力构件、轮毂等。

合金的壁厚敏感性相当低，其强度性能不因零件截面的增加而明显下降。

2.6.2.4 Mg-Zn-Ag-Zr 合金

A 概述

ZM7 是镁-锌-银-锆系合金，由于强化元素锌的质量分数高达 7.5%～9% 及沉淀硬化元素银的质量分数为 1% 左右，因而该合金是中国现有铸造镁合金中室温拉伸强度、屈服极限及塑性最高的一种合金，并具有良好的抗疲劳性能。该合金充型性能良好，但显微疏松倾向较大，铸造时必须采用相应的工艺措施加以克服。该合金用于需求室温力学性能高的零件，如飞机起落架外筒，轮毂等。合金在固溶处理状态(T4)和固溶处理后人工时效(T6)两种状态下应用。

B 化学成分

ZM7 合金的化学成分及杂质含量见表 2-130。

表 2-130 ZM7 铸造镁合金的化学成分及杂质含量(质量分数) (%)

合金元素				杂质，不大于					
Zn	Ag	Zr	Mg	Si	Fe	Ni	Cu	Al	总和
7.5～9.0	0.6～1.2	0.5～1.0	余量	—	—	0.01	0.10	—	0.3

注：合金可加入铍，其质量分数不大于 0.002%。

C 物理性能

ZM7 合金无磁性；密度 $\rho = 1.87\ g/cm^3$；熔化温度范围为 475～621℃。ZM7 合金的比热容和热导率见表 2-131。线膨胀系数见表 2-132

表 2-131 ZM7 合金的比热容和热导率

θ/℃	50	100	150	200
热导率 λ/$W\cdot m^{-1}\cdot ℃^{-1}$	115	121	121	
比热容 c/$J\cdot kg^{-1}\cdot ℃^{-1}$	1017	1055	1101	1176

表 2-132 ZM7 合金的线膨胀系数

θ/℃	20～100	20～150	20～200
线膨胀系数 α/$℃^{-1}$	24.80×10^{-6}	25.33×10^{-6}	26.10×10^{-6}

D 化学性能

(1) ZM7 合金的抗氧化性能与其他镁合金相似，易燃烧，易爆炸，危险性较大。

(2) ZM7 合金在干燥空气中有很好的耐蚀性，但在潮湿空气、水(尤其是海水)中化学性是不稳定的，与大多数无机酸相互作用剧烈。在工业气氛中，镁的耐腐蚀性与中碳钢相近。镁的氧化膜不致密，故须经表面处理后，方可在大气条件下长期使用。

(3) ZM7 合金对硒酸、氟化物、氢氟酸作用稳定，形成不溶性盐。与铝相反，镁合金不与苛性碱相互作用，在汽油、煤油、润滑油中也很稳定。镁是负电性最高的金属之一，不允许与铝合金(铝－镁合金除外)、铜合金、钢等零件直接接触装配，否则将导致电化学腐蚀。

(4) 铁、硅、铜、镍、氯化物和其他夹杂物以及某些铸造缺陷会降低镁合金的腐蚀稳定性。合金中的锆可消除杂质的有害作用并细化晶粒，从而大大提高合金的耐腐蚀性能力。

(5) ZM7 合金腐蚀试验后的强度损失见表 2-133。

表 2-133 ZM7 合金腐蚀试验后的强度损失

试验方法	热处理状态	腐蚀前 σ_b /MPa	腐蚀后 σ_b /MPa	强度损失 /%
交替腐蚀①	T4	300	259	13.9
喷雾腐蚀②		310	266	14.4

① 按 HCS 206—1960《金属材料及其防护交替腐蚀试验方法》，时间 100 h。

② 按 HCS 209—1966《金属材料及其防护盐雾腐蚀试验方法》，时间 100 h。

E 力学性能

ZM7 合金 T6 状态的剪切强度 τ＝240 MPa。ZM7 合金按技术标准规定(单铸试样)和室温典型的拉伸性能见表 2-134。室温及各种温度下的力学性能见表 2-135。ZM7 合金铸件不同截面的室温拉伸性能见表 2-136。高温拉伸性能见表 2-137。ZM7 合金 150℃加热 50 h 后的拉伸性能见表 2-138。ZM7 合金铸件的硬度见表 2-139。ZM7 合金的冲击性能见表 2-140。ZM7 合金的高温疲劳极限见表 2-141。ZM7 合金铸件的室温弹性模量见表 2-142。ZM7 合金铸件的高温弹性模量见表 2-143。

表 2-134 ZM7 合金铸件的技术标准规定和室温典型拉伸性能

铸造型式	热处理状态	技术标准规定		室温典型拉伸性能		
		σ_b/MPa 不小于	δ_5/% 不小于	σ_b/MPa	$\sigma_{p0.2}$/MPa	δ_5/%
砂型单铸	T4	265	6	294	130	11.0
	T6	275	4	304	191	9.5

表 2-135 ZM7 合金铸件在不同状态下的力学性能值

试样形式及取样部位	热处理状态	σ_b/MPa 不小于		$\sigma_{p0.2}$/MPa 不小于		δ_5/% 不小于	
		平均值	最小值	平均值	最小值	平均值	最小值
砂型单铸 Ⅰ类铸件指定部位	T4	220	190	110	—	4.0	3.0
	T6	235	205	135	—	2.5	1.5
砂型单铸，Ⅰ类铸件非指定部位，Ⅱ类铸件	T4	205	180	—	—	3.0	2.0
	T6	220	190	—	—	2.0	—

注：平均值系指从铸件上切取的三根试样的平均值。

表 2-136 ZM7 合金铸件不同截面的室温拉伸性能

铸造方法	热处理状态	铸件壁厚/mm	σ_b/MPa	δ_5/%	各种厚度与 10 mm 厚度之比	
					$\sigma_b/\sigma_{b(10)}$/%	$\delta_5/\delta_{5(10)}$/%
砂型铸造	T4	10	303	14.9	100	100
		20	271	9.2	89	62
		30	266	9.8	88	66
		50	256	7.7	85	52

注:试样取自阶梯形铸件。

表 2-137 ZM7 合金铸件典型高温拉伸性能

热处理状态	θ/℃	σ_b/MPa	$\sigma_{P0.2}$/MPa	δ_{10}/%
T6	100	230	162	23.9
	125	204	156	28.4
	150	183	144	23.2
	175	153	120	22.7

表 2-138 ZM7 合金 150℃加热 50 h 后的拉伸性能

热处理状态	θ/℃	σ_b/MPa	$\sigma_{P0.2}$/MPa	δ_{10}/%
T6	20	307	194	10.3
	100	226	160	28.6
	125	203	154	24.8
	150	178	139	22.9
	175	155	123	22.1

表 2-139 ZM7 合金铸件的硬度

热处理状态	T4	T6
硬度 HBS	70	80

表 2-140 ZM7 合金铸件冲击性能

铸造型式	热处理状态	a_{KU}/kJ·m^{-2}
砂型单铸	T4	59
	T6	39

表 2-141 ZM7 合金铸件疲劳极限

铸造型式	热处理状态	σ_{-1}/MPa	N/周
砂型单铸	T4	118	2×10^7
	T6	98	

表 2-142 ZM7 合金铸件的室温弹性模量

铸 造 型 式	热处理状态	E/GPa
砂型单铸	T4	42
	T6	42

表 2-143 ZM7 合金铸件的高温弹性模量

铸造型式	热处理状态	θ/℃	E/GPa
砂型单铸	T6	100	38
		125	37
		150	36
		175	33

F ZM7 合金的熔炼与铸造工艺

(1) 合金的熔炼铸造工艺与其他的镁－锌－锆合金相似,锌与银均以纯金属形式加入,锆以镁锆中间合金形式加入。镁锆中间合金应符合 HB6773-1993《镁锆中间合金锭》的规定。

(2) 合金制备过程中要注意避免铝、铁、硅、锰等元素沾污,因为这些元素妨碍锆对合金的晶粒细化作用。

(3) 由于锆的溶解度低,且易与各种杂质元素形成化合物而损失,为了保证合金的锆含量,锆的加入量必须是合金中所要求含锆量的 3～5 倍。

合金的含锌量高,使锆的加入发生一些困难,所以熔炼技术和温度的控制极为重要。

G 工艺性能

(1) 铸造性能。合金充型性良好,但有较大的显微疏松倾向。热裂倾向试验测定第一个裂纹是在环的宽度为 17.5 mm 处形成。线收缩率为 1.1%。铸造温度:720～800℃。

(2) 焊接性能。该合金焊接性能较差,一般难以焊接。

(3) 热处理工艺性能。热处理制度按 HB 5462—1990《镁合金铸件热处理》的规定。铸件在固溶处理(T4)或固溶处理后人工时效(T6)状态下应用。

固溶处理时，热处理炉内的气氛应含有0.7%(至少0.5%)二氧化硫(每立方米炉膛体积内须加入0.5～1.5 kg硫铁矿或硫化亚铁)或3%二氧化碳作为保护气氛，以保证镁铸件不致氧化和燃烧。

在热处理架上放置铸件时，应注意避免铸件产生翘曲变形。必要时需用专门夹具或支架。ZM7合金热处理工艺，见表2-144。

表2-144　ZM7合金铸件常用的热处理工艺

热处理状态	固溶处理					时效处理		
	加热第一阶段		加热第二阶段		冷却介质	加热温度/℃	保温时间/h	冷却介质
	加热温度/℃	保温时间/h	加热温度/℃	保温时间/h				
T4	360～370	1～2	410～420	8～16	空气	—	—	—
T6	360～370	1～2	410～420	8～16	空气	145～155	12	空气

(4) 切削加工及磨削性能。ZM7合金的切削加工及磨削性能同ZM1合金。

H　表面处理工艺

ZM7合金的表面处理工艺与ZM1合金相同。

I　品种规格与供应状态

(1) 铸件采用砂型铸造工艺生产。

(2) 合金已用于直升机、小型运输机的轮毂以及外筒等零件，并可用于形状简单的其他飞机受力构件。

2.6.2.5　特殊耐热铸造镁合金

以贵金属Ag和放射性金属Th为主要合金元素的铸造镁合金，室温强度与高强度Mg-Al-Zn系和Mg-Zn-Zr系合金相当，又具有在300～350℃工作的高温强度。为了区别起见，特称之为特殊耐热铸造镁合金。

长期以来人们就知道Th能提高Mg合金的抗蠕变性能。铸造和塑性加工制品均可在350℃长期工作。Th同RE一样能改善铸造性能，并且有良好的焊接性能。

Mg-Th-Zr合金HK31A的铸态组织与Mg-RE-Zr合金相同。Th在Mg合金中有较高的溶解度(4.5%)，可以进行充分时效处理(T6)。Mg-Th系合金的时效过程已在本章的有关章节介绍过了，共格的β''相(DO_{19}型结构)可以直接转变为平衡相β($Mg_{23}Th_6$, FCC, a = 1.43 nm)，冷变形的合金还会在位错线上形成半共格的β_1'和β_2'相。Mg-Th合金加Zr，这两种过渡相还能在Zr化合物周围的位错线上形核和长大。这种合金的特点是包括平衡相在内的全部沉淀相β''、β_1'、β_2'和β相，加热到350℃均有高的热稳定性，长大速度很慢，对抗蠕变性能非常有利。

Mg-Th-Zr合金与Mg-RE合金一样，加Zn可进一步提高蠕变强度，特别当Th/Zn = 1.4时，抗蠕变性能最好。HZ32是Mg-Th-Zn-Zr系合金的代表，当Th/Zn = 1.4时，含Th的晶界化合物呈针状，对抗蠕变性能最有利。

HK31和HZ32合金既有良好的铸造性能，又可以焊接，适于用砂模铸造在300～350℃工作的耐热零件，也可以轧成板材(0.4～50.8 mm)应用于航空工业。这种合金的缺点是Th有放射性，对人体有害，需要采取防护措施。

Mg-Ag系合金是在发现Ag能改善Mg-RE-Zr系合金的时效效应和强度后出现的。这种合金的室温强度与高强Mg-Zn-Zr合金(ZK51,ZM1)相同，并有优秀的铸造性能和可焊性。如果用富Nd混合稀土(didymium, Nd80%, Pr16%, Gd2%，其他2%)代替富Ce混合稀土，强度还能进一步提高。几种新发展起来的Mg-Ag-RE(Nd)-Zr系合金在250℃以下的抗拉强度比任何Mg合金都高，几乎与高强铸造Al合金相等。

Ag在Mg中的溶解度(15.5%)比Y(12.5%)和Al(12.7%)还高，同Nd和Mg还能形成$Mg_{12}Nd_2Ag$化合物，有极高的时效硬化能力。但Mg-Ag-Nd系合金的时效过程——结构变化过程极为复杂，可以通过两种沉淀反应来完成平衡相($Mg_{12}Nd_2Ag$)的析出过程，即：

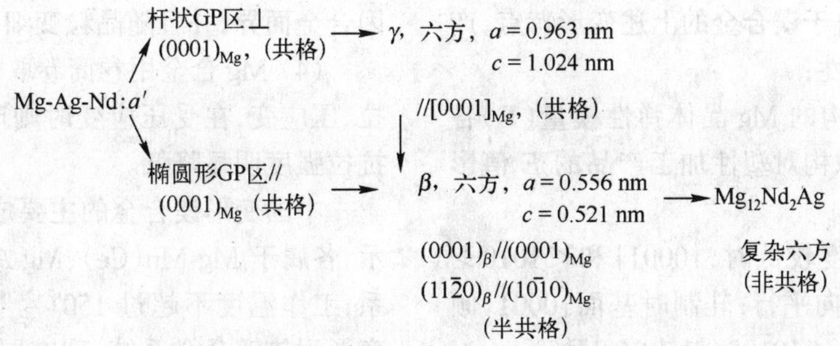

其中 γ 相可能就是 DO_{19} 型沉淀相。时效硬化和抗蠕变性能的极大点同组织中出现的 γ 和 β 相直接相连系。不过合金中的 Ag 含量不大于 2%时，沉淀过程与 Mg-RE 合金相同，主要形成 MgNd 相，只当 Ag 含量大于 2%时，沉淀过程才发生质的变化，含 Ag 相的体积分数才明显增加。

QE22(Mg-2.5Ag－2RE(Nd)－0.7Zr)是 Mg-Ag 系合金的代表，典型热处理制度(T6)：T_s = 525℃，4～8 h，冷水淬火，T_a = 200℃，8～16 h。砂模或金属模铸件经 T6 处理后，σ_b = 245 MPa，$\sigma_{0.2}$ = 185 MPa，δ = 2%，强度比其他 Mg 合金都高。不仅如此，这种高强度可一直维持到 250℃不降低。因此，QE22 合金在航空和航天工业得到大量应用，可铸造飞机用着陆轮、齿轮箱外壳和直升飞机悬翼配件等。

航空和航天工业的发展要求 QE22 合金在中等温度(250℃)有更高的热稳定性。研究结果表明，用 Th 代替一部分 Nd 可进一步提高耐热性，例如 QH21 合金(Mg-2.5-1Th-1Nd-0.7Zr)在 250℃的蠕变强度 $\sigma_{0.2/100}^{250}$ 可由 QE22 的 28.5 MPa 提高到 38.0 MPa，几乎提高将近 10 MPa，而且室温力学性能仍能保持与 QE22 在同一水平。

更值得注意的是，QE22 合金加入 2%或 4%Y，在室温力学性能不变的情况下，蠕变强度可进一步提高(比 QH21 还高)。例如，加入 2%Y 的 QE22 合金的 $\sigma_{0.2/100}^{250}$ 可提高到 47 MPa，加入 4%Y 的 QE22 可提高到 54 MPa。这是一个很有启发的发现，只是 Ag 和 Y 的价格比较贵，而且 Y 很难加入 Mg 液中，这是缺点。

2.6.3 变形镁合金

2.6.3.1 变形镁合金的基本特点

许多镁合金既可做铸造镁合金又可做变形镁合金。变形镁合金经过挤压、轧制和锻造等工艺加工后，具有比相同成分的铸造镁合金更高的力学性能。变形镁合金制品有轧制薄板、挤压件(如棒、型材和管材)和锻件等。这些产品具有更低成本、更高强度和延展性以及多样化的力学性能等优点。其工作温度不超过 150℃。

在变形镁合金中，常用的合金系是 Mg-Al 系与 Mg-Zn-Zr 系。Mg-Al 系变形合金一般属于中等强度，塑性较高的变形镁材料，铝含量约为 0～8%，典型的合金为 AZ31、AZ61 和 AZ80A 合金，由于 Mg-Al 合金具有良好的强度、塑性和耐腐蚀综合性能，而且价格较低，因此是最常用的合金系列。Mg-Zn-Zr 系合金一般属于高强度材料，变形能力不如 Mg-Al 系合金，常要用挤压工艺生产，典型合金为 ZK60A 合金。常用变形镁合金有 AZ31B、AZ61A、AZ80A 和 ZK60A 等，其化学成分见表 2-21。

典型的含稀土的变形镁合金有 ZE10A (Mg-1.5Zn-0.2RE)。由于变形镁合金的开发与应用还不够充分，有关稀土对其组织和性能影响的研究远不如在铸造镁合金中那么深入，只有少量相关报道。

在镁中加锂元素能获得超轻变形镁锂合金，它是迄今为止最轻的金属结构材料，具有极优的变形性能和较好的超塑性能，已应用在航天和航空器上。

镁合金一般均在 300～500℃进行挤压、轧制和模压加工，由于镁合金的上述变形特点，产品质量有下列特性：

(1) 六方结构的 Mg 晶体弹性模量(E)各向异性不明显，织构对塑性加工产品的 E 值影响不大。

(2) 挤压温度较低时，{0001}和<$10\bar{1}0$>倾向于与挤压方向平行；轧制时基面{0001}倾向于与板面平行，<$10\bar{1}0$>与轧向一致。

(3) 压应力与基面{0001}平行时易生孪晶，所以 Mg 合金受压应力时纵向屈服强度比受拉应力时低。两种屈服强度的比值位于 0.5～0.7 间，所以结构设计(包括抗弯性能设计在内)时要考虑抗压强度的影响。因此，这个比值是评价 Mg 合金质量的一项重要指标，但该值因合金而异，并且随晶粒变细而增大。

(4) Mg 合金用卷筒卷取时，能产生交变的拉、压应变，在受压应变时则产生大量孪晶，使抗拉强度明显降低。

中国变形镁合金的主要成分如表 2-145 所示，各属于 Mg-Mn(Ce)、Mg-Al-Zn 和 Mg-Zn-Zr 系，工作温度不超过 150℃。中国还未建立起变形耐热镁合金系统，现在国外已广泛应用铸造镁合金如 Mg-Th-Zr(HK31)、Mg-Th-Mn(HM21)和 Mg-Th-Zn-Zr 系(HZ21)等作变形用耐热合金，生产各种塑性加工产品，作为抗蠕变材料用于 300～350℃，只是合金化程度比铸造合金低，以利于塑性变形。

表 2-145　中国变形镁合金的牌号与主要成分(质量分数)　　(%)

牌　号	Al	Zn	Mn	Ce	Zr
MB1	—	—	1.3～2.5	—	—
MB2	3.0～4.0	0.2～0.8	0.15～0.5	—	—
MB3	4.0～5.0	0.8～1.5	0.4～0.8	—	—
MB5	5.5～7.0	0.5～1.5	0.15～0.5	—	—
MB6	5.0～7.0	2.0～3.0	0.20～0.50	—	—
MB7	7.8～9.2	0.2～0.8	0.15～0.5	—	—
MB8	—	—	1.5～2.5	0.15～0.35	—
MB15	—	5.0～6.0	—	—	0.30～0.90

2.6.3.2　Mg-Mn(Ce)系变形镁合金

A　概述

Mg-Mn(Ce)系属于高强度变形镁合金，中国的工业用变形 Mg-Mn(Ce)合金有 MB1 和 MB8，其热变形性能较好，适于轧制、挤压和锻造，生产板、带、管、棒和锻件。MB8 是在 MB1 中添加少量 Ce(0.15%～0.35%)合金，由于 Ce 能细化晶粒，抑制形成孪晶，有利于屈服强度(特别是压缩屈服强度)的提高，适于加工承受纵向弯曲负荷的结构件。此外，Ce 还提高了耐热性，MB8 可在 200℃以下长期工作，但 MB1 的工作温度不能超过 150℃。这说明 MB8 的综合性能比 MB1 高。

Mg-Mn 合金的塑性加工产品有明显的各向异性。MB1 的横向强度一般比纵向高，但 MB8 则恰好相反，纵向强度比横向高，σ_b 约差 20%～80%，$\sigma_{0.2}$相差 40%～50%。挤压产品的变形度愈大，挤压温度愈低，各向异性愈明显。但 MB8 二次挤压后，各向异性减轻，经过再结晶退火可以消除取向的影响。MB1 合金没有这种效应。

MB1 合金的退火组织是 α + β(Mn)相，MB8 合金的 Ce 量很少，组织与 MB1 基本相同，不容易发现 Mg_9Ce 质点。

MB1 合金的退火制度为：340～400℃，3～5 h，空冷；MB8 合金的退火制度为：280～320℃，2～3 h，空冷。MB8 合金的退火温度不能过高，如大于 400℃，晶粒变粗，力学性能降低，抗蚀性也变坏。表 2-146 和表 2-147 是两种合金典型力学性能的比较。

表 2-146 MB1 和 MB8 合金的典型力学性能

牌号	σ_b/MPa	$\sigma_{0.2}$/MPa	σ_{-1}/MPa	a_K/kJ·m^{-2}	δ/%	ψ/%	硬度 HB
MB1	210	100	75	58.8	4	6	45.0
MB8	250	170	85	117.6	18	28	55.0

表 2-147 MB1 和 MB8 合金的高温性能

牌号	σ_b/MPa				$\sigma_{0.2/100}$/MPa
	100℃	150℃	200℃	250℃	150℃
MB1	180	130	80	60	45
MB8	200	160	140	120	60

MB1 和 MB8 的工艺塑性好(包括冲压、挤压和轧制性能),抗蚀性较高,SCC 倾向小,容易焊接,是应用较多的变形镁合金。板材可制造飞机蒙皮、壁板和内部零件;模锻件可制造外形复杂的构件;管材多用于汽油和润滑油系统等要求抗蚀性的管路。

B 物理性能

MB1 和 MB8 的物理性能如表 2-148 所示。

表 2-148 MB1、MB8 合金的物理性能

性能	MB1 合金	MB8 合金	性能	MB1 合金	MB8 合金
密度(20℃时)/g·cm^{-3}	1.76	1.78	线膨胀系数 α/℃$^{-1}$		
电阻系数/Ω·mm^2·m^{-1}			20~100℃	22.29×10^{-6}	23.61×10^{-6}
20℃	0.0513	0.0612	20~200℃	24.19×10^{-6}	25.64×10^{-6}
100℃	—	0.0640	20~300℃	32.01×10^{-6}	30.58×10^{-6}
200℃	—	0.0796	100~200℃	27.0×10^{-6}	26.1×10^{-6}
比电导率(与铜的电导率之比)/%	34.5	34.5	200~300℃	32.0×10^{-6}	32.0×10^{-6}
比热容 c/J·g^{-1}·℃$^{-1}$			导热系数 λ/J·cm^{-1}·s^{-1}·℃$^{-1}$		
100℃	0.24	—	30℃	0.30	0.32
200℃	0.25	—	100℃	0.30	0.32
300℃	0.27	—	200℃	0.33	0.32
400℃	0.28	—	300℃	0.32	—
20~100℃	0.25	0.25	400℃	0.32	—
			压缩 20%后,退火 1 h 的再结晶温度/℃	260	260

C 耐腐蚀性能

在镁合金中,镁-锰系合金的耐蚀性能最好。在中性介质中,MB1 和 MB8 合金都没有应力腐蚀开裂倾向。MB8 合金的析氢腐蚀试验结果如图 2-32 所示。为了防止材料的腐蚀破坏,合金的制品可进行表面氧化处理和涂油、涂漆保护。

D 力学性能

不同条件下 MB1 和 MB8 镁合金材的力学性能见表 2-149~表 2-155。

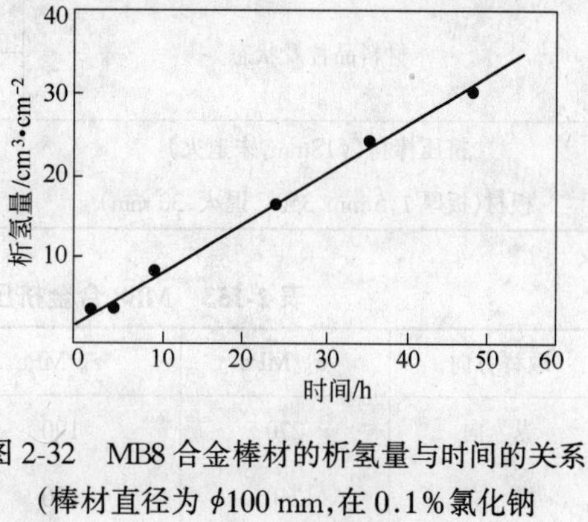

图 2-32 MB8 合金棒材的析氢量与时间的关系
(棒材直径为 ϕ100 mm,在 0.1%氯化钠溶液中,30℃)

表 2-149 MB1 合金的室温力学性能(棒材、板材)

材料品种及状态	σ_b/MPa	$\sigma_{0.2}$/MPa	δ_{10}/%	ψ/%	E/MPa	μ	$\sigma_{-1}^{①}$/MPa	G/MPa	τ_b/MPa	σ_τ/MPa	σ_y/MPa	$\sigma_{0.2}$/MPa	a_K/kJ·m^{-2}	硬度 HB
挤压棒材	260	180	4.5	6.0	40000	0.34	75	16000	190	130	33	120	60	40
退火板材②	210	120	8	—	—	—	75	—	—	—	—	—	50	45

① 反复弯曲次数 $N=5\times10^7$；
② 300℃,退火 30 min。

表 2-150 MB1 合金的力学性能(锻件、带材、管材、型材)

材料品种	σ_b/MPa	$\sigma_{0.2}$/MPa	δ_{10}/%	$(N=5\times10^7)\sigma_{-1}$/MPa	硬度 HB
模锻件、锻件	245	150	6.0	—	45
带材	255	185	9.0	60	40
管材	235	150	7.0	—	40
型材	180	165	10.0	—	45

表 2-151 MB8 合金的室温力学性能

材料品种及状态	规格/mm	取样方向	σ_b/MPa	$\sigma_{0.2}$/MPa	δ_{10}/%	硬度 HB	E/MPa	G/MPa	μ
板材(300~350℃退火,30 min)	0.8~3.0	纵向	270	200	11	—	41000	16000	—
		横向	250	180	20	—	41000	—	—
	3.1~10	纵向	260	160	10	55	41000	—	0.34
		横向	240	140	18	55	41000	—	—
板材(250℃退火,30 min)	0.8~3.0	纵向	290	210	8	—	—	—	—
		横向	270	190	15	—	—	—	—
	3.1~10	纵向	270	190	7	—	—	—	—
		横向	250	160	12	—	—	—	—
热挤压棒材	ϕ130 以下	纵向	260	150	7	—	—	—	—
		横向	200	170	10	—	—	—	—

表 2-152 MB8 合金的持久强度和蠕变强度

材料品种及状态	σ_{100}/MPa				$\sigma_{0.1/100}$/MPa	
	100℃	150℃	200℃	250℃	150℃	200℃
挤压棒材(ϕ18mm,未退火)	140	120	75	35	57	30
板材(板厚 1.5 mm,350℃退火,30 min)	130	110	50	20	50	—

表 2-153 MB8 合金挤压带材的扭转和剪切性能(厚 20 mm)

取样方向	σ_b/MPa	τ_b/MPa	$\tau_{0.2}$/MPa	σ_τ/MPa	G/MPa
纵向	270	190	60	150	17000
横向	260	180	60	150	16600

表 2-154 MB8 合金板材的低温力学性能(板厚 1.2 mm,退火状态)

试样形状	温度/℃	纵向		横向	
		σ_b/MPa	δ/%	σ_b/MPa	δ/%
光滑的	-70	340	9.0	290	14.0
	-40	330	12.5	300	15.5
	+20	265	11.0	220	19.0
带缺口的	-70	265	—	190	—
	-40	270	—	220	—
	+20	245	—	190	—

表 2-155 退火温度及时间对 MB8 合金板材力学性能的影响(板厚 1.5 mm,横向)

退火温度/℃	保温时间/h	σ_b/MPa	$\sigma_{0.2}$/MPa	δ/%
加工硬化板材		275	203	13.9
200	1.0	266	197	15.2
	2.0	264	191	15.6
	5.0	261	180	16.1
	10.0	258	168	17.6
250	1.0	252	156	18.8
	2.0	247	152	18.6
	5.0	245	159	18.8
	10.0	246	159	18.7
300	1.0	245	156	17.8
	2.0	244	154	19.4
	5.0	244	150	19.9
	10.0	240	147	20.9
350	1.0	240	146	21.0
	2.0	230	130	22.0
	5.0	225	124	23.5
	10.0	220	102	23.3
400	1.0	226	124	23.0
	2.0	224	103	24.0
	5.0	223	100	24.3
	10.0	214	95	26.0

E 工艺性能

MB1、MB8 合金在热加工温度范围内的塑性很高,可进行轧制、挤压和锻造。MB1、MB8 合金的主要工艺参数见表 2-156。

表 2-156 MB1、MB8 合金的主要工艺参数

合金	液相点温度/℃	固相点温度/℃	铸造温度/℃	热加工温度/℃	开轧温度/℃	挤压温度/℃	板材的弯曲半径/mm	厚度为 0.8~1.2mm 板材杯突深度/mm
MB1	约 649	约 646	720~750	260~450	360~510	360~410	$r\leqslant 7$ 厚度	3
MB2	约 649	约 646	720~750	280~450	370~510	400~440	$r\leqslant 4$ 板厚度	≤4.5

镁-锰系合金的焊接性能良好,易于用气焊、氩弧焊、点焊等方法焊接。同纯镁一样,镁-锰系合金有良好的切削加工性能。MB1、MB8 合金不能热处理强化。合金材料的退火制度见表 2-157。

表 2-157 镁-锰系合金的退火制度

合金	材料品种	加热温度/℃	保温时间/min	冷却方式
MB1	板材①	320~350	30	空冷
MB8	板材	260~350	30	空冷
	锻件、模锻件	250~280	60	空冷

① MB8 合金板材要求较高强度时,可在 260~290℃;要求较高塑性时,可在 320~350℃。

F　品种和用途

MB1 合金板材、棒材及其他材料可用来制造承力不大，但要求焊接性及耐蚀性好的零件。MB8 合金常用来代替 MB1 合金使用。其板材用于制造飞机的某些蒙皮、壁板及内部零件，模锻件可制造外形复杂的零件，型材和管材用于制造汽油和润滑油系统等要求耐蚀性好的零件。

2.6.3.3　Mg-Al-Zn 系变形镁合金

A　概述

Mg-Al-Zn 系合金是发展最早，应用也很广泛的一类镁合金。它的主要特点是强度高，能够进行热处理强化，并有良好的铸造性能。但 Mg-Al-Zn 系合金的耐蚀性较差，屈服强度和耐热性也不够高。工业上常见的 Mg-Al-Zn 变形镁合金有 MB2、MB3、MB4、MB5、MB6 和 MB7。从 MB2 到 MB7 是按 Al(Zn)含量的增加顺序编排的。该系合金的组织性能变化特点与铸造镁合金基本相同，为了保证合金的塑性，合金化程度要低些，杂质(Cu、Ni、Si、Fe 等)控制要严些。该系合金的主要合金元素是 Al，Zn 的含量较低(除 MB6 外均不大于 1.5%)，除了起一部分固溶强化作用外，还有提高塑性的作用。Mn 的作用与铸造合金相同，起一部分固溶强化作用，但主要作用是改善抗蚀性。

五种 Mg-Al-Zn 合金中以 MB2 和 MB3 的合金化程度最低，Al 含量不大于 5.0%，不能热处理强化，强度虽低些，但工艺塑性较好，适于加工各种板、棒和锻件等半成品，而且 SCC 倾向较低。MB3 的焊接性能差些，但 MB2 却很好。可制造承受中等负荷、工作温度不超过 150℃ 的高速飞行器壳体、机翼壁板和舱体加强构件等。这两种合金均在退火状态使用，MB2 的退火制度：280～350℃，3～5 h，空冷；MB3 的退火制度：250～280℃，0.5 h，空冷。

MB5 合金的 Al 含量已超过 5%，但仍无热处理强化效应，相反，SCC 倾向增加，焊接性能变坏。这种合金的切削性能较好，热塑性合格，可以生产棒材、锻件、板材和管材，制造承受大负荷的零件，如发动机摇臂和支架等。退火温度为 320～380℃，4～8 h。

MB6 是 Zn 含量最高的合金(2.0%～3.0%)，Al 含量虽未增加，但因形成了 $T(Al_2Mg_3Zn_3)$ 相和 Mg_4Al_3 相，可以进行热处理强化。合金的退火制度为：320～350℃，4～6 h，空冷；固溶处理或淬火温度 $T_s = (380 \pm 5)$℃。这种合金的力学性能较高，如表 2-158 所示，主要生产高强度半成品，如热挤棒材、挤压件、厚壁管和型材等，也可以制造各种小型零件。但抗蚀性较差，只当工件厚度大于 7 mm 才有合格的抗蚀性，厚度小于 7 mm 有较高的 SCC 敏感性。

表 2-158　Mg-Al-Zn 系变形镁合金的力学性能对比

牌号	σ_b / MPa	$\sigma_{0.2}$ /MPa	硬度 HB	δ /%	状　态
MB2	240	130	45	12.0	0.8～3.0 mm 退火板(O)
MB3	250	150	—	12.0	0.8～3.0 mm 退火板(O)
	200	110	—	5.0	模锻件(F)
MB5	260	—	50	8.0	锻件，模锻件，退火(O)
MB6	290	—	55	7.0	热挤棒(F)
	300	—	55	10.0	淬火处理(T4)
MB7	300	—	55	8.0	淬火处理(T4)

MB7 合金的 Zn 含量与 MB2 相同，但 Al 含量比任一合金都高，故能强化热处理。这种合金的强度虽然很高，切削加工性能也好，但应力腐蚀倾向大，热塑性低，只适于模锻和挤压加工。消除挤压件内应力的退火：(200 ± 10)℃，1 h，淬火温度为(415 ± 5)℃，时效温度为(175 ± 5)℃。这种合金主要以锻件和挤压件形式，应用于高强度零件和结构件方面。

B　物理性能

Mg-Al-Zn 系合金的物理性能见表 2-159。

C　力学性能

MB2、MB3、MB5 合金材料的力学性能见表 2-160～表 2-163。Mg-Al-Zn 系合金的力学性能见表 2-164、表 2-165。

表 2-159 Mg-Al-Zn 系合金的物理性能

性 能	MB2	MB3	MB5	MB6	MB7
密度(在20℃时)/$g\cdot cm^{-3}$	1.78	1.79	1.80	1.84	1.82
电阻系数(20℃)/$\Omega\cdot mm^2\cdot m^{-1}$	0.093	0.120	0.153	0.196	0.162
比电导率(25℃)(与铜的电导率之比)/%	18.5	—	11.0	—	10.6
比热容 c/$J\cdot g^{-1}\cdot ℃^{-1}$					
100℃	0.27	0.26	0.27	—	0.27
200℃	0.28	0.27	0.29	—	0.29
300℃	0.29	0.29	0.30	—	0.30
350℃	0.30	0.30	0.31	—	0.31
20～100℃	0.25	0.25	0.25	0.25	0.25
线膨胀系数 α/$℃^{-1}$					
20～100℃	26.0×10^{-6}	26.1×10^{-6}	24.4×10^{-6}	23.4×10^{-6}	26.3×10^{-6}
20～100℃	27.0×10^{-6}	—	26.5×10^{-6}	25.43×10^{-6}	27.1×10^{-6}
20～300℃	27.9×10^{-6}	—	31.2×10^{-6}	30.18×10^{-6}	27.6×10^{-6}
导热系数 λ/$J\cdot cm^{-1}\cdot s^{-1}\cdot ℃^{-1}$					
30℃	0.23(25℃)	0.23	0.165	—	0.14
100℃	0.24	—	0.175	—	—
200℃	0.25	—	0.190	—	—
300℃	0.26	—	0.19	0.161	0.18
熔化潜热/$J\cdot g^{-1}$	70	—	70	70	70
压缩后经 1 h 退火的再结晶温度/℃	200(压缩 15%)	—	—	—	345(压缩 20%)
对甘汞电极的标准电位/V	-1.59	—	-1.58	—	-1.57

表 2-160 MB2 合金板材室温力学性能

材料状态	σ_b/MPa		$\sigma_{0.2}$/MPa		δ/%		硬度 HB
	纵向	横向	纵向	横向	纵向	横向	
退火(O)	250	260	145	160	20.0	18.0	50
未退火	290	300	220	240	10.0	15.5	55

表 2-161 MB3 合金板材室温力学性能(板厚 0.8～3.0 mm)

材 料 状 态	σ_b/MPa		$\sigma_{0.2}$/MPa		δ/%	
	纵向	横向	纵向	横向	纵向	横向
H_{24}(150～200℃,退火 1 h)	300	300	200	220	8	8
O(在 250～300℃,退火 30 min)	270	270	160	160	14	14

表 2-162 MB2 合金挤压棒材低温力学性能

温度/℃	σ_b/MPa	δ/%	ψ/%	a_K/$kJ\cdot m^{-2}$
+20	270	16	27	120
-40	300	14	20	90
-70	310	13	18	70

表 2-163 MB5 合金低温力学性能

试样类型	温度/℃	σ_b/MPa	δ/%	ψ/%	a_K/$kJ\cdot m^{-2}$
光滑的	-70	310	11.0	13.0	—
	-40	305	12.0	18.0	—
	+20	280	15.0	20.0	—
带缺口的	-70	280	—	2.8	65
	-40	270	—	3.3	90
	+20	280	—	3.9	110

表 2-164 Mg-Al-Zn 系合金的力学性能

合金牌号	材料品种及状态	抗拉强度 σ_b/MPa	屈服强度 $\sigma_{0.2}$/MPa	伸长率 δ_{10}/%	断面收缩率 ψ/%	弯曲疲劳强度 σ_{-1}/MPa ($N=5\times10^7$)		弹性模量 E/MPa	泊松系数 μ	抗剪强度 σ_τ/MPa	剪切模量 G/MPa	扭转强度 τ_b/MPa	扭转屈服强度 $\tau_{0.2}$/MPa	扭转角 ψ/(°)	抗压强度 σ_y/MPa	抗压屈服强度 $\sigma_{-0.2}$/MPa	冲击韧性 a_K/kJ·m^{-2}	硬度 HB
						光滑试样	带缺口试样											
MB2	棒材(F)	270	180	15.0	31.0	110	80	43000	0.34	160	16000	190	70	379	410	105	120	60
	板材(纵向)(O)	250	145	20.0	—	—	—	—	—	—	—	—	—	—	—	—	—	50
	(F)	200	220	10.0	—	—	—	—	—	—	—	—	—	—	—	—	—	55
	锻件、模锻件	255	165	15.0	—	—	—	—	—	—	—	—	—	—	—	—	120	50
MB3	板材(0.8~3.0 mm) H24	310~330	220~240	10~12	—	—	—	42000	0.31	—	—	—	—	—	—	—	—	—
	厚板(12~30 mm)	280~290	180~200	18~20	—	—	—	42000	0.31	—	—	—	—	—	—	—	—	—
	(F)	270	170	15	—	—	—	—	—	—	—	—	—	—	—	—	—	—
MB5	棒材(F)	290	200	16.0	23.0	115	95	43400	0.34	140	16000	190	70	309	420	150	70	64
	锻件(O)	280	180	10.0	13.0	105	—	43000	—	140	—	—	—	—	—	—	70	55
	带材(F)	300	210	13.0	18.0	115	—	43000	—	145	—	—	—	—	—	—	100	55
MB6	棒材(F)	325	210	14.5	23.0	120	—	44600	0.39	150	16000	240	105	305	465	—	92	76
	锻件(F)	310	215	8.0	—	129	—	—	—	—	—	—	—	—	—	—	—	70
	(O)	330	22.0	6.0	—	110	—	—	—	—	—	—	—	—	—	—	—	70
	(T1)	350	240	5.0	—	—	—	—	—	—	—	—	—	—	—	—	—	80
	带材(F)	330	225	12.0	—	120	—	45000	—	—	—	—	—	—	—	—	—	65
	(O)	340	240	7.0	—	130	—	—	—	—	—	—	—	—	—	—	—	80
	(T1)	350	260	7.0	—	—	—	—	—	—	—	—	—	—	—	—	—	80
MB7	棒材(T1)	340	240	15.0	20.0	140	110	43000	0.34	180	16000	210	65	370	470	140	—	64
	锻件(T1)	310	220	12.0	—	—	—	—	—	—	—	212	—	—	—	—	—	—

表 2-165 Mg-Al-Zn 系合金的高温力学性能

牌号	材料品种及状态	力学性能	温度/℃				
			100	150	200	250	300
MB2	挤压棒材	抗拉强度 σ_b/MPa	215	190	120	115	75
		屈服强度 $\sigma_{0.2}$/MPa	140	100	70	40	22
		伸长率 δ/%	33	50	65	75	90
	模锻件	抗拉强度 σ_b/MPa	210	155	105	80	45
		屈服强度 $\sigma_{0.2}$/MPa	150	90	60	35	25
		伸长率 δ/%	30	45	55	75	125
MB3	热轧板（12～30 mm 厚）	抗拉强度 σ_b/MPa	238	182	—	—	—
		屈服强度 $\sigma_{0.2}$/MPa	—	—	—	—	—
		伸长率 δ/%	21.0	46.3	—	—	—
MB5	带材(O)	抗拉强度 σ_b/MPa	265	190	150	115	—
		屈服强度 $\sigma_{0.2}$/MPa	160	105	80	45	—
		伸长率 δ/%	21.0	28.0	28.0	22.5	—
MB6	锻件(T4)	抗拉强度 σ_b/MPa	280	200	140	95	70
		屈服强度 $\sigma_{0.2}$/MPa	200	140	90	55	50
		伸长率 δ/%	21.0	40.0	50.0	80.0	120
	棒材(T4)	抗拉强度 σ_b/MPa	240	170	100	90	65
		屈服强度 $\sigma_{0.2}$/MPa	170	120	80	55	—
		伸长率 δ/%	30.0	45.0	60.0	100	145
MB7	挤压棒材	抗拉强度 σ_b/MPa	220	170	125	85	70
		屈服强度 $\sigma_{0.2}$/MPa	130	100	70	55	35
		伸长率 δ/%	22	30	35	45	85
	棒材(T4)	抗拉强度 σ_b/MPa	320	230	150	100	65
		屈服强度 $\sigma_{0.2}$/MPa	220	150	100	65	35
		伸长率 δ/%	20	41	49	83	120

D 耐腐蚀性能

MB2 和 MB3 合金的应力腐蚀开裂倾向较小。

MB5 和 MB7 合金的应力腐蚀开裂倾向较大，特别是对薄壁件（对 MB5 合金，壁厚小于 5 mm；对 MB7，壁厚小于 7 mm 时），应力腐蚀敏感性更高。因此，只有在应力不大于屈服强度的 60％并采用无机薄膜和油漆涂料保护的条件下，才能使用这些合金。

防腐措施是对材料进行表面氧化处理和涂漆保护。

E 工艺性能

Mg-Al-Zn 系合金有良好的铸造性能。

MB2、MB3 合金热塑性很高，可加工成板材、棒材、锻件等各种镁材，这些材料在热状态下有良好的成形性能。

MB6、MB7 合金热塑性较低，主要用做挤压件和锻件。表 2-166 列出了 Mg-Al-Zn 系合金的主要工艺参数。

合金的切削加工性能良好。

表 2-166 Mg-Al-Zn 系合金的工艺性能

合金牌号	液相点温度/℃	固相点温度/℃	结晶温度范围/℃	铸造温度范围/℃	热加工温度范围/℃	在热加工温度范围内的塑性	可焊性	对应力腐蚀的破裂倾向
MB2	约 630	约 565	65	700～745	275～450	高	接触焊良好，氩弧焊合格	较小
MB3	约 620	约 545	75	710～745	250～450	高	接触焊良好，氩弧焊合格	较小
MB5	约 615	约 510	105	710～730	250～340	尚好	可焊性低	大
MB6	约 613	约 454	159	710～730	280～350	较低	—	较大
MB7	约 605	约 430	175	710～730	300～400	低	可焊，但需消除应力退火	大

为了消除合金在铸造过程中产生的枝晶偏析和内应力，提高铸锭的塑性，一般需要对铸锭进行长时间的均匀化退火。但是由于镁合金中的合金元素（如铝、锌等）扩散速度十分缓慢，达到平衡状态的均匀化退火时间很长（如 MB15 合金，在 420℃ 均匀化时需 60 h）。在长时间的加热过程中，铸锭表面严重氧化，因此在许多情况下，可不进行均匀化处理而直接进行热变形。表 2-167 为 Mg-Al-Zn 系合金铸锭的均匀化退火制度。

表 2-167　Mg-Al-Zn 系合金铸锭的组织均匀化制度

均匀化制度	MB2	MB3		MB5	MB6	MB7
加热温度/℃	390～410	380～400	410～425	390～405	—	390～405
保温时间/h	10～20	8	6	10～20	—	10～20
冷却方式	空冷	空冷	空冷	空冷	—	空冷

对 MB2、MB3 和 MB5 合金，由于合金元素的含量较低，强化相 γ($Mg_{17}Al_{12}$)数量较少，因此不能进行热处理强化。唯一的热处理方式是退火。

MB6 和 MB7 合金中的合金元素含量较高，强化相数量较多，因此可以进行热处理强化。所采用的热处理形式有退火（O）、淬火（T4）与淬火及人工时效（T6）。表 2-168 为 Mg-Al-Zn 系合金材料的热处理制度。对 MB7 合金，当要求制品具有高的硬度和屈服强度时，可在淬火后或热挤压后进行人工时效，不过这时的塑性稍有降低。

表 2-168　Mg-Al-Zn 系合金材料的热处理制度

合金牌号	材料品种	退火(O)	淬火(T4)	淬火及人工时效(T6)
MB2	—	280～350℃，3～5 h，空冷	—	—
MB3	板 材	250～280℃，30 min，空冷	—	—
MB5	板材，管材	320～350℃，30 min，空冷	—	—
	锻件，模锻件	320～350℃，4 h，空冷	—	
MB6	—	320～350℃，4～6 h，空冷	分段加热：340℃，2～3 h；380℃，4～10 h	—
MB7	锻 件 模锻件	350～380℃，3～6 h，空冷	410～425℃，2～6 h，空冷	410～425℃，2～6 h，空冷 175～200℃，16～8 h，空冷
	棒 材 型 材		—	175～200℃，16～8 h，空冷

F　品种和用途

Mg-Al-Zn 系合金的主要品种及用途见表 2-169。

表 2-169　Mg-Al-Zn 系合金的主要品种及用途

合 金 牌 号	材 料 品 种	主 要 用 途
MB2	棒材、锻件及模锻件	形状复杂的锻件、模锻件及中等载荷的零件
MB3	板材	飞机内部组件、壁板
MB5	板材、带材、锻件及模锻件	承受较大载荷的零件
MB6	棒材、型材及锻件	承受较大载荷的零件
MB7	棒材、锻件及模锻件	可代替 MB6 使用，用做承受高载荷的各种结构零件

2.6.3.4 Mg-Zn-Zr 系高强度变形镁合金

A 概述

在变形镁合金中，Mg-Zn-Zr 系合金具有最高的强度、良好的塑性及耐蚀性。因此，Mg-Zn-Zr 系合金是目前应用最多的变形镁合金之一。国产合金只有 MB15 一个牌号，与俄罗斯的 MA14 合金与美国的 ZK61(Mg-6Zn-0.8Zr)相当，合金化、组织与性能的变化特点与铸造镁合金 ZM1 完全相同。

MB15 合金可采用挤压或锻造后直接时效(T1)或人工时效制度(T6)，两种热处理的强度相差不多，但后者的塑性却低得多，一般多采用 T1 处理。MB15 合金的固溶处理温度较高(T_s=500～525℃)，晶粒极易长大，使塑性降低；反之，在 150～170℃ 直接人工时效(T1)，即可避免这一缺点。另外，MB15 合金的热加工温度为 300～400℃，强化相在该温度已大部分溶解，空冷即可得到相当高的过饱和度，再加上 Zr 的细化晶粒和提高再结晶温度的作用，在该温度挤压的棒或型材，晶粒极细，人工时效后可以得到高的综合性能，如表 2-170 所示。

表 2-170 MB15 合金挤压棒材的力学性能与状态间的关系

棒材处理状态	σ_b /MPa	$\sigma_{0.2}$ /MPa	δ/%
挤压状态	340	280	14.8
515℃，2 h，水淬(T4)	280	170	23.4
淬火后，150℃，24 h，人工时效(T6)	370	350	9.5
挤压后直接在 170℃，10 h，人工时效(T1)	362	330	16.7

MB15 合金在实际生产中采用的时效制度(T1)，因产品而略有不同，棒材和型材的 T_a=(170±5)℃，10 h，锻件和模锻件采用 T_a=(160±10)℃，24 h。

MB15 合金锻件的力学性能比挤压件低，这是锻造的变形特点所造成的，参见表 2-171。该合金的缺点是焊接性能低，不能制造焊接件，挤压件尾部容易出现粗晶环，对力学性能、冲击韧性、疲劳和抗蚀性有不利影响。

表 2-171 MB15 合金技术条件规定的力学性能

材 料	状 态	σ_b/MPa	$\sigma_{0.2}$/MPa	硬度 HB	δ/%
挤压棒	人工时效	320	250	75	6
锻 件	人工时效	280(纵向)，260(横向)	—	55	6(纵向)，5(横向)
模锻件	人工时效	300(纵向)，270(横向)	—	60	8(纵向)，6(横向)

MB15 合金的强度高，主要用于航空工业制造承受负荷较大的零件，如机翼长桁、翼肋和摇臂等。

变形 Mg-Zn-Zr 合金与铸造 Mg-Zn-Zr 合金一样，加入少量稀土 Nd 或 Y(0.7%～1.7%)也能显著改善铸造性能(减小氧化倾向)、抗蚀性，提高室温及高温力学性能。MB15 加入 1.5%～2.5%的 Nd 后，挤压棒材(ϕ15 mm)的室温 σ_b 可由 330 MPa 提高到 390 MPa，200℃ 的瞬时拉伸强度可由 150 MPa 提高到 210 MPa。因为 Nd 除了能固溶强化、提高再结晶温度和保留未再结晶的纤维组织外，还能形成热稳定性高的强化相 Mg_9Nd。Y 也有相同的作用(可参阅铸造 Mg-RE-Zn-Zr 系耐热镁合金)。

同时加入 Cd 和 Nd 的 MA19 的合金化程度最高，强度也最高，如表 2-172 所示，σ_b 接近 400 MPa，几乎与硬铝的水平相同，是变形镁合金中强度最高的一种，通常用于工作温度 150℃ 以下的锻件和模锻件的生产。MA20 是另一种类型，合金化程度较低，塑性可以显著提高，退火板材的伸长率可达 18%～30%，耐蚀性也高，可以冲压成型。

B 物理性能

Mg-Zn-Zr 变形镁合金的物理性能如表 2-173 所示。

表 2-172　几种含 RE 的 Mg-Zn-Zr 合金挤压棒材的典型性能

合　金	材　料	σ_b/MPa	$\sigma_{0.2}$/MPa	σ_{-1}/MPa	HB	δ/%	a_K/kJ·m^{-2}	σ_{100}^{250}/MPa
MA15	棒材	300～320	250～260	120	60	6～14	49.0	100
MA19	棒材	380～400	330～360	90	80	5～8	49.0	100
MA20	棒材	240～260	140～180	80	40	15～20	98.0	60

表 2-173　MB15 合金的主要物理性能

密度 /g·cm^{-3}	比热容 /J·g^{-1}·℃$^{-1}$	电阻系数 /Ω·mm^2·m^{-1}	线膨胀系数 α/℃$^{-1}$			热导率 λ/J·cm^{-1}·s^{-1}·℃$^{-1}$				
			20～100℃	100～200℃	200～300℃	25℃	100℃	200℃	300℃	400℃
1.8	0.2466	0.0565	20.9×10^{-6}	22.6×10^{-6}	—	0.28	0.29	0.30	0.30	0.30

C　耐腐蚀性能

在一般腐蚀介质中，MB15 合金有较好的耐蚀性，无应力腐蚀开裂倾向。MB15 合金可按 MB8 合金的制度进行表面氧化处理和涂油、涂漆保护。

D　力学性能

MB15 合金的力学性能如表 2-174～表 2-177 所示。

表 2-174　MB15 合金室温(20℃)力学性能(人工时效状态)

材料品种	σ_b /MPa	$\sigma_{0.2}$ /MPa	δ /%	ψ /%	E /MPa	G /MPa	μ	σ_y /MPa	τ_b /MPa	σ_τ /MPa	a_K /kJ·m^{-2}	σ_{-1}① /MPa
挤压棒材	335	280	9	24	43000	16000	0.34	470	235	160	90	150
挤压型材	345	290	10	—	—	—	—	—	—	—	—	—
挤压带材	325	270	10	25	—	—	—	460	—	140	70	130
锻　件	310	250	12	—	—	—	—	—	—	—	—	—
模锻件	320	260	14	—	—	—	—	—	—	—	—	—

① 循环次数 $N=5\times10^7$。

表 2-175　MB15 合金挤压带材低温力学性能(人工时效状态，断面为 80 mm×144 mm)

试验温度/℃	光滑试样 σ_b/MPa	带缺口试样 $\sigma_{b,H}$/MPa	δ/%	ψ/%	a_K/kJ·m^{-2}	$\frac{\sigma_{b,H}}{\sigma_b}$
+20	330	400	11	18	60	1.20
−40	390	420	9	10	50	1.08
−70	410	460	8	8	40	1.11

表 2-176　MB15 合金高温力学性能(人工时效状态)

材料品种	试验温度/℃	σ_b/MPa	δ/%	材料品种	试验温度/℃	σ_b/MPa	δ/%
挤压棒材	20	340	12	挤压带材(断面为 80 mm×140 mm)	20	330	11
	100	260	20		80	270	15
	150	210	28		100	260	20
	200	150	55		150	210	28
	250	105	59		200	140	50
	300	70	62				

表 2-177　MB15 合金挤压带材力学性能

取样方向	σ_b/MPa	$\sigma_{0.2}$/MPa	δ/%
纵　向	330	280	10
横　向	280	200	14

E　工艺性能

Mg-Zn-Zr 系合金(MB15)的熔炼铸造工艺比较复杂。因为锆在液态镁中的溶解度很小，不易加入，而且锆的熔点很高(1860℃)，密度又比镁大，容易形成偏析；此外，锆的化学性活泼，容易与镁中的其他元素（主要是杂质元素）结合成高熔点化合物沉入坩埚底部，而造成锆的大量耗损，常使合金中的锆含量达不到成分要求，降低了锆细化晶粒的作用。现在生产中，锆多是以镁－锆中间合金或以锆氟酸钾（K_2ZrF_6）形式加入。

应当注意，加锆的镁合金不能加铝、硅、锡、镍和锰等元素，因为这些元素能和锆形成难熔的金属间化合物，影响锆在镁中的溶解度。能和锆共存而又不影响晶粒细化作用的元素是锌、镉、铈、银、钍、碲、铜、铋、铅和钙。在熔炼含锆合金时，要注意原料，特别是回炉料的成分。

Mg-Zn-Zr 合金在热加工温度范围（300～450℃）内的塑性很高，可挤压成各种规格的棒材、型材和带材。合金的锻造性能良好，可制造形状复杂的大型锻件。

MB15 合金的型、棒材采用小直径铸锭进行一次挤压所得到的制品，其力学性能比二次挤压制品要高。

合金的切削加工性能良好，但焊接性能不合格，熔焊和接触焊均有形成裂纹的倾向。

MB15 合金的主要工艺参数见表 2-178。

表 2-178 MB15 合金的主要工艺参数

液相点温度/℃	固相点温度/℃	结晶温度范围/℃	铸造温度/℃	挤压温度/℃	锻造温度/℃
约 635	约 515	约 120	约 690～750	约 300～360	约 320～429

如前所述，加锆往往会在合金组织中形成锆偏析，需要经过高温均匀化退火处理，才能消除锆偏析现象。但试验表明，均匀化处理会降低材料的强度，而且随着均匀化温度的提高和时间的增长将使强度进一步降低。如 MB15 合金经均匀化（380℃，24 h）后，加工制品的抗拉强度可降低 10～30 MPa。因此，为了保证材料获得最高强度，一般都不对铸锭进行均匀化处理，而且铸锭在热加工前的加热时间也不应过长（一般不超过 4～8 h）。但如果要提高铸锭承受压力加工的能力，也可对铸锭进行均匀化处理。

MB15 合金可通过两种方式热处理强化：一种是热变形后直接进行人工时效，另一种是先淬火然后再进行人工时效。两种处理得到的性能在强度上相差不多，而塑性后者要低一些，参见表 2-179 所示。所以，实际生产中一般都采用直接人工时效制度，只在个别情况下才进行淬火和人工时效处理。

表 2-179 MB15 合金挤压棒材的力学性能

材料状态	σ_b /MPa	$\sigma_{0.2}$ /MPa	δ /%
热挤压状态	341	282	14.8
515℃，加热 2 h，水中淬火	289	172	23.4
淬火后，在 150℃，时效 24 h	371	355	9.5
直接在 170℃人工时效 10 h	367	333	16.7

MB15 合金材料的热处理制度见表 2-180。

表 2-180 MB15 合金材料的热处理制度

材料品种	人工时效	淬火及人工时效
挤压棒材，型材锻件	(170±5)℃，10 h，空冷 (160±10)℃，24 h，空冷	500℃，保温 2 h，空气中淬火。150℃，时效 24 h

F 品种与用途

MB15 合金主要用于生产棒材、型材以及锻件和模锻件，制作要求承受高载荷和高屈服强度的零件，如机翼长桁、翼肋等。零件的工作温度不能超过 150℃。

2.6.3.5 Mg-RE 和 Mg-Th 系耐热变形镁合金

A 概述

镁中加入稀土元素的作用主要是：

(1) 能显著提高镁合金的高温强度和抗蠕变性能。Mg-RE 系合金可以在 150～250℃较长期工作或在 250～300℃下短期工作。

(2) 能改善镁合金的铸造性能，减小产生显微疏松和热裂纹的倾向。

(3) 能改善镁合金的焊接性能，并且有较高的焊缝强度。

(4) Mg-RE 系合金的耐蚀性不亚于其他镁合金，一般无应力腐蚀倾向。用于镁的表面处理方法也可以用于镁－稀土合金来进行防腐处理。

Mg-RE 系合金类型很多，这里主要介绍

Mg-Mn-RE 和 Mg-Zn-Zr-RE 两类变形合金。

Mg-Th 系合金比 Mg-RE 系合金具有更高的耐热性，可以用于在 300～400℃高温下工作的结构材料，是高速飞机、火箭、导弹等现代技术不可缺少的材料。

试验表明，稀土元素对镁的力学性能的影响基本是按镧、铈、富铈混合稀土(MM)、镨、钕的顺序排列，即随着原子序数的增加而增加。表 2-181 为常用的稀土元素对镁的室温及高温力学性能的影响。

表 2-181　稀土金属(RE)对镁的室温及高温力学性能的影响

成　分	铸　态		淬火及人工时效		持久强度 σ_{100}/MPa		蠕变强度 $\sigma_{250}^{0.2}$/MPa
	抗拉强度 σ_b /MPa	伸长率 δ /%	抗拉强度 σ_b /MPa	伸长率 δ /%	200℃	250℃	
Mg-2.9%La	104	2.6	118	3.1	—	30	—
Mg－3.0%Ce	125	4.2	132	3.0	90	45～50	20～30
Mg－3.04%Pr	124	2.4	149	2.3	—	45～50	—
Mg－3.07%Nd	148	5.1	254	4.4	110～120	70～75	35～40

注：1. 含镧及钕的合金——535℃加热 12 h，空冷，190℃时效 8 h。
2. 含铈及镨的合金——565℃加热 24 h，空冷，200℃时效 16 h。

目前，国内外研究较多而且已经开始应用的 Mg-RE 系变形合金有：Mg-Mn-RE 系(如 MB14、MB12、S122 等合金)及 Mg-Zn-Zr-RE 系(如 S124、S128 等合金)。Mg-Mn-RE 系合金的化学成分见表 2-182。

B　Mg-RE 系变形镁合金的性能、品种和用途

(1) 物理性能 Mg-RE 系变形镁合金的物理性能见表 2-183。

表 2-182　Mg-Mn-RE 系合金的化学成分

合金系	牌　号	主要成分(质量分数)/%						
		锰	钕	锌	锆	铈	钇	镍
Mg-Mn-RE	MB14	1.4～2.2	—	—	—	2.5～3.5	—	—
	MB12	1.5～2.5	2.5～4.0	—	—	—	—	0.1～0.25

表 2-183　Mg-RE 系变形镁合金的物理性能

性　能	温度/℃	MB14	S122	S127	S124	S128
密度/g·cm^{-3}	20	1.76	1.80	1.81	1.83	1.94
比热容/J·g^{-1}·℃$^{-1}$	100	0.32	0.25	0.245	0.25	—
	200	0.32	0.256	0.255	0.26	
	300	0.33	—	—		
线膨胀系数/℃$^{-1}$	20～100	22.67×10^{-6}	27.18×10^{-6}	27.34×10^{-6}	25.92×10^{-6}	26.20×10^{-6}
	100～200	24.61×10^{-6}	28.06×10^{-6}	28.10×10^{-6}	26.14×10^{-6}	26.80×10^{-6}
	200～300	31.18×10^{-6}	29.28×10^{-6}	30.17×10^{-6}	28.71×10^{-6}	27.20×10^{-6}
导热系数 /J·cm^{-1}·s^{-1}·℃$^{-1}$	30	0.265	—	—	—	—
	100	0.285	—	—	—	—
	200	0.295	—	—	—	—
	300	0.295	—	—	—	—
	400	0.295	—	—	—	—
电阻系数/Ω·mm^2·m^{-1}	20	0.0602	0.074	0.093	0.053	0.0633(25℃)
弹性模量/MPa		42000	45500	45500	46600	—

(2) 力学性能。Mg-Mn-RE合金及Mg-Zn-Zr-RE合金在室温和高温下的力学性能见表2-184～表2-191。

表 2-184 MB14合金室温(20℃)力学性能(不经热处理)

材料品种	σ_b/MPa	$\sigma_{0.2}$/MPa	δ/%	E/MPa	G/MPa	μ	a_K/kJ·m^{-2}	$(N=2\times10^7)\sigma^{-1}$/MPa
模锻叶轮	250	160	10	42000	15500	0.33	40	80
挤压棒材	260	180	10	42000	15500	0.33	—	—

表 2-185 MB14合金挤压棒材室温和高温力学性能(不经热处理)

试验温度/℃	σ_b/MPa	δ/%	σ_{100}/MPa	$\sigma_{0.2/100}$/MPa
20	260	10	—	—
100	230	17	—	—
150	180	17	120～130	100
200	160	22	80～90	30
250	130	25	—	—
300	90	50	—	—

表 2-186 Mg-Zn-Zr-RE合金和MB15合金的室温力学性能(实验室数据)

合金	材料品种	状态	σ_b/MPa	$\sigma_{0.2}$/MPa	δ/%	硬度HB	a_K/kJ·m^{-2}
S124	棒材	F	370	360	10	75	60
	锻件	F	350	—	—	—	—
S128	棒材	T6	400	390	9	78	87
	锻件	T6	330	310	11	76	—
	模锻件	T6	350	340	11	76	—
MB15	棒材	T6	350	300	9	—	90
	锻件	T6	350	270	10	—	70

表 2-187 Mg-Zn-Zr-RE合金和MB15合金挤压棒材的高温力学性能

合金	100℃		150℃		200℃		250℃	
	σ_b/MPa	δ/%	σ_b/MPa	δ/%	σ_b/MPa	δ/%	σ_b/MPa	δ/%
S124	270	26	230	28	180	37	130	53
S128	360	11	290	15	260	15	220	18
MB15	260	20	210	28	150	55	110	60

表 2-188 MB14合金挤压棒材低温力学性能(不经热处理)

试验温度/℃	σ_b/MPa	δ/%	ψ/%
+20	260	10	—
−70	270	7.5	11.0
−196	290	6.0	8.0

表 2-189 MB12合金棒材室温和高温力学性能(淬火及人工时效状态)

试验温度/℃	σ_b/MPa	$\sigma_{0.2}$/MPa	σ_{100}/MPa	δ/%
20	260～290	130～160	—	7～14
200	210～230	110～125	16	13～15
250	180～200	90～120	10	15～20
300	140～160	80～100	6	19～25

表 2-190　Mg-Mn-RE 合金板材室温力学性能

试验合金	板材厚度/mm	状态	σ_b/MPa	$\sigma_{0.2}$/MPa	δ/%	a_K/kJ·m^{-2}
S122	1～5	O T5①	250 300	220 240	8 7	— —
	20～30	F T6	240 290	190 230	7 6	— 68
S127	1～5	O T6	250 320	200 240	11 5	— —
	20～30	F T6	240 290	180 230	14 6	— 53

① 热处理制度：(520±5)℃，保温 30 min(薄板)～2 h(厚板)，在空气中淬火，于(175±5)℃时效 24 h。

表 2-191　Mg-Mn-RE 合金板材高温力学性能

试验合金	板材厚度/mm	状态	100℃		150℃		200℃		250℃	
			σ_b/MPa	δ/%	σ_b/MPa	δ/%	σ_b/MPa	δ/%	σ_b/MPa	δ/%
S122	1～5	O	190	20	170	31	160	26	—	—
		T5①	260	16	250	17	230	17	—	—
	20～30	T6	260	8	230	8	210	10	—	—
S127	1～5	O	190	21	270	26	160	29	150	30
		T6	280	9	260	13	250	15	220	17
	20～30	F	210	16	210	20	200	22	180	20
		T6	280	14	280	17	250	17	220	15

① 热处理制度：(520±5)℃，保温 30 min(薄板)～2 h(厚度)，在空气中淬火，于(175±5)℃人工时效 24 h。

(3) 抗蚀性能。Mg-Mn-RE 系合金与 Mg-Mn 系合金一样，具有良好的耐蚀性能(加镍的合金除外)，无应力腐蚀倾向。

Mg-Zn-Zr-RE 合金的耐蚀性与 MB15 合金相近。

(4) 工艺性能。Mg-RE 系合金的铸造性能一般较好。

Mg-RE 合金在高温下有较好的塑性，可进行挤压、锻造及模锻等压力加工。当用 Mg-Mn-RE 合金生产板材时，由于热加工温度范围较窄，所以需采用小压下量多道次和重复加热的工艺制度。

含钕及钇的镁-锰合金可热处理强化。淬火加热温度为 510～520℃，在空气中淬火，人工时效温度为(175±5)℃。

同 MB15 合金一样，Mg-Zn-Zr-RE 合金一般是在热变形后，直接进行人工时效状态下使用。人工时效制度为(175±5)℃(Mg-Zn-Zr-Nd 系)或(200±5)℃(Mg-Zn-Zr-Nd-Y 系)。对 Mg-Zn-Zr-RE 系合金铸锭进行均匀化退火时，能提高铸锭的塑性，但使材料的力学性能降低。

Mg-Mn-RE 合金可进行氩弧焊接。

Mg-RE 合金的切削加工性能良好。

(5) 品种和用途。MB14 合金用于生产棒材、锻件和模锻件，可制作在 200℃以下使用的零件。

Mg-Mn-RE 合金主要用于生产各种规格的板材，代替 MB8 合金做飞机蒙皮、壁板及其他在 200℃以下长期使用及在 250℃以下短期使用的结构件。

Mg-Zn-Zr-RE 合金主要用于生产棒材、型材及各种锻件，可代替 MB15 合金用做 200℃以下承受较大载荷的零件。

C　Mg-Th 系变形镁合金的性能、品种和用途

(1) 化学成分与主要牌号。以 Th 做主要合金元素的变形镁合金比含稀土的镁合金具有更高的耐热性。目前研究和应用较小的 Mg-Th 系变形镁合金有 Mg-Th-Mn 系、Mg-Th-Zr 和 Mg-Th-Zn-Zr 系。其主要化学成分列于表 2-192 中。

表 2-192 Mg-Th 系变形镁合金的主要化学成分(质量分数) (%)

合金牌号	国别	钍	锰	锌	锆
HM21XA	美国	1.5~2.6	0.35~0.8	—	—
MA13	俄罗斯	1.5~2.5	0.4~0.8	—	—
HM31XA	美国	2.5~3.5	>1.2	—	—
MA14	俄罗斯	2.5~3.5	1.2~2.0	—	—
HK31XA	美国	2.5~4.0	—	—	0.5~1.0
ZH62A	美国	1.4~2.2	—	5.2~6.2	0.5~1.0

(2) 合金的性能和用途。Mg-Th 系合金的室温力学性能和工作温度范围、高温力学性能及物理性能分别列于表 2-193~表 2-195。

大多数 Mg-Th 合金都可以进行热处理强化,有较好的工艺性能,可用于成形铸件,也可用于加工变形。

Mg-Th 系合金的铸造性能和耐蚀性能较好,可以进行焊接,是航空工业中较好的一种轻合金耐热结构材料。

Mg-Th 系合金的缺点是室温强度低,生产工艺比较复杂。因为,钍是放射性元素,在铸造、焊接、机械加工、磨光和抛光等生产过程中能产生气体或粉尘,对人体健康造成危害,因此必须采取有效的防护措施,以保证安全。

表 2-193 Mg-Th 系合金的室温力学性能及工作温度范围

合 金	材料品种及状态	σ_b/MPa	$\sigma_{0.2}$/MPa	δ/%	最高工作温度/℃	
					工作 100 h	短时工作
HM21XA	板材(T8①)	220~240	160~180	8~12	300~350	350~370
MA13	板材	220~250	160~200	4~8	350	400
HM31XA	棒材、型材	280~300	200~240	8~12	300~350	350~370
ВМД1(MA14)	棒材	280~320	230~270	4~6	350	400
HK31XA	板材(T6②)	240~260	140~150	12~14	300~350	370~390
ZH62A	板材,带材(T5③)	280	180	8	300	370

① T8—淬火+7%~10%变形+时效;
② T6—淬火+人工时效;
③ T5—时效状态(不预先淬火)。

表 2-194 Mg-Th 系合金的高温力学性能

温度/℃	合金牌号及状态	σ_b/MPa	$\sigma_{0.2}$/MPa	σ_{100}/MPa	$\sigma_{0.2/100}$/MPa	δ/%
200	HM21XA(T8)	130	120	—	77	30
	MA13	140	120	—	—	4.5
	HM31XA	175	—	—	86	—
	ВМД1	175	155	—	—	13
	HK31XA(T6)	155	100	—	78	17
250	HM21XA(T8)	115	105	—	55	25
	MA13	140	110	—	—	5
	HM31XA	155	—	—	77	—
	ВМД1	160	140	115	80	10
	HK31XA(T6)	150	91	—	45	20
300	HM21XA(T8)	100	80	—	35	15
	MA13	120	100	70	50	6
	HM31XA	110	85	—	55	22
	ВМД1	130	110	90	60	13
	HK31XA(T6)	130	75	—	15	22

续表 2-194

温度/℃	合金牌号及状态	σ_b/MPa	$\sigma_{0.2}$/MPa	σ_{100}/MPa	$\sigma_{0.2/100}$/MPa	δ/%
350	HM21XA(T8)	80	55	—	22	20
	MA13	100	90	35	25	7
	HM31XA	95	—	—	—	—
	ВМД1	115	90	50	25	17
	HK31XA(T6)	90	50	—	—	36
400	HM21XA(T8)	70	50	—	—	—
	MA13	80	60	—	—	16
	HM31XA	—	—	—	—	—
	ВМД1	80	50	—	—	30
	HK31XA(T6)	—	—	—	—	—

表 2-195　Mg-Th 系合金的物理性能

合　金	材料品种及状态	密度(20℃)/g·cm^{-3}	线膨胀系数(20～205℃)/℃$^{-1}$	比热容/J·g^{-1}·℃$^{-1}$	导热系数/J·cm^{-1}·s^{-1}·℃$^{-1}$	电阻系数(20℃)/Ω·mm^2·m^{-1}
HM21XA	薄板(T8)	1.78	15.0	0.25	0.33	0.050
HM31XA	挤压件(F)①	1.80	15.0	0.25	0.35	0.066
HK31XA	薄板(H24)②	1.80	15.0	0.25	0.27	0.061

① F 为挤压状态；
② H_{24}为半加工硬化状态。

Mg-Th 系合金可以生产多种形式材料，如板材、棒材、型材和锻件，主要用做超音速飞机、火箭、导弹等蒙皮材料及结构材料。

2.6.3.6　Mg-Y-Zn-Zr 系热强变形镁合金(MB22)

A　概述

MB22 是 Mg-Y-Zn-Zr 系热强变形镁合金，主要制成板材。其室温拉伸强度略高于 MB3 合金，高温屈服强度、高温瞬时强度和压缩屈服强度明显优于其他镁合金(如 MB3、MB8)。合金具有良好的成形和焊接性能，无应力腐蚀倾向。该合金可推荐用于 300℃以下短期工作的航空结构件。

B　化学成分

MB22 合金的化学成分及杂质含量见表 2-196。

表 2-196　MB22 合金的化学成分及杂质含量(质量分数)　(%)

合金元素				杂质，不大于						
Y①	Zn	Zr	Mg	Cu	Fe	Si	Ni	K	Na	Ca
2.9～3.5	1.2～1.6	0.45～0.8	余量	0.01	0.01	0.01	0.005	0.2	0.05	0.02

① 钇含量是指钇与稀土元素总量。

C　熔炼与铸造工艺

MB22 合金通常在钢制坩埚电阻炉或煤气反射炉中熔炼。熔炼时使用熔剂保护和精炼。合金中钇以 Mg-Y 中间合金加入，锆以 Mg-Zr 中间合金加入。为了减少钇的损失，可采用特种熔剂保护和精炼。采用水冷半连续铸造，铸造时为了防止铸锭底裂，可用熔化了的纯镁铺底，并用二氧化硫或含六氟化硫的混合气体保护，以防止氧化及燃烧。

D　物理及化学性能

(1) MB22 合金的物理性能参见 MB15 合金。

(2) MB22 合金的化学性能及耐腐蚀性能。合金无应力腐蚀倾向，拉伸应力腐蚀性能见表 2-197。由表中可以看出，MB22 合金耐应力腐蚀性能优于应力腐蚀倾向小的 MB15 合金。但是长期在工业和海洋大气环境下使用容易发生腐蚀，因此使用时需经化学氧化处理和涂漆防护。

表 2-197 MB22 合金材料的抗拉应力腐蚀性能

合金	品种	状态	$\sigma_{p0.2}$/MPa	试验应力/MPa	断裂时间/h
MB22	板材	F	182	127	708～1588
MB15	型材	T6	264	185	33,34,35,38,66

注:腐蚀溶液为 0.5%氯化钠,温度为(35±1)℃。试验应力为 $0.7\sigma_{p0.2}$。

E 力学性能

MB22 合金的室温拉伸性能见表 2-198。由表中比较可以看出,MB22 合金抗拉强度高于 MB2、MB8 合金,略高于 MB3 合金,屈服强度明显优于 MB2、MB3 和 MB8 合金。高温拉伸性能见表 2-199。

表 2-198 MB22 合金材料的室温拉伸性能

合 金	品 种	状 态	δ/mm	取样方向	σ_b/MPa	$\sigma_{p0.2}$/MPa	δ_5/%
MB22	热轧板材	F	40	纵向	277	212	8.9
				横向	273	222	8.8
MB2			12～30	纵向	249	156	10.1
MB3			27.0	纵向	261	161	14.2
				横向	264	167	14.8
MB8			25～29	纵向	249	155	18.2
				横向	247	151	17.4

表 2-199 MB22 合金材料的高温拉伸性能

品种	状态	δ/mm	θ/℃	取样方向	σ_b/MPa	δ_5/%	品种	状态	δ/mm	θ/℃	取样方向	σ_b/MPa	δ_5/%
板材	F	40	250	纵向	194	17	板材	F	40	350	纵向	106	100
				横向	189	23					横向	125	48
			300	纵向	151	41				400	纵向	64	111
				横向	150	39					横向	67	100

注:试样加热至试验温度后保温 30 min,以 5 mm/min 拉伸速度拉至破坏。

F 工艺性能

(1) 成形性能。在 350～450℃温度范围内具有高的塑性,在 400℃下反复短时间退火后,对强度影响不大,有利于零件的热成形。室温下零件需要校正时,局部区域变形不能施加冲击载荷,必须缓慢加载。

(2) 焊接性能。合金可氩弧焊,焊接强度为基体材料的 70%～80%。在一定的预热措施下可以补焊,也可以堆焊。

(3) 热处理工艺。热轧板材不经热处理使用,通常以热轧状态供应。

(4) 表面处理工艺。通常采用表面氧化处理后涂漆防护。

(5) 切削加工及磨削性能。机械加工性能良好。

G 品种规格与供应状态

MB22 合金已经鉴定并可生产,可用作飞行器等受力构件,合金的品种规格与供应状态如表 2-200 所示。

表 2-200 MB22 合金材料品种

技术标准	品种	状态	厚度/mm
LTJ401－1984	板材	热轧	40

2.6.3.7 Mg-Zn-Zr-Y 系高强度变形镁合金(MB25)

A 概述

MB25 是 Mg-Zn-Zr-Y 系高强度变形镁合金。通常不经热处理,于热挤压或热锻压状态供应。但亦可在人工时效状态下使用。主要用于加工挤压制品及模锻件。室温拉伸强度、屈服强度、高温瞬时强度均优于高强度镁合金MB15。

合金的塑性、韧性及耐腐蚀性能与镁合金MB15相近。合金在室温下工艺塑性差，高温时工艺塑性好，因此零件的压力加工成形需在加热状态下进行。合金切削加工性能良好。由于合金焊接性能较差，不推荐用作焊接零件。可代替部分中等强度的铝合金用于飞机的受力构件，是目前宇航工业中新型的结构件。

B　化学成分

MB25合金的化学成分及杂质含量见表2-201。

表2-201　MB25合金的化学成分及杂质含量（质量分数）　（%）

合金元素				杂质，不大于							
Zn	Zr	Y①	Mg	Fe	Si	Cu	Ni	Mn	Be	Al	其他总和
5.5~6.4	≥0.45	0.7~1.7	余量	0.05	0.05	0.05	0.005	0.1	0.02	0.05	0.2

① 钇以Mg-Y中间合金加入，钇的混合稀土品位应大于或等于85%。

C　熔炼与铸造工艺

通常在钢制坩埚电阻炉或煤气反射炉中熔炼。熔炼时使用熔剂保护和精炼。合金元素加入方法：锆以Mg-Zr中间合金，钇以Mg-Y中间合金加入。为了减少稀土元素钇的损失，需控制含有氧化镁的熔剂数量或使用特种熔剂。在半连续铸造过程中，为了防止氧化及燃烧，采用二氧化硫或含六氟化硫的混合气体保护。铸造速度稍低于MB15合金。

D　物理性能

MB25合金无磁性；熔点为(638±7)℃；密度为1.85 g/cm³。线膨胀系数见表2-202。

表2-202　MB25合金的线膨胀系数

θ/℃	20~100	20~200	20~300
线膨胀系数 α/℃$^{-1}$	26.2×10^{-6}	27.1×10^{-6}	27.4×10^{-6}

E　化学性能

在大气条件下，MB25合金容易氧化，表面生成的氧化膜不致密，不能起保护作用。应力腐蚀倾向小。表面经氧化处理及涂漆保护，在大气条件下能可靠地工作。合金应力腐蚀试验结果如表2-203所示。

表2-203　MB25合金材料的抗应力腐蚀性能

品　种	状　态	$\sigma_{p0.2}$/MPa	试验应力/MPa	断裂时间/h
型材	T5	304	152	>92，>106，>119，120
		303	182	>71，87，94，96，133
		295	177	53，>34，74，>82，>89
		294	206	25，>34，48，49，>76，95

注：腐蚀介质为0.5%氯化钠，参照HB 5254—1983方法。

F　力学性能

MB25合金的室温硬度不小于HBS65。室温拉伸性能如表2-204所示。挤压棒材的高温瞬时强度见表2-205。挤压型材的高温抗拉强度见表2-206。技术标准规定的力学性能值如表2-207所示。

表2-204　MB25合金材料的室温拉伸性能

品种	状态	d/mm	σ_b/MPa	$\sigma_{p0.2}$/MPa	δ_5/%
棒材	F	25	365	316	13
		50	357	301	13
型材	F	—	349	308	16
模锻件	F	—	338	—	13

表 2-205 MB25 合金棒材的高温瞬时强度

品种	状态	d/mm	σ_b/MPa	$\sigma_{p0.2}$/MPa	δ_5/%
棒材	F	25	150	206	38
			200	151	45
			250	102	62

表 2-206 MB25 合金挤压型材的高温抗拉强度

品种	状态	θ/℃	σ_b/MPa	δ_{10}/%
型材	F	150	192	43
		200	108	62

表 2-207 MB25 合金材料的允许力学性能值

技术标准	品 种	状 态	d/mm	取样方向	σ_b/MPa	$\sigma_{p0.2}$/MPa	δ/%
Q/6S 333—1983	棒 材	F	≤40	纵向	345	275	7.0
Q/S 301—1982	型 材	F	—	横向	335	275	6.0
HB 6690—1992	自由锻件	F	按外形尺寸	纵向	305	225	6.0
	模锻件	F	按图纸	横向	325	240	7.0

注:型材为 δ_{10};壁厚 $\delta>7.0$ mm 的型材取圆试样 δ_5;锻件及模锻件均为 δ_5。

G 工艺性能

(1) 成形性能。MB25 工艺成形性能与 MB15 合金相近。在 280～400℃温度范围内具有良好的塑性。锻件毛坯易于切边。用挤压坯料制造锻件和模锻件时,锻造温度为 320～390℃。模具加热温度为 200～300℃。型材下限成形温度为 270～290℃,保温时间为 1/4～1/2 h。

(2) 焊接性能。MB25 合金焊接性能较差,不推荐用作焊接件。

(3) 热处理工艺。MB25 合金零件一般不进行热处理,热挤压或热锻压状态应用。但允许采用人工时效处理。人工时效制度:170℃,保温 10h,空冷。

(4) 表面处理工艺。MB25 合金表面氧化处理后再经涂漆保护。为了提高镁合金的表面防护性能,可采用氧化处理再经封闭和涂漆的新方法。对于定期贮存及运输过程的半成品和零件应防止表面碰伤并注意油封包装,严防雨水浸蚀。

(5) 切削加工及磨削性能。MB25 合金同其他镁合金一样具有优良的加工性能。

H 品种规格与供应状态

MB25 合金已通过技术鉴定和装机应用,并已代替部分中等强度的铝合金及高强度镁合金 MB15,用于飞机的机身长桁及操纵系统的摇臂、支座等受力构件。使用温度一般不超过 150℃。目前的品种规格与供应状态如表 2-208 所示。

表 2-208 MB25 品种规格与供应状态

技术标准	品 种	状 态	规格/mm
Q/6S 333—1983 Q/S 301—1982	型材	F	—
	棒材	F	d≤40
HB 6690—1992	锻件	F	—
	模锻件	F	—

2.6.3.8 Mg-Li 系变形镁合金

A 概述

目前,在轻合金材料中 Mg-Li 系合金是最轻的一种,其密度比一般工业镁合金小 15%～25%,比铍合金小 25%～30%,比铝合金小 50%,而比强度则比常用镁合金高,并且具有良好的冷、热变形能力。如果再加入适当的合金元素,还可进一步提高合金的强度,是发展高强和超轻合金的一个重要合金系。当前,这种合金的研制工作已引起国内外的普遍重视。

Mg-Li 合金加入 Al、Si、Mn、Zn、Cd 等元素能提高强度和组织稳定性。美国的 LA141 合金(Mg-14Li-1.2Al-0.15Mn)就是加入少量 Al 和 Mn 的合金,可以焊接,经 T7 处理后,板材的 $\sigma_b=115$ MPa,$\sigma_{0.2}=95$ MPa,$\delta=10\%$,可作装甲板和航天用结构件。该合金的密度只有 1.35 g/cm^3,但比弹性模量(E/d)却很高,仅次于 Be 而占第二位。如加入 0.5% Si,高温稳定性还能进一步提高。

前苏联研制的几种合金化程度更高，参见表2-209和表2-210所示。表中的Mg-Li合金除了加入较多的Al，还分别加入少量Zn、Mn、Sn、Cd、Ce等，以提高强度和组织稳定性。由表2-210可知，α和α+β型合金的强度与高强度变形镁合金MB3相当，β型合金的塑性(δ)虽高些，但强度比MB8合金低。

表2-209　几种前苏联Mg-Li系合金的主要成分(质量分数)　(%)

牌号	组织	Li	Al	Zn	Mn	Sn	Cd	Ce
ИМЪ1	α	4.5~6.0	5.0~6.0	0.6~1.2	0.2~0.8	0.6~1.2	—	—
MA21	α+β	7.0~10.0	4.0~6.0	0.18~2.0	0.1~0.5	—	3.0~5.0	—
MA18	β	10.0~11.5	0.5~1.0	2.0~2.5	0.1~0.4	—	—	0.15~0.35

表2-210　Mg-Li系合金与普通变形镁合金力学性能的比较

牌　号	密度 $/g\cdot cm^{-3}$	E/MPa	σ_b/MPa	$\sigma_{0.2}$/MPa	$\sigma_{-0.2}$/MPa	σ_{200}^{100}/MPa	δ/%	a_K/$kJ\cdot m^{-2}$
ИМЪ1	1.65	46000	290~300	210~220	230~240	120	8	63.7
MA21	1.60	46000	210~280	160~250	180~240	60	8~25	49~98
MA18	1.48	45000	160~220	120~180	130~180	—	15~40	245~392
MA2-1(MB3)	1.80	41000	250~300	140~200	80~120	—	11	49~127
MA8(MB8)	1.77	41000	200~250	100~160	60~160	—	14	78.4~127

有些Mg-Li合金利用过饱和β固溶体的分解，可以进行时效硬化处理。β相的分解过程为：

β→$MgLi_2Al$→AlLi

β→$MgLi_2Zn$→ZnLi(或MgLiZn)

$MgLi_2Al$和$MgLi_2Zn$是共格的过渡相，与母相的错配度较大(5%)，故有较强的硬化效应。但应指出，即使是高度合金化的Mg-Li合金，性能的稳定性还是满足不了要求，β相在室温即会不断分解，直至软化。因此，多数Mg-Li合金塑性加工后，只在175℃(6 h)或150℃(16 h)稳定化退火，很少进行时效处理。

总之，Mg-Li合金的强度和压缩屈服强度高，塑性和韧性好，缺口敏感性小，还有优秀的工艺塑性，容易加工和焊接。不足之处是Li的化学活性极高，在空气中就能同O_2、H_2、N_2等结合成稳定的化合物。因此，Mg-Li合金的熔炼和铸造，必须在惰性气体保护下进行，用普通的熔剂保护法很难得到优质铸锭。此外，Mg-Li合金的抗蚀性比一般Mg合金低，SCC严重，有待研究解决。

B　Mg-Li系变形镁合金材料的性能、品种和用途

(1) 物理性能。Mg-Li系变形镁合金的物理性能见表2-211。

表2-211　Mg-Li合金(S402合金)的主要物理性能

性　能	量　值	性　能	量　值
密度 $/g\cdot cm^{-3}$	1.35~1.37	24~93℃	39.24×10^{-6}
电阻系数(24℃) $/\Omega\cdot mm^2\cdot m^{-1}$	0.152	24~205℃	39.96×10^{-6}
比热容 $/J\cdot g^{-1}\cdot ℃^{-1}$		导热系数 $/J\cdot cm^{-1}\cdot s^{-1}\cdot ℃^{-1}$	
24℃	0.346	24℃	0.104
93℃	0.347	93℃	0.100
150℃	0.348	150℃	0.098
205℃	0.350	205℃	0.097
260℃	0.350	260℃	0.096
线膨胀系数 $\alpha/℃^{-1}$		弹性模量 E/MPa	43000
-93~+24℃	38.7×10^{-6}	熔点/℃	580±5

(2) 耐蚀性能。Mg-Li系合金的耐蚀性很差,常温下放置在大气中就会受到严重的腐蚀,采用包覆和涂油保护虽有一定的防护作用,但与铝合金和Mg-Mn合金相比,其耐蚀性仍然低得多。

Mg-Li系合金在潮湿大气中应力腐蚀的敏感性很大。MgLi13Al1合金,在0.01%NaCl溶液中进行环形应力腐蚀试验时,经过两个月后,合金被腐蚀成为粉状。

(3) 力学性能。Mg-Li合金在室温和高温下的典型力学性能列于表2-212和表2-213。

表2-212 Mg-Li系合金的室温力学性能

合金牌号	材料品种	状态	σ_b/MPa	$\sigma_{0.2}$/MPa	δ/%
S402①	板材(1~3mm) 棒材	O F	170~180 150	130~140 110	14~17 28
S403①	板材(1~3mm) 棒材	O F	210~220 210	150~160 180	12~15 10

① S402、S403为试验合金。

表2-213 Mg-Li系合金板材高温力学性能(板厚2.0mm,退火状态)

合金牌号	100℃		125℃		150℃		175℃		200℃	
	σ_b/MPa	δ/%	σ_b/MPa	δ/%	σ_b/MPa	δ/%	σ_b/MPa	δ/%	σ_b/MPa	δ/%
S402	85	44	60	39	45	49	30	46	25	57
S403	170	23	120	35	100	44	70	47	50	73

Mg-Li系合金的低温性能良好,在-196~+66℃范围内,切口韧性很好,没有冷脆性。表2-214为S402合金的低温力学性能。

表2-214 S402合金的低温力学性能

温度/℃	σ_b/MPa	$\sigma_{0.2}$/MPa	δ/%
-253	310~295	283~264	11~14
-196	242~225	202~194	9~14
-184	230~210	180~162	10~17
-129	225~204	175~158	10~15
-73	211~196	165~148	10~16
-12	197~179	158~140	10~19

(4) 工艺性能。由于Mg-Li系合金中锂含量很高,而镁和锂又是化学活泼性很强的元素,锂极易与氧、氢、氮等化合,生成相当稳定的化合物。在水中也能发生强烈的反应。因此,Mg-Li系合金的熔炼和铸造必须在惰性气体保护下进行,在大气中采用熔剂保护的方法不易得到质量良好的铸锭。

含锂高(β型)的合金,在冷、热状态下都有良好的压力加工性能。在370~410℃范围内轧制时,热轧的总加工率可大于90%。热轧后不经退火即可进行冷轧。

Mg-Li系合金的成形性能良好。表2-215为MgLi13Al1合金的冲压试验数据,表中同时给出了2A12、3A21铝合金的生产经验数据,以便比较。

表2-215 Mg-Li系合金与铝合金冲压试验的比较

合金	状态	最小弯曲半径 $r_{最小}/h$①	极限压延比 $M_{最小}$	极限翻边系数 $K_{最小}$
S402	H24 O	3 2	— 0.575	— <0.78②
S403	H24 O	4 2.5	 约0.6	 0.78
2A12	T4 O	3③ 2	— 0.564	— <0.78
3A21	O	2	0.558	<0.78

① h为试验材料厚度;

② 生产中经验数据;

③ 估计数据。

Mg-Li合金可以在惰性气体保护下焊接。S402合金本身之间或与其他镁合金之间可以成功地进行点焊。

合金的切削加工性能良好。

(5) 品种与用途。Mg-Li系合金可以生产多种规格的板材、棒材、型材和锻件，主要用做导弹、火箭和宇宙飞船的辅助结构材料及其他要求比重小的材料。

Mg-Li系合金虽然有较高的比强度和优良的变形能力，但总的说来，强度（特别是高温强度）还是很低，合金的熔炼铸造比较困难，耐蚀性也比一般镁合金差，因此必须对Mg-Li合金进行全面的研究和改善其性能，以使该合金早日得到广泛的应用。

参考文献

1 李维钺.中外有色金属及合金牌号速查手册.北京：机械工业出版社，2005

2 林肇琦.有色金属材料学.沈阳：东北工学院出版社，1986

3 《轻合金材料加工手册》编写组.轻金属材料加工手册（上、下册）.北京：冶金工业出版社，1979

4 《中国航空材料手册》编委会.中国航空材料手册（第3卷），铝合金、镁合金.北京：中国标准出版社，2002

5 机械工程学会铸造专业学会编.铸造手册（第三卷）铸造非铁合金.北京：机械工业出版社，1999

6 Michael M Avedesian，Hugh Baker. ASM Speciality Handbook —— Magnesium and Magnesium Alloys. Ohio: ASM International, 1999

7 High-Purity Magnesium, Bulletin TIB 551, Dominion Magnesium Ltd.

8 Polmear I J. Light Metals: Metallurgy of the Light Metals (3rd ed). London: Edward Arnold, 1995. 204. Courtesy K J Gradwell. Ph. D. thesis, UK: University of Manchester, 1972

9 Cahn R W.非铁合金的结构与性能（第八卷）.丁道云等译.北京：科学出版社，1999

10 Cahn R W, Haasen P, Kramer E J. Materials Science and Technology—A Comprehensive Treatment. in Matucha K H (ed). Structure and Properties of Nonferrous Alloys (Vol8). Weinheim: VCH, 1996

11 Kainer K U, Buch F Von. The Current State of Technology and Potential for Futher Development of Magnesium Applications. in Kainer K U (ed). Kaiset F (trans). Magnesium Alloys and Technology. Weinheim: WILEY-VCH Verlag GmbH, 2003

12 King J F, Fowler G A, Lyon P. Proc. Conf. Light Weight Alloys for Aerospace Applications Ⅱ. Minerals, Metals and Materials Society. 1991:423

13 Alves H, Koster U. Improved Corrosion and Oxidation Resistance of AM and AZ Alloys by Ca and RE Additions. in Kainer K U (ed). Magnesium Alloys and Their Applications. Weinheim: WILEY-VCH Verlag GmbH, D-69469, 2000: 439

14 Lorimer G W, Apps P J, Karimzadeh H, King J F. Improving the Preformance of Mg-Rare Earth Alloys by the Use of Gd or Dy Additions. Materials Science Forum, 2003, 422:279～284

15 Rokhlin L L, Dobatkina T V, Nikitina N I. Constitution and Properties of the Ternary Magnesium Alloys Containing Two Rare-Earth Metals of Different Subgroups. Materials Science Forum, 2003, 419: 291～296

16 Yuan G Y, Liu M P, Ding W J, Inoue A. Development of a Cheap Creep Resistant Mg-Al-Zn-Si-base Alloy. Materials Science Forum, 2003, 419: 425～432

17 陈振华等.镁合金.北京：化学工业出版社，2004

18 Watanabe H, Mukai T, Ishikawa K, et al.. Superplastic characateristics in an extruded AZ31 magnesium alloy. Journal of Japan institute of light metals (Japan), 1999, 49 (8): 401～404

19 刘正，张奎，曾小勤.镁基轻质合金理论基础及其应用.北京：机械工业出版社，2002

20 Wei L Y, Dunlop G L, Westengen H. Solidification Behaviour and Phase Constituents of Cast Mg-Zn-Misch Metal Alloys. Journal of Materials Science, 1997, (32): 3335～3340

21 清水光春，竹内宏昌.Mg-Li铸造合金の应力扩大系数.铸造工学，1997(11):899～903

22 Haferkamp H, Boehm R, Holzkamp U, Jaschik C, Kaese V, Niemeyer M. Alloy Development, Processing and Applications in Magnesium Lithium Alloys. Materials Transactions, 2001, 42 (7): 1160～1171

23 Polmear I J. Recent Developments in Light Alloys. Transactions JIM, 1996, 37 (1): 21～31

24 王渠东，吕宜振，曾小勤等.稀土在铸造镁合金中的应用.特种铸造及有色合金，1999，(1):40～43

25 Anyanwu I A, Kamado S, Kojima Y. Creep Properties of Mg-Gd-Y-Zr Alloys. Materials Transactions, 2001, 42 (7): 1212～1218

26 Nussbaum G, Regazzoni G, Gjestl, SAE H. International Congress and Exposition. 1990, 115

27 Iohne O, Banger, Gjestland H, Regazzoni G. SAE International Congress and Exposition 1990

28 中国第一汽车集团公司编写组.机械工程材料手册（第5版）金属材料.北京：机械工业出版社，1998

29 柏柏工作室.镁合金.http: //www.home.kimo.com.

tw/po. po2/mglist. html
30 ASM International Handbook Committee, Forming and Forging. Metals Handbook, Ninth Edition, 1988, Vol. 14
31 曾荣昌,柯伟等.镁合金的最新发展及应用前景,金属学报,2001,(2):673
32 汪凌云,潘复生等.AZ31镁合金成形性能研究.2002年材料科学与工程新进展.北京:冶金工业出版社,2003:636~640
33 Yukutake E, Sugamata M, Kaneko J. Formability Mechanical Properties and Texture of AZ31 Magnesium sheets. Advanced Technology of plasticity 2002 7th ICTP The Japan society for Technology of plasticity, 2002
34 Uemura H., Asakawa M, Hamada T, et al.. Magnetic scaling Rods Using Transformation Induced plasticity. Advanced Technology of plasticity 2002 7th ICTP The Japan Society for Technology of plasticity, 2002
35 Mono, Mizufune H., Narita M. Development of semi-continuous 4 stages ECAE Method. Advanced Technology of plasticity 2002 7th ICTP tht Japan Society for Technology of plasticity, 2002
36 Ping L. Su H L, Donnadieu P, et al.. Experimental investigation and thermodynamic calculation of the central part of the Mg-Al phase diagram. Zeitschrift fuer Metallkunde. 1998, 89 (8) : 536
37 Villars P, Calvert L O. Pearson's Handbook of Crystallographic Data for Intermetallic Phases. Metal Park, Ohio
38 Kojima Yo. Project of platform science and technology for advanced magnesium alloys. Materials Transactions, 2000, 42 (7): 1154~1159
39 Mordike B L, Ebert T. Magnesium properties-application-potential. Materials Science and Engineering, 2001, A302 : 37~45
40 Aghion E, Bronfin B. Magnesium Alloys Development towards the 21st Century. Materials Science Forum, 2000, 350: 19~28
41 Robert Brown. Magnesium automotive meeting. Light Metal Age, 1992, (2) : 18~24
42 Raymond F, Deker. The Renaissance in magnesium. Advanced Materials & Process, 154 (3) : 31~33
43 K. H. 马图哈主编.非铁合金的结构与性能.丁道云等译.北京:科学出版社,1999
44 Polmear I J. Magnesium alloys and application. Materials Science and Technology, 1994, (1) : 1~16
45 Luo A, Pekguleryuz M O. Review cast magnesium alloys for elevated temperature application. Journal of Material Science, 1994, 29 :5259~5271
46 曾荣昌,柯伟,徐永波等.镁合金的最新发展及应用情景,金属学报,2001,37(7):673~685
47 Pekguleryuz M O, Avedesion M M. Magnesium alloying, some potentials for alloy development. Journal of Japan Institute of Light metals, 1992, 42 (12): 679~686
48 袁广银,张为民,孙扬善,Sb低合金化对Mg9Al基合金显微组织和力学性能的影响,中国有色金属学报,1999,(4):779~784
49 孙扬善,翁坤忠,袁广银.Sn对镁合金显微组织和力学性能的影响.中国有色金属学报,1999,(1):55~60
50 袁广银,孙扬善,张为民等.Tensile and creep properties of Mg-9Al based alloys containing bismuth. Transactions of Nonferrous Metals Society of China, 2000, (4): 469~472
51 William Unsworth. A new magnesium alloy for automobile applications. Light Metal Age, 1987, (7): 10~13
52 白聿钦,赵丕峰,赵文波.Ag对Mg-Al-Zn系镁合金显微组织和力学性能的影响.铸造,2003,52(2):98~100
53 Yuan G Y, Liu Z L, Wang Q D, Ding W J. Microstructure Refinement of Mg-Al-Zn-Si Alloys. Materials Letters, 2002, 56, 53~58
54 Horikir H, Kato A. New Mg Based Amorphous Alloys in Mg-Y-Mish Metal Systems. Materials Science & Engineering, 1994, 2: 702~706
55 Teusuo Naka, Fusahito Yoshi Da. Deep Drawability of Type 5083 Aluminium-magnesium Alloy Sheet Under Various Conditions of Temperature and Forming Speed. Materials Processing Technology, 1999, 89: 19~23
56 美国金属学会.金属手册(第九版),第二卷,性能与选择:有色金属及纯金属.范玉殿等译.北京:机械工业出版社,1994
57 张诗昌,段汉桥,蔡启舟等.主要合金元素对镁合金组织和性能的影响.铸造,2001,50(6):310~314
58 William Unsworth. Meeting the High Temperature Aerospace Challenge. Light Metal Age, 1986, (8): 15~18
59 Buch F V, Lietzau J, et al. Development of Mg-Sc-Mn alloys. Materials Science and Engineering, 1991, A263: 1~7
60 Inoue A, Kato A et al. Mg-Cu-Y amorphous alloys with high mechanical strengths produced by a metallic mold casting method. Materials transactions. JIM, 1991, 32 (7): 609~616

61 Stephn C. Conserving SF6 in Mg melting operation. Foundry Management & Technology, 1998, (6): 39～49

62 Sakamot M. Mechanism of non-combustibility and ignition of Ca-bearing Mg melt proceeding of the fifth asian foundry congress. 380～389

63 黄晓锋,周宏,何镇明.富铈稀土对镁合金起燃温度的影响.中国有色金属学报,2001,(8):638～641

64 Berger M. Structural Refinement of cast magnesium alloys. Materials Science and Technology,2001, 17 (1) : 15～23

65 Tamuara Y, Kono N, Motegi T, Sato E. Grain refining mechanism and casting structural of Mg-Zr alloy. Journal of Japan Institute of Light Metals , 1998, 48 (4) : 185～189

66 Chang S-Y, Tezuka H, Kamio A. Mechanical properties and structure of ignition-proof Mg-Ca-Zr alloys produced by squeeze casting. Materials Transactions, JIM, 1997, 38 : 526～535

67 Mabuchi M, Iwsaki H et al. Low temperature superplasticity in an AZ91 magnesium alloy processed by ECAE. Scripta Materialia,1997,36 (6) : 681～686

68 Aizawa T, Mabuchi M. Superplastic injection forming of magnesium alloys. Materials Science forum, 2001, 357: 35～40

69 Park K P, Birt M J, Mawella K J. Near net shape magnesium alloy components by superplastic forming and thixoforming [J]. Advanced Performance Materials, 1996, (10) : 365～375

70 Mukai T, Watanabe H, Moriwaki K. Application of superplasticity in commercial magnesium alloy for fabrication of structural components. Material Science and Technology, 2000, 16 : 1314～1319

71 Junichi Kaneko, Makoto Sugamata et al. Effect of texture on the mechanical properties and formability of magnesium wrought materials. Journal of Japan Institute of Light metals, 2000, 64 (2) : 141～147

72 关绍康,王迎新.Al5TiB、RE 对 Mg-8Zn-4Al-0.3Mn 合金显微组织和时效过程的影响.2002 年材料科学与工程新进展,北京:冶金工业出版社,2003:679～685

73 张静,潘复生,郭正晓等.含铝和含锰镁合金系中的合金相.2002 年材料科学与工程新进展.北京:冶金工业出版社,2003:759～765

74 卢志文,汪凌云,范永革等.新型抗蠕变镁合金的研究.2002 年材料科学与工程新进展.北京:冶金工业出版社,2003:600～604

75 工程材料实用手册编辑委员会.工程材料实用手册(3),铝合金 镁合金 钛合金.北京:中国标准出版社,1989

76 Krohn H, Singh S. Welding of Magnesium Alloys. in Mordike B L, Kainer K U (ed). Magnesium Alloys and Their Application. The Conference of Magnesium Alloys and Their Appokcation. Frankfurt (Germany): Werkstoff-Informationsgesellschaft mbH, 1998:625

77 Sebastian W, Stalmann A. Properties and Processing of Magnesium Wrought Products for Artomotive Applications. Advanced Engineering Materials, 2001,(12):969～974

78 Hans Wilfried Wagener. Deep Drawing of Magnesium Sheet Metal at Room Temperature. Manufacturing Processes Sheet Metal Processing, 2004, (14) :616～620

79 Hofmann A. Deep Drawing of Process Optimized Blanks. Materials Processing Technology, 2001, 119 :127～132

80 Teusuo Naka, Fusahito Yoshi Da. Deep Drawability of Type 5083 Aluminium-magnesium Alloy Sheet under Various Conditions of Temperature and Forming Speed. Materials Processing Technology, 1999, 89: 19～23

81 Bartusch B, Schurack F, Eckert J. High Strength Magnesium-based Glass Matrix Composites. Mater. Trans. JIM, 2002,43 :1979～1984

82 Ruden T J, Albright D I. High Ductility Magnesium Alloys in Automotive Applications. Advanced Mater and Processes, 1994, 145 (6) : 28～32

83 Byton B, Clow. Magnesium Industry Oerview. Advanced Materials & Processes, 1996, (4) : 9～16

84 Flemings M C. SSM: Some Thoughts on Past Milestones and on the Path ahead. The 6th Int Conf on Semi-Solid Processing of Alloys and Composites. Turin (Italy), 2000:11～14

85 刘静安.镁合金加工技术发展趋势与开发应用前景.轻合金加工技术,2001,Vol.29,No.11

86 Eliezer D, Aghion E et al. Magnesium science, technology and application. Advanced Performance Materials, 1998, (5) : 201～202

87 翟春泉,曾小勤,丁文江等.镁合金的开发与应用.机械工程材料,2001,25(6)

88 王渠东,吕宜振,曾小勤等.镁合金在电子器材壳体中的应用.材料导报,2000(6):22

89 工业材料编辑部.电气制品,工业材料特集:需要扩大すゐマクネシゥム合金.1999,47(5):61

90 房中学,赵燕学,郭万里等.高电位铸造镁阳极生产控制过程的方法和标准.全面腐蚀控制增刊,2002(11):

279～285

91 Borries Bark, Carlo Bark, Egon Hauschel. Magnesium Diecastings-Example Suppoker. In: Mordike B L, Kainer K U (ed). Magnesium Alloys and Their Application. The Conferece of Magnesium Alloys and Their Application. Wolfsburg Germany: 1998. Frankfurt (Germany): Werkstoff-Informationsgesellschaft GmbH, 1990,31:929

92 Inoue A, Kato A, Zhong T, Kim S G, Matsumoto T. Mg-Cu-Y Amorphous Alloys with High Mechanical Strengths Produced by a Metallic Mold Casting Method, Mater. Trans. JIM, 1991, 32: 609

3

镁合金的熔炼与铸造

Smelting and Casting of Magnesium Alloys

3.1 概述

镁合金的熔点不高，热容量较小，在空气中加热时，氧化快，在过热时易燃烧；在熔融状态下无熔剂保护时，则可猛烈地燃烧。因此，镁合金在熔铸过程中必须始终在熔剂或保护性气氛下进行。熔铸质量的好坏，在很大程度上取决于熔剂的质量和熔体保护的好坏。镁氧化时释放出大量的热，镁的比热容和导热性较低，MgO疏松多孔，无保护作用，因而氧化处附近的熔体易于局部过热，且会促进镁的氧化燃烧。镁合金除强烈氧化外，遇水则会急剧地分解而引起爆炸，还能与氮形成氮化镁夹杂。氢能大量地溶于镁中，在熔炼温度不超过900℃时，吸氢能力增加不大，铸锭凝固时氢会大量析出，使铸锭产生气孔并促进疏松。多数合金元素的熔点和密度均比镁高，易于产生密度偏析，故一次熔炼是难以得到成分均匀的镁合金锭。有时采用预制镁合金，再重熔的办法。为防止污染合金，熔炼镁合金时不宜用一般硅砖作炉衬。由于镁合金对杂质也很敏感，如镍、铍含量分别超过0.03%及0.01%时，铸锭便易热裂，并降低其耐蚀性。对熔剂要求很严格，要有较大的密度和适当的黏度，能很好地润湿炉衬。在熔炼过程中熔剂会不断地下沉，因而要陆续地添加新熔剂，使整个熔池覆盖好且不冒火燃烧。在个别地方出现氧化燃烧时，应及时撒上熔剂将其扑灭。用Ar、Cl_2、CCl_4去气精炼时，吹气时间不宜过长，否则会粗化晶粒。用N_2气吹炼时可能形成氮化镁，温度不宜过高。镁合金的流动性较小，应稍提高浇温。但浇温过高会使形成缩松的倾向增大。铸锭时要注意熔体保护和漏镁放炮。浇温和浇速过高，易产生漏镁和中心热裂；但浇温浇速过低，则易形成冷隔、气孔和粗大金属间化合物等。此外，由于镁合金密度小，黏度大，一些溶解度小而密度较大的合金元素不易溶解完全，常随熔剂沉于炉底，或随熔剂悬浮于熔体中成为夹杂。因此，镁合金中常出现金属夹杂、熔剂夹渣及氧化夹渣。

归纳起来，镁合金的熔铸技术具有如下特点：

(1) 镁的化学活性很强烈，在熔态下，极易和氧、氮及水气发生化学作用。在熔体表面如不严加保护，接近800℃时就很快氧化燃烧。为减少烧损、生产安全以及保证金属质量，在整个熔铸过程中，熔体始终需用熔剂加以保护，避免与炉气和空气中的氧、氮及水气接触。因此，给工艺带来了许多问题，如大量熔盐给产品质量、人身健康和安全生产带来不少麻烦。

(2) 除少数组元(元素)，如Cd、Zn、Al、Ag、Li等外，其他组元在镁中的溶解度都非常小；此外，在难熔组元间又易形成高熔点化合物而沉析，因此在工艺上加入很困难。由于铁难溶于镁中，故在镁合金的熔铸过程中，可使用不加任何涂层的铁制工具。

(3) 在有些镁合金铸锭中，易于发生局部晶粒大小悬殊现象。同时晶粒尺寸较大，晶粒形状易于出现柱状晶和扇形晶，严重影响压力加工性能和制品的力学性能。因此，对不同合金要采取相应的变质处理方法来细化晶粒，并适当改变晶粒形状。

近年来，采用电磁搅动液穴中熔体的方法，对晶粒细化有良好的效果。永磁搅拌法也开始使用。由于镁合金晶粒粗化倾向较大，对镁合金铸锭晶粒的尺寸大小和形状原则上不作严格要求。

(4) 镁合金的氧化夹杂、熔剂夹渣和气体溶解度远比铝合金多。因此，需要进行净化处理。

目前,在我国多采用熔剂精炼法,有些国家也采用气体精炼法,并研发了一些新的净化技术。

镁合金的净化剂都是沉降型的,这点不同于铝合金和其他有色金属,这就给工艺和制品质量带来许多麻烦。因此,在净化后需要有充分的静置时间。在炉底还需另设排渣口,扒底渣的工序亦不容忽视。

在整个熔铸过程中,需要使用大量的熔剂,同时外加大量的化工材料(加入组元和变质处理用),它们的质量好坏,直接影响合金质量,为此,对熔剂和熔盐应有严格要求。

(5) [H]对镁合金也有一定影响。除了能影响含锆-镁合金中锆的溶解度外,当氢含量超过某一限额时(16 cm^3/100 g 镁),将在铸锭上出现不同程度的显微气孔。因此,对氢含量也不应忽视。

(6) 由于镁合金热含量较低,当加入高熔点组元或批量较大的化工材料时,将使熔体温度降低较大。所以,镁合金的熔炼温度应比铝合金高。

熔体过热会使晶粒粗化,而且氧化、氮化及热裂纹倾向性等,都随着过热温度的提高趋于严重。因此,在工艺中应尽力避免熔体过热。

在镁-铝系合金中有金属过热细化晶粒的效应。但用这种方法细化晶粒将引起其他缺陷,效果不好。同时细化效应时间也是短暂的,熔体停留时间稍长则晶粒又复粗化。

(7) 镁合金远比铝合金熔炼工艺复杂,但在研究方面却比铝合金差。因此,许多机理问题还有待确证。如熔盐性质、净化机理、变质处理等重要工艺,在机理方面许多还只是些假说,有些尚未经确证。

(8) 镁合金的安全技术问题是很重要的。大多数熔盐都有潮解性,大多数化工材料都有结晶水。在工艺过程中,液态金属直接见水就产生飞溅性爆炸,务必严加注意。此外,有害气体和粉尘,都应妥善处理。

(9) 金属组元、金属镁以及加入的大多数化工材料,多数都是昂贵稀缺的原材料。在工艺过程中烧损较大,实收率较低,严重影响制品的经济效果。

影响实收率的因素很多,如加入方法、操作方法、批量、熔体温度以及伴加混合盐的数量和质量等,这些都要严加注意。最近引进的一些新熔剂,可减少锆和铈的烧损。如用2号熔剂,MB8合金中铈的损失为16.3%,而用5号熔剂时,其烧损只有1.2%。又如MB15合金,用2号熔剂时锆的损失为16.3%,而用新的5号熔剂时,就几乎没有损失。同时新熔剂还基本消除了MB8合金的熔剂夹渣废品。

(10) 为了保证镁合金制品有高而均匀的性能,对铸锭的致密度和成分区域偏析也应重视。

(11) 镁合金的热裂纹倾向较大,因此铸造时的结晶速度不宜过高。但结晶速度较小时,又将促进金属中间化合物的形成和发展。可见,热裂纹和金属中间化合物,二者在工艺上有矛盾,这也是工艺复杂和困难的原因所在。必须全面考虑,适当选择。

但由于镁合金的弹性模量比铝合金小得多(镁的 $E = 45000$ MPa,铝的 $E = 72000$ MPa),因此,镁合金铸锭的内应力远小于铝合金,其冷裂纹倾向性要比铝合金小得多。

3.2 变形镁合金的熔炼技术

3.2.1 镁合金的熔炼方法

依据变形镁合金的上述特点,其熔炼工艺装备大体分两大类:火焰反射炉和坩埚炉。坩埚炉有电坩埚炉和燃料坩埚炉两种。电坩埚炉又分工频坩埚炉和电阻坩埚炉两种。

在国外基本上是用5~12 t火焰炉,或用坩埚炉熔制变形镁合金。国内既使用大型火焰反射炉,也采用工频坩埚炉。坩埚炉更有利于提高金属质量和改善生产条件。

3.2.2 镁合金熔体与气体的相互作用

在镁合金熔炼过程中,镁及其合金能与一系列简单或复杂的气体起化学作用。简单气体包括 H_2、O_2、N_2、Cl_2 等;气态氧化物包括 H_2O、SO_2、CO_2、CO、NO 等;其他复杂气体包括 CH_4、NH_3、H_2S、PH_3 等。

除了熔铸时采用惰性气体保护外，镁合金熔体与简单气体之间相互作用的几率是经常存在的。而镁与 H_2O、SO_2 及 CO_2 的接触几率比 CO 和 NO 还大，这是由于在空气中经常存在水分和 CO_2，且在铸造过程采用 SO_2 作保护气体的缘故。

3.2.2.1　镁与氧的相互作用

镁与氧有非常大的化学亲和力。金属对氧的亲和力一般可由它的氧化物的生成热和分解压力来判断。氧化物的生成热愈大，分解压愈小，则这一金属对氧的亲和力也就愈强。

镁和铝相似，但其氧化性更强，镁比铝对氧有更大的亲和力。

从理论上讲，在熔化过程中，合金中其他组元的氧化物将被镁还原，故只造成镁的损失。但由于还原条件不足，实际上各元素仍然是有损失的。在熔化镁合金时，各种金属组元的损失率见表 3-1 所示。

表 3-1　熔化镁合金时各种合金元素的损失率

金属元素	Al	Cu	Zn	Si	Mg	Mn	Sn	Ni	Pb	Be	Ti	Zr
损失率/%	2～3	—	2	1～10	3～5	5～10	—	—	—	10～20	—	3～5

固态和液态金属的氧化行为，受氧化物(表面膜)的性质所支配。假如氧化物的体积小于生成这些氧化物所消耗金属的体积时，则氧化速度将与时俱增。如果氧化物的体积超出生成它的金属体积时，则氧化速度将随时间的增长而减小。用金属氧化物和生成该氧化物所消耗金属体积之比的比值 α 可估价其氧化性。

Al、Be、Si 等元素的 α 值大于 1，即在熔态时表面有一层致密的保护膜，可以防止进一步氧化。而另外一些元素，如 Mg、Ca、Na、K 等，α 值小于 1，则氧化物不足以包覆金属面，所以形成的氧化膜多孔疏松，氧将通过氧化膜的缝隙与金属继续作用。因此，铝在熔化过程，一般无需特殊保护，而镁及其合金在全过程中都需要进行保护。

在镁合金中，现在已知的只有 Mg-Be 和 Mg-Ce-La 两个合金系的氧化速度比纯镁小。

镁和其他元素形成的各种化合物，其 α 值大小是鉴别它对液态镁合金保护作用的标志。值得提出的是，即使生成物是同样的，但由于伴生产物不同，其保护作用并不一样，如表 3-2 所示。

表 3-2　镁合金和组元的形膜反应式和 α 值

形膜反应式	α 值
$2Mg + O_2 = 2MgO$	0.71(有些资料为 0.78～0.79)
$Mg + H_2O = MgO + H_2\uparrow$	0.71
$3Mg + N_2 = Mg_3N_2$	0.79
$Mg + S = MgS$	1.26
$3Mg + SO_2 = MgS + 2MgO$	0.92
$Mg + CO = MgO + C$	1.08
$2Mg + CO_2 = 2MgO + C$	0.90
$Mg + CO_2 = MgO + CO$	0.71
$3Mg + 2BF_2 = 3MgF_2 + 2B$	1.32
$Mg + 2HF = MgF_2 + H_2$	1.32
$3MgO + 2BF_3 = B_2O_3 + 3MgF_2$	3.10
$Mg + H_2O = Mg(OH)_2 + H_2\uparrow$	1.74

3.2.2.2　镁与氢的相互作用

氢的原子半径甚小，在自然界，它是唯一可渗透进固体金属中的气体。

镁与氢的作用可分为四个过程：表面吸附(或称化学吸附)、扩散、溶解和化学作用。

(1) 吸附：首先氢气分子在金属表面聚集，气态分子以极小的力完成其物理吸附。而活性吸附的力，相当于化学作用力。活性吸附是在更高温度下进行的。气体的吸附量与其蒸气压和温度有关。

(2) 扩散：扩散是气体原子进入金属纵深的一个基本过程。它是固态金属原子无序热运动的结果。吸附是扩散的前提，向金属进行扩散的气体，只有具有活性吸附能力者才有可能。

应当指出，氢在金属中的扩散速度，比其他气体快得多。[H]扩散穿透金属是以原子和离子形式进行的。[H]扩散容易的原因，就在于其原子半径小于金属的结晶晶格常数。随着温度的升高，能加速[H]的迁移过程。

金属的表面和组织对扩散过程也有实际影响。随着表面粗糙程度的增加，将增大吸附面积，因此在低压情况下大大提高其扩散速度。表面的氧化膜也有明显影响，因它影响[H]的渗透。

(3) 溶解：[H]在镁中的溶解度比铝大得多，它们一般相差两个数量级。氢在镁中的溶解度曲线如图 3-1 所示。在不同压力下[H]在镁中的溶解度见表 3-3。从图 3-1 和表 3-3 中可以看出，[H]在液态镁中溶解度随温度升高而增大。

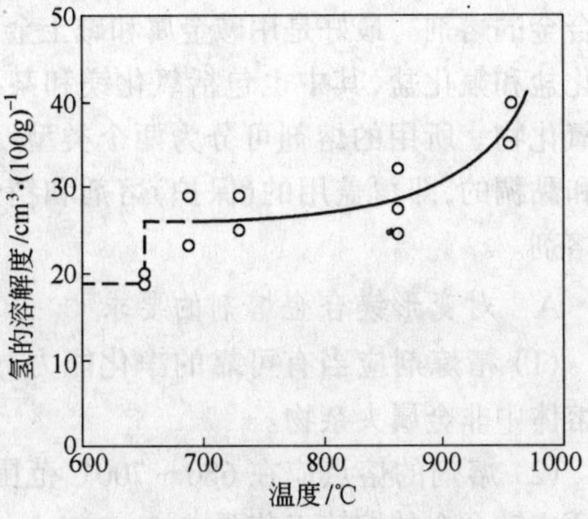

图 3-1 氢在纯镁中的溶解度与温度的关系

表 3-3 在不同温度和压力下[H]在镁中的溶解度(cm^3/100 g 金属)

温度/℃	压力/kPa			
	26.6	53.2	79.8	101.1
640	15.6	22.4	27.3	30.7
675	23.8	33.8	41.4	46.5
725	30.6	43.3	53.2	60.1
775	32.1	45.7	56.1	63.1

氢的主要来源是潮气：

$$Mg + H_2O \rightarrow MgO + 2[H]$$

(4) 化学作用：[H]和镁不形成化合物，它在镁中呈间隙固溶体存在。但[H]和镁合金中的其他组元可形成稳定的化合物。

在室温下[H]和铈可生成 CeH_3。在 250～300℃时氢化速度最大。700℃前为 CeH_3，高于 700℃时则形成 CeH_2，该氢化物在 800～900℃实际仍是稳定的。

[H]和锆形成稳定的化合物 ZrH_2，ZrH_2 析出时呈微细的六角形或直角形的薄片。锆使[H]在镁中的溶解度增大，而[H]又使锆在镁合金中的溶解度减少，因为 ZrH_2 在镁合金中是不溶解的。随着[H]含量增加，锆在镁合金中的溶解度减小，锆的损失增大。

[H]的有害作用是在镁合金的结晶过程中，随着温降其溶解度减小，使合金产生显微气孔。在工业条件下，当氢含量大于 15 cm^3/100 g 金属时，则能在 Mg-Al-Zn 系合金中出现显微气孔。

确定镁合金液态中氢含量的最简便方法是第一气泡法，这种方法效率高，便于在生产条件下使用。

3.2.2.3 镁与氮的相互作用

在镁的熔点以上时，氮气与镁即可发生反应，生成 Mg_3N_2 化合物。而当 1000℃以上时，可发生激烈反应。Mg_3N_2 为立方晶格，不稳定，易与水分起作用而分解：$Mg_3N_2 + 8H_2O \rightarrow 2NH_4OH + 3Mg(OH)_2$，因此，进入镁合金中的 Mg_3N_2 会影响材料的抗腐蚀性能。

3.2.2.4 镁与硫及 SO_2 的相互作用

镁液遇硫时，硫即蒸发为蒸气(硫的沸点为 444.6℃)，并在熔体表面形成致密的 MgS 薄膜，它能保护金属不再继续氧化。

镁液与无色或略呈黄色的 SO_2 气体相遇时，即发生放热反应，反应产物组成的膜是致密的，对熔态镁有保护作用，因而二氧化硫是变形镁合金生产中常用的保护气体。

3.2.2.5 镁及其合金组元与氯气的相互作用

当镁及其合金进行氯化时，氯气和镁反应甚激烈，生成 $MgCl_2$。由于铈比镁有更大的氯化倾向性，因此对含铈的镁合金不应采用氯化精炼或含 $MgCl_2$ 的熔剂进行精炼，否则，铈的耗损甚大。其反应如下：

$$2Ce + 3MgCl_2 = 2CeCl_3 + 3Mg$$

$$2Ce + 3Cl_2 = 2CeCl_3$$

许多文献说明，采用氯化精炼，对镁合金有明显的除气和净化效果。但因金属组元的损失，以及形成大量的 $MgCl_2$，易于造成熔剂腐蚀，同时当过氯化时使晶粒粗化，故远不如采用惰性气体精炼方法更为稳妥。

3.2.2.6 镁与 B_2O_3 的相互作用

硼酸（H_3BO_3）受热后，脱水变为硼酐（B_2O_3），它遇镁液时发生下列反应：

$$B_2O_3 + 3Mg \rightarrow 3MgO + 2B$$

$$B_2O_3 + MgO \rightarrow MgO \cdot B_2O_3$$

硼遇镁液时，生成的 Mg_3B_2 和 $MgO \cdot B_2O_3$ 均较致密，对熔体均有保护作用。故在镁合金生产中也有在熔剂中加入硼酐作为保护剂的。

3.2.3 镁合金熔铸用主要工艺辅料和熔剂的选择

3.2.3.1 主要工艺辅材的种类、成分和技术要求

由于镁及镁合金在熔炼过程中容易氧化，并烧损严重，需要大量的覆盖剂来保护熔体。同时，镁合金熔体中的氧化夹杂、熔剂夹渣和气体溶解度比铝合金的高，因此需要进行净化处理。此外，在转移镁合金熔体及浇注成型过程中，各种工具也需要进行洗涤和防护。因此，需要大量的工艺用辅助材料，其主要成分和技术要求见表 3-4。

表 3-4 熔铸镁合金用工艺材料的主要成分及其要求

名 称	技术要求	用 途
轻质碳酸钠	$CaCO_3 + MgCO_3 \geqslant 95\%$，水分≤2%	变质剂
菱镁矿	Mg≥45%，$SiO_2 \leqslant 1.5\%$	变质剂
六氯乙烷	Fe≤0.06%，灰分≤0.04%，$H_2O \leqslant 0.05\%$，醇中不溶物≤0.15%	精炼剂
氯化镁		配制熔剂及洗涤剂
氯化钾		配制熔剂及洗涤剂
氯化钠	优级	配制熔剂
氯化钡		配制熔剂
氯化钙	无水一级	配制熔剂
氟化钙		配制熔剂
光卤石		配制熔剂
钡熔剂（RJ-1）		配制熔剂及洗涤剂
硫磺粉	S≥99%过 100 目筛	配制熔剂
硼酸	二级	配制熔剂

3.2.3.2 变形镁合金熔炼使用的主要熔剂

熔剂的基本作用是在熔体表面造成一化学抑制层或绝缘层来防止熔体氧化，并去除熔体中的固态和气态的非金属夹杂物。

要选择比镁的氧化亲和性更强的物质来做镁合金的熔剂。最好是用碱金属和碱土金属的氯化盐和氟化盐，其中也包括氧化镁和某些惰性氧化物。所用的熔剂可分为两个类型：流性的和黏稠的，即覆盖用的（保护）熔剂和精炼用的熔剂。

A 对变形镁合金熔剂的要求

(1) 精炼剂应当有可靠的净化能力，以消除熔体中非金属夹杂物。

(2) 熔剂的熔点应在 680～700℃ 范围内，以适应镁合金的熔铸工艺要求。

(3) 熔剂应与熔态金属间有较大的密度差，以便易于从熔体中排除。

(4) 不同用途的熔剂应具有不同的表面张力，起保护用的覆盖剂，其表面张力应较小，以增大对熔体表面的润湿性和覆盖效果，要求它能很好地润湿炉墙和坩埚壁。精炼用的熔剂应具有适当大小的表面张力，能使熔剂与熔体很好分离，并且能从熔体中吸附非金属夹杂物和能溶解大量的非金属夹杂物，以达到净化的目的。

(5) 覆盖用的熔剂，应有较小的黏度，能及时将破裂的覆盖层迅速闭合。而精炼用的熔剂应具有适当的黏度，以增大将非金属夹杂物过渡到熔剂中去的能力，并易于和熔体分离。

(6) 在熔铸温度下，熔剂应具有热稳定性和化学稳定性；不挥发，不分解，不与合金中任

何组元及炉衬发生化学反应。

(7) 熔剂粉尘和蒸发气体应对人体无害。

(8) 吸湿性和潮解性应尽可能小,这对金属质量和安全有利,同时易于保管。

B 镁合金熔剂的化学成分

用于镁合金熔炼的熔剂种类很多,其化学成分见表3-5。

表3-5 覆盖和精炼用熔剂的化学成分(质量分数) (%)

熔剂牌号	$MgCl_2$	KCl	$BaCl_2$	AlF_3	MgF_2	MnF_2	CaF_2	$TiCl_2+TiCl_3$	BaO_3
二号熔剂	38～46	32～40	5～8	—	—	—	3～5	—	—
三号熔剂	33～40	25～36	—	—	—	—	15～20	—	—
四号熔剂	25～42	20～36	4～8	3～14	3～11	1～8	5～10	—	—
五号熔剂	20～35	16～29	8～12	—	14～23	—	14～23	—	0.5～8.0
六号熔剂	24～33	24～33	2～7	—	6～14	—	6～14	16～23	0.2～1.0

注:1. 五号熔剂允许将氟化盐总和降低到20%;

2. 六号熔剂主要用于含锂的镁合金。

上述熔剂中过去应用最广的是二号熔剂,它同时可用于覆盖和精炼。但二号熔剂精炼不彻底,铸锭中多有非金属夹杂物。同时,由于熔剂腐蚀而造成大量废品。

二、三、四号熔剂的最主要缺点是在熔化过程中与镁合金中的其他组元(比 Mg 反应更激烈的组元)进行反应而形成氯化物,造成合金中钙、镧、铈、铌、钍等元素的大量损失。

除上述缺点外,二、三号熔剂尚有潮解性高、污染金属,并使铸锭易于产生显微疏松;黏度和密度小,难于从金属中分离等缺点。

四号熔剂的缺点:熔剂中含有 AlF_3 和 MnF_3,这些材料稀缺、昂贵,不适于制造熔剂,同时熔剂中铝和锰能和稀土金属发生反应,且能减少锆在镁中的溶解度;熔剂中的氯化物含量高达65%～80%,易于造成熔剂腐蚀。

五号熔剂是近年来才研制应用的。它既可做覆盖剂又可做精炼剂,使用证明其效果很好。它的主要优点是:

(1) 提高经过处理金属的抗蚀性。

(2) 当精炼镁合金时,减少稀土元素和锆的损失。

(3) 五号熔剂与二、四号熔剂相比,其净化效果更好。原因是氟化盐的黏稠作用,提高了熔剂的熔点和密度。在用五号熔剂精炼时,它在液态金属表面不碎裂,和二号熔剂一样保持一层致密层。在精炼后,由金属表面扒掉渣子,重新撒一层新熔剂。由熔炼炉倒到静置炉后,静置时间应不少于60 min。在静置时间内熔剂微粒夹杂着非金属夹杂物沉降到炉底。五号熔剂在熔体表面所形成的膜,在倒炉过程中,不破碎,对熔体有很好的保护作用。

(4) 使用五号熔剂,在倒炉后清炉及扒炉底渣时不需再加黏稠剂,即可易于从炉中扒出。

(5) 在铸造过程中,用五号熔剂做覆盖剂,在静置炉中保持6～8 h,熔剂膜实际不破裂,在此时间内仍有充分的保护作用。

C 熔剂净化效果的比较

各种熔剂对不同合金的净化效果比较,详见表3-6。不同熔剂对MB8和MB15合金氯离子和抗蚀性的影响见表3-7。

表3-6 熔剂对镁合金净化的影响

合金牌号	熔炼炉中所用熔剂			静置炉中所用熔剂	检查的试片数	废品量			
						熔剂腐蚀		氧化夹杂	
	熔炼用的	精炼用的	覆盖用的			试片数	%	试片数	%
MB8	二号	二号	二号	二号	2040	180	9.5	40	2.7
MB8	二号	四号	四号	四号	3180	40	1.16	20	0.97

续表 3-6

合金牌号	熔炼炉中所用熔剂			静置炉中所用熔剂	检查的试片数	废品量			
						熔剂腐蚀		氧化夹杂	
	熔炼用的	精炼用的	覆盖用的			试片数	%	试片数	%
MB8	二号	五号	五号	五号	2900	20	0.7	2	0.07
MB15	二号	二号	二号	二号	1560	60	3.35	70	4.7
MB15	二号	五号	五号	五号	1710	12	0.9	30	2.2
MB3	二号	二号	二号	二号	3560	35	1.0	20	0.55
MB3	二号	四号	四号	四号	3400	17	0.5	12	0.35
MB3	二号	五号	五号	五号	3200	6	0.2	6	0.2

表 3-7 不同熔剂对 MB8 和 MB15 合金氯离子和抗蚀性的影响

合金	使用的熔剂	抗蚀性(在 0.5% NaCl 水溶液中保持 24 h,析氢量) $/cm^3 \cdot cm^{-2}$	Cl^- 平均含量 /%
MB8	四号	1.55	0.0018
	二号	1.25	0.0018
	五号	0.41	未发现
MB15	二号	1.28	0.0020
	五号	1.09	未发现

由以上两表可见,五号熔剂比其他熔剂净化效果显著提高。

(1) 对含锆镁合金中锆的实收率影响。根据实验结果,熔剂对含锆镁合金中锆的实收率有明显的影响。如用二号熔剂处理 MB15 合金时,锆的实收率为 79.5%,而用五号熔剂时为 88.8%,实收率提高将近 10%。

利用二号和五号熔剂处理 MB8 合金时,使用五号熔剂者,其铈的损失只有 1.2%,而用二号熔剂铈损失可达 8%~12%。如用五号代替二、三、四号熔剂时,镁合金的熔炼工艺过程完全不变,但可提高金属质量和合金组元的实收率。

(2) 熔剂的除气效果。镁合金的除气方法有两种:加入惰性气体氩(Ar);采用熔剂处理。实践证明,对某些合金这两种方法同时使用效果更好。镁合金中,以 MB8 合金的氢含量为最高。对它最有效的除气方法是采用六号熔剂。

对 MB3 合金可用五号熔剂处理,并再通氩气 10 min,其除气效果最好。

对除气而言,六号熔剂最好,五号加氩次之,二号熔剂较差。

3.2.3.3 变形镁合金熔体的净化处理

镁及镁合金在熔炼过程中容易受周围环境介质的影响,进而影响合金熔体质量,导致铸件中出现气孔、夹渣、夹杂和缩孔等缺陷。因此,需要对镁合金熔体进行净化处理。通常可以从正确使用熔剂、加强熔体液面的保护和对熔体进行充分的净化处理等三个方面来进行控制。

A 除气

镁合金中的主要气体是氢,来自于受潮的熔剂、炉料以及金属炉料腐蚀后带入的水汽。工业中常用的除气方法有以下几种:

(1) 通入惰性气体(如 Ar、Ne)法。一般在 750~760℃下,往熔体中通入占熔体质量 0.5% 的 Ar,可将熔体中氢含量由 150~190 $cm^3 \cdot kg^{-1}$ 降至 100 $cm^3 \cdot kg^{-1}$。通气速度应适当,以避免熔体飞溅,通气时间为 30 min,通气时间过长将导致晶粒粗化。

(2) 通入活性气体(Cl_2)法。一般在 740~760℃下往熔体中通入 Cl_2。熔体温度低于 740℃时,反应生成的 $MgCl_2$ 将悬浮于合金液面,使表面无法生成致密的覆盖层,不能阻止镁的燃烧。熔体温度高于 760℃时,则熔体与氯气的反应加剧,生成大量的 $MgCl_2$,形成夹杂。氯气通入量应合适,一般控制在使熔体的含氯量(体积分数)低于 3%,以 2.5~3 $L \cdot min^{-1}$ 为佳。含碳的物质如 CCl_4、C_2Cl_4 和 SiC 等对 Mg-Al系合金具有明显的晶粒细化作用。如果采用占熔体质量 1%~1.5% Cl_2 + 0.25% CCl_4

的混合气体在690～710℃下除气，则可以达到除气与变质的双重效果，效果更佳，但是容易造成环境污染。

(3) 通入C_2Cl_6法。一般在750℃左右往镁合金熔体中通入C_2Cl_6，通入量不超过熔体质量的0.1%。C_2Cl_6是镁合金熔炼中应用最为普遍的有机氯化物，它可以同时达到除气和晶粒细化的双重效果。C_2Cl_6的晶粒细化效果优于$MgCO_2$，但除气效果不及Cl_2。

(4) 联合除气法。先向镁合金熔体内通入CO_2，再用He吹送$TiCl_4$，可使熔体中的气体含量降到60～80 $cm^3\cdot kg^{-1}$(普通情况下为130～160 $cm^3\cdot kg^{-1}$)。其除气效果与处理温度和静置时间有关，750℃下除气效果不及670℃。

B 除渣

镁合金所采用的变质剂，易与其他高熔点杂质形成高熔点金属中间化合物而沉降于炉底。这些难熔杂质和变质剂在镁合金中的溶解度小，熔点高，且密度比镁大。当他们相互作用时，且可将合金中的可熔杂质去掉，这对镁合金是有利的。但降低了变质剂的效果，甚至失效。

镁合金中常见的几种相互排除的组元(实际上互为沉降剂)如表3-8所示。

表3-8 镁合金中几种相互排除的组元

沉降剂	Mn	Zr	Be	Ti	Co
去掉的元素	Fe	Fe、Al、Si、P、Be、Mn、Ni(去掉量小)	Fe、Zr	Fe、Si	Ni

减少镁合金中铁、镍、硅杂质的含量可提高其抗蚀性。由于钛在800～850℃时，在镁中的溶解度较大；当低于700℃时溶解急剧降低，并和铁、硅形成高熔点金属间化合物而沉降。因此，近年来在工业上已开始采用钛废料和低质量的氯化钛来去掉熔体中的铁、硅和部分镍，以提高合金的耐蚀性能。如MB3合金用低质量的氯化钛($TiCl_3+TiCl_2$)和镁－钛中间合金(含钛24%)处理后，可将合金中的铁、硅含量由0.01%Fe、0.01%Si降低到0.002%Fe、0.001%Si。

含锆的镁合金，应严格限制硅、铝、锰杂质的含量。当铝、硅、锰含量各超过0.1%时，合金中的锆含量将大为减少。实验结果如下：

(1) 当锰含量为0.1%～0.5%时，合金中的锆含量可减少3倍；

(2) 当铝含量为0.1%～0.5%时，合金中的锆含量可减少11倍；

(3) 当硅含量为0.1%～0.5%时，合金中的锆含量可减少60倍。

3.2.3.4 变形镁合金熔体的变质处理

镁合金的晶粒粗化倾向较大，为使其晶粒细化，需对镁合金进行变质处理。在镁合金中最有效的变质剂是锆和铁。

根据晶粒可能细化的程度，镁合金可分为两大类：

第一类是可以得到稳定的细化晶粒的镁合金，包括以Mg-Zn和Mg-稀土为基的镁合金系。该系的有效细化剂是锆。加锆既可细化晶粒，又可强化固溶体和提高合金的抗蚀性。该系合金锆含量在0.3%～0.9%。以Mg-Zr中间合金形式加入的锆，它有着长时间的细化效应。MB15合金中，锆含量和晶粒尺寸的关系如图3-2所示。

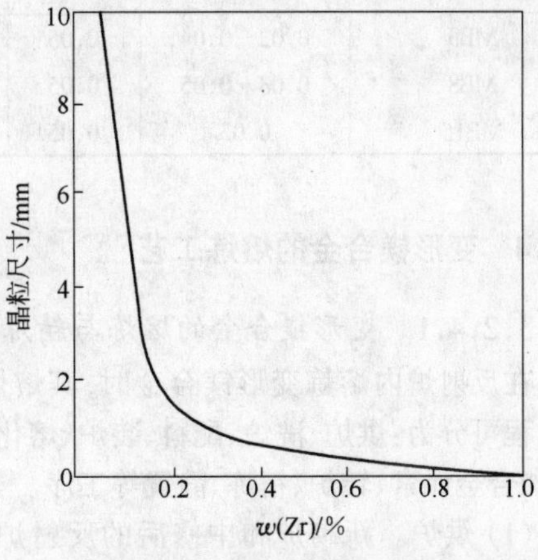

图3-2 锆含量与MB15合金晶粒尺寸的关系

第二类合金是难于细化的，包括以Mg-Mn和Mg-Al为基的镁合金系。而Mg-Al-Zn-Mn系合金(MB3、MB2、MB5、MB7)其晶粒大小与杂质铁的含量有关。以MB3合金而言，根据铁含量不同，其晶粒粗化程度可分为三组(据统计)，如表3-9所示。

表 3-9 铁含量对晶粒粗化程度的影响

铁含量(质量分数)/%	小于 0.005	0.006～0.2	大于 0.02
晶粒大小	粗晶粒	中等晶粒	细晶粒

该系合金中含有微量的锆、硅、铍时,其晶粒将被粗化。例如,存在 0.002%锆时,晶粒大为粗化。硅高于 0.08%时,不可能有细晶。当铍超过 0.001%时,则出现柱状晶和粗晶。

MB3 合金形成柱状晶的倾向性,与其杂质含量有关。当钛大于 0.01%,或硅含量大于铁含量时,铸锭横截面上形成大量的柱状晶。为防止产生柱状晶,应将 MB3 合金中的杂质含量控制在以下范围。

最好铁为硅的 3～3.5 倍,钛小于 0.005%,这样则可得到 0.1 mm 的细晶。对 Mg-Mn 系合金来说,可用碳作细化剂;但碳和碳化物细化晶粒的效应时间很短,不能适应 6～8 h 熔铸工艺时间的要求,因此不实用。如在净化过滤系统中使用碳化物,效果可能提高。

在 MB1 和 MB8 合金中,铁对晶粒细化亦有作用。在 MB1 和 MB8 合金中使晶粒粗化的杂质是铝,而不是锆和硅。当铝高于 0.02%时,若想得到细晶组织是不可能的。铍对 MB1 和 MB8 合金晶粒的粗化作用和 MB3 合金相似。在 MB8 合金中加入少量的锆(以 Mg-Zr 中间合金或 MB15 合金大块废料形式加入)可得细晶组织。

另外在 MB8 合金中,如果杂质铝的含量超过 0.025%时,将使晶粒粗化。而当铝含量在 0.014%～0.025%,则可细化晶粒,尤其与强冷的工艺条件相配合铸造的扁锭效果更好。在实际生产中,铸造 MB8 合金可利用含铝的镁合金一级废料把铝的含量调到最佳范围。

在下列镁合金中,若将杂质控制在表 3-10 所列的范围中,则铸锭既可得到细晶,又没有金属间化合物。

表 3-10 建议杂质的控制范围

合金牌号	杂质含量(质量分数)/%,不大于							
	Fe	Si	Al	Mn	Zr	Ni	Cu	Be
MB3	0.02～0.04	0.05	—	—	0.002	0.004	0.05	0.001
MB8	0.03～0.05	0.05	0.02	—	0.002	0.005	0.05	0.001
MB15	0.03	0.05	0.03	0.05	—	0.005	0.05	0.001

3.2.4 变形镁合金的熔炼工艺

3.2.4.1 变形镁合金的熔炼与精炼

在反射炉内熔炼变形镁合金时,其熔炼工艺过程可分为:烘炉、洗炉、配料、装炉、熔化、扒渣、加合金元素、转炉、精炼、静置等工序。

(1) 烘炉。新砌炉和中修后的反射炉,在使用前应进行烘炉。烘炉应严格按烘炉曲线,如图 3-3 进行升温。长期停炉后(超过 10 天),在使用前亦应进行不少于三昼夜的烘炉。

(2) 洗炉。新砌炉和中修后的反射炉,在开炉时,第一炉先要洗炉。此外,在合金转组时也应进行洗炉,其规定如表 3-11 所示。洗炉时要使用新镁锭或者熔剂,装到炉子容量的一半,升温熔化,至 760～800℃时充分搅拌两次,静置少许后放出。洗炉的目的是防止合金中杂质含量的增高,除掉部分砖缝间存在的非金属及气态夹杂物。

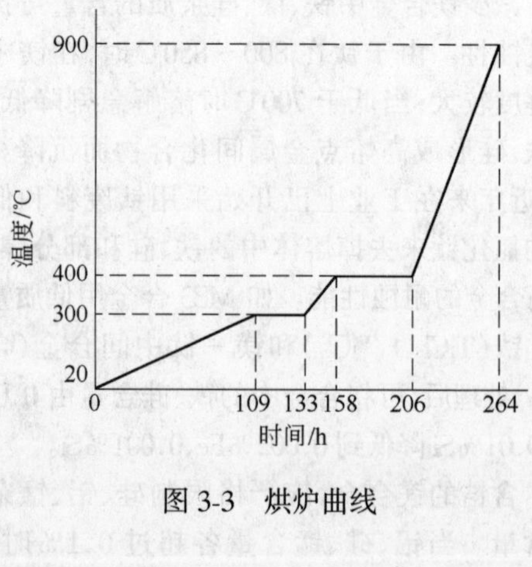

图 3-3 烘炉曲线

表 3-11 合金转组时的洗炉规定

原来熔炼的合金	Mg-Al-Zn-Mn	Mg-Mn	Mg-Zr
转到此系合金时应洗炉	Mg-Mn 和 Mg-Zr	Mg-Zr	Mg-Al-Zn-Mn

(3) 配料。根据合金的化学成分要求，按配料标准进行配料，复化料用量一般不大于40%。配料时，按生产卡片备好所用炉料，并仔细检查有无混料，原镁锭有无油污，废料有无严重腐蚀。所采用的原材料及辅助材料应符合有关标准规定。熔炼镁合金铸锭所用的重要原材料及辅助材料的化学成分见表 3-12～表 3-17。

表 3-12 镁锭化学成分(质量分数) (%)

名称	Mg(不小于)	杂质(不大于)								
		Fe	Si	Al	Cl	Na	K	Cu	Ni	总和
Mg99.95	99.95	0.03	0.01	0.01	0.003	0.01	0.005	0.002	0.001	0.05
Mg99.90	99.90	0.04	0.009	0.02	0.005	0.01	0.005	0.01	0.001	0.08
Mg99.80	99.80	0.05	0.03	0.05	0.005	0.02	0.005	0.02	0.002	0.15

表 3-13 铝锭化学成分(质量分数) (%)

名称	Al(不小于)	杂质(不大于)					
		Fe	Si	Fe+Si	Cu	其他	总和
Al99.70	99.70	0.20	0.12	0.26	0.01	—	0.30
Al99.60	99.60	0.25	0.16	0.36	0.01	—	0.40

表 3-14 锌锭化学成分(质量分数) (%)

名称	Zn(不小于)	杂质(不大于)							
		Pb	Fe	Cd	Cu	As	Pt	Sn	总和
Zn99.99	99.99	0.005	0.003	0.003	0.002	—	—	—	0.01
Zn99.95	99.95	0.020	0.01	0.02	0.002	—	—	—	0.04
Zn99.90	99.90	0.03	0.02	0.02	0.002	—	—	—	0.10

表 3-15 铈化学成分(质量分数) (%)

名称	Ce(不小于)	杂质(不大于)		
		Fe	Si	P
一号	99	0.5	0.2	0.01
二号	98	0.5	0.2	0.01
三号	95	0.5	0.2	0.01

表 3-16 锆氟酸钾

名称	K_2ZrF_6(不小于)	SO_2(不大于)	Fe(不大于)	Ti(不大于)	Al(不大于)
含量(质量分数)/%	98.0	0.35	0.15	0.02	0.2

表 3-17 氯化锰

名称	$MnCl_2$(去结晶水)(不小于)	水不溶物(不大于)	水分(不大于)
含量(质量分数)/%	92.0	1.5	0.5

(4) 装炉、熔化及扒渣。装炉前先在炉内均匀地撒一层粉状二号熔剂，然后装料。装料的顺序是先装碎料，后装镁锭，最后把大块废料放在上面。装料时要求装得密实平整。装完后撒一薄层二号熔剂，然后开始升温熔化。用反射炉熔炼镁合金时，应使炉膛内的气氛呈微还原性。

在升温熔化及扒渣时应注意防止金属燃烧。若燃烧时，应立即用二号熔剂熄灭。待炉内金属化平后，扒第一次渣，当金属温度达750～770℃时再扒第二次渣。扒渣时金属搅动不要太大，渣子要尽量扒尽，不要把金属带入渣中。扒渣后进行彻底搅拌，静置少许后进行取样分析。各种合金的取样温度见表 3-18。在熔炼过程中，各种合金元素的加入方式及要求见表 3-19。

表 3-18 各种合金的取样温度

合金	MB1、MB8	MB2、MB3、MB5、MB7	MB15
取样温度/℃	780～800	720～740	780～800

(5) 转炉。当所熔合金的化学成分符合转炉标准，熔体温度达750～770℃时，即可将金属从熔炼炉转入静置炉。转炉采用的主要方法有：

表 3-19 合金元素的加入方式及要求

合 金	加入元素	加入方式	加入时间及地点	加入温度/℃	取样温度/℃	备 注
MB1	Mn	$MnCl_2$（烘烤）	在熔炼炉扒完二次渣后，用加锰器分批加入	800～820	高于 800	锰的实收率较高，在烘烤 $MnCl_2$ 时产生大量有害气体，劳动条件不好
		$MnCl_2$（重熔）	在熔炼炉扒完二次渣后，用加锰器一次加完	800～820	高于 800	金属烧损及熔剂消耗量低，产品质量有所提高。但 $MnCl_2$ 重熔时劳动条件不好
MB8	Mn	锰盐熔剂	在熔炼炉内用锹撒入并不断搅拌	750	高于 800	锰的实收率提高 10％左右，铸锭夹渣废品降低，劳动条件有所改善。但增加了锰盐制造工序
	Ce	铈铁	在静置炉内用加铈器加入	760～780	高于 760	
MB2	Al	铝锭	随炉料一起加入			
MB3	Zn	锌锭	随炉料一起加入			
MB5	Mn	用 MB1、MB2 废料	随炉料一起加入			
MB15	Zr	纯锆盐 K_2ZrF_6 K_2ZrCl_6 $ZrCl_4$	在熔炼炉内用铁锹大量撒入	900～920	不低于 800	$ZrCl_4$、K_2ZrCl_6 中之 Cl 污染严重，故未采用。用 K_2ZrF_6 时因温度高，反应放出的热量大，金属烧损严重，同时反应产物中有毒性气体 HF、F_2，使劳动条件变坏
		混合锆盐 K_2ZrF_6 CaF_6 LiCl	在熔炼炉中用锹撒入	800～820	不低于 800	锆的实收率有所提高，氧化夹渣废品减少，但熔剂腐蚀废品增多
		Mg-Zr 中间合金	在熔炼炉内扒完第一次渣后加入	800～820	不低于 800	合金的纯度提高，生产周期缩短，劳动条件改善，但生产中间合金时，劳动条件不好

1）静压力落差法。此法适用于两个炉床不在同一水平面上的反射炉。转炉时，打开流口钎子，金属便自动流出；

2）虹吸倒炉法；

3）离心泵倒炉法，其结构图见图 3-4；

4）电磁泵倒炉法，结构图见图 3-5。

（6）精炼。精炼的目的是消除合金中的非金属夹杂物和溶解的气体，以获得较纯净的金属，从而提高合金的力学性能和耐蚀性能。

变形镁合金常用的精炼方法是熔剂精炼法。精炼的效果与所用熔剂的数量、质量、操作方法、精炼温度及精炼时间等因素有关。当从熔体中取完快速分析试样后，温度达到 730～760℃时进行精炼。精炼熔剂的用量为每吨熔体约 10 kg，精炼时间 10 min 左右。

在生产中，除镁－锂合金外，一般采用二号熔剂加 10％～15％ CaF_2 作为精炼剂。按上述熔剂特点来看，最好采用五号熔剂进行精炼。在精炼后重新覆盖时，亦用精炼熔剂，而不是采用二号熔剂。

精炼后，根据实际情况，将熔体静置不少于 60 min，然后开始铸造。

镁合金的精炼特点和注意事项：

1）含锆的镁合金，不用含 Al 和 Mn 的氟化物熔剂，而采用四号熔剂。

2）净化时一般不用六号熔剂，因熔剂中含 $TiCl_3$，Ti 与 Fe 起作用，对 Mg-Al-Zn-Mn 和 Mg-Mn系合金起粗化晶粒的作用。

3）对镁－锰和镁－稀土系合金，不采用二号熔剂，因为精炼后会出现熔剂夹渣。

4）五号熔剂可用于所有合金，因为精炼时掉进镁合金熔体中的氯化物少。用五号熔剂时，静置时间不少于 60 min，如用五号熔剂覆盖时，有可靠的保护性，6～8 h 亦不失效。

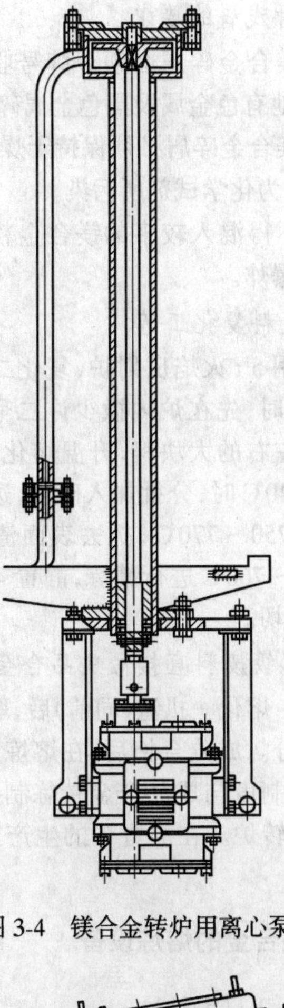
图 3-4 镁合金转炉用离心泵

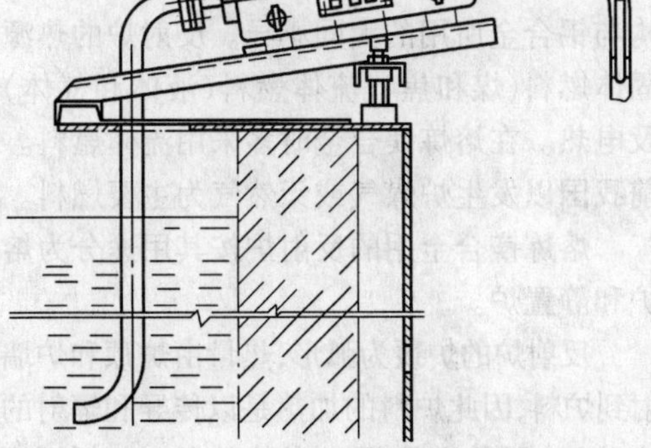
图 3-5 镁合金转炉用电磁泵

5) 对含 Li 和稀土族元素的合金,要想方设法缩短熔炼时间,减少元素的烧损。由于它们在转注和精炼时损失很大,应在补料时予以补偿。

(7) 清炉。清炉是铲除炉墙残渣,扒净炉内烧渣。熔炼炉转炉完了和静置炉铸造终了时均要进行清炉。在生产中熔炼一定炉数(6～10炉)后,也要进行一次放干大清炉。

3.2.4.2 中间合金和熔盐的制备

A 锰盐熔剂的制备

(1) 原材料要求:

1) 工业纯氧化镁: MgO 不低于 91%, $MgCO_3$不大于 3%。

2) 工业用氯化锰: $MnCl_2$ 不低于 92%,水分不大于 0.5%,不溶物不大于 1.5%。

3) 工业用氟化钙: CaF_2 不低于 90%, SiO_2 不大于 5.0%,水分不大于 1.0%。

(2) 配料成分。配料成分见表 3-20。

表 3-20 锰盐熔剂配比成分(质量分数)(%)

名 称	$MnCl_2$	CaF_2	MgO
锰盐熔剂	76	13	11

(3) 工艺流程。先将氯化锰放入坩埚中熔化,温度达 750℃时加入氟化钙和氧化镁,边加边搅,在 720℃ 时进行浇铸,然后在球磨机中粉碎。

(4) 氯化锰重熔。将氯化锰放入坩埚中熔化,在 600～650℃时保温脱水直至不冒气泡为止,浇铸于干燥的铁箱内,置于保温炉中以待使用。

B 混合锆盐的制备

(1) 配料成分。配料成分见表 3-21。

表 3-21 混合锆盐配料成分(质量分数)(%)

名 称	K_2ZrF_6	CaF_2	LiCl
混合锆盐	66	8	26

(2) 制备工艺。先将氯化锂、氟化钙、锆氟酸钾装入炉内升温熔化,达 800℃时,保温一段时间后进行浇铸,然后用球磨机进行粉碎。

C 镁锆中间合金的制备

由于纯锆的熔点高(1865℃),高温时又难于防止氧化,因此,含锆镁合金除了采用加混合锆盐的方法加锆外,最好是先制成 Mg-Zr 中间合金,再向合金中加入。制备镁锆中间合金的主要方法为:

(1) 用镁还原光卤石和锆氟酸钾的混合盐，制备渣质的Mg-Zr中间合金；

(2) 用镁还原氟化锂、氟化钙和锆氟酸钾的混合盐，制备渣质的Mg-Zr中间合金；

(3) 用镁还原氟化钾和锆氟酸钾的混合盐，制备金属状态的Mg-Zr中间合金；

(4) 用金属锆粉制备金属状态的Mg-Zr中间合金。

(5) 用混合盐制备Mg-Zr中间合金，其配料比见表3-22。其总反应式如下：

$$K_2ZrF_6 + 2Mg \rightleftharpoons 2KF + Zr + 2MgF_2$$

表3-22　制备镁－锆中间合金的配料成分

方法	配料成分（质量分数）/%					
	Mg	K_2ZrF_6	光卤石	LiCl	CaF_2	KCl
1	20	40	40	—	—	—
2	20	53.5	—	20	6.5	—
3	24	32.5	—	—	—	43.5

实践证明，用含KCl的混合盐制备金属状态的Mg-Zr中间合金，更适于生产，其配料成分参见表3-22，其制备工艺如下：

(1) 先将KCl升温熔化，停止沸腾后，将温度提高到880～900℃。

(2) 将预热好的K_2ZrF_6加入到已熔化好的KCl中，边加边搅拌，加完后再搅拌5 min。

(3) 继续升温到880～900℃，将预热好的镁锭加入坩埚，熔化后用机械搅拌10～15 min，然后吊出坩埚在室温中冷却。

(4) 完全凝固后，用水浸泡1～2 h，从坩埚中倒出金属状态的Mg-Zr中间合金。如将Mg-Zr中间合金重熔，可获得高质量的中间合金，重熔温度为690～710℃；温度过高时烧损较大。

3.2.4.3　废料复化

生产中把变形镁合金的废料按形状、尺寸、清洁程度的不同分为一级、二级和等外几种。一级废料可以直接制备成品合金。二级或等外废料可经复化和精炼后铸成铸锭，成分符合者可当一级料使用。

镁合金废料质量的好坏直接关系到产品质量，特别是镁合金的残屑更应严格控制。

A　对残屑的要求

(1) 镁合金碎屑必须分牌号收集保存，不得混入其他有色金属及黑色金属碎屑。

(2) 镁合金碎屑必须保持干燥，不得有水、油、乳液或为化学试剂所污染。

(3) 不得混入较多的镁合金粉尘，以免熔化时引起爆炸。

B　废料复化工艺

在采用5 t火焰反射炉，复化二级废料（或等外废料）时，先在炉内撒少许二号熔剂，装入总量1/4左右的大块料，升温熔化。当温度达到720～740℃时，分批加入碎屑，边加边搅，最后升温至750～770℃，扒去表面渣和底渣，转炉，于740～760℃进行精炼，静置40～100 min后铸造、锯切。

C　二级废料直接做成品合金的工艺

清炉－熔化－扒渣（同前）后，取样分析，调整化学成分。成分合格后，在熔炼炉进行第一次精炼（其制度与成品合金精炼制度相同），静置60 min，转炉。在静置炉的生产工艺与成品合金相同。

3.2.5　镁合金的熔炼设备

3.2.5.1　反射炉

反射炉是熔炼有色金属常用的设备，其结构与铝合金所用的大同小异。反射炉的热源有固体燃料（煤和焦）、流体燃料（液体和气体）以及电热。在熔炼镁合金时多采用流体燃料。目前我国以发生炉煤气或天然气为主要燃料。

熔炼镁合金用的反射炉按其用途分为熔炼炉和静置炉。

反射炉的炉顶为弧形，热量由炉顶和炉墙反射到炉料，因此炉料的加热是以传导和辐射的方式由上向下传递的，同时使火焰及废气缓缓流过液面，使炉料与热流直接接触。反射炉的燃烧速度较快，适于大规模生产，但热效率较低。

反射炉的炉底一般采用镁砖、镁砂来砌筑。近来，已有用铸铁作为炉底的，而不使用含SiO_2的耐火材料，因为SiO_2很容易与金属及熔剂之中的$MgCl_2$发生反应，而使炉衬受到损失，并且增加了合金中杂质硅的含量。

3.2.5.2 坩埚炉

在镁合金的熔炼中，也广泛使用坩埚炉。因为坩埚炉的烧损比反射炉大为降低，劳动环境比反射炉好。

坩埚炉按其加热方式可分为电阻坩埚炉和煤气坩埚炉。

电阻坩埚炉的构造如图 3-6 所示。把电阻材料装于坩埚四周的炉壁上，电阻材料为丝状或带状。

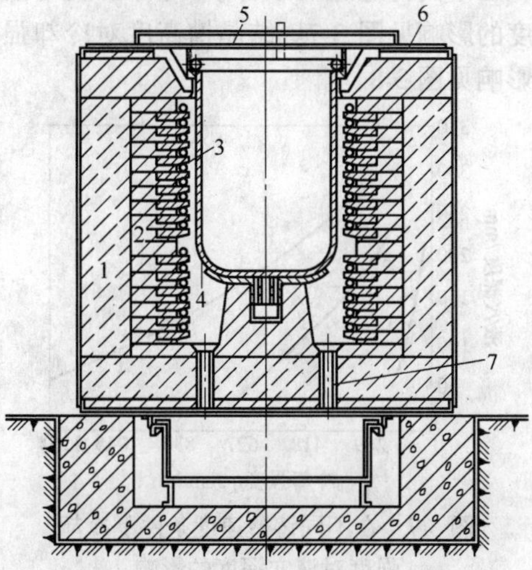

图 3-6 电阻坩埚炉

1—保温砖；2—耐火异型砖；3—电阻丝；4—铁制坩埚；5—炉盖；6—炉壳；7—电源接线端

煤气坩埚炉的燃料主要是发生炉煤气。煤气借喷嘴喷入炉膛，喷射沿着切线的方向，以保证燃烧位置适当。否则，喷嘴直接喷射到坩埚壁上，易引起金属局部过热，甚至使坩埚烧坏。

3.2.5.3 无铁芯工频感应电炉

熔炼镁合金的感应电炉不能采用熔沟式的感应炉，因为密度大的熔剂及熔渣沉积炉底使熔沟堵塞。感应电炉所用的坩埚可用 10～25 mm 厚的钢板焊成，也可直接铸成壁厚为 40～60 mm 的厚壁坩埚。由于铸造坩埚易产生缺陷，同时体积较大，故一般多采用焊接坩埚。

无铁芯工频感应电炉由炉架、炉体、密封炉盖、通风系统、液压系统、冷却系统、电磁输送或低压转注系统所组成。

由多台感应电炉组成的坩埚群，不仅生产能力高，而且在熔化过程中炉料和火焰不直接接触，可减少熔剂用量，改善劳动条件，提高金属质量。用这种熔炼设备，采取可靠的净化措施，并在铸造时采用密封转注，可获得质量较好的铸锭。

3.3 变形镁合金的铸造技术

3.3.1 变形镁合金的铸造方法

镁合金铸锭质量与铸造方法关系甚大，镁合金的铸造方法有铁模铸造、水冷模铸造和半连续铸造。

铁模和水冷模铸造法是陈旧的方法，铸锭质量和生产效率较低，已很少采用。目前，在工业生产中广泛采用的是半连续铸造法。

自从采用半连续铸造方法以来，镁合金铸锭的质量，有了很大的提高。

与旧式方法相比，半连续铸造方法的主要优点是：

(1) 结晶速度高，改善了铸锭的晶内结构，减小了化学成分的区域偏析，提高了铸锭的力学性能。不同铸造方法对 MB8 及 MB3 合金铸锭力学性能的影响，如表 3-23 及表 3-24 所示。

表 3-23 MB8 合金铸锭的力学性能

铸造方法	σ_b/MPa	δ/%
铁模铸造	81～131	3～6.0
半连续铸造	168～180	3～10.0

表 3-24 铸造方法对 MB3 合金（ϕ280 mm）铸锭力学性能的影响

取样方向	铸造方法和制度		σ_b/MPa		δ/%	
	方法	铸造温度和铸造速度	边部	中心	边部	中心
顺向性能	水冷模	730℃	144	90	5.5	2.6
	半连续铸造	730℃，速度 3 m/h	143	146	7.2	6.3
	水冷模	690℃	133	72	6.5	2.6
	半连续铸造	690℃，速度 4 m/h	143	141	7.6	7.5

续表 3-24

取样方向	铸造方法和制度		σ_b/MPa		δ/%	
	方法	铸造温度和铸造速度	边部	中心	边部	中心
横向性能	水冷模	730℃	174	105	6.2	4.0
	半连续铸造	730℃,速度 3 m/h	166	150	7.2	6.7
	水冷模	690℃	174	147	5.2	3.3
	半连续铸造	690℃,速度 4 m/h	142	144	4.8	4.8

(2) 由于改善了金属熔铸系统,减少了氧化夹杂和金属杂质,提高了金属的纯净度。熔铸设备对 MB8 合金中金属杂质的影响见表 3-25。

表 3-25 铸造方法及设备对 MB8 合金净化程度影响

工艺装备	有害杂质含量(质量分数)/%		
	Fe	Cu	Ni
铁制坩埚和铁模铸造	0.05	0.05	0.007
煤气炉和半连续铸造	0.025	0.05	0.002

(3) 合理的结晶顺序性,提高了铸锭的致密度,并使铸锭中心部位减少了疏松。

(4) 增大了铸锭长度,相对减少了切头、切尾等几何废料的百分比。

(5) 实现了机械化,改善了劳动条件,提高了劳动生产率。

半连续铸造方法的主要缺点是:

(1) 铸锭内部因结晶速度增大造成了更大的内应力,使裂纹倾向性增大。

(2) 由于结晶速度增大,对扩散系数较小的个别组元,造成了较大的晶内偏析,因此某些合金锭需要进行长时间组织均匀化处理。

(3) 由于结晶速度大,在液穴内温度梯度较大,虽不利于金属中间化合物的颗粒过于长大,但却使它易于产生。

3.3.2 镁合金的铸造工艺

3.3.2.1 镁合金的铸造工艺制度

镁合金半连续铸造的基本工艺参数是铸造速度、铸造温度、冷却水压和结晶槽高度。这些参数中,可调度最大的是铸造速度,铸造温度和冷却水压(它表征水冷强度)。此外,在铸造系统中许多未纳入铸造制度的细节也对铸锭的组织、裂纹倾向性、铸锭致密度以及铸锭表面质量等有一定的影响。例如结晶槽锥度和粗糙度、进出水孔的大小及水的喷射角度、铸造漏斗直径、孔径、孔数、沉入熔体的深度等。

在不同铸造速度条件下,冷却强度对液穴深度的影响见图 3-7。结晶槽高度对冷却强度的影响见图 3-8。

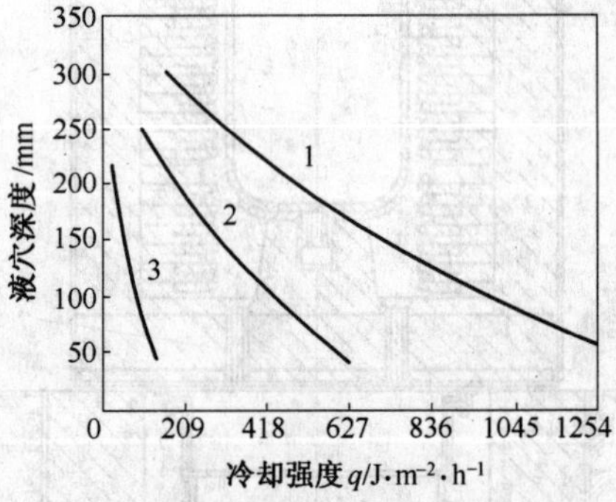

图 3-7 在不同铸造速度条件下冷却强度对液穴深度的影响

1—铸造速度 9.0 cm/min; 2—铸造速度 7.0 cm/min; 3—铸造速度 5.5 cm/min

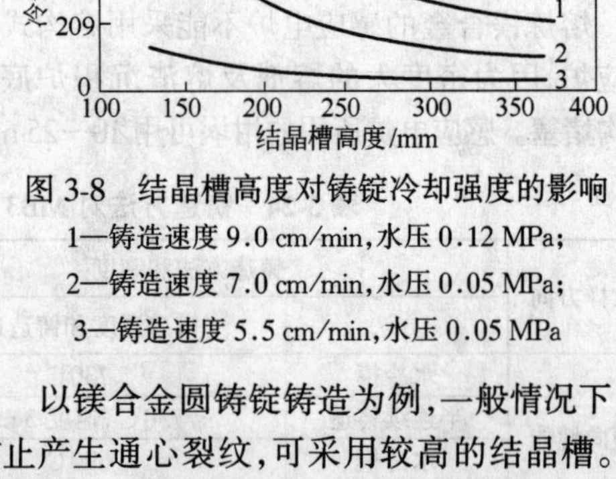

图 3-8 结晶槽高度对铸锭冷却强度的影响

1—铸造速度 9.0 cm/min,水压 0.12 MPa;
2—铸造速度 7.0 cm/min,水压 0.05 MPa;
3—铸造速度 5.5 cm/min,水压 0.05 MPa

以镁合金圆铸锭铸造为例,一般情况下,为防止产生通心裂纹,可采用较高的结晶槽。即当增高结晶槽后,可适当地提高铸造速度,而不致产生通心裂纹。但是,当增高结晶槽后,如果铸造速度低,将又会引起发状的表面淬火裂纹。对于热脆性较大的合金,若采用低结晶槽时,必须相应减小铸造速度;但此时铸锭表面的冷隔(成层)缺陷却又增多,同时还可能出现横向冷裂纹。因此,必须合理的选择结晶槽高度和铸造速度。使其既不出现通心的热裂纹和其他形式的热裂纹,也不出现冷裂纹,同时还能提高铸锭表面质量。

各参数对液穴深度影响和冷却强度对结晶速度的影响分别见图 3-9 和图 3-10。

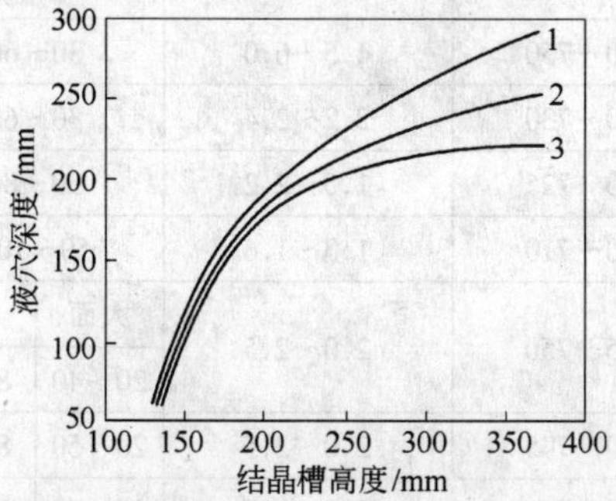

图 3-9 液穴深度变化和结晶槽高度及铸造速度的关系

1—$v_{铸}$ = 9 cm/min,水压 0.12 MPa;

2—$v_{铸}$ = 7 cm/min,水压 0.05 MPa;

3—$v_{铸}$ = 5.5 cm/min,水压 0.05 MPa

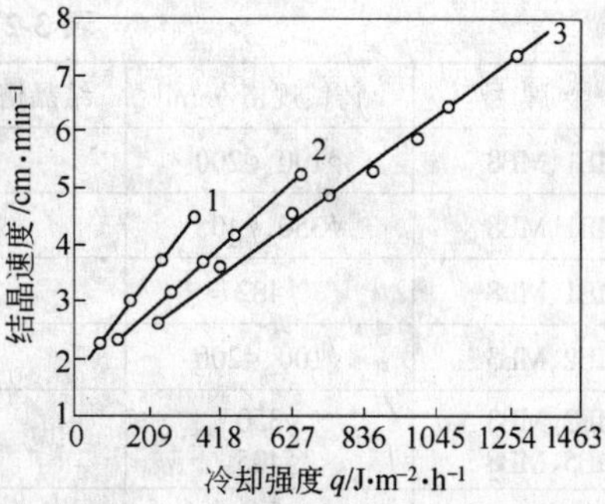

图 3-10 冷却强度对结晶速度的影响

1—$v_{铸}$ = 9.0 cm/min; 2—$v_{铸}$ = 7.0 cm/min;

3—$v_{铸}$ = 5.5 cm/min

由于结晶槽高度的提高,相对降低了结晶速度,可延长金属中间化合物的生长时间。结晶槽越高,对镁合金中金属中间化合物的尺寸增大和数量增多的影响越明显。表 3-26 介绍了 200 mm×800 mm MB3 合金扁锭,其金属中间化合物的偏析和结晶槽高度的关系(根据标准检验其合格率)。

考虑以上原因,结晶槽高度最好控制在以下范围为宜,当铸锭直径为 350～690 mm 时,其结晶槽高度为 145～250 mm。200 mm×800 mm 扁铸锭的结晶槽高度为 250 mm,260 mm×960 mm扁铸锭的结晶槽高度为 300 mm。

表 3-26 结晶槽高度对 MB3 合金 200 mm×800 mm 扁锭金属中间化合物的影响

结晶槽高度/mm	铸造参数					金属中间化合物偏析情况		
	铸造速度/m·h⁻¹	铸造温度/℃	金属水平/mm	水压/kPa		试片总数/个	合格试片数/个	试片合格率/%
				大面	小面			
300	2.5	720～735	50～70	30～45	10～20	49	22	44.9
250	2.5	720～735	50～70	30～45	7～15	120	101	84.1

在国外,对 MB15 合金,还仅限于铸造圆锭。在我国已首次铸成了 MB15 合金扁锭。其规格为 160 mm×540 mm,结晶槽高度为 250 mm。

MB15 合金热裂纹倾向性较大,对水冷强度表现得极为敏感,为了减少热裂纹,采用推迟二次冷却水的方法,参见图 3-11,其效果很好,既保证了铸锭表面质量,也基本上克服了铸锭的热裂纹。

镁合金的铸造工艺制度见表 3-27。

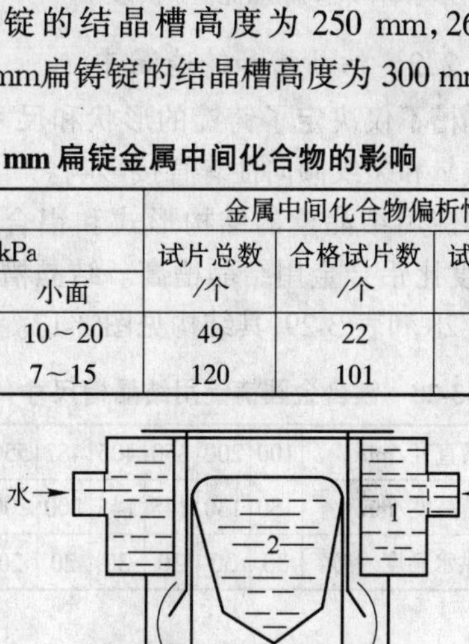

图 3-11 MB15 合金 160 mm×540 mm 扁铸锭铸造系统图

1—结晶槽; 2—液穴; 3—铸锭; 4—底座; 5—挡水板

表 3-27 镁合金铸造工艺制度

合金牌号	铸锭规格/mm	结晶槽高度/mm	铸造温度/℃	铸造速度/$m \cdot h^{-1}$	水压/kPa	
MB1、MB8	ϕ100、ϕ200	130	730~750	4.5~6.0	30~60	
MB1、MB8	ϕ350、ϕ405	145	720~740	2.0~2.3	30~60	
MB1、MB8	ϕ482	200	720~740	1.5~2.2	30~60	
MB2、MB3	ϕ100、ϕ200	145	720~745	4.5~6.0	30~60	
MB2、MB3 MB5、MB8	ϕ350 ϕ405	145	710~730	2.0~2.2	30~60	
MB2、MB3 MB5、MB7	ϕ482	200	710~725	1.5~2.2	30~60	
MB2、MB3	ϕ550	200	700~720	1.5~2.2	50~80	
MB2、MB3	ϕ690	250	700~720	1.3~1.8	50~100	
MB15	ϕ100、ϕ200	130	710~750	4.5~6.0	30~60	
MB15	ϕ350/ϕ405	145	700~730	2.2~2.4	30~60	
MB15	ϕ482	200	690~725	1.5~2.2	30~80	
MB15	ϕ690	250	690~710	1.3~1.6	50~100	
MB1、MB8	200×800	300	735~750	2.0~2.5	大面	小面
					20~40	8~25
MB8	260×960	300	730~745	2.0~2.5	20~50	8~30
MB2、MB3	200×800	250	730~745	2.0~2.5	20~50	7~25
MB15	160×540	250	720~750	2.4~3.0	20~40	7~20

注：水压视具体条件而定，此值只供参考。

3.3.2.2 结晶槽和铸造漏斗

结晶槽不仅决定了铸锭的形状和尺寸，且对铸锭质量和裂纹倾向性有直接影响。

圆铸锭用结晶槽的结构形式和铝合金相同，但高度比铝合金用结晶槽高。结晶槽的规格见表 3-28 和表 3-29，其结构见图 3-12。

表 3-28 镁合金圆铸锭用结晶槽尺寸

结晶槽直径/mm	100	200	350	405	482	550	690
结晶槽高度/mm	130	130	145	145	200	200	250
向铸锭供水角度/(°)	30	30	30	30	20	20	20

表 3-29 镁合金扁铸锭结晶槽尺寸

铸锭规格 /mm×mm	结晶槽尺寸/mm				小面弧	
	宽度	厚度	高度	锥度（上口比下口）	R_1	R_2
200×800	806	206	250	小 2~3	50	250
200×800	806	206	300	大 0~2	50	250

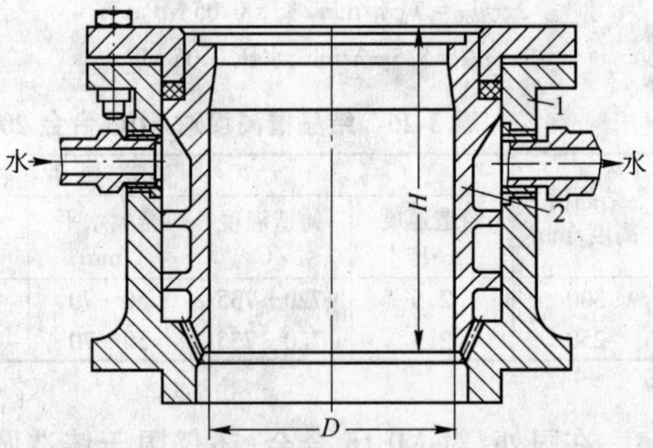

图 3-12 圆铸锭用结晶槽

1—结晶槽外套；2—结晶槽内套

当铸造热裂纹倾向性较大合金的大直径铸锭时，建议采用较高的结晶槽，且应带较小的供水角度。

无论是圆铸锭或扁铸锭用的结晶槽，其内表面粗糙度应尽可能的低，要求粗糙度 R_a 在 1.6 μm 以下。粗糙度越低，铸锭表面质量越好。

由于镁合金扁锭尺寸较小，且铸锭冷裂纹倾向性较小，故不采用端头小面带缺口的结晶槽。因为这种结晶槽操作不便，尤其是对熔态金属直接见水有爆炸危险的镁合金，更不宜采用。

扁铸锭结晶槽直接安在冷却水箱上。水箱上有两排水孔，与铸锭分别呈90°和45°角，水孔直径为4～6 mm，水孔间隔10 mm。为保证水压正常，进水口面积应比出水孔总面积大25%，并在水箱宽面的下方设一挡水板。挡水板和结晶槽下缘呈一均匀缝隙，以保证冷却水在同一水平上直接喷射到铸锭表面。水箱的结构见图3-13，扁锭用结晶槽见图3-14。

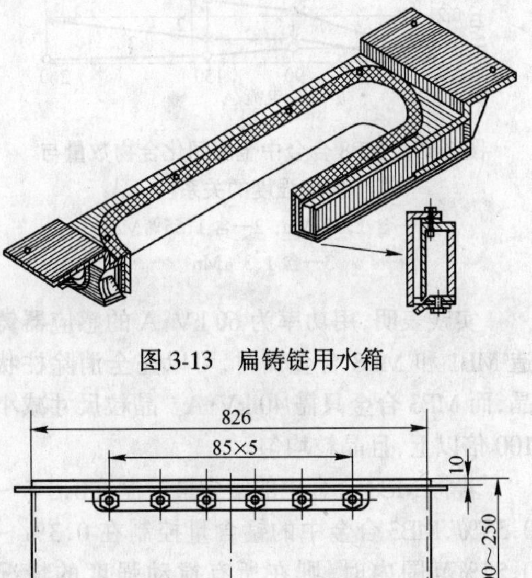

图3-13　扁铸锭用水箱

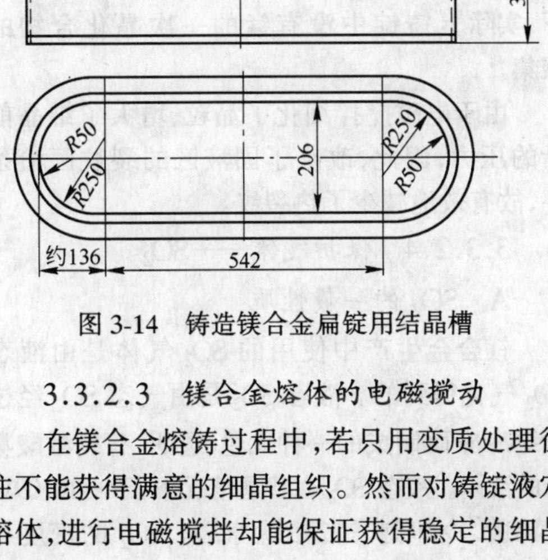

图3-14　铸造镁合金扁锭用结晶槽

3.3.2.3　镁合金熔体的电磁搅动

在镁合金熔铸过程中，若只用变质处理往往不能获得满意的细晶组织。然而对铸锭液穴熔体，进行电磁搅拌却能保证获得稳定的细晶组织。

熔体的黏滞运动可促使晶粒细化。研究指出，电磁场所造成的熔体运动可引起体积结晶，故使晶粒细化。但电磁搅拌也伴随有极不希望的现象，即金属中间化合物一次晶落入铸锭，同时还粗化晶枝（晶内结构）。本质是由于悬浮结晶的（所造成的一次晶）结晶速度小的结果。

为造成液穴内的熔体按磁场作用力的方向运动，一般采用工频感应器。其电源由一台电压为380 V、频率为50 Hz的降压变压器供给，搅动功率的变化可用变压器二次分接头来实现。二次分接头的电压不超过24 V，电流在几十到几千安培之间变化。

铸造直径大于500 mm的圆锭时，把感应器放在液穴上方较合理，参见图3-15，而铸造小直径铸锭时把感应器放在结晶槽的外周较好，参见图3-16。

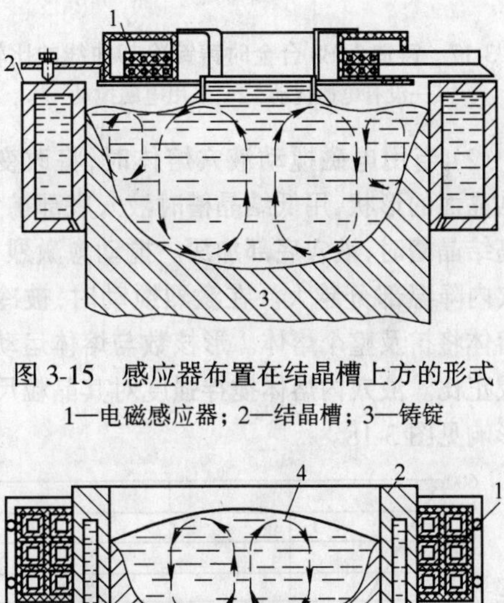

图3-15　感应器布置在结晶槽上方的形式

1—电磁感应器；2—结晶槽；3—铸锭

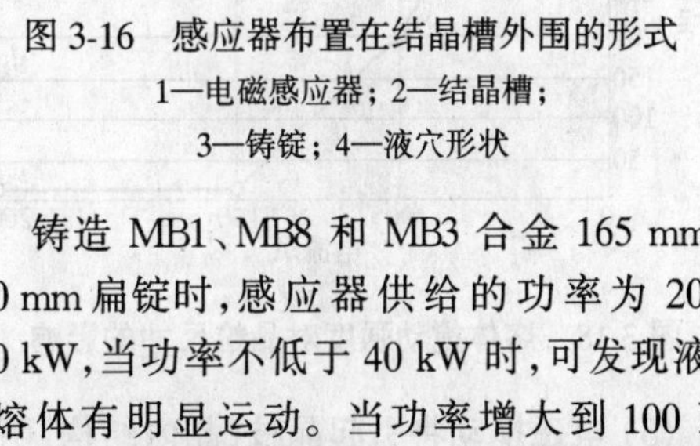

图3-16　感应器布置在结晶槽外围的形式

1—电磁感应器；2—结晶槽；

3—铸锭；4—液穴形状

铸造MB1、MB8和MB3合金165 mm×540 mm扁锭时，感应器供给的功率为20～100 kW，当功率不低于40 kW时，可发现液穴内熔体有明显运动。当功率增大到100 kW时，则引起熔体的激烈搅动，甚至使氧化膜破裂，而污染金属。

(1) 电磁搅动熔体时，首先使液穴内的温度降低和均匀。对于结晶温度范围不同的合金，其温度降低也不一样。对于纯镁和共晶成分的合金以及结晶温度范围小的工业合金MB8，其温度可均匀地降低到共晶温度或者低于其液相线2～3℃。而对结晶温度范围宽的合金如MB3，则发现其温度降低得更大，能低于其液相线10～20℃。图3-17为MB8合金有、无电磁搅动时的冷却曲线对比。

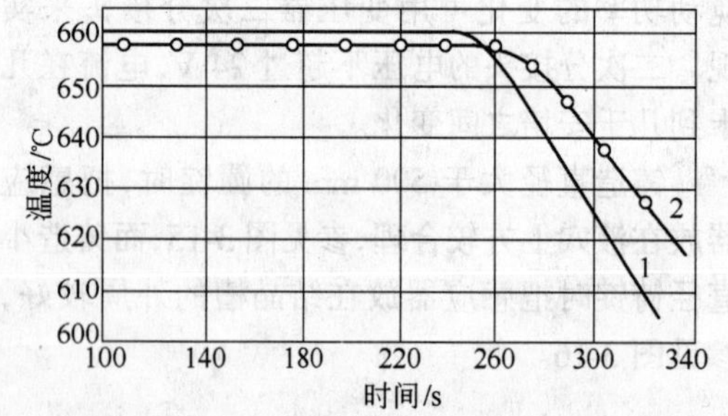

图3-17　铸造MB8合金时铸锭冷却曲线的比较
1—没有电磁搅动；2—采用电磁搅动

(2) 当用电磁搅动液穴熔体时，将改变铸锭结晶面的形状，用低结晶槽时液穴底部扩大，用高结晶槽时，液穴底部加深。搅动愈激烈，则液穴内降温部分越大。在激烈搅动时，被冷却的熔体将扩及整个熔体。形核数与熔体运动速度成正比。液穴内熔体搅拌强度对其晶粒尺寸的影响见图3-18。

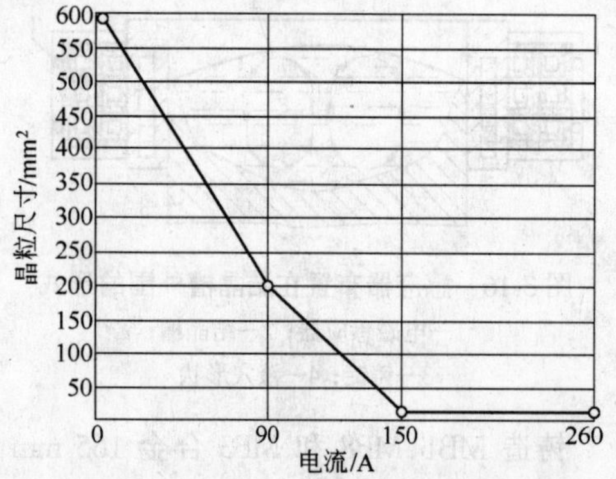

图3-18　熔体搅动强度对晶粒尺寸的影响

(3) 电磁搅动将引起晶枝(晶内结构)明显粗化和金属中间化合物一次晶数量增加。这可能是随着搅动强度的增加将使长大着的枝晶和一次晶在液穴内停留时间增长的缘故。

MB8合金铸锭经电磁搅拌，其金属中间化合物增大、数量增多，而MB3合金铸锭的金属中间化合物尺寸减小，数量却大大增多。图3-19为MB8合金锭中金属间化合物的数量与电磁搅拌的关系。

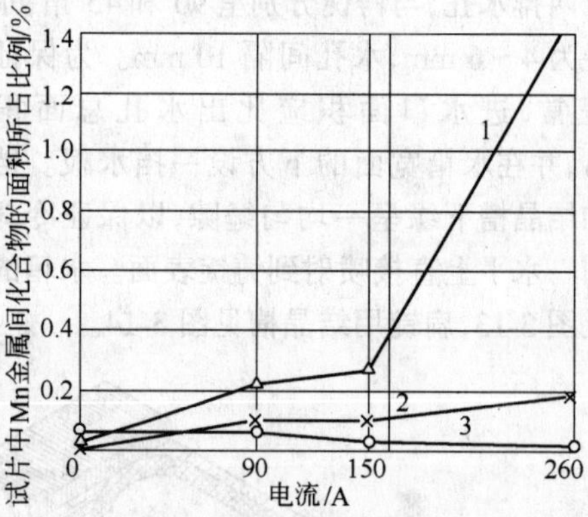

图3-19　MB8合金中金属间化合物数量与搅动强度的关系
1—含1.8%Mn；2—含1.55%Mn；
3—含1.3%Mn

实践表明，用功率为60 kV·A的感应器铸造MB1和MB8合金锭时，可以完全消除柱状晶，而MB3合金只需40 kV·A。晶粒尺寸减小100倍以上，且晶粒均匀。

若将MB8合金中的锰含量控制在0.3%～0.55%，MB3合金中的锰含量控制在0.3%～0.55%范围内时，则在所有搅动强度的情况下，实际上铸锭中没有锰的一次晶化合物的聚集。

由于电磁搅拌细化了晶粒、增大了结晶前沿的压力，因此，改善了固液区的裂纹医治条件，故有效地减少了热裂纹。

3.3.2.4　保护气体——SO_2

A　SO_2的一般性质

镁合金生产中使用的SO_2气体是由液态SO_2气化得到的。液态SO_2是由气态SO_2经过压缩冷冻而制成的一种无色、透明、有刺激酸臭味的液体。液态SO_2在普通情况下，于-10.09℃时沸腾，冷却到-72℃就冻结。SO_2的密度与温度、饱和气压的关系见表3-30。

表 3-30 液态 SO_2 的密度与饱和气压、温度的关系

温度/℃	饱和气压/kPa	密度/g·cm^{-3}	温度/℃	饱和气压/kPa	密度/g·cm^{-3}
−30	37.6	1.509	25	382.0	1.3695
−25	49.0	1.4968	30	449.8	1.3556
−20	62.9	1.4846	35	526.0	1.3413
−15	79.9	1.4724	40	612.5	1.3264
−10	100.1	1.4601	45	709.0	1.3170
−5	124.6	1.4477	50	817.5	1.2957
0	152.6	1.4350	60	1073.0	1.2633
5	186.2	1.4123	70	1387.0	1.2293
10	225.6	1.4095	80	1768.0	1.1920
15	270.6	1.3960	90	2227.0	1.1528
20	322.8	1.3831	100	2770.0	1.110

注：要求液态 SO_2 纯度在 99.8%以上，水分及杂质在 0.2%以下。

从表可以看出饱和气压随温度升高而增大。在一定温度下，饱和气压与气的体积无关，液态 SO_2 很容易蒸发，在蒸发时吸收大量的热，温度愈高蒸发速度越快，因而使周围介质或液态 SO_2 本身温度下降。

B SO_2 的使用方法

在生产镁合金铸锭时，一般用气化罐，其优点是贮罐与气化罐直接连通，便于使用，可减轻工人的劳动强度，大大减少 SO_2 放空所造成的浪费与污染。SO_2 气化罐装置示意图见图 3-20。

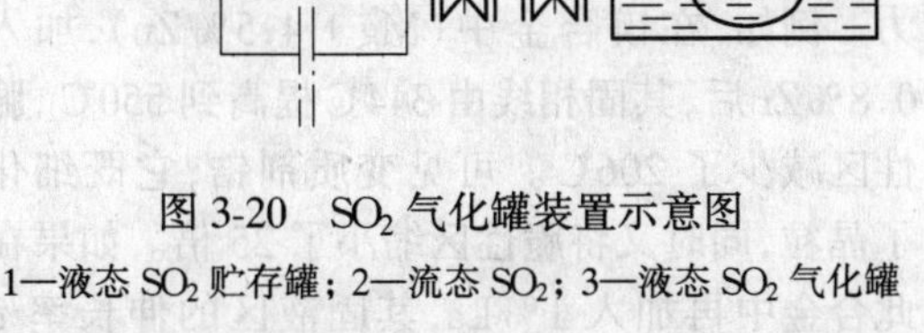

图 3-20 SO_2 气化罐装置示意图

1—液态 SO_2 贮存罐；2—流态 SO_2；3—液态 SO_2 气化罐

(1) 低温气化法。将液态 SO_2 输入气化罐，其容积不超过罐的一半为宜，然后关闭进液阀门，即可使用，用水加热，水温不能超过 30℃。

(2) 平衡法。先把进液阀打开，液态 SO_2 便自动流入气化罐，水温一定要保持在 60℃以上，两罐压力自己平衡。气化罐中的 SO_2 液面一定要低于贮存罐中 SO_2 液面的高度，否则，水温低时有自动流过液态 SO_2 的危险。但温度下限要看季节具体条件而定。

使用平衡法，一般大罐要比气化罐的位置高 1 m 以上为宜，当大罐气压较低时，可用压缩空气加压。使用低温气化法时，气化罐的壁厚的选择以低温气化法技术条件为依据。二氧化硫贮存罐和气瓶有关规定列于表 3-31 所示。气化罐、贮存罐使用注意事项：1)搬运时必须轻搬轻放；2)不要放在日光下曝晒；3)储存罐温度不得超过 35℃，超过时，则要采取降温措施。

表 3-31 对液态 SO_2 贮存罐和气化罐的有关规定

名 称	用 途	工作压力/kPa	罐制成后的试验压力/kPa	
			水压	气压
气化罐	充 SO_2 用	600	120	60
贮存罐	贮存液态 SO_2	600	120	60

3.3.3 镁合金的裂纹倾向性

镁合金和铝合金一样，经常出现的裂纹有两种类型，即热裂纹和冷裂纹。在镁合金中，热裂纹倾向性较大，而冷裂纹只在 MB5 和 MB7 合金铸锭中发生过，且亦少见。

3.3.3.1 冷裂纹

造成冷裂纹的基本因素是当铸锭冷却到低于不平衡固相线温度以下时，由于铸锭收缩困难而造成的。也就是取决于当时铸锭的内应力大小和塑性高低。铸造应力一般可分为热应力、相变应力和收缩阻力三类。

在连续铸造条件下，镁合金的相变应力很小，主要是热应力和收缩阻力两类。由于铸锭外形简单，结晶槽对铸锭收缩的阻力较小。只有在铸锭底部和底座接触的部位才有较大的收缩阻力。至于铸锭内部各层间的阻力，是由于收缩时间不同步和收缩系数大小不一致而造成的。收缩阻力虽是不可避免的，但它在一定范围内是可调整的。因此，冷裂纹取决于在固态时铸锭内部热应力的大小和塑性高低。铸锭的塑性一般用其伸长率 δ 来表示。

形成热应力的原因是由于铸锭内外各层间的收缩时间不同步，收缩系数不一样所致。例如 MB15 合金 ϕ530 mm 的圆锭，各层的冷却曲线见图 3-21。由图可知，当铸造速度为 33.6 cm/min 时，在铸锭横截面上，各部分的冷却速度相差很大；在铸锭中心部分其平均冷却速度为 48℃/min，而外表层则为 58℃/min，这种冷却速度不同步必然导致收缩系数不一样，冷却速度愈大，收缩系数也愈大，另外各层收缩的时间也不同步，铸锭表皮先收缩，中心部分后收缩。这样先收缩的冷却速度又大，而后收缩的冷却速度又小，这就形成了铸锭内部的热应力。

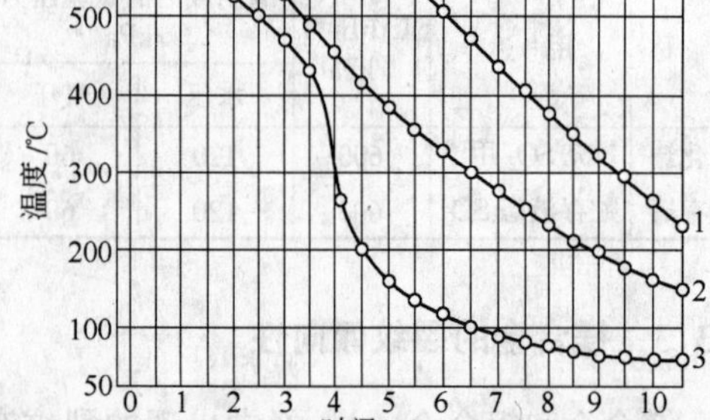

图 3-21 MB15 合金 ϕ530 mm 铸锭的冷却曲线

1—中心部位；2—1/2 半径处；3—表皮部位

此外，如果外加的冷却不均和熔体的金属进入不均，这就更加剧了铸锭收缩的不均匀性，也将使热应力加大。

在铸态时，如果铸锭本身的塑性较低，则在较大热应力的作用下，将形成冷裂纹。

热应力的大小除与线膨胀系数 α 及温差有关外，还与合金本身的弹性模量有关。由于，镁合金的弹性模量小（$E = 45000$ MPa），另外在镁合金铸造过程中所允许的结晶速度较低，所产生的热应力一般较小，故其冷裂纹出现的较少。

3.3.3.2 热裂纹

在结晶温度区间内收缩困难是造成热裂纹的首要因素。合金在给定条件下，一切能缩小脆性区温度范围、减小脆性温度区内收缩困难的因素，都有利于减小热裂纹倾向性（简称热脆性）。

估价一个合金的热裂纹倾向性大小可根据其脆性区内塑性 δ 和线收缩 ε 的大小来判断。即根据温度－塑性关系图，可以明确知道其脆性区大小和该区内塑性的高低。

当脆性温区内的 δ 大于 0.5% 时，热裂纹倾向性很小，几乎不产生热裂纹。当脆性区内的 $\delta = 0$ 时称之为绝对脆性区，这时裂纹是难以避免的。因此，合金固液区内塑性的大小是衡量一个合金的热脆性大小的重要指标。

合金脆性温区的上限等于或小于固液区的上限，其下限则和固液区的下限相重合，有时甚至低于其下限。

化学成分和许多的工艺因素对裂纹倾向性都有影响，简述如下。

A 化学成分（包括变质剂）对裂纹倾向性的影响

实验证明，一切能促使晶粒细化的因素，都会降低给定合金脆性区的上限，相对缩小了脆性区的温度范围。因为晶粒愈细，愈趋近等轴晶，则愈有利于晶间形变，减少结晶时的收缩阻力。例如，在镁合金中（Mg + 4.5% Zn），加入 0.8% Zr 后，其固相线由 344℃ 提高到 550℃，脆性区减少了 206℃。可见变质剂锆，它既细化了晶粒，同时又将脆性区缩小了 25 倍。如果在此合金中再加入 1% La，其固液区的伸长率 δ 提高到 0.7%。这样，合金根本不会产生热裂纹，Mg-Zn-Zr 系合金的温度－塑性关系图示于图 3-22。由图 3-22 可见，在 Mg + 4.5% Zn 合金中加入变质剂 Zr 后，不但减小了脆性区，同时降低了固液区内的线收缩和提高了固液区内的塑性，这三者都有利于消除热裂纹。Mg-Zn 系合金只有在加 Zr 后，才有了工业价值。

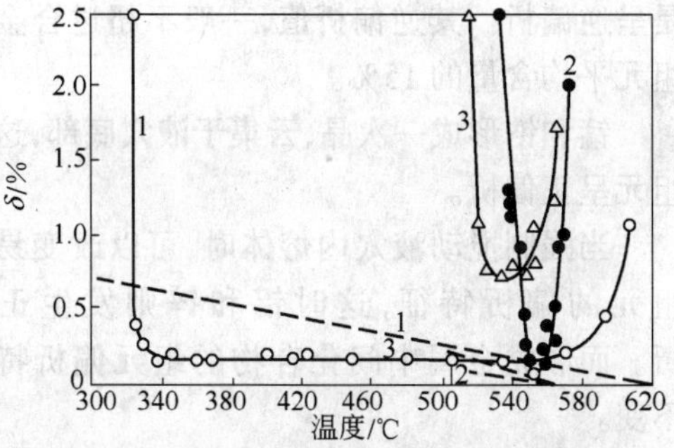

图 3-22 Mg-Zn-Zr 系合金结晶温区内温度与塑性的关系图(虚线为 ε/%)
1—Mg + 4.5%Zn; 2—Mg + 4.5%Zn + 0.8%Zr;
3—Mg + 4.5%Zn + 0.8%Zr + 1%La

另外,在 Mg + 4.5%Zn + 0.8%Zr 合金中,再加入 1%La,它使固液区内的 δ 由原来的 0.2%提高到 0.7%,使它变成了无脆性温区的合金。La 的作用就在于它急剧地增大了合金中的共晶量。凡是增大共晶量的组元,都会提高固液区内的塑性,因此,影响合金的热脆性,尤其是加入少量的组元就可增加更多共晶量的,它将对合金热脆性有明显地减小。增大共晶量,它直接影响晶界液膜的厚度。晶界液膜愈厚,愈便于晶间形变而不受阻,也就是液膜愈厚更适应晶间形变。另外,随共晶量的增大,将大大改善补缩条件和裂纹“医治”条件。

共晶量和裂纹倾向性,二者并不是简单的直线关系,当共晶量小于某一极限,裂纹倾向性小;当增加到某一范围时,裂纹倾向性极大;如再继续增加时,则裂纹倾向性又逐渐变小,一直到零。这显然,共晶量在数量上有一个区间,在此区间内裂纹倾向性最大,通常将这个区的共晶量称之为“临界共晶量”。避开临界共晶量,则可避开裂纹峰。有些人认为临界共晶量是在 3%～4%,而另一些人则认为是在 12%～15%,显然,这是计算基础问题,但都承认了这一区间的存在。图 3-23 示出了 Mg-Zn 系镁合金结晶温区内温度与塑性的关系图。

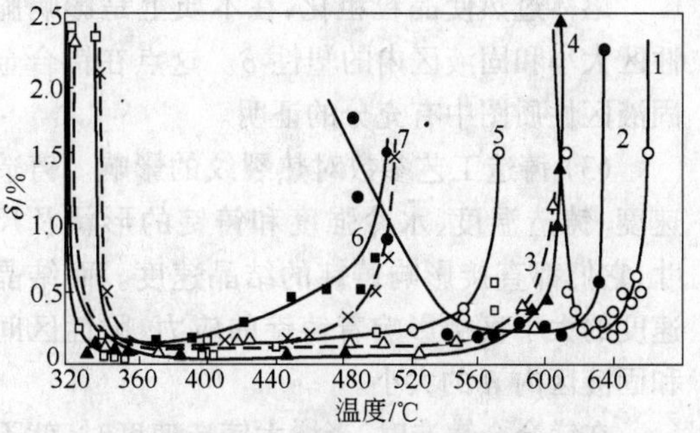

图 3-23 Mg-Zn 系合金结晶温区内温度与塑性的关系
1—含 1%Zn; 2—含 3.0%Zn; 3—含 4.5%Zn;
4—含 6%Zn; 5—含 8%Zn; 6—含 12%Zn;
7—含 14%Zn

B 工艺因素对热裂纹的影响

(1) 结晶速度的影响。不同冷却速度对镁合金脆性温区大小及在该区内 δ 的影响见图 3-24。由图可见,铸锭结晶时,随冷却速度加大,减小了脆性温区的范围,且提高了固液区的塑性,有利于减少热裂纹。

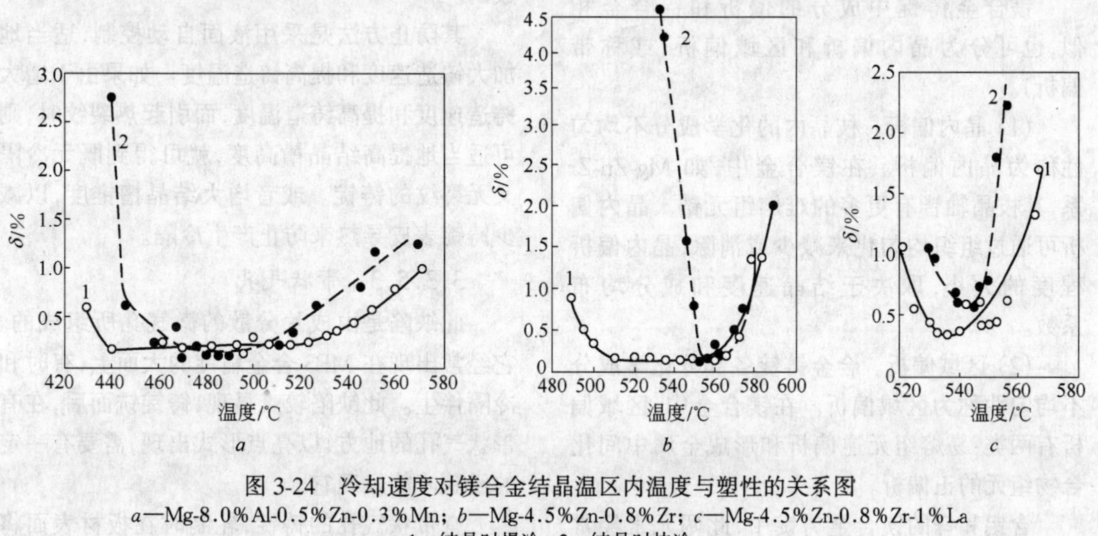

图 3-24 冷却速度对镁合金结晶温区内温度与塑性的关系图
a—Mg-8.0%Al-0.5%Zn-0.3%Mn; *b*—Mg-4.5%Zn-0.8%Zr; *c*—Mg-4.5%Zn-0.8%Zr-1%La
1—结晶时慢冷; 2—结晶时快冷

(2) 熔体过热和晶粒粗化对裂纹的影响。铸锭的晶粒粗细将影响脆性温区的大小，晶粒粗化者，其脆性温区范围也较大。当合金熔体过热时将使晶粒粗化，因此，也将使脆性温区加大。

另外，晶粒形状也对脆性温区和固液区内 δ 的大小有影响。柱状晶者不但脆性区较大，且其固液区内的塑性也较低。

熔体过热使晶粒粗化，在本质上是影响脆性区大小和固液区内的塑性 δ。这点在铝合金固液区性质图中有充分的证明。

(3) 铸造工艺参数对热裂纹的影响。铸造速度、铸造温度、水冷强度和铸锭的形状及尺寸，它们都直接影响铸锭的结晶速度。而结晶速度的大小直接影响着铸锭的应力、脆性区间和固液区内 δ 的大小。

在镁合金铸造时，当增大铸造速度时，就不应当同时增大冷却速度，如二者同时不适当地增大，将增大热裂纹倾向性。

镁合金热裂纹倾向性较大，其裂纹的分布形式主要与工艺条件有关。有些合金，如MB15合金扁锭，需要在冷却带调整冷却量，来适应合金铸造性。镁合金扁锭中，常见的几种裂纹形式有表面裂纹和发状裂纹，都属于热裂纹。因成因不同，解决方法也不同。

3.3.4　镁合金铸锭的偏析

镁合金铸锭中成分的偏析和铝合金相似，也可分为晶内偏析和区域偏析（或称带偏析）。

(1) 晶内偏析。枝晶内的化学成分不均匀性称为晶内偏析。在镁合金中，如Mg-Zn-Zr系，其枝晶轴皆有更多的难熔组元锆。晶内偏析可通过组织均匀化来减少或消除，晶内偏析程度的大小，取决于结晶速度和成分均布系数。

(2) 区域偏析。合金铸锭各部分化学成分不均匀性称为区域偏析。在镁合金中，区域偏析有两类：易熔组元逆偏析和形成金属中间化合物组元的正偏析。

含铝和锌的镁合金铸锭中，此两元素经常是呈逆偏析。其逆偏析值，一般不超过合金化组元平均含量的15%。

锰和锆形成一次晶，云集于液穴底部，这类组元呈正偏析。

当强制搅动液穴内熔体时，可以改变易熔组元的偏析特征，这时铝和锌则发生正偏析。而形成金属中间化合物的组元偏析特征不变。

稀土族元素：La、Nd和Ce，当其含量超过1%后，它们在铸锭中发生正偏析。偏析机理和铝合金相似。

3.3.5　镁合金铸锭的缺陷和废品

镁合金铸锭中，常见的缺陷和废品有裂纹、熔剂夹渣、氧化夹杂、金属中间化合物、气孔和冷隔（成层）等缺陷。此外，还有羽毛状晶（扇形晶）的缺陷，它可由宏观试片或打断口显示出来，在轧制和自由锻造时，它可能引起铸锭的断裂。原则上出现的扇形晶不算废品。

3.3.5.1　裂纹

铸锭中明显的裂纹作废品处理，超过铸锭表面铣削量的发状裂纹也应予以报废。

3.3.5.2　冷隔

冷隔是由于铸造速度慢、铸造温度低，金属在结晶槽中液面控制不稳、铸造漏斗选择不当、结晶槽锥度不合理和结晶槽斜置等原因造成的。

其防止方法是采用液面自动控制，适当地加大铸造速度和提高铸造温度。如果由于增大铸造速度和提高铸造温度，而引起热裂纹时，则可适当地提高结晶槽高度，就可得到既无冷隔又无裂纹的铸锭。或者增大结晶槽锥度，以减少铸锭表皮导热来防止产生冷隔。

3.3.5.3　带状气孔

此缺陷是由成片分散的微气孔所组成的。它经常出现在MB3合金扁锭的大面上，有时和冷隔伴生。此缺陷较难显现，铸锭铣面后，在有带状气孔的地方，以亮点形式出现，需要有一定的经验才能发现它。

有带状气孔的铸锭，轧制时在板材表面将

出现成串的拉裂和孔洞。在这些地点,不易氧化上色,因此将不利于阳极氧化保护。

带状气孔是体积结晶发展的结果,搅动液穴中熔体,或个别地带金属补充不足时容易产生。带状气孔一般只在细晶铸锭上发生。在研究其显微组织时,发现带状气孔大量产生于晶粒边界。它降低铸锭力学性能,同时可能因此引起铸锭裂纹。

3.3.5.4 熔剂夹渣

熔剂夹渣是镁合金中最危险的隐患,因为,它可能成为制品断裂的根源。

熔剂夹渣是因熔炼、精炼工艺过程不合理,熔剂选择不当和熔体过热引起的。当工艺过程合理、精炼和覆盖剂选择得当时,熔剂夹渣废品一般不超过百分之几。这类缺陷在 MB8 合金中最多,MB15 合金次之,而在 MB3 合金中最少。熔剂夹渣与精炼熔剂的组成有密切的关系,采用五号熔剂时,几乎消除了 MB8 合金中的熔剂夹渣废品。

3.3.5.5 氧化夹杂

这种缺陷实际上它是薄膜状 MgO,伴有 MgO·MgS 和部分金属间化合物混成的,它在试片断口上呈球状物。此缺陷是由于工艺不完善或不正确引起的。当采用五号熔剂时,铸锭中的氧化夹杂可以大大减少。

3.3.5.6 金属中间化合物

金属中间化合物的产生机理和铝合金相似。金属中间化合物的相组成,因合金不同而异。在 MB8 合金中主要是 β(Mn)一次晶,其中可溶解总和为 2%的铁和铝。MB8 合金中,在金属中间化合物聚集处,其锰含量比基体高 2.5~7 倍。

影响 MB8 中金属中间化合物一次晶的工艺因素有:铸造温度冷却条件、配料成分,以及锰含量等。其中以锰含量多少影响较大。锰含量的临界值是 1.55%,在配料成分上希望合金中的杂质铁和铝皆在 0.2%以下。

在 MB3 合金中,金属中间化合物的相成分较复杂,其中有 η(MnAl)相,亚稳定相 MnAl(τ相)和 β(Mn)相(其中溶有铝)。

必须指出,铁在 MB3 合金中基本的存在形式是进入含锰的金属中间化合物(呈固溶体)。只有当铁含量大于其临界值 0.02%时,才出现个别的 $FeAl_3$ 相。当合金中的铁小于 0.005%时,从未发现形成含铁的金属中间化合物。

在金属中间化合物聚集的地方,妨碍阳极氧化,同时含氧化铁时有遭受腐蚀的危险。

在 Mg-Zn-Zr 系合金中,其化合物的主要成分为锆和锌。在化合物中,经确定含有 0.01%~0.19%Zr。当锆在 5%以上时,形成的化合物为 ZnZr,它为四方形结构,当含锌量少时,则形成 Zn_2Zr_3。实际上,在工业生产的铸锭中未发现过 Zn、Zr 化合物。

3.3.6 铸锭的机械加工

镁合金铸锭必须切除浇口和底部,并锯切成符合生产要求尺寸的坯料,并经车、铣把铸锭表面的缺陷清除,以便外观检查和压力加工。

镁合金具有良好的切削性能:在锯齿上的单位压力为 250~400 MPa;合金导热性能高(导热系数为 0.18~1.50 J/cm·s·℃);硬度 HB 为 45~75。

允许高速切削,在切削加工时,不采用水或乳液冷却,通常用压缩空气冷却。

通常,镁合金铸锭的锯切采用高速钢作切削工具,车刀选用前角 15°~30°、后角约 10°、锐角 60°~75°为宜。镁合金铸锭的锯切制度见表 3-32,常用的高速圆锯主要技术性能列于表 3-33。镁合金圆铸锭的车皮制度见表 3-34。

表 3-32 铸锭锯切制度

铸锭规格 /mm×mm	锯盘转速 /r·min^{-1}	锯切速度 /m·min^{-1}	锯盘前进速度 /mm·min^{-1}
ϕ350	13.5	60.6	280
ϕ482	13.5	60.6	245
200×800、260×960	408	1700~1830	1370~1840

表 3-33 常用的高速圆盘锯的主要技术性能

项 目	数 值	项 目	数 值
锯切铸锭的厚度/mm	170～260	主电机功率/kW	28
锯切铸锭的宽度/mm	600～1000	主电机转速/$r \cdot min^{-1}$	735
锯片最大直径/mm	ϕ1430	速 比	1.8
锯片重磨后最小直径/mm	ϕ1330	最大工作行程/mm	1300
锯片厚度/mm	10.5	进给速度/$mm \cdot min^{-1}$	1370～1840
锯片转速/$r \cdot min^{-1}$	408	进给电机功率/kW	2.5/3/3.5
锯片圆周速度/$m \cdot min^{-1}$	1700～1830	进给电机转速/$r \cdot min^{-1}$	710/950/1420

表 3-34 镁合金圆铸锭车皮制度

铸锭直径/mm	350	405	482
车皮速度/$m \cdot min^{-1}$	688	830	916
每道次车削深度/mm	7.5	7.5	7.5

3.3.7 镁合金熔铸时的安全问题

变形镁合金安全生产是一个重要问题。这是由于镁极易氧化，当反应激烈时有燃烧和爆炸的危险。其生产中应注意的问题及防护措施见本手册第 11 章。

3.4 铸造镁合金的成形技术

3.4.1 铸造镁合金材料及部件的制备方法

镁合金铸造材料及部件的制备方法大致可分为四类，如图 3-25 所示。其中铸造冶金法的发展历史最为悠久，工艺及其设备也最为成熟。在众多工艺中，压铸工艺最为常用，可以直接制备出镁及镁合金零件，现在 90％左右的镁合金零部件是压铸件。随着列车、汽车、宇航、电子、电器等高技术的不断发展，对高性能镁合金材料的需求量越来越大，传统的材料制备方法已难以满足这种日益增长的需求，于是开发出了一些新型的镁合金制备技术，如半固态成形、快速凝固和喷射沉积等技术。

3.4.2 镁合金的熔炼与浇注技术

在镁合金铸造材料及部件的制备工艺中，合金的熔炼是重要的环节，它影响到合金熔体的质量，进而影响产品的最终性能。影响镁合金熔体质量的因素很多，主要有原材料的品质、所使用的熔剂、熔炼方法和装置等。同时，与其他金属相比，镁的化学性质比较活泼，在液态下

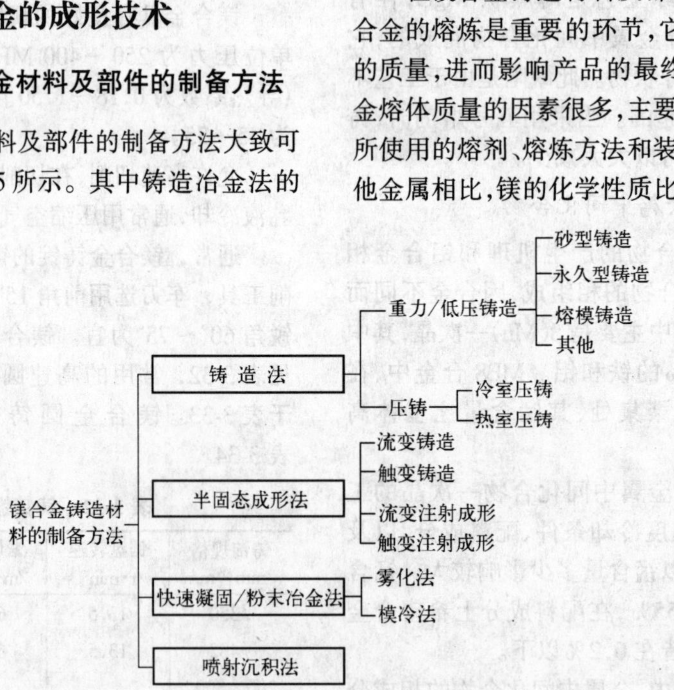

图 3-25 镁合金材料及部件的制备方法及分类

极易与氧、氮、水等发生化学反应，氧化及烧损严重，镁及镁合金的耐蚀性能对杂质元素如Fe、Ni、Cu等非常敏感，从而镁合金的熔炼工艺又有许多自身的特点。因此，必须重视镁合金的熔炼工艺，否则不仅会降低熔体质量(包括合金纯净度、成分均匀性和准确性)，甚至还会产生危险。

3.4.2.1 原材料、回炉料和铸造镁合金用的工艺材料

用于配制镁合金用的金属原材料应符合表3-35列出的各种技术标准所规定的要求。各种不同牌号镁合金的回炉料都可以作为本身合金炉料的组成部分，回炉料的分级、用量和用法如表3-36所示。预备入炉的炉料必须是洁净干燥的，没有油、氧化物、沙土和锈蚀的污染，并且不能混有异种金属。如果炉料中含有尘土或氧化物，则应该单独提炼并铸锭，以便回收使用。生产多种牌号的镁合金铸件时，各种不同的合金，特别是含锆镁合金与含铝镁合金的回炉料不能混淆。一旦发生混料现象，建议采用表3-37所述方法进行鉴别。

表3-35 配制镁合金用的金属原材料及其要求

名称	技术标准	技术要求	用途
镁锭	GB 3499	Mg≥99.90%(二级)	配制合金
铝锭	GB 1196	Al≥99.50%(一级)	配制合金
锌锭	GB 470	Zn≥99.90%	配制合金
铝锰中间合金	HB 5371-87	AlMn10(Mn9%～11%)	配制合金
铍氟酸钠			防止熔体氧化
镁锆中间合金	Q/6593-80	Zr≥25%	变质剂
混合稀土金属	GB 4153	RE(其中Ce45%以上)	配制ZM4合金
镁钕中间合金	HUAC, H-37-90 (厂标)	MgNd-35RE30%～40%Nd/RE≥85% MgNd-25RE20%～30%Nd/RE≥85%	配制ZM6合金
铝铍中间合金	HB 5371—87	Al-Be合金(其中Be2%～4%)	防止熔体氧化
铝镁铍中间合金		Be2%～4% Al62%～65%	防止熔体氧化
铝镁锰中间合金		Mn9%～11% Al60%～70%	配制合金

注：技术要求栏里的金属含量均为质量分数。

表3-36 镁合金回炉料的分级和应用方法

级别	组成	应用方法
一级	废铸件、干净的冒口和剩余合金液的浇注锭	不需要重熔，清理、吹砂后可直接用于配制合金，用量为炉料总量的20%～80%
二级	锈蚀铸件、小冒口、过滤网后的浇道	经吹砂或重熔成铸锭，并经化学分析后可用于配制合金，但用量不超过炉料总量的40%
三级	经重熔的浇口杯料、坩埚底料、过滤网前浇道以及溅出屑、镁屑重熔锭等	重熔成铸锭并经化学分析后可用于配制合金，但用量不得超过炉料总量的10%

注：同时使用一级和二级回炉料时，用量总和不超过炉料总量的80%；同时使用二级和三级回炉料时，用量总和不超过炉料总量的40%。

表3-37 含锆和含铝镁合金的鉴别方法

合金类别	颜色	处理方法
含锆镁合金	黑色	打磨回炉料的表面，显露出光亮的金属表面，然后滴上稀盐酸
含铝镁合金	白色	
稀土镁合金	黄色泡沫	打磨回炉料的表面，显露出光亮的金属表面，先滴上一滴稀盐酸，然后滴两滴浓度为3%的双氧水
含铝镁合金	灰黑色沉淀	

铸造镁合金用的工艺材料与变形镁合金的基本相同,见表3-4。

3.4.2.2　熔剂

为防止镁及镁合金熔体氧化、燃烧,生产中一般采用在熔剂层保护下进行熔炼。熔剂在镁合金熔炼过程中起着极其重要的作用,主要有以下两个方面:

(1) 覆盖作用。熔融的熔剂借助表面张力作用,在镁熔体表面形成一层连续、完整的覆盖层,隔绝空气和水汽,防止镁的氧化,或抑制镁的燃烧。

(2) 精炼作用。熔融的熔剂对夹杂物具有良好的润湿、吸附能力,并利用熔剂与金属熔体的密度差,把金属夹杂物随同熔剂自熔体中排除。因此,熔剂通常分为覆盖剂和精炼剂两大类。熔剂质量也直接影响镁合金的质量。

根据上述作用,熔剂应当具有如下性质:熔点低于纯镁和镁合金;有足够高的液体流动性和表面张力;具有一定的黏滞性;与坩埚壁和炉体润湿;有精炼能力;在700～800℃时熔剂密度比镁合金的高;与镁合金和炉壁不会发生化学反应。

同时,熔剂材料必须满足以下几点要求:

(1) 能够减少或防止熔体表面的氧化或燃烧。

(2) 熔剂与熔体容易分离,能够有效去除熔体中的夹杂物如氧化物、氮化物等,有可靠的净化能力。

(3) 不含对熔体有害的夹杂物和夹杂元素。

(4) 对环境无污染,原材料损耗低。

(5) 原料来源广,价格低廉,不会明显增加合金材料的生产成本。

目前,广泛采用的熔剂基本上是碱土金属氯化物和氟化物的混合盐类。常用熔剂的化学成分和应用见表3-38,熔剂的配料成分见表3-39,配制工艺见表3-40。

表3-38　常用熔剂的化学成分和应用(HB/Z5123-79)

牌号	主要成分(质量分数)/%						杂质(质量分数)/%				应用
	$MgCl_2$	KCl	$BaCl_2$	CaF_2	MgO	$CaCl_2$	NaCl+$CaCl_2$	不溶物	MgO	H_2O	
光卤石	44～52	36～46	—	—	—	—	7	1.5	2	2	洗涤熔炼及浇注工具,配制其他熔剂
RJ-1	40～46	34～40	5.5～8.5	—	—	—	8	1.5	1.5	2	洗涤熔炼及浇注工具,配制其他熔剂
RJ-2	38～46	32～40	5～8	3～5	—	—	8	1.5	1.5	3	镁屑重熔用熔剂
RJ-3	34～40	25～36	—	15～20	7～10	—	8	1.5	—	3	熔炼ZM5、ZM10合金时用作覆盖剂和精炼剂
RJ-4	32～38	32～36	12～16	8～10	—	—	8	1.5	1.5	3	有挡板坩埚熔炼ZM5、ZM10合金时用作覆盖剂
RJ-5	24～30	20～26	28～31	13～15	—	—	8	1.5	1.5	2	ZM1、ZM2、ZM3、ZM4和ZM6合金覆盖和精炼剂
RJ-6	—	54～56	14～16	1.5～2.5	—	27～29	8	1.5	1.5	2	ZM3、ZM4和ZM6合金精炼剂

表3-39　熔剂的配料成分

牌号	配料成分(质量分数)/%						
	光卤石	RJ-1	$BaCl_2$	KCl	CaF_2	$CaCl_2$	MgO
RJ-1	93	—	7	—	—	—	—
RJ-2	88	—	7	—	5	—	—
	—	95	—	—	5	—	—

续表 3-39

牌 号	配料成分(质量分数)/%						
	光卤石	RJ-1	$BaCl_2$	KCl	CaF_2	$CaCl_2$	MgO
RJ-3	75	—	—	—	17.5	—	7.5
RJ-4	76	—	15	—	9	—	—
	—	82	9	—	9	—	—
RJ-5	56	—	30	—	14	—	—
	—	60	26	—	14	—	—
RJ-6	—	—	15	55	2	28	—

注：1. 配料成分分上下两格时，上格表示使用光卤石的配比，下格表示使用 RJ-1 熔剂的配比。

2. $BaCl_2$、$CaCl_2$ 的水分超过 5%时，应在 120～150℃下烘干。光卤石和 RJ-1 熔剂的水分超过 3%时，在磨碎前必须重熔。

表 3-40 熔剂的配制工艺

牌 号	配制方法	备 注
光卤石	将光卤石装入坩埚，升温至 752～800℃，备用	定时清理坩埚底部熔渣并补充新料
RJ-1	按表 3-39 配料，装入坩埚，升温至 750～800℃，保持至沸腾时停止，搅拌均匀，浇注成块	冷却后装入密闭容器中备用，RJ-1 通常由熔剂厂供应
RJ-2	将 RJ-1 熔剂和 CaF_2 装入球磨机中混磨成粉状，用 20～40 号筛过筛	RJ-1 熔剂的水分超过 3% 时，必须经 650～700℃重熔至沸腾为止，浇注成块后再次球磨成粉
RJ-3	按表 3-39 配料，装入球磨机混磨成粉状，用 20～40 号筛过筛	配好的熔剂应装入密闭容器中备用
RJ-4 RJ-5 RJ-6	按表 3-39 配料，除 CaF_2 外，均装入坩埚，升温至 750～800℃，保持至沸腾停止，搅拌均匀，浇注成块。破碎后与 CaF_2 一起装入球磨机混磨成粉状，用 20～40 号筛过筛	配好的熔剂应装入密闭容器中备用

注：CaF_2 可采用 CaF_2 质量分数不低于 92% 的粉状氟石(精选矿)代替。

从表 3-39 可以看出，镁合金熔剂主要由 $MgCl_2$、KCl、CaF_2、$BaCl_2$ 等氯盐及氟盐的混合物组成，它们按一定比例混合，使熔剂的熔点、密度、黏度及表面性能均较好地满足使用要求。其中 $MgCl_2$ 是起主要作用的成分，对镁熔体具有良好的覆盖作用及一定的精炼能力。往 $MgCl_2$ 中加入 KCl 能够显著降低熔剂的熔点、表面张力和黏度，提高熔剂的稳定性，并能在很大程度上抑制 $MgCl_2$ 加热脱水的水解过程。添加 $BaCl_2$ 能提高熔剂的黏度；同时，$BaCl_2$ 的密度较大，可作为熔剂的加重剂，使熔剂与镁熔体更易于分离。CaF_2 既可作稠化剂使用，也可提高熔剂的稳定性和精炼能力，一般熔剂中均加入 CaF_2。

一般来说，以 $MgCl_2$ 为主要成分的熔剂适用于 Mg-Al-Zn、Mg-Mn 和 Mg-Zn-Zr 系合金的熔炼。对于含有 Ca、La、Ce、Nd、Th 等元素的合金，应采用不含 $MgCl_2$ 的专用熔剂，如表 3-38 中所示的 RJ-6 号熔剂。这是因为 $MgCl_2$ 与这些元素很容易发生化学反应，生成 $CaCl_2$、$LaCl_2$、VCl_3 和 $CeCl_3$ 等化合物，影响合金熔体的成分。

在镁合金熔炼过程中，还使用硫磺、硼酸(HBO_3)、氟附加物(NH_4BF_4、NH_4HF 和 NH_4F)和烷基磺酸钠(RSONa)等，以防止镁液在浇铸及充型过程中的氧化和燃烧。硫与镁液接触时形成 SO_2 保护气体(沸点为 444.6℃)，另一方面镁与硫反应生成 MgS 膜，减缓了镁液氧化。硼酸受热脱水生成 B_2O_3，与 Mg 反应生成致密的 Mg_3B_2 保护膜。氟附加物与 Mg 接触后代替氟附加物，磺酸钠与镁反应后生成 SO_2 和 CO_2，并能与镁液形成 MgS 等致密膜。

3.4.2.3 熔炼镁合金前的准备工作

A 配料

各种铸造镁合金的主要成分见表 3-41，配料成分见表 3-42。长期以来，利用熔剂或保护性气体来避免镁合金熔体的氧化与燃烧，这将增加成本并导致温室效应。现在，开始考虑采用合金化手段，在熔体表面形成致密的氧化层来防止熔体氧化与燃烧。Ca 和 Be 是抑制镁合金氧化和燃烧最为有效的元素，合金中添加少量的 Be 就能达到抗氧化的效果。对 AZ91 合金高温氧化特性影响的研究表明，Ca 和 Be 通过形成致密的氧化层来提高抗氧化性，其中含 Ca 的 AZ91 合金表面氧化层结构复杂，最外层为 CaO，中间层为 CaO 和 MgO 的混合物，最内层主要是 Al_2O_3。Al 和 Y 对 Mg-Ca 系合金氧化特性影响的研究表明，三元合金熔体表面的氧化层保护性更强，从而抗氧化性高于二元合金。因此，为了减少镁合金的氧化燃烧，配料中允许加入质量分数小于 0.002% 的 Be。

表 3-41 各种铸造镁合金的主要成分（质量分数） （%）

合金牌号	Al	Zn	Mn	RE	Nd	溶解锆	总锆量	Mg
ZM1	—	3.5～5.5	—	—	—	≥0.5	0.5～1.0	余量
ZM2	—	3.5～5.0	—	0.75～1.75	—	≥0.5	0.5～1.0	余量
ZM3	—	0.2～0.7	—	2.5～4.0	—	≥0.4	0.4～1.0	余量
ZM4	—	2.0～3.0	—	2.5～4.0	—	≥0.5	0.5～1.0	余量
ZM5	7.5～9.0	0.2～0.8	0.15～0.5	—	—	—	—	余量
ZM6	—	0.2～0.7	—	—	2.0～2.8	≥0.4	0.4～1.0	余量
ZM10	9.0～10.2	0.6～1.2	0.1～0.5	—	—	—	—	余量

表 3-42 各种铸造镁合金的配料成分（质量分数） （%）

合金牌号	Al	Zn	Mn	铈混合稀土	Nd	Mg-Zr 中间合金	Mg
ZM1	—	4.5	—	—	—	3.5～10	余量
ZM2	—	4.5	—	1.2	—	3.5～10	余量
ZM3	—	0.4	—	3.2	—	3.5～10	余量
ZM4	—	2.5	—	3.2	—	3.5～10	余量
ZM5	8～8.5	0.5	0.3	—	—	—	余量
ZM6	—	0.4～0.5	—	—	2.6	3.5～10	余量
ZM10	9.5	0.9	0.3	—	—	—	余量

Zr 对 Mg-Zn 系、Mg-RE 系、Mg-Th 系和 Mg-Ca 系等合金具有显著的晶粒细化效应，是这些镁合金最常用的晶粒细化剂。Zr 在配料中以 Mg-Zr 中间合金的形式加入，加入量根据生产经验来确定。一般而言，新料按 7%～10% 添加，回炉料按 3.5%～5% 添加。配制 ZM6 合金时，Nd 以 Mg-Nd 中间合金的形式加入，Nd 含量为 25%～40%。Nd 是指 Nd 含量不小于 85% 的混合稀土，其中 Nd 和 Pr 含量不小于 95%。对于 ZM5 合金，如表 3-41 所示，Al 的配料成分分两种情况：一是大型厚壁铸件应取下限值；二是薄壁件应取上限值。

B 炉料及熔炼用辅助材料

配料用合金炉料应清洁无霉斑、锈蚀、油污，若有上述情况应通过吹砂或用钢丝刷清理干净。油封镁锭除油后，应做喷砂处理并预热至 150℃ 以上。回炉经喷砂处理后仍可能含有熔剂夹杂，其燃烧残留物应重熔处理后再预热到 150℃。

使用前各种覆盖熔剂和精炼熔剂都应在 120～150℃ 下烘烤 1～2 h。洗涤熔剂（光卤石或 RJ-1 熔剂）放置在坩埚内并升温至 750～

800℃。熔剂量不得少于坩埚容量的 80%，在使用过程中需要经常打捞熔渣。熔渣太多洗不净工具时，应重熔洗涤液。洗涤熔剂在连续 20 炉后应全部更新。允许采用 43% NaCl 和 57% $MgCl_2$ 组成的混合熔剂洗涤液。

变质剂通过将片状结晶的天然菱镁矿破碎成 10 mm 的小块，在 100～150℃下预热 2h 来配制，其中菱镁矿也可以用轻质碳酸钙代替。使用六氯乙烷时，需压实为圆柱体，压实后密度为 $1.8\ g\cdot cm^{-3}$左右。

配制防护剂时，首先将硫磺粉与硼酸按1∶1的比例混合均匀，碾碎过筛(70 目)，再结块，配制好后放置在干燥的有盖容器内。

C　熔炼炉和辅助浇注设备的准备

熔炼炉和辅助浇注设备表面的水汽、熔渣和氧化物等会严重影响镁合金熔体的质量，特别是水汽、氧化物与镁合金熔体之间还在化学反应。因此，熔炼镁合金前必须用钢丝刷等清理工具去除表面的熔渣、氧化物，将浇包、搅拌杆和钟形罩等工具在熔剂中洗涤干净，并预热至亮红色。

D　型模及涂料

铸造镁合金的流动性比铸造铝合金的差，并且密度较小，因此铸造镁合金薄壁件尤为困难。如果采取提高浇注温度的方法来提高合金流动性，势必会增加合金的吸气及氧化程度，还会增大铸件的收缩量，这将会导致铸件疏松、夹渣和裂纹。因此应通过改善铸型表面状况来提高合金的流动性。铸型表面喷涂一层乙炔烟后，即使浇注温度下降至 750℃时，合金流动性也较好。因为在喷涂过程中，将微小炭料涂覆在铸型表面，改变了金属液与铸型之间的热交换条件，大大降低了铸型的导热能力，使金属液温度下降速度减缓，从而大大提高合金的流动性。

采用镁合金铸型专用涂料，对增加合金熔液在型腔内的流动性、防止镁合金氧化和提高铸件表面质量具有明显效果。镁合金型模专用涂料的配料成分见表 3-43，涂料的配制工艺见表 3-44。

表 3-43　涂料的配料成分

涂料牌号	碳酸钙粉/g	石墨粉/g	硼酸/g	水玻璃/g	水/g
TL4	33	11	11	—	100
TL8	12	—	1.5	2	100

表 3-44　涂料的配制工艺

<table>
<tr><th>牌号</th><th>配制方法</th><th>备注</th></tr>
<tr><td>TL4</td><td>1. 称料后，先将硼酸倒入热水(60℃)槽内，搅拌至全部溶解；
2. 将碳酸钙粉和石墨粉混合均匀；
3. 将上述混合料加入硼酸水溶液中，搅拌均匀；
4. 配制好的涂料应置于有盖容器中备用</td><td rowspan="2">1. 涂料的存放期一般不超过 24 h；
2. 使用前搅拌均匀；
3. 如有结块或沉淀需过滤</td></tr>
<tr><td>TL8</td><td>1. 称料后，先将水玻璃和硼酸倒入热水(60℃)槽内，搅拌至全部溶解；
2. 将碳酸钙粉加入水玻璃加到硼酸溶液中，搅拌均匀；
3. 配制好的涂料应置于有盖容器中备用</td></tr>
</table>

E　熔炼炉

通常采用间接加热式坩埚来熔炼铸造镁合金，其结构与熔炼铝合金的类似。因镁合金的理化性质不同于铝合金，因而坩埚材料和炉衬耐火材料不同，炉子结构也应适当修改。

镁合金的化学性质比铝合金活泼，熔融的镁合金极易和水发生剧烈反应生成氢气，并有可能导致爆炸。因此对镁合金熔体采用熔剂或保护气氛隔绝氧气或水汽是十分必要的。

镁熔体不会像铝熔体一样与铁发生反应，可以用铁坩埚熔化镁合金，并盛装熔体。通常采用低碳钢坩埚来熔炼镁合金和浇注铸件，特别是在制备大型镁合金铸件时，更是如此。

图 3-26 所示为典型的戽出型燃料加热静态坩埚炉(镁合金熔炼用)的纵截面，采用铸勺从坩埚内舀取金属液，并手工浇注制备小型铸件。这种坩埚通过凸缘从顶部支起坩埚使坩埚底部留出空隙。这不仅有利于坩埚传热，而且为清理熔炼过程中坩埚外表面形成的氧化皮提供了足够的空间。此外，炉腔底部朝出渣门倾斜。由于火苗的冲击，燃料炉坩埚壁局部会出

现逐渐减薄现象，因而需要定期检查坩埚壁厚，否则可能发生熔体渗漏事故。

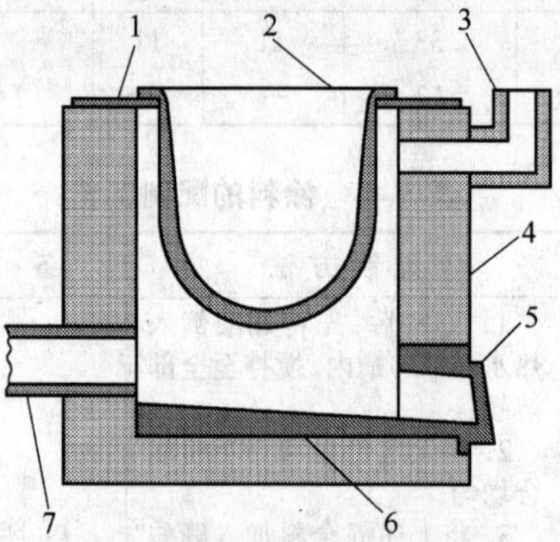

图 3-26　戽出型燃料加热静态坩埚炉（镁合金熔炼用）的横截面

1—铸铁支撑环；2—低碳钢坩埚；3—排气管；4—黏土耐火砖；5—出渣门；6—浇铸的耐火材料；7—燃烧通道

一旦钢坩埚表面形成了氧化皮，氧化铁与镁熔体之间可能发生镁热反应，放出大量热量，产生 3000℃ 以上的高温，有可能发生爆炸。因此必须保证炉底没有氧化皮碎屑，并且在坩埚底部放置一个能盛装熔体的漏箱盘以防坩埚渗漏。特别是在某些难以确定是否形成了氧化皮的部位，可以在钢坩埚加热面上包覆一层 Ni-Cr 合金来减少氧化皮的形成，这样做并不会降低炉子的热效率。此外，镁合金熔体也易与一些耐火材料发生剧烈的反应，因此有必要合理选择燃烧炉炉衬用耐火材料。生产实践表明，高铝耐火材料和高密度“超高温”铝硅耐火砖（57％Si43％Al）的使用效果很好。

设计燃料炉时，出渣门要便于开启。电阻加热型坩埚炉通常采用低熔点材料，如锌薄板将出渣门封住。发生熔体渗漏时，锌虽然不能阻止镁合金熔体渗漏，但是可以抑制“烟囱”效应。“烟囱”效应往往会加速坩埚氧化。接近或高于熔点时，熔体会发生燃烧，在熔体表面撒熔剂或使用 1％SF_6 混合气体下的无熔剂工艺，可以抑制燃烧。当前，对铸造行业的环境控制日益严格，淘汰老式 SO_2 顶戽出型燃料加热炉已成为发展趋势。

熔炼炉的种类和规格很大程度上取决于铸造生产的规模。小型铸造车间分批生产多种不同合金，通常采用升出式坩埚炉。大规模生产镁合金，特别是有严格限制的铸造合金时，可以采用大型熔化装置，合金熔体添加到一系列坩埚炉中，在坩埚炉内进行熔体处理，包括合金熔炼、稳定化和存储。通常熔体通过倾倒从一个坩埚转移到另一个坩埚，然后从最后的坩埚中直接浇注或手工浇注到铸型中。在熔体转移过程中，必须尽可能地避免熔体湍流，以防止氧化，否则会增加最终铸件中的氧化皮和夹杂物。直接燃烧型反射焰炉，由于存在过度氧化问题，已经被淘汰了；间接加热型坩埚熔炼方法热效率较低，很少采用；与燃料炉相比，无芯感应电炉初始成本比较高，但运行成本较低，占用空间小。

F　坩埚

用于熔炼镁的坩埚容量一般在 35～350 kg 范围内。小型坩埚常常采用含碳量低于 0.12％ 的低碳钢焊接件制作。镍和铜严重影响镁合金的抗蚀性，因此钢坩埚中这两种元素的含量应分别控制在 0.10％以下。熔炼镁合金之前，按表 3-45 所示要求准备坩埚，旧坩埚可继续使用的最小壁厚见表 3-46，熔炼镁合金用带挡板和不带挡板的焊接钢坩埚见图 3-27，其主要尺寸见表 3-47。

表 3-45　坩埚的准备

工序名称	工作内容
新坩埚的准备	1. 坩埚焊缝须经射线探伤检验，观察其是否有裂缝、未焊透等缺陷； 2. 坩埚内盛煤油进行渗透测验，检查是否渗漏； 3. 用熔剂洗涤，清理后使用
旧坩埚的准备	1. 认真清理检查，如坩埚体严重变形，法兰边翘起应报废； 2. 检查焊缝，如有渗漏现象应报废； 3. 用专门检查厚度的量具测量坩埚体壁厚，可用的局部最小壁厚见表 3-46

表 3-46　旧坩埚可继续使用的最小壁厚要求　(mm)

坩埚容量/kg	150	200	250	300	350
使用温度低于 800℃	5	5	6	6	7
使用温度高于 800℃	6	6	7	7	8

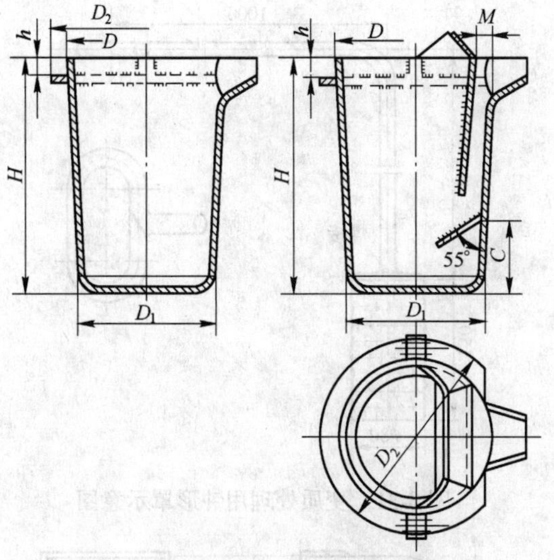

图 3-27 熔炼镁合金用带挡板和不带挡板的焊接钢坩埚示意图

表 3-47 钢坩埚的主要尺寸(图 3-27) (mm)

容量/kg	D	D_1	D_2	H	C	M	h
35	292	255	420	450	150	40	70
50	325	268	450	550	215	45	70
75	380	331	510	600	225	50	70
100	425	353	550	650	240	55	70
150	475	413	660	700	250	70	100
200	520	438	700	760	270	80	100
250	550	467	730	840	285	85	100
300	590	494	740	870	300	90	100

在镁合金的熔炼过程中,通常会在坩埚底部形成热导率较低的残渣。如果不定期清除,会导致坩埚局部过热,并且坩埚表面会生成过量的氧化皮。坩埚壁上沉积过量的氧化物也会导致坩埚局部过热。因此,记录每个坩埚熔化炉料的次数应当作为一项日常安全措施。坩埚必须定期用水浸泡,去除所有的结垢。通常无熔剂熔炼方法的结垢比较少。

G 常用的熔炼浇注工具

小型铸件采用手工浇注比较方便,也就是直接用浇注勺从戽出型炉子中舀出熔体并浇注到模具中。大批量生产铸件时,采用戽斗型浇注勺;小批量生产铸件时,采用半球形浇注勺。二者都采用低碳低镍钢制造,厚度为 2~3 mm。

图 3-28 所示为浇注镁合金钢用戽斗型浇注勺的典型结构,它由防溢挡板和底部浇注出口两部分组成,以避免浇注过程中发生熔剂污染。

浇注镁合金用浇包如图 3-29 所示,其主要尺寸见表 3-48。此外还有去渣勺、残渣盘、搅拌器、搅炼工具和精炼勺。所有这些部件都由与坩埚化学成分相同的钢材制成。精炼勺如图 3-30所示,其主要尺寸见表 3-49。变质处理用钟形罩的形状如图 3-31 所示。熔剂铲形状如图 3-32 所示,其尺寸见表 3-50。

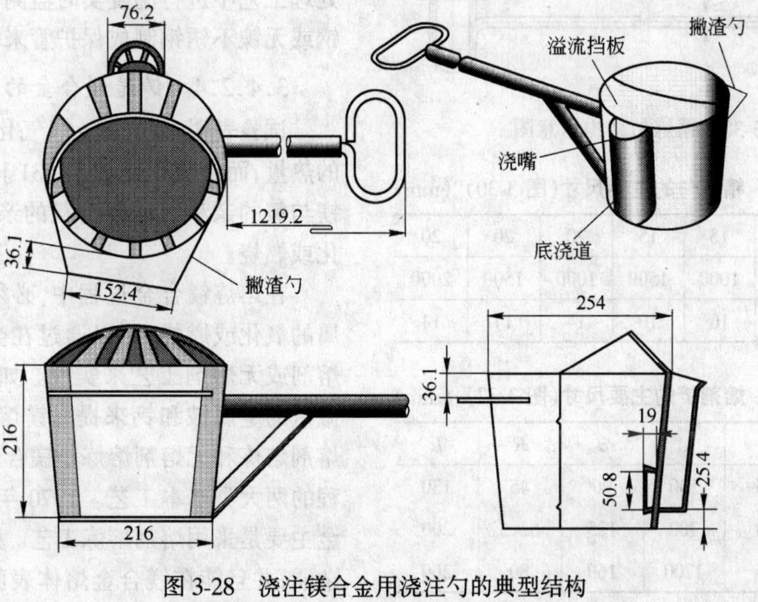

图 3-28 浇注镁合金用浇注勺的典型结构

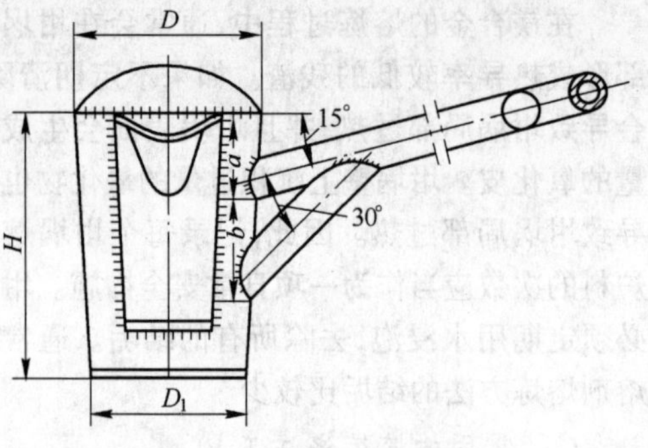

图 3-29 浇注镁合金用浇包

表 3-48 浇包的主要尺寸(图 3-29) (mm)

容量/kg	D	D_1	H	a	b
2	100	80	180	45	55
4	130	120	190	45	55
6	160	130	210	45	60
8	185	145	215	45	60
10	200	160	235	50	70
12	210	170	240	50	70
16	225	195	265	60	75
18	240	200	275	65	75
20	245	205	290	70	80

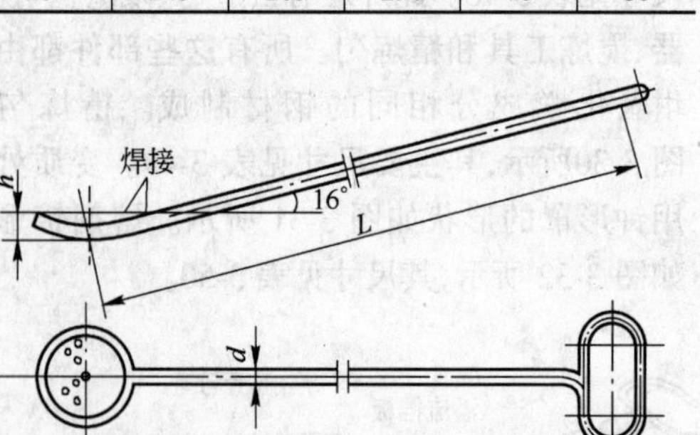

图 3-30 精炼勺结构示意图

表 3-49 精炼勺的主要尺寸(图 3-30) (mm)

h	15	15	15	20	20	20
L	500	1000	1500	1000	1500	2000
d	10	10	10	14	14	14

表 3-50 熔剂铲的主要尺寸(图 3-32) (mm)

H	b	c	d	R	L
50	25	500	90	45	130
80	40	700	125	62.5	200
110	55	1200	160	80	260

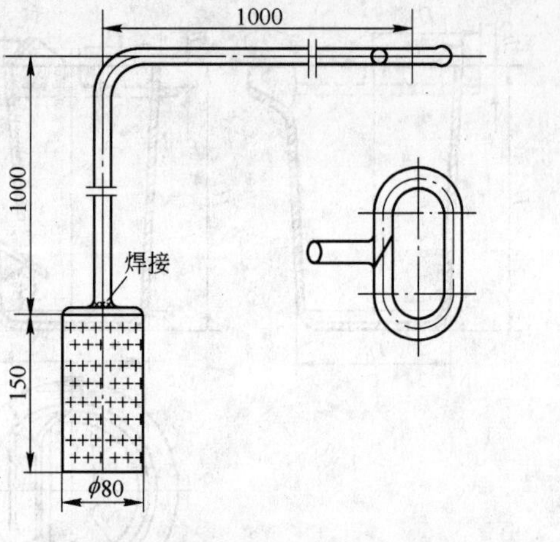

图 3-31 变质处理用钟形罩示意图

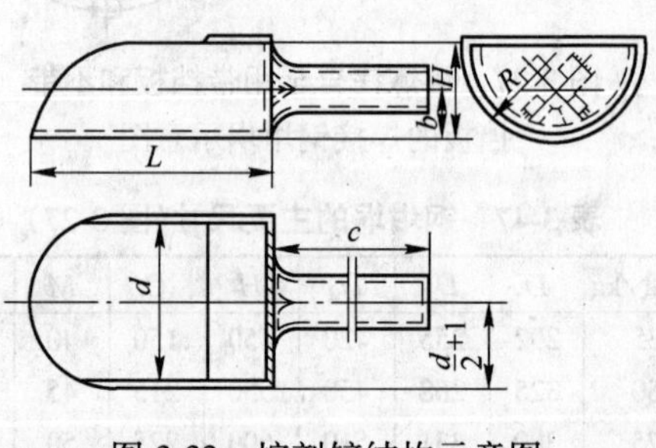

图 3-32 熔剂铲结构示意图

H 热电偶

温度控制是镁合金熔炼过程中的重要环节。为了精确控制熔炼温度,建议安装铁—康铜或镍铬—镍铝型热电偶,以便在熔炼和熔体处理工艺中进行温度实时监测。通常采用低碳钢或无镍不锈钢制成保护管来保护热电偶。

3.4.2.4 铸造镁合金的熔炼

试验表明,镁与 1 g 氧气化合时释放 598 J 的热量,而铝氧化则放出 531 J 的热量。可见,镁与氧的亲和力比铝与氧的亲和力大,更易氧化或燃烧。

在熔炼镁合金过程中,必须有效地防止金属的氧化或燃烧,可以通过在金属熔体表面撒熔剂或无熔剂工艺来实现。如前所述,可添加微量的金属铍和钙来提高镁熔体的抗氧化性。熔剂熔炼和无熔剂熔炼是镁合金熔炼与浇注过程的两大类基本工艺。1970 年之前,熔炼镁合金主要是采用熔剂熔炼工艺。熔剂能去除镁中杂质,并且能在镁合金熔体表面形成一层保护性薄膜,隔绝空气。然而,熔剂膜隔绝空气的效果并不十分理想,熔炼过程中氧化燃烧造成的镁损失还是比较大。此外,熔剂熔炼工艺还存在一些问题,一方面容易产生熔剂夹渣,导致铸件力学性能和抗蚀性下降,限制了镁合金的应用;另一方面熔剂与镁合金液反应生成腐蚀性烟气,破坏熔炼设备,恶化工作环境。为了提高熔化过程的安全性和减少镁合金液的氧化,20世纪70年代初人们开发出了无熔剂熔炼工艺,即在熔炼炉中采用六氟化硫(SF_6)与氮气(N_2)或干燥空气的混合保护气体,从而避免了液面和空气接触。混合气体中SF_6的含量要慎重选择。如果SF_6含量过高,会侵蚀坩埚,降低其使用寿命;如果含量过低,则不能有效保护熔体。总的来说,无论是有熔剂熔炼还是无熔剂熔炼,只要操作得当,都能生产出优质铸造镁合金。

A 熔剂保护熔炼工艺

镁合金用熔剂见表3-38。在熔炼过程中,必须避免坩埚中熔融炉料出现"搭桥"现象,将余下的炉料逐渐添加到坩埚内,保持合金熔体液面平稳上升,并将熔剂轻撒在熔体表面。

每种镁合金都有各自专用熔剂,必须严格遵守供应商规定的熔剂使用指南。在熔化过程中,必须防止炉料局部过热。采用熔体氯化工艺精炼镁合金时,必须采取有效措施收集Cl_2。在浇注前,要对熔体仔细撇渣,去除氧化物,特别是影响抗蚀性的氯化物。浇注后,通常将硫粉撒在熔体表面以减轻其在凝固过程中的氧化。

B 无熔剂保护熔炼工艺

压铸技术中采用熔剂熔炼工艺会带来一些操作上的困难,特别是在热室压铸中,更是如此。同时,熔剂夹杂是镁合金铸件最常见的缺陷,严重影响铸件的力学性能和抗蚀性,大大阻碍了镁合金的广泛应用。无熔剂熔炼工艺的开发成功是镁合金应用领域中的一个重要突破,对镁合金工业的发展有着革命性的意义,其主要作用有:

(1) 气体保护机理 如上所述,纯净的N_2、Ar、Ne等惰性气体虽然能对镁及其合金熔体起到一定的阻燃和保护作用,但效果并不理想。N_2易与Mg反应,生成Mg_3N_2粉状化合物,结构疏松,不能阻止反应的连续进行。Ar和Ne等惰性气体虽然与Mg不反应,无法阻止镁的蒸发。

大量实验研究表明,CO_2、SO_2、SF_6等气体对镁及其合金熔体可以起到良好的保护作用,其中以SF_6的效果最佳。

熔体在干燥纯净的CO_2中氧化速度很低。高温下CO_2与镁有化学反应,其反应产物为无定形碳,它可以填充于氧化膜的间隙处,提高熔体表面氧化膜的致密性,此外还能强烈地抑制镁离子透过表面膜的扩散运动,从而抑制镁的氧化。

SO_2与镁的化学反应产物在熔体表面形成一薄层较致密的MgS/MgO复合膜,可以抑制镁的氧化。20世纪70年代,SF_6的保护效果没有得到认可前,人们广泛采用SO_2气体来抑制镁合金的氧化与燃烧。

SF_6是一种人工制备的无毒气体,相对分子质量为146.1,密度是空气的4倍,发生化学反应有可能产生有毒气体,在常温下极其稳定。含SF_6的混合气体与镁可以发生一系列的复杂反应,生成MgF_2(S)和SO_2F_2等产物。

MgF_2的致密度高,它与MgO一起可形成连续致密的氧化膜,对熔体起到良好的保护作用。应当注意的是,采用含有SF_6的保护气氛时,一定不能含有水蒸气,否则水分的存在会大大加剧镁的氧化,还会生成有毒的HF气体。此外,各种气体对镁合金熔体的保护效果还可能与合金系有关。

(2) SF_6保护气氛 SF_6保护气氛是一种非常有效的保护气氛,能显著降低熔炼损耗,在铸锭生产行业和压铸工业中得到普遍应用。实验研究表明,含0.01%SF_6(体积分数)的混合气体可有效地保护熔体,但实际操作中,为了补充SF_6与熔体反应和泄漏造成的损耗,SF_6的浓度要高些。在配制混合气体时,一般应采用多管道、多出口分配,尽量接近液面且分配均匀,并且需要定期检查管道是否堵塞和腐蚀。采用SF_6保护气体熔炼合金时,应尽可能提高浇注温度、熔体液面高度和给料速度的稳定性,

以免破坏液面上方 SF_6 气体的浓度。此外，要注意保护气体与坩埚发生反应，否则反应产物(FeF_3、Fe_2O_3)将与镁发生剧烈反应。

SF_6 保护气氛主要有两种：一种是干燥空气与 SF_6 的混合物，另一种是干燥空气与 CO_2 和 SF_6 的混合物。SF_6 保护气氛中 SF_6 浓度较低(1.7%～2%)，且无毒无味。压铸温度比较低，且金属熔体密闭性好，SF_6 浓度较低的空气混合物就可以提供保护(通常小于 0.25%)。在熔剂熔炼工艺中，细小的金属颗粒会陷入坩埚底部的熔渣中而难以回收，因而熔体损耗较高。在无熔剂工艺中，由于没有熔剂，坩埚底部熔渣量大大减少，从而熔体损耗相对较低。

由于在镁合金熔炼温度下 SF_6 会缓慢分解和与其他元素反应生成 SO_2、HF 和 SF_4 等有毒气体，在 815℃还会产生剧毒的 S_2F_{10}，但 S_2F_{10} 在 300～350℃会分解出 SF_6 和 SF_4，因此镁合金的熔炼温度一般不超过 800℃。SF_6 浓度低于 0.4%的保护气氛便能对镁合金熔体提供有效保护，因而产生的有毒气体可以忽略。表 3-51 列出了 SF_6 气体的技术要求，图 3-33 所示为一种 SF_6 保护气氛的气体混合装置。

表 3-51　SF_6 气体的技术要求

指标名称	指　标	指标名称	指　标
六氟化硫(SF_6)	≥99.8%(体积分数)	酸度(以 HF 计)	≤0.3×10^{-6}
空气	≤0.05%(体积分数)	可水解氟化物(以 HF 计)	≤1.0×10^{-6}
四氟化碳(CF_4)	≤0.05%(体积分数)	矿物油	≤10×10^{-6}
水分(H_2O)	≤8%(体积分数)	毒性(生物试验)	无　毒

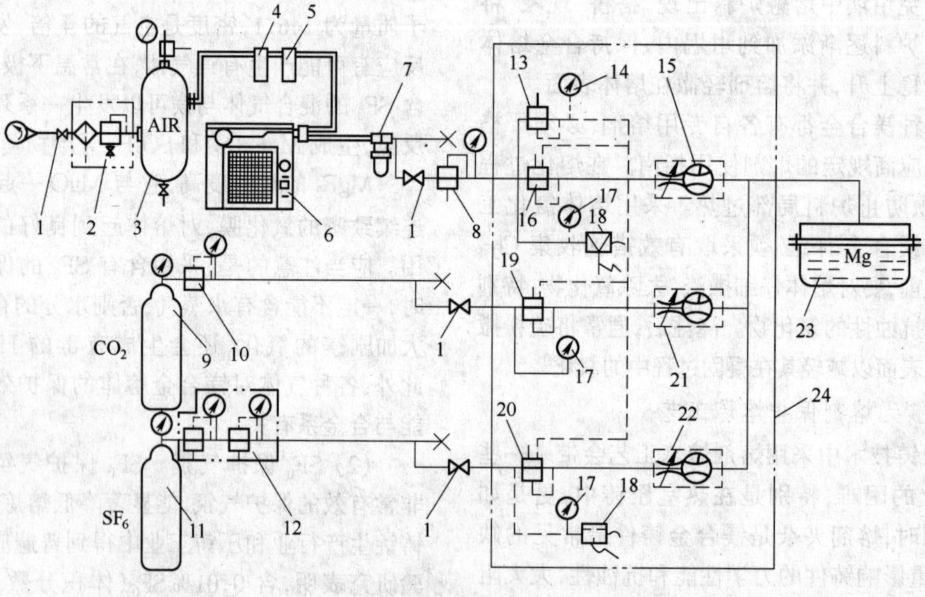

图 3-33　SF_6 保护气氛的气体混合装置

1—球阀；2—滤油减压器；3—空气储气罐；4—精滤器；5—聚油过滤器；6—冷冻式干燥器；7—吸附式油蒸气过滤器；8、10、12、13、16、19、20—减压阀；9—CO_2 气瓶；11—SF_6 气瓶；14、17—压力表；15、21、22—流量计(带节流器)；18—压力继电器；23—镁熔体；24—控制柜

如图 3-33 所示，压缩空气经球阀、滤油减压器、空气储气罐、精滤器、聚油过滤器后，进入冷冻式干燥器干燥后再经过吸附式油蒸气过滤器、减压阀，以 0.35 MPa 的压力进入混合控制箱。CO_2、SF_6 高压气瓶中的气体分别经过减压阀 10、12，同样以 0.35 MPa 的压力进入混合控

制箱。之后，压缩空气、CO_2、SF_6 再经各自的减压阀 16、19、20，以 0.07 MPa 左右的压力分别进入带有节流器的流量计 15、21、22，流出后混成一股，成为混合气体进入坩埚的密封罩内，防止镁合金熔液氧化和燃烧。

减压阀 13 是减压阀 16、19、20 的先导控制阀。调节减压阀 13 的压力就可以使减压阀 16、19、20 的出口压力即压缩空气、CO_2 和 SF_6 的压力同时增加或减小，从而使各自的流量也同时增加或减少，其目的是维持三种气体原来设定的比例近似不变。为此要求减压阀 16、19、20 的出口压力为同一数值，并与控制压力相等。

两个压力继电器 18 用于压缩空气和 SF_6 的失压报警，当压缩空气或 SF_6 压力低于 0.2 MPa时，压力继电器动作，发出声光报警信号。用空气压力来控制三种气体的压力与流量，必须保证正常的空气压力。

除了压铸外，砂型铸造技术中也发展了无熔剂熔炼工艺。相对压铸铸型和压铸设备而言，砂型铸造和其他类型重力铸造所使用的熔炼、存储和浇注设备开放性大，熔体密闭性差，从而保护性气氛中需要采用氩气来取代干燥空气。这点在重力铸造军用或航空用镁合金铸件时更为重要。砂型铸件特别是 Mg-Zr 系合金砂型铸件的熔炼温度较高，通常需要采用 CO_2-SF_6或 CO_2-Ar-SF_6 混合气体才能提供充分保护。混合气体中 SF_6 的最大含量为 2%（体积分数），一般 1%SF_6（体积分数）就能达到效果。

重力铸造具有两大特点，其一是重力铸造合金，特别是含锆合金的浇注温度比压铸合金的高得多，其二是重力铸造设备的开放性比压铸设备的大。因此，在重力铸造技术中采用无熔剂熔炼工艺时通常采用 SF_6 浓度较高的混合气体，特别是重力铸造熔炼 Mg-Zr 合金时需要用 CO_2 取代氩气。表 3-52 列出了不同重力铸造工艺推荐采用的保护性气氛。特别值得注意的是，如果采用 CO_2-SF_6 气氛保护熔炼含钇合金，则会出现钇被 CO_2 择优氧化而发生损耗的现象，因此建议重力铸造这些合金时采用 Ar-SF_6气氛。总之，根据合金种类和所采取的熔炼铸造工艺来选择保护性气氛。

表 3-52 重力铸造镁合金推荐用保护性气氛

坩埚直径/cm	气体流量①/$cm^3 \cdot min^{-1}$			
	静止状态②		搅拌状态③	
	SF_6	CO_2	SF_6	CO_2
30	60	3500	200	10000
50	60	3500	550	30000
75	90	5000	900	50000

① 如果熔炼前存在熔剂，则会降低熔体表面 SF_6 保护性气氛的有效性，从而需要补充更高浓度的 SF_6 气体以补偿损耗。

② 熔融和存储状态。

③ 合金化和浇注状态。

SF_6 价格高，且存在潜在的温室效应，因而要尽量控制 SF_6 的排放量。保护性气氛中 SF_6 的浓度不允许超过 2%（体积分数），否则会引起坩埚损耗。特别是在高温下，SF_6 浓度超过某一特定的体积分数时，坩埚内可能发生剧烈反应甚至爆炸，因此必须对混合气体中 SF_6 浓度进行严格控制。此外，带盖的坩埚不能采用纯 SF_6 气氛进行保护。SF_6 是影响镁合金寿命周期指标（LCA）的主要因素，也是制约镁合金成为 21 世纪绿色材料的关键因素。2000 年，国际镁协会（IMA）呼吁镁界人士重视开发保护性气体以替代 SF_6。

3.4.2.5 铸造镁合金熔体净化处理技术

A 除气处理

铸造镁合金熔体的除气处理技术基本上与变形镁合金的相同，可参阅 3.2.3.3 节。

B 除渣处理技术

镁合金熔体中的夹杂物与熔体存在一定的密度差，采用适当的工艺可使夹杂物沉降到坩埚底部而分离出来。精炼处理是清除镁合金熔体中氧化皮等非金属夹杂物的一道有效工序。为了促进夹杂物与熔剂间的反应，以及夹杂物间的聚合下沉，要求选择合适的精炼温度（一般在 730～750℃左右），并搅拌熔体。精炼温度过高，镁熔体氧化烧损加剧；精炼温度过低，熔体黏度又会升高，不利于夹杂物的沉降分离。

精炼过程中，可以加入适量的熔剂以完全去除夹杂物。熔剂吸附在夹杂物表面，并生成不溶于熔体的复合物而沉降。精炼时间与熔炼炉大小、炉料质量有关。精炼后熔体一般要静置10～15 min，使夹杂物沉降分离。

熔炼 Mg-Al-Zn 合金时，熔剂用量为熔体质量的1%～1.5%；熔炼含锆镁合金时，熔剂用量要达到熔体质量的6%～8%，甚至有时高达10%，其中1.5%～2%用于精炼。含锆镁合金熔炼比较困难，如果操作不当，则铸件容易出现高熔点夹杂。

精炼处理工序一般为：首先，调整镁合金熔液温度（ZM5 和 ZM10 为 710～740℃，ZM1、ZM2、ZM3、ZM4 和 ZM6 为 750～760℃）；其次将搅拌器沉入熔液中深度为 2/3 处，由上至下强烈地垂直搅拌合金液 4～8 min，直至合金液呈现镜面光泽为止，同时在搅拌过程中往液面连续均匀地撒上精炼熔剂。熔剂消耗量约为炉料质量的 1.5%～2.5%时结束搅拌，清除浇嘴、挡板、坩埚壁和合金液表面上的熔剂，再撒一层覆盖熔剂。Mg-Zn-Zr 系和 Mg-RE-Zr 系合金的精炼工艺不同，下面以 ZM4 和 ZM6 两种合金为例进行介绍。

（1）ZM4 合金的精炼（适合 Mg-Zn-Zr 混合稀土系合金）。精炼 ZM4 合金时，先将坩埚预热到暗红色，加入占炉料质量 2%～3%的 RJ-1 熔剂；接着逐步分批装入回炉料和镁锭（尽量减小装填空间），升温熔化，在炉料表面撒上适量的熔剂，升温至 750～760℃时添加锌和混合稀土（稀土用勺加入到镁合金液中至完全熔解），并搅拌 2～3 min。为了防止氧化，往镁合金液中添加铍氟酸钠和 RJ-4 的混合物（Na_2BeF_4：RJ-4 = 1∶1），其中铍氟酸钠占炉料质量的0.05%。升温到 780～800℃后，往镁合金液中分批缓慢地加入已预热至 300～400℃的镁锆中间合金，待镁锆合金完全熔化后，搅拌坩埚底部 5～7 min，使镁合金均匀化，搅拌时不要破坏镁合金液表面，以避免氧化。搅拌完毕后，静置3～5 min 浇注断口试样，检测晶粒度。如果断口组织不合格，可以酌情在 760～800℃时添加1%～3%的镁锆中间合金，再重新进行断口检查。降温至 760～780℃用 RJ-4 熔剂精炼，不低于 5 min，然后在 780～800℃温度下，静置 15～20 min 后，调整浇注温度。注意浇注完毕后，坩埚底部需预留 10%的镁合金熔体。

（2）ZM6 合金的精炼（适合 Mg-RE-Zr-Zn 系合金）。精炼 ZM6 合金，先将坩埚预热到赤红色，加入占炉料总重 2%～3%的 RJ-2 熔剂，再按三级回炉料、二级回炉料、新料、一级回炉料的加料顺序分批加入炉料（尽量减小装填空间），并撒上 RJ-6 精炼熔剂。待合金液温度升高到 750～760℃时添加铍氟酸钠和 RJ-6 的混合物（Na_2BeF_4∶RJ-6 = 1∶1），占炉料质量的 1%～2%，并在同一温度下，加入已预热到 200～300℃的锌和镁钕中间合金，搅拌 2～3 min，除渣并撒上 RJ-6 熔剂。在 780～800℃时添加已预热到 300～400℃的镁锆中间合金，待合金熔化后除去表面脏物，并撒上 RJ-6 熔剂。当合金液温度升高到 780～800℃时，沿坩埚底部搅拌10 min，浇注试样后检查断口组织。待断口合格后，在 750～760℃时用 RJ-6 熔剂精炼 5～10 min，除渣后加 RJ-2 熔剂覆盖。如果断口组织不合格，允许再添加 1%的镁锆中间合金重新处理，但处理次数不得超过 3 次。在 780～810℃下保温静置 15～20 min，调整浇注温度。在坩埚底部应留有不少于配料质量 20%的合金熔体。合金从静置开始至浇注完毕的时间不得超过 1 h，否则应该重新检查断口组织。

3.4.2.6　铸造镁合金的晶粒细化处理技术

晶粒细化是提高镁合金铸件性能的重要途径。镁合金晶粒越细小，其力学性能和塑性加工性能越好。在熔炼镁合金过程中晶粒细化操作处理得当，则可以降低铸件凝固过程中的热裂倾向。此外，镁合金经过晶粒细化处理后，铸件中的金属间化合物相更细小且分布更均匀，从而缩短均匀化处理时间，或者至少可以提高均匀化处理效率。因此，镁合金的晶粒细化尤为重要。

镁合金在熔炼过程中，细化晶粒的方法有两类，即变质处理和强外场作用。前者的机理是在合金液中加入高熔点物质，形成大量的形核质点，以促进熔体的形核结晶，获得晶粒微细的组织。后者的基本原理是对合金熔体施以外场（如电场、磁场、超声波、机械振动和搅拌等），以促进熔体的形核，并破坏已形成的枝晶，成为游离晶体，使晶核数量增加，还可以强化熔体中的传导过程，消除成分偏析。此外，快速凝固技术也能提高镁合金的形核率，抑制晶核的长大而显著细化晶粒组织。

变质处理在镁合金铸造生产实际中的应用非常广泛。早期人们采用一种过热变质处理法，即将经过精炼处理的镁合金熔体过热到875～925℃，保温10～15 min后，快速冷却到浇注温度，再进行浇注，具有细化晶粒的作用。研究表明，过热变质处理能显著细化ZM5合金中的$Mg_{17}Al_{12}$相，但是这种工艺存在很大的缺点。在过热变质处理过程中，镁合金熔体的过热温度很高，从而明显增加了镁的烧损，降低了坩埚的使用寿命和生产效率，增加了熔体中的铁含量和能源消耗。因此，过热变质处理在生产实际中应用并不普遍，已经基本淘汰了。目前，熔炼镁合金时常用的变质剂有含碳物质、C_2Cl_6和高熔点添加剂，如Zr、Ti、B、V等。下面简单介绍以下几种常用变质剂的晶粒细化机理及效果。

A 含碳变质剂

碳不能固溶于镁中，但可与镁反应生成Mg_2C_3和MgC_2化合物。碳对Mg-Al系或Mg-Zn系合金具有显著的晶粒细化作用，而对Mg-Mn系合金的细化效果非常有限。人们对含碳变质剂的细化机理提出了多种假设。有代表性的一种是认为C加入到Mg-Al系合金熔体后，与Al反应生成大量细小、弥散的Al_4C_3质点，其晶格类型和晶格常数与镁的非常接近，可作为形核质点，从而可以细化镁合金的晶粒。目前，这种假设得到了普遍认可，但仍缺乏实验依据。

工业上常用的含碳变质剂有菱镁矿（$MgCO_3$）、大理石（$CaCO_3$）、白垩、石煤、焦炭、CO_2、炭黑、天然气等。其中$MgCO_3$、$CaCO_3$最为常见。以$MgCO_3$为例，$MgCO_3$加入到Mg-Al合金熔体中后，发生反应，使镁合金熔体中会产生大量细小而难熔的Al_4C_3质点，呈悬浮状态，并在凝固过程中充当形核基底。$MgCO_3$的加入量一般为合金熔体质量的0.5%～0.6%，熔体温度为760～780℃，变质处理时间为5～8 min。

B C_2Cl_6变质剂

C_2Cl_6是镁合金熔炼中最常用的变质剂之一，可以同时达到除气和细化晶粒的双重效果。C_2Cl_6对AZ31合金晶粒细化效果的研究表明，铸件中形成了Al-C-O化合物质点来充当晶核的核心。AZ31经过C_2Cl_6变质处理后，晶粒尺寸由280 μm下降到120 μm，抗拉强度明显提高。对ZM5合金而言，C_2Cl_6的变质处理效果比$MgCO_3$好得多。此外，也可以采用C_2Cl_6和其他变质剂进行复合变质处理，其效果更好。在Mg-Al合金熔体底部放置C_2Cl_6或环氯苯片也可以达到细化晶粒和除气的双重目的。

C 其他变质剂

锆对Mg-Zn系、Mg-RE系和Mg-Ca系等合金具有明显的晶粒细化作用，是目前镁合金熔炼中较常用的晶粒细化剂。

在添加等量锆的情况下，锆合金化条件不同，其晶粒细化效果存在显著差异。认为只有浇注时，溶于镁液中的那部分锆才具有晶粒细化作用，这种观点在20世纪60年代中期以前得到普遍认可。基于光学显微组织观察，有人提出包晶温度下，Zr粒子从熔体中分离出来，并与镁液反应生成富锆的镁基固溶体，直到剩余熔体内锆含量下降至较低值。同时，指出在包晶温度附近形成的富锆粒子具有促进熔体形核的作用。由于α-Zr的晶格类型和晶格常数与镁的非常接近，因此可以认为α-Zr是镁合金的形核质点。研究了不同工艺条件下（包括搅拌时间、熔体静置时间等），往720℃镁液中添加1%Zr，对所形成的Mg-Zr合金晶粒尺寸的影响的研究中发现，在镁熔体浇注前重新搅拌时晶粒细化效果更显著，由于重新搅拌前后固溶的锆没有发生变化，这说明部分不溶于镁液的锆也具有晶粒细化作用。也有人认为，镁锆合金的晶粒细化效果主要来自于固溶于镁中的锆，而没有固溶的那部分锆只有约30%的晶粒细化作用。

通常,Mg-Zr 合金熔体中的加锆量稍高于理论值。只有熔体中可溶于酸的锆过饱和时,Mg-Zr 合金才能取得最佳的晶粒细化效果。由于熔体中还可能存在各种污染物,导致生成不溶于酸的锆化物,因此熔体中尽可能不要含铝和硅。此外,有必要保留坩埚底部含锆的残余物质(包括不溶于酸的锆化物)。为了防止液态残渣浇注到铸件中,铸型浇注后坩埚中要预留足量的熔融合金(大约为炉料质量的 15%)。浇注时要尽量避免熔体过分湍流和溢出,并且熔炼工艺中要保证足够的静置时间。

表 3-53 所示为 Mg-Al 系合金的变质剂及其用量和处理温度。Mg-Al 系合金经过变质处理后还需要精炼。ZM1、ZM2、ZM3、ZM4 和 ZM6 合金采用锆对合金进行晶粒细化,不需要进行上述变质处理。对于 Mg-Zn 合金系,加入 0.5% Zr,可以起到很好的变质效果。采用 0.5%Sc + 0.3% ~0.5% Sm 可使 Mg-Mn 系合金的晶粒细化。0.2% ~0.8% La 也可以使 Mg-Mn 系合金的晶粒细化。

表 3-53 Mg-Al 系合金的变质剂及其用量和处理温度

变质剂	用量(占炉料质量分数)/%	处理温度/℃
碳酸镁或菱镁矿	0.25~0.5	710~740
碳酸钙	0.5~0.6	760~780
六氯乙烷	0.5~0.8	740~760

3.4.2.7 铸造镁合金的熔炼工艺

A 对坩埚进行严格的检查

在熔炼前必须对坩埚进行检查。新坩埚在使用前须经煤油渗透及 X 射线检验,证明无渗漏及无影响使用的缺陷后方可使用。旧坩埚应在清除熔渣及氧化皮后检查是否完好,如果发现下述情况应予报废:

(1) 坩埚外表有白色氧化皮或干燥熔剂(表明该处已经烧穿、渗漏);

(2) 坩埚局部严重凹陷或壁厚减薄至原来的 1/2;

(3) 锤击坩埚的声音嘶哑(表明有裂纹或过烧之处)。

当这些准备工作做完后即可进行熔炼。

B Mg-Zn-Zr 系和 Mg-RE-Zr 系的熔炼工艺

(1) 将坩埚预热到暗红色,在坩埚壁和底部撒上适量的熔剂,然后加入预热的镁锭、回炉料,升温熔化,在炉料上撒上适量的熔剂;

(2) 温度升到 720~740℃ 时加入 Zn,然后继续升温到 780~810℃,并分批而缓慢地加入 Mg-Zr 中间合金和稀土金属(含稀土的镁合金),当全部熔化后,搅拌 2~5 min,使合金成分均匀化;

(3) 浇铸断口试样,检查断口晶粒度;

(4) 将合金液升温到 750~760℃,精炼 4~8 min;

(5) 将合金液升温到 780~810℃,静置 10~20 min,如果有必要,可再检查一次断口,最后降温到浇铸温度进行浇铸。

C Mg-Al 系合金的熔炼工艺

(1) 将坩埚预热到暗红色,在坩埚壁和底部撒上适量的熔剂。然后加入预热的镁锭、回炉料,并升温熔化,在炉料上撒上适量的熔剂。

(2) 当温度升到 700~720℃ 时加入中间合金和 Zn,熔化后搅拌均匀。

(3) 浇铸光谱分析试样,进行炉前光谱分析。

(4) 将合金液温度调到变质温度进行变质处理。

(5) 除渣后调整合金液温度到 710~740℃,并精炼 5~8 min。

(6) 将合金液温度升温到 760~780℃,并静置 10~20 min,然后浇铸断口试样,检查断口合格后降温到浇铸温度浇铸。

需要注意的是,在生产铜、镍和铁含量少的新型高纯镁合金时,必须特别注意对原材料及熔体和材料处理操作规程的选择。重熔铸锭的铜和镍含量应低,用于处理熔融金属设备的材料中必须不含铜和镍。考虑到镁熔体通常在用铁或钢制成的设备中进行处理,因此必须特别小心,避免增加铁在熔体中的含量。重熔铸锭中的最大铁含量为 0.004%,这可通过在为生产铸锭而合金化熔体时添加锰来实现。通过静置沉淀,使含铁和锰及其他合金元素的金属颗粒沉积,可除去过多的铁。在这项处理后,铁含量处于饱和状态的铸锭在所选的铸造温度生产。因此,只要能避免过大的温度波动,并保持所需的最小锰含量,熔炼过程将不会导致铁含量增加。目前有多种用于熔炼、转运和计量镁合金液的系统。当液态镁合金通过这些系统时,它在成为成品的过程中,会经历复杂的热工过程。热工过程对镁合金成分的影响见表3-54。

表3-54 热工过程对镁合金成分的影响

元素	热工过程的影响
Al	在长时间保温过程中,会损失少量的铝。可能是由于在熔体表面形成的氧化层中增加了铝含量
Zn、Si、RE	锌、硅和稀土元素(RE = 铈 + 镧 + 镨 + 钕)可大量溶于熔融镁合金,而且在整个熔炼和处理过程中,它们的浓度保持相当稳定
Mn、Fe	向镁合金中加入锰的目的是将铁的溶解度降低到低于规定的最大值。当温度降低时,镁和铁的含量快速降低。当温度再次升高时,又缓慢增加。这表明了沉淀/沉积速度与金属间化合物颗粒的溶解度之间的差异。没有必要将锰和铁的含量恢复到它们最初的状态,因为铁可以从坩埚壁上溶解,在高铁和更低的锰含量之间建立起一种平衡关系
Be	加入0.0005%~0.0015%的铍可降低熔融合金的表面氧化速度。由于在熔体保持过程中它优先氧化,因此铍容易失去,在熔体的热工循环过程中或金属在坩埚中失火的情况下,这种损失会更快
Ni	镍对镁合金的耐腐蚀性有极其不利的影响,且在成品零件中必须将其最大含量限制到不超过0.002%(在重熔铸锭中为0.001%)。镍很易溶于镁合金中,它可以从处理设备中摄取(如该设备采用高镍不锈钢制成)
Cu	铜也会降低镁合金的耐腐蚀性,尽管其允许含量远远大于镍。来自钢衬套、回收零件的污染等,可使铜的含量增加到大于允许的最大极限值

D 铸造镁合金熔炼过程中关键工序的控制

实践证明,镁合金生产过程中,把握、控制好各重要环节,有助于提高镁合金的品质。生产过程中一般应把握、控制好以下各重要环节。

(1) 炉料的预热。所有炉料应预热去除掉其中的水分,防止因炉料带入水分而导致在生产过程中发生爆炸等安全事故,同时可减少因炉料中的水分带入导致镁合金液中的气体含量增多。

(2) 熔化。应控制好熔化的温度,不宜过高。合理的温度有助于延长坩埚的使用寿命,同时可以防止坩埚内的铁和其他杂质在高温下进入镁合金液中。

(3) 合金化和精炼。中间合金应在镁合金液上部加入,由于中间合金的密度比镁合金大,这样有助于使镁合金液的成分均匀而防止偏析;同时应控制好合金加入和精炼的温度,使镁合金中杂质元素去除更彻底。

(4) 静置。静置过程有助于镁合金液中密度较大的杂质沉淀,主要是控制好静置的温度和时间。

(5) 浇铸。控制好浇铸温度,同时凝固前将模具内镁合金液表面的杂质除去。

3.4.3 镁合金的铸造成形

镁合金成形主要通过铸造和塑性变形两种方式来实现,在目前得到应用的镁合金产品中,约90%通过铸造成形方式生产。从国内外研究应用情况看,镁合金的铸造成形工艺主要有砂型铸造、金属型铸造、熔模铸造、挤压铸造、低压铸造和高压铸造,其中应用最为广泛的是传统的高压铸造工艺,而其未来的发展则更多地偏向挤压铸造、半固态压铸、真空压铸、充氧压铸等铸造成形工艺。镁合金铸件成本在很大程度上取决于铸锭价格、铸造性能以及所要求进行的热处理类型。铸锭价格随稀土金属、锆和钍含量的增加而提高,同时成分稍微变化也影响热处理成本。某一特定部件选择铸造方法时应综合考虑以下因素:零件的结构设计、用途、性能要求、铸件总数量以及合金的铸造性能。

3.4.3.1 重力和低压铸造

镁合金具有较强的铸造工艺适应性,几乎所有的铸造方法,如砂型铸造、永久型铸造(金属型铸造)、半永久型铸造、壳型铸造、熔模铸造和压铸都可以用来生产镁合金铸件。其中,砂型铸件、金属型铸件和压铸件比熔模铸件和壳型铸件的应用更广泛。

几乎所有的铸造镁合金都可以采用砂型铸造或熔模铸造工艺生产,但并不意味着都适合各种铸造工艺。ZM5 和 ZM10 合金铸件除了可采用砂型铸造和金属型铸造外,还可采用压铸或其他特种铸造工艺生产。Mg-Zn-Zr 系合金,如 ZM1 具有很高的抗拉强度、屈服强度和塑性,但铸造时热裂倾向较大且难以焊补,从而铸造生产比较困难。所有镁合金中,适合于永久型铸造的合金种类非常有限,而适合压铸的镁合金种类更少。AZ91B、AM60A 和 AS41A 三种合金铸件比较适合于采用压铸法生产。目前,大部分 Mg-Al-Zn 系合金铸件,如 AZ91 特别是高纯 AZ91E 铸件也是采用压铸法生产的。表 3-55 列出了砂型铸造、熔模铸造和永久型铸造用镁合金的化学成分,其铸件的常温和最低拉伸性能见表 3-56~表 3-59。

表 3-55 砂型、熔模和永久型铸造镁合金的化学成分(质量分数) (%)

合金种类	Al	Zn	Mn	RE①	Y	Zr
AM100A	10.0	—	0.1(最低值)	—	—	—
AZ63A	6.0	3.0	0.15	—	—	—
AZ81A	8.0	0.7	0.13	—	—	—
AZ91C	9.0	0.7	0.10	—	—	—
AZ91E	9.0	2.0	0.10	—	—	—
AZ92A	9.0	2.0	—	—	—	—
EQ21A①、②	—	—	—	2.0	—	0.60
EZ33A	—	2.7	—	3.3	—	0.60
QE22A③	—	—	—	2.0	—	0.60
WE43A	—	—	—	3.4	4.0	0.70
WE54A	—	—	—	3.50④	5.25	0.50
ZE41A	—	4.2	—	1.2	—	—
ZE63A	—	5.7	—	2.5	—	0.70
ZK51A	—	4.6	—	—	—	0.70
ZK61A	—	6.0	—	—	—	0.70

① 合金含银,QE22A 中为 2.5%,EQ21A 中为 1.5%。
② EQ21A 还含 0.10%Cu。
③ 由 2.0%~2.5%Nd 和低于 1.9%的其他稀土元素组成。
④ 由 1.75%其他重稀土元素和 1.75%Nd 组成。

表 3-56 砂型和永久型铸件的常温拉伸性能

合金种类	状态	抗拉强度/MPa	屈服强度/MPa	伸长率/%	合金种类	状态	抗拉强度/MPa	屈服强度/MPa	伸长率/%
AM100A	F	150	83	2	AZ92A	T5	170	115	1
	T4	275	90	10		T6	275	150	3
	T6	275	110	4		T7	276	145	3
	T61	275	150	1	EQ21A	T6	235	170	2
	T7	260	125	1	EZ33A	T5	160	110	2
AZ63A	F	200	97	6	K1A	F	180	55	19
	T4	275	97	12	QE22A	T6	260	195	3
	T5	200	105	4	WE43A	T6	250	162	2
	T6	275	130	5					
AZ81A	T4	275	83	15	WE54A	T6	250	172	2
AZ91C	F	165	97	2.5	ZC63A	T6	210	125	4
	T4	275	90	15	ZE41A	T5	205	140	3.5
	T6	275	145	6	ZE63A	T6	450	195	10
AZ91E	T6	275	145	6	ZK51A	T5	205	140	3.5
AZ92A	F	170	97	2	ZK61A	T5	310	185	—
	T4	275	97	10		T6	310	195	10

注:标距 50.8 mm。

表 3-57 砂型铸件的最低拉伸性能

合金种类	状态	抗拉强度/MPa	屈服强度/MPa	伸长率/%	合金种类	状态	抗拉强度/MPa	屈服强度/MPa	伸长率/%
AM100A	T6	241	117	①	EQ21A	T6	234	172	2
AZ63A	F	179	76	4	EZ33A	T5	138	97	2
	T4	234	76	7	K1A	F	165	41	14
	T5	179	83	2	QE22A	T6	241	172	2
	T6	234	110	3	WE43A	T6	217	152	2
AZ81A	T4	234	76	7	WE54A	T6	255	179	2
AZ91C	F	158	76	①	ZC63A	T6	193	125	2
	T4	234	76	7	ZE41A	T5	200	133	2.5
	T5	158	83	2	ZE63A	T6	276	186	5
	T6	234	110	3					
AZ91E	T6	234	110	3	ZK51A	T5	234	138	5
AZ92A	F	158	76	①	ZK61A	T6	276	179	5
	T4	234	76	6					
	T5	158	83	①					
	T6	234	124	1					

① 在 ASTM B80—91 中未做要求，标距 50.8 mm。

表 3-58 永久型铸件的最低拉伸性能

合金种类	状态	抗拉强度/MPa	屈服强度/MPa	伸长率/%
AM100A	F	138	69	※
	T4	234	69	6
	T6	234	103	2
	T61	234	117	※
AZ81A	T4	234	76	7
AZ91C	F	158	76	※
	T4	234	76	7
	T5	158	83	2
	T6	234	110	3
AZ91E	T6	234	110	—
AZ92A	F	158	76	※
	T4	234	76	6
	T5	158	83	※
	T6	234	124	※
EQ21A	T6	234	172	—
EZ33A	T5	138	97	2
QE22A	T6	241	172	2

注：※在 ASTM B199—87 中未做要求，标距 50.8 mm。

表 3-59 熔模铸件的最低拉伸性能

合金种类	状态	抗拉强度/MPa	屈服强度/MPa	伸长率/%
AM100A	F	138	69	※
	T4	234	69	6
	T6	234	103	2
	T7	234	117	※
AZ81A	T4	234	69	7
AZ91C	F	124	69	
	T4	234	69	7
	T5	138	76	2
	T6	234	110	3
AZ91E	T6	234	110	3
AZ92A	F	138	69	※
	T4	234	69	6
	T5	138	76	※
	T6	234	124	※
EQ21A	T6	234	172	2
EZ33A	T5	138	96	2
QE22A	T6	241	172	2
ZK61A	T6	276	172	5
K1A	F	152	48	14

注：※在 ASTM B403—90 中未做要求，标距 50.8 mm。

A 砂型铸造

相对铝及其他合金而言，镁合金砂型铸件质量轻，在航空航天领域应用的优势明显，从而应用非常广泛。

Mg-Al 合金和 Mg-Al-Zn 合金的流动性好，适合于铸造，但是合金凝固时形成显微疏松的倾向较大，铸件气密性差。Mg-Al-Zn 砂型铸件中存在明显的显微缩孔，不宜在 100℃以上使用。含锆镁合金容易氧化，采用特殊的熔炼工艺可以克服这种缺点。早期开发的 ZK 型合金如 ZK51A 和 ZK61A 具有高的力学性能，但铸造时热裂倾向大并且难以焊补。此外，ZK51A 和 ZK61A 显微疏松倾向大，不宜铸造耐高压的零件，目前均已淘汰。

Mg-RE-Zr 系合金是继 Mg-Al-Zn 系合金后开发出的高温用镁合金，铸造性能良好，显微疏松倾向和壁厚敏感性低。EZ33A 合金是一种典型的稀土镁合金，砂型铸件气密性优良，可在中温(160℃以下)环境下工作。我国开发了多种含稀土的铸造镁合金。ZE41A 和 EZ33A 合金强度高且抗蠕变性好，铸造性能优良，可以制造非常复杂的铸件，且进行 T5 状态处理便可强化。主要用于中温环境中。含钍镁合金，如 ZH62A 和 HZ32 是基于航空发动机对高温镁合金的要求而开发的，它们不仅高温力学性能优异，而且铸造和焊接性能良好。含钍镁合金也易氧化，在熔炼和浇注过程中要防止氧化。

(1) 铸型型砂与砂芯。大多数镁合金铸造厂家生产的铸件质量范围大且规格范围很宽，需要调整铸型型砂、抑制剂的种类与数量来满足铸造厚截面的要求。型砂必须具有很高的透气性，使得金属－铸型界面上产生的气体可以自由地逸出来，但是颗粒粗大的型砂将导致铸件表面非常粗糙，因此需要协调铸件表面质量和铸造时气体的排放。由于大部分添加物会降低型砂透气性，从而通常采用颗粒比较粗大的型砂。型芯中的气体可以通过在型芯中钻辅助通道来排放，这些通道能够通过型芯座将气体快速排放到铸型外部，有时也使用辅助抽气法。

对于小型铸型，自然粘结的型砂使用效果很好。由于黏土含量比较高且不均匀，从而需要仔细控制胶黏剂含量以获得良好的铸造效果。型砂混合物，如 SiO_2 砂经清洗和分级后可充当型砂，用我国西部或南部膨润土作胶黏剂，并严格控制添加量得到的混合物可以获得更好更均一的铸造效果。西部膨润土的基本性质不同于南部膨润土，前者韧性很高(高强度和低变形)，将二者混合使用，可以实现最佳的性能匹配。胶黏剂用煤油进行稀释，就 HZ 合脂而言，合脂与煤油的质量比以 10∶8 为好。

基于型砂混合物发展起来的衍生物，如改进型膨润土，采用油作为混合物胶黏剂，使用效果很好。配制型砂时，必须经常或定期对型砂进行性能和成分检测，在混制时要控制成分。每配制一种芯砂都必须进行物理性能检验，当不合格时，允许在规定的范围内调整成分。型砂、芯砂停放时间超过 24 h，必须重新进行物理检验，试验合格后才能使用。从根本上说，型砂混合物类型很大程度上取决于铸造工艺和铸件要求。

往砂型中浇注镁合金时，镁容易与铸型中的水分反应生成 MgO 并析出 H_2；在热量集中的部位，镁与 SiO_2 反应生成 MgO 和 Mg_2Si。此外，空气可以通过砂型与铸件间的空隙进入熔体，促使镁合金燃烧。镁合金熔体与铸型之间的反应影响镁合金铸件的质量。阻止二者之间的反应是实现镁合金砂型铸件成功生产的前提。

为了阻止镁合金与铸型之间的反应，可以在铸型型砂和型芯芯砂中添加适量的抑制剂，如硫粉、硼酸、氨酸钾和氟硅酸铵等，可以单独使用，也可以使用多种抑制剂的混合物。这些抑制剂与镁合金反应生成一层稳定性较高的膜，阻碍氧化反应的连续进行。析出的气体将充满铸型与铸件之间的空隙，防止镁合金氧化。

型砂中抑制剂的添加量取决于型砂的水分含量。湿砂造型是最早采用的工艺，以水与天然黏土或者膨润土的混合物为黏结料。膨润土混合物中通常加入二甘醇以降低含水量，防止型砂干燥。通常，这些湿砂混合物中的含水量达 2.0%～4.0%，从而需要添加较多的抑制剂。此外，抑制剂的添加量还与浇注温度、镁合金种类和铸件截面厚度等因素有关。浇注温度越高,反应越剧烈,则需要添加的抑制剂也越多。铸件截面越厚,冷却速度越慢,则抑制剂特别是挥发性抑制剂也越多。铸件截面越厚,冷却速度越慢,则抑制剂特别是挥发性抑制剂越容易从铸型表面损耗,从而远离厚截面的铸型区域需要补充抑制剂。型砂可以通过恢复水汽、抑制剂和二甘醇含量,再适当混制实现再生利用,从而砂型铸造非常经济。

目前,湿砂造型工艺的应用十分广泛,但也有一定的局限性。在传统的湿砂工艺中,必须严格控制湿砂性能和添加剂量,还必须有效地除气,以除去燃油中的烟雾,使工艺符合当前的环保要求。

制造湿砂铸型时,用湿砂铸型工艺不适合生产形状复杂的铸件,且铸件尺寸精度低,不能达到当前许多应用零部件的要求。

铸型和型芯制造技术发展很快,使湿砂铸型工艺的应用限制日益减少。第二次世界大战期间,壳型、型芯和铸型造型技术得到了很大的发展,接着 CO_2/硅酸盐技术也得到了广泛应用。CO_2/硅酸盐技术最早是为制造型芯而开发的,特别适合于制造铸型,使铸型尺寸精度大大提高,且分离特性比早期油砂型芯好得多。但是型砂的再生利用非常困难。与湿砂铸型相比,CO_2/硅酸盐工艺制造的铸型干燥后剩余的水汽少得多,从而可以大大降低抑制剂的添加量。此外,往型芯箱中通入 CO_2 气体可以使型砂完全硬化。油砂型芯容易产生变形,而湿砂铸型工艺可以消除大部分变形并显著节约能源。由于湿砂型芯变形小,一旦制完就可以马上投入应用。

酚醛、尿烷、呋喃和环氧树脂等化学自凝固工艺或气体硬化工艺是继 CO_2/硅酸盐工艺后发展起来的更为先进的硬化技术。气体硬化技术是指通过空气、CO_2、SO_2、甲基甲酸或有机胺来实现型芯硬化。型芯的硬化技术因制芯方法而异。通常,采用特殊硬化技术的改进,使铸造业也能够制造出形状非常复杂的砂型铸件。

金属冷铁或锆砂能够提高镁合金铸件的局部凝固速度,实现最佳的凝固方式。通常采用与镁合金熔体相容的专用喷剂来提高铸型的表面硬度,减轻熔体对铸型的冲刷作用。上下型箱之间可以采用砂膏状专用物质来密封,防止熔体渗漏或飞边。非氧化性乙炔焰轻微灼烧铸型时,碳会沉积在铸型表面,从而提高熔体流动性。

(2) 砂芯。砂芯按大小、复杂程度与厚薄情况可分为以下两类。一类是中小型简单薄壁砂芯;另一类是重 50 kg 以上的(不包括冷铁)大型复杂厚壁砂芯,或不重但垫砂很厚的砂芯。除了小型砂芯外,通常大部分砂芯由 SiO_2-型砂混合物制成,颗粒大小与铸型用砂接近。小型砂芯特别是细长砂芯,芯砂组成与铸型用砂不同。铸型通常由型砂混合物制成,以再生型砂为主。在砂芯中添加新型砂将对主型砂系统会产生有利的脱硫效果。砂芯用型砂混合物中也必须添加抑制剂,抑制剂种类通常与铸型的类似。砂芯用胶黏剂种类也与铸型的类似。镁合金比热容低,采用分离型芯时会产生大量的热,因而合理选择胶黏剂种类和控制其含量非常重要。

制作砂芯前,需要准备冷铁、芯骨、烘板、通气线、芯盒和过滤器等,器材和工具,按规定的程序、技术要求制作和烘干。

理想的砂芯应具备如下特性:能通过钻孔来排气,且不会降低砂芯的性能;贮藏时间长,且质量不受气候影响;储存时稳定性高,不会发生变形;某些情况下,可在大型砂芯内安装冷铁实现铸件的定向凝固。

在没有砂芯烘炉或底板时,通常选择具有一定强度和尺寸稳定性的砂芯胶黏剂和砂芯系统来防止砂芯下沉。目前,镁合金砂型铸件用砂芯已广泛采用 CO_2/硅酸盐工艺。此外,热箱法制砂芯应用也较为广泛。

(3) 浇口。重力浇注系统是镁合金最常用的浇注系统。镁合金熔体经过浇口杯沿直浇口流入铸型底部的横浇道系统。一个铸型可以有一个或多个直浇口,直浇口通常是锥形的,便于熔体填满铸型底部而防止空气进入铸型。在熔体进入铸型型腔前,通过放置筛网或过滤器除去金属液流中的氧化物,避免熔体湍流,从而大大减少铸件缺陷。此外,过滤器还能调节进入铸型型腔的金属液流流量。

横浇道有利于去除残渣。相对直浇口而言,增大横浇道的横截面积将降低熔体流动速度,便于在熔体进入铸型型腔前完全去除氧化物。因此横浇道的横截面通常很大,甚至比最后一道浇口还要大,在任何熔体通过浇口进入铸件前,都必须完全填满横浇道。因此,多个铸件宜在上模箱中成形或者使用横浇道位于下模的三分模。浇注时必须防止金属溅射,如果横浇道的横截面比直浇口大,浇口总截面比横浇道大,就可以达到这个目的。习惯上三者之间的面积比为1:2:4或1:4:8。为了避免吸气和氧化物夹杂,铸型内熔体决不允许从高处向低处流动。特别是在薄壁部位可以采用快速浇注、高浇注温度和铸件周围密集分布浇口来避免滞流。金属浇注时要尽量避免铸型厚壁部分和薄壁部分处于同一水平面上,否则会导致熔体滞流,采用适当的浇口系统可以解决这一问题。

(4) 冒口。镁合金砂型铸件收缩倾向大,要求采用多冒口浇注系统。一些镁合金成本高且冒口多,有必要增加冒口的传送效率,但会降低铸件产量。采用绝热套筒将冒口包起来能提高铸造产量,减少再生利用的加工碎屑量。

(5) 冷铁。冷铁在加速重力浇注系统中应用广泛,它能加速镁合金铸件从下至上逐层凝固或定向凝固进程,使铸件中远离直浇道的厚壁或凸起部分获得与定向凝固一致的效果。同时,冷铁可以大大加快周围金属的凝固,起到细化晶粒的作用,即使无锆镁合金也可以获得细小晶粒和优异的力学性能。

(6) 落砂。质量不到9 kg的中小型镁合金铸件,在260℃以上冷却时应保持铸件不动。此外,镁合金具有热脆开裂倾向,不宜立即从铸型中取出铸件,否则铸件开裂。铸件越大,开箱前需冷却的时间越长。传统的方法是采用带电磁冷铁的振动筛将铸件从铸型中取出来,然而这种工艺会产生噪声和灰尘。目前,通常采用钢弹轰击打碎铸型的方法取出铸件,同时需要进行适当的工艺控制以避免铸件表面剥蚀并用酸浸洗铸件去除表面污染,提高铸件腐蚀抗力。为了不影响抗蚀性,最好使用非金属磨料介质,如Al_2O_3来清理铸件。值得注意的是,铸型生产过程中旧砂使用量非常高。

(7) 砂型铸造的应用。砂型铸造适于生产几何形状复杂的中小型镁合金铸件。砂型铸件用作尺寸精度要求较高的飞机零部件时,其尺寸精度取决于铸型和型芯的质量,因此有必要采用精密的金属型和塑料型。木模比较便宜,非常适合于生产数量少且对尺寸精度要求严格的铸件,但很少用于制作飞机零部件。以前只能通过熔模铸造法制造的复杂零件,现在也可以通过细砂型铸造法生产。砂型铸造工艺存在几大问题,如浇注过程中存在湍流、无保护、浇注填充过程中各部位的凝固条件不同等,这将导致镁合金部件中产生许多铸造缺陷。低压砂型铸造可以从很大程度上克服这些缺点,并且非常适合于制作轻金属铸件,也可以用于铸造航空用或其他特殊用途用镁合金铸件。相对重力铸造而言,低压砂铸更适合于生产薄壁件。低压砂铸件质量好,研发成本低,节省原材料,是一种很有前景的铸造方法。特别是对价格昂贵的特种合金有很强的吸引力。

B　金属型铸造

金属型铸造有时也称为永久型铸造。通常,适合砂型铸造的镁合金也可以进行金属型铸造,但Mg-Al-Zn系合金(如AZ51A)和ZK61A除外。Mg-Al-Zn系合金热脆开裂倾向大,不宜采用永久型铸造。如果能够采取措施降低镁合金常见的热脆倾向,那么可以相对经济地生产所有铸件。设计足够的拔模斜度是一项比较合适的措施,能最大程度地降低镁合金件的热脆开裂倾向。此外,取出金属型芯时要特别小心,不要在热铸件上施加压力;如果使用两个或多个型芯,则应该同时取出。只有零件满足金属型铸造的结构工艺性时,才考虑选择该工艺。通常金属型铸造主要有两类:使用金属型芯或型砂型芯的半永久型。金属型铸造不能铸造形状复杂的零件,特别是具有深肋和复杂型芯的零件。

目前,金属型铸件的尺寸精度和形状复杂程度远不及砂铸件。相对砂型铸造而言,金属型铸造具有如下优点：铸件尺寸精度较高且表面比较光滑；凝固速度快，力学性能高；机加工余量少，甚至有的部位可以完全不预留机加工余量；不需要使用一系列材料，如造型混合砂、氟添料等；生产铸件所占用的生产面积小，仅为砂型铸造的几分之一；铸型或模具可以重复使用，减少劳动力和设备费用。金属型铸造也存在如下缺点。金属型成本高，铸件成本与铸件总数密切相关，必须承担高额的模具和其他原始成本；浇注铸型时，金属在铸型中停留的时间长；一旦模具制成，铸件设计或浇注系统修改余地小；开发新零件生产工艺所需的时间较长，并且难度较大。

金属型铸造工艺成本很高，一般用于批量生产，但是也可以用于小批量生产高致密性的镁合金件。

金属型铸造镁合金开裂倾向特别大，除了在金属型设计上采取措施外，还必须刮掉缺陷处铸件表面的涂料。厚截面工件不能通过安置冒口来补给金属，但可以采用型芯来进行局部冷却。此外，并不是所有的金属型铸造都需要安置冒口。延长浇注时间、提高铸型温度和低温浇注可以降低镁合金开裂倾向。大多数情况下，提高铸型温度是防止铸件产生缩孔和裂纹等缺陷的最有效方法。如果在金属型铸造时使用砂芯，那么砂芯内放置冷铁将影响镁合金的结晶过程。金属型工作温度为250～300℃，型芯温度为300～400℃，浇注温度取决于镁合金铸件的性质和复杂程度，一般为700～760℃，有时可升至780℃。

在浇注之前，金属型上要涂特殊涂料，防止镁合金熔体与型壁之间发生粘结，以便于铸件的取出。为了避免金属与涂料反应，往往在涂料中加入硼酸。镁合金金属型铸造用涂料的配制和金属型的准备类似于铝合金，配制涂料的工艺材料见表3-60，涂料的组成见表3-61。石棉粉、氧化锌和滑石粉在配制前应在700～800℃下焙烧，保温2～3 h，除去结晶水。石棉粉磨碎后用筛孔为0.5 mm的筛子过筛。配制涂料时，先将水玻璃溶解在600℃以上的热水中搅拌均匀，接着将按比例称量好的各种材料混合均匀，然后倒入水玻璃溶液中搅拌均匀。

表3-60 配制金属型涂料用工艺材料

材料名称	技术标准	技术要求	用途
碳酸钙	GB4794	Ⅱ型 一、二级；$CaCO_3 \geqslant 97\%$，水分$\leqslant 0.4\%$	型面涂料
氧化锌	GB3185	工业一级	型面涂料
二氧化钛	GB1706	$TiO_2 \geqslant 90\%$	型面涂料
石棉粉	JB9，JB10	一、二级品	需保温部分用涂料
滑石粉	JC161	一、二级品滑石含量≥80%，粒度300目≥99%	涂料
水玻璃	ZBJ31003	$SiO_2 \geqslant 25.7\%$；$Na_2O \geqslant 10.2\%$；密度$1.40 \sim 1.55\ g \cdot cm^{-3}$	胶粘剂
铸造用石墨	GB3518		润滑
机械油	GB443	N32、N46	润滑
硼酸	GB538	二级品，过100目	防护剂

表3-61 镁合金铸造用金属型涂料的组成与应用部位

牌号	成分/g						用途
	碳酸钙	氧化锌	石棉粉	滑石粉	水玻璃	热水	
镁-0	20	—	300	—	50	500	浇冒口涂料
镁-1	50	—	—	100	25～30	500	小件用型面涂料
镁-2	100	—	—	50	25～30	500	大中件用型面涂料
镁-3	50	100	—	50	50	650	型面涂料
镁-4	—	50	50	—	20	300	从浇冒口到型面的过渡区用涂料

对表面粗糙度有所要求的铸件，配制好的涂料在使用前应经孔径为0.1～0.3 mm的筛网过筛；对表面粗糙度要求更高的铸件，涂料则应通过由六层白纱布组成的过滤器过滤。金属型型面应使用能保证铸件表面光洁的型面涂料，浇冒口部分应使用保温涂料。铸件壁厚增厚时涂料层相应减薄，铸件薄壁处在无特定工艺规范的情况下可参照表3-62进行。冒口及其他须缓慢冷却的部位，可将用水浸透的石棉板涂上水玻璃贴紧在预热至500℃左右的所需部位，再喷上一层0.2 mm以上的冒口涂料。喷涂后，在型面和浇冒口部位均匀喷上一层硼酸溶液（10%～15%硼酸+90%～85%热水）。

表3-62　金属型的涂料厚度

涂料部位	浇冒口系统	厚壁部位	薄壁部位
涂料厚度/mm	1.5～3	0.05～0.3	0.2～0.5

浇注前必须检查金属型及传动结构是否完好无损。在保证质量的前提下，生产一般铸件时，浇冒口涂料通常一星期重新喷涂一次，但每天应将烧损和沾污的涂料层除去，适当喷涂一层新涂料；型面涂料每班至少一次。表3-63给出了工艺规范无特殊规定时金属型的预热温度和保温时间。金属型在使用前要放入箱式电阻炉内预热，大的金属型应采用专门的预热器预热。

表3-63　金属型的预热方法、预热温度和保温时间

金属型外廓尺寸/mm×mm×mm	预热方法	预热温度/℃	保温时间/h
小于200×300×400	箱式电阻炉	300～500	≥1
200×300×400～300×400×600	箱式电阻炉	300～500	≥2
大于300×400×600	专用预热器	300～500	≥4

低压铸造与金属型铸造所使用的金属型基本相似，主要不同点在于：低压铸造中，熔融金属在低压下由底部进入铸型，凝固方式相反。

金属型铸造铝合金的原则基本上适用于铸造镁合金。金属型设计的基本原则是以能够制出良好的、几何尺寸精度合乎要求的铸件为前提，在制造成本最低的条件下保证铸型使用寿命最长。金属型结构首先由浇注工艺过程决定：金属型的浇注、闭合和开启均手工操作；浇注在手动机床上进行；浇注在机动或气动分型的机床上进行；浇注在传送装置上进行。设计金属型时，千万不要因现有机床的类别而限制金属型构造。金属型铸造已被广泛用于制造高质量的汽车轮毂等部件。

为了满足金属型铸造的要求，金属型设计应注意以下几点：

(1) 只有能够制作整个金属型芯，才可以全部在金属型中铸造；若零件中有内凹部分，需要使用配合金属型芯，那么最好还是使用带砂芯的铸型。

(2) 金属型铸件不宜出现尖角、壁厚急剧变化的表面、内部轮廓复杂的分型线和平行壁面。

(3) 在多数情况下铸型的分型面为两、三部分，有时则由四个或更多的部分做成相互垂直的分型面，如果零件的几何形状允许，则最好把它完全做在底板上或一个不活动的侧边上，而其他活动部分仅形成冒口或浇口系统。

(4) 选择铸件的浇口位置时，应当使铸件在浇注时得到数目最少的水平分型面，面积较大的铸件平面应当处于水平位置，并在浇注时采用倾斜铸型的方法。

(5) 铸型的主要空腔应当尽可能做成出口朝上，以便冒口位于铸件的顶端，保证补给铸件足够的金属。

(6) 设计时必须保证铸型容易开启和闭合，凸出边缘的倒圆半径必须足够大。

(7) 铸件中的凹部和空腔最好用活块（型芯）来形成，为了不阻碍铸件的自由收缩，活块在冒口中金属凝固之前取下来，取型芯时必须异常平稳，不要偏斜，以免因热脆性大而生成裂纹。

(8) 必须保证气体由型腔中很好地逸出，为此，在金属型的分型面上应当顺着金属液流的方向做2～3 mm的沟槽。

(9) 选择金属型的壁厚时，应当考虑镁合金比热容比其他金属小的特点。

(10) 铸件复杂且金属型的热规范不能保

证自然热交换时，应当采用人工加热法将铸件的各个不同部分根据铸件的性质加热到不同的温度。

金属型设计的主要数据见表 3-64。

表 3-64 金属型设计的主要数据

设计参数		量值
最小壁厚/cm		3
最小圆角半径/cm	对于小型铸件	3
	对于中型铸件	5
	对于大型铸件	8
	通气孔/cm	0.2~0.4
最小斜度/(°)	表面	1
	型芯	2.5
极限孔/cm	最小直径	6~8
	在最小直径条件下的最大深度	40~50
机加工余量/cm	小型铸件	1.5~2
	中型铸件	2~3
	大型铸件	不小于 3
合适的金属型壁厚与工件壁厚之比		1.5~2.0

金属型铸造时可以采用顶注式、立缝式、底注式三种类型的浇注系统，为了避免在浇注过程中金属不平稳进入铸型而形成熔渣，金属应当以较低的速度进入铸型。小工件以及有大平面的较大工件常常经过冒口浇注；蛇形直浇口能减少因夹渣而造成的废品；采用立缝式浇注系统时，立缝宽度应当比砂型铸造的大一些；采用底式浇注系统时，最好是通过砂芯引入金属。

C 熔模铸造

熔模铸造是目前国际上较为先进的铸造工艺之一。熔模铸造从原理上讲适合于制备小体积高精密的铸件。在镁合金铸件中，形状结构非常复杂，一些部位壁厚非常薄，并且对表面粗糙度尺寸和公差要求很严格时，则可以采用熔模铸造来生产。

适合于砂型铸造的镁合金也同样适于熔模铸造。采用熔模铸造法生产铸件时具有不需取模、无型芯和无分型面等特点，因而其铸件的尺寸精度和表面粗糙度接近于金属模精铸件。此外，熔模铸造为铸件结构设计提供了充分的自由度，原来多个零件组装的构件，可以通过分片制型后粘合成一体实现整体浇注，因此可以经济地生产许多复杂零件。

熔模铸造镁合金时，通常采用干砂，以避免普通型砂由于水分引起镁合金燃烧的问题，并且熔模熔化形成的还原气氛可抑制镁合金的燃烧。另外，镁合金的收缩率是铝合金的 1.2 倍，热裂倾向较大，干砂退让性好，可有效地控制镁合金的开裂。但是，熔模铸造的设备投入和单位铸造成本高，工件尺寸有限。此外，镁与熔模铸型材料和粘结材料用氧化物陶瓷之间存在高活性反应，从而大大地限制了其应用。生产镁合金薄壁件时，需要预热铸型以便填充薄壁部位，然而预热温度和浇注温度过高将促进镁合金与铸型间的反应。有研究表明，采用低的铸型预热温度和浇注温度时，ZrO_2 是一种很有前景的铸型材料。

3.4.3.2 压力铸造技术

压力铸造是液态或半液态金属在高压作用下，以较高速度充填到模具中，并在压力作用下凝固而获得所需铸件。压铸经常被称为高压铸造，以区别于重力铸造和低压下的金属型铸造。

压力铸造要求合金熔体具有良好的流动性、充型性。镁及其合金的熔点低，大多数合金的流动性比较好；镁的比热容低，其铸件容易获得高的冷速；密度低，因而在适中的压铸压力下可以获得理想的致密度较高的铸件。因此，镁合金比较适合压铸成形。由于镁的流动性优于铝、锌，可以压铸出薄壁件，原材料消耗少，大大降低成本，从而在汽车工业中大量采用镁合金压铸件实现减重。目前，压铸技术在镁及其合金产品的生产中得到了广泛应用，成为镁合金铸件的主要生产方法。

目前已有的压铸镁合金有 AZ、AM、AE 和 AS 系，其常规化学成分见表 3-65。显然，适合压铸的镁合金种类比重力铸造镁合金少得多。由于铝能提高镁合金的铸造性能、强度和抗蚀性，因而是压铸镁合金的最主要的合金化元素。所以大多数压铸镁合金为含铝镁合金，铝含量一般为 3%～9%。锰则能提高镁合金的抗蚀性。我国的压铸镁合金牌号为 YM5，成分为 Mg-7.5%～9.0%Al-0.2%～0.8%Zn-0.15%～0.5%Mn(JB3070—82)。

表 3-65　压铸镁合金的化学成分(质量分数)　(%)

合金种类	Al	Zn	Mn	Si	RE
AE42	4.0	—	0.2	—	2.5
AM20	2.1	—	0.4	—	—
AM50A	4.9	—	0.4	—	—
AM60A	6.0	—	0.4	—	—
AM60B	6.0	—	0.4	—	—
AS21	2.2	—	0.2	1.0	—
AS41A	4.25	—	0.2	1.0	—
AS41B	4.25	—	0.2	1.0	—
AZ91A	9.0	0.7	0.15	—	—
AZ91B	9.0	0.7	0.15	—	—
AZ91D①	9.0	0.7	②	—	—

① 铜、镍和铁含量较低的高纯度合金。

② 如果铁含量超过 0.005%,则铁锰比小于 0.032。

同铝合金压铸件相比,除炉料成本高之外,镁合金压铸件的压铸和机械加工成本都低。生产实践表明:由于生产率高,热室压铸的镁合金小件的总成本低于冷室压铸铝合金同类件。一般而言,1 kg 以下的镁合金小件用热室压铸法生产,1 kg 以上的镁合金件用冷室压铸法生产。

A　镁合金压铸产品设计原则

(1) 确定产品的功能、使用条件和物理、力学性能的要求,选择某一牌号的镁合金。因镁合金化学活性强,因此一定要考虑环境因素对产品防腐蚀的要求。

(2) 根据所选择的镁合金的压铸性能及其他特性,考虑产品结构是否符合压铸工艺要求,是否容易实现压铸成形。

(3) 进行产品设计,包括壁厚及均匀性、加强筋、各部分的连接、圆角、拔模斜度、尺寸公差等要和压铸成形的要求相符合。

(4) 应充分利用计算机辅助设计、压铸凝固过程数值模拟、快速成形技术等手段,加快产品的设计及开发周期,并对产品样板进行测试和分析。

(5) 在产品设计时还需考虑是否有利于模具的设计制造、是否有利于压铸加工和后续处理。

B　镁合金压铸工艺

镁合金压铸工艺,依热室压铸和冷室压铸而有所不同,见表 3-66。

表 3-66　镁合金热室压铸和冷室压铸的工艺比较

	比较项目	热室压铸	冷室压铸		比较项目	热室压铸	冷室压铸
工艺特点	浇铸温度/℃	630~650	680~700	品质性能	气泡缺陷(薄壁)	普通	多
	压射速度/$m \cdot s^{-1}$	1~4	1~8		厚壁件	不可制造	可能
	压射比压/MPa	25~35	40~70		收缩率/%	0.5~0.55	0.7~0.8
	增　压	无	有		尺寸精度	普通	高
	铸件投影面积	小	大		力学性能	普通	良好
	成形稳定性	良好	良好		耐腐蚀性能	良(用 SF_6)	良(用 SF_6)
	给料方式	坩埚直接给	浇铸机给		热效率	普通	良好
	安全性	良好	普通		制品合格率	良好	普通
	熔　渣	普通	多	经济性	制品/原料量	0.9	1.2
	压射周期/min	0.9	1.1		原材料费/万元	0.85	0.9
	保护气体 SF_6 使用	有	有		消耗备件费	较高	少
品质性能	铸造流痕	良好	良好		专利费	无	无
	气孔收缩裂纹	中	中				
	薄壁件充型流动性	良好	良好				
	氧化夹杂	少	多				

典型的镁合金热室压铸工艺分析如下：

(1) 镁合金熔液的浇铸温度一般控制在620～640℃，但在具体生产过程中，应根据生产的具体条件和产品的技术要求作适当调整。

(2) 模具温度控制是使镁合金液具有良好流动性和填充状态，得到良好的成形铸件的一个基础；镁合金热室压铸时，模具温度一般控制在230～280℃，但可根据产品特征和生产周期加以调整。

(3) 热室压铸机的压射力控制在16～25 MPa；

(4) 由于镁合金运动黏度大，凝固时间短，因此要求压射速度快，填充时间短，特别是生产薄壁件更应如此，一般热室压铸机空射速度要大于6 m/s。

典型的镁合金冷室压铸工艺分析如下：

(1) 压射比压30～40 MPa，增压在50～70 MPa；

(2) 填充速度35～50 m/s，薄壁件可达80～100 m/s；

(3) 浇铸温度640～670℃；

(4) 镁合金冷室压铸的填充时间如图3-34所示。

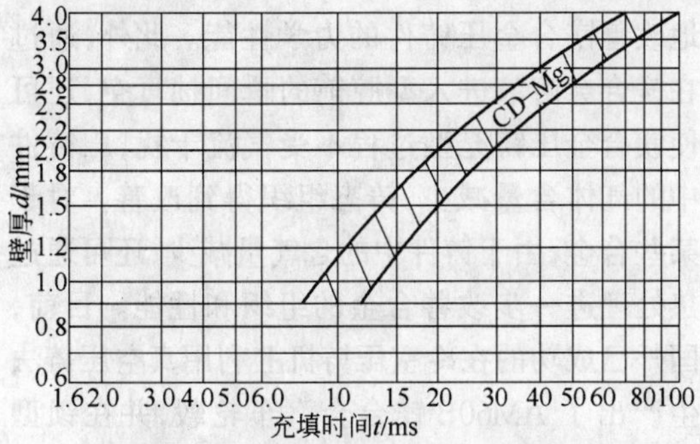

图3-34　镁合金冷室压铸的壁厚和填充时间关系示意图

C　镁合金压铸用离型剂（脱模剂）

压铸用离型剂的主要作用是在压铸型型腔表面形成连续保护膜，有利于压铸件脱型，并强制冷却压铸型，缩短压铸循环周期。压铸离型剂的选择应根据压铸合金、压铸件和压铸型的特点和要求来加以确定。由于镁及其合金的特点，选择镁合金压铸离型剂应首先考虑以下原则：

(1) 要选择最合适的稀释比率、吹气排屑强度和喷涂量，以保证连续保护膜的形成；

(2) 选择对压铸型损伤作用小的离型剂；

(3) 不要选择含过量石蜡的离型剂，以免在压铸型腔表面形成过大的沉积残留量；

(4) 选择与镁合金铸件结构、形状和尺寸相适应的离型剂。

与铝合金压铸不同，镁合金液与铸型的亲和性低，凝固时间短，凝固收缩大，压铸件表面处理工作（防锈、涂装等）复杂，回炉料品质易受离型剂污染，尤其对成形精度要求高的薄壁镁合金压铸，在使用离型剂时，还需要特别考虑下列因素：

(1) 镁合金在充型过程中温度和流动性下降快，易产生流纹和填充不良等缺陷，因此必须提高镁合金压铸用离型剂的保温性；

(2) 镁合金凝固收缩大，易咬住金属型芯，导致压铸件脱型困难甚至拉伤，所以要求镁合金压铸用离型剂具有良好的润滑性，使铸件脱型容易；

(3) 镁合金易产生电化学腐蚀，其压铸件需要进行表面处理。

表面处理前的预处理（机械预处理、化学预处理、酸洗等）与压铸件表面残留的离型剂密切相关。含有硅质添加剂的离型剂会造成涂装困难，因此镁合金压铸用离型剂最好不含硅质添加剂。此外，为了减少和防止镁合金与水分接触发生反应，应选择干燥性的添加剂。

此外，由于离型剂的使用效果还与合金成分、压铸型结构、型温、浇铸温度、喷涂量、压铸参数等因素有关，因此镁合金压铸用离型剂的选择应权衡各方面的因素综合考虑。图3-35所示为在镁合金压铸时不同离型剂的使用方式比较，从图中可以看到，选用粉末型离型剂，较选用水溶性离型剂更能缩短成形周期，提高模具使用寿命，改善操作环境和减少铸件废品率。

D　镁合金压铸技术的发展趋向

镁合金压铸技术经过近几十年的快速发展，日趋成熟，但还存在一些问题需要解决。

(1) 镁合金压铸件的品质问题。强度不够高，不能用在重要结构件上；耐蚀性差，尤其是耐电化学腐蚀性能不高；高温使用性能不好。

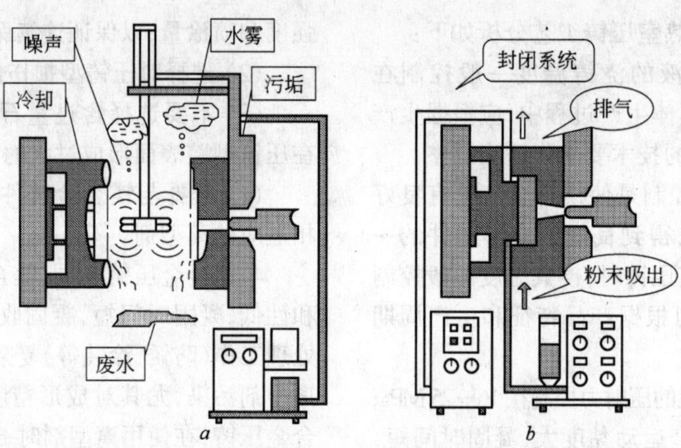

图 3-35　不同离型剂使用方式比较示意图
a—水溶性离型剂；*b*—粉末型离型剂(减压喷涂)

(2) 镁合金压铸技术问题。由于镁合金铸造性能(如流动性等)对型温和浇铸温度相当敏感,在充型过程中镁合金液极易凝固,因此如何精确控制型温和浇铸温度将是获得合格镁合金铸件需要解决的关键问题之一。

(3) 压铸镁合金的回收问题。

(4) 镁合金压铸件的加工问题。由于镁合金弹性模量低,机械加工时工件易变形,故镁合金压铸件的加工除应注意安全问题外,还必须对夹具及夹持力进行研究。

针对镁合金压铸目前存在的主要问题,应在以下几方面展开重点研究和开发,为镁合金压铸的大规模工业化应用创造条件。

(1) 研发具有高强度和高温蠕变抗力和高耐蚀性的新型压铸镁合金。

(2) 研发经济的表面处理技术,以提高镁合金压铸件的耐磨性和耐腐蚀性,同时建立一套镁合金腐蚀状况测试与评判体系。

(3) 研发镁合金废料回收技术,重点是杂质去除技术和品质评估方法,目前尚没有一种单一方法可经济地去除镁合金废料中的杂质。

(4) 研发适应镁合金压铸特点的压铸型设计和制造的计算机辅助技术。

3.4.3.3　几种新的镁合金铸造成形技术

A　真空压铸

真空压铸是通过在压铸过程中抽出型腔内的气体而消除或减少压铸件内的气孔和溶解气体,提高压铸件的力学性能和表面质量。由于镁合金的凝固区域较宽,在凝固收缩过程中易于产生枝晶,被枝晶封闭的局部地区液体补缩受阻将形成负压,成为卷入气体析出的有利位置。考虑到镁合金中的疏松,将有利于气孔的形成,而气体又助长了疏松的长大,因此若能通过抽真空来控制和减少镁合金中气体卷入量,就会降低镁合金中的缩松量和缩孔倾向,极大地改善镁合金压铸件的力学性能。此外,通过在镁合金溶液进入型腔前的瞬间抽真空,还可使镁合金压铸充型过程不受气流干扰,压铸件中的气体含量减少,铸态组织得到改善。对于某些合金,由于铸件中的含气量减少,还可通过热处理进一步改善合金的组织和性能。目前,国外已成功的在冷室压铸机上利用真空压铸法生产出了 AM60B 镁合金汽车轮毂,并在锁型力为 2940 kN 的热室压铸机上生产出了 AM60B 镁合金汽车方向盘,铸件的伸长率由 8%提高到 16%。图 3-36 所示为镁合金真空压铸工艺。有关真空压铸的详细情况将在本书第 8 章中介绍。

B　充氧压铸

充氧压铸又称无气孔压铸(Pore-free Die Casting Process,即 PF 法)。该法在金属液充型前,用氧气或其他活性气体来置换腔内的空气。当金属液充型时,活性气体与充型金属液反应,生成的金属氧化物微粒弥散分布在压铸件内,从而消除了压铸件内的气体，使压铸件可通过热处理强化。已有的研究结果表明：充氧压铸镁合金件可像重力铸造镁合金件一样，进行热处理强化，并且其力学性能优于普通压铸件和重力铸造件。

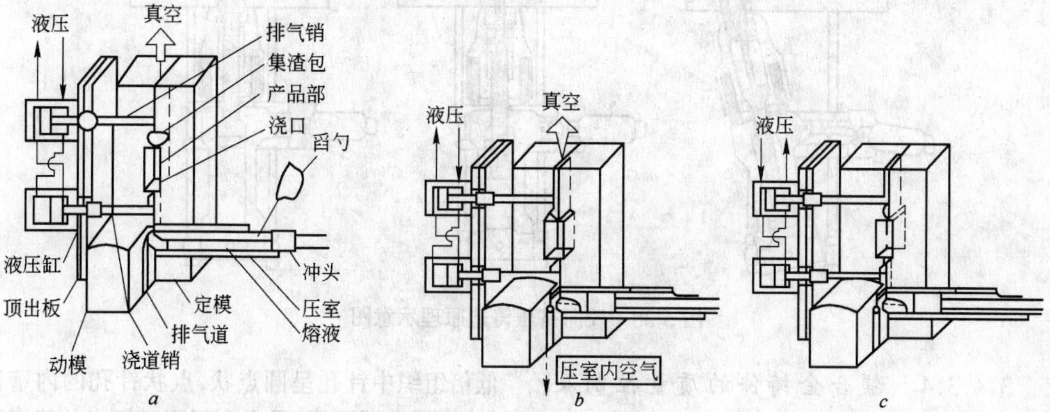

图 3-36 镁合金真空压铸工艺过程示意图

a—压射前；*b*—压射中；*c*—填充结束

C 挤压铸造

挤压铸造就是采用低的充型速度和最小的扰动，使金属液在高压下凝固，以获得可热处理的高致密度铸件的铸造工艺。挤压铸造最突出的特点是充型压力高，比重力金属型铸造要高几个数量级，其对铸件形成的影响主要表现为：使充型金属液冷却速度显著增加；改变凝固合金中相的组成和数量；增大合金与铸型间的传热系数；抑制金属液中气体的析出，从而减少铸件中的疏松和气孔缺陷，提高铸件的致密度。

根据挤压方式的不同，挤压铸造可分为正向挤压铸造和反向挤压铸造两种，如图 3-37 和图 3-38 所示。目前国内外已对镁合金挤压铸造成形进行了初步的研究，并得出了镁合金挤压铸造的一些工艺参数，如镁合金挤压铸造时铸型温度一般控制在 200～300℃，充型压力为 50～150 MPa，铸型涂料为石膏基，浇铸时的过热温度为 30～140℃。详细情况在本书第 8 章中介绍。

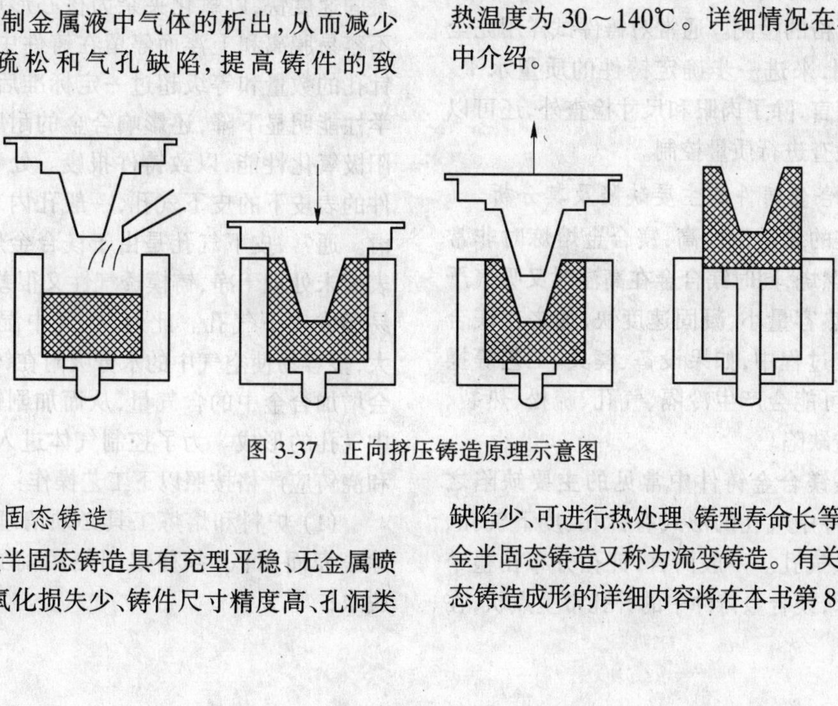

图 3-37 正向挤压铸造原理示意图

D 半固态铸造

镁合金半固态铸造具有充型平稳、无金属喷溅、金属液氧化损失少、铸件尺寸精度高、孔洞类缺陷少、可进行热处理、铸型寿命长等特点。镁合金半固态铸造又称为流变铸造。有关镁合金半固态铸造成形的详细内容将在本书第 8 章中讨论。

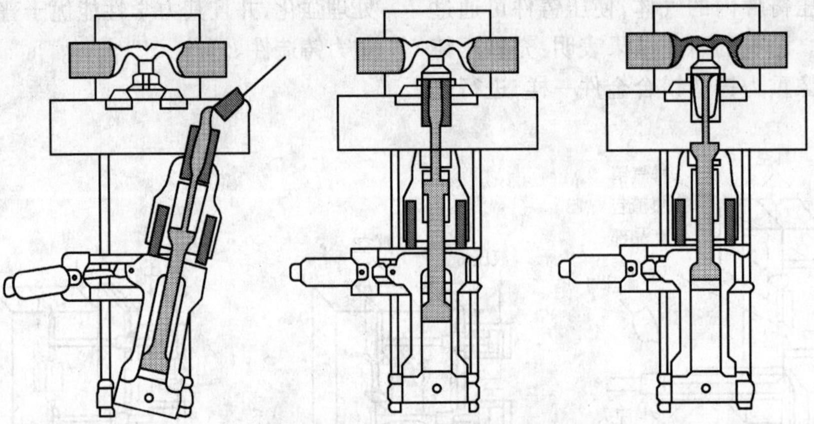

图 3-38 反向挤压铸造原理示意图

3.4.3.4 镁合金铸件的质量控制及缺陷分析

A 合金铸件的质量控制

生产镁合金铸件时，除了进行标准摄谱成分控制外，通常还需要对铸件标样断口进行肉眼观察。将断口形貌与铸件标准样相比较，检测晶粒细化程度。采用类似的方法观察标准冷铸棒断口，来检测含锆合金的晶粒度，可以确定含锆量是否达到规定晶粒细化程度所需水平。浇注棒试样进行光谱分析，以便进行化学成分控制。

镁合金铸件用于飞机或军事领域时，需要进行非常严格的检测。通常对铸件试样用完全破坏性检测，来进一步确定铸件的质量水平。对压铸件而言，除了肉眼和尺寸检查外，还可以通过荧光检查进行质量控制。

B 镁合金铸件的主要缺陷及其分析

由于镁的化学活性高，镁合金熔炼时非常容易氧化、燃烧，同时镁合金在高温时又吸气严重，镁合金热容量小、凝固速度快，加之在镁合金铸件生产过程中，如果设备、模具、工艺等操作不当，则可能会产生冷隔、气孔、疏松、热裂、夹渣等铸造缺陷。

气孔是镁合金铸件中常见的主要缺陷之一，合金铸件中气孔的形式有针孔、皮下气孔、单个集中大气孔。一般而言，针孔分布在整个铸件的内部，镁合金铸件中的针孔常呈点状，在低倍组织中针孔呈圆点状，点状针孔的内壁比较光滑，接近圆形，是合金凝固时析出的气泡所造成的。镁合金熔炼时，高温镁熔体和炉气中的 O_2、N_2、H_2O、CO_2、CO、H_2 等接触时，在接触界面相互作用，产生化合、分解、溶解、扩散等过程，造成气体原子扩散并溶入金属内部。压力一定时，溶解在金属内部的气体在金属中的溶解度随温度的升高而增大。当金属达到熔点时，气体的溶解度急剧增加。当金属全部溶解后，气体的溶解度随温度的升高进一步加快。当镁熔体浇铸入铸模后，随着合金液温度的下降，气体不断析出，由于镁合金熔体的黏度大，凝固速度快，以氧化夹杂为核心形成的小气泡不容易脱离和上浮而停留在铸件中形成针孔，针孔的数量和等级超过一定标准后，合金的力学性能明显下降，还影响合金的耐腐蚀性能和阳极氧化性能，以致铸件报废。处于镁合金铸件的表皮下的皮下气孔，一般孔内表面比较光滑。通常，皮下气孔是由于镁合金熔体和铸模表面未处理干净，铸模透气性又很差时，就很容易形成皮下气孔。此外，空气中湿度大，风太大，很容易使空气中的水分吸附在铸模壁上，也会增加合金中的含气量，从而加剧镁合金铸件中气孔的形成。为了控制气体进入合金，熔炼和浇铸应严格按照以下工艺操作：

(1) 炉料和熔炼工具必须清理干净，预热除去表面水汽，各种熔剂使用前必须烘干或脱水；

(2) 严格控制熔炼温度和浇铸温度尽量避免金属液过热或在高温下长时间停留；

(3) 在出炉前，应该对熔体进行精炼除气处理。

表 3-67 列出了常见镁合金铸件缺陷分析。

表 3-67 常见镁合金铸件缺陷分析

缺陷名称	特征	原因	防止办法
气孔	混入熔体中的气体在高温时溶入镁合金熔体中，合金凝固时，在铸件中形成针孔、皮下气孔和气泡，影响铸件的表面质量，力学性能、耐腐蚀性和阳极氧化性能	炉料和熔炼工具不干净，烘干不彻底，带有水分，除气和精炼不彻底。金属液过热或在高温下停留时间过长等，大量气体溶入合金熔体中	对炉料、工具充分预热、烘干；严格控制熔炼温度和浇注温度；进行合金精炼与除气；避免在高温下长期停留
冷隔	金属液流被氧化皮隔开而未熔合为一体，严重时成为欠铸。常出现在铸件的顶壁、薄的水平或垂直面、厚薄转接处等	浇铸温度过低，合金流动性差；型腔排气不良，阻碍合金液流动；浇铸系统中浇道面积不够，金属充填速度缓慢或流动距离远；型芯错位或移动，某部位壁厚明显变薄；浇铸时液流中断或不稳定	提高浇铸温度和金属型温度；增加铸型、型芯的排气能力；合理选择浇铸系统的位置、数量和面积；增加铸件某一部位的厚度；保持金属液流平稳、均匀而无紊流进入型腔
疏松	疏松是金属枝晶间或晶界孔洞。分布在铸件补缩不良的部位，用肉眼无法分辨，但在显微镜下可看到成片的小孔。在断口上呈淡黄、灰色或黑色。射线检验时呈羽毛状或海绵状暗区，一般在铸件内部，有时穿透整个壁厚，造成铸件气密性不合格	由于下列原因造成凝固过程中补缩不良：浇铸系统和冒口设置不当；冷铁位置和厚度不当；铸件形成毛刺、飞边等；引入合金液的位置不当；铸件局部过热和金属型温度过高；浇铸温度过高	正确使用冒口、冷铁、使铸件顺序凝固；向冒口内导入热金属液、加大冒口等以延缓冒口冷却；适当降低合金的浇铸温度；炉料要充分干燥，型砂的水分要适当，铸型的排气要保持畅通；对熔体进行充分的变质处理，尽可能消除粗大的枝晶组织；增加注射压力；合理设计模具等
夹杂和氧化皮	断口呈深灰、黑和浅黄色，不规则的点或小块在于铸件内部，外形上呈薄片、皱皮或团絮状，有时还带有少量熔剂，薄壁铸件则常露于表面	熔炼过程中因生成氧化物而造成的夹杂，主要原因是炉料不清洁，熔剂不干燥，精炼作用不完全，浇铸前的静置时间不够及熔炼操作不当；浇铸过程中因形成氧化皮而造成，主要原因是浇铸系统设计不合理，浇铸时合金液剧烈氧化或产生涡流及操作不当；铸型本身原因，铸型烘烤不良，保护剂不够，合型后停留时间过长	保持炉料清洁，仔细精炼，充分静置，并往合金中加入少量铍；正确设计浇铸系统，采用过滤器，启动坩埚要平稳，正确浇铸，避免氧化和燃烧；铸型要充分预热，合理控制合型时间
裂纹（热裂和冷裂）	铸件上出现直或曲折裂隙（穿透裂纹）、裂口（非穿透裂纹）。热裂处的断口被强烈氧化而呈深灰色或黑色，无金属光泽，并沿晶界裂开。冷裂纹断口一般比较光滑，有金属光泽。氧化处理后可呈棕红色，可肉眼观察	采用了热裂倾向大的合金；合金有促使形成裂纹的杂质；合金变质不好或变质失效使晶粒粗大；铸件形状不合理，有尖角、截面剧变等；铸件个别部位收缩受阻；浇铸系统设置不当，造成局部过热；冷铁放置不当；模具设计不合理；浇注系统设计不合理；铸件出型过早等	细化合金组织；防止含铝和含锆合金相混，控制铍的加入量；改善铸件设计，消除尖角，使厚薄截面均匀过渡；尽可能使铸件顺序凝固；降低浇铸温度；正确放置冷铁；合理设计模具和浇注系统；合理制订铸造工艺
偏析	含锆镁合金在铸造时易产生共晶偏析。对于某些镁合金，在液相线以上会沉淀出一些质点，并发生凝聚，常出现在厚大截面处的较低部位，这是一种比重偏析。在 Mg-Al 合金中还会出现反偏析	合金成分设计不合理，浇注温度过高；铸件厚大部位冷却速度太慢；充型温度过高等	合理设计成分；合理制订熔炼与铸造工艺；合理设计铸件；严格控制浇注温度和模具温度等

3.4.3.5 镁合金熔铸过程中的安全与保护

对镁而言，水气不论其来源如何，都会增加熔体发生爆炸和着火的危险，尤其是当水气与镁熔体接触时，会产生潜在的爆炸源 H_2，因此必须采取严格的防护措施。详细情况将在本书第 10 章讨论。

3.4.3.6 镁合金熔铸设备

A 镁合金熔炼设备

(1) 镁合金熔炼炉。镁合金熔炼的主要设备包括预热炉、熔炼炉和保护气体混合装置等，见图 3-39。

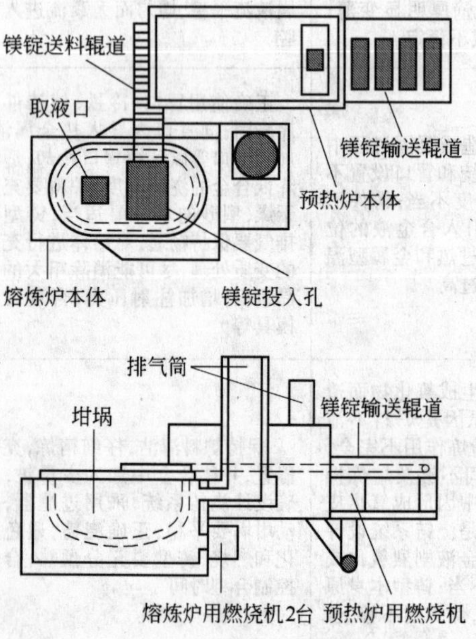

图 3-39 镁合金熔炼装置示意图

其中熔炼炉的加热方式有电阻加热、燃气加热和燃油加热等，相对来讲，电阻加热比较安全，炉型有单室炉、双室炉和三室炉。这三种炉型的特点分别为：

1) 单炉室是熔炼和保温在同一炉内进行。

2) 双室炉是熔化炉、保温炉各自独立工作，通过能加热且温度可控制的 U 形管输送金属液，由于加料时引起的温度波动和炉渣只存在于熔化炉中，因此可以保证镁合金溶液的纯净度。

3) 三室炉分熔化室、中间室和供液室，熔化室的温度较低，一般为 650℃ 左右，因而有利于 CO_2 气体保护，中间室起到集杂作用，供液室提供压铸用较高温度的镁合金溶液。

(2) 镁合金熔炼混气装置。在实际生产中 SF_6 常和其他气体混合在一起通入到熔炉，常用的混合方式有空气/SF_6、SF_6/N_2、空气/CO_2/SF_6，混气装置的作用就是将这些气体精确地按一定比例混合后送入熔炉。SF_6 是一种无色、无味、无毒气体，密度比空气大 4 倍，具有化学惰性结构，常温下极稳定，通常将 SF_6 气体加高压后变成液态储存于专用的高压钢瓶中。实验表明，0.01% 的 SF_6 浓度即可有效保护镁液，但实际常用的浓度要大，这主要是因为 SF_6 会与镁液反应和泄漏损失，随着输入浓度含量的增加，液面上方 SF_6 浓度也增加，但与输入浓度相比，消耗量呈增大趋势。所以镁合金熔炉装置必须有效密封，这样 SF_6 控制到一定浓度才成为可能。一般 SF_6 浓度不宜超过 1%，SF_6 气氛浓度过高对设备具有严重腐蚀作用。所以保护气体的供应优化是系统设计和操作时的重要任务。混气装置应能精确配比和混合气体成分，保护气体的浓度和数量必须适应熔液表面条件，达到耗气量少，同时做到环保、安全、经济。图 3-40 所示为 Rauch 公司镁合金熔炉保护气混气、供气装置。图中，SF_6 和 N_2 通过减压阀和一个流量控制阀混合在一起，混合气通过一个流量计分别独立供应泵室和熔室，泵室和熔室的气体流量可以分别独立调节，还可以通过 PLC 对泵室的流量在各个阶段进行控制，比如在注料阶段可加大气体流量，从而更经济、更安全地保证气体供应。保护气体在进入熔炉时采用多管道多出口分配，尽量接近液面且分配均匀。现实生产中，这种供气已较为成熟，且 SF_6 耗量也较低。Rauch 公司几种镁合金熔炉的保护气耗量参见表 3-68。重庆硕龙科技有限公司几种镁合金熔炉的保护气耗量见表 3-69。

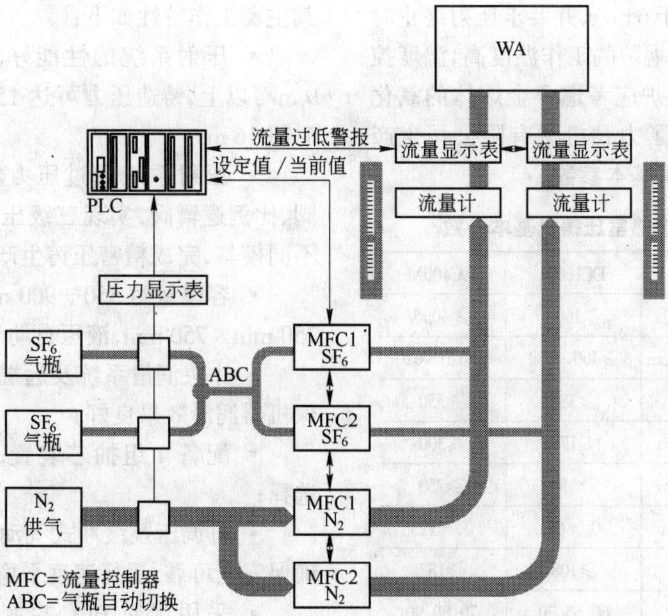

图 3-40 Rauch 公司镁合金熔炉保护气混气、供气装置

表 3-68 Rauch 公司几种镁合金熔炉的保护气耗量

定量炉	N_2 耗量(标准状态) /$L\cdot h^{-1}$	SF_6 耗量 (体积分数)/%	耗量 /$g\cdot(t\text{镁液})^{-1}$
MIDO70	400	0.16~0.25	22
MDO250	700	0.16~0.25	18
MDO500	800	0.16~0.25	12
MDO700	1000	0.16~0.25	9

表 3-69 重庆硕龙科技有限公司几种镁合金熔炉的保护气耗量

熔炼炉型号	坩埚容量 /kg	最大功率 /kW	最大熔化率 /$kg\cdot h^{-1}$	工作时保护气流流量 /$L\cdot h^{-1}$	SF_6 耗量 (体积分数) /%
SL-300	300	90	120	720	0.18~0.25
SL-500	500	116	240	900	0.18~0.25
SL-800	800	170	350	1200	0.18~0.25
SL-1000	1000	210	450	1500	0.18~0.25

B 镁合金压铸机

在镁合金成形技术中，很大部分是以压铸法成形，所以压铸设备对于镁合金产业有着重要的意义。目前常用的有热室压铸机和冷室压铸机两大类。

(1) 镁合金热室压铸机。图 3-41 所示为香港力劲机械有限公司生产的 DC160M 镁合金热室压铸机。由于镁合金是从液面以下经封闭的鹅颈喷嘴等直接进入压铸型(模)的型腔中，浇注过程无氧化和浮渣，温度损失少，因此热室压铸机更适于薄壁复杂的压铸(最小壁厚可达 0.5 mm)。又由于其生产率高，易于自动化，也便于镁合金液的防护，所以被广泛用于家电、计算机、通信、日用五金和许多承载能力较小的镁压铸件的生产。一般的中小型镁合金压铸件，特别是壁薄而外观要求较高的零件，大都采用热室压铸机生产。

图 3-41 DC160M 镁合金热室压铸机

镁合金热室压铸机与普通热室压铸机的不同，主要在于前者具有更高的压射速度。一般

空压射速度要求大于6 m/s,并要求压射终止时液压冲击小、保温坩埚炉的工作温度高,温度控制较严格,保温坩埚炉应考虑合金熔体的氧化保护。表3-70列出了力劲机械有限公司生产的镁合金热室压铸机基本参数。

表3-70 镁合金热室压铸机基本参数

基本参数		DC160M	DC400M
合型力/kN		≥1600	≥4000
拉杆之间的内尺寸/mm×mm		≥460×460	≥620×620
动型座板行程/mm		≥380	≥550
压铸型厚度	最小/mm	≤170	≤300
	最大/mm	≥550	≥750
压射位置(O为中心)/mm		0,-80	0,-125
压射力/kN		≥108	≥182
压射室直径/mm		60,65,70	70,80,90
射料量(镁)/kg		≥0.5,0.6,0.7	0.9,1.3,1.9
顶出力/kN		≥108	≥180
顶出行程/mm		≥95	≥120
一次空循环时间/s		≤5	≤7

(2) 镁合金卧式冷室压铸机。镁合金卧式冷室压铸机应具备的条件及特性如下:

1) 冷室压铸机应具备的条件。大多数承载能力较大和有特殊要求的镁合金压铸件用冷室压铸机来生产,如许多重要的汽车零件等。但普通冷室压铸机必须对压射部分进行如下改进才能适应镁合金压铸生产的需要:快压射速度由4~5 m/s提高到6~10 m/s;减少增压减压时间;提高压射速度和压射力的控制程度;配置有保护气体装置的专用熔炉。

2) 冷室压铸机的特性。力劲机械有限公司生产的DCC630M卧式冷室压铸机,此类机器可用于镁合金压铸,也适用于铝合金的压铸,其主要工作特性如下:

- 压射系统的性能好,空压射速度可达9 m/s以上,铸造压力可达150 MPa以上,建压时间16 ms;
- 压射系统通过压力传感器、流量控制阀、比例逻辑阀,实现三级压力连续可调,适合不同模具,完成精密压铸生产;
- 容模量为350~900 mm,拉杠内尺寸为750 mm×750 mm,液压自动调型(模);
- 中央润滑系统及远端欠压保护装置,确保机器润滑效果良好;
- 配备4组抽芯装置,多种抽芯模式供选择;
- 可调压及缓冲式气动门安全联锁装置,确保安全可靠、运行速度平稳;
- 采用优质PLC控制机器的整个动作程序;
- 具有屏幕报警内容显示功能,可快速排除故障;
- 超大型模具记忆功能,可存储多达32组模具参数;
- 对重要参数提供密码层面,确保生产和数据的安全性,全机符合CE要求;
- 屏幕显示数据,方便操作;
- 采用电器、液压安全锁,确保机器和操作者安全;
- 配置油位、油温、入油过滤器及油压超压保护装置;
- 开机时蓄能器自动充油至设定压力,停机时会自动放油保证安全;
- 配备自动给液浇注、取件、喷雾(喷脱模剂)机械手(任选),提高生产效率和生产质量。

力劲机械有限公司生产的镁合金卧式冷室压铸机基本参数见表3-71。

表3-71 镁合金卧式冷室压铸机基本参数

项目	DCC400	DCC630	DCC800	DCC1000	DCC1250	DCC1600	DCC2000
锁模力/kN	4000	6300	8000	10000	12500	16000	20000
锁模行程/mm	550	650	760	880	1000	1200	1400
模具厚度(最小~最大)/mm	300~750	350~900	400~950	450~1150	450~1180	500~1400	650~1600

续表 3-71

项　目	DCC400	DCC630	DCC800	DCC1000	DCC1250	DCC1600	DCC2000
模板尺寸(水平×垂直)/mm×mm	970×960	1200×1200	1400×1395	1620×1620	1730×1740	2010×1960	2150×2150
哥林柱内距/mm×mm	620×620	750×750	910×910	1030×1030	1100×1100	1180×1180	1350×1350
哥林柱直径/mm	130	160	180	200	230	250	280
压射力(增压)/kN	405	610	665	865	1075	1285	1500
射料行程/mm	500	600	760	800	880	930	960
冲头直径/mm	60,70,80	70,80,90	80,90,100	90,100,110,120	100～140	110～150	130～170
射料量(Mg)/kg	1.9,2.55,3.35	2.9,3.7,4.8	4.9,6.3,7.8	6.8,8.4,10.2,12.2	9.3～18.2	11.9～22.1	17.1～29.4
铸造压力(增压)/MPa	144.4,106.1,81.2	158.7,121.5,96	132.8,104.9,85	136,110,91,76.5	70～137	73～137	66～113
铸造件投影面积/cm^2	275,375,490	395,515,655	600,760,940	730,905,1095,1305	910～1785	1165～2190	1769～3030
最大铸造面积(40MPa)/cm^2	1000	1575	2000	2500	3125	4000	5000
压射位置/mm	0,－175	0,－250	0,－250	0,－300	－160,－320	－175,－350	－175,－350
冲头推出距离/mm	200	250	297	300	320	360	400
压室法兰直径/mm	130	165	200	240	240	260	260
压室法兰出定板高度/mm	12	15	20	20	25	25	30
顶出力/kN	180	315	315	500	570	570	650
顶出行程/mm	125	150	180	200	200	250	300
系统工作压力/MPa	14	14	14	16	14	14	16
电机功率/kW	22	37	37	45	2×37	2×45	2×55
油箱容积/L	800	1000	1200	1500	2500	2600	2800
机器质量/kg	16000	31500	43000	70000	90000	105000	135000
机器尺寸(长×宽×高)/mm×mm×mm	6820×1650×2810	8200×1900×2880	9000×2170×3170	10560×3500×3800	10800×3250×4200	11500×4000×4200	12710×4370×4380

C　镁合金压铸辅助设备

a　定量浇注系统

镁合金的熔炼在密闭条件下进行,热室机的料壶和打料系统是浸在镁液中,能够实现供料及打料自动化。对冷室机而言,为了防止熔融合金液在运送过程中氧化燃烧,需经密封的定量浇注系统,从熔炉中向压铸机压室完成浇注过程。目前,已经开发应用的镁合金定量浇注系统,有叶轮式、气压式、活塞式和电磁泵等。

(1) 叶轮式。通过叶轮的转动提升镁液,再通过输料管定量浇注到压铸机压室,可以改变叶轮的转速及运转时间来实现浇注量的改变。这种镁液泵的定量精度可达到±2%,生产中还应控制镁液面稳定,以免引起供料量的波动。这种泵结构简洁实用,操作/保养也比较容易,故障率较低,奥地利劳和公司的镁合金熔炉即采用此种定量泵。

(2) 活塞式。活塞式定量泵的原理如图 3-42所示。其中镁液注料量可通过调节活塞的行程来调节。

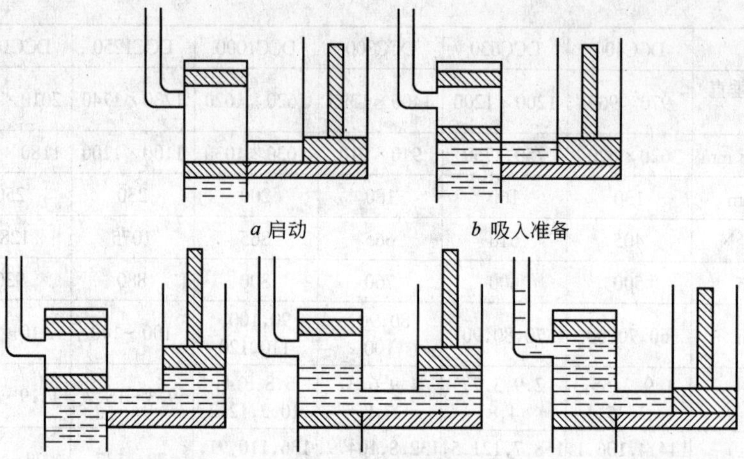

图 3-42 活塞式定量泵的原理示意图

(3) 电磁泵。图 3-43 所示为电磁泵的工作原理。电磁泵是利用导电流体中的电流和磁场的作用,把电磁推动力直接作用在金属液体上,使之发生定向移动,其运动符合左手定则。电磁泵的流量大小与升液电流、磁感应强度等有关。电磁泵的特点是没有机械磨损,控制较为方便。

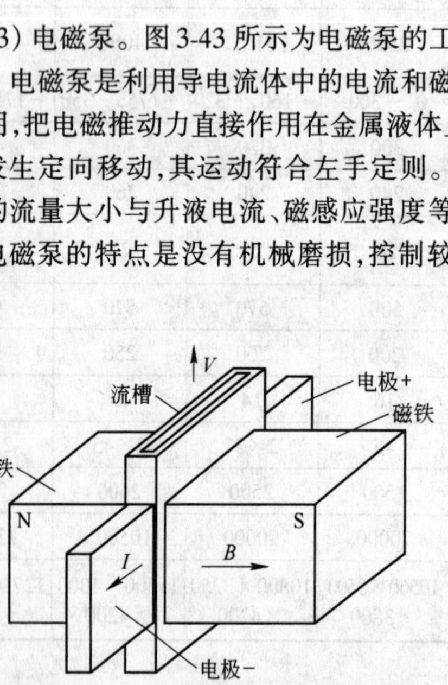

图 3-43 电磁泵的工作原理示意图

(4) 气压泵。气压泵原理如图 3-44 所示,主要结构为一密封泵室,注料时加压的氩气通过一管子进入泵室,泵室下方和熔炉连通的单向阀关闭,气体排开同样体积的镁液进行注料。这种泵的特点是:没有机械磨损,故障率低,清理维护简单,只有在浇注量较大时定量精度较好。

b 定位及喂料系统

现代化高性能精密冷室压铸机,为了更好地满足压铸模具设计和生产工艺所需,设计制造成了具有多个压射位置和多种规格压室更换使用的统一体。为了达到设计的目的,熔炉高度应随压室位置的变动而随之升降。众所周知,更换压射冲头是压铸生产过程中不可缺少的重要环节,如果熔炉固定不动,操作很不方便。为了达到上述过程快速且操作方便之目的,在镁合金熔炉配备三维定位装置,就可以实现生产过程中的诸如旋转、平移、升降等动作。

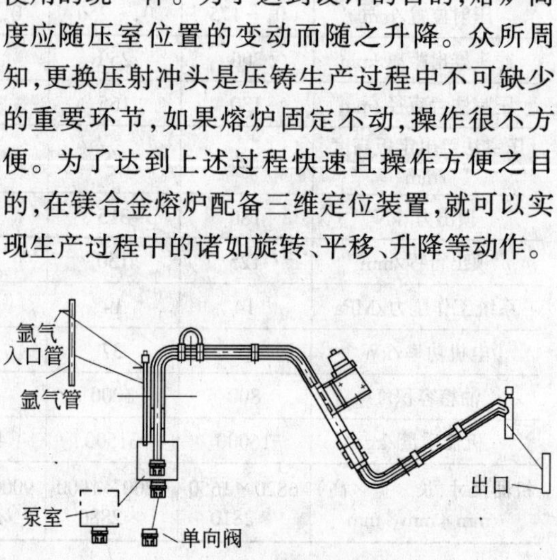

图 3-44 气压泵原理示意图

镁合金热室压铸温度一般在 630～650℃之间,热作件工作在高温的镁合金液中,不但要有良好的高温强度,而且要耐镁合金液的腐蚀。由于工作条件非常恶劣,对所用材料有特殊要求。镁合金本身化学性质活泼,对热作件材料有腐蚀作用,在生产中又可能受到保护气体的腐蚀,另外其工作温度高、压射速度快等,对热作件材料的高温性能有更高的要求。压铸镁合金熔炉的热作件材料是镁合金压铸生产的重要材料之一。

镁锭在加入熔炉以前，一定要预热到150℃以上，以去除镁锭中的水气，以免加入熔炉时引起爆炸，镁锭预热以后加入还可以避免镁液温度波动大，增加熔化炉的熔化效率。因此，镁合金熔炉要配置保温炉式自动预热装置，还可以连接自动喂料装置，将预热后的镁锭自动加入熔炉。

c 模温机

模具温度的高低是压铸生产工艺中至关重要的一环，它将直接影响铸件的品质：模温过低，铸件表面会产生流痕、花纹、冷隔等缺陷；模温过高，铸件会产生缩陷、拉伤甚至会发生粘模等现象。因此，在压铸生产中维持模具温度的稳定是获得优质铸件和延长模具寿命的重要保障。由于镁合金的比热容很小，且镁合金铸件一般来说壁厚较薄（0.8～2.5 mm），且其密度又小，而生产周期相对较长。因此，一般生产过程中，由镁合金在成形过程传导的热量根本不足以维持正常生产所需的模具温度。而镁合金相变潜热也很低，因而在压铸过程中容易发生局部（薄截面部位）提前结晶现象，导致浇铸通道堵塞，产生浇不足（欠铸）的缺陷。为了提供足够的充填条件和维持生产节拍的稳定，通常要对模具持续地加热，来维持模温的平衡和稳定。

模温机利用高导热的导热媒质，可以在很短的时间内将热量传递给模具。常用的模温机有两类：一类为热水模温机；一类为热油模温机。由于水的沸点所限，在密封加热的情况下，热水模温机的加热温度最高只能达到140～160℃之间，由于镁液遇水会发生激烈的反应引起爆炸，高压水在模具内泄漏有引起爆炸的危险，而且镁合金压铸时，模具的温度通常要保持在180～280℃之间，因此，热水模温机在镁合金压铸中很少采用。镁合金压铸时常用的是热油模温机，导热油的沸点较高，使用温度也远高于水，对模具的加热也更均匀恒定，热油模温机的使用温度最高可以达到300℃以上。

d 取件机械手

取件机械手又称自动取出机，当压铸机压铸完成，开模到位后，通过取件机械手进行铸件的自动化取出，并放置在规定的位置上。通过取件机械手与压铸机的联机，可以实现压铸生产的自动化，减轻操作者的劳动强度，减少辅助时间，维持生产节拍的稳定，并可以与切边机等组合，直接取出压铸件放置在切边机上，进行切边等作业，大大提高生产效率。

取件机械手常用的有两种形式。一种可以称为工业机器人。这种机械手的特点是运转灵活，活动范围大，可以通过编程来控制机械手的动作，可以实现较为复杂的动作，并可以实现冷却、切边等复杂动作，定位精度高，重复性好。在一些机型上可以实现取件、喷雾机械手合二为一，简化操作、节省时间，但价格较贵。

另外一种是取件机械手。取件机械手结构简单，操作方便，有如下特点：特殊驱动机械，手臂动作平衡、快速；手臂旋回90°，机械手固定于座板侧面，不影响装拆模具空间；夹臂特殊构造，取出位置点准确，夹持直径可随铸件实际大小调整，三点夹爪夹持稳定可靠，经久耐用；具有防水、防尘、防喷溅设计，使用寿命长；采用空气驱动，可作高速运转，保养简便；制品取出确认检知数，可用开关选择设定。

e 自动喷雾机

自动喷雾机是借助于压缩空气将离型剂（脱模剂）以雾状方式喷射至压铸模型腔的装置。它有如下特点：喷雾量由时间和流量阀控制，雾化均匀，调整容易；压铸型（模）动模喷雾量可个别调整；铜管式设计，可自由设定方向，任何复杂型（模）具均可使用；铜管座更换容易，铜管数量可随意增减；设有单独吹气铜管，可吹干残留离型剂；旋回角度为90°；当空气源停止时，上升极限位置可自动锁定。该喷雾机采用的是水性离型剂，使用更安全。该机SS系列的技术规格见表3-72。

表3-72 尚富工业股份有限公司生产的自动喷雾机SS系列的技术规格

项目	SS-15	SS-35	SS-65	SS-80
压铸机合型力/kN	1000～2000	2500～4000	5000～6500	8000
上下行程/mm	600	700	850	900
模厚调整/mm	±75	±100	±210	±210

续表 3-72

项　目	SS-15	SS-35	SS-65	SS-80
喷雾铜管/个	26	40	63	75
吹气铜管/个	8	8	12	12
旋回角度/(°)	90	90	90	90
使用空气压力/MPa	0.5	0.5	0.5	0.5
空气用量/$L\cdot min^{-1}$	1400	1500	2500	2500
离型剂压力/MPa	0.3～0.5	0.3～0.5	0.3～0.5	0.3～0.5
操作电压/V	AC110	AC110	AC110	AC110

f　自动压送机

自动压送机具有将离型(脱模)剂快速稀释后自动压送到一台或多台喷雾机的功能,其稀释倍率和压送压力可在一定范围内自由设定。具体有如下特点:全自动操作,节省人力;稀释快速,压送量大,压力平稳;稀释倍率容易设定;压送压力 0.2～0.5 MPa,可自由设定;压力达到后立即停机,节省能源,寿命长;本体采用不锈钢容器,永不生锈;内部加装漏电断路器,防止漏电危险;离型剂补充警示灯,避免空打。

尚富工业股份有限公司生产的自动压送机主要技术规格见表 3-73。

表 3-73　尚富工业股份有限公司生产的 SF-15 自动压送机主要技术规格

适用压铸机	吐出压力/MPa	压送量/$L\cdot min^{-1}$	稀释倍率	电源电压/V	操作电压/V	使用空气压力/MPa	气消耗量/$L\cdot min^{-1}$
多台(依使用环境)	0.2～0.5	32	30～200	AC110	AC110	0.2～0.5	200

参 考 文 献

1　胡忠,张锡坤,朱世亮著.铝、镁合金铸造实践.北京:国防工业出版社,1965

2　《轻合金材料加工手册》编写组编.轻金属材料加工手册(上、下册).北京:冶金工业出版社,1979

3　机械工程学会铸造专业学会编.铸造手册(第三卷)铸造非铁合金.北京:机械工业出版社,1999

4　Michael M Avedesian, Hugh Baker. ASM Speciality Handbook —— Magnesium and Magnesium Alloys. Ohio: ASM International, 1999

5　Polmear I J. Light Metals: Metallurgy of the Light Metals (3rd ed). London: Edward Arnold, 1995. 204. Courtesy K J Gradwell. Ph. D. thesis, UK: University of Manchester, 1972

6　Cahn R W. 非铁合金的结构与性能(第八卷).丁道云等译.北京:科学出版社,1999

7　Cahn R W, Haasen P, Kramer E J (ed). Materials Science and Technology-A Comprehensive Treatment. in Matucha K H (ed). Structure and Properties of Nonferrous Alloys (Vo18). Weinheim: VCH, 1996

8　Alves H, Koster U. Improved Corrosion and Oxidation Resistance of AM and AZ Alloys by Ca and RE Additions. in Kainer K U (ed). Magnesium Alloys and Their Applications. Weinheim: WILEY-VCH Verlag GmbH, D-69469, 2000:439

9　Lorimer G W, Apps P J, Karimzadeh H, King J F. Improving the Preformance of Mg-Rare Earth Alloys by the Use of Gd or Dy Additions. Materials Science Forum, 2003, 419:279～284

10　Rokhlin L L, Dobatkina T V, Nikitina N I. Constitution and Properties of the Ternary Magnesium Alloys Containing Two Rare-Earth Metals of Different Subgroups. Materials Science Forum, 2003,419: 291～296

11　Yuan G Y, Liu M P, Ding W J, Inoue A. Development of a Cheap Creep Resistant Mg-Al-Zn-Si-base Alloy. Materials Science Forum, 2003,419: 425～432

12　陈振华等.镁合金.北京:化学工业出版社,2004

13　张津,章宗和等.镁合金及应用.北京:化学工业出版社,2004

14　Erickson S C, King J F, Mellerud T. Conservring SF_6 in magnesium melting operations. Foundry management technology, 1998, 126(6):38～44

15　Wei L Y, Dunlop G L, Westengen H. Solidification Behaviour and Phase Constituents of Cast Mg-Zn-Misch Metal Alloys. Journal of Materials Science, 1997, (32): 3335～3340

16　清水光春,竹内宏昌.Mg-Li 铸造合金の应力扩大系数.铸造工学,1997,(11):899～903

17　Polmear I J. Recent Developments in Light Alloys. Transactions JIM, 1996, 37 (1): 21～31

18　王渠东,吕宜振,曾小勤等.稀土在铸造镁合金中的应用.特种铸造及有色合金,1999,(1):40～43

19　Anyanwu I A, Kamado S, Kojima Y. Creep Properties

of Mg-Gd-Y-Zr Alloys. Materials Transactions, 2001, 42 (7): 1212～1218
20 Nussbaum G, Regazzoni G, Gjestland H. SAE International Congress and Exposition. 1990: 115
21 Iohne O, Banger Φ, Gjestland H, Regazzoni G. SAE International Congress and Exposition 1990: 163
22 柏柏工作室.镁合金. http: home. kimo. com. tw/po. po2/mglist. html
23 ASM International Handbook Committee. Forming and Forging. Metals Handbook, Ninth Edition 1988, Vol. 14
24 陈刚,陈鼎,严红革.高性能镁合金的特种制备技术.轻合金加工技术,2003,(6):40
25 张永强,张奎等.压铸镁合金及其在汽车工业中的应用.特种铸造及有色合金,1999,3(1):54
26 汪凌云,潘复生等. AZ31镁合金成形性能研究. 2002年材料科学与工程新进展.北京:冶金工业出版社,2003:636～640
27 Manabn Kiuchi. Technology in Metal Forming Field Proceeding of the 6th ICIP, sept, 1999:19～24
28 Manabn Kiuchi. Journal of Japan Society for Foundry Engineering, 1988, 68 (1): 9
29 Chino Y, Shimojima K, Hosakawa H, et al.. Effects of Microstructures on the Mechanical Properties for Forged Mg Alloys. Advanced Technology of plasticity 2002 7th ICTP The Japan society for Technology of plasticity, 2002
30 Uemura H, Asakawa M, Hamada T, et al.. Magnetic scaling Rods Using Transformation Induced plasticity. Advanced Technology of plasticity 2002 7th ICTP The Japan society for Technology of plasticity, 2002
31 Mono, Mizufune H, Narita M. Development of semicontinuous 4 stages ECAE Method. Advanced Technology of plasticity 2002 7th ICTP The Japan society for Technology of plasticity, 2002
32 Petersen G, Westengen H, Hoier R, et al.. Microstructure of a pressure die cast magnesium-4wt% aluminium alloy modified with rare earth additions. Mater Sci. Eng.. 1996, 207A: 115
33 Villars P, Calvert L O. Pearson's Handbook of Crystallographic Data for Intermetallic Phases. Metal Park
34 Stephn C. Conserving SF_6 in Mg melting operation. Foundry Management & Technology, 1998, (6): 39～49
35 曾小勤,王渠东,丁文江.镁合金熔炼阻燃方法及进展.轻合金加工技术,1999,(9):5～8
36 黄晓锋,周宏,何镇明.富铈稀土对镁合金起燃温度的影响,中国有色金属学报,2001,(8):638～641
37 Berger M. Structural Refinement of cast magnesium alloys. Materials Science and Technology, 2001, 17 (1): 15～23
38 Tamuara Y, Kono N, Motegi T, Sato E. Grain refining mechanism and casting structural of Mg-Zr alloy. Journal of Japan Institute of Light Metals, 1998, 48 (4): 185～189
39 申泽翳,李宝东.镁合金铸造技术发展.铸造,1999,(6):4～7
40 唐竣林,曾大本.镁合金触变成形技术的现状和发展,中国铸造装备与技术,2000,(6):3～5
41 Kubota K, Mabuchi M, Higashi K. Review processing and mechanical properties of fine-grained magnesium alloys. Journal of Material Science, 1999, (34): 2255～2262
42 Aizawa T, Mabuchi M. Superplastic injection forming of magnesium alloys. Materials Science forum, 2001, 357: 35～40
43 Mukai T, Watanabe H, Moriwaki K. Application of superplasticity in commercial magnesium alloy for fabrication of structural components. Material Science and Technology, 2000, 16: 1314～1319
44 Luo A, Renaud J, Nakatsugawa I et al.. Magnesium Casting for Automotive Applications. JOM, 1995, 47 (7): 28～31
45 陈力禾,赵慧杰,刘正等.镁合金压铸及在汽车工业中的应用,铸造,1999,(10):45～50
46 李玉兰,刘江,彭晓东.镁合金压铸件在汽车上的应用.特种铸造与有色合金,1999,增刊(1):120～122
47 王益志.镁合金压铸的发展情景.特种铸造与有色合金,1998,增刊:36～40
48 Paul M. Automotive die casting magnesium rewind up for the 21st century. Die Casting Engineer, 1997, 41 (3): 68～70
49 孙伯勤.镁合金压铸件在汽车行业中的巨大应用潜力.特种铸造及有色合金,1998,(3):40
50 Albright D L, Ruden T, Davis J. High Ductility Magnesium alloys in Automotive Applications. Light Metal Age, 1992, 50 (2): 28
51 李宏伟.镁及其合金生产中的质量问题.中国镁业,2002,(6):1～3
52 江运喜,黄国杰,谢水生,李雷.半固态AZ91D镁合金压铸过程的数值模拟,塑性工程学报,2006, Vol. 13, No. 2:89～92
53 杨浩强,谢水生,李雷,黄国杰.半固态镁合金连续铸轧过程的数值模拟.塑性工程学报,2006, Vol. 13, No. 6
54 Shuisheng Xie, Haoqiang Yang, Lei Li, Guojie Huang.

Numerical simulation of semi-solid Magnesium alloy in continuous roll-casting process, International Conference on Semi-Solid Processing of Alloys and Composites, Korea, Busan, 2006

55 Shuisheng Xie et al.. A New Technique of Casting-rolling Strips for Semi-solid Magnesium Alloys, J. Mater. Sci. Technol., 2005, Vol.21 No.6

56 谢水生,李兴刚,江运喜.镁合金汽车轮毂半固态触变成形的刚-粘塑性有限元分析,塑性工程学报,2005, Vol.12, No.2

57 XingGang Li, Shuisheng Xie, Yunxi Jiang, Lei Li. Semi-solid Processing Technology of Magnesium Alloy, Materials Science Forum, 2005, 488: 307~312

58 江运喜,谢水生,杨浩强,李雷. 搅拌工艺参数对半固态 AZ91 镁合金流变特性的影响,中国有色金属学报, 2005, Vol.15, 增刊(2)

59 张莹,耿茂鹏,饶磊,谢水生. 镁合金半固态双辊板带流变成形研究. 铸造技术,2005, Vol.26, No.8,

60 张莹,耿茂鹏,饶磊,谢水生. 半固态镁合金双辊板带试验研究. 热加工工艺,2005, No.10

61 张莹,耿茂鹏,王艳春,张庭芳,谢水生. 镁合金的双辊板带连续铸轧技术. 铸造技术,2005, Vol.26, No.1

62 S.S. Xie, H.Q. Yang, H. Wang, X.G. Li, L. Li. Damper Cooling Tube Method to Prepare Semi-Solid Slurry of Magnesium Alloy, International Conference on Semi-Solid Processing of Alloys and Composites, 2004

63 Xie Shuisheng, Li Xinggang, Jiang Yunxi, Li Lei. Semi-solid Processing Technology of Magnesium Alloy, 2004 International Conference on Magnesium, Beijing, 2004

64 Shuisheng Xie, Xiaoshu Zeng, Yunxi Jiang, Guoxiang Chen, Jian Shen. The Influence of Procedure Parameters on The Characters of Semi-Solid AZ91 Magnesium Alloy, International Conference on Processing and Manufacture of Advanced Materials, Leganes, Madrid, Spain, 2003

65 张世斌,李伟轩,邓康等. 电磁连铸对镁合金凝固和偏析的影响. 中国有色金属学报,2006, No.12

66 张世斌,李伟轩,邓康等. 电磁连铸对 AZ31 镁合金组织及力学性能的影响. 稀有金属材料与工程,2006, No.12

67 江运喜,曾效舒,谢水生,陈国香. 搅拌工艺对半固态 AZ91 镁合金性能的影响. 特种铸造及有色合金(增刊),2003:276~278

68 李亚琳,韩静涛,刘靖,谢水生. 镁合金 AZ91D 半固态坯料不同制备方法的微观组织比较. 兵器材料科学与工程,2003, Vol.26, No.5:28~31

69 李亚琳,韩静涛,谢水生. 半固态 AZ91D 镁合金触变压缩过程中变形机制的研究. 兵器材料科学与工程, 2003, Vol.26, No.5:21~24

4

镁合金塑性成形技术

Forming Technology of Magnesium Alloys

4.1 概述

4.1.1 镁合金的塑性变形特性

目前压铸镁合金产品用量大于变形产品，但变形镁合金经过锻造、挤压或轧制等工艺生产出的产品具有更高的强度和更好的延展性，具有铸造镁合金产品无法取代的优良性能。两类镁合金材料的性能对比如图4-1所示。国际镁协会(IMA)制定的镁合金研究开发与应用的三个阶段中，中、长期的目标主要是研究开发新型变形镁合金和镁合金加工新工艺。

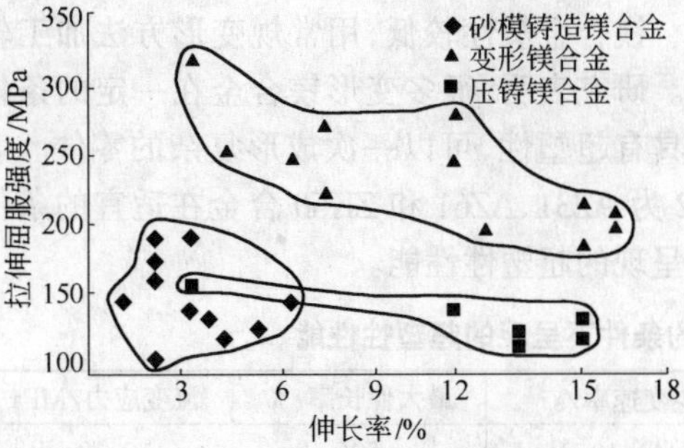

图4-1 各种镁合金的拉伸屈服强度与伸长率

由于镁具有密排六方晶体结构，在室温条件下变形只有基面{0001}产生滑移，滑移系数仅为3个。因此，晶面产生滑移的可能性相当有限，因而导致镁合金的塑性很低，特别是冷态下变形十分困难。当变形温度升高到180～240℃之间时，随着孪晶的形成而有更多的附加滑移面产生，即仅次于基面的$\{10\bar{1}1\}$、$\{10\bar{1}2\}$晶面先后产生滑移，使镁合金的塑性得到很大提高；而温度进一步升高达到300℃以上，即可出现再结晶过程，使镁合金具有更好的成形性能。因此，镁合金的塑性变形加工一般均是在热态条件下完成。图4-2所示为镁在静镦粗条件下的极限镦粗比与温度的关系曲线。

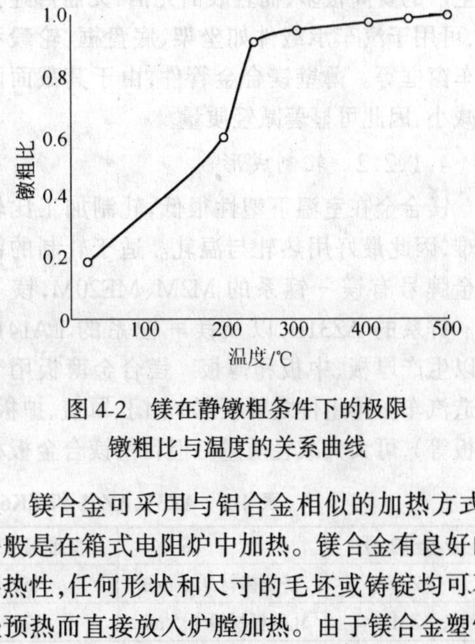

图4-2 镁在静镦粗条件下的极限镦粗比与温度的关系曲线

镁合金可采用与铝合金相似的加热方式，一般是在箱式电阻炉中加热。镁合金有良好的导热性，任何形状和尺寸的毛坯或铸锭均可不经预热而直接放入炉膛加热。由于镁合金塑性成形加工前的加热温度远低于合金的熔点温度，加热时不需要惰性气体或还原气氛保护。但必须保证炉温均匀，在预加热阶段必须避免出现大的温度梯度，防止坯料局部过热。若有鼓风机等强制空气循环装置则对坯料均匀加热是极为有利的。同时，加热炉应能可靠地控制温度精度，并采取坯料加热保护措施，避免镁合金发生燃烧的危险。表4-1列出常用变形镁合金成形时的加热温度范围。

表4-1 常用变形镁合金成形时的加热温度范围

合金牌号	M2M	AZ40M	AZ41M	AZ61M	AZ62M	AZ80M	ME20M-O	ME20M-H112	MB22	MB25
成形温度/℃	260～450	275～400	250～450	250～340	280～350	350～380	280～350	250～400	350～450	280～400

4.1.2 镁合金塑性成形方法

变形镁合金的塑性加工方法与变形铝合金的塑性加工方法基本相同，常用的加工方式有：挤压成形、轧制成形、锻造成形、等温及超塑成形和板料成形（二次成形或深度加工）。

4.1.2.1 挤压成形

目前，镁合金管、棒、带、型材主要采用挤压方法加工成形，因为挤压工艺最适用于低塑性材料的成形加工。大部分变形镁合金如AZ31B、ZM21、ZK60A、HK31等均可用挤压法生产。挤压法生产的零件，其力学性能较压铸法生产的要高很多，而且表面光洁，无需再经打磨，可用于汽车承载件如坐架、底盘框、轮毂和汽车窗框等。薄壁镁合金管件，由于其截面面积减小，因此可显著减轻质量。

4.1.2.2 轧制成形

镁合金在室温下塑性很低，轧制加工比较困难，因此最好用热轧与温轧。适于轧制的镁合金牌号有镁－锰系的M2M、ME20M，镁－铝－锌系的AZ31B，以及镁－锂系的LA141。可以生产厚板、中板和薄板。镁合金薄板用于制造汽车车体组件之外板（如车门、罩盖、护板、顶板等），可大大减轻质量。但目前镁合金板材在耐腐蚀性能方面尚存在一些问题，还有待开发研究。

4.1.2.3 锻造成形

镁合金在常温下锻造容易脆裂，锻造温度须在200～400℃之间。但镁合金在高温下，尤其在超过400℃时产生腐蚀性氧化及晶粒粗大，锻造温度范围较窄。而镁合金导热系数较大（约为80 W/(m·℃)），几乎为钢的2倍，特别是镁合金密度小、热容量小，接触模具后降温很快，塑性降低，变形抗力增加，充填性能下降，因此镁合金适合于采用等温锻造。

4.1.2.4 板料成形（二次成形）

镁合金在常温下不宜冲压，一般冲压温度应在150℃以上。在175℃时，镁合金板杯突试验时，拉伸比可达2.0；在225℃时可达3.0。超过了铝合金和低碳钢（它们分别为2.6和2.2）。已开发出镁合金汽车覆盖件的热冲压成形技术，制备出了汽车的门板。

4.1.2.5 超塑性成形

镁合金塑性较低，用常规变形方法加工较难。研究表明，很多变形镁合金在一定的条件下具有超塑性，可以一次成形复杂的零件。表4-2为AZ31、AZ61和ZK60合金在适宜的条件下呈现的超塑性性能。

表4-2 AZ31、AZ61和ZK60在适宜的条件下呈现的超塑性性能

合金牌号	产品	变形温度/℃	应变速率/s^{-1}	最大伸长率/%	流变应力/MPa
AZ31	挤压棒材 ϕ25 mm	450	1×10^{-5}	596	2.10
AZ31	轧制板材厚1.5 mm	375	6×10^{-5}	200	15.50
AZ61	轧制板材厚0.6 mm	450	1×10^{-5}	401	1.18
AZ61	挤压板材厚2 mm	375	3×10^{-5}	461	3.50
ZK60	挤压棒材 ϕ31 mm	375	1×10^{-3}	658	4.2

由表4-2数据可见，不论板材和棒材，其最大伸长率均可达200%以上，而变形抗力却非常之小，这就为成形加工提供了极为有利的条件，可以用很小的力一次成形复杂的零件。但有两点要注意：(1) 材料的晶粒度要小于10 μm，这就要求对材料进行一定变形量的预加工，如挤压、轧制等以破碎其原始晶粒度；(2) 应变速率均较低，尤其是AZ系的AZ31和AZ61合金应变速率更低，这对大批量生产是很不利的。近几年来，很多专家致力于高应变速率超塑合金的研究，取得了一定进展。

众所周知，材料的超塑性是与合金的晶粒度密切相关的。研究表明，AZ31合金经轧制后获得晶粒度为130 μm的粗晶粒材料，与经挤压后获得5 μm细晶粒的材料，其流变应力、最大伸长率与变形速率的关系是很不相同的，如图4-3所示。

由图4-3可见，细晶粒合金在较大应变速

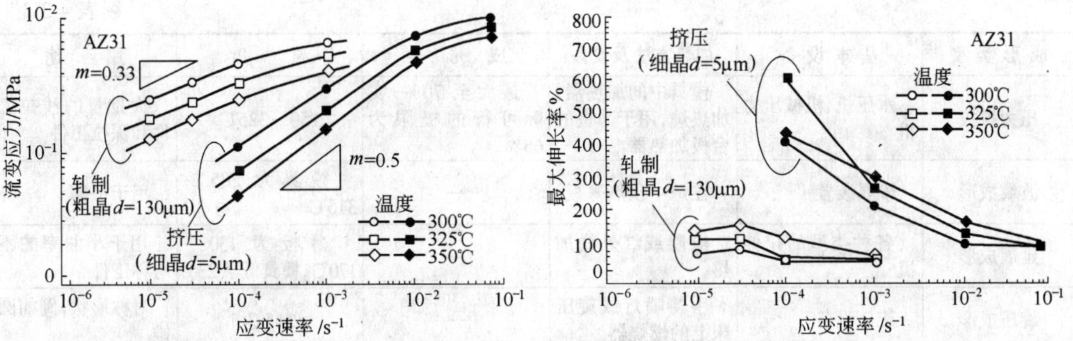

图 4-3　AZ31 合金不同晶粒度的流变应力、最大伸长率与应变速率的关系

率时仍比粗晶粒合金有较高的最大伸长率和较低的流变应力。细晶粒合金的应变速率敏感性指数 $m=0.5$，而粗晶粒的 $m=0.33$。可见为获得较好的超塑性和较高的应变速率，使合金获得细晶粒是很重要的。

镁合金的超塑成形是镁合金的重要特点之一，既简化了成形工艺，又能生产出力学性能好、尺寸精度高、表面光洁的产品，这一种很有潜力的成形方法，将在汽车工业中获得应用。详细内容将在以下讨论。

4.2　镁合金的成形性及基本变形条件

成形性是指通过不致发生断裂的塑性变形使材料成形的能力，通常包括整体成形工艺（如锻造、轧制、挤压）和二次成形工艺（如薄板成形、精压、旋压和拉延成形）。

一般说来，成形性的影响因素包括材料的显微组织、温度、应变速率和变形区域应力状态等。整体成形通常在高温下进行，可以对工件进行大变形。根据材料和应力状态，二次成形有时也需要在高温下进行。

4.2.1　镁合金的整体可成形性

镁合金的塑性成形的主要方法有挤压、轧制、锻造以及等温和超塑成形等，它的塑性成形性取决于两个相互独立的因素，即材料的本性和塑性变形时的受力状态。

材料变形时的受力状态是某加工工艺所特有的，与材料自身特点无关，如挤压变形材料在变形区域承受三向应力状态，这有利于材料的塑性变形，即材料在这种变形条件下具有较好的成形性。同样，轧制时通过轧制道次的合理设计，锻造时通过锭坯受力的合理设计（实现闭式模锻或近闭式模锻），都可以优化镁合金在变形过程的应力应变分布，发挥变形区域压应力对材料成形性的积极作用。

镁合金的内在成形性取决于合金的显微组织、化学成分、预加工历史和对加工温度、应变速率和应变的响应。这种响应可以采用流动应力随温度应变速率和应变的变化曲线来表征，或者用基本数学方程式来表达。

4.2.2　镁合金二次成形时的可成形性

镁合金的高温加工成形性比室温好得多，因而镁合金成形与钢、铝或铜成形的最大区别是温度。有些镁合金可以在室温下成形，但绝大多数镁合金需要在高温下成形。

镁合金的二次成形方法和所用设备与其他金属的大致相同，但高温成形时对工模具和工艺有特殊要求。镁合金的二次成形方法及可成形性见表 4-3。

表 4-3　镁合金的二次成形方法及可成形性

成形类型	基本设备	加热方法及设备	成形性	温度	用途
弯曲	压弯机、弯板机、弯管机	加热炉，电热的弯板机卫板夹具	—	室温至 160～290℃	—

续表 4-3

成形类型	基本设备	加热方法及设备	成形性	温度	用途
压力拉拔	水压机、机械压力机	模具中的加热器，加热炉，用于薄板的台板加热器	最大至 70%，实际可行的极限为 65%	150～325℃	大批量的浅拉工件和深拉工件
波纹成形	模具装置	在炉中预热薄板	—	模具为 285～315℃	用于平铆
延展成形	各种类型的拉伸机	电阻或红外线加热	—	薄板为 130～170℃，模具低于 230	用于小曲率的不对称工件
旋压成形	旋压设备	手持喷灯或旋压床上的燃烧器	—	315℃	对称形状，例如圆锥
冲挤成形	垂直或水平的机械压机或液压机	坯料在自动加热的进料轨道上加热	可获得 95% 的面积缩减率	175～370℃	大批量的深加工件，如电池外壳
落锤成形	空气锤、重力锤	炉中加热坯料，环形加热器或喷灯	名义上 10% 的缩减率	模具加热到 230℃，工件加热 230～260℃	浅的拉拔件和不对称形状件
锻造、精压、压滚	水压机和低速机械压机、标准锻造锤	在炉中加热坯料或传热介质加热模具	长度缩减率最大为 80%	285～400℃	用于加工要求高强度、长寿命构件
手工成形	软质锤木块或金属块	喷灯，加热炉或电热器	—	—	形状复杂的工件

4.2.3 镁合金的应力－应变特性

4.2.3.1 镁合金的应力与应变曲线

镁及其合金的位错堆垛层错能比铝及其合金、α 铁、铁素体钢、铁素体合金和锡、锌等材料低，其滑移面上不全位错之间的层错区（扩展位错）较宽，这种相距较远的不全位错很难束集成全位错，从而位错的滑移和攀移很困难。因此，镁合金材料的动态回复速度比较慢，不能在变形的瞬间内完成，对加工软化的贡献不大；但随着变形量的增加，局部位错密度大大增加，促进再结晶的发生，其流变曲线如图 4-4 所示。通常镁及镁合金变形，开始阶段，应力随应变的增加而增加达到某一峰值 σ_m（对应应变为 ε_m）后发生动态再结晶，流变应力又下跌到某一值 σ_s 参见图 4-4 的曲线 1 所示，此时加工硬化与动态再结晶所产生软化达到平衡，这时应力曲线趋于水平；如果在高温或低速下进行变形，则动态再结晶引起软化后，紧接着重新为硬化取代，则应力随应变增加而产生周期性的变化，参见图 4-4 的曲线 2 所示。

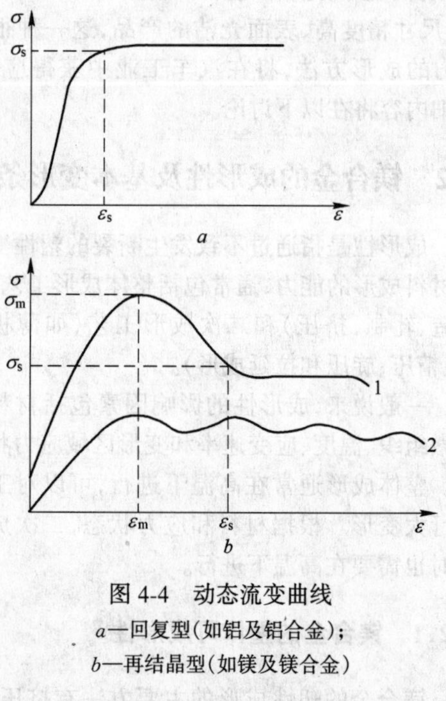

图 4-4 动态流变曲线
a—回复型（如铝及铝合金）；
b—再结晶型（如镁及镁合金）

图 4-5 所示为纯镁和 ZK60 合金在不同温度下的流动应力－应变曲线，由图可见纯镁和 ZK60 合金在低于 150℃ 下塑性变形时将导致较高的流动应力。在 150～250℃ 低温区内，纯镁和 ZK60 合金的流动应力增加速度很快；在高温区（纯镁为 300～350℃，ZK60 合金为 200～250℃ 内），随着温度的升高，两种材料的应变硬化效果急剧下降。在高温区（纯镁为 400～

500℃,ZK60合金为300～450℃)内,两种材料经过较小的应变后就进入稳态流动阶段。

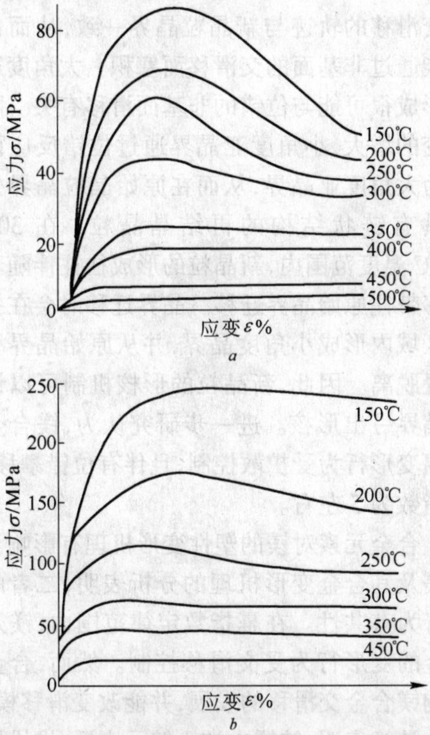

图4-5 不同温度下纯镁和ZK60镁合金的流动应力－应变曲线

a—纯镁(应变速率 $\varepsilon = 2.8\times10^{-3}\ s^{-1}$);

b—ZK60镁合金

4.2.3.2 塑性变形机理分析

有关镁合金的塑性变形机理还不十分清楚,至今还不能对所有温度区间和应变速率下镁的变形行为进行完整的解释。很多学者提出了很多不同的理论模型来解释镁合金的变形行为,主要有以下三种观点。

A 第一种观点

第一种观点是早期的研究认为位错攀移是镁合金塑性变形的机理。Milicka等报道镁合金具有相对较高的应力指数 n 和塑性变形激活能。但有人认为高应力指数和激活能是由弥散氧化物粒子引起的。在高温下,Edelin和Poirier得到了比自扩散激活能高的激活能数值,并认为是非基面滑移激活能增加的结果。

B 第二种观点

第二种观点是采用Friedel模型来解释镁的塑性变形机理。Vagarali和Langdon对镁在一个较大的温度与应变速率范围内的变形行为进行了研究。根据Friedel模型,在327～477℃和大于2.5 MPa应力条件下,镁的塑性变形行为受交滑移控制,这种机理可以比较满意地解释镁的激活能与温度和应变速率之间的关系。此外,镁合金的表面形态和微观组织观察结果也证实了这一点。

C 第三种观点

第三种观点是Friedel-Escaig机理。Couret等通过透射电子显微镜原位实验研究了镁合金在20～350℃范围内的塑性变形行为,并提出了Friedel-Escaig机理。根据Friedel-Escaig机理,在150～350℃内镁合金的变形应该是借助于交滑移。利用原位试验数据所计算出的微观激活能参数与理论预测值基本一致。与此同时,Couret和Caillard指出可以采用不同的机理来解释镁合金的高温塑性变形。值得注意的是,所有试验都是在镁合金单晶样品(其位向无序可以阻碍基面滑移)上完成的。后来,Couret等采用改进的Friedel模型计算了位错周围的不均匀应力场,并得出Friedel机理不适合于高温变形,Friedel-Escaig机理即交滑移机理是热变形唯一可能机理的结论。

图4-6所示为Friedel-Escaig机理和Friedel位错滑移机理示意图。Friedel-Escaig机理如图4-6*a*所示。

由于镁的层错能低,螺形全位错易分解为扩展位错。当扩展位错的局部线段 *PQ* 沿基面的滑动因某种原因受阻时,可以通过位错的束集和重新分解而转移到新的基面上,并在外加应力的作用下,于基面和滑移面交界处形成一位错环。束集位错 *PQ* 可沿滑移面进行滑动,当遇到最近邻的基面时,又重新分解成扩展位错,同时在滑移面上形成两段刃型位错 *PP′* 和 *QQ′*,而它们沿滑移面运动的结果使螺形位错由一个基面转移到另一个基面,上述过程的实质就是双交滑移。

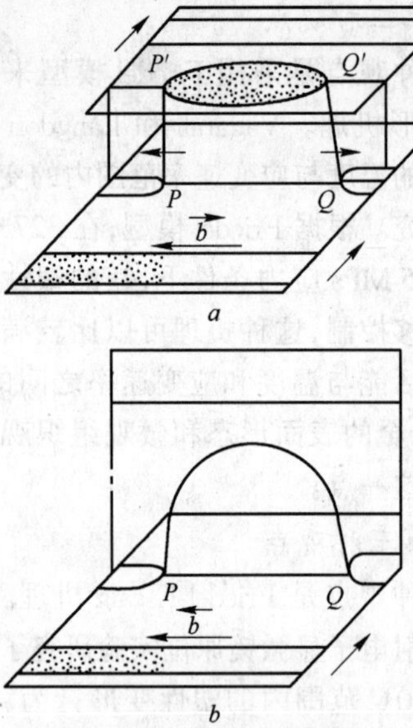

图 4-6 Friedel-Escaig 机理和 Friedel 位错滑移机理示意图
a—Friedel-Escaig 机理；
b—Friedel 位错滑移机理

Friedel 机理如图 4-6*b* 所示，与 Friedel-Escaig 机理存在显著差异。扩展位错束集后，不会在邻近的基面上重新分解，而是在新的滑移面 2 上形成具有临界尺寸的位错环。在该过程中，束集位错整体转移到新的滑移面上，并保持螺形位错的方向不变。在位错环于新的滑移面上恢复平直，并发生新的交滑移以前滑动一段相对较长的距离，结果导致波浪状滑移线。

Galiyev 等研究了 ZK60 合金（急冷铸造→固溶处理→单向压缩变形）的塑性变形行为（150～450℃，$\varepsilon = 10^{-5} \sim 10^{-1}\ s^{-1}$）。在 150℃下变形时，他们发现了孪生及位错滑移（其中以基面滑移为主）和与基面滑移成 55°的短细滑移线；在 250℃下变形时，他们发现了晶内的基面滑移和非基面滑移，并在晶界附近发现了与交滑移有关的短波浪形滑移线；在 350℃下变形时，晶内出现了大量的多滑移，形成了基面滑移、非基面交滑移和由（a + c）位错非基面滑移组成的滑移台阶。因此，可以认为：在低温下孪生及在孪晶界附近高位错密度区的晶格旋转是形成具有非平衡晶界的细小晶粒的主要原因。这是较低温度下，镁合金塑性变形过程中最为典型的晶粒形成机制。在 250℃以下，新的晶界在原始晶界的非基面滑移区域内形成，该区域的位错线为可以进行交滑移的螺形位错。由于交滑移的轨迹与新晶粒晶界一致，从而位错可能通过非基面的交滑移而塞积。大角度边界的形成很可能与位错的非基面滑移有关。随着应变的增大，小角度亚晶界通过位错反应而转变为大角度亚晶界，从而在原始晶粒晶界处形成具有链状结构的再结晶晶粒。在 300～450℃温度范围内，新晶粒的形成往往伴随着多滑移带往原始晶界迁移。晶界迁移时会在扫过的区域内形成小角度晶界，并从原始晶界弓出位置脱离。因此，新晶粒的形核机制可以认为是晶界弓出形核。进一步研究认为，镁合金的高温变形行为受扩散控制，且伴有位错攀移，应力指数为 5 左右。

合金元素对镁的塑性变形机理有影响。有关镁及其合金变形机理的分析表明，二者的变形行为有共性。在幂指数定律范围内，镁及其合金的变形行为受交滑移控制。然而，合金化影响镁合金交滑移的发展，并能改变滑移模式。理论计算表明，纯镁中加入锌元素后，堆垛层错能（SFE）大大降低，从而高温下塑性变形控制机理由 Friedel 模型转变为伴有高温攀移的 Friedel-Escaig 交滑移。由于堆垛层错能降低而产生的分割位错阻碍了位错束集，使得温度升高时，不能由 Friedel-Escaig 机理转变为 Friedel 机理，这与固溶合金元素对堆垛层错能的影响一致。

4.2.3.3 镁合金的流动应力和加工成形图

镁的层错能比较低，约 78 $mJ \cdot m^{-2}$，大大低于铝的层错能 200 $mJ \cdot m^{-2}$，因而镁合金的回复较为困难，在较低的温度下进行热加工时容易产生动态再结晶。因此，镁合金在较低的温度下变形时，应变能增加，储能升高，促进动态再结晶而细化晶粒，这是一个重要加工特点。在镁合金的加工过程中，随着温度升高，晶粒不断长大，虽然变形速率较低，也易形成楔形裂纹；当温度较低且变形速率较高时，易导致局部应变和产生孪晶。另外，温度较高且应变速率较高时，由于热量难以散发，从而容易在镁合金内产生绝热剪切带。镁合金加工过程中需要尽量避免上述问题。

有些具有微细晶的镁合金，在一定应变速率和温度下还具有超塑性，利用这一特点可以对镁合金进行超塑成形。然而，在镁合金超塑性变形过程中，温度升高容易导致晶界开裂，而变形速率增加则易引起流变失稳。下面举例介绍镁及几种镁合金在各种状态下的流动应力和加工成形图。

A 铸态镁

铸态镁（含 0.059% Fe、0.026% Ni、0.006% Pb、0.003% Cu 和余量 Mg，平均晶粒直径为 1.5 mm）在225℃以上变形时，其角锥面上的滑移系被激活，塑性显著提高。铸态镁在 400℃和 550℃时，应变速率在 0.001～100 s^{-1}范围内进行压缩时的真应力－真塑性应变曲线如图 4-7 所示，其流动应力与应变的关系见表 4-4。显然，铸态镁应力－应变曲线中，应变速率较高的部分已经出现流变软化。

表 4-4 不同温度和不同应变速率下铸态镁的流动应力与应变的关系

应变	应变速率 /s^{-1}	不同温度下的流动应力/MPa					
		300℃	350℃	400℃	450℃	500℃	550℃
0.1	0.001	14.7	13.3	6.1	3.9	3.4	1.5
	0.010	21.0	18.1	9.0	4.4	4.6	3.2
	0.100	29.9	22.8	14.3	10.2	7.3	4.4
	1.000	39.7	28.9	28.1	18.1	16.9	11.2
	10.00	43.0	49.5	35.0	30.8	20.0	15.0
	100.0	77.5	52.0	42.1	32.0	28.6	16.9
0.2	0.001	17.4	13.6	6.7	4.3	3.6	1.6
	0.010	24.8	17.9	9.6	5.6	4.8	3.3
	0.100	34.3	25.2	18.5	12.2	8.5	5.1
	1.000	45.9	34.3	30.0	28.1	18.2	13.1
	10.00	55.0	52.0	39.0	33.0	25.3	20.0
	100.0	84.0	59.0	47.0	38.0	33.5	20.0
0.3	0.001	18.0	14.0	7.0	4.3	2.8	1.3
	0.010	25.0	16.9	9.6	5.9	5.2	3.2
	0.100	33.3	24.6	18.2	12.1	8.6	5.7
	1.000	46.4	34.9	26.6	19.4	15.5	12.3
	10.00	52.5	50.0	36.5	30.8	24.5	20.0
	100.0	77.5	58.5	47.5	38.0	32.8	23.4

续表 4-4

应变	应变速率 /s^{-1}	不同温度下的流动应力/MPa					
		300℃	350℃	400℃	450℃	500℃	550℃
0.4	0.01	18.0	13.9	7.3	4.3	2.4	1.1
	0.010	24.0	16.4	9.6	5.7	5.3	2.9
	0.100	31.6	23.5	16.9	11.8	8.8	6.0
	1.000	44.8	32.9	24.0	17.3	14.0	11.6
	10.00	46.0	48.0	35.0	29.1	22.8	19.1
	100.0	72.0	55.8	45.0	37.8	30.7	23.1
0.5	0.001	17.3	14.0	7.2	4.5	2.5	1.1
	0.010	23.5	15.9	9.7	5.5	5.3	3.0
	0.100	30.7	22.4	16.0	11.3	8.6	6.0
	1.000	43.0	30.1	22.1	15.1	12.8	11.1
	10.00	44.0	48.0	34.1	27.5	21.0	18.2
	100.0	65.5	53.5	42.9	33.9	27.3	21.9

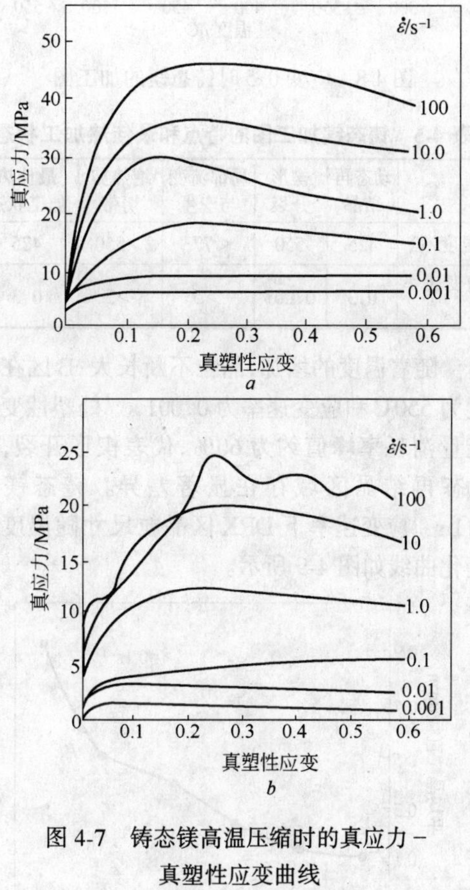

图 4-7 铸态镁高温压缩时的真应力－真塑性应变曲线

a—400℃；*b*—550℃

图 4-8 为铸态镁的加工图，沿轮廓线的数字代表塑性变形能量消耗效率，阴影区域对应流变失稳区，最佳热加工状态见表 4-5。加工图中分为 A、B 两个区域。A 区在温度为 425℃和

应变速率为 0.3 s^{-1}处塑性变形能量消耗效率的峰值为 32%，代表镁的动态再结晶(DRX)，也是最佳热加工状态区。

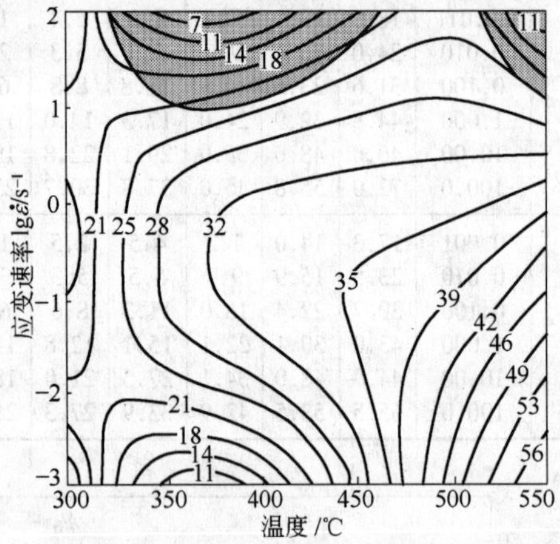

图 4-8 应变 0.5 时铸态镁的加工图

表 4-5 铸态镁加工图的特点和最佳热加工状态

现 象	动态再结晶	楔形开裂	局部流变与孪生	绝热剪切带	最佳热加工状态
温度/℃	425	550	<773	>550	425
应变速率/s^{-1}	0.3	0.001	>5	>5	0.3

随着温度的增加，晶粒不断长大；B 区在温度为 550℃和应变速率为 0.001 s^{-1}处塑性变形能量消耗率峰值约为 60%，代表楔形开裂，与动态再结晶区域存在显著差异。铸态镁在 0.1 s^{-1}应变速率下 DRX 区晶粒尺寸随温度的变化曲线如图 4-9 所示。

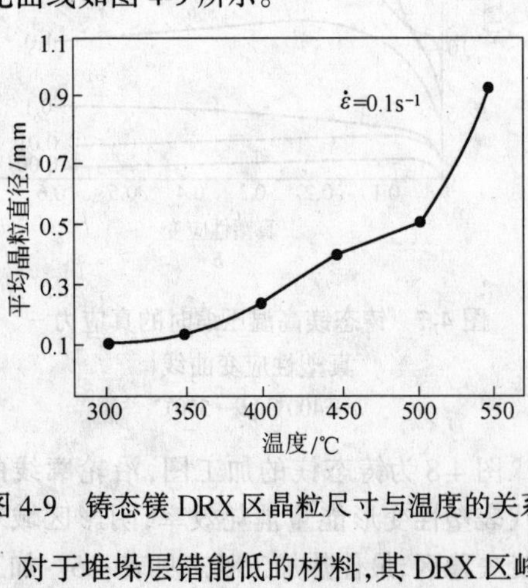

图 4-9 铸态镁 DRX 区晶粒尺寸与温度的关系

对于堆垛层错能低的材料，其 DRX 区峰值效率较低，仅为 32%。在所有温度下且应变速率超过 5 s^{-1}左右时，铸态镁将出现流变失稳。在较低温度范围内，铸态镁显微组织中出现局部流变和孪生，较高温度下因热量难以散失而出现绝热剪切带。

B 挤压态镁

镁锭（含 0.059% Fe、0.026% Ni、0.006% Pb、0.003% Cu 和大于 99.98% Mg，平均晶粒直径为 125 μm）在 475℃下热挤压成形（挤压轴速度为 3 mm·s^{-1}，挤压比为 11∶1）后可能获得细小的显微组织，而均匀、细小的组织能提高材料的可成形性。挤压态镁在 300～550℃和 0.001～100.0 s^{-1}应变速率范围内进行压缩试验，其 450℃下典型的真应力－真塑性应变曲线如图 4-10 所示，其流动应力与应变的关系见表 4-6。应力－应变曲线上应变速率低的部分为稳态变形，应变速率较高时出现流变软化。

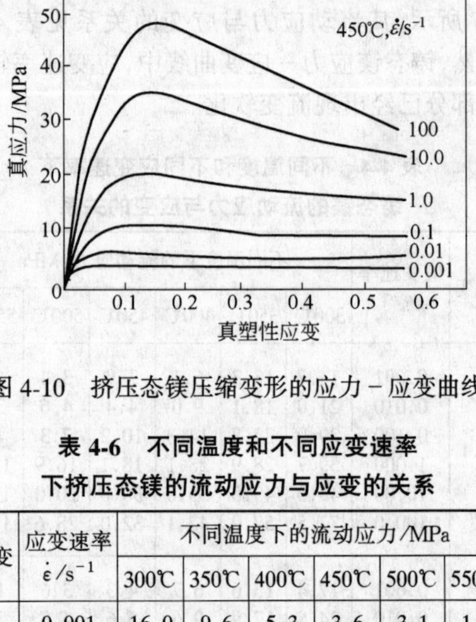

图 4-10 挤压态镁压缩变形的应力－应变曲线

表 4-6 不同温度和不同应变速率下挤压态镁的流动应力与应变的关系

应变	应变速率 $\dot{\varepsilon}$/s^{-1}	不同温度下的流动应力/MPa					
		300℃	350℃	400℃	450℃	500℃	550℃
0.1	0.001	16.0	9.6	5.3	3.6	3.1	1.2
	0.010	23.6	16.1	10.1	5.8	4.8	3.1
	0.100	42.4	26.6	15.6	11.4	7.3	5.2
	1.000	66.6	39.9	26.7	20.5	12.8	9.3
	10.00	95.0	62.4	50.2	32.1	20.4	15.3
	100.0	92.9	78.7	58.1	42.4	39.0	22.6
0.2	0.001	13.7	7.9	5.5	3.1	3.1	1.3
	0.010	20.7	15.3	9.1	5.1	4.2	2.6
	0.100	39.2	24.9	16.3	11.3	6.9	5.0
	1.000	60.4	36.5	29.5	21.1	12.2	9.4
	10.00	96.5	58.0	44.6	34.5	26.9	16.1
	100.0	99.3	85.4	62.5	48.3	38.9	28.4

续表 4-6

应变	应变速率 $\dot{\varepsilon}$/s^{-1}	不同温度下的流动应力/MPa					
		300℃	350℃	400℃	450℃	500℃	550℃
0.3	0.001	14.0	8.2	5.6	3.2	3.1	1.4
	0.010	20.1	18.9	8.5	4.9	4.1	2.8
	0.100	34.8	22.8	14.7	10.2	6.8	5.0
	1.000	53.9	32.9	26.2	19.1	11.6	8.9
	10.00	76.3	50.3	40.4	30.1	25.9	15.2
	100.0	92.7	79.9	56.3	44.0	36.3	29.0
0.4	0.001	15.1	8.7	5.6	3.3	3.1	1.6
	0.010	19.6	13.8	8.7	5.6	4.3	3.0
	0.100	32.8	22.1	13.6	9.9	6.9	5.1
	1.000	49.1	30.9	23.8	17.9	11.5	8.9
	10.00	69.1	46.0	36.6	27.1	24.8	13.6
	100.0	83.6	73.4	49.7	38.7	32.3	25.7
0.5	0.001	16.5	9.3	5.8	3.6	3.1	1.8
	0.010	20.1	14.1	9.0	6.0	4.5	3.2
	0.100	31.6	21.8	13.3	10.1	7.0	5.2
	1.000	45.7	29.9	22.3	17.2	11.4	8.9
	10.00	63.5	42.5	36.3	25.1	24.2	12.6
	100.0	73.6	65.1	43.3	33.3	28.4	22.9

挤压态镁的加工图如图 4-11 所示(沿轮廓线的数字代表能量消耗效率,阴影区域对应流变失稳),最佳热加工状态见表 4-7。加工图分为 A、B、C 三个区域。A 区出现在温度为 400～525℃ 和 0.01～10 s^{-1} 应变速率范围内,在 475℃ 左右和 0.3 s^{-1}时出现塑性变形能量消耗率峰值,大约为 41%。A 区代表 DRX,热加工过程主要在 A 区进行。挤压态镁的晶粒尺寸和塑性随温度的变化曲线如图 4-12 和图 4-13 所示,表明超过 500℃ 时晶粒长大,塑性降低。B 区出现在 350℃ 和应变速率 0.001 s^{-1}处,代表动态回复过程,随后出现动态再结晶。C 区出现在温度 550℃ 和应变速率 0.001 s^{-1}处,代表楔

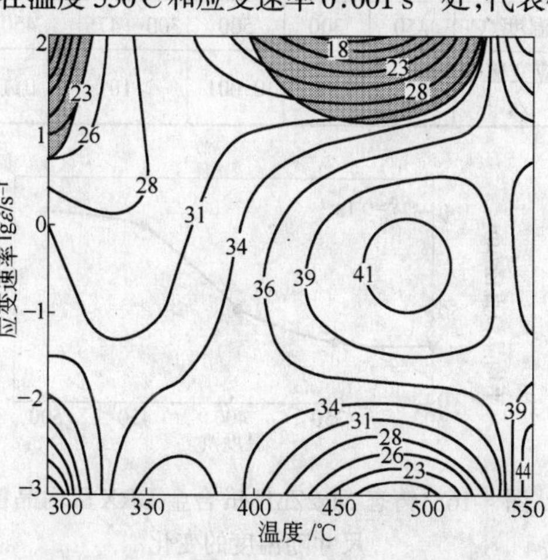

图 4-11 应变 0.4 时挤压态镁的加工图

形开裂。挤压态镁的楔形开裂不如铸态镁明显。在 325℃ 以下和 400～500℃ 之间且应变速率大于 10 s^{-1}时,挤压态镁出现流变失稳,其表现形式分别为机械孪生和绝热剪切带。

表 4-7 挤压态镁加工图的特点和最佳热加工状态

现 象	温度/℃	应变速率/s^{-1}
动态再结晶	445	3
动态回复	350	0.001
楔形开裂	550	<0.001
机械孪生	325	>1
绝热剪切带	400～500	>10
最佳热加工状态	475	0.03

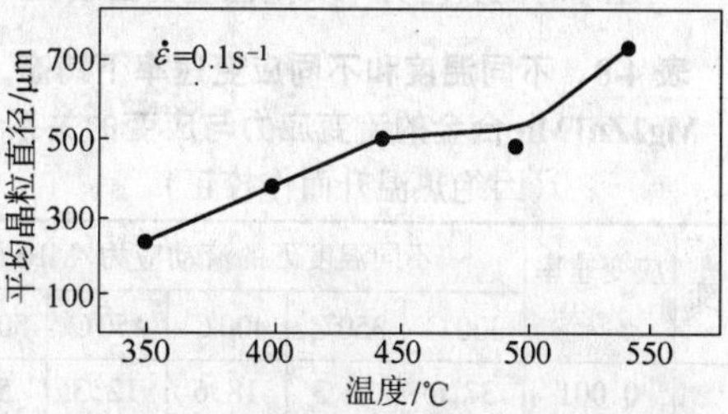

图 4-12 挤压态镁 DRX 区的晶粒尺寸随温度的变化

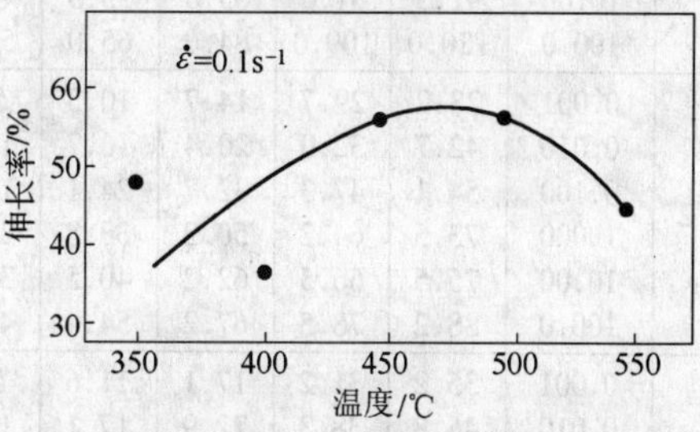

图 4-13 挤压态镁 DRX 区的塑性随温度的变化

C 铸态 Mg2Zn1Mn 合金

铸态 Mg2Zn1Mn 合金的化学成分为 1.91%Zn、0.89%Mn、0.04%Al、0.01%Fe 和余量 Mg,平均晶粒直径为 500～850 μm,其中锌可以提高镁合金的强度和蠕变抗力,而锰有助于细化晶粒和提高抗蚀性。铸态 Mg2Zn1Mn 合金中除了有基体相颗粒外,还有富锰和锌的晶界相,这些相在 450℃ 左右时溶解。铸态 Mg2Zn1Mn 合金在 300～500℃ 和 0.001～100.0 s^{-1}应变速率范围内进行压缩试验,其典型的真应力－真塑性应变曲线如图 4-14 和表 4-8 所示。

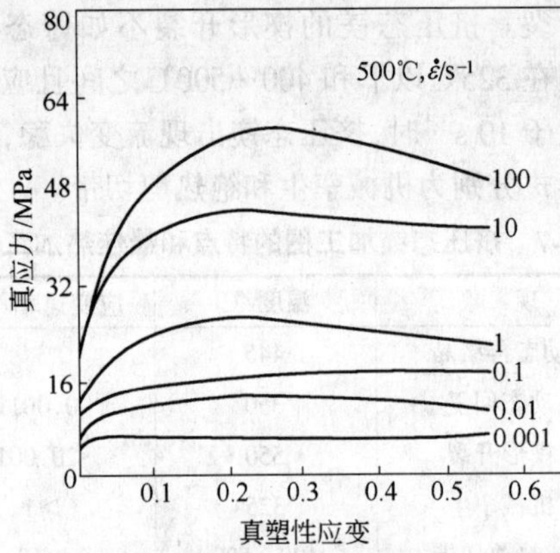

图 4-14 不同应变速率下铸态 Mg2Zn1Mn 合金压缩时的真应力－真塑性应变曲线

表 4-8 不同温度和不同应变速率下铸态 Mg2Zn1Mn 合金的流变应力与应变的关系

（因绝热温升而作校正）

应 变	应变速率 /s^{-1}	不同温度下的流动应力/MPa				
		300℃	350℃	400℃	450℃	500℃
0.1	0.001	37.0	30.3	18.6	12.3	5.9
	0.010	43.8	34.5	23.1	16.3	12.4
	0.100	63.8	52.4	12.4	24.7	17.1
	1.000	76.6	61.0	50.0	39.2	25.2
	10.00	91.5	81.0	63.0	55.3	46.0
	100.0	120.0	109.0	84.0	65.0	56.0
0.2	0.001	28.2	29.7	14.7	10.3	5.7
	0.010	42.7	32.0	20.4	16.7	11.4
	0.100	54.1	47.3	32.7	24.1	14.3
	1.000	73.5	64.2	50.2	38.8	23.2
	10.00	75.5	66.5	62.2	40.5	39.6
	100.0	88.2	78.5	67.2	54.4	48.0
0.3	0.001	35.2	31.2	17.1	11.6	5.8
	0.010	46.8	38.3	22.9	17.1	12.8
	0.100	54.6	53.1	38.0	26.8	16.1
	1.000	81.0	68.5	57.0	44.0	27.2
	10.00	92.0	79.5	68.0	51.6	48.5
	100.0	107.0	98.0	80.0	63.0	56.0
0.4	0.001	35.7	31.3	18.5	12.2	5.9
	0.010	44.0	36.2	23.3	17.1	13.0
	0.100	65.4	53.9	35.2	25.8	17.0
	1.000	80.0	65.0	54.9	42.3	26.4
	10.00	94.2	80.0	66.0	55.2	44.3
	100.0	115.0	105.0	84.0	65.5	58.5

Mg2Zn1Mn合金的加工图如图 4-15 所示（沿轮廓线的数字代表能量消耗效率，阴影区域对应流变失稳），其特点及最佳热加工状态见表 4-9。加工图分为 A、B 两个区域。A 区出现在温度 350～475℃和 0.01～10 s^{-1}应变速率范围内，在 450℃附近和 0.1 s^{-1}时出现塑性变形能量消耗率峰值，大约为 33%。A 区代表 DRX 过程，在该区域内，温度越低晶粒越细，如图 4-16 所示；而塑性随着温度的升高而增大，如图 4-17 所示。B 区出现在 475℃以上，应变速率低于 0.01 s^{-1}处，45%左右的塑性变形能量峰值效率出现在温度 500℃和应变速率 0.001 s^{-1}处，该区代表楔形开裂。在 300～475℃范围内以及应变速率超过 10 s^{-1}时，铸态 Mg2Zn1Mn 合金出现流变失稳，其表现形式都是局部流变，然而低温下强烈的局部流变将导致开裂。

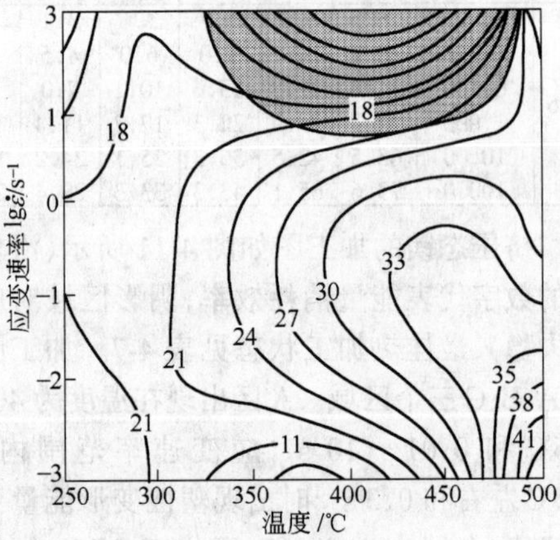

图 4-15 应变 0.4 时铸态 Mg2Zn1Mn 合金的加工图

表 4-9 铸态 Mg2Zn1Mn 合金加工图的特点和最佳热加工状态

现 象	动态再结晶	动态回复	楔形开裂	局部流变	最佳热加工状态
温度/℃	450	300	500	300～475	450
应变速率 /s^{-1}	0.1	0.001	0.001	>10	0.1

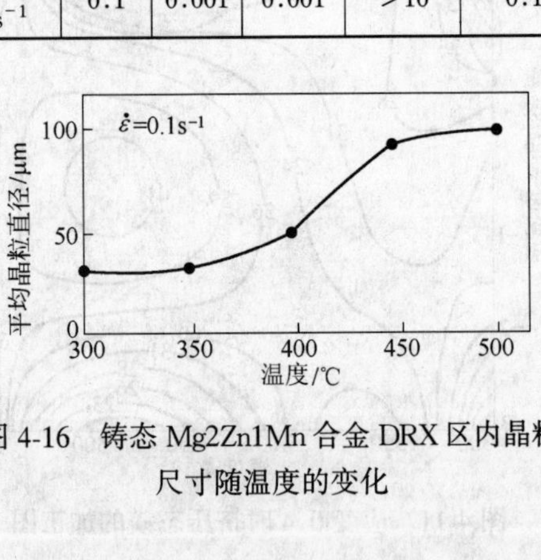

图 4-16 铸态 Mg2Zn1Mn 合金 DRX 区内晶粒尺寸随温度的变化

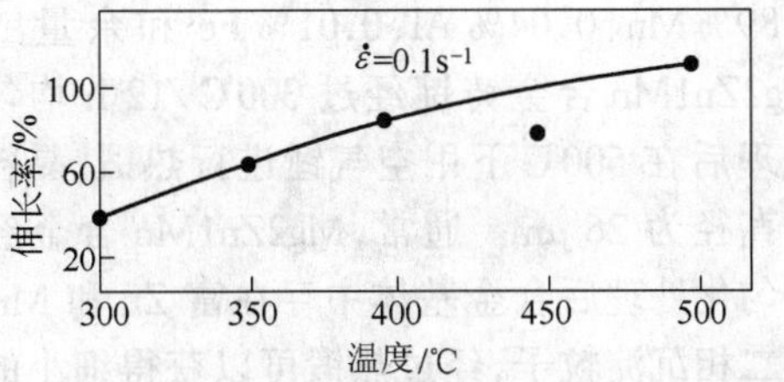

图 4-17 铸态 Mg2Zn1Mn 合金 DRX 区内塑性随温度的变化

D 均匀化处理态 Mg2Zn1Mn 合金

Mg2Zn1Mn 合金铸锭（含 1.91% Zn、0.89% Mn、0.04% Al、0.01% Fe 和余量 Mg）经过 300℃/12 h 均匀化处理后晶粒平均直径为 500～850 μm。通常，Mg2Zn1Mn 合金铸锭的晶界和基体中存在第二相粒子，均匀化处理可以使晶界沉淀相溶解，但是基体中的第二相粒子只有在 450℃以上时才发生溶解。这种均匀化处理可以提高镁合金的热加工性能。

经过均匀化处理的 Mg2Zn1Mn 合金在 250～500℃和 0.001～100 s^{-1}应变速率范围内进行压缩试验，其典型的真应力－真塑性应变曲线如图 4-18 所示，流变应力和应变关系见表 4-10。

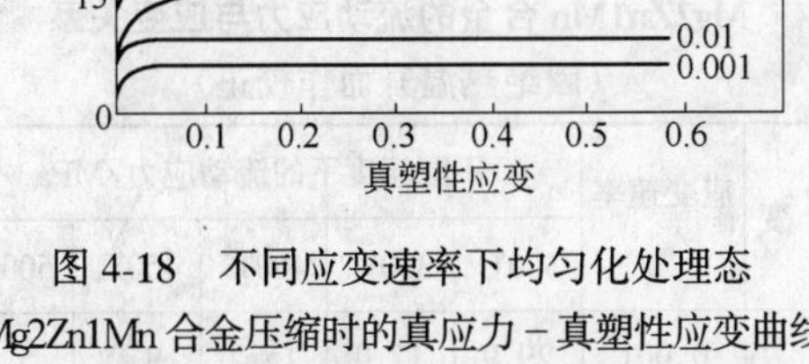

图 4-18 不同应变速率下均匀化处理态 Mg2Zn1Mn 合金压缩时的真应力－真塑性应变曲线

表 4-10 不同温度和不同应变速率下均匀化处理态 Mg2Zn1Mn 合金的流变应力和应变关系
（因绝热温升而作校正）

续表 4-10

应变	应变速率/s^{-1}	不同温度下的流变应力/MPa					
		250℃	300℃	350℃	400℃	450℃	500℃
0.1	0.001	53.8	31.5	26.9	17.6	11.6	5.8
	0.010	81.2	55.3	30.4	24.1	14.8	9.7
	0.100	102.6	51.9	54.8	35.3	23.6	16.3
	1.000	109.6	76.7	73.4	73.5	38.1	23.5
	10.00	126.0	99.5	79.3	60.5	49.6	49.0
	100.0	105.8	97.8	96.4	69.3	54.4	47.1
0.2	0.001	59.7	37.5	29.2	18.3	11.3	5.9
	0.010	91.4	58.5	36.8	26.0	15.9	10.2
	0.100	110.6	64.1	60.2	39.9	28.1	18.3
	1.000	120.6	84.4	77.5	74.0	45.1	29.7
	10.00	141.5	112.6	88.1	70.7	59.4	54.0
	100.0	132.3	121.8	100.2	79.9	66.7	57.5
0.3	0.001	58.6	39.5	28.4	18.3	11.1	6.0
	0.010	89.7	55.3	38.0	26.2	16.6	10.3
	0.100	100.7	64.8	57.7	38.4	27.8	19.4
	1.000	88.5	88.5	77.8	69.1	44.1	31.5
	10.00	116.0	116.0	94.8	72.7	59.5	52.0
	100.0	128.9	128.9	101.0	85.3	72.5	58.4
0.4	0.001	39.9	39.9	28.2	18.9	10.6	6.1
	0.010	52.1	52.1	38.3	25.7	16.6	10.1
	0.100	62.9	62.9	54.6	35.4	25.9	19.2
	1.000	85.9	85.9	73.8	62.6	41.9	30.4
	10.00	123.9	123.9	93.9	71.7	57.6	49.6
	100.0	135.8	135.8	101.7	85.3	71.1	55.3
0.5	0.001	38.9	38.9	28.2	19.1	10.2	6.2
	0.010	52.1	52.1	37.5	25.7	16.4	10.3
	0.100	59.1	59.1	54.5	33.3	24.5	18.6
	1.000	85.9	85.9	73.8	62.6	29.8	28.8
	10.00	123.9	123.9	93.9	68.0	53.2	49.6
	100.0	135.8	135.8	101.7	81.0	67.0	51.4

均匀化处理态 Mg2Zn1Mn 合金的加工图如图 4-19 所示（沿轮廓线的数字代表能量消耗效率，阴影区域对应流变失稳），其特点和最佳热加工状态见表 4-11。加工图分为 A、B 两个区域。A 区出现在 350～500℃和 0.001～1 s^{-1}应变速率范围内，500℃和 0.1 s^{-1}处塑性变形能量消耗峰值效率为 38%。A 区代表 DRX 过程。A 区内温度越低，则晶粒越细；温度高于 450℃时合金塑性高，如图 4-20 和图 4-21 所示。B 区出现在温度 325℃以下及 0.001 s^{-1}应变速率处，300℃和 0.001 s^{-1}处塑性变形能量消耗峰值效率为 28%。B 区代表动态回复，随后出现动态再结晶。300～500℃范围内和应变速率高于 1 s^{-1}时合金出现流变失稳，其表现形式为局部流变。

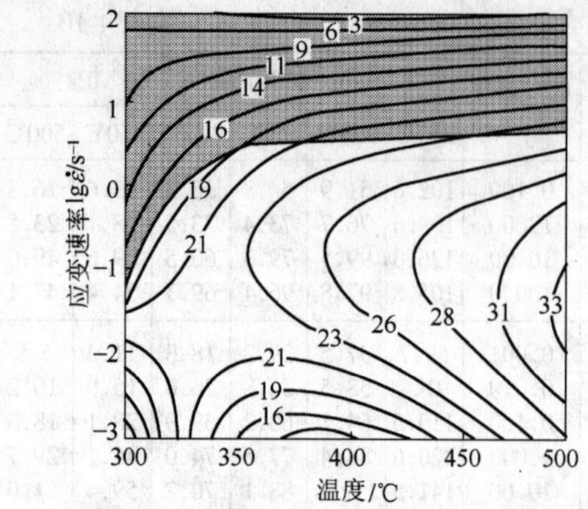

图 4-19　应变为 0.4 时均匀化态 Mg2Zn1Mn 合金加工图

表 4-11　均匀化处理态 Mg2Zn1Mn 合金加工图的特点和最佳热加工状态

现　象	动态再结晶	动态回复	流变失稳	最佳热加工状态
温度/℃	450	325	300～500	500
应变速率/s^{-1}	0.1	0.001	>1	0.1

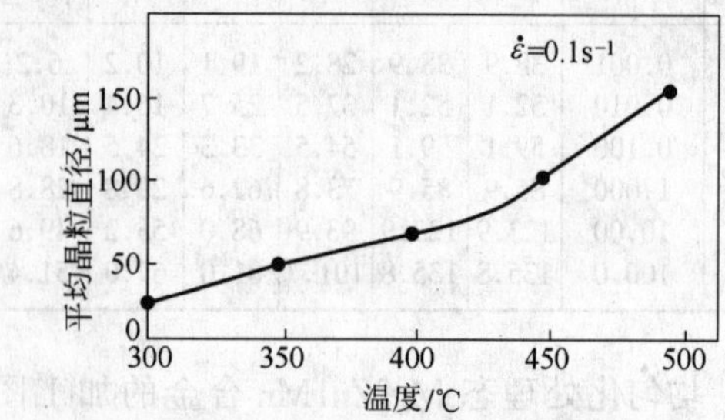

图 4-20　均匀化处理态 Mg2Zn1Mn 合金在 DRX 区内晶粒尺寸随温度的变化

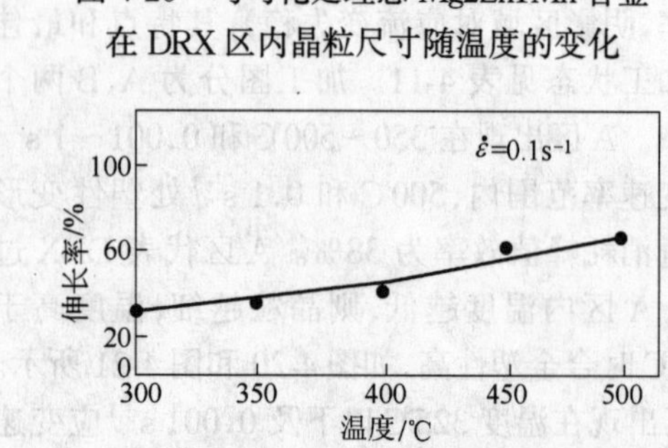

图 4-21　均匀化处理态 Mg2Zn1Mn 合金在 DRX 区内塑性随温度的变化

E　锻态 Mg2Zn1Mn 合金

锻态 Mg2Zn1Mn 合金成分为 1.91% Zn、0.89% Mn、0.04% Al、0.01% Fe 和余量 Mg，Mg2Zn1Mn 合金铸锭经过 300℃/12 h 均匀化处理后在 500℃ 下用空气锤进行热锻，晶粒平均直径为 26 μm。通常，Mg2Zn1Mn 合金经过均匀化处理后合金基体中存在富 Zn 和 Mn 的第二相沉淀粒子，经过热锻可以获得细小的显微组织和强烈的晶体学织构，织构择优取向的基面垂直于锻造轴向。

锻态 Mg2Zn1Mn 合金在 300～500℃ 和 0.001～100 s^{-1} 应变速率范围内进行压缩试验，其典型的真应力－真塑性应变曲线如图 4-22 所示，其流动应力与应变关系见表 4-12。在应力－应变曲线中应变速率较高的部分出现流变软化。

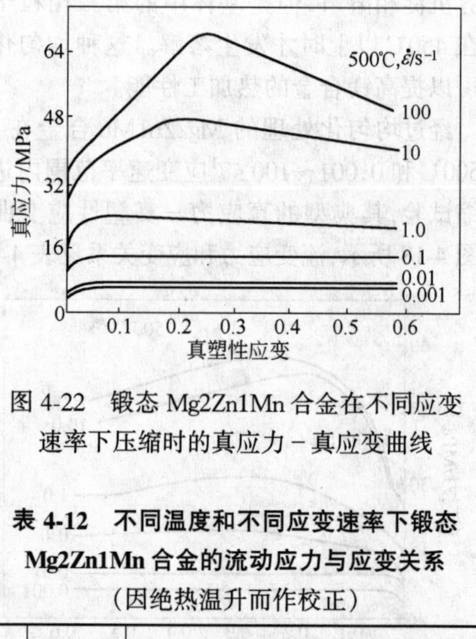

图 4-22　锻态 Mg2Zn1Mn 合金在不同应变速率下压缩时的真应力－真应变曲线

表 4-12　不同温度和不同应变速率下锻态 Mg2Zn1Mn 合金的流动应力与应变关系

（因绝热温升而作校正）

应变	应变速率/s^{-1}	不同温度下的流动应力/MPa				
		300℃	350℃	400℃	450℃	500℃
0.1	0.001	29.9	17.0	15.7	9.2	5.7
	0.010	48.3	39.0	272.0	13.4	17.0
	0.100	69.2	42.6	34.0	23.2	14.2
	1.000	120.0	63.0	60.0	33.0	27.5
	10.00	168.0	143.0	105.0	63.0	44.0
	100.0	175.0	142.0	112.0	100.0	68.0
0.2	0.001	26.9	17.3	15.1	9.3	6.1
	0.010	45.1	39.4	21.7	13.7	7.3
	0.100	63.7	43.5	33.6	23.0	14.8

续表 4-12

应变	应变速率 /s^{-1}	不同温度下的流动应力/MPa				
		300℃	350℃	400℃	450℃	500℃
0.2	1.000	107.6	59.1	62.5	30.8	23.7
	10.00	159.8	122.8	93.4	62.7	47.0
	100.0	178.6	139.4	119.0	91.1	63.5
0.3	0.001	25.3	19.3	14.7	9.6	6.3
	0.010	43.4	40.3	20.8	13.8	7.3
	0.100	58.5	42.6	31.9	22.9	15.0
	1.000	103.0	62.0	55.9	32.5	24.5
	10.00	147.0	125.0	86.0	62.0	47.0
	100.0	173.0	135.0	112.0	90.0	74.0
0.4	0.001	25.7	21.9	14.7	9.6	6.5
	0.010	43.5	42.2	20.8	13.9	7.4
	0.100	54.9	42.1	31.4	23.4	12.2
	1.000	88.0	62.0	52.0	32.0	24.0
	10.00	130.0	114.0	78.0	54.0	45.0
	100.0	157.0	125.0	98.0	79.0	67.0

锻态 Mg2Zn1Mn 合金的加工图如图 4-23 所示(沿轮廓线的数字代表能量消耗效率,阴影区域对应流变失稳),其特点和最佳热加工状态见表 4-13。加工图为 A、B 两个区域。A 区出现在 350～500℃ 和 0.0130 s^{-1}应变速率范围内,在 500℃和 1 s^{-1}处塑性变形能量消耗峰值效率为 40%。A 区代表合金的 DRX,该区域内温度较低时晶粒较小,如图 4-24 中的结果所示;温度越高,合金塑性越大,如图 4-25 所示。B 区出现在 300℃和应变速率 0.001 s^{-1}处,代表动态回复,温度较低时,该合金不会出现流变失稳。在 420℃以上应变速率大于 30 s^{-1}时则出现局部流变。

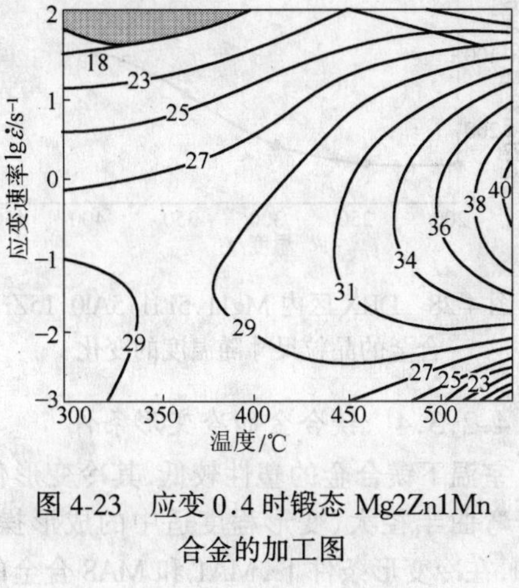

图 4-23 应变 0.4 时锻态 Mg2Zn1Mn 合金的加工图

表 4-13 锻态 Mg2Zn1Mn 合金加工图的特点和最佳热加工状态

现象	动态再结晶	动态回复	流变失稳	最佳热加工状态
温度/℃	500	300	>420	500
应变速率/s^{-1}	1	0.001	>30	1

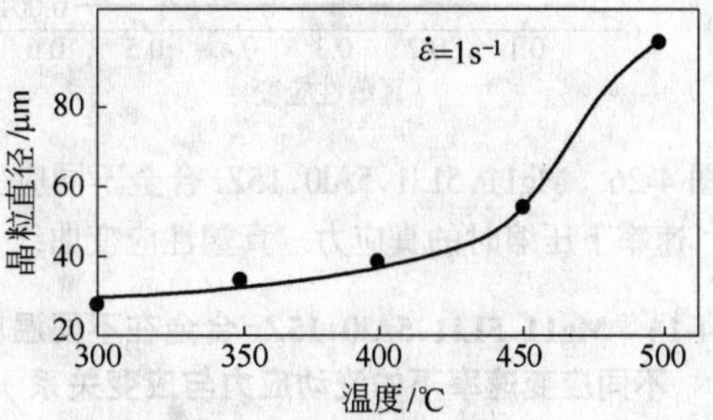

图 4-24 锻态 Mg2Zn1Mn 合金 DRX 区内晶粒尺寸随温度的变化区

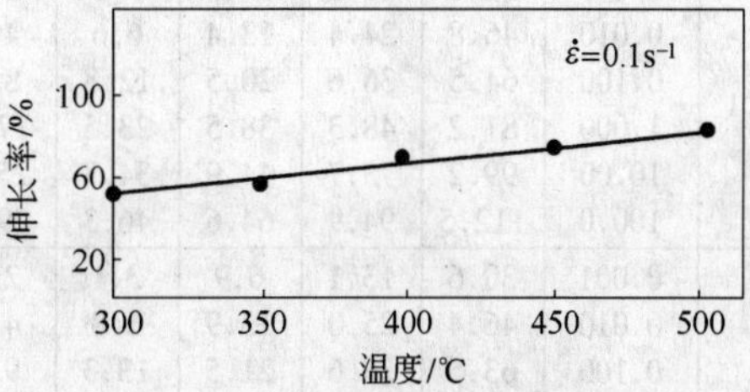

图 4-25 锻态 Mg2Zn1Mn 合金 DRX 区塑性随温度的变化

F 热轧态 Mg11.5Li1.5Al0.15Zr 合金

Mg11.5Li1.5Al0.15Zr 合金成分为 11.0% Li、1.5% Al、0.01% Fe、0.12% Zr 和余量 Mg。300℃下热轧后平均晶粒直径为 467 μm。向 Mg-Li-Al 合金中加入小量 Zr 会形成 Al_3Zr 相,可以提高合金的力学性能,并且沉淀相均匀分布在基体中,有利于促进再结晶形核。此外,加入 Zr 还可以提高合金的蠕变强度。

热轧态 Mg11.5Li1.5Al0.15Zr 合金在 200～400℃ 和 0.001～100 s^{-1}应变速率范围内进行压缩试验,其典型的真应力－真塑性应变曲线如图 4-26 所示,其流变应力与应变关系见表 4-14。除 100 s^{-1}应变速率外,该合金应力－应变曲线的其余部分均为稳态流变阶段。

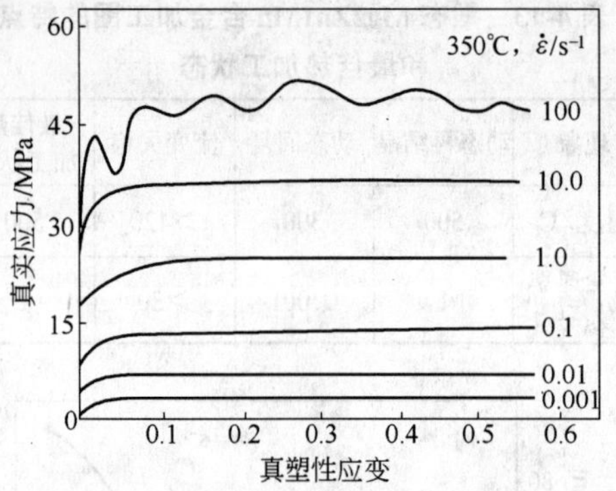

图 4-26 Mg11.5Li1.5Al0.15Zr 合金不同应变速率下压缩时的真应力－真塑性应变曲线

表 4-14 Mg11.5Li1.5Al0.15Zr 合金在不同温度和不同应变速率下的流动应力与应变关系（因绝热温升而作校正）

应 变	应变速率/s^{-1}	不同温度下的流动应力/MPa				
		200℃	250℃	300℃	350℃	400℃
0.1	0.001	31.8	13.1	7.1	3.2	2.1
	0.010	46.8	24.4	13.4	6.6	4.2
	0.100	64.5	36.6	20.5	12.8	8.9
	1.000	81.2	48.3	38.5	23.5	17.1
	10.00	99.2	73.7	44.9	34.7	25.1
	100.0	112.5	94.9	64.6	46.3	29.2
0.2	0.001	30.6	13.1	6.9	3.1	2.1
	0.010	46.4	25.0	13.9	6.8	4.5
	0.100	63.5	36.6	21.5	13.3	9.1
	1.000	79.7	48.7	39.5	24.1	17.5
	10.00	101.4	74.0	46.8	36.0	25.9
	100.0	115.7	99.3	68.8	48.0	33.1
0.3	0.001	29.5	13.3	6.9	3.0	2.2
	0.010	46.3	25.5	14.4	7.0	4.5
	0.100	64.2	37.4	22.3	13.6	9.3
	1.000	79.4	49.3	40.1	24.6	17.4
	10.00	99.5	73.7	47.7	36.6	26.0
	100.0	118.4	97.1	70.5	51.8	34.5
0.4	0.001	28.5	13.1	6.7	3.0	2.2
	0.010	45.6	26.2	14.7	7.1	4.5
	0.100	63.0	37.7	22.6	14.0	9.3
	1.000	77.7	49.3	40.9	24.5	17.2
	10.00	96.7	72.7	48.5	36.6	26.1
	100.0	114.0	94.6	69.6	49.6	33.3
0.5	0.001	28.0	13.0	6.7	3.0	2.2
	0.010	44.8	26.4	14.8	7.1	4.4
	0.100	62.9	38.1	22.9	14.0	9.2
	1.000	76.6	49.3	41.6	24.3	17.1
	10.00	93.9	71.2	47.8	36.5	26.1
	100.0	107.9	88.7	66.7	47.2	30.9

热轧态 Mg11.5Li1.5Al0.15Zr 合金的加工图如图 4-27 所示（沿轮廓线的数字代表能量消耗效率，阴影区域对应流变失稳），其特点和最佳热加工状态见表 4-15。该合金加工图只存在一个区域，代表 DRX，在 350℃ 和 0.001 s^{-1} 处出现塑性变形能量消耗峰值效率 53%。DRX 区域内晶粒随温度变化的典型曲线呈 S 形，如图 4-28 所示。最佳状态下测得的伸长率如图 4-29 所示，大约为 80%，没有发生超塑性变形。温度高于 320℃，应变速率大于 3 s^{-1}时合金出现流变失稳，表现为局部流变。

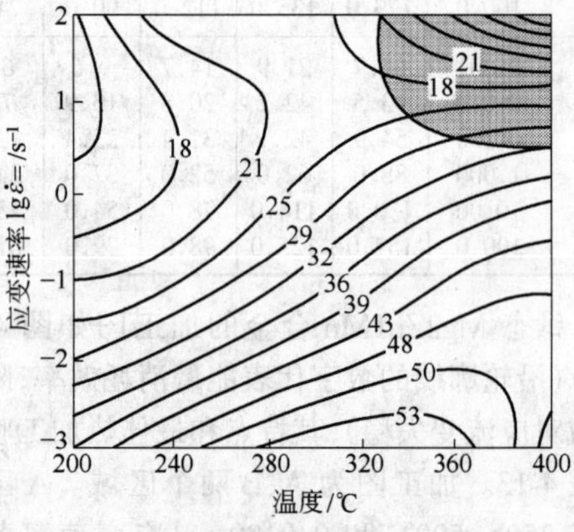

图 4-27 应变 0.5 时 Mg11.5Li1.5Al0.15Zr 合金的加工图

表 4-15 Mg11.5Li1.5Al0.15Zr 合金加工图的特点和最佳热加工状态

现 象	动态再结晶	局部流变	最佳热加工状态
温度/℃	350	>320	350
应变速率/s^{-1}	0.001	>3	0.001

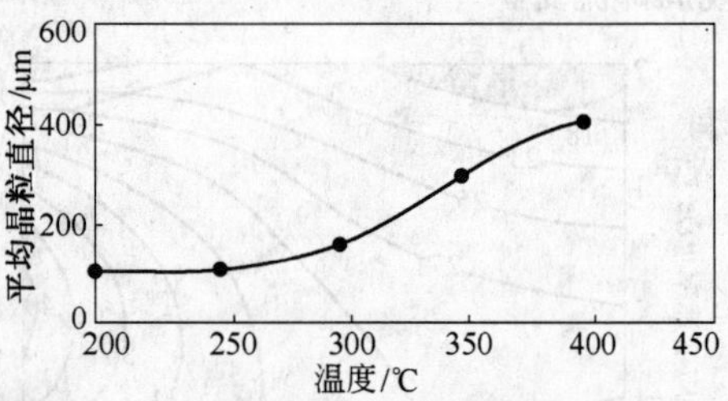

图 4-28 DRX 区内 Mg11.5Li1.5Al0.15Zr 合金的晶粒尺寸随温度的变化

4.2.3.4 镁合金的冷变形条件

室温下镁合金的塑性较低，其冷变形仅局限于弯曲半径大、变形程度适中的成形操作。例如，在冷变形条件下，MA1 和 MA8 合金的拉延系数不得超过 1.10～1.20 和 1.20～1.25。通常,考核塑性较低材料塑性变形能力的一种简单方法是考核材料弯曲能力,即弯曲半径大小。

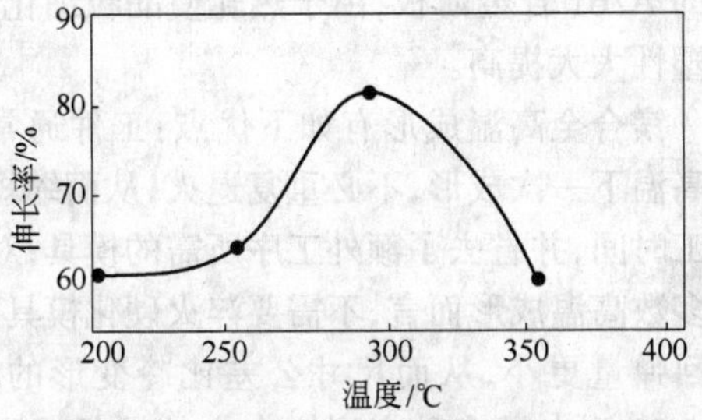

图 4-29 DRX 区内 Mg11.5Li1.5Al0.15Zr 合金的塑性随温度的变化

一般来说,使用标准轧辊可以在室温下成形出镁合金圆柱和圆锥形零件。表 4-16 列出镁合金快速成形时推荐的最小弯曲半径。使用液压机且变形速度较低的情况下,可以选用比表 4-16 中所列数据稍小的弯曲半径。最小半径随着成形角度的变化而变化,大于 90°时,弯曲半径几乎不发生变化,小于 90°时,弯曲半径显著减小。

表 4-16 镁合金快速成形时推荐的最小弯曲半径(mm)

合金及状态	根据工件厚度而确定的最小弯曲半径							
	20℃	100℃	150℃	200℃	230℃	260℃	290℃	315℃
0.51～6.3 mm 板材								
AZ31B-O	5.5	5.5	4.0	3.0		2.0		
AZ31B-H24	8.0	8.0	6.0					
22.2 mm×2.3 mm 厚挤压平带								
AZ31C-F	2.4						1.5	
AZ31B-F	2.4						1.5	
AZ61A-F	1.9						1.0	
AZ80A-F	2.4						0.7	
AZ80A-T5	8.3				1.7			
ZK21A-F	15.0							5.0
ZK60A-F	12.0					2.0		
ZK60A-T5	12.0					6.6		

注:152 mm 宽试样弯曲 90°时获得的数值(99%的成功率)。

表 4-17 是 AZ41M 板材的室温弯曲性能。

表 4-17 AZ41M 板材的室温弯曲性能

厚度/mm	弯曲半径/mm	O 状态				H24 状态			
		90°		180°		90°		180°	
		纵向	横向	纵向	横向	纵向	横向	纵向	横向
0.6	$r=5$	√	√	√	√	√	√	√	√
	$r=4$	√	√	√	√	√	√	√	√
	$r=3$	√	√	√	√	√	√	√	×
	$r=2$	√	√	×	×	√	×	×	×
1.0	$r=5$	×	×	×	×	×	×	×	×
1.5	$r=5$	×	×	×	×	×	×	×	×

注:纵向为沿轧制方向;横向为沿轧制垂直方向。

小批量生产冷变形产品时,可以采用绳带将工件的重要区域包缠起来以防止表面破坏。模具必须保持清洁,避免外来金属颗粒的污染,否则外来金属颗粒会在成形过程中嵌入金属表面,降低镁合金工件的抗蚀性。某些情况下,在模具中间塞入硬橡胶有助于成形大弯曲半径的工件,并且防止工件损坏。大批量生产时硬橡胶会快速磨损,导致工件尺寸和形状不一致,因此不宜采用。

镁合金工件冷变形时容易发生断裂,故不允许对弯曲件的同一部位进行矫直和二次弯曲等再加工。在镁合金冷变形过程中,进行 90°弯曲时,因弹性恢复而产生的回弹甚至可以达到 30°。影响回弹的因素很多,包括被弯曲材料材质、使用工具、弯曲速度和保压时间等。室温以下 AZ31B 薄板进行直角弯曲成形(厚度为 0.4～1.6 mm 的薄板)推荐用回弹允许量见表 4-18。

表 4-18 直角弯曲 AZ31B 薄板(厚度为 0.4～1.6 mm)时推荐选用回弹允许量

温度/℃	弯曲 R/t	AZ31B-O 的角度/(°)	AZ31B-H24 的角度/(°)
20	4	8	10
	5	11	13
	10	17	21
	15	25	29
100	3	4	5
	5	5	7
	10	8	12
	15	13	17

续表 4-18

温度/℃	弯曲 R/t	AZ31B-O 的角度/(°)	AZ31B-H24 的角度/(°)
150	2 5 10 15	1 3 5 8	2 4 7 11
230	2 5 10 15	0 1 2 4	0 1 2 4
290	最大至 15	0	0

铝合金和钢弯曲变形时会拉长,而镁合金不同。镁合金弯曲变形时,中线轴朝着受拉边轻微移动,从而会缩短。对于镁合金薄板,由于轴线移动了(5~10)%,因此缩短程度很小。随着厚度增加,镁合金的收缩量显著增大,因此厚板经过几次弯曲后显著缩短。准备坯料时需要对此有所考虑。

为防止应力腐蚀,Mg-Al-Zn(AZ 系列)合金经冷变形后应该进行去应力退火处理。镁合金经过普通冷变形操作后,建议采用表 4-19 中列出的工艺参数进行去应力退火处理。

表 4-19 镁合金经冷变形后的去应力退火处理工艺参数

合金及状态	薄板		挤压平带		
	AZ31B-O	AZ31B-H24	AZ31B-F	AZ61A-F AZ80A-F	AZ80A-T5
温度/℃	260	150	260	260	205
时间/min	15	60	15	15	60

4.2.3.5 镁合金的热变形条件

高温下,镁合金中的滑移系增多,塑性变形变得更加容易,因此镁合金通常在高温下成形,冷变形仅仅用于大弯曲半径轻微变形。镁合金成形用方法和设备与其他金属相同,只是镁合金高温成形时对工模具和工艺有特殊要求。

常规镁合金铸锭经热加工后晶粒尺寸可达 10 μm 以下。AZ91 合金经过热挤压变形后,其晶粒尺寸随挤压温度的降低而减小。ZK60 合金经 150℃ 挤压后抗拉强度可上升到 500 MPa 以上,其高强度是晶粒细化的结果。AM60、AZ91、ZK60 和 ZK61 等镁合金热挤压件的性能优于铸锭,伸长率高达 10% 以上。显然,热挤压具有细化晶粒作用,同时可以提高镁合金的强度和塑性。采用热轧工艺可制备出具有超塑性的 AZ61 合金薄板,由于热轧使晶粒细化,其超塑性大大提高。

镁合金高温成形有如下优点:工件通常可在高温下一次成形,不必重复退火,从而缩短了加工时间,并省去了额外工序所需的模具;对于大多数高温成形而言,不需要淬火硬化模具;工件回弹量更小,从而尺寸公差比冷变形的小。表 4-20 列出了多种变形镁合金的最低成形温度和保温时间,其中保温时间是指不影响镁合金力学性能的最长保温时间。

表 4-20 变形镁合金的最低成形温度和保温时间

合金及状态		镁合金加工允许的最低温度①/℃	在下列保温时间下的温度/℃				
			1 min	3 min	10 min	30 min	60 min
薄板	AZ31B-O	120	—	—	—	—	290
	AZ31B-H24	120	225	200	180	175	150
	AZ31B-H26	120	225	200	180	175	150
挤压平带	AZ31B-F	120	—	—	—	—	290
	AZ61A-F	200	—	—	—	—	290
	AZ80A-F	140	—	—	—	290	—
	AZ80A-T5	140	—	—	—	—	195
	ZK60A-F	150	—	—	—	—	290
	ZK60A-T5	150	—	—	—	200	—

① 如果合金在所示最低温度下成形,则可能需要进行去应力处理。

A 对铸锭的要求

用于锻造、挤压或轧制的镁合金铸锭可以在单个的厚壁铁制或钢制永久模、铜或铝制的中空圆柱模中铸造。通过快速冷却模具外表面,可以获得具有细小晶粒组织的镁合金锭。近年来,用半连续铸造法可生产出优质铸锭并获得广泛应用。通常,先机加工去除镁合金铸锭的表层,然后进行预挤压。预挤压可以破碎粗大的铸态组织,提高其在后续加工过程中的可成形性。在预挤压过程中,应确定足够大的挤压比,以彻底将铸锭中的铸态组织转变成变形组织。预挤压后的锭坯在后续压力加工前不需再次机加工去除表层。

B 对坯料与工件的加热要求

进行锻造、挤压或轧制前，通常在电炉或燃料炉中将镁合金锭坯加热到所要求的温度。在共晶温度以下加热镁合金铸锭时，不需要采用保护气氛；但是在加热镁合金粉末挤压坯时，通常使用保护气氛。由于镁合金的锻造、挤压或轧制温度比熔点低得多，因而只要精确控制加热温度，预热时就不会发生火灾。加热镁合金铸锭时，需要在加热炉中安装风扇以充分循环炉内空气，从而最大限度地保证炉温的均匀性，避免加热初级阶段出现热点或大的温度梯度。

装料时，必须保证热量可以在所有炉料中快速、充分循环，避免紧密堆叠或"积木式"的装炉方式，否则可能导致炉料入口处温度偏低，部分炉料外表面过热。如果预热温度过高，加工时坯料容易产生热脆性裂纹；如果温度过低，则加工时易出现剪切开裂。由于 Mg 和 Al 在 435℃时能形成低熔点化合物 Mg_4Al_3，因此不能将铝合金坯料与镁合金坯料装入同一个炉膛中，以防止局部过烧。此外，加热镁合金锭坯的炉膛中，不允许残留任何铝合金的碎屑或沉积物。

另外，轧制用镁合金坯料需要清除毛刺和飞边，以免过热燃烧。加热过程中万一出现镁合金燃烧现象，应先将毛坯拉出炉外，用干镁砂或石棉布覆盖即可。

C 热膨胀和模具尺寸设计

镁合金的热胀系数很大，如 260℃下镁及镁合金的热胀系数是钢的两倍以上，故镁合金工件在工具钢或铸铁模具中进行热变形时必须考虑工模具材料与工件之间的热膨胀差异。室温和 205℃下镁合金工件尺寸与钢制模具尺寸之间的关系如图 4-30 所示。锌合金或铝合金模具的线膨胀系数与镁合金的相近，从而不需要考虑尺寸因素。

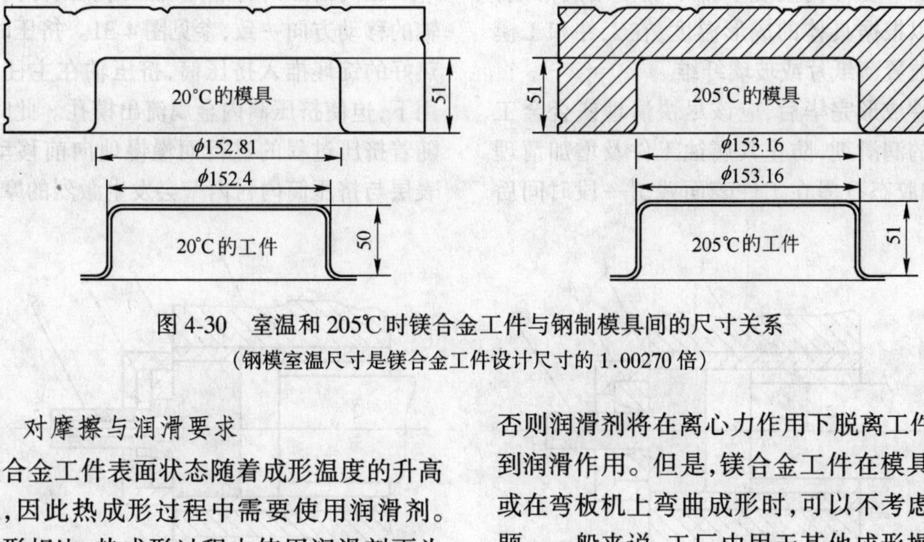

图 4-30 室温和 205℃时镁合金工件与钢制模具间的尺寸关系
（钢模室温尺寸是镁合金工件设计尺寸的 1.00270 倍）

D 对摩擦与润滑要求

镁合金工件表面状态随着成形温度的升高而恶化，因此热成形过程中需要使用润滑剂。与冷成形相比，热成形过程中使用润滑剂更为重要。镁合金成形用润滑剂有矿物油、润滑脂、动物脂、肥皂、石蜡、二硫化钼，以挥发性介质或动物脂为载体的胶态石墨以及薄纸片或玻璃纤维薄板等。

选择润滑剂的种类时，首先要考虑成形温度。

120℃以下成形时，通过选择矿物油、润滑脂、动物脂、肥皂或石蜡作润滑剂。在旋压成形过程中，润滑剂必须黏附在镁合金工件表面上，否则润滑剂将在离心力作用下脱离工件而起不到润滑作用。但是，镁合金工件在模具中深拉或在弯板机上弯曲成形时，可以不考虑润滑问题。一般来说，工厂中用于其他成形操作的润滑剂可以在 120℃以下成形时使用，这些润滑剂通常容易涂覆并在成形后容易清理。一般可以利用轧辊将润滑剂涂覆或擦抹在工件表面。另外，在某些特殊情况下，镁合金工件和工模具表面需要同时使用润滑剂。120℃以上成形时，不宜选用普通矿物油、润滑脂和石蜡作为润滑剂。虽然胶态石墨可以在任何温度下使用，但是成形后难以清理并且妨碍后续表面处理，因此通常不予采用。

230℃以下成形时可以使用肥皂润滑剂。肥皂润滑剂是一种水溶液，可以通过浸涂、刷涂或者轧辊擦涂将其涂覆在镁合金工件表面，接着将涂覆后的工件毛坯放置在普通大气或者压缩空气中干燥。干燥后，由于润滑剂的稳定性很高，镁合金毛坯可以较长期存放。成形结束后，用热水将镁合金工件表面残留的润滑剂清洗干净。

230℃以上成形时，一般选用胶态石墨或者二硫化钼作为润滑剂，如广泛选用添加2%石墨的酒精。由于石墨与动物脂混合后可以提高润滑剂的黏附性，因此在旋压成形时可以选用石墨和动物脂的混合物作为润滑剂。值得注意的是，当润滑剂中含有挥发性载体（如水或酒精）时，应该在工件加热前使用润滑剂。否则，载体的挥发将导致镁合金工件的关键部位冷却到热加工温度以下，从而引起开裂。某些特殊的成形操作在任何温度下都不能使用润滑剂，这时可以根据具体的成形温度，在工件和工模具之间放置薄纸片或玻璃纤维。

工件成形完毕后，应该尽快清理镁合金工件表面的润滑剂，防止其腐蚀工件及增加清理难度，如胶态石墨在工件表面残留一段时间后特别难以清理。准备热成形的镁合金坯料要进行清理，以确保表面没有油污、灰尘、水汽或者其他污染物。同样，模具、冲头和成形块也应该保持清洁，并且没有划痕。也可以采用溶剂清洗工模具，用细砂布轻微抛光打磨表面，清除灰尘、刮痕和一些小缺陷，但是抛光时不能改变工模具的尺寸。

4.3 镁合金的挤压成形技术

目前，热挤压是变形镁合金最主要的塑性加工方法。与变形铝合金的挤压加工一样，变形镁合金可采用正向挤压，也可以采用反向挤压，可用单动挤压机，也可以用双动挤压机，可用卧式挤压机，也可用立式挤压机，挤压管、棒、型、线材。一般来说，凡是用于挤压铝合金制品的挤压机和挤压方法基本适用于挤压镁合金制品，只不过工艺参数和配套设备有所差异而已。

正向挤压的特点是制品的流出方向与挤压轴的移动方向一致，参见图4-31。挤压时，将加热好的锭坯推入挤压筒，挤压轴在主柱塞的作用下，迫使挤压筒内金属流出模孔。此时，铸锭随着挤压过程的进行而慢慢地向前移动，锭的表层与挤压筒内衬内壁会发生激烈的摩擦。

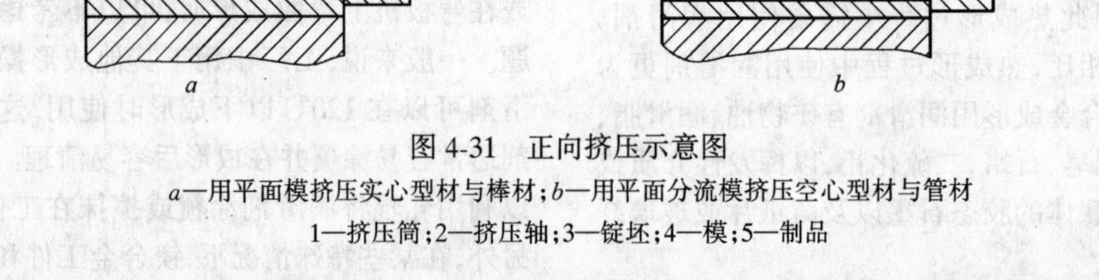

图4-31 正向挤压示意图

a—用平面模挤压实心型材与棒材；*b*—用平面分流模挤压空心型材与管材

1—挤压筒；2—挤压轴；3—锭坯；4—模；5—制品

反向挤压的特点是制品的流出方向与挤压轴的相对运动方向相反。现代化的反向或正/反两用挤压机设有双挤压轴（挤压轴和空心模轴）。挤压时，模轴固定不动（中间框架式和挤压筒剪切式反方向挤压机），而挤压筒紧靠挤压轴或堵头，在主柱塞和挤压筒柱塞力的作用下，挤压轴和挤压筒同步向前移动，而模轴则逐步进入挤压筒内。反向挤压时挤压筒与锭坯之间无摩擦。

反向挤压法，目前未能广泛应用于镁及镁

合金挤压。有时采用组合挤压,即仅用于挤压开始初期是反挤压,以消除正挤压时挤压筒与锭坯之间的摩擦力,而后立即转为正挤压,直至完成全挤压过程。这种组合挤压方法仅在个别情况下采用。

4.3.1 挤压常用镁合金及挤压产品断面形状

常用的挤压镁合金化学成分与力学性能见表4-21~表4-23。部分镁合金挤压型材断面形状见图4-33。

表4-21 挤压镁合金的主要化学成分与力学性能

材料种类	合金牌号	典型化学成分(质量分数)/%	状态	σ_b/MPa	$\sigma_{0.2}$/MPa	δ/%
无缝管	AZ31B	Al3.0,Zn1.0,Mn0.15	H112	230	140	6
	AZ61A	Al6.4,Zn1.0,Mn0.28	H112	260	150	6
	ZK10A	Zn1.2,Zr0.6	H112	250	170	8
棒材	AZ31B	Al3.0,Zn1.0,Mn0.15	H112	230	140	6
	AZ61A	Al6.4,Zn1.0,Mn0.28	H112	260	150	6
	AZ80A	Al8.4,Zn0.6,Mn0.25	H112	280	190	5
	ZK10A	Zn1.2,Zr0.6	H112	250	170	8
	ZK30A	Zn3.3,Zr0.6	H112	270	190	8
	ZK60A	Zn5.5,Zr0.6	H112	300	210	5
			T5	310	230	5
型材	AZ31B	Al3.0,Zn1.0,Mn0.15	H112	230	140	6
	AZ61A	Al6.4,Zn1.0,Mn0.28	H112	260	150	6
	AZ80A	Al8.4,Zn0.6,Mn0.25	H112	280	190	5
	ZK10A	Zn1.2,Zr0.6	H112	250	170	8
	ZK30A	Zn3.3,Zr0.6	H112	270	190	8
	ZK60A	Zn5.5,Zr0.6	H112	300	210	5
			T5	310	230	5

表4-22 我国某厂生产的部分镁合金产品的力学性能测定值

产品种类		σ_b/MPa	$\sigma_{0.2}$/MPa	δ/%	硬度	
					HB	HRE
AZ31B	实心型材、带材和棒材	255	200	7	49	57
	空心型材和热挤压管材	241	165	7	46	51
AZ61A	实心型材、带材和棒材	305	205	9	60	72
	空心型材和热挤压管材	285	165	7	50	60
AZ80A	型材、带材和棒材(T5)	380	275	4	80	88
	型材、带材和棒材(F)	340	250	9	67	77

表4-23 国产镁合金牺牲阳极的电化学性能

合金牌号	开路电位/- V,$Cu/CuSO_4$	闭路电位/- V,$Cu/CuSO_4$	实际电容量/$Ah\cdot kg^{-1}$	电流效率/%
AZ31B	1.57~1.67	1.47~1.57	≥1210	≥55

4.3.2 镁合金挤压成形的基本条件

4.3.2.1 几种镁合金在热挤压过程中的流动特性

在热挤压时,其流变过程与铝及铝合金相似。但镁及镁合金更易与挤压工模具粘结,摩擦状态比铝及铝合金差;另外,镁合金加热时,温度更难均匀,因此镁及镁合金热挤压时,只有在保证温度均匀和充分润滑条件下,才能获得均匀的流动景像。图4-32为镁合金热挤压时典型的金属流动景像图。

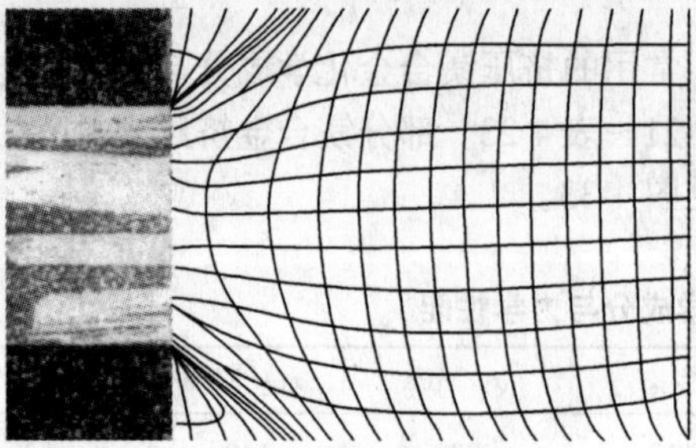

图 4-32 镁合金热挤压时的金属流动景像图

4.3.2.2 镁及镁合金热挤压中的力学条件

镁及镁合金塑性成形时的应力－应变以及流变特点已在 4.2.3 节中进行了详细的讨论，挤压时的力学状态和挤压力的计算方法与铝及铝合金挤压时的基本相同，可参阅有关文献。有一点应该注意的是镁合金在高温(315℃)时的屈服强度比典型的挤压铝合金 6063 在 430℃的屈服强度高，即变形抗力较高，因此，所需的挤压力稍高一些，参见表 4-24。

表 4-24 代表性的挤压镁合金及铝合金的高温屈服强度比较

合金	镁合金 M1A	镁合金 AZ31	铝合金 6063
高温屈服强度/MPa	40(315℃时)	45(315℃时)	28(430℃时)

4.3.2.3 主要工艺参数的确定原则

镁及镁合金的挤压温度为 300～450℃，可根据合金成分、制品形状确定具体挤压温度。制品挤压时挤压比可为 10∶1～100∶1，如果采用经过预挤压的锭坯，挤压比可更大一些。

镁及镁合金的焊合性能比铝合金差得多，因此挤压管材时，除少数情况外，宜采用穿孔针或空心锭坯挤压。常用几种镁合金的挤压条件见表 4-25。

表 4-25 常用几种镁合金的挤压条件

合金	锭坯温度/℃	挤压筒温度/℃	挤压速度/$m\cdot min^{-1}$
M1	420～440	380～390	6～30
AZ31	370～400	230～320	4.5～12
AZ61	370～400	230～290	2～6
AZ80	360～400	230～290	1.2～2

镁合金的挤压速度不宜快，如 AZ31 合金应为 6063 铝合金挤压速度的 1/3 倍以下。对同一合金来说，中空型材(管材)的挤压速度可为实心型材的 1/3～1/5 倍。

挤压镁及镁合金材料时，常采用的温度制度见表 4-26。若采用预挤压的坯料，则其加热时间可比表 4-26 中缩短约 30%。最佳挤压速度见表 4-27。通常，挤压温度与速度决定于制品形状、断面积大小、挤压比等因素，见图 4-33 及表 4-28。

表 4-26 镁合金的挤压温度制度

合金成分(质量分数)/%	锭坯直径/mm	锭坯温度/℃	加热时间/h	允许温度/℃		挤压最低温度/℃
				开挤最高值	终了最低值	
1.3～2.5Mn	270	380～410	6～7	400	300	300
	360	380～410	8～9	400	300	300
3.0～4.0Al，0.15～0.5Mn，0.2～0.8Zn	270	390～410	6～7	400	280	280
	360	390～410	8～9	400	280	280
5.5～7.0Al，0.15～0.5Mn，1.5Zn	270	360～380	7～8	370	280	280
	360	360～380	9～10	370	280	280
6.5～8.0Al，0.15～0.5Mn，2.5～3.5Zn	270	350～370	7～8	360	280	280
	360	350～370	9～10	360	280	280
7.8～9.2Al，0.15～0.5Mn，0.2～0.8Zn	270	340～360	7～8	360	280	280
	360	340～360	9～10	360	280	280
1.5～2.5Mn，0.15～0.5Ce	270	380～400	6～7	410	300	280
	360	380～400	8～9	410	380	280

表 4-27　镁合金的最佳挤压速度

合 金 编 号	锭 坯 种 类	挤压棒材直径/mm	最佳挤压速度/m·min^{-1}
1.3～2.5Mn 3.0～4.0Al,0.15～0.5Mn,0.2～0.8Zn; 1.5～2.5Mn,0.15～0.5Ce	铸 造	150～100 90～50 ≤30	0.8～1.0 1.1～1.2 ≤1.8
5.5～7.0Al,0.15～0.5Mn,1.5Zn;6.5～8.0Al, 0.15～0.5Mn,2.5～3.5Zn;7.8～9.2Al, 0.15～0.5Mn,0.2～0.8Zn	铸 造	150～100 90～50 ≤30	0.6～0.7 0.8～1.0 ≤1.2
3.0～4.0Al,0.15～0.5Mn,0.2～0.8Zn; 5.5～7.0Al,0.15～0.5Mn,1.5Zn	挤 压	小断面棒材 小断面型材	5～8 3～5
1.3～2.5Mn; 1.5～2.5Mn,0.15～0.5Ce	挤 压	小断面棒材 小断面型材	10～25 3～15
6.5～8.0Al,0.15～0.5Mn,2.5～3.5Zn;7.8～9.2Al, 0.15～0.5Mn,0.2～0.8Zn	挤 压	小断面棒材及型材	1～2.5

挤压制品形状(图 4-33)对挤压条件的影响见表 4-28。挤压速度不要超过表 4-25 中所列的值,否则会产生大量的热,使挤压件的温度超过合金的固相线温度产生热裂缝,表面质量严重下降,造成废品。图 4-34 是均匀化的 AZ61 合金温度与正挤压速度对挤压材表面裂缝的影响。

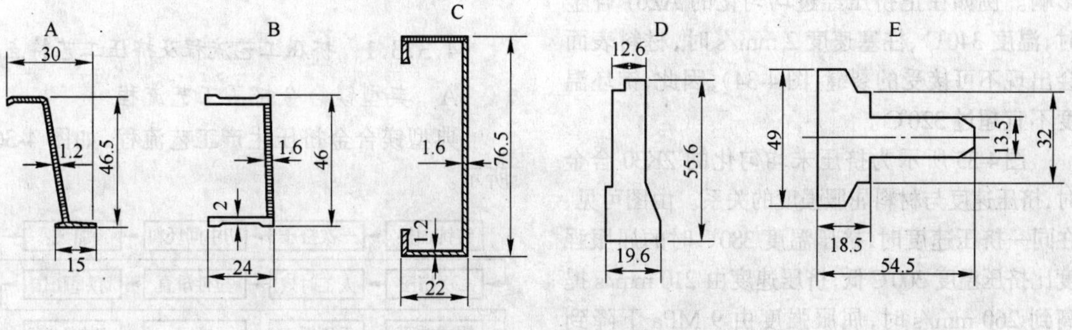

图 4-33　典型镁合金型材形状与断面尺寸

表 4-28　挤压条件与型材形状的关系

材料种类	合　金	形　状	断面积/mm^2	挤压比	铸坯长/mm	铸坯温度/℃	挤压速度/m·min^{-1}
型　材	AZ31	A	72	122	330	430	8.5
	AZ31	B	163	54	330	370	10.0
	AZ31	C	187	47	350	380	17.0
	AZ31	D	795	22	360	305	8.0
	AZ31	E	1283	14	420	230	8.0
扁　材	AZ31	16×7	112	39	330	390	5.0
	AZ31	40×3	120	73	330	410	3.5
	AZ31	25×9	225	39	350	380	3.0
	AZ31	125×2	250	70	330	380	2.0
管　材	M1	ϕ20×1.2	64	92	330	390	2.5
	M1	ϕ20×2	113	78	330	390	2.0
	M1	ϕ30×2	254	70	330	380	2.0
	AZ31	ϕ30×3	254	70	330	380	1.5
棒　材	99.8%Mg	ϕ19	285	62	330	170	7.0
	M1	ϕ19	285	62	330	280	6.0
	AZ31	ϕ19	285	62	330	320	2.5

注:在 12.5 MN 挤压机上挤压。

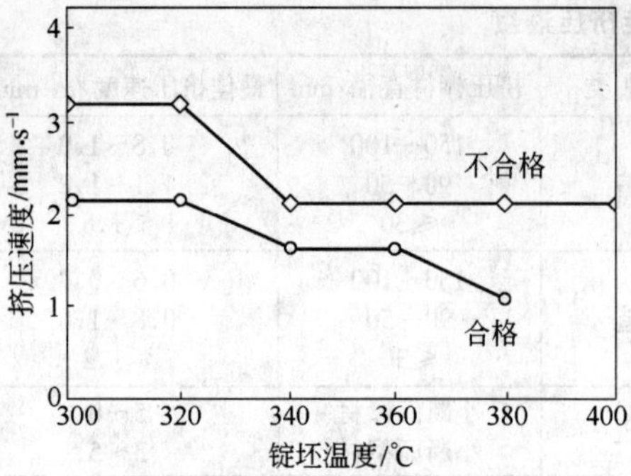

图 4-34 锭坯温度与挤压速度对挤压材表面裂缝的影响

4.3.2.4 挤压工艺参数对型材力学性能的影响

挤压条件如锭坯温度、挤压件出模温度、挤压速度等对材料的表面质量、力学性能等都有影响。例如在正挤压经过均匀化的 AZ61 合金时，温度 340℃、柱塞速度 2 mm/s 时，材料表面会出现不可接受的裂缝(图 4-34)，因此，锭坯温度不宜超过 320℃。

图 4-35 所示为挤压未均匀化的 ZK30 合金时，挤压速度与材料屈服强度的关系。由图可见，在同一挤压速度时，挤压温度 380℃ 时的屈服强度比挤压温度 300℃ 低；挤压速度由 210 mm/s 提高到 260 mm/s 时，屈服强度由 9 MPa 下降到 1 MPa。锭坯温度对材料力学性能的影响比挤压速度的影响小得多。

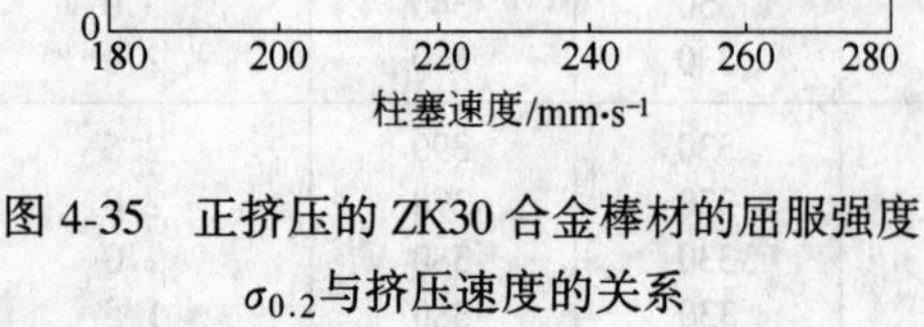

图 4-35 正挤压的 ZK30 合金棒材的屈服强度 $\sigma_{0.2}$ 与挤压速度的关系

表 4-29 示出镁合金圆棒的力学性能与出模温度的关系。由所列数据可见，提高出模温度，材料的力学性能普遍下降(挤压比为 56)。

表 4-29 镁合金圆棒的力学性能与出模温度的关系

合 金	挤出温度/℃	抗拉强度/MPa	屈服强度/MPa	伸长率/%
纯 Mg	130	250	150	4.5
	170	245	150	4.0
	210	240	145	4.0
	280	240	145	4.0
	330	235	140	4.0
M1	250	280	190	7.0
	430	240	140	6.0
AZ31	380	305	235	21.0
	400	275	190	16.0
	430	250	155	14.0

挤压镁合金时可用机油与鳞片石墨混合物作为润滑剂。涂润滑剂可降低挤压力，但可能会污染材料表面，甚至会引发龟裂与气泡。由于金属的流动不均匀，所以材料的性能也略有差别。

4.3.3 镁及镁合金的挤压工艺

4.3.3.1 挤压工艺流程及挤压工艺特点

A 典型镁合金挤压工艺流程

典型镁合金挤压生产工艺流程，如图 4-36 所示。

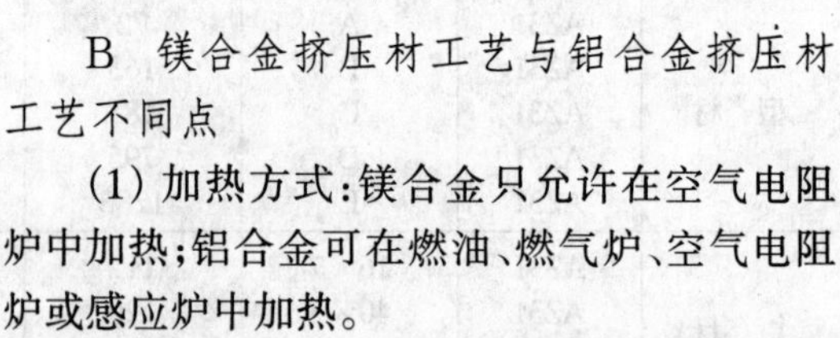

图 4-36 镁及镁合金挤压产品典型工艺流程

B 镁合金挤压材工艺与铝合金挤压材工艺不同点

(1) 加热方式：镁合金只允许在空气电阻炉中加热；铝合金可在燃油、燃气炉、空气电阻炉或感应炉中加热。

(2) 挤压温度：镁合金挤压温度稍低，为防止镁锭燃烧，各种合金允许加热的最高温度为 470℃；铝合金最高加热温度可达到 550℃。

(3) 挤压速度：镁合金挤压速度最高可达 20 m/min，比硬铝合金的快，但只有软铝合金挤压速度的 1/3 左右。

(4) 模具尺寸：镁合金热挤压材的收缩率比铝合金大。

(5) 张力拉矫：镁合金挤压材要在加热到150～250℃的条件下拉矫，这需要专用设备。铝合金挤压材可在室温下拉矫。

4.3.3.2 坯料的准备

变形镁及镁合金铸锭的熔炼与铸造在第3章已做了详细讨论。镁及镁合金挤压用铸锭一般用半连续铸造法铸造。铸锭可进行也可不进行均匀化处理，但高成分合金还是经过均匀化处理为好。因均匀化处理有助于降低挤压力20%～25%（见图4-37）。均匀化制度一般为350℃×12 h。均匀化处理对Mg-3%Al合金挤压力的影响见表4-30（挤压管规格为ϕ44 mm×1.5 mm，锭坯规格为ϕ98 mm×150 mm）。

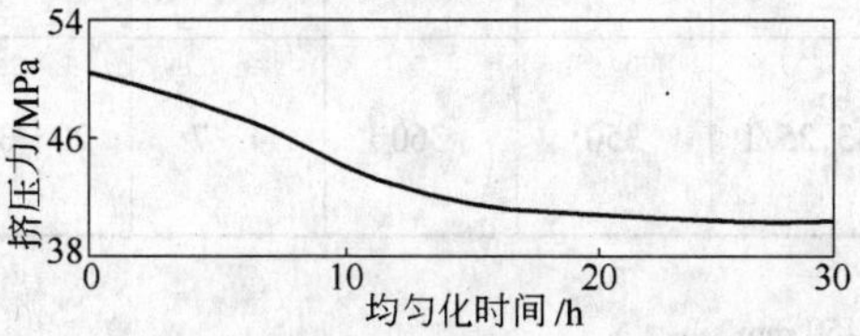

图4-37 均匀化时间对含3.5%Al、0.5%Zn、0.32%Mn镁合金挤压力的影响

表4-30 均匀化处理及挤压前的加热规范对挤压Mg-3%Al合金挤压力的影响

是否均匀化处理	挤压温度/℃	加热时间/h	挤压力/MPa
无	340	1	320
	300	1	400
	340	3	250
	300	3	300
	340	6	200
	300	6	250
350℃，12 h	340	1	190
	300	1	250
	340	3	170
	300	3	200
	340	6	150
	300	6	180

镁合金铸锭在挤压前都应车皮、镗孔（管坯），特别是用于反挤压管材和异形薄壁产品的坯料，要求锭坯尺寸精度高和壁厚均匀，以确保挤压件壁厚的均匀性。对于一些小规格和有特殊要求的产品，也可以用二次挤压坯料。

铸锭或二次挤压坯料按工艺切成定尺。中断锯和定尺锯应配备良好的锯屑吸收装置，并坚持每班清理。

锭坯一般用电炉进行加热，电阻丝应埋于耐火砖内。为了安全，厂房内应配备沙箱和D级灭火器材。

4.3.3.3 工具和模具的准备

镁合金挤压用设备以及挤压筒、挤压轴、垫环和穿孔系统等大型工具的设计和制造与铝合金的基本相同，但镁合金的挤压筒及与金属直接接触的工具应是专用的，不能与铝挤压筒通用。如果一定要共用，必须通过酸碱洗及机械抛光以保持清洁。

与纯铝相比，纯镁的熔点低10℃；密度低35.6%；热导率低30.2%；线膨胀系数高5.9%，参见表4-31。由于镁的热导率较低而线膨胀系数又较高，在模具设计与锭坯加热时间等方面都应加以考虑。特别是在设计模具工作带时，模孔的加工尺寸的热膨胀冷缩余量应比铝的大一倍左右。表4-32为AZ31B镁合金与6063铝合金挤压模具尺寸的设计与挤压后的尺寸检测结果。

表4-31 纯镁及纯铝的物理性能

性能	熔点/℃	密度(20℃)/$kg \cdot m^{-3}$	热导率/$W \cdot (m \cdot K)^{-1}$	线膨胀系数/$℃^{-1}$
纯镁	650	1740	155	29×10^{-6} (20～500℃)
纯铝	660	2700	222	27.4×10^{-6} (20～500℃)

表4-32 镁合金和铝合金挤压模具设计尺寸及挤压结果对比

规格/mm×mm	产品尺寸/mm	模孔尺寸/mm	挤压后尺寸/mm		挤压比 λ/孔数	挤压温度/℃		挤出速度/$m \cdot min^{-1}$	
			AZ31B	6063		AZ31B	6063	AZ31B	6063
ϕ20×2.5	20	20.3	20.1	20.15	75.55/1	370	390	4～5	15～20
	2.5	2.6	2.55	2.58					

续表 4-32

规格/mm×mm	产品尺寸/mm	模孔尺寸/mm	挤压后尺寸/mm		挤压比 λ/孔数	挤压温度/℃		挤出速度/m·min⁻¹	
			AZ31B	6063		AZ31B	6063	AZ31B	6063
ϕ25×2.5	25	25.3	25.13	25.2	58.78/1	370	390	4～5	15～20
	2.5	2.6	2.5	2.58					
ϕ15	15	15.1	14.9	15.07	58.78/1				
ϕ20	20	20.1	19.85	20.06	33.06/1				
型材 LXMQ0009	25	25.3	25.12	25.2	42.9/1				
	50	50.5	50.14	50.37					
	50(底)	50.5	50.14	50.37					
	2.5	2.6	2.55	2.58					
带材 3.0×80	80	80.5	80.05	80.28	43.25/1	350	360	4～7	20～30
	3	3.2	3.0	3.15					

注：1. 挤压设备为 8MN 油压挤压机。

2. 铸锭规格：AZ31B，ϕ112 mm×350 mm；6063，ϕ112 mm×450 mm。

挤压时，针对镁合金塑性较差，变形难度较大，与钢铁的亲和力较低等特点，挤压垫片与挤压筒内径的配合公差为＋(0.2～0.3)mm。挤压完毕后，挤压残料(压余)与挤压垫较容易分离，因此，挤压过程中不需要对垫片进行润滑。

在挤制 AZ31B 合金牺牲阳极时，由于牺牲阳极结构的特殊性，见图 4-38，其模具设计与制造较为特殊。由于既要保证铁芯与镁基体同时挤出，又要保证镁基体与铁芯牢固的焊合，采用了三件套的组合模具来实现这一过程，模具结构简图见图 4-39。成卷的铁丝通过上模的斜面进入中模中心，镁合金通过上模分流孔进入中模(分流比为 6～10)，镁合金在中模和下模的焊合室内充分焊合，在流出下模工作带的瞬间与铁芯焊合并带动铁芯一起流出。铁芯入模孔布置在上模模面与侧面之间，与模具轴心线形成一定夹角 α，一般在 15°～25°之间，它与挤压设备的对中性关系非常密切。对中性越好，α 可越小，铁芯越容易流动。若对中性较差，α 过小，则生产时会起“大帽”，这不但会影响生产，也会浪费金属，降低成品率。中模的“芯头”与下模工作带的间距配合也非常重要。间距过小，不能保证镁合金与铁芯充分粘合；间距太大，则由于金属在下模与中模之间的顺流与回流对铁芯施加极大的拉应力将铁芯拉断，一般以 6～7 mm 为宜。为便于流动和焊合，焊合芯头以 45°过度。牺牲阳极棒的中断与锯定尺时应小心进行，因为高速旋转的锯片与铁芯接触时易产生火花引燃镁屑。

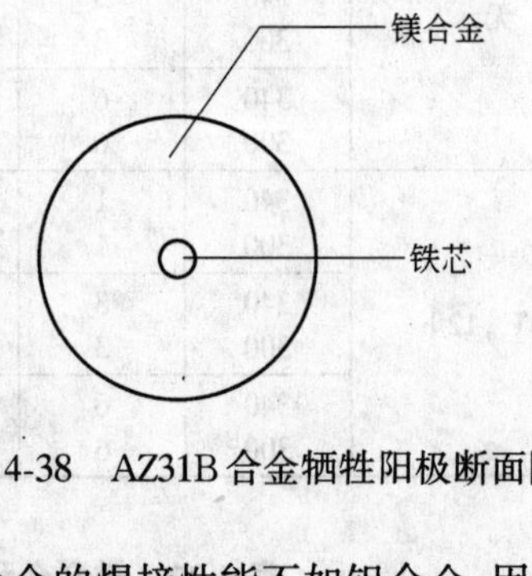

图 4-38　AZ31B 合金牺牲阳极断面图

镁合金的焊接性能不如铝合金，因此，在用平面分流组合模挤压管材和空心型材时，分流孔以及导流系统都要精心设计，以尽量减少流量阻力，增大焊合均匀性，图 4-40 为自行车三角架用 AZ31B 镁合金管材平面分流组合模具的结构设计方案图。为提高合金的成分均匀性和变形塑性，减少挤压力，对 AZ31B 镁合金半连续铸棒进行了均匀化处理（400℃ × 24 h）。为了提高产品质量和模具寿命，优化了挤压工艺：挤压筒温度为 250～350℃；模具预热温度为 300～380℃；挤压温度为 320～380℃；挤压速度为 0.5～1.5 m/min；挤压比为 40～80。用该模具和挤压工艺成功地挤压出了 ϕ(20～50)mm × (1.0～3.0)mm 的焊合镁合金管材。表 4-33 为 AZ31B 镁合金分流挤压管材的挤压工艺与管材质量关系。

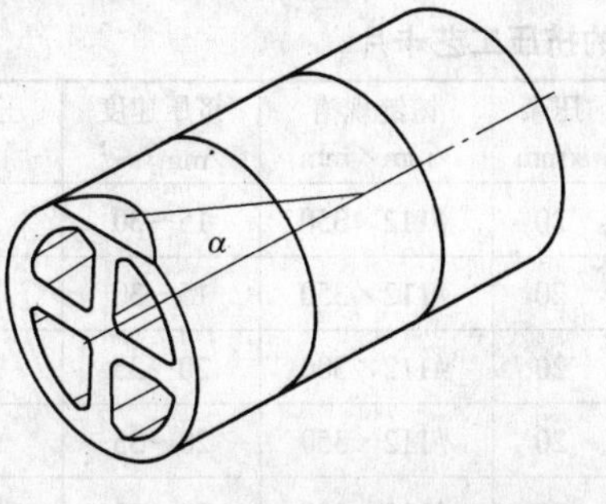

图 4-39　挤压牺牲阳极用组合模方案

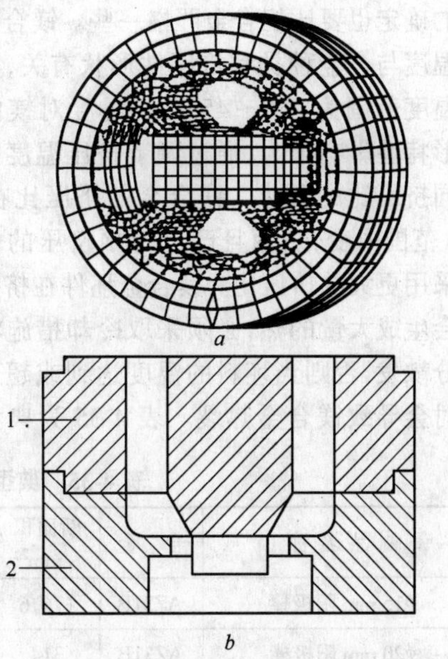

图 4-40　AZ31B 镁合金管材分流组合模具结构设计方案

a—有限元分析模型；*b*—分流模结构方案

1—上模；2—下模

表 4-33　AZ31B 镁合金分流模挤压管材挤压比与管材质量关系

试验编号	挤压机吨位 /MN	挤压筒直径 /mm	镁棒直径 /mm	镁合金管材尺寸 /mm × mm	挤压比 λ	镁管状况
1	6	100	93	30×2.0	44.6	良好
2	6	100	93	29×2.0	46.3	良好
3	8	128	120	29×2.0	75.9	挤不动
4	6	100	93	26×1.5	68.0	良好
5	6	100	93	24×2.0	56.8	良好
6	6	100	93	22×2.5	51.3	良好
7	6	100	93	21×1.2	105	挤不动
8	5.3	80	75	21×1.2	67.3	一般

镁合金无缝管挤压工模具的设计制造与铝合金管材的基本相同。图 4-41 为 ϕ60 mm 镁合金管用锥形模具的设计方案。

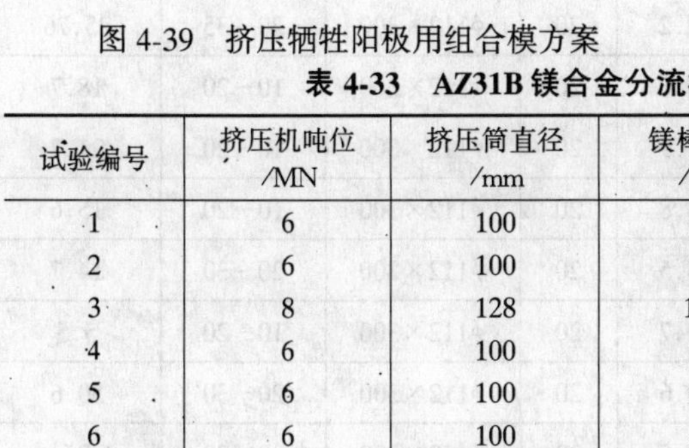

图 4-41　镁合金无缝管用锥形模设计方案

与铝合金挤压模一样，镁合金挤压模具也采用 H13 模具钢制造。淬火 + 回火后的硬度 HRC 为 47～51。

挤压工模具在挤压前都要进行预热，预热温度一般比铸锭加热温度低 20～30℃，见表 4-34。根据模具规格确定加热时间，以热透和热均匀为准。

4.3.3.4　挤压工艺

镁合金热挤压工艺参数包括：产品尺寸、管材壁厚、材质、挤压筒尺寸、挤压温度、挤压速度、挤压比、单位挤压力的确定与计算等。镁合金的挤压性要比铝合金稍差，因此，挤压工艺参数的确定也要比铝合金严格一些。镁合金的挤压温度与合金种类和挤压件形状有关，典型挤压温度范围为 300～450℃。温度对镁的塑性变形特性影响很大，通过调节挤压温度来适应不同挤压比的要求。镁合金的挤压比在 10～100 范围内变化，而且已进行预挤压的锭坯可用采用更大的挤压比。镁合金坯件在挤压过程中会生成大量的热，必须采取冷却措施将热量充分散发，否则当坯料的温度达到或超过固相线时会导致镁合金热裂。表 4-35 为典型镁合金挤压产品的挤压工艺。

表 4-34　挤压工模具的预热温度

合金牌号	模具加热温度/℃		挤压筒温度/℃	铸锭加热温度/℃
	平模	分流模		
AZ31B	360～370	370～390	360～370	290～400（1～4 区梯温加热）
AZ61A	320～340	340～360	340～350	290～370（1～4 区梯温加热）

表 4-35　典型镁合金挤压产品的挤压工艺卡片

制品名称	合金	断面积/mm^2	孔数	挤压比 λ	压余/mm	铸锭规格/mm×mm	挤压速度/$mm \cdot s^{-1}$	压出长度/m
φ15 mm 阳极棒	AZ31B	176.6	1	58.78	20	φ112×350	15～30	18.37
φ20 mm 阳极棒	AZ31B	314	1	33.06	20	φ112×350	15～30	10.33
φ20 mm×2.5 mm	AZ31B	137.4	1	75.55	20	φ112×300	20～35	20.00
φ25 mm×2.5 mm	AZ31B	176.6	1	58.78	20	φ112×350	20～35	18.37
φ19 mm×2 mm	AZ31B	106.8	1	97.2	20	φ112×300	20～35	25.76
φ20 mm×2.5 mm	AZ61A	137.36	1	75.6	20	φ112×300	10～20	18.7
φ22.2 mm×2 mm	AZ61A	126.8	1	81.9	20	φ112×300	10～20	21.7
φ25 mm×2.5 mm	AZ61A	176.6	1	58.8	20	φ112×300	10～20	15.6
φ34.9 mm×1.8 mm	AZ31B	187.1	1	55.5	20	φ112×300	20～30	14.7
φ37 mm×5 mm	AZ61A	502.4	1	20.7	20	φ112×300	10～20	5.5
φ38.1 mm×1.8 mm	AZ31B	205.2	1	50.6	20	φ112×300	20～30	50.6
φ44 mm×1.8 mm	AZ31B	238.5	1	43.5	20	φ112×300	20～30	25
φ44 mm×5.5 mm	AZ61B	664.9	1	15.6	20	φ112×300	10～20	4.1
□70 mm×25 mm×0.9 mm	AZ31B	167.4	1	62	20	φ112×300	10～20	16.4
LXMQ0001	AZ31B	481	1	21.6	20	φ112×350	10～20	6.8
LXMQ0002	AZ31B	316	1	32.9	20	φ112×350	10～20	10.3
LXMQ0003	AZ31B	290	1	35.8	20	φ112×350	10～20	11.2
LXMQ0004	AZ31B	156	2	33.3	20	φ112×350	10～20	10.4
LXMQ0005	AZ31B	552	1	18.8	20	φ112×350	10～20	5.9
LXMQ0006	AZ61B	242	1	42.9	20	φ112×300	10～20	11.4
LXMQ0007	AZ61B	787	1	13.2	20	φ112×300	10～15	3.5
LXMQ0008	AZ31B	778	1	13.3	20	φ112×350	10～20	4.2
LXMQ0009	AZ31B	242	1	42.9	20	φ112×350	25～40	13.4

注：LXMQ 为某企业型材产品的代号。

挤压过程结束后,通常先从挤压筒内取出模具,并从锭坯上剪切下后再取出锭坯余料,其余料可以循环使用。如果将锭坯新料旋转在挤压筒与锭坯余料焊合,那么也可以对镁合金进行连续挤压,但是锭坯必须预留纵向槽,以散逸新旧锭坯间卷入的气体。纵向槽可以采用铸造、机加工和挤压等方法制出。

镁合金反向挤压的温度范围为 175～370℃,这取决于合金成分和挤压速度。挤压时应保持恒定的挤压温度,以保证产品的尺寸公差。使用夹具进料时,操作速度慢,通常将棒料和模具加热到 260℃;自动进料时,操作速度较快,棒料和模具温度可降至 175℃。挤压时,模具因吸热温度会升高 30℃左右。在允许挤压件力学性能有所降低的情况下,可以稍微提高挤压温度。

反向挤压力的大小主要取决于合金成分、挤压比和挤压温度。镁合金反向挤压时所需的压力大约为铝合金的一半。在 230～400℃范围内挤压,截面积收缩率为 85%时,四种镁合金反向挤压所需压力见表 4-36。

表 4-36 不同温度下四种镁合金反向挤压所需压力

(试样的截面收缩率为 85%)

合 金	不同温度下的反向挤压压力/MPa						
	230℃	260℃	290℃	315℃	340℃	370℃	400℃
AZ31B	455	455	414	372	359	345	317
AZ61A	483	469	455	441	428	414	400
AZ80A	496	483	441	455	441	428	414
ZK80A	469	455	441	428	400	372	359

4.3.3.5 热处理与精整矫直工艺

镁合金挤压件出模口或脱模后,可进行在线淬火(强制空冷或水冷却),也可进行离线固溶处理和淬火,淬火后可获得微细均匀的显微组织,经人工时效后,力学性能可明显提高。

镁合金挤压材的状态有 T5、T6、F,T5 为在线淬火后进行人工时效的状态;T6 为固溶处理与人工时效状态;F 为原加工状态即挤压状态。对镁合金材料进行热处理是为了改善其力学性能。固溶处理可提高强度,使韧性达到最大,并改善抗振能力。固溶处理之后再进行人工时效,可使硬度与强度达到最大值,但韧性略有下降。

ZK60、WE43 和 WE54 合金的热处理状态一般为 T5 和 T6。ZK 系列镁合金挤压件经过 T5 或 T6 态热处理后,有利于提高力学性能和各向同性并获得高塑性。热处理对 WE 系镁合金挤压件的室温性能影响不大,但能提高其高温稳定性。AZ61 和 AZ80 镁合金也可以产生时效强化,经过 T5 或 T6 处理后,强度略有提高而塑性大大降低。通常,挤压态 ZK 系列镁合金的强度和塑性匹配良好,不需要通过热处理强化。

镁合金材料在热加工成形、矫直和焊接后会留有残余应力。因此,应进行消除应力退火。若将挤压镁型材与轧制硬状态板材焊在一起时,为最大限度地减小扭曲变形也必须消除应力,但最好采用 150℃/60 min,而不是在 260℃保温 15 min 的退火制度。

各种状态镁材的退火温度如下:AZ31B、AZ31C,345℃;AZ61A,345℃;AZ80A,385℃;ZK60A,290℃。保温时间为 1 h 至数小时。

挤压材消除应力处理的规范,见表 4-37。通常,若合金的铝含量大于 1.5%时,必须进行此种处理,不但可防止变形,更主要的是防止了应力腐蚀开裂。

表 4-37 挤压镁材的应力消除处理规范

合金及状态	温度/℃	时间/min	合金及状态	温度/℃	时间/min
AZ31B-F	260	15	ZC71A-T5	330	60
AZ61A-F	260	15	ZK21A-F	200	60
AZ80A-F	260	15	ZK60A-F	260	15
AZ80A-T5	200	60	ZK60A-T5	150	60

镁合金材的固溶处理及人工时效规范列于表 4-38。ZC71A 合金在固溶处理后于 65℃的热水中冷却或在其他冷却强度相当的介质中淬火。其他镁合金材料固溶处理后,可在静止空气中冷却。

表 4-38　镁加工材的固溶及时效处理规范

合金	状态	时效处理		固溶处理		时效处理	
		温度/℃	时间/h	温度/℃	时间/h	温度/℃	时间/h
ZK60A	T5	150	24	—	—	—	—
AZ80A	T5	177	16～24	—	—	—	—
ZC71A	T5	180	16	—	—	—	—
ZC71A	T6	—	—	430	4～8	180	16

应该注意，在淬火时，冷却介质不能直接接触挤压模具，避免模具开裂。

淬火后应对镁合金挤压件进行精整矫直，可以采用辊矫，压力矫和拉伸矫直。

镁合金的拉矫极为困难，辊矫效果则非常好。一般断面形状简单的型材（角材、槽材、工字材）和圆管（包括带内筋的圆管）都可采用辊矫。为增加镁合金制品的生产范围，保证制品的直线度，拉伸矫直应在加温状态下进行。挤压制品的矫直通常在 200～225℃ 进行，永久变形不得大于 3%。在矫直截面厚度小于 10 mm 的薄材料时，最好采用接触电热法加热，加热数秒至 2 min；而对截面厚度大于 10 mm 的材料宜利用挤压后的余热进行即时矫直。

4.3.3.6　镁合金挤压制品的力学性能

表 4-39 列出了镁合金挤压材的最低保证力学性能，而表 4-40 为不同状态和规格的镁合金挤压材的典型力学性能。有些镁合金，如含 5.5%～7% Al、0.15%～0.5% Mn、0.5%～1.5%Zn 合金的临界变形率为 2%～5%，其再结晶温度比其他镁合金低，因此，其挤压材在矫直后不宜进行退火。

表 4-39　镁合金挤压材的最低力学性能（保证值）

合金状态	最小尺寸或面积/cm 或 cm²	σ_b/MPa	$\sigma_{0.2}$/MPa	δ/%	$\sigma_{压}$/MPa
AZCOM-F	＜0.635 cm	234	138	7	—
	0.635～3.81	234	145	7	76
	3.81～6.35	228	145	7	76
	6.35～12.7	214	131	7	69
AZ31B-F	＜0.635 cm	241	145	7	—
	0.635～3.81	241	152	7	83
	3.81～6.35	234	152	7	83
	6.35～12.7	221	138	7	69
AZ61A-F	＜0.635 cm	262	145	8	—
	0.635～6.35	276	165	9	97
	6.35～12.7	276	152	7	97
AZ80A-F	＜0.635 cm	296	193	9	—
	0.635～3.81	296	193	8	177
	3.81～6.35	296	193	6	117
	6.35～12.7	290	186	4	117
AZ80A-T5	＜0.635 cm	324	207	4	—
	0.635～3.81	331	228	4	193
	3.81～6.35	331	228	4	186
	6.35～12.7	310	207	2	179
MIC-F	＜0.635 cm	207	—	2	—
	0.635～3.81	221	—	3	—
	3.81～6.35	221	—	2	—
	6.35～12.7	200	—	2	—
ZK40A-F	＜19.5 cm²	234	207	5	124
ZK40A-T5	＜19.5 cm²	255	234	4	138
ZK60A-F	＜12.9 cm²	296	214	5	186
	12.9～19.4	296	214	5	179
	19.5～32.3	296	214	5	172
	32.3～258	296	214	6	138
ZK60A-T5	＜12.9 cm²	310	248	4	207
	12.9～19.4	310	248	4	193
	19.5～32.3	310	248	4	172
	32.3～64.5	310	234	6	159
	64.5～161.3	310	234	6	152
	161.3～258	296	214	6	138

表 4-40　部分镁合金挤压材的典型力学性能

合金及状态	最小尺寸或面积/cm 或 cm²	σ_b/MPa	$\sigma_{0.2}$/MPa	δ/%	$\sigma_{压}$/MPa	σ_{τ}/MPa	硬度 HB
AZCOM-F	＜0.635 cm	255	186	14	97	—	49
	0.635～3.81	255	193	15	90	—	49
	3.81～6.35	255	186	14	90	—	49
	6.35～12.7	255	186	15	90	—	49
AZ31B-F	＜0.635 cm	262	193	14	103	131	49
	0.635～3.81	262	200	15	97	131	49
	3.81～6.35	262	193	14	97	131	49
	6.35～12.7	262	193	15	97	131	49

续表 4-40

合金及状态	最小尺寸或面积 /cm 或 cm^2	σ_b/MPa	$\sigma_{0.2}$/MPa	δ/%	$\sigma_压$/MPa	σ_τ/MPa	硬度 HB
AZ61A-F	<0.635 cm	317	228	17	—	159	60
	0.635~6.35	310	228	16	131	152	60
	6.35~12.7	310	214	15	145	152	60
AZ80A-F	<0.635 cm	338	248	12	—	152	82
	0.635~3.81	338	248	11	—	152	82
	3.81~6.35	338	241	11	—	152	82
	6.35~12.7	290	248	9	—	152	82
AZ80A-T5	<0.635 cm	379	262	8	234	165	82
	0.635~3.81	379	376	7	241	165	82
	3.81~6.35	365	269	6	221	165	82
	6.35~12.7	345	262	6	214	165	82
ZK60A-F	<12.9 cm^2	338	262	14	228	165	75
	12.9~19.4	338	255	14	193	165	75
	19.5~32.3	338	248	14	186	165	75
ZK60A-T5	<12.9 cm^2	365	303	11	248	179	82
	12.9~19.4	359	296	12	214	172	82
	19.5~32.3	352	290	14	207	—	82

挤压制品的力学性能不仅与合金牌号相关,还和挤压过程中采用的温度、挤压变形程度和速度有关,不同工艺条件下得到的挤压制品的力学性能在一定范围内波动。对于纯镁而言,挤压温度对力学性能不会产生太大的影响。表 4-41 和表 4-42 列出变形镁合金挤压型材的典型室温力学性能。表 4-43 为国内某厂生产的镁合金挤压产品的力学性能实测值。

表 4-41 镁合金挤压杆、棒及型材的典型室温力学性能

合 金	状 态	σ_b/MPa	$\sigma_{0.2}$/MPa	$\sigma_压$/MPa	δ/%
AZ10A	F	204~240	145~150	70~75	10
AZ31B	F	260	195~200	95~105	14~17
AZ61	F	310~315	215~230	120~145	15~17
AZ80A	F	330~340	240~250	—	9~12
	T5	345~380	260~275	215~240	6~8
ZK10A	F	293	208	—	13
ZK30A	F	309	239	213	18
ZK60A	F	330~340	250~260	160~230	9~14
	T5	360~365	295~305	215~250	11~12

表 4-42 镁合金挤压管的典型室温力学性能

合 金	状 态	σ_b/MPa	$\sigma_{0.2}$/MPa	$\sigma_压$/MPa	δ/%
AZ10A	F	230	145	70	8
AZ31B	F	250	165	85	12
AZ61	F	285	165	110	14
ZK10A	F	278	193	—	7
ZK60A	F	325	240	175	13
	T5	240	270	180	12

表 4-43 某企业生产的镁合金挤压产品力学性能实测值

批　次	合金及状态	规格/mm×mm	σ_b/MPa	$\sigma_{0.2}$/MPa	δ/%
1	管 AZ31B-H112	ϕ20×2.5	245～265	168～184	9～10.5
2	管 AZ31B-H112	ϕ25×2.5	250～272	170～186	8.2～12
3	型材 AZ31B-H112		250～272	170～186	8.2～12
4	管 AZ31B-H112	ϕ20×2.5	248～270	170～182	8.3～8.6
5	管 AZ31B-H112	ϕ37×5	275～290	172～192	7.8～8.6
6	管 AZ31B-H112	ϕ44×5.5	262～286	170～187	7.0～8.2
7	带板 AZ31B-H112	30×80	270～292	200～226	8.1～11

4.3.3.7 镁合金挤压制品的技术要求与质量控制

A 对镁合金挤压制品的技术要求

GB/T5156—2003（对应于美国 ASTM B107-2003）、YS/T×××—2004（对应于美国 ASTM B10-2003）、GB/T5155—2004（对应于美国 ASTM B10-2000）中分别规定了镁合金热挤压型材、热挤压管材和热挤压棒材的合金牌号、化学成分、供货状态、尺寸及允许偏差、形位精度、力学性能、内部组织、表面质量以及检测方法等，对产品提出了严格的技术要求和质量标准。

B 镁合金挤压制品的质量控制

为了获得高质量的符合技术标准要求的合格镁合金挤压产品，除了建立科学的质量体系（如 ISO9002 等）外，还需配置先进齐全的设备，设计制造优质的工模具，建立先进的合金体系和状态体系，优化熔铸、挤压和热处理、精整矫直工艺，开发新产品、新技术、新工艺，不断提高产品质量。近年来镁合金挤压制品的品种和质量有了大幅提高，但仍不能满足日益增长的需求。目前镁合金挤压材存在的主要质量问题及缺陷有：裂口、表面污染、夹渣、皱纹、扭曲、腐蚀斑点、晶粒粗大、性能不合格等。

4.3.3.8 镁合金挤压生产中的安全问题

镁材挤压生产过程中，除应注意镁及镁合金生产时的一般安全事项外，需特别指出的是，锯切的锭坯应及时清除其上的一切毛刺，因毛刺最易引起燃烧，锯切时也有着火爆炸的危险，切屑粒子小于约 80 μm 时是很危险的。积存的切屑应当班及时清除。可参阅第 11 章有关章节。

4.3.3.9 镁合金先进挤压成形技术

A 等通道挤压

等通道挤压是一种很有效的晶粒细化方法。等通道挤压可使 AZ31 镁合金获得平均晶粒尺寸为 5 μm 的细晶组织，而对 ZK60 镁合金进行等通道挤压后，平均晶粒尺寸可达到 1.0～1.4 μm，等通道挤压与适当的退火工艺相结合，可以大大提高变形镁合金的力学性能。ZK31 镁合金经四道等通道挤压和 300℃ 退火后，其拉伸性能优于 6061 锻造态铝合金。AZ91 镁合金在等通道挤压后可达到约 1 μm 的微小晶粒，并在 165℃ 和 200℃ 的温度表现出伸长率为 661% 的超塑性。

单步等通道挤压是镁合金向冲头方向的右角挤压，右角与冲头方向成 30°、60°和 90°角。四步等通道挤压可使冲头方向与被挤压镁合金材料的方向一致，材料与冲头的方向成 45°、－45°、－45°、45°角。四步等通道挤压的产品及模具如图 4-42 所示。

B 半固态挤压法

半固态挤压工艺和普通热挤压工艺基本相同，将加热到半固态温度的坯料（通过控制温度来保持其固相体积分数，并保持一定的形状，避免自重造成的形状破坏）被放到挤压模腔体内，施加压力，将坯料挤压成各种产品，见图 4-43。由于材料在半固态状态变形，坯料变形抗力很小，所需挤压力仅为普通热挤压的 20%～25%，这样可以在较大范围内调节挤压比，提高产品的密度。

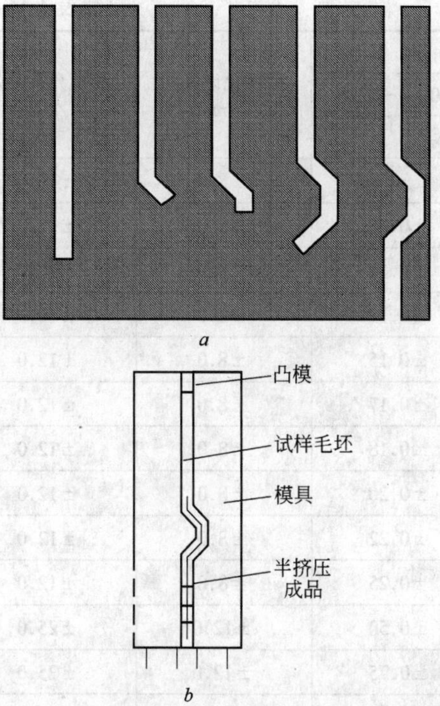

图 4-42　四步等通道挤压的产品及模具示意图
a—产品；*b*—模具

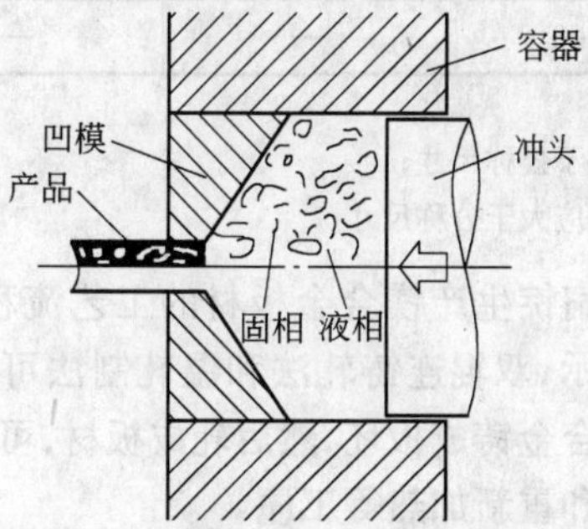

图 4-43　半固态镁合金触变挤压成形工艺

近年来对粉末坯料挤压技术和喷射沉积成形坯料挤压技术也进行了深入的研究，并已研发出各种合金的高质量镁合金管、棒、型材产品。

4.4　镁及镁合金轧制技术

4.4.1　概述

常用的镁合金塑性较差，不像铝合金及铜合金那样的面心立方晶格结构的金属，能以很高的道次变形率（50%～60%）进行加工。但是，含 Li 量大于 10% 的镁合金的晶体结构为体心立方晶格，既有良好的冷、热加工性能，又具有超塑性。

在高温变形过程中，由于温度的升高，增加了原子振动的振幅，使原子密度最大和次大面的差别减小。所以，在较高温度下，除了基面和角锥面的滑移外，双晶机构即二级第一类角锥体平行面 $(10\bar{1}2)$ 也起了很大作用，参见图 4-44。同时由于恢复，再结晶而造成的软化，使镁及镁合金同其他金属一样，具有较高的塑性。若热轧终了温度不低于 370℃ 时，M2M、AZ40M、AZ41M、ME20M 合金的热轧总加工率可达 95% 以上。

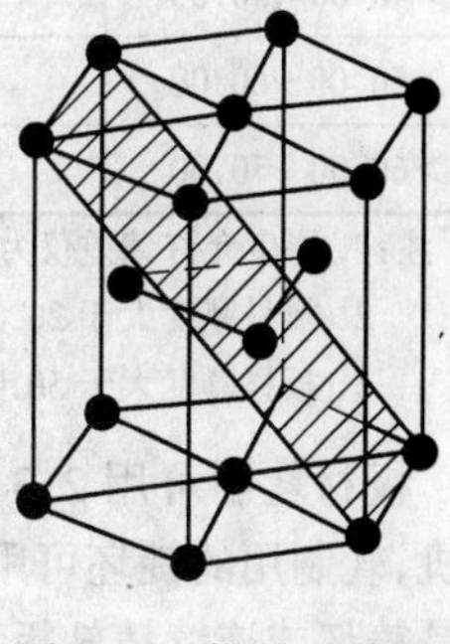

图 4-44　镁的双晶面

镁合金冷轧困难，一般道次变形率只有 10%～15%，变形率再高会发生严重的裂边，甚至无法轧制，生产镁合金板材时，通常要进行 1 次或多次反复加热的多道次热轧，一般厚板可以在热轧机上直接生产，而薄板一般采用冷轧和温轧两种方式生产。一般镁合金厚板厚度范围为 11.0～70 mm，薄板厚度为 0.8～10 mm。板、带材的厚度、宽度和长度的尺寸及允许偏差应按 GB/T5154—2003 标准执行，参见表 4-44。

表 4-44　板、带材的厚度、宽度和长度的尺寸及允许偏差（GB/T5154—2003）

厚度/mm	宽度/mm			宽度允许偏差/mm	长度允许偏差/mm
	≤800	>800.0～1000.0	>1000.0～1200.0		
	厚度允许偏差/mm				
0.20	±0.02	—	—	±0.1	—
0.50～0.80	±0.04	±0.05	—	±8.0	±12.0

续表 4-44

厚度/mm	宽度/mm			宽度允许偏差/mm	长度允许偏差/mm
	≤800	>800.0~1000.0	>1000.0~1200.0		
	厚度允许偏差/mm				
>0.80~1.00	±0.06	±0.06	—	±8.0	±12.0
>1.00~1.20	±0.07	±0.07	±0.08	±8.0	±12.0
>1.20~2.00	±0.09	±0.09	±0.10	±8.0	±12.0
>2.00~3.00	±0.11	±0.11	±0.12	±8.0	±12.0
>3.00~4.00	±0.12	±0.12	±0.15	±8.0	±12.0
>4.00~5.00	±0.15	±0.15	±0.17	±8.0	±12.0
>5.00~6.00	±0.17	±0.17	±0.18	±8.0	±12.0
>6.00~8.00	±0.20	±0.20	±0.20	±8.0	±12.0
>8.00~10.00	±0.22	±0.22	±0.22	±8.0	±12.0
>10.00~12.00	±0.25	±0.25	±0.25	±8.0	±12.0
>12.00~20.00	±0.50	±0.50	±0.50	±12.0	±25.0
>20.00~26.00	±0.75	±0.75	±0.75	±12.0	±25.0
>26.00~40.00	±1.00	±1.00	±1.00	—	±25.0
>40.00~50.00	±1.50	±1.50	±1.50	—	±25.0
>50.00~60.00	±1.50	±1.50	±1.50	—	—
>60.00~70.00	±2.00	±2.00	±2.00	—	—

注：1. 厚度允许偏差仅为"+"或"-"时，其值为上表中的二倍；

2. 板材厚度大于 26.00~70.00 mm，不切边供货，但有效宽度应大于公称尺寸；

3. 板材厚度大于 50.00~70.00 mm，不切头切尾供货，但有效长度应大于公称尺寸。

板材轧制可用 2、3、4 辊轧机，通常用 2 辊轧机，轧制用的锭坯可用挤压坯或锻压坯，也可以是铸坯或连续铸轧板坯。铸坯可用厚壁铸铁模铸造，浸入法铸造，也可用半连续铸造或连续铸造。锭坯在轧制前须铣面，以除掉表面缺陷。

新开发的"双辊连铸，温间轧制"的宽幅镁合金板制造技术，是直接采用双辊轧制法将熔融的各种镁合金铸成宽幅板，然后用连续轧制法制造塑性加工性良好的薄板，可用于制造深拉伸制品，该技术生产效率高，使产品成本大幅下降。

一般来说，易塑性变形的镁-锰（Mn<2.5%）合金和镁-锌-锆合金可直接用铸锭轧制；难塑性变形的合金，如含 5.5%~7.0% Al、0.15%~0.5% Mn、0.5%~1.5% Zn 的镁-铝-锌合金，则宜用挤压坯轧制。

用扁锭生产镁合金板材的工艺流程，如图 4-45 所示，双辊连铸轧法和温轧制法可直接将熔融镁合金铸成板坯，然后轧成板材，可省去铸锭加工和重新加热等工序。

4.4.2 镁及镁合金厚板生产

4.4.2.1 铸锭（扁锭）准备

A 扁锭的铸造

镁合金轧制扁锭可用厚达 60 mm 的铁模铸造，也可以采用半连续铸造或连续铸造。采用连续铸造时，铸造井内设有同步锯，将铸出的锭锯成所需长度的坯料。通常镁合金锭的尺寸为：厚 127~305 mm，宽 406~1041 mm，长 914~2032 mm。宽度与厚度之比最好为 4∶1。铸锭应具有细密的组织，内部不得有气孔、缩孔、裂纹与非金属杂质等铸造缺陷。

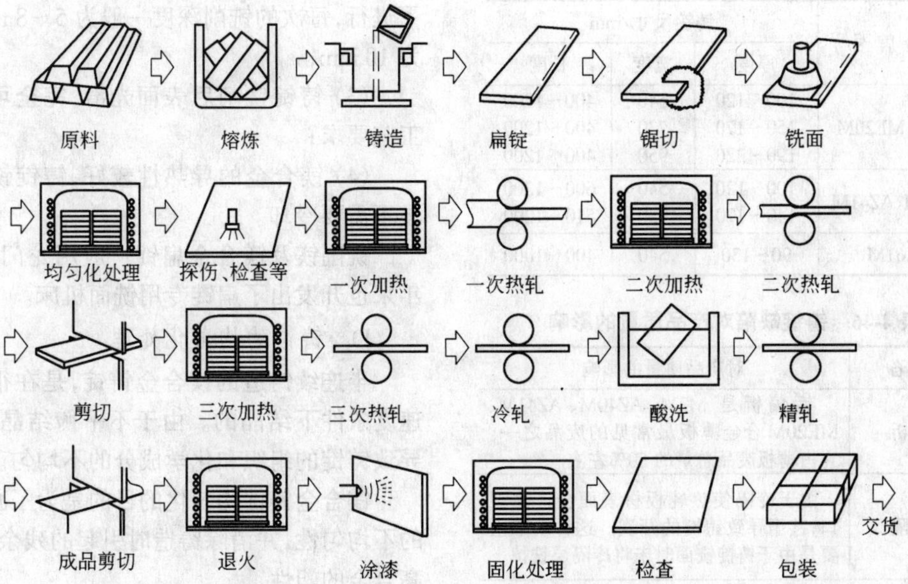

图 4-45　镁合金板材生产工艺流程

铸锭质量主要决定于冷却速度、结晶的方向性、熔体补给情况、凝固压力、铸造温度等。各种铸造方法的优缺点如下所述。

(1) 厚壁铸铁模和水冷模铸造:

主要优点是:设备简单,易维护,投资省,但存在诸多的缺点。

主要缺点是:凝固速度缓慢,晶粒粗大;铸锭力学性能差,且分布不均,不同截面上的性能有较大差异;铸锭的塑性比其他铸造方法低;区域偏析较大,尤其在锭的上部收缩区和轴心疏松部分更为严重;通常会混入大量的夹杂物与熔剂;生产效率低,劳动强度大;不能铸造大锭;占用场地大。

(2) 浸入法铸造:

浸入法是将铁模浸入水内的一种铸造方法。此法有诸多优点,但也有不少缺点。

主要优点是:锭中的夹杂物及熔剂很少或没有;不存在成分上的区域偏析;铸锭的力学性能好;铸锭中不存在裂纹;安全可靠,铸造时熔体不会氧化与着火。

(3) 半连续铸造:

半连续铸造是目前铸造轧制扁锭的主要方法,具有许多优点:锭的结晶组织致密,不存在气孔与疏松;锭的性能均匀一致;可实现机械化与自动化;生产效率高,劳动强度小。

但铸锭中心可能混入熔剂与氧化膜夹杂;同时还会产生引起裂纹的内应力;必须防止熔体氧化与着火。

B　铸锭的选择与质量要求

目前由于镁及镁合金板材普遍采用的是块式生产法。因此,对于铸锭的选择主要是根据轧机的能力和产品的尺寸,同时还要考虑具有高的成品率和生产效率。但对于热轧 12 mm 以下的板坯,在不采用冷却和润滑的条件下,选择大尺寸的铸锭往往受到轧辊辊型变化的限制。

铸锭的轧制方向,取决于轧机的尺寸和产品的规格。对于晶粒较为粗大的铸锭,最好采用顺向轧制工艺(平行于铸造方向的轧制)。镁及镁合金产品质量的高低,在很大程度上取决于铸锭的质量。

常用的镁合金铸锭规格列于表 4-45。

镁合金铸锭的缺陷主要有:锰偏析、冷隔、氧化夹杂及熔剂夹渣、铸锭裂纹和晶粒粗大等。这些缺陷是由于合金本性和不合理的熔铸工艺等因素造成的。它们对产品质量的影响见表 4-46。

表 4-45 镁合金铸锭规格

合金牌号	铸锭尺寸/mm		
	厚度	宽度	长度
M2M、ME20M	100～120 150～170 190～220	540 730 950	400～1200 400～1200 400～1200
AZ40M、AZ41M	100～120 140～170	540 730	600～1200 510～1200
ZK61M	90～130	540	400～1000

表 4-46 铸锭缺陷对产品质量的影响

缺 陷	对产品质量的影响
锰偏析	锰偏析是 M2M、AZ40M、AZ41M、ME20M 合金薄板最常见的废品之一。它占薄板废品总量的 50%左右
冷 隔	由于冷隔使热轧板材表面会产生裂口，甚至导致铸锭的开裂。这种缺陷主要是由于铸锭铣面时未将冷隔层铣掉
氧化夹杂和熔剂夹渣	这种缺陷往往在板材很薄的情况下才会暴露，它会降低产品的力学性能和抗蚀性能
铸锭裂纹	铸锭表面存在裂纹会导致热轧时轧件的开裂
铸锭晶粒粗大	晶粒粗大的铸锭，在热轧时会产生严重的裂边和表面裂纹，降低成品率

C 铸锭的铣面

半连续铸造的镁及镁合金铸锭表面冷隔严重，同时还存在偏析浮出物和氧化夹杂等缺陷，其深度一般都在 15～20 mm 左右，个别深度可达 30 mm。

在热轧过程中冷隔不仅不能焊合，而且还能导致铸锭的开裂和破碎，严重污染轧辊，影响产品的表面质量。因此，镁合金铸锭在热轧前必须铣面。每面的铣削量视铸锭冷隔深度而定。在目前的铸造工艺条件下，每面铣削量一般为 18～20 mm，AZ40M、AZ41M、Mg99.00 等合金扁锭要铣小面呈钝角状。如果采用挤压坯则不需铣面。

镁及镁合金的切削性能很好，可以在各种机床上进行机械加工。镁合金铸锭铣面与其他有色合金比较有如下特点：

(1) 镁合金铣削时刀具的使用寿命长。如用硬质合金做铣刀时，它的使用寿命可达 2000 h 以上；

(2) 镁合金铸锭铣削时可以在较高的速度下进行，每次的铣削深度一般为 5～8 mm，最大为 10 mm；

(3) 铸锭铣削后表面光滑，完全可以满足工艺要求；

(4) 镁合金的导热性较好，铸锭铣削时刀具不需要冷却。

铣削镁及镁合金扁锭一般用龙门铣床，近年来也开发出了扁锭专用铣面机床。

D 铸锭的均匀化处理

半连续铸造的镁合金铸锭，是在很高冷却速度条件下结晶的。由于不平衡结晶的结果，导致铸锭的组织和化学成分的不均匀。

镁合金铸锭均匀化的目的是为了减小上述的不均匀性，并消除铸造时引起的残余应力，提高合金的塑性。

实践证明，均匀化后的 AZ40M、AZ41M 和 ZK61M 合金铸锭，可提高其轧制性能和力学性能。

M2M、ME20M 合金塑性很好，可不进行均匀化。

常用镁合金铸锭的均匀化制度如表 4-47 所示。

表 4-47 镁合金铸锭均匀化制度

合金牌号	铸锭尺寸 /mm × mm	金属温度 /℃	保温时间 /h	冷却条件
AZ40M	165 × 730	420 ± 10	14～24	空气
AZ41M	165 × 730	410 ± 10	14～24	空气
ZK61M	120 × 540	370 ± 10	8～12	空气

用于镁合金铸锭均匀化的炉子，一般都采用卧式空气循环电炉。

E 铸锭热轧加热

可采用电阻炉、燃气炉等加热锭坯，应保证气体循环速度，循环速度最好能达到 40 次/min 或更快些，炉内温度偏差以不大于 ±6℃ 为宜。应严格控制炉内温度与锭坯温度，最稳妥的办法是采用三种监控方式：

(1) 用热电偶探测炉内热空气温度。该系统由一个热电偶和一个记录控制器组成。它可以控制加热源释放的热量，使炉气达到与保持在预定的温度范围内；

(2) 用热电偶监测锭坯温度。该监测系统由一个热电偶与一个温度显示装置组成，并与报警装置、信号装置或定时装置相连。可指示锭坯的实际温度，能及时防止输入过多的热量，对预防锭坯过热甚至过烧极为有利；

(3) 安全系统，由位于加热顶部的热电偶和可以关闭的控制器组成。安装了该系统，一旦炉内温度或锭坯温度超过设定值，系统就可以及时切断热源，可防止锭坯严重过热与过烧现象。再次启动加热炉时，应复位此控制器。

在轧制镁板时，如采用生产铝板带的设备，应注意炉内不得有铝、锌、镉、铅等金属，以免它们与镁合金锭坯接触形成低熔点共晶体，引发过烧甚至造成安全事故。在专用炉内加热锭坯一般不会发生此类现象。铸锭在炉内排列整齐，以免妨碍空气流通和影响加热均匀性。

在较低温度下加热锭坯，可不采用保护气体；如果温度在410℃以上，还是加保护气体为好。保护气体有 SF_6、SO_2 或 CO_2；也可以使用惰性气体，不过成本较高。SO_2 的浓度大于0.5%即有很好的保护作用；CO_2 的浓度达3%就可防止强烈的氧化。不过采用 SO_2 作为保护气体会产生少量的硫酸，对加热炉系统有腐蚀作用，应加强维护、清洗控制器，及时更换不能继续使用的零部件。

变形镁合金锭坯的加热制度如表4-48所示。

表4-48　镁合金铸锭加热制度

合金牌号	锭坯尺寸/mm×mm×mm	金属出炉温度/℃	加热时间/h
M2M、ME20M	(140～170)×730×(400～1200)	480～510	6～8
	(32～85)×730×(400～1200)	450～490	3～5
	(12～30)×730×(400～1200)	440～480	2～4
AZ40M、AZ41M	(140～170)×730×(400～1200)	470～510	6～12
	(32～85)×730×(400～1200)	440～490	3～5
	(12～30)×730×(400～1200)	440～480	2～4
ZK61M	(90～130)×540×(400～1000)	380～400	4～6

镁及镁合金加热的主要特点是易燃。所以锭坯在加热前应除掉毛刺和飞边。当在空气循环电炉内加热时应避开风口区。

镁合金燃烧的标志是炉温急速上升，从炉内射出耀眼的光芒，冒出白烟。镁合金锭坯在炉内燃烧时，可速将燃烧着的锭坯拉出炉外，用灭火剂扑灭。关于防火安全知识可参阅本书第11章。

镁及镁合金铸锭的加热炉，最好选用带有空气循环的电阻链式加热炉，常用炉子的主要技术性能见表4-49。

表4-49　双膛链式空气循环电炉主要技术性能

参数名称	数　值
电炉总功率/kW	1350
前区总功率/kW	876
前区一组加热器功率/kW	87.6
后区总功率/kW	474
后区一组加热器功率/kW	79
鼓风机风量/$m^3\cdot h^{-1}$	55.000
鼓风机电机功率/kW	4×28 = 112
炉膛空气流速/$m\cdot s^{-1}$	14
炉膛线路电压/V	380
单个炉膛尺寸(宽×高×长)/mm×mm×mm	2040×447×21460

4.4.2.2　镁及镁合金厚板的热轧工艺

A　热轧工艺流程

镁合金板材的热轧多采用二辊轧机，也可以采用四辊轧机。1.0 mm厚的AZ31合金板材的轧制工艺如图4-46所示。

120 mm —热粗轧（加热温度:470℃）→ 10 mm —热中轧（加热温度:440℃）→

2.5 mm —精轧（加热温度:室温～300℃）→ 1 mm

图4-46　生产1.0 mm的AZ31合金板的工艺流程

美国某公司生产1.6 mm AZ31合金板的生产工艺：将305 mm厚的扁锭热粗轧到4.6 mm，采用4辊热轧机，轧制23道次，平均道次压下率10%～20%。其间轧件温度降到340℃以下时，需重新加热，加热温度350～440℃，共加热3次。

B　热轧的温度－速度规范

热轧温度应保证合金有最大的塑性，热轧

终了温度不应使带板发生碎裂。

镁合金的热轧温度范围主要取决于合金的性质。热轧温度范围确定的依据是合金相图和塑性图。同时要考虑轧机的能力和热轧终了温度对性能的影响。常用变形镁合金的热轧温度范围见表 4-50，表 4-51 列出了俄罗斯某厂生产镁合金厚板的热轧温度规范。

表 4-50　镁合金的热轧温度范围

合金牌号	热轧温度范围/℃	最佳温度范围/℃
MB1	360～510	480～510
MB8	370～510	480～510
MB2、MB3	360～510	470～510
MB15	340～400	380～390

表 4-51　俄罗斯某厂生产镁合金板的热轧温度规范

坯料		加热制度		轧制温度		轧辊温度/℃
合金	厚度/mm	温度/℃	时间①/h	开始/℃	终了/℃	
MA1	≥15	450±10	4～5	450	300	250
	14～5	400±10	2～3	400	300	
	4～1.0	350±10	1.5～2.5	350	250	
MA3	≥15	380±10	6～8	380	250	250
	14～5	320±10	3～4	320	250	
	4～1.0	300±10	1.5～2.5	300	250	
MA8	≥15	450±10	5～6	450	300	250
	14～5	400±10	3～4	400	300	
	4～1.0	350±10	1.5～2.5	350	250	

① 在循环空气加热炉内在指定温度下的保温时间。

热轧时，一般用猪油、石蜡或含石墨的四氯化碳溶液作润滑剂。镁及镁合金板材的轧制变形率和轧制速度见表 4-52。

表 4-52　镁合金板材冷轧及热轧的变形率与轧制速度(俄罗斯)

合金	热轧			冷轧		
	两次退火间的总变形率/%	道次变形率/%	轧制速度/$m \cdot s^{-1}$	两次退火间的总变形率/%	道次变形率/%	轧制速度/$m \cdot s^{-1}$
MA1	40～50	15～20	1～1.5	10～15	0.5～5.0	0.5
MA2、MA3	10～15	5～8	0.5～1.0	10～15	0.5～5.0	0.5
MA8	30～40	15～20	1～1.5	10～15	0.5～5.0	0.5

C　压下量分配原则及轧制系统

镁合金道次压下量分配主要根据各种合金的加热温度范围和在此温度范围内的性质(强度、塑性)、轧机最大安全负荷(机械、电器)、轧辊直径大小及产品的最终性能等因素来确定。

(1) 在不出现裂纹的条件下，轧制温度和轧制速度对镁合金每道次最大允许压下量的影响见图 4-47 及图 4-48，图中虚线表示每道压缩 70%时没有出现裂纹时的情况。MB1 合金在 482℃，轧制速度为 0.05 m/s、1.27 m/s、4.1 m/s 时，其不出现裂纹时的一次允许最大加工率分别为 43%、70%、74%；在 370℃时，加工率对应为 28%、50%、60%。MB2 合金在 482℃，轧制速度为 0.05 m/s、1.27 m/s、4.1 m/s 时，其不出现裂纹时一道次允许最大加工率均为 40%左右；370℃时，分别对应为 33%、37%、39%。由此可见，轧制温度和轧制速度愈高，每道次允许的加工率也愈大。在制定压下制度时，应该考虑加热温度，并综合考虑压下量和轧制速度对塑性及金属变形抗力的影响。如果温度、压下量和轧制速度选择得当，轧制时，镁合金具有很好的工艺性能。

(2) 镁合金变形时的热效应比较大。头两道轧制时，铸锭温度很高，当道次加工率过大时,变形的热效应很可能会使合金超出热轧温度范围,而恶化轧制性能。因此,镁合金铸锭热轧头两道次的加工率一般控制在10%以下,轧制速度不超过0.5 m/s。

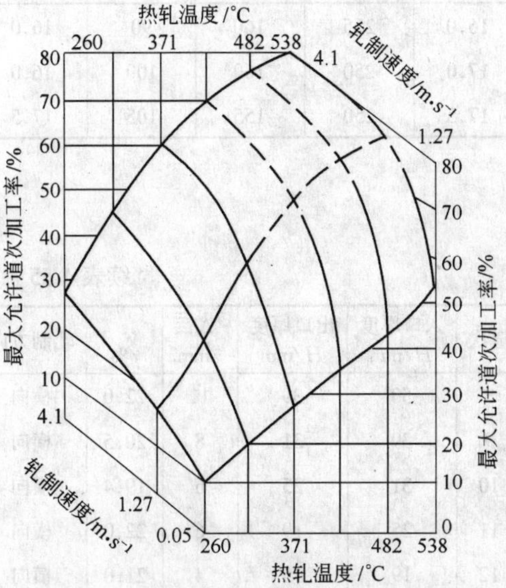

图 4-47 MB1 合金轧制温度和速度对每道次最大加工率的影响

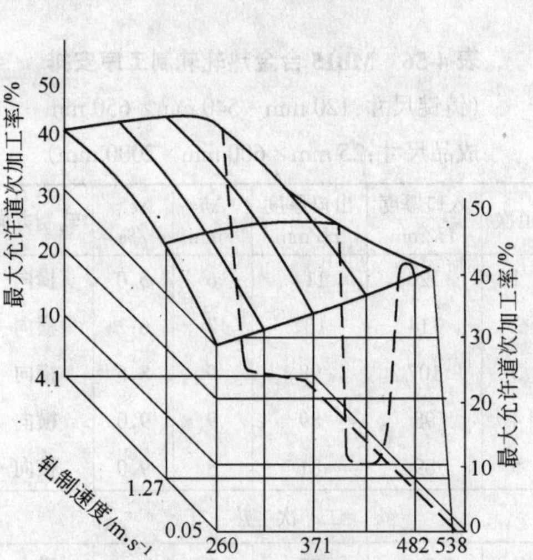

图 4-48 MB2 合金轧制温度和速度对每道次最大加工率的影响

(3) 随着铸锭组织的改善(头两道次过后),在设备负荷允许的条件下,应尽可能的加大道次压下量,充分利用金属的高温塑性,减少道次。同时,还可以防止锭坯表面降温和过大的表面变形,从而提高轧制性能和产品的力学性能。特别是MB8合金粗晶铸锭生产厚板时,尽量加大道次压下量尤为重要,否则由于加工率不够,变形不能深入,使不均匀变形程度增加,往往会在板材中心部形成片状粗晶组织,如图4-49及图4-50所示,使性能降低。

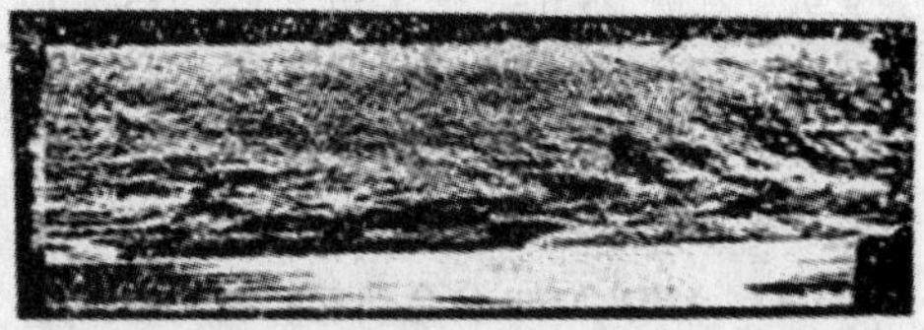

图 4-49 MB8 合金板材的片层状粗晶组织

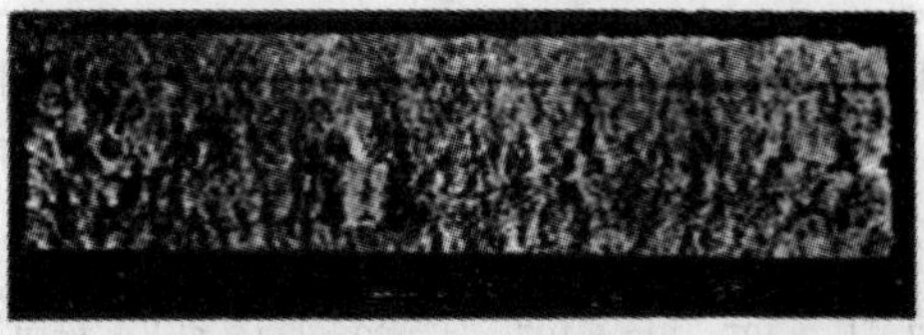

图 4-50 MB8 合金厚板的片层状粗晶组织

(4) 热轧的最后几道,随着带板的减薄和温度的降低,道次压下量应逐渐减小。但为了保证中板和薄板坯的终了温度,最后几道次的轧制速度应尽量提高。一般控制在1~2.5 m/s范围内。

(5) 最后一道次的加工率对镁合金厚板质量有较大影响。对MB8合金厚板性能的影响见表4-53。常用变形镁合金的轧制工序安排见表4-54~表4-55。

D 热轧板材的组织与性能

铸锭组织和轧制方向对产品性能是有较大的影响。因此,铸锭晶粒的粗细和均匀程度是生产优质板材的前提,而轧制工艺是改变其最终性能和组织的重要因素。

镁合金铸锭晶粒度分细、中、粗三种类型。特别是MB8合金铸造时晶粒度最不易控制。铸锭晶粒尺寸小的为1 mm,大的为35~40 mm,有时甚至更大。这种异常粗大的铸造组织,不仅容易导致厚板形成粗大的片层粗晶组织,降低产品的常温性能,而且还能显著降低轧制性能,有的甚至使热轧难于进行。

表 4-53　加工率对 MB8 合金厚板性能的影响

压下量		力学性能							
绝对压下量 /mm	相对压下量 /%	横向				纵向			
		σ_b/MPa	$\sigma_{0.2}$/MPa	$\sigma_{-0.2}$/MPa	δ_5/%	σ_b/MPa	$\sigma_{0.2}$/MPa	$\sigma_{-0.2}$/MPa	δ_5/%
5.3	15.5	255	160	90	16.0	255	160	90	16.0
8.1	21.3	255	160	90	17.0	250	160	100	16.0
9.9	25.0	250	155	95	17.5	250	155	105	17.5

注：1. 产品厚度为 29 mm；
　2. 终轧温度为 380℃；
　3. $\sigma_{-0.2}$表示压缩屈服强度。

表 4-54　MB1、MB8 合金热轧轧制工序安排

（铸锭尺寸：165 mm×730 mm×1050 mm
成品尺寸：10 mm×1000 mm×2000 mm）

道次	入口厚度 H/mm	出口厚度 H/mm	Δh /mm	ε /%	轧制方向
1	165	146	19	11.5	横向
2	146	127	19	13.0	横向
3	127	107	20	15.6	横向
4	107	88	19	17.7	横向
5	88	72	16	18.2	横向
6	72	59	13	18.0	横向
7	59	47	12	20.4	横向
8	47	37	10	21.25	横向
9	37	29	8	21.6	横向
10	29	22	7	24.1	横向
11	22	17	5	22.7	横向
12	17	13	4	23.5	横向
13	13	10	3	23.0	横向

表 4-55　MB2、MB3 合金热轧轧制工序安排

（铸锭尺寸：165 mm×730 mm×1050 mm
成品尺寸：10 mm×1000 mm×2000 mm）

道次	入口厚度 H/mm	出口厚度 H/mm	Δh /mm	ε /%	轧制方向
1	165	148	17	10.3	横向
2	148	131	17	11.5	横向
3	131	113	18	13.6	横向
4	113	95	18	16.0	横向
5	95	78	17	17.9	横向
6	78	63	15	19.2	横向
7	63	50	13	20.6	横向

续表 4-55

道次	入口厚度 H/mm	出口厚度 H/mm	Δh /mm	ε /%	轧制方向
8	50	39	11	22.0	横向
9	39	31	8	20.5	横向
10	31	25	6	19.4	横向
11	25	19	6	22.0	横向
12	19	15	4	21.0	横向
13	15	12	3	20.0	横向
14	12	10	2	16.6	横向

表 4-56　MB15 合金热轧轧制工序安排

（铸锭尺寸：120 mm×540 mm×650 mm
成品尺寸：25 mm×600 mm×2000 mm）

道次	入口厚度 H/mm	出口厚度 H/mm	Δh /mm	ε /%	轧制方向
1	120	114	6	5.0	横向
2	114	107	7	6.2	横向
3	107	98	9	8.5	横向
4	98	89	9	9.0	横向
5	89	81	8	9.0	横向
二次热轧					
1	81	72	9	11.1	横向
2	72	62	10	13.8	横向
3	62	53	9	14.5	横向
4	53	45	8	16.7	横向
5	45	37	8	17.8	横向
6	37	30	7	18.9	横向
7	30	25	5	16.6	横向

为了消除片层状晶粒改善板材的内部组织,提高产品的常温性能,采取加大道次压下量,控制终轧温度是一项比较可靠的措施。

对 MB8 合金铸锭而言,在一定的道次加工率、轧制速度和终轧温度条件下,晶粒度对产品常温性能的影响,主要反映在伸长率上。粗晶与细晶铸锭比较,粗晶的伸长率较低,而屈服强度和压缩强度较高,对抗拉强度无明显影响,见表 4-57。

表 4-57 热轧次数、晶粒组织、轧制方向对 MB8 合金厚板性能影响

热轧次数	铸锭晶粒组织	轧制方向	终轧温度/℃	力学性能							
				横向				纵向			
				σ_b /MPa	$\sigma_{0.2}$ /MPa	$\sigma_{-0.2}$ /MPa	δ_5 /%	σ_b /MPa	$\sigma_{0.2}$ /MPa	$\sigma_{-0.2}$ /MPa	δ_5 /%
一次	细晶	横向	380	255	155	85.0	17.0	250	160	85	18.0
一次	粗晶	横向	380	250	155	92.5	9.0	245	150	92.5	8.0
一次	粗晶	顺向	380	250	155	100	9.0	260	180	100	12.0
一次	粗晶	顺向	420	245	137.5	77.5	14.0	247.5	137.5	80	16.5
二次	粗晶	横向	380	250	165	95.0	9.0	255	170	98	9.0
二次	粗晶	顺向	380	250	155	95.0	10.25	242.5	160	95	12.0

如上表所示,为了提高产品的伸长率,粗晶铸锭采用二次热轧或一次顺向轧制和控制较高的终轧温度是行之有效的。

MB2、MB3 合金也有晶粒大小之分,但不像 MB8 合金那么明显。因 MB2、MB3 合金铸锭晶粒的大小除显著降低轧制性能外,对产品的常温力学性能没有明显影响。

镁及镁合金在轧制过程中,晶粒会发生择优取向,晶格基面(0001)与板材的平面平行,而基面(11$\bar{2}$0)的三个对角线之一则位于轧制方向。因而板材横向强度高于纵向强度,而伸长率则相反,如表 4-58 所示,这种情况与铝合金板材相反。

镁合金板材的力学性能有明显的各向异性。如果热轧或冷轧时不总是沿着一个方向(恒向)轧制,而是每轧一道次转动90°再轧制(变向),则材料的各向异性会大大减小,见表 4-59。

表 4-58 用挤压坯料热轧的 MA3 合金板材的力学性能与热变形率的关系

力学性能	试样方向	坯料	热变形率/%			
			37	44	67	80
屈服强度 $\sigma_{0.2}$ /MPa	纵向	185	235	256	276	298
	横向	—	—	—	—	—
抗拉强度 σ_b /MPa	纵向	178	115	102	173	200
	横向	300	310	322	344	350
伸长率 δ_5 /%	纵向	28.0	28.8	24.0	25.8	27.0
	横向	15.4	9.3	11.0	9.9	9.0
断面收缩率 /%	纵向	8.8	10.2	10.9	5.6	4.2
	横向	20.6	9.5	11.7	10.5	5.0
冲击韧性 /$kJ \cdot m^{-2}$	纵向	120	86	95	61	20
	横向	10.1	7.6	7.4	7.5	8.1

表 4-59 MA1 及 MA3 板材恒向轧制及变向轧制后的力学性能

合金	材料状态	试样取向	变向轧制			恒向轧制		
			$\sigma_{0.2}$/MPa	σ_b/MPa	δ_5/%	$\sigma_{0.2}$/MPa	σ_b/MPa	δ_5/%
MA1	退火前	纵向	155	240	9.0	135	230	11.5
		横向	165	255	13.0	180	265	15.0
	退火后	纵向	130	225	16.0	125	215	13.0
		横向	135	220	15.5	175	250	16.5

续表 4-59

合金	材料状态	试样取向	变向轧制			恒向轧制		
			$\sigma_{0.2}$/MPa	σ_b/MPa	δ_5/%	$\sigma_{0.2}$/MPa	σ_b/MPa	δ_5/%
MA3	退火前	纵向	220	300	11.0	—	—	—
		横向	240	320	15.0	—	—	—
	退火后	纵向	155	260	21.0	200	260	22.0
		横向	170	275	19.0	220	270	26.5

E 终轧温度对产品组织和性能的影响

镁及镁合金中板和厚板的组织和性能主要取决于热轧的终了温度。随着终轧温度的提高,除伸长率升高外,抗拉强度、屈服强度和压缩屈服强度普遍下降,如图 4-51 所示。板材的再结晶程度也随着终轧温度的提高而增高。MB8 合金厚板终轧温度为 360℃时,板材的内部组织基本上处于恢复状态,存在明显的加工织构。终轧温度为 450℃时,板材内部组织为完全再结晶状态。因此,为稳定中板和厚板的力学性能,必须严格控制终轧温度。表 4-60 规定了镁合金板材热轧时的终轧温度,通常根据材料要求的组织状态和开轧温度不同,终轧温度可在表中范围内调整。

表 4-60 镁合金板材热轧的终轧温度

合金牌号	成品厚度/mm	终轧温度/℃
M2M、ME20M	22~40	380~410
	12~20	380~440
	6.0~11	370~400
AZ40M、AZ41M	22~40	360~370
	12~20	380~440
	6.0~11	370~400
ZK61M	22~40	350~380

注:用 ME20M 合金粗晶铸锭生产厚板时,终轧温度应取上限。

实践中,在生产厚板时,热轧终轧前的一道次温度,一般都在 420~450℃。为了使压缩屈服强度稳定在 80~90 MPa,必须使板材的温度降至规定的终轧温度时,才能进行最后一道次的轧制。

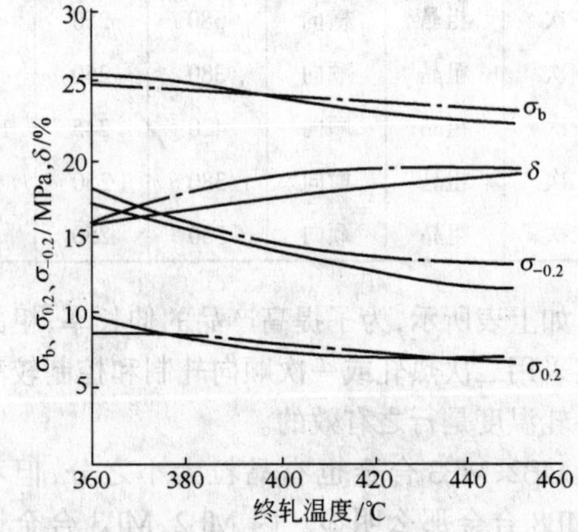

图 4-51 终轧温度对 MB8 合金厚板性能的影响
——横向;—·—纵向

镁合金中板一般不要求压缩性能,终轧温度符合表 4-60 规定,均能满足其他性能要求。终轧温度过低将导致伸长率的降低,如终轧温度高于 450℃时,板材的抗拉强度和屈服强度往往不能满足要求。

F 热轧厚板的主要缺陷及防止措施

镁合金板材在热轧中常见缺陷及消除方法见表 4-61。

表 4-61 镁合金热轧中常见缺陷及消除方法

缺陷种类	产生原因	消除方法
铸锭开裂	铸锭质量不好,冷隔没铣掉; 铸锭加热温度过高或过低; 道次压下量过大	提高铸锭质量,消除冷隔; 正确执行铸锭加热制度,防止过烧或温度不够; 合理分配道次压下量

续表 4-61

缺陷种类	产生原因	消除方法
表面裂纹及裂边	铸锭晶粒粗大； 铸锭加热时间短、热轧温度过低或压下量过大； 轧辊温度过低； 润滑不当，轧辊温度或板坯温度降低	改进铸造工艺，细化晶粒； 延长加热时间； 正确执行轧辊预热制度，保证轧辊温度符合要求； 适当润滑，润滑量不宜过大
力学性能不合格	热轧温度过高或过低； 道次压下量分配不合理； 热轧终了温度过高或过低	严格控制热轧温度范围； 合理分配道次压下量
金属压入	裂边掉下的金属屑落到板坯上或导卫夹持过紧带下来的脆屑落在板坯上； 轧辊黏附的金属脱落在板坯上； 热轧前铸锭表面黏附金属屑	装炉前对铸锭表面和板坯端部进行清理； 轧辊黏附有金属时要及时清辊； 导卫操作要适当
波　浪	轧辊辊形控制不当； 压下量分配不合理	冷却或加热轧辊，调整好辊形； 调整压下量
镰刀形	辊缝没调整好； 送料不正； 板片波浪太大	调整好辊缝，正确送料； 调整压下量
尺寸超差	压下量调整与压下指针指示不正确； 轧辊辊形控制不好	开车前调整压下与压下指针数； 预热好轧辊，控制好辊形及适当调整压下量

4.4.3 镁合金薄板生产

4.4.3.1 薄板生产方法

为了减少薄板轧制道次，缩短生产周期，希望轧制薄板的板坯厚度尽量小些。但由于设备和工艺条件的限制，板带热轧到一定厚度时就不能再继续轧制，这种厚度一般为 8～10 mm。

目前，镁及镁合金薄板生产是采用块式生产法。MB1、MB8 合金薄板生产方案列于表 4-62。

现行的 MB1、MB8 合金薄板生产是采用第一方案。第二方案采取两次粗轧，取消中轧工序，与第一方案比较有如下特点：生产率高、节约电能；产品表面质量好；增大板坯酸洗的面积，从而使金属损耗和酸耗增大。

镁及镁合金薄板的生产，如能解决工艺润滑和辊型控制的问题，采用带式生产法是可能的。

表 4-62 MB1、MB8 合金薄板生产方案

第一方案	第二方案
1. 板坯加热；	1. 板坯加热；
2. 粗轧，由 10 mm 轧到 5.5 mm；	2. 粗轧，由 10 mm 轧到 5.5 mm；
3. 板坯酸洗；	3. 板坯加热；
4. 板坯加热；	4. 二次粗轧，由 5.5 mm 轧到 3.0 mm；
5. 中轧，由 5.3 mm 轧到 2.6 mm；	5. 中断剪切；
6. 中断剪切；	6. 板坯酸洗；
7. 板坯加热；	7. 板坯加热；
8. 精轧，由 2.6 mm 轧到 1.3 mm	8. 精轧，由 2.7 mm 轧到 1.3 mm

4.4.3.2 板坯的准备及其加热

一般情况下，板坯的加热温度比铸锭的加热温度低 30～60℃。主要原因在于：随着板坯变薄，轧制性能愈来愈好；由于板坯薄，加热过程容易；防止局部过热而引起燃烧；随着加热温度的提高，金属损耗增大。

粗轧前板坯的加热温度应取合金轧制温度范围的上限。金属出炉温度要严格控制。因为粗轧时板坯降温很快，开轧温度过低，能显著降低轧制性能。

中轧和精轧时，板坯加热的主要目的是金属的恢复、再结晶以提高金属的塑性。

板坯的加热时间主要取决于加热温度板坯的厚度、装炉量的多少及所采用加热炉的形式。

板坯的加热时间对产品的力学性能稍有影响，当加热时间从 4 h 延长至 24 h，σ_b 会下降 15～20 MPa，δ 会上升 2%左右。虽然，板坯加热温度较低，但长时间加热氧化也较严重。MB8 合金在 450℃下加热 5 h，氧化层可达 0.5 mm。因此，板坯长时间加热不仅增加金属损耗，浪费电能，而且还能导致金属的晶粒长大，降低性能。

常用镁合金板坯的加热制度见表 4-63 和表 4-64。

表 4-63　粗轧前板坯的加热制度

（板坯成垛在箱式炉内加热）

合金牌号	板坯规格/mm	金属加热温度/℃	加热时间/h
M2M、ME20M	9.5～12.0	440～460	3.5～4.0
	6.0～9.4	440～460	3.0～3.5
AZ40M、AZ41M	9.5～12.0	430～450	3.5～4.0
	6.0～9.4	430～450	3.0～3.5

表 4-64　中轧、精轧前板坯的加热制度

（板坯成垛在箱式炉内加热）

合金牌号	板坯规格/mm	金属加热温度/℃	加热时间/h
M2M、ME20M	3.0～6.0	400～450	2.0～2.5
	1.2～2.9	400～450	1.5～2.0
AZ40M、AZ41M	3.0～6.0	400～440	2.0～2.5
	1.2～2.9	400～440	1.5～2.0

注：厚板坯加热温度和加热时间应取上限。

镁和镁合金板坯加热炉有以下两种：

（1）箱式电阻空气循环加热炉。目前镁合金板坯加热常采用这种炉子，其特点如下：炉子的热效率较高，结构简单；板坯成垛在炉内加热，加热时间长；不能保证连续生产，效率较低；操作不方便，装、出炉劳动强度大。

（2）链条或运输带式空气循环电阻加热炉。链条或运输带式空气循环电阻加热炉有如下特点：热损失较大，结构较复杂；能保证快速加热，加热时间短；可连续生产，生产效率较高；操作方便，减轻劳动强度。

4.4.3.3　粗轧

镁及镁合金的粗轧基本属于热轧，压下量比较大，见表 4-65。

表 4-65　镁合金粗轧的总加工率

合金牌号	总加工率（不超过）/%	道次加工率（不超过）/%	
		第一道	第四道
M2M、ME20M	50	20	10
AZ40M、AZ41M	35	15	5

基于粗轧时板坯薄，散热快的特点，在道次压下量分配时应遵循以下几点：

（1）开轧的头两道次应最大限度利用轧机能力和金属的高温塑性，以最大压下量进行轧制，减少道次。随着轧制温度的降低，道次加工率应逐渐减小，如图 4-52、图 4-53 所示。

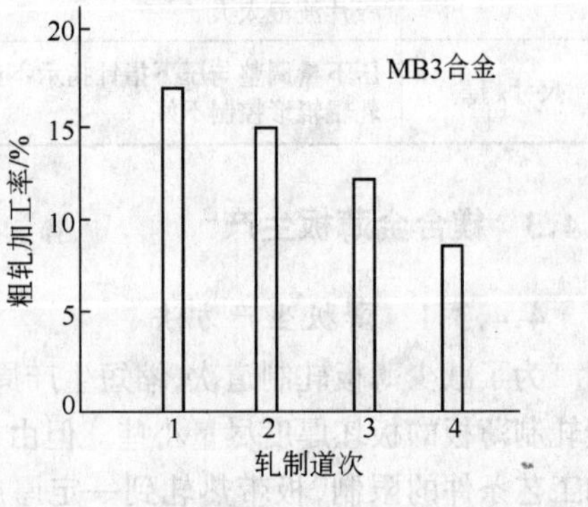

图 4-52　MB3 合金粗轧加工率与道次的关系

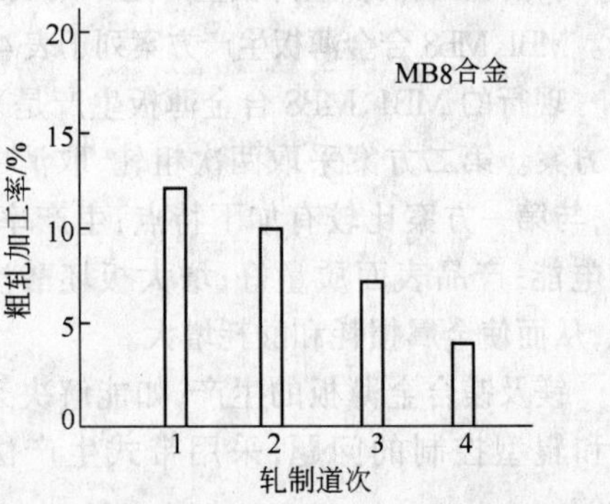

图 4-53　MB8 合金粗轧加工率与道次的关系

（2）粗轧时，操作要快，轧制时间尽量缩短，终轧温度不宜低于 350℃。

（3）粗轧时轧辊的预热温度一定要保证工艺要求。

常用镁合金粗轧的轧制制度见表 4-66。

表 4-66　镁合金粗轧轧制制度

合金牌号	粗轧前厚度/mm	粗轧后厚度/mm	轧制道次	轧制制度/mm
M2M、ME20M	10	5.5	4	10—8.3—7.0—6.0—5.5
AZ40M、AZ41M	10	7.0	4	10—9.0—8.1—7.4—7.0
AZ40M、AZ41M	7.0	5.0	4	7.0—6.2—5.6—5.2—5.0

镁合金粗轧时，压下量比较大，在干轧的情况下，轧辊温度上升较快，粘辊很严重。实际生产中，粗轧板坯的终了厚度一般为 5～6 mm，特殊情况下可为 3 mm。

4.4.3.4　中轧和精轧

在镁及镁合金的中轧和精轧过程中，随着轧制道次增加板坯的温度逐渐降低。除前几道次外，金属的变形基本上属于不完全冷变形，即随着加工率的增大，金属的抗拉强度、屈服强度升高，而伸长率降低。因此，轧件可以得到冷轧制品相似的性能。

镁及镁合金的中轧和精轧并没有严格的界限。凡属半成品轧制统称为中轧；成品轧制则称为精轧。

中轧和精轧的总加工率取决于合金的性质、轧辊的温度和轧制时的工艺条件。在合适的辊温和较高轧制速度的条件下，镁合金有较好的轧制性能。生产中，往往是轧辊温度愈高，允许的加工率也愈大。

中轧和精轧的道次加工率取决于轧辊温度，轧制速度和润滑条件。在干轧的情况下，道次加工率的分配原则是，多道次，小压下量。轧制道次一般为 20～40 道，最多可达 50～60 道。道次加工率应随着板坯温度的降低而逐渐减少，一般都控制在 5% 以下，最大不超过 10%。允许的总加工率依合金不同可控制在 70% 以下，见表 4-67。

表 4-67　中轧和精轧的总加工率及道次加工率

合金牌号	允许的总加工率/%	道次加工率/%	轧制道次
M2M、ME20M	60～70	5	不限
AZ40M、AZ41M	30～40	5	不限

实践中，板坯愈薄其轧制性能愈好。M2M、ME20M 合金小于 1.4 mm 的板坯，在合适辊温条件下，即使板坯不加热，轧制也是很顺利的。

一般镁合金精轧后的异向性都比较显著，M2M 合金尤甚，即使经高温加热或再结晶退火也难消除，参见表 4-68。但 AZ40M、AZ41M、ME20M 合金经过再结晶退火或中间加热后，其异向性是可以消除和减小的。因此，对于 AZ40M、AZ41M 和 ME20M 合金，生产中均不用换向轧制。

表 4-68　M2M、ME20M 合金板材的各向异性

合金牌号	加工形式	力学性能					
		横向			纵向		
		σ_b/MPa	$\sigma_{0.2}$/MPa	δ_{10}/%	σ_b/MPa	$\sigma_{0.2}$/MPa	δ_{10}/%
M2M	加工率 45%，350℃退火	260	155	14.0	220	110	12.0
ME20M	加工率 45%，350℃退火	260	155	20.0	250	150	17.0

镁及镁合金薄板生产，轧辊的温度是最重要的工艺条件，是生产优质板材的关键。

镁合金在干轧的情况下，影响轧辊温度变化的因素有：轧制速度，道次压下量，板坯的温度和板坯厚度等。但最主要的因素是轧制速度和道次压下量。一般情况下，轧制速度愈高轧辊温度上升愈快。当轧制速度一定时，压下量是主要因素。轧辊的温度与压下量是相互影响的：轧辊温度愈高，允许的道次压下量愈大；压下量愈大，轧辊温度上升愈快。

实践中，镁合金中轧和精轧时，轧辊的温度维持在 200～250℃ 最佳。轧辊温度过低，不仅会显著降低合金的轧制性能，而且还会严重影响产品的表面质量；轧辊温度过高，精轧成品是不合适的，同时也给生产带来很多困难。

(1) 轧辊温度超过 250℃，金属的变形将过渡到不完全热变形，从而导致产品的组织不均和力学性能的降低；

(2) 随着轧辊温度的升高，粘辊现象愈来愈严重，易造成缠辊事故；

(3) 由于粘辊，不仅降低了产品的表面质量，而且也增加了机械清理的麻烦；

(4) 随着轧辊温度的增高，沿辊身长度的温差随之增大，从而使轧辊产生较大的凸度，保证不了板材的平直度。

生产中为了避免辊温急剧升高，可以采取如下措施：

(1) 降低开轧温度或在金属出炉后不立即轧制，待降至一定温度时再进行轧制(指中轧与精轧)。

(2) 降低轧制速度或减少道次压下量。

(3) 生产中可以用风冷却轧辊或施以适量的工艺润滑。应避免使用冷却剂冷却轧辊，否则，不仅会降低轧辊的使用寿命，而且能导致辊型的急剧变化，给轧制过程造成困难。

镁及镁合金在一定变形范围内，随着精轧加工率的提高，再结晶退火后产品的力学性能普遍有所改善。MB8 合金总加工率在 40% 以下时，产品的抗拉强度、屈服强度和伸长率都比较低，并且很不稳定。当总加工率超过 50% 以后，产品的抗拉强度，屈服强度和伸长率普遍提高，并趋于稳定。但随着加工率的提高，纵横向性能差别增大，如图 4-54 所示。

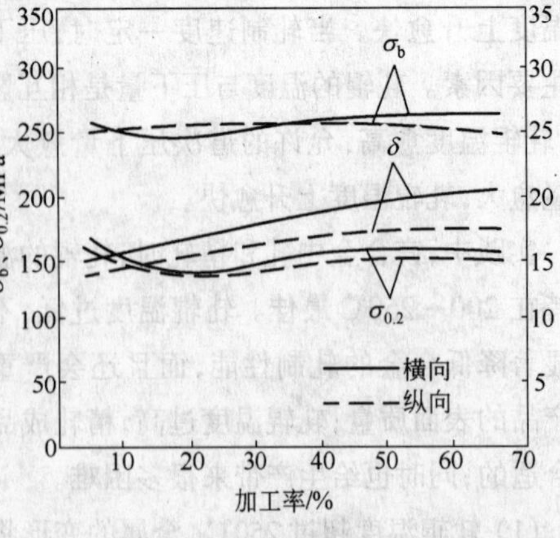

图 4-54　不同精轧加工率对 MB8 合金性能的影响(350℃退火)

MB8 合金不同加工率的产品，经 350℃退火，通过显微组织观察，发现总加工率在 30% 以下时晶粒比较粗大。加工率为 15% 时晶粒最大，而后随着加工率的提高，晶粒愈来愈细，组织也愈趋于均匀。

实践中，MB1、MB8 合金成品轧制时总加工率控制在 50%～55%。MB2、MB3 合金控制在 30%～35%。总加工率控制的过低会降低产品的常温力学性能和生产效率。加工率过大往往会导致板材的表面裂纹和表面质量的降低。

4.4.3.5　叠轧

镁及镁合金叠轧只适用于表面要求不高，厚度为 0.5～0.8 mm 且用于制造电池的板材。其工艺要求如下：

(1) 叠轧板坯的加热制度和压下制度以及其他工艺要求均按精轧制度进行(见本节中轧和精轧)；

(2) 叠轧板坯要求厚度均匀、平整；

(3) 叠轧板坯的厚度应控制在 1.5 mm 以下；

(4) 叠轧板坯不宜过宽过长；

(5) 叠轧板片数量不宜超过两张，板坯厚度差不应大于 0.02 mm；

(6) 叠轧时板坯的宽度，长度要对齐，防止错动。

4.4.3.6　典型轧制工艺举例

美国某公司 1.6 mm AZ31 合金板的生产工艺是：将 305 mm 厚的扁锭粗轧到 4.6 mm，采用 4 辊热轧机，轧制 23 道次，平均道次压下率为 10%～20%，其间轧件温度降到 340℃以下时需重新加热，加热温度为 350～440℃，共加热 3 次。表 4-69 为镁及镁合金板材的典型轧制规范。

4.4.3.7　镁及镁合金薄板常见的缺陷及消除方法

镁及镁合金薄板常见缺陷产生的原因及消除方法见表 4-70。

表 4-69 镁合金板的典型轧制规范(美国某厂)

合金	工序	开轧温度/℃	两次加热间总压下率/%	道次压下率/%
AZ31	热粗轧(轧至 6.4 mm) 热中轧 热精轧	425~450 350~440 <250	90~95 25~50 15~25	10~20 5~20 5
M1	热粗轧(轧至 6.4 mm) 热中轧 热精轧	450~500 350~450 室温	40~60	10~30 10~40 5
HK31	热粗轧(轧至 6.4 mm) 热中轧 热精轧	480 480 150~250		5~7
HM21	热粗轧(轧至 6.4 mm) 热中轧 热精轧	480~500 375~425 室温	30~40 26	3~10 3~5

表 4-70 镁及镁合金薄板常见缺陷的产生原因及消除办法

缺陷种类	产生原因	消除办法
表面裂纹	1. 道次压下量过大; 2. 粗轧时终轧温度过低,总加工率过大; 3. 轧辊温度过低; 4. 润滑不均或量过大	1. 合理分配道次压下量; 2. 粗轧时提高板坯温度,操作要快; 3. 严格遵守轧制制度; 4. 提高轧辊温度; 5. 适当润滑(均匀适量)
裂 边	1. 轧辊两端有油或水; 2. 轧辊温度过高,凸度过大; 3. 轧辊温度太低; 4. 板坯晶粒粗大; 5. 总加工率过大	1. 及时擦净辊面的油或水; 2. 及时调整轧辊的辊型; 3. 提高轧辊温度; 4. 铸造时应采取细化晶粒措施; 5. 严格执行工艺制度
压 折	1. 轧辊温度过低,辊型不当; 2. 压下量过大; 3. 喂料不正	1. 提高轧辊温度,调整轧辊辊型; 2. 合理分配道次压下量; 3. 正确喂料
凹陷或压坑	1. 轧制过程中板材的飞边或毛刺落入板片上,轧制后剥落造成; 2. 轧辊温度过低,总加工率超过一定限度,板片头尾碎裂落在板片上造成压坑; 3. 总加工率过大,造成头尾碎裂; 4. 非金属压入,在酸洗后造成压坑	1. 加强清理、检查; 2. 适当提高轧辊温度,轧制中加强修理; 3. 减少总加工率; 4. 及时清理非金属压入
性能不合格	1. 成品轧制的总加工率控制过小; 2. 退火温度过高或过低; 3. 轧辊温度过高	1. 严格控制成品轧制的总加工率; 2. 严格执行退火制度; 3. 轧辊温度控制适当
麻 面	1. 轧辊温度太高,粘辊严重; 2. 压下量过大造成粘辊	1. 降低轧辊温度,及时清辊; 2. 减少道次压下量

注:镁及镁合金薄板常见的缺陷还有:厚度超差、金属压入、波浪、镰刀形等,其产生原因及消除办法详见表 4-61。

4.4.4 轧辊的预热、冷却、润滑及轧辊辊型控制

4.4.4.1 轧制前轧辊的预热

对镁合金塑性图和变形抗力图的分析表明,变形终了温度低于 250℃时,镁合金具有很大的强化作用,较高的变形抗力和较低的塑性。镁及镁合金的热容量小,对温度特别敏感。生产中如轧辊不预热,将影响轧件的轧制性能。

实践证明,即使轧辊表面温度达到要求,但由于轧辊预热时间短,内部温度较低,轧制过程中,轧辊还要吸收大量热,从而降低了轧件的轧制性能。因此,轧辊预热是一项非常必要的工作。

A 对轧辊预热的要求

(1) 轧辊预热速度便于调整;

(2) 轧辊内外温度一致；

(3) 便于控制轧辊的辊型。

B　正确选择轧辊预热的方法

(1) 蒸气预热：温升速度慢，温度受一定限制。但能保证辊身温度分布均匀。它主要适用于轧温要求较低的情况。

(2) 煤气预热：温升快，轧辊预热温度高，灵活性大，结构简单。但轧辊的使用寿命比较低。

(3) 感应加热：升温快，但结构复杂。

目前，镁合金板材生产普遍采用煤气预热轧辊，为延长轧辊寿命和内外温度均匀，最好在辊内通蒸汽，轧辊表面用煤气火焰预热。对新轧辊或轧机停歇超过一昼夜者，开始预热速度要慢，两小时后逐渐增大预热速度。由于沿轧辊长度上散热条件不同，生产中往往是轧辊两端的火焰要比中间大，以保证辊型适应生产要求。

轧辊预热温度根据工艺要求而定。热轧和粗轧时，轧辊预热温度要高，借以减少轧制时的温降，保证大压下量的实施。

中轧和精轧时，轧辊预热温度应严格控制。轧制厚度较大的板坯，轧辊预热温度应取下限；轧制较薄的板坯，轧辊预热温度应取上限。实践中，在轧制厚度小于1.4 mm的板坯时，为维持轧辊温度，可以在轧制过程中，继续加热轧辊。

镁合金轧辊预热制度列于表4-71及表4-72。

表 4-71　轧辊预热温度

合金牌号	轧辊预热温度/℃		
	热轧	粗轧	中轧和精轧
M2M、ME20M	100～150	120～150	120～150
AZ40M、AZ41M、ZK61M	130～170	130～170	150～170

表 4-72　轧辊预热时间

(轧辊直径为750 mm)

轧机停歇时间/h	≥36或新辊	>24	≤24	≤8
轧辊预热时间/h	7～8	5～6	3～5	2～3

4.4.4.2　镁及镁合金轧制时的冷却与润滑

由于镁及镁合金的变形特征，在轧制过程中如遇急冷将急剧降低合金的轧制性能，板材愈薄愈敏感。因此，镁及镁合金轧制时通常不采用冷却润滑。为了减少轧制时轧辊的粘附，往往用金属自身的氧化膜做润滑。即金属采用高温长时间加热使锭坯表面形成具有一定厚度均匀的氧化膜层。但这仍然不能解决粘辊和清辊问题。

工艺润滑是解决粘辊的有效办法。为不降低合金的轧制性能，润滑剂的温度超过100℃为佳。然而，一般的油质润滑剂其高温稳定性都很差，起不到润滑作用。因此，寻求镁合金轧制的润滑剂是我们当前的任务。对润滑剂的要求如下：

(1) 降低外摩擦效果显著，不影响轧制时金属的咬入，既防止粘辊又不降低合金的轧制性能；

(2) 润滑膜能牢固附着在被轧制金属的表面；

(3) 能均匀地涂抹或均匀地分布在变形金属的表面上；

(4) 应具有高温稳定性；

(5) 不污染和腐蚀金属表面，轧制后很容易从金属表面除掉，退火时不在金属表面沉积；

(6) 资源丰富，经济耐用，使用方便。

表4-73推荐了镁合金轧制时几种润滑剂，供参考选用。

表 4-73　镁及镁合金轧制时的润滑剂

润滑剂种类	使用方法	优缺点
石墨 石墨加水 石墨加乳液 胶体石墨加水	涂抹或喷雾	1. 润滑效果良好，可以防止粘辊； 2. 使用量过大会严重影响轧制时金属的咬入； 3. 对板材表面污染严重，不易从板材表面清除，以致影响到下一工序，如污染槽液和氧化上色难以进行
乳液	喷射	1. 可以控制辊型； 2. 有一定的润滑效果； 3. 温度超过80℃乳液分解，润滑效果降低，温度低能显著降低合金的轧制性能，同时也缩短轧辊的使用寿命； 4. 不适用于薄板

续表 4-73

润滑剂种类	使用方法	优缺点
火油或火油加机油	涂抹或喷雾	1. 对防止粘辊有一定作用,效果不显著; 2. 用量过大会使粘在轧辊表面上的氧化皮堆积造成氧化皮压入; 3. 适用于薄板生产
25%聚乙二醇加5%烷基磷酸盐水溶液或50%聚乙二醇水溶液	涂抹、喷雾或液流喷射	1. 润滑效果好,可防止粘辊,适用于厚板生产; 2. 对下一道工序——酸洗和氧化上色质量没有影响; 3. 薄板轧制时用量不宜过大,否则将降低辊温; 4. 资源较缺、价格昂贵
5%肥皂水溶液	喷雾或喷射	1. 喷雾润滑效果较小,使用量过大,使咬入困难; 2. 适用于厚板生产; 3. 资源丰富,价格低廉
30%～50%聚乙二醇水溶液(溶液温度100℃)	喷雾或喷射	1. 厚板应用喷射的方法,但量不宜过大,否则易使辊温降低; 2. 薄板适用喷雾的方法,量不宜过大; 3. 润滑效果较好,不影响酸洗和上色

4.4.4.3 轧辊辊型控制

由于镁及镁合金轧制时,大多不采用冷却与润滑。因此,轧制过程轧辊的辊型变化很大。

镁及镁合金轧制时,由于轧辊的预热,轧制时锭坯与轧辊的热交换及产生的变形热,使轧辊温度逐渐升高;轧辊中部与金属接触,且较轧辊两端散热慢。所以,轧辊中部的温度比两端要高得多,这样便沿辊身长度上产生较大的凸度。轧制时因轧制力的作用而产生的挠度,往往抵消不了因热膨胀而产生的凸度。为了补偿轧辊在轧制过程的热膨胀,实践中,通常将轧辊磨成带有一定的凹度或圆柱型。

镁及镁合金轧制时,影响辊型变化的因素很复杂。它不仅与轧辊的材质,尺寸、状态有关,而且还与轧辊的预热温度、锭坯的温度、锭坯的尺寸和受热条件有关,在设计轧辊辊型时,可用理论公式计算。但工厂通常是按具体的设备和工艺条件,根据经验来确定轧辊的辊型。

表 4-74 列出了轧辊直径为 750 mm 的锻钢轧辊(9Cr2MoV)的辊型。

表 4-74 镁合金轧制时轧辊的辊型

工序名称		热轧	粗轧	中轧	精轧
生产条件及辊型	断续生产	凹 0.25～0.30 mm	圆柱形	圆柱形	圆柱形①
	连续生产	—	凹 0.05～0.10 mm	凹 0.05～0.10 mm	圆柱形

① 板材厚度小于 1 mm 以下轧辊应该采用圆柱形或凸形轧辊,否则会影响同板差。

镁及镁合金轧制时,根据被轧制的板形来调整轧辊辊型的办法有:

(1) 采用分段预热轧辊。煤气管路沿辊身长度可分成数段,根据需要来调整煤气火焰的大小。轧制过程中:如中间出现波浪,可将轧辊两端的煤气火焰加大;边部出现波浪,可将中间部位的煤气火焰加大。

(2) 调整轧制速度和压下量。如中间出现波浪时,在设备负荷允许的条件下,可稍加大压下量;当出现边部波浪时,可适当减小压下量或提高轧制速度。

(3) 安排生产时,应先轧宽板,后轧窄板。在热轧时应先轧薄板,后轧厚板。

(4) 薄板轧制时,轧辊因温度的升高而产生较大的凸度时,可采用风冷轧辊或施以适量的润滑剂。

4.4.5 镁及镁合金板材的热处理、精整、矫直与包装

4.4.5.1 热处理

镁合金板材在轧制以后一般要进行退火热处理。镁合金在退火过程中所发生的变化主要是加工组织的再结晶过程。镁合金完全再结晶主要取决于温度,要获得最高的常温力学性能,其退火温度应选择在靠近完全再结晶温度范围内。退火温度过高易使晶粒长大,导致性能降低。除压下量外,热轧和精轧的终了温度也影响镁合金的开始再结晶温度。终轧温度越高,

开始再结晶温度也越高。镁及镁合金板材通常采用箱式空气循环电阻炉退火。表 4-75 为 ME20M 合金再结晶退火后的平均晶粒度，表 4-76 和表 4-77 为变形镁合金板材的退火制度。

表 4-75 MB8 合金再结晶退火后平均晶粒度

粗轧加工率/%	35.2	62.6
平均晶粒度/mm	0.87	0.69

表 4-76 部分镁合金板材的退火规范

合金牌号	厚度/mm	温度/℃	保温时间/h	冷却方式
M2M	15～10 8～5	380～400 360～380	5～6 4～5	空气中 空气中
M2M	4～2 1～0.5	350～360 340～350	3～4 2～3	空气中 空气中
AZ40M、AZ41M	15～10 8～5 4～2 1～0.5	320～350 300～320 280～300 280～300	4～5 3～4 2.5～5 2.5～3	空气中 空气中 空气中 空气中
ME20M	15～10 8～5 4～2 1～0.5	280～320 280～300 280～300 280～300	2～3 2～3 1.5～2 1.5～2	空气中 空气中 空气中 空气中

表 4-77 镁合金板材成品退火制度

合金牌号	状 态	规格/mm	处理温度/℃	保温时间/min	金属出炉温度/℃	冷却介质
M2M ME20M	O O O	7.0～10.0 2.0～6.0 0.5～1.9	330±5 320±5 340±5	30 30 30	340 340 360	空气
AZ40M AZ41M	O O O	7.0～10.0 2.0～6.0 0.5～1.9	320±5 310±5 320±5	30 30 30	340 330 340	
ME20M	H24	0.8～5.0	280±5	30	300	

注：当金属温度达到“处理温度”后，开始计保持时间。

4.4.5.2 板材的剪切

镁及镁合金在常温下剪切时，其切入比例仅有 10%～15%，其余部分全以 45°角撕裂方式断裂，而在高温下镁及镁合金有较好的剪切性能，切口也比较平整，切入比例大大增加，见表 4-78。剪切温度为 150℃时，其切口也以 45°角断裂。

镁及镁合金如果重新加热进行剪切时，最好加热到 200℃以上。如果利用热轧后恢复，再结晶软化或退火板材的余热剪切时，可参照表 4-79 进行。

表 4-78 MB3 合金高温下的切入比例

剪切温度/℃	300	250	180
切入比例/%	60	50	40

表 4-79 镁合金中厚板材的剪切温度

板材厚度/mm	20～40	10～19	6～9
剪切温度(不低于)/℃	200	180	150

随着板材厚度的变薄，剪切性能愈来愈好。因此，镁及镁合金薄板剪切均在常温下进行。剪切镁及镁合金时，其剪刀间隙控制如表 4-80 所示。

表 4-80 镁合金剪切时的剪刀间隙

板材厚度/mm	1.5～5.0	6.0～12.0	13.0～19.0	20.0～40.0
剪刀间隙/mm	0.1～0.2	0.2～0.4	0.4～0.7	0.7～1.0

4.4.5.3 矫直

镁合金冷作硬化的敏感性很大，矫顽力很高，低温下很难矫平。因此厚板在较高温度下矫直。由于镁合金滑移系少，一般采用辊式矫直而不是拉伸矫直的方法，也可将薄板置于两块钢板之间，对加热到一定温度的镁板施加 0.45 MPa 的压力进行矫直。加热与施压是同时进行的，施压时间约为 30 min。在合适的矫直温度下可以反复矫直，矫直次数对产品力学性能无明显影响。镁合金薄板矫直有两种方式：将板材退火后冷却至室温，进行冷矫的方式；将板材加热到200～300℃或利用退火后板材的余热进行的热矫的方式。

镁合金中、厚板材的矫直温度与剪切温度相同，见表4-81。在此温度下可以反复矫直。

表4-81　镁合金中、厚板材在七辊矫直机上的矫直制度

板材厚度/mm	入口间隙/mm	出口间隙/mm	矫直温度/℃
20～40	−1～−2	0～+2	≥200
10～19	−2～−3	0～+2	≥180
6～9	−3～−4	0～+2	≥150

镁合金薄板矫直多在室温下进行，这种方法的优点是：

(1) 板材温矫虽然易于矫平，但板材冷却至室温，往往会产生恢复现象，板材重新出现波浪。板材在室温下冷矫时，虽比较困难，但矫平的板材不再产生挠曲变形。

(2) 板材温矫时，粘辊较严重，矫直辊易污染，清辊次数频繁，影响产品质量。板材在室温下矫直时无上述问题。

(3) 板材温矫时，需专用设备对板材进行加热或保温。

(4) 板材在室温下矫直时，可以反复进行。反复矫直次数不宜过多，否则，不仅会降低板材的力学性能，而且还会增大板材的各向异性。

镁合金薄板矫直制度列于表4-82。

表4-82　镁合金薄板矫直制度

板材厚度/mm	十七辊矫直机		二十九辊矫直机	
	入口间隙/mm	出口间隙/mm	入口间隙/mm	出口间隙/mm
0.7～1.25	−6～−7	+1.5～+2.5	−2.0～−2.5	+1～+1.5
1.26～1.40	−5～−6	+2～+3	−1.3～−2.0	+1.8～+2.5
1.41～1.50	−4～−5	+2.5～+3	0～+1.2	+2.5～+3.0
1.51～2.50	−3～−4	+2.5～+3.5	—	—
2.60～3.50	−2～−3	+3～+4	—	—
3.50～4.50	0～−1	+4.5～+5.0	—	—
4.60～5.50	+1～0	+5.5～+6.0	—	—

镁及镁合金中厚板一般用七辊矫直机，而薄板一般用十七辊和二十九辊矫直机矫直。镁合金板材用辊式矫直设备的结构和技术性能基本上与铝合金的相同。

4.4.5.4　板材的精整和涂油包装

A　表面清洗

板材轧制与退火后要进行酸洗，除去油污与氧化层，其工艺过程是：

(1) 在NaOH等碱性溶液中蚀洗，除去油脂及污物(可不采用此项)；

(2) 冷水洗净；

(3) 在醋酸(CH_3COOH)或硝酸钠($NaNO_3$)水溶液中浸洗，除去表面氧化层及污物、杂质等；

(4) 冷水洗后再用热水洗(成品酸洗后可不采用热水洗工序)；

(5) 板材表面修理；

(6) 干燥。

B　涂油

为防止板材在长距离运输和贮存过程中受腐蚀，要求所有镁及镁合金板材在氧化上色后48 h内进行涂油包装。

镁及镁合金板材涂油用的油有：炮油、凡士林油、20号机械油和防锈油等。可根据运输和贮存的期限及产品规格选用。目前，镁及镁合金板材涂油普遍采用炮油或炮油与20号机械油的混合油，见表4-83。

表4-83　镁及镁合金板材包装用油

板材规格	油的种类	油的使用温度/℃
薄板、中板	100%炮油；运输或贮存不超过一周者，可采用50%炮油+50%20号机械油	90～100
厚板	50%炮油+50%20号机械油	60～90

板材涂油可在涂油机上进行，也可用浸蘸或毛刷的方法进行，要求油层均匀(油层厚度不低于0.3 mm)。防腐油不允许呈酸性，含有水分的油脂必须将其加热到100～120℃，待水分蒸发后方可使用。

C 包装

包装应注意以下几点：

(1) 板材包装应选用干燥、结实的木质包装箱，木材的湿度不大于18%，包装箱的尺寸应与产品规格相适应。

(2) 板材包装时，应用沥青纸或塑料布和油纸铺底。板材上面再盖油纸和塑料布进行包封。

(3) 箱子外面应写有防潮和防火等字样。

(4) 对于长期贮存的镁及镁合金板材，应定期进行防腐处理。

4.4.6 镁及镁合金板材的力学性能

镁及镁合金板材的力学性能决定于冷轧变形量与冷轧后的退火规范，它们对性能的影响起着很大的作用。表4-84列出了AZ31B厚板和薄板不同热处理状态下典型的力学性能。表4-85～表4-96分别列出了不同镁合金在不同变形和热处理条件下的力学性能。

表4-84 AZ31B厚板和薄板不同热处理态下典型的力学性能

状态	厚度/cm	σ_b/MPa	$\sigma_{0.2}$/MPa	δ/%	$\sigma_{压}$/MPa	σ_τ/MPa
O	0.014～0.152	255	152	21	110	179
	0.153～0.634	255	152	21	110	179
	0.635～1.270	248	152	21	90	172
	1.271～5.080	248	152	17	83	172
	5.080～7.62	248	145	17	76	172
H24	0.014～0.152	290	221	15	179	200
	0.153～0.634	276	200	17	159	193
	0.635～1.270	269	186	19	131	186
	1.271～5.080	262	165	17	110	179
	2.541～5.080	255	159	14	97	179
	5.080～7.62	255	145	16	83	179
H26	0.635～0.951	276	207	13	165	193
	0.952～1.113	276	193	13	152	193

续表4-84

状态	厚度/cm	σ_b/MPa	$\sigma_{0.2}$/MPa	δ/%	$\sigma_{压}$/MPa	σ_τ/MPa
H26	1.114～1.270	276	193	10	152	193
	1.271～1.905	276	193	10	131	193
	1.906～2.540	269	179	10	124	193
	2.541～3.810	262	172	10	110	186
	3.811～5.080	262	165	10	103	179

表4-85 MA1合金板材的保证力学性能
（在退火温度保温30 min）

退火温度/℃	350		240	
板材厚度/mm	0.6～3.0	3.1～10.0	0.6～3.0	3.1～10.0
$\sigma_{0.2}$/MPa	110	90	160	140
σ_b/MPa	190	170	260	250
δ_{10}/%	12.0	10.0	5.0	3.0

表4-86 MA1合金板材的典型力学性能

试样方向	材料状态	$\sigma_{0.2}$/MPa	σ_b/MPa	δ_{10}/%	σ_{-1}①/MPa	硬度HB
纵向	退火	115	240	16.0	60	350
	未退火	120	250	7.0	70	400
横向	退火	110	235	15.0	—	—
	未退火	170	260	12.0	—	—

① 循环次数5×10^7。

表4-87 MA1合金的高温力学性能

温度/℃	冷轧板材			退火板材		
	$\sigma_{0.2}$/MPa	σ_b/MPa	δ_{10}/%	$\sigma_{0.2}$/MPa	σ_b/MPa	δ_{10}/%
100	130	180	5.0	110	170	30.0
150	80	130	10.0	80	130	40.0
200	50	80	20.0	—	—	—
250	40	60	32.0	—	—	—
300	25	45	35.0	—	—	—

表 4-88 MA8 合金退火板材的典型力学性能

材料厚度 /mm	最小		最大		常见	
	σ_b /MPa	δ_{10} /%	σ_b /MPa	δ_{10} /%	σ_b /MPa	δ_{10} /%
>3.0	230	10.0	290	22.0	250	17.5
≤3.0	230	10.0	290	22.0	260	17.0

表 4-89 MA8 合金板材的高温力学性能

温度/℃	$\sigma_{0.2}$/MPa	σ_b/MPa	硬度 HB	ψ /%	δ_5/%
100	140	180	50	45	20
200	90	130	38	60	24

续表 4-89

温度/℃	$\sigma_{0.2}$/MPa	σ_b/MPa	硬度 HB	ψ /%	δ_5/%
300	30	70	20	90	70

表 4-90 MA8 合金 1.2 mm 退火板材的低温力学性能

试样形状	温度 /℃	纵向		横向	
		σ_b/MPa	δ_5/%	σ_b/MPa	δ_5/%
平滑	-70	340	9.0	290	14.0
	-40	330	12.5	300	15.5
	20	265	11.0	220	19.0
带切口	-70	265	—	190	—
	-40	270	—	220	—
	20	245	—	190	—

表 4-91 退火对 MA1、MA3、MA8 合金冷轧板材力学性能的影响

合金	厚度/mm	冷轧后				退火后			
		纵向		横向		纵向		横向	
		σ_b/MPa	δ_5/%	σ_b/MPa	δ_5/%	σ_b/MPa	δ_5/%	σ_b/MPa	δ_5/%
MA1	0.8~3.0	210~230	1.5~3.0	260~290	6~9	190~220	5~7	250~280	9~12
	3.0~10.0	190~200	1~3	240~270	4~7	170~200	3~5	220~250	6~10
MA3	0.8~3.0	320~340	5~10	330~350	5~11	280~300	10~15	290~310	11~15
	3.0~10.0	300~320	5~8	300~330	6~9	260~270	8~11	260~280	8~13
MA8	0.8~3.0	290~300	6~12	250~280	10~16	270~300	10~16	240~260	15~25
	3.0~10.0	270~300	5~10	230~260	10~15	260~290	7~13	230~250	12~20

表 4-92 冷轧率和退火规范对 MA3 合金板材力学性能的影响

退火规范	冷轧率/%									
	1		2		3		4		5	
	σ_b/MPa	δ_5/%	σ_b/MPa	δ_5/%	σ_b/MPa	δ_5/%	σ_b/MPa	δ_5/%	σ_b/MPa	δ_5/%
冷轧板	283	11.6	282	10.6	284	9.0	290	7.2	291	7.0
退火 200℃,1 h	283	15.6	292	13.9	293	13.3	297	12.6	293	11.5
退火 200℃,6 h	294	17.1	292	16.3	296	14.6	298	14.1	297	15.5
退火 200℃,12 h	291	13.6	293	15.4	299	18.0	294	16.1	296	16.4
退火 300℃,1 h	284	15.3	283	13.8	290	16.5	292	14.0	292	13.0
退火 300℃,6 h	289	16.3	289	18.5	292	14.6	293	15.5	293	14.0
退火 300℃,12 h	285	16.9	291	12.8	288	17.2	290	17.1	289	15.7
退火 350℃,1 h	282	11.1	286	10.8	283	10.9	284	10.4	286	10.0
退火 350℃,6 h	285	14.5	285	13.3	286	14.0	284	13.1	286	12.4
退火 350℃,12 h	281	18.2	284	16.9	280	17.7	281	17.0	281	17.5

表 4-93　AZ31B 合金板材的低温力学性能

状　态	温度/℃	σ_b/MPa	$\sigma_{0.2}$/MPa	δ_{10}/%
O	21	255	145	26.0
	−18	268	154	16.0
	−46	278	156	14.5
	−78	290	164	12.8
	−196	363	183	6.2
	−251	419	205	4.6
H24	21	288	203	12.7
	−18	305	221	8.7
	−46	308	224	8.0
	−78	320	227	6.4
	−196	390	252	2.6
	−251	455	277	2.0

表 4-94　温度与保温时间对 AZ31B-H24 合金板材力学性能的影响

保温温度/℃	保温时间/h	试验温度/℃	$\sigma_{0.2}$/MPa	$\sigma_{0.2压}$/MPa	σ_b/MPa	δ/%
95	0	20	220	165	280	13
	16	20	220	165	280	13
	48	20	220	165	280	13
	192	20	220	165	280	13
	500	20	220	165	280	13
	1000	20	220	165	280	13
	16	95	170	155	230	37
	48	95	170	155	230	37
	192	95	170	155	230	37
	500	95	170	155	230	37
	1000	95	170	155	230	37
120	0	20	220	165	280	13
	16	20	220	165	280	13
	48	20	220	165	280	13
	192	20	220	165	280	13
	500	20	220	165	280	13
	1000	20	220	165	280	17
	16	120	140	150	190	50
	48	120	140	150	190	50
	192	120	140	150	190	50
	500	120	140	150	190	50
	1000	120	140	150	190	50
150	0	20	220	165	280	13
	16	20	215	165	275	15
	48	20	200	165	275	16
	192	20	195	150	275	18
	500	20	200	155	270	18
	1000	20	205	145	270	20
	16	150	110	150	160	52
	48	150	110	130	160	55
	192	150	110	130	150	58
	500	150	110	130	150	63
	1000	150	105	125	145	64

续表 4-94

保温温度/℃	保温时间/h	试验温度/℃	$\sigma_{0.2}$/MPa	$\sigma_{0.2压}$/MPa	σ_b/MPa	δ/%
200	0	20	220	165	280	13
	16	20	175	130	255	21
	48	20	175	130	260	21
	192	20	175	130	260	21
	500	20	175	130	260	21
	1000	20	175	130	260	21
	16	200	70	85	90	73
	48	200	70	85	90	73
	192	200	70	85	90	73
	500	200	70	85	90	73
	1000	200	70	85	90	73
260	0	20	260	165	280	13
	16	20	160	120	255	21
	48	20	160	120	255	22
	192	20	160	120	255	22
	500	20	160	120	255	21
	1000	20	160	120	255	22
	16	260	40	60	60	70
	48	260	50	60	60	90
	192	260	50	60	60	90
	500	260	50	60	60	90
	1000	260	50	60	50	90
315	0	20	220	165	280	13
	16	20	155	110	250	18
	192	20	155	110	250	22
	500	20	155	110	250	22
	16	315	30	40	40	113
	192	315	30	40	40	113
	500	315	30	40	40	113

表 4-95　AZ91B 合金板材的蠕变强度

合金状态	温度/℃	试验持续时间/h	蠕变强度(应力)/MPa			
			总伸长率/%			
			0.1	0.2	0.5	1.0
O	95	1	40	70	105	110
		10	35	60	95	100
		100	39	55	85	90
		500	30	50	70	70
	120	1	35	55	85	95
		10	30	50	75	85
		100	15	35	60	70
		500	15	20	50	60
	150	1	30	50	70	85
		10	15	30	50	60
		100	5	15	30	35
		500	3	5	20	25
	175	1	15	30	50	55
		10	5	15	30	35

续表 4-95

合金状态	温度/℃	试验持续时间/h	蠕变强度(应力)/MPa			
			总伸长率/%			
			0.1	0.2	0.5	1.0
H24	95	1	40	60	105	130
		10	30	50	75	95
		100	15	30	50	70
		500	15	20	35	50
	120	1	30	40	60	90
		10	15	30	40	55
		100	5	15	30	35
		500	5	10	15	20

表 4-96 AZ31B-H24 合金板材的高温力学性能

温度/℃	$\sigma_{0.2}$/MPa	$\sigma_{0.2压}$/MPa	σ_b/MPa	δ/%
21	220	165	285	14
100	145	135	205	30
150	90	110	150	58
204	55	75	90	82
260	35	50	55	92
315	15	—	40	136
370	15	—	30	140

4.4.7 镁及镁合金薄带铸轧工艺

4.4.7.1 镁合金薄带铸轧原理

双辊铸轧镁合金薄带是将熔融的镁合金注入两个反向旋转的轧辊之间，在镁合金熔液快速凝固的同时发生塑性变形，将铸造与塑性加工合为一体，直接由镁液连续铸轧生产板带坯，如图 4-55 所示。薄带铸轧工艺具有快速凝固特点，可获得超细晶粒组织，能显著提高镁合金塑性，解决镁合金常温难以塑性加工的问题。同时此工艺极大缩短工艺流程，减少镁合金氧化烧损，提高成材率。

4.4.7.2 镁合金铸轧薄带的组织

晶粒细化是改善多晶镁变形结构特征、提高镁合金强度及塑性变形性能的重要途径，通过镁合金晶粒细化，可以调整材料的组织和性能，获得变形性能优良的材料。薄带铸轧工艺特点使镁合金获得细小的等轴晶粒，其成形特点如下：

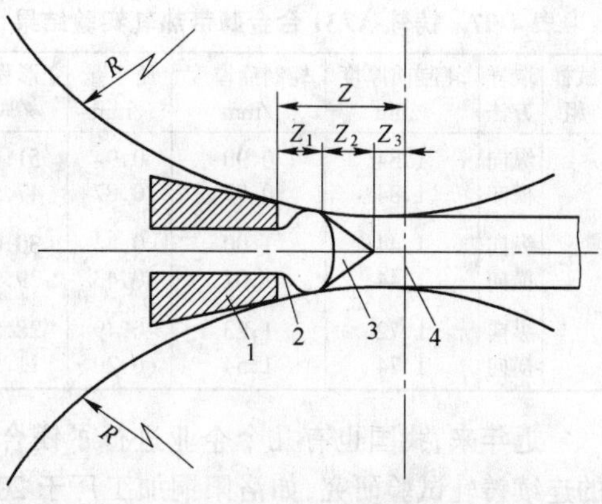

图 4-55 双辊铸轧镁合金薄带示意图

1—铸嘴；2—液膜；3—液穴；4—两轧辊的中心连线

Z_1—液相区；Z_2—液固两相区；Z_3—固相区；Z—铸轧区

(1) 薄带铸轧工艺发生快速凝固，由于铸辊强烈的激冷作用，镁液在铸辊表面产生大量晶核，形成初始凝壳；

(2) 镁液以一定速度进入铸轧区，且镁液温度过热，对已生成的枝晶有冲刷作用。枝晶受镁液冲刷进入熔池，形成大量非均质形核质点；

(3) 由于熔池温度场的温度梯度较大造成热传导，同时凝壳随铸辊运动使熔池处于一定的紊流状态，具有强烈的搅拌作用，极大的细化晶粒；

(4) 铸辊对凝壳进行轧制，将部分枝晶挤压入熔池中，又形成大量形核质点。凝固后的镁合金在轧辊的继续转动下被塑性变形，约 10%～15%的变形量，也将进一步细化晶粒。

4.4.7.3 铸轧镁合金薄带的热轧试验

对铸轧镁合金薄带进行了热轧实验，加热温度范围为 240～300℃，最大压下率达到了 50%，如表 4-97 所示。通过对铸轧薄带的热轧实验所得数据可以看出，铸轧方法得到的变形镁合金薄带具有良好的轧制性能，尤其在铸带横向、纵向上都无明显的方向性，两个方向均得到了 20%以上的压下率，最大可达到 50%以上，为进一步加工成最终产品创造了有利的条件。

表 4-97 铸轧 AZ31 合金薄带热轧实验结果

试样组	取样方法	轧制前厚度/mm	轧制后厚度/mm	压下量/mm	变形程度/%
1	纵向	1.84	0.90	0.94	51.1
	横向	1.84	0.97	0.87	47.3
2	纵向	1.44	1.00	0.44	30.6
	横向	1.44	1.01	0.43	29.9
3	纵向	1.72	1.23	0.49	28.5
	横向	1.74	1.54	0.20	11.5

近年来,我国也有几个企业进行了镁合金的连续铸轧试验研究,如洛阳铜加工厂于 2005 年 5 月对变形镁合金的连续铸轧进行了试验,生产出了横截面为 6.5 mm×600 mm 的 AZ31 镁合金板坯,铸轧板坯的力学性能如表 4-98 和表 4-99 所示。铸轧板坯进一步加工,具有较好的加工性能,最薄轧到 0.6 mm,变形率为 90.8%。进一步加工板材的力学性能参见表 4-100 所示。

表 4-98 AZ31 铸轧板的力学性能(试验板坯)

方向	头部			尾部		
	σ_b/MPa	$\sigma_{0.2}$/MPa	δ_{50}	σ_b/MPa	$\sigma_{0.2}$/MPa	δ_{50}
纵(中)	160	152	3.5	220	200	4
				225	210	4
纵(边)	210	205	3.5	240	225	3.5
	220	215	4	220	200	3.5
横(中)	158	154	6	165	140	4.5
	195	154	6	185	137	6.5
横(边)	123		1.5	176	123	6.5
	161	160	4.5	177	127	6

表 4-99 AZ31 铸轧板的硬度值(试验板坯)

板 号	第 1 点	第 2 点	第 3 点	平 均
1	70.1	69.7	70.9	70.2
2	69.7	69.5	69.4	69.5
3	72.9	72.3	73.6	72.9
4	71.1	72.1	67.7	70.3
5	70	70.1	69.2	69.8

表 4-100 AZ31 轧制薄板力学性能
(铸轧板坯厚度 6.5 mm)

厚度/mm	状态	纵			横		
		σ_b/MPa	$\sigma_{0.2}$/MPa	δ_{50}	σ_b/MPa	$\sigma_{0.2}$/MPa	δ_{50}
2.5	H18	290	290	3	260		3.5
		215		3.5	335	310	3.5
	O	260	181	20	265	215	11
		177	169	4	230	205	7
1.5	H18	330	305	3	340	325	3
	O	270	180	19	270	220	9
1.0	H18	340	310	3	360	355	1
		340	310	3	395	360	2.5
	O	241	194	7.5	269	229	10
		263	195	22.5	267	226	8
0.6	H18	345	325	3	410	360	3.5
		355	315	5.5	405	370	3
	O	264	190	18.5	279	234	12.5
		263	189	18.5	277	229	14

目前,镁及镁合金双辊连续铸轧技术已取得了很大的突破,在俄罗斯、美国等国已能用铸轧法生产宽度大于 1000 mm、厚度为 1.0～2.0 mm 的各种变形镁合金铸轧卷。我国虽然正在起步,但已取得了重大进展,不仅研发了可供铸轧的新合金,而且也研制出了铸轧镁合金的新设备,并用先进的薄带铸轧工艺生产出了厚度为 1.5～2 mm、宽度为 600 mm 以上的 AZ31 镁合金薄板带。

4.5 镁及镁合金的锻造成形

4.5.1 镁及镁合金锻造的特点

4.5.1.1 镁合金和铝合金锻造成形的差异

镁合金和铝合金的锻造成形技术基本相同,但存在以下几方面差异:

(1) 高温下镁合金的表面摩擦系数较大，流动性差，黏附力大，充填较深的垂直盲孔较为困难，因此镁合金锻造时的内外圆角半径和肋厚等都比铝合金的大；

(2) 大多数情况下，镁合金锻造用材料采用挤压坯料，可以在挤压前进行均匀化处理，减小力学性能的各向异性；

(3) 镁合金锻造时，应避免与温度较低的模具接触，以免发生激冷而产生龟裂。因此，镁合金锻造时，不仅要控制工件温度，而且要预热锻模；

(4) 镁合金对变形速率非常敏感，变形速率增大时，镁合金的塑性显著下降，因此一些较复杂的镁合金锻件需要多次成形，同时应逐步降低各次的锻打温度，以免晶粒长大。

4.5.1.2 镁合金锻造的优势

相对于铸造成形，镁合金锻造具有一定的优势：

(1) 当晶粒取向与主载荷方向一致时，镁合金锻件具有优异的静态和动态强度；

(2) 镁合金锻件组织致密、无孔隙，性能优异，可以用于对气密性要求严格的场合。

4.5.2 锻造成形用镁合金及其可锻性

表 4-101 列出了常用锻造镁合金的化学成分和锻造温度范围。

表 4-101 锻造镁合金的名义化学成分和锻造温度范围

合 金	名义化学成分(质量分数)①/%						推荐的锻造温度②/℃	
	Al	Zn	Mn③	RE④	Ag	Zr	工 件	锻 模
AZ31B	3.0	1.0	0.2	—	—	—	290～345	260～315
AZ61A	6.5	1.0	0.15	—	—	—	315～370	290～345
AZ80A	8.5	0.5	0.15	—	—	—	290～400	205～290
QE22A	—	—	—	2.1	2.5	0.7	345～385	315～370
ZK21A	—	2.3	—	—	—	0.45③	300～370	260～315
ZK60A	—	5.5	—	—	—	0.45③	290～385	205～290

① 余量 Mg；②应变；③变硬化合金必须在低于再结晶温度时进行锻造；④含钕和镨的混合稀土。

镁合金的塑性与其化学成分密切相关，可锻性取决于合金的凝固温度、变形率和合金毛坯的晶粒大小。适合于锻造成形的镁合金主要是 Mg-Al-Zn、Mg-Zn-Zr 和 Mg-Y-RE 系合金。由于合金中含有 Zr、Y 及 RE 等细化晶粒的合金元素，可以得到具有细晶组织结构，使合金呈现良好的塑性变形性能。

图 4-56 所示为 AZ31B 镁合金和 6061 铝合金在液压机镦粗 10％时的锻造压力比较。

表 4-102 列出各种材料在相应锻造温度下压缩 10％时所需的锻造压力，从表中可看出：AZ31B 镁合金所需的锻造压力比碳钢、合金结构钢及铝合金都大，但小于不锈钢。由于镁合金材料的流动性差，向深的竖直模腔的流动比

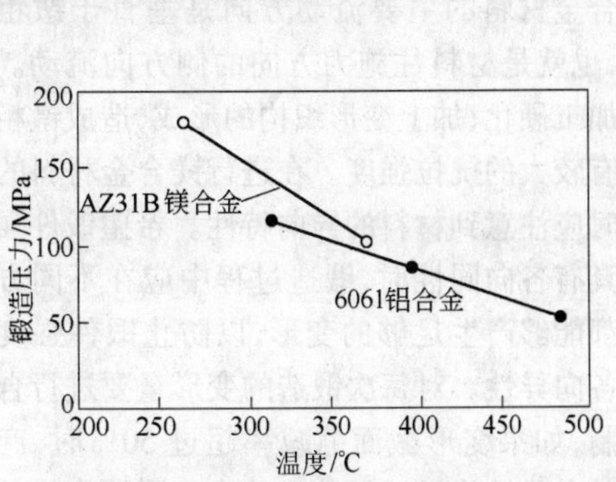

图 4-56 AZ31B 镁合金和 6061 铝合金在液压机镦粗 10％时的锻造压力比较

较困难，对相同的典型结构锻件进行锻造时，通常镁合金要比铝合金可能需要更多道次的锻造才能成形。

图 4-57 所示为 AZ31B 镁合金材料在进行自由锻时所需的锻造压力。在正常锻造速度下，由于变形导致温度的升高，锻造压力呈先增后减。

表 4-102 各种材料在相应锻造温度下压缩 10%时所需的锻造压力

材料种类	1020 钢	4340 钢	6061 铝合金	AZ31B 镁合金	304 不锈钢
锻造温度/℃	1260	1260	455	379	1205
锻造压力/MPa	55	55	69	110	152

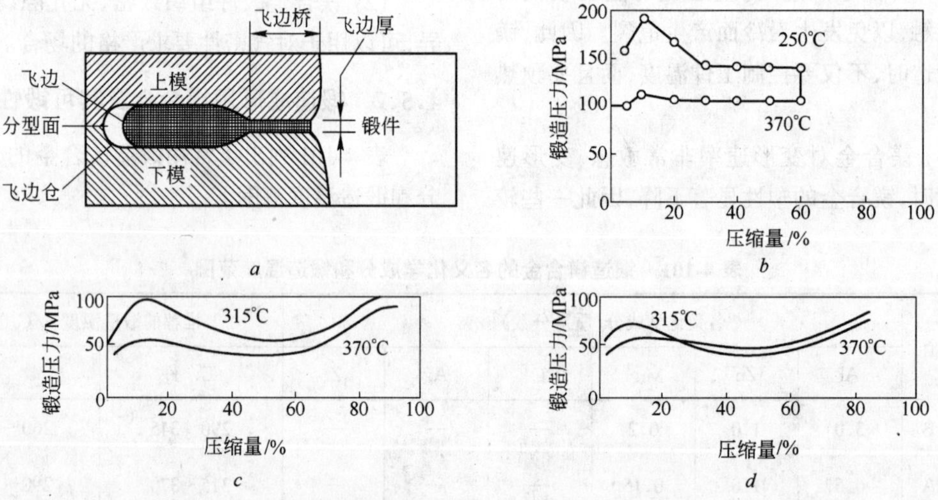

图 4-57 AZ31B 镁合金材料在进行自由锻时所需的锻造压力

a—镁合金锻造示意图；*b*—AZ80A 合金应变速率 0.11 s^{-1}；

c—AZ61 合金应变速率 0.11 s^{-1}；*d*—AZ31 合金应变速率 0.7 s^{-1}

4.5.3 镁及镁合金锻造工艺特性

镁合金具有的密排六方晶粒结构造成了材料在强度上的异向性。以镦粗为例，试验显示镁合金材料的主要流动方向是垂直于镦粗方向，也就是材料往施力方向的侧方向流动。由于加工硬化，加上变形织构的形成，造成镦粗方向有较大的抗拉强度。在进行镁合金材料的锻造时应注意到材料的异向特性。希望锻件强度要具有各向同性时，锻造过程中应在不同方向上都能够产生足够的变形，以防止锻件强度产生各向异性。对每次锻造的变形量要进行合理控制，如果变形截面缩减率超过 50%时，产生的各向异性将足以抵消上一次变形所产生的各向异性，使锻件不具备各向同性。同时，镁合金材料的各向异性也为锻件在某一特定方向要具备较佳的强度性能提供了有利的条件，在进行锻造工艺设计时，可以人为地将成形过程设计为能保持甚至加强该方向特性到最终锻件。利用镁合金铸锭直接进行锻造，可以改变传统的采用一次挤压坯料来生产锻件的工艺流程，从而简化制备镁合金锻件的生产工艺，降低消耗。实际晶粒尺寸是决定镁合金铸锭是否可以进行直接锻造的主要因素。对于某些特定镁合金，如 Mg-Zn-Zr 系，向其中添加稀土元素钕和钇进行变质处理细化晶粒，从而可以得到合适的铸锭，直接锻造出性能合格的镁合金锻件。Mg-Al-Zn 系合金的原材料来源广泛，生产成本低，因此被广泛用于制备镁合金锻件。不足的是，Mg-Al-Zn 系合金铸件的实际晶粒尺寸不适合直接锻造成形，在锻造前必须对铸锭进行预挤压处理以获得合乎要求的细晶组织，提高合金的可锻性。

通常,镁合金的锻造温度比固相线低,大多数镁合金可以在290～415℃范围内进行锻造,但高锌的ZK60合金除外,见表4-101中的数据。高锌的ZK60合金铸锭在凝固过程中有时将形成少量低熔点共晶,因此315℃(共晶温度)以上锻造时会产生严重开裂。高温镁合金要求在较高的温度下锻造成形,并延长铸锭的保温时间以溶解共晶相,从而解决铸造过程中的开裂问题。

在大多数情况下,镁合金锻件的力学性能取决于锻造过程中产生的应变硬化,温度越低应变硬化趋势越明显。但如果温度太低,锻件将产生裂纹。在多道次锻造过程中,锻造温度应逐次降低,避免再结晶和晶粒的长大,同时保持最终成形的锻件具有应变硬化后的形变强化效果。多道次锻造过程中,常采用每一次降低温度15～20℃。表4-103列出常用变形镁合金推荐锻造温度及模具温度。

表4-103 常用变形镁合金推荐锻造温度及模具温度

镁合金牌号	锻造温度/℃	模具温度/℃
AZ31B	290～345	260～315
AZ61A	315～370	290～345
AZ80A	290～400	205～290
QE22A	345～385	315～370
ZK21A	300～370	260～315
ZK60A	290～385	205～290
MB2	275～400	
MB3	250～450	
MB8M	280～350	
MB8Y2	230～250	
MB15	320～400	200～300
MB22	350～450	230～320
MB25	320～390	200～300

4.5.4 锻造方法与设备

镁及镁合金的锻造方法与设备与铝及铝合金的基本相同,有自由锻造和模锻;可用开式模锻,也可用闭式模锻;可在液压机上也可以在机械压力机或锻锤上进行锻造。

镁合金可以锻造成不同尺寸和形状的制品,锻件尺寸主要取决于锻造设备的能力和结构。镁合金在较低变形速度下锻造时,显示出较高的热塑性。为了避免裂纹,通常采用水压机或低速压力机锻造,特别是利用铸锭直接锻造时需加以注意。与锤锻机或快速压力机相比,水压机或低速压力机的速度较低,合金在变形过程中发生再结晶,从而提高了合金的可成形性,此外对变形范围和温度进行控制,特别是能在最大压力下静置一段时间,以改善材料在模具中的充填能力。镁合金在锤锻机上的加工变形量不超过30%～50%,但在液(水)压机上的变形量可以达到70%～90%,利用这些成形设备,可以锻造出具有小尖角和圆角以及薄腹板或底板的镁合金锻件。半径为1.6 mm的尖角、半径为4.8 mm的圆角和3.2 mm厚的腹板或底板在镁合金锻件中很常见,锻件脱模时拔模斜度宜小于或等于3°,正是因为如此,镁合金采用锤锻或高速压力机锻造时,工艺过程必须严格控制,因而应用很少。AZ80A合金极难锻造成形,而ZK60A和AZ31B合金则可以利用锤锻或高速压力机锻造成形。

4.5.5 工模具准备

镁合金自由锻造主要在平砧或异形砧上进行,也可用辊轮进行锻环。锻造前,工具应加热到一定的温度,以保证终锻温度。

锻模的设计与制造是生产优质锻件和模锻件的关键技术,可参阅有关专著。

镁合金的锻造温度相对较低(见表4-103),一般选择传统的5CrNiMo或5CrMnMo等合金热作模具钢作为锻模材料。模具精磨后,工作面粗糙度大大降低,一方面有利于锻造过程中金属的流动,另一方面可以防止锻件产生表面粗糙、划伤或其他锻造缺陷。

由于镁合金的比热容小,模具必须预热,否则热锻件很容易在模具中冷却而大大降低锻件的充型能力,或增大锻件的开裂倾向。在锻造过程中锻件与模具的接触面积大,接触时间长,因此锻模的温度不能比锭坯的温度低太多(见表4-103)。对于环轧用模具,由于铸件与模具的接触面积小,接触时间相对较短,因而对锻模温度的要求不太严格。此外,在轧制变形过程中产生的温升可以补偿散热导致的热量损失,所以环轧用模具只需稍微加热就可以避免激冷。

4.5.6 坯料准备

虽然镁合金材料在铸造时都已经对晶粒进行了细化,然而铸锭材料的晶粒仍不能适合直接用于锻造成形工艺。通常要先将铸锭进行均匀化退火,再加以较大变形程度的挤压,以得到锻造成形所需的晶粒结构。通过对铸锭进行挤压,铸锭晶粒得到细化。在锻造成形时,可以使用较高的变形速度。表4-104列出镁合金铸锭均匀化退火规程。

表4-104 镁合金铸锭均匀化退火规程

合金牌号	浇铸温度/℃	均匀化退火温度/℃	保温时间/h	冷却方式
MB1	720～750	410～425	12	空冷
MB2	700～745	390～410	10	空冷
MB3	710～745	380～420	6～8	空冷
MB5	710～730	390～405	10	空冷
MB7	710～730	390～405	10	空冷
MB8	720～750	410～425	12	空冷
MB15	690～750	360～390	10	空冷

镁合金下料一般采用锯切,而不采用剪切下料,防止在切口处形成裂纹。铸锭在锻造前应进行表面机械加工,对坯料和棒料也应消除表面缺陷,以防在锻造中发生开裂。一般镁合金挤压棒材表面都带有粗晶环,锻造前还应进行车削剥皮。

随着温度的升高,镁合金塑性增加,成形性能好。但温度过高将导致镁合金锻件的力学性能降低,出现软化现象。多数变形镁合金不能通过热处理强化。如果加热温度过高、保温时间过长或加热次数过多,则再结晶充分,造成晶粒粗大。这种粗大晶粒和软化现象在后续热处理中也不能消除,所以对坯料的加热过程必须严格控制。

镁合金在加热过程中由于原子扩散速度慢,强化相的溶解需要较长时间,故实际采用的加热时间还是比较长。锻造时,坯料加热及保温时间可按每毫米坯料直径或厚度1.5～2 min计算,为避免发生加热软化和晶粒长大,镁合金材料总的加热时间最好不超过6 h。镁合金的锻造温度范围和加热规范见表4-105。

表4-105 镁合金的锻造温度范围和加热规范

合金牌号	锻造温度/℃ 始锻	锻造温度/℃ 终锻	加热温度/(−20～+10℃)	保温时间/min·mm^{-1}
MB1	480	320	480	1.5～2
MB2、MB3	435	350	435	1.5～2
MB5	370	325	370	1.5～2
MB7	370	320	370	1.5～2
MB8	470	350	470	1.5～2
MB11	360	300	360	1.5～2
MB14	470	330	470	1.5～2
MB15	420	320	420	1.5～2

4.5.7 镁及镁合金的锻压工艺

4.5.7.1 锻压力的估算

镁合金锭坯在两平板模间镦粗时,所需的锻造压力如图4-58所示。

在一定的压力机锻造速度下,锻造压力先增大,然后随着镦粗压下量的增加而略微减小,这是由于锻造过程中金属变形时产生的温度升高所引起的。闭模锻造中锻造载荷和压力随锻造形状而异,如飞边尺寸的轻微变化将导致锻造载荷较大变化,表4-106是飞边尺寸与锻造载荷的关系。

表4-106 飞边尺寸与锻造载荷的关系

飞边尺寸	飞边宽度/mm	3.8	2.5	5.0
	厚度/mm	1.2	0.64	0.64
锻造载荷/MN		2.7	3.5	4.9

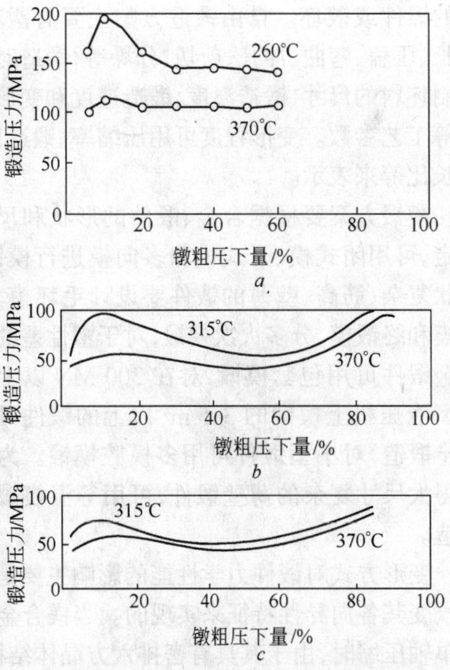

图 4-58 镁合金锭坯在两平板模间镦粗时所需的锻造压力

a—AZ31B 合金,应变速率 0.7 s^{-1};

b—AZ61A 合金,应变速率 0.11 s^{-1};

c—AZ80A 合金,应变速率 0.11 s^{-1}

室温下镁合金的可变形量不大,锻造时容易开裂。同时,锻造温度对锻造压力有明显影响。图 4-59 表明了锻造温度对 AZ31B 镁合金和 6061 铝合金锻造压力的影响。正常锻造温度下,AZ31B 所需的锻造压力比碳钢、合金钢或铝合金的大,比不锈钢的小,参见表 4-102 中数据。

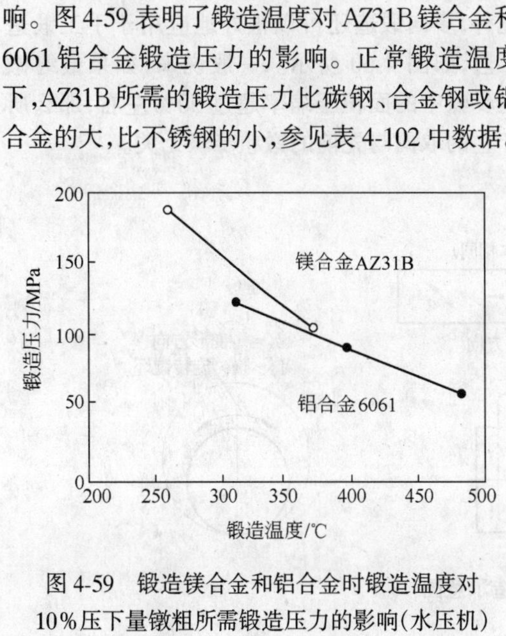

图 4-59 锻造镁合金和铝合金时锻造温度对 10%压下量镦粗所需锻造压力的影响(水压机)

镁合金填充深且直的模具型腔比铝合金要困难。如果一个典型的铝合金结构锻件需要两副模具,那么相应的镁合金工件可能需要三副模具。

4.5.7.2 锻造温度、速度和变形程度

镁合金锻件的力学性能通常取决于锻造过程中所产生的应变硬化程度。锻造温度越低,其应变硬化效果越显著,然而锻造温度过低时,锻件容易开裂。毛坯在 480℃ 以下加热时不需要使用惰性或还原性保护气氛。形状复杂的镁合金锻件可以考虑采用两步或三步锻造操作,以获得最终的截面轮廓外形。同时还要考虑降温规律,以避免在大变形区发生再结晶。再结晶会降低锻件的拉伸性能,这通常是锻造过程中不希望出现的。因此,在每步锻造操作中必须逐步降低镁合金的锻造温度。如果使用经过预挤压的 Mg-Al-Zn 合金坯件,则锻造温度必须低于先前的挤压温度。除了可以控制再结晶外,降低锻造温度还有利于保留残余应变硬化效果。通常采用燃料或电阻炉加热镁合金坯料。由于镁合金的锻造温度远低于其熔点,因而只要合理控制加热温度便不会发生燃烧,但是必须保证锻造温度均匀,且必须避免预热区存在大的温度梯度和局部过热。

锻造温度取决于锻造合金的种类和锻造压力。AZ 系列镁合金的最高锻造温度约为 420℃,最低理论锻造温度为 225℃。镁合金在 225℃ 以上变形,镁晶体产生滑移时可以开动锥面滑移,因而成型性提高。工业生产中 Mg-Al-Zn 和 Mg-Zn-Zr 系合金的锻造温度一般为 250～400℃。高温镁合金(如 ZW 系列)锻件和模具的温度一般为 400～450℃。镁合金在上述温度范围外进行锻造时,将导致力学性能下降,锻件开裂或模具难以充填等。

镁及镁合金的锻造速度主要取决于合金成分、坯料是否均匀化和晶粒大小以及模具与润滑等条件,但最终还是由所选择的锻压设备来确定。由于镁合金的塑性较差,最好用锻造速度较低的液压机来进行锻压,在快速的机械压力机和锻锤上进行锻造时要防止锻件开裂。

变形程度取决于合金、坯料质量、锻造温

度、速度和模具质量等。由于镁合金塑性差、变形抗力大，并且对应变速率很敏感，锻造温度范围窄。因而，液压机或慢动作机械压力机是镁合金锻造时最常用的成形设备，很少在锻锤或快速压力机上进行镁合金的锻造加工。在液压机或压力机上进行锻造时，变形程度可达60%～90%。而在锻锤或快速压力机上锻造的变形程度不超过30%～40%。因为在这样的设备上锻造时必须有严格的工艺控制作保障，否则锻件非常容易产生裂纹等缺陷，如AZ80A。表4-107列出镁合金锻造时允许的变形程度。

表4-107 镁合金锻造时允许的变形程度

合金牌号	允许变形程度/%	
	锻 锤	压力机
MB1	80～85	85～90
MB8	70	70～80
MB2	30	80
MB5	20～30	60
MB7	不宜锤上锻造	25～30
MB11	25～30	50～60
MB14	50～70	80
MB15	30～40	90

4.5.7.3 锻造方案的制订

自由锻造主要作为开坯工序，目的是为了改善锻件的组织和性能，并获得一定形状和尺寸的锻件或锻坯。自由锻造方案主要有镦粗、拔长、压扁、弯曲、冲孔、剪切、分垛等，锻造时要控制坯料的尺寸、锻造温度、锻造速度和变形程度等工艺参数。变形程度可用压缩率、锻造比、拔长比等来表示。

模锻方案要根据合金、锻件的形状和尺寸而定，可用闭式模、开式模和多向模进行模锻，形状复杂、筋高、壁薄的锻件要设计毛坯模、预锻模和终锻模，分多火次模锻，对于塑性差的高合金锻件可用包套模锻，对在300 MN以上的大型液压机上模锻的3.5 m^2以上的锻件可用分步锻造，对小型锻件可用多模腔模锻。为了获得大尺寸复杂的薄壁锻件，可用等温模锻法锻造。

变形方式对锻件力学性能的影响主要是通过改变其各向异性特征来实现的。当镁合金承受单轴压缩时，由于其具有密排六方晶体结构，变形极不均匀，结果平行于金属流动方向的抗拉强度明显高于其他方向，即表现出各向异性行为。镁合金锻件的这种各向异性特征对承受径向载荷的部件(如车轮等)是有利的，然而在大多数工程应用中，通常要求其拉伸性能具有各向同性。因此，必须对镁合金铸锭坯进行不同方向的多向锻造。多向锻造可以控制镁合金三个方向上的镦粗过程，能有效避免各向异性。此外，多向锻造还可以很好地应用于手工锻造工艺，如图4-60所示。一般说来，如果最终镦粗步骤中的面积压缩率超过50%左右，那么所产生的取向与先前的镦粗步骤无关。

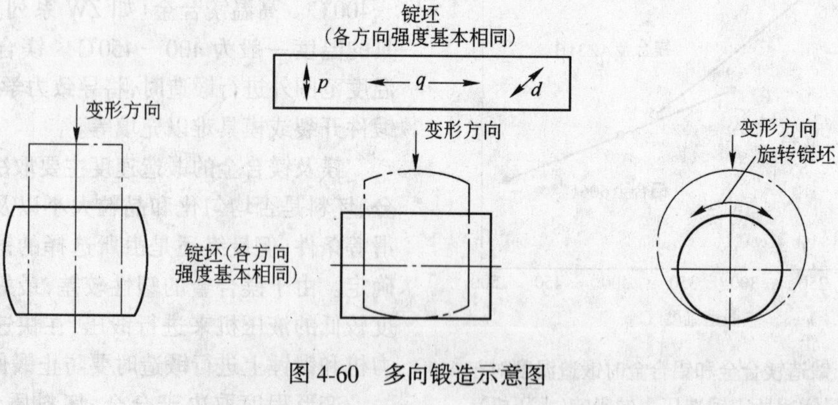

图4-60 多向锻造示意图

采用上述工艺已经制备出多种镁合金锻件，并成功地应用于航空、汽车等工业领域。这些部件能承受极高的静态和动态交变载荷，并长期服役于高温环境中。

镁合金锻件替代铝合金作为汽车轮毂是镁合金的另一重要应用，但这对安全性及性能提出了很高的要求。汽车用 ZK30 镁合金锻造轮毂，其结构与铝合金轮毂完全相同，但质量仅 6.8 kg，比同规格的铝合金轮毂轻约 35%。

4.5.7.4 模具与润滑

镁合金成形模具总体上可以按铝合金成形模具设计规范进行模具设计。但是，镁合金的流动性差，比较适合于单型腔模锻。对于一些形状复杂且尺寸较大的镁合金锻件，一般采用自由锻制坯，单型腔模锻。由于镁合金锻造温度较低，低合金热作模具钢就可以满足锻造模具的材料性能要求，模具制造时型腔表面质量要求高，提高零件的充型性能，并可防止锻件表面粗糙、划伤。用于压力机上的模具内外圆角半径可小到 1.5～5 mm、筋板和腹板可薄到 3.5 mm。脱模斜度可控制在 3°或更小。

镁合金材料的锻造温度区间窄、导热性好，遇到冷模具会产生激冷造成裂纹。由于锻造时锻件与模具接触面积大、接触时间长、传热快，因此在锻造前和锻造过程中必须对模具进行加热，模具加热温度如前所述。

模具润滑常用弥散于轻质油或煤油中的石墨，将其喷洒或涂抹在热模具上，油剂燃烧后在模具上留下一薄层石墨。坯料锻造之后模具常常稍微再润滑一次。有时在锻造前先将坯料预热到 100～150℃后在水基或油基石墨中浸渍一次，使坯料表面得到一层均匀的石墨润滑层，可明显提高锻造成形性和锻件表面质量。此外，也可直接采用喷灯火焰中残余的烟黑。在较低的模具温度下采用水基胶体石墨作润滑，提供清洁的工作环境。

无论选择什么样的润滑剂，都以很薄的润滑剂涂层包住锻件整体为原则。若附着在锻件上的石墨沉积很厚，在后序进行酸洗时易产生点蚀或电化学腐蚀。

4.5.8 锻件的切边与精整

控制镁合金锻件切边裂纹也是镁合金锻造中的另一关键技术问题。镁合金在低于 220℃时，塑性很差，对拉应力很敏感；在高温时质地很软，黏性大，易拉伤。镁合金锻件毛边的切除，通常采用带锯切割和铣切、切边模热切等方法。

带锯切割和铣切适用于生产批量不大、形状较简单或尺寸大的镁合金锻件，它不会产生切边裂纹，又省去了切边模制造。

当用切边模切除毛边时，采用咬合式模具，尽可能使凸凹模的间隙小或无间隙，避免切边裂纹的产生，切边温度应控制在 200～300℃之间。

镁合金锻件的精压整形，通常是在模锻温度范围内进行。为了提高镁合金制件的力学性能，获得所需要的精度，最好采取在 230～300℃范围内进行半热冷作硬化精压整形，半热冷作硬化时的平均变形程度应控制在 10%～15%范围内。

镁合金锻件的清洗通常分两步进行。首先进行喷砂，以除去镁合金工件表面残留的润滑剂，再将锻件浸入含 8% HNO_3 和 2% H_2SO_4 的混合溶液中。然后用热水漂洗。至于是否将清洗干净的锻件浸入重铬酸盐溶液中进行防蚀处理，要视具体要求而定。

4.5.9 锻件的热处理

ZK21A、AZ31B 和 AZ61A 等合金通常在锻态(F)下使用。EK31A 锻件可以进行固溶和人工时效处理(T6)以改善性能；其他合金如 AZ80A、ZK60A 或 HM21A 等锻件则根据性能要求，在锻态(F)或人工时效状态(T5)下使用。

镁合金锻件的热处理与铝合金基本相同，但热处理强化效果不如铝合金好。镁合金锻件锻后，通常在空气中冷却，也可以直接用水冷却，这样可以防止镁合金锻件进一步再结晶和晶粒长大。对于可以进行时效强化的合金，水冷可获得过饱和固溶体组织，在最后的时效处理过程中，有利于沉淀析出。镁合金的过饱和固溶体比较稳定，自然时效几乎起不到强化作用。除零件要求具有较高的塑性外，一般采用人工时效。表 4-108 列出镁合金锻件常用的热处理规范。

表 4-108　镁合金锻件常用的热处理规范

合金牌号	退火			固溶处理			时效处理		
	温度/℃	保温时间/h	冷却方式	温度/℃	保温时间/h	冷却方式	温度/℃	保温时间/h	冷却方式
MB1	320～350	0.5	空冷						
MB2	280～350	3～5	空冷						
MB3	250～280	0.5	空冷						
MB5	320～350	0.5～4	空冷						
MB6	320～350	4～6	空冷	分级加热 330～340	2～3	热水			
MB6	320～350	4～6	空冷	375～385	4～10	热水			
MB7	350～380	3～6	空冷	410～425	2～6	空冷或热水	175～200	8～16	空冷
MB7	350～380	3～6	空冷	410～425	2～6	空冷或热水			
MB7	350～380	3～6	空冷				175～200	8～16	空冷
MB8	250～350	1	空冷						
MB15							170～180	10～24	空冷
MB15				505～515	24	空冷	160～170	24	空冷

镁合金的热处理主要有软化退火、淬火及时效。热处理不能强化的镁合金 MB1、MB8 和热处理强化作用不大的镁合金 MB2 锻件，可不经热处理或只经软化退火处理。MB3 和 MB5 一般只进行软化退火处理。退火的目的是消除应力，提高尺寸稳定性，降低腐蚀倾向和对应力集中的敏感性减少或消除各向异性。

可热处理强化的 MB7 镁合金锻件，采用固溶处理，必要时也可进行固溶加人工时效处理。根据使用温度不同，MB15 合金锻件锻后可以直接采用不同温度的人工时效处理。

镁合金在高温下晶粒长大倾向严重，故热处理温度不宜过高。否则会造成锻件晶粒粗大，降低力学性能及抗腐蚀性。

4.5.10　镁及镁合金锻件的质量控制

4.5.10.1　晶粒度控制

AZ31B、AZ61A 和 AZ80A 等合金在锻造温度下会出现晶粒迅速长大的现象，因此通常采用逐步降低锻造温度的方法来细化晶粒。一般情况下，每一步锻造操作完毕后需要将温度调低 10～15℃。只经过少量压缩变形的镁合金工件可以在实际可行的最低温度下进行锻造以获得应变硬化效果。ZK61A 和 HN21A 合金在锻造温度下晶粒长大缓慢，且晶粒不会过分长大。

4.5.10.2　力学性能

镁及镁合金锻件的力学性能主要取决于合金的化学成分、热处理状态、锻造温度、速度和变形程度（应力应变、硬化程度）等，与变形方式也有很大关系。一般来说，镁合金锻件的性能随变形程度的增大而提高；而随着变形温度的升高，其力学性能逐渐降低。

镁合金锻件易产生各向异性，见图 4-61。用多向锻造方法能有效避免锻件的各向异性。如镁合金汽车轮毂，由于采用了三向锻造技术，镁合金锻件各部分的应变比较均匀（13% 左右），且拉伸性能呈各向同性，见表 4-109 和表 4-110。

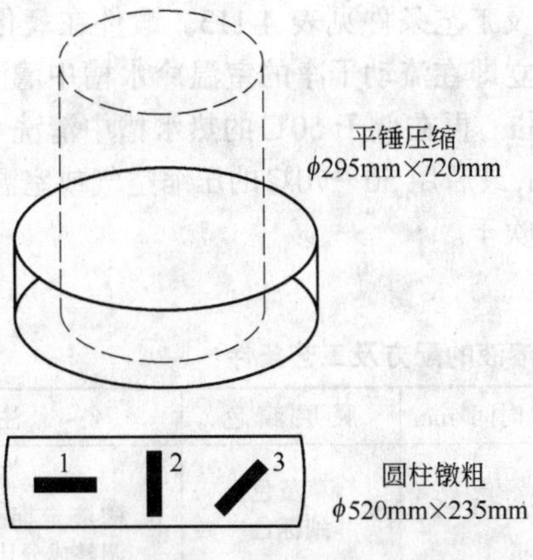

图 4-61　单向压缩 MgAl8Zn(AZ80)合金的抗拉强度、屈服强度与晶体取向关系

表 4-109　上述镁合金锻件不同位置的力学性能

项　目	$\sigma_{0.02}$/MPa			$\sigma_{0.2}$/MPa			σ_b/MPa		
方　向	1	2	3	1	2	3	1	2	3
拉伸性能	94	85	58	181	140	117	230	160	185
压缩性能	71	104	63	118	203	108	416	398	352
压缩与抗拉强度比	0.75	1.25	1.2	0.65	1.45	0.9	1.8	2.5	1.9

表 4-110　ZK30 镁合金轮毂的力学性能

试样部位	方向	$\sigma_{0.2}$/MPa	σ_b/MPa	δ/%
轮边缘	轴向	248	302	13.7
	切向	196	266	12.3
轮/盘	轴向	157	260	14.9
	切向	203	265	12.3

镁合金轮毂的疲劳强度由循环弯曲试验来表征，其实验参数及结果见表 4-111。在尺寸和结构相同的情况下，镁合金轮毂的抗疲劳性能约为铝合金轮毂的 8.5%左右。适当加大壁厚尺寸可以提高镁合金轮毂的抗疲劳性，并获得所需的疲劳性能，但是这意味着轮毂质量会增加。有限元(FEM)计算和分析结果表明：质量减轻为 10%～15%时(与铝合金相比)，镁合金轮毂与铝合金轮毂的抗疲劳性能相当。与其他材质轮毂相比，锻造镁合金轮毂具有质量轻、抗疲劳性能好处耐冲击等优点；但与铝合金轮毂相比，其耐蚀性较差，且制造成本较高，见表 4-112。

表 4-111　锻造镁合金及铝合金轮毂的疲劳性能

项　目	ZK30 镁合金锻件	AA6082-T6 铝合金锻件
车轮质量/kg	6.8	10.5
硬度/HRB	66.9	78
测试力矩/N·m	3000	3000
试验转数	84000	1064000

表 4-112　锻造镁合金轮毂的特点

锻造镁合金轮毂的性能	
与铸造镁合金轮毂相比	与锻造铝合金轮毂相比
质量减轻 5%～10%	质量减轻 10%～15%
由于强度高、韧性好，耐损伤性能较好	由于强度和韧性低，耐损伤性能差、接触损伤性能差
由于微观组织无孔洞，耐压力密封性高	低表面压力和不同的摩擦系数
成本较高	更高的成本

4.5.10.3　镁及镁合金锻件主要缺陷分析

镁合金锻件容易产生粗晶环断裂、射穿性裂纹、穿筋、表面腐蚀和氧化等缺陷。

中、低塑性的镁合金对变形速度很敏感。在镦粗时，坯料表面容易沿最大剪切应力方向产生开裂。所以宜在工作速度较慢的液压机上进行锻造。如果在较快的压力机或锻锤上进行锻造，开始时应轻击。否则因变形量过大，容易引起剪切破坏。另外，锻造温度不能太低，同时要保证模具有一定温度，与坯料温度不能相差太大，防止硬脆相析出使合金的塑性更低。

镁合金的塑性差，对拉应力特别敏感，常常因切边裂纹而导致锻件开裂。因此，应严格按前述切边工艺要求进行锻件切边，防止产生切边裂纹。

镁合金是极为活泼的金属，其耐腐蚀性差，锻件表面易出现点蚀缺陷，腐蚀点呈暗灰色粉末状，经喷砂或酸洗处理成为凹坑或小孔洞。如果再继续进行锻造，容易在小孔或凹坑密集处开裂，并向锻件内部扩展，造成废品。为防止锻件点蚀，锻造时润滑剂不能涂得过厚，更不能采用含有盐类的润滑剂。锻后镁合金锻件应及时清除润滑剂、酸洗并吹干。酸洗的目的是消除锻件表面的自然氧化物和其他杂质，使机体金属表面露出，可以更清晰地暴露锻件表面的折叠、裂纹、拉伤等缺陷，以便修伤，清除缺陷，同时也为氧化处理做准备。

如果工序之间的停留时间超过 10 天以上，或锻后不能及时进行机械加工，则需要进行氧化处理。常用的镁合金锻件的化学氧化溶液的配方及工艺条件见表 4-113。锻件在氧化处理后应立即在流动干净的室温冷水槽中清洗 0.5～2 min，再在低于 50℃ 的热水槽中清洗 0.5～2 min，最后用 50～70℃ 的压缩空气或室温干燥空气吹干。

表 4-113　常用镁合金锻件的化学氧化溶液的配方及工艺条件

编　号	溶液成分	浓度/g·L^{-1}	温度/℃	时间/min	膜层颜色	备　注
1	重铬酸钾 K_2CrO_7 硝酸 HNO_3(密度 1.42 g/cm^3) 氯化铵 NH_4Cl 或 NaCl	40～55 90～120 0.75～1.25	70～80	0.5～2	草黄色到棕色	1. 槽液定期分析，调整成分比例； 2. 工序间氧化以 1 号液为宜
2	重铬酸钾 K_2CrO_7 铝钾矾 $K_2Al_2(SO_4)_4·24H_2O$ 醋酸(60%)	30～50 8～12 5～8	15～30	3～15	金黄色到棕褐色	

经过氧化处理的锻件，表面上形成一层金黄色的连续致密氧化膜，如果没有后续的锻造变形工序或不能及时进行机械加工，锻件氧化后需涂油包装封存。未经涂油的锻件，保存期不得超过一个月。

4.5.11　镁及镁合金锻造新工艺

4.5.11.1　铸锻复合成形

该工艺过程以镁合金精铸和液态热锻复合。一般有两种：第一种是依靠精铸预期成形模来获得所需的预制件，然后再用液态模锻来成形，如图 4-62 所示；第二种是通过精铸或锻造加工预制件品，再利用上模压入相同的凹模来液态模锻最终成形制品，如图 4-63 所示。

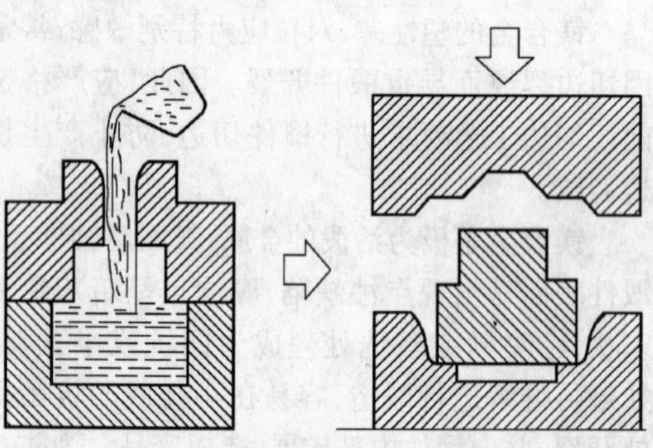

图 4-62　镁合金精铸锻复合成形

铸锻复合成形是利用精铸预制坯减轻锻模负载提高镁合金精锻件的尺寸精度，此外锻压又能消除制件的内部缩孔和由铸造所引起的其他缺陷。为了获得制件的高质量和高性能，要掌握好始锻时间，也就是说要确定液态模锻的始锻温度。镁合金制件的内部结构和力学性能受始锻温度影响很大。

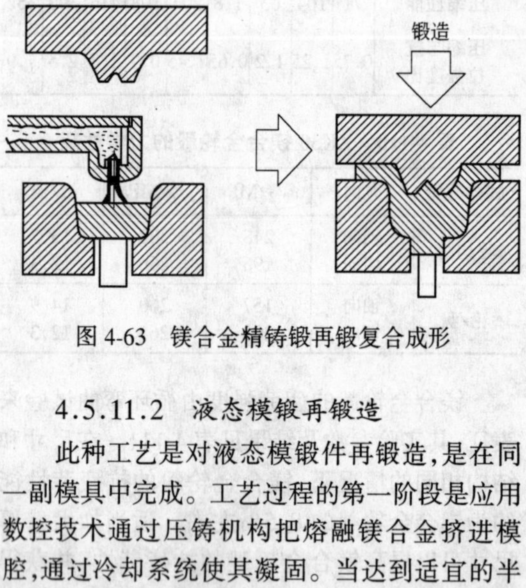

图 4-63　镁合金精铸锻再锻复合成形

4.5.11.2　液态模锻再锻造

此种工艺是对液态模锻件再锻造，是在同一副模具中完成。工艺过程的第一阶段是应用数控技术通过压铸机构把熔融镁合金挤进模腔，通过冷却系统使其凝固。当达到适宜的半固态时，多向液态模锻机将冲头推入模腔，使工件成形为所需的产品，如图 4-64 所示，然后冲头退出。

模具有各种不同的驱动系统，按预先编制好的程序控制，优化好时机(即能掌握最佳成形温度)，使制品内部组织和力学性能得到控制，高效生产出表面光洁、高强度、少乃至无缺陷的产品。

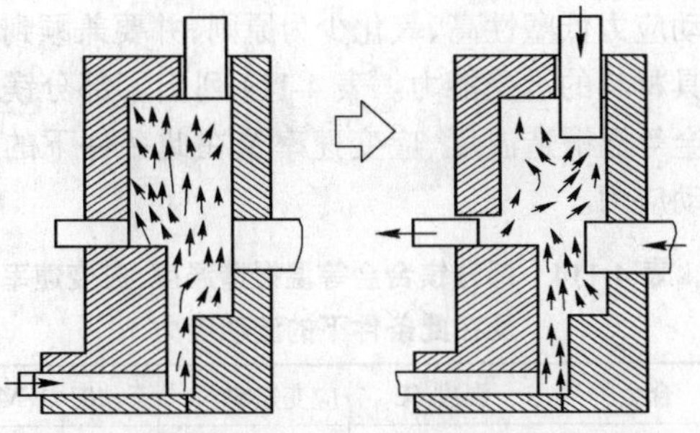

图 4-64 镁合金液态模锻再锻造

图 4-65 说明了另一种液态模锻再锻造的过程。由图可知,这个工艺铸造和锻压机有两个型腔,其中锻压机型腔是为了使半固态镁合金工件保温,然后用相互垂直的两个冲头局部锻造半固态镁合金工件。

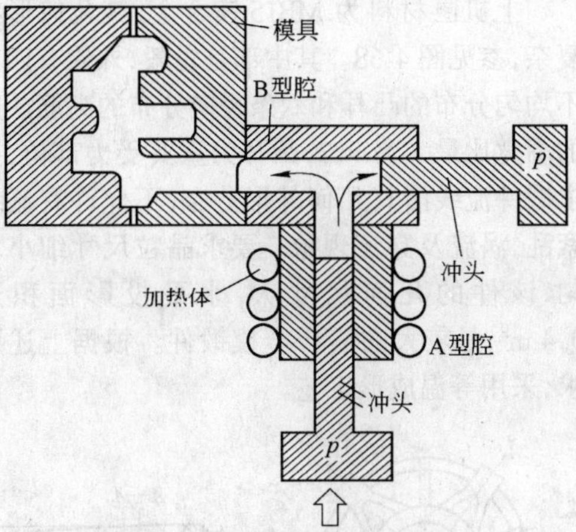

图 4-65 镁合金液态模锻再锻造

4.6 镁合金等温成形技术

4.6.1 镁合金等温成形的特点

为防止毛坯的温度散失,等温成形时模具和坯料保持在相同的恒定温度下,等温成形时变形速率低。

等温成形条件下,镁合金工艺塑性显著改善,十分有利于复杂构件的精密成形。镁合金等温成形主要是指等温模锻、等温挤压等。

4.6.2 镁合金等温成形用设备和模具

4.6.2.1 镁合金等温成形用设备

等温成形在低速下进行,一般采用液压机,此种液压机应满足下述要求:

(1) 可调速,工作行程的速度调节范围在 0.1~0.001 mm/s;

(2) 可保压,工作滑块在额定压力下可保压 30 min 以上;

(3) 高的封闭高度与足够的工作台面,以安装模具、加热装置、冷却板、隔热板等;

(4) 带顶出装置;

(5) 有控温系统。

没有专用设备时,可采用工作行程速度较低的液压机。必要时,可在油路中安装调速装置,以降低滑块速度。

4.6.2.2 镁合金等温成形用模具

镁合金等温成形模具可采用热作模具钢(如 4Cr5MoV1Si)。为使模具在成形过程中保持恒温,通常采用感应加热或电阻加热方式对模具加热,如图 4-66 和图 4-67 所示。

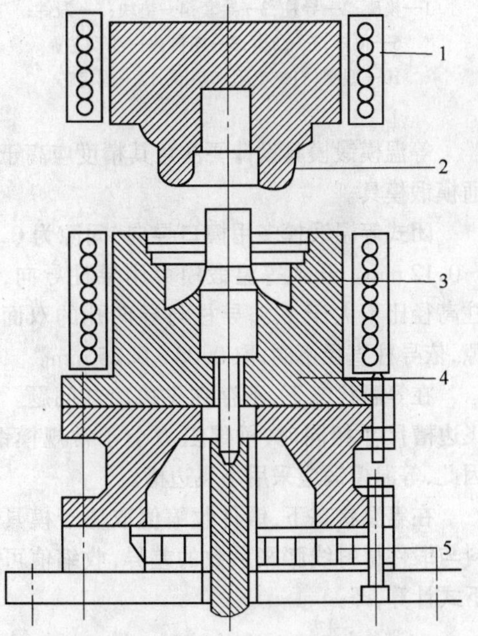

图 4-66 感应加热的等温锻造模具

1—感应圈;2—上模;3—顶杆;4—下模;5—水冷板

加热装置的功率可用下式计算,即:

$$N = [G(T_2 - T_1)c]/(0.21t\eta) \quad (4\text{-}1)$$

式中,N 为加热功率,kW;G 为被加热金属的质量,kg;c 为被加热金属的比热容,$J\cdot(kg\cdot K)^{-1}$,

钢的比热容 $c=481.5\mathrm{J/(kg\cdot K)}$；$T_1$ 为加热前温度，℃；T_2 为所需加热温度，℃；t 为加热时间，s；η 为效率，$\eta=0.35\sim0.40$。

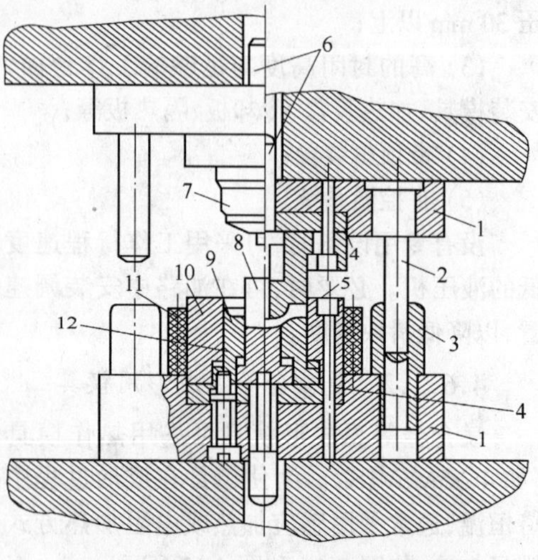

图 4-67　电阻加热的等温锻造装置

1—模座；2—导柱；3—导套；4—垫块；5—锻件；6—顶杆；7—凸模；8—坯料；9—浮动芯；10—型圈；11—电阻加热圈；12—固定芯

等温模锻模具设计要注意其精度应高于普通模锻模具。

闭式等温锻模多用模口导向，间隙为 0.10～0.12 mm。开式等温锻模可用导柱导向，导柱高径比不大于 1.5，导柱与导向孔的双面间隙，依导柱直径不同，取 0.08～0.25 mm。

在等温状态下，不存在飞边冷却问题。在飞边槽尺寸相同时，桥部阻力小于常规模锻。因此，等温模锻应采用小飞边槽。

在等温状态下，锻件收缩值取决于模具材料与锻件材料线膨胀系数的差异，收缩值可用下式计算，即：

$$\Delta=(t_2-t_1)(\alpha_1-\alpha_2)L \qquad (4\text{-}2)$$

式中，t_2、t_1 为室温与模锻温度，℃；α_1、α_2 为坯料与模具的线膨胀系数，℃$^{-1}$；L 为模具尺寸，mm；Δ 为收缩值，mm。

4.6.3　镁合金等温成形工艺及应用举例

镁合金等温锻造工艺规范的确定以材料流动应力低塑性高、氧化少为原则，并要兼顾到模具材料的承受能力。表 4-114 列出了部分镁合金等温锻造温度、应变速率及在此条件下的流动应力。

表 4-114　部分镁合金等温锻造温度、应变速率及在此条件下的流动应力

合金牌号	温度/℃	应变速率/s^{-1}	流动应力/MPa
MB8	380～420	1×10^{-3}	20～30
MB3	400	6×10^{-3}	30

镁合金等温成形主要用于大型复杂精密模锻件的等温锻造和大型薄壁扁宽高精度复杂型材的等温挤压成形，以下为复杂精密镁合金构件的等温成形实例。

上机匣材料为 MB15 镁合金，其几何形状复杂，参见图 4-68。其中部是轮毂，外周有四个不均匀分布的凸耳和六条径向分布的高筋。筋的高宽比最大为 9.2，凸耳为重要受力部位，要求锻件流线沿其几何外形分布，不允许有流线紊乱、涡流及穿流现象。要求晶粒尺寸细小均匀，该件的几何尺寸大，水平投影面积近 0.4 m²，是较大的镁合金模锻件。根据上述要求，采用等温成形工艺。

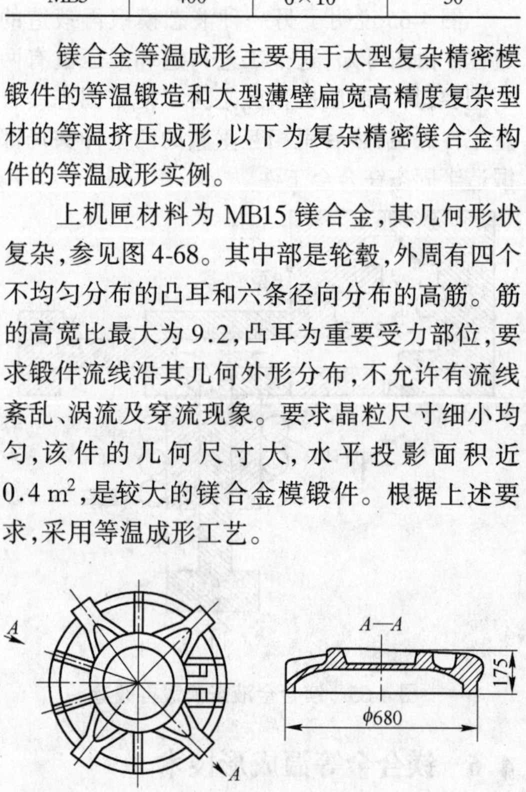

图 4-68　上机匣锻件

该构件各部位的体积分布很不均匀，模锻前需进行制坯，镁合金在一次大变形量模压后，由于大量新生表面出现可能引起粘模，并且常易产生折叠缺陷。因此，模锻后需酸洗、修伤，然后再进行二次模压，即精整形，其成形工序为：预制坯→模锻→精锻。

模锻温度取 360℃，精锻温度取 350℃。

模具结构见图 4-69，模具采用电阻加热。凹模采用镶块式组合结构，在四个凸耳处设置四个镶块。该构件尺寸较大，一般需 120～

130 MN的压力机，通过局部加载方法、分流方法仅用50 MN液压机就实现了上机匣等温精密成形。

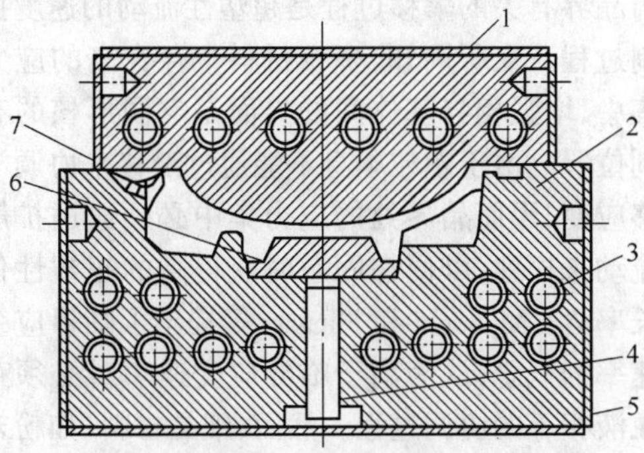

图4-69 上机匣等温精密成形模具结构
1—上模；2—下模；3—加热圈；4—顶出杆；5—隔热板；6—镶块；7—顶出块

4.7 镁合金的超塑性成形技术

4.7.1 概述

镁合金室温塑性加工能力较差。但是，在特定的变形温度、速度及组织状态条件下，镁合金具有很高的塑性，而且甚至出现明显的超塑性。利用镁合金的超塑性，可使复杂零件的模锻顺利进行，而且流变应力非常低，以气压为动力即可完成超塑成形。对航天航空领域的复杂蜂窝状结构件，也可直接用超塑性成形结合扩散焊技术来完成。近年来，通过利用超塑性成形特性生产了镁合金3C产品。用冲压锻造比压铸或半固态压铸不仅效率高，而且还具有以下优越性：

(1) 大幅度提高成品率至90%以上，产品表面缺陷少，外感好，可大幅降低后序加工成本。例如，笔记本电脑镁合金外壳，日本镁合金压铸厂的压铸件良品率最高只能达到70%左右，而超塑成形件的成品率，可达91%。

(2) 产品厚度可比压铸或半固态压铸方法生产的工件小，且合格率受产品厚度影响不太大。例如用超塑性冲压锻造的镁合金构件最小厚度可达0.4 mm，而压铸或半固态压铸件目前技术水平要达到0.8 mm厚度则相当困难。

一般认为，金属和合金在一定条件下的流变应力应变速率敏感性指数 m 大于0.3，表现特大伸长率(100%～3000%)的性能称为超塑性。一定条件是指金属材料的组织结构等内部条件和变形温度、变形速度等外部条件。m 的物理意义是在一定的温度和应变量下形变抗力相对变形速率的变化量。一般来说，材料的伸长率能超过100%的现象称为超塑性，具有这种性能的材料称为超塑性材料。超塑性金属或合金的宏观变形特点是大延伸、无缩颈、低流变应力以及容易成形等。至今为止，人们在上百种金属包括有色金属、钢铁及合金材料中发现了具有超塑性的合金组织和控制条件。

镁合金处于超塑性状态时具有优异的塑性和极小的变形抗力，从而有利于塑性加工。形状复杂或变形量很大的零件可以一次成形，并且具有流动性高、填充性好，所需设备吨位小等优点。由于超塑成形时没有发生弹性变形，因而成形后不会出现回弹且工件尺寸精度高、表面粗糙度较小。总而言之，超塑成形对于强度高而塑性差的材料尤为重要。然而，超塑成形时需要一定的温度和持续时间，这就给设备、模具、材料保护和润滑等带来了特殊要求。

4.7.2 超塑性变形机理及变形模型

按照获得超塑性的条件，可以将金属和合金的超塑性现象归纳为两大类，即细晶超塑性和相变超塑性。

(1) 细晶超塑性(第一类超塑性)。细晶超塑性是指具有微细等轴晶粒(晶粒度小于10 μm，晶粒轴比小于1.4)组织的材料在一定的温度区间($0.5 \sim 0.9\ T_m$，T_m 为材料熔点的绝对温度)和一定的应变速率范围($10^{-4} \sim 10^{-1}\ s^{-1}$)内呈现的超塑性，也称为组织超塑性、恒温超塑性或者静态超塑性，已在工业上广为应用。影响这类材料伸长率大小的因素很多，除了晶粒尺寸及形状、温度和应变速率外，还包括材料组织在超塑拉伸温度下的热稳定性和形成孔洞的敏感性。

(2) 相变超塑性(第二类超塑性)。相变超塑性是指金属材料在一定相变温度范围内和载荷作用下，经过多次循环相变或同素异构转变而获得的累积大延伸变形。这种超塑性不要求材料具备微细等轴晶组织，只要求材料发生相变，因而又称为转变超塑性或动态超塑性，关于钢铁、钛合金和铜合金的相转变超塑性研究较多。

有关超塑变形的理论和模型很多，但都只能解释超塑变形中的某些现象和问题。所以迄今为止，尚未形成统一的超塑变形理论。大多数研究者接受以晶界滑移为主的多机制叠加理论，即在超塑材料 lgσ-lgε“S”形曲线的三个区域内同时存在扩散蠕变、晶界滑移、位错滑移或位错蠕变等作用，如图 4-70*a* 所示。这些变形机制都受变形速度控制，具有不同的应变速率敏感性。Ⅰ区表示变形是扩散蠕变机制为主；Ⅱ区表示超塑变形区以晶界滑移机制为主；而Ⅲ区则表示塑性变形区以位错滑移或位错蠕变机制为主，同时其他变形机制也起了不同程度的作用，如图 4-70*b* 所示。晶界滑移是超塑变形最为主要的变形机制，导致了超塑变形过程中组织的特殊变化。图 4-71 为超塑性变形的模型。

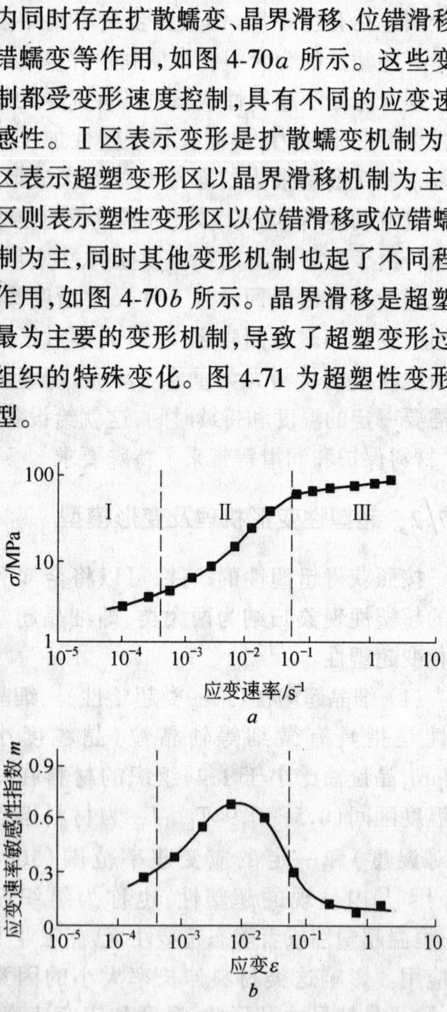

图 4-70 超塑性材料的应力与应变速率关系（“S”形曲线）和 m 值与 ε 的关系曲线

a—应力与应变速率的关系；*b*—m 与 ε 的关系

在单相材料中，基体晶粒之间相互滑移并在相邻晶界的三角区内形成位错；位错在取向最有利的滑移面上滑移，以缓和由晶界滑移引起的应力集中；接着位错在晶界处塞积；最后塞积的位错在晶界和晶格攀移过程中消失，从而与晶界有关的攀移过程是超塑性流动的速度控制过程。众所周知，多相材料中存在高的应力集中，增强相与基体间的界面是空洞形核的有利位置。由于颗粒本身不能通过滑移来协调滑移应变，因而晶界处的应力集中必须通过扩散流动来松弛，以便在固态时获得高的超塑性伸长率 δ。Mabuchi 和 Higashi 等提出了临界应变速率的概念，认为高于临界应变速率时必须存在液相等的协调过程。然而，细晶材料（如粉末冶金镁合金的晶粒直径为 1 μm、氧化物颗粒直径为 25 nm；粉末冶金金属基颗粒增强复合材料的晶粒直径 2 μm、增强颗粒直径为 2 μm）的晶间颗粒并不影响超塑性流动。如果晶粒内存在第二相质点，那么位错从晶粒的一端运动到另一端时，这些质点将阻碍位错运动。因此，从位错滑移协调机制来说，晶粒内的第二相质点影响镁合金的超塑性流动。

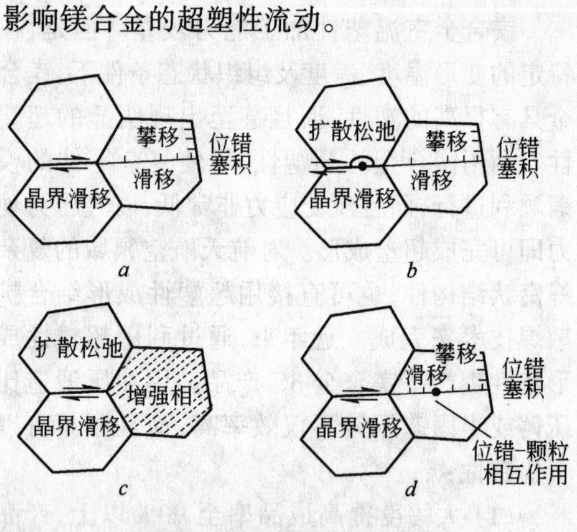

图 4-71 超塑性变形的模型

a—单相材料；*b*—晶界上存在小尺寸颗粒；*c*—材料中含有大尺寸的增强颗粒；*d*—晶内存在小尺寸颗粒

4.7.3 镁合金超塑性条件

高强度变形镁合金 MB15 的热挤棒材，在室温下的伸长率仅为 14.8%，在 300℃ 时伸长率为 62%。试验研究结果表明，MB15 合金的最佳超塑性条件为：变形温度 290℃，应变速率为 1.11

$\times 10^{-4}\ s^{-1}$(夹头运动速度为0.2 mm/min),晶粒尺寸为5 μm。在此条件下,合金的伸长率为574%,应变速率敏感性指数 m 值为0.51。在温度为270～310℃、应变速率为(1.11～5.56)$\times 10^{-4}\ s^{-1}$、晶粒尺寸为5 μm以下,均具有较佳的超塑性。MB15合金在超塑性条件下的变形抗力为10～30 MPa。

当晶粒尺寸为7 μm左右,变形速度为0.2～5 mm/min,温度在320～400℃时,MB8镁合金具有优良的超塑性,最大伸长率可达304%。MB8合金板材在超塑性状态下,具有优良的吹塑成形能力,可一次吹塑成形出复杂形状的零件,例如仪表覆盖盒形件。吹塑压力为0.6～0.9 MPa,变形比可超过1.5。其他一些镁合金超塑性参数参见表4-115。

表4-115 镁合金超塑性参数

合金	应变速率敏感性指数 m 值	伸长率 δ /%	温度 /℃	应变速率 ε/s^{-1}	流动应力 σ /MPa
Mg-Al共晶	0.82	2100	376～400	—	—
MB3	0.42	167	375	2.8×10^{-4}	—
MB22	—	360	400	—	31.4
MA15	0.60	500	450	—	—

4.7.4 细晶镁合金的制备和超塑性成形工艺

镁合金的晶粒细化技术和超塑性成形工艺将在本书第8章中详细讨论。

参考文献

1 《轻合金材料加工手册》编写组编. 轻金属材料加工手册(上、下册). 北京:冶金工业出版社,1979

2 Michael Avedesian M, Hugh Baker. ASM Speciality Handbook——Magnesium and Magnesium Alloys. Ohio: ASM International, 1999

3 Polmear I J. Light Metals: Metallurgy of the Light Metals (3rd ed). London: Edward Arnold, 1995. 204. Courtesy K J Gradwell. Ph. D. thesis, UK: University of Manchester, 1972

4 Cahn R W. 非铁合金的结构与性能(第八卷). 丁道云等译. 北京:科学出版社,1999

5 Cahn R W, Haasen P, Kramer E J. Materials Science and Technology—A Comprehensive Treatment. in Matucha K H (ed). Structure and Properties of Nonferrous Alloys (Vo18). Weinheim: VCH, 1996

6 Yuan G Y, Liu M P, Ding W J, Inoue A. Development of a Cheap Creep Resistant Mg-Al-Zn-Si-base Alloy. Materials Science Forum, 2003, 419: 425～432

7 陈振华等. 镁合金. 北京:化学工业出版社,2004

8 张津,章宗和等. 镁合金及应用. 北京:化学工业出版社,2004

9 Watanabe H, Mukai T, Ishikawa K et al.. Superplastic characateristics in an extruded AZ31 magnesium alloy. Journal of Japan institute of light metals (Japen), 1999, 49 (8): 401～404

10 刘正,张奎,曾小勤. 镁基轻质合金理论基础及其应用. 北京:机械工业出版社,2002

11 Wei L Y, Dunlop G L, Westengen H. Solidification Behaviour and Phase Constituents of Cast Mg-Zn-Misch Metal Alloys. Journal of Materials Science, 1997, (32): 3335～3340

12 清水光春、竹内宏昌. Mg-Li铸造合金の应力扩大系数,铸造工学,1997(11): 899～903

13 Nussbaum G, Regazzoni G, Gjestland H. SAE International Congress and Exposition. 1990: 115

14 Iohne O, Banger Φ. Gjestland H, Regazzoni G. SAE International Congress and Exposition 1990: 163

15 郭鸿镇. 合金钢与有色合金锻造. 西安:西安工业大学出版社,1999

16 中国第一汽车集团公司编写组. 机械工程材料手册(第5版),金属材料. 北京:机械工业出版社,1998

17 柏柏工作室. 镁合金. http: home. kimo. com. tw/po. po2/mglist. html

18 美国金属学会主编. 金属手册(第9版),第14卷,成型和锻造. 北京:机械工业出版社,1994

19 ASM International Handbook Committee, Forming and Forging. Metals Handbook, Ninth Edition, 1988, Vol. 14

20 中国机械工程学会锻压学会编. 锻压手册(第1卷),锻造,北京:机械工业出版社,1996

21 吕炎,徐福昌等. 镁合金上机匣精锻工艺研究. 哈尔滨工业大学学报,2000,32(4): 127

22 尉胤红,王渠东等. 镁合金超塑性的研究现状及发展趋势. 材料导报,2002,16(9): 20

23 王凯弘. 镁合金冲锻成形技术于3C产业之应用. 金属工业,35(3): 37

24 薛治中. 铝镁合金等温精锻试验研究. 锻压技术,1992,(3): 10

25 张培,王忠堂等. 镁合金的塑性加工技术. 金属成形工艺,2002,(5): 1

26 丁水,于彦车,张凯峰. MB15 镁合金板材的超塑性能研究. 锻压技术,2003(3):44
27 周小玉,刘永秀,谢洪桐等. 铝锌镁合金的液态模锻. 锻压机械,1998,(4):33
28 陈刚,陈鼎,严红革. 高性能镁合金的特种制备技术. 轻合金加工技术,2003,(6):40
29 胡亚民,王志强,钱进浩. 金属复合成形技术的新进展. 现代制造工程,2002,(10):94
30 王敏,杨根桓. 工业用镁合金板材的超塑气压成形性能. 锻压机械,1998,(4):27
31 王忠堂,张培等. 镁合金管材挤压工艺及组织性能研究. 锻压机械,2002,(1):60
32 张宾,张坤等. 镁合金高温精密锻造的成形极限. 国外金属加工,2003,(3):14
33 刘川林,曹洋,黄少东等. 镁合金等温成形工艺的研究和应用. 2002 年材料科学与工程新进展. 北京:冶金工业出版社,2003
34 杨春楣,丁培道,任正德等. 双辊法连铸镁合金薄带坯工艺与碳钢组织研究,2002 年材料科学与工程新进展. 北京:冶金工业出版社,2003
35 汪凌云,潘复生等. AZ31 镁合金成形性能研究. 2002 年材料科学与工程新进展. 北京:冶金工业出版社,2003:636~640
36 周海涛等. AZ31 镁合金热变形行为研究. 2002 年材料科学与工程新进展. 北京:冶金工业出版社,2003:641~645
37 周正等. ZK60 和 AZ31 变形镁合金热变形行为的研究. 2002 年材料科学与工程新进展. 北京:冶金工业出版社,2003
38 黄光胜. 汪凌云等. 变形镁合金热挤压组织与性能研究. 2002 年材料科学与工程新进展. 北京:冶金工业出版社,2003
39 Manabu Kiuchi. Technology in Metal Forming Field Proceeding of the 6th ICIP, sept, 1999:19~24
40 Manabu Kiuchi. Journal of Japan Society for Foundry Engineering, 1988, 68 (1):9
41 Chino Y, Shimojima K, Hosakawa H, et al.. Effects of Microstructures on the Mechanical Properties for Forged Mg Alloys. Advanced Technology of plasticity 2002 7th ICTP The Japan society for Technology of plasticity, 2002
42 Yukutake E, sugamata M, kaneko J. Formability Mechanical Properties and Texture of AZ31 Magnesium sheets. Advanced Technology of plasticity 2002 7th ICTP The Japan society for Technology of plasticity, 2002
43 Uemura H, Asakawa M, Hamada T, et al.. Magnetic scaling Rods Using Transformation Induced plasticity. Advanced Technology of plasticity 2002 7th ICTP The Japan society for Technology of plasticity, 2002
44 Mono, Mizufune H, Narita M. Development of semi-continuous 4 stages ECAE Method. Advanced Technology of plasticity 2002 7th ICTP The Japan society for Technology of plasticity, 2002
45 王祝堂. 镁板材轧制工艺与性能. 有色金属加工, 2004, 33(3):8~11
46 李铮,赵凯等. 双辊铸轧法生产变形镁合金薄带新工艺的研究. 轻金属,2003:35~37
47 Takuda H, Yoshii T, Hatta N, Finite element analysis of the fomability of a magnesium-based alloy AZ31 sheet, Journal of Processing Technology, 1999, (89):135~140
48 Doege E, Droder K, Sheet metal forming of magnesium wrought alloys-formability and process technology, Journal of Materials Technology, 2001(115):14~19
49 易孟阳. 轧制工艺对 TAl 薄板深冲性能的影响,钛科学与工程,第八届全国钛及钛合金学术交流会文集,上海,1993
50 Ping L, Su H L, Donnadieu P, et al.. Experimental investigation and thermodynamic calculation of the central part of the Mg-Al phase diagram. Zeitschrift fuer Metallkunde. 1998, 89 (8):536
51 Kojima Yo. Project of platform science and technology for advanced magnesium alloys. Materials Transactions, 2000, 42(7):1154~1159
52 Mordike B L, Ebert T. Magnesium properties-application-potential. Materials Science and Engineering, 2001, A302:37~45
53 Aghion E. And Bronfin B. Magnesium Alloys Development towards the 21st Century. Materials Science Forum, 2000, 350~351:19~28
54 Robert Brown. Magnesium automotive meeting. Light Metal Age, 1992, (2):18~24
55 Polmear I J. Magnesium alloys and application. Materials Science and Technology, 1994, (1):1~16
56 Luo A, Pekguleryuz M O. Review cast magnesium alloys for elevated temperature application [J]. Journal of Material Science, 1994, 29:5259~5271
57 袁广银,孙扬善,张为民等. Tensile and creep properties of Mg-9Al based alloys containing bismuth. Transactions of Nonferrous Metals Society of China, 2000, (4):469~472
58 Kubota K, Mabuchi M, Higashi K. Review processing and mechanical properties of fine-grained magnesium alloys. Journal of Material Science, 1999, (34):2255~

2262

59 Hiroyuki, Mukai T, Kohzu M, Tanabe S, Higashi K. Low temperature superplasticity in a ZK60 magnesium alloy. Materials Transactions. JIM, 1999, 40(8): 809～814

60 Mabuchi M, Iwsaki H et al.. Low temperature superplasticity in an AZ91 magnesium alloy processed by ECAE. Scripta Materialia, 1997, 36(6): 681～686

61 Aizawa T, Mabuchi M. Superplastic injection forming of magnesium alloys. Materials Science forum, 2001, 357: 35～40

62 Mukai T, Watanabe H, Moriwaki K. Application of superplasticity in commercial magnesium alloy for fabrication of structural components. Material Science and Technology, 2000, 16: 1314～1319

63 Junichi Kaneko, Makoto Sugamata et al.. Effect of texture on the mechanical properties and formability of magnesium wrought materials. Journal of Japan Institute of Light metals, 2000, 64(2): 141～147

64 Doege E, Droder K. Sheet metal forming of magnesium wrought alloys-formability and process technology. Journal of Material Processing Technology, 2001, 115: 14～19

65 Kim W J, Chung S W et al.. Superplasticity in thin magnesium sheets and deformation mechanism maps for magnesium alloys at elevated temperatures. Acta mater, 2001, 49: 3337～3345

66 周海涛,马春江,曾小勤等. 变形镁合金材料的研究进展. 材料导报,2003,11(17):16～18

67 Sebastian W, Stalmann A. Properties and Processing of Magnesium Wrought Products for Artomotive Applications. Advanced Engineering Materials, 2001, (12): 969～974

68 Shoichiro Yoshihara, Hisashi Nishimura, Hirokuni Yamamoto et al.. Formability Enhancement in Magnesium Alloy Stamping Using a Local Heating and Cooling Technique: Circular Cup Deep Drawing Process. Materials Processing Technology, 2003, 142: 609～613

69 Yoshihara S, Yamamoto H, Manable K et al.. Formability Enhancement in Magnesium Alloy Deep Drqwing by Local Heating and Cooling Technique. Materials Processing Technology 2003, 143: 612～615

70 孙伯勤. 镁合金压铸件在汽车行业中的巨大应用潜力. 特种铸造及有色合金,1998,(3):40

71 Albright D L, Ruden T, Davis J. High Ductility Magnesium alloys in Automotive Applications. Light Metal Age, 1992, 50 (2): 28

72 王文先,张金山,许并社. 镁合金材料的应用及其加工成型技术. 太原理工大学学报,2001,32(6):599

73 李宏伟. 镁及其合金生产中的质量问题. 中国镁业,2002,(6):1～3

74 张颂阳,耿茂鹏,谢水生,周新民,张莹,王艳春. 铸轧对半固态镁合金组织的影响. 塑性工程学报,2006, Vol. 13, No. 1

75 徐河,房中学,房永兴等. 镁合金挤压阳极挤压过程控制. 中国首届镁合金挤压技术国际讨论会文集,2006

76 Shuisheng Xie, Haoqiang Yang, Lei Li, Guojie Huang. Numerical simulation of semi-solid Magnesium alloy in continuous roll-casting process, International Conference on Semi-Solid Processing of Alloys and Composites, Korea, Busan, 2006

77 潘洪平,谢水生,丁志勇. 镁合金加工技术的研究与应用. 轻合金加工技术,2002, Vol. 30, No. 7: 7～10

5 镁合金材料的热处理与精整矫直

Heat Treatment, Finishing and Straightening of Magnesium Alloys

5.1 镁合金的热处理

热处理是改善或调整镁合金力学性能和加工性能的重要手段。镁合金的常规热处理工艺有退火和固溶时效两大类。部分热处理工艺可以降低镁合金铸件的铸造内应力或淬火应力，从而提高工件的尺寸稳定性。不可热处理强化或强化效果不明显的镁合金通常选用退火作为最终热处理工艺。镁合金能否进行热处理强化，完全取决于合金元素的固溶度是否随温度变化。当合金元素的固溶度随温度变化时，镁合金可以进行热处理强化。图 5-1 示出了可热处理强化的镁合金系列。

- 可热处理强化镁合金
  - 铸造镁合金
    - Mg-Al-Mn 系：如 AM100A 等
    - Mg-Al-Zn 系：如 AZ63A、AZ81A、AZ91C、AZ92C 等
    - Mg-Zn-Zr 系：如 ZK51A、ZK61A 等
    - Mg-RE-Zn-Zr 系：如 EZ33A、ZE41A 等
    - Mg-Ag-RE-Zr 系：如 QE22 等
    - Mg-Zn-Cu 系：如 ZC63A 等
  - 变形镁合金
    - Mg-Al-Zn 系：如 AZ80A 等
    - Mg-Zn-Zr 系：如 ZK60A 等
    - Mg-Zn-Cu 系：如 ZC71A 等

图 5-1 可热处理强化镁合金系列

镁合金热处理的最主要特点是固溶和时效处理时间较长，其原因是因为合金元素的扩散和合金相的分解过程极其缓慢。由于同样的原因，镁合金淬火时不需要进行快速冷却，通常在静止的空气中或者人工强制流动的气流中冷却。

5.1.1 镁合金的主要热处理类型

铸造镁合金和变形镁合金都可以进行退火(O)、人工时效(T5)、固溶(T4)，以及固溶加人工时效(T6、T61)处理，其热处理规范和应用范围与铸造铝合金的基本相同。镁合金的扩散速度小，淬火敏感性低，从而可以在空气中淬火；个别情况下也可以采用热水淬火(如 T61)，其强度比空冷 T6 态的高。绝大多数镁合金对自然时效不敏感，淬火后能在室温下长期保持淬火状态。同时镁合金的人工时效温度也比铝合金的高，达到 175～250℃。另外，镁合金的氧化倾向比铝合金大，因此加热炉中应保持中性气氛或通入保护气体以防燃烧。此外，镁合金还可以进行氢化处理改善组织和性能。

镁合金热处理类型的选择，取决于镁合金的类别(即铸造镁合金或变形镁合金)以及预期的使用条件。固溶处理可以提高镁合金强度并获得最大的韧性和抗冲击性；没有进行预固溶处理或退火的人工时效可以消除铸件的应力，略微提高其抗拉强度；退火可以显著降低镁合金制品的抗拉强度并增加其塑性，对后续加工有利。此外，在基本热处理工艺上进行适当调整后发展起来的一些新工艺，可以应用于某些特殊镁合金，从而获得所期望的性能组合。例如，延长某些镁合金铸件的时效时间，可以显著提高其屈服强度，但会降低部分塑性。表 5-1 列出了多种铸造和变形镁合金的常规热处理类型。

表 5-1 部分镁合金的常规热处理类型

铸造镁合金				变形镁合金	
合 金	热处理状态	合 金	热处理状态	合 金	热处理状态
AM100A	T4、T5、T6、T61①	WE54A	T6	ZC71A	F、T5、T6

续表 5-1

铸造镁合金				变形镁合金	
合　金	热处理状态	合　金	热处理状态	合　金	热处理状态
AZ63A	T4、T5、T6	WE43A	T6	AZ60A	T5
AZ81A	T4	ZC63A	T6	ZK60A	T5
AZ91C	T4、T6	ZE41A	T5		
AZ92A	T4、T6	ZE63A	T6②		
EZ33A	T5	ZK51A	T5		
EQ21A	T6	ZK61A	T4、T6		
QE22A	T6				

① 时效时间比 T6 态长，以提高屈服强度；②必须专门处理，不宜普遍化。

5.1.1.1 去应力退火

去应力退火既可以减小或消除变形镁合金制品在冷热加工、成形、校正、焊接过程中产生的残余应力，也可以消除铸件或铸锭中的残余应力。

A 变形镁合金的去应力退火

表 5-2 列出了变形镁合金的去应力退火工艺，这些去应力退火工艺可以最大程度地消除镁合金工件中的内应力。如果将镁合金挤压件焊接到镁合金冷轧板上，那么应适当降低退火温度并延长保温时间，从而最大限度地降低工件地变形，例如，应选用 250℃、60 min 退火，而不采用 260℃、15 min 退火。

表 5-2 变形镁合金的去应力退火工艺

合　金	温度/℃	时间/min	合　金	温度/℃	时间/min
薄板和厚板			AZ80A-F	260	15
AZ31B-0	345	120	AZ80A-T5	200	60
AZ31B-H24	150	60	ZC71A-T5	330	60
挤压件			ZK21A-F	200	60
AZ31B-F	260	15	ZK60A-F	260	15
AZ61A-F	260	15	ZK60A-T5	150	60

注：只有含铝量大于 1.5%（质量分数）的合金在焊接后需要去应力退火，以防止应力腐蚀开裂。

国内牌号变形镁合金常用的去应力退火工艺见表 5-3。

表 5-3 变形镁合金常用的去应力退火工艺

合金牌号	板 材		挤压件和锻件	
	温度/℃	时间/min	温度/℃	时间/min
MB1	200	60	260	15
MB2	150	60	260	15
MB3	250～280	30	—	—
MB15	—		260	15

B 铸造镁合金的去应力退火

凝固过程中模具的约束、热处理后冷却不均匀或者淬火引起的收缩等都是镁合金铸件中出现残余应力的原因。镁合金铸件中的残余应力一般不大，但是由于镁合金弹性模量低，因此在较低应力下就能使镁合金铸件产生相当大的弹性应变。因此，必须彻底消除镁合金铸件中的残余应力以保证其精密机加工时的尺寸公差，避免其翘曲和变形，以及防止 Mg-Al 铸造合金焊接件发生应力腐蚀开裂等。此外，机加工过程中也会产生残余应力，所以在最终机加工前最好进行中间去应力退火处理。镁合金铸件的去应力退火工艺见表 5-4，所有工艺都可以在不显著影响力学性能的前提下彻底消除铸件中的残余应力。

表 5-4 镁合金铸件的去应力退火工艺

合金	Mg-Al-Mn	Mg-Al-Zn	ZK61K	ZE41A
状态	所有	所有	T5	所有
工艺	260℃/1 h	260℃/1 h	330℃/2 h+ 130℃/48 h	330℃/2 h

5.1.1.2 完全退火

完全退火可以消除在塑性变形过程中产生的加工硬化效应，恢复和提高其塑性，以便进行后续变形加工。几种变形镁合金的完全退火工艺规范见表5-5。通常,这些工艺可以使镁合金制品获得实际可行的最大退火效果。对于MB8合金,当要求其强度较高时,退火温度可定在320～350℃之间。

表5-5　几种变形镁合金完全退火工艺

合金牌号	MB1	MB2	MB8	MB15
温度/℃	340～400	350～400	280～320	380～400
时间/h	3～5	3～5	2～3	6～8

由于镁合金的大部分成形操作在高温下进行,一般应对其进行完全退火处理。

5.1.1.3　固溶淬火＋人工时效处理

A　固溶淬火处理

镁合金经过固溶淬火后不进行时效可以同时提高其抗拉强度和伸长率。由于镁合金中原子扩散较慢,因而需要较长的加热(或固溶)时间以保证强化相充分溶解。镁合金砂型厚壁铸件的固溶时间最长,其次是薄壁铸件或金属型铸件,变形镁合金材料的最短。

Mg-Al-Zn合金经过固溶处理后,$Mg_{17}Al_{12}$相溶解到基体镁中,合金性能得到较大幅度提高。经固溶处理后,含有稀土元素的AM60B合金的显微组织由α-Mg固溶体、棒状$Al_{11}RE_3$相、粒状$Al_{10}Ce_2Mn_7$相以及网状和(或)岛状$Mg_{17}Al_{12}$相组成。该合金分别经过470℃下20 h、35 h和50 h固溶处理后,合金中的$Mg_{17}Al_{12}$相溶入基体镁中,但是稀土化合物$Al_{11}RE_3$和$Al_{10}Ce_2Mn_7$相不溶解,只是其形貌稍有改变。

B　人工时效处理

部分镁合金经过铸造或加工成形后,不进行固溶处理而是直接进行人工时效。这种工艺很简单,也可以获得相当高的时效强化效果。特别是Mg-Zn系合金,重新加热固溶处理将导致晶粒粗化,从而通常在热变形后直接人工时效,以获得时效强化效果。

C　固溶处理＋人工时效

固溶处理后人工时效(T6)可以提高镁合金的屈服强度,但会降低部分塑性,这种工艺主要应用于Mg-Al-Zn和Mg-RE-Zr合金。此外,含锌量高的Mg-Zn-Zr合金也可以选用T6处理以充分发挥时效强化效果。

例如,ZM5合金(Mg-Al-Zn系)的固溶处理温度为470～475℃,保温时间为8～12 h。保温时间的长短根据晶粒尺寸和工件尺寸大小来确定。高铝低锌镁合金晶粒长大倾向严重,其时效温度为185～200℃,低温时效时基体晶粒中会析出细小的沉淀相,提高合金的屈服强度而降低其塑性。

进行T6处理时,固溶处理获得的过饱和固溶体在人工时效过程中发生分解并析出第二相。时效析出过程和析出相的特点受合金系、时效温度以及添加元素的综合影响,情况十分复杂。目前,对镁合金时效析出过程的了解还不十分清楚。典型镁合金的时效析出相见表5-6。

表5-6　典型镁合金的时效析出相

合金系	时效初期(G.P.区等)	时效中期(中间相)	时效后期(稳定相)
Mg-Al	—	—	β相:$Mg_{17}Al_{12}$(立方晶)连续析出和不连续析出
Mg-Zn	G.P.区:板状(共格)	β″相:$MgZn_2$(六方晶,共格) β′相:$MgZn_2$(六方晶,共格)	β相:Mg_2Zn_3(三方晶,非共格)
Mg-Mn	—	—	α-Mn(立方晶)棒状
Mg-Y	β″相:DO_{19}型规则结构	β′相:底心正交晶	β″相:$Mg_{24}Y_5$(体心立方晶)
Mg-Nd	G.P.区:棒状(共格) β″相:DO_{19}型规则结构	β′相:面心立方晶	β相:$Mg_{12}Nd$(体心正方晶)
Mg-Y-Nd	β″相:DO_{19}型规则结构	β′相:$Mg_{12}NdY$(底心正交晶)	β相:$Mg_{14}Nd_2Y$(面心立方晶)
Mg-Ce	—	中间相(?)	β相:$Mg_{12}Ce$(六方晶)

续表 5-6

合金系	时效初期(G.P. 区等)	时效中期(中间相)	时效后期(稳定相)
Mg-Cd Mg-Dy	β″相:DO_{19}型规则结构	β相:正交晶	β相:$Mg_{24}Dy_5$(立方晶)
Mg-Th	β″相:DO_{19}型规则结构	—	β相:$Mg_{23}Th_6$(面心立方晶)
Mg-Ca Mg-Ca-Zn	—	—	Mg_2Ca(六方晶),添加 Zn 微细析出
Mg-Ag-RE(Nd)	G.P. 区:棒状及椭圆状	γ相:棒状(六方晶,共格) β相:等轴状(六方晶,半共格)	$Mg_{12}Nd_2Ag$:复杂板状(六方晶,非共格)
Mg-Sc	—	—	MgSc

D 热水中淬火+人工时效

镁合金淬火时通常采用空冷,也可以采用热水淬火 T61 来提高强化效果。特别是对冷却速度敏感性较高的 Mg-RE-Zr 系合金常常采用热水淬火。例如,Mg-2.2%～2.8% Nd-0.4%～1.0%Zr-0.1%～0.7%Zn 合金经过 T6 处理后其强度比相应的合金铸态合金高 40%～50%,而 T61 处理后强度可以比相应的合金铸态合金提高 60%～70%,且伸长率仍保持原有水平。

表 5-7 列出了镁合金铸件和变形制品推荐采用的固溶和时效处理工艺。

表 5-7 镁合金铸件和变形制品推荐采用的固溶和时效工艺

合金	最终状态	时效①		固溶处理③			人工时效处理	
		温度(±5)②/℃	时间/h	温度(±5)②/℃	时间/h	最高温度/℃	温度(±5)②/℃	时间/h
Mg-Al-Zn 铸件④								
AM100A	T5	232	5	—	—	—	—	—
	T4	—	—	406	16～24⑤	432	—	—
	T6	—	—	406	16～24⑤	432	232	5
	T61	—	—	406	16～24⑤	432	218	25
AZ63A	T5	260	4⑥	—	—	—	—	—
	T4	—	—	385	10～14	391	—	—
	T6	—	—	385	10～14	391	218	5⑤
AZ81A	T4	—	—	413	16～24⑤	418	—	—
AZ91C	T5	168	16⑦	—	—	—	—	—
	T4	—	—	413	16～24⑤	418	—	—
	T6	—	—	413	16～24⑤	418	168	16⑧
AZ92A	T5	260	4	—	—	—	—	—
	T4	—	—	407⑨	16～24⑨	413	—	—
	T6	—	—	407⑨	16～24⑨	413	218	5
Mg-Zn-Cu 铸件								
ZC63A⑩	T6	—	—	340	4～8	445	200	16
Mg-Zr 铸件								
EQ21A⑩	T6	—	—	520	4～8	530	200	16
EZ33A	T5	175	16	—	—	—	—	—
QE22A⑩	T6	—	—	525	4～8	538	204	8
QH21A⑩	T6	—	—	525	4～8	538	204	8

续表 5-7

合 金	最终状态	时效①		固溶处理③			人工时效处理	
		温度(±5)②/℃	时间/h	温度(±5)②/℃	时间/h	最高温度/℃	温度(±5)②/℃	时间/h
WE43A⑩	T6	—	—	525	4～8	535	250	16
WE54A⑩	T6	—	—	527	4～8	535	250	16
ZE41A	T5	329	2⑪	—	—	—	—	—
ZE63A⑫	T6	—	—	480	10～72	491	141	48
ZK51A	T5	177	12⑬	—	—	—	—	—
ZK61A	T5 T6	149 —	48 —	499⑭	— 2⑭	— 502	— 129	— 48
变形制品								
ZK60A	T5	150	24	—	—	—	—	—
AZ80A	T5	177	16～24	—	—	—	—	—
ZC71A⑩	T5	180	16	—	—	—	—	—
ZC71A⑩	T6	—	—	449	4～8	435	180	16

注：适于截面厚度不大于 50 mm 的铸件，截面厚度大于 50 mm 的铸件在同一温度下的保温时间更长。

① 从加工态 F 时效到 T5 态。

② 特殊应用处例外。

③ 在固溶处理后和时效处理之前，通过快速风扇冷却将铸件冷却到室温，不同要求处除外。在 400℃ 以上使用 CO_2、SO_2 或含 1.5%SF_6 的 CO_2 气体作为保护气氛。

④ 对于固溶处理 Mg-Al-Zn 合金在 260℃ 下装入炉内，按照相同的升温速率在 2 h 以上的时间内升到规定的温度。

⑤ 为了防止晶粒过分长大，也可以采用(413±5)℃/6 h、(352±5)℃/2 h、(413±5)℃/10 h 处理。

⑥ 也可以采用(232±5)℃/5 h 处理。

⑦ 也可以采用(216±5)℃/4 h 处理。

⑧ 也可以采用(216±5)℃/(5～6)h 处理。

⑨ 为了防止晶粒过分长大，也可以采用(413±5)℃/6 h、(352±5)℃/2 h、(407±5)℃/10 h 处理。

⑩ 在 65℃ 的清水或其他适宜介质中从固溶温度处淬火。

⑪ 此处理足以保证获得令人满意的性能；随后进行(177±5)℃/15 h 的处理可以略微提高力学性能。

⑫ ZE63A 合金必须在特殊的氢气气氛中固溶处理，因为该合金的力学性能是通过某些合金化元素的氢化来提高的。氢化时间取决于截面厚度，一般说来，6.4 mm 厚截面大约要求 10 h，19 mm 厚截面要求 72 h 左右。固溶处理后，ZE63A 合金应该在油、水雾或气流中淬火。

⑬ 也可以采用(218±5)℃/8 h 处理。

⑭ 也可以采用(482±5)℃/10 h 处理。

E 重复热处理

通常情况下，当镁合金铸件经热处理后其力学性能达到了期望值时，很少再进行重复热处理。不过，如果镁合金铸件热处理后的显微组织中化合物含量过高，或者在固溶处理后的缓冷过程中出现了过时效时，就要求进行二次热处理。大部分镁合金在二次热处理时晶粒不易过分长大。为了防止晶粒过分长大，Mg-Al-Zn合金进行二次热处理时的固溶时间应该限制在 30 min 以内(假设在前面热处理过程中铸件的厚截面部分已充分固溶)。

5.1.1.4 氢化处理

氢化处理可以显著提高 Mg-RE-Zr 合金的力学性能。在 Mg-Zn-RE-Zr 合金中，粗大块状的 Mg-Zn-RE 化合物沿晶界呈网状分布，这种合金相十分稳定，很难溶解或破碎。Mg-Zn-RE-Zr 合金在氢气中进行固溶处理(480℃ 左右)时，H_2 沿晶界向内部扩散，并与偏聚于晶界的 MgZnRE 化合物中的 RE 发生反应,生成不连续的颗粒状稀土氢化物。由于 H_2 与 Zn 不发生反应,从而当 RE 从 MgZnRE 相中分离出来后,被还原的 Zn 原子溶于 α 固溶体中,导致固溶体中锌过饱和度增加。Mg-Zn-RE-Zr 合金时效后在晶粒内部生成了细针状的沉淀相(β″或β′)且不存在显微疏松,从而合金强度显著提高,伸长率和疲劳强度也明显改善,综合性能优异。表 5-8 列出了 ZM8 合金氢化处理前后的力学性能。

表 5-8 ZM8 合金氢化处理前后的力学性能

处理条件	σ_b/MPa	σ_s/MPa	δ/%
铸 态	160	129	2
480℃,H_2 中加热 24 h,空冷	292	127	12.1
氢化处理后 150℃时效 24 h	316	223	7.1

由于 H_2 在镁中的扩散速度小,因此 Mg-Zn-RE-Zr 合金厚壁件的氢化处理时间极长。例如,ZE63 合金(Mg-5.8%Zn-2.5%RE-0.7%Zr,与 ZM8 相当)在 480℃、0.1 MPa(1atm)下,H_2 的渗入速度仅为 6 mm/24 h,平均每 4 h 渗入 1 mm。增加 H_2 的压力可以提高渗入速度,但是由于氢化物的形成速度很慢,所以氢化处理通常只适用于薄壁件。

5.1.2 工艺操作和工艺参数对镁合金材料热处理性能的影响

5.1.2.1 装炉状态

装炉前必须将镁合金工件表面的粉尘、细屑、油污和水汽等清除干净,保证表面清洁和干燥,特别是高温固溶处理时要尤为注意。由于不同镁合金的熔点不同,因此同一炉次只能装一种合金。镁合金工件必须在炉内排列整齐,且相邻工件间应预留足够的空隙,以便于热风流通,保证温度均匀性。

5.1.2.2 工件的截面厚度

为了保证加热均匀,表 5-7 列出的热处理时间对中等截面厚度的镁合金铸件在正常装炉量下进行热处理时比较理想。厚截面(50 mm 以上)镁合金铸件的固溶时间应该适当延长,通常是同一固溶温度下保温时间的 2 倍。例如,AZ63A 铸件常用的固溶工艺是 385℃/12 h,但是当截面厚度超过 50 mm 时,宜采用 385℃/25 h。类似地为了防止 AZ92A 铸件中晶粒的过分长大,宜选用的固溶处理工艺是 405℃/6 h、350℃/2 h 和 405℃/10 h;但是当铸件截面厚度超过 50 mm 时,宜采用 405℃/19 h 的固溶处理工艺。

通过观察镁合金铸件厚截面处中心的显微组织,可以判断固溶时间是否合适。如果铸件截面中心的显微组织中化合物含量少,那么说明铸件已进行充分热处理。

5.1.2.3 加热温度与保温时间

目前,镁合金件厚度与固溶加热时间的关系尚未完全确定。由于镁合金的热导率高而且体积比热容低,因此可以很快达到保温温度。通常是先装炉,当装满工件的炉子升温至规定温度时开始计算保温时间。影响保温时间的因素很多,主要有加热炉的种类和容积、装炉量、工件的尺寸和截面厚度,以及工件在炉内的排列方式等。当炉子容积较小,且装炉量大、工件尺寸较大且截面厚度大于 25 mm 时,必须考虑适当地延长保温时间。

从图 5-2 中的数据可以看出,镁合金的力学性能随着表 5-7 中热处理时间和温度的变化在很宽范围内发生变化。虽然 QE22A-T6 的试棒经过 540℃/4 h 固溶处理后可以获得最高的力学性能,如图 5-2 所示,但是经过 525℃/8 h 固溶处理后,铸件由于塌陷而产生的变形比前者小。在 540℃以上固溶时还存在局部重熔的危险。

5.1.3 热处理设备

通常使用电炉或燃气炉对镁合金进行固溶处理和人工时效,炉内需要配备高速风扇或者其他可用来循环气体以提高炉温均匀性的装置,炉膛工作区的温度波动必须控制在 ±5℃ 范围内。加热炉同时需要配置可靠性高的超温断电装置和报警系统。由于固溶处理的保护气氛中有时含有 SO_2,从而使用气密性好且有保护气体入口的炉子比较合适。此外,热处理炉内还必须装有足够的热电偶,以便能连续、实时地测量炉温,炉内任何一点的温度都不能超过最

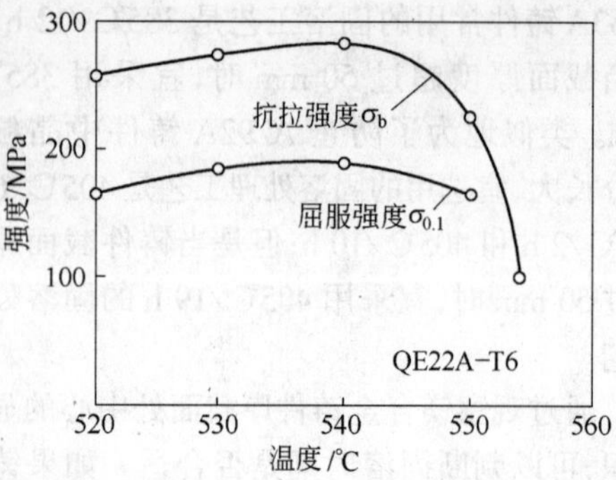

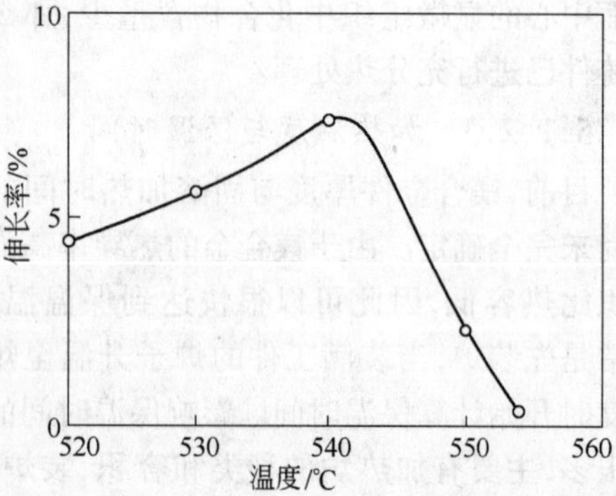

图 5-2 固溶温度对 QE22A-T6 合金拉伸性能的影响
(圆棒试样由 ϕ25 mm 的铸造试棒加工而成，状态：固溶温度下保温 4 h)

高允许温度。热源必须屏蔽良好，以免镁合金工件因受热辐射时而产生局部过热。在使用不锈钢作屏蔽装置时，必须避免加热过程中钢件的氧化皮落在镁合金工件上，否则会导致工件腐蚀。镁合金在热处理时较少采用盐浴，禁止使用硝盐。

5.1.4 热处理质量的控制与检测

5.1.4.1 温度控制

Mg-Al-Zn 系合金在进行固溶处理时，应该在 260℃左右装炉，然后缓慢升温至合适的固溶温度，以防止共晶化合物发生熔化而形成熔孔。从 260℃升温至固溶温度所需的时间取决于装炉量，工件的成分、尺寸、质量和截面厚度等，通常为 2 h。其他所有可以热处理强化的镁合金，可分别在固溶温度和时效温度下装炉，保温适当时间后在静止的空气中冷却。

镁合金在热处理时对温度控制精度的要求较为严格，固溶处理时允许的最大温度波动范围为±5℃。因此，需要精确控制热处理炉的炉温并保证其温度分布均匀，同时要求炉子具有良好的密封性。

5.1.4.2 变形控制

镁合金在加热时强度会降低，从而工件在自重作用下容易变形。同时，工件中的应力在加热过程中被逐步释放或消除，也可能导致镁合金工件弯曲。镁合金工件的变形或弯曲在很大程度上受工件尺寸、形状和截面厚度的影响。因此，需要根据这些因素和工件尺寸精度的要求，采用合适的支撑方法或选择适当的旋转位置来减轻或消除镁合金工件的变形。有时，采用专门的夹具和支架来防止工件变形。不论采取何种措施，都不应该影响工件周围的热循环。采用夹具等措施虽然能够减小工件的弯曲和变形，但是某些镁合金铸件在热处理后仍然需要矫直。在固溶处理后人工时效前进行矫直比较合适。

5.1.4.3 淬火介质的选择

镁合金固溶体的分解速率小，因而固溶处理后，通常需要在静止的空气中淬火。如果是厚截面工件且装炉密度大，那么宜选择人工强制气冷，但 QE22A 合金例外。QE22A 合金在 60～95℃下水淬可以获得最佳的力学性能，但是其工件会因剧烈的水淬而变形，因此可以选择冷却速度高于 3℃·s^{-1}的空冷淬火。镁合金工件选用乙二醇或者油作为淬火介质时可以获得良好的力学性能，同时工件变形程度小。表 5-9 列出了不同淬火介质对 QE22A-T6 合金平均拉伸性能的影响。

表 5-9 不同淬火介质对 QE22A-T6 合金平均拉伸性能的影响

淬火介质	σ_b/MPa	$\sigma_{0.2}$/MPa	δ①/%
静止空气②	232	158	3.8
人工气流②	250	182	3.5
115℃水②	270	190	3.0
室温下 30%乙二醇溶液③	269	190	3.0

① 标距 50 mm 内。
② 用 ϕ25 mm 的铸造试棒加工而得的圆棒试样测得各性能值。
③ 用铸件加工而得的圆棒试样测得各性能值。

5.1.4.4 保护气氛的选择

通常，镁合金进行固溶处理时都使用保护气氛。根据镁合金铸件热处理操作的有关标准，当固溶温度超过400℃时，必须使用保护气氛，以防止镁合金铸件表面氧化，表面氧化严重时铸件的强度会降低和燃烧。

保护气体在热处理炉内循环流动，其循环速率要快，以便所有工件的温度分布均匀一致，其中最小循环速率随热处理炉设计和实际装炉情况不同而变化。

SF_6、SO_2 和 CO_2 是镁合金热处理时最常用的三种保护气氛。此外，某些惰性气体(如 Ar、He 等)也可用作保护气氛，但因其成本高而很少实际应用。SO_2 可以是瓶装的，也可以随炉加入一些黄铁矿(FeS_2)，每立方米炉膛容积加入1～2 kg，加热时黄铁矿分解放出 SO_2 气体。CO_2 可以是瓶装的，也可以从燃气炉中的循环气体中获得。CO_2 与0.5%～1.5% SF_6(体积分数)组成的混合气体可以防止镁合金在600℃以上发生剧烈燃烧。在镁合金没有熔化的情况下，体积分数为0.7%(最小0.5%)的 SO_2 可以防止镁合金在565℃下剧烈燃烧，体积分数为3%的 CO_2 可以防止其在510℃下燃烧，体积分数为5%的 CO_2 可以在540℃左右为镁合金提供保护。

SF_6 具有无毒、无腐蚀性的优点，但是其价格远高于 SO_2 或 CO_2。SO_2 也比等体积的 CO_2 贵得多，但是由于保护气氛中 SO_2 的体积分数只是 CO_2 体积分数的1/6，从而使用 SO_2 瓶装气体作为保护气氛成本也较低。如果使用燃气炉，则可以循环利用燃烧气体制备保护气氛，此时作用 CO_2 成本较低。

由于 SO_2 会形成腐蚀性的硫酸，对炉中设备有腐蚀作用，所以使用 SO_2 作为保护气氛时要求经常清理炉子的控制和夹紧装置并更换炉子部件。SO_2 对铝合金也有腐蚀作用，因此不能在镁合金热处理炉中处理铝合金。如果确实需要在同一炉膛中处理镁、铝合金，则应使用 CO_2 保护气体。

5.1.4.5 各种镁合金材料的热处理制度的确定

根据试验研究和生产实践考验，合理制订各种镁合金材料的热处理制度，是控制各种镁合金材料质量的关键。热处理制度包括确定热处理时的加热温度、保温时间、冷却速度、装炉量及升温速度、介质成分与温度、保护气氛等。在生产中应严格执行热处理工艺，才能保证镁合金材料的组织、力学性能、尺寸和形状以及表面质量等达到技术标准的要求。表5-10～表5-13列举了各种镁合金材料的热处理制度。

表 5-10 Mg-Al-Zn 系合金铸锭的均匀化退火工艺

合金	加热温度/℃	保温时间/h	冷却方式
MB2	390～410	10～20	空冷
MB3	380～400	8	
	410～425	6	
MB5	390～405	10～20	
MB7	390～405	10～20	

表 5-11 Mg-Al-Zn 系合金常用的热处理工艺

材料	退火	固溶处理	固溶处理+人工时效
MB2	280～350℃/3～5 h，空冷	—	—
MB3 板材	250～280℃/0.5 h，空冷	—	—
MB5 板材、管材	320～350℃/0.5 h，空冷	—	—
MB5 锻件、模锻件	320～350℃/4 h，空冷	—	—
MB6	320～350℃/4～6 h，空冷	分段加热：340℃/2～3 h 380℃/4～10 h	—
MB7 锻件、模锻件	350～380℃/3～6 h，空冷	410～425℃/2～6 h，空冷	410～425℃/2～6 h，空冷 175～200℃/8～16 h，空冷
MB7 棒材、型材	350～380℃/3～6 h，空冷	—	175～200℃/8～16 h，空冷

表 5-12　MB15 合金的热处理工艺

材　料	人工时效	固溶处理＋人工时效
挤压棒材、型材	(170±5)℃/10 h,空冷	—
锻　件	(160±5)℃/24 h,空冷	固溶处理:500℃/2 h,空冷 人工时效:170℃/24 h,空冷

表 5-13　MB1 和 MB8 合金的完全退火工艺

合金	加热温度/℃	保温时间/min	冷却方式
MB1 板材	320～350	30	空冷
MB8 板材	260～350	30	空冷
MB8 锻件、模锻件	250～280	60	空冷

注：MB8 合金板材要求较高强度时,可在 260～290℃退火;要求较高塑性时,可在 320～350℃退火。

5.1.4.6　镁合金材料热处理后的力学性能

表 5-14 给出了常用镁合金的热处理工艺及标准力学性能。

5.1.4.7　镁合金铸件的尺寸稳定性控制

所有的铸造镁合金在 95℃左右正常使用时具有良好的尺寸稳定性,几乎没有尺寸变化。某些 Mg-Al-Mn 和 Mg-Al-Zn 铸造合金在 95℃以上保温较长时间后,尺寸会缓慢增大。$Mg_{17}Al_{12}$相的析出是铸件尺寸不稳定的主要原因。由于母相和析出相的密度不同,因此铸件尺寸会发生变化。随着 $Mg_{17}Al_{12}$ 相的不断析出,铸件的尺寸变化逐渐减小,经 T6 态处理后 Mg-Al 系合金铸件的尺寸稳定性比 T4 态的高。Mg-Al系合金铸件仅通过 T5 处理也能改善力学性能和提高尺寸稳定性。

与 Mg-Al-Zn 合金的长大特性相反,以 RE 和 Zr 为主要合金化元素的镁合金(通常以 T5 或 T6 态使用)在高温下长时间保温时会出现尺寸收缩现象,见表 5-15。

表 5-14　常用镁合金的热处理工艺及标准力学性能

合　金	状　态	热处理工艺				力学性能			JIS 相当合金
		固溶处理		人工时效					
		温度/℃	时间/h	温度/℃	时间/h	$\sigma_{0.2}$/MPa	σ_b/MPa	δ/%	
AM100A	F	—	—	—	—	83	150	2	MC5
	T4	425	16～24	—	—	90	275	10	
	T61	425	16～24	205	24	150	275	1	
AZ63A	F	—	—	—	—	97	200	6	MC1
	T4	385	10～14	—	—	97	275	12	
	T5	—	—	260	4	105	200	4	
	T6	385	10～14	230	5	130	275	5	
AZ81A	T4	413	18	—	—	83	275	15	—
AZ91C AZ91D	F	—	—	—	—	97	165	2.5	MC2A MC2B
	T4	415	16～24	—	—	90	275	15	
	T6	415	16～24	215	4	145	275	6	
AZ92A	F	—	—	—	—	97	170	2	MC3
	T4	405	16～24	—	—	97	275	10	
	T5	—	—	230	5	115	170	1	
	T6	405	16～24	260	4	150	275	3	
EQ21A	T6	520	8	200	16	170	235	2	—
EZ33A	T5	—	—	215	5	110	160	3	MC8
QE22A	T6	525	4～8	205	8～16	195	260	3	MC9
WE43A	T6	525	8	250	16	165	250	2	—
WE54A	T6	525	8	250	16	172	250	2	—
ZC63A	T6	440	8	190	16～24	125	210	4	—

续表 5-14

合金	状态	热处理工艺				力学性能			JIS 相当合金
		固溶处理		人工时效					
		温度/℃	时间/h	温度/℃	时间/h	$\sigma_{0.2}$/MPa	σ_b/MPa	δ/%	
ZE41A	T5	—	—	(330℃/3 h)+(180℃/16 h)		140	205	3.5	MC10
ZK51A	T5	—	—	220 175	8 12	140	205	3.5	MC6
ZK61A	T5 T6	— 480	— 10	130 130	5 48	185 195	310 310	— 10	MC7
AZ80A	T5	—	—	180	16	275	380	7	MB3、MS3
WE43A (MB)	T5 T6	— 525	— 4~8	200 250	24 16	196 160	270 260	15 15	— —
WE54A MB	T5 T6	— 525	— 4~8	200 250	24 16	215 190	315 275	10 10	— —
ZC71(MB)	T6	435	8	180	16	185	285	12	—
ZK40A	T5	—	—			255	276	4	—
ZK60A	T5 T6	— 500	— 1	150 150	24 24	305 330	365 365	11 —	MB6 MS6

注:JIS 为日本机械工业协会标准;MC 为铸造材;MB 为挤压棒材;MS 为挤压型材。

表 5-15 高温下 EZ33A-T5 铸造镁合金的尺寸收缩(单位长度收缩量 100 $\mu m \cdot m^{-1}$)

温度/℃	保温时间/h				温度/℃	保温时间/h			
	10	100	1000	5000		10	100	1000	5000
205	1.1	1.3	1.3	1.3	315	1.2	1.5	1.7	1.8
260	1.3	1.6	1.8	1.9	370	1.0	1.2	1.3	1.4

5.1.4.8 镁合金材料热处理质量的检测

A 硬度试验

硬度试验具有速度快、操作简单、可以在热处理工件上直接进行而无需专门制备试样等优点。其中最常用的是布氏和洛氏硬度试验,但是对于薄截面镁合金工件,有时也采用洛氏表面硬度试验。晶粒较大、硬度较低的镁合金宜采用布氏硬度计测定硬度,以获得最佳试验结果。镁合金的强度通常随硬度的增加而提高,然而由于与硬度对应的强度指标很分散,因此不能用硬度计算强度,所测得的硬度值仅仅作为评定镁合金热处理质量的参考。

B 拉伸试验

拉伸试验能更准确地衡量镁合金的热处理质量,但是试验时需要专门拉伸试样。虽然镁合金铸件经过机加工后得到的试样更能代表铸件的真实性能,但是一般采用单独铸造后不经机加工的试样。通常按照 ASTM 标准进行试验,以保证试验结果的一致性。

C 显微组织检查

热处理态镁合金制成金相试样后检查显微组织,并与标准的组织照片比较,可以衡量镁合金的热处理质量。检查内容主要包括:铸造合金中的粗大化合物、铸造合金经过不适当固溶处理后的孔隙和熔孔、铸造和变形合金的晶粒度,以及挤压、锻造或轧制合金中的粗大化合物。

显示镁合金金相显微组织所用的浸蚀剂见表 5-16。

表 5-16　显示镁合金金相显微组织的浸蚀剂

浸蚀剂组成	浸蚀时间/s	操作程序	应用范围
浓硝酸 0.5 mL + 乙醇 99.5 mL	3~5	用浸蚀剂将试样表面浸湿,然后用乙醇洗涤	显示铸造镁合金的显微组织
浓硝酸 0.5 mL + 乙醇 99.5 mL	5~10	将试片表面浸入浸蚀剂中,用热水洗涤,然后干燥	显示热处理后镁合金的显微组织
乙二醇或二乙二醇醚 75 mL + 蒸馏水 24 mL + 浓硝酸 1 mL	5~10(热处理前) 1~2(热处理后)	将浸蚀剂涂在试样上,经过数秒后用热水洗涤试样,然后干燥	显示铸造或时效镁合金的显微组织
乙二醇或二乙二醇醚 60 mL + 醋酸 20 mL + 浓硝酸 1 mL + 蒸馏水 19 mL	5~30	将浸蚀剂涂在试样上,经过数秒后,用棉花擦掉,用热水洗涤试样,然后在空气流下干燥	显示经过热处理的铸造或变形镁合金的显微组织
酒石酸 2 mL + 蒸馏水 98 mL	5~10	用浸有浸蚀剂的棉花擦拭试样,用热水洗涤,然后干燥	显示经过热处理的铸造或变形镁合金的晶粒边界
正磷酸 0.7 mL + 苦味酸 4.3 mL + 乙醇 95 mL	5~10	用浸有浸蚀剂的棉花擦拭试样,然后用乙醇洗涤	显示铸造或变形镁合金晶粒边界
苦味酸 5g + 醋酸 5g + 蒸馏水 10 mL + 乙醇 100 mL	5~10	用浸蚀剂将试样表面浸湿,然后用乙醇洗涤	显示变形镁合金晶粒边界
柠檬酸 5 mL + 蒸馏水 95 mL	5~30	用浸蚀剂将试样表面浸湿,用热水洗涤,然后干燥	显示 Mg-Mn 系变形镁合金的晶粒边界
质量分数为 48% 的氢氟酸 1 mL + 蒸馏水 99 mL	10~20	用浸有浸蚀剂棉花擦拭试样,用热水洗涤若干次,然后干燥	显示 Mg-Al 和 Mg-Al-Zn 系合金铁显微组织。浸蚀剂能使晶粒边界变暗,所以适用于含铝量低的合金
草酸 2 mL + 蒸馏水 98 mL	2~5	用浸有浸蚀剂的棉花擦拭试样	显示铸造或变形镁合金的显微组织
① 质量分数为 48% 的氢氟酸 10 mL + 蒸馏水 90 mL; ② 质量分数为 5% 的(苦味酸 5 g + 乙醇 100 mL)10 mL + 蒸馏水 90 mL	① 1~2 ② 15~30	用浸有浸蚀剂①的棉花擦拭试样,先用水洗涤,然后用乙醇洗涤,接着用浸有浸蚀剂②棉花擦拭试样,洗涤并干燥	显示 Mg_4Al_3 成黑色, $Mg_xAl_xZn_x$ 成白色

5.1.5　镁合金材料热处理缺陷分析

镁合金热处理时容易产生的五种常见缺陷是:氧化、过烧、弯曲与变形、晶粒异常长大和性能不均匀。

5.1.5.1　氧化

如果镁合金工件进行热处理时没有使用保护气体,则会发生局部氧化甚至在炉火内起火燃烧。通常向热处理炉内通入 0.5%~1.5% SO_2(体积分数)或 3%~5% CO_2(体积分数),或含 0.5%~1.5% SF_6(体积分数)的 CO_2 保护气体,或惰性气体来避免镁合金工件的氧化。惰性气体由于成本过高而较少应用。此外,需要保证炉膛的清洁、干燥和密封。

5.1.5.2　过烧

加热速度太快、加热温度超过了合金的固溶处理温度极限,以及合金中存在较多的低熔点物质时,镁合金工件容易出现过烧现象。通常采用分段加热或从 260℃ 升温至固溶处理温度的时间要大于 2 h,并将炉温波动控制在 ±5℃ 范围以内,以及降低锌含量至规定的下限等方法来避免镁合金工件的过烧。

5.1.5.3　弯曲与变形

热处理过程中没有使用夹具或支架、工件缺少支撑以及热量分布不均匀等都会导致镁合金工件弯曲和变形。为了减小或消除镁合金工件的弯曲与变形,需要对以下几个方面加以注意。对于截面薄、跨度长的工件需要支撑;对于形状复杂的工件应使用夹具或成形支架等；对于壁厚不均匀的工件将薄壁部分用石棉包扎起来。同时，需要合理放置炉内工件以保证炉内气氛的良好循环和热量的均匀分布。通过退火处理可以消除铸件中的残余应力。此外，在热处理过程中加热速度要保持适中。

5.1.5.4 晶粒异常长大

逐层凝固时使用冷铁，导致局部冷却太快，如果随后热处理时没有预先消除内应力则容易导致镁合金出现晶粒异常长大现象。热处理前进行消除应力处理、铸造时注意选择适当的冷铁以及固溶处理时采用间断加热法可以有效避免镁合金晶粒的异常长大。

5.1.5.5 性能不均匀

炉温不均匀、炉内热循环不充分或者炉温控制不精确、厚截面工件的固溶处理时间不够和工件冷却速度不均匀等是导致镁合金工件性能不均匀的主要原因。防止镁合金性能不均匀的主要措施有：用标准热电偶校对炉温；控制炉温的热电偶要放在炉温要求均匀的地方；装炉时必须保证炉内充分的热循环；定期检查加热炉的控温装置以确保其工作正常；对于厚截面工件适当延长固溶处理时间，以获得完全均匀一致的组织；必要时进行二次热处理。

5.1.6 镁合金热处理安全技术

不正确的热处理操作不但会损坏镁合金铸件，而且可能引起火灾，因此必须十分重视热处理时的安全技术。

加热前要准确地校正仪表，检查电气设备。装炉前必须把镁合金工件表面的毛刺、碎屑、油污或其他污染物及水汽等清理干净，并保证工件和炉膛内部的干净、干燥。镁合金工件不宜带有尖锐棱角，而且绝对禁止在硝盐浴中加热，以免发生爆炸。生产车间必须配备防火器具。炉膛内只允许装入同种合金的铸件，并且必须严格遵守该合金的热处理工艺规范。

由于设备故障、控制仪表失灵或操作错误导致炉内工件燃烧时，应当立即切断电源，关闭风扇并停止保护气体的供应。如果热处理炉的热量输入没有增加，但炉温迅速上升且从炉中冒出白烟，则说明炉内的镁合金工件已发生剧烈燃烧。

绝对禁止用水灭火。镁合金发生燃烧后应该立刻切断所有电源、燃料和保护气体的输送，使得密封的炉膛内因缺氧而扑灭小火焰。如果火焰继续燃烧，那么根据火焰特点可以采取以下几种灭火方法。

如果火势不大，而且燃烧的工件容易安全地从炉中移出时，应该将工件转移到钢制容器中，并且覆盖上专用的镁合金灭火剂。如果燃烧的工件既不容易接近又不能安全地转移，则可用泵把灭火剂喷洒到炉中，覆盖在燃烧的工件上面。

如果以上几种方法都不能安全地灭火，则可以使用瓶装的 BF_3 或 BCl_3 气体。BF_3 气体通过炉门或炉壁中的聚四氟乙烯软管将高压的 BF_3 气体从气瓶通入炉内，最低含量为 0.04 %（体积分数）。持续通入 BF_3，直到火被扑灭而且炉温降至 643 K 以下再打开炉门。BCl_3 气体也通过炉门或炉壁中的管道导入炉内，含量约为 0.4%（体积分数）。为了保证足够的气体供应，最好给气瓶加热。BCl_3 可与燃烧的镁反应生成浓雾，包围在工件周围，达到灭火目的地。持续通入 BCl_3，直到火被扑灭而且炉温降至 643 K 为止。在完全密封的炉子内，可以使用炉内风扇使得 BF_3 或 BCl_3 气体在工件周围充分循环。

BCl_3 是优先选用的镁合金灭火剂，但是 BCl_3 的蒸气具有刺激性，与盐酸烟雾一样，对人体健康有害。BF_3 在较低浓度下就能发挥作用，同时不需要给气瓶加热就能保证 BF_3 气体的充足供应，而且其反应产物的危害性比 BCl_3 的小。如果镁合金已燃烧了较长时间，并且炉底上已有很多液态金属，则上述两种气体也不能完全扑灭火焰，但仍有抑制和减慢燃烧的作用，可与其他灭火剂配合使用达到灭火目的。可供选择的灭火剂还有：干燥的铸铁屑、石墨粉、重碳氢化合物和熔炼镁合金用熔剂（有时）等。这些物质可以隔绝 O_2，从而闷熄火焰，扑灭火灾。

扑灭镁合金火灾时，除了要配备常规的人

身安全保护设施外，还应该配戴有色眼镜，以免镁合金燃烧时发出的强烈白光伤害眼睛。

有关镁合金生产安全技术，请参阅本书第11章。

5.2　镁合金材料的精整、矫直和包装

镁及镁合金材料，无论是铸件、压铸件等铸造产品，还是板材、型材、棒材、管件、模锻件等塑性成形产品，在成形和固溶、淬火处理后都存在残余应力和残余变形，尺寸和形位精度可能达不到技术标准的要求，因此需要进行矫直。另外，表面也会残留润滑剂、灰渣、氧化皮等脏物，因此需要精整和清理，此外，铸件和模锻件的浇口和毛边、飞边，挤压产品的头尾需要切除，并切成定尺，才能包装交货。因此，精整、矫直和包装是镁及镁合金材料生产中的重要一环。

5.2.1　镁及镁合金铸件的矫直与精整

5.2.1.1　修整

镁合金压铸件出模后，先要进行修整处理，除去多余的金属，如工艺余块、小块金属、飞边、熔渣、漏道结块、溢出物、排气孔等。修整可与钻孔、修边等工序相结合。一般采用修整模进行，还可起到矫正的作用。修整模的复杂性取决于产品的结构、形状及尺寸和形位精度要求，简单的开闭模比较常见，但有时也要与钻孔、冲头的移动滑块结合。一般来说，修整模的精度决定了成品的质量与尺寸。如果在热处理(T4、T6)产生了热处理变形，则还需要矫直或机加工修正。

5.2.1.2　机加工

一些镁合金压铸件最近净成形的，修整后不需要进一步加工。有些需要进行机械抛光，如振动、超声波或喷丸处理等来改善表面质量。一些近净成形、公差严格和重复性好的铸件需要进行高精度的二次机加工处理。此外，可通过在压铸件上设计定位孔或其他部分与机加工夹具相配合来实现工件精确定位。

5.2.1.3　表面处理

镁合金的抗蚀性较差，其压铸件一般需要进行化学防锈处理和表面喷涂。防蚀处理方法常采用钝化剂进行钝化和表面阳极氧化处理。为了提高表面质量，一般要进行喷涂和喷丸处理。另外有些压铸件可使用陶瓷振动抛光处理来获得均匀表面，并去除残留的飞边和尖角。如有必要，也可使用研磨、抛光和其精整工艺来改善表面质量和状态。

5.2.2　镁合金模锻件的矫直与精整

5.2.2.1　锻件的切边与整形

控制镁合金锻件切边裂纹也是镁合金锻造中关键技术之一。镁合金在低于220℃，塑性差。对拉应力很敏感；在高温下时质地很软，黏性大，易拉伤。镁合金锻件毛边的切除，通过采用带锯冷切割、冷铣切或切边模热切(热裁)等方法。

带锯和铣床冷铣切适用于生产批量不大、形状简单或尺寸较大的镁合金锻件，它不产生裂边，可省去切边模。

在裁边压力机上热裁毛边时，一般采用咬合式模具，尽可能使凸凹模的间隙小或无间隙，避免切边裂纹的产生，切边温度应控制在200~300℃之间。

模具切边的优点是劳动强度小，工作比较安全，切边质量较高，生产效率也高。但切边模具昂贵，用途十分专一，一套切边模只能切割一种锻件的毛边，切割镁合金锻件时还容易产生毛边裂纹。

切边模的设计是根据锻件的形状进行的。对于图5-3中的型式A，切边凸模和凹模之间的间隙δ，根据高度h按表5-17中的型式A确定。当高度为变值时，间隙δ按最小高度定。对于图5-3中的型式B，凸模和凹模之间的间隙δ，应根据毛边厚度a按表5-17中的型式B确定。

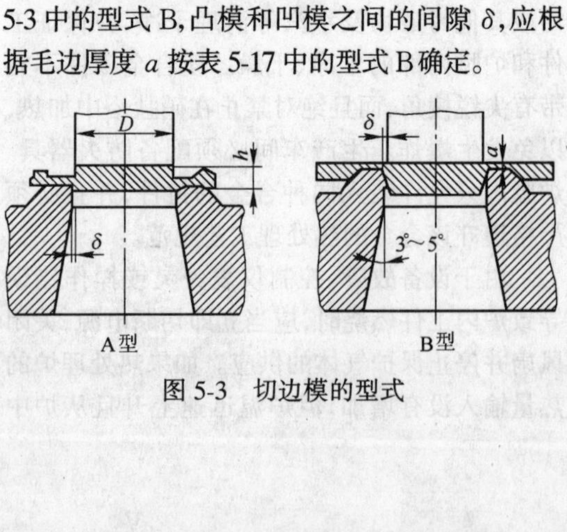

图5-3　切边模的型式

表 5-17 切边模的凸、凹模间隙 δ(与图 5-3 对照)

型式 A			型式 B	
h/mm	D/mm	δ/mm	a/mm	δ/mm
<10	<30	0.5	3.0	0.25
10~25	30~60	1.0	4.0	0.30
>25	>60	1.5	5.0	0.40
			6.0	0.50
			7.0	0.60
			8.0	0.65
			9.0	0.70
			10.0	0.80
			11.0	0.90
			12.0	0.95
			13.0	1.00
			14.0	1.10
			15.0	1.20
			20.0	1.50

切边凸模与凹模之间的间隙 δ 也可以按下列公式确定：

$$\delta=(0.07\sim0.1)a \tag{5-1}$$

式中 a——毛边厚度。

制造切边模时，凸模与模锻件相接触的表面应仔细研合，以免锻件产生锉伤。凸模与凹模之间的间隙 δ 一般不大于 1.5 mm。

镁合金锻件切边时的切边力按下式确定：

$$P = \sigma_{剪} L(a+\delta+1.2R) \tag{5-2}$$

式中 $\sigma_{剪}$——剪切抗力，MPa；

L——剪切周长，mm；

a——毛边的名义厚度，mm；

δ——锻件厚度的正偏差，mm；

R——毛边桥出口处的半径，mm。

图 5-4 为镁合金锻件的冲孔型式。镁锻件

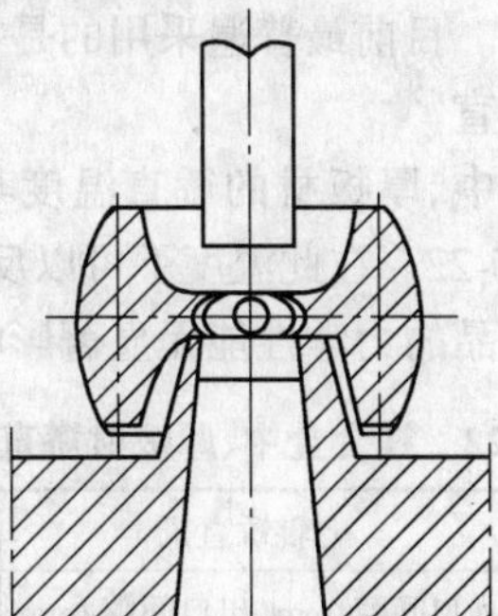

图 5-4 镁合金锻件的冲孔型式

的冲孔力按下式确定：

$$P=\sigma_{剪}(a_1+\delta_1) \tag{5-3}$$

式中 a_1——冲孔连皮的名义厚度，mm；

δ_1——冲孔连皮厚度的正偏差，mm。

目前也有采用等离子切边、光电跟踪切边机来代替模具和带锯切边。等离子切割毛边的受热影响区在 10 mm 以内，所以这种方法只适用于最后一次终压前的模锻的切边。光电跟踪切边机是一种自动化切边机，它最适宜切割大型锻件的毛边。

5.2.2.2 锻件的矫直与精压

由于锻件形状复杂、变形时本身组织不均、淬火装料时摆放不正、淬火温度和水温不均、冷却收缩不一致等原因，都会产生内应力，引起锻件翘曲变形，再加上模锻起料时所带来的翘曲，往往使锻件形状畸变，尺寸不符。因此，淬火后必须进行矫直，然后才能时效。

A 矫直和精压整形

镁及镁合金锻件的矫直和精压整形通常在模锻温度范围内，用终压模进行。为提高力学性能并获得高的精度，应在 200～300℃ 范围内进行半热冷作硬化精压整形，变形程度可控制在 10%～15% 范围内。

B 表面清理

所有镁合金模锻件不论是在中间工序或者在成品工序，都要进行蚀洗。中间工序蚀洗的目的在于发现模锻件及其中间坯料的表面缺陷，以便修伤。成品工序蚀洗的目的除了发现表面缺陷，决定修伤补救或报废外，也要使表面光洁，便于涂油包装。镁合金模锻件及其中间坯料的蚀洗程序、设备名称、槽液成分、工作制度及用途，列于表 5-18 中。

对于所有镁合金锻件，蚀洗时要注意锻件在料筐中的摆放，使槽液能顺利流出，不积存在锻件内，以免蚀洗不净或残留槽液腐蚀锻件。

C 修伤

模锻件蚀洗后，随即进行修伤。模锻件及其坯料修伤用的工具有：风动砂轮机、电动软轴砂轮机、风铲、扁铲等。

锻件在修伤前应仔细查清缺陷(如折叠、裂

纹、压入、起皮等)部位,再进行修伤。修伤处要圆滑过渡,其宽度应为深度的5～10倍左右,棱角处要圆滑,中间工序有工艺凸起物,应该修掉。在中间工序,锻件上所有缺陷一定要清除干净。

表 5-18 镁合金蚀洗制度

蚀洗程序	设备名称	槽液成分	工艺制度	用 途
1	浓酸槽	80% HNO_3 + 20% H_2SO_4 (体积比)	温度:室温 时间:5～10 min	脱 脂
2	水 槽	冷 水	温度:室温	冲洗残液
3	稀酸槽	10%～30% HNO_3	温度:室温 时间:2～5 min	蚀 洗
4	水 槽	冷 水	温度:室温	冲洗残液
5	水 槽	热 水	温度:60～80℃	彻底冲洗,便于吹干

经修伤后的锻件,需根据情况(尤其是折叠、裂纹等缺陷)进行再次蚀洗检查,以便确定是否已修彻底,如果修伤不彻底,需要第二次补修,直至缺陷完全清除为止。

5.2.2.3 检验、包装、交货

精整、矫直后的镁锻件,经检验合格后进行涂油、包装和交货。

5.2.3 镁及镁合金板材精整、矫直与包装交货

5.2.3.1 镁合金板材的剪切

观察金属的剪切过程可知,仅在剪刃接触金属时呈剪切作用,当剪刃达到一定深度后就不是剪切作用,而是撕裂,这对于塑性较差的镁合金剪切是不利的。

镁及镁合金在常温下剪切时,其切入比例仅有10%～15%,其余部分是以45°角撕裂方式断裂,而在高温下镁及镁合金有较好的剪切性能,切入比例大大增加,参见表5-19,切口也比较平整。但剪切温度为150℃时,其切口也以45°角断裂。

表 5-19 MB3 合金调温下的切入比例

剪切温度/℃	300	250	160
切入比例/%	60	50	40

镁及镁合金如果重新加热进行剪切时,最好加热到200℃以上。如果利用热轧后恢复,再结晶软化或退火板材的余热剪切时,可参考表5-20进行。

表 5-20 镁合金中、厚板材的剪切温度

板材厚度/mm	20～40	10～19	6～9
剪切温度/℃	≥200	≥180	≥150

随着板材厚度的变薄,剪切性能愈来愈好。因此,镁及镁合金薄板剪切均在常温下进行。剪切镁及镁合金时,其剪刀间隙控制如表5-21所示。

表 5-21 镁合金剪切时的剪刀间隙

板材厚度/mm	1.5～5.0	6.0～12.0	13.0～19.0	20.0～40.0
剪刀间隙/mm	0.1～0.2	0.2～0.4	0.4～0.7	0.7～1.0

5.2.3.2 镁及镁合金板材的矫直

镁及镁合金的冷作硬化敏感性大,矫顽力很高,特别是14 mm以下的板材尤为显著,低温下很难矫平。因此,镁合金中、厚板均在较高的温度下矫直。

由于镁及镁合金滑移系统少,不宜采用拉伸矫直方法。目前最普遍采用的是在辊式矫直机上进行矫直。

镁合金中、厚板材的矫直温度与剪切温度相同,见表5-22。在此温度下可以反复矫直,矫直次数对产品的力学性能无显著影响。

表 5-22 镁合金中、厚板材矫直温度

板材厚度/mm	七辊矫直机		矫直温度/℃
	入口间隙/mm	出口间隙/mm	
20～40	−1～−2	0～+2	≥200
10～19	−2～−3	0～+2	≥180
6～9	−3～−4	0～+2	≥150

镁及镁合金薄板矫直有两种方式：

冷矫——板材退火后冷却至室温后进行矫直。

温矫——板材矫直前先加热到 200～300℃或利用退火后板材的余热进行矫直。

镁合金薄板矫直多在室温下进行，这种方法的优点是：

(1) 板材温矫虽然易于矫平，但板材冷却至室温，往往会产生恢复现象，板材重新出现波浪。板材在室温下冷矫时，虽比较困难，但矫平的板材不再产生挠曲变形。

(2) 板材温矫时，粘辊较严重，矫直辊易污染，清辊次数频繁，影响产品质量。板材在室温下矫直时无上述问题。

(3) 板材温矫时，需专用设备对板材进行加热或保温。

(4) 板材在室温下矫直时，可以反复进行。但，反复矫直次数不宜过多，否则，不仅会降低板材的力学性能；而且还会增大板材的各向异性，参见图 5-5、图 5-6。

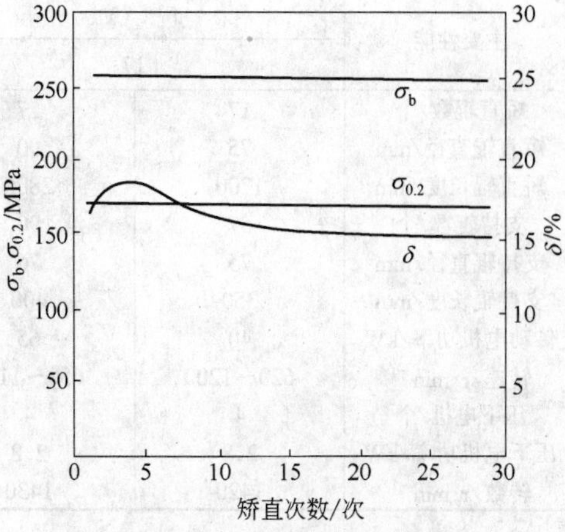

图 5-5 矫直次数对 MB8 合金纵向性能的影响

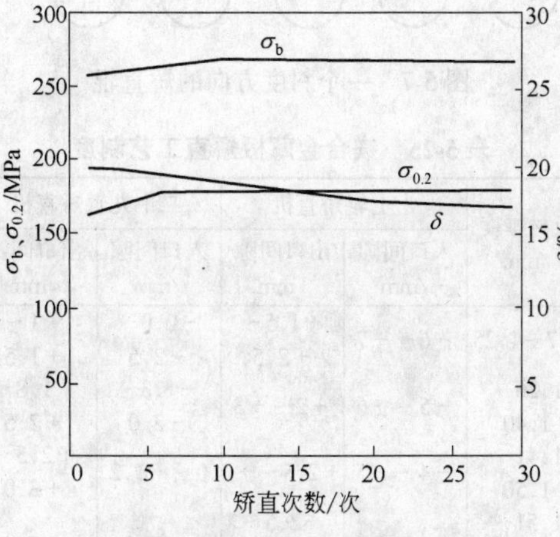

图 5-6 矫直次数对 MB8 合金横向性能的影响

也可将镁合金薄板置于两块钢板之间，对加热到一定温度的镁板施加 0.45 MPa 的压力进行矫平。加热与施压同时进行，施压时间约 30 min，加热温度 150～200℃。用此法矫平时，材料的伸长率升高，而强度有所下降。由于板材在热状态下矫平，不存在残余应力，其抗应力腐蚀开裂能力得到提高。

矫直中、厚板材的七辊矫直机主要技术性能见表 5-23。矫直薄板设备(十七辊和二十九辊矫直机)的结构和技术性能详见表 5-24 和图 5-7。薄板矫直制度见表 5-25。

表 5-23 七辊矫直机主要技术性能

矫直辊直径/mm	矫直辊节距/mm	矫直辊长度/mm	矫直板的最大宽度/mm	矫直速度/$m\cdot min^{-1}$	电动机功率/kW	电动机转速/$r\cdot min^{-1}$
200	220	1600	1500	5	28	750

表 5-24 辊式矫直机的主要性能及参数

主要性能	矫直辊数				
	17		23	29	
矫直板材厚度/mm	1～4	1～4	0.8～2	0.5～2	0.5～1.5
矫直板材宽度/mm	1000～1500	1200～2500	1200～2000	1000～1500	1200～1500
矫直速度/$m\cdot min^{-1}$	30～60	30～60	30～60	30～60	30～60

续表 5-24

主要性能	矫直辊数				
	17		23	29	
矫直辊数/个	17	17	23	29	29
矫直辊直径/mm	75	90	60	38	38
矫直辊长度/mm	1700	2800	2200	1700	1700
支持辊数/个	57	90	60	186	186
支持辊直径/mm	75	76	125	38	38
支持辊长度/mm	350	400	200	150	150
传动电机功率/kW	40	65	65	55	65
转速/$r \cdot min^{-1}$	620～1200	650～1180	650～1180	636～1180	650～1180
压下电机/个	4	4	4		
压下电机功率/kW	2.8	2.8	2.8		
转数/$r \cdot min^{-1}$	1420	1430	1430		

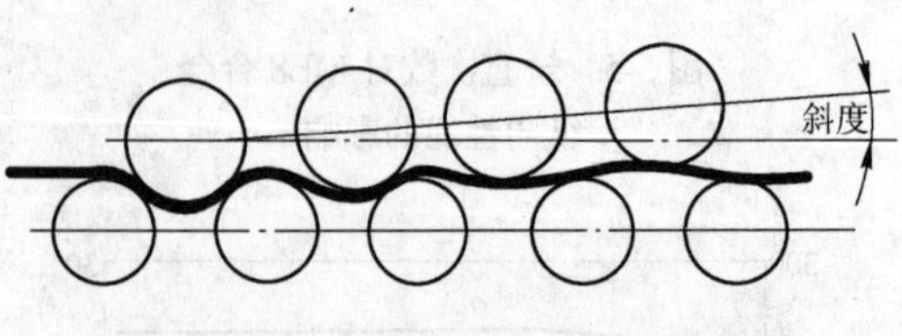

图 5-7　一个斜度方向的矫直辊

表 5-25　镁合金薄板矫直工艺制度

板材厚度/mm	十七辊矫直机		二十九辊矫直机	
	入口间隙/mm	出口间隙/mm	入口间隙/mm	出口间隙/mm
0.7～1.25	−6～−7	+1.5～+2.5	−2.0～−2.5	+1～+1.5
1.26～1.40	−5～−6	+2～+3	−1.3～−2.0	+1.8～+2.5
1.41～1.50	−4～−5	+2.5～+3	0～+1.2	+2.5～+3.0
1.51～2.50	−3～−4	+2.5～+3.5	−	−
2.60～3.50	−2～−3	+3～+4	−	−
3.60～4.50	0～−1	+4.5～+5.0	−	−
4.60～5.50	+1～0	+5.5～+6.0	−	−

5.2.3.3　镁及镁合金板材的酸洗及防腐处理

A　镁合金板材的酸洗

镁合金板材的酸洗有“中间酸洗”和“成品酸洗”之分。中间酸洗通常在热轧之后进行，用以清除在热轧过程中板坯表面的氧化皮层，轧辊粘着物的压入，减轻因粘辊而造成的板坯麻面，清除中间存放期间板坯表面生成的氧化镁水化物、碳酸镁、氢氧化镁等腐蚀产物，以及其他污染物，以便提高板材的表面质量。成品酸洗除达到上述目的外，并借助酸洗来进一步控制产品最终的尺寸偏差和保证后续氧化上色的质量。

镁及镁合金能很好地溶解于大多数酸中。在无机酸（除氢氟酸外）中，以硝酸最佳。因其去垢力最强，酸洗中在板材表面形成的腐蚀残余物（“挂灰”）最少，从而对氧化上色的质量影响最小。故在生产实践中，一般均采用硝酸溶液酸洗。

镁在硝酸溶液中的溶解过程，可能存在下列几种反应。由于镁是一种强还原剂，因此，其最基本的反应仍为置换氢的反应。

$$Mg + 2HNO_3 \rightarrow Mg(NO_3)_2 + H_2\uparrow$$

$$Mg + 4HNO_3 \rightarrow Mg(NO_3)_2 + 2NO_2 + 2H_2O$$

$$3Mg + 8HNO_3 \rightarrow 3Mg(NO_3)_2 + 2NO + 4H_2O$$

$$4Mg + 10HNO_3 \rightarrow 4Mg(NO_3)_2 + NH_4NO_3 + 3H_2O$$

镁合金板材通常采用的酸洗液和制度见表 5-26。

表 5-26　镁合金板材酸洗制度

工序名称	板材厚度/mm	溶液浓度（硝酸重量）/%	酸洗时间/min	酸洗量/mm	槽子材料
中间酸洗	5～6	10～15（密度 1.42 $g \cdot cm^{-3}$）余为工业用水	1～3	0.15～0.25	不锈钢或用陶瓷、橡胶、铝作衬里

续表 5-26

工序名称	板材厚度/mm	溶液浓度(硝酸重量)/%	酸洗时间/min	酸洗量/mm	槽子材料
成品酸洗	大于 3	10~15(密度 1.42 g·cm^{-3})余为工业用水	1~3	0.10~0.15	不锈钢或用陶瓷、橡胶、铝作衬里
成品酸洗	小于 3	15~20	0.5~2	0.05~0.15	不锈钢或用陶瓷、橡胶、铝作衬里

注：成品酸洗在氧化上色前进行。

影响酸洗速度的主要因素有溶液的浓度、溶液的温度、M^{++}的浓度等。此外，酸洗前板材表面的污染度，组织的均匀性和热处理制度等，对酸洗的质量和速度也有不同程度的影响。

国外的几种酸洗溶液和工作制度如表 5-27 所示。

表 5-27 国外的几种酸洗溶液和工作制度

溶液成分	工作制度	
	温度/℃	时间/min
CH_3COOH(冰醋酸)175 g/L；$NaNO_3$ 或 NH_4NO_3 50 g/L	20~25	0.5~1
H_3PO_4(85%)30 mg/L	20~25	0.5~1
HNO_3(密度 1.42 g/cm^3)30~50 mg/L	20~25	不大于 5
HNO_3(密度 1.42 g/cm^3)30~50 mg/L；H_2SO_4(密度 1.84 g/cm^3) 60 mg/L	18~20	0.5~1
H_2PO_4(85%)24.6 mg/L；NH_4HF_2(或 KHF_2)100 g/L	20~30	不大于 5
乙二醇(CH_2OH-CH_2-OH)10%~40%；$NaNO_3$ 或 1%~10%	室温	1

B 镁及镁合金板材的防腐处理

镁合金板材的防腐方法，按合金的品种和用途的不同，种类繁多，其中有：化学处理；阳极化处理；电镀覆盖；压固有机覆盖层；搪瓷覆盖；组合覆盖法等。

所有变形镁合金材料，为防止在贮存和运输中造成腐蚀起见，通常采用氧化方法，俗称氧化上色。氧化上色的基本工艺流程如下：

脱脂处理→热水洗涤→冷水洗涤→酸洗→冷水洗涤→光亮蚀洗→冷水洗涤→热水洗涤→氧化上色→冷水洗涤→热水洗涤→干燥→补充处理。

关于镁及镁合金板材的表面处理技术将在第 7 章中详细讨论。

C 镁及镁合金板材的包装交货

矫直、精整、精剪及表面清理和防腐处理后的镁合金板材，经涂油、包装后交货。

5.2.4 镁及镁合金挤压产品的矫直、精整与包装

5.2.4.1 镁及镁合金挤压产品的矫直

经挤压或热处理后的镁及镁合金型、棒、管材，一般都要进行精整和矫直后，经检验再包装交货。矫直的基本任务是保证制品纵向和横向的几何尺寸与形位公差，满足技术标准的要求。

矫直可分为张力矫直、辊压矫直、压力矫直和手工矫直。

A 张力矫直

张力矫直的主要目的是为了消除制品纵向的弯曲与扭拧等形位缺陷。一般用张力矫直机进行矫直，其设备和方法与铝合金的大致相同，不同的是，镁及镁合金型、棒材的张力矫直通常应在 200～300℃下进行，永久变形不得大于3%。在矫直厚度小于 10 mm 的薄小材料时，最好采用接触电热法加热，加热数秒至 2 min，即可进行拉矫。而对截面厚度大于 10 mm 的型材和棒材，宜利用挤压后的余热进行拉矫。近年来，研发出了一些镁合金型材温矫装置，可控制温度、速度和拉矫率，使镁型材的拉矫变得方便多了。镁合金管材一般不采用拉矫法矫直。

温拉矫镁合金型材时，其拉矫后冷状态下的尺寸应留有供氧化上色工序的蚀洗量。如型材厚度上留出 0.1 mm，宽度上留出 0.2 mm 的余量。

B 辊压矫直

(1) 管材和圆棒的辊压矫直。镁合金管材和圆棒的辊压矫直是在具有双曲线形辊面的专

用辊式矫直机上进行的。矫直前应切成成品尺寸，当制品弯曲度过大时，还应当经过预矫直。如直径较大的棒材应先在压力矫直机上进行预矫。

决定矫直质量的主要因素是制品与矫直辊接触的紧密程度，即矫直压力和矫直辊倾角的大小。压力的大小主要取决于合金状态和制品的弯曲程度。硬合金及淬火时效处理后的制品压力比软合金的要大得多。弯曲程度大的压力也大。倾角的大小主要取决于制品的直径，大直径制品应比小直径制品的倾角大。

图 5-8 为双曲线矫直机辊子排列和矫直管材示意图，表 5-28 列出了国产卧式双曲线多辊矫直机技术性能。

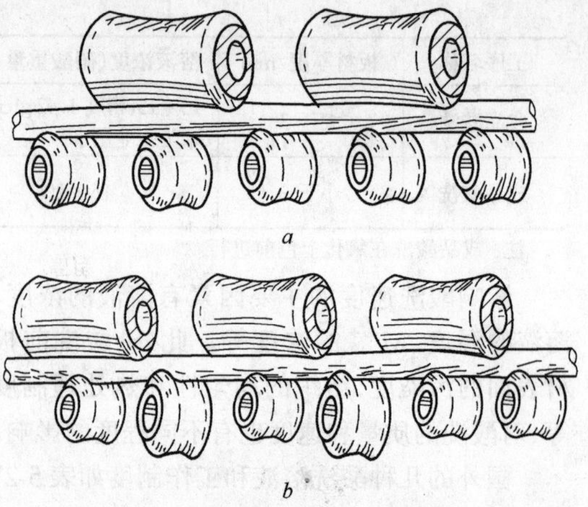

图 5-8 双曲线矫直机辊子排列和矫直管材示意图
a—七辊矫直机；*b*—九辊矫直机

表 5-28 国产卧式曲线多辊矫直机技术性能

矫直管材				矫直棒材最大直径/mm	辊距/mm	矫直辊尺寸		矫直速度/m·min^{-1}	电动机功率/kW	设备外形尺寸（长×宽×高）/mm×mm×mm	总重/kg
最小直径/mm	最大直径/mm	最大壁厚/mm	最大 σ_s/MPa			辊喉直径/mm	辊身长度/mm				
5.0	25	7	–	20	300	60/80	200/800	36/72	3.2/4.2	105×932×970	1125
6	30	7	–	30	440	117/130	270/114	29.5/59.2	5/7	1450×1205×1110	1828
5	40	5	340	–	440	117/130	270/114	30/60	5/7	1450×1285×1110	2130
6	40	4.5	–	30	450	117/130	270/114	33.4/60.4	5/7	1440×1225×1135	2380
10	40	8	400	–	500	140/200	300/210	30/60	10/14	1776×1835×1050	2623
20	50	6	–	–	300	220/160	320/140	150	20	–	10850
24	65	12	340	–	900	230/170	400/260	30	40	–	–
15	75	7.5	–	50	600	175/205	400/192	156/278	14/20	2300×2709×1086	5646
25	75	–	280	50	600	175/200	396/196	14.6/29.5	14/20		8500
21	76	–	–	–	900	230/200	500/280	107/201	38	4300×1760×1950	7890
25	80	–	–	–	900	260/200	500/267	170/201	38	2300×1760×1850	7488
35	80	8	400	–	800	220/200	330/210	30	40	2460×2810×1230	6715
40	120	15	280	100	840	250/250	550/200	31.4/20.6/1	40/70/28	3800×2500×1510	13770
60	160	7	280	100	840	250/250	550/210	5.6	28/40	–	12371
85	220	12.5	400	–	1300	400/400	–/400	14.7/16.6	40	–	–
165	325	15	380	–	850	400	400	21	36	6140×3960×2800	62800

（2）型材的辊压矫直。型材辊矫的基本任务是消除型材经拉矫后尚未消除或拉矫中新产生的不符合技术标准要求的角度、平面间隙、扩口、并口以及纵向和横向弯曲等缺陷。

镁及镁合金型材的辊压矫直在对辊式（悬壁式或龙门式）专用矫直机上进行。矫直前应按规定切去头尾，并按技术标准和图纸的要求对前后端尺寸进行认真测量（每批按 10% 取样），掌握其变化规律，然后依据配辊原则和配辊方法选择辊片、垫片，进行装配调辊试压后，进行正常矫直。为避免辊片粘上金属，必须供给辊片的工作区足够的润滑剂。镁合金型材辊压矫直时，一般用汽油作润滑剂。

图 5-9～图 5-11 为各种型材辊压矫直配辊示意图。

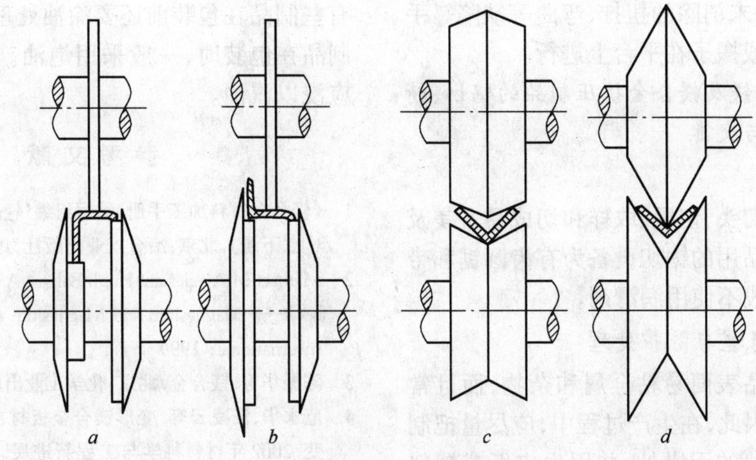

图 5-9 角形型材辊压矫直配辊示意图

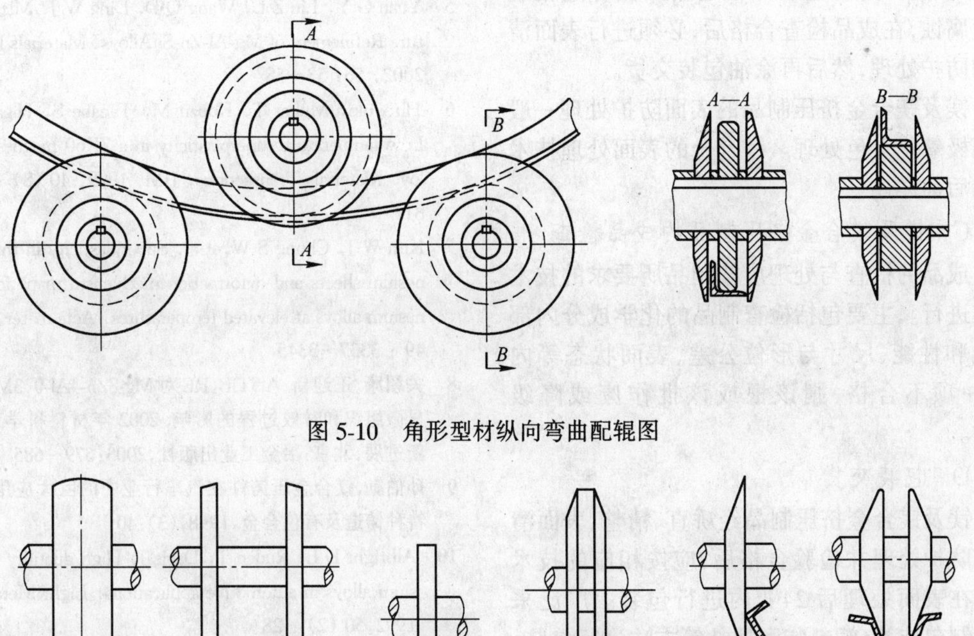

图 5-10 角形型材纵向弯曲配辊图

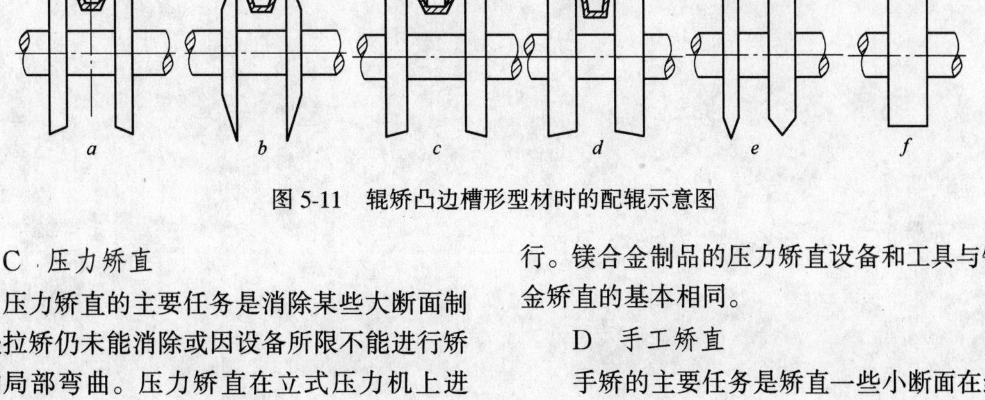

图 5-11 辊矫凸边槽形型材时的配辊示意图

C 压力矫直

压力矫直的主要任务是消除某些大断面制品经拉矫仍未能消除或因设备所限不能进行矫直的局部弯曲。压力矫直在立式压力机上进行。镁合金制品的压力矫直设备和工具与铝合金矫直的基本相同。

D 手工矫直

手矫的主要任务是矫直一些小断面在经过

拉矫、辊矫后仍未消除的扭拧、弯曲等缺陷。手矫主要是用手或搬子在平台上进行。

5.2.4.2 镁及镁合金挤压制品的锯切、精整、检验,包装与交货

A 锯切

锯切包括切头、切尾、取样和切成品。镁及镁合金挤压制品用的锯切设备为有齿圆锯和带锯。锯切时一般不使用润滑剂。

B 表面清理与防护处理

镁合金制品表面易粘金属和杂物,而且常会产生锈蚀。因此,在生产过程中,应尽量把制品放置在无腐蚀的干燥处,并用牛皮纸或塑料垫底、覆盖。为防止制品在运输和储存过程中发生腐蚀,在成品检查合格后,必须进行表面清理和防护处理,然后再涂油包装交货。

镁及镁合金挤压制品的表面防护处理一般用阳极氧化上色处理。镁合金的表面处理技术将在后面详述。

C 镁及镁合金挤压制品的成品检查

成品的检查与处理应按制品所要求的技术标准进行。主要包括检查制品的化学成分内部组织和性能、尺寸与形位公差、表面状态等内容,一项不合格,则该根或该批作废或降级处理。

D 包装交货

镁及镁合金挤压制品经矫直、精整、表面清理与防护处理并检验合格后,应按相应的技术标准在表面处理后 24 h 内进行包装。广泛采用木制包装箱、塑料袋和捆扎等方法进行包装,有些制品在包装前还要涂油处理。镁合金挤压制品在包装时,一般采用炮油。包装用牛皮纸应浸以汽油。

参 考 文 献

1 《轻合金材料加工手册》编写组编.轻金属材料加工手册(上、下册).北京:冶金工业出版社,1979

2 Michael M Avedesian, Hugh Baker. ASM Speciality Handbook——Magnesium and Magnesium Alloys. Ohio: ASM International, 1999

3 陈振华等.镁合金.北京:化学工业出版社,2004

4 范永华,汪凌云等.变形镁合金板材在退火时的组织演变.2002 年材料科学与工程新进展.北京:冶金工业出版社,2003

5 Yuan G Y, Liu Z L, Wang Q D, Ding W J. Microstructure Refinement of Mg-Al-Zn-Si Alloys. Materials Letters, 2002, 56: 53~58

6 Hiroyuki, Mukai T, Kohzu M, Tanabe S, Higashi K. Low temperature superplasticity in a ZK60 magnesium alloy. Materials Transactions. JIM, 1999, 40 (8) : 809~814

7 Kim W J, Chung S W, et al. Superplasticity in thin magnesium sheets and deformation mechanism maps for magnesium alloys at elevated temperatures. Acta mater, 2001, 49 : 3337~3345

8 关绍康,王迎新.Al5TiB、RE 对 Mg-8Zn-4Al-0.3Mn 合金显微组织和时效过程的影响.2002 年材料科学与工程新进展,北京:冶金工业出版社,2003:679~685

9 孙伯勤.镁合金压铸件在汽车行业中的巨大应用潜力.特种铸造及有色合金,1998,(3):40

10 Albright D L, Ruden T, Davis J. High ductility magnesium alloys in automotive applications. Light Metal Age, 1992,50 (2) : 28

6

镁合金材料的深加工及产品开发

Deep Processing and Product Development of Magnesium Alloys

6.1 概述

镁合金是目前工程应用中最轻的结构材料,用镁合金代替传统的材料不仅可以大大减轻结构的重量,而且能显著地增强其散热能力和抗震能力,另外用镁合金制造的电器外壳能有效地减轻电器对人体及周围环境的电磁辐射危害等。目前,大多数镁合金产品是通过铸造方式获得(包括传统的铸造、压铸和半固态成形等)。随着镁合金研究热潮的到来,对镁合金成形工艺的研究,尤其是对塑性变形成形工艺的研究开始得到重视。与铸造工艺相比,经塑性变形(挤压、轧制、锻造等)后的材料组织得到细化,铸造缺陷愈合,产品的综合性能大大提高,特别是材料的力学性能得到提高。变形镁合金有望成为本世纪新型的高性能材料。

一般来说,挤压、轧制方法生产的镁及镁合金材料都必须经过进一步的加工(深加工)制作成零部件才能使用。由于镁及镁合金材料用途与日俱增,对其深加工技术的研发也日益广泛和深入。目前常见的镁及镁合金深加工产品及其制备技术有:板料的二次成形(深加工),铸件、锻件和挤压件的机加工,镁及镁合金材料的连接,镁合金材料的防护、精饰与表面处理等。镁合金材料的深加工虽然与铝及铝合金的有很相似之处,但也有很大差异,以下主要讨论镁合金材料深加工的特点及技术开发概况。

6.2 镁及镁合金板料的二次成形

镁合金板料的深加工与钢、铝或铜合金的主要区别在于成形温度。虽然可以在室温下进行某些镁合金材料的成形,但大多数情况还是采用高温成形。

6.2.1 冷成形

镁合金的冷成形仅限于具有一定弯曲能力的板料弯曲成形。镁合金可在室温下使用标准的驱动辊成形出圆柱和圆锥形零件,也可压力成形出简单法兰盘。其成形工艺特点分述如下。

(1) 弯曲半径。通常镁合金板带弯曲有一个最小弯曲半径,表 6-1 给出了用弯板机室温下快速弯曲的最小半径。当使用液压机提供较低成形速度或试验证明可行时,则也可应用比表 6-1 给出的最小弯曲半径略小些。

表 6-1 镁合金室温快速成形的最小弯曲半径

板材厚度 0.51～6.3 mm		挤压板条,宽 22.2 mm,厚 2.3 mm	
合 金	以工件厚度 t 表示的最小弯曲半径①/mm	合 金	以工件厚度 t 表示的最小弯曲半径①/mm
AZ31B-O	$5.5t$	AZ31C-F	$2.4t$
AZ31B-H24	$8t$	AZ31B-F	$2.4t$
HK31A-O	$6t$	AZ61A-F	$1.9t$
AK31A-H24	$13t$	AZ80A-F	$2.4t$
HM21A-T8	$9t$	AZ80A-T5	$8.3t$
HM21A-T81	$10t$	HM31A-T5	$11t$
LA141A-O	$3t$	ZK21A-F	$15t$
ZE10A-O	$5.5t$	ZK60A-F	$12t$
ZE10A-H24	$8t$	ZK60A-T5	$12t$

① 最小弯曲半径基于一个 152 mm 宽的试样,在 90°模具中弯曲。

(2) 表面保护。在冷成形情况下,防止表面损伤的一般方法是用带子将工作的金属关键部位裹上,若可行,也将工具表面裹上,该方法生产效率低。同时,特别是要保持模具清洁,去除金属颗粒,以防这些颗粒压入工件表面降低其耐腐蚀性。在成形大直径零件时,在模具中间塞上硬橡胶有助于防止金属工件损坏。但在高速成形时不推荐该方法,因为塞入太快会引起工件外形尺寸不稳定。

(3) 再弯曲。在冷成形时,对弯曲件拉直部位,不宜进行再次弯曲。

(4) 回弹。在镁合金冷成形时,对于 90°弯曲回弹可达 30°,因此在弯曲工艺中应给予充分考虑的重视。

(5) 弯曲对长度的影响。与铝合金和钢在弯曲时伸长不同,镁合金变短要引起中性轴向弯曲件伸长的一边轻微移动。对于薄板,这种缩短的程度很小,因其轴偏移仅有 5%～10%。但对厚板在弯几个弯的时候,此缩短量可能是明显的,备坯时对此要有所考虑。

(6) 应力释放。为防止应力腐蚀,冷成形后的镁－铝－锌合金(AZ),要释放应力。对镁－钍合金(HM、HK)成形的工件也希望释放应力,特别是如果在固定时要把它们拉直的时候。表 6-2 给出了对最普通冷成形后的镁合金进行应力释放所推荐的温度和时间。

表 6-2　对最普通冷成形后的镁合金应力释放处理工艺

板材			挤压板条		
合金与状态	温度/℃	加温时间/min	合金与状态	温度/℃	加温时间/min
AZ21B-O	260	15	AZ31B-F	260	15
AZ31B-H24	150	60	AZ61A-F, AZ80A-F	260	15
HK31A-H24	290	30	AZ60A-T5	205	60
HM21A-T8	370	30	HM31A-T5	425	60
HM21A-T81①	370	30			

① 在 400℃暴露 30 min 可释放应力 60%～80%,但力学性能会降低。

6.2.2　热成形

6.2.2.1　热成形概述

镁合金在高温下的可加工性比室温时大得多,故它们多在高温下成形。成形镁合金所用的方法和设备通常与成形其他金属所用的相同,差别仅是进行高温成形所需的工具和工艺。

在高温下,可用一道工序拉深成比较复杂的镁合金零件,而不需要重复退火和再拉伸。因此,缩短了制造零件的时间,也简化了工序,节约了模具和设备。对大多数成形不需整形模具,因回弹小。与冷成形零件相比热成形零件能获得更小的尺寸公差。对于不同的变形镁合金,表 6-3 列出了不同变形镁合金热成形时推荐加热成形的最高温度和时间,工件在此条件下热成形不会降低力学性能。

镁及镁合金板料热成形工艺特点和条件分述如下:

表 6-3　变形镁合金加热成形的最高温度和时间

板材			挤压板条		
合金状态	温度/℃	时间	合金状态	温度/℃	时间
AZ21B-O	290	1 h	AZ61A-F	290	1 h
AZ31B-H24	165	1 h	AZ31B-F	290	1 h
AK31A-H24	345	15 min	M1A-F	370	1 h
	370	5 min	AZ80A-F	290	30 min
	400	3 min	AZ80A-T5	195	1 h
			ZK60A-F	290	30 min
			ZK60A-T5	205	30 min

(1) 薄板和板材的选择。轧制的镁合金产品包括平板和厚板,卷板材,圆的工具板和踩板。

轧制的镁合金板带是应用最方便材料,多数深加工成形选用 O 状态的板材。有时,局部退火(H24)状态的板材也能成形。因为热明显影响轧制镁材的性能，成形时必须考虑材料在高温下暴露后的力学性能变化。图 6-1 所示的曲线给出了高温暴露时间对 AZ31B-H24 板料室温力学性能的影响，这为深加工设计提供了材料的力学性能最小值。

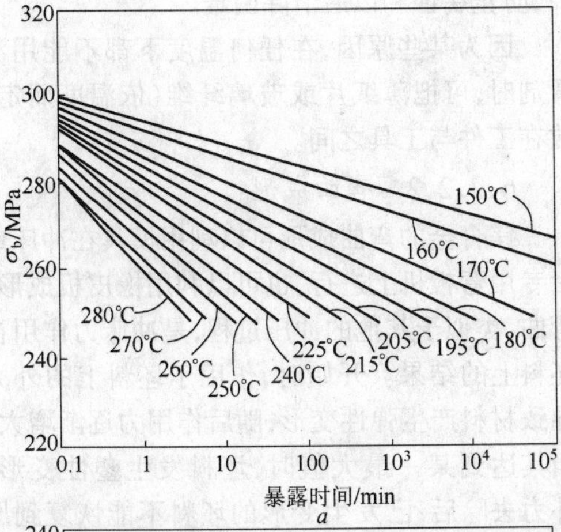

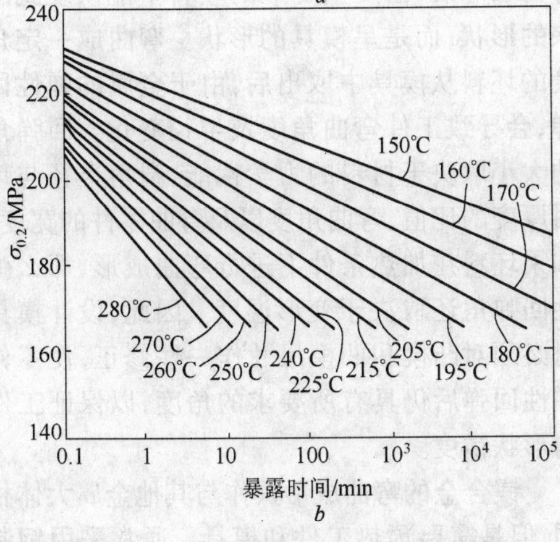

图 6-1 高温暴露时间对 AZ31B-H24 板料室温力学性能影响

a—抗拉强度 σ_b；*b*—屈服强度 $\sigma_{0.2}$

以上曲线已被外推到超过 AZ31B-H24 板料典型的性能水平。这样若从一曲线选择的值超过了暴露前材料的实际性能水平，则要使用真实的曲线。另外还要注意在高温下多次暴露的影响是累积的。AZ31B-H24 板料一般热成形温度低于 160℃，以防止退火，使其室温性能水平低于规定的最小值。退火是暴露时间和温度的函数，若仔细控制暴露时间，允许温度高于 160℃。

(2) 热膨胀。镁合金热膨胀率很高。例如，在 260℃ 镁热膨胀大于钢的 2 倍。故用钢或铸铁热成形镁合金零件需考虑工具材料与工件在热膨胀方面的差别。

因为锌和铝合金的膨胀系数与镁合金相近，若使用这些合金做模具可不用尺寸系数修正。

(3) 成形前的准备。必须清洗待热成形的镁合金坯料。去掉保护涂料、油污、脏物、潮气或其他外来物。模具、冲头和成形毛坯应清洁，无划痕。可用溶剂清洗工具，用细砂布轻微抛光去掉锈、划痕和轻微缺陷。但抛光不允许改变工具尺寸。成形时，镁着火的可能性不大，但要储备有足够而合适的灭火材料，必须放置在工作区内。

(4) 工件加热。在大多数热成形方法中，在加热工件的同时也需要加热模具。加热设备包括加热炉子、加热板、电加热装置、传热液体、感应加热器、灯泡及其他形式的红外加热器。

(5) 加热方法。电加热装置常用来加热模具和其他成形工具。某些模具用电阻加热，即低压大电流通过导电卡子进入模具。辐射加热特别适用于工件快速加热及应用快动压力机的场合，加热时要用布盖在工件上，使热量损失最小。个别情况，模具可用手工喷灯火焰加热。对于可迅速处理的小模具，可在用靠近成形设备的炉子加热。

此外，也常用红外加热。最普通的方法是用一组红外线灯。红外加热的主要优点是只加热模具和工件而不加热周围区域。加热费用少，危险较小。

用气体加热装置加热时，因为安装设备简单，燃料费用一般也低。喷嘴可使火焰接触模具表面。带孔冲头可用冲头内的喷嘴加热。

采用传热流体加热，传热流体通过各种通道加热工作台板、成形体、锤锻模，以及其他成形模具。用此法加热迅速，温度可控制在 150～400℃ 范围内，传热流体是天然的或人工合成的可耐高达 345℃ 高温的热油，通常在模具内的通道里循环，其最高温度一般在 175℃ 左右。传热流体加热的设备包括汽化发生器、循环机构和温度控制系统。

镁合金成形中，温度控制很重要。对于少数零件成形，接触式高温计或温度敏感棒能较好用于温度测量。有时也用木匠的蓝粉笔。在近315℃时金属表面的粉笔道会变白。

对大多数镁材成形工艺，主要采用自动温度控制器。辐射加热和红外加热的温度控制比较难。有一种红外灯在工具或工件达到设定温度时能扩大或缩小其加热功率。另一种红外加热的温度控制是由一专门的辐射计组成，这种辐射计只对被加热表面热辐射敏感。

为保持所希望的温度，气体加热时，一般通过调节电磁阀门使气体加热系统的控制器降低或升高火焰。总之，对所有加热系统，通常都应备有很好的温度控制装置。

(6) 润滑及润滑剂选择。一般来说，润滑在热成形中比在冷成形中更为重要，因为划伤随温度增加而增加。

成形镁合金用的润滑剂有矿物油、润滑脂、动物油、肥皂、蜡、二硫化钼、挥发介质的胶体石墨、动物油为介质的胶体石墨及薄纸片或玻璃纤维。

润滑剂选择主要取决于成形温度。对于120℃以下的温度一般选用润滑脂、动物油、肥皂、石蜡。在旋压时，润滑剂要黏附在工件上，否则，离心力会把润滑剂甩出。但在有模拉伸或在弯板机中弯曲时不成问题。工厂中也使用别的工艺用润滑剂。通常做法是选用的润滑剂要在成形后容易去除，使用时用辊子涂覆或往上擦。

在120℃以上成形时，润滑剂选择受到限制。普通油脂、润滑脂以及石蜡都不能用。虽然胶质石墨可用于任意温度下的镁合金成形，但因石墨清除困难，妨碍后面的表面处理，故一般不用。

在230℃温度下，可用肥皂润滑。这是一种水溶液的混合物，可用浸泡、涂刷或辊涂方法涂到工件上。涂完后，把工件毛坯晾干。这种干润滑剂稳定，晾干后毛坯可不定期地保存起来以备后续加工之用。成形后留下的这种润滑剂用热水清洗可完全去除。

当成形温度高于230℃时，胶质石墨和二硫化钼，石墨与酒精的混合物（如2%石墨）被广泛应用。石墨与油混合用于旋压以改善黏附性。

成形以后应尽快把润滑剂从零件上清除掉，防止腐蚀和以后清除困难。

因为某些原因，在任何温度下都不能用润滑剂时，可把薄纸片或玻璃纤维（依温度而定）放在工件与工具之间。

6.2.2.2　弯曲成形

镁合金的弯曲成形可以利用模具在冲床或者专用弯板机上进行，也可以利用橡皮板成形。弯曲，类似于其他的冲压过程，是冲床力作用在坯料上的结果。开始时，作用于坯料上的外力导致材料产生弹性变形；随后作用力逐渐增大，当其达到某一最大值时，坯料发生塑性变形。外力去除后，已发生变形的坯料不能恢复到原来的形状，而是呈模具的形状。弯曲成一定角度的坯料从模具中取出后，由于金属的弹性回弹，会导致工件弯曲角度及半径变化。回弹角的大小取决于材料的力学性能、圆角半径与坯料厚度的比值、弯曲角度以及弯曲零件的宽度。如果坯料在加热条件下进行弯曲成形，那么弹性回弹角还取决于变形温度。因此，设计模具时必须对凸模和凹模尺寸作一些修正，使零件弹性回弹后仍具有所要求的角度，以保证工件的形状精度。

镁合金的弯曲成形操作与其他金属大体相同，但是需要预热工件和模具。通常采用钢制顶模和底模。如果允许镁合金工件冷变形，那么可以将钢制冲头安装在橡胶模具中并固定于盒内。金属冲头和模具表面应该进行精抛光，以免划伤镁合金工件的表面。

大多数金属塑性成形后的力学性能呈现各向异性，沿纤维组织方向（轧制、挤压方向等）的力学性能高于横向。但是也有特例，如某些镁合金板料的横向力学性能略高于沿纤维方向的力学性能。弯曲镁合金时，弯曲线应该沿着纤维（碾压）方向所成角度不大于45°，以免产生裂纹。如果弯曲线与碾压方向垂直，那么当弯曲零件的圆角半径很小时，镁合金材料易产生裂纹。

图 6-2 所示为镁合金在弯板机上热成形时加热冲头和模具最佳的方法。小批量生产时，气焰加热方式效果不错，但是必须保证加热的均匀性。如果弯曲模具没有预热，那么应该将镁合金工件加热到最高允许温度并尽快成形。镁合金弯曲件的最小弯曲半径取决于合金的力学性能、厚度和状态，以及模具的弯曲条件等。值得注意的是，弯曲半径对弹性回弹量有一定的影响。进行弯曲件设计以及成形工艺选择时，必须了解镁合金的最小弯曲半径。表 6-4 列出了镁合金高温成形时的最小弯曲半径。

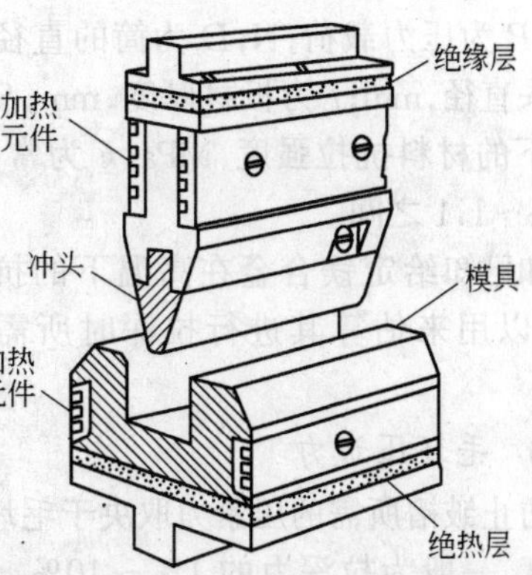

图 6-2 镁合金在弯板机上热成形时加热冲头和模具的最佳方法

表 6-4 镁合金高温快速成形时推荐的最小弯曲半径

材料尺寸及类型	合金及状态	根据工件厚度 t 确定的最小弯曲半径①/mm							
		20℃	100℃	150℃	200℃	230℃	260℃	290℃	315℃
0.51～6.3 mm 厚板材	AZ31B-O	5.5t	5.5t	4.0t	3.0t		2.0t		
	AZ31B-H24	8.0t	8.0t	6.0t					
22 mm×2.3 mm 厚挤压平带	AZ31C-F	2.4t						1.5t	
	AZ31B-F	2.4t						1.5t	
	AZ61A-F	1.9t							
	AZ80A-F	2.4t							
	AZ80A-T5	8.3t				1.7t			
	ZK21A-F	15.0t							
	ZK60A-F	12.0t					2.0t		5.0t
	ZK60A-T5	12.0t					6.6t		

6.2.2.3 拉深成形

拉深成形除了一般是在高温下进行外，镁合金拉深成形与其他金属相同。

镁、铝或锌合金制成的模具或成形垫块适于高达 230℃ 温度成形。含有钢丝网的混凝土成形垫块用电阻加热，也可用到 230℃。高于 230℃ 时，用铸铁的成形垫块。

镁合金成形的钳子不应有带锯齿的夹头，以防止将工件撕裂。可把粗砂纸或砂布垫在工件和夹头之间，避免工件撕裂。

工具和加工件可用电加热或辐射加热。重要的是有合适的热量分布，装置应放置在关键的成形区域。

对于小曲率板材可用不同拉深缩减率，实际生产中最大拉深率约为 15%。若考虑回弹(过拉伸)则最大值为 12%。但高温时正常的小回弹量是存在的，因此给全部拉深加 1% 就补偿了任何回弹。

虽然可能起皱在大多数应用中是拉深成形的一个优点，但当制造轴对称低曲率零件时褶皱却是一个讨厌的问题。操作者通过模具内适当地约束就能控制褶皱的产生。

在热状态下，镁及镁合金板材的拉深缩减率可达 70% 以上。一般来说，当拉深缩减率大于 15% 时，称为深拉深。镁及镁合金拉深成形的有关工艺问题如下。

A 拉深力的估算

液压机运动速度缓慢、均匀，因此镁合金深拉延时优选液压机，变形程度不大的成形拉深则使用机械压力机。镁合金深拉成圆筒所需要的力可用以下经验公式估算，即：

$$P = \pi d t S(D/d - k) \qquad (6\text{-}1)$$

式中，P 为压力载荷，N；D 为筒的直径，mm；d 为冲头直径，mm；t 为板材厚度，mm；S 为拉深温度下的材料抗拉强度，MPa；k 为常数，其值在0.8～1.1之间。

如已知给定镁合金在高温下的抗拉强度值，可以用来估算其进行拉深时所需要的拉深力。

B　毛坯压边力

防止皱褶所需的压紧力取决于毛坯的厚度和温度，一般为拉深力的1%～10%。对镁合金来说，压边力可从最低值到5 MPa。为保证壁厚适当变薄，可用试验确定压边力。

C　模具及预热

模具的结构形状、尺寸和强度的设计应根据产品形状、尺寸以及变形温度和材料的热膨胀等因素来确定。模具的制造与冲压模的相同。模具材料选择主要受变形的剧烈程度和生产零件数量的影响。非硬化的低碳锅炉钢板或铸铁可用于大多数场合。对于10000件以上的批量，要得到尽可能低的表面粗糙度，或较小的公差且不允许有明显的模具磨损，建议用硬化的工具钢。对于室温拉深，通常可对模具钢进行处理，以获得最大的使用硬度。对高温拉深，应考虑到模具在拉深时的最高温度。在这种情况下，模具的回火温度应稍高于使用温度，即使可能降低一些硬度。

通常采用电热元件预热模具。拉制复杂形状的镁合金件工件时，可采用带有环形火焰喷头的燃烧器加热，特别适合于材料容易起皱的情况。此外，冲头基座有时也需要预热。可以采用其他的预热方式来生产带有轻微凸起的工件。对工件凸面尺寸公差有严格要求时，应在模具内、外部安装带有独立控制器的燃烧器。对于有多个凸面的情况，组合模具外部的预热温度必须比内部高。如果在工件温度与模具温度一致，且模具薄壁处外部温度高于内部时卸下模具，则会导致工件产生收缩，形成凸起。反过来，可以加热模具使其内部温度高于外部，从而消除凸起。

D　镁及镁合金板料的拉深性能

类似于其他材料，镁合金薄板的深拉深成形性能可以用各向异性比 γ 和加工硬化指数 n 来衡量。γ 值反映了薄板在成形过程中抵抗变薄或变厚的能力，与板材织构存在很强的对应关系。深拉深成形时，通常要求 $\gamma>1$。室温条件下，AZ31镁合金沿不同方向的各向异性比 γ 如图6-3所示，图中 b_0、b、s_0、s 分别为试样拉伸前后的宽度和厚度，ε_b、ε_s 为宽度和厚度的自然对数变形量，AZ31镁合金的各向异性比 γ 平均值达2.03，远远高于铝合金的0.9。由于AZ31镁合金薄板不同方向上 γ 值相差较大，从而不利于深冲成形。n 值反映了金属薄板成形过程中的形变硬化能力，也就是说高的加工硬化指数 n 值能抵抗缩颈变形，提高均匀变形能力，并获得大的极限拉深比。AZ31镁合金室温时沿轧制方向的 n 值一般为0.17左右，小于铝合金(AlMg5Mn)的0.31，但是镁合金 γ 值很高，因而具有较好的深拉延性能。

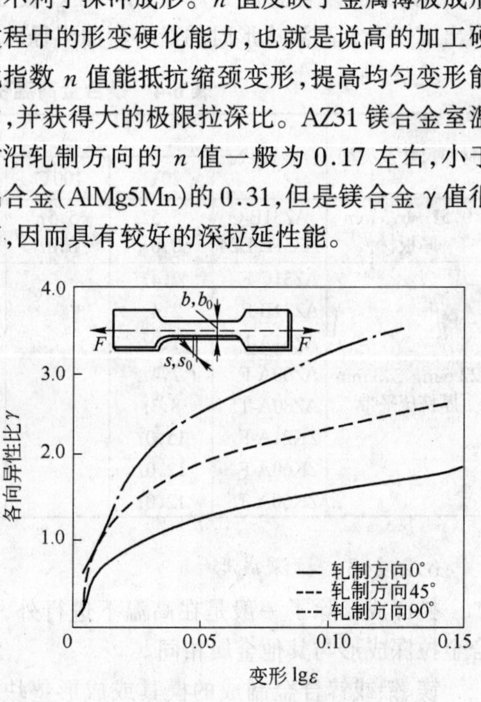

图6-3　室温条件下，AZ31镁合金沿不同方向的各向异性比 γ

退火态镁合金薄板的拉深比(用板料直径/筒件直径表示)可达15%～25%，例如AZ31B-O合金的冷拉极限为20%左右。高温下，镁合金的拉深成形性能大大提高，达到70%。拉深性或板料直径的缩减率可由下式计算，即：

$$缩减率=\frac{D-d}{D}\times 100\% \tag{6-2}$$

式中，D 为拉深前板料直径；d 为冲头或杯口直径。

尽管室温多步拉深可以实现深拉，但是在

生产实际中镁合金所有的深拉操作都是在高温下进行，因此需要考虑温度对润滑作用的影响，以及鉴于热变形而对工模具设计尺寸进行修正。高温下，镁合金可进一步深拉成圆柱，缩减率可高达 75%。

通常，可以拉深的总量随温度升高和拉深速度减小而增大。不同温度和拉深速度时 AZ31B-O 的拉深性见表 6-5。AZ31B-O 合金的拉深速度为 4～2500 cm·min^{-1}，速度大小取决于拉延的剧烈程度和单步与多步拉延的要求。需要指出的是，多步拉深需要使用额外的工模具。

表 6-5 不同温度和拉深速度时 AZ31B-O 的拉深性

拉深温度/℃	缩减率/%		
	600 cm·min^{-1}	1500 cm·min^{-1}	2400 cm·min^{-1}
20	14.3	14.3	–
120	30.3	30.3	–
200	58.6	57.1	53.8
260	62.5	61.3	53.8

注：圆筒杯口直径为 76 mm；薄板厚度 t 为 1.65 mm；拉拔环半径为 $6t$；冲头半径为 $10t$。

镁合金薄板的深拉深性能不仅受板材 γ 值和 n 值的影响，而且与成形温度、速度、工件形状及摩擦润滑等工艺条件有很大关系。通常，镁合金薄板的深拉延性能随着温度的升高而明显提高。矩形拉深件在室温附近成形时，即使拉深比很小（拉深比 1.5，拉深深度 13 mm），在冲头边缘出现裂纹；150℃下成形时，拉深比可达 1.5，但在工件凸缘处仍有少量裂纹；当成形温度升至 225℃时，拉深性能得到明显改善，即使拉深比达到 1.5 时，也不会出现任何裂纹。

AZ31B-O 镁合金和 AlMg5Mn 铝合金矩形件极限拉深比与成形温度的关系如图 6-4 所示。可见，温度对镁合金薄板深拉延性能的影响更大。225℃附近，镁合金极限拉延比可达到最大值 2.0 左右，与铝合金 200℃下的最大极限拉延比 2.02 相近。因此，镁合金薄板良好的热变形能力为成形复杂的零部件提供了很大的潜力。

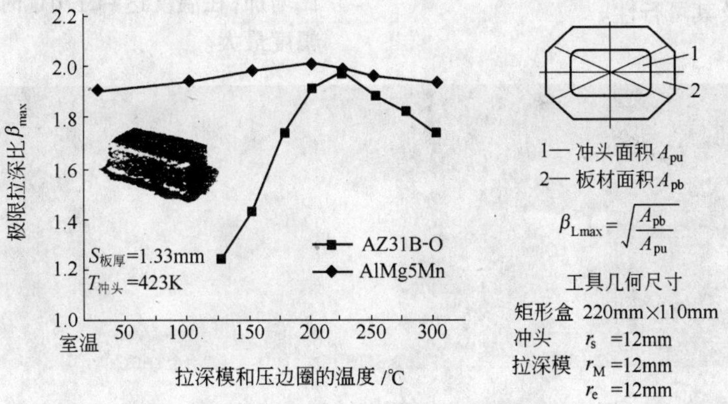

图 6-4 AZ31B-O 镁合金和 AlMg5Mn 铝合金矩形件极限拉深比与成形温度的关系

工件形状也会影响镁合金的深拉特性。深拉深镁合金圆柱形杯时，最大可拉深度高达 70%，但方形和矩形盒子很少进行剧烈拉延。此外，模具弯曲直径、盒状套管两侧壁之间的曲率半径和冲头曲率半径（其中冲头曲率半径会形成侧壁和底部之间的半径）是影响拉延剧烈程度的另外一些因素。所有工艺参数都保持在实际可行的极限内是完成镁合金拉延或者一系列拉延操作的前提。采用圆形板料拉深成杯体时，首先将金属从板料半径压缩到模具开口半径；板料压缩到模具允许的尺寸时会变粗，板料发生弯曲且通过模具时仍然会变粗；当板料在圆角半径处发生弯曲且进入侧壁后，板料会减薄。因此，设计模具时必须提供足够的空隙以便板料在模具中拉延时增粗。拉延过程中，通过侧壁处的金属厚度比通过模具圆角半径处的薄。为了使整个板料继续进入侧壁，侧壁处镁合金承受的应力比半径处高。由于存在加工硬化效应，拉延后镁合金的强度大大提高。高温拉延时，冲头温度必须低于模具温度。

E　拉延速度对拉延性的影响

镁合金的拉延性因拉延速度而异，拉延速度通常为 0.6～405 $mm \cdot s^{-1}$，且大缩减率（如70%）下的拉延速度必须低于中等缩减率（≤55%）下的拉延速度。当缩减率低于55%左右时，通常在高速液压机或机械压机上进行拉延，并且缩减率较小时，镁合金的拉延成形温度也较低。

对大多数镁合金工件而言，拉延深度并不是主要因素，关键是要避免带有圆角或异形结构的工件在拉延过程中出现起褶现象。因此，镁合金工件的拉拔温度通常比实现最大拉延性所需的温度高。某些特殊的难拉延成形的零件，必须改变工艺流程以降低废品率。

F　二次拉延工艺

下面以镁合金杯形件和盒体为实例，说明二次拉延过程及其可行性。

对于镁合金杯形件，先将 ϕ610 mm×0.64 mm 退火态镁合金薄板拉深成 ϕ200 mm、深 400 mm 的杯形，再进一步拉延成 ϕ140 mm 深 585 mm 杯形。对镁合金盒体，先将 1.3 mm 厚、455 mm×485 mm 的 AZ31B-O 矩形板料拉延成 111 mm×273 mm×165 mm（宽×长×深）的矩形盒，再拉延成圆角半径为 5.6 mm 的 89 mm×254 mm×171 mm（宽×长×深）的矩形盒。实践证明是可行的。

G　镁及镁合金板料拉深技术的研发与进展

a　研发现状

AZ31 合金的塑性较好，强度适中，成为目前研究镁合金板料性能的主要材料。在室温条件下，镁合金板料虽然无法进行较大程度的变形，但可以用于制备高质量的浅板形工件。镁合金的拉深成形能力随着温度的升高而显著提高。当把 AZ31 镁合金板料拉深温度提高到250℃左右时，板料具有较好的可拉深性。图6-5是 AZ31B 镁合金在不同温度下进行拉深实验得到的结果，它显示随着温度升高，极限拉深比增加，在温度达到 170℃ 时，杯突高度的增加幅度最大。

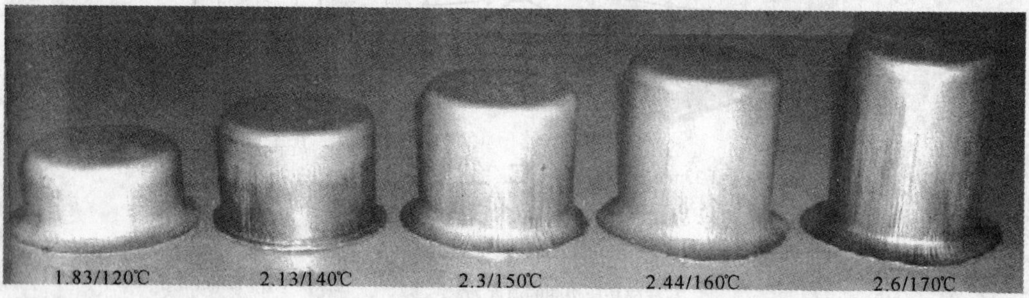

图 6-5　AZ31B 在不同温度时的拉深件和极限拉深比

板料的性能（如各向异性指数，硬化指数等）对拉深工件的质量有重要影响。研究表明，对于 AZ31 合金板料，在与轧制方向成不同角度（0°、45°、90°）方向上取试样进行拉伸实验，室温条件下得到的拉伸曲线基本一致，如图 6-6 所示，同时也显示出其延伸性能较差。从图 6-6 可知，室温下，AZ31 板料的各向性能差别较小。而在不同温度下进行的拉伸实验表明，随着温度升高，材料的强度下降，如图 6-7 所示，伸长率明显提高。AZ31 板料在不同温度下的极限拉深性变化明显，在室温下，工件的拉深高度只有 13mm，而当拉深温度为 225℃ 时，拉深件高度为 75 mm。因此采用加热拉深的方法来加工镁合金板料是一种可行的方法。

从图 6-4 可以看出，极限拉深比值与温度之间并非线性关系，AZ31 的拉深极限最大值出现在 225℃ 左右，当超过这个温度时，随着温度升高，极限拉深比值下降。从两种材料在不同

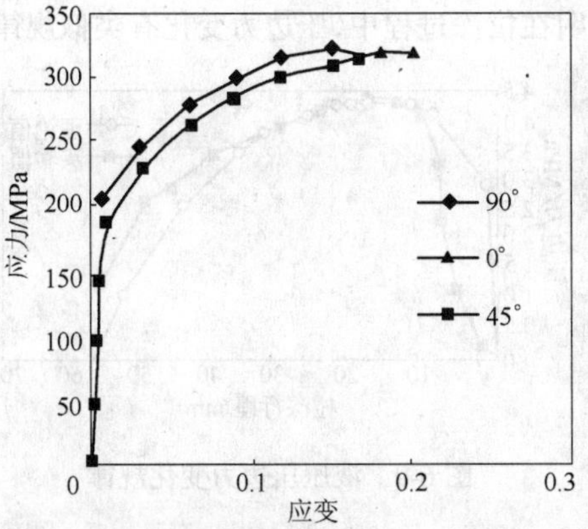

图 6-6 AZ31 板料室温不同方向拉伸试验结果

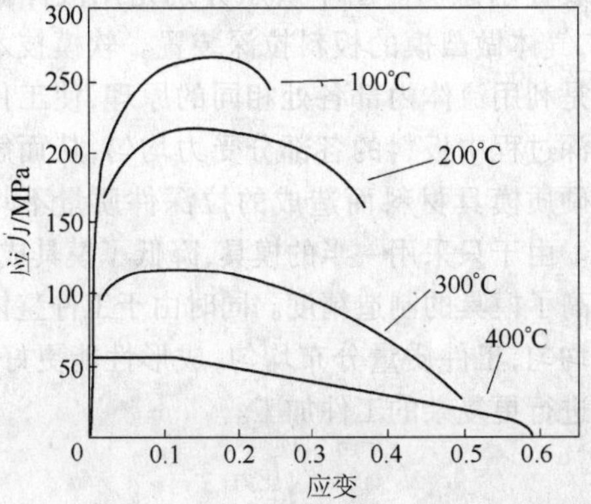

图 6-7 AZ31 板料在不同温度下的拉伸曲线

温度下成形性能的对比可以看出，温度对铝合金的成形性能影响较小，而对于镁合金的成形性能的影响极大。

b 镁合金板料的差温拉深技术开发

虽然 AZ31 板料在 225℃ 有较好的拉深成形能力，但其极限拉深比只有 2.0 左右，仅依靠改变变形温度无法获得更大的拉深比。如想进一步提高镁合金板料的拉深成形能力，需运用其他的相关技术来实现，而这些技术也是目前冲压行业的研究热点，如动态压边力技术、差温拉深技术、液压成形技术、计算机模拟仿真技术等。其中差温拉深技术是一种能显著提高镁合金板料拉深成形能力的工艺。深拉深极限是由收缩凸缘部分的拉应力与成形侧壁部分的抗断裂之比来决定。因此，为了提高成形极限，必须减少收缩凸缘的抗力，增加侧壁部分抗断裂力。差温技术利用温度对材料性能的影响，在板料通过温度的不均匀分布而实现不同部位的强度的非均匀分布，减小断裂倾向。从而提高极限拉深比值。差温拉深技术主要是实现材料内部强度的变化分布。

差温技术是在其他相关技术的基础上发展起来的，是多项技术的综合产物。如通过退火使加工硬化的坯料其周边部分软化，以减小凸缘抗力的方法（称为常温下拉深的周边退火法）。这种方法的进一步发展是快速加热凸缘部分，称为高温下拉深加工的感应加热方法。还有一边加热凸缘部分，一边充分冷却凸模头部的加热—冷却法等。用此法拉深铝材，极限拉深比可提高到 4.0 以上。用简单的方法冷却凸模，仅仅在凸缘部分和凸模部分产生温度差，也可以提高材料的拉深性能。

Shoichiro，Yoshihara，Nishimura 等人将差温技术应用于镁合金板料的拉深成形研究中。采用如图 6-8 所示的实验装置，对 0.5 mm 厚的 AZ31 薄板进行拉深，在适当的动态压边力条件下，极限拉深比超过了 5.0。而采用非差温拉深时，无论是否采用动态压边力，极限拉深比最大值为 2.14。有人利用加热模具，控制冲头温度等方法在 AZ31 板料上实现了差温拉深，其研究表明，在拉深过程中冲头的温度不能过低，即板料温度梯度不能过大。当温度梯度适中时，可以在用恒定压边力的情况下得到 2.6 左右的拉深比。同时还显示AZ31板料的拉深工

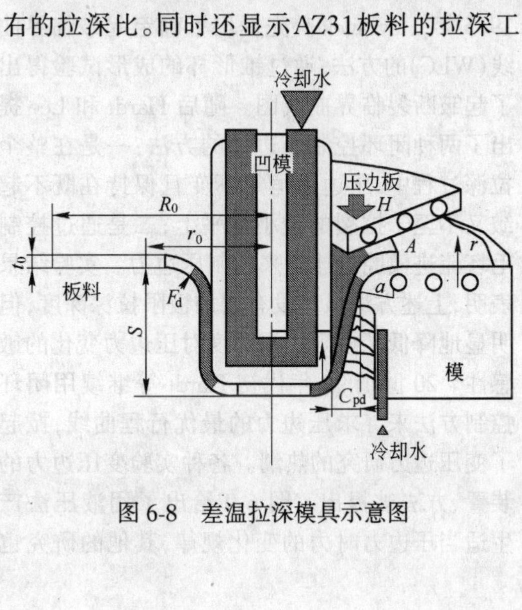

图 6-8 差温拉深模具示意图

艺对变形速度有明显的敏感性，当拉深速度超过1.2 mm/s时，在凹模入口处发生断裂。

由于矩形工件的拉深过程变形更为复杂，与实际生产更加接近。因此对矩形工件的研究工作比圆形工件的更有实际意义。可以看出与圆形工件一样，在矩形工件的拉深实验中，温度分布对板料的成形性能影响很大。

c　拉深工艺辅助技术的发展

由于拉深工艺过程是一个同时包含几何学、材料、边界条件和力学等非线性条件于一体的极其复杂的过程，目前对在拉深过程中材料的变形机理还没有完善的模型来解释。随着近年汽车工业的快速发展，板料的需求也越来越大，对于新的板材开发及其相应的工艺的需求也越来越大。因而对于板料拉深成形机理及相关技术的研究越来越重要，尤其是新型拉深设备、拉深工艺的研究更为突出。

(1) 动态压边力的研究。拉深工艺以高的生产率来生产形状复杂的工件，但这是以高昂的模具制作费用和周期作为代价的，其中一个主要的限制因素就是压边力的确定。压边力能够在板内产生轴向拉伸力而防止起皱缺陷的产生。但是压边力的设计是十分复杂的，不仅是由于等压力线的测试困难，而且与材料在双向应力下的稳定性有关，压边力设计不当会造成拉裂和起皱等缺陷。在差温拉深过程中，压边力的施加方式明显地影响了极限拉深系数。1975年，Havranek首先提出了确定起皱临界曲线(WLC)的方法，通过锥形杯的成形试验得出了起皱断裂临界曲线图。随后Hardt和Lee提出了两种闭环控制压边力的方法：一是在整个拉深过程中，压边力恒定不变且保持在既不起皱又不至于拉裂的最小水平上；二是通过控制毛坯流进模腔的体积来控制压边力。实验结果表明，上述方法虽然没有增加极限拉深深度，但明显地降低了极限拉深深度对压边力变化的敏感性。20世纪90年代初Hardt等继续用闭环控制方法来寻求压边力的最优行程曲线，掀起了变压边力研究的热潮。各种实验变压边力的装置、方法被提出。图6-9给出了用液压法产生适当压边力时力的变化规律，其他的研究也表明在拉深过程中，压边力变化有类似规律。

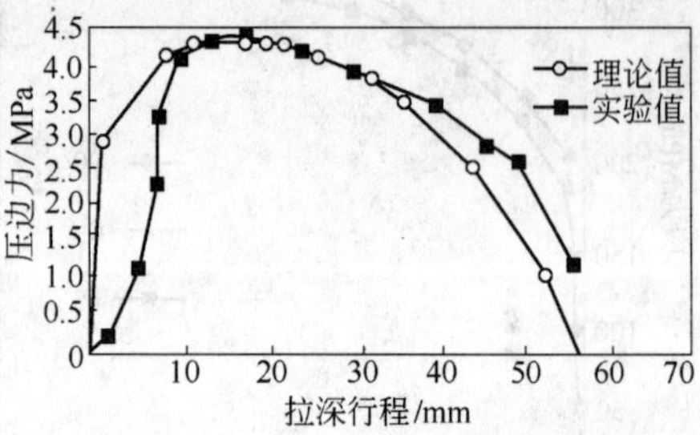

图6-9　液压压边力变化规律

(2) 软模技术。软模技术即利用液体或气体进行单模成形，图6-10是两种典型的软模结构装置示意图。图中所示分别是用液体做凹模，气体做凸模的板料拉深装置。软模技术主要是利用流体内部各处相同的原理，使工件在拉深过程中板料的各部分受力均匀，从而解决用硬质模具材料而造成的拉深件质量不均问题。由于只采用一半的模具，降低了模具成本，提高了模具的制造精度。同时由于工件整体受力均匀，工件质量分布均匀，成形性能更好，可以进行更复杂的工件加工。

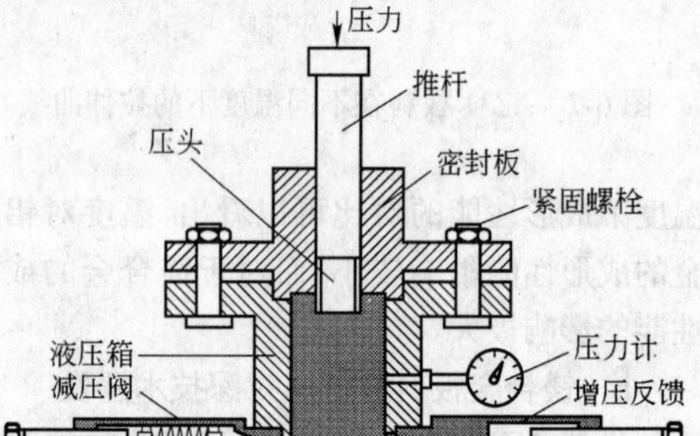

图6-10　软模成形设备示意图

另外，近年来随着市场需求的多样化，出现了多点成形设备。可根据拉深工件的要求自行改变模具的大小及尺寸。适用于单件或小批量工件，不仅效率高，而且成本大大下降。

目前，研究的另一热点是关于如何建立拉深过程中诸影响因素的模型，通过模型，用理论计算来预测板料的成形性能，以及进行拉深工艺参数的优化设计。目前已经出现根据理论模型开发的许多商品化应用程序，通过这些软件可对拉深过程进行模拟仿真。其中较为著名的有法国的E.S.I公司的M-Stamp，加拿大F.T.I公司的FAST-FORM3D和美国的E.T.A公司的Dynaform等，吉林大学也开发出了KMAS板料成形仿真软件并提供免费试用。利用CAE、CAD技术进行板料成形工艺的研究，板料及模具优化已成为一个重要的研究手段，通过实验与模拟对比验证了这种方法的可行性。

6.2.2.4　旋压成形

手工旋压是指将安装在旋压车床上的金属圆板进行旋转，同时用擀棒紧压其表面，一次一次地加以擀压，从而一点一点地变形，最终成形出所需的圆筒或圆锥形零件。利用手工旋压，可以生产各种圆锥状和半球状的镁合金工件。手工旋压用工模具的价格低廉，从而小批量生产时，手工旋压通常比压力成形更加经济。当压力成形的工模具形状很复杂时，也可利用手工旋压进行大批量生产。镁及镁合金板料手工旋压的工艺要点如下。

A　设备和工具

镁合金手工旋压用设备和工具与其他金属的基本相同。当旋压工件需要加热时，旋压模通常采用金属制造，以便能够对工件进行加热控制。小批量生产镁合金旋压件时，通常可以采用手提式喷灯加热坯料，并利用热敏碳棒指示温度；进行大批量生产时，最好在旋床上安装恒温控制燃烧器来加热坯料。芯轴和辊子的材料为H12或H13，热处理后硬度为HRC51～58。

B　旋压工艺

通常选用退火态镁合金薄板作为旋压件的原材料。由于镁合金的温度敏感性比大多数金属高，从而镁合金手工旋压件的质量很大程度上取决于操作人员的技术水平。许多熟练的技术人员能够采用没有进行预热的坯料旋压出多种形状的工件。特别是进行薄板旋压时，由于工模具与工件间的摩擦生成的热量导致金属软化，有利于进行手工旋压。当薄板厚度增加时，金属板必须加热后才能进行旋压，加热温度一般为260～315℃。无论是进行冷旋压还是进行热旋压都要使用润滑剂。开始旋压时的旋压速度，即毛坯外缘速度，大约为610 m/min。

C　公差

手工旋压镁合金件的典型公差见表6-6。

表6-6　手工旋压镁合金件的典型公差

工件直径/mm	<455	455～915	>915
公差/mm	±0.8	±1.6	±3.2

D　旋压扩管

手工旋压可以用来闭合或张开挤压圆管和管端，并能在各种能夹持工件并旋转杯形工具的机床上进行。手工旋压扩管通常使用台式钻床。采用润滑脂或肥皂作润滑剂可以降低工件的表面粗糙度，同时延长旋压工具的使用寿命。大多数生产应用中，不加热工件进行旋压也可以闭合管头。

旋压扩管有两种方法，一种是将已固定的芯轴插入管内，然后从固定模的外部推出来；另一种是在外部固定模上利用旋转的内部锥形芯轴旋压或轧制成喇叭形张口。通常，根据扩口的形状要求来选择工艺。

扩管机有一个固定的外模和一个偏心距可调且可以旋转的锥形芯轴，芯轴的旋转速度约为1600 $r \cdot min^{-1}$。通过偏心芯轴施加外力将管子压在外模上而实现扩口。镁合金扩管时需要预热外模，最好采用模具夹具固定外模，并用电热元件将模具加热到260℃左右，同时待扩口的管子也要预热到与模具相同的温度。扩口时可以采用旋压用润滑剂。

6.2.2.5 强力旋压

强力旋压是基于普通旋压而发展起来的。普通旋压是用尾顶块将毛坯夹紧在芯模上，通过芯模旋转和旋轮逐次进给而将毛坯成形为零件；强力旋压则是用尾顶块将毛坯夹紧，通过芯模旋转和旋轮的进给运动，使毛坯连续逐渐减薄并贴靠芯模而成形为所要求的工件，其中旋轮的运动轨迹由靠模或导轨来确定。镁合金可以采用强力旋压中的锥形旋压（按照正弦规律位移的旋压）和管式旋压（按体积规律位移的旋压）来成形。镁及镁合金板料强力旋压的工艺要点如下。

A 设备与工模具

镁合金的锥形旋压和管式旋压都需要使用专用设备，但是其他强力旋压工艺可以采用与其他金属相同的设备。镁合金进行热旋压时，必须在设备上安装喷管或其他加热设备。芯轴和旋轮通常采用 H12 或 H13 工具钢制造，经淬火回火后硬度为 HRC51～58。

B 旋压工艺过程

有时镁合金强力旋压不用加热。但更经常的是主要部分的缩减在热状态下进行，然后进行冷精修，或者热状态下粗加工，然后在低温下精修。交替进行旋压和加热取决于金属精修是在冷状态还是热状态下进行。表 6-7 给出了旋压加工 HK31A 和 HM21A 合金的常用工艺过程。

表 6-7 强力旋压两种镁合金的工艺过程

镁合金工件		工 艺 过 程
冷精修	HK31A	在(425±30)℃，热粗旋至要求形状。在 455～480℃①热处理 30～60 min，冷加工到厚度的总缩减率至少 25%，每道次用低缩减率，315～330℃处理 1 h
	HM21A	在(455±10)℃，热粗旋至要求形状。在 480～510℃①热处理 30～60 min，冷加工到厚度的总缩减率为 15%～25%，每道次用低缩减率，(370±16)℃处理 1 h
温精修	HK31A	在(425±30)℃，热粗旋至要求形状。在 455～480℃①热处理 30～60 min②，在 315～370℃温加工到厚度的总缩减率＞50%，用最少道次。250℃处理 16 h
	HK21A	在(425±30)℃，热粗旋至要求形状。在 485～510℃热处理 30～60 min③，在 315～370℃温加工到厚度的总缩减率＞50%，用最少道次。230℃处理 16 h

① 得到的性能是对 HK31A 接近 H24 状态性能，对 HM21A 接近 T8 状态的性能。

② 希望安全迅速冷却，但比 HM21A 临界值小。

③ 在 5 min 应从热处理温度冷到 315℃或更低些。

6.2.2.6 橡皮垫板成形

A 设备与工模具

许多飞机用镁合金零件都是采用成形模在液压机上通过橡皮垫板成形。根据橡皮板成形零件的形状，可以分为：按外凸曲线成形的零件；带有外凹轮廓的零件。通常，曲线的外部轮廓常常按直线分开，直边零件利用橡皮板成形，其实质与弯曲相同。橡皮板成形工艺还可用来制造加强肋和下陷（滚褶）等，以及增加或降低孔的刚度等。镁合金的橡皮板成形通常使用液压机，工具简单，只需要使用成形垫块而不需要模具。高温下镁合金橡皮板成形时所用工具和加热装置如图 6-11 所示。

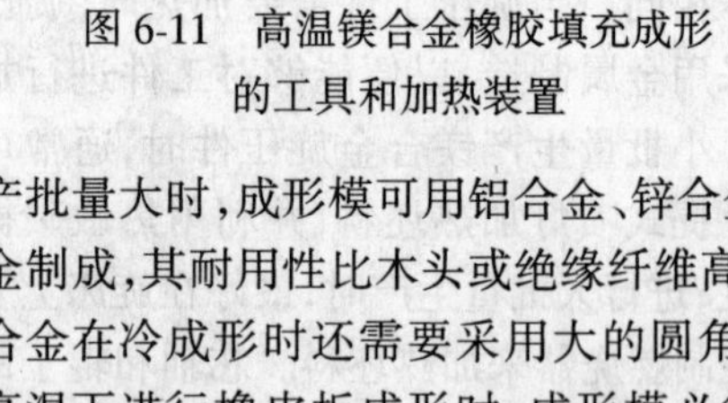

图 6-11 高温镁合金橡胶填充成形的工具和加热装置

室温成形特别是生产批量小时，成形模可用木头或绝缘纤维板制作；在高温（＞230℃）和生产批量大时，成形模可用铝合金、锌合金或镁合金制成，其耐用性比木头或绝缘纤维高得多。镁合金在冷成形时还需要采用大的圆角半径。在高温下进行橡皮板成形时，成形模必须采用工作温度和压力下不发生过量蠕变的金属制造。铝合金、锌合金或镁合金成形模的使用温度可高达 230℃。当使用温度高于 230℃时，需要使用钢制成形模。当成形温度高达 315℃时，需要使用特殊等级的固体橡胶或分层薄板做橡皮模。

B 模具与坯料的加热

镁合金在液压机上进行橡皮板成形的工艺与铝合金的不同，只能采用由座板加热变形模的方法，以及采用加热炉同时加热变形模和坯料的方法来进行。通常，在座板上或炉子里预热变形模时成形比较方便。用加热元件加热钢制工作台时，热量通过热传导传输到没有固定的成形模上，或者在加热炉中单独加热变形块，然后将其放置在工作台上。采用后一种方法时，通常需要在已预热的成形模和冷工作台板之间放置绝热的耐火毡。在靠近压机的炉中加热坯料，可以将热量损失降低至最低程度。成形厚度大于 15 mm 的零件时，应预热坯料以加速成形过程。

C 成形压力

橡皮板成形压力是板材厚度和成形温度的函数，在大多数成形工艺中 6200 kPa 的成形力就能满足成形要求。橡皮板成形一般是通过橡胶垫的压力来成形模具上的毛坯。在要求压力集中于一点或者金属坯料承受的应力达到全压前开始流动的情况下，成形过程中需要使用偏转棒。

一些需要大变形成形的工件采用橡皮板成形时要分两步来完成。首先用压机进行第一次部分成形，取下的工件用手工修平皱褶后重新放回到压机上，在全压力下完成最终成形。在一步成形操作中，可以将耐热橡胶薄板放置在坯料上或者与橡胶垫相连，以保护橡胶。

D 收缩凸缘

如果采用比同规格其他金属(例如铝)更高的缩减率，可以生产出无皱褶的镁合金收缩凸缘。凸缘成形完毕后，如果工件上有一些较小的皱褶，可以用手工校平。如果工件起皱严重，那么需要利用成形块模块中的扇形切口或凹槽来修平。此外，成形过程中拉拔板也可以用来压平皱褶。利用橡皮板成形时，镁合金薄板的状态对拉延凸缘的拉延量有很大影响，H24 态时，拉延量为 40%；O 状态时，拉延量可达 70%。150℃下橡皮板成形不同厚度的 AZ31B-O 和 AZ32B-H24 薄板时，其拉延凸缘极限如图 6-12 所示。260℃时 AZ31B-H24 合金的最小凸缘半径推荐值为 $5t$(t 为厚度)，模具半径则为 $t/2$ 左右，以补偿回弹。

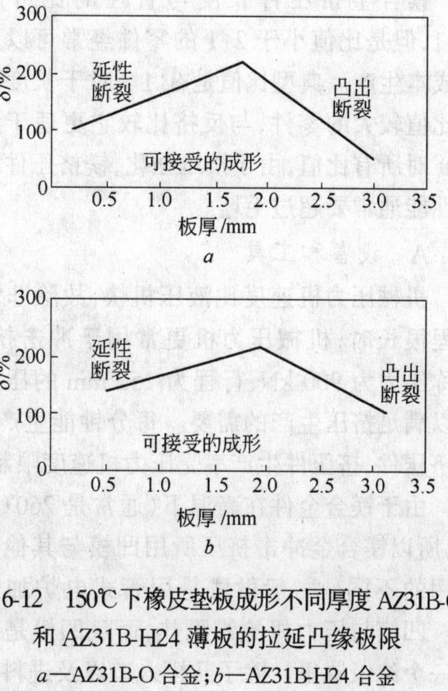

图 6-12 150℃下橡皮垫板成形不同厚度 AZ31B-O 和 AZ31B-H24 薄板的拉延凸缘极限
a—AZ31B-O 合金；*b*—AZ31B-H24 合金

E 卷边

镁合金板材进行橡皮板成形时，还可以实现内部卷边和外部卷边，其中外部卷边更容易实现。这两种卷边都会产生微量的皱褶，不过可以采用适当的工艺来消除。卷边的难易程度用边宽 W 和边高 h 的比值 W/h 来表示。卷边实际上也是一种拉延过程，其 W/h 值则与最大拉延比有关。

F 手工成形

在成形模具和工件尚未冷却的情况下，采用手工校形可以略微提高橡皮垫板成形后工件的尺寸精度。可以使用皮革或塑料成形工具来校正工件存在的少量不规则形状或凸缘的角度，但是不能使用硬质的校形工具，以免损坏成形模具。

6.2.2.7 冲击挤压成形

冲击挤压工艺用来生产对称的管形镁合金工件,尤其是生产其他工艺不能成形的薄壁或外形不规则的零件。该工艺用到镁合金成形上,毛坯和模具必须预热到不低于175℃。它的挤压过程与冷挤压不一样。冲击挤压时一般取工件温度为260℃。

镁合金挤压件长度与直径的比可高达15∶1,但是比值小于2∶1的零件经常可以用较低成本生产。典型比值是8∶1。对于长度与直径比值较大的零件,与反挤比较它更适于用正挤。对所有比值,由于挤压强化,镁挤压件的力学性能通常要超过毛坯。

A 设备和工具

机械压力机速度比液压机快,故除非需要行程很长时,机械压力机更常用于冲击挤压。公称压力为900 kN、行程为152 mm的压力机可以满足挤压生产的需要。每分钟能生产100件挤压件,挤压件生产率受压力机速度限制。

由于镁合金件在高温下(通常是260℃)成形,所以镁合金冲击挤压所用凹模与其他金属所用的不同。一般做法是用管式电炉加热凹模。凹模与压力机绝缘隔热,而且凹模是被包在一个绝缘罩里。除了凸模入口以及进料和顶出装置外,凹模的顶部也被绝缘罩覆盖。凸模不加热,但它会在连续生产中变热,故凸模与滑块之间也要进行绝缘隔热。

凸模和凹模通常用热模具钢制造,比如4Cr5MoV1Si,热处理硬度达HRC48~52。在一个生产应用实例中,用热处理过的4Cr5MoV1Si制造的模具生产了20万件挤压件。也可以用硬质合金凹模,它能够挤压到1000万件。

凹模槽侧壁应有每毫米深大约0.002 mm的斜度,以防挤压件粘到模槽里。正常加工时零件是停留在凸模上,回程时与凸模分开。

B 工艺

镁合金毛坯的预制方法与其他金属相同。如果允许有毛边,可用锯切棒料或冲裁板料制坯,也可以用铸造制坯。为了对中凹模,毛坯的大小和形状必须统一,凸模和凹模间隙选择合理,这样可以保证挤压件壁厚均匀。毛坯润滑是让毛坯在石墨粉中滚动10 min,直到在毛坯表面形成干石墨覆盖层为止。

为能自动进行冲击挤压,涂有润滑剂的毛坯被送入漏斗式给料机里,当毛坯通过料箱与凹模间的导轨时被电炉加热。把预热的毛坯送入被加热的凹模内,然后启动压力机进行挤压生产。根据材料成分和加工速度的不同,镁合金件的挤压温度在175~370℃之间。为了保证公差,挤压温度应保持恒定。

实际生产中采用夹钳给料速度慢,毛坯和凹模一般要加热到260℃。采用自动给料装置速度快,毛坯和凹模温度可低到175℃。成形中凹模会吸热,将会使凹模温度增加65℃。如果材料性能降低不是重要因素,成形温度可以高些。

C 挤压压力

镁合金件冲击挤压所需压力大约是铝合金所需要的一半。影响挤压力的主要因素是合金成分、减缩量以及成形温度。表6-8为面积减缩率85%,温度范围为230~400℃时,挤压几种镁合金所需压力。

表6-8 四种镁合金在不同温度下冲击挤压所需压力(MPa)

镁合金	230℃	260℃	290℃	315℃	345℃	370℃	400℃
AZ31B	455	455	414	372	359	345	317
AZ61A	483	469	455	441	428	414	400
AZ80A	496	483	441	455	441	428	414
ZK60A	469	455	441	428	400	372	359

D 热膨胀

镁的线膨胀系数要比钢的高得多。所以,为了保证冷却到室温时镁挤压件的大小在尺寸公差允许的范围内,有必要把钢模具室温尺寸乘上一个由镁挤压温度确定的补偿因子。

E 公差

镁合金件的公差与零件的大小和形状、长度直径比以及压力机对中有关。表6-9给出长度与直径比为6∶1时镁挤压件的典型公差。

表 6-9 长度与直径比为 6:1 的镁合金挤压件典型公差(mm)

尺寸	直径/mm	底厚/mm	壁厚/mm			
			0.5~0.75	0.76~1.13	1.14~1.50	1.51~2.54
公差	±0.05①	±0.13②	±0.05	±0.076	±0.10	±0.13

① 直径 25 mm;
② 所有壁厚。

6.2.2.8 落锤成形

当批量小和要求最小回弹时,可用落锤成形生产镁合金浅的零件和轴对称形零件,该工艺的成败与操作者的技能密切相关。除要加热以外,镁合金的落锤成形与其他金属相同。

锌合金可用于制造冲头和模具。有时也用铅冲头,但铅的粘着作用会造成板材腐蚀。大于 50 件的批量生产,建议用铸铁冲头和模具,因为在这样的批量中锌制工具会变形走样。

落锤成形优选退火板材。由于工件冷却迅速,通常在 5 s 内,下降 16~25℃。故应在锤附近加热毛坯。成形一个零件可能要打 10 下。锤击之间加热,对于厚达 1.3 mm 金属为 5 min,对厚度 1.3~3.18 mm 金属板为 9 min。

在预成形模具中常用耐热橡胶垫,在最终成形前要去掉它。

模具加热可在靠近锤的炉子内进行,或者在操作中用火焰或加热圈加热。小模具也可用放在床子台面上的电加热铸铁板加热。但此法对大模具不实用。也有用电加热装置和传热流体加热的。

在镁合金落锤成形时,使用高温能减少或消除回弹,因此要选用尽可能高的成形温度。必须仔细控制变形速率,特别是加工冷作硬化或 H24 状态的材料时。对于需要大变形的工件,冲头要缓慢落下,用连续锤击方法完成成形。生产中可保持 ±0.76 mm 的公差。

6.3 镁及镁合金材料的连接技术

6.3.1 概述

镁及镁合金材料加工成零件后,一般要与其他零部件(同类材料或异种材料)连接组成部件或机器。与铝及铝合金材料一样,连接的方法主要有焊接、胶(粘)接和机械连接。

镁及镁合金的焊接性能良好,绝大多数镁合金可以用气焊、氩弧焊、电阻焊、电子束焊、钎焊等方法进行焊接。目前使用最多的是氩弧焊。氩弧焊适用于一切镁合金的焊接,它能得到较高的焊缝强度系数,焊接变形比气焊小,焊接时可不用焊剂。镁合金铸件可用氩弧焊修补,并能获得满意的焊接质量。因无适用的焊剂,目前尚不能使用埋弧焊。

对于异种材料,一般采用粘胶连接或机械连接。

6.3.2 镁及镁合金材料的焊接技术

6.3.2.1 焊接特点

(1) 镁的熔点低,热导率高,焊接时应采用大功率的焊接热源,因而焊缝及近缝区金属易产生过热、晶粒长大、结晶偏析现象,从而降低接头性能。

(2) 在焊接高温下,易与空气中的氧生成氧化镁,其熔点高,密度大,在熔池中易形成细小片状的固态夹渣。它不仅严重阻碍焊缝形成,也降低焊缝性能。镁在焊接高温下还易与空气中的氮生成氮化镁,氮化镁夹渣将导致焊缝金属的塑性下降。镁的沸点不高(1100℃),在电弧高温下镁很容易蒸发。

(3) 在焊接薄件时,由于镁合金的熔点较低,而氧化镁薄膜的熔点很高,两者不易熔合,焊接操作时难以观察焊缝的熔化过程。温度升高,熔池的颜色没有显著变化,极易产生烧穿和塌陷现象。

(4) 镁及镁合金线膨胀系数较大,约为钢的 2 倍,铝的 1.2 倍,所以在焊接过程中易产生较大的焊接应力,引起变形和焊接裂纹。

(5) 镁易与一些合金元素(如 Cu、Al、Ni 等)形成低熔点共晶体(如 Mg-Cu 共晶点为 480℃, Mg-Al 共晶点为 430℃, Mg-Ni 共晶点为 508℃),所以脆性温度区间较宽,易形成热裂纹。

(6) 焊镁时,易产生氢气孔,氢在镁中的溶解度也是随温度的降低而急剧减小。当氢的来源较多时，出现气孔的倾向较大。

镁及其合金在没有隔绝氧的条件下焊接时，易燃烧，熔焊时需用惰性气体或焊剂保护。由于焊镁时要求用大功率的热源，当接头处温度过高时，母材将产生“过烧”现象。因此，镁及镁合金焊接时必须控制好接头温度。

6.3.2.2　镁及镁合金的焊接性

表6-10、表6-11列出了我国和美国某些常用镁合金的焊接性。主要判据是对裂纹的敏感性，在某种程度上依据接头有效系数。

表6-10　我国常用镁合金的相对焊接性

材料种类	牌号	相对焊接性	材料种类	牌号	相对焊接性
铸造镁合金	ZM1	差	变形镁合金	MB3	良
	ZM2	一般		MB5	一般
	ZM3	良		MB6	差
	ZM5	良		MB7	一般
变形镁合金	MB1	良		MB8	良
	MB2	良		MB15	差

表6-11　美国常用镁合金的相对焊接性

材料种类	牌号	相对焊接性	材料种类	牌号	相对焊接性
铸造镁合金	AM100A	B	铸造镁合金	ZH62A	C
	AZ63A	C		ZK51A	D
	AZ81A	B		ZK61A	D
	AZ91AC	B	变形镁合金	AZ10A	A
	AZ92A	B		AZ31B,C	A
	EK30A	B		AZ61A	B
	EK41A	B		AZ80A	B
	EZ33A	A		HK31A	A
	HK31A	B		HM21A	A
	HZ32A	C		HM31A	A
	K1A	A		ZE10A	A
	QE22A	B		ZK21A	B
	ZE41A	C			

注：A—很好；B—良好；C—尚好；D—较差。

镁铝锌系合金（如MB3）在镁中加入Al和Zn，可阻止焊接时晶粒长大。焊接Mg-Al-Zn合金时，如变形镁合金MB2、MB5、MB6、MB7和铸造镁合金ZM5等，随着铝和锌含量增高，结晶区显著增大，共晶体的量增多。锌加入合金后能提高屈服强度，降低伸长率，增大合金的热裂纹倾向。焊接时，有产生裂纹和过烧的倾向。含锌量高的镁合金（ZH62A和ZK51A）对裂纹很敏感，可焊性较差。

镁锰系二元合金（如MB8）具有很窄的结晶范围（645～651℃），热裂纹倾向小，焊接性能好。为了改善合金的力学性能、热稳定性及细化晶粒，一般在MB8的合金中加入0.15%～0.35%（质量分数）的稀土元素铈（Ce）。MB8的金相组织由$\alpha+\beta(Mn)+Mg_9Ce$组成，在经过二次或多次加热的近焊缝区常常析出条状的由金属间化合物Mg_9Ce组成的低熔点共晶体。为了消除Ce的影响，有时采用在焊丝中加4%～5%Al来夺取Ce，生成均匀分布在晶粒边界的Al_2Ce。

焊接MB8合金时，不采用MB8合金焊丝，当MB8合金用MB3合金焊丝焊接时，其焊缝核心金属组织与MB3合金用MB3焊丝焊成的焊缝组织相同，晶粒均较细。但熔合线区晶粒长大的倾向较严重。MB8用MB3焊丝焊接会使焊合线增宽，比用MB8焊丝焊接匹配要优越得多。

镁锌锆合金（如MB15、ZM1、ZM2、ZM3）结晶范围大，焊接时热裂倾向大，焊接性不良。若采用含稀土的合金焊丝，并高温预热，热裂纹倾向可显著减小。

由于加入了稀土元素，使镁－锌－锆－稀土系合金热裂倾向减小（特别是横向裂纹和弧坑裂纹减小更为显著），焊接性能较好，可采用结晶范围宽和熔点低于母材的填充焊丝。

ZM5合金的焊接通常用于ZM5合金的铸件焊补。一般来讲，需焊补的ZM5合金铸件，都是经过淬火时效等热处理的，焊补后往往因为焊件较大或已经过精加工等原因而不便再进行热处理。对已淬火的ZM5铸件焊补时会造成过热区内的$Mg_{17}Al_{12}$化合物在晶界上析出，在晶粒内部靠近晶界处将有粒状$Mg_{17}Al_{12}$化合物出现。如果焊补后重新淬火，则ZM5合金基体金属上的$Mg_{17}Al_{12}$化合物几乎全部溶入基体金属，焊缝金属晶界的 $Mg_{17}Al_{12}$ 化合物也基本溶入基体金属。因此，ZM5 合金铸件焊补后应重新淬火。焊补过程中焊接工艺参数选择正确与否对提高焊补接头的性能有很大的影响。

含钍镁合金（HK31A、HM21A、HM31A）在氩弧焊时具有极好的可焊性。

镁合金焊缝具有细化晶粒的特点，晶粒尺寸平均小于 0.254 mm，铝含量超过 1.5% 的镁合金对应力腐蚀敏感，必须消除残余应力。

焊接镁合金时，线能量过大会使焊接接头的金属组织变坏，如 MB2 合金，当线能量为 5.363 kJ/cm 时，从基体金属到焊缝熔合线区的组织是沿晶界均布有金属间化合物的细晶粒结构；当线能量增至 6.992 kJ/cm 时，熔合线区的晶粒较 5.363 kJ/cm 时粗大得多。而当线能量继续增至 14.07 kJ/cm 时，晶间出现了粗大的金属间夹杂物。对焊接线能量起主导作用的参数是焊接电流及焊接速度。

MB3、MB8 镁合金经多次焊补后，焊接接头热影响区的宽度随焊补次数的增加而增加，接头热影响区金属晶粒明显增大。MB3 合金经多次焊补后对接头力学性能的影响不大。MB8 合金经焊补后接头性能的下降趋势较大。由于镁合金加热时有晶粒长大现象，对接头的力学性能及耐腐蚀性能不利，并使裂纹的形成倾向增大，所以接头的焊补次数不得超过 3 次。

焊后退火对消除焊接应力及改善接头组织是有利的，但退火温度的选择必须兼顾整个焊接构件的技术要求，尽量保持材料的原始状态（如冷作硬化、半冷作硬化、淬火时效状态等）。例如，MB3 合金用 MB3 焊丝焊接时，退火前后金属组织区别很大，未经退火的焊缝金属为均匀的等轴细晶粒，在晶粒边界尚存在一定数量的低熔点金属间化合物层，当经过 280℃、320℃、360℃ 等温度保温 5 h，并在空气中冷却后，金属间化合物层组织相应减少，特别是在 360℃ 退火处理的焊缝金属中，金属间化合物层几乎全部溶入固溶体。

6.3.2.3 焊接设备及材料的选择

A 焊接设备

镁合金气焊、氩弧焊、电阻焊时一般采用焊接铝合金的设备，铝合金氩弧焊所用的铈钨电极、钍钨电极及纯钨电极均可满足镁合金氩弧焊的要求。

B 焊接材料

一般可选用与母材化学成分相同的焊丝。有时为了防止在近缝区沿晶界析出低熔点共晶体，增大金属流动性，减少裂纹倾向，亦可采用与母材不同的焊丝。如焊接 MB8 时，选用 MB3 焊丝。表 6-12 列出了国产常用镁合金的焊接材料。

表 6-12 国产常用镁合金的焊接材料

合金牌号	MB1	MB2	MB3	MB5	MB6	MB7	MB8	MB15	ZM5
适用焊丝	MB1	MB2	MB3	MB5	MB6	MB7	MB8	MB15	ZM5

熔化极氩弧焊焊丝和钨极氩弧焊焊丝填充金属的选择取决于母材的成分，最常用的四种成分列于表 6-13。

表 6-13 镁合金氩弧焊用焊丝和填充金属的成分（质量分数）（%）

元　素	ER AZ61A	ER AZ101A	ER AZ92A	ER EZ33A
Al	5.8~7.2	9.5~10.5	8.3~9.7	—
Be	0.0002~0.0008	0.0002~0.0008	0.0002~0.0008	—
Mn	0.15（最小）	0.13（最小）	0.15（最小）	—
Zn	0.40~1.5	0.75~1.25	1.7~2.3	2.0~3.1
Zr	—	—	—	0.45~1.0
RE（稀土元素）	—	—	—	2.5~4.0
Cu	0.05（最大）	0.05（最大）	0.05（最大）	—

续表 6-13

元　素	ER AZ61A	ER AZ101A	ER AZ92A	ER EZ33A
Fe	0.005(最大)	0.005(最大)	0.005(最大)	—
Ni	0.005(最大)	0.005(最大)	0.005(最大)	—
Si	0.05(最大)	0.05(最大)	0.05(最大)	—
其余(总量)	0.30(最大)	0.30(最大)	0.30(最大)	0.30(最大)
Mg	余　量	余　量	余　量	余　量

在小批量生产时可采用边角料作焊丝，但应将其表面加工均匀光洁。最好是采用热挤压成形的焊丝，铸件焊接和焊补时可采用铸造焊丝。

大批量生产时应选择挤压成形的焊丝。焊丝使用前要认真挑选、鉴定，其方法是将焊丝反复弯曲，有缺陷的（如疏松、夹渣、气孔）焊丝很容易被折断。

C　焊接坡口

不论是焊接还是补焊，坡口形式极为重要。表 6-14 列出了焊接时的坡口形式。图 6-13 所示为焊补时的坡口形式。

表 6-14　镁合金焊接时的坡口形式

接头名称	坡口形式	适用厚度 t/mm	几何尺寸/mm a	c	b	p	α/(°)	焊接方法
不开坡口对称	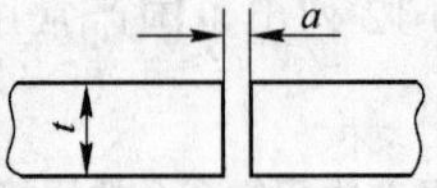	≤3.0	0~0.2t	—	—	—	—	钨极手工或自动氩弧焊
外角接	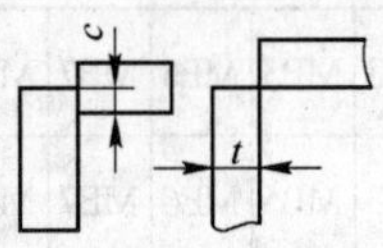	>1.0		0.2t	3~4t		—	钨极手工或自动氩弧焊(加填充焊丝)
搭　接	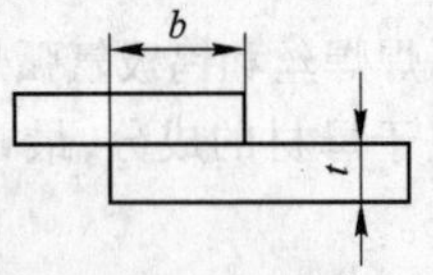	>1.0	—	—		—	—	钨极手工或自动氩弧焊
V形坡口对称	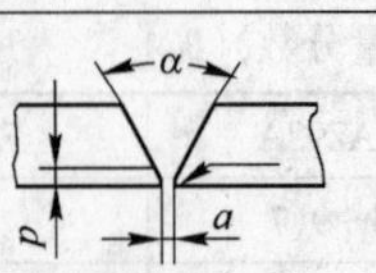	3~8	0.5~2.0t	—	—	0.5~1.5t	50~70	用可折垫板加填充焊丝的钨极手工或自动氩弧焊
Y形坡口对称	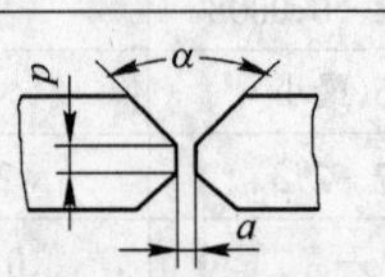	≥20	1.0~2.0t	—	—	0.8~1.2t	60	加填充焊丝的钨极手工或自动氩弧焊

注：1. 不开坡口的对接接头，如仅在一面施焊时，应在其背面加工坡口，以防止产生不熔合或夹渣缺陷，坡口尺寸见表图。

2. 表图中 $p = t/3$，$\alpha = 10° \sim 30°$。

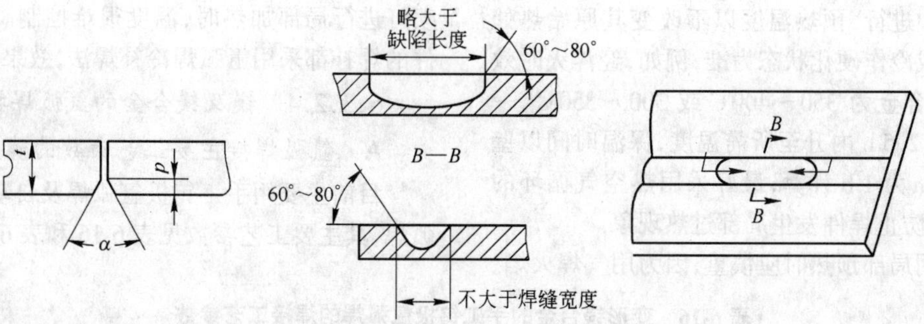

图 6-13 焊补时的坡口形式

D 焊接前的准备

(1) 焊前清理。焊丝使用前,必须仔细清理其表面,清理方法有机械法、化学法。机械清理是用刀具或刷子去除氧化皮。化学清理一般是将焊丝浸入 20%~25%(质量分数)硝酸溶液浸蚀 2 min,然后在 50~90℃ 的热水中冲洗,再进行干燥。也可用表 6-15 方法进行清理。清理后焊丝一般应在当天用完(天气干燥时,可存放 10 天)。

为了防止腐蚀,镁合金材料通常都需要氧化处理,使其表面产生一层铬酸盐填充的氧化膜,这层氧化膜是焊接时的重大障碍,所以在焊前必须彻底清除这层氧化膜以及其他油污。机械法清理可以用刮刀或直径为 ϕ0.15~0.25 mm 的不锈钢丝刷从正反面将焊缝区 25~30 mm 内杂物及氧化层除掉。板厚小于 1 mm 时,其背面的氧化膜可不必清除,它可以防止烧穿,避免发生焊缝塌陷现象。在这以前应先用溶剂将油质或尘污等除掉。

表 6-15 焊丝使用前化学法清理规范

序 号	工作内容	槽液成分/g·L^{-1}	工作温度/℃	处理时间/min
1	除 油	NaOH, 10~25 Na_3PO_4, 40~60 Na_2PO_3, 20~30	60~90	5~15,将零件在碱液中抖动
2	在流动热水中洗		50~90	4~5
3	在流动冷水中洗		室 温	2~3
4	碱腐蚀	NaOH,350~450	对 MB8 70~80 对 MB3 60~65	2~3 5~6
5	在流动热水中洗		50~90	2~3
6	在流动冷水中洗		室 温	2~3
7	在铬酸中中和处理	CrO_3, 150~250 SO_4, <0.4	室 温	5~10 或将零件上的锈除尽为止
8	在流动冷水中洗			2~3
9	在流动热水中洗		50~90	1~3
10	用干燥热风吹干		50~70	吹干为止

(2) 焊前预热。焊接前是否预热,主要取决于母材厚度和拘束度。对于厚板接头,如果拘束度较小,极少需要预热;对于薄板与拘束度较大的接头,经常需要预热,以防止产生裂纹,尤其是高锌合金。

对于形状复杂、应力较大的焊件,尤其是铸件,当用气焊焊补时,采用预热可减少基体金属与焊缝金属间的温差,从而有效地防止裂纹产生。

预热有整体预热及局部预热两种。整体预

热在炉中进行，预热温度以不改变其原始热处理状态或冷作硬化状态为准，例如，经淬火时效的ZM5合金为350～400℃或300～350℃，一般在2～2.5 h内升至所需温度，保温时间以壁厚25 mm为1 h计算，最好采用热空气循环的电炉，可防止焊件发生局部过热现象。

采用局部预热时应慎重，因为用气焊火焰、喷灯进行局部加热时，温度很难控制。目前铸件的焊补都采用氩弧焊冷补焊法，效果良好。

6.3.2.4 镁及镁合金的氩弧焊接工艺

A 氩弧焊接主要工艺参数的确定

目前主要用手工钨极氩弧焊及自动钨极氩弧焊，其主要工艺参数见表6-16和表6-17。

表6-16 变形镁合金的手工钨极氩弧焊的焊接工艺参数

板材厚度/mm	接头形式	钨极直径/mm	焊丝直径/mm	焊接电流/A	喷嘴孔径/mm	氩气流量/L·min⁻¹	焊接层数
1～1.5	不开坡口对接	2	2	60～80	10	10～12	1
1.5～3.0	不开坡口对接	3	3	80～120	10	12～14	1
3～5	不开坡口对接	3～4	3～4	120～160	12	16～18	2
6	V形坡口对接	4	4	140～180	14	16～18	2
18	V形坡口对接	5	4	160～250	16	18～20	2
12	V形坡口对接	5	5	220～260	18	20～22	3
20	X形坡口对接	5	5	240～280	18	20～22	4

表6-17 变形镁合金的自动钨极氩弧焊的焊接工艺参数

板厚/mm	接头形式	焊丝直径/mm	氩气流量/L·min⁻¹	焊接电流/A	送丝速度/m·h⁻¹	焊接速度/m·h⁻¹	备注
2	不开坡口对接	2	8～10	75～110	50～60	22～24	反面用垫板，单面单层焊接
3	不开坡口对接	3	12～14	150～180	45～55	19～21	
5	不开坡口对接	3	16～18	220～250	80～90	18～20	
6	不开坡口对接	4	18～20	250～280	70～80	13～15	
10	V形坡口对接	4	20～22	280～320	80～90	11～12	
12	V形坡口对接	4	22～25	300～340	90～100	9～11	

镁合金氩弧焊一般用交流电源，焊接电源的选择主要决定于合金成分、板料厚度及反面有无垫板等。如MB8比MB3具有较高的熔点，因而MB8要比MB3的焊接电流大1/6～1/7。

为了减小过热，防止烧穿，焊接镁合金时，应尽可能实施快速焊接。如焊镁合金MB8，当板厚5 mm，V形坡口，反面用不锈钢成形垫板时，焊速可达350～450 mm/min以上。

钨极直径取决于焊接电源的大小，在焊接中钨极头部应熔成球形，但不应滴落。

选择喷嘴直径的主要依据是钨极直径及焊缝宽度。钨极直径和焊枪喷嘴直径不同时，氩气流量不同。氩气纯度要求较高，一般应采用一级纯氩(99.99%以上)。

氩气压力一般为0.03～0.07 MPa，以形成“软气流”。压力大时，焊缝表面成形不良；压力小时，焊缝保护不好。焊接速度加快时，氩气流量相应增大。

对接焊不同厚度的镁合金时，在厚板侧需削边，使接头处两零件保持厚度相同。削边宽度等于3～4倍板厚。焊接工艺参数按板材的平均厚度选择，在操作时钨极端部应略指向厚板一侧。

表6-18和表6-19分别列出了填充丝手工钨极气体保护电弧焊的工艺条件和AZ31B合金手工钨极气体保护电弧焊的焊接条件和接头

形式。

铸件补焊工艺参数见表6-20。预热的焊件工艺参数选用表中的下限值，不预热的焊件选用上限值。

表 6-18 手工钨极气体保护电弧焊的条件

接头形式	搭接和角接接头	电极	直径 1 mm 的 EWP
焊缝形式	角焊和 V 形坡口	填充金属	直径 1.6 mm 的 ER AZ61A①
焊接位置	水平角焊和平焊	焊炬	350A，水冷②
焊前清理	钢丝刷清理	电源	300A，变压器③
预　热	不用	电流(角焊缝)	25A，交流
夹　具	工具板和套钳	电流(V 形坡口焊缝)	40A，交流
保护气体	He，7742 mm^3/h	焊后热处理	177℃ ×3.5 h

① 填充丝长 914 mm；
② 陶瓷喷嘴；
③连续工作，高频振荡器。

表 6-19 AZ31B 合金的手工钨极气体保护电弧焊①

接头形式	T 形	角接；对接	对　接
焊缝形式	单边角焊	V 形坡口	I 形坡口
焊接位置	横向角焊	向上立焊，平焊	平　焊
保护气体和流量/$mm^3 \cdot h^{-1}$	5486(氩)	5486(氩)	5486(氩)
电极(EWP)直径/mm	2.4	3	3
填充金属(ERAZ61A)直径/mm	1.6	2.4	1.6
电流(交流，高频稳定)/A	110	125	135
焊接速度	254 mm/min	5 件/h②	254 mm/min
焊后热处理	260℃ ×15 min	177℃ ×1.5 h	177℃ ×1.5 h

① 这三种应用中都采用连续高频的 300 A 交/直流电源，备有轻型水冷焊炬。焊前所有焊件经铬酸－硫酸溶液清洗。不预热。

② 包括焊件的装卸和焊接。

表 6-20 铸造镁合金补焊工艺参数

材料厚度/mm	焊接电流/A	钨极直径/mm	喷嘴直径/mm	焊丝直径/mm	氩气流量/$L \cdot min^{-1}$	氩气压力/MPa	缺陷深度/mm	焊接层数
<5	60～100	2～3	8～10	3～5	7～9	0.2～0.3	≤5	1
>5～10	90～130	3～4	8～10	3～5	7～9	0.2～0.3	≤5 5.1～10	1 1～3
>10～20	100～150	3～5	8～11	3～5	8～11	0.2～0.3	≤5 5.1～10 10.1～20	1 1～3 2～5
>20～30	120～180	4～6	9～13	5～6	10～13	0.2～0.3	≤5 5.1～10 10.1～20 20.1～30	1 1～3 2～5 3～8
>30	150～250	5～6	10～14	5～6	10～15	0.2～0.3	≤5 5.1～10 10.1～20 20.1～30 >30	1 1～3 2～5 3～8 6 以上

B　焊接操作技术

镁合金钨极氩弧焊时，板厚 5 mm 以下，通常采用左焊法；板厚大于 5 mm，通常采用右焊法。平焊时，焊炬轴线与已成形的焊缝成 70°～90°角。焊枪与焊丝轴线所在的平面应与焊件表面垂直。焊丝应贴近焊件表面送进，焊丝与焊件间的夹角为 5°～15°。焊丝端部不得浸入熔池，以防止在熔池内残留氧化膜。焊丝应作前后不大的往复运动，但不作横向摆动，这样可借助于焊丝端头对熔池的搅拌作用，破坏熔池表面的氧化膜并便于控制焊缝余高。

焊接时应尽量取低电弧（弧长 2 mm 左右），以充分发挥电弧的阴极破碎作用，并使熔池受到搅拌，便于气体逸出熔池。

6.3.2.5　镁及镁合金的气焊工艺

由于气焊火焰的热量散布范围大，焊件加热区域较宽。所以焊缝的收缩应力大，容易产生裂纹等缺陷，残留在对接、角接接头的焊剂、熔渣容易引起焊件的腐蚀，因此气焊法主要用于不太重要的镁合金薄板结构的焊接及铸件的焊补。

焊前先将焊件、焊丝进行清洗，并在焊件坡口处及焊丝表面涂一层调好的焊剂，涂层厚度一般不大于 0.15 mm。

气焊镁合金时，应采用中性焰的外焰进行焊接，不可将焰心接触熔化金属，熔池应距离焰心 3～5 mm，应尽量将焊缝置于水平位置。气焊工艺参数见表 6-21。

表 6-21　镁合金的气焊工艺参数

焊件厚度/mm	焊炬型号	焊丝尺寸/mm		乙炔气消耗量/$L\cdot h^{-1}$	氧气压力/MPa
		圆截面	方截面		
1.5～3.0	HO1-6	$\phi3$	3×3	100～200	0.15～0.2
3～5	HO1-6	$\phi5$	4×4	200～300	0.2～0.22
5～10	HO1-12	$\phi5$～6	6×6	300～600	0.22～0.3
10～20	HO1-12	$\phi6$～8	8×8	600～1200	0.3～0.34

补焊镁合金铸件时，始焊时焊炬与铸件间成 70°～80°角，以便迅速加热始焊部位，直至其表面熔化后再添加焊丝。熔池形成后，焊炬与焊件表面的倾角应减小到 30°～45°，焊丝倾角应为 40°～45°，以减小火焰加热金属的热量，加速焊丝的熔化，增大焊接速度。焊丝端部和熔池应全部置于中性焰的保护气氛下。焊接过程中，焊丝应置于熔池中，并不断进行搅拌，以破坏熔池表面的氧化膜，将熔渣引出熔池外。焊接进行到末端或缺陷边缘时，应加大焊接速度，并减小焊炬的倾斜角度。焊接过程中，不要移开焊炬，要不间断地焊完整条焊缝。在非间断不可时，应缓慢地移去火焰，防止焊缝发生强烈冷却。当焊接过程中在焊缝末端偶然间断，并再次焊接时，可将已焊好的焊缝末端金属重熔 6～10 mm 长。

若焊件坡口边缘发生过热，则应停止焊接或增大焊接速度和减小气焊炬的倾斜角度。

当铸件厚度大于 12 mm 时，可采用多层焊，层间必须用金属刷（最好是细黄铜丝刷）清刷后，再焊下一层。薄壁件焊接时反面易产生裂纹，为消除裂纹，应保证反面焊透，并在反面形成一定的余高。正面焊缝高度应高于基体金属表面 2～3 mm，如图 6-14 所示。

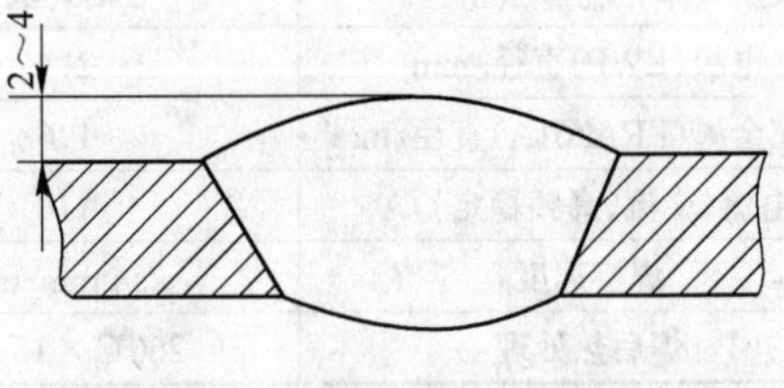

图 6-14　补焊后的焊缝截面示意图

在壁厚不同的焊接部位，焊接时火焰应指向厚壁零件，以使受热尽量均匀。为了消除应力，防止裂纹，补焊后应立即放入炉内进行回火处理，回火温度为 200～250℃，时间 2～4 h。

6.3.2.6　镁及镁合金电阻点焊工艺

某些镁合金框架、仪表舱、隔板等常采用电阻点焊。

镁合金电阻点焊的特点：

(1) 镁合金具有良好的导电性和导热性，点焊时，需在较短的时间内通过大电流；

(2) 镁的表面易氧化，零件间的接触电阻增大，当通过大的焊接电流时，往往产生飞溅；

(3) 断电后，熔核开始冷却，由于导热性好及线膨胀系数大，熔核收缩快，易引起缩孔及裂纹等缺陷。

基于上述特点，点焊机应能保证瞬时快速

加热。直流冲击波点焊机及一般的交流点焊机均可适用于镁合金的点焊。

点焊用的电极应选用高导电性的铜合金，电极端部需打磨光滑，打磨时应注意及时清理落下的铜屑。

在选择点焊参数时，先大概选择电极压力值，然后再调节焊接电流及通电时间。焊接电流及电极压力过大，会导致焊件变形。焊点凝固后电极压力需保持一定时间，若压力维持时间太短，焊点内容易出现气孔、裂纹等缺陷。厚度0.4～3.0 mm镁材电阻点焊工艺参数见表6-22。

表6-22 镁合金的电阻点焊工艺参数(选用单相交流电阻焊机)

板厚/mm	电极直径/mm	电极端部半径/mm	电极压力/N	通电时间/s	焊接电流/kA	焊接直径/mm	最小剪切力/N
0.4+0.4	6.5	50	1372	0.05	16～17	2～2.5	313.6～617.4
0.5+0.5	10	75	1372～1568	0.05	18～20	3～3.5	421.4～784
0.65+0.65	10	75	1568～1764	0.05～0.07	22～24	3.5～4.0	578.2～960.4
0.8+0.8	10	75	1764～1960	0.07～0.09	24～26	4～4.5	784～1195.6
1.0+1.0	13	100	1960～2254	0.09～0.1	26～28	4.5～5.0	980～1510
1.3+1.3	13	100	2254～2450	0.09～0.12	29～30	5.3～5.8	1323～1911
1.6+1.6	13	100	2450～2646	0.1～0.14	31～32	6.1～6.9	1695.4～2401
2+2	16	125	2842～3136	0.14～0.17	33～35	7.1～7.8	2205～3038
2.6+2.6	19	150	3332～3528	0.17～0.2	36～38	8.0～8.6	2793～3822
3.0+3.0	19	150	4214～4410	0.2～0.24	42～45	8.9～9.6	3528～4802

为确认焊接工艺参数是否合适，需焊若干对试样。一般用两块镁合金板点焊成十字形搭接试样，然后作拉断试验，检查焊点气孔、裂纹等缺陷。如果没有任何缺陷，再焊接抗剪试样，检验抗剪强度值。检查焊点焊透深度的方法可用金相宏观检验法。

不同板厚镁合金点焊时，厚板一侧应采用直径较大的电极。多层板点焊时电流和电极压力可比两层板点焊时大。

6.3.2.7 镁合金的钎焊工艺

镁合金的钎焊技术与铝相似。可采用火焰钎焊、炉中钎焊及浸渍钎焊，以浸渍钎焊应用最为广泛。钎焊时所用钎料都是镁合金钎料，一般采用Mg-Al-Zn钎料（Al12%、Zn0.5%、Be0.005%），钎剂用氯化物和氟化物混合粉末。

火焰钎焊时可使用氧－燃气或空气－燃气。使用天然气则更加适合，因为它的温度低，可避免过热。加热前，钎料应放在接头处，并涂上钎焊剂。因基体金属固相线温度与钎料流动温度十分接近，难以用手工方式加钎料。

炉中钎焊时，钎料预先放在接头上，接头间隙宜为0.10～0.25 mm，沿接头喷洒干粉钎焊剂。因用水或酒精调配的钎焊剂膏会妨碍钎料流布，不宜使用。

炉中钎焊时应严格控制钎焊温度，以保证基体金属的过烧能减至最低程度，并预防镁燃烧。钎焊时间应是钎料完全流布所需的最短时间，以防钎料过分扩散和镁燃烧。通常在钎焊温度下保温1～2 min足够完成钎焊过程。有时随工件厚度及定位夹具的不同，可适当延长或缩短。钎焊后应将零件在空气中自然冷却，不要强迫通风，以免变形。

浸渍钎焊由于钎焊剂熔池体积大，加热比较均匀，所以浸渍钎焊质量优于其他钎焊方法，应用较多。

镁合金的浸渍钎剂起着加热和钎剂化双重作用。接头间隙应为0.1～0.25 mm，钎料预先放置好，用不锈钢夹具组装好部件，在炉中预热450～480℃，以驱除湿气并防止热冲击。在钎剂浴中零件加热很快，1.6 mm厚的基体金属浸渍时间约为30～45 s。质量较大并带有夹具的大型组件,浸渍时间约需1～3 min。

目前,还没有找到合适的去除表面氧化膜和使钎料润湿待焊表面的软钎焊剂。因此,无电镀层的镁合金只能采用刮擦钎焊和超声波钎焊,它们可以机械地去除焊件表面氧化膜。刮擦(摩擦)钎焊时,焊锡棒、烙铁及其工具摩擦熔融钎料下的工件表面以击破氧化膜;在超声波钎焊中,熔融钎料与超音速振动的焊锡棒接触,振动产生空隙腐蚀,从而去除镁合金表面的氧化膜。然后可用烙铁、焊炬或热垫板进行连接。

一般情况下,钎料与镁合金母材接触易产生剧烈的电偶腐蚀。同时,母材与钎料之间易化合生成脆性相,从而降低接头强度和塑性。此外,在应力较高或有盐腐蚀环境中工作的镁合金焊接结构不宜采用软钎焊。因此,除特殊情况(如制造电子触点)外,通常很少采用软钎焊接镁合金。

表6-23列出了用于镁合金钎焊的Cd基和Sn基软钎焊料。在潮湿环境中Pb基钎焊料易与镁产生剧烈的电偶腐蚀,通常不予采用;Sn-Zn钎焊料比Sn-Zn-Cd钎焊料具有更低的熔点和更好的润湿性,但焊后接头塑性较低;而高Cd钎焊料能形成强度和塑性极好的接头。

表6-23 用于镁合金钎焊的Cd基和Sn基软钎焊料

成分(质量分数)/%	温度/℃ 液凝固	温度/℃ 固熔化	使用条件
60Cd-30Zn-10Sn	157	288	低温,小于149℃
90Cd-10Zn	295	299	高温,大于149℃
72Sn-28Cd	177	244	中温,小于149℃
91Sn-9Zn	199	199	高温,大于149℃
60Sn-40Zn	199	341	高温,大于149℃
70Sn-30Zn	199	311	预敷钎料
50Sn-50Pb	183	316	预敷钎料上用的填充钎料
80Sn-20Zn	199	270	预敷钎料
40Sn-33Cd-27Zn	—	—	填充钎料

进行软钎焊前,无电镀层的镁合金表面首先要采用溶剂除脂,然后在焊前瞬间用不锈钢丝刷、毛刷或氧化铝砂布进行机械清理。镁表面的电镀层是软钎焊的良好基础。镁电镀的第一道工序是形成浸锌膜,然后在浸锌膜上镀上0.0025～0.005 mm的铜镀层,这样便形成了可钎焊表面。另外,还可采用表面电镀Cu、Sn、Ag或化学镀Ni的方法。对于易焊的电子产品,在镀Cu层表面再涂一层薄的Sn(0.0067～0.0127 mm),然后在高温油槽中浸泡使Sn层充分流动、表面气孔愈合,提高Sn的保护作用。因此,预置表面层效果较为理想,它将提高接头强度,减小界面电偶腐蚀。无镀层镁合金的无钎剂软钎焊仅限于焊接角接头和填补变形件及铸件喷漆前的非关键面上的表面缺陷,带有电镀表面的镁合金可采用常用的软钎焊接头形式。

6.3.2.8 镁合金电子束焊

含锌量小于1%的变形和铸造镁合金,极少采用电子束焊接。一般来说,能采用电弧焊进行焊接的镁合金也可以采用电子束进行焊接,并且二者的焊前和焊后处理工艺相似。用电子束焊时,在电子束下立即产生镁蒸气,熔化的金属流入所产生的小孔中,由于镁合金蒸气压力高,因而所生成的小孔通常比其他金属大,易在焊缝根部产生气孔。因此,必须密切控制操作工艺以防止过热产生气孔。电子束的圆形摆动和采用稍微散焦的电子束,有利于获得优质焊缝。在接头部分加入适量的填充金属、采用同种金属的整体式或紧密贴合的衬垫会尽可能减少气孔。采用电子束焊接可获得较好效果的镁合金有AZ91C-T6、AZ80A-T5等。

6.3.2.9 激光焊接技术

激光焊接作为一种先进的连接技术,具有速度快、线能量低、焊后变形小、接头强度高等优点,得到了人们极大的关注。镁合金采用激光焊接,与铝合金相比,镁合金对激光束的吸收性能较好。激光束可将高密度能量集中在一个小点上,因而可使热量集中输入熔化区,热影响区减至最小。而镁合金线膨胀率大,因而激光这种特性对镁合金更为重要。激光束易于控制,因而容易进行复杂的三维零件焊接,易于实现自动化。变形镁合金激光焊接缝强度与母材强度相近,通过采用适宜的工艺参数,可减少气孔与咬边的产生。

采用400 W的脉冲YAG激光对AZ31B变形镁合金进行对接焊,结果表明,镁合金激光焊焊缝变形小,成形美观,无裂纹等表面缺陷,背面熔透均匀,如图6-15所示。镁合金激光焊接接头热影响区不明显,无晶粒长大现象;焊缝区由细小的等轴晶组成,接头各区硬度变化不大。同时发现脉宽对焊接接头性能影响很大,当脉宽为4.5 ms,在一定的规范下,接头的抗拉强度可达母材的95%,实现了镁合金的良好连接。

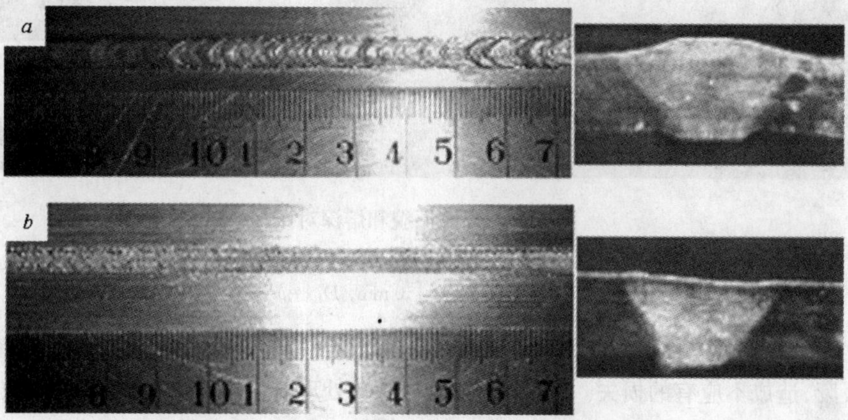

图6-15 变形镁合金AZ31B焊缝表面形貌

6.3.2.10 激光—氩弧复合热源焊接

自1978年Eboo等人首次提出激光—氩弧复合热源焊接以来,一直受到国内外焊接界的关注。采用低功率YAG激光—氩弧复合热源焊接镁合金板材,焊接原理图如图6-16所示。实验发现,激光—TIG复合热源焊接变形镁合金焊缝成形良好,在较好的参数条件下,无气孔、裂纹等缺陷。

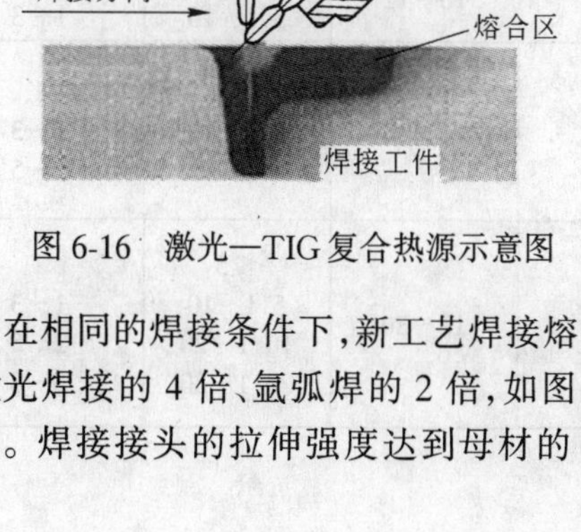

图6-16 激光—TIG复合热源示意图

在相同的焊接条件下,新工艺焊接熔深可达激光焊接的4倍、氩弧焊的2倍,如图6-17所示。焊接接头的拉伸强度达到母材的95%以上,冲击韧性达到母材的113%,抗疲劳强度与母材相当,并且焊接速度可达2000 mm/min以上。低功率激光—氩弧复合热源焊接技术不仅克服了激光焊和氩弧焊的不足,而且显著增大了熔深,提高了焊接质量,可实现镁合金的高效、优质连接。

目前激光焊普遍采用2～10 kW激光束,有时甚至为20 kW,大功率复合热源普遍采用2 kW左右的激光束,由于镁合金对激光反射很严重,所以在焊接过程中存在严重的能量浪费问题。以上试验采用400 W的YAG激光与氩弧复合,实现了镁合金的优质焊接,节约了能源,降低了设备成本。

6.3.2.11 摩擦焊

摩擦焊可用于镁合金与镁合金、镁合金与其他材料的焊接。摩擦焊的优点在于:温度低,效率高,可实现不同材料的焊接。目前研究的方向是摩擦焊工艺参数优化。焊接设备与操作方法与铝及铝合金的摩擦焊大致相同。目前也正在研发搅拌摩擦焊接工艺。

6.3.2.12 镁及镁合金材料的焊补

生产实践证明:镁合金制件不论是铸件、锻件毛坯或焊接件,都可能存在着某些缺陷而需

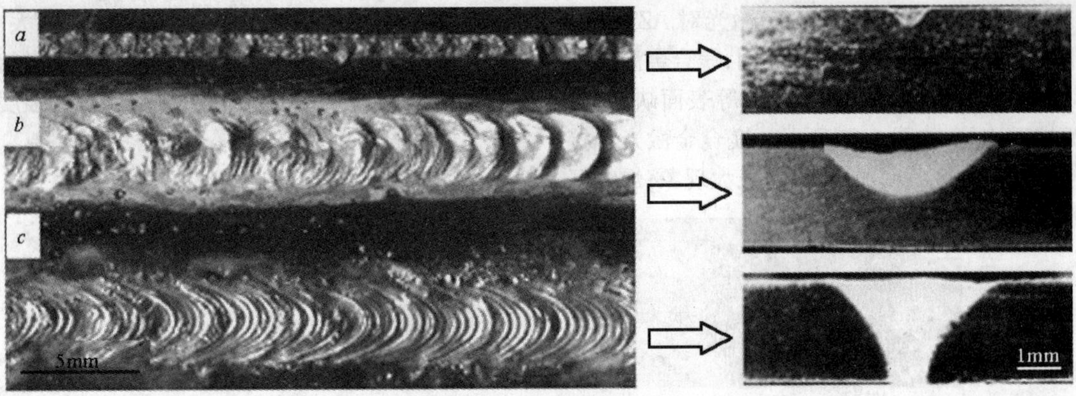

图 6-17　焊缝形貌和熔深对比

a—激光焊；*b*—TIG 焊；*c*—复合焊接

($I=100$ A, $P=400$ W, $h=1.5$ mm, $f=-1.0$ mm, $D_{LA}=1$ mm, $v=1100$ mm·min^{-1})

要焊补。往往一个大的工件由于一两个缺陷焊补不好而报废，造成不应有的损失。因此，焊补是镁合金焊接中的重要一环。

焊补时对焊工的操作技术及工艺参数选择比普通焊接要求更高。

焊补一般有两种情况：一是变形镁合金焊接件，经检查发现存在外观或内部缺陷需要焊补；二是铸件、锻件毛坯或在机械加工过程中出现的铸造、锻造缺陷需要焊补。

由于镁合金易过热，故焊补时应尽量选用小的焊接线能量，以缩短熔池在高温下的停留时间及减少热影响区宽度。这对于铸件焊补尤其重要，因为铸件一般是经淬火时效的，往往是经精加工后才发现缺陷而进行焊补的。铸件焊补后因体积较大，或因有变形要求而不便再进行热处理时，对于这种情况最好用氩弧焊冷焊焊补。

对于淬火时效的 ZM5 合金铸件，宜采用小电流、小直径的焊丝、小体积的熔敷金属进行焊补，并尽可能采用多层焊，焊接几层后停下来冷却一下，防止金属产生过热倾向。采取上述措施可获得较满意的结果，焊缝金属晶粒细小，接头硬度和抗拉强度均符合铸件本身的技术要求。

A　铸件的焊补

经淬火时效的 ZM5 镁合金铸件的手工氩弧焊的焊补工艺参数见表 6-24，ZM5 铸件的氩弧焊冷焊焊补接头的力学性能见表 6-25。

表 6-24　ZM5 镁合金铸件的手工氩弧焊的焊补工艺参数

铸件板厚/mm	焊接电流/A	钨极直径/mm	喷嘴孔径/mm	焊丝直径/mm	氩气流量/L·min^{-1}	缺陷深度/mm	焊接层数
<5	60~100	2~3	10	2~3	8~10	≤5	1
5~10	90~130	3	12	4~5	10~12	≤5 5.1~10	1 1~3
10~20	150~260	4	14	5	16~18	≤5 5.1~10 10.1~20	1 1~3 2~5
20~30	220~300	4	16	5	18~20	≤5 5.1~10 10.1~20 20.1~30	1 1~3 2~5 3~8

续表 6-24

铸件板厚/mm	焊接电流/A	钨极直径/mm	喷嘴孔径/mm	焊丝直径/mm	氩气流量/$L\cdot min^{-1}$	缺陷深度/mm	焊接层数
>30	250~350	4	20	5	22~25	≤5 5.1~10 10.1~20 20.1~30 >30	1 1~3 2~5 3~8 >6

表 6-25 ZM5 镁合金铸件冷焊焊补接头的力学性能

铸件状态	厚度/mm	接头形式	焊 丝	焊后热处理	σ_b/MPa
淬火时效	≥20	对接,单面 V 形坡口	从 ZM5 铸件上切取 5 mm×6 mm 的狭条	未处理	173.5~250.9①
		平面堆焊			163.7~225.4②

① 从铸件焊补部位取;

② 在 22 mm 厚的砂模铸板上堆焊 30~35 mm 厚的一层,取样时铸板及堆焊层各占试样长度的一半。

图 6-18 为三种镁合金砂型铸件,用钨极气体保护电弧焊补焊实例的示意图。表 6-26 列出了手工钨极气体保护电弧焊补焊的工艺条件。

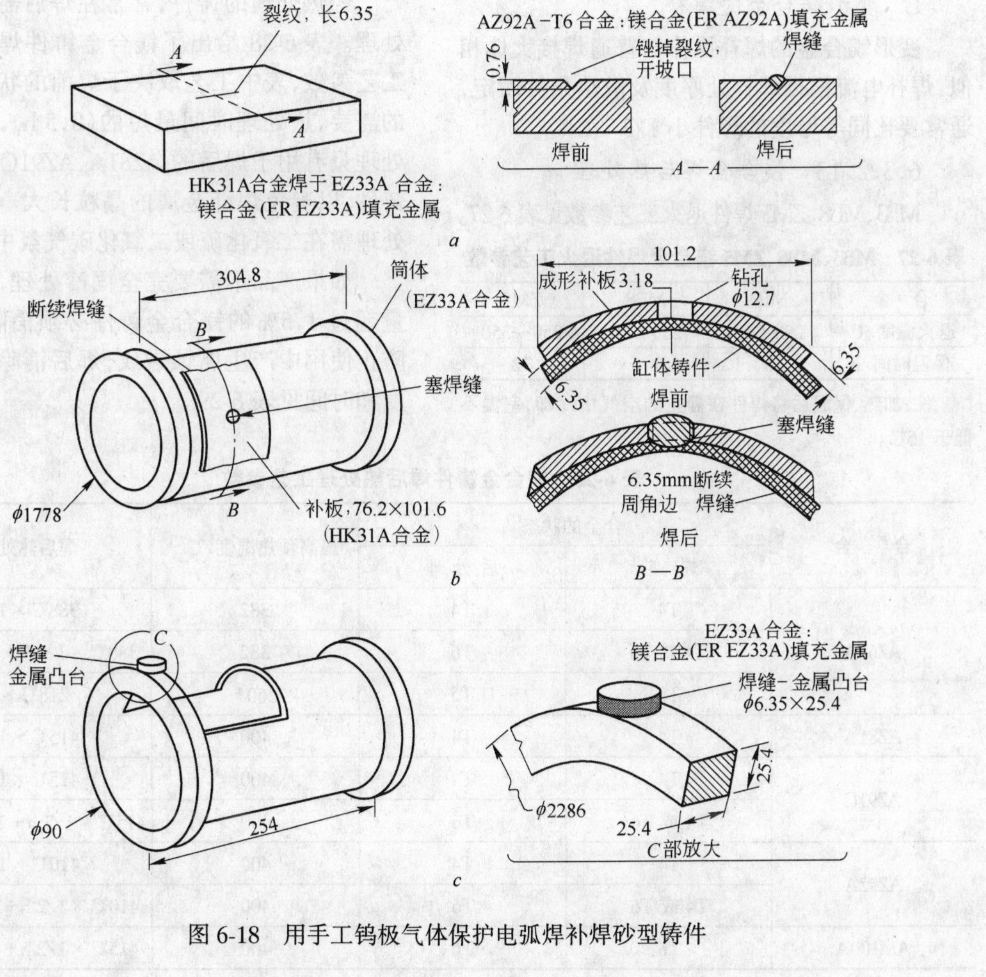

图 6-18 用手工钨极气体保护电弧焊补焊砂型铸件

表 6-26 手工钨极气体保护电弧焊补焊工艺条件

焊接条件①	例 1	例 2	例 3
夹 具	不 用	金属板	不 用
焊接位置	平 焊	平 焊	平 焊
保护气体及流量	Ar,6396～7315 mm^3/h	Ar,7315～8534 mm^3/h②	Ar,7315～8534 mm^3/h
电 极	EWP	EWP	EWP
填充金属(直径 1.6 mm)	ER ZA92A	ER ZA33A	ER ZA33A
电流(交流,高频稳弧)/A	80～140	160～180	160～180
预热和焊道间温度/℃	121	149	121～177
焊后热处理工艺	149℃ ×3 h	204℃ ×2 h	149℃ ×4 h
每件焊接总时间③/h	1/2	2	1/2

① 在所有三种应用中,焊前均采用钢丝刷或回转锉清理。电源为高频(平衡波形)稳弧的 300 A 变压器,以及 300 A 水冷焊炬。

② 焊缝背面采用流量 2438 mm^3/h 的氮保护。

③ 不包括焊后热处理时间。

B 变形镁合金的焊补

变形镁合金的焊补操作与普通焊接大体相似,焊补电流根据焊补处厚度及散热条件而定,通常要比同等厚度的焊件小 1/3～1/2。

6.3.2.13 镁合金焊后热处理

MB3、MB8、ZM5 焊件退火工艺参数见表 6-27。

表 6-27 MB3、MB8、ZM5 镁合金焊件退火工艺参数

合 金	MB3	MB8	ZM5
退火温度/℃	290±10	230±10	250～350
保温时间/h	5	1.5	72

注:加热、保温后将焊件在静止的空气中冷却,室温不低于 15℃。

经热处理的铸件,常常在焊后需要再次热处理。表 6-28 给出了镁合金铸件焊后热处理工艺参数,表中工艺取决于焊前的状态和焊后的需要,热处理时间最短的(0.5 h),完全固溶处理只有用于焊后的 AZ81A、AZ91C 和 AZ92A 铸件,以避免焊缝金属的晶粒长大。一些固溶处理需在二氧化硫或二氧化碳气氛中进行。

如果产品不需要完全固溶处理,那么铝含量超过 1.5% 的镁合金铸件必须消除应力,以防止使用中产生腐蚀裂纹,焊后消除应力的温度和时间见表 6-29。

表 6-28 镁合金铸件焊后热处理工艺参数

合 金	合金的状态①		最高预热温度/℃②	焊后热处理③
	焊 前	后 处 理		
AZ63A	T4	T4	382	388℃ ×1/2 h
	T4 或 T6	T6	382	388℃ ×1/2 h+218℃ ×2 h
	T5	T5	260④	218℃ ×5 h
AZ81A	T4	T4	400	415℃ ×1/2 h
AZ91C	T4	T4	400	415℃ ×1/2 h
	T4 或 T6	T6	400	415℃ ×1/2 h+215℃ ×4 h⑤
AZ92A	T4	T4	400	410℃ ×1/2 h
	T4 或 T6	T6	400	410℃ ×1/2 h+260℃ ×4 h
AM100A	T6	T6	400	415℃ ×1/2 h+218℃ ×5 h

续表 6-28

合　金	合金的状态①		最高预热温度/℃②	焊后热处理③
	焊　前	后处理		
EK30A	T6	T6	260④	204℃×16 h
EK41A	T4 或 T6	T6	260④	204℃×16 h
	T5	T5	260④	204℃×16 h
EZ33A	F 或 T5	T5	260④	343℃×2 h⑤+215℃×5 h
HK31A	T4 或 T6	T6	260	315℃×1 h⑥+204℃×16 h
HZ32A	F 或 T5	T5	260	315℃×16 h
K1A	F	F	不　用	不　用
QE22A	T4 或 T6	T6	260	529℃×8 h⑦+204℃×8 h
ZE41A	F 或 T5	T5	315	329℃×2 h+177℃×16 h
ZH62A	F 或 T5	T5	315	329℃×2 h+177℃×16 h
ZK51A	F 或 T5	T5	315	329℃×2 h+177℃×16 h
ZK61A	F 或 T5	T5	315	149℃×48 h
	T4 或 T6	T6	315	499℃×(2～5) h+129℃×48 h

① T4 为固溶热处理；T6 为固溶热处理和人工时效；F 为铸造状态；“后处理”即焊后热处理。

② 厚板无拘束部件通常不预热；薄板有拘束的需要预热到表中给出的最大温度，以防止焊接裂纹。当预热超过 370℃时，推荐在二氧化硫或二氧化碳气氛中预热。

③ 给出的温度是最大容许值；控制炉内温度不能超过给出的最大值。当预热温度超过 370℃时应采用二氧化硫或二氧化碳气氛。

④ 用于 1.5 h，最大。

⑤ 可采用 168℃×16 h 代替 215℃×4 h。

⑥ 这种热处理状态最佳，可用于消除较大的应力。

⑦ 在二次热处理以前，60～104℃水中淬火。

表 6-29　镁合金焊后消除应力热处理①

薄　板			挤　压　件			铸　件		
合　金	温度/℃	时间/min	合　金	温度/℃	时间/min	合　金	温度/℃	时间/min
AZ31B-O②	260	15	AZ10A-F	260	15	AM100A	260	60
AZ31B-H24②	149	60	AZ31B-F②	260	15	AZ63A	260	60
HK31A-H24	315	30	AZ61A-F②	260	15	AZ81A	260	60
HM21A-T8	371	30	AZ80A-F②	260	15	AZ91C	260	60
HM21A-T81	399	30	AZ80A-T5②	204	60	AZ92A	260	60
ZE10A-O	232	30	HM31A-T5	427	60			
ZE10A-H24	135	60						

① 热处理，对所有合金将消除约 80%～95%的应力，而 HM31A-T5 只消除 70%。

② 需要焊后热处理，以避免应力腐蚀裂纹。

6.3.2.14　镁合金焊接缺陷

A　氧化物夹渣

氧化物夹渣分为线状和片状两种。当对缝间隙太大时，在电弧前端出现烧穿现象，为此需加入较多的焊丝来填补，这时由于焊丝端部遮挡住了电弧的阴极破碎和搅拌作用，夹渣不易排出，以致在焊缝中产生线状的夹渣。焊前清理不彻底，送条方法不正确也会造成片状夹渣。

B　夹钨

由于镁合金焊接时采用大电流、高焊接速度，因此，手工氩弧焊工必须集中精力进行操作，焊接过程中尽量不要沾污钨电极。根据焊接电流大小选择钨极直径。由于钨和其氧化物密度大，当焊接大于3 mm的厚板时，钨夹杂多沉积于焊缝的反面，不易被排出，易造成夹钨现象。

C　气孔

镁合金焊缝隙中常见的气孔有连续气孔及密集气孔。防止气孔的方法有：焊前对焊件、焊丝进行严格清理，焊接时使焊件和焊丝表面干燥，氩气的纯度应合格，焊前应注意去除焊炬、氩气管道内的湿气，增强氩气保护效果等。

D　裂纹

镁合金焊缝中的裂纹有横向裂纹、弧坑裂纹及沿焊缝裂纹等。

E　未焊透

由于接头形式不同，产生的未焊透形状各异。主要原因是坡口形状不合适，焊接速度过快以及焊炬角度不当等。

F　咬边、烧穿和电弧灼伤零件

这类缺陷稍一疏忽就会出现。操作时应注意正确握持焊炬（指焊炬与焊件的角度），接地线紧固在焊件上，以免引起电弧灼伤零件。

6.3.2.15　镁合金焊接安全技术

镁合金焊接一般选用大电流、快速焊的工艺参数，故弧光特别强烈，易造成灼伤，应加强保护。焊接时飞溅出的小颗粒熔滴在空气中燃烧，且处于高温时间很长，往往对焊工的头部、颈部造成烫伤。在焊接时除佩戴焊工面罩外，最好再佩戴防尘帽，以免烫伤。

镁合金焊接时还会产生较多的黄绿色烟雾，所以应加强工作场地的通风措施。

镁合金燃烧时禁止用水灭火，一般可用烘干过的熔剂、干砂、干铸铁粉灭火。

在热处理时应避免材料与电阻丝直接接触，从而造成局部高温。

有关焊接安全技术将在本书第8章详细介绍。

6.3.3　镁及镁合金材料的粘接技术

粘接适宜于任意形状与尺寸的镁合金材料并且几乎能与任何其他材料连接。粘接的表面可以是光滑表面，大的表面可一次粘接而成，很适合于飞行器。连接材料间不导电，不会造成电化学腐蚀，因而适合于连接镁合金与其他异种金属。由于它使应力集中分散，而且黏结剂低的弹性模量不允许应力像刚性连接点那样容易传递，从而需高疲劳强度场合的极好连接方法。

很多种类的黏结剂可用于连接镁合金，大多数黏结剂需加温固化。为了避免降低被连接金属的力学性能，宜选用不需要加温固化的黏结剂。表6-30列出了一些镁合金黏结剂，给出了固化条件，抗拉、抗剪切强度范围。粘接点静抗剪切强度高达20 MPa，且随搭接宽度、试验温度、黏结剂种类的不同而变化，如图6-19和图6-20所示。已开发出来一种改进的丙烯酸双组分黏结剂，可在室温下粘接固化，在－54～93℃具有很高的粘接强度，该黏结剂在镁合金汽车铸件原型装配中有广阔的应用前景。

表6-30　镁合金黏结剂性能（在不超过82℃场合下使用）

成分类型	固化温度/℃	固化时间/min	压强/MPa	黏结剂厚度/mm	剪切强度（20℃）/MPa
酚醛＋聚乙烯醇甲醛粉	130	32	0.3～3.4	0.08～0.15	11～18
酚醛橡胶基树脂	160	20	1.4	0.08～0.15	15～18

续表 6-30

成分类型	固化温度/℃	固化时间/min	压强/MPa	黏结剂厚度/mm	剪切强度(20℃)/MPa
酚醛合成橡胶基	175	40	0.05~0.8	0.13~0.50	7~17
酚醛合成橡胶基+热固树脂	175	60	0.7	0.13~0.50	14~20
环氧树脂——液态、粉末、棒(类似于钎料)	200	60	接触	0.03~0.15	10~15
环氧树脂——两种液体	20	24 h	接触	0.03~0.15	10~15
环氧树脂胶+液态活化剂	95	60	接触	0.08~0.13	<20
橡胶基	200	8	1.4	0.25~0.38	12~16
乙烯酚醛	150	8(预热)	变化	0.10~0.30	7~12
环氧树脂	95	45	接触	0.50~0.75	8~12
酚醛	150	15	0.2	0.50~1.00	<16
环氧树脂	175	60	接触	0.06~0.13	19~30
改进型环氧树脂	115	15~30	0.02~0.2	0.30~0.75	5~16 (68~260℃)
环氧-酚醛(高温型)	165	30	0.02~0.2	0.30~0.75	5~16 (68~260℃)

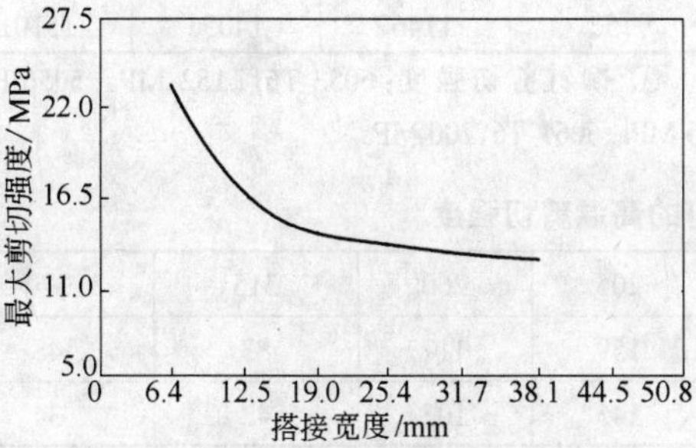

图 6-19 搭接宽度对粘接抗剪强度的影响
(镁合金板厚度 2.2 mm,酚醛橡胶基树脂黏结剂)

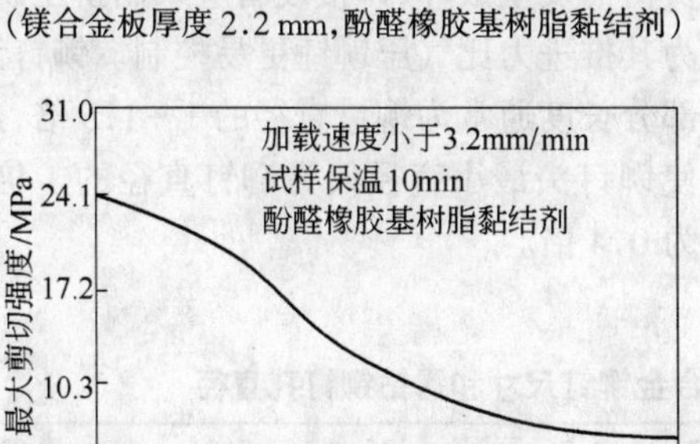

图 6-20 温度对粘接抗剪强度的影响
(镁合金板厚度 1.6 mm)

粘接时,镁合金的表面前处理很重要。表面应清洁,无润滑脂、油、氧化物及其他任何脏物。尽管黏结剂可像油漆那样用在清洁的镁合金上,但化学处理的表面才能使粘接效果最好。为保证在严酷环境下有良好的防腐性能,一些军用标准要求在使用黏结剂前进行表面阳极氧化,并再加一层涂层。由于黏结剂抗剪强度通常大于膜层或涂层的抗剪强度,在表面准备中的任何涂层或膜层应该很薄,阳极氧化膜层大约为 3 μm 或更小,漆约为 8 μm 或更小。

化学膜或阳极氧化层应很薄,并仔细清除脏物,在实际粘接操作中,对温度、压力、湿度必须仔细控制才能保证最佳效果。在生产中应定期进行拉伸、剪切、剥落试验,以保证所有参数能得到合理控制。

6.3.4 镁合金材料的机械连接

6.3.4.1 铆接

铆接是连接镁合金零部件的最为广泛的方法之一,其接头设计和工艺与铝合金材料类似。在恶劣环境中使用的镁合金工件应仔细考虑铆钉间距、材质、尺寸大小及封口胶的使用情况等因素,以防缝隙内产生腐蚀。

铆接中最常用的接头形式是搭接,当设计者允许在接头两侧使用衬板时也可以采用对接。根据接头强度要求来选择铆钉排列方式,可以是单排或多排。一般情况下,被连接金属与铆钉剪切强度应保证一致。如果接头出现破坏,应是铆钉先被剪断,而不是母材的拉伸或疲劳断裂。

铆钉中心线与连接板边缘间的距离至少为铆钉直径的2.5倍。对于剪切面粗糙、呈鳞状断口的材料建议取铆钉直径的3倍。增加边距对于在振动条件下工作的工件尤为必要。铆钉间在任何方向上的间距都不能小于其直径的3倍,而对最大值没有严格要求。只要能形成有效接头,任意大于3倍直径的铆钉间距都可采用。对于水密性接头,通常采用4倍直径的间距;非水密性接头则可采用10倍铆钉直径的间距。另外,在连接效果相同的前提下,通常建议采用大量的小铆钉,而不采用少量的大铆钉。

连接镁合金最好采用铝合金铆钉。5056-H32与镁合金间几乎不发生电化学腐蚀,因此这种材料的铆钉最适用。其次是6053-T61和6061-T6材料。铝合金铆钉冷拔后直径可为8 mm,5056-H32合金冷拔后效果类似于H321状态。

表6-31列出了连接镁合金用三种铝合金铆钉的单向剪切强度。冷拔前5056-H32和6061-T6铆钉的高温剪切强度见表6-32。不同厚度的AZ31B合金板和不同大小铆钉孔的承载强度计算公式如下,即:

$$承载强度=板厚\times铆钉孔直径\times\sigma_T$$

其中,对于AZ31B-O,$\sigma_T=414$ MPa;对于AZ31B-H24,$\sigma_T=469$ MPa。

表6-31 铝合金铆钉的单向剪切强度

铆钉直径/mm	单向剪切载荷①/N		
	6053-T61	5056-H32	6061-T6
1.59	342	423	454
2.38	707	867	934
3.18	1268	1557	1672
3.97	1944	2384	2558
4.76	2802	3443	3692
6.35	5075	6227	6690
7.94	8015	9830	10542
9.52	11467	14056	15101

① 铆钉剪切强度:6053-T61,152 MPa;5056-H32,186 MPa;6061-T6,200 MPa。

表6-32 冷拔前铝合金铆钉的高温剪切强度

温 度/℃		70	95	150	205	260	315	370
剪切强度/MPa	5056-H32	221	214	193	159	117	83	48
	6061-T6	200	186	172	145	103	48	34

铆钉孔常采用钻孔等进行加工。对于航空零件,当母材厚度大于1 mm时,也要求采用钻孔。表6-33列出了镁合金板铆接用冷拔铝合金铆钉尺寸和需钻铆钉孔直径。镁合金板上冷拔铝合金铆钉的承载面积可以采用实际孔径与板厚的乘积进行计算。为了防止被连接板由于超负荷而发生破坏,铆接设备应采用挤压铆机,因为其推进力比气压铆锤更易控制。铆钉无螺纹部分长度通常为铆钉直径的1~1.5倍,这样可使铆钉头最小直径仅为铆钉直径的1倍,高度为0.4倍。

表6-33 推荐用于镁合金板铆接用冷拔铝合金铆钉尺寸和需钻铆钉孔直径

常用铆钉尺寸/mm	1.59	2.38	3.18	3.97	4.76	6.35	7.94	9.52
铆钉孔直径/mm	1.70	2.44	3.26	4.04	4.85	6.53	8.20	9.80
推荐钻头型号	51	51	30	21	11	F	F	W

闪光铆接可以用于镁合金的连接,其接头设计形式如图6-21所示,沉头孔孔深至少为1.3 mm,底部圆柱形台阶的最小高度为0.38 mm,与铆钉尺寸匹配。

板厚1.3 mm左右的材料可以采用上连接板攻丝的闪光铆接,螺纹孔和铆钉坡口标准张角为100°。攻丝前,应先冲好或钻好铆钉孔,且孔径应略小于铆钉直径;攻丝时,扩孔到标准尺

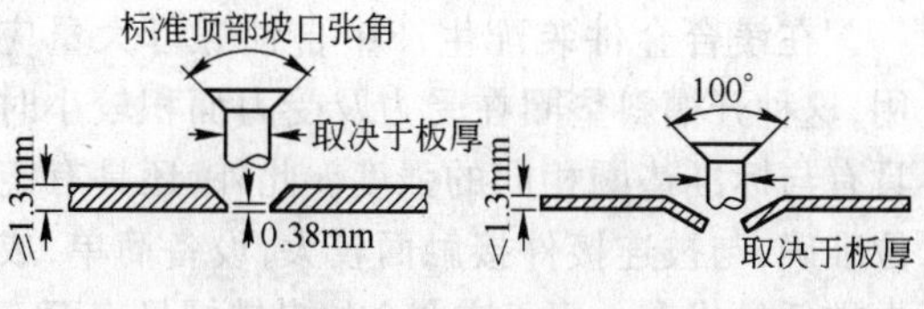

图 6-21 镁合金板闪光铆接接头设计形式

寸。倒角圆孔将会减小边缘应力集中和接头疲劳破坏。攻丝必须在热态下进行,使板局部加热,其范围刚好达到攻丝尺寸。如果板材处于H24 状态,加热时间应有所限制,以避免局部淬火。例如,AZ31B-H24 板材在 150℃ 温度下加热 5 s 不会发生淬火效应。

用顶部坡口张角为 100°的冷作 5056 铝合金铆钉堵口连接 AZ31B-H24 板,其接头强度见表 6-34 和表 6-35,其中接头强度为平均接头抗拉强度除以 1.5 后得到的理想值。如果条件稍有偏差会发生较大变化。屈服载荷定义为在下列永久变形条件下单个铆钉的载荷:直径小于或等于 4.76 mm,永久变形为 0.13 mm;直径大于 4.76 mm 的铆钉,永久变形为铆钉直径的 2.5%。

表 6-34 5056 铝合金堵口铆接 AZ31B-H24 板的接头允许强度

板厚/mm	单个铆钉强度/N			
	铆钉直径 3.19 mm	铆钉直径 3.87 mm	铆钉直径 4.76 mm	铆钉直径 6.35 mm
0.51	636	787	934	1263
0.64	792	979	1174	1588
0.81	970	1254	1495	2055
1.02	1139	1508	1868	2558
1.27	1290	1744	2233	3176
1.60	1468	1997	2598	3870
1.80	1566	2139	2789	4190
2.03	1615	2277	2967	4559
2.29	1615	2446	3176	4848
2.54	1615	2473	3367	5160
3.18	1615	2473	3567	5849
4.06	—	2473	3567	6450
4.83	—	—	3567	6450
6.35	—	—	—	6450

注:单个铆钉的屈服强度与断裂抗拉强度相等。

表 6-35 顶部坡口张角 100°的 5056 铝合金铆接 AZ31B-H24 板的接头强度

板厚/mm	单个铆钉承受的屈服载荷/N			
	铆钉直径 3.19 mm	铆钉直径 3.87 mm	铆钉直径 4.76 mm	铆钉直径 6.35 mm
0.51	325(360)	—	—	—
0.64	418(436)	534(560)	—	—
0.81	547(547)	685(685)	814(898)	—
1.02	681(681)	881(881)	1050(1112)	1401(1116)
1.27	850(858)	1099(1099)	1334(1334)	1815(1890)
1.60	1085(1130)	1370(1370)	1690(1690)	2268(2268)
1.80	1201(1285)	1561(1601)	1899(1899)	2535(2535)
2.03	1370(1450)	1730(1815)	2166(2166)	2936(2636)
2.29	1512(1561)	1939(2073)	2402(2482)	3251(3251)
2.54	1512(1615)	2148(2300)	2589(2591)	3612(3612)
3.18	1512(1615)	2473(2473)	3283(3283)	4492(4666)
4.06	—	2473(2473)	3567(3567)	5693(6116)
4.83	—	—	3567(3567)	6450(6450)
6.35	—	—	—	6450(6450)

注:1. 为了使强度在黑线以上,铆钉头的厚度应大于上连接板厚度;
2. 括号外数据为屈服载荷,括号内为强度载荷。

6.3.4.2 螺纹连接

螺栓、螺钉和其他螺纹连接都适用于可拆卸镁合金与同种或异种材料接头的连接。镁合金螺纹连接本质上和其他材料一样,可以拧入或直接铸在零件中。连接件材料优先选择 5056 铝合金,其次是 6061 铝合金。在腐蚀不严重的条件下,也可选用镀 Sn、Ca 或 Zn 的钢制紧固件。镀 70%~80%Sn-20%~30%Zn 和 Zn + 铬酸盐 + 硅酸盐的钢紧固件,原则上可减小恶劣环境中的电偶腐蚀。这种钢紧固件比铝合金的强度要高，不会引起撕裂。同时，在腐蚀环境下适当的接头保护也可提高螺纹连接的可靠性。此外，粗螺纹的连接效果比细螺纹的连接效果要好。自锁螺母和其他类型的可拆卸紧固件也适用于镁合金的连接。在螺栓头或螺母下方使用直径合适的 5052 铝合金或 6061 铝合金垫圈可以防止电化学腐蚀，减小转矩而不使连接件变形。

螺纹紧固在镁合金压铸工艺中有着重要的应用，有试验对 AZ91D 和 A380 铝合金材质的传统攻丝螺纹和型芯孔自动成形螺纹紧固进行了比较研究，表明对于传统攻丝螺纹孔紧固的螺纹长度，SAE8 级螺栓应比 ADCI 标准参考值增加 15%；对于自动成形螺纹紧固，推荐孔啮合部分的尺寸比 ADCI 标准小 13%，总长度比啮合部分长 25%。

铝、镁合金工件中自动成形螺纹紧固件的二次装入，将引起夹紧载荷的变化，其中对铝合金的影响较大，而对于镁合金基本无影响。夹紧载荷卸载的结果表明，高温下镁合金的卸载速度大大高于铝合金，螺纹啮合长度和螺栓总长度是主要的影响因素。

锁紧螺栓具有良好的拉伸、剪切和疲劳强度，是一种优良的密封和紧固定位锁紧装置。在使用过程中，建议采用过盈配合，锁紧螺栓的紧固作用是在总间隙为 4.76～6.35 mm 的刚性条件下产生的。由于攻丝速度高，无需过多的准备工作，从而可以实现高速生产。另外，螺栓经润滑获得好的钉入效果，但在工件喷漆前，润滑油必须清除。常用的类型有扁头、圆头和 90°沉头螺栓。锁紧螺钉通常由 6061-T6 制成，直径为 4.76 mm、6.35 mm、7.94 mm 和 9.53 mm。部分 6061-T6 锁紧螺栓的剪切和拉伸性能见表 6-36。

表 6-36 部分 6061-T6 锁紧螺栓的剪切和拉伸性能

直径/mm	剪切强度/MPa	单向剪切力/N	抗拉强度/MPa
4.76	207	4168	261
6.35	207	7295	567
7.94	207	11320	728
9.53	207	16591	1052

在镁合金件装配生产中自锁螺母大量应用，这种开槽斜垫圈在受力及受力面积较小时具有与标准垫圈相同的强度。此外，还具有定位准确，与被连接件接触面较大，设备简单，成本较低的优点。用于镁合金的自锁螺母表面一般镀有 Zn 和 Cr。螺母塞入工件上的孔中，并用顶杆或虎钳压紧，直到螺母与镁合金的接触表面发亮，但不能采用捶击方式，以免产生应力集中。

螺丝垫圈可以压入或热装到镁合金工件上，但拧入式垫圈应用得较多。为了使螺纹孔与垫圈配合更好，可采用一次攻丝后再精攻。

拧入式垫圈有两种类型，如图 6-22 所示。其中一种为管状，螺纹在其外表面，它被拧入到工件的螺纹孔中，这种垫圈可以起到轴承和轴瓦的作用（见图 6-22*a*）。螺纹也可攻在里面，从而与螺杆、螺栓或其他螺纹紧固件连接。大螺距可以有效地增加强度，倒角螺纹或类似系列的螺纹可以减小根部应力集中。垫圈与螺栓或螺杆的强度应保证在扭曲过程中后者先失效，而不是垫圈内部的螺纹先剥落。另一种类型是由弹簧线圈精确螺旋而成的螺纹衬套，它用于攻丝孔与螺栓、螺钉或螺杆的配合，螺纹与美国标准系列类似（见图 6-22*b*）。采用热处理钢质螺栓时，垫圈塞入深度为螺栓直径的 2.5 倍效果最好。对于盲孔，垫圈厚度应为紧固件直径的 3 倍。

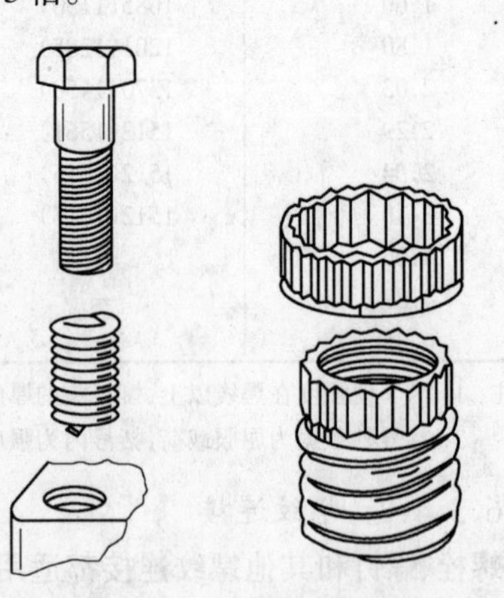

图 6-22 用于镁合金工件的两种拧入式垫圈

压入式或热装式垫圈的室温过盈量不能大于垫圈紧固所需的量,一般0.1%的变形率便足够了。应变为0.1%时产生的残余应力很小,一般情况下不会发生问题,其中0.03%的应变已成功应用于生产。同时,应变为0.3%的过盈配合也得到了应用,但此时产生的残余应力较大,可能导致应力腐蚀开裂,增大镁合金的疲劳破坏倾向。另外,镁合金的热膨胀系数一般比垫圈金属的大,所以在高温下装配可以增加室温过盈,从而使之在高温下保持足够的紧固力。

关于连接件防腐与保护问题参见第7章。

6.4 镁合金制品的机械加工

6.4.1 概述

镁合金与其他金属结构材料相比,密度较小,机加工较容易,机加工性能较好,尤其是加工量较大时,镁合金有着相当的优势。

镁合金的机加工可以采用较高的速度、较大的切削深度和进给速度。在相同加工量时,切削所需能量通常比其他金属的低。表6-37列出了各种金属机加工能量和速度的对比。

表6-37 各种金属材料的机加工能量和速度对比

金属材料	相对能量	粗车速度/m·min^{-1}	拉削速度(加工5～10 mm)/m·min^{-1}
镁合金	1.0	可达1200	150～500
铝合金	1.8	75～750	60～400
铸　铁	3.5	30～90	10～40
低碳钢	6.3	40～200	15～30
镍合金	10.0	20～90	5～20

小批量镁零件的机械加工可在手动操作的小型机床上进行,而当需要以很高的生产率加工大批量的零件时,则采用专用的大型自动化机械加工中心来进行,亦可采用计算机数控机床。切削性良好的镁合金材料可以在高切削速度和大进给量下进行强力切削,机加工工时数可以减少。因此,在完成同样的工作任务时,若采用镁材为原材料,则可减少所需机床的数量,节约基建投资,减少占地面积,降低劳动力成本和管理费用。由于镁金属的导热性好、切削力小,故加工过程中的散热速度很快,因而刀具寿命长,粘刀量少,从而可以降低刀具费用和缩短更换刀具所需的停机时间。只需经过一次(而不是两次或两次以上)的精加工便可达到所要求的最终表面光洁度,断屑性能也十分良好。

下面将举出详细的例子对镁的各种常用的机械加工方法加以说明,包括:车、镗、刨、拉、钻、铰、锪、抛光、攻丝和套丝、组合式机械加工、铣、锯和磨削。

所涉及的镁合金包括:压铸镁合金AZ91B(AC91D);重力铸造镁合金AZ91C(AC91E)和AZ92A;变形镁合金AZ31B、AZ61A、AZ80A、ZK21A和ZK60A。

6.4.2 镁合金材料的机械加工特性

6.4.2.1 切屑的形成

机械加工过程中形成的切屑类型,与材料成分、零件形状、合金状态和进给速度等因素相关。当加工其他金属时,刀具前角和切削速度对切屑的形成有很大影响,而对镁却影响很小或没有影响。当采用单刃刀具进行车、镗、刨、铣时,所产生的切屑可以分为三大类:在大进给量下形成的粗大和断屑良好的切屑;在中等进给量下形成的长度短和断屑较好的切屑;在小进给量下形成的长而卷曲的切屑。铸件合金更易于产生断裂或部分断裂的切屑,并与热处理状态相关。锻件和挤压件通常会产生部分断裂或卷曲的切屑,并与所采用的进给速度相关。

6.4.2.2 扭曲变形

由于镁具有高比热容和良好的导热性,摩擦所产生的热将迅速地扩散到零件的各个部分。因此,对镁进行切削加工时所达到的温度通常较低。但是在切削速度高和进给量很大的情况下,如果被切削下来的金属量很大,则零件所产生的热量也是相当可观的,有时可能使被加工零件产生扭曲变形。

6.4.2.3 热膨胀

如果在上述加工条件下产生了相当多的热量,而且对成品零件的尺寸公差要求又很严,则在设计中必须考虑到镁具有相当高的线膨胀系数这一影响因素。镁在20～200℃温度范围内的线膨胀系数为26.6～27.4 μm/(m·℃)(与合金成分有关)。镁的线膨胀系数略高于铝,而明显的高于钢。

6.4.2.4 冷变形

在机械加工过程中,镁零件发生因冷变形引起的扭曲变形或翘曲,其原因可能是机加工规程或操作不当,包括所使用的刀具太钝,进给速度太慢,刀具在加工过程中有停顿,以及其他将引起零件过度发热的操作方式。因机加工堆积或操作不当所引起的冷变形,将会在深达0.5 mm的表层中产生极高的应力。而且这些应力将趋向于分布到整个零件上,并使零件发生翘曲。由机加工过程中的冷变形引起的翘曲,有可能在将工件从夹具中取下之后不久便显现出来,但也有可能要在存入几天或几个月之后才显现出来。它也有可能出现在向零件施加热固化覆层的过程中。

粗加工比精加工更容易在镁零件表层中引起冷变形。粗加工可以进行到与所需的最终尺寸还差0.5 mm时,然后再进行一次或两次精细切削。总切削量为0.5 mm的两次精细切削,可以去除粗加工造成的高应力表层。而精细切削所引起的较低的应力不大可能引起翘曲。

消除应力退火只能作为消除机加应力的最后手段来使用。可将消除应力退火用于经过粗加工的复杂零件,或用于公差要求特别严格的零件。在这种情况下,应当在消除应力退火之后进行精加工。对不同状态的经机加工的各种变形合金进行消除应力退火时,所采用的退火时间和退火温度如表6-38所示。

表6-38 镁合金材料消除应力退火制度

合金及其状态	退火时间和温度	合金及其状态	退火时间和温度
AZ31B-F,-O	1~4 h,205℃	ZK21A-F	1~4 h,205℃
AZ31B-H24	1~4 h,135℃	ZK60A-F	1~4 h,205℃
AZ61A-F	1~4 h,205℃	ZK60A-T5,-T6	4 h,150℃
AZ80A-T5	1~4 h,205℃		

必须选择镁零件的厚断面部分作为装卡部位。对于镁压铸件,必须将装卡定位垫置于由同一半模具所成形的零件区域之内,以尽量减少分型线的影响。应注意不使装卡压力高到足以引起扭曲变形的程度。必要时应在工件与托架之间放置垫片。加工薄断面零件时应倍加留意,因为它们在卡盘和夹头压力的作用下,或者当吃刀量很大时极易发生扭曲变形。

6.4.2.5 镁基复合材料的机加工

当机加工镁基复合材料时,建议采用标准结构型式的镁加工刀具。当强化相材料的用量较低时(当其质量分数小于10%时),可使用镶嵌硬质合金刀头的刀具;而当强化相材料的用量较高时(当其质量分数大于10%时),则应使用镶嵌金刚石头的刀具。在这两种情况下均应经常对刀具进行刃磨,使之保持锋利状态,以免当刀具刚接触复合材料时产生火花。增大表面进给量将有助于防止刀具过快地变钝。

6.4.3 机加工刀具

6.4.3.1 刀具材料

镁机加工刀具材料的选择取决于所需完成的机加工量。普通碳钢刀具的使用寿命特别长,但不推荐用于大批量加工。当加工批量大时,通常优先选用镶嵌硬质合金的刀具,这是因其使用期限长,可以抵消较高的初始成本,可以满足经济合理性的要求。虽然镶嵌金刚石的刀具已经成功地用于加工镁基复合材料和要求高达0.075~0.125 μm表面光洁程度的场合,但在加工镁时一般没有必要使用它。然而,当公差要求很严和加工批量很大时,可以通过使用镶嵌金刚石刀头来省去繁琐的复位补偿调整工作。

6.4.3.2 刀具设计

加工钢和铝的刀具设计原理通常也适合于加工镁的刀具。但是由于镁的切削抗力低,而且热容量也相当低,故其加工刀具应当具有较大的外后角、较大的走屑空隙、较少的刀刃数(例如对于铣刀)和较小的前角。保证刀具的各个表面都很平滑是十分重要的。设计时,后角和排屑角应选择得尽可能的大,以便防止位于切削刃后面的刀具部位与工件相摩擦并引起过度发热和粘刀。由于镁的切削力较小,故可以采用比其他金属所允许的更大的后角和排屑角。刀具的各种角度,特别是前角,对切削力有很大的影响。若将一把车刀的前角从25°减小到15°,切削力将会增加50%之多。增大前角自然可以降低切削力,但却要以降低刀具使用寿命为代价。为了最大限度的提高刀具的使用寿命,可将后前角增加到20°。为减小刀具碎裂的可能性,镶嵌硬质合金刀头刀具的前角应当小于高速钢刀具。

一般来说,刀具的端切削刃角和侧切削刃角并非关键设计参数,最好按具体的加工条件和要求来确定。过大的侧切削刃角有可能引起刀具震颤。镁加工刀具的刀尖圆角半径可比用于其他金属的刀具适当大一些,以便达到一定的表面光洁度要求。在能得到表面光洁度的条件下,允许采用更高的进给速度。

6.4.3.3 刀具的刃磨

对镁进行机械加工的一条重要原则是,应当使刀具保持尽可能高的锋利和光滑程度,不应有划伤、毛刺和卷刃。如果刀具已切削过其他金属,即使其切削角没有改变,也应重新进行刃磨和珩磨。当刀具完全变钝时,就不应继续使用,而应在其稍微变钝之后便进行刃磨,以使刃口经常保持锋利状态和节省刀具材料。当刀具使用到预定期限之后,应换上刚刚刃磨过的锋利刀具。

刀具粗磨可采用中等粒度的砂轮。为使刀具具有光滑的表面和良好的切削面,应使用精细粒度的砂轮进行刃磨,并在必要时再用细油石或超细油石进行手工珩磨。对于高速钢刀具,采用0.147 mm(100目)的氧化铝砂轮进行精磨可获得满意的效果;当然,用目数更高的砂轮可使刀具表面更加光滑。

为了确保刀具有长的使用寿命和使零件具有较低的表面粗糙度,应当用手工对其进行仔细的珩磨,以便去除毛刺和砂轮印痕。对于刀具排屑角上的各个表面以及切屑要经过所在表面,必须仔细地进行抛光,以最大限度地减少粘刀现象。对深孔钻头的排屑槽也应进行抛光。

简单的目视检查往往不能确切地判断切削刃的锋利程度是否可以达到满意的结果。下列情况下,刀具需要进行刃磨或更换:

(1) 不能保证达到公差要求和获得良好的表面光洁程度;

(2) 产生的热量过大;

(3) 形成具有烧蓝表面的长切屑;

(4) 在刀具的刃口处产生闪光或火花。

6.4.4 切削液

6.4.4.1 概述

镁材经常在不使用切削液的情况下进行机械加工。在镗深孔时可能需要用切削液进行润滑,而在进给速度和切削速度很高时,则可能需要用切削液来进行冷却。干式加工通常更为干净,而且加工成本更低,因此更优先得到选用。但是,最近在利用冷却来抑制氢的形成方面的成功,为“偏湿”加工法的应用铺平了道路,特别是在大批量的生产汽车零件时更是如此。

在对镁进行干式加工时,安全与顺利排屑十分重要。在单机或联动机床上进行加工时,必须尽可能减少刀具周围的障碍物和凹穴,以确保切屑能够顺利地到达切屑收集区。通常使用切屑挡板、倾斜托盘、斜面床身和吹除装置等来防止切屑积聚在机床上。在联动式机床上,在机床正面沿纵向配置的螺旋式输送机将切屑传送到切屑收集区。在进行车、镗、钻、铣和刨削加工时,通常优先选用干式加工法;在简单的机床上进行其他形式的加工时,因操作工可方便地观察到切屑收集区的情况,并可在万一失火时立刻予以扑灭,所以也优先选用干式加工法。

6.4.4.2 冷却液

加工镁材时,无论使用高速或低速,用或不用切削液,都可以获得平滑的加工表面。当要求使用切削液时,也主要是为了冷却工件、尽可能减少零件发生扭曲变形以及减少切屑着火的可能性(特别是当切屑中含有很容易着火的细颗粒时)。因此,在对镁进行机械加工时,切削液一般都被称为冷却液。在生产批量很大的情况下,冷却液是延长刀具寿命的因素之一。

为提高机加工效率,都要求采用尽可能高

的切削速度。但当使用高速时，特别是形成细切屑时，存在着火的危险。切削镁时，虽然产生的热量较少，但由于切削速度很高，同时镁的线膨胀系数很大，而热容量又很小，因此，在有些切削操作中必须采取适当的散热措施。此外，铁制或钢制衬套以及砂型铸件在与刀具相碰时容易产生火花。当进给量小于 0.025 mm 或刀具与工件发生摩擦时，就更容易产生火花。向每把刀具供给流量为 15～19 L/min 的切削液流，可达到良好的冷却效果。如果由于加工任务特殊或机床方面的原因而不能使用切削液，则应将切削速度降低到 150 m/min 以下，并严格遵照有关刀具和进刀量方面的工艺要求。

在进行攻丝、铰孔和钻深孔的过程中，有可能发生堵屑现象。冷却液有助于将切屑冲走。在为加工镁之外的金属设计的更为复杂的镗床或组合机床上，更难以通过肉眼发现失火现象，这时就更有必要用冷却液来将加工区内的切屑冲刷到收集槽中。

6.4.4.3 *矿物油*

油基冷却液应使用矿物油，而动物油和植物油都不适用于镁。用于镁的矿物油切削液多种多样，而且矿物密封油和煤油已被成功地用作冷却液。为了达到良好的冷却效果，切削油应当具有较低的黏度。为防止对镁造成腐蚀，切削液中的游离酸含量应低于 0.2%。切勿使用柴油之类的低闪点油。对镁进行机加工时用的矿物油冷却液的推荐性能如表 6-39 所示。

表 6-39 镁材机加工用矿物油的性能

性 能	数 值	性 能	数 值
密度/kg·cm^{-3}	0.79～0.86	皂化指数(最大)	16
在 40℃下的黏度(SUS)	55	游离酸最大含量/%	0.2
最低(闭杯)闪点/℃	135(275)		

6.4.4.4 *乳液*

在某些情况下，水溶性油或“油－水”型乳液已被成功地用于镁材的机械加工。但镁使用水基冷却液是有危险的，必须特别小心。水与镁反应会产生氢，它容易燃烧，并有可能引起爆炸。在运输和存放湿态镁切屑的过程中，少量氢的不断积累是十分危险的。此外，如果湿态镁切屑发生了失火，则水将进一步加剧火势。湿态镁切屑的回收效率很低，并且可能毫无回收价值和造成处理方面的难题。

当把使用水基冷却液的加工系统用于加工镁时，一般都要重新设计成开放式的切削液和切屑收集装置，以便于氢气的逸散。并应在系统中加入氢气检测器。此外，如果要回收切屑以便售出或处理，还应考虑对湿态镁切屑进行干燥在内的各种处置问题。即使采取了上述预防措施，还是应当特别留意安全方面的问题，以便最大限度地减小产生和积聚氢气的危险。

6.4.5 车削与镗削

用于对镁进行粗车的典型车刀如图 6-23 所示。采用大的后角(10°～20°)和小的后前角(10°～15°)是十分重要的。若后前角过大，将会使刀具嵌入到工件中去。有些工厂采用零后前角来断屑和防止切屑卷曲。但一般很少推荐采用这种作法，其原因是，它将增大加工表面的粗糙度和能耗。侧前角可在 0°～10°范围内选择。用于车削宽切槽或特殊轮廓的成形车刀的设计原理与精车用单刃车刀相似，只是应将后前角减小到 3°～8°，以免引起震颤。

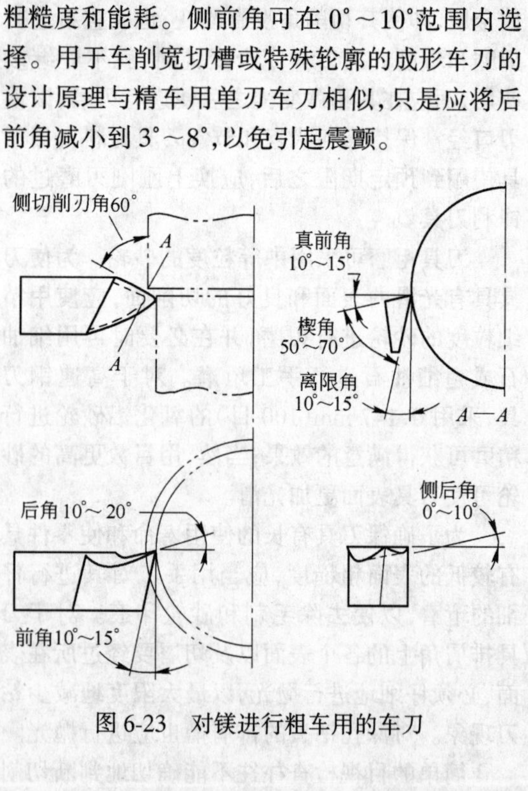

图 6-23 对镁进行粗车用的车刀

用于镁的典型切断刀如图6-24所示。采用大的后角十分重要,这是因为这样可以减小摩擦和防止断刀。在切断或开沟槽过程中,进刀速度应尽可能地快,而且应及时和迅速退刀。对镁进行精车和镗削时常用的速度、进给量和吃刀深度等列于表6-40中。在这些参数条件下,可以很容易地使表面粗糙度降到 R_a = 250 nm或更低。而若要使表面粗糙度降到 R_a = 50～100 nm,则还应采取下列措施:特别注意提高刀具的锋利程度;降低切削速度和进给速率;使用更大的刀尖圆角半径,甚至可以考虑采用镶嵌金刚石的刀具。在对镁进行车削和镗削时采用的典型操作规程见下面的示例1。

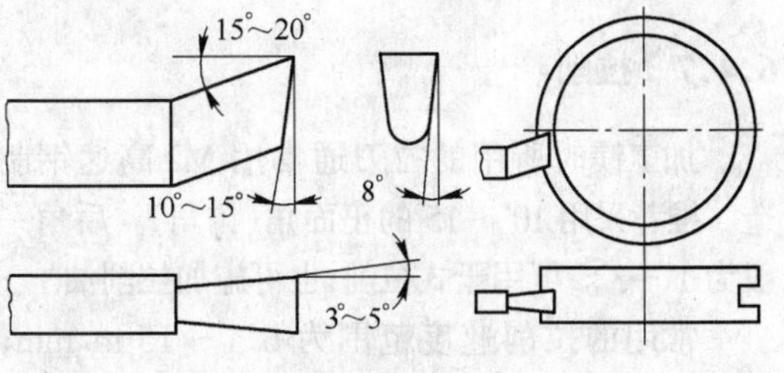

图6-24 用于镁的切断用车刀

表6-40 车削和镗削镁合金时所采用的切削速度、进给量和切削深度

粗加工			精加工		
切削速度/m·min^{-1}	进给量/mm·r^{-1}	最大切削深度/mm	切削速度/m·min^{-1}	进给量/mm·r^{-1}	最大切削深度/mm
90～185	0.76～2.5	12.7	90～185	0.13～0.64	2.54
185～305	0.51～2.0	10.2	185～305	0.13～0.51	2.03
305～460	0.25～1.5	7.62	305～1525	0.076～0.38	1.27
460～610	0.25～1.0	5.08			
610～1525	0.25～0.76	3.81			

示例1:对AZ91B压铸件进行成形车削要求通过车削将图6-25所示的压铸件的分型线飞边去除掉,并形成一个供橡胶密封件使用的密封表面。使用了每转0.2 mm的进给量来获得所需的密封表面,并使形成的切屑易于处理。为获得所需的切屑类型,故将通常在进行这种切削时所采用的底部停顿取消了。因此,也无需使用切削液,但要用防火油来冲走切屑。具体加工工艺为:在转速为1120 r/min条件下的切削速度为245 m/min;不使用切削液;进给量0.2 mm/r;金属切削量0～0.38 mm;生产率700件/h;每次刃磨后的刀具寿命生产100000件。

图6-25 用图中所示的硬质合金成形车刀加工的AZ91B镁合金压铸件

6.4.6 刨削

在龙门刨和牛头刨上使用的单刃刀具的各种角度,与用于车削和镗孔的刀具基本相同。在龙门刨和牛头刨上很少使用切削液。

6.4.6.1 在龙门刨上进行刨削

由于在龙门刨上使用的最大刨削速度要比进行车削和镗削时低得多,故只能通过加大进给量和刨削深度来提高生产效率。当刨削速度为90 m/min和第一冲程的进给量为23 mm时,所采用的粗刨切入深度通常约为12.7 mm。为获得最佳的表面光洁度,精刨时的切入深度应为0.25 mm。由于对镁进行刨削时所需的功率较小,故有可能采用如此大的进给量和切入深度。限制最大刨削量的主要因素是装备的刚度。

6.4.6.2 在牛头刨上进行刨削

在龙门刨上使用的刨削条件也基本上适用

于牛头刨。刨削速度的唯一限制因素是牛头刨的加工能力。进给量和刨削深度则主要受工件设计和装备刚度的限制。

6.4.7　拉削

加工镁时所用的拉刀通常用 M2 高速钢制造。推荐采用 10°～15°的正面角(钩角)。后角一般为 1°～3°。可用干式拉削,也可施加拉削油。

常用的拉削速度范围为 6.1～15 m/min;拉床的加工能力是限制最大拉削速度的主要因素。通常情况下,0.15 mm 的齿升量(切屑负载)已基本接近最佳值。如果切屑负载过小,将会引起"摩擦抛光"现象,从而导致拉刀寿命缩短和工件发生扭曲变形。表 6-41 列出了常用拉床拉刀齿的具体参数。

表 6-41　常用拉床拉刀齿的具体参数
(加工 AZ92A 镁合金铸件内花键)

拉削条件		拉刀齿的具体参数	
拉削速度①/m·min⁻¹	6.1	节距/mm	10.3
切削液	硫化油	刀刃厚度/mm	3.2
节圆公差 /mm	±0.025	正面角(钩角)/(°)	15
渐开线最大允许误差/mm	0.020	铲齿角/(°)	1
每件加工时间②/min	3.75	侧后角/(°)	1
生产率/件·h⁻¹	16	拉削速度/m·min⁻¹	6.1
每次刃磨后的刀具寿命③/件	500	切削液	硫化油

① 此拉床的最大速度。

② 行程时间为 16 s;柱塞返回到卡具处所需的时间为 5 s;拔下插栓并将拉刀抽回所需的时间为 10 s;插入插栓将拉刀定位所需的时间为 14 s;装、卸和清洁时间为 3 min。

③ 在实际生产一批零件的过程中,不需要磨刀(估计值)。

6.4.8　钻孔

使用高速钢制成的麻花钻头很容易对镁合金进行钻孔。常用的钻孔速度列于表 6-42 中。进给量取决于孔的大小;对于直径为 1.6～51 mm 的孔,进给速率范围通常为 0.025～0.76 mm/r,如表 6-42 所示。

表 6-42　镁合金进行普通钻孔、深孔钻削、铰孔和平底锪钻时所使用的标称速度和进给量

加工方式	速度/m·min⁻¹	用于下列孔径的进给量/mm·r⁻¹							
		1.6 mm	3.2 mm	6.4 mm	13 mm	19 mm	25 mm	38 mm	51 mm
钻　孔	43～100	0.025	0.076	0.18	0.30	0.41	0.51	0.64	0.76
深孔钻削	198	0.025	0.025	0.076	0.13	0.20	0.25	0.25	0.25
铰　孔	120		0.13	0.20	0.30		0.41	0.51	0.76
平底锪钻									
高速钢	195			0.13	0.15	0.18	0.22	0.28	0.33
硬质合金	490			0.15	0.15	0.20	0.25	0.30	0.30

注:1. 受机床和(或)刚度的限制时,可能需要降低速度;
2. 用于高速钢;当采用硬质合金铰刀时,速度为 260 m/min;
3. 当孔径为 76 mm 时,使用的进给量应为 0.41 mm/r。

6.4.8.1　钻深孔

如图 6-26*a* 所示结构型式的麻花钻,适合于钻深孔,即钻孔深度与直径之比达 20:1 的孔,具体参数见表 6-43。最好是采用厚度均匀的钻心。余隙(刀刃后面的离隙)深度应为普通钻头的 2 倍,而钻锋圆边应为标准宽度的一半。推荐采用 118°的刀刃和 15°的钻缘后角。可以在刀刃上磨出一个导鼻或前导尖,以防止钻头走偏。横刃角必须为 135°～150°,以便获得良好的表面光洁度和尽可能减小孔内的螺纹印痕。当横刃角小于或大于上述推荐值时,则由于在切削刃处的余隙不适当和钻头对中不良,将使钻孔难以正常进行。对切削刃的角部予以倒圆,以便降低表面粗糙度。

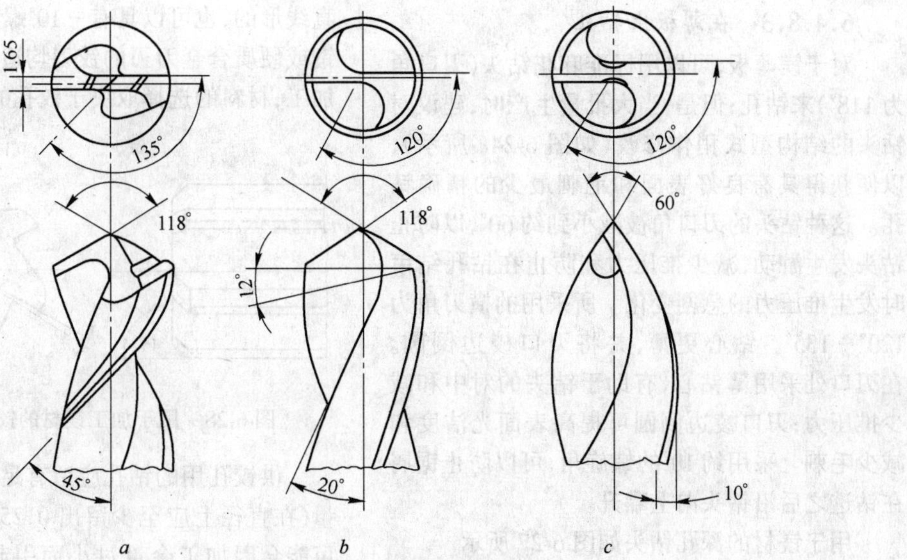

图 6-26 用于镁材的麻花钻头结构型式

a—深孔；*b*—浅孔；*c*—薄板

表 6-43 用于钻镁材的麻花钻头具体参数

用于钻深孔的钻头		用于钻浅孔的钻头		用于薄板的钻头	
锥尖角/(°)	118	锥尖角/(°)	118	锥尖角/(°)	60
螺旋角/(°)	40～50	螺旋角/(°)	10～30	螺旋角/(°)	10
横刃角/(°)	135～150	横刃角/(°)	120～135	横刃角/(°)	120～135
钻心/mm	恒定厚度	后角/(°)	12	钻心/mm	在锥尖处减薄
排屑槽	经抛光	排屑槽	经抛光	角部	倒圆

当采用上述结构型式的钻头时，不仅钻孔轻快，而且排屑顺畅。除非孔的深度超过直径的 20 倍，一般没有必要抬起钻头来清除钻屑。但是，如果钻套和被钻孔零件之间的距离太近，则钻屑可能不容易排出，并有可能阻塞排屑槽；建议此距离不小于钻孔直径的 1.5 倍。如果有经过机械加工的表面可以利用，可在钻孔过程中将钻套顶靠在此平面上。这样便可通过钻套将钻屑导引出来。常用的进给量列于表 6-44 中。

一般，钻孔速度范围为 300～2000 m/min。如果对刀具的维护得当，而且严格按照上述速度和进给量进行操作，则每刃磨一次的钻削长度可达 1300 m。然而，在大多数情况下，当总钻削长度达到 150～400 m 之后，便需要重新进行刃磨。

表 6-44 镁材钻孔时常用的进给量

在薄板上钻孔		浅 孔		深 孔	
钻头直径/mm	进给量/$mm \cdot r^{-1}$	钻头直径/mm	进给量/$mm \cdot r^{-1}$	钻头直径/mm	进给量/$mm \cdot r^{-1}$
6	0.13～0.75	6	0.10～0.75	6	0.10～0.20
13	0.25～0.75	13	0.38～1.02	13	0.30～0.75
25	0.25～0.75	25	0.50～1.27	25	0.38～0.75

6.4.8.2 钻浅孔

在镁零件上钻长度小于 4 倍孔径的孔并不困难，并可使用标准钻头(图 6-24*b*)。为便于排屑，建议对排屑槽进行抛光，并且应使刃口始终保持锋利。

6.4.8.3 在薄板上钻孔

对于镁薄板，可以用标准麻花钻头（刃口角为118°）来钻孔；但是，当大批量生产时，建议对钻头的结构型式稍作修改（如图6-24*c*所示），以便获得具有良好表面和毛刺最少的精确钻孔。这种钻头的刃口角被减小到约60°，以防止钻头发生游动，减少推压力和防止在钻孔结束时发生推压力的急剧变化。所采用的横刃角为120°～135°。钻心更薄，并将刃口棱边倒圆。在刃口处采用薄钻心，有助于钻头的对中和减少推压力；刃口棱边倒圆可提高表面光洁度和减少毛刺。采用约10°的螺旋角，可以防止锯屑在钻透之后沿钻头向上攀升。

用于镁材的深孔钻头如图6-27所示。

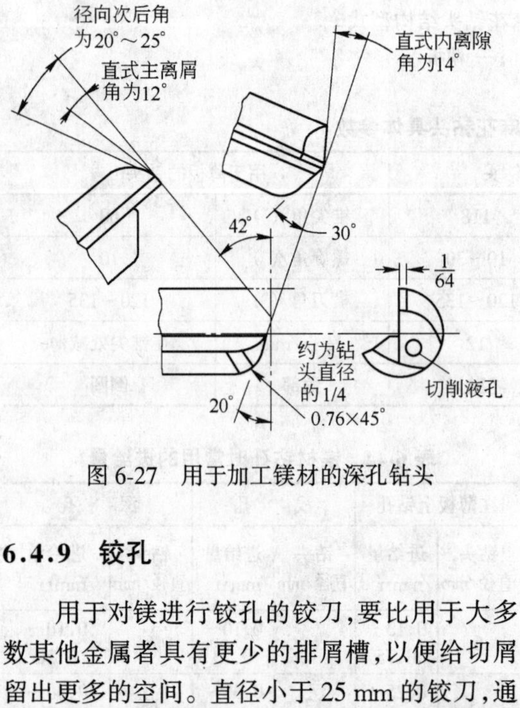

图6-27 用于加工镁材的深孔钻头

6.4.9 铰孔

用于对镁进行铰孔的铰刀，要比用于大多数其他金属者具有更少的排屑槽，以便给切屑留出更多的空间。直径小于25 mm的铰刀，通常有4～6个排屑槽。排屑槽的数目应当为奇数，使相对的铰刀刃之间的间距为180°，见图6-28。为解决可能发生的震颤问题，则可将各个相对刀刃之间的间距不均等地分布（可以相差几度）。排屑槽的螺旋角可在0°～－10°之间选择。

用于镁的铰刀一般带有45°倒角，7°前角，0.15～0.30 mm刃锋圆边宽度（无离隙），5°～8°主后角和约20°的第二后角。排屑槽可以是直线形的，也可以具有－10°螺旋角。嵌有高速钢或硬质合金刀刃的铰刀均适合于对镁的机械加工；材料的选择取决于铰孔的数目。

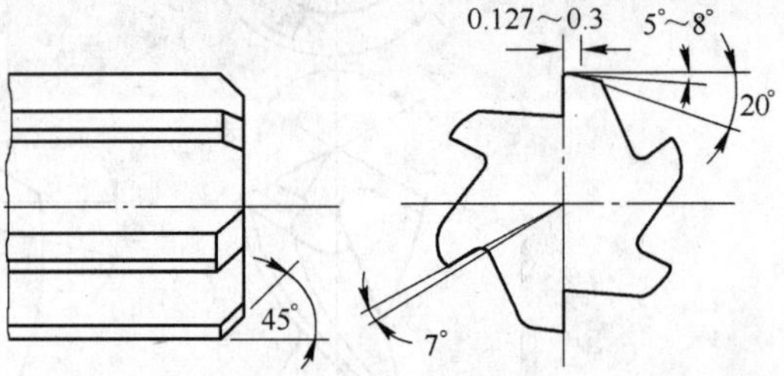

图6-28 用于加工镁材的铰刀结构型式

供铰孔用的钻孔应留有足够的铰孔加工裕量（在直径上应至少留出0.25 mm），否则将很可能会因加工余量过小而引起“摩擦抛光”现象。最好在直径上留出0.38 mm的加工余量，当然这将会加大铰孔工作量。如果加工余量过大，将会在排屑槽中积聚过多的切屑，甚至可能发生阻塞。

高速钢铰刀的切削速度通常为30～120 m/min，而镶嵌硬质合金刃口的铰刀则可以达到260 m/min。但这是最大可能速度，而在实际加工时还往往要受到所用机床能力的限制。有时由于装备刚度不足，而必须降低速度。作为一种规律，把高的铰孔速度与中等进给量相结合，将可获得最好的表面光洁度和最精确的铰孔尺寸。一般进给量与孔的尺寸相关，其变化范围为0.13～0.76 mm/r。

除铰孔之外，还可以通过滚压抛光来使镁合金工件上的孔达到严格的尺寸精度和低的粗糙度。

6.4.10 平底锪钻

推荐用于对镁进行平底锪钻的刀具如图6-29所示。它的刃锋圆边宽度较窄，只有0.38 mm，而且具有足够大的后角和离隙角，因此具有足够大的容隙空间，可以消除摩擦现象。所使用的平底锪钻有多种结构型式。根据平底锪钻孔数量的多少，可以分别选用带高速钢或硬质合金刃口的钻头。用高速钢或硬质合金平底锪钻通常可以达到的最高速度为195 m/min

或 490 m/min。但是,许多机床都达不到这个速度,因而必须采用更低的速度。进给量的范围为 0.14～0.36 mm/r,取决于孔的尺寸和工具材料。

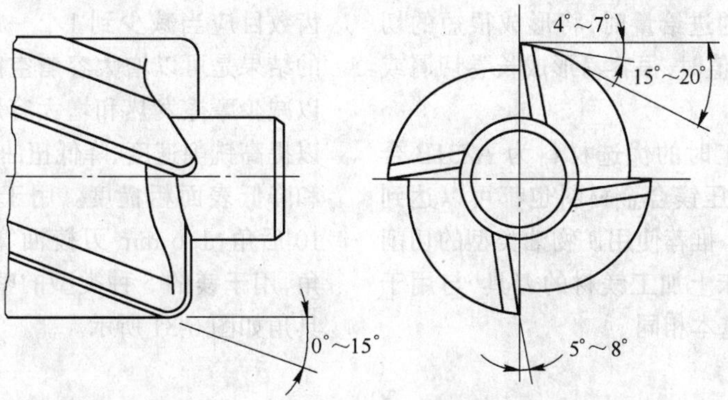

图 6-29 镁平底锪钻刀具的推荐结构型式

6.4.11 攻丝和板牙套丝

如果生产批量小,并且对攻丝质量要求不高,则用一般的标准丝攻即可。如果零件数量大,或者对公差要求很严格,则必须对标准丝攻做些改进,或使用专门为镁设计的丝攻。

使用 M1、M7 或 M10 等通用牌号高速钢制造的丝攻,通常即可满足要求。如果生产周期很长,有时也采用由 T5 或 T15 高速钢制造的丝攻。镁合金很少使用硬质合金丝攻。

推荐采用带直线式排屑槽或螺旋式排屑槽的丝攻。确定排屑槽数目的原则是:将刃棱面总宽度限制到丝攻周长的 30%。通常情况下,直径 4.8 mm 以下的丝攻有 2 个排屑槽,直径 19 mm 以下的丝攻有 3 个排屑槽,直径 19 mm 以上的丝攻有 2 个排屑槽。用于镁丝攻的推荐技术条件如图 6-30 所示。对图中所示的两种结构型式的丝攻的推荐刃棱面总宽度为丝攻周长的 30%。使用图 6-30*a* 所示的丝攻通常可以获得良好的光洁程度和精度。但是,当退出丝攻时有切屑卡塞在孔中,则建议采用 3°～5°的根前角(图 6-30*b*)。当退出丝攻时,此根前角(无离隙)将起切削作用,使所获得的螺孔既清洁又精确。

如果丝攻攻出的螺孔尺寸过大,则应减小前角;与此相反,如果增大前角,则可增加丝攻的切入深度。由于在镁零件上用丝攻攻出的螺孔具有在退出丝攻之后略为收紧的倾向,故有时要采用节径公差偏大的丝攻;当加工速度很高时,就特别需要这样作。

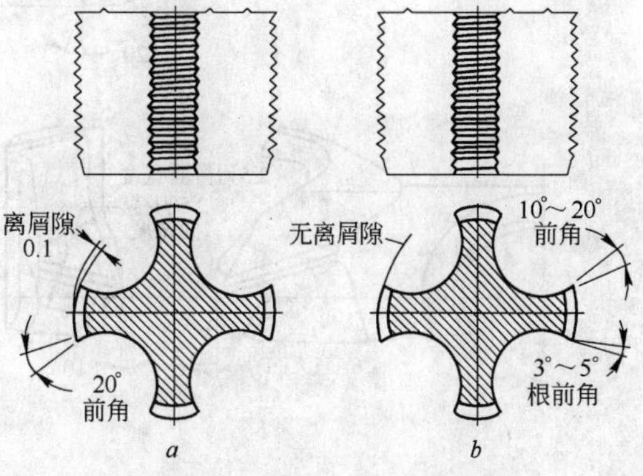

图 6-30 用于镁件丝攻的技术规格

a—偏心磨削的丝攻;

b—“根切削”丝攻——无离屑隙的同心丝攻

攻丝速度范围为 23～53 m/min。在下列情况下应采用较低的速度:丝攻尺寸小(其容纳切削热的能力小);未使用切削液;合金材料的韧性高或具有磨蚀性。

建议丝攻过程使用切削液,以便改善表面光洁程度,提高丝攻的使用寿命和提高螺纹精度。

6.4.12 多工序机械加工

在车床或卡盘式转塔车床上对镁进行多工

序加工时，通常允许采用机床的最高速度。最好采用大进给量，以便能够满意地断屑；采用比易削黄铜高出 40% 的进给量是很常见的。当采用 0.38 mm/r 的进给量时，将形成很短的切屑卷；而当低于此值时，很容易形成长卷切屑或带状切屑。

在车床上加工时的优选材料为 AZ31B 合金，但所有其他挤压镁合金材料也都可以达到满意的切削效果。推荐使用矿物油类型的切削液。用于组合机床上加工镁材的刀具，与用于加工黄铜的刀具基本相同。

6.4.13 铣削

与钢和其他金属相比，用于镁的铣刀的刀齿数目应当减少到 1/2～1/3。减少刀齿数目的结果是可以增大容屑空间和进刀量，从而可以减少摩擦发热和增大容屑间隙，其结果是可以提高铣削速度、降低扭曲变形、减小功率消耗和降低表面粗糙度。用于镁的铣刀通常具有 10°后角，1.6 mm 刃棱面宽度和 20°辅助留隙角，用于镁的 5 种类型的整体式铣刀的各种刀具角如图 6-31 所示。

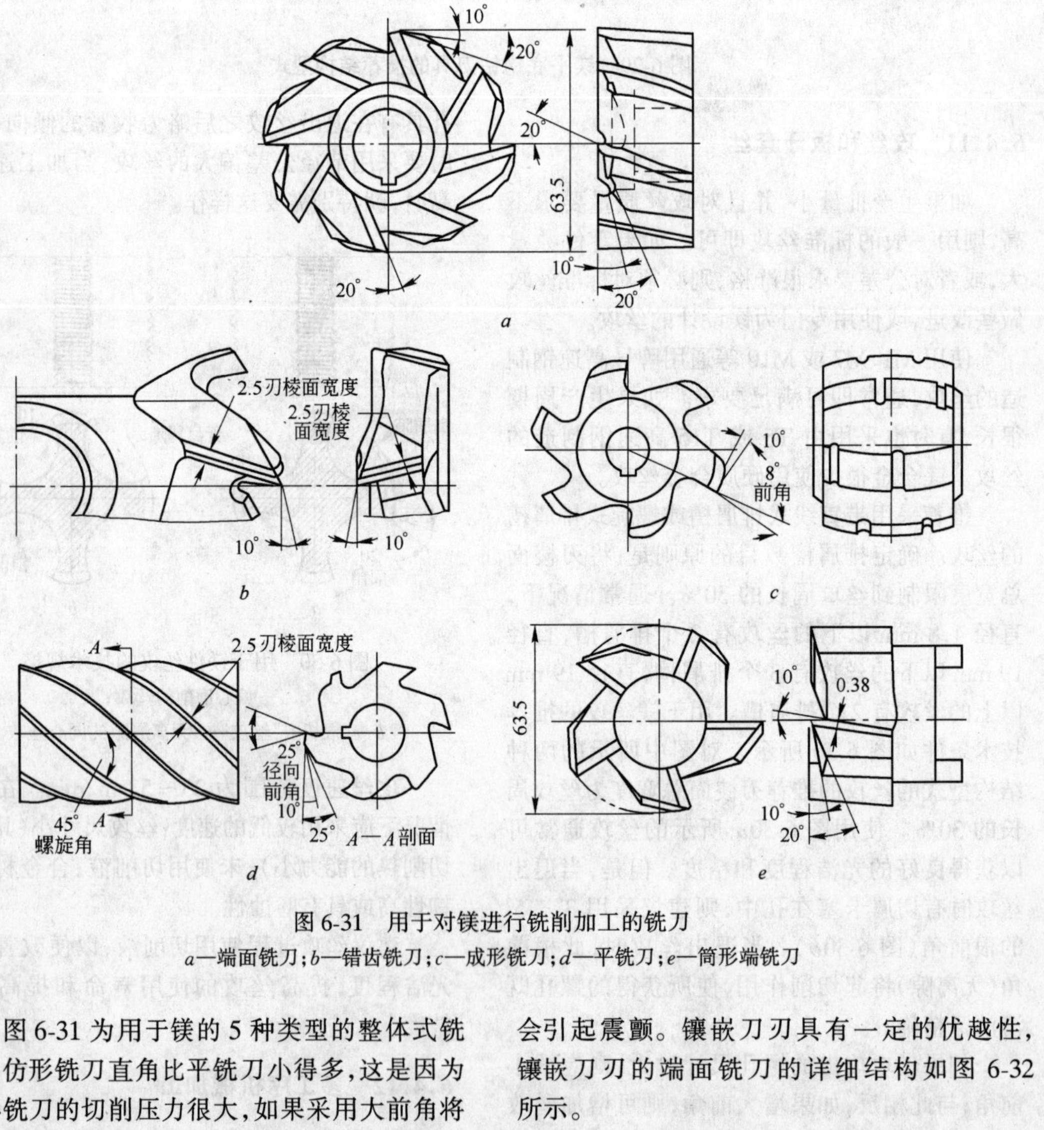

图 6-31 用于对镁进行铣削加工的铣刀

a—端面铣刀；*b*—错齿铣刀；*c*—成形铣刀；*d*—平铣刀；*e*—筒形端铣刀

图 6-31 为用于镁的 5 种类型的整体式铣刀。仿形铣刀直角比平铣刀小得多，这是因为仿形铣刀的切削压力很大，如果采用大前角将会引起震颤。镶嵌刀刃具有一定的优越性，镶嵌刀刃的端面铣刀的详细结构如图 6-32 所示。

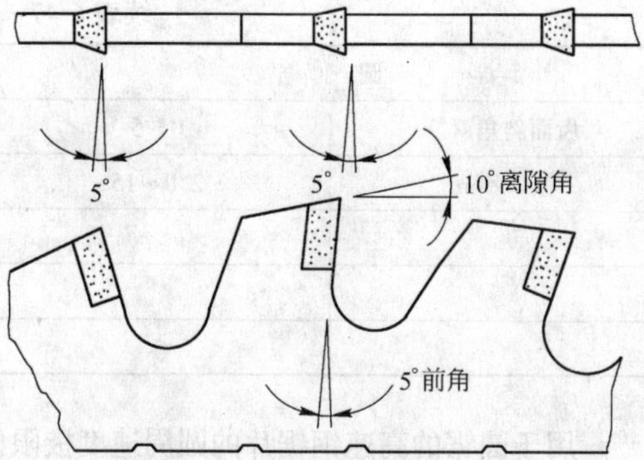

图 6-32 用于在高圆周速度下对镁进行平面铣削的镶嵌铣刀

在普通情况下,镁合金可以在标准设备上用最大主轴速度和机床允许的最大进给量和吃刀深度进行铣削。通常,只有当较高速度对工件材料产生较大压力时才使用较低的加工速度。

对镁合金进行平面、圆周和端面铣削时所采用的速度、进给量和吃刀深度分别列于表 6-45 和表 6-46 中。

6.4.14 锯切

镁很容易用手工锯或动力锯进行锯切。由于锯切力很小,故可锯出很深的锯口。这意味着锯片必须具有很大的屑槽,才能保证锯切操作灵活自如地进行。如果屑槽过小,则会使锯齿迅速填满,使锯片从锯口中脱离出来。手锯和弓锯的锯齿外刃必须位于一个圆周上。圆锯锯齿的后角必须大到能够最大限度地减小摩擦。圆锯、带锯、动力弓锯和手工弓锯之锯片的结构参数列于表 6-47 中。圆锯片可以用高速钢制造,也可以镶嵌硬质合金锯齿。

表 6-45 对镁合金进行平面和外周铣削时所用的速度和进给量

名称	粗铣(深度为 6.35 mm)		精铣(深度为 0.64 mm)	
	速度/m·min⁻¹	进给量/mm·齿⁻¹	速度/m·min⁻¹	进给量/mm·齿⁻¹
高速钢铣刀进行平面铣削	275	900	460	0.36
硬质合金铣刀进行平面铣削	max	max	max	0.30
高速钢铣刀进行外周铣削	275	900	395	0.41

表 6-46 对镁合金进行端面铣削时所用的速度和进给量

刀具材料	粗铣①/mm·齿$^{-1}$				精铣②/mm·齿$^{-1}$			
	速度/m·min^{-1}	铣刀直径			速度/m·min^{-1}	铣刀直径		
		6.4 mm	19 mm	25～50 mm		6.4 mm	19 mm	25～50 mm
高速钢铣刀	245	0.10	0.23	0.28	305	0.08	0.13	0.20
硬质合金铣刀	max	0.10	0.25	0.30	max	0.08	0.13	0.23

① 1.27 mm 深;
② 0.38 mm 深。

表 6-47 用于锯切镁合金的各种锯片基本参数

带锯		圆锯	
齿距(齿数/25 mm)/mm	4～6	齿距(齿数/25 mm)/mm	0.5～4
锯齿外钮/mm	0.51～1.27	锯齿外刃	无
端后角/(°)	10～12	端后角/(°)	9～11
离隙角/(°)	20～30	侧后角(HSS 锯片)/(°)	1～1.5
动力弓锯		离隙角/(°)	10～30
齿距(齿数/25 mm)/mm	2～6	前角/(°)	5～20

续表 6-47

带锯		圆锯	
锯齿外钮/mm	0.38～0.76	齿面斜角/(°)	0～5
离隙角/(°)	20～30	锯口/mm	2.0～15
手工弓锯			
齿距(齿数/25 mm)/mm	12～18		
离隙角/(°)	20～30		

对于镁厚板的一般性锯切,锯齿的齿顶应为矩形,齿面可以是平直的,也可以有5°的倾斜角,并具有交替安排的斜面,图 6-33 所示是用于锯切镁合金厚板和挤压材的直径为 305 mm,镶嵌硬质合金锯齿的 48 齿圆锯片,其工作速度为 1880 r/min(1800 m/min)。当用于开槽锯切时,则使用具有交替排列之倒角粗锯齿和直角精锯齿的"3 片式"锯片,以便同时具有锯切功能和锯槽清理功能。有 72 个锯齿的直径为 305 mm的高速钢或带硬质合金镶齿的圆锯片的结构如图 6-34 所示,其工作速度为 1880 r/min(1800 m/min)。

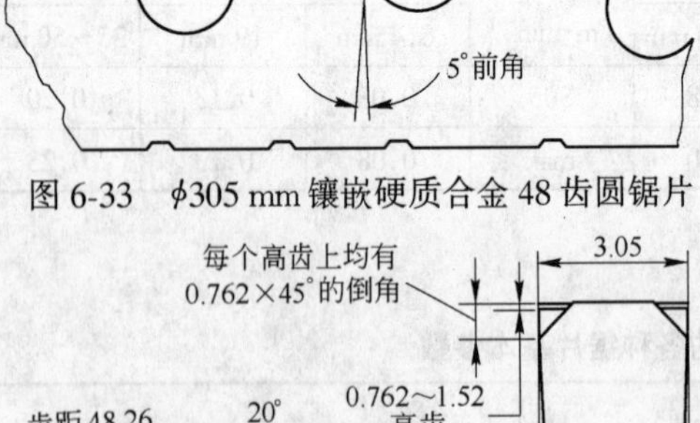

图 6-33 ϕ305 mm 镶嵌硬质合金 48 齿圆锯片

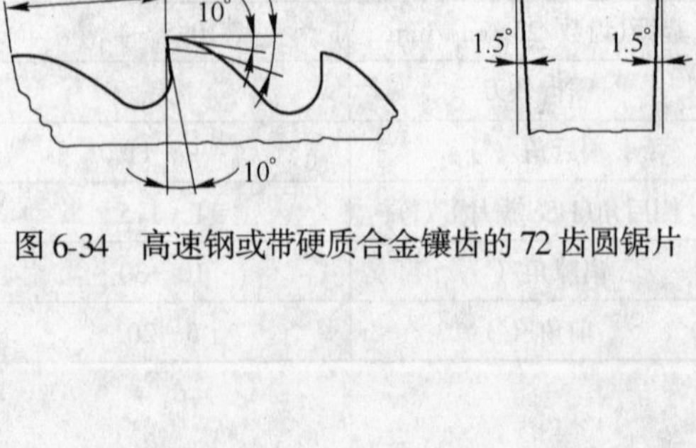

图 6-34 高速钢或带硬质合金镶齿的 72 齿圆锯片

用于圆锯的高速钢锯片的圆周速度极限值为 610 m/min;而镶嵌硬质合金锯齿的锯片速度则可高达 3000 m/min。锯切镁所需的功率为锯切软钢时的十分之一。使用常规结构的直径 305 mm 的镶嵌硬质合金锯齿的锯片锯切厚度为 25 mm 的板材时,速度可达 86.4 m/min。

锯切镁时常使用动力弓锯,其工作速度可以高达每分钟 160 冲程,并且进给量为每冲程 0.38 mm。动力带锯的工作速度通常为 365 m/min。

6.4.15 磨削

对镁及合金进行磨削加工很少,这是因为通过一般的机械加工便可获得良好的表面光洁程度。采用镶嵌金刚石刀头的刀具对镁进行加工之后测得的表面粗糙度为 0.075～0.125 μm。用标准刀具进行加工的表面粗糙度通常为 0.25～0.75 μm。若有必要,可用任何方法对镁进行磨削。

虽用碳化硅磨粒便可获得相当满意的效果,但使用最广的还是氧化铝磨粒。通常情况下,采用较粗糙的磨粒可获得最好的磨削效果;与磨削大多数其他金属一样,镁也是通过控制进给量来达到所需的表面光洁程度。使用最多的是硬度等级为 J 或 K 的砂轮。磨削镁时,虽然有时也使用树脂粘合砂轮,但大多数情况下还是使用由陶瓷结合剂粘合的砂轮。镁的典型磨削条件如表 6-48 所示。由于磨削时产生的微细粉尘十分有害,故须严格遵循安全操作规程。

表 6-48 用于镁合金的典型磨削条件和砂轮

名 称	平面磨削	无心磨削	外圆磨削	内圆磨削
砂轮等级	A-46-K-V	C-60-K-V 或 A-60-J-V	C-46-J-V	A-36-K-V
砂轮速度/$m \cdot min^{-1}$	1675～1980	1675～1980	1675～1980	1525～1980
工作台速度/$m \cdot min^{-1}$	15～30	—	46	24～49
每道次横向进给量/mm	1/3 砂轮宽度	—		
工件进给速度/$m \cdot min^{-1}$	—	1270		
每道次进给量(粗磨)/mm	0.076(向下)	0.13	0.051	0.076
每道次进给量(精磨)/mm	0.025(向下)	0.38	0.013	0.0051
工件每旋转一周的横向进给量(粗磨)/mm			1/3 砂轮宽度	1/3 砂轮宽度
工件每旋转一周的横向进给量(精磨)/mm			1/6 砂轮宽度	1/6 砂轮宽度
砂轮调整	—	30 r/min;3°		

参考文献

1 Michael M Avedesian, Hugh Baker. ASM Speciality Handbook——Magnesium and Magnesium Alloys. Ohio: ASM International, 1999

2 陈振华等.镁合金.北京:化学工业出版社,2004

3 张津,章宗和等.镁合金及应用.北京:化学工业出版社,2004

4 易孟阳.轧制工艺对 TAI 薄板深冲性能的影响[A],钛科学与工程,第八届全国钛及钛合金学术交流会文集,上海,1993

5 Shuhei Aida, Hiroshi Ohnuki, et al.. Deep-drawability of cup on AZ31 magnesium alloy plate. Journal of Japan Institute of Light metals, 2000, 50 (9) : 456～461

6 Doege E, Droder K. Sheet metal forming of magnesium wrought alloys-formability and process technology. Journal of Material Processing Technology, 2001, 115 : 14～19

7 Kim W J, Chung S W, et al.. Superplasticity in thin magnesium sheets and deformation mechanism maps for magnesium alloys at elevated temperatures. Acta mater, 2001, 49 : 3337～3345

8 美国金属学会.金属手册(第 9 版),第六卷,焊接与钎焊.北京:机械工业出版社,1994

9 Wohlfahrt H, Juttner S. Arc Welding of Magnesium Alloys. In Mordike B L, Kainer K U (ed). Magnesium Alloys and Their Application. The Conference of Magnesium Alloys and Their Application. Frankfurt (Germany) : Werkstoff-Informationsge-sellschaft mbH, 1998, 589

10 Rethmeier M, Wiesner S, Wohlfahrt H. Influences on the Static and Dynamic Strength of MIG-welded Magnesium Alloys. In Kainer K U (ed). Magnesium Alloys and Their Applications. International Congress Magnesium Alloys and Their Applications. Weinheim (Federal Republic of germany) : Munich, 2000, 200

11 Krohn H, Singh S. Welding of Magnesium Alloys. In Mordike B L, Kainer K U (ed). Magnesium Alloys and Their Application. The Conference of Magnesium Alloys and Their Appokcation. Frankfurt (Germany): Werkstoff-Informationsgesellschaft mbH, 1998, 625

12 顾曾迪,陈根宝,金心涛.有色金属焊接(第 2 版).北京:冶金工业出版社,1995

13 曲广学,刘庆忠,郭道厚.AZ31 镁合金薄板的焊接.焊接,2002,(2):44

14 郑荣,林然.AZ31B 镁合金薄板 TIG 焊接.焊接,2003,4:43

15 苗玉刚,刘黎明,赵杰等.变形镁合金熔焊接头组织特征分析.焊接学报,2003,24(2):63

16 Ashina T, Tokisue H. Some Characteristics of TIG Welded Joints of AZ31 Magnesium Alloy. J Jpn Inst Met, 1995, 45 (2) : 70

17 刘黎明,苗玉刚,宋刚,梁国利.焊接热输入对 AZ31B 镁合金组织及力学性能的影响.中国有色金属学报,2003,No.8

18 Munitz A, Cotler C, Stern A, et al.. Mechanical properties and microstructure of gas tungsten arc welded magnesium AZ91D plates. Materials Science and Engineer, 2001, A302 : 68～73

19 Hiraga Hitoshi, Inoue Takashi, et al.. Effect of shielding gas and laser wavelength in laser welding of magnesium alloy sheet. Yosetsu Gakkai Ronbunshu. 2001, 19 (4) : 591～599

20 Draugelates, Ulrich, et al.. Welding of magnesium alloys

by means non-vacuum electron-beam welding and Cutting, 2000,52 (4):62~67

21 Su S F, Chuang J, Lin H K, et al.. Electron-beam welding behavior in Mg-Al-base alloys. Metallurgical and Materials Transactions A, 2001, 33A (3) :1461~1473

22 Guenther Schubert, Armando Joaquin. Electron beam process delivers consistent welds. Welding Journal, 2001, 80 (6) :53~57

23 Asahina, Toshikatsu, et al.. Solidification crack sensitivity of TIG welded AZ31 magnesium alloy. Journal of Japan Institute of light metals, 1999, 49 (12): 595~599

24 Toshikatau, Toshikatsu, et al.. Mechanical properties of electron beam welded joints of AZ80 magnesium alloy. Journal of Japan Institute of light metals, 1994, 44 (4) : 210~215

25 顾钰熹.特种工程材料焊接. 沈阳:辽宁科学技术出版社,1996

26 Marya M, Edwards G R. Factors controlling the magnesium weld morphology in deep penetration welding by a CO_2 laser. Journal of Materials Engineering and Performance. 2001,10 (4) : 435~443

27 Asahina, Toshikatsu, Hiroshi tokisue. Some characteristics of TIG welded joints of AZ31 magnesium alloy. Journal of Japan Institute of light metals, 1995, 45 (2): 70~75

28 Nakata K, Inoki S, et al.. Weldability of friction stir welding of AZ91D magnesium alloy thixomolded sheet. Journal of Japan Institute of light metals, 2001,51 (10) :528~533

29 Munitz A, Cotler C, Stern A, et al.. Mechanical Properties and Microstructure of Tungsten Arc Welded Magnesium AZ91D Plates. Mater Sci Eng, 2001, A302: 68

30 Draugelates U, Schram A, Bouaifi B, et al.. Joining Technologies for Magnesium Alloys. In Mordike B L, Kainer K U (ed). Magnesium Alloys and Their Application. The Conference of Magnesium Alloys and Their Application. Frankfurt (Germany) Werkstoff-Informationsgese-llschaft mbH, 1998

31 张英明. 线性镁和 AZ31 镁合金的电子束焊接性能. 稀有金属快报,2003,4:25

32 Haferkamp H, Dilthey U, Trager G, et al.. Beam Welding of Magnesium Alloys. Mordike B L , Kainer K U (ed). Magnesium Alloys and Their Application. The Conference of Magnesium Alloys and Their Application. Frankfurt (Germany): Werksto Informationsgesellschaft GmbH, 1998,595

33 Munitz A, Cotler C, Shaham H, et al.. Electron Beam Welding of Magnesium AZ91 Plates. Welding Reasearch Supplement, 2000,7: 202

34 Guenther Schubert, Armando Joaquin. Electron Beam Welding of Die Cast Magnesium Advanced Materials & processes, 2001, 8: 67

35 Christian Vogelei, Dietrich von Dobeneck, Ingo Decker, et al.. Strategies to Rede Porosity in Electron Beam Welds of Magnesium Die-Casting Alloys. In Kainer K U (ed). Magnesium Alloys and Their Applications. International Congress Magnesium Alloys and TheirApplication. Weinheim (Federal Republic of Germany): Munio 2000,191

36 李志远,钱乙余,张九海等. 先进连接方法. 北京:机械工业出版社,2000

37 牛济泰,孙永,吴佩莲等. SiCp/Mg 复合材料激光焊规范参数对焊缝强度的影响及数学模型的建立. 材料科学与工艺,1998,6(4):47

38 Zhao H, Debroy T. Pore Formation during Laser Beam Welding of Die-Casting Magnesium Alloy AM60B-Mechanism and Remedy. Welding Research Supplement, 2000,8:204

39 Stephan W Kallee, Wayne M Thomas, Nicholas E Dave. Friction Stir Welding of Light weight Materials. In Kainer K U (ed). Magnesium Alloys and Their Applications. Weinheim (Federal Republic of Germany): Munich, 2000,175

40 徐卫平. MB8 镁合金薄板的搅拌摩擦焊. 材料工种002,(8):35

41 Asahina T, Katoh K, Tokisue H. Fatigue Strength of Friction Welded Joints of AZ Magnesium Alloy. J J Inst Light Met, 1994,44(3): 147

42 周海涛,马春江,曾小勤等. 变形镁合金材料的研究进展,材料导报,2003,11(17):16~18

43 Hans Wilfried Wagener. Deep Drawing of Magnesium Sheet Metal at Room Temperature. Manufacturing Processes Sheet Metal Processing, 2004, (14) :616~620

44 Hofmann A. Deep Drawing of Process Optimized Blanks. Materials Processing Technology, 2001, 119 :127~132

45 Teusuo Naka, Fusahito Yoshi Da. Deep Drawability of Type 5083 Aluminium-magnesium Alloy Sheet under Various Conditions of Temperature and Forming Speed. Materials Processing Technology, 1999, 89: 19~23

46 Moon Y H, Kang Y K, Park J W, et al.. Tool Temperature Control to Increase the Deep Drawability of Aluminum 1050 Sheet. International Journal of Machine Tools & Manufacture, 2001, (41) : 1283~1294

47 Shoichiro Yoshihara, Hisashi Nishimura, Hirokuni Yamamoto, et al.. Formability Enhancement in Magnesium Alloy Stamping Using a Local Heating and Cooling Technique: Circular Cup Deep Drawing Process. Materials Processing Technology, 2003, 142 : 609～613

48 Yoshihara S, Yamamoto H, Manable K, et al.. Formability Enhancement in Magnesium Alloy Deep Drqwing by Local Heating and Cooling Technique. Materials Processing Technology 2003, 143:612～615

49 尹德良,张凯锋,吴德忠.AZ31镁合金非等温拉深性能的研究,材料科学与工艺,2003,12(1):87～90

50 Takuda H, Yoshii T, Hatta N. Finite Element Analysis of the Formability of a Magnesium Based Alloy AZ31 Sheet. Mater Process Tech., 1999, 89: 135～140

51 何大钧,王勇勤.薄板拉深压边力调节装置及控制.锻压机械,2002,(2):10～12

52 彭庚新,刘红石.变力压边拉模设计.模具工业,1999,(9):2021

53 姜海峰,赵军,李硕本.变压边力拉深的原理及实验系统.塑性工程学报,1999,(6):30～33

54 杨连发,恽志东,田玲.压边拉深模设计.模具,2003,(1):50～52

55 Men H, Yang M C, Jian Xu. Glass-forming Ability of Mg-Cu-Co-Y Alloy. Mater. Sci. Forum, 2002, 386: 39～46

56 Bartusch B, Schurack F, Eckert J. High Strength Magnesium-based Glass Matrix Composites. Mater. Trans. JIM, 2002, 43 :1979～1984

57 孙伯勤.镁合金压铸件在汽车行业中的巨大应用潜力.特种铸造及有色合金,1998,(3):40

58 Albright D L, Ruden T, Davis J. High Ductility Magnesium alloys in Automotive Applications. Light Metal Age, 1992, 50 (2) : 28

59 Liming Liu, Xujing Liu, Shunhua Liu. Microstructure of laser-arc hybrid welds of dissimilar magnesium alloy and aluminum alloy with Ce as interlayer. Scripta Materialia 2006, 55(4): 383～386

60 Liming Liu, Yong Shen, Zhaodong Zhang. The effect of cadmium chloride flux in GTA welding of magnesium alloys. Science and Technology of Welding & Joining. 2006, 11(4):398～402

61 Liming Liu, Xinfeng Hao, Gang Song. A New Laser-Arc Hybrid Welding Technique Based on Energy Conservation. Materials Transactions. 2006, (47)6:1611～1614

62 Liming Liu, Gang Song, Guoli Liang, Jifeng Wang. Pore formation during hybrid laser-tungsten inert gas arc welding of magnesium alloy AZ31B - Mechanism and remedy Materials Science and Engineering A Vol.390, No.1～2, Jan 15, 2005

63 Liming Liu, Jifeng Wang, Gang Song. Hybrid laser-TIG welding, laser beam welding and gas tungsten arc welding of AZ31B magnesium alloy Materials Science and Engineering A Vol.381, No.1～2, Sep 15, 2004

64 Eboo M, Steen W, Clarke J. Proc. 4th Int. Conf. on "dvances in welding precesses" Vol.1, 257～ 265, 1978

65 刘黎明,郝新锋,宋刚.变形镁合金的焊接性能研究.镁合金板带生产与市场研讨会,北京,2006

66 张士宏,周丽新,郑文涛等.镁合金板件温热冲压成形技术.镁合金板带生产与市场研讨会,北京,2006

67 张伸,徐永超,张士宏等.镁合金板材温热拉深成形工艺的研究.轻合金加工技术,2004

7

镁合金材料的腐蚀及表面处理

Corrosion and Surface Treating of Magnesium Alloys

7.1 概述

腐蚀是镁及镁合金存在的主要问题，长期以来极大地限制了镁合金在工程领域的广泛应用，使镁合金的优良性能得不到充分发挥。

影响镁合金耐蚀性的因素很多，镁合金铸件或铸锭中的氯化物溶剂夹杂可导致镁合金制品的耐腐蚀性大幅度降低；合金中的夹杂元素铁、镍、钴、铜对镁合金的耐蚀性影响最大；镁合金在海洋气候环境下或酸雨环境中的抗蚀性也会大大降低；除此以外，影响镁合金腐蚀性的因素还有加工工艺、组织状态等。为了提高镁合金的耐腐蚀性能，一方面要提高镁合金的纯净度，最大限度地降低镁合金中重金属杂质元素的含量，研究熔炼高纯镁合金和耐蚀镁合金；另一方面应当采用各种表面处理方式，对镁合金表面进行防护处理。当然，只有在合理设计和正确装配连接的情况下，镁合金件才能取得理想的防护效果。由于对镁合金的表面处理研究远不如铝合金材料，目前的表面处理技术尚未能向镁提供长期有效的保护。各种各样的转化膜，甚至第二道表面涂层也是只能给予镁合金短时间的保护，虽然含铬电镀工艺可赋予金属一层诱人的装饰表面，但在镁金属表面进行电镀却产生不出优良的表面效果。与其他表面处理工艺相比，阳极氧化的耐蚀性更强，特别是微弧（无火花）阳极氧化工艺。

近年来发展起来的各种新的表面处理，不仅可对镁合金材料的表面起到防护作用，而且能改善镁合金材料的表面性能和功能，同时使镁合金材料的表面美观耐用，收到很好的装饰效果。

另一方面，利用镁电位低、极易腐蚀的特点，镁及其合金可以用做船舶壳体、埋地管线和钢架等结构保护的牺牲阳极。

7.2 镁及镁合金的腐蚀特征与耐蚀性

7.2.1 镁合金的基本特性

7.2.1.1 镁的电化学特性

镁的标准电极电位在金属中是非常低的，在常用介质中的电极电位也很低，见表 7-1 和表 7-2。在 25℃ 时，离子活度为 1，分压为 1×10^{-5} Pa 时测得镁的标准电极电位 $E_{Mg^{2+}/Mg}=-2.37$ V。其腐蚀电位依介质而异，一般在 +0.5～−1.75 V 之间。在自然环境中的腐蚀电位约为 −1.3～−1.5 V。在海水中的稳定电位为 −1.5～−1.6 V，是工业合金中最低的。且镁的氧化膜疏松多孔，故镁及镁合金具有极高的化学和电化学活性。图 7-1 示出了不同 pH 值下镁的稳定性、腐蚀和钝化的理论区域。图 7-2 示出了 pH 值对镁电极电位和腐蚀速率的影响。

表 7-1 常见金属阳离子的标准电极电位

金属阳离子	标准电极电位/V	金属阳离子	标准电极电位/V	金属阳离子	标准电极电位/V
Li^+	−3.02	Y^{3+}	−2.37	Cd^{2+}	−0.40
K^+	−2.92	Mg^{2+}	−2.37	Ni^{2+}	−0.24
Na^+	−2.71	Al^{3+}	−1.71	Sn^{2+}	−0.14
Ce^{3+}	−2.48	Zn^{2+}	−0.76	Cu^{2+}	0.34
Pr^{3+}	−2.46	Fe^{2+}	−0.44	Ag^+	0.80
Nd^+	−2.43				

表 7-2 镁电极在多种电解质溶液中的稳定电位

电解质	电位 (vs NHE)/V	电解质	电位 (vs NHE)/V
NaCl 溶液	-1.72	NaOH 溶液	-1.47
Na_2SO_4 溶液	-1.75	NH_3 溶液	-1.43
$NaCrO_4$ 溶液	-0.96	饱和 $Ca(OH)_2$	-0.95
HCl 溶液	-1.68	饱和 $Ba(OH)_2$	-0.88
HNO_3 溶液	-1.49		

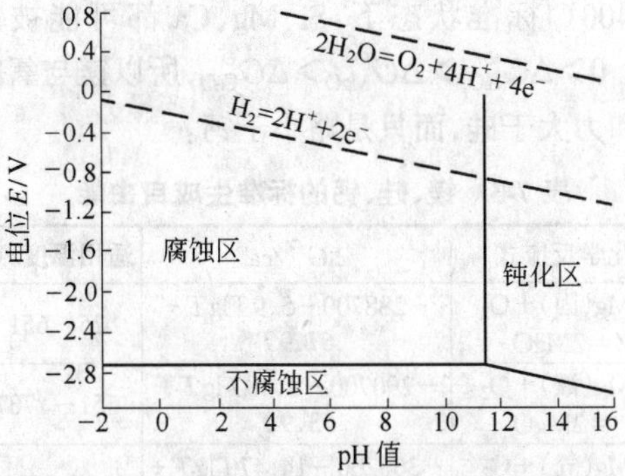

图 7-1 25℃ Mg-H_2O 体系的电位 - pH 值图

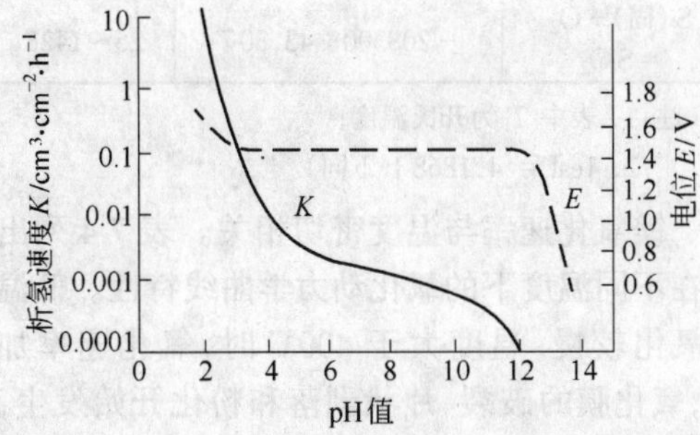

图 7-2 pH 值对镁电极电位和腐蚀速率的影响

7.2.1.2 镁合金表面的自然氧化膜

镁和镁合金被置于空气或溶液中，表面会生成一层很薄的氧化膜。镁合金氧化生成的氧化镁膜结构与氧化铝有较大的差异，氧化镁膜非常疏松。

氧化镁膜具有 NaCl 型离子晶体结构，是由氧离子和镁离子各自构成的面心立方晶格相对位移 1/2 个基矢构成的，也可看做氧离子构成面心立方，而半径小的金属离子位于氧八面体间隙中。分析结果表明氧化膜的结构分为三层，其结构特征如图 7-3 所示。最外层为厚度达 2 μm的小块板状结构，中间层是厚度为 20～40 nm的致密层，第三层是厚度为 0.4～0.6 μm 的蜂窝状结构。镁及镁合金表面的自然氧化膜具有一个共性，即多孔状，因此对镁及镁合金基体没有良好的腐蚀防护作用，且膜质脆，所以镁及镁合金极易遭受破坏。

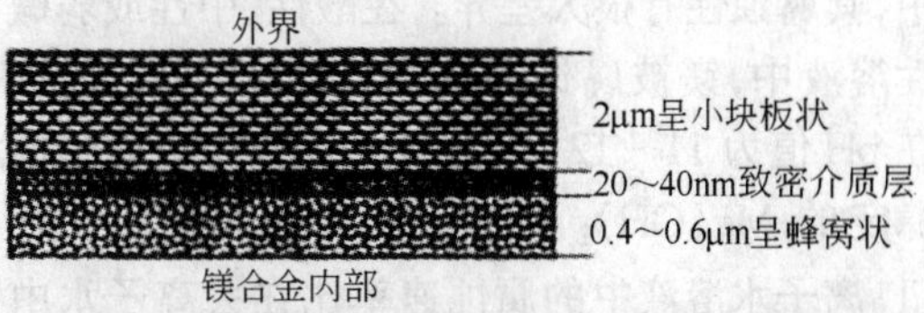

图 7-3 镁合金表面自然氧化膜结构示意图

镁及镁合金表面自然形成的氧化膜防护性能差，在中性环境中，氧化膜以 $Mg(OH)HCO_3$ 形式存在。由于 CO_2 在溶液中以 HCO_3^- 的形式稳定存在，HCO_3^- 的浓度决定镁及镁合金的腐蚀速率，所以 CO_2 对镁及镁合金的腐蚀速率影响很大。有实验表明，在 CO_2 浓度饱和的 Na_2SO_4 或者 NaCl 溶液中，镁及镁合金的腐蚀速率远高于它们在自然状态下溶解于 CO_2 的溶液中的腐蚀速率。

7.2.1.3 镁在室温不同环境下的腐蚀

在室温下，新鲜的镁暴置在大气环境中时，立即氧化形成一层灰色的氧化镁膜。当有潮气存在时，镁的氧化物将转化成氢氧化镁。镁在大气条件下和中性溶液中的腐蚀过程略有不同，后者的腐蚀几乎是纯氢去极化的腐蚀过程，而前者，在薄的水膜情况下，阴极以氢去极化为主。但金属表面上的水膜越薄，或者空气中的相对湿度越低，氧去极化的作用越显著。

室温下镁合金在蒸馏水中迅速氧化形成一层防止进一步腐蚀的保护膜。少量溶解在水中的盐分，特别是铬酸盐或重金属盐会局部破坏保护膜，通常造成点蚀。

无论是在淡水或盐溶液里溶解的氧，在镁的腐蚀过程中都不起主要作用。但是，搅动或其他防止保护膜形成的方法都会导致腐蚀。当把镁浸在少量的静水中时，它的腐蚀速率可以忽略不计。当不断补充水量，使总量达不到 $Mg(OH)_2$的溶解度极限时，其腐蚀速率将增加。

纯水对镁合金造成的腐蚀随温度的增加显

著增加。在100℃温度下,AZ合金的腐蚀速率一般为0.25～0.50 mm/a。纯镁和ZK60A合金在100℃将以高达25 mm/a的速率迅速腐蚀。在150℃时,所有合金都严重腐蚀。

镁在不同酸碱度或含有不同离子的环境中,其腐蚀性有很大差异。在酸性、中性或弱碱性溶液中,镁被腐蚀而生成Mg^{2+}离子。但镁在pH值为11～12或以上的碱性区,容易生成稳定的$Mg(OH)_2$膜而达到钝化耐蚀。在含Cl^-离子水溶液中的腐蚀速率比在去离子水中大几倍,而在铬酸和氢氟酸溶液中由于金属表面生成了保护性的钝化膜,所以能降低其电化学腐蚀速率。

镁合金的腐蚀情况随相对湿度的增加而增加。在9.5%相对湿度下,无论是纯镁还是镁合金,在18个月后都没有出现表面腐蚀迹象。在30%相对湿度下,仅出现微小的腐蚀现象。在80%相对湿度下,有可能发生严重表面腐蚀。在盐分含量很大的海洋环境中,需要对镁合金采取防护措施,以延长构件的使用寿命。

7.2.1.4 镁在高温下的氧化腐蚀

在高温时,镁在空气中极易氧化。氧化膜在高温下无保护性。对于三元镁合金,随着温度的增加,其腐蚀速率的增加要比纯镁相对静态的腐蚀速率高得多。这是由于在三元合金中存在少量的杂质,在高温下活性增加。但镁-稀土系具有较好的抗高温腐蚀能力。

镁在流动的氧气中加热时,表面膜会破裂。550℃氧化速度随时间的增加而下降,持续几个小时后膜会突然破裂,再生成一种白色的氧化物层,渐渐扩展到整个表面。在这段时间里,氧化速度增加,但当整个表面盖满氧化物时,氧化速度变为常数。在550℃时的直线氧化速率可达0.18 mg/cm^2,然后膜将第二次破裂,此时的氧化速度可增大10倍,形成的氧化膜呈米黄色,结构与白色氧化物不同。

在高温下,即使在干燥空气中镁也极易氧化。根据热力学原理,当任一物质与氧反应的吉布斯自由能小于零时,可以认为该反应理论上可以进行。表7-3列出了镁、硅、钙三种元素在不同温度下的标准生成自由能。通过表中标准自由能的数据,经计算在400℃时氧化硅、氧化镁、氧化钙的标准自由能分别为$\Delta G^{\ominus}_{SiO_2}=-750$ kJ,$\Delta G^{\ominus}_{MgO}=-1064$ kJ,$\Delta G^{\ominus}_{CaO}=-1134$ kJ,可见三种物质的标准自由能均小于零,说明在400℃标准状态下,Si、Mg、Ca都可能被氧化。$0>\Delta G^{\ominus}_{SiO_2}>\Delta G^{\ominus}_{MgO}>\Delta G^{\ominus}_{CaO}$,所以镁与氧的亲和力大于硅,而只是略小于钙。

表7-3 镁、硅、钙的标准生成自由能

化学反应式	$\Delta G^{\ominus}$/cal	适用温度/℃
2Mg(固)+O_2=2MgO	$-288700-5.9T\lg T+67.9T$	25～651
2Mg(液)+O_2=2MgO	$-290700-0.48T\lg T+53.9T$	651～1707
2Mg(气)+O_2=2MgO	$-363200-14.47T\lg T+15.14T$	1107～2227
2Ca(固)+O_2=2CaO	$-307100+51.28T$	881～1487
Si(固)+O_2=SiO_2	$-208300+43.30T$	25～1427

注:1. 表中T为开氏温度;

2. 1cal = 4.1868 J(下同)。

镁氧化速率与温度密切相关。表7-4列出镁在不同温度下的氧化动力学曲线特性。低温时氧化较慢,温度大于400℃时,氧化速率加快,氧化膜的破裂、片状剥落和粉化开始发生,500℃左右则可看到着火现象。当温度超过熔点650℃时,氧化速率更是急剧增加,遇氧即发生激烈氧化燃烧。从金属氧化动力学分析,当氧化动力学曲线呈直线时,氧化膜没有任何保护作用,且随时间的增加金属不断氧化,当氧化动力学曲线呈抛物线形时,氧化速度与金属增重或膜厚成反比,即随时间延长,氧化膜厚度增加,氧化速度越来越小,当氧化膜足够厚时,氧化速度可忽略。当氧化动力学曲线成对数规律时,氧化膜很薄。

表7-4 不同温度下镁的氧化动力学曲线特性

温度范围/℃	<100	100～200	200～300	300～400	400～500	500～600	>650
氧化动力学曲线形状	对数	对数-抛物线	抛物线	抛物线-直线		直线	

7.2.2 镁及镁合金腐蚀的主要类型

镁合金的腐蚀类型表现为全面腐蚀、电偶腐蚀、点蚀、晶间腐蚀、缝隙腐蚀、丝状腐蚀、应力腐蚀和腐蚀疲劳等。

7.2.2.1 全面腐蚀和电偶腐蚀

全面腐蚀是指整个表面均发生腐蚀，一般属于微观电池腐蚀。镁合金很容易发生电偶腐蚀。镁合金基体与内部第二相组成的电偶腐蚀在宏观上表现为全面腐蚀。镁合金全面腐蚀的耐蚀性分为10级，其判定标准见表7-5。

表7-5 镁合金耐蚀性10级标准

耐蚀性类别	腐蚀速度/$mm\cdot a^{-1}$	失重/$g\cdot(m^2\cdot h)^{-1}$	耐蚀等级
完全耐蚀	<0.001	<0.0002	1
很耐蚀	0.001～0.005	0.0002～0.002	2
	0.005～0.01	0.001～0.002	3
耐　蚀	0.01～0.05	0.002～0.01	4
	0.05～0.1	0.012～0.02	5
尚耐蚀	0.1～0.5	0.02～0.1	6
	0.5～1.0	0.1～0.2	7
欠耐蚀	1.0～5.0	0.2～1.0	8
	5.0～10.0	1.0～2.0	9
不耐蚀	>10	>2.0	10

电偶腐蚀是镁合金在腐蚀环境中产生的一种电化学腐蚀。溶液的pH值大小、溶液的性质、镁合金的成分及所处的环境等对电偶腐蚀均产生较大的影响。减少电偶腐蚀的主要措施是选择合适的材料、表面涂层及恰当的结构设计。

但是，有时Al合金和Mg合金在某些介质中接触相互腐蚀。例如Al和Mg在中性NaCl溶液中接触，开始时Al比Mg电位正，Mg为阳极发生溶解。以后由于Mg的溶解而使介质变为碱性，这里电位发生逆转，Al变成了阳极，Al也被腐蚀。

7.2.2.2 点蚀

点蚀多发生在表面生成钝化膜的金属材料上(如不锈钢、铝及铝合金)或表面有阴极性镀层的金属上。镁是一种自然钝化的金属，当镁在非氧化性的介质中遇到Cl离子时，在它的自由腐蚀电位处会发生点蚀。镁合金在中性或碱性盐溶液中也会发生点蚀。重金属污染物会加快点蚀。发生点蚀的部位一般为阴极相，如$Al_{12}Mg_{17}$、$MgSi_2$、AlMn周围，例如挤压镁合金AM60在酸中性3.5%NaCl溶液中，在AlMn相粒子周围出现点蚀。点蚀坑的数目与环境有关，例如，在pH值为7时，挤压AM60镁合金点蚀坑的数目最多。

7.2.2.3 应力腐蚀开裂

应力腐蚀开裂(SCC)是指材料在特定的腐蚀介质和拉应力共同作用下发生的脆性断裂，应力越大，断裂时间越短。应力腐蚀开裂是电化学－力学共同作用的结果，电化学腐蚀加上应力的作用导致裂纹形成，裂纹的发展主要由力学因素引起，直至断裂。

早期对应力腐蚀开裂的研究主要集中在合金元素及微观结构对镁合金腐蚀的影响上。合金元素Al是镁合金产生应力腐蚀敏感性的最重要因素，其敏感性随Al含量的增加而增加。镁合金中Al含量在门槛值0.15%～2.5%之上将导致SCC，在6%Al时，其影响达到最大。镁合金中的杂质Fe、Cu和Zn会增加镁合金的应力腐蚀敏感性。目前最常用的含Al和Zn的AZ类合金具有最大的SCC敏感性。如AZ61、AZ80、AZ91在大气和较苛刻的环境中，对SCC非常敏感。而含Al低的镁合金，如AZ31耐应力腐蚀性较好。但AZ31在某些环境中也会产生应力腐蚀开裂。当水中通入氧或空气时，会加速镁合金的应力腐蚀，某些阴离子也会加速镁合金应力腐蚀(并不仅限于Cl^-)。实验确定，镁合金在0.1 mol/L的中性盐类溶液中的应力腐蚀开裂敏感性按下列顺序递减，即

$Na_2SO_4 > NaNO_3 > Na_2CO_3 > NaCl > CH_3COONa$

Mg-Zn合金中加入锆或者稀土元素，但不含Al，如ZK60和ZE10，有中等耐SCC的能力。Mg－Al合金中加入Mn可以减小应力腐蚀开裂敏感性。

当基体与作为阴极的晶界$Mg_{17}Al_{12}$沉淀相

组成电偶对时，则晶间 SCC 与基体的局部电偶腐蚀有关。Fairman 和 Bray 认为选择性腐蚀也产生应力集中，引起保护性表面膜的破裂和加速基体的腐蚀。

热处理也是影响镁合金应力腐蚀开裂的因素之一。镁合金的应力腐蚀一般是穿晶开裂。但经炉冷的合金，例如 Mg-6Al-Zn 合金，容易产生晶间开裂，这可能与晶界析出相 $Mg_{17}Al_{12}$ 有关。而经固溶处理的合金产生穿晶断裂，可能与晶内析出 FeAl 有关。粗晶粒水冷，无 β 相（$Mg_{17}Al_{12}$）沉淀，则发生穿晶开裂；而在晶界有很多沉淀的细晶粒材料，则发生晶间开裂。阴极极化可阻止 SCC 的开裂和扩展。在退火状态下 $Mg_{17}Al_{12}$ 强化相沿着晶界分布，镁合金的应力腐蚀开裂便沿着晶间扩展，而构成晶间型的应力腐蚀开裂。当镁合金在淬火状态下，合金组织为均一固溶体，晶间没有强化相 $Mg_{17}Al_{12}$ 析出，腐蚀开裂便构成穿晶应力腐蚀开裂。

镁合金的微观组织因素如晶粒大小、相分布及组织形貌等对镁合金的腐蚀性能有一定的影响。当基体作为阴极的晶界 $Mg_{17}Al_{12}$ 沉淀组成电偶对时，则晶间 SCC 与基体的局部电偶腐蚀有关。不像锻造钛的 SCC，择优晶体取向似乎对锻造镁合金的 SCC 不产生影响。

7.2.2.4　腐蚀疲劳

锌能明显提高镁的疲劳极限。而铝和铅则作用不太大。对于 AZ91，随晶粒度的降低，疲劳裂纹扩展速率加快。对于粗晶粒，裂纹扩展路径偏转幅度较细晶粒大。时效处理（T5、T6）与固溶处理（T4）相比可降低镁合金疲劳极限。时效也可提高疲劳裂纹扩展速率。一般情况下，频率对金属材料在空气中的疲劳性能影响不大，但是镁合金完全不同。例如，在空气中，在频率范围 1～10 Hz，对于挤压 AM60 材料，频率越低，疲劳寿命越短。对于挤压镁合金 AZ80，频率越低，疲劳裂纹扩展速率越快。镁合金在空气中存在疲劳极限，而在腐蚀介质中不存在疲劳极限。氯离子能显著降低镁合金 AM60 和 AZ80 疲劳寿命。时效对 AZ80 的腐蚀疲劳寿命没有明显影响。溶液中 pH 值对 AM60 疲劳寿命有明显影响。在中性溶液中，疲劳寿命最低。含氟的转化膜对镁合金的腐蚀疲劳寿命几乎没有影响。

在空气中挤压镁合金的疲劳裂纹萌生于试样表面和亚表面的夹杂物、氧化物或 Al、Mn 粒子。例如，AM60 疲劳裂纹在空气中萌生于试样表面和亚表面的 Al、Mn 粒子；挤压镁合金 AZ80 疲劳裂纹在空气中萌生于试样表面和亚表面的夹杂物、氧化物；挤压镁合金在腐蚀介质中萌生于试样表面形成的腐蚀坑。而铸造镁合金的铸造缺陷（如空洞）则往往是疲劳裂纹萌生的地方。Cl^-、Br^-、I^- 和 SO_4^{2-} 加快镁合金的腐蚀疲劳裂纹扩展速度。

7.2.2.5　其他腐蚀形式

一般认为镁及镁合金基本不发生晶间腐蚀，因为镁合金的晶界相对于晶粒来说总是阴极，所以，晶粒相对于晶界是阳极，与晶界相邻的区域首先腐蚀。它不会沿着晶界纵深发展，而是在晶界附近的晶粒内部呈粒状腐蚀。但是最近研究表明，镁合金 AZ80 − T5 在 3.5％ NaCl 溶液中沿晶界产生网状的晶间腐蚀。

由于镁对氧浓度差不敏感，所以镁合金不存在缝隙腐蚀。丝状腐蚀是涂层下的腐蚀渗透，镁的丝状腐蚀是由丝头和丝尾氧的浓度差所驱动，由此提出镁的丝状腐蚀模型，参见图 7-4。丝状腐蚀发生在保护性涂层和阳极氧化层下面。没有涂层的纯镁不会发生丝状腐蚀。Lunder 等人对 AZ91 的腐蚀研究认为，镁合金 AZ91 腐蚀的早期阶段是以点蚀和丝状腐蚀为特征。

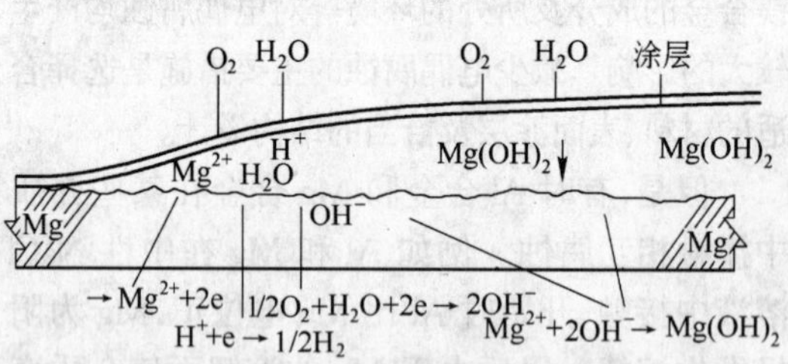

图 7-4　丝状腐蚀模型

7.2.3　镁及镁合金材料典型腐蚀失效形式及主要检测试验方法

7.2.3.1　腐蚀失效

重金属杂质、喷砂残余物、溶剂夹杂引起的

微电池腐蚀是导致镁合金腐蚀失效的根本原因。重金属污染会导致镁合金点蚀，与夹具或多种金属搭配使用无关。图 7-5 所示为重金属杂质对低压铸造 AZ91 合金抗盐雾腐蚀性能的影响情况，铸件镍铜含量均低于 10×10^{-6}，腐蚀 240 h。左边样品含有 160×10^{-6}铁，腐蚀速率为 15 mm/a；右边样品含有 19×10^{-6}铁，腐蚀速率为 0.15 mm/a。

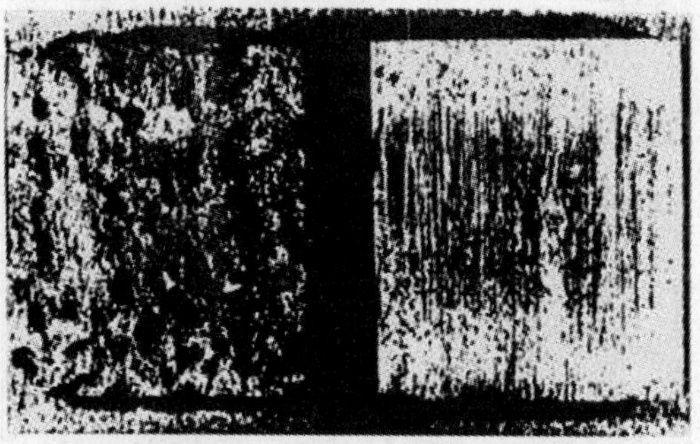

图 7-5 重金属杂质对 AZ91-T6 的砂型铸件盐雾腐蚀(ASTMB 117)行为的影响

在盐雾腐蚀环境中，未经过车削加工的镁合金砂型铸件表面有喷砂残余物，容易出现点蚀。喷砂或酸洗可以清除镁合金表面的杂质，提高抗海水和盐雾腐蚀能力。将镁合金试样经硫酸清洗后进行能谱分析，可以确定是否存在杂质。杂质通常为熔剂中的铁和二氧化硅夹杂，腐蚀斑一般呈团簇状随机分布在铸件车削表面上。在湿度为 70%～90% 的环境中，新近车削过的镁合金表面在 24 h 内会出现腐蚀，分析表明表面存在很多氯化镁和氯化钾的蚀坑，此外还可能有 Ca、Ba 和 S 的痕迹。采用无熔剂工艺、铬酸盐清洗和表面密封法可以消除这些铸件存在的杂质问题。镁合金局部变形区容易出现电偶腐蚀，通过优化结构设计或组装方法可以减轻电偶腐蚀。电偶腐蚀是镁合金腐蚀中的重要类型。此外，应力腐蚀开裂、腐蚀疲劳裂纹、晶间腐蚀等也可能引起腐蚀失效。

7.2.3.2 检测方法

最常用的镁合金腐蚀速率检测方法有质量损失法和蚀坑深度测量法，此外还有电化学极化检测或电化学阻抗谱测量法。图 7-6 为 0.5 mol/L的 Na_2SO_4 溶液 pH 值对纯镁极化曲线的影响，在 pH 值检测范围内镁均会发生溶解，pH 值作用很小。铸态纯镁(99.8%)在 pH 值为 9.2 的 $NaBO_2$ 溶液中的电化学阻抗谱只有一个半圆，如图 7-7 所示，这表明电极上仅仅发生了电荷转移过程。

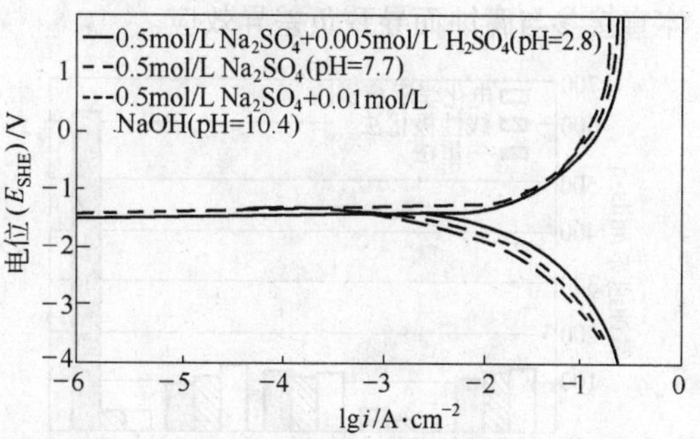

图 7-6 纯镁在不同 pH 值 0.5 mol/L Na_2SO_4 溶液中的极化曲线

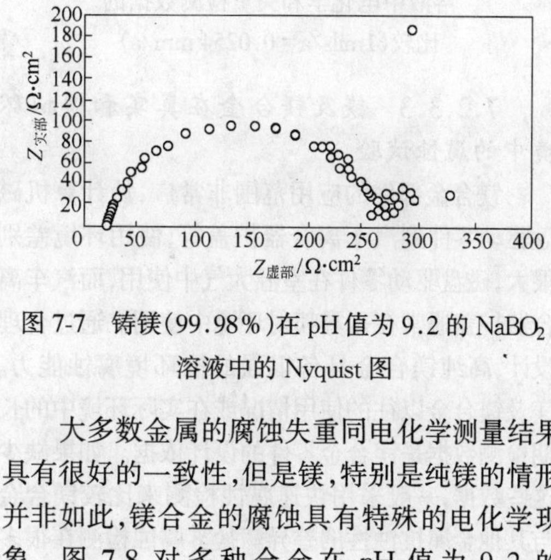

图 7-7 铸镁(99.98%)在 pH 值为 9.2 的 $NaBO_2$ 溶液中的 Nyquist 图

大多数金属的腐蚀失重同电化学测量结果具有很好的一致性，但是镁，特别是纯镁的情形并非如此，镁合金的腐蚀具有特殊的电化学现象。图 7-8 对多种合金在 pH 值为 9.2 的 $NaBO_2$ 溶液中的电化学和失重检测数据做了比较，纯镁的失重量比电化学检测数据高约 1 个数量级，这种现象叫做负差异效应。在正常情况下，腐蚀反应中的阴极反应速度随外加电位的提高或外加电流密度的增大而减小，而阳极反应速度正好相反，呈上升趋势，因此大多数金属(如 Fe 和 Zn 等)在酸性环境中电位正移会导致阳极溶解速度增加，同时阴极析氢减少。因而，Mg 的析氢行为与 Fe 和 Zn 截然相反，随着外电位的提高或外加电流密度的增大，镁的阳极溶解反应速度和阴极氢反应速度都加快，即产生负差异效应。人们对这种现象的机理提出了四种假设。这四种机理均可在不同条件下解释镁合金的负差异效应。此外，还有人提出了“部分膜保护机制”，从微观角度对镁合金负差异效应给出了更为合理的解释，认为镁合金基体直接参与腐蚀而导致负差异效应。

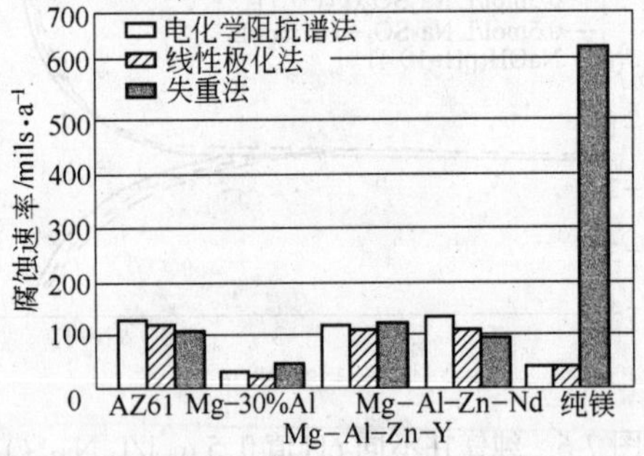

图 7-8 多种镁合金在 pH 值为 9.2 的 $NaBO_2$ 溶液中电化学和失重检测数据的比较(1mils/a = 0.0254 mm/a)

7.2.3.3 镁及镁合金在真实和模拟环境中的腐蚀试验

镁合金部件的应用范围非常广，从计算机磁盘驱动零件到汽车离合器护盖等，使用环境差别很大，磁盘驱动零件在室温大气中使用，而汽车离合器护盖通常在盐雾喷射环境中使用。通过合理设计，高纯镁合金具备很强的抗环境腐蚀能力。镁及镁合金以往的使用情况或在实际环境中的长期检测数据是镁合金零件的设计依据。如果缺少这些数据，一般采用快速腐蚀检测来比较镁合金与其他金属抗蚀性的差异。盐雾腐蚀检测在很多特定领域被列为固定的检测方法。

镁合金在盐水溶液中的腐蚀行为由其所含的主要杂质，如 Ni、Fe、Cu 的浓度及其分布决定。镁合金和铝合金的海水腐蚀速率比盐雾腐蚀速率小得多，但二者都受杂质含量的影响。图 7-9 和图 7-10 所示分别为 Ni、Cu、Fe 的含量对高强 AZ91 合金盐雾腐蚀速率和海洋大气腐蚀速率的影响，由图可见盐雾腐蚀速率比海洋大气腐蚀速率高 200 倍。在这两种情况下高强 AZ91 合金的腐蚀速率均比碳钢或 380 压铸铝合金的低。

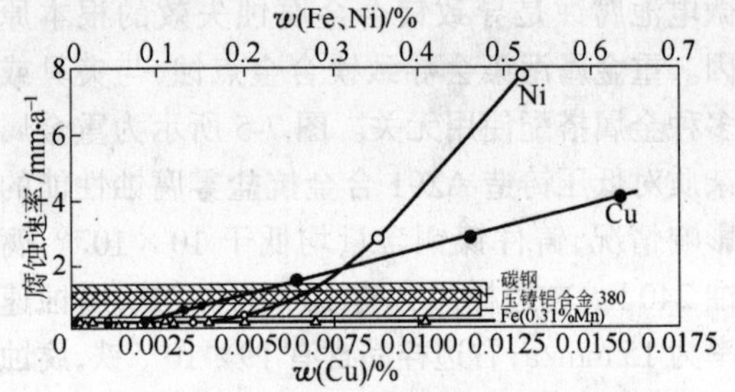

图 7-9 Ni、Cu、Fe 含量对 AZ91 压铸合金盐雾腐蚀速率的影响

(10 天，5% NaCl 溶液，ASTMB117 标准)

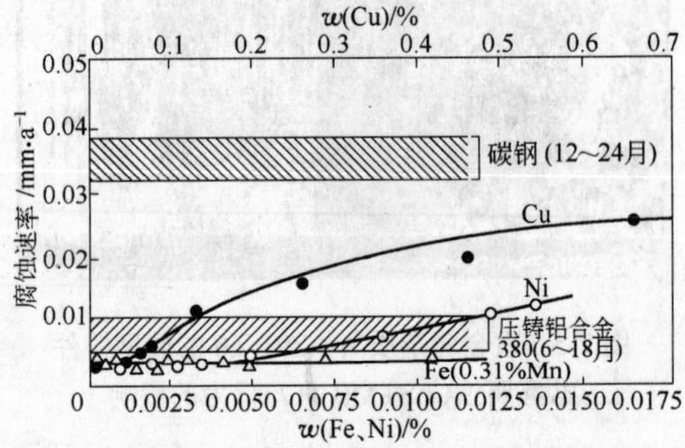

图 7-10 Ni、Cu、Fe 含量对 AZ91 压铸合金海洋大气腐蚀速率的影响

(Texas 海岸，2 年)

图 7-11 所示为三种未进行防护处理的镁合金在盐雾腐蚀、海水浸泡和海洋大气腐蚀条件下的平均腐蚀速率数据，同时列出了镁合金样品的主要合金元素及杂质含量。显而易见，盐雾腐蚀对镁合金影响最为严重，海水次之，海洋大气的影响最小。就 AZ31B-H24、AZ63A-F、AZ91C-F 三种镁合金而言，AZ31B-H24 抗蚀性最好，这与 Fe、Ni、Cu 三种杂质含量较低有关，三种材料的化学成分见表 7-6。

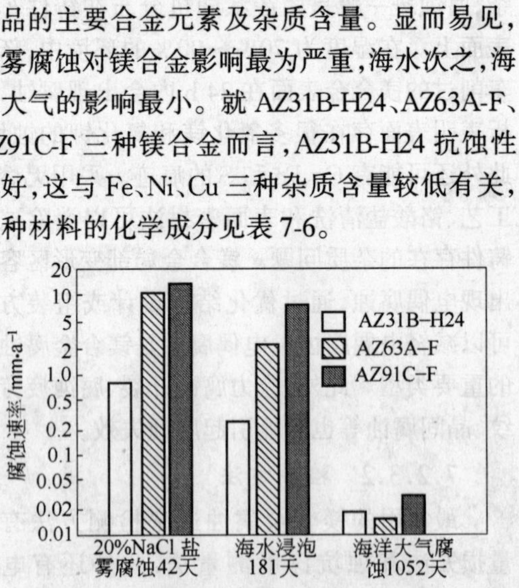

图 7-11 不同环境中镁合金的腐蚀速率

表 7-6　三种镁合金材料的化学成分

元素含量(质量分数)/%	Al	Zn	Mn	Si	Ni	Fe	Cu	Fe/Mn
AZ31B-H24 轧制件	2.6	1.0	0.51	0.0017	0.0005	0.0007	0.0019	0.0014
AZ63-F 砂铸件	5.8	2.9	0.25	<0.05	<0.001	0.005	0.015	0.020
AZ91C-F 砂铸件	8.8	0.68	0.22	<0.05	<0.01	0.006	0.013	0.027

图 7-12 所示为 AZ91D 和 AM60A 两种镁合金在盐雾和 5% NaCl 溶液中浸泡不同时间后的平均腐蚀速率，这两种合金的化学成分见表 7-7。在 T6 状态下，镁合金抗蚀性最高，而经 T4 态处理后的质量损失最大，在铸造过程中模具的温度影响合金的冷速，但对其腐蚀速率似乎没有明显影响。

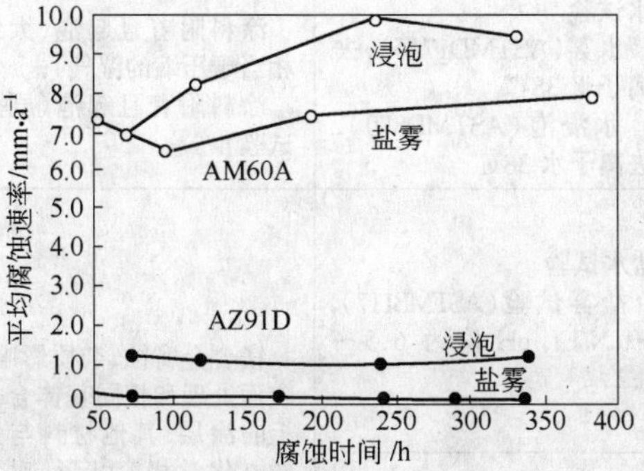

图 7-12　压铸镁合金经 5% NaCl 溶液盐雾腐蚀和连续浸泡后的腐蚀速率

表 7-7　图 7-12 中两种合金的化学成分

元素含量(质量分数)/%	Al	Zn	Mn	Ni	Fe	Cu
AM60A	6.2	0.09	0.22	0.003	0.005	0.03
AZ91D	9.7	0.74	0.19	0.0018	0.006	0.0067

表 7-8 列出铸造 Mg-Al 合金在盐水溶液中点蚀的检测结果，溶液中 Cl 容许浓度极限为 $(2\sim20)\times10^{-3}$ mol/L，纯镁晶粒的某些结晶面会择优点蚀而发生剥离。海洋大气也会使镁合金产生坑蚀，虽然微细的坑蚀对材料强度没有太多的不利影响，但会降低材料的延展性。

将异种金属连接并进行盐雾腐蚀实验是快速检测电偶腐蚀性能的一种方法。图 7-13 所示为与钢螺丝帽连接的 AZ91D 压铸镁合金板材在盐雾中腐蚀 10 天后的表面形貌，连接部位的周围腐蚀非常严重。表 7-9 所列为厚 4.8 mm，与不同金属夹板连接的 AZ31B-H24 板腐蚀后抗拉强度降低情况。

表 7-8　室温下铸造和锻造镁合金在盐溶液中浸泡 24 h 后的点蚀结果

合　金	出现点蚀的试样百分比(5 个试样)(0.1 mol/L NaOH + 不同浓度 NaCl)		
	0.005 mol/L NaCl	0.01 mol/L NaCl	0.02 mol/L NaCl
锻件			
镁 A8	100(剥落)	100	
MA	0	100	
M1	0	0	100
AZ31	0	0	100
AZ61	0	0	100
AZ91	0		
铸件			
AM60B(冷模)	100		
AM50(高纯)	100		
WE43	100		
ZE41	100		
ZE41A	100		
A3A	100		
EZ33	80	100	
AZ92	40(剥落)	60(剥落)	100(剥落)
AZ92A	40	100	
AZ31	0	40	100
AZ91E	0	60	100
AZ91D(热模)	0	80	100
AZ91	0	80	100
AM20(高纯)	0	80	100
QE22	0	0	100
QE22A	0	0	100
AZ91D(冷模)	0	0	100

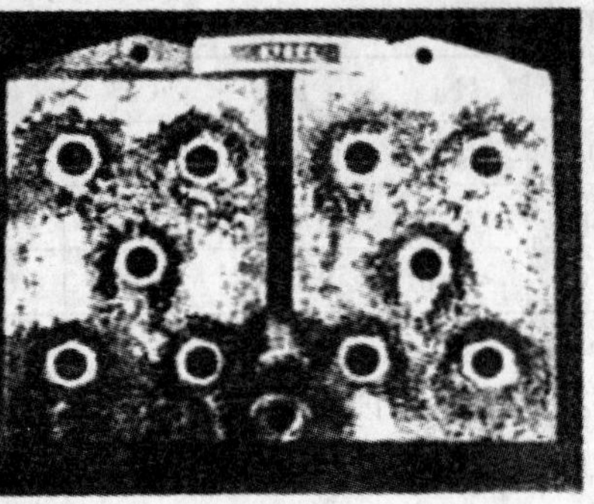

图 7-13　与钢螺丝帽连接的 AZ91D 压铸镁合金板材盐雾腐蚀 10 天后的表面形貌

表 7-9　AZ31B-H24 镁合金与不同金属板连接腐蚀后的抗拉强度降低情况

夹板金属	抗拉强度损失百分比/%		
	乡村大气	工业大气	海洋大气
镁合金 AZ31B	0.1(增加)	0.7	0.1
铝合金 6061	0.2(增加)	0.8	1.0
铝合金 5052	0.5	1.2	1.6
铝合金 7075	0.5	2.0	5.1
AISI 型 304 不锈钢	0.9	3.4	9.0
蒙乃尔合金	1.1	4.4	10.7
低碳钢	1.5	6.8	12.4
85-15 黄铜	1.8	7.1	15.2

与潮湿的含氯离子介质的环境相比，乡村大气对镁合金几乎不造成腐蚀破坏。含大量酸性气体污染物(如 SO_2)的工业大气会导致镁合金腐蚀，但腐蚀程度比海洋大气腐蚀要轻得多。这些气体将在镁表面形成不溶性氢氧化物和碳酸盐膜并转变为可溶性碳酸氢盐、亚硫酸盐和硫酸盐，被雨水冲刷掉后增加大气腐蚀速率。同时，通过电解质溶液构成原电池，导致电化学腐蚀。镁合金在一些氯化物不起主导作用的模拟大气中的腐蚀情况见表 7-10。

Mg-Al 合金暴露在大气中后表面会生成一层保护性氧化膜。若大气中存在 CO_2，则Mg-Al 合金表面会生成一种由水滑石 $MgCO_3 \cdot 5Mg(OH)_2 \cdot 2Al(OH)_3 \cdot 4H_2O$ 和水菱镁矿 $3MgCO_3 \cdot Mg(OH)_2 \cdot 3H_2O$ 组成的复合膜。由于水滑石膜的存在，Mg-Al 合金耐大气腐蚀性比其他镁合金好。变形 Mg-Al 合金的腐蚀速率比铸造 Mg-Al 合金高，这与变形 Mg-Al 合金含铝量和纯度比铸态低有关。此外，变形镁合金的组织和性能通常为各向异性，也会提高腐蚀速率。

表 7-10　镁合金材料的腐蚀条件与试验测评项目

试验环境	评估指标
湿度试验 相对湿度 95%，38℃ 相对湿度 100%，38℃，冷凝(ASTMD2247) 污染大气(DIN-50018-1960)，相对湿度 100%，40℃，空气 + SO_2 + CO_2，8 h，然后在室温大气下放置 16 h	熔渣，室内锈蚀和丝状腐蚀； 涂料附着且起泡，在无污染的乡村大气中腐蚀； 工业大气中的腐蚀和涂层特性
水试验 水雾(ASTMD1735)，去离子水 38℃ 水浸泡(ASTMD870)，去离子水 38℃	涂料附着且起泡(大约相当于压缩的湿气)； 涂料附着且起泡(剧烈试验)
盐水试验 盐雾试验(ASTMB117)，5% NaCl，pH 值为 6.5～7.2	镁合金腐蚀、杂质影响、表面处理和相同基体合金上的涂层，其他材料与镁的电化学相容情形，对氯化物环境有效。剧烈的加速试验
盐水浸泡，5% NaCl，25℃，pH值为 10.5，间歇或连续浸泡，轻微空气搅动	
铜加速乙酸盐雾试验(ASTM B368)，5% NaCl，每 3.8 L 溶液含 1g$CuCl_2 \cdot 2H_2O$，49℃，pH 值为 3.1～3.3	镁合金表面的镀膜
SO_2 盐雾喷射，5% NaCl + SO_2，35℃，pH 值为 2.5～3.2，海军航空发展中心	海军飞行器材料(模拟海水喷射 + 船烟囱气)
地面测试、盐土循环溅射，部分干燥且高湿度储藏	用做汽车和卡车部件的裸露或镀层的镁合金。电化学相容性。模拟严重的道路防冻盐环境

SO_2 污染也会影响镁合金的抗蚀性。由于 SO_2 污染的影响，工业大气中镁的平均腐蚀速率在某种程度上高于海洋大气。理论上，海洋

大气的腐蚀破坏性更大一些，这与镁合金杂质容许极限含量和海洋腐蚀敏感性有关。

7.2.4 影响镁及镁合金耐蚀性的因素及提高耐蚀性的途径

7.2.4.1 影响耐蚀性的主要因素

影响镁及镁合金耐蚀性的主要因素有：镁及镁合金的纯净度、合金元素的种类与含量、热处理工艺、材料的组织结构与形态及所处环境等。

A 合金元素与杂质的影响

合金和杂质元素对镁合金耐蚀性有显著影响。纯镁中含有许多有害杂质，如 Fe、Ni、Cu、Co 等。Fe 不能固溶于镁中，只能以游离态分布在晶界，从而降低镁合金的抗蚀性。当 Fe 含量大于 0.016%（质量分数）时，镁合金的腐蚀速率急剧增加。Ni、Cu 在镁中的溶解度很低，常与镁形成金属间化合物 Mg_2Ni、Mg_2Cu 等，呈网状分布在晶界上，降低抗蚀性。当 Ni 含量大于 0.016%（质量分数）、Cu 含量大于 0.15%（质量分数）时，镁合金腐蚀速率显著增加。因此，必须严格控制 Fe、Ni 和 Cu 含量。为了防止熔炼时镍的增加，必须使用低镍不锈钢制造的熔炼工具和设备。根据不同元素对镁合金腐蚀性能的影响，合金元素大致可以分为三类：第一类是含量低于 5%（质量分数）时对腐蚀速率影响不大的元素，如 Al、Mn、Na、Si、Zr、Ce、Pr、Y 等；第二类是使腐蚀速率稍有提高的元素，如 Zn、Cd、Ca、Ag 等；第三类是使腐蚀速率显著提高的元素，如前面提到的 Ni、Fe、Co 等。镁合金的腐蚀速率与合金元素质量分数之间存在如下的关系：

$$腐蚀速率 \approx 0.04Mg - 0.54Al - 0.16Zn - 2.06Mn + 0.24Si + 28Fe + 121.5Ni + 11.7Cu$$

常见元素对镁腐蚀速率的影响如图 7-14 所示，Fe、Ni、Co、Cu、Ag、Ca 和 Zn 等的影响比较大，而 Al、Sn 等的影响很小。采用提高纯度的方法，即将有害杂质 Fe、Ni、Cu、Co 等元素的含量降低到临界值以下可以提高镁合金的抗蚀性。目前采用高纯度电解镁制备的镁合金的抗蚀性有大幅度提高，如 AZ91E 合金在盐雾实验中的耐腐蚀性大约是 AZ91C 的 100 倍，甚至超过了压铸铝合金 A380。

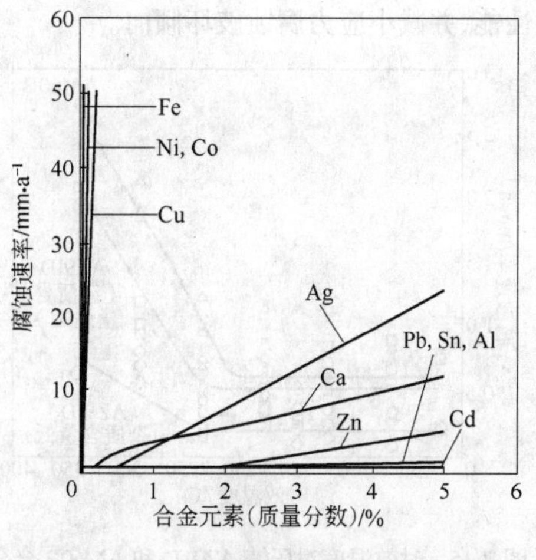

图 7-14 室温下合金元素含量对镁合金在 3% NaCl 溶液中腐蚀速率的影响

B 加工、热处理工艺及组织结构形态的影响

镁合金的冷加工，如拉伸和弯曲，对腐蚀速率没有明显影响。喷丸或喷砂处理表面的耐腐蚀性能往往较差，这并非冷加工效应的结果，而是因为嵌入了铁杂质，可以通过酸洗到 0.01～0.05 mm 深度来去除这些杂质。但若控制不当，可能发生杂质的再次沉淀，尤其当有钢丸残留物时。因此，在彻底清洗除去杂质时，往往还要进行氟化物阳极处理。

热加工和热处理对镁合金耐蚀性的影响主要是析出相的影响。一般情况下，凡是导致析出金属间化合物的加热和热处理，通常都会降低镁合金的耐蚀性。但具体情况下，由于沉淀相的分布及其他因素影响，也有一定的差异。

加热或时效温度影响压铸镁合金的盐雾腐蚀速率。图 7-15 所示为时效温度对压铸 AZ91D 和 AM60B 合金盐雾腐蚀速率的影响，从图中可以看出当时效温度高于某一特定温度后，AM60B 和 AZ91D 的腐蚀速率急剧增大，这一特定温度大致在 200～250℃ 范围内。工艺参数对镁合金抗蚀性影响很小，高纯镁合金经过 T5 和 T6 处理后腐蚀速率低于 0.25 mm/a。铸态固溶处理试样的晶粒尺寸越小，抗蚀性越好。此外，对镁合金焊点还要进行固溶和时效处理以保证材料在恶劣环境中具有良好的抗腐蚀性能,并减小应力腐蚀破坏倾向。

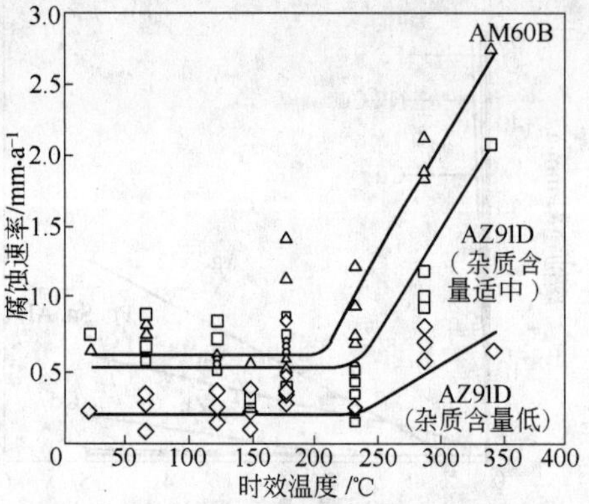

图 7-15 时效温度对压铸 AZ91D 和 AM60B 合金腐蚀速率的影响(ASTMB117 标准盐雾喷射 10 天)

杂质元素 Fe、Ni 和 Cu 等含量很高的镁合金受盐雾腐蚀温度的影响很大。表 7-11 对标准成分 AZ91C 和高纯 AZ91 砂铸合金腐蚀速率进行了比较。高压铸造工艺容许的杂质含量比低压铸造工艺高得多。为了比较成分的影响,在一些合金中添加了晶粒细化剂。对于高含铁量的 AZ91C 合金,当铁含量为容许含量的 2~3 倍时,镁合金的抗蚀性极差。对触变模铸镁合金薄壁产品的抗蚀性进行研究的结果表明,减少壁厚有利于提高镁合金的抗蚀性,但是过分减小壁厚将导致溢流区部位局部腐蚀。因此,合理选择壁厚不仅可以提高产量,而且也能改善抗蚀性。

表 7-11 不同状态和晶粒度下两种镁合金的腐蚀速率(ASTMB117,盐雾试验)

合 金	粒度/μm	Mn/%	Fe/%①	相对腐蚀速率/mm·a⁻¹			
				F	T4	T6	T5
AZ91C(未处理)	187	0.18	0.087	18	15	15	
AZ91C(脱气,细化晶粒)	66	0.16	0.099	17	18	15	
AZ91E②(未处理)	146	0.23	0.008	0.64	4	0.15	0.12
AZ91E(脱气,细化晶粒)	78	0.26	0.008	2.20	1.7	0.12	0.12
AZ91E②(未处理)	160	0.33	0.004	0.35	3	0.22	0.12
AZ91E(脱气,细化晶粒)	73	0.35	0.004	0.72	0.82	0.10	0.10

① 通过分析 Mn 含量来表示 Fe;
② AZ91E 合金未得到 ASTM 认可。

除了合金组元、杂质元素外,相组成和微结构对镁合金的腐蚀性能影响很大。如果采取适当的凝固手段使镁合金获得更好的组织均匀性,则会因附加的钝化作用而使腐蚀电流密度减小 2~3 个数量级,从而有效提高镁合金的抗蚀性。快速凝固工艺可以改善材料的相组成和微观结构,使基体组织和成分分布更均匀,从而抑制局部腐蚀。同时,由于提高了合金的固溶度,使得原来有害的元素可以固溶到合金基体中,减缓了腐蚀。快速凝固镁合金的耐蚀性明显优于普通铸造镁合金。AZ 系列镁合金中最重要的两种相为 α 和 β,β 相比较稳定,其抗蚀性比 α 相高,但是(α+β)复相合金的抗蚀性远不及 α 相单相合金。AZ91D 合金中 α 相的腐蚀行为取决于它的铝含量和局部电流密度。电流密度高时,铝含量高的共晶 α 相在晶界处易于优先腐蚀;电流密度低时,晶粒内部的初生 α 相易于优先腐蚀。此外,β 相的尺寸、形貌和空间分布也对镁合金的耐腐蚀性具有很大的影响,在镁合金的溶解过程中,它可以起到阻碍镁合金溶解和作为电偶腐蚀阴极的双重作用。镁合金的加工工艺不同,则相组成和含量不同,因而影响机制也不同。

近年来,镁基非晶合金由于具有非常高的抗拉强度、良好的韧性和耐蚀性而越来越受到重视。对纯镁、多相异质结晶的 Mg-10%Y-25%Cu(原子分数)合金及非晶态合金耐蚀性的对比研究表明,它们的电化学特性存在很大的差异。Mg-10%Y-25%Cu(原子分数)合金的组织不是非晶态组织,具有组织不均匀性,因此非晶态镁合金比 Mg-10%Y-25%Cu(原子分数)合金具有更强的钝化作用和更佳的耐蚀性。

重金属杂质常常导致与紧固件或非同类金属连接件的一般性点状腐蚀。未涂漆表面的浸蚀率基本上与其表面状态无关。

压铸镁合金微观组织结构对其腐蚀性能影响的研究结果表明，AZ91D压铸合金表面的耐蚀性能较其芯部大10倍。这是因为表面和芯部组织结构差异所致。因压铸时表面冷却速度大，晶粒较芯部组织细，且表面的β相也较芯部多，β相连续分布于细小的α晶粒，起到腐蚀屏障作用。

C 腐蚀介质与环境的影响

镁及镁合金在不同腐蚀介质与环境中具有特定的腐蚀行为。表7-12和表7-13列出了各种介质和不同环境对镁及镁合金腐蚀行为的影响。多种介质的具体影响将在后面专门介绍。

表7-12 各种介质和环境对镁及镁合金腐蚀行为的影响

介质种类	非腐蚀性介质或环境	腐蚀性介质或环境
水	蒸馏水	淡水、海水、矿泉水和水蒸气
酸	氢氟酸、铬酸	盐酸、硫酸、硝酸、磷酸和氢氟硅酸溶液
卤化物	氟化钾、氟化钠和氟化铵等的氟化物溶液	除氟化物以外的卤化物溶液如氯化铵、氯化钾、氯化钠、氯化镁、氯化锌、氯化钡和氯化钙等
硫化物	液态硫、气态硫、硫酸铵和二硫化碳	硫酸盐溶液如硫酸铵、铝明矾、铁明矾、铜明矾和锌明矾等
氨化物	浓度低于40%的氢氧化钠、碳酸钠、铬酸钾、铬酸钠、重铬酸钠、重铬酸钾	氨水、氢氧化铵、硝酸、硝酸钾、亚硝酸钾
碱性介质	碳氢化合物，如甲烷、乙烷、乙烯、己烷	浓度高于40%和温度高于120℃的氢氧化钠溶液、硅酸钾和汞盐
脂肪族化合物	汽油、石油、煤油、沥青和人造蜡	
卤素衍生物	三氯乙烯、四氯化碳、二氯丙醇、氯乙烷、氯甲烷、溴乙烯、二氯甲烷	氯甲烷和氯乙烷的酒精溶液和水溶液
醇	无水乙醇	甲醇、麦芽糖、甘油、乙二醇及乙二醇混合物
醚、醛和酮	甲醚、乙醚和丙酮	甲醛、乙醛和三氯乙醛
有机酸		蚁酸、醋酸、油酸、戊酸、硬脂酸、草酸、酒石酸、乳酸、柠檬酸和果汁、醋酸戊酯
酸的衍生物	无酸蜡、蜂蜡	
脂肪和油	不含酸的脂肪和油、蓖麻油和亚麻子油冷脲	酸性脂肪和酸性油、牛奶
氮化物	冷脲水溶液	热脲水溶液
炸药		硝化甘油、叠氮化铅和雷酸汞
碳水化合物	糖和纤维素的中性水溶液	
芳香族化合物	煤焦油及衍生物：苯、甲苯、二甲苯、酚、甲酚、三混甲酚、萘、蒽、杂酚乳液、邻氨基苯甲酸、樟脑和生橡胶	
杂环化合物	白明胶、木工用胶	
液体燃料	汽油、苯、重油和石油	
密封剂	库兹巴斯清胶、海物胶沥青、清漆和密封胶	
土壤	黏土、不含盐的砂土	盐砂土
大气	干燥空气	潮湿空气

表 7-13　镁及镁合金在不同介质下的可试验性

介　质	含量[1] /%	可否在该介质中试验	介　质	含量[1] /%	可否在该介质中试验	介　质	含量[1] /%	可否在该介质中试验
乙醛	不限	不能	天然鱼肝油		能	汽油(含铅)	100	能,可能需要缓蚀剂
醋酸	不限	不能	柯巴脂	100	能			
丙酮	不限	能	香豆素	100	能	白明胶	不限	能
乙炔	100	能	甲酚	100	能	化学纯甘油	100	能
丁醇	100	能	氰化物(大多数)	不限	能	动物脂(无酸)	100	能
乙醇	100	能	二氯乙醇	100	能	重金属盐(大多数)	不限	不能
异丙醇	100	能	二氯酚	100	能	六胺	3	能
甲醇	100	不能	鲜奶和酸奶	100	不能	盐酸	不限	不能
丙醇	100	能	矿物酸	不限	不能	氢氟酸	5～60	能
氮(气体、液体)	100	能	单溴苯	100	能	双氧水	不限	不能
铵盐(大多数)	不限	不能	一氯苯	100	能	硫化氢	100	能
氢氧化铵	不限	能	石脑油	100	能	碘化物	不限	能
苯胺	100	能	萘球	100	能	碘结晶(干)	100	能
蒽	100	能	尿素	100	能	异丙基醋酸盐	100	能
砷酸盐(大多数)	不限	能	冷脲溶液	不限	能	异丙基苯	100	能
苯甲醛	不限	不能	热脲溶液	不限	不能	异丙基溴化物	不限	不能
苯	100	能	二苯基醚	100	能	煤油	100	能
重铬酸盐	100	能	二丙烯乙二醇	100	能	羊毛脂	100	能
硼酸	1～5	不能	二乙烯基苯	100	能	猪油	100	能
刹车油(大多数)[2]	100	能	矿物油(无氯化物)	100	能	砷酸铅	不限	能
溴化物(大多数)	不限	不能	蔬菜油(无氯化物)	100	能	氧化铅	不限	能
溴苯	100	能	油酸	100	能	亚麻籽油	100	能
黄油	100	不能	橄榄油	100	能	砷酸镁	不限	能
丁基苯酚	100	能	有机酸(大多数)	不限	不能	碳酸镁	100	能
砷酸钙	不限	能	正氯酚	100	不能	氯化镁	不限	不能
碳酸钙	100	能	乙基纤维素	100	能	汞盐	不限	不能
氯化钙	不限	不能	乙基氯化物	100	能	甲烷(气体)	100	能
氢氧化钙	100	能	乙基水杨酸盐	100	能	甲基溴化物	不限	不能
樟脑	100	能	乙烯(气体)	100	能	甲基纤维素	100	能
二硫化碳	100	能	乙烯二溴化物	100	能	甲基氯化物	100	能
干态二氧化碳	100	能	乙烯乙二醇溶液	不限	能,可能需要缓蚀剂	亚甲基氯化物	100	能
一氧化碳	100	能				甲基水杨酸盐	100	能
四氯化碳	100	能	脂肪,无酸食用油	100	能	甲苯	100	能
苏打水	不限	不能	脂肪酸	不限	不能	三氯苯	100	能
蓖麻油	100	能	氯化铁	不限	不能	三氯乙烯	100	能
纤维素	100	能	氟化物(大多数)	不限	能	三氯苯酚	100	能
水泥	100	能	氟硅酸	不限	不能	桐油	100	能
氯化物(大多数)	不限	不能	甲醛	不限	能	松节油	100	能
氯	100	不能	果酸	不限	不能	苯	100	能
氯苯	100	能	燃料油	100	能	二苯胺	100	能
氯仿	100	能	汽油、酒精混合物体	100	能,可能需要缓蚀剂	二苯基甲烷	100	能
氯酚	不限	能				硝化甘油	不限	不能
氯苯酚	不限	不能	燃料(10%乙醇)汽油、酒精混合物体	100	能,可能需要缓蚀剂	动物油(无酸和氯化物)	不限	能
铬酸可卡因(大多数)	不限	能						
铬酸	不限	能	燃料(10%甲醇)无铅汽油	100	能,可能需要缓蚀剂	乙烯基甲苯	100	能
香茅油	100	能				沸水	100	不能

续表 7-13

介　质	含量①/%	可否在该介质中试验	介　质	含量①/%	可否在该介质中试验	介　质	含量①/%	可否在该介质中试验
蒸馏水	100	能	吡啶(无酸)	100	能	亚硫酸	不限	不能
雨　水	100	能	焦酚(连苯三酚)	不限	不能	丹宁酸	3	不能
无酸蜡	100	能	橡胶和橡胶黏结物	100	能	丹宁溶液	不限	不能
二甲苯	100	能	海　水	100	不能	焦油原油及其分馏物	100	能
邻二氯代苯	100	能	溴酸钠	不限	不能			
邻苯基苯酚	100	能	溴化钠	不限	不能	酒石酸	不限	不能
氧　气	100	能	碳酸钠	不限	能	四氯化萘	100	能
对位苯基苯酚	100	能	氯化钠	不限	不能	四氯化钛	100	能
对位二氯化苯	100	能	氰化钠	不限	能	二乙醇胺	100	能
五氯苯酚	100	能	重铬酸钠	不限	能	二乙基苯胺	100	能
全氯乙烯	100	能	氟化钠	不限	能	二甲基苯	100	能
高锰酸盐(大多数)	不限	能	氢氧化钠	不限	能	二甘醇溶液	不限	能,可能需要缓蚀剂
酚　醛	100	能	磷酸钠(三盐基)	不限	能			
苯基乙基醋酸盐	100	能	硅酸钠	不限	能	硫酸盐尼古丁	40	能
苯基苯酚	100	能	硫化钠	3	能	所有的硝酸盐	不限	不能
磷酸盐(大多数)	不限	能	四硼酸钠	3	能	含氮的气体	100	不能
磷　酸	不限	不能	水蒸气	100	不能	硝　酸	不限	不能
聚丙烯乙二醇	100	能	硬脂酸(干)	100	能	醋	不限	不能
氟化钾	不限	能	聚苯乙烯	100	能	氯化亚乙烯	100	能
氢氧化钾	不限	能	糖溶液(无酸)	不限	能	干燥的清洁流体	100	能
亚硝酸钾	不限	不能	硫酸盐(大多数)	不限	能	醚	100	能
高锰酸钾	不限	能	硫　磺	100	能	乙醇胺(单体)	100	能
乙二醇丙烯 U.S.P	100	能	二氧化硫磺	100	能	乙基醋酸	100	能
丙烯的氧化物	100	能,可能需要缓蚀剂	氟化硫磺	不限	不能	乙基苯	100	能
			硫磺酸	不限	不能	乙基溴	100	不能

① 气体介质为体积分数,其余为质量分数。

② 150℃时无水刹车油会与镁发生有害反应。

7.2.4.2 提高镁及镁合金耐腐蚀性的主要途径

A 研究开发高纯镁合金,减少合金中的有害杂质元素

控制减少镁合金中的有害杂质元素,使Fe、Ni、Cu和Co的含量在容许极限之下,可以提高镁合金的耐蚀性。根据化学元素对其耐腐蚀性能的影响,可以通过以下几条原则对合金元素进行控制,以达到目的:

(1) 严格控制有害杂质元素的含量,提高合金的纯净度。如高纯镁合金AZ91E与大多数商业用铝合金相比,具有更好的耐蚀性。

(2) 加入同镁有包晶反应的合金元素(如锰、锆、钛),加入量不能超过其固溶极限。

(3) 当必须选择同镁有共晶反应的合金元素,且相图上同金属间化合物相毗邻的固溶体相区有较宽的固溶范围时,如Mg-Zn、Mg-Al、Mg-In及Mg-Sn、Mg-Nd等合金系,应选择具有最大固溶的第二组元金属,与固溶体相区毗邻的化合物以稳定性高者为好,共晶点尽可能远离相图中镁一端。

(4) 通过热处理把金属间化合物溶入固体中,以减少活性阴极或易腐蚀的第二相的面积,从而减小合金的腐蚀活性(Mg-Al合金例外)。

(5) 加入可以减少有害杂质的合金元素,如Zr、Ta、Mn;添加稀土元素,如新合金WE43(Mg-4Y-2.5Nb-1RE)和WE54(Mg-5.25Y-1.75Nb-1.75RE),其盐雾腐蚀速率比传统镁合金AZ91C低两个数量级。

目前开发高纯镁合金已成为汽车工业增加

镁用量的主要途径。

B 应用快速凝固处理工艺，细化晶粒和提高某些元素的固溶度

快速凝固具有减少有害杂质和影响腐蚀性能的两种功能。首先，它可以增加固溶极限和成分变化范围，使新相形成成为可能，促使有害元素存在于更小的受害区域或合金相中。其次，快速凝固可以改善微观组织结构，使材料更均匀化，减少局部微电池作用。

比较了快速凝固和普通铸造合金在晶界中含有有害杂质元素形成阴极相时对局部腐蚀的不同倾向。快速凝固工艺可以减少对微观组织和杂质粒子根部的侵蚀。快速凝固可以增加元素的固溶极限，使得有高浓度元素存在时可以形成非晶态氧化膜。如镁合金中含有高浓度的铝时，可以在整个表面形成含铝的钝化膜，这层膜具有自修复作用，具有完整的结构。而普通工艺获得的镁合金中铝首先形成第二相，只是在局部区域形成钝化膜。快速凝固工艺是一种能根本解决镁合金耐腐蚀问题的有前景的工艺，有许多研究者针对不同牌号的镁合金在进行工艺探索和应用推广。但快速凝固处理需要专用设备，成本较普通工艺高，所以真正作为规模化的生产目前还不多。

C 进行有效的表面处理，大大提高镁合金材料的抗蚀性

镁及镁合金材料的表面防护处理是提高其抗蚀性的最重要、最有效的方法，近十几年来，研发出了多种有效的表面处理技术和工艺，大大扩大了镁合金材料的应用范围。有关镁合金表面处理的详细内容将在以下章节讨论。

7.3 镁及镁合金材料的防腐措施

7.3.1 电偶腐蚀的防护措施

图7-16为电偶腐蚀的基本环节，包括阴极、阳极、电解质和导体四个环节。其中任何一个环节一旦消失，电偶腐蚀就会停止。因此，镁合金件的结构设计要考虑表7-14中的各种因素，以防止发生电偶腐蚀。影响电偶腐蚀的因素很多，除介质导电性高外，阴阳极间电位差大、极化率低、阴阳极面积比大以及间距小等都会导致电偶腐蚀速率加快，反之亦然。表7-15为双金属接头材料优先选择的顺序。

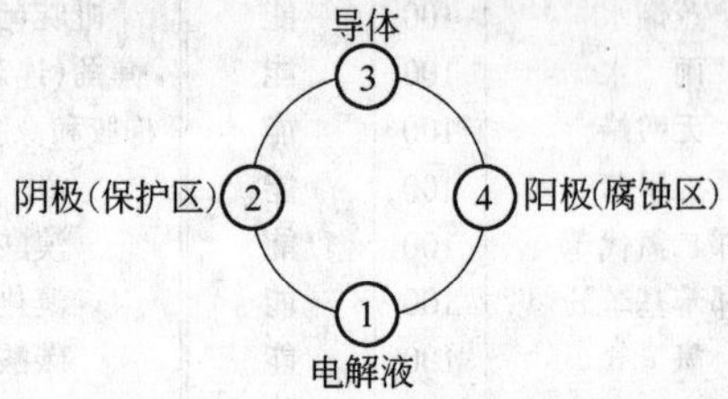

图 7-16 电偶腐蚀的基本环节

1—电解液(流体通路)；2—阴极；3—导电体(为金属间连接，如铆钉、螺钉和焊接等)；4—阳极

表 7-14 镁合金件合理的结构设计

程 序	方 法
消除密封的污损区域，尽量避免湿气与金属直接接触	仔细注意结构细节，设计出完整工件； 设计合适的排水孔，最小孔径为3.2 mm，防止堵塞
选择的吸附性差、无芯的材料为与镁接触的材料	测量所用材料的含水量； 采用环氧树脂、塑料带和薄膜，用蜡和橡胶做保护栏； 尽可能避免使用木头、纸张、纸板、多孔泡沫和海绵状橡皮
保护所有的搭接面	所有的搭接面都采用合适的密封材料； 使用底漆； 加长连续流体路径，以减少电偶腐蚀电流
采用兼容金属	大多数5×××和6×××系列铝合金与镁兼容； 镁铁连接中有锌钢板、80%锡-20%锌、锡或镉； 双金属接头材料择优顺序见表7-15
选择合适的精整方法	根据要求选择化学处理、涂层和电镀，并在安装运行前进行检测

表 7-15 双金属接头材料优先选择的顺序

顺序	1	2	3	4
镁-铝	5056线材和铆钉	5052压延板材	6061挤压材和压延板材	6053挤压材和铆钉
镁-钢	镀锌	镀80%锡-20%锌	镀锡	镀镉

为了避免严重的电化学腐蚀，必须采取如下措施：

(1) 选择与镁电化学相容的异种金属，或在镁上镀一层与镁电化学相容的金属。表7-16和表7-17列出了镁合金与不同材料的电化学相容性及电偶腐蚀速率。

(2) 采用适当的表面处理对镁和异种金属进行保护。

(3) 异种金属加绝缘的垫圈或填充填料，避免出现封闭电路。

(4) 在密封化合物或底漆中加入铬酸盐，抑制电池作用。

表 7-16　不同组分对高纯铝与镁合金 AZ31B 接头电化学相容性的影响

原料纯度	合金组成	AZ31B 的失重 /g·m⁻²·d⁻¹	
		3%NaCl	3%NaCl + 3% $MgCl_2$
99.9%Al	未合金化	9.4	2.4
	与0.16%Zn组成合金	40.0	5.9
	与0.27%Zn组成合金	7.8	3.3
99.99%Al	未合金化	3.6	2.0
	与0.015%Ni组成合金	12.7	
	与0.30%Mn组成合金	3.4	2.3

表 7-17　镁合金 AZ31B-H24 与工业纯钛电偶的腐蚀速率

暴露环境	暴露时间/d	未配对 AZ31B-H24	腐蚀速率/$g\cdot m^{-2}\cdot d^{-1}$	
			1:6 阴阳极面积比①	6:1 阴阳极面积比①
潮水环境②	3	17.4	26.5	88.7
海洋大气②	358	0.106	0.171	0.372
	715	0.095	0.156	0.235
	1087	0.082	0.125	0.207
	2563	0.077	0.115	0.204
	平均值	0.090	0.142	0.255
城市大气③	368	0.096	0.120	0.148
	722	0.101	0.120	0.173
	1087	0.096	0.120	0.161
	2575	0.078	0.099	0.130
	平均值	0.093	0.112	0.153

① 阴极是工业纯钛，阳极是 AZ31B-H24。
② In Naval Air Station, Novfolk, VA.
③ 华盛顿哥伦比亚特区。
注：每个数据至少是 4 个试样的平均值。

7.3.2　镁合金组合件的装配保护

7.3.2.1　镁－镁装配

在实际应用中，可以忽略镁合金与镁合金之间的电偶腐蚀，但是镁合金组合件连接处会出现裂纹。在镁合金组合件装配时，要采取一些预防措施，如在装配间隙内填充耐蚀性的铬酸盐或密封化合物。镁合金件用螺钉连接时，拧紧螺钉有助于减少连接松弛。此外，最好在装配面上涂覆涂料并着色作为附加保护，如图 7-17所示。

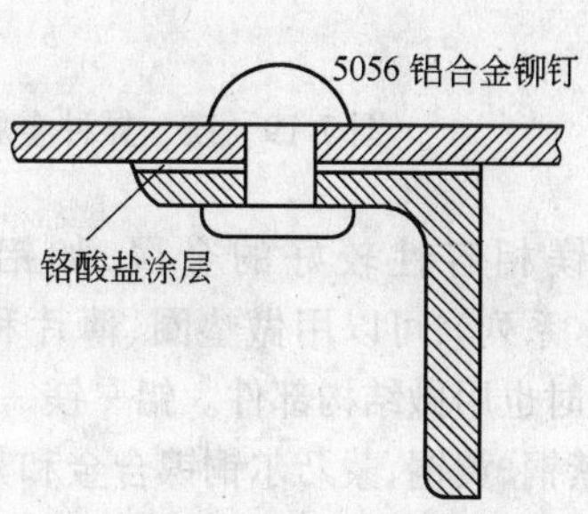

图 7-17　镁合金装配时装配面保护措施

7.3.2.2　镁－异种金属的装配

镁与异种金属的装配，采取以下几种措施可以将电偶腐蚀减轻到最低程度：

(1) 消除电解质。

(2) 减少异种金属与镁的接触面积。

(3) 减少异种金属与镁的电化学差异。

(4) 异种金属和镁表面生成保护膜。

良好的结构设计(图 7-18)可在很大程度上减轻电偶腐蚀。消除电解质可以避免异种金属装配面上残留液体。电偶腐蚀的严重程度与异种金属和镁之间的电化学差异密切相关,因此应该仔细选择材料,并在装配面上涂层,以防止镁与异种金属(常为铝和钢)直接接触。如果异种金属或镁表面覆有一层完整的保护膜,如图 7-19*a* 所示,则不会发生电偶腐蚀。然而,一旦膜层出现破裂,镁就会开始腐蚀。如果镁合金表面保护膜破裂,则小面积的镁与大面积异种金属相连,如图 7-19*b* 所示,镁会出现严重点蚀。因此,将保护性薄膜涂在异种金属表面将更为合适,如图 7-19*c* 所示,大面积镁与小面积异种金属相连时,镁的腐蚀程度比较轻。当然,如果镁与异种金属表面均覆有防潮性保护膜,如图 7-19*d* 所示,二者保护膜都被破坏且靠得很近时,则产生电偶腐蚀的可能性非常小。值得注意的是,任何情况下防潮保护膜都必须是抗碱蚀的,一旦发生腐蚀,则生成了 $Mg(OH)_2$,膜层也不会破裂。

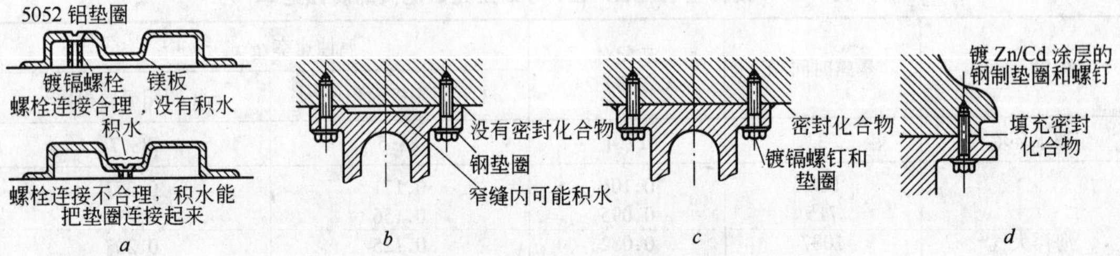

图 7-18 减轻电偶腐蚀的装配结构设计

a—合理的螺栓定位方式;*b*—弱装配方式;*c*—良好的无缝隙装配方式;*d*—异种金属-金属装配

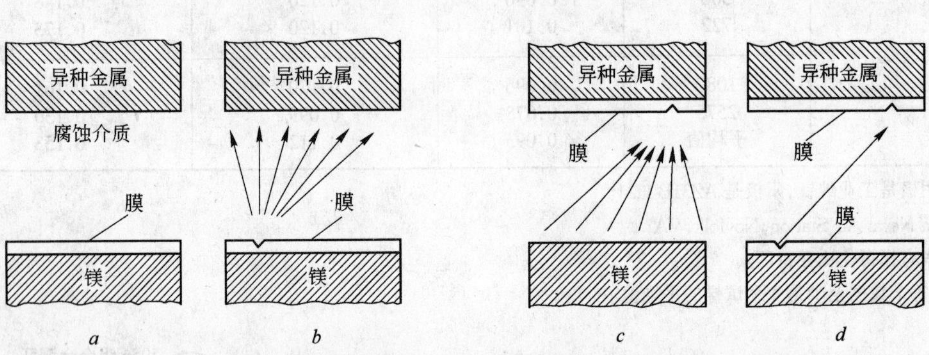

图 7-19 镁-异种金属装配中防潮保护膜对镁合金腐蚀速率的影响

与镁相容性较好的金属,如铝镁合金(5×××系列),可以用做垫圈、薄片和紧固件材料,有时也用做结构部件。铝-镁-硅合金、钢、钛、紫铜、黄铜、蒙乃尔铜镍合金和其他合金在腐蚀环境中与镁合金连接时会导致腐蚀,因而采取必要的防护措施至关重要。图 7-20 和图 7-21 所示为铆接或螺钉连接镁与异种金属时将二者分开的几种方法。

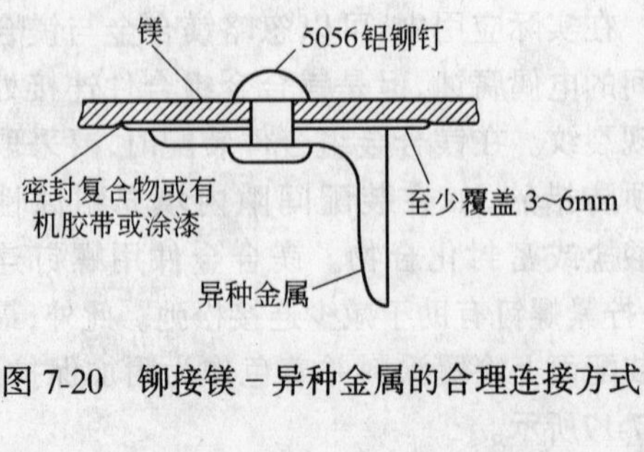

图 7-20 铆接镁-异种金属的合理连接方式

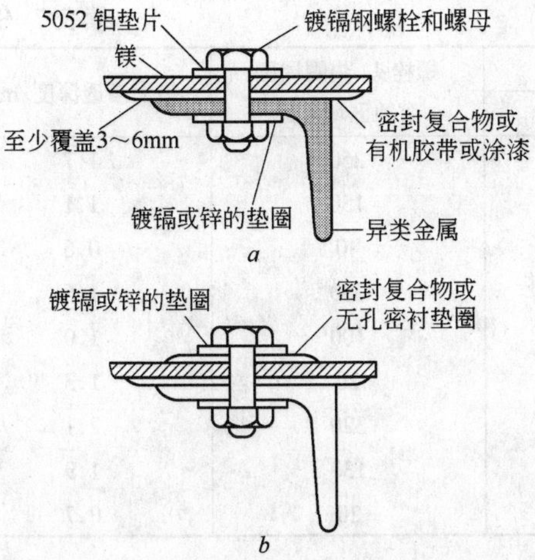

图 7-21 镁与异种金属或木材的合理连接方式
a—方式一；*b*—方式二(除所注外，其余都与方式一相同)

7.3.2.3 镁－非金属装配

许多非金属连接材料(如塑料、陶瓷等)并不会导致镁合金腐蚀，但也有例外，如木材。木材具有强吸水性，当镁与木材装配时，潮湿的木材会使镁和水接触，并且木材中的天然酸也会浸渗出来，使镁合金产生腐蚀。因此，在木材表面用涂料密封，把装配面处理成镁－镁装配一样是非常必要的。镁与碳纤维增强塑料连接属于另一种情况，当存在电解质时也会引起镁合金腐蚀，因此也要采取类似的防护措施。

7.3.2.4 镁合金用紧固件的选择

如果镁合金组合件长期在盐水中使用，则螺栓连接设计和紧固件材料选择是至关重要的。在零件装配面积较小时，采用非金属紧固件或绝缘垫圈可以彻底避免电偶腐蚀，如图 7-22所示。当满足强度要求并且不考虑紧固作用时，采用互换性好的铝合金(5×××或6×××系列)替代钢，可以有效地限制电偶腐蚀。多数情况下，出于力学性能要求和成本考虑，通常采用具有涂层的钢紧固件或者使用保护膜。但是，在钢插销表面涂覆磷酸盐涂层并不能减轻镁合金的电偶腐蚀。当钢铆钉和铜铆钉以及钢、镍、铝(合金 5056、合金 6061、合金 6053 例外)和黄铜的螺钉和螺栓在镁装配件中使用时，建议表面镀 Sn、Zn、Cd，然后进行化学处理，以保证镀层有更好的涂层附着性能。这些镀层只能延缓而不能阻止电偶腐蚀。

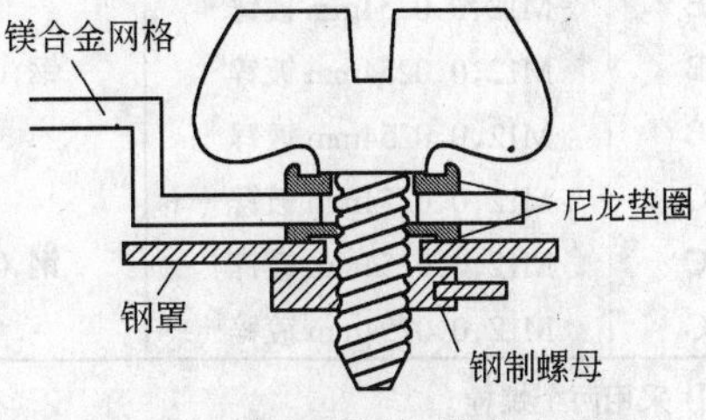

图 7-22 尼龙垫圈隔离镁合金网格和不锈钢支撑螺丝间的连接部位

选择电镀涂层时，需要从电动势和极化特征两方面考虑，锌与镁是最相容的锌涂层，相当经济，并且锌涂层技术发展很快，目前已发展了专门的镀层工艺。对镁铝装配，金属连接材料的优劣次序依次为：合金 5056(线材和铆钉)、合金 6061(挤压件和铆钉)、合金 5052(薄板)、合金 6053(挤压件和铆钉)。镁与钢装配时，金属连接材料的优劣次序依次为：镀锡钢、镀镉钢、镀锌钢。

7.3.2.5 垫圈的选择

合理选择垫圈(垫片)材料和尺寸可以有效控制镁－异种金属连接处的电偶腐蚀。绝缘塑料垫圈放置在不影响夹持力的位置是非常有效的。优先选择合金 5052 或其他与镁相容的铝合金作为垫圈材料。表 7-18 列出了盐雾喷射环境中垫圈、垫圈材料和表面处理对 AZ91B 压铸镁合金电偶腐蚀的影响。图 7-23 所示为塑料垫圈厚度对 AZ91 镁合金－铸铁组合件电偶腐蚀的影响，从图中看出塑料垫片厚度越大，镁合金件失重越小，电偶腐蚀减弱。铝垫圈尺寸对镀镉 AZ91D 合金腐蚀有一定的影响，垫圈厚度最好在 5 mm 以上。

表 7-18 盐雾喷射环境中垫圈、垫圈材料和表面处理对 AZ91B 压铸镁合金电偶腐蚀的影响

Mg②	装 配①		螺栓头、垫圈周围腐蚀区域/mm	最大渗透深度/mm
	螺 栓	垫 圈		
A	M12，磷酸盐	无	1030	2.3
B	M12，磷酸盐	无	1030	2.8

续表 7-18

Mg②	装　配①		螺栓头、垫圈周围腐蚀区域/mm	最大渗透深度/mm
	螺　栓	垫　圈		
A	M12,0.0254mm 镀锌③	无	250	1.7
A	M12,0.0254mm 镀锌③	钢,0.0254 mm 镀锌	150	1.1
A	M12,0.0254mm 镀锌③	铝 6082	40	0.6
B	M12,0.0254mm 镀锌③	无	330	1.6
B	M12,0.0254mm 镀锌③	钢,0.0254 mm 镀锌	100	1.0
B	M12,0.0254mm 镀锌③	铝 6082	20	1.3
C	M12,0.0254mm 镀锌③	无	320	2.1
C	M12,0.0254mm 镀锌③	钢,0.0254 mm 镀锌	130	1.9
C	M12,0.0254mm 镀锌③	铝 6082	20	0.7

① 采用两个螺栓。

② 处理:A 无,B 磺铬酸盐,C 阳极化处理 HAE15～20 μm。

③ 铬酸盐处理。

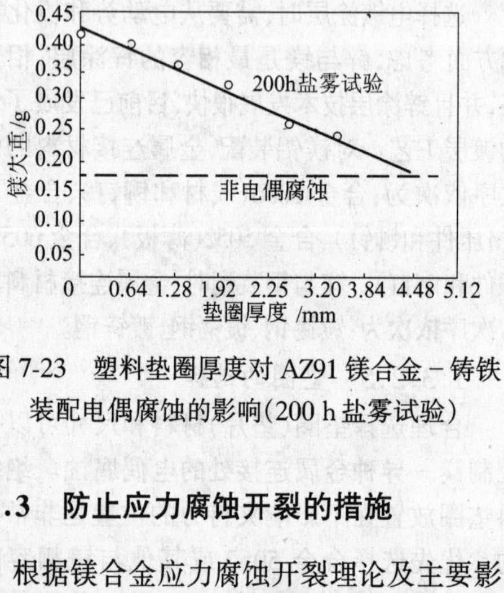

图 7-23　塑料垫圈厚度对 AZ91 镁合金－铸铁装配电偶腐蚀的影响(200 h 盐雾试验)

7.3.3　防止应力腐蚀开裂的措施

根据镁合金应力腐蚀开裂理论及主要影响因素,要抑制镁合金应力腐蚀开裂需同时控制三个因素,即临界应力、敏感合金的载荷和应力腐蚀开裂环境。Mg-Al 合金的应力腐蚀开裂敏感性随铝含量的增加而加大。既不含铝也不含锌的镁合金应力腐蚀抗力最高,热处理并不能减弱或完全消除应力腐蚀开裂倾向。

为了防止镁合金应力腐蚀开裂,其恒定工作应力必须控制在较低的临界应力值以下。如前所述,其工作应力应低于合金屈服强度的30%～50%。镁合金组合件螺栓和铆钉连接处也会产生局部高应力,从而对连接结构进行合理设计是非常重要的。例如,镁合金组合件进行安装时,要避免螺栓过度扭转并提供足够的装配空间和铆钉连接区域。镁合金铸造时,建议采用预热的衬套(壁厚大于 1.25 mm),以避免镁中出现局部残余应力。研究表明镁合金组合件中的焊接残余应力是十分危险的,所以低温去应力退火是十分必要的。喷丸处理和其他机加工工艺可以产生表面残余压应力,从而有效提高抗应力的能力。

适当控制阴极极化,可以减弱甚至完全抑制镁合金在溶液中的应力腐蚀开裂。采用无机膜或有机膜保护涂层可以延长镁合金零件的使用寿命,但不能完全消除应力腐蚀开裂,膜层破裂会降低其保护性。有时,无机膜在某些状态下甚至会加速应力腐蚀开裂。

7.4　镁及镁合金材料的表面处理

7.4.1　概述

镁及镁合金材料的耐蚀性很差,大大限制了其发展和应用。目前采用表面防护处理和装饰处理是使镁及镁合金材料获得广泛工程应用的有效方法。

当前商业应用的镁合金表面处理方法主要为阳极氧化(包括微弧氧化)、化学转化处理以及镀镍等,使镁合金表面形成一层新的保护膜。近年来,有机涂层、金属涂层及其他表面改性技术也获得了发展。表 7-19 列出了镁及镁合金材料的部分表面处理方法及其推荐的应用范围。

表 7-19 镁及镁合金材料的部分表面处理方法及推荐的应用范围

零件类别	零件用途	材料类别	环境要求	预处理	面漆
汽车零件	罩体零件（阀盖、燃料油箱）	压铸	美观、耐用、有粘着性、耐盐喷、耐热、防油	湿研磨或碱清洗+铬酸或磷酸铁	环氧树脂或环氧聚酯粉涂层
	动力系统零件（离合器罩等）	压铸	防盐喷	无	无
	发动机托架	压铸	耐盐喷、耐热、耐油	温研磨或无	无
	轮子	压铸	美观、耐盐喷、耐紫外线、挡尘	铬酸或磷酸铁	B-涂层，TGIC[①]聚酯粉和聚丙烯粉透明涂料
	内部零件（非外观零件）	压铸	有湿度要求	短铝丝喷砂，钢丝刷处理	无
	外部零件（外观零件）	压铸	美观、耐风雨、挡石片、耐盐喷、耐紫外线、挡尘	铬酸或磷酸铁	E-涂层，液体聚丙烯彩色涂层和聚丙烯粉透明涂层
	电子装置/计算机机壳	压铸	内侧柔软，能刺激销售、耐用、有粘着性	铬酸或磷酸铁	喷以聚丙烯、聚酯或聚酯尿烷外层装饰涂料；有纹理的环氧树脂粉末涂层
	盘式传动、制动器臂	压铸、挤压	内侧柔软，限制温度及温度变化，不允许有颗粒释放	7号重铬酸盐或铬酸在机加工表面最后用重铬酸盐	压铸件表面为E-涂层，挤压材表面无涂层
航空航天零件	飞机辅助零件和直升飞机伞齿轮箱	砂铸	外部为苛刻的海洋和赤道气候	喷砂+酸洗，7号重铬酸盐	环氧树脂烤漆，聚氨酯外层装饰涂料或硅酸酯阳极化并用环氧树脂密封
其他零件	便携工具外罩（例如，链锯）	压铸	中等外部环境，能刺激销售，成本低，有粘着性，耐用，防风雨，抗紫外线	湿研磨和碱洗+铬酸或磷酸铁	改良醇酸或烧固的醇酸液体，或者聚酯尿烷的静电粉末涂层
	复合弓架手柄	压铸	外部环境，能刺激销售，有粘着性，耐用，防风雨，抗紫外线	铬酸或磷酸铁	聚酯或聚酯尿烷的静电粉末涂层
	行李架	压铸	室内+温和的外部环境	21号硝酸铁酸洗	透明聚丙烯
		挤压	室内+温和的外部环境	酸洗或磷酸铁	聚酯粉末涂层
	草坪剪草机罩	压铸	中等外部环境	碱洗+磷酸铁	聚酯粉末涂层
	照相蚀刻板	轧制	室内环境，耐磨并耐在罐料上长时运转打印时所用的水基层水的腐蚀	锌酸盐+钢击	硬铬电镀板

① 异氰酸三环丙基酯。

镁合金在进行表面防护处理之前需要进行预处理：表面须彻底清洗，消除油、油膜或其他有机污染物；应用合适的溶剂或热碱液清洗；锈皮、氧化物、润滑剂燃烧残渣以及无机腐蚀产物应用合适的酸洗液去除；模锻件应去毛刺，以防止形成的膜破裂而暴露基底。尖锐边缘和圆角应在氧化之前处理光滑。

每一种表面处理对零部件的预处理有所不同，但预处理一般由下列步骤组成：机械处理，脱脂，表面酸浸，然后水洗。

机械清理是除去因制造时附带的毛刺、氧化物、润滑剂、脱模剂、铸砂等。常用的机械清理主要有干砂喷丸清理、盘或棒磨、用钢丝刷清理研磨和粗抛光等。干砂喷丸对耐蚀性有不利的影响，主要是铁的污染。

脱脂分为溶剂脱脂、碱脱脂和乳化脱脂三种。溶剂脱脂是利用溶剂去掉附着在金属表面的油、石蜡、润滑油等污物；碱脱脂是利用氢氧化钠、碳酸钠、磷酸钠等 pH 值在 11 左右的碱性溶液去除镁合金表面残留污垢；乳化脱脂是采用适当的乳化剂去除因高沸点碳化氢在加温状态下留下的大量有机污染物。实际操作时，可根据镁合金零部件的表面状况选择脱脂方法。

表面酸浸或酸洗的目的是清除表面不易清除的物质(如氧化膜腐蚀生成物，焙烧润滑剂，侵入的研磨剂等)。表面酸洗对后续表面处理有较大的影响，要求处理时格外小心。

7.4.2　表面清理和预处理

附着在镁合金表面的氧化物、脱模用润滑剂、铸造剥离剂和切削油等污染会影响镁合金表面保护膜的完整性而导致腐蚀。镁的表面清洗与其他金属一样，是化学氧化处理或阳极氧化处理前必不可少的重要工序，影响随后保护涂层的质量。镁合金表面清洗方法很多，主要有碱清洗、铬酸清洗、氢氟酸清洗或氟化物清洗等。碱清洗的目的是去除表面油脂、氧化物等；铬酸清洗的目的是在镁合金表面形成 Cr_2O_3 膜，并使表面活化，为电镀和化学镀 Ni、NiP 涂层提供基底；氢氟酸或氟化物清洗也能提高镁合金表面活性，同时形成 MgF_2 保护膜。一般而言，先用碱液清洗，然后再进行铬酸或氢氟酸、氟化物清洗。镁合金的表面清洗方法见表 7-20。经喷丸处理过的表面需采用表面清洗的方法去除表面污物和硬化层。镁合金清洗液的特征见表 7-21，清洗液的化学成分和使用方法见表 7-22。

表 7-20　镁合金的表面处理方法

清洗的种类	方　法	作　用
机械法	研磨、喷丸、滚磨、钢丝刷、砂带磨、旋转磨等方法	去除表面顽固的氧化物、表面偏析和精整表面粗糙度
溶剂法	石油类：灯油、轻油、汽油 芳香类：苯、甲苯、二甲苯 卤族：三氯乙烯、四氯乙烯和其他	去除碱清洗前的一切油脂
碱　法	加热碱浴、氢氧化钠、碳酸钠、焦磷酸盐	去除油脂、氧化皮
酸洗法	磷酸、硫酸、氢氟酸、硝酸、醋酸、硝酸铁、L－谷氨酸	去除喷丸处理的污物和铸件表面和偏析瘤、表面活化

表 7-21　镁合金用清洗液的特征

清洗液类型	尺寸变化	目　的
醋酸－硝酸钠	0.01～0.02 mm	去除锻件的氧化皮
氢氟酸	没有	重铬酸盐处理前的活化
阴极脱脂	没有	缩短脱脂时间
碱浸渍	没有	铬酸处理前去除油脂
铬酸	没有	化学处理前去除助焊剂、氧化物和腐蚀物
铬酸－硝酸钠	0.01 mm	去除拉伸材料的氧化皮、热处理氧化物
铬酸－硝酸－氢氟酸	0.01～0.02 mm	去除铸造件的表面偏析
铬酸－硝酸	0.002 mm	拉伸材料焊前清洗
氟化物阳极氧化	没有	清洗各类合金和形状的制品，特别适于去除铸造件表面的污物
强碱液	没有	铬酸处理前，去除油脂
氢氟酸液	没有	化学处理前的活化，去除铬酸浸渍后的粉状皮
氢氟酸－硫酸	0.002 mm	铸件的光亮处理
轻度腐蚀液	0.002～0.005 mm/5min	弱清洗
硫酸	0.05 mm	去除铸造件喷砂处理后的污物

表 7-22 镁合金用清洗液的化学组成和使用方法

清洗液类型	溶液的组成	使用方法
醋酸-硝酸钠	200 g/L CH_3COOH,50g/L $NaNO_3$	20～30℃浸渍 0.5～1 min
氟化液	47 g/L ($NaHF_2$、KHF_2、NH_4HF_2)	20℃,浸渍 5min
阴极脱脂	30 g/L Na_3PO_4	浸渍 0.5～3 min,阴极脱脂,1～4 $A\cdot dm^{-2}$,4～6 V
碱液浸渍	100 g/L NaOH	90～100℃,浸渍 10～20 min
铬酸	180 g/L CrO_3	20～100℃,浸渍 1～15 min
铬酸-硝酸钠	180 g/L CrO_3,30 g/L $NaNO_3$	冷水中全浸,20～30℃浸渍 3 min 并搅拌
铬酸-硝酸-氢氟酸	280 g/L CrO_3,25 mL/L HNO_3(70%),8 mL/L HF(60%)	20～30℃,浸渍 0.5～2 min
铬酸-硝酸	180 g/L CrO_3,0.5 mL/L HNO_3(70%)	仅用于焊接前清洗
氟化物阳极氧化	15%～25% NH_4HF_2	交流电,开始低电压,缓慢升至 125 V,处理 10～15 min,50 $A\cdot dm^{-2}$
强碱液	15～60 g/L NaOH,10 g/L $Na_3PO_4\cdot 12H_2O$,1 g/L 润滑剂	90～100℃,浸渍 3～10 min
氢氟酸	11% HF	20～30℃,浸渍 0.5～5 min
氢氟酸-硫酸	15%～20% HF,5% H_2SO_4	20℃,浸渍 2～5 min
轻度腐蚀液	30 g/L $Na_4P_2O_7$,65 g/L $Na_2B_4O_7\cdot 10H_2O$,7 g/L NaF	75～80℃,浸渍 2～5 min
硫酸	30 mL/L H_2SO_4	20～30℃,浸渍 10～15 s

7.4.2.1 机械清理

镁合金产品的机械清洗应用于表面只留有小量油脂和稀油等有机物杂质的零件,这类有机杂质应在机械清洗过程之前先用溶剂除掉。机械清理通过磨削和粗抛光、干式或湿式磨剂、喷丸清理、金属丝刷洗和湿性滚筒或转筒喷丸清理(振动抛光)等方法完成。

A 磨削和粗抛光

使用砂带、砂轮和旋转锉刀进行的磨削,用于清理砂铸件。砂带磨削一般用做从压铸件上除去毛刺和表面瑕疵,或用于去挤压材表面上的模具痕迹和划痕,进行表面精整。清理时要注意健康与安全,特别要防止火灾。

B 干磨剂喷丸清理

喷砂是镁合金最常用的干磨剂喷丸清理方法。许多铸造厂使用具有 25AFS 或 35AFS 精度的硬质硅砂,但偶尔也会使用钢渣、玻璃球或是锌或铝的短丝。

通常铸件在振动落砂之后,要立即进行喷砂处理,以提示出任何大的表面缺陷。在锯掉浇口、注口、冒口等准备工作之后,在酸洗之前还要用砂或钢渣进行最后的磨剂喷砂处理。但是,钢渣因在镁的表面嵌入铁而容易造成表面腐蚀,应引起注意。

大多数形式的干磨剂喷砂对镁表面的抗腐蚀性有不利影响,参见表 7-23。必须通过随后进行的酸洗或其他特殊处理消除这些负面影响,以保持合金原有的防腐性能,确保最终保护性涂层的性能。

表 7-23 机械表面处理对压铸合金 AZ91B 盐喷腐蚀的影响

表面清理方法	平均腐蚀率(72 h 曝置)/$mm\cdot a^{-1}$
原始铸造表面	0.914
振动抛光	0.762
钢丝刷洗	1.71
玻璃球喷丸,0.7 mm 的球体,415 kPa	4.064
玻璃球喷丸,0.11 mm 的球体,415 kPa	16.002

干磨剂喷砂处理对耐腐蚀性的有害影响主要是铁的污染。这不仅是铁的机械转移,而且包括在高能冲击下与铁的氧化物的化学反应。由于存在铁的氧化物杂质或从钢设备上带出的铁,这种现象也可能发生在非铁介质上,如矾土

和玻璃球。就损害镁的防腐性能而言，干式喷砂介质有（按严酷程度降序排列）钢球或钢渣、硅砂、高纯度矾土、玻璃球、锌短丝和铝短丝。

为了除去干磨剂喷砂带来的污物，需要通过酸洗将表面去掉 50 μm。表 7-24 所示为常用于这一目的的两种酸洗处理，即硫酸水溶液及硫酸和硝酸的混合水溶液，并说明了它们的使用条件。然而，用其本身不会带来严重污染的机械方法清理金属表面具有与酸洗相同的效果。

表 7-24　镁合金的酸洗处理

处理方法			溶液				
处理酸洗	主要用途	金属去除量/μm	成　分	含量/$g \cdot L^{-1}$	工作温度/℃	浸渍时间/min	容器箱体材料或内衬
用于铸造或变形镁合金							
铬　酸	去除氧化物、焊剂和锈蚀产物	无①	CrO_3	180	21～100②	1～15	不锈钢，1100 铝，铅
硝酸铁③	光亮饰面，使裸金属表面产生最大的耐腐性；压铸件的精整	8	CrO_3 $Fe(NO_3)_3 \cdot H_2O$ NaF	180 40 3.5	16～38	1/4～3	316 型不锈钢，乙烯，聚乙烯
氢氟酸	用于化学处理时活化表面	3	50%11F	230	21～32	1/3～5	316 型不锈钢，铅，橡胶
硝　酸	用于硝酸铁处理时的预酸洗④。使变形合金表面光亮	13～25	70%$11NO_3$	50	21～32	1/5～1/2	不锈钢
硝酸-氢氟酸⑤	化学处理时的预酸洗和活化	8	70%$11NO_3$ 50%11F	140 60	21～32	1	聚乙烯氢化物，聚乙烯
仅用于变形合金							
醋酸-硝酸钠	去除轧屑；改善金属的耐蚀性	13～25	CH_3COOH $NaNO_3$	192 50	21～27	1/2～1	3003 铝合金，陶瓷，铅
乙醇-硝酸钠	去除轧屑或表面氧化物；改善耐腐蚀⑥	12～25	70% $CH_2OHCOOH$ $NaNO_3$	230 40	16～49	1/2～1	橡胶
铬酸-硝酸钠	去除轧屑或残留的石墨；焊接前的预清洗	13	CrO_3 $NaNO_3$	180 30	21～32	3	不锈钢，铅橡胶，乙烯树脂
铬酸-硫酸⑦	点焊前预清洗	8	CrO_3 96%H_2SO_4	180 0.9	21～32	3	不锈钢、1100 铝、陶瓷、橡胶
仅用于铸造镁合金							
铬酸-硝酸-氢氟酸	去除压铸件上的表面偏析	6～25	CrO_3 70%HNO_3	280 35	21～27	1/6～1/4	聚氯乙烯、聚乙烯
氢氟酸-硫酸	压铸件的预酸洗；喷丸效应	2.5	50%HF 50%HNO_3 96%H_2SO_4	12 180～240 90	21～32	2～5	聚氯乙烯、聚乙烯
硝酸硫酸⑧	消除砂型铸件上的喷丸效应	50	70%HNO_3 96%H_2SO_4	77 20	21～32	1/6～1/4	纤维增加型塑料、聚氯乙烯、聚乙烯、陶瓷、橡胶、玻璃
磷　酸： 步骤 1	消除压铸件的表面偏析	13～25	85%H_3PO_4	425～866	21～27	10～15 s	纤维增强型塑料、聚氯乙烯、聚乙烯

续表 7-24

处理方法			溶液				
处理酸洗	主要用途	金属去除量/μm	成分	含量/$g \cdot L^{-1}$	工作温度/℃	浸渍时间/min	容器箱体材料或内衬
步骤 2⑨	…	…	NaOH	80～120	21～27	30 s	碳钢
硫　酸⑧	消除砂型铸件上的喷丸效应	50	96%H_2SO_4	30	21～32	1/6～1/4	纤维增加型塑料、聚氯乙烯、陶瓷、橡胶、铅、玻璃

①氯化物污染可引起腐蚀；②为了去除焊剂，溶剂必须为 88～100℃；③为了对透明涂层做预处理，获得最均匀的外观，酸洗前必须对压铸件表面进行机械抛光，因为硝酸铁溶液会加重压铸件表面的流痕及压铸件的表面偏析；④采用硝酸预处理可增加溶剂的寿命并减少硝酸铁酸洗的处理时间；⑤金属去除量可控制。压铸件表面无污点；⑥与醋酸相比，非挥发性的乙醇酸可降低成本；⑦在使用这种酸浴之前，应先将零件浸入温度为 21～32℃、含量为 18 g/L 的 H_2SO_4 的溶液中 0.25 min，接着用冷水冲洗干净；⑧用称重试样监测金属的去除量；⑨步骤间不用冲洗。

7.4.2.2 化学清洗

A 溶剂清洗和蒸汽脱脂

用溶剂去除稀油、成形的润滑脂、蜡、淬火油、防腐油、抛光及磨光膏(剂)和其他溶性污物及杂质。诸如机加工粉末或碎片之类的固体颗粒可利用溶剂的冲洗去除，因为溶剂能溶解将金属细粒粘到零件上的稀油或油脂。在碱洗、涂漆、电镀和化学处理之前，以及在机加工和成形加工之前后都必须进行这些过程。在其他情况下可根据要去除的残留油量选择溶剂清洗。

镁合金所使用的方法、设备和溶剂都与其他金属相同。三氯乙烯和全氯乙烯是最常用的溶剂。二氯甲烷能有效清除铸件表面过量的有机树脂浸渍剂。这些溶剂对镁没有害处，但含甲醇的溶剂混合物决不能用于镁。

B 乳剂清洗

利用弥散在液体介质中的有机溶剂可用来清除稀油和磨光剂。这种乳状清洗剂必须是重型或碱性的，pH 值为 7.0 或更高(最好在 9.0 以上)，以便不侵蚀镁的表面。乳状清洁剂在清除大面积的杂质时也会留下一薄层残油，这些残油必须在随后进行的碱洗过程中去除。使用水溶性乳状清洁剂之前必须对其进行试验，以避免对金属可能造成的浸蚀和点蚀。

最近研制出的以掺和了表面活性剂和去污剂的天然柠檬酸基为基础的环保型清洗剂成功地用在了镁零件上。在使用之前要对使用于镁的专利清洁剂的安全性和有效性进行试验。

C 碱洗

碱洗是对准备进行涂漆、化学处理或电镀的镁合金材料进行清洗时最常用的方法。碱洗还用于去除镁上面的铬酸盐。

与铝不同的是，镁合金(ZK60A 除外)不受普通碱类的腐蚀。甚至 pH 值在 12.0 以上的碱类也不能明显腐蚀镁合金。几乎任何适用于低碳钢的强力碱性清洗剂或苛性浸渍液在浸渍和阴极化方式下都能对镁合金起到令人满意的作用。用于镁合金的碱性清洗剂的 pH 值应为 11.0 或更高。

浸渍类清洗剂通常以氢氧化物、碳酸盐、磷酸盐和硅酸盐为基础，最好是两种或两种以上结合起来使用，也包含作为乳化剂的天然树脂酸盐和合成的表面活化剂。浸渍类清洗剂的温度为 71～100℃，浓度为 30～75 g/L。用于喷洗的碱性清洁剂不能含表面活性润湿剂，因为会引起起泡。喷溅产生的机械力有助于消除污物。

阴极法清洗是将工件置于清洗溶液中并作为阴极，施加约为 6 V 的直流电压。不推荐阳极法清洗，因为它会形成有害的氧化物以及氢氧化物膜。长时间的阳极清洗还导致镁的表面产生点蚀。

表 7-25 所示为用于镁合金浸渍或电解清洗的简单水溶液和电镀前使用的浸渍或电解清洗剂配方和使用条件。

表 7-25　两种不同用途的镁合金清洗剂配方和使用条件

浸渍和电解清洗的简单水溶液制备和使用条件		电镀前使用的浸渍或电解清洗剂制备和使用条件	
三磷酸钠($Na_2CO_3 \cdot 12H_2O$)/$g \cdot L^{-1}$	30	碳酸钠($Na_2CO_3 \cdot 10H_2O$)/$g \cdot L^{-1}$	22.5
碳酸钠($Na_2CO_3 \cdot 10H_2O$)/$g \cdot L^{-1}$	30	氢氧化钠(NaOH)/$g \cdot L^{-1}$	15
润湿剂/$g \cdot L^{-1}$	0.7	润湿剂/$g \cdot L^{-1}$	0.7
工作温度/℃	82～100	工作温度/℃	82～100
浸泡时间/min	3～10	浸泡时间/min	3～10

这些溶液中的任何一种用做电解清洗剂时，在 6 V 直流电压作用下，作为阴极的工件的电流密度为 1～5 A/dm^2。氢氧化钠含量超过 2%的清洁剂会腐蚀 ZK60A。

碱洗后的彻底冲洗可预防对酸洗和处理溶液的污染。例如，带入到酸溶液中的黏性皂会形成一层油性表面，它将污染随后要在该溶液中进行处理的部件。某些类型的表面污染不能用碱洗方法清除。这些污染物需要在一种适用的酸洗槽液中进行跟踪处理。

D　酸洗

酸洗用于消除紧紧粘附在表面或不能溶解于溶剂和碱类的那些污物。这些污物包括氧化锈蚀、嵌入的砂粒和铁屑、铬酸粘附层、焊接残留物和烧焦的润滑剂。压铸件的原始铸造表面常有富铝偏析区，它会阻碍与转换涂层溶液的反应。选用合理的酸性液对镁材表面处理有以下重要作用：

(1) 清除先前的加工及处理过程中造成的易使表面腐蚀的污物。业已证明酸洗能进一步降低高纯度压铸合金 AZ90D 的盐喷腐蚀率。在砂型铸件 AZ91ET6 上，去除约 0.05 mm 表面厚度的酸洗，能有效消除喷砂造成的有害影响，但它往往会轻度增加对砂磨和机加工表面的腐蚀，这多半是由于暴露新阴极粒子造成的，见表 7-26。

表 7-26　酸洗、湿喷砂及砂带磨削对砂模铸造镁 AZ91E-T6（原始喷砂表面）的盐雾腐蚀影响

处理类型	表面去除量/μm	平均腐蚀量 250 h 盐喷/$\mu m \cdot a^{-1}$	处理类型	表面去除量/μm	平均腐蚀量 250 h 盐喷/$\mu m \cdot a^{-1}$
湿喷砂②	10.2	1651	无（原始喷砂表面）酸洗①	0	7823
	15.2	1270		13.7	3454
	17.8	965		27.9	990
	22.8	2082		65.5	584
	27.9	813			
	48.2	760	干砂带研磨③	198.1	305

① 5%～10%的硫酸；② 湿喷砂，氧化铝；③ 中等(50)氧化铝粒。

(2) 去除氧化膜和用于提供存放期间的防蚀保护。

(3) 提供化学转化涂层工艺所需要的清洁表面。这对 pH 值为 4～5 的弱酸处理尤为重要，例如铬酸盐或硝酸铁。这些处理本身不会造成大的腐蚀或金属损失。

在选择一种酸洗处理方法时，要考虑被清除表面污物种类、被处理的镁合金类型、容许的尺寸损失以及理想的表面外观。前面已经提供了用于镁合金铁酸洗处理详细资料。

对于无表面涂层或具有透明涂层的镁合金产品，所希望的是不仅有一个漂亮的外观，而且能改善金属表面的耐腐蚀性。这可以通过用硝酸铁、乙酰－硝酸盐和磷酸酸洗来实现。硝酸铁酸洗会沉积一层肉眼看不见的氧化铬膜，此膜可钝化表面，从而改善耐腐蚀性能。乙酰－硝酸盐和磷酸酸洗起多价螯合剂的作用，它们能有效去除镁表面甚至看不见的其他微量金属，从而可防止局部腐蚀。虽然所有这些方法都能有效改善耐蚀性能，但以硝酸铁和磷酸酸洗效果为最佳。表面准备及酸洗对模铸及砂铸 AZ91 合金的盐喷腐蚀速度的影响如表 7-27 所示。

表 7-27 表面准备及酸洗对模铸及砂铸 AZ91 合金的盐雾腐蚀速度的影响(曝置 168 h 之后)

表面处理类型	平均腐蚀速度	
	压铸件 AZ91D-F	砂型铸件 AZ91E-T6
	$\mu m \cdot a^{-1}$	$\mu m \cdot a^{-1}$
原铸造态	229	
酸洗①	25.4	
喷砂		9144
喷砂及酸洗		635
砂带研磨②	102	356
砂带研磨及酸洗	51	686
砂磨及锉光	203	380
砂磨、锉光和酸洗	51	533

①5% H_2SO_4，表面去除 38～51 μm；②中等氧化铝粒，去除 127 μm 表面厚度。

E 氟化物阳极化处理

氟化物阳极化处理能清除镁合金铸件(MIL-M-317CVⅡ型)表面污物，同时又不大量溶解金属表面的另一种方法。在这种处理中，零件浸在 16～30℃ 的 15%～25% 的氟化氢铵(NH_4HF_2)溶液中并施以交流电流，液槽内衬橡胶；聚氯乙烯或聚乙烯。处理时，零件成对排放，浸在浴液表面以下至少 230 mm，通过镁合金的夹具施加电流。不得插入或连接非同类金属或将其屏蔽。氟化镁膜形成时，电流下降而电压升高，从低电位逐渐升高至 90～120 V。电流持续 10～15 min，或直到电流密度降到 50 A/m²时为止。这种氟化涂层不适合用做底漆，应在热铬酸中除去，并在后续的表面处理之前施以一合适的转化涂层。

7.4.2.3 机械抛光

机械抛光主要用于为镁的后续化学处理或涂层表面做准备，而不用做最终的表面处理，因为新暴露的表面在大多数环境下很快就会生成氧化/锈蚀膜。根据不同的外观要求，通常用的机械抛光方法有滚筒抛光、一般抛光、用皮革擦光、振动抛光、纤维刷光、带式砂磨，以及湿法或干法喷砂。用 0.10～0.25 mm 玻璃球进行喷丸处理产生一种亚光表面。有时也使用塑料和切断的铝丝作为喷砂介质。为了达到理想的机械抛光效果，应避免使用喷砂或钢球喷丸。因使用了这些介质，需要强酸洗(去除 0.0254～0.0508 mm 金属)来恢复其耐蚀性，而这种酸洗能严重改变机械抛光的效果。用塑料、切断的锌和铝或者玻璃球作为介质造成的表面污染损害较小，而且通过后续的轻度浸蚀处理，譬如硝酸铁酸洗就能够很容易地消除其影响。用玻璃球或氧化铝做湿法喷丸造成的污染比任何干法喷丸工艺都小。下面简单介绍几种抛光方法。

(1) 整体(滚筒)抛光

使用干式研磨滚筒抛光，通常仅限于用在较小和较薄的镁合金表面做最终精整，金属去除量必须控制在最小范围。湿式研磨筒子抛光用于去毛刺、磨光、一般抛光、辊光和镜面加工。

(2) 振动抛光

振动抛光是将光滑和光亮处理与去除灰尘、氧化物、薄毛边和铸皮的清理作业结合起来。使用陶瓷和塑料做介质，介质的选择取决于部件的表面条件和所要求的光洁度。为了控制抛光作用而加进水里的化合物必须与镁合金相容。酸性添加剂会浸蚀镁的表面，决不能使用。因振动抛光和后续表面处理之间有一定的时间间隔，为保护表面，进行适当的冲洗和干燥是非常重要的。

(3) 抛光与磨光

抛光与磨光都不能用于最终抛光，但可用于进行其他涂层的镁合金材料表面准备，如电镀和透明涂层。如表 7-28 所示，镁合金表面的高级抛光或磨光所需的程序与铝基合金相似。然而，由于大多数镁合金被擦伤和撕拽的程度都比较小，所以不必用如铝合金通常所用的那么多润滑剂。在抛光压铸件时，金属去除量要保持到最小程度，以保护压铸件的相对较薄的外部致密层。

表 7-28　镁合金的抛光或磨光程序

抛光类型	磨料粒度/目	抛光轮		
		类型	直径/mm	速度/$m\cdot s^{-1}$
粗抛光①	60～100②	帆布、毛毡、羊皮	150～360	15.3～25.5
中度抛光③	100～320②	合成织物	150～360	20.4～30.6
细抛光	240～400	布或羊皮	250～360	22.9～38.2
毛面抛光④	50～320⑤	圆盘抛光轮⑥	150～300	15.3～25.5
打磨光⑤	⑦、⑧	棉布抛光轮	150～410	20.4～40.8

①仅用于粗糙表面，如砂型铸件；②氧化铝或碳化硅，可能要用油脂修整棒；③用于表面缺陷不太严重的表面或棉布打光之前；④用于最终抛光或电镀之前；⑤无油脂抛光剂；⑥松散或褶皱的棉布；⑦为产生一个具有中等光洁度的光滑表面而进行的一种剥皮工艺；⑧硅藻土或氧化铝合成抛光剂。

标准的抛光轮和研磨带用于消除镁合金部件上的粗糙表面、砂箱分界线和其他表面缺陷，根据表面粗糙度和所希望的最终抛光度选用粒度为 60～320 目的氧化铝或碳化硅磨料。

游离的铁或其他重金属粒子不得用做抛光镁合金的磨料，因为这些金属嵌入表面后可在零件存放期间引发局部腐蚀，或在化学处理或电镀前的酸洗过程中造成点蚀。

大型铸件在磨光之前需要对重要表面进行抛光。细抛光砂带用于外形尺寸较小的零件。外形较复杂的零件要使用无油脂研磨剂在研磨轮或布轮上抛光。磨光前的抛光操作中最常用的磨料粒度为 220～320 目。

毛面精整或挠性轮抛光也可用于镁合金。这种表面效果是通过布轮可缓慢转动将无油脂的化合物施加在其表面上产生的，并且不需要任何润滑剂。

在低支纱的磨轮上使用氧化铝或硅藻土研磨膏可将镁合金打磨出一个平滑、光亮的面层。对于镜面的抛光，可使用一种干石灰研磨剂。不应使用含游离的铁或其他重金属磨料的磨光研磨膏。

在镁合金的抛光和磨光中必须遵守防火及健康与安全的有关规定。

7.4.3　镁及镁合金材料的化学氧化(转化膜)处理

7.4.3.1　概述

为了有效提高镁合金的耐蚀性能，可以对镁合金的表面进行改性，提高抗蚀能力。实际应用中，为了降低生产成本，普遍采用化学或电化学的方法，在镁合金表面形成致密完整的化学或电化学保护膜，再进行涂装，以达到防护和精饰的目的。化学氧化可获得 0.5～3 μm 的薄膜层，电化学氧化可获得 10～40 μm 的厚膜层。

无论是化学还是电化学方法，在进行表面改性之前，都要对镁合金进行一定的前处理，以获得均匀、活泼的表面，保证表面处理的质量。同时，经过处理液处理后，为了提高其抗蚀性，也要进行一定的后续处理。常用的镁合金材料化学表面处理工艺流程如图 7-24 所示。

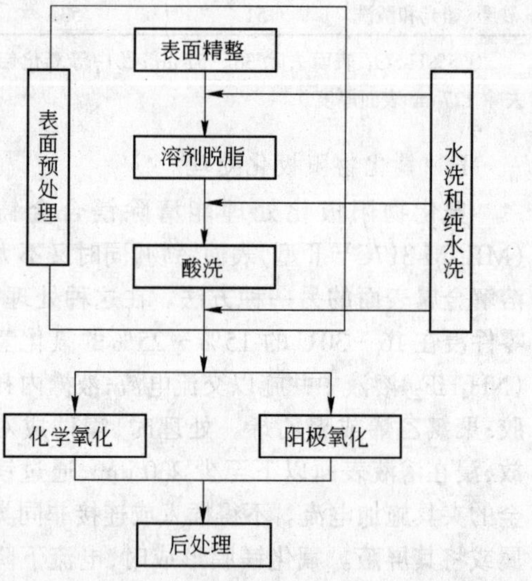

图 7-24　镁合金材料化学表面处理工艺流程

为了除去金属表面油脂，常用 NaOH 等碱性溶液，加入表面活性剂对镁合金进行溶剂脱脂。之后，对镁合金表面自然生成的氧化膜，用硫酸、硝酸、磷酸、柠檬酸、醋酸和氢氟酸等进行酸洗，除去氧化物，以获得活泼的表面。对于酸洗工艺中存在酸洗残渣附着的问题，可在工艺流程中添加除酸洗泥，从而获得更为活泼均一的表面，提高表面氧化的效果。经过表面预处理后,对镁合金进行表面氧化,获得具有一定耐蚀性的氧化膜。之后,再进行干燥、封孔等后处理,最后进行涂装。

化学氧化又称化学转化膜处理。通过浸渍、喷淋或涂刷,使金属工件与化学处理液相接触,通过金属与处理液发生化学反应,在金属表面形成由氧化物或金属盐构成的钝化膜。镁合金化学转化膜的防腐蚀效果优于自然氧化膜的,但这层化学转化膜只能减缓腐蚀速度,并不能有效地防止腐蚀。所以一般只用于装饰、装运储存时的临时保护及涂装底层。

目前镁合金的化学处理主要分为两大类:铬酸盐处理和非铬酸盐处理。表7-29为目前常用的化学氧化(转化膜)处理方法及特点,表7-30为镁及镁合金材料化学氧化处理常用槽液和工艺条件。

表7-29 常用镁合金化学转化处理方法及特点

化学名称	化学处理号	目的	腐蚀率/$mm\cdot a^{-1}$	应用合金
铬酸浸蚀	1	涂装底层,运输和室内储存保护	12~15	所有锻件铸件①
稀铬酸刷涂②	19	涂装底层,其他化学转化膜的修复,最好用于室内和适中的环境	忽略不计	所有
改进铬酸浸蚀③	20	涂装底层,室内储存保护	12	所有(主要为压铸件设计)
稀铬酸浸蚀	NH35	降低废水处理费用	2	所有
重铬酸④	7	涂装底层,加工表面在适中环境中可独立保护	3	所有
铬锰(MEL)		除了在温室到沸点温度操作外,其余同7号	3	铝锌合金
铬酸浸蚀	专利	涂装底层	6	所有
铬酸锰⑤	Cr-22	低成本底层	忽略不计	所有
伽伐尼阳极氧化⑥	9	涂装底层,在加工面呈深棕色膜或黑色膜	忽略不计	所有
硝酸光亮浸蚀⑦	21	室内储存或适中环境保护6个月,透明膜打底或其他处理前适当预浸蚀	4	所有
硝酸铵⑧	18	涂装打底	忽略不计	所有
硝酸铁⑨		涂装打底	忽略不计	所有
锡酸盐浸蚀⑩	23	涂装打底,在任何铁工件上沉积锡,如果铝工件存在时不适用,适用RF研磨	忽略不计	所有

① 用1号处理时,必须浸蚀活化,涂装打底效果优于20号改进型处理。
② 避免热水浸。
③ 用于压铸件时,可产生比传统处理更均匀的效果。
④ 比1号有更好的保护和涂装打底效果,处理前需要氟盐活化。
⑤ 涂装打底和保护性均不如1号处理,但便宜。
⑥ 处理前需要氟盐活化。
⑦ 处理前机械研磨有利于外观。
⑧ 保护不如铬酸盐处理,但毒性小。
⑨ 有效膜形成时需要预浸蚀活化,不同的磷酸盐需要检验。
⑩ 形成伽伐尼装配时处理。

表 7-30　镁及镁合金化学氧化处理用槽液和工艺条件

槽液编号	槽液成分	温度/℃	时间/min	应用范围	氧化膜颜色
1	重铬酸钾　15～20 g/L 硝酸　15～25 g/L 氯化铵或氯化钠　0.75～1.25 g/L	70～80	0.5～2.0	各种镁合金,但对镁基体溶解较大	视合金成分而定,一般为黄色
2	重铬酸钾　80～100 g/L 铬酐　3～4 g/L 硫酸铵　3～4 g/L 60%醋酸　8～15 mL/L	60～70	0.5～2.0	对 MB1、MB8 质量好 对 MB2、MB8 质量差 对 MB15 不适用	金黄或深棕色
3	重铬酸钾　30～50 g/L 铝钾矾　8～12 g/L [$K_2Al_2(SO_4)\cdot 24H_2O$] 60%醋酸　5～8 mL/L	室温	1～15(MB2) 10～15(MB8) 7～12(MB15)	对 MB15 质量好,其他合金也适用	MB15 为黑色,其他合金为黄色
4	氟化钠　50～100 g/L 重铬酸钾　35～40 g/L	室温 95～100	5～15 40～50	铸件膜较耐蚀,其他半成品镁材也可用	灰褐色或黑色

按照 ASTM 31 标准,将有机酸系、高锰酸钾系、铬系 DOW7、磷酸盐系转化膜、压铸 AZ91D 合金基体,在室温下分别浸入 3.5%NaCl 水溶液中进行 48 h 全浸实验,结果见表 7-31。由表可见通过磷酸盐系处理的腐蚀率要比其他几种方式处理的低。

表 7-31　不同转化处理的腐蚀率　(mm/a)

AZ91D	有机酸系	高锰酸钾系	DOW7	磷酸盐系
3.34	3.69	1.31	1.06	0.59

7.4.3.2　以铬酸盐为主的化学氧化(转化膜)处理技术

铬化处理工艺是较成熟的化学转化处理方法,它是使用铬酐和重铬酸盐为主成分的转化液对镁合金表面进行化学处理而获得保护膜。目前已形成了相关的行业标准,如 JIS H 8651 标准、ASTM D137-32 标准和 QJ/Z134-85 标准。Sharma 研究了 Mg-Li 合金的铬酸盐化学转化膜,得到了厚度为 8～11 μm 的铬化膜,美国 DOW 公司开发了一系列镁合金铬化膜处理工艺。

含铬转化膜具有较好的防腐效果,与涂层相结合后可在较高温度的环境中使用。但铬酸盐处理工艺中含有六价铬离子,具有毒性,污染环境,且废液的处理成本高。因此,开发新型的化学转化液已成为镁合金化学转化处理研究的当务之急。

铬化反应机理是金属表面的原子溶于溶液,引起金属表面与溶液界面的 pH 值上升,从而在金属表面沉积薄层铬酸盐,形成金属胶状物的混合物,这种胶状物包括六价与三价的铬酸盐和基体金属。这层胶状物非常软,但膜干燥后变硬。经过不高于 80℃ 的热处理,可以提高膜的硬度和耐磨性。干燥后膜的厚度只有湿状时的 1/4。并且膜形貌具有显微网状裂纹,这种显微裂纹是晶界破裂或化学转化膜干燥后尺寸收缩时形成的。这种显微裂纹有助于膜层与基体的结合。

铬酸盐混合层在潮湿的空气中起惰性屏障作用,阻止了腐蚀。铬化膜在未失去结晶水时有很好的防锈效果。如果在高于 80℃ 的环境中使用,铬化膜由于失去结晶水破裂和自愈性丧失,防锈作用大大降低。但如果转化膜上涂耐高温涂层,由于涂层锁住了结晶水的挥发,因此铬化膜与涂层相结合可用于较高的温度。以重铬酸钾为主的化学氧化工艺见表 7-32。

表 7-32 重铬酸钾为主的化学氧化工艺

溶液配方		工艺条件		膜层外观	适合范围
成分	含量	温度/℃	时间/min		
重铬酸钾($K_2Cr_2O_7$) 硝酸(HNO_3) 氯化铵或氯化钠 (NH_4Cl 或 NaCl)	40~55 g/L 90 g/L 120 mL/L 0.75~1.25 g/L	70~80	0.5~2	草黄色至棕色	氧化膜的防护性不太好,在氧化过程中零件尺寸明显减小,所以仅适用于铸、锻件的毛坯件
重铬酸钾($K_2Cr_2O_7$) 铝钾矾[$K_2Al_2(SO_4)$]$_4$·$24H_2O$ 醋酸(60%,CH_3COOH)	30~50 g/L 8~12 g/L 5~8 mL/L	15~30	5~15	金黄色至棕色	溶液稳定,操作方便,膜层质量好,氧化后尺寸变化小,适合于铸件、锻件、变形镁合金成品或半成品保护
重铬酸钾($K_2Cr_2O_7$) 硫酸铵[$(NH_4)_2SO_4$] 铬酐(CrO_2) 醋酸(60%,CH_3COOH)	145~160 g/L 2~4 g/L 1~3 g/L 10~40 mL/L	65~80	0.5~1.5	金黄色至棕色	氧化膜防护性好,不影响公差,适合于容差小或具有抛光表面的镁合金成品或半成品保护
重铬酸钾($K_2Cr_2O_7$) 硫酸铵[$(NH_4)_2SO_4$] 苯二甲酸氢钾	30~35 g/L 30~35 g/L 15~20 g/L	85~沸腾	MB2 15~21 ZM5 5~25 MB8 20~40	MB2 军绿色 MB8 金黄色 ZM5 黑色	氧化膜防护性较好,适合于铸件(ZM5)发黑处理,也适合于成品或半成品组合件的保护
重铬酸钾[$K_2Cr_2O_7$] 重铬酸铵[$(NH_4)_2Cr_2O_7$] 硫酸铵[$(NH_4)_2SO_4$] 硫酸锰($MnSO_4$)	15 g/L 15 g/L 30 10	90~100	10~20	深棕色至黑色	氧化膜防护性好,适合于各种零件的保护
重铬酸钾($K_2Cr_2O_7$) 硫酸镁($MgSO_4$) 硫酸锰($MnSO_4$)	120~170 40~75 40~75	80~100	10~20	深棕色至黑色	氧化膜色泽深,外观美,防护性能较好,适合于各种成品和半成品
重铬酸钾($K_2Cr_2O_7$) 硫酸锰($MnSO_4$) 硫酸镁($MgSO_4$)	100 50 50	90~沸腾	5~10	深棕色至黑色	氧化膜防护性好,对零件尺寸无明显影响,适合于成品和半成品保护
重铬酸钾($K_2Cr_2O_7$) 硫酸锰($MnSO_4$) 铬矾[$KCr(SO_4)_2$] pH值	100 50 20 2.2~2.6	85~95	10~20	黑色	氧化后不影响表面粗糙度和尺寸,适合于含锰、铝等各种牌号和其他镁合金零件的发黑处理
氟化钠(NaF)	35~40	15~35	10~15	深灰色至深棕色	氧化膜防护性较好,有较高的电阻,适合于成品、半成品、铸件和组合件的保护

重铬酸盐处理法本身不会大量地去除金属,因此可以用于精密加工零件。一般情况下,用重铬酸盐标准处理法形成的涂层大体上比铬酸处理形成的涂层厚(最高达 2 μm),在温度较高的空气中具有更好的独立保护作用,可用做计算机磁盘驱动器敏感性元件、机加工表面上的最终涂层。除了含稀土或钍的合金以外,重铬酸盐处理法适用于所有镁合金产品。

虽然重铬酸盐化学转化膜有较好的防腐性,但必须注意六价铬对人体健康非常有害,它是一种致癌物质,还会引起溃疡。各国对六价铬的含量及相应排放有严格的标准。涂层中的六价铬在酸雨中还会释放，将导致全球的环境污染。因此铬酸盐逐渐被磷酸盐、多聚磷酸盐、高锰酸钾、氟锆酸盐等替代进行化学转化处理。

7.4.3.3 以磷酸盐为主的化学氧化（转化膜）处理技术

镁合金与钢铁一样可以进行磷化处理，但磷化膜层有很大的差异。以磷酸盐系处理时，一般温度为40～100℃，时间0.5～30 min，得到的转化膜为磷酸锰，呈非晶态结构，表面较为平整，但存在网状微裂纹。用压铸AZ91D镁合金进行化学转化试验，转化膜在3.5% NaCl溶液中的阳极极化曲线呈现明显的钝化特征，膜层耐腐蚀能力大为增强。

以磷酸铁处理法作为镁压铸件的底漆，在严酷的环境下具有令人满意的性能。使用重金属化合物（如铜或镍盐）作为催化剂的磷酸盐处理法不能用于镁。镁合金的磷酸盐处理工艺流程为：蒸汽脱脂→碱洗→酸洗→冷水冲洗→磷酸盐浸浴→冷水冲洗→苛性钠中和→冷水冲洗→热水冲洗→磷酸盐喷射或浸渍→冷水冲洗→后处理→干燥。为了更好地清洗材料的表面，在水洗后可增加一道超声波除锈和超声波清洗。

表7-33列出镁合金磷化处理溶液配方及工艺。Mg-Al铸造合金在第一种溶液中得到的是细晶的绿色膜层，而对Mg-Zn变形镁合金，在同样的溶液中得到的则是灰色的粗晶膜层。镁合金的化学组成对磷酸盐膜的组成、颜色、晶粒粗细以及对基底的结合力都有明显的影响。

表7-33 镁合金磷化处理溶液配方及工艺

溶液组成/$g \cdot L^{-1}$	温度/℃	处理时间/min	溶液组成/$g \cdot L^{-1}$	温度/℃	处理时间/min
锰、铁（Ⅱ）的磷酸二氢盐 27～30 氟化钠 0.3	96～98	30～40	磷酸锌 15 硝酸锌 22 氟硼酸锌 15	75～85	0.5

镁合金磷酸盐处理的最大缺点是溶液消耗快，每升溶液在处理0.8 m^2的表面后就需要校正其组成和酸度。近年来，研发出的ZM5合金铸件非铬酸盐化学表面处理新工艺，效果有明显的改良效果，新工艺的配方和工作条件参见表7-34。

表7-34 ZM5铸件化学氧化表面处理工艺溶液配方和工作条件

工艺名称	溶液配方	工作条件
脱脂	$w(NaOH)=5\%\sim10\%$；表面活性物质少许	88～94℃，20～30 min
水洗	超声波作用	室温，30～50 s
表面调整1	$\rho(HF)=40\ g/L$；$\rho(HOCH_2CH_2OH)=30\ g/L$	室温，超声波作用1～2 min
水洗	超声波作用	室温，30～50 s
表面调整2	$w(NaOH)=20\%\sim30\%$	室温，25～30 min
水洗	$w(NaOH)=20\%\sim30\%$	室温，25～30 min
化学转化膜的生成	配方1 $\rho(H_3PO_4)=4\sim6\ mL/L$ $\rho(Ba(H_2PO_4)_2)=45\sim70\ g/L$ $\rho(NaF)=0.5\sim4\ g/L$	88～97℃，10～30 min
	配方2 $\rho(HNO_3)=5\ g/L$ $\rho(KMnO_4)=30\ g/L$ 氟化氨 $\rho(NH_4F)=5\ g/L$	40～60℃，0.5～1.5 min
	配方3 $\rho(NH_4H_2PO_4)=120\ g/L$ $\rho((NH_4)_2SO_3)=30\ g/L$ $\rho(NH_3)=6\ mL/L$	室温，1.5～2.5 min
水洗	超声波作用	室温，30～50 s
干燥	环氧树脂	吹风机吹干
涂层	丙酮环氧树脂10%；乙二氨环氧树脂8%	室温浸涂法
硬化		160～200℃，6～8 h

7.4.3.4 以高锰酸钾为主的化学转化(转化膜)处理技术

镁合金在纯粹的高锰酸钾水溶液中不易反应,但当加入 HF 或 HNO_3 后,对镁合金表面进行处理可以得到耐腐蚀性能的转化膜。在 1~200 g/m^3 的高锰酸钾中分别加入体积分数为 66%的 HNO_3 和 46%的 HF 进行试验,发现在试验开始时镁合金体积增大和增重,同时也伴随着镁、铝的溶解。加硝酸后的增重要比加氢氟酸的增重高一些。在 HF 中形成的转化膜具有非晶态结构,膜层非常薄,膜层主要成分为氟化镁(MgF_2)、氢氧化镁和氧化锰。在硝酸中形成的转化膜层比在 HF 中的厚,主要成分是氧化锰。经这种方式得到的化学转化膜的防腐蚀性能与铬酸中形成的相当。

7.4.4 镁及镁合金材料的阳极氧化(电化学)处理技术

7.4.4.1 概述

阳极氧化技术是在外加电压的作用下,将镁合金试件作为阳极,用不锈钢、石墨或金属电解槽器壁作为阴极,在一定温度的电解液中,通过试件与处理液之间的电化学反应,在试件表面形成保护性膜层的表面处理技术。

20 世纪 50 年代,HAE 和 DOW17 工艺的相继出现,使阳极氧化技术在镁合金防护处理中的实际应用成为可能。后来开发了 Anomag 工艺、Magoxid-Coat 工艺和 Tagnite 工艺等。传统的阳极氧化方法得到的镁合金阳极氧化膜不透明,但应用 Anomag 工艺可以得到透明的氧化膜,且其耐蚀、耐磨性能也优于传统的阳极氧化膜,从而开拓了镁合金的应用领域。Magoxid-Coat 工艺在试件的边缘及深凹处亦可产生均匀的膜层,耐磨、抗蚀性能优良,具有高的耐折强度。Tagnite 工艺在碱性溶液中生成白色硬质氧化陶瓷层,该方法所得到的氧化膜与基体结合牢固。

Barton 等研究了氢氧化钠、偏铝酸钠、氟化钠、柠檬酸钠、四硼酸钠、磷酸氢二钠组成的电解液对于镁阳极氧化膜的影响。认为电解液中 F^- 和 PO_4^{3-} 的作用是调整膜的光泽度,四硼酸盐是调节颜色和厚度,并降低起弧电压,柠檬酸根离子提供游动的可控的弧光并防止孔蚀的形成。

在 $NaAlO_2$ 溶液中对镁合金进行电化学氧化处理,得到了致密的氧化膜层,其组成为立方结构的 MgO 和 $NaAl_2O_4$。近年研发的一种环保型阳极氧化工艺,所得膜层的平均腐蚀速率、耐点蚀能力和击穿电压等性能优于传统的 DOW17 工艺所得膜层的,阳极氧化膜的主要成分是 MgO 和 $Mg_3B_2O_6$,具有多孔结构,孔径均匀。

对镁合金材料进行表面化学氧化和阳极氧化处理各有其优缺点,见表 7-35。

表 7-35 镁合金氧化工艺技术优缺点比较

氧化工艺	优　点	缺　点
化学氧化	设备简单,投资少,容易操作,成本低	耐蚀性较差,含有的重金属离子影响镁合金的回收
阳极氧化	耐蚀性、耐磨性好	氧化电压高,电流密度大,弧光放电明显,处理成本较高,安全性差

阳极氧化是利用电化学方法在金属及其合金表面产生一层厚且相对稳定的氧化物膜层,生成的氧化膜可进一步进行涂漆、染色、封孔或钝化处理。与铝合金相比,镁合金阳极氧化的电压、电流密度更高,电解液组成更为复杂。在大多数电解质溶液中,只有在较高电压和电流密度下才可能成膜。因此,镁阳极氧化时常伴有火花放电现象。镁合金阳极氧化技术可分为普通阳极氧化技术与微弧氧化技术。微弧氧化又称等离子体氧化或阳极火花沉积,是近几年来兴起的一种表面处理技术,它突破传统阳极氧化技术工作电压的限制,将工作区域引入到高压放电区,利用微弧区瞬间高温烧结作用,直接在金属表面原位生长陶瓷膜。

根据电解条件,镁阳极上可能发生下列各个不同的过程:镁的阳极溶解,阳极表面形成极薄的钝化膜同时也伴随着膜的化学溶解。阳极氧化是目前镁及镁合金常用的表面防护处理技术,通过阳极氧化处理,可以得到具有防护、装饰和提供优良的涂装基底等多种功能的膜层,该膜层的耐蚀性和耐磨性,其硬度一般均比化学方法制备的膜层高。缺点是复杂制件难以得到均匀膜层,膜的脆性也较大,膜层多孔。与铝合金阳极氧化膜层相比，镁合金的氧化膜与基体的结合力要差些。

早期的阳极氧化处理是使用含铬的有毒化合物，废液的处理成本提高，并且污染环境。后来开发了以高锰酸盐、硼酸盐、硫酸盐、磷酸盐、可溶性硅酸盐、氢氧化物和氟化物为主的无毒阳极氧化处理液。阳极氧化选用的电解液，应符合以下三点要求：

(1) 保证氧化膜的生成速度高于溶解速度。

(2) 所制得的氧化膜应具有良好力学性能和理化性能，如强度、弹性、耐磨性、抗蚀性和吸附性等。

(3) 成分简单，来源丰富，经久耐用，耗电少，安全无毒和使用方便。

电解液的成分对镁合金阳极氧化膜的成分和结构有很大的影响，调整电解液的成分可以得到不同性能的阳极氧化膜。镁合金阳极氧化工艺用电解液分为酸性电解液和碱性电解液两种类型。A.K.Sharma 等人研究发现，ZM21 镁合金的阳极氧化过程中膜沉积速度随着电极温度的升高和电流密度的增大而增加，所得到的氧化膜在恶劣环境中具有高的稳定性，能很好地吸收太阳光，发射红外光，并且能耐高温，因此可应用于热控装置。

采用直流电阳极氧化时，阳极上挂氧化件，阴极上挂铅板或不锈钢板。采用交流电时，两极上均可以挂氧化件。镁及镁合金阳极氧化槽液成分和工艺条件见表 7-36。

表 7-36　镁及镁合金阳极氧化槽液成分和工艺条件

方法	槽液成分/$g\cdot L^{-1}$		温度/℃	电流密度/$A\cdot dm^{-2}$	交流电压/V	时间/min
1	氟化铵 铬酐 氢氧化钠 磷酸	200～250 35～45 8～12 55～95	60～88	1～3	90～100	30～45
2	氟化铵 重铬酸盐 磷酸	200～250 90～100 85～100	60～80	30	100	30～45
3	高锰酸钾 磷酸三钠($Na_3PO_4\cdot 12H_2O$) 氟化钾 氢氧化钾 氢氧化铝	19 35 35 130 35	30±2	1～3	65～70	30～40
4	氢氧化钾 硼酸钠($Na_2B_4O_7\cdot 10H_2O$) 氢氧化铝 氟化钾 磷酸三钠($Na_3PO_4\cdot 12H_2O$) 苯酚(C_4H_5OH)	120 60 35 35 35 5	30±2	2.0	110～120	30～40

最常用的镁及镁合金阳极氧化工艺列于表 7-37 中。

表 7-37　镁及镁合金的阳极氧化工艺

工　艺	电解液组成	电流密度/$A\cdot dm^{-2}$	电 流 类 型	电解液温度/℃	膜层颜色
DOW17	二氧化铵、重铬酸钠、O－磷酸	0.5～5.0	DC	70～80	绿色
HAE	氟化钾、磷酸钠、氢氧化钾、氢氧化铝、高锰酸钾	1.5～2.5	AC 或 DC	27	褐色
AHC Magoxid-Coat	无机酸(氢氟酸、磷酸、硼酸)、有机物	1.0～5.0	带等离子体化学反应的特种类型	15～20	白色

HAE和DOW17分别是使用碱性和酸性电解液的有代表性的阳极氧化方法。在碱性溶液中，苛性碱是溶液的基本组分，镁合金在只含苛性碱的溶液中十分容易阳极化成膜，膜的主要组成为氢氧化镁，该膜层孔隙率高。在阳极化过程中，膜层厚度几乎随时间呈线性增长，直到到达相当高的厚度，在碱性介质中不溶解。但该膜层结构疏松，同基底的结合力和防护性能十分差，所以在所有阳极氧化的电解液中都添加了其他组分，以改善膜的结构及其相应的性能。表7-38列出了几种镁合金在碱性溶液中阳极化的方法。从表中可以看出添加组分有硅酸盐、磷酸盐、硼酸盐、碳酸盐和氟化物以及某些有机物。所得的阳极化膜含有这些盐的酸根，其对应的镁盐在酸性介质中均相当稳定。

表7-38 镁合金在碱性溶液中阳极化的方法

方法序号	电解液组成/$g\cdot L^{-1}$		电流密度/$A\cdot dm^{-2}$	电压/V	温度/℃	时间/min	厚度/μm
1 DOW1	氢氧化钠 乙二醇 草酸	240 70 25	1.1～2.2 (交流或直流)	4～6	70～80	15～25	3～8
2①	氢氧化钠 水玻璃 苯酚	140～169 (d=1.397)15～18 3～5	0.5～1 (直流)	4～6	60～70	30	7～15
3② HAE	氢氧化钾 氟化钾 氢氧化铝 磷酸三钠 锰酸	160 34 30 34 19	1.6 (交流)	30	24～29	60	35

① 水玻璃含量以mL/L计；后处理溶液：Na_2HPO_4 0.3～0.5 g/L，$K_2Ce_2O_7$ 0.3～1 g/L。

② 后处理溶液：HF200 g/L。

在酸性溶液中进行阳极氧化的方法比在碱性溶液中进行要少得多，但目前获得最广泛应用的却是利用酸性类电解液。例如，美国道公司的DOW17方法。DOW17方法可应用于所有形式和系列的镁合金上。经过DOW17处理后，合金表面产生两相双层膜，在低压下形成厚约5.0 μm的浅绿色或绿黄褐色膜，这种膜主要用于涂装打底。有时这层薄膜被厚约30.4 μm而透明的深绿色的第二相膜所覆盖。第二相膜脆性很强且有极好的耐磨性，在高压时形成，其耐腐蚀性和作为涂装底层的性能都很优异，尤其用树脂或漆封闭后效果尤佳。

镁合金在上述溶液中的阳极化既可以使用直流电，也可以使用交流电。后者设备简单，使用较为普遍，但阳极化所需时间约为使用直流电时的两倍。电流密度为0.5～5 A/dm^2，终电压视所需膜的类型(参见表7-38)和合金的种类而定。当阳极化开始时，要使电压升至30 V，此后则以保持恒电流密度来逐渐提升电压。溶液的工作温度为70～80℃。

镁合金在酸性溶液中阳极化得到的膜层，组成比较复杂，大致为含镁的磷酸盐和氟化物，此外尚有铬。膜的耐热性好，在400℃的高温下受热100 h，其性能和与基底金属的结合力均不受影响。当用DOW17方法对镁合金进行阳极氧化时，与上述HAE方法相似，随终电压的不同可以得到三种性能各异的膜层，见表7-39。阳极氧化膜具有不同程度的孔隙率，所以在苛刻的盐腐蚀中必须进行封孔处理。

表7-39 HAE和DOW17两种方法取得的膜层类型及其性能

膜的类型	方法	终电压/V	电流密度/$A\cdot dm^{-2}$	时间/min	外观	性能
软膜	HAE	9	4(交流)	15～20	米黄	膜薄，硬度低，韧性好，同基材结合好，耐蚀性差
	DOW17	40	(交流)	1～2	无色	

续表 7-39

膜的类型	方法	终电压/V	电流密度/A·dm^{-2}	时间/min	外观	性 能
轻膜	HAE	60	1.8~2.0(交流)	40~50	黄褐	同基材结合尚好,耐蚀性较高,可做油漆底层
	DOW17	60~75	(交流)	2.5~5	草绿	
硬膜	HAE	85	1.8~2.0	60~75	棕黑	硬度高,耐磨性和耐蚀性好,脆性大

7.4.4.2 镁合金阳极氧化成膜机理

在阳极氧化过程中,随着电压的不断升高,根据所得到的膜层及阳极氧化现象的不同,将阳极氧化的电流电压曲线划分为法拉第区、火花放电区、弧放电区。镁合金的氧化多采用高压,多数情况会发生火花放电现象。又由于镁合金的化学、电化学反应活性较高,阳极氧化时产生的激发态物质很多,发生一系列的物理与化学变化,使得镁合金的阳极氧化过程相当复杂。目前对于镁合金的研究主要集中在氧化工艺上,为进一步扩大镁合金的实际应用,提高镁合金氧化膜的性能,有必要对镁合金阳极氧化成膜机理进行深入研究,对于阳极氧化的成膜机理,目前主要有以下几种提法。

Zozulin认为,当电压高于已有膜层的击穿电压时会产生火花放电现象,火花放电使得阳极氧化膜发生部分溶解,产生金属离子,同时溶液中产生等离子氧,同金属离子相结合产生熔融状态的氧化物膜层,由于火花放电时产生大量的热被溶液所吸收,熔融状态的金属氧化物被冷却,导致氧化物膜层的收缩,使得阳极氧化膜多孔。

Khaselev等人认为,火花放电是电子雪崩的结果。即火花放电前,偶发的电子放电导致电极表面已生成的薄而致密的无定型氧化膜局部受热,引起小范围晶化,当膜达到某一临界值时,小范围的电子放电发展为大范围的持续电子雪崩,阳极膜发生剧烈的破坏出现火花放电现象。在电极上形成的氧化膜虽然连续,但在时间上并不是同时增长,同时阳极氧化时伴随着气体的蒸发,导致了氧化膜多孔。Vijh等认为,火花放电时析氧是由于电子雪崩的结果,雪崩后产生的电子被注射到氧化膜/电解液的界面,引起膜击穿,产生等离子体放电。

Young等提出了热作用引起电击穿,认为界面膜层存在一临界温度 T_m,当膜层局部温度 $T > T_m$ 时便产生电击穿。Yahhlom和Zahavi提出了由机械作用引起电击穿,认为电击穿与否主要取决于氧化膜/电解液界面的性质。Albella认为阳极氧化时,电解液进入氧化膜的孔洞之中,形成放电中心,产生等离子体放电,使氧负离子、电解液中的阴离子同基体金属溶解所产生的阳离子迅速结合,同时放出大量的热,使得形成的氧化膜在基体表面熔融、烧结形成具有陶瓷结构的膜层。

7.4.4.3 镁及镁合金材料阳极氧化的主要工艺方法及特点

A DOW17工艺

DOW17阳极氧化工艺由DOW化学公司开发,适用于镁及各种镁合金。阳极氧化溶液组成为240~300 g/L NH_4HF_2、100 g/L $Na_2Cr_2O_7 \cdot 2H_2O$、86 g/L H_3PO_4(85%);温度70~80℃、电压60~90 V、电流密度0.5~5 A/dm^2。

镁合金在上述溶液中的阳极氧化既可以使用直流电也可以使用交流电,后者设备简单使用较为普遍,但阳极氧化所需时间约为使用直流电的两倍。当阳极化开始时,要使电压迅速升至30 V,此后则以保持恒电流密度来逐渐提升电压,当达到终止电压时,阳极氧化过程即完成,终止电压视所需膜的类型和合金的种类而定。阳极氧化膜如果不需要涂漆,还需在温度为98~100℃、质量浓度为53 g/L的水玻璃中进行15 min的封闭处理。

在较低的终止电压下,得到的膜厚度约为5 μm,草绿色,膜层薄,硬度低,韧性好,同基体结合好,但耐蚀性较差,可做油漆底层;在较高的终止电压下得到的膜厚度约为 30 μm，深绿色，耐磨性，耐蚀性较好，脆性较大。

经此工艺处理的纯镁及 AZ91D 镁合金，与化学转化膜相比腐蚀电阻大大提高。对于纯镁，在基体与氧化膜的界面上为一层很薄的阻挡层，外层为多孔层，膜的形成是由于基体/溶液交界处形成 MgF_2 及 $Mg(OH)_2$，同时在孔隙处氧化膜不断溶解，产生 MgF_2 和 $NaMgF_3$ 晶粒；在 AZ91D 镁合金上形成的膜不均匀，可能是由于在合金晶界处存在 Mg-Al 晶间化合物或表面缺陷所引起的，成膜机理与纯镁相似，外层亦为多孔结构，存在 MgF_2 和 $NaMgF_3$ 晶粒。

DOW17 工艺常用的槽液见表 7-37 和表 7-38。常用的 DOW17 电化学处理工艺见表 7-40。

表 7-40 DOW17 电化学氧化处理溶液组成和操作条件

操作条件	交流电操作	直流电操作
对两种颜色与厚度的膜阳极氧化		
氟化氢铵(NH_4HF_2)/$g\cdot L^{-1}$	240	360
重铬酸钠($Na_2Cr_2O_7\cdot 2H_2O$)/$g\cdot L^{-1}$	100	100
磷酸(85%H_3PO_4)/$g\cdot L^{-1}$	90	90
操作温度①/℃	71～82	71～82
电流密度/$A\cdot dm^{-2}$	0.5～5	0.5～5
对薄亮绿色膜②		
电流消耗③/A·s	860～1075	540～645
终电压③/V	75	75
处理时间③/min	4～5	2.5～3
对黑绿色厚膜④		
电流消耗③/A·s	4950(460)	3230(300)
终电压③/V	100	100
处理时间③/min	23⑤	15(h)
封闭后处理⑥		
硅酸钠水溶液($Na_2Si_4O_9$)/$g\cdot L^{-1}$	53	
温度/℃	93～100	
浸蚀时间/min	15	

续表 7-40

① 溶液温度不能低于 60℃，在直到沸腾温度下操作而无负面影响。

② 在处理第一阶段形成，厚度为 5.0 μm。

③ 终电压和处理时间可变化，但对所有合金单位面积安培分钟数应保持恒定。

④ 在处理第二阶段形成，厚度为 23～38.1 μm。

⑤ 保持电压，使电流减小 20 min(交流)或 15 min(直流)，直到指示的最小单位平方米安培数，可产生厚膜。

⑥ 可选。为了增加耐腐蚀性，应用于无有机涂装的工件，对苛刻环境如盐雾实验下无效。这时，阳极氧化需要树脂封闭或涂漆封闭，以获得足够的保护。浸入溶液，用冷水洗、热水洗、空气吹干。

B HAE 工艺

该方法是镁合金在碱性体系中阳极氧化获得实际应用的最有价值的一种方法，电解液由 120 g/L 的 KOH、34 g/L 的 KF、30 g/L 的 $Al(OH)_3$、34 g/L 的 Na_3PO_4、19 g/L 的 $KMnO_4$ 组成；温度 15～30℃；电流密度 2～2.5 A/dm^2。

同 DOW17 工艺一样，当用 HAE 方法进行阳极氧化时，随过程所采取终止电压的不同，所得膜层的性能有较大差异。在低电压下得到的是 5 μm 厚、浅棕色软膜；在高电压下得到的则是同铝的硬质阳极氧化相当的 30 μm 厚、深棕色膜。封孔后两种膜均具有优良的耐腐蚀性能。高压下得到的氧化膜硬度高，耐磨性好，但会严重影响基体的抗疲劳强度，在膜较薄时影响更为严重。阳极氧化膜在冷水中充分冲洗后，用重铬酸盐来进行封闭处理，溶液组成为 100 g/L NH_4HF 和 20 g/L $Na_2Cr_2O_7\cdot 2H_2O$，在室温下封孔 1～2 min，防护性能明显提高。

在氧化液中，KF 和 $Al(OH)_3$ 的作用是促使镁合金能够在阳极氧化一开始就迅速成膜，以保证反应活性甚高的镁基材不受溶液腐蚀。成膜的正常操作标志是，在阳极氧化开始阶段必须依靠电压的迅速增大才能维持规定的电流密度；反之若电压不能提升，或提升后电流大幅度增加或降不下来，则表示电极(镁合金)表面并未成膜，而是发生局部的电化学溶解。这一现象的出现，同时也是溶液中上述两组分含量不足的表现。高锰酸钾是提高膜硬度以及使膜层结构致密的主要组分，增大它在溶液中的含量还可以降低过程的终止电压。

HAE法它可用于所有镁合金牌号，只要其不接触或嵌入其他金属，在HAE方法中，基体镁合金将被消耗掉一部分，膜厚的增长部分有一半将弥补被消耗掉的基体，工件尺寸的增厚实际只有产生膜厚的一半。HAE阳极氧化处理工艺流程如下：

蒸汽脱脂(*a*)→碱洗→冷清洗(*b*)→阳极氧化(*c*)→冷清洗(*b*)→重铬酸盐→双氟盐浸蚀(*c*)→空气吹干→加热湿气时效(*d*)。

这里，(*a*)如必要。(*b*)完全浸入并充分搅拌。(*c*)阳极氧化前不需要酸洗。使用交流电，膜层沉积分为两个阶段：第一阶段是亮的黄色膜，厚度约为5.0 μm，然后形成厚度一般为30.4 μm的深棕色膜。(*d*)对不涂装的工件提高耐蚀性，在苛刻环境(如盐雾实验)下无效。这时，阳极氧化膜需要树脂封闭或涂漆封闭，以获得足够的保护。

HAE处理的操作条件及溶液配方见表7-41。

表7-41 HAE处理溶液组成和操作条件

阳极氧化溶液组成/$g \cdot L^{-1}$	氢氧化钾	165
	氢氧化铝	34①
	氟化钾	34
	磷酸三钠	34
	锰酸钾	19②
	水	余量到3.7 L
操作温度/℃		室温到32
电流密度/$A \cdot dm^{-2}$		1.5~2.5
终电压/V	第一阶段膜	65~70
	第二阶段膜	80~90
处理时间③/min	第一阶段膜	7~10
	第二阶段膜	60
重铬酸盐－双氟盐溶液成分/$g \cdot L^{-1}$	重铬酸钠	20
	氟化氢氨	100
	水	余量到3.7 L
操作温度/℃		21~32
浸蚀时间/min		1
加热－湿气时效	温度/℃	77~85
	相对湿度/%	85
	时间/h	7~15

① 对特别硬和耐磨的深棕色膜，每升溶液使用45~53 g的氢氧化铝；

② 等质量的高锰酸钾可用来代替锰酸钾。加入锰酸钾时，应先溶于水中再加入，还需加入43 g的氢氧化钾；

③ 处理时间与电流密度有关。电流密度增加，处理时间可缩短。对常规氧化膜，电流密度推荐使用2 A/dm^2。

HAE阳极氧化处理溶液需要冷却，保持温度在32℃以下，将待阳极氧化处理表面的工件成对挂起，施加恒电流，并随电压升高保持不变。处理时必须将嵌入的任何不同的一种金属屏蔽起来，同时需保持工件之间良好的电接触。阳极氧化处理溶液的配制方法：先用一半水溶解无水氟化钾和磷酸三钠，再加入溶解了氢氧化铝的氢氧化钾水溶液(将氢氧化铝溶解于沸腾的氢氧化钾)，最后加入锰酸钾或高锰酸钾，它们在碱溶液中都不稳定，会转化成锰酸盐；将各种配料倒入溶液中时，必须不停地搅动使溶液均匀。HAE溶液的使用寿命很长，锰和铝消耗很慢，锰化合物的消耗可从深棕色厚膜的光泽上反映出来。为了使涂层保持深棕色，经过处理大约0.4 m^2/L的工件后，必须对电解槽中的溶液进行调整补充。补充溶液时，需不停地搅拌，每升溶液加入3.7~7.5 g的锰酸钾或高锰酸钾，同时加入原始量铝的15%~20%或11 g/L的氢氧化铝。氟化物和磷酸盐成分失效很慢，如果溶液是以原始量15%~20%的比率连续使用，可每隔6个月添加一次。阳极氧化之后，要用水对零件彻底冲洗。如果将工件在79℃时效7~15 h，保持85%相对湿度，可以进一步增加膜的耐蚀性。HAE法的设备需采取双层焊接结构，冷却板或线圈用低碳钢制成，挂具用镁合金，在液面下用合适的乙烯树脂带保护，可用钢夹将挂具夹到母线上。可形成电偶的铁、黄铜、青铜、锡、锌以及橡胶不能用做与溶液相接触的设备。

HAE方法得到的阳极化膜，在冷水中经充分冲洗后，需在由100 g/L NH_4HF_2 和20 g/L $Na_2Cr_2O_7 \cdot 2H_2O$ 所组成的溶液中，在室温下进行1～2 min的封闭处理。后者可以中和膜层中残留的碱液，使它能与漆膜结合良好，还可以提高膜的防护性能。Mg-2% Mn合金在碱性溶液中得到的阳极化膜，其主要组成为 $Mg(OH)_2$，具有六方晶格的晶体结构（$a = 0.313$ nm，$c = 0.475$ nm）。视合金组成的不同，除 $Mg(OH)_2$ 外，阳极化膜中可能还含有少量各合金元素的氢氧化物。当镁合金用HAE方法进行阳极化时，随过程所取终电压的不同，所得膜层的性能有较大的差异。在低电压下得到的是软膜；在高的终结电压下得到的则是同铝的硬质阳极化相当的硬膜。

C　Anomag工艺

微弧氧化方法得到的镁合金阳极氧化膜不透明，但应用Anomag工艺可以得到透明的氧化膜，耐蚀、耐磨性也远优于传统的阳极氧化膜，从而开拓镁合金的应用领域。

电解液的主要成分为氨水，磷酸盐、铝酸盐、过氧化物、氟化物，同时也可向溶液中加入硅酸盐、硼酸盐、柠檬酸盐、碳酸盐等。电解液中氨水的主要作用是抑制火花的产生，减少阳极氧化时产生的热量，使得该方法区别于微弧氧化方法，无需冷却设备。当氨水的含量过低时，会产生火花放电现象，形成的氧化膜与微弧氧化膜相似。

磷酸盐的加入是为了得到透明的阳极氧化膜，浓度越低，膜层的透明度越好；磷酸盐的浓度过高，得到的氧化膜不透明，同时在高压下会产生火花放电现象。过氧化钠的加入是为了降低成膜电压，但浓度较低时，对成膜不会有明显的影响，浓度过高时，会产生破坏性的火花，工件表面不会成膜。如果对阳极氧化膜颜色有特别的要求，还可以向溶液中添加染色剂，以产生不同颜色的膜层，对氧化膜的性能并无影响。另外该氧化过程采用氨水为电解液，温度应低于40℃，同时应具有良好的通风设备。

同其他处理方法所得到的氧化膜一样，该氧化膜层也具有多孔微观结构。膜层组成主要为MgO、$Mg(OH)_2$ 的混合物，以磷酸盐为添加剂时，膜层中存在 $Mg_3(PO_4)_2$。以铝酸盐或氟化物为添加剂时，膜层中会存在氟化镁、铝酸镁。膜层颜色是半透明或珍珠色，取决于电解液中添加剂的种类和浓度。

一般的微弧氧化技术，由于产生火花放电现象，得到的氧化膜粗糙多孔且部分烧结，电流效率低。而Anomag工艺得到的氧化膜孔隙分布比较均匀，电流效率较高。具有较好的耐蚀性、抗磨性，操作简单，槽液基本无害，膜生长速度快（达1 μm/min）。氧化膜层可单独使用，也可以进行着色、封孔、涂覆有机聚合物。

D　Magoxid-Coat工艺

Magoxid-Coat工艺是一种硬质阳极氧化技术，电解液包含磷酸根、硼酸根、氟离子，每种阴离子的浓度大于0.1 mol/L，总量小于2 mol/L。阳离子的选择以电解质的浓度与黏度最大化为原则，通常选用碱金属、碱土金属、铝离子以及铵根离子，总量为1 mol/L左右；同时以尿素、乙二醇、丙三醇等有机物为稳定剂，总量约1.5 mol/L；恒温、恒电流操作，电解液的温度为－30～15℃；可采用直流电、交流电、三相交流电以及脉冲电压，当频率达到500 Hz以上时，电压制度对成膜过程几乎没有任何影响；电流密度不大于1 A/dm²，当达到预设终止电压时，氧化过程完成，该方法适用于几乎所有的镁合金。

由于该阳极氧化液为水溶液与有机物的混合物，同时电解质的浓度较高，增加了电解液的黏度，具有高的比热容，使得形成的氧化膜得以稳定，最终形成的氧化膜较均匀。

该工艺的成膜过程类似铝的微弧氧化，刚开始时，形成一薄层阻挡层，当电压逐渐升高，阻挡层逐渐增加，随后产生火花放电，在气、液、固三相界面形成熔融的金属氧化物，等离子体氧是火花放电时来自溶液，金属离子来自金属阳极的溶解，由于等离子放电区的温度高达6500℃以上，所以金属氧化物的陶瓷层开始时是液态的，金属陶瓷氧化物被电解液迅速冷却，产生的气体溢出，尤其是氧、水蒸气，留下多孔、毛细管状的陶瓷层。

该膜层为三层结构：底层为阻挡层，厚度约为 100 nm，同基体结合良好；中间层为烧结的紧密层，基本无孔；外层为耐磨的多孔氧化物陶瓷层，可作为良好的涂覆底层。膜层的组成为 $MgAl_2O_4$。该处理方法在试件的边缘及深凹处亦可产生均匀的膜层，耐磨抗蚀性能优良，具有高的耐折强度。同时该膜层可以外加含氟高聚物 PTFE、PVDF 等。总厚度为 50～120 μm，处理前后尺寸变化很小。膜的介电破裂电压达 600 V，8500 h 盐雾腐蚀试验后未见腐蚀，膜层抗磨性能也接近铝氧化膜的。

E　Tagnite 工艺

该处理方法为 Technology Application Group 发明的一种阳极氧化处理方法，包含前处理步骤。首先将镁合金浸入含有 0.5～1.2 mol/L 的 NH_4F 溶液中进行前处理，水洗后进行电化学处理，电解液的组成为 5～7 g/L 氢氧化物、8～10 g/L 氟化物、15～20 g/L 硅酸盐。

浸氟化铵的作用是为了去除镁合金表面的杂质，形成氟化铵底层以利于阳极氧化陶瓷层的沉积，增加氧化物陶瓷层与基体的结合力。如果处理时间太短，则不能完全除去杂质，在镁基体上也不能形成足够的氟化铵底层，会影响阳极氧化膜的耐腐蚀性能以及与基体的结合力；如果处理时间过长就会造成经济上的浪费。随着处理时间的延长对阳极氧化所形成的氧化膜的性能并没有明显的影响，一般情况下所形成的氟化铵层厚度为 1～2 μm。该层对基体有一定的防腐蚀性能，但耐磨性能和硬度较低。

前处理后进行阳极氧化，如果电解液的温度过高或酸性太强，阳极氧化反应会过快，对基体造成局部腐蚀，不利于氧化成膜；如果溶液的碱性太强或温度太低，阳极氧化成膜反应速度又太慢，所以进行阳极氧化时应严格控制电解液的温度和酸碱度。

Tagnite 工艺在碱性溶液中生成的白色硬质氧化陶瓷层，膜层含有 SiO_2，厚度为 10～30 μm，由于该方法采用前处理步骤，所得到的氧化膜与基体的结合力是目前最强的，盐雾腐蚀试验 700 h 可达 9 级（按 ASTM B117 标准试验）。载荷 1 kg 的 CS-17 耐磨试验（141C）可达 4000 周期。表面的 SiO_2 膜层多孔，阳极氧化后可进行有机或无机封孔及涂覆处理，提高耐腐蚀性能及增强表面装饰性。

F　其他阳极氧化工艺

Cr-22 工艺在包含铬酸盐、钒酸盐、磷酸盐和氟化物的水溶液中进行阳极氧化，得到硬质氧化膜，封孔后具有良好的防护性能，该工艺通过改变溶液的组成、温度及电流密度可适用于各种形式的镁合金表面处理。但由于采用较高的电压，目前没能得到广泛的应用，主要作为涂料底层。

Khaselev 等人研究了镁及镁－铝合金的火花阳极氧化，得到的氧化膜主要由 MgO、$MgAl_2O_4$ 组成。尖晶石 $MgAl_2O_4$ 的存在有利于提高膜的耐腐蚀性，增加电解液中铝的含量，提高电流密度，都会使膜层中 $MgAl_2O_4$ 的含量增加，加快成膜速度。$Mg_{17}Al_{12}$ 的存在会增大膜的击穿电压。

Ostrovsky 等人发明的专利采用的电解液包含羟铵、非离子表面活性剂、磷酸盐及氢氧化物，通过控制电流密度及溶液的组成可以进行火花放电，也可避免火花的产生。磷酸盐含量的增加，可以加快成膜速度，提高膜的硬度，但膜层的外观不好，温度会对成膜有较大的影响。降低磷酸盐的含量，得到的膜层较薄，较光滑，外观好，温度对成膜过程影响不大。进行阳极氧化后镍盐处理可以使阳极氧化膜具有电导性。

国内有人采用 10 g/L $NaAlO_2$ 对 MB15 镁合金进行了微弧氧化处理，得到了致密的氧化膜层，同基体结合良好，膜层的主要组成为立方结构的 MgO 和 $MgAl_2O_4$，微弧氧化初始一段时间内，氧化膜向外生长速度大于向内生长速度，氧化膜达到一定厚度后，样品外部尺寸不再增加，而氧化膜完全转向基体内部增长，氧化膜分为表面疏松层和致密层两层结构，致密层是膜的主体。热扩散和电迁移对膜生长起较大作用。

采用碱性电解液，以硅酸盐、硼酸盐、碳酸盐等为添加剂，对 AZ91D 镁合金进行了阳极氧化处理。得到的氧化膜呈银灰色，均匀光滑，可以进行着色、封孔及涂覆有机物。动电位极化曲线表明氧化膜的腐蚀速度（0.1836 μA/cm²）

明显低于空白试样的(38.36 μA/cm²)。

研究表明,采用以硅酸钠为主的电解液体系对 MB8 镁合金进行了微弧氧化处理,利用 SEM、XRD 等分析手段,研究了微弧氧化陶瓷层的生长规律,分析了微弧氧化条件下氧化镁膜层致密性和相结构与处理时间的关系。结果表明,在微弧氧化初期,膜层致密,几乎观察不到疏松层,随着处理时间的延长及膜厚的增加,其外侧开始出现疏松层,膜层主要由 MgO、$MgSiO_3$、$MgAl_2O_4$ 和无定形相组成。随着膜厚的增加,层内缺陷增多,无定形相减少,对提高耐蚀性无益。

此外,关于镁合金的阳极氧化方法还有很多,如 DOW14、GEC、MX5、MX6、Fluo-Anod、Flussal 工艺等。

7.4.5　镁及镁合金材料的微弧氧化处理技术

微弧阳极氧化又称微弧等离子体氧化或阳极火花沉积,简称微弧氧化,它是在铝合金微弧阳极氧化和普通阳极氧化的基础上开发的一种新技术。20 世纪 80 年代中后期,微弧氧化技术已成为国际研究热点并开始应用,我国在该领域的研究起步于 1990 年,并取得了可喜成果。该技术利用高压高电流的作用在阳极区产生等离子微弧放电,使阳极区表面局部温度达到 2000℃左右,使原来氧化物熔化,生成一层氧化镁陶瓷涂层熔覆在金属表面,形成陶瓷质阳极氧化膜,其硬度、致密度、耐磨和耐蚀性都比普通阳极氧化膜高。

微弧氧化工艺流程一般为:除油→去离子漂洗→微弧氧化→自来水漂洗。一般认为微弧氧化过程包括以下四个阶段。第一阶段,合金表面生成氧化膜;第二阶段,氧化膜被击穿并发生等离子微弧放电;第三阶段,深层进一步被氧化;第四阶段为氧化、熔融、凝固平衡阶段。微弧氧化的最高电压不超过 650 V。650 V 以下时生成的氧化膜随氧化时间的延长和电压值的增高而逐渐增厚。该工艺的膜层由致密层和疏松层两层构成,与普通的阳极氧化膜相比,微弧氧化膜的空隙小,空隙率低,膜层与基体结合紧密,质地坚硬,分布均匀,从而具有更高的耐蚀性和耐磨性能。电压超过 650 V 时微弧氧化膜会大块脱落,并在膜表面形成一些小坑,从而大大降低氧化膜的性能。

微弧氧化装置包括专用高压电源、氧化槽、冷却系统和搅拌系统。氧化液大多采用碱性溶液,对环境污染小。溶液温度以室温为宜,温度变化较宽。溶液温度对微弧氧化的影响比阳极氧化的小得多,因为微弧区烧结温度达几千摄氏度,远高于槽温,而阳极氧化要求溶液温度较低,特别是硬质阳极氧化对溶液温度限制更为严格。微弧氧化工件的形状可以较复杂,部分内表面也可处理。此外,微弧氧化工艺流程比阳极氧化简单得多。两种工艺特点的比较见表 7-42。

表 7-42　微弧氧化和普通阳极氧化技术的比较

项　目	微 弧 氧 化	阳 极 氧 化	硬质阳极氧化
电压、电流	高压、强流	低压、电流密度小	低压、电流密度小
工艺流程	去油→微弧氧化	碱蚀→酸洗→机械性清理→阳极氧化→封孔	去油→去氧化膜→化学封闭
溶液性质	碱性溶液	酸性溶液	酸性溶液
工作温度和处理时间	<45℃,10～30 min	13～26℃,30～60 min	8～10℃,60～120 min
氧化类型	化学氧化、电化学氧化、等离子体氧化	化学氧化、电化学氧化	化学氧化、电化学氧化
氧化膜相结构	晶态氧化物	无定形相	无定形相

微弧氧化之后得到乳白色或咖啡色的完整膜层。膜层厚度可根据需求通过工艺调整控制在 5～70 μm,中性盐雾试验可达 500 h,显微硬度在 400 HV 左右,漆膜附着力为 0 级。微弧氧化后需要进一步实施涂装保护。

7.4.5.1　微弧氧化原理

在微弧氧化中,阴极为不锈钢,阳极为镁合金工件,电解质溶液呈碱性,其中含有添加剂。阴极发生了析氢反应,反应式如下,即

$$2H^+ + 2e \longrightarrow H_2\uparrow$$

根据生产过程中电流和电压的变化关系,可以将微弧氧化过程大致分为四个部分,微弧氧化钝化曲线如图 7-25 所示:活性溶解区 *AB*;活化钝化过渡区 *BC*;钝化区 *CD*;过钝化区 *DE*。

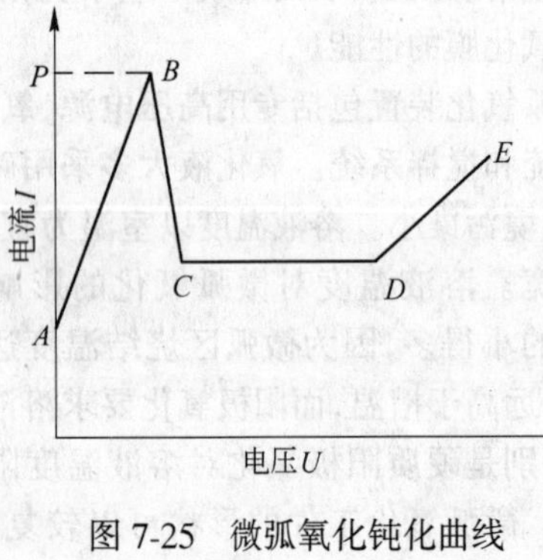

图 7-25　微弧氧化钝化曲线

在 *AB* 区,通电时,镁合金工件作为阳极将吸附溶液中阴离子,如氟离子、氢离子、碳酸根离子、磷酸根离子等。当电压升高,电流密度也呈直线增大,金属腐蚀溶解速度逐渐增大。由于镁的化学活性大,当达到镁的溶解电位时,镁开始溶解,即:

$$Mg - 2e \longrightarrow Mg^{2+}$$

在 *BC* 区,随镁合金的溶解,生成的镁离子与工件表面吸附的氟离子、氢氧根离子、碳酸根离子、磷酸根离子等发生反应:

$$Mg^{2+} + 2F^- \longrightarrow MgF_2$$

$$Mg^{2+} + 2OH^- \longrightarrow Mg(OH)_2$$

$$Mg^{2+} + CO_2^{2-} \longrightarrow MgCO_2$$

反应生成物质在微弧氧化电解质溶液的溶解度很小,这些物质附着在工件表面上,直至这些不溶物完全覆盖工件表面(由于镁合金的溶解不均匀,完全覆盖是一个渐进的过程)。在活性溶解区,电流逐渐升高,当电流密度达到一定值如 *P* 点时(见图 7-26),镁合金开始钝化,此时的电流密度为致钝电流密度 *IP*。同时,吸附在镁合金表面的氢氧根离子,在电流的作用下,将发生如下反应,即

$$2OH^- + 2e \longrightarrow H_2O + O^{2-}$$

反应生成的新生氧原子具有很高的活性,极易与镁结合生成氧化镁。这些物质共同形成一层疏松的化学转化膜。

在活化钝化过渡区,氧化反应和离子反应同时进行,通过离子反应生成的化学转化膜疏松多孔,这些物质的生成阻碍了离子反应的顺利进行,使得反应速率大大降低。氢氧根离子在电场的作用下,穿过这些多孔的物质优先放电,释放出氧原子,生成的新生氧具有很高的活性,它与镁结合生成氧化镁。氧化镁逐渐填满空隙,膜的电阻逐渐增大,电流逐渐下降,电压却逐渐升高。这层膜的生成使得在工件表面起弧成为可能。

在 *CD* 区,随着氧化膜的增厚及微孔的减少,膜的电阻升高很快,并且膜阻碍了工件和溶液的热量交换,使得工件表面的温度升高,镁的活性增加。即使电流保持恒定电压时,温度升高也较快,氧化膜增长也相应增加。一般情况下,在实际生产中要求电压平稳升高,所以要适当降低电流,使电流密度逐渐降低。由于工件的形状、与阴极距离的远近、工件自身组成的不同以及工件表面状况差异等原因,造成电流密度的分布不均匀,使得氧化膜厚薄不均,各部分电阻各异。当电压升高到一定程度,氧化膜电阻较小的地方优先达到临界电压被击穿,产生电弧,形成瞬间通路。此时,在电场的作用下,经过加速的阴离子特别是氢氧根离子瞬间穿过微孔在镁合金表面放电并释放出氧原子,氧原子与镁结合生成氧化镁,使氧化膜增厚的同时电阻也随之增大。电压继续升高,当电压升高一定程度后相对薄弱的地方又被击穿……这种过程重复进行,氧化膜在增厚的同时厚薄悬殊减少,膜的击穿需要更高的电压,当电压足够

时，膜比较薄弱的某个小区域中绝大部分点同时被高压击穿，从而形成火斑。这种火斑现象不但破坏氧化膜，并且可能烧蚀工件。在实际生产中，工件起弧后要降低电流以限制最高电压在一定范围之内。此过程中虽然也有离子反应进行，但以氧化反应为主。

为了得到质量较好的氧化膜，必须采取措施（如降低电流等），以限制电压的升高。虽然可能因膜层中有微裂纹、杂质离子的掺入或基体本身的微量合金元素导致局部击穿，但击穿面大大减少。膜层致密均匀导热性能差。在微弧氧化过程中，由于氧化反应放出热量以及部分电能转化成热能，导致工件表面局部瞬间温度可达2000℃以上。这样的高温使氧化物烧结并被急速冷却时，相结构发生改变，可使四方晶系的MgO转变为结构更为紧密的立方晶系的MgO；普通 Al_2O_3 可转变为 α-Al_2O_3、γ-Al_2O_3。在钝化膜的构成中除了立方晶系的MgO，还有具有尖晶石结构的 α-Al_2O_3、γ-Al_2O_3、复合氧化物 $MgO\cdot Al_2O_3$ 和 $MgO\cdot SiO_2$ 以及少量的 MgF_2 等。

7.4.5.2 微弧氧化膜的形成与结构特点

研究发现在微弧氧化初始阶段，氧化膜的向外生长速度大于向内生长速度，达到一定厚度后，氧化膜完全转向基体内部生长。在整个过程中，热扩散和电迁移对膜生长起较大作用。

如前所述，微弧氧化过程一般经过四个阶段：表面生成氧化膜；氧化膜被击穿，并发生等离子微弧放电；氧化进一步向深层渗透；氧化、熔融、凝固平稳阶段。在微弧氧化过程中，当电压增大至某一值时，镁合金表面微孔中产生火花放电，使表面局部温度高达1000℃以上，从而使金属表面生成一层陶瓷质的氧化膜。其显微硬度在HV1000以上，最高可达HV2500～3000。在微弧氧化过程中，氧化时间越长，电压值越大，生成的氧化膜越厚。但电压最高不应超过650 V，否则，氧化过程中会发出尖锐的爆鸣声，使氧化膜大块脱落，并在膜表面形成一些小坑，从而大大降低氧化膜的性能。

微弧氧化形成的膜与一般的阳极氧化膜一样，具有两层结构，致密层和疏松层，如图7-26所示。与普通的阳极氧化膜相比，微弧氧化膜的空隙小，空隙率低，生成的膜与基体结合紧密，质地坚硬，分布均匀，从而具有更高的耐蚀、耐磨性能。

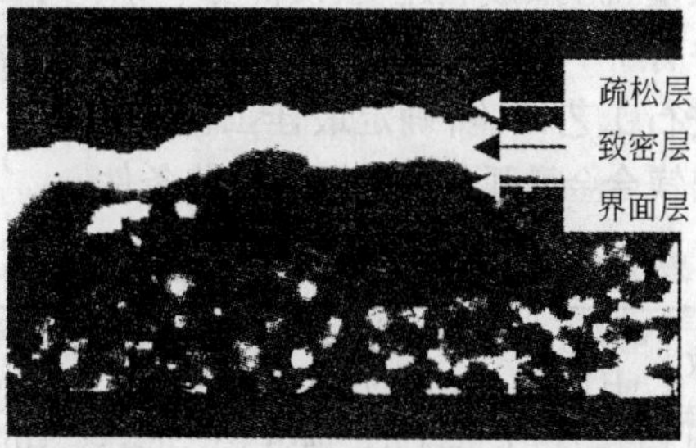

图7-26 镁合金微弧氧化膜的结构

微弧氧化膜表面由直径几十微米的大颗粒及大量几微米的小颗粒组成，颗粒熔化后加在一起，每个大颗粒中间残留一个几微米大小的放电气孔，颗粒上能观察到膜熔化痕迹，表面还有许多更小的气孔。微等离子体氧化膜是多孔的，在强电场的作用下，孔底气泡首先被击穿，进而引起膜的介电击穿，发生微区放电。试验过程中，浸在溶液里的样品表面能观察到无数流动的火花，由于击穿总是发生在膜相对薄弱的部位，因此最终生成膜是较均匀的。

微弧氧化的氧化液对氧化膜的组成起决定性的作用，常见的有硅酸盐、铝酸盐等。氧化液中含有硅酸盐的，通过X射线衍射分析可知，其陶瓷层主要由 $SiO_2\cdot MgO$ 组成；氧化液中含有铝酸盐的，陶瓷层中含有 Al_2O_3 成分。正是这两种氧化物的存在，提高了陶瓷层的耐磨性。

微弧氧化和阳极氧化处理镁合金耐蚀性的对比表明，镁合金表面经微弧氧化处理后电化学阻抗大幅升高，镁合金经微弧氧化后，在5% NaCl溶液中的腐蚀电流比经过阳极氧化处理的小近3个数量级，微弧氧化陶瓷层特有的微观组织结构，使它的耐蚀性比阳极氧化陶瓷层的耐蚀性显著提高。

7.4.5.3 微弧陶瓷氧化工艺特点

微弧陶瓷氧化质量的好坏主要取决于氧化工艺，以及氧化前的表面预处理和氧化后的及时封闭处理。总的工艺流程为：

除油→清洗1→氧化→清洗2→封闭→清洗3→干燥

镁合金工件微弧氧化工艺因工件形状及工件数量、膜厚、成膜速度、设备功率等不同，工艺条件有所不同。一般需要根据设备及电解液配方进行工艺试验，确定最佳工艺参数，表7-43列出镁合金微弧氧化的一般工艺条件。

表7-43　镁合金微弧氧化的一般工艺条件

参数	电解液pH值	电流密度/$A\cdot dm^{-2}$	最高电压/V	溶液温度/℃	时间/min
范围	12～14	1.2～4.0	550	30～65	10～30

经微弧氧化后，需用清水反复清洗，除去镁合金工件微孔内残留的电解质溶液，然后进行封闭处理。在热水中，水分子通过钝化膜的微孔与氧化镁反应，生成$Mg(OH)_2$，体积膨胀后将钝化膜的微孔封闭，提高了钝化膜的防护性能。反应式如下：

$$MgO+H_2O\rightarrow Mg(OH)_2$$

1994年美国的Zozulin等报道了ZE41和AZ91D镁合金上进行微弧阳极氧化处理的工艺。将清洗干净的试样浸入到含有氟化物的加热溶液中，使试样表面首先生成一层含有氟化镁和氧化镁的混合层。然后将此试样作为阳极放入电解槽中，不锈钢作为阴极。电解过程包括基体金属的阳极氧化，以及从含硅酸盐电解质中的无机粒子沉积。在起始1～2 min内，电压增加到150～190 V(对于AZ91D合金)，这里火花放电沉积很明显，局部温度可高达1000℃，使得硅酸盐和氧化物粒子熔化沉积在金属表面上，最终在镁合金表面生成坚硬耐磨耐蚀的防护涂层。

7.4.5.4　氧化膜的修补与着色

镁材经过氧化处理后必须立刻清洗并烘干，严禁在湿空气中相互叠放，造成腐蚀。如果镁合金氧化部件局部氧化膜缺损，则需要进行局部化学氧化，局部氧化液成分见表7-44。局部氧化一般为手工操作，先用浸有酒精的棉球擦拭需氧化的部位，再在室温下用浸有氧化液的棉球反复涂抹无膜处，直到生成均匀氧化膜，最后用蒸馏水冲洗残渣并用脱脂棉擦净干燥。

表7-44　镁及镁合金用局部氧化液成分

方法	溶液成分	应用范围
1	氧化镁8～9 g/L；铬酐42 g/L；硫酸0.6～1.0 mL/L	成形件
2	硒酸20 g/L；重铬酸钾10 g/L	材料

膜层出现脱落、鼓泡、烧伤、锈蚀或颜色不均等时，局部氧化也不能修复产品，必须退除氧化膜，退膜溶液和工艺条件见表7-45，然后按原氧化条件重新氧化。化学氧化膜的膜层薄，强度低，耐蚀性差，一般不能单独使用，需要进行填充处理。特别是装饰性氧化膜，还必须进行着色处理和氧化膜质量鉴定。填充、着色处理可以改善氧化物的物理、化学性质，提高氧化膜的防护性和美化氧化膜的外观。填充、着色处理方法很多，常用的几种方法见表7-46。氧化膜着色染料分有机染料和无机染料两大类，也可以分为酸性、中性、碱性等；一般有机染料的浓度为3～5 g/L，无机染料溶液浓度为10～200 g/L。溶液浓度要根据颜色深浅来定，具体着色条件如表7-47所示。

表7-45　镁材料的退膜溶液和工艺条件

方法	退膜处理过程1			退膜处理过程2			应用范围
	溶液成分	温度/℃	处理时间/min	溶液成分	温度/℃	处理时间/min	
1	HNO35%	室温	0.5～1				尺寸要求不严的氧化件
2	NaOH260～300 g/L	70～80	5～10	铬酐150～250 g/L	室温	0.5～1	尺寸要求较严的氧化件

表 7-46　氧化膜填充(或密封)处理方法和工艺条件

填充方法	填充介质	pH值	温度/℃	时间/min	应用范围	氧化膜颜色
蒸汽填充	水蒸气		>100	20	冷着色零件	无色
热水填充	热蒸馏水	6～7	90～98	30	镁及其合金材料	无色
油脂填充	凡士林或石蜡	6～7	>100	0.5～1	镁及其合金材料	无色
铬酸盐填充	5%～10%重铬酸钾溶液	6～7	约100	30	镁及其合金材料	黄色
水玻璃填充	5%硅酸钠溶液	碱性	约100	20～30	镁材料防冻件	无色
环氧树脂填充	10%环氧酚醛树脂		室温	1～3 s	镁材在100℃下干燥2 h	无色
醋酸盐填充	醋酸钠5 g/L;醋酸钴1 g/L;硼酸8 g/L		90～98	20～30	抗晒氧化件或装饰品	紫色

表 7-47　常用的氧化膜着色方法和工艺条件

无机染料					有机染料				
名　称	含量/g·L^{-1}	温度/℃	时间/min	氧化膜颜色	名　称	含量/g·L^{-1}	温度/℃	时间/min	氧化膜颜色
铁氰化钾	10～50	90～100	10～20	蓝色	酸性青	3～5	80～90	10～30	黑色
氟化铁	10～100				酸性黑	3～5	80～90	10～30	黑色
铁氰化钾	10～50	80～90	20～30	褐色	茜素黄	1～3	60～70	10～30	金黄
硫酸铜	10～100				玫瑰精	1～5	70～80	10～30	桃红
醋酸钴	50～100	90～100	20～30	黑色	酸性枣红	125	70～80	10～30	枣红
高锰酸钾	15～25				纯天蓝	2～3	70～80	10～30	天蓝
重铬酸钾	50～100	90～100	20～30	金黄色	孔雀绿	1～5	70～80	10～30	绿色
醋酸铅	100～200				碱性紫	3～5	70～80	10～30	紫色
硫代硫酸钠	10～50	90～100	20～30	黄色	配发橙黄	1～3	70～80	10～30	蛋黄
高锰酸钾	10～50				碱性褐	3～5	70～80	10～30	褐色
重铬酸钾	40～60	90～95	20～30	黄色	茜素黄	3～5	70～80	10～30	红黄
					茜素红	1～3			

氧化膜质量因氧化方法不同而异,同时由于材料用途不同,对氧化膜质量要求也有所差别。因此,镁合金氧化膜质量目前尚无统一的标准,最常见的鉴定方法如下:

(1) 外观检查,检查氧化膜颜色是否均匀,是否存在黑斑、花纹、起泡、锈蚀、擦伤、膜裂、针孔等缺陷,膜层是否致密,与基体附着力大小如何。

(2) 氧化膜有关物理性能的测定,包括膜厚、孔隙度和显微硬度等。

经过化学氧化处理的镁合金零件在使用前需涂覆一层涂料作为补充保护。涂层数通常不得少于3层。如果零件表面不涂覆涂料,而是静电喷涂后再在流态化床涂覆环氧树脂粉末,则固化后涂层的耐蚀性远远超过氧化处理后涂覆涂料的防护效果。

7.4.6　镁及镁合金材料的电镀技术

所有的工业电镀系统在适当的预电镀之后都可用于镁合金上。但是,只有锌和镍这两种金属能直接电镀到镁上,在工业生产中,其镀层不被用做最终表面镀层,而是用做基底镀层,在其上面再镀以其他常用的电镀金属。这种获取有效镀层所需要的特殊工艺过程是由镁基体的两个基本特性决定的:高电化学活性(氧化倾向)和易受大多数酸洗液的快速化学腐蚀。

镁的电镀准备工作原则上与许多其他金属相似。首先,必须对镁进行清洗,除去所有的表面杂质。然后,根据所期望的表面光洁度对其进行抛光。可以用以下一种或多种抛光方法达到这一目的;玻璃或塑料喷砂、酸洗、滚筒清理或抛光和去毛刺。由这些处理带来的表面杂质必须通过另外的清洗方法清除。根据污物的类型,适用的清洗方法有蒸汽脱脂、乳剂清洗和碱洗。最后,在其能接受镍或锌基础镀层之前,必须对镁的表面进行化学活化。

7.4.6.1 镀镍

镁合金化学镀镍有两种方法：一种是传统的DOW氏浸镍；另一种是直接化学镀。前者工艺稳定，镀层效果较好，过去使用比较多，但由于含有铬离子，有一定的毒性，使用受到了限制；后一种方法由于工艺简单，毒性小，废水处理简单，镀层结合好，成为近年来的发展方向。

镁镀镍之前必须先进行两道酸洗处理，一道是用铬酸硝酸溶液酸洗，另一道是用氢氟酸溶液酸洗。这些预处理一般称为镁的化学蚀洗工艺。

典型的直接化学镀镍工艺流程为：

碱性除油→电解除油→浸蚀→氢氟酸浸蚀→化学镀镍→烘烤

图7-27示出了镁及镁合金材料直接镀镍的工艺过程，表7-48列出图7-27中溶液的成分。表7-49列出酸性化学镀和电镀镍法的工作条件。

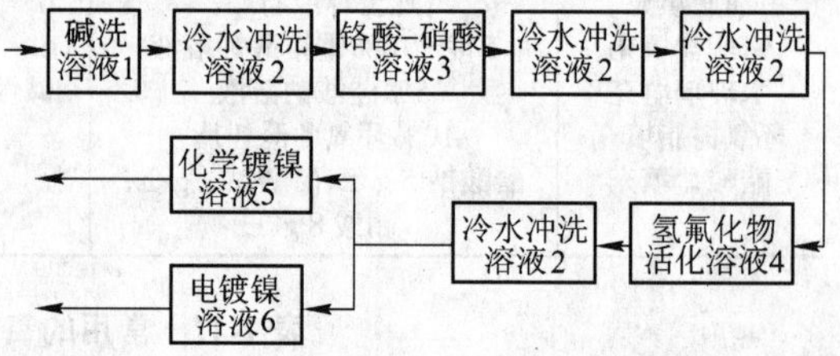

图7-27 镁及镁合金材料直接镀镍工艺过程和溶液成分

表7-48 图7-28中的溶液成分和工作条件

溶液序号	溶液类型	成分	含量/$g\cdot L^{-1}$	工作温度/℃	周期时间/min	槽体材料
1	碱洗液(*a*)	(*b*)	(*b*)	82～100	3～10	低碳钢
2	冷水冲洗(*c*)	水		室温	1/2～1	低碳钢
3	铬硝酸洗液(*d*)	CrO_3 70%HNO_3	120(*e*) 150	21～32	1/3～1	低碳钢(*f*)
4	氢氟酸活化剂	50%HF	360(*g*)	21～32	10	加衬低碳钢(*h*)
5	化学镀镍(*i*)	碱性碳酸镍 氢氟酸(50%HF) 柠檬酸 氟化氢铵 次磷酸钠 氢氧化铵 水 pH(比色)	9.7 10 5.2 10 20.3 28 余量 4.5～6.8	77～82	(*j*)	加衬低碳钢(*k*)
6	电镀镍(*m*)	碱性碳酸镍 氢氟酸(100%HF) 柠檬酸 润滑剂(*n*) pH(比色)	120 43 40 0.7(*o*) 3.0	49～60	(*j*)	带衬的低碳钢(*l*)

注：(*a*)在碱洗之前可以有蒸汽脱脂、乳剂清洗或机械清理，其后可以用冷水冲洗，然后可在冷水冲洗和硝酸酸洗之前用铬酸盐、硝酸铁或磷酸酸洗。这三种酸中究竟选择哪一种取决于所允许的金属去量；(*b*)溶液的类型和浓度取决于表面的脏污程度；(*c*)用足量的新水彻底清洗，搅动；(*d*)溶液必须通风；(*e*)针对含铝的合金，对不含铝的合金，浓度为60 g/L的CrO_3和120 g/L的70%HNO_3；(*f*)或者用衬有乙烯的低碳钢；(*g*)用于含5%以上的铝的合金。对所有其他的合金，溶液含90 g/L50%HF，加水达3.8 L的体积；(*h*)衬以聚乙烯、合成橡胶或乙烯基材料；(*i*)建议搅动工件；(*j*)时间取决于所要求镍层厚度；(*k*)衬以聚乙烯、萨纶树脂或人造荧光树脂；(*l*)最好是6.5；(*m*)要求直流电；需要摆动阴极棒；(*n*)例如十二烷基硫酸钠表面；(*o*)1 g/L。

表 7-49　镁及镁合金材料酸性化学镀镍与电镀镍法的工作条件

酸性化学镀镍		电　镀　镍	
成分和条件	数值范围	成分和条件	数值范围
碱性碳酸镍/g·L^{-1}	10	碱性碳酸镍/g·L^{-1}	120
50%HF 的氢氟酸/g·L^{-1}	6.4	100%HF 的氢氟酸/g·L^{-1}	43
柠檬酸/g·L^{-1}	5.2	柠檬酸/g·L^{-1}	40
氟化氢铵/g·L^{-1}	10	湿润剂(b)/g·L^{-1}	0.7(c)
次磷酸钠/g·L^{-1}	20	水	余量
氢氧化铵/g·L^{-1}	28	pH(比色分析)	3.0
水	余量	工作温度/℃	48～60
pH(比色分析)	4.5～6.8(a)	电流密度/A·dm^{-2}	3～10
工作温度/℃	76～82	阴极棒搅动/m·s^{-1}	0.06～0.08
需要搅动	轻微的机械搅动		
镀镍速度/μm·h^{-1}(大约)	20～25		

注:(a)优选值为 6.5;(b)示例,月桂基硫酸钠;(c)1 g/L。

从某种程度上讲,两道化学蚀洗处理可产生表面点蚀,从而为镀层沉积提供了机械锚固作用。在这种粗糙表面镀以镍基低镀层以后,镀层表面不如锌浸镀工艺所获得的表面那么明亮或光滑。但与锌镀层相同的是镍镀层可接受任何标准的电镀,包括镉、锌、铜、黄铜、镍、黑镍、铬、金、银和铑。化学镀层,如金或银也可施加到这种最初的镀镍层上。

虽然这种酸性化学镀镍的镀层能够满足一般环境下的可焊接性、硬度和抗腐蚀性,但对于粘附性和耐蚀性要求高的场合,将其作为最终镀层是不能令人满意的。如在盐喷这样的苛刻环境下,这种镀层所特有的多孔性和镍与镁之间剧烈的电化反应可迅速渗透至镁基体。由于这一原因,大多数应用于工业生产的镁的化学镀镍工艺,均采用浸镀锌加电镀铜取代其中的铬酸酸洗准备工序。锌浸镀处理是极为严格的,因为它决定着后步镀铜的均匀性及完整性。在此阶段产生的任何镀层缺陷均会使以后的处理失效。这种浸锌工艺必须满足特定合金及新产品形态的要求。

为了能有效工作,必须按下列方式制备酸性化学镀镍浴液:

(1) 在室温下将碱性碳酸镍缓慢加入氢氟酸内并搅动,在该槽液中加入总用水量的大约十分之一,形成氟酸镍;

(2) 在上述反应完成后,加进其余量的水;

(3) 顺序加进柠檬酸、氟化铵和次磷酸钠;

(4) 加氢氧化铵,使溶液的初始 pH 值达到 6.5,并在工作过程中还要定期添加,以提高 pH 值,保持 pH 值为 6.5;

(5) 使用不锈钢或其他适当的过滤器将溶液彻底过滤。只能使用塑料类助过滤剂,因氟化物会浸蚀普通的硅酸盐类材料;

(6) 将槽液加热到正常工作温度范围内。建议采用经过蒸汽或燃气加热的热水套进行均匀的外部加热。溶液的局部过热或较长时间的过热都会造成槽液变质和非正常的减少。为了使镍不至于粘附在槽壁上,使用衬有 0.5 mm 厚的喷烤型乙烯基塑料的低碳钢或不锈钢代替。

浸蚀可在腐蚀性较强(体积分数为 90%的磷酸)或对镁不腐蚀($CrO_3$180 g/L)溶液中进行,目的是去除镁表面的氧化膜,若金属在铬酸和硝酸的混合酸中进行,时间为 20～60 s,直接化学镀镍需要采用 HF 酸(体积分数为 5.5%)浸蚀活化,以在镁合金表面产生氟化物薄膜,抑制镍在镁上的起始沉积速率。从而获得均匀、致密、结合力良好的转化膜层,为自催化沉积提供很好的底镀层,减少镁的氧化以及化学镀液对镁的腐蚀,后处理是在铬酸($CrO_3$2.5 g/L)或重铬酸钠($Na_2Cr_2O_7 \cdot 2H_2O$120 g/L)溶液中于 88～100℃ 浸泡 10 min,以改善耐蚀性。在 200℃ 下烘烤 1 h,以提高结合力。

7.4.6.2　镀锌

在脱脂和机械清理(如果需要)、碱洗、酸洗和表面活化之后,将镁零件浸泡在一种非电解化学槽液中,直接给基体金属镀上一薄层锌,从而为以后的电镀做好准备。浸锌工艺所要求的基本工艺步骤、工作条件和工作槽的材质见图 7-28 和表 7-50。这一浸渍处理之后,在进一步进行任何其他标准电镀之前,必须采用触击电镀铜的方法对此 2.5 μm 厚的特薄镀锌层进行保护。

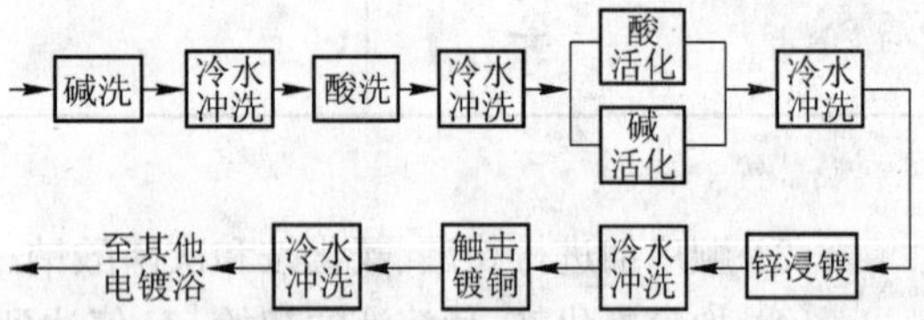

图 7-28　镁合金表面的触击电镀的基本工艺步骤

表 7-50　图 7-28 中的各槽溶液配方和工作条件

操作工艺	周期时间/min	溶液温度/℃	槽体材料
碱洗①	3~10	87~100	低碳钢
酸洗	1/2~1	21~32	陶瓷或不锈钢②
酸活化	1~5	21~32	橡胶、聚乙烯或乙烯基塑料
碱活化	2~5	76	不锈钢
浸镀锌	1~3	79~85③	不锈钢
触击镀铜④	6~10	65~71	低碳钢、橡胶
冷水冲洗	1/2~1	室温	低碳钢

①在此之前也许需要溶剂清洗、机械清理,或二者兼有之;②含有氟化物的混合溶液要求采用聚乙烯、乙烯基或合成橡胶衬层;③最好有自动温控;④最好用阴极棒搅动,连续过滤和自动温控。

浸锌的工艺过程和使用的溶液分析如下。

A　碱洗

当用在镁的电镀过程中时,可采用浸渍清洗或阴极电清洗,或者两者结合使用。强碱性溶液用于去除油性固体物质和其他表面杂质。钢铁用的商业化碱性清洗剂效果良好。这种处理之后应当用酸浸的方法去除氢氧化物厚膜或其他耐碱性清洗剂的固体杂质。

B　酸洗

根据镁合金的成分和产品的形态,可在电镀之前使用表 7-51 所列的溶液酸洗。所有镁的标准合金和产品都可以使用硝酸铁进行酸洗及化学增亮。

表 7-51　电镀之前可使用的酸洗溶液成分

镁合金产品通用的酸洗溶液		板材、挤压材和锻件的酸洗溶液	
铬酸(CrO_3)/$g \cdot L^{-1}$	180	冰醋酸(CH_3COOH)/$mL \cdot L^{-1}$	280
硝酸铁($Fe(NO_3) \cdot 9H_2O$)/$g \cdot L^{-1}$	40	硝酸钠/$g \cdot L^{-1}$	80
氟酸钾 KF/$g \cdot L^{-1}$	3.5~7	温度/℃	21~32
温度/℃	21~32	时间/min	1/2~2
时间/min	1/2~2		

在不允许或仅允许很小尺寸变化的场合,可使用三氧化铬含量为 180 g/L 的铬酸水溶液;并在其沸点以下的任何温度对零件进行酸洗。只要不存在氯化物杂质,这种酸浸将能去除氧化物、腐蚀物和其他污物,并且没有明显的金属去除。

C　表面活化

为了能在镁的表面获得一种粘附性强、均匀的镀锌层,必须将零件浸泡在一种特殊的酸或碱溶液中,使镁的表面活化。酸性活化槽液可以除去由以前的酸洗或清洗操作留下的氧化物或铬酸盐薄膜,对基体金属仅有最小的浸蚀。它还会产生一个等势面,可使其上的镀锌层均匀分布。普通使用的酸性活化水溶液的成分和工作条件如表 7-52 所示。

表 7-52　普通使用的酸性活化水溶液的成分和工作条件

磷酸(85%H_3PO_4)/$g \cdot L^{-1}$	氟化氢铵(NH_4HF_2)/$g \cdot L^{-1}$	温度/℃	时间/min
340	100	21~32	0.5~2

明显低于 21℃ 的酸性活化槽液可造成电镀层的粘附性低下。这种槽液所用的低碳钢槽需加聚乙烯、合成橡胶或乙烯基材料的衬层。

碱性焦磷酸盐活化溶液也可去除氧化物和其他的薄膜。由于其碱性特点,它不会溶解挂架触点金属。所以,在挂架触点相邻区域浸渍时,很少甚至没有铁和铜等金属的沉积。这种分散镀层会妨碍后续的浸锌镀层的正常沉积。这种溶液的配方和工作条件如表 7-53 所示。

表 7-53 碱性焦磷酸盐活化溶液成分及工作温度

焦磷酸四钠($Na_4P_4O_7$)/$g\cdot L^{-1}$	四硼酸钠($Na_2B_4O_7$)/$g\cdot L^{-1}$	氟化钠(NaF)/$g\cdot L^{-1}$	温度/℃	时间/min
40	70	20	76	2～5

这种槽液不得在高出 76℃很多的温度下操作，因为碱溶液有在冲洗之前使零件表面干燥的趋势。因此，从热活化剂向热水冲洗的转移要尽可能快。而且，在碱性活化处理时，还必须完全除去先前在零件上产生的铬酸盐膜。必须用不锈钢槽盛放这种碱液。

也可以使用另外的供选择的活化槽液为浸锌槽制备表面。表 7-54 列出了其中的两种。应当注意的是不得使用玻璃或陶瓷元件接触任何一种活化液，少量的硅酸盐即可毒化它们。

表 7-54 用于浸锌处理的替换性活化槽液

活化剂	成 分	浓 度	
		公称值/$g\cdot L^{-1}$	范围/$g\cdot L^{-1}$
酸性	草酸($(CO_2H)_2$)	5	2～10
碱性	焦磷酸钾($K_4P_2O_7$)	60	50～150
碱性	碳酸钠(Na_2CO_3)	15	10～20

D 浸锌涂层

标准的浸锌槽液是以焦磷酸盐、锌盐、氟化盐的水溶液为基础的，如果需要，还可以用少量碳酸将碱性调整到适当的范围。焦磷酸盐可溶解氧化物和氢氧化物膜并形成水溶性络合物。在特定的 pH 值、温度和槽液浓度下有效地去除杂质薄膜的同时，可镀上一层很薄的金属锌层。加氟化物是为了控制锌的淀积速率。在很大程度上，锌镀层的质量和粘附性取决于淀积的速度，速度太快，通常会产生粘附性较小的涂层。常用的浸锌溶液的配方和工作条件如表 7-55 所示。

表 7-55 常用的浸锌溶液的配方和工作条件

成 分	含量/$g\cdot L^{-1}$	项 目	工作条件
一水硫酸锌($ZnSO_4\cdot H_2O$)	30	pH	10.0～10.6(最优为 10.2)
焦磷酸四钠($Na_4P_4O_7$)/$g\cdot L^{-1}$	120	温度/℃	79～85
氟化钠(NaF)/$g\cdot L^{-1}$	5		
或氟化锂(LiF)/$g\cdot L^{-1}$	3		
碳酸钠(Na_2CO_3)/$g\cdot L^{-1}$	5		

如果焦磷酸盐与锌之比保持在适当的范围内，并且氟化物的浓度也保持在所指定的水平时，表中的槽液成分可在一定范围内变化。制备这种槽液所用的水应不含铁和其他重金属盐类。可以用普通的自来水，但最好用去离子水。

制备这种槽液的第一步是将一水硫酸锌在室温下溶解在水中，然后将溶液加热到 60～82℃，并慢慢加进焦磷酸四钠，同时搅动。在进一步搅动 5～10 min 之后或更长时间(取决于搅动的程度和温度)之后，首先形成的白色松软的沉淀物(焦磷酸锌钠)产生溶解。再加进氟化物，然后是碳酸盐。受溶解度限制，可用氟化锂自动调节溶液的氟化物含量。氟化锂可放在悬置于槽液中的一个布袋里。

所加入的碳酸盐量是产生适当的 pH 值所需要的平均值，应根据该溶液实际的 pH 值确定。必要时，可以加硫酸或磷酸来降低 pH 值。

该槽液工作温度为 79～85℃。为了防止分层现象，要轻轻搅动，尤其是在加水补充蒸发损失时。浸渍时间取决于合金成分、槽液温度、表面预处理和其他工艺参数，一般为 1～3 min，但对含铝的合金可达 10 min。锌镀层的最佳厚度为 2.5～3.8 μm。

浴槽必须用不锈钢制造。除了厚镀镍层外，低碳钢将造成溶液中有过量的铁杂质。

正如活化槽液一样，不允许玻璃或陶瓷元件接触浸锌液，很小量的硅酸盐便可将溶液溶化。这种浸锌槽液工作寿命相当长，并可通过分析和定期添加来保持。最终，由于溶解的量的增多和其他杂质的污染而必须废弃。

在镀锌涂层之后，必须立即在氰化物槽液中进行触击电镀铜。在浸入电镀槽液之前，必须使工件与阴极棒之间有电接触。如果接着要在碱浴或改进型的无腐蚀氟化镍浴中进行电镀，3 μm 或更薄的铜镀层便可胜任。但是，如果随后要用酸浴电镀，电镀后要对工件进行彻底中和及清洗。

在某些应用中，由于零件的复杂性或基体金属的疏松性，可能必须增加触击电镀铜的最大厚度。压铸件，由于疏松多孔，如果接下来的电镀浴是酸性的话，一般需要稍厚的最小镀层厚度。

触击电镀铜时，首先施以电流密度高达3～4 A/dm^2的电流，持续0.5～1 min，然后再降至1.5～2.5 A/dm^2。在高电流密度下延长触击电镀时间会造成粘附性低劣并产生气泡。这种快速镀铜完成之后，可进行通常采用的其他金属电镀。

为了不至于引起浸锌层破裂，在触击电镀铜期间必须防止气体产生。为了防止铜在其上的浸镀，当零件进入铜浴液时，必须施加0.5～1 V的电压。然后，在零件就位时，再将电压提升到要求的密度。

7.4.6.3　金属涂层及其他特殊涂层

镁合金可以采用金属涂层来保护，施镀方法包括电镀、离子镀或化学镀等。由于镁合金易燃烧，一般不采用热浸镀和热喷镀。镁合金的金属镀层一般采用电镀方法，主要涂层有Cu、Ni-Cr-Cu涂层。化学镀膜层通常为Ni-P涂层。

通常在镁合金表面进行电镀或化学镀是很困难的，其原因如下：

(1) 镁合金十分活泼，表面迅速形成的氧化镁阻止了金属膜层与基体之间形成金属－金属键。

(2) 镁是碱土金属，在普通溶液中与其他金属离子的置换反应十分强烈，而转换后的结合十分松散。

(3) 第二相（如稀土相、γ相等）具有不同的电化学特性，可能导致沉积不均匀。

(4) 无法得到致密性很高的铸件，并且表面存在杂质，基体表面孔隙和夹杂可能成为镀层孔隙的来源。

(5) 镀层标准电位远高于镁合金基体，从而必须保证镀层无孔，否则任何一处通孔都会增大腐蚀电流引起严重的电化学腐蚀，这可能比涂覆前效果更差。因此，一般采用化学转化膜法先镀锌，然后镀铜。其工艺流程为：脱脂→酸洗→活化→浸Zn→预镀Cu→电镀。当镁合金表面镀上一层铜后，即按普通电镀方法在铜镀层上镀需要的金属。

通常先镀铜，再化学镀镍，然后镀所需的金属，这样镀层的结合力较好。

目前，镁合金表面电镀或化学镀方法有ASTM统一标准，标准的有DOW公司的浸锌法，主要为Ni、Ni-P合金涂层，DOW公司镁合金电镀或化学镀工艺见表7-56。浸锌法存在工艺复杂、结合不牢固等一系列缺点。针对这些缺点，特别是对酸洗和活化处理改进，Oslen提出了Norsk Hydro工艺，其酸洗配方为：$C_2H_2O_4$ 10 g/L，润湿剂0.5 g/L。活化液为碱性溶液，其配方为：$K_4P_2O_7$ 65 g/L，Na_2CO_3 15 g/L。Dennis在此基础上提出了以$K_4P_2O_7$/氟化物溶液代替$K_4P_2O_7/Na_2CO_3$溶液作为活化液的WCM工艺。

表7-56　DOW公司镁合金电镀或化学镀工艺

序号	工序名称	工艺条件	
1	丙酮或三氯乙烯脱脂		
2	水洗		
3	阴极清洗		
4	水洗		
5	酸洗配方1：CrO_3 180 g/L，$Fe(NO_3)_2\cdot 9H_2O$ 40 g/L，KF 3.5 $g\cdot L^{-1}$ 酸洗配方2：CrO_3 180 g/L	腐蚀速率 室温 时间 腐蚀速率慢	约3 μm/min 2 min 2～10 min
6	水洗		
7	活化 配方 NH_4HF_2 105 g/L，H_3PO_4 200 g/L	室温	2 min

续表 7-56

序号	工序名称	工艺条件
8	水洗	
9	浸锌 $ZnSO_4 \cdot H_2O$ 30 g/L, $Na_4P_2O_7$ 120 g/L, LiF 3 g/L, Na_2CO_3 5 g/L, pH=10.2～10.4	温度 80℃ 8 min
10	水洗	
11	氰化物预镀铜工艺 1: CuCN 38～42 g/L, KCN 64.5～71.5 g/L, KF 28.5～31.5 g/L, pH=9.6～10.4 氰化物预镀铜工艺 2: CuCN 38～42 g/L, NaCN 50～55 g/L, Na_2CO_3 30 g/L, $KNaC_4H_4O_6 \cdot 4H_2O$ 40～48 g/L, pH=9.6～10.4	起始电流密度 5～10 A/dm^2 工作电流密度 1～2.5 A/dm^2 时间 6 min 温度 45～60℃
12	水洗	
13	电镀或化学镀	

7.4.7 镁及镁合金材料含氟协合涂层

7.4.7.1 概述

金属表面协合涂层的基本原理是在镁材工件表面的多孔硬质基底层中通过物理或化学(电化学)方法引入所需的功能物质,再通过精密处理对其进行改性,最终得到一种精密整体涂层,其综合性能远远超过一般意义上的复合涂层。它还是一种"可设计"的复合改性涂层,通过引入不同的功能物质,可得到不同的表面功能特性,使其具有极大的应用价值。美国 General Magnaplate 公司研究开发的镁及镁合金"Magnadize"氟聚合物协合涂层工艺、日本的高木等人开发的镁合金氟聚合物协合涂层工艺均获得了实际应用。我国也开发出了均匀致密的镁合金含氟协合涂层,如图 7-29 所示,涂层厚度为 15～25 μm,见图 7-30,涂层由氟、镁、铝、镍、磷和锌等几种元素构成。

镁合金进行协合涂层处理时,首先用电化学方法使其表面转化为多孔性水合氧化镁($Mg \cdot H_2O$)晶态膜或类似的硬质复合膜,随后通过一个控制时间及温度的精密工艺过程将润滑剂(氟聚合物或 MoS_2)或封闭剂材料注入水合氧化镁膜层中,氟聚合物与氧化镁基层相结合并形成坚硬、平滑的晶形陶瓷涂层。具体工艺过程为:

镁及镁合金→有机溶剂除油→化学除油→水洗→活化准备→水洗→基底层制备→水洗→引入润滑剂氟聚合物→精密热处理→协合涂层。

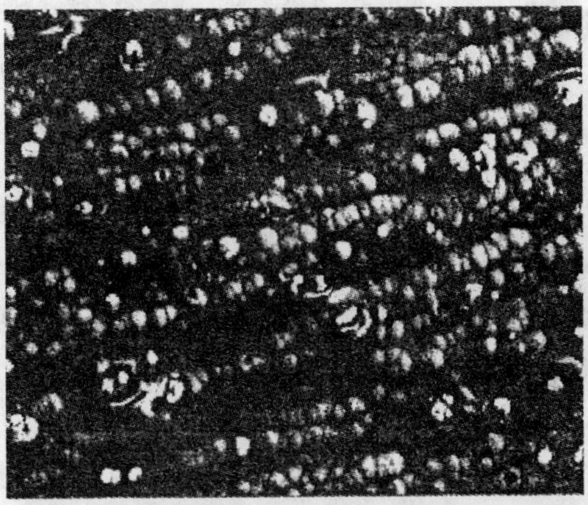

图 7-29 镁合金含氟协合涂层表面形貌

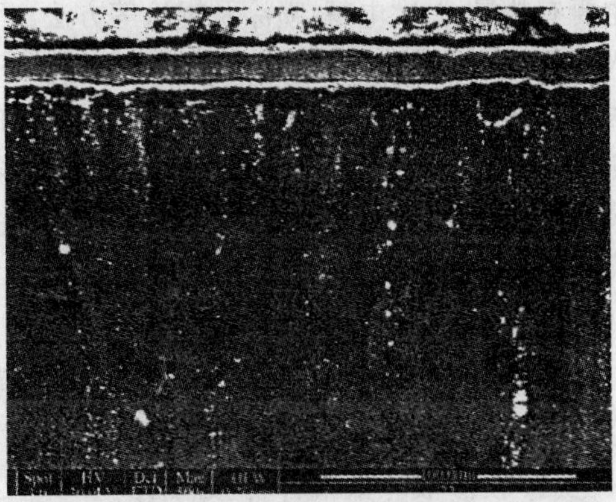

图 7-30 镁合金含氟协合涂层横截面形貌

7.4.7.2 基底层的制备工艺

多孔的硬质基底层是金属材料制备含氟聚合物协合涂层的基础。对镁合金而言微弧阳极氧化是制备协合涂层的最好基底层,因为它不但具有高硬度,同时微弧氧化膜也具有一定的孔隙率和较大的孔径有利于氟聚合物渗入。微弧氧化电解液主体成分有:氢氧化物、氟化物、硅化合物、添加剂等,电解工艺参数有电压、电流密度、温度、氧化时间,各参数的范围大致为:电压100~500 V、电流密度1~20 A/dm^2、温度10~65℃、氧化时间10~90 min;可通过特制的添加剂、适当的工艺参数,并采用空气搅拌等方式改善散热条件,制得了性能较好的镁合金微弧氧化膜。电解液基础配方及电解工艺条件是:

(1) 电解液配方。氢氧化物2~20 g/L、氟化物2~15 g/L、硅酸盐5~40 g/L、WJ-Mg01添加剂10 g/L。

(2) 电解工艺条件。pH12~14、电流密度1~5 A/dm^2、电压150~500 V、温度10~60℃、时间10~60 min。

该工艺体系氧化膜的厚度可控制在10~30 μm、硬度HV达500~700,微弧氧化膜的色泽为灰色,经精密热处理后膜层产生部分相变,孔隙率加大,且涂装性能良好。

7.4.7.3 氟聚合物的引入工艺方法

氟聚合物的引入是协合涂层研究的关键技术之一,因氟聚合物微粒进入氧化膜孔越多越深,最终协合涂层的综合性能就越好,引入方式主要有热浸、二次电解、喷涂及辊涂等方法。引入的均匀性是技术“瓶颈”。由于零部件加工方法不相同,表面状况有异且对协合涂层性能的侧重面也有所不同。因此,允许使用不同的氟聚合物引入工艺方法。下面仅介绍几种典型的引入工艺。

A 热浸法

控制氟聚合物微粒的浓度、热浸温度和时间,可以获得较佳的结果。典型的热浸工艺如下:

(1) 浸渗液。氟聚合物微粒10~50 g/L、WJ-JO1添加剂适量。

(2) 浸渗条件。温度30~100℃、时间5~60 min。

热浸法的最大优点是简单易行,适合于复杂零件、小零件及规模化生产;但热浸时浸渗液中氟聚合物的热聚合损失较大。

B 热浸与喷涂结合法

该法对容易喷涂施工的零部件尤其适用。利用热浸法首先在基底层表面吸附一层聚合物层,然后再喷涂同类聚合物。这样既可增加涂层厚度,也有利于均匀性涂层的形成。典型的工艺如下:

(1) 浸渗液。氟聚合物微粒10~50 g/L、WJ-JO1添加剂适量。

(2) 浸渗条件:温度30~100℃、时间5~60 min。

浸渗后,对表面进行干燥处理,然后喷涂同类聚合物,并进行协合改性处理,即可制备希望厚度和性能的协合涂层。

C 二次电解引入法

该法尤其适合于表面光洁度高、外形简单的零部件。控制电解条件可对膜层厚度进行适当控制,该工艺过程可在室温进行,吸附均匀性好。经试验研究,确定的二次电解工艺如下:

(1) 电解液。氟聚合物微粒5~50 g/L、WJ-DO1添加剂适量。

(2) 电解条件。电流密度5~50 mA/dm^2、温度25~80℃、时间0.5~30 min、阳极电解;利用电解工艺引入氟聚合物时,基体表面局部尖端放电将引起氟聚合物的聚集,产生不利的结果。

7.4.7.4 涂层整体熔合改性工艺

涂层最终的整体改性也是制备协合涂层的关键技术之一。在基底层引入氟聚合物后,采用真空精密热处理进行涂层的整体熔合改性是一个有效的和可靠的工艺方法,其基本工艺条件是:温度为280~360℃;时间为5~90 min。

7.4.7.5 协合涂层的性能测试与结果分析

A 宏观形貌

微弧氧化产品表面为白色;协合涂层产品表面为灰色至棕色。

B 表面粗糙度

微弧氧化和协合涂层样品表面粗糙度分别

为 $Ra=0.548\ \mu m$, $Rz=3.072\ \mu m$, $Ry=4.51\ \mu m$ 和 $Ra'=0.293\ \mu m$, $Rz'=1.399\ \mu m$, $Ry'=2.398\ \mu m$。微弧氧化膜表面存在一些很深的孔洞，经过协合涂层处理后，主要孔洞基本被封住，表面比较平滑。

C 表面硬度

按上述工艺获得的涂层，其表面维氏硬度见表 7-57。

表 7-57 表面硬度(载荷 50 g，单位：HV)

样 品	Ⅰ	Ⅱ	Ⅲ	平均值
微弧氧化	490	672	618	593
微弧氧化＋协合涂层	313	399	298	337

7.4.8 镁及镁合金材料的化学沉积处理工艺

利用化学沉积法在压铸镁合金 AZ91D 和挤压镁合金 AZ31 材料表面上获得化学沉积膜，可提高材料的耐蚀性和硬度。

首先将材料表面进行充分的表面预处理，然后化学沉积锌，再化学沉积镍、磷合金，最后可以根据需要进行其他表面处理，如装饰电镀镍、铬等。

化学沉积工艺如下：

抛光→脱脂→酸洗→表面活化→化学浸锌→化学沉积镍、磷→电镀镍、铬

具体工艺操作条件和溶液配方见表 7-58。

表 7-58 溶液配方及操作条件

工艺名称	溶液配方	操作条件
脱 脂	配方 1：$NaOH$ 25～40 g/L，Na_2CO_3 15～25 g/L 表面活性剂 1～2 g/L	室温，8～15 min
	配方 2：$NaOH$ 10～20 g/L，$Fe(NO_3)_3$ 15～20 g/L Na_2SiO_3 10～20 g/L，OP-10 乳化剂 1～3 g/L	室温，5～10 min
酸 洗	配方 1：CrO_3 120～200 g/L，$Fe(NO_3)_3$ 30～60 g/L NaF 2～4 g/L	室温，6 s～3 min
	配方 2：H_3PO_4(85%)400～500 mL/L，$NaNO_3$ 3～5 g/L NaF 1～2 g/L，缓蚀剂 1～2 g/L	室温，30 s～5 min
活 化	配方 1：H_3PO_4(85%)300～400 mL/L NH_4HF_2 50～70 g/L，NaF 5～10 g/L HBO_3 2～5 g/L，$Fe(NO_3)_3$ 20～40 g/L	室温，40 s～3 min
	配方 2：CH_3COOH(95%)50～60 g/L NaF 10～40 g/L，$Fe(NO_3)_3$ 15～25 g/L	室温，1～3 min
化学浸锌	配方 1：$ZnSO_4$ 20～30 g/L，NH_4HF_2 10～13 g/L NaF 1～3 g/L，Na_2CO_3 2～5 g/L	75～85℃，8～20 min
	配方 2：$NaOH$ 100～150 g/L，ZnO 15～20 g/L 添加剂 9～15 g/L	室温，5～25 min
化学沉积镍、磷	$NiSO_4$ 10～25 g/L；$NaH_2PO_2\cdot H_2O$ 5～10 g/L 稳定剂 少量；络合剂少量；缓冲剂少量；$NH_3\cdot H_2O$ 适量	75～85℃；40 min～2 h pH 值为 6.5～8.5

7.4.8.1 预处理

镁合金化学沉积镍、磷是较其他的化学沉积要困难，因为镁的标准电极电位为 −2.36 V。如果直接进行化学镀镍，就会发生置换反应，并严重影响镀层结合力，并有可能导致镀液分解；镁合金在空气中，水中都容易氧化而形成氧化膜，也会严重影响镀层的结合力。因此，镁合金在化学镀镍必须进行严格预处理。

A 抛光

抛光的目的是除去镁合金锈蚀的表面，获得光泽、平整的抛光表面。这样的抛光表面极其有利于化学镀、电镀的结合力，也极利于其装饰性。

B　脱脂

除油是为了除去镁合金的抛光表面上留下的油脂、污物、抛光膏等，以保证镀层与基体金属的牢固结合，从而保证获得质量较好的浸锌层和化学镀镍层。表7-58中的配方1适用于形状简单的镁合金制品，配方2适用于形状、结构复杂的镁合金制品，可以根据需要进行选择。

C　酸洗

酸洗是为了溶解金属零件上的薄层氧化膜和锈蚀产物，嵌入工件表面的污垢等。配方1是资料上常见的酸洗、钝化配方。配方1的速度还高于配方2。配方2在安全和环境方面要优于配方1。可以根据自己的条件进行选择。

D　活化

活化是在于进一步去除工件表面的氧化物，并去除酸洗后附在工件上的残留物以及挂灰，并提高零件的光泽度。配方1优于配方2。

E　化学浸锌

由于镁的标准电极电位为 -2.36 V，镍的电极电位为 -0.25 V，二者相差甚远，因此在镁合金表面直接化学镀就容易发生置换反应，并导致镀液不稳定，引发镀层分解。所以化学浸锌是关系到化学镀镍成功与否的关键。配方2的浸锌速度慢于配方1，但配方1需要加热，成本较高，并且配方2浸锌后的锌层优于配方1，致密性高，有利于下一步化学镀镍中 $NiSO_4$ 的引入。

7.4.8.2　化学镀镍

由于镁合金在含有 SO_4^{2-}、Cl^- 的溶液中，具有较大的腐蚀速度。但为了 $NiSO_4$ 的引入而降低成本，从而调整工艺条件和工艺参数。选择浸锌配方2是引入 $NiSO_4$ 的关键所在。在化学镀镍中加入络合剂，调整pH值到中性和碱性，从而使镁合金在 SO_4^{2-} 的化学镀镍溶液中不发生腐蚀，并降低了置换反应的容易度。所以镁合金在含 SO_4^{2-} 的溶液中进行化学镀镍。

7.4.8.3　测试方法

经显微硬度测试，镀层硬度为 500 ~ 600HV0.1。经过热处理后其硬度可达1000HV0.1。

按70CT标准，并参照ASTM B571—79，ISO2819进行热震实验。镀层经250℃，10次加热并迅速冷却未剥落。

化学镀层经过装饰镍、铬后，进行中性盐雾试验，连续喷雾300 h未出现腐蚀斑点，有较强的耐蚀性。

7.4.9　表面热喷铝扩散处理工艺

由于镁合金熔点低，表面易氧化，且化学活性高易燃烧，所以一般认为镁合金进行热喷涂处理不太现实。但实际上，只要工艺控制得当，用于钢表面的喷涂处理完全可以用于镁合金的表面防护处理。试验表明，将AZ91D合金表面预先经喷砂处理，然后在惰性气体保护下进行火焰热喷铝，热喷涂采用纯铝丝。喷涂时，可以通过调节喷枪与工件的距离、喷涂时间的长短等控制工件表面温度及涂层厚度，喷铝层厚可控制在100～850 μm。

图7-31为喷铝后的涂层照片，可见喷铝层与基体有较明显的分界面，喷铝层中有少量的孔隙。在热喷铝层中除少量铝被氧化外，镁合金表面仍含有大量的铝，将工件进行加热，实施融合扩散处理，其目的消除喷涂层中的孔隙，同时使表面喷涂的铝与基体镁发生相互扩散，形成新相，得到表面致密且具有强化作用的第二相和表面耐腐蚀的铝的混合涂层。该表面熔铝层由铝和 Al_2O_3 小颗粒组成。由于热喷铝时纯铝融化的液滴在喷涂过程中部分被氧化，所以熔铝层中除有铝外还有部分分布均匀的 Al_2O_3 颗粒，这不但增加了AZ91D镁合金表面的耐腐蚀性能，同时还增加表面硬度。

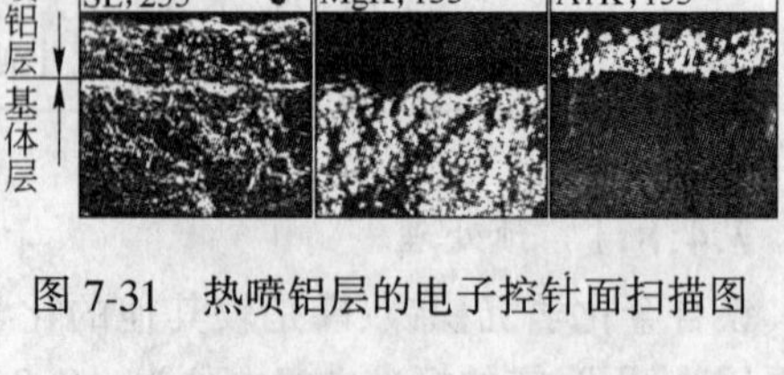

图7-31　热喷铝层的电子控针面扫描图

该涂层经热震试验、盐雾腐蚀证明与基体的结合力好，具有较好的耐腐蚀能力，如表7-59所示。

表 7-59 48 h人工加速腐蚀实验结果

试样状态	观察结果
AZ91D裸压铸件	8 h开始出现锈点，48 h表面整体锈蚀
AZ91D表面微弧氧化后封闭处理	48 h表面轻微腐蚀
AZ91D化学镀镍	48 h表面局部腐蚀
铸铝	48 h表面多处锈蚀
AZ91D喷铝扩散封闭	表面良好

7.4.10 有机涂层工艺与颜料着色

7.4.10.1 概述

有机涂层是提高镁合金制品防腐、防潮、耐热和绝缘等性能和装饰性能的一种重要方法。有机涂层种类很多，油或油脂只能在短时间内保护镁合金。此外，涂料、石蜡、沥青、橡胶、塑料以及各种有机聚合物都是常用的镁合金有机涂层。新近的研究表明，环氧树脂涂层具有很强的粘附力，与水不发生浸湿，并且强度高，从而应用非常广泛。此外，乙烯树脂和聚氨酯的效果也不错。澳大利亚的 V.T.Truong 等人采用盐喷和电化学实验研究了含导电性多吡咯 PPy 的丙烯酸涂层对 Mg-Mn 合金耐蚀性的影响，该涂层能提高镁合金的耐蚀性。盐喷试验表明含有 PPy 涂层的镁合金在盐喷室内放置 1000 h后，只有微量腐蚀和少量起泡，显示出非常好的耐蚀性。

如果需要最佳的耐蚀寿命，在施加有机涂层之前要进行化学转化涂层或阳极氧化处理。这些处理可使金属表面粗糙化并改善其化学性质，便于实现与所施涂层稳固粘合。然而，并不是每一种应用场合都需要做表面处理。汽车所用的多种压铸件都不做保护性处理。在对铸件进行喷溅或浸渍表面处理之后，必须用炉子烘干，以保证在施加表面烤漆之前除去铸件表面孔隙内的所有水分。现已发现，如果在施加底漆和面漆之前用一种渗透性树脂密封这些孔隙(表面密封)，经过阳极氧化处理的零件的腐蚀耐久性可大大改善，未经涂漆或树脂密封的阳极氧化涂层不得用于含盐的环境中。

在与镁表面直接接触的有机涂层(底漆或单层面漆)必须具有良好的抗碱性。应当优先选择那些具有乙烯基或乙醚键的树脂，如乙烯或环氧聚合物，而不是那些含有酯基的树脂，如烷基或硝化纤维素。

烘烤可最大程度地除去溶剂及使聚合物发生交联，有利于有机涂层性能的发挥。所允许的烘烤温度是由对合金性能的热影响和所用转化涂层的热稳定性决定的。AZ31B 板材的时效不得高于 150℃；铬酸盐处理的压铸件的烤漆温度可达 200℃。某些航空航天用经过阳极氧化预处理的镁合金的硅表面涂层可承受 315℃的高温。

7.4.10.2 环氧树脂表面密封

这种表面密封对在严重腐蚀性环境和苛刻工作条件下的镁合金的复杂表面处理系统的性能提高有重要作用。表面密封在铬酸盐或阳极氧化预处理之后进行，用做补充性底漆或面漆的基础。一般工业零件不采用这种表面处理，因为成本太高。

A 镁合金材料环氧表面密封

推荐的树脂配方为：

(1) 环氧类树脂(英国剑桥达克斯福德 Ciba Ceigy 公司)HZ985 硬化剂：100 份(重量)；

(2) 环氧类树脂 PZ985：300 份(重量)；

(3) 醋酸乙酯：240 份(重量)；

(4) 甲苯：136 份(重量)；

(5) 二丙酮醇：24 份(重量)。

这种溶液适合浸涂，但按上述比例追加溶剂可采用喷涂。通常 25% 的追加量就足够了，但对于公差要求严格的表面，追加比例应更大。

B 环氧树脂涂层的施工程序

施工程序如下：

(1) 将零件在 200～220℃ 的温度下预热 30 min 或达到这一个温度后至少保持 10 min；

(2) 使其冷却到 60℃，然后喷涂或最好是浸涂 Araldite PZ/HZ985 表面涂层树脂；

(3) 空气中干燥 15～30 min。确保均匀沥干并用小刷除去形成的泪状物；

(4) 在 200～220℃ 的温度下烘烤 10～15 min；

(5) 除去可能是由利刃造成的液滴或泪状物,注意不要损伤铬酸盐或阳极氧化膜;

(6) 将步骤 2~5 重复 2 次或更多次,总共涂 3 层;

(7) 最终涂层在 200～220℃ 的温度下烘烤 45 min 或在此温度下保持 45 min。

这样形成的整个涂层大约厚 0.025 mm。

7.4.10.3　底漆的选择

镁合金材料的底漆必须以耐碱的漆料(如聚乙烯醇缩丁醛、丙烯酸、聚氨酯、烘干型酚醛树脂、烯基环氧树脂)为基础。为了防止腐蚀,通常在这些漆料里加入铬酸锌或二氧化钛涂料。镁材的底漆通常配有环氧树脂,因其具有良好的抗碱性。

为防止起泡,可用磷酸含量降低 75% 的乙烯基蚀洗底漆,其后通常还要再加一道环氧底漆。对于苛刻的海洋和其他盐性曝置环境,需要添加有阻化性的涂料,如铬酸锶或其他铬酸盐。在冷凝湿度或水浸情况下,铬酸盐或其他轻微可溶性盐的涂料可助长起泡,因此必须避免使用。镁的底漆中不得使用重金属涂料,如铅或铜的化合物等。同样,成功用于钢的底漆的锌粉涂料与镁的表面是不兼容的。

研制出一种高温底漆/密封剂,适用于航空和其他特殊用途的镁材。这种底漆/密封剂设计用于铬酸盐或阳极氧化处理后的表面,接着再施加以环氧－酰胺底漆和氨基甲酸乙酯面漆或其他专利性高温涂层。

通常称之为 E－涂层的阴极电沉积环氧底漆用于镁材十分有效,并已广泛用于汽车和计算机工业的压铸件。除了能为适当的镁材提供优良的粘附性外,该工艺还具有良好的均镀性,从而可在复杂的表面(包括深孔穴)上沉积均匀的涂层。该工艺可使最终厚度达 0.018～0.025 mm。尽管原则上是用做底漆,但 E－涂层在特殊应用中也可用做起保护作用的单涂层。

7.4.10.4　面漆的选择

对面漆的基本要求有以下两点:面漆与底漆有兼容性,并具有良好的保护作用;面漆必须经得住所有的工作条件的考验,包括在户外曝置时能抵御紫外线的剥蚀。

此外,面漆的选择有时还要考虑符合使用要求的经济合理性,或与车间条件和现有涂层设备的兼容性。

成功用于镁材面漆涂层包括醇酸树脂、环氧树脂、聚酯、丙烯酸树脂和聚氨基甲酸酯。自干漆和烤干漆。烤漆较硬并更能抵御溶剂的浸蚀。乙烯基酸树脂具有抗碱性,丙烯酸树脂具有耐盐喷性,醇酸树脂具有室外耐久性,而环氧树脂则具有良好的耐磨性。乙烯基树脂能经受高达 150℃ 的温度。其他表面涂层具有更高的耐热性,按其可承受温度的递增顺序为:改良型乙烯基树脂、环氧树脂、改良型环氧树脂、环氧－硅氧烷和硅氧烷树脂。

静电喷涂或流化床法施加粉状树脂涂层,已广泛用于镁材以及其他金属材料的表面涂层。许多粉末涂层,除具有优良的膜性能外,而且有利于环保。环氧树脂、聚酯和混合型环氧树脂－聚酯粉末涂层已被证明对各种各样的镁制品,包括行李架、箭弓、计算机机壳、工具箱和多种汽车零部件的表面涂层特别有用。

粉状涂层所要求的清洗和表面准备步骤与镁材的液体涂层的要求相同。根据使用要求的不同,该过程可以与磷酸盐转化涂层一样简单,但在汽车工业的应用中,施加粉末涂层之前可进行铬酸盐处理加 E－涂层底漆。

镁铸件的粉末涂层有可能产生一种“脱气起泡”的缺陷,但其程度比液体涂层的小。可用下列方法将这类缺陷的发生率减至最小:控制铸造参数,减少表面孔隙;将铸件预烘烤到比固化稍高的温度;选择具有最低允许固化温度的涂层;选择具有较长的“开放”时间,允许截留的气体能在全部固化完成之前通过涂层溢出的涂层。

7.4.10.5　高温涂层

镁材在航空航天领域的应用要求涂层具有良好的高温稳定性。在 260～315℃ 温度下使用的最好树脂是纯净硅树脂,接着加涂一层硅树脂－改良型环氧树脂或环氧树脂－酚醛树脂。在 200～260℃ 的温度范围内可以使用各种环氧树脂和酚醛树脂的组合物。

铬酸盐类的转化涂层,如经重铬酸盐处理或铬酸锰处理后,可作为在最高约达 200℃ 温度下使用的这些漆层的基底。

7.4.10.6 水基涂层

水基涂料包括水基剂、弥散剂和胶乳成分。市售的水基涂料主要有：

(1) 醇酸树脂，自然和强制干燥；

(2) 丙烯酸乳胶，自然和强制干燥；

(3) 丙烯酸－环氧混合物，自然和强制干燥；

(4) 环氧树脂，自然和强制干燥；

(5) 聚氨酯弥散剂；

(6) 烤干的醇酸树脂、改良型醇酸树脂和丙烯酸树脂。

如果首先验证了与底漆之间的粘附性之后，将这些涂料施加在涂有底漆的镁材表面应该是没有问题的。在考虑将水基涂料用作镁材表面的单涂层时，需要特别注意的是：为了有良好的粘附性，对表面清洁度的要求比溶剂基涂层更为苛刻；水基涂料，由于其带有各种不同的添加剂，在涂施期间可诱发镁材表面腐蚀，降低涂层的性能质量。

7.4.10.7 表面处理系统的选择

表 7-60 列出了室内外应用的各种类型表面涂层可达到的外观效果，以及相应的机械、化学预处理与有机涂层系统。如图 7-32 所示，镁材表面处理工艺流程的一般顺序因产品形式的不同而异。使用要求决定工艺流程的选择。

航空航天和军事领域适用的表面处理系统，由于其可能的苛刻使用条件、可能的严重腐蚀破坏后果和所用的某些特种合金低劣的耐盐喷腐蚀性，要比一般工业用涂层系统复杂。为了满足这些要求，除了标准的涂层处理外，还要采取特别的补充措施。这些措施包括重型阳极氧化预处理、环氧树脂表面密封和“湿法组装”技术。这种在防止电化腐蚀方面十分重要的湿法组装技术包括将镁与非相似金属组装到一起时使用阻化性底漆或填料，从而对结合面或螺纹接头进行密封。

表 7-60 镁合金的有机涂层系统

外观效果	典型的表面涂层系统	
	室内使用①	户外使用②
光亮金属	抛光＋硝酸铁光亮酸洗＋透明环氧树脂或丙烯酸树脂	抛光＋硝酸铁光亮酸洗＋透明环氧树脂或丙烯酸树脂
无光光洁度	金属丝刷＋硝酸铁光亮酸洗＋透明环氧树脂或丙烯酸类树脂	金属丝刷＋硝酸铁光亮酸洗＋透明环氧树脂或丙烯酸类树脂
色泽透明	硝酸铁光亮酸洗＋着色环氧树脂或丙烯酸类树脂	无建议
透明染色	硝酸铁光亮酸洗＋透明环氧树脂或丙烯酸树脂＋染色浸渍	无建议
金属色	铬酸洗或稀铬酸＋环氧树脂、丙烯酸类树脂、聚乙烯醇缩丁醛或加金属粉或糊的乙烯类颜料	铬酸洗或稀铬酸＋1 层聚乙烯醇缩丁醛底漆＋环氧树脂或加金属粉或糊的乙烯类颜料③
皱纹面	铬酸洗或稀铬酸洗＋标准的皱纹面漆涂层	一般不在户外使用
高光泽瓷面	铬酸洗或稀铬酸洗＋环氧树脂、丙烯酸类树脂、聚氨酯或醇酸搪瓷漆	铬酸洗或稀铬酸洗＋1 层聚乙烯醇缩丁醛底漆＋丙烯酸类树脂、醇酸或聚氨酯底漆
人造革状(光滑或有纹理)	铬酸洗或稀铬酸洗＋乙烯基涂层铬酸洗或稀铬酸洗＋乙烯类有机溶胶	铬酸洗或稀铬酸洗＋聚乙烯醇缩丁醛或乙烯类底漆＋乙烯类有机溶胶

①推荐最小总膜厚 25 μm；②推荐最小总膜厚 50 μm，海洋性环境为 75 μm；③或金属糊。

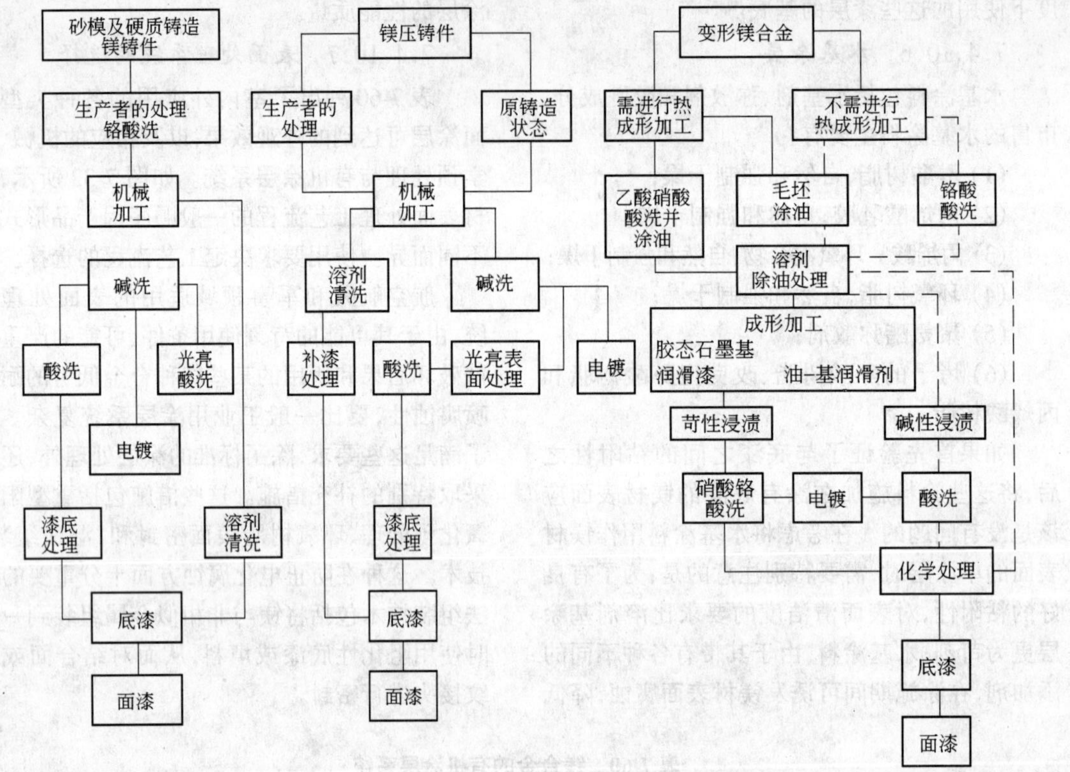

图 7-32　镁材各种产品表面处理工艺流程图

7.4.10.8　镁材涂料用着色颜料的防腐性

A　镁材涂层系统

镁合金的防护层结构,最初一道工序一般是化学氧化做表面处理,形成一层化学膜;在化学膜的上面是致密的有机涂层。最好的涂层系统包括封闭层、底漆层和面漆层。最好的封闭层是采用环氧(或环氧改性)清漆,它在镁合金零件表面组成一个致密的封闭层。底漆层有采用飞机蒙皮用的底漆,也有采用铝色环氧防腐漆,还有其他很多漆种;但是,就其粘接剂来说,环氧树脂类是用得最多,也是被证明是目前最好的。面漆层,由于聚氨酯优异的理化性能,是目前镁合金防腐最为广泛采用的。如 TB06-9 聚氨酯面漆、TB04-16 和 TS70-1 聚氨酯面漆等。表 7-61 列出最有代表性的镁合金防护体系和粘接剂品种。

表 7-61　镁合金防护体系和粘接剂品种

防护结构	化学氧化膜	封闭层	底漆层	面漆层
粘接剂种类	—	环氧(或环氧改性)	环氧、聚氨酯	聚氨酯

B　镁材防腐涂料的着色颜料

封闭层为清漆固化所形成。清漆中不添加任何颜色填料,由树脂、溶剂、助剂组成。

由于有耐腐蚀等要求,底漆层是一种色漆固化所得,色漆由树脂、颜料、填料、溶剂、助剂等组成。根据用途和性能要求等有不同的颜色,一般情况下,铝色、黑色、红色、黄色、灰色等较多。为调配上述颜色,需要用到铝粉、炭黑、氧化铁红(或其他红色颜料)、中铬黄(或锌黄、锶黄等)、钛白粉等着色颜料。

同样,根据面漆层的使用环境、用途和性能要求等也分为不同的颜色。如无特殊要求,一般的涂料用着色颜料都可以使用。

C 对镁合金防腐涂料着色颜料的着色及防腐机理分析

镁合金的底漆层主要起防腐作用，而面漆层除具有防腐作用以外，还应具有装饰作用。它们使用的着色颜料范围大同小异，面漆层着色颜料的选择着重考虑外观。若不考虑环保因素，很多着色颜料可同时供底漆、面漆选用。

涂层防腐性能的高低主要取决于涂层的屏蔽作用、颜料的缓蚀作用和钝化作用、电阻效应及阴极保护功能。选择着色颜料，首先应当确定该颜料是属于化学防腐颜料、物理防腐颜料和热稳定防腐颜料中的哪一类。当前，镁合金的使用不仅应用于航空领域，越来越多的其他工业也用到了镁合金，如汽车摩托车工业等。镁合金的防护结构一般是化学氧化膜加有机防腐涂层。镁合金防腐涂层必须能经受空气、光、水、酸、碱、汽油、柴油和盐雾的浸蚀。对着色颜料的选择应尽量综合兼顾这些防腐要求，在很多情况下，化学、物理和热稳定着色颜料应搭配使用，添加合适的体质颜料能提高涂层的防腐性能。

D 颜料的特性比较

a 黑色颜料

黑色颜料种类不多，常用的只有炭黑和氧化铁黑两大类。氧化铁黑能溶于热的强碱中，在常温下微溶于稀酸，而在强浓酸中则完全溶解；在较高的温度下容易被空气氧化，生成红色的氧化铁红。而炭黑化学性质比较稳定，和酸、碱不起作用，不溶于水、酸、碱和有机溶剂，有极高的耐光性和耐候性。因此，在镁合金防腐涂料时，如需调配黑色单色浆或使用黑色颜料多数情况都选用炭黑，尤其是面漆。

b 白色颜料

表 7-62 列出白色着色颜料防腐测试结果。

表 7-62 白色着色颜料防腐试验检测结果

颜料种类	二氧化钛	立德粉	氧化锌	锑白
耐酸性	9 h，无破坏	6 h，无破坏	2 h，有破坏	4 h，有破坏
耐碱性	300 h，无破坏	240 h，无破坏	20 h，有破坏	24 h，有破坏
耐湿热性	96 h，1 级	48 h，1 级	70 h，1 级	82 h，1 级
耐盐雾性	800 h，不生锈	200 h，生锈	695 h，不生锈	360 h，生锈
人工加速老化	800 h，30%	240 h，30%	600 h，20%	480 h，30%
耐柴油	48 h，无斑点	48 h，无斑点	48 h，无斑点	48 h，无斑点
耐汽油性	6 h，无变化	4 h，无变化	5 h，无变化	5 h，无变化

由表可知，防腐性能综合指标，二氧化钛的各项性能指标最好，是最好的白色防腐颜料。

c 黄色颜料

由于铅铬黄毒性相对较大，出于环保原因，已逐渐被世界各国所禁用。黄色颜料耐蚀试验结果见表 7-63。

表 7-63 黄色颜料防腐性能防腐试验检测结果

颜料种类	氧化铁黄	镉黄	钛镍黄
耐酸性	3 h，有破坏	3 h，有破坏	8 h，有破坏
耐碱性	280 h，无破坏	280 h，无破坏	280 h，无破坏
耐湿热性	60 h，1 级	96 h，1 级	96 h，1 级
耐盐雾性	200 h，生锈	400 h，生锈	600 h，不生锈
人工加速老化	520 h，30%	200 h，20%	700 h，30%
耐柴油	48 h，无斑点	48 h，无斑点	80 h，无斑点
耐汽油	4 h，无变化	4 h，无变化	8 h，无变化

由表可知,防腐性能综合指标,钛镍黄最好,是最佳的黄色防腐着色颜料。

d 红色颜料

银砂(又名朱砂、辰砂,分子式 HgS),由于耐光性差,稳定性不是太好,使用较少,其他几种红色颜料试验情况见表 7-64。

表 7-64 红色着色颜料防腐性能检测情况

颜料种类	氧化铁红	透明氧化铁红	镉红	钼铬红
耐酸性	3 h,无破坏	3 h,无破坏	3 h,无破坏	4 h,无破坏
耐碱性	240 h,无破坏	240 h,无破坏	240 h,无破坏	240 h,无破坏
耐湿热性	96 h,1 级	96 h,1 级	96 h,1 级	96 h,1 级
耐盐雾性	500 h,不生锈	550 h,不生锈	550 h,不生锈	620 h,不生锈
人工加速老化	520 h,20%	600 h,20%	600 h,20%	240 h,30%
耐柴油	48 h,无斑点	48 h,无斑点	48 h,无斑点	48 h,无斑点
耐汽油	6 h,无变化	6 h,无变化	6 h,无变化	6 h,无变化

由表可知,防腐性能综合指标,氧化铁红、镉红、钼红都比较好,都可供选用。

e 绿色颜料

绿色颜料常用的有酞菁绿、铅铬绿、氧化铬绿、钴绿等。含铅铬的颜料已逐步被禁用。

f 蓝色颜料

蓝色颜料主要有酞菁蓝、铁蓝、群青、钴蓝等。防腐测试结果见表 7-65。

表 7-65 蓝色颜料防腐性比较

颜料种类	铁蓝	群青	钴蓝	酞菁蓝
耐酸性	3 h,无破坏	2 h,有破坏	4 h,无破坏	3 h,无破坏
耐碱性	2 h,有破坏	6 h,无破坏	8 h,无破坏	6 h,无破坏
耐湿热性	36 h,1 级	72 h,1 级	96 h,1 级	72 h,1 级
耐盐雾性	300 h,不生锈	500 h,不生锈	480 h,不生锈	550 h,不生锈
人工加速老化	96 h,30%	520 h,30%	720 h,30%	580 h,30%
耐柴油	48 h,无斑点	48 h,无斑点	48 h,无斑点	48 h,无斑点
耐汽油	5 h,无变化	4 h,无变化	6 h,无变化	6 h,无变化

由表可知,防腐性能综合指标,钴蓝＞酞菁蓝＞群青＞铁蓝。

E 颜料的合理选择

着色颜料的选择非常重要、严格。对一种颜料的选择,首先,要考虑环保(颜料的毒性大小),是否是国家明令禁用的。其次,要分清颜料的防腐类别,确定其是化学防腐颜料、物理防腐颜料,还是热稳定防腐颜料,对该颜料的防腐能力有明确的认识。再次,要对被筛选颜料的着色力、遮盖力有清楚认识。第四,对着色颜料在相应溶剂中的溶解性,与体质颜料(或其他颜料)、填料的匹配性要有全面了解。第五,注重着色颜料与着色颜料、着色颜料与体质颜料等搭配使用,添加适量的体质颜料能提高涂层的防腐性能。只有对着色颜料的性能有全面清楚认识,才能合理地选择与搭配着色颜料。

7.4.11 镁材表面耐蚀改性处理新技术

基于现代表面技术的发展,微弧氧化、激光表面处理、离子注入、物理气相沉积及等离子体注入沉积等新技术由于其优异的膜层性能,在镁合金表面耐蚀强化处理中越来越受到青睐。

7.4.11.1 激光表面处理

激光表面处理的优势在于对基体热影响

小,易于实现自动化,而且在使用高能量的激光时,可以控制温度,在处理材料时不需要真空等苛刻的环境条件。

激光退火可使金属表面改性形成亚稳结构固溶体。在纳秒范围内脉冲激光可以产生高达10^{10}℃/s的冷却速度,是快速凝固的另一种形式,只不过仅有表面的熔化和凝固,基体保持原始态不变。激光处理除具有离子注入的优点外,还能处理复杂几何形状的表面,处理深度较离子注入深,可达几个微米,对改性层的浓度范围控制更大,操作运行成本低。缺点是因为处理发生尺寸变化需要附加的机械加工。利用激光处理在AZ91C镁合金表面得到了100 nm厚的Al、Cr、Fe、Cu和Ni的薄层。研究了薄层在含有0.1%的NaCl的硼酸-硼酸盐溶液中的耐蚀性,用动电位测定击穿电压。结果表明,涂铝的激光表面改性层使击穿电位正移600 mV,含有其他元素的改性层也都不同程度改善了耐蚀性表面。即使含有Cu、Fe、Ni这些在平衡态下严重影响镁合金耐蚀性的元素,经激光处理后也使得击穿电位增高。这种改变得益于表面形成了非晶混合氧化物。

研究发现,AZ91C基体上激光溅射锌涂层使击穿电位改变,并与表面层镁和锌的含量变化有关。用低脉冲处理后,表面出现镁的贫乏,锌含量相对较大,呈现出良好的耐蚀性。

在纯镁上用激光熔敷Mg25Al75合金时发现:与未经处理的纯镁试样相比,经激光处理的表面改性层的腐蚀电位正移了约0.7 V,腐蚀速率降低了两个数量级,极化阻力提高了4个数量级,钝化区间加大。对SiC增强ZK60镁基复合材料进行激光表面熔敷Al-Si合金时发现,熔敷层与基体结合良好。随激光扫描速度的增加,在界面中出现未熔层。而当激光能量增加时,熔敷层表面粗糙度又明显增加,熔敷层中的气孔和裂纹也越多。与普通材料如钢、铸铁和铝合金激光表面熔敷合金的情况不同的是,钢、铸铁和铝合金的表面激光熔敷并没有发现有基体金属扩散到熔敷层中。但对于镁合金,由于Mg在Al-Si中的扩散速度快,在熔敷层中发现有Mg_2Si存在,即Mg已经从基体扩散到熔敷层中,这对耐腐蚀性产生很大的影响。然而,与未经处理试样相比,激光熔敷表面的腐蚀电流密度至少降低两个数量级。同时对ZK60/SiC镁基复合材料激光表面气体合金化进行的研究表明,与未处理试样相比,激光处理试样由于表面微观结构的细化而使腐蚀速率大大降低,并且抗腐蚀性与处理时的保护气体有关。在Ar、空气和N_2三种保护气氛中,N_2气氛中的处理效果最好,这是由于在改性层中形成了在腐蚀性环境中性能稳定的MgN_2的缘故。与未经处理试样相比,激光处理试样腐蚀速度约降低50倍。在SiC增强ZK60镁合金表面熔敷不锈钢的研究发现,当在镁合金表面直接熔敷不锈钢时,由于两者熔点的巨大差异,激光处理快速冷却下接合面没有熔合,界面上被严重氧化。为解决熔点差异的问题,在镁合金和不锈钢之间加上铜合金和纯铜中间层,以实现熔点的良好过渡。激光处理后发现,利用中间层能够实现熔敷层与基体的冶金接合;在不锈钢层中还发现熔敷层与基体的冶金接合,在不锈钢凝固后流到不锈钢晶间所致。正是这个原因,镁合金亦流到铜合金中,实现冶金接合。腐蚀试验结果表面激光表面处理极大地提高了镁合金的耐蚀性:腐蚀电位比未处理试样的高1090 mV,比表面喷射涂层试样的高820 mV;而腐蚀性比镁合金表面熔敷Al-Si合金的耐蚀性能更好。然而在表面腐蚀形貌图中发现,激光处理试样表面的晶间发生了大量的腐蚀,即Cu在不锈钢晶间导致了不锈钢耐蚀性的降低。研究SiC颗粒增加镁基复合材料表面激光熔敷Cu60Zn40合金层的结果发现,熔敷层与基体结合紧密,熔敷层交界面上存在Mg、Si、Cu、Zn的交互扩散,且Mg的扩散距离大于Cu、Zn的扩散距离。腐蚀试验发现,激光熔敷试样的相对腐蚀电位比未处理的约低22倍。由此可见,激光熔敷Cu60Zn40合金可以提高镁基复合材料的耐蚀性。然而激光熔敷试样的相对腐蚀电动势却比表面喷涂试样的还要低。这是由于基体元素与熔敷金属互扩散,在熔敷层中存在SiC颗粒,从而降低熔敷层的耐蚀性。

除了镁合金表面激光熔敷合金层以外,还

利用激光重熔技术来提高镁合金的耐蚀性。用激光重熔 AZ31B 镁合金表面的结果发现，表面呈现粗糙的波纹状，重熔后表面的显微硬度比基体的低，但耐蚀性有明显提高。与之对照，激光表面重熔镁合金时熔化层有金属蒸发损失，Mg 的损失量更大。激光处理使表面局部熔解，而激光束边缘处金属几乎不受影响。因而表面存在一个个的熔池，这样会产生选择性熔蚀，腐蚀首先发生在熔池中心，激光表面重熔增加了局部腐蚀的产生。腐蚀试验结果表明，激光表面重熔处理并没有提高镁合金的耐蚀性能，而且在高的输入能量时还会使耐蚀性能下降。

激光表面改性技术在提高镁合金表面性能，延长使用寿命方面发挥的重大作用越来越明显。但镁合金激光表面处理仍然存在一些问题：如激光重熔表面硬度的提高，熔敷层合金的均匀化，熔敷材料及工艺的优化等。可见，激光表面改性技术的实用化尚需相当的努力。

7.4.11.2　离子注入技术在镁材表面处理中的应用

离子注入是将高能离子在真空条件下加速注入固体表面的方法。此方法几乎可以注入任何种类的离子，离子注入的深度与离子的能量、种类以及基体状态等因素有关。离子在固溶体中处于置换或间隙位置，形成亚稳相或沉淀相，从而提高合金的耐蚀性。

在 Mg 和 AZ91C 镁合金中注入 Fe^+ 后发现，耐蚀性能主要与离子注入剂量有关，与注入离子的能量关系不大。当 Fe^+ 剂量低时，对基体的耐蚀性的影响并不大；当离子剂量高时，耐蚀性得到很大的提高，当剂量达 5×10^{16}离子/cm² 时，不仅腐蚀电流密度的降低超过一个数量级，而且开路电位得到了很大的提高。在腐蚀试验中还发现，在未经处理试样中的"$Mg_{17}Al_{12}$小岛"周围有非常严重的深沟状的局部腐蚀痕迹；而在经离子注入的试样中，"小岛"本身被腐蚀，而"小岛"周围的固溶体没有发现严重的腐蚀现象。离子注入把腐蚀限制在"小岛"的小的范围内。在 Mg 中分别注入剂量为 5×10^{16}离子/cm² 和 5×10^{17}离子/cm² 的 Cr 离子的研究发现，注入剂量为 5×10^{17}离子/cm² 时，表面的腐蚀速度比未经处理表面的腐蚀速度低 10 倍，注入剂量为 5×10^{16}离子/cm² 时，腐蚀速度更低。可见，合适的注入剂量可显著提高镁合金表面的耐蚀性能。对 AZ91D 镁合金注入 N^{2+} 的研究发现，注入区深度为 0.2 μm，而"注入影响区"深度可达 100 μm，这一区域存在大量的位错节点和位错线，从而使表面的硬度、抗疲劳性能、耐蚀性都得到提高。注入剂量为 5×10^{16}离子/cm² 时的腐蚀速率是未经注入试样的 15% 左右。同时还发现，离子注入量和"注入影响区"程度比注入离子的种类（如：B^+、Fe^+、H^+ 和 N^{2+}）对耐蚀性能的影响更大。注入区和注入影响区减小基体和金属间化合物的电化学差异，并可以得到类似无定形态的性质，从而提高基体的耐蚀性。但也有人认为，通过离子注入提高耐蚀性与注入何种离子有关，如注入耐蚀的元素（如 Cr）能提高合金的耐蚀性，其原因是影响了膜的成分和结构。

离子注入的优点是在材料表面内侧形成一层新的表面合金层来改变表面状态，从而解决了其他工艺制备的涂层表面与基体的粘接问题。但是，离子注入所得到的改性层非常薄，往往无法满足所需要的表面性能，所以，关于离子注入镁合金表面耐蚀性的研究也相当少。

7.4.11.3　物理气相沉积 PVD 处理

PVD 工艺操作简便，对环境污染少，沉积温度通常为 180～500℃，理论上能在各种基体材料表面上沉积各种高性能薄膜，近几年这种方法在镁合金表面耐蚀处理方面也得到了应用。

用 PVD 溅射沉积法在 AZ91hp 镁合金上沉积如表 7-66 所列的各种膜层，沉积膜层用 PLS500 和 HTC1000/4 两套实验装置。结果发现：CrN 膜层和（TiAl）N 膜层的耐蚀性、粘结强度和硬度最好。其中 CrN 膜层和超点阵的 ZbN/CrN 膜层是纳米晶；多层的 TiN/AlN 膜层中 AlN 层是非晶态；其余的膜层都是晶态。在粘接强度方面，CrN 膜层与基体的粘结强度最好，含 Nb 的膜层与基体的粘结强度较差。做划痕试验时，薄膜剥离情况与膜层厚度和粘结强度有关。厚的溅射层和含 Nb 的膜层在划痕上和边缘处有大块的剥离，而其他试样只在划痕上有小块的剥离。研究还发现,单层的显微硬度比双层的高得多,一般具有超点阵层的硬度比单一生长层的硬度高,而多层的 TiN/AlN 硬度比单层的 TiN 或 AlN 膜层都低。腐蚀试验发现,单层的 CrN 膜层、厚的 TiN 层、(TiAl)N 层和 Ti(CN)层由于孔隙率低(约为 10%),故耐蚀性非常差;NbN/CrN 膜层由于粘接强度低,故耐蚀性也非常差。在 3N-Mg 上蒸发 Mg 膜层的研究发现,膜层中具有小晶面的 Mg 颗粒直径为 50～100 μm。在基体与膜层界面上,柱状颗粒垂直于膜层与基体界面。在界面下方基体中的颗粒比基体内部的颗粒细小,且与膜层中的颗粒大小相当。电化学腐蚀发现,经过处理试样的饱和电流密度比未经处理试样的约低两个数量级。在镁合金上 SiC 膜层的研究发现,耐蚀性和抗疲劳剥落性能取决于膜层的结构、孔隙率和粘接强度。利用双极脉冲 PVD 溅射沉积法,可以实现低温下(180℃)直接对 AZ91 镁合金沉积 0.8 μm 的 TiN 层,得到的膜层具有足够的黏结性和硬度,但负载能力很低,且膜层中的微孔使其耐蚀性有限。用 Ar 离子辅助沉积法(IBAD)分别对 Mg、AZ91 和 AlMgSi0.5 镁合金基体沉积 MgO、Nd,MgO 和 Sn,MgO 陶瓷层的研究发现,沉积层的组织的结构主要受轰击离子能量的影响。在没有离子轰击时,膜层具有很强的柱状晶结构;当 Ar^+ 能量在 3～5.5 keV 时,在表面能形成大量的非晶,而能量更大时,表面又开始形成柱状晶。各种膜层的钝化区间、腐蚀电流密度见表 7-67。可以看出,对于 Mg 基体,耐蚀性最好的是在没有离子轰击时的 MgO 层,离子能量在 3～5.5 keV 之间时,能形成大量的非晶,耐蚀效果也较好,而在膜层中加入 10%的 Nd 或 Sn 能提高基体的耐蚀性能。对于在高的离子能量轰击下形成的具有方向性很强的柱状晶,耐蚀性能很差。对于 AZ91 镁合金,MgO 层的腐蚀电流密度是未经处理试样腐蚀电流密度的 1/3000。对于 AlMgSi0.5 基体,所有膜层耐蚀效果都较好。因此,只要能避免柱状晶的形成,MgO 陶瓷晶粒层也能提供好的耐蚀性能。

表 7-66 膜层及其平均厚度 (μm)

组别	膜 层	PLS 500	HTC 1000/4
1层	CrN	5.5	3.5
1层	TiN	5.1	0.9
1层	(TiAl)N		1.5
2层	NbN－(TiAlON)		1.0+1.5
2层	CrN－Ti(CN)		0.5+1.0
多层	TiN/AlN(21Layers)	4.8	
超级点阵	NbN/CrN		3.0

表 7-67 Mg(hp)、AZ91 和 AlMgSi0.5 基体表面不同的 MgO 膜层的腐蚀电流和钝化区间(E_d-E_{oc})

基 底	膜 层	轰 击 能 量	i_{corr}/μA·cm^2	E_d-E_{oc}/mV	$i_{(-550 mv)}$/μA·cm^2
Mg			40	0	
	MgO	0 keV	0.1	200	
	MgO	3 keV	15	170	
	MgO	5.5 keV	0.3	90	
	MgO	10 keV	40	0	
	MgO	15 keV	2	85	
	MgO	7.5 keV, 45°	30	10	
	Nd, MgO	7.5 keV, 45°	0.03	70	
	Sn, MgO	7.5 keV, 45°	2.5	50	
AZ91			30	0	
	MgO	7.5 keV, 45°	0.01	50	
	Nd, MgO	7.5 keV, 45°	<4	0	
	Sn, MgO	7.5 keV, 45°	<2	15	

续表 7-67

基 底	膜 层	轰 击 能 量	$i_{corr}/\mu A\cdot cm^2$	$E_d - E_{oc}$/mV	$i_{(-550\ mv)}/\mu A\cdot cm^2$
AlMgSi0.5			0.05	30	500
	MgO	7.5 keV,45°	0.006	875	2
	Nd,MgO	7.5 keV,45°	0.02	950	0.4
	Sn,MgO	7.5 keV,45°	0.2	780	4000

7.4.11.4　陶瓷技术在镁材表面处理工艺上的应用

已有多种颜色和纹理的搪瓷可用在部分镁合金上。然而用在镁材上的瓷漆必须在较低温度下涂施，而且镁合金不得含有易熔的共晶相。例如，AZ31B 可以涂施瓷漆，而 AZ61A、ZK60A 却不能。搪瓷与镁材之间的粘附效果很好，具有良好的耐磨性和耐化学侵蚀性能。

A　AZ91D 镁合金表面热喷涂陶瓷层工艺

a　热喷涂陶瓷层概述

热喷涂陶瓷首先应选择合理的喷涂材料，必须充分掌握基体材料表面特性，同时考虑喷涂粒子与基体材料的物理相溶性和化学相溶性。物理相溶性包括如：密度、熔点、表面张力、热胀系数等参数，化学相溶性相互能否发生化学反应及化学亲和能力等。在亚声速热喷涂涂层设计时，还应注意喷涂粒子的可变形性、结晶速度的快慢和相变特点以及熔化粒子在喷射过程中与环境界质作用引起的材料表面成分和状态的变化等。以 AZ91D 镁合金制造汽车、摩托车变速箱壳体，局部喷涂耐磨层的设计为例：AZ91D 镁合金汽车、摩托车变速箱壳体，整体喷铝防腐处理后，在壳体上因有转动轴和活动杆等开孔部位，经常滑动摩擦，一般的防腐层，无法满足要求，为此在滑动开孔部位喷涂耐磨金属陶瓷层，喷涂材料选用 $Al_2O_3$92%～96% + $TiO_2$3%～5%，依据是除 Al_2O_3 + TiO_2 陶瓷层具有较高强度和耐磨性之外，Al_2O_3 和 AZ91D 表面喷铝防护层有较好的物理、化学相溶性和结合强度。

该涂层在配合件的接触运转中，具有良好的耐磨损性能，这种涂层还能和配合件自动形成所需要的间隙，提供最佳的密封状态。

b　涂层形成原理

按比例配置的喷涂材料，经过喷枪被加热、加速，形成粒子流射到基体上，由于喷射的粒子在基体表面上，不断发生磁撞、变形、凝固和堆积，从而形成涂层。其中喷涂材料被加热溶化后，在惰性和压缩气体气流中被雾化，喷涂材料被雾化的难易可以用 Wb 准数表示即被熔化质量在气流中的运动惯性力与其表面张力之比来表示。

雾化粒子冷却到凝固点的时间和雾化粒子结晶潜热放出时间决定了喷涂液滴粒子从冷却到凝固的时间，这一时间很短，粒子放出的热量对基体的热影响范围不大，热影响区深度一般不超过几十微米，因此喷涂过程中的物理化学作用，只在近表面层进行。由于陶瓷粒子的温度较高，而 AZ91D 镁合金熔点较低，所以，陶瓷粒子会熔化周围基体表面的镁合金而形成较牢固的冶金熔合层。

c　涂层的组织和性能

(1) 涂层的组织。在 AZ91D 镁合金表面，采用亚声速火焰粉末喷涂陶瓷层，其喷涂的粉末的成分配比为 $Al_2O_3$94% + $TiO_2$6%，涂层的厚度为 50～100 μm，涂层组织如图 7-33 所示。

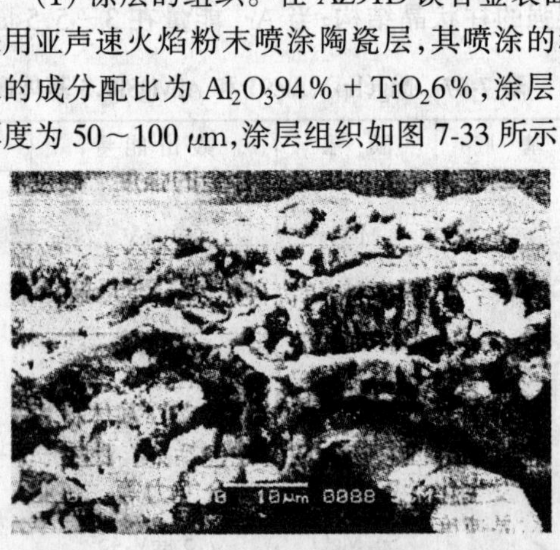

图 7-33　AZ91D 表面喷涂陶瓷层组织形貌

由图中可见陶瓷层由层状结构排列密集离子晶体 Al_2O_3“骨架”和 TiO 粒子组成，部分陶瓷组织被熔化的镁合金包围。

(2) 涂层的性能。把 AZ91D 镁合金表面喷涂 100 μm, $Al_2O_3+TiO_2$ 陶瓷层的试样尺寸为 100 mm×30 mm×5 mm,分别进行强度、硬度、热震性、耐热冲击性及耐腐蚀性试验,试验结果如下:

1) 硬度。AZ91D 试样表面热喷涂 $Al_2O_3+TiO_2$ 陶瓷层的表面硬度为 HV800～HV850。

2) 抗拉强度。将表面喷涂陶瓷涂层的 AZ91D 标准试样进行拉伸试验测得抗拉强度为 180～205 MPa,断口处涂层和基体结合面无剥离和开裂。

3) 热震试验。把试样从 150～350℃ 每隔 50℃ 保温 20 min 取出空冷,同一试样经反复加热冷却未发现涂层剥落。

4) 耐腐蚀性试验。表面热喷涂 $Al_2O_3+TiO_2$ 陶瓷层的试样,表面经封闭处理后,按 GB6458—1986 标准要求进行 72 h 盐雾试验,表面未发现锈蚀。

B 镁材表面等离子喷涂纳米 $Al_2O_3+3\%TiO_2$ 陶瓷涂层技术

在 AZ91D 镁合金表面,等离子喷涂 $Al_2O_3+3\%TiO_2$ 纳米复合陶瓷涂层。涂层粒度为 150 nm 和 120 nm 的纳米三氧化铝和氧化钛粉,涂层厚度为 50～100 μm。等离子喷涂采用 PQ77A 型喷枪,热效率 $\eta_Q\approx0.65$。喷涂前 AZ91D 试样表面预热至 100℃,喷涂距离 60～80 mm。喷涂时等离子火焰流轴线与工件表面呈 45°～60°角,送粉气流量 N_2 0.5 m^3/h,送粉率 1～1.5 kg/h。然后涂层表面进行硬度测试和形貌观察并对涂层断面作 SEM 及 XRD 分析、涂层和基体结合强度及耐腐蚀性能测量等。

a 微观结构分析

纳米尺寸的 $Al_2O_3+3\%TiO_2$ 粉粒混合后采用喷雾干燥法制备试样的 AFM 形貌如图 7-34 所示。在 AZ91D 表面等离子喷涂后,涂层的表面形貌如图 7-35 所示。由图 7-34 可见,按比例混合后的 $Al_2O_3+3\%TiO_2$ 纳米陶瓷粉粒分布基本均匀,但仍存在纳米粉粒的团聚。粉末 Al_2O_3 绝大部分是 α-Al_2O_3 和类金红石型 TiO_2 组成。由图 7-35 可见,涂层呈粒片状的积层,由于高温粒子和已凝固粒子的粘附,使喷层由许多微粒构成,表面较粗糙。由于基体镁的熔点较低,受到高温等离子热喷涂的陶瓷粒子的冲击,使部分基体表面熔化。由 XRD 较长谱和 SEM 分析可见,涂层中有呈柱状结构的 γ-Al_2O_3 和等轴纳米 α-Al_2O_3 颗粒。因为 γ-Al_2O_3 在形成过程中沿热流方向生长,而在等离子热喷涂过程中,尚未熔化的 α-Al_2O_3 颗粒是在等离子喷涂过程中冷却而造成的。这种结构在一定程度上,有助于纳米喷涂陶瓷层力学性能的改善,如可使涂层抗裂纹扩展能力有所提高,XRD 谱中未见 TiO_2 氧化钛相,这是由于在热喷涂过程中,氧化铝与氧化钛接触面积过大而完全固溶所致,由于 TiO_2 与氧化铝的互相固溶而使条柱状的层间结合力增强,有利于涂层强度提高。而 XRD 谱中有少量的 MgO 存在,这是由于在等离子喷涂过程中,温度较高的陶瓷粒子冲击镁合金基体表面后界面反应所形成的。MgO 的存在可有效地抑制 Al_2O_3 晶粒长大,细化 Al_2O_3 晶粒有利于陶瓷涂层强度的提高,并可提高陶瓷粒子和镁合金基体的润滑性,调节界面的内应力的分布。

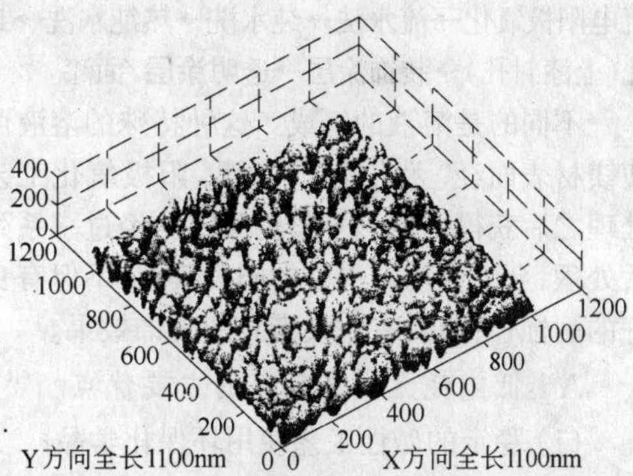

图 7-34 $Al_2O_3+3\%TiO_2$ 纳米陶瓷粉末 STM 图

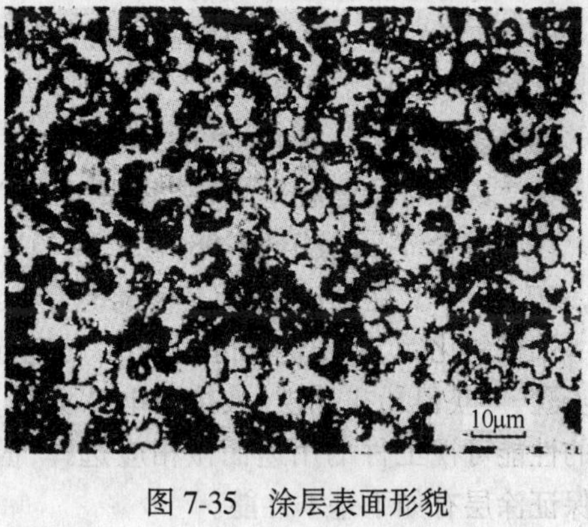

图 7-35 涂层表面形貌

b 涂层性能

(1) 涂层硬度测试。表面经等离子喷涂 Al_2O_3 + 3% TiO_2 纳米陶瓷涂层的 ZA91D 试样，经测试表面陶瓷层的硬度为 HV950～HV980，高于常规同类材料陶瓷等离子喷涂层(常规涂层为 HV750～HV800)。这主要是由于涂层中大量等轴的纳米 α-Al_2O_3 增强作用所造成的。

(2) 涂层结合强度测试。按 ASTM C633 标准测量涂层的结合强度为 19～22.5 MPa，而常规同类粉末等离子喷涂陶瓷涂层为 16 MPa，可见涂层的硬度和涂层的结合强度均高于常规陶瓷等离子喷涂层。

(3) 涂层的耐腐蚀性能测试。按 GB6458—1986 标准，把表面等离子喷涂纳米陶瓷涂层，并进行封闭处理的试样进行 72 h 的中性盐雾试验，表面未发现锈斑。

7.4.11.5 低能耗微弧无火花阳极氧化处理工艺

无火花处理工艺与火花处理工艺完全相同：

碱脱脂→流水洗→酸浸蚀→流水洗→直/交流电阳极氧化→流水洗→纯水洗→热纯水洗→封孔(上漆封孔)→装饰涂层→透明涂层/面漆

不同的是溶液的组成。这种特殊的溶液可使镁材表面经“无火花”、“微弧”阳极氧化工艺处理之后获得更均匀平整的膜层。经过一系列后处理，会生成均匀平整的阳极膜层，不但有良好的耐蚀性，而且有令人满意的装饰效果。

A 低能耗无火花工艺的主要优点

(1) 稳定的碱性工艺使用环保化学品；

(2) 无火花，因此可获得均匀平整的膜层；

(3) 使用更低电压，节约能源；

(4) 良好的耐蚀性，按 ASTM B117 盐雾试验测试超过 200 h；

(5) 涂层硬度为 300～400HV；

(6) 多孔结构是涂料的优秀底层；

(7) 符合 ASTM B893-98，ASTM D2651-01，MIL-M3171 及 MIL-452002 标准的要求。

阳极氧化后，首先要“封孔”，然后是进行涂装步骤，可获得粉末涂层、液体及电泳涂层，涂层的性能可视工件的用途而做相应选择，但必须保证涂层有如下基本性能。

B 涂层需要满足的基本性能

(1) 良好的耐蚀性(240CASS 试验后，0～2 mm腐蚀渗透)；

(2) 良好的排气性；

(3) 良好的力学性能(包括冲击性能)；

(4) 适合液体涂漆(当需要一项或多项附加涂层时)；

(5) 工件的最终使用检验符合技术标准。

阳极氧化镁件透明封孔的样品见图 7-36，图中的工件在阳极氧化后立即变灰，封孔涂层为透明的。在封孔处理后进行涂装处理，也可使用“颜料”封孔产品或金属漆封孔涂料进行涂装。

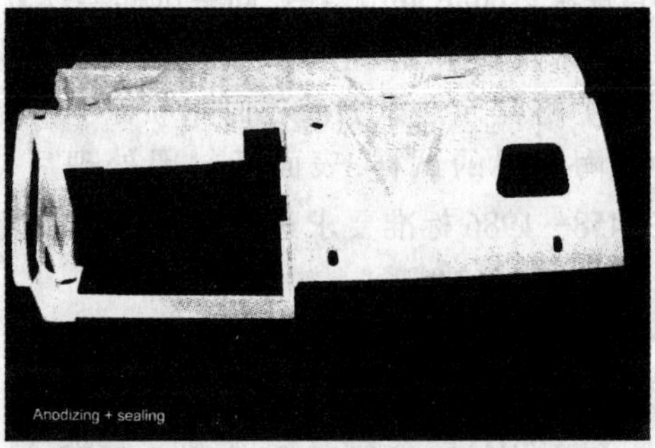

图 7-36 阳极氧化镁件透明封孔的样品

当有要求或必要时，第二道“装饰”涂层可以是水性涂料，也可以是溶剂型的，但都必须具备以下性能：优良的户外耐候性；与内侧涂层间良好的附着力；透明的二道涂层(需要时)可以为水基涂料或溶剂型涂料，且具备如下性能。

C 透明的二道涂层需要具备的性能

(1) 优异的延展性及平整度；

(2) 优异的透明性；

(3) 优异的耐化学品能力；

(4) 优异的力学性能；

(5) 优异的耐腐蚀及耐磨性能；

(6) 优异的耐溶剂性；

(7) 优异的抗 UV 性。

为使镁材能保持其良好的装饰性能及抗蚀性，需对其表面进行处理。根据最终用途的不同，这类处理可以是含铬或不含铬的转化涂层，或选择阳极氧化工艺。由以上分析可以看出，与转化涂层相比，阳极氧化工艺的性能更优，根据工件最终用途的差异可有多种选择。特别是低能耗微弧无火花阳极氧化处理技术，既可靠又简便，可获得良好的耐蚀效果和赏心悦目的镁合金材料外观。

7.4.12 变形镁合金加工材料的防腐与表面处理技术

7.4.12.1 镁及镁合金板材的防腐与表面处理

A 镁及镁合金板材的脱脂处理

脱脂是在酸洗和氧化上色前的一个准备工序，用以去除板材表面的油脂和工艺润滑残迹，保证板材表面具有很好的润湿性能。根据板材表面状况不同，脱脂过程的繁简程度不一。

(1) 经过油封而需要重新氧化上色的板材，应先将其通过蒸汽或热水(95～100℃)脱脂机，然后用有机溶剂(如纯汽油、白节油等)擦拭，最后在脱脂槽中处理。

(2) 在轧制中采用工艺润滑的板材的脱脂，可采用浓度为0.5%～1.0%的苏打溶液处理，溶液温度为90～100℃，时间为30 min左右。

(3) 板材表面的局部油污，则用有机溶剂清洗即可。

板材脱脂溶液及工作制度见表7-68。电化学脱脂工艺见表7-69。

表 7-68 板材脱脂溶液及工作制度

溶液序号	溶液成分/$g \cdot L^{-1}$		工作温度/℃	时间/min
1	Na_3PO_4 $Na_2O \cdot SiO_2$ NaOH	40～60 20～30 10～25	60～90	5～15
2	NaOH $Na_2O \cdot SiO_2$	80～100 5～15	60～90	5～15
3	Na_3PO_4 $NaCO_3$ 皂	30 30 0.75	80～100	5～15
4	$NaCO_3$ NaOH 皂	22.5 15 0.75	100	5～15

表 7-69 电化学脱脂溶液的成分与工作制度

溶液序号	溶液成分/$g \cdot L^{-1}$		工作电压/V	工作温度/℃	时间/min
1	$Na_3PO_4 \cdot 12H_2O$ Na_2CO_3	12～30 30	4～6	80～90	3～4
2	Na_2CO_3 NaOH	9 16	4～6	88～100	3

注：阴极为制品，阳极为钢板。

对于轧制时用洗油或其他有机物作工艺润滑剂的板材，可不经过专门脱脂过程；板材表面的局部油剂，在成品酸洗后可用手持砂轮机或刮刀清除。

B 镁及镁合金板材的光亮蚀洗

光亮蚀洗，简称光洗，在性质上同属于酸洗，但其反应温和、缓慢，它是氧化上色前的必要准备工序。目的在于进一步净化板材表面，清除由成品酸洗时残存在金属表面的"挂灰"，而基本上不溶解金属本身，经光洗后显露出金属的本色——光亮而洁净。

光洗溶液的种类也很多。一般采用铬酐溶液，或在这种溶液中加入适量的活化剂，其成分见表7-70，国外光洗溶液的成分及工作制度见表7-71。影响光洗质量的主要因素是$NaNO_3$(或KNO_3)与Cr^-和SO_4^{2-}的含量。

表 7-70 镁合金光洗溶液及工作制度

溶液成分/$g \cdot L^{-1}$		工作制度 温度/℃	工作制度 时间/min	pH值	槽子材料
Cr_2O_3(铬酐) $NaNO_3$或$Ca(NO_3)_2$	80～100 5～8	15～40	5～15	1.2～1.6	普通钢或聚乙烯、铝、不锈钢、陶瓷

表 7-71 国外光洗溶液的成分与工作制度

溶液编号	溶液成分（余为工业用水）		工作制度 温度/℃	工作制度 时间/min	备注
1	CrO_3 $NaNO_3$ MgF_2	180 g/L 30 g/L 0.25 g/L	75～85	0.5～2	槽子材料可用陶瓷、不锈钢或铝等

续表 7-71

溶液编号	溶液成分（余为工业用水）	工作制度		备 注
		温度/℃	时间/min	
2	CrO_3 280 g/L HNO_3(70%) 25 mL/L HF(48%~51%) 8 mL/L	15~20	0.5~3	槽内衬用合成橡胶或乙烯基材料
3	CrO_3 180 g/L HNO_3 280 g/L	15~20	0.5~2	槽子材料可用陶瓷、不锈钢或衬铝、合成橡胶
4	CrO_3 150~250 g/L	15~30	8~12	用衬铝钢板、不锈钢、铝作为槽子材料
5	CrO_3 20~30 g/L	60~70	8~12	用衬铝钢板、不锈钢、铝作为槽子材料
6	CrO_3 10%~15%(按重量)	沸腾	0.25~3	用衬铝钢板、不锈钢、铝作为槽子材料
7	CrO_3 20% $NaNO_3$ 3% $Mg(Ca)F_2$ 0.1%	21~32	3	pH值为0.5~0.7,槽子材料可用陶瓷、不锈钢、铝等
8	CH_3COOH 20% $NaNO_3$ 5%	21~27	0.5~1	用铝、陶瓷或橡胶作为槽子衬里
9	CrO_3 20% $Fe(NO_3)_3·9H_2O$ 4% KF 0.4%	16~38	0.25~3	用铝、陶瓷或橡胶作为槽子衬里

C 镁及镁合金板材的氧化上色

a 氧化上色溶液的配制

溶液的配制程序：向槽内注入2/3容积的工业用水，加热至60~70℃，先加入计量的$K_2Cr_2O_7$搅拌均匀后，相继加入$(NH_4)_2SO_4$和按下限加入CrO_3，再行搅拌后加入CH_3COOH，同样应搅拌至均匀，然后取样分析；当重铬酸钾、硫酸铵和醋酸达到标准要求时，最后用CrO_3调整溶液的pH值，使其控制在1.7~2.1范围内。

醋酸的加入量按下式计算：

$$W = V_H \times V_A \frac{K}{n} \times \gamma$$

式中 W——醋酸重量，g；

V_H——所配制溶液的体积，L；

V_A——规定的醋酸含量（按体积），g/L；

n——实际使用醋酸浓度，%；

γ——醋酸密度，kg/cm^3。

在上述氧化上色槽液中，$K_2Cr_2O_7$是成膜剂，醋酸和硫酸铵是活化剂，其作用在于提高镁的溶液速度并保证成膜过程所要求溶液的pH值，而CrO_3主要是起填充作用，增加膜层的厚度，同时也具有调整溶液pH值的作用。

(1) $(NH_4)_2$的加入，促进镁的溶解过程，有利于膜的成长；但当其含量超过4 g/L时，反而引起膜的重量降低。

(2) 在溶液中，随着CH_3COOH浓度的提高，金属的溶解度增加；但在醋酸溶液中加入重铬酸钾时，金属的溶解度显著降低并使过程稳定。这里当醋酸在较宽的范围内变化时，金属的溶解速度不改变。在上色溶液中，当醋酸的含量由1~5 mL/L内变化，膜的重量增加不明显，但其少于5 mL/L时，膜层发绿；而当浓度高于15 mL/L时，出现膜同金属结合不牢的现象。实践证明，浓度为8~15 mL/L是最合适的。但是，醋酸在溶液中是一个很不安定的因素。因此，在生产过程中应该经常调整。

(3) 在溶液中加入铬酐，如上所述，是保证一定厚度膜层的必要条件。但是CrO_3含量过高，膜层疏松，如果处理时间较长，引起膜层脱落；此外，这种疏松的膜层，在大气中易受潮解，致使膜层变色（通常呈灰绿色），破坏膜的抗蚀能力。这是由于膜层中吸附着溶解于水的铬化物。如在$K_2Cr_2O_7$140~160 g/L、CH_3COOH10~20 mL/L(60%)、$CrO_3$1~3 g/L和$(NH_4)_2SO_4$2~4 g/L的上色溶液中处理的MB8合金，将其在

98～100℃热水中处理15 min和未经热水处理的比较，化学分析表明，前者膜层中三价铬的含量未变，而六价铬和镁的含量减少，见表7-72。

表 7-72 热水处理对MB8合金膜的成分的影响

膜的成分	成分含量/%	
	热水处理前	热水处理后
CrO_3	25.1	10.0
Cr_2O_3	30.4	30.0
MgO	18.3	14.5

(4) 溶液温度。提高温度对活化成膜过程起促进作用；但温度过高，导致膜层容易脱落，以及由于醋酸的挥发加剧而使上色条件难以稳定。因此，一般应将温度控制在60～70℃范围内为宜。镁合金板材的氧化上色，槽液成分及工艺见表7-73。

表 7-73 氧化上色溶液成分及工作制度

溶液成分		工作制度		槽子材料
		温度/℃	时间/s	
$K_2Cr_2O_7$	80～100 g/L	60～75	30～120	不锈钢、低碳钢或纯铝
CH_3COOH	8～15 mL/L			
$(NH_4)_2SO_4$	3～4 g/L			
CrO_3	3～4 g/L			

b 局部氧化上色

经氧化上色的板材或部件，由于机械损伤或因清理个别缺陷而使膜的连续性遭到破坏时，可按局部氧化上色的方法处理。局部上色溶液列于表7-74。

表 7-74 局部氧化上色溶液及方法

溶液编号	溶液成分		处理方法
1	H_2SeO_3	20 g/L	用洁净的棉纱和布类，蘸溶液在补色处擦拭30～40 s
	$K_2Cr_2O_7$	10 g/L	
2	CrO_3	10 g/L	
	$CaSO_4$	5 g/L	
3	H_2SeO_3(按重量)	5%～10%	

c 旧氧化膜的去除

镁合金板材或制件，基于各种原因(如膜层的质量不合要求，贮存时间较长，膜质量变坏，材料加工过程中膜层被破坏等)而需要重新氧化上色时，必须先将旧膜层去掉，以保证膜层的质量。根据情况的不同，在实践中去除旧膜采用下列方法：

(1) 对于允许尺寸减薄的板材或制件，可在5%～10%(按重量)的硝酸溶液中除膜。

(2) 对于经过油封的板材或制件，可在浓度为30%～40%的NaOH溶液中除膜；溶液的温度为70～80℃，时间5～15 min；然后在热水、冷水中冲洗，并在铬酐溶液(光洗液)中和30～60 s。

(3) 对于要求严格控制尺寸的板材或制件，可在铬酐溶液中除膜。

D 氧化上色的缺陷及消除办法

板材在氧化上色过程中，产生缺陷的原因及其消除办法列于表7-75。

表 7-75 氧化上色产生缺陷的原因及消除办法

槽液名称	缺陷种类	产生原因	消除办法
光洗溶液	1. 表面过腐蚀并产生灰色污浊的挂灰； 2. 表面发暗； 3. 产生上色现象	1. 溶液中 SO_4^{2-} 的含量超过0.8 g/L 2. 溶液维护不好； 3. 使用过久	1. 用 $Ba(OH)_2$ 或 $BaCO_3$ 处理，使 SO_4^{2-} 沉淀； 2. 更换槽液
氧化上色溶液	1. 氧化膜不牢固易擦掉，膜显暗淡色无光泽	1. 溶液温度过高； 2. 处理时间过长； 3. 溶液成分不合格； 4. 热水温度过高； 5. 热水洗涤时间长	1. 降低槽液温度； 2. 缩短处理时间； 3. 调整槽液； 4. 降低热水洗温度； 5. 降低热水洗时间
	2. 表面出现金黄色的斑点(红斑)	1. 表面处理不好； 2. 溶液维护不好； 3. 槽液使用过久	1. 执行氧化上色工艺规程； 2. 更换槽液

续表 7-75

槽液名称	缺陷种类	产生原因	消除办法
氧化上色溶液	3. 膜的颜色过浅	1. 醋酸含量过低	1. 添加醋酸
	4. 表面出现白斑	1. 锰偏析产物; 2. 金属腐蚀没清除干净	1. 提高铸造质量,消除锰偏析; 2. 加强修理
	5. 黑色溃伤	1. 溶液中Cl^-含量大于0.8g/L; 2. 与槽边或框架相接触	1. 氧化上色框用塑料缠裹; 2. 板料防止与框架相接触
	6. 端头及底边处氧化膜脱落	1. 上色前除油不净; 2. 光洗后用手或带油的手套拿板片	1. 加强板材表面的修理; 2. 光洗后的板材,禁止用手或带油的东西去擦板材

7.4.12.2 镁及镁合金挤压制品(管、棒、型材)的表面处理工艺

镁合金挤压制品的表面处理,根据不同的使用要求,可采用氧化上色、阳极氧化、电镀等方法。实践证明,镁合金型、棒材的运输防护采用氧化上色方法是可行的。

氧化上色的基本工艺流程:

脱脂→热水洗→冷水洗→酸洗→冷水洗→光亮蚀洗→冷水洗→热水洗→氧化上色→冷水洗→热水洗→干燥→补充处理

预处理(包括脱脂、冷热水洗、酸洗和光亮蚀洗等)工艺基本上与前面讨论的相同。以下主要介绍氧化上色工艺。

A 氧化上色工艺流程及参数

镁合金挤压制品氧化上色工艺流程及参数举例见表 7-76。

表 7-76 镁合金挤压制品氧化上色工艺流程及主要参数

工序	工序名称	溶液		处理条件	
		组成	含量/$g \cdot L^{-1}$	温度/℃	时间/min
1	装料				
2	热水洗			>40	
3	化学除油	磷酸钠 苛性钠 硅酸钠	40~60 5~20 20~35	60~80	7~15
4	热水洗			>40	
5	冷水洗				
6	酸洗	硝酸	8%~15%	室温	0.2~1
7	冷水洗				
8	光洗	硝酸钠 铬酐	5~8 80~100	室温	5~15
9	冷水洗				
10	热水洗			>40	
11	氧化处理	重铬酸钾 铬酐 硫酸铵 醋酸(60%)	80~140 1~3 2~5 10~20	60~75	0.5~1
12	冷水洗				
13	热水洗			>40	
14	干燥				
15	检查				

注:装料时,必须保证制品与料架很好接触,接触面积越小越好。整个操作过程中,不准用带油手套接触制品表面。

B 槽液的配制与检查

按各槽子的容积计算所需的化学药品,然后加1/2容积的水,将化学药品分别加入槽中,加温开风搅拌(指化学除油槽、氧化槽,对酸洗槽、光洗槽应在室温下开风搅拌)。均匀后,加水至所需容积,再搅拌均匀后,取样分析,经过试验氧化合格后即可进行生产。

各槽在使用期间,应定期进行化学分析。

C 氧化膜缺陷的修补

镁合金挤压制品经氧化上色后,表面上应生成一层牢固均匀的氧化膜。当氧化膜不符合有关技术标准要求时,可按下面方法处理:

(1) 将不合格的氧化膜全部洗掉,重新氧

化上色。

(2) 将有缺陷处的氧化膜局部脱膜，采用补色液上色。常用的补色液有两种，见表7-77。

表7-77 常用的两种补色液的基本成分

补色液 A		补色液 B	
氧化镁 MgO	8～9 g/L	亚硒酸 H_2SeO_3	20 g/L
铬酐 CrO_3	45 g/L	重铬酸钠 $Na_2Cr_2O_7$	10 g/L
硫酸 H_2SO_4（密度 1.84）	0.6～1.0 mL/L		

操作方法：将要氧化的表面用汽油或工业用酒精将油污擦掉，用玻璃砂布打磨，使之露出基本金属，用压缩空气吹掉灰尘，用浸过酒精溶液的布块擦净表面，晾干，然后用缠有棉纱或棉花的玻璃棒或木棒，蘸上氧化溶液在表面上反复涂擦（约 30～45 s），然后在空气中晾干。

7.4.13 镁合金表面处理层性能检测方法

镁合金的表面层可以大致分为两类：一类是薄的膜层，如化学转化膜、阳极氧化膜、气相沉积膜层等，这类膜层厚度一般低于 30 μm；另一类是镁合金喷涂层，可以在 100 μm 以上，属于厚涂层。镁合金的表面涂层或膜层性能检测方法将根据涂层或膜层的厚薄不同有所差异，与涂镀方式也有一定关系。一般包括以下几方面内容：外观检测、厚度测定、耐蚀性能评价、硬度测定、表面处理层与基体结合力以及耐磨性的测定等。

A 外观检测

对于一般的镁合金件，经表面处理后，借助天然散射光或在日光下目测检验，观察涂镀层的均匀性。对于阳极氧化或微弧氧化，要观察氧化层的孔隙大小，色泽均匀程度，有无斑点、脱皮等。若是通过气相沉积得到膜层，则需检测有无波纹、色差、表面覆盖情况等。

B 表面层厚度测定方法

测定表面层厚度有无损法和破坏法两大类。无损法包括质量法、磁性法、涡流法、β射线反射法、X射线荧光法、双光束显微镜法、机械量具法等。破坏法包括金相显微镜法、溶解法、液流法、点滴法、库仑法、轮廓仪法、干涉显微镜法、辉光放电谱法、俄歇能谱法等。由于各种测量方法基于不同的机理和数学模式，因此就会得到不一致的检测结果。为了明确膜厚测量的结果所代表的意义，通常必须注明测定方法。目前最常用的方法有厚度仪测定法、金相观测法和辉光放电光谱法。

C 膜层硬度的测量

显微硬度计是通过金刚石压头在一定的载荷下在几十秒之内缓慢加载到表面，使表面产生一个菱形的压痕，通过测定压痕的对角线长，再通过公式计算得到维氏硬度值。测定时要根据镁合金表面层的厚薄以及估计硬度值选择载荷大小。载荷大，测试的误差相对要小些，但大载荷可能会穿透表面层，有时还会使膜层破裂。当表面层较厚且需要了解表面层硬度沿层深方向分布时，可以先制备沿界面的金相样，然后以图7-37所示的方式进行显微硬度测试。

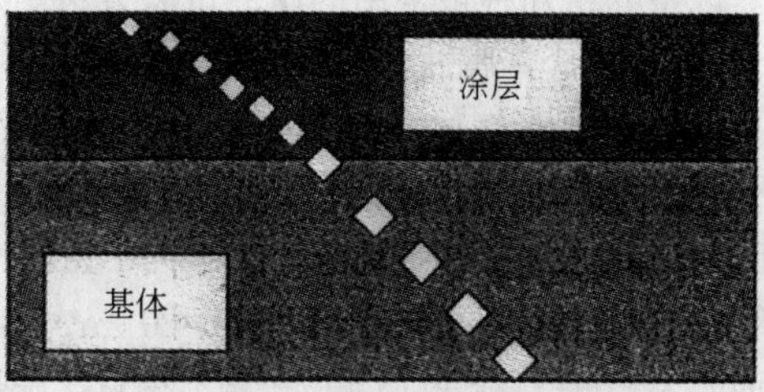

图7-37 显微硬度测试方式

在表面通过气相沉积或产生化学转化膜层后，普通的显微硬度计就无法准确测定膜层的厚度，但可以通过纳米硬度计进行测试。纳米硬度计所加载荷在毫牛范围，可以测定纳米级膜层的纳米硬度，弥补了显微硬度的不足。

D 涂层结合力或结合强度测试法

结合强度也称为附着力，是指将单位面积上涂、镀层，氧化层或其他表面处理层从基体上分离开来所需的力。由于实际检测困难，虽然有一些定量和半定量的方法，但多数使用的是定性测量。如画格法、拉力法、摩擦法、剥离法、形变法、加热法等。具体选择时，应综合考虑表面处理层的厚度、特性以及基材状态等因素。

镁合金的微弧氧化膜层质硬，可以采用划痕法。划痕法是以硬度大于表面膜的材料制成压头(通常为金刚石压头),令其在膜面以一定速度划过,同时作用在压头上的垂直压力不断增加(步进式或连续式),直至膜层与基体脱离。此时的载荷为临界载荷,再通过计算求出膜的结合强度。判断膜与基体是否脱离,可以采用声发射技术或测摩擦力的方法。

其他涂镀层可以采用压痕法。其操作简便,生产上容易实施,但精确度不够。拉伸法的实施也较为容易,但需准备专门的试样。激光剥离法测量精确,且不破坏膜面,但设备昂贵,操作复杂,对于镁合金表面的厚涂层,还可以采用反复加热冷却法(也称为热振法)进行相对比较。

E 腐蚀试验方法

镁合金经表面处理之后的耐腐蚀性能如何,更是评定涂镀层性能优异的一个判据。常用的方法有盐雾腐蚀试验、浸渍试验,也有通过测定其极化曲线从另一个角度判定耐腐蚀性能。以下介绍几种最常用的腐蚀试验方法。

a 中性盐雾腐蚀试验

模拟海洋性气候条件,盐水(NaCl)浓度为(5±1)%,相对湿度大于95%,温度为(35±1)℃,pH值5.5~7左右,喷嘴空气压力为(98±10)kPa,连续喷雾或盐雾沉降量为1~2 mL/80 cm^2·h,评定面向上,与垂直线呈15°角,盐雾不得直接喷射至试样表面上。评价标准可以按出现锈蚀的时间,也可以按在规定时间内锈蚀面积占总面积的百分数计。

b 浸渍试验

模拟相应的腐蚀介质,浸渍液有以下几种:

(1) 水。蒸馏水、去离子水、沸水等。

(2) 盐水。3%(质量分数)NaCl等。

(3) 酸液。如10% H_2SO_4、10% HCl、有机酸等。

(4) 碱液。如10% NaOH等。

浸渍温度根据试验环境确定,如25℃、40℃、50℃、100℃等。浸渍方式可以全浸或半浸入或3/4浸入。浸渍时间以小时或循环次数计。评价标准可以按出现锈蚀的时间,也可以按在规定时间内锈蚀面积占总面积的百分数计,也有的通过外观观察表面有无起皮、粉化、孔蚀等,还可通过检查在规定时间内的失重来判定腐蚀的严重程度。

7.4.14 镁及镁合金材料的涂油包装

为了防止镁材在运输和贮存过程中受到污染或腐蚀,经表面处理并检验合格的产品应在48 h之内进行涂油包装。在使用镁合金材料前必须去除防锈油保护层,从而要求防锈油防锈性能优良、容易启封和除油。因此一般采用薄的防锈油层。矿物油中添加各种缓蚀物质如氧化蜡膏、水溶性磺酸盐、脂肪酸、酯类、皂类等常用做镁合金的防锈油。缓蚀物质在油和金属的接触面上形成一层憎水性的缓蚀高分子薄膜,起防护作用。防锈油防腐蚀能力的好坏取决于防锈油的成分和添加物。表7-78列出了镁合金常用防锈油的主要性能。

表7-78 镁合金常用防锈油的主要性能

成分及性能	混合油	217防锈油	501防锈油	FA101防锈油	7005防锈油	7602防锈油
主要成分	凡士林50%、锭子油50%	氧化石油脂、天然橡胶、氢氧化钠、润滑剂、变压器油为基础油	石油磺酸钡、石油磺酸钠、15号机油为基础油	氧化脂膏石油、磺酸钡、15号机油为基础油	石油磺酸钡、石油磺酸钠、15号机油为基础油	双硬脂酸铝、脂酸、30号机油为基础油
耐盐雾腐蚀	最差	较差	良好	良好	良好	良好
酸值	中性	中性	中性	中性	中性	中性
水分	无	无	无	无	无	无
固体机械杂质	无	无	无	无	无	无
油膜厚度/mm	0.1~1.0	0.05~0.1	0.01~0.05	0.01~0.05	0.01~0.05	0.01~0.05
颜色	黄色	棕黄色	棕黄色	褐黄色	褐黄色	黄色
室温状态	胶体	稠液体	液体	液体	液体	液体
使用温度/℃	80	>70	室温	室温	室温	室温

自然条件下镁合金很容易遭受腐蚀。除上述几种防护方法外，在使用、保管和贮存过程中还应该注意以下几点：

(1) 镁合金不得长期暴露存放在潮湿空气中，严禁雨淋、雾润；

(2) 存放镁合金时，严禁与酸、碱和盐等物质直接接触；

(3) 存放镁材的仓库湿度不宜超过75%，且温度不宜发生急剧变化；

(4) 在运输过程中，镁合金表面必须加封、加盖，以防止受潮，如果发现有轻度腐蚀，必须立即启封、除油、清洗腐蚀产物并干燥，然后重新油封；

(5) 长期存放镁合金时，必须定期检查并进行必要的防腐蚀处理。

7.4.15 镁及镁合金材料表面处理过程中的卫生与安全

镁和氧化镁粉被认为是无毒的。通常需要注意的是防止大量吸入污物、尘埃和其他外来杂质。还未发现镁合金(包括那些含钍或铵镁合金)的搬运、机械精整或酸洗对人体健康有害。

所用的某些化学处理槽液含铬酸盐或氟化物。鉴于这些物质有毒性，在使用时需要充分通风。

大块的镁只有加热到接近其熔点的温度才会着火燃烧。由于其具有很高的热传导，可避免出现严重的热点，从而能保持铸件或加工件的固体形态，在这些形态下没有着火燃烧的危险，除非是处于因其他易燃物质造成的火灾之中。但是，锯切、干式喷砂、研磨、砂磨、抛光和磨光过程中产生的细镁粒，会因火花或其他热源而燃烧。通过将其收集到许可使用的湿式收尘器中，采取避免尘埃聚集的有力辅助措施，消除火花或火种，以及对收集的金属粉尘进行合理的装运和处置，可以将镁粒的燃烧危险减小到最低程度。对这类设备和措施的说明参见国家的有关标准规定和法规。必须根据这些标准和法规制定出喷砂、抛光与磨光、金属丝刷光以及酸碱洗和氧化上色等工序的安全操作规程，以保证安全和人体卫生与健康。详细情况参阅本书第11章。

参考文献

1 《轻合金材料加工手册》编写组编.轻金属材料加工手册(上、下册).北京:冶金工业出版社,1979

2 Michael M A, Hugh Baker. ASM Speciality Handbook——Magnesium and Magnesium Alloys. Ohio: ASM International, 1999

3 陈振华等.镁合金.北京:化学工业出版社,2004

4 蒲以明,张志强,杜荣.镁及镁合金表面处理初探.铝加工,2002,25(4):32～36

5 申泽骥,谢华生,李宝东等.镁合金表面钝化膜结构研究及钝化处理技术进展.2002年材料科学与工程新进展.北京:冶金工业出版社,2003:754～758

6 李瑛,余刚,刘跃龙等.镁合金的表面处理及其发展趋势.表面技术,2003,32(2):1～5

7 卫中领,陈秋荣,郭韵聪等.镁合金Simanode微弧阳极氧化膜性能研究.2002年材料科学与工程新进展.北京:冶金工业出版社,2003:713～716

8 邓志威,薛文斌,汪新福等.铝合金表面微弧氧化技术.材料保护,1996,29(2):15～16

9 薛文彬,来永春,邓志威等.镁合金微等离子体氧化膜的特性.材料科学与工艺,1997,5(2):89～92

10 Alex J, Zozulin, Dusne E, Bartak. Anodized Coatings for Magnesium Alloys. Metal Finishing, 1994, 92(3):39～44

11 薛文斌,邓志威,来永春等.ZM5镁合金微弧氧化膜的生长规律.金属热处理学报,1998,19(3)

12 杨宁,龙晋明.稀土钝化-金属防腐蚀表面处理新技术.稀土,2002,23(2):55～62

13 张永君,严川伟,王福会等.镁的应用及其腐蚀与防护.材料保护,2002,35(4):4～6

14 Hideyuki Kuwahara, Yousef Al-Abdullat, Naoko Mazaki, et al. Precipitation of Magnesium Apatite on Pure Magnesium Surface during Immersing in Hank's Solution. Materials Transactions, 2001, 42(7):1317～1321

15 朱祖芳.镁合金部件(制品)的表面保护和装饰工艺.材料保护,2002,35(6):4～5

16 李宝东,申泽骥.镁合金铸件表面处理技术现状,材料保护,2002,35(4):1～3

17 边风刚,刘家浚,李国禄等.镁合金表面处理的发展现状.材料保护,2002,35(3):1～4

18 蒲以明,张志强,杜荣等.镁及镁合金表面处理初探.铝加工,2002,25(6):32～35

19 张永君,严川伟,王福会等.镁及镁合金环保型阳极氧化电解液及其工艺.材料保护,2002,35(3):39～40,46

20 焦树强,旷亚非,陈金华等.镁及其合金的腐蚀与阳极

化处理.电镀与环保,2002,22(3):1～4
21 郭兴伍,丁文江.镁合金阳极氧化的研究及发展现状.材料保护,2002,35(2):1～3
22 Yousef Al-Abdullat, Sadami, Tsutsumi, Naoki Nakajima, et al. Surface Modification of Magnesium by $NaHCO_3$ and Corrosion Behavior in Hank's Solution for New Biomaterial Applications. Materials Transactions 2001, 42 (8):1777～1780
23 Isao. Cathodic Protective Coating on Magnesium or its Alloys. US Pat, 6291076, Nakatsugawa. 2001
24 Thomas Francis, Macculloch. Anodization of Magnesium and Magnesium Based Alloys. US Pat, 6280598, Barton. 2001
25 David B. Magnesium Oxychloride Plug-filled Magnesium Oxychloride Bonded Abrasive. US Pat. 6214067, Hanson. 2001
26 Thomas Francis. Anodization of Magnesium and Magnesium Based Alloys. US Pat. 5792335, Barton. 1998
27 Peter, Banerjee. Method of Producing Oxide Ceramic Layers on Barrier Layer-forming Metals and Articles Produced by the Method. US Pat, 5385662, Kurze. 1995
28 Peter, Kletke. Method of Producing Articles of Aluminium, Magnesium or Titanium with an Oxide Ceramic Layer Filled with Fluorine Polymers. US Pat, 5487825, Kurze. 1996
29 蒋百灵,张淑芬,吴建国等.镁合金微弧氧化陶瓷层显微缺陷与相组成及其耐蚀性.中国有色金属学报,2002,12(3):454～457
30 郝建民,蒋百灵,陈宏等.微弧氧化和阳极氧化处理镁合金的耐蚀性对比.材料保护,2003,36(1):26～27
31 余刚,刘跃龙,李瑛等.镁合金的腐蚀与防护.中国有色金属学报,2002,12(6):1087～1098
32 蒋百灵,张淑芬,吴建国等.镁合金微弧氧化陶瓷层耐蚀性的研究.中国腐蚀与防护学报,2002,22(5):300～303
33 薛文斌,邓志威,来永春等.有色金属表面微弧氧化技术评述.金属热处理,2000,(1):1～3
34 蒋百灵,吴建国,张淑芬等.镁合金微弧氧化陶瓷层生长过程及微观结构的研究.材料热处理学报,2002,23(1):5～7
35 Horton J A, Blue C A, Agnew S R. Plasma Arc Lamp Processing of Magnesium Alloy Sheet. Magnesium Technology, 2003:243～246
36 US Pat, Triles, Owen M, Okey. Magnesium Methylate Coatings for Electromechanical Hardware. February 25, 2003
37 US Pat. 6,335,099. Higuchi, Tsutomu, Suzuki, Corrosion Resistant, Magnesium-based Product Exhibiting Luster of Base. Metal and Method for Producing the Same. January 1, 2002
38 黎前虎,刘祖明.力劲集团镁合金压铸技术(二)——镁合金的表面处理,汽车工艺与材料,2003,(3):5
39 余刚,刘跃龙,李瑛等.镁合金的腐蚀与防护,中国有色金属学报,2002,(6):1089
40 Hanawalt J D, Nelson C E, Peloubet J A. Corrosion Studies of Magnesium and Its Alloys, Trans. Am. Ins. Mining Met. Eng, 1942, (147):273～276
41 朱祖芳.有色金属的耐腐蚀性能及其应用.北京:化学工业出版社,1995
42 Guangling Songa, Andrej Atrensa, Matthew Darguscha. Influence of Microstructure on the Corrosion of Diecast AZ91D. Corrosion Science. 1999, (41):249～273
43 Guangling Songa, Andrej Atrensa, Xianliang Wu. Corrosion Behavior of AZ21, AZ501 and AZ91 in Sodium Chloride. Corrosion Science. 1998, (40):1769～1791
44 Bonora P L, Andrei M, Elizer A, et al. Corrosion Behavior of Stressed Magnesium . Science, 2004, (44):729～749
45 郝献超,周婉秋,郑志国.AZ31 镁合金在 NaCl 溶液中的电化学腐蚀行为研究.沈阳师范大学学报(自然科学版),2004,(4):117～121
46 李瑛,张涛,王福会.AZ91D 镁合金手汗腐蚀机理研究,手汗模拟液中 AZ91D 镁合金腐蚀的动力学规律,中国腐蚀与防护学报,2004,(5):276～279
47 林翠,李晓刚.AZ91D 镁合金在含 SO_2 大气环境中的初期腐蚀行为.中国有色金属学报,2004,(10):1658～1665
48 蔡启舟,王立世,魏伯康等.NaCl 水溶液中 AZ91 与 A3 钢的接触腐蚀.特种铸造及有色合金,2004,(1):31～33
49 郑弃非,曹莉亚.镁合金的大气腐蚀试验研究,稀有金属,2004,(1):101～103
50 何积铨,王湛,张巍等.模拟大气环境中加速镁合金电偶腐蚀的研究,腐蚀科学与防护技术,2004,(3):141～143
51 韩夏云,龙晋明,薛方勤等.镁及镁合金应用与表面处理现状及发展,轻金属,2003,(2):48～51
52 大下贤一郎,川口纯.镁合金的表面处理方法.中国专利:1288073.2001
53 蓬原正伸,宫本智志,山添胜芳等.用于镁合金的化学转化试剂、表面处理方法和镁合金基质.中国专利:1386902.2002
54 Chong, Teng Shih Shih. Conversion-coating Treatment for Magnesium Alloys by a Pemanganate-Phosphate Solution. Materials Chemistry and Physics, 2003, (80):191～200
55 Vuorilehto K. An Environmentally Friendly Water-activated Manganese Dioxide Battery. Journal of Applied Electrochemistry, 2003, (33):15～21

56 Ghali E. Corrosion and Protection of Magnesium Alloys. Materials Science Forum, 2000, 350: 261～272

57 Hongwei Huo, Ying Li, Fuhui Wang. Corrosion of AZ91D Magnesium Alloy with a Chemical Conversion Coating and Electroless Nickel Layer. Corrosion Science, 2004, (46): 1467～1477

58 工程材料实用手册编辑委员会. 工程材料实用手册(3) 铝合金 镁合金 钛合金, 北京: 中国标准出版社, 1989

59 侯军才, 张秋美, 关绍康等. TiO_2 对镁锰牺牲阳极材料显微组织和电化学性能的影响. 铸造技术, 2006, 27 (5): 514～516

60 侯军才, 张秋美, 关绍康等. 微量锶对镁锰牺牲阳极显微组织和电化学性能的影响. 中国腐蚀与防护学报, 2006, (6): 166～169

61 孙伯勤. 镁合金压铸件在汽车行业中的巨大应用潜力. 特种铸造及有色合金, 1998, (3): 40

62 Albright D L, Ruden T, Davis J. High Ductility Magnesium alloys in Automotive Applications. Light Metal Age, 1992, 50(2): 28

8

镁合金新材料及制备新技术的研究开发

Development of New Materials and New Processing Technology

8.1 概述

近十几年来，随着镁及镁合金材料的应用日益广泛，在国民经济、国防建设和人民生活中的地位不断提高。在快速扩大镁及镁合金材料生产规模的同时，对增加镁材的品种、提高镁材的质量、扩大应用领域等方面也进行了大量的研究开发。各国政府部门、学术界和产业界采取各种攻关形式，在镁及镁合金材料的基础研究及相关共性技术研发方面做了大量工作，并在镁合金熔炼、阻燃、耐高温、抗腐蚀、成形、焊接、表面处理、装备及回收利用等方面展开系统而深入的研究，取得了不少成果，从而为镁及镁合金产业的发展奠定了较为坚实的技术基础。

8.1.1 镁合金材料基础研究现状

8.1.1.1 *在原镁冶炼和镁合金熔炼方面*

在原镁冶炼方面，国内皮江法炼镁技术已得到很大提升，水氯镁脱水技术也得到初步发展。而在镁合金的熔炼方面，目前国内众多高等院校和部分企业通过对 AZ、AM 等系列镁合金熔炼工艺的研究，获得了各合金系的合理熔炼工艺参数，并制定出了 AZ 系列镁合金熔炼工艺及熔炼过程的安全措施。

8.1.1.2 *在新材料研制方面*

通过成分设计、制备和加工工艺的优化，结合合金相控制和结构性能表征研究，在阻燃镁合金、耐热镁合金、耐蚀镁合金、高强度镁合金、高强韧性镁合金和镁基金属玻璃等的开发方面取得了阶段性的研究成果。研究结果表明：在阻燃镁合金开发中，熔剂保护法和 SF_6、SO_2、CO_2、Ar 等气体保护法虽然是行之有效的阻燃方法，但 SF_6、SO_2 在应用中会产生严重的环境污染，使得合金性能降低，设备投资增大。而合金化则可以避免这些问题，并且还可在成形过程中实现阻燃；在耐热镁合金开发中，加入 Nd、Y、Sc 和 Gd 等稀土元素可在镁合金中产生强化效应，而固溶热处理则可以进一步改善和提高稀土镁合金的室温和高温力学性能，这使得具有抗高温蠕变性能耐热镁合金的开发成为可能。在 Mg-Al-Zn 系和 Mg-Zn-Zr 系高强度镁合金的发展中，基本掌握了主要合金相种类、晶体学数据和性能表征等基础数据，发展了多种变形镁合金熔炼技术，完成了镁合金板材从铸锭熔铸、均匀化、热轧、冷轧、退火等全部工艺过程的研究，系统研究了各工艺与板材组织性能的关系，并进行了工艺优化设计；基本掌握了高强度镁合金挤压材的特性，并确定了各种新合金的挤压工艺参数。在高强韧镁合金开发中，发现通过添加 Li 可改善镁合金的室温塑性。此外，通过热挤压和细化晶粒，如添加 Ca、Zr、Th 和 Ag 等合金元素或快速凝固粉末冶金、高挤压比及等通道挤压(ECAE)等方法，也可以使镁合金的强度和塑性得到很大改善和提高，从而获得高强度、高塑性，甚至超塑性。在镁基金属玻璃的研究中，研究出了目前世界上玻璃成形能力最强的镁合金，其铜模浇注的金属玻璃圆棒直径可达 9 mm。其他镁基复合材料的研发也取得了进展。

8.1.1.3 *在镁合金成形工艺方面*

以典型压铸镁合金和变形镁合金为研究对象，针对所开发的镁合金产品，在镁合金材料替代及结构再设计、模具设计及制造、变形工艺开发和铸造工艺优化，以及成形过程的数值模拟等方面开展了大量的工作，并取得了进展，其中部分研究成果已在实际镁合金产品的生产过程中得到了应用。如通过数值模拟的研究方法，建立了以国际先进的“MAGMA”和“Pro-Cast”大型铸造模拟软件及3D设计软件I-Deas、UG为核心的铸造工艺模拟优化和模具快速设计制造平台，该平台现正服务于镁合金工艺及模具优化设计。

8.1.1.4 在镁合金产品表面防护技术方面

在化学转化涂层和耐腐蚀性能表征等方面做了大量基础研究，并在磷酸盐转化膜产业化方面取得成功；在阳极氧化方面也做了许多研究，尤其在产业化应用方面做了大量工作；所开发的镁合金超声波阳极氧化技术、高压阳极氧化技术、镁合金复合电沉积等技术正在由小批量生产向大批量生产过渡；此外，在镁合金喷铝耐蚀涂层研发，以及镁合金协合复合涂层等方面也取得了创新性的成果，并已应用于某些产品。研究表明，镁合金的耐蚀性问题原则上可通过两个方面来解决：一是严格限制镁合金中的Fe、Cu、Ni等杂质元素的含量；二是在对镁合金进行表面处理时，可根据不同的耐蚀性要求，选择化学表面处理、阳极氧化处理、有机物涂覆、电镀、化学镀、热喷涂等方法处理。

8.1.1.5 在镁合金焊接方面

开展了激光氩弧复合热源焊接研究，研究结果表明，复合热源焊接镁合金电弧的稳定性好，焊接速度快，焊缝深大，焊缝成形良好，接头强度与母材相当。

8.1.2 镁合金材料生产装备的开发

我国镁合金材料生产装备的开发及产业化取得了长足的进展。开发的系列镁合金冷室压铸机、气体保护压铸镁合金连续熔化浇注炉，目前已经实现产业化并批量供应市场，实现了替代进口；所开发的微弧氧化装备，解决了镁合金制成品表面保护；研究开发的保护气体在线发生器，解决了镁合金熔化浇注气体保护环境污染和成本控制等难题。

为了进一步提高我国镁合金材料生产装备的自给能力，目前正在致力于镁合金冷室压铸机大型化、镁合金压铸模温调控、镁合金熔化浇注炉系列化、镁合金微弧氧化处理设备大型化、保护气体高精度低成本配制、容积式定量吸铸系统、镁合金回炉料现场重熔精炼、镁合金机加切屑负压收集及安定化处理装置等主辅助设备的研究开发和产业化。

8.2 新型镁合金材料的研发

8.2.1 高耐蚀性镁合金的研发

腐蚀是严重影响镁合金应用的最大问题之一。影响镁合金耐蚀性的重要因素是Fe、Cu、Ni等金属杂质，降低镁合金中杂质含量成了提高镁合金耐蚀性的关键。第一步是采用高纯镁锭，如美国化学公司利用当地优良的白云石采用新电解法产出含Fe0.001%（质量分数，下同）、Si0.006%、Cu不超过0.001%、Ni低于0.0005%的高纯镁锭，并用于生产压铸镁合金AZ91HP、AZ91D、AZ91E等。第二步采用SF_6气体保护熔炼，避免了熔剂杂质侵入金属液的可能性，从而提高合金的耐蚀性。高纯AZ91D在盐雾试验中的耐蚀性是AED91C的100倍，比低碳钢好得多，也超过了压铸铝合金A380。福特公司生产的Ranger汽车的离合器壳体就采用AZ91D，在盐雾大气中运行了10年仍旧完好。国内目前这方面的研究也取得很大进展，如我国研制的新型压铸镁合金，其成分与德国的TL-VWO30成分相当，但杂质含量低，除具有较高强度、硬度和韧性外，还有较高的抗蚀性能。

最常用的高纯耐腐蚀铸造镁合金的化学成分见表8-1。由表可见，高纯镁合金成分不同之处在于严格规定了合金杂质的含量，尤其是Fe、Ni含量仅为一般合金的1/10左右，从而极大地提高了合金的耐蚀性，而力学性能则没有多大变化。经10天的ASTM盐雾腐蚀速率试验，碳钢的腐蚀率为30 MPY，A380铸铝合金为13 MPY，而高纯铸造镁合金AZ91D、AZ91E和AZ41XB仅为4 MPY，明显优于碳钢和铝合金。AZ91D和AM60B已大量用做汽车零部件和要求耐蚀的军用直升机和其他军工用品。

表 8-1 部分高纯耐蚀铸造镁合金的化学成分

合金	化学成分/%			杂质/%,不大于					
	Al	Zn	Mn	Si	Cu	Fe	Ni	其他单个	总量
AZ91C①	9.0	0.5	0.3	0.3	0.10	0.05	0.01		0.30
AZ91D	9.0	0.5	0.3	0.10	0.030	0.005	0.002	0.02	
AZ91E	9.0	0.5	0.3	0.20	0.015	0.005	0.001	0.01	0.30
AM60B	6.0	0.22(max)	0.3	0.10	0.010	0.005	0.002	0.02	
МЛ5ЛЦ②	8.5	0.5	0.3	0.08	0.05	0.007	0.001		0.14

① 用于对比的一般合金。

② 俄罗斯合金。

8.2.2 耐热镁合金的研发

镁合金的高温性能较差,因而限制了镁合金的应用,近年来研究开发的新型镁合金高温性能有了显著的改善,传统的 Mg-Zr 合金过去只耐 150℃的高温,现在能耐 300℃的高温。美国的 Mg-Th 合金(Mg-2%~4% Th-1.5%~2.5% Zn-0.5%~1.0% Zr)热轧板,耐高温达 350℃,俄罗斯的 Mg-Nd(Mg-2%~4% Nd-6%Zn-0.5%~1.0%Zr),Mg-Y(Mg-10%Y-1%~2%Zn)等高温高强镁合金,其挤压型材的耐高温程度也大大超过了 150℃,这些耐高温镁合金主要用于制造飞机发动机以替代高温用铝合金和钛合金。

传统高温压铸镁合金主要是 AS 系列,含 Al 量的减少和 Si 的加入,减少了 $Mg_{17}Al_{12}$ 相,从而增加了硬度和熔点相对较高的 Mg_2Si 相,提高了合金的高温强度,最近的发展是添加 RE 元素得到高温性能更好的 AE 系列镁合金。如 AE42(Mg-4% Al-2% RE-0.3% Mn)合金,比传统的 AS21 合金的疲劳强度几乎提高了一倍。另据德国 Magnesium Elektron Ltd 报道,加入 1%的 Ca 到 AZ91 合金或 AS 系列合金中也可在一定程度上改善其蠕变强度,但铸造性能却较差,取而代之的是 Mg-Zn-Cu 系。由于 Cu 的加入使其室温性能和 150℃高温性能得到大幅度提高。

8.2.2.1 抗蠕变及耐热镁合金材料设计依据

耐热性主要是指材料在高温和外加载荷作用下抵抗蠕变及破坏的能力。高温蠕变变形的微观机制不仅包括滑移,而且晶界参与形变,形变量有时可以高达 40%~50%。在高应力作用下,纯镁甚至在室温下即易于发生蠕变变形。与铝合金相比,镁合金更易于发生晶界滑移。

目前得到广泛应用的 Mg-Al 系合金(AZ 系和 AM 系)在室温下具有良好的综合性能和抗大气腐蚀性能,铸造性能也良好,但是其力学性能在高于 120~130℃时急剧下降,其高温蠕变抗力比常用铝合金低一个数量级还多。

AZ 系和 AM 系镁合金高温蠕变抗力低的原因在于:合金中连续析出形成的时效析出相为 $Mg_{17}Al_{12}$,它通常呈板条状,而且平行于镁基体的(0001)基面析出,且与基体之间无共格关系,不能为位错运动提供大的阻力,时效硬化效果不明显;另外,$Mg_{17}Al_{12}$ 的熔点低,仅为 437℃,在不高的温度下即为一软质相,同时由于 $Mg_{17}Al_{12}$ 与基体之间非共格,界面能高,因此在高温下易长大粗化,故而随温度升高,$Mg_{17}Al_{12}$ 极易软化粗化,不能有效钉扎晶界。此外,高温蠕变过程中,过饱和镁基体中 $Mg_{17}Al_{12}$ 在晶界处的非连续析出是压铸 AZ 系和 AM 系合金高温蠕变抗力差的另一个主要原因。晶界处非连续析出的 $Mg_{17}Al_{12}$ 呈薄片状并与晶界几乎成直角,不仅为晶界滑移提供了更多的滑移表面,同时为临近晶粒的变形提供了额外的自由度,因而使晶界滑移和晶界迁移容易进行,不利于合金的抗蠕变性能。

因此,从合金晶体结构的强度观点出发,耐热镁合金设计应从限制位错运动和强化晶界入手,这意味着可以通过以下一种或多种手段来达到提高镁合金的热稳定性和高温蠕变抗力的目的。

(1) 引入热稳定性高的第二相;

(2) 降低元素在镁基体中的扩散速率;

(3) 改善晶界结构状态和组织形态。

其中,(1)可以通过加入能形成稳定的金属间化合物的合金元素或直接引入弥散强化的第二相来实现,而(2)和(3)则均可以通过适当的合金化或微合金化实现。

在元素周期表中,与 Mg 形成金属间化合物的有ⅡA族的 Ca、Sr,ⅢA族的 Al、Zn,ⅣA族的 Si、Ge、Sn、Pb,ⅤA族的 Sb、Bi,ⅢB族的 Th 以及 RE 元素等;与 Al 形成金属间化合物的有ⅡA族的 Ca、Sr,ⅢB族的 Sc、Y、La、Ce、Pr、Nb,ⅦB族的 Mn 等。此外,合金元素的交互作用还可能形成某些复杂多元化合物。这些金属间化合物的热稳定性不同,存在的形态和分布不同,对合金耐热性的影响程度也不同。熔点是化合物热稳定性的主要衡量指标之一。表 8-2 所列为镁合金中常见的一些金属间化合物的熔点。某些碱土金属和稀土元素,如 Ca、Sr、Ba、Ce 可以起到表面活性元素的作用,它们富集于晶粒表面和晶界,填充晶界处的晶格缺陷,改善晶界结构状态,从而提高合金的高温性能。

表 8-2 镁合金中常见金属间化合物的熔点

合金系	金属间化合物	化合物熔点/℃	合金系	金属间化合物	化合物熔点/℃
Mg-Ca	Mg_2Ca	714	Mg-Y	$Mg_{24}Y_5$	620
Mg-Sr	$Mg_{17}Sr_2$	606	Mg-Al-Ca	Al_2Ca	1079
Mg-Al	$Mg_{17}Al_{12}$	437	Mg-Al-Sc	$ScAl_2$	1420
Mg-Si	Mg_2Si	1087	Mg-Al-Y	YAl_2	1455
Mg-Sn	Mg_2Sn	772	Mg-Al-La	La_3Al_{11}	1240
Mg-Sb	Mg_3Sb_2	1245	Mg-Al-La	$LaAl_2$	1405
Mg-Bi	Mg_3Bi_2	823	Mg-Al-Ce	Ce_3Al_{11}	1235
Mg-Th	$Mg_{23}Th_6$	772	Mg-Al-Ce	$CeAl_2$	1480
Mg-Ce	$Mg_{12}Ce$	611	Mg-Al-Nb	Nb_3Al_{11}	1475
Mg-Nb	$Mg_{12}Nb$	560	Mg-Al-Nb	$NbAl_2$	1460

8.2.2.2 Mg-Al 系耐热合金

这个系列的合金包括两大类:一类是现有 AZ 系合金的“改性”合金,主要是通过微合金化,改善现有 AZ 系合金,尤其是 AZ91 合金中 $Mg_{17}Al_{12}$ 相的形态结构特征和/或形成新的高熔点、高稳定性的第二相来提高其耐热性。研究工作已发现 Sr、Li、Cu、Ba、Bi 能改善 AZ91 合金中 $Mg_{17}Al_{12}$ 相的形态和晶粒大小。AZ91 合金中加入 0.5% 的 Sn,使合金时效后在晶界析出弥散分布的 Mg_2Sn 相,有效抑制了晶界移动,使合金高温性能显著提高,尤其是屈服强度提高了近 1 倍。Bi、Sb 的加入使 AZ91 合金中析出高热稳定性的 Mg_3Bi_2 相和 Mg_3Sb_2 相,并且在时效过程中还阻止了粗大的不连续析出相的形成,促进了晶内与基体具有共格结构的细小 $Mg_{17}(Al,Zn,Bi)_{12}$ 和 $Mg_{17}(Al,Sb)_{12}$ 相的析出,从而显著提高了合金的耐热性。

另一类 Mg-Al 系耐热合金是在 Mg-Al 二元合金基础上加入 Si、RE、Ca、Sr 等合金元素来改善其高温性能。这类合金早期的典型代表有 AS41、AS21(Mg-Al-Si)和 AE42(Mg-Al-RE),这三个牌号合金的室温强度都低于 AZ91 合金,但在较低应力下的高温抗蠕变性能优于 AZ91 合金。AS 系耐热合金适用于 150℃ 以下的场合,已用于汽车空冷发动机曲轴箱、风扇壳体和发动机支架。AS 系中的细小弥散析出相为

Mg_2Si。AS21合金具有较低的铝含量，$Mg_{17}Al_{12}$的数量减少，因而其蠕变强度和抗蠕变温度都高于AS41，但是铸造性能却较差。AE42合金具有最好的耐热性，适用于150℃环境下使用的工件，已被GM用于生产变速箱。AE42合金中的Al-RE化合物具有比Mg_2Si更高的热稳定性，可以有效钉扎晶界而阻碍晶界滑移。AE系合金中可能出现的Al-RE相有RE_3Al_{11}、$REAl_2$、$Mg_{12}RE$等。稀土的添加将导致成本的大幅度上升，此外，AS和AE系合金只适用于冷速较快的压铸件，因为较慢的冷却速度将导致粗大的Mg_2Si或Al-RE化合物的生成，使合金强韧性大大降低。可采用Ca微合金化改性AS41，使Mg_2Si细小，弥散分布，从而使其强度、韧性提高，并使AS41可用于砂型铸造。

碱土金属，如Mg、Ca、Sr与稀土元素，如Ce、Nb的某些相似行为促使研究者开发含碱金属类镁合金，以寻求可能替代稀土元素的较廉价的新型耐热镁合金。这一研究导致了Mg-Al-Ca、Mg-Al-Sr类镁合金的研发(主要合金成分见表8-3)。如AC50.7(2～6Al，0.1～0.8Ca，0～0.25Mn)和Mg-Al-Ca专利合金(2～6Al，0.5～4Ca)都是Ca强化的高温镁合金，抗蠕变性能与AE42相同，而成本降低。但是这种合金的压铸性能差，易热裂和粘型。其显微组织特征为晶界弥散分布的Al_2Ca第二相。AJ(Mg-Al-Sr)系列锶强化合金(AJ52、N)已用于汽车动力系统工件。其150～170℃的蠕变抗力优于AE42和A380，175℃的抗拉强度和屈服强度优于AZ91D和A380，耐蚀性及工艺性同AZ91D，抗疲劳性与AM60相当。

表8-3 Mg-Al系部分耐热合金的化学成分(质量分数) (%)

合金	Al	Ca	Sr	RE	Si	Mn	Zn
AJ52	4.53		1.75		0.010	0.27	0.018
N	4.55	0.19	0.53		<0.010	0.25	0.001
ACX	3～6	1.7～3.3	0～0.2				
ACM522	5.3	2.0		2.6		0.17	
MRI153	4.5～10	0.5～1.2	0.01～0.2	0.05～1.0		0.15～1.0	

近年来采用在Mg-Al二元合金的基础上加入两种或两种以上合金元素的多元复合强化法，使Mg-Al耐热合金的综合性能得到了进一步的改善。如通用汽车公司开发的ACX系Mg-Al-Ca-Sr四元合金，另外含有微量Si元素其高温抗蠕变性能比AE42提高了25%以上，而耐蚀性则与AZ91D相同。日本Honda开发的耐热压铸镁合金ACM522，其成分为Mg-5Al-2Ca-2RE-0.17Mn，组织为初生α-Mg和在晶界分布的黑色Al-Ce相粒子和浅色的由Al-Ca、Mg-Ca等相组成的化合物。ACM522具有比AE42合金更高的蠕变抗力，其耐热性和耐腐蚀性能可以与A384铝合金媲美，而且铸造性能良好，已用于轿车发动机油盘和摩托车发动机盖。死海镁业开发的MRI153已在德国大众汽车动力系统工件上得到成功应用。

8.2.2.3 Mg-Zn系耐热合金

由于Zn增加热裂倾向和显微疏松，因此Mg-Zn系合金中第三组元素的选用应首先考虑克服Mg-Zn二元合金所固有的脆性以及热收缩性。Mg-Zn-Cu合金是迄今应用比较成功的Mg-Zn系耐热合金，其150℃以下的高温性能较好。由于压铸时易热裂，这些合金仅可用于砂模或永久模制造。ZC62-F合金在150℃时的抗拉和屈服强度高于AS21A-F，ZC71-T6在100～177℃范围内的抗拉和屈服强度都高于AE42-F。但是这类合金的耐腐蚀性能较差。

Mg-Zn二元合金中加入Ca，可望提高合金的高温性能。目前这类合金尚处于实验室开发阶段，未得到商业化应用。研究表明，在含锌量小于4%的Mg-Zn合金中添加大于0.5%Ca，在167℃以下析出几个原子层厚的细小盘片状化合物，可以显著提高 Mg-Zn 合金的蠕变抗力。当温度高于 167℃时，析出物粗化，合金抗蠕变性能恶化；锌含量增加时，蠕变抗力也下降。含 Ca 析出物的成分为 Mg_2Ca 及 Mg_5Ca_2Zn。Ca 作为主要合金元素的 Mg-Zn-Ca 三元合金可望具有良好的室温和高温力学性能。Park 等人对添加 Ca 或 Zr 的快速凝固 MCZC 合金（Mg-6％Zn-5％Ca-2％Co）和 MCZZ 合金（Mg-6％Zn-5％Ca-0.5％Zr）的研究表明，MCZC 具有比 MCZZ 合金更高的热稳定性。在铸态的 MCZC 合金中，化合物相为 Mg-Ca 和 Mg-Co-Zn 沉淀相；150℃、1 h 时效后，沿晶界析出大量更细小的 Mg-Ca-Zn-Co 四元沉淀相，使合金得到进一步强化。Mg-Ca-Zn-Co 四元合金相具有与 Mg-CaZn三元相相同的晶体结构。温度升高至 300℃，四元 Mg-Ca-Zn-Co 化合物相逐渐粗化。在 MCZZ 合金中，只存在 MgZnCa 一种化合物相。

8.2.2.4 Mg-Zn-Al 系耐热合金

这一系列合金的特点是尽量利用廉价合金元素的多元合金化综合作用，来改善合金的综合性能。该系合金是近年来研究较为活跃的一个领域，目前已有多项专利合金。

在现有 AZ 系合金组成元素的基础上，增加 Zn 含量，控制 Zn/Al 比，从而开发出一类新型镁合金——ZA 系镁合金，如 ZA102、ZA104、ZA124、ZA144 等。与 AZ 系镁合金不同，ZA 系合金中的主要化合物相为 $Mg_{32}(Al,Zn)_{49}$，其熔点为 535℃，比 $Mg_{17}Al_{12}$具有更高的熔点和热稳定性，因而使合金高温蠕变抗力提高。ZA 系合金的高温抗蠕变性能均大大优于 AZ91，ZA124 合金的高温抗蠕变性能与 AS41 相同，而耐腐蚀性和铸造性能则明显优于 AS41。该类合金的不足是韧性较差，伸长率低。在 ZA 系合金中加入 Ca 和 Sr，可以进一步提高 ZA 合金的蠕变抗力。Ca 的作用比 Sr 更明显。少量的 Ca 和 Sr 固溶在镁基体中，大量的 Ca 和 Sr 存在于 $Mg_xZn_yAl_z$ 化合物相中。

IMRA America Inc. 开发的 ZAX8506 等 Mg-Zn-Al-Ca 专利合金，其化学成分范围为 2％～9％Al，6％～12％Zn，0.1％～2.0％Ca，该合金在 150℃时的拉伸屈服强度不低于 110 MPa，其 175℃、40 MPa 下的压缩蠕变速率比 AZ91D 低得多，而且压铸性能良好。韩国现代汽车公司和日本 Ube 工业公司分别开发出 Mg-Al-Zn-Si-Ca和 Mg-Al-Zn-Si-Sr 专利合金，其共同之处均是在 Mg-Al-Zn-Si 合金基础上，通过 Ca、Sr 元素对 Mg_2Si 增强相的“改性”作用（形态及大小的控制作用），从而获得具有高强、高蠕变抗力的合金。此外，日本和以色列、德国也各自开发了 Mg-Zn-Al 系多元合金化专利耐热合金。这类专利合金的成分见表 8-4。

表 8-4 Mg-Zn-Al 系部分耐热专利合金的化学成分

专利号	专利申请者	化学成分（质量分数）/％
US5855697，1997	IMRA America Inc.	2～9Al，6～12Zn，0.1～2.0Ca，0.2～0.5Mn(optional)
WO9740201，1997	HYUNDAI Motor Co.，Ltd.	5.3～10.0Al，0.7～6.0Zn，0.5～5.0Si，0.15～10.0Ca
US5669990，1996	Ube Industries Ltd.	6～12Al，6～12Zn，0.3～1.5Si，0.005～0.2Sr
EP1127950，2001	Mitsubishi Aluminium	2～6Al，0.2～1Zn，0.3～2Ca，0.01～1Sr，0.1～1Si，0.1～1Mn
US6139651，2000	Dead Sea Magnesium Ltd.；Volkswagen AG	4.5～10Al，5～10Zn，0.15～1.0Mn，0.005～1RE，0.01～0.2Sr，0.3～1.2Ca，少量 Be

8.2.2.5 Mg-RE 系耐热合金

Mg-RE 合金是重要的耐热合金系，适用于 200～300℃下长期工作的零部件。

稀土元素在镁中具有较大的固溶度极限，而且随温度下降，固溶度急剧减少，可以得到较大的过饱和度，从而在随后的时效过程中析出弥散强化相。稀土镁合金时效析出过程的主要特征是，时效初期形成六方 DO_{19}型结构，时效

中期形成 β′析出相,此时得到最佳时效强化效果,时效后期为平衡析出相。含 RE 的析出相通常具有高的热稳定性,同时 RE 元素在镁基体中的扩散速率较慢,使得 Mg-RE 合金具有较高的高温强度和优良的抗蠕变性能。

Zr 在 Mg-RE 合金中具有显著的晶粒细化作用,Zr 可以在不含 Al、Mn 的 Mg-RE 合金中与 Zn、Ag、Th 等合金元素一同加入。EK30A 是第一个以 RE 为主要合金元素的高温铸造镁合金,该合金满足了 205℃强度和抗蠕变性能的要求,在航空发动机上得到了应用。Mg-RE-Zr 中加入 Zn,可以进一步提高合金的力学性能,因此开发出了 EZ33、ZE41 等合金。ZE41 合金强度高,可应用于 200℃下工作的零件;EZ33 具有更高的蠕变抗力,最高工作温度可达 250℃,该合金正在逐步取代 EK30A 应用于航空发动机上。Ag 能明显改善 Mg-RE 合金的时效硬化效应,因此开发了 EQ21、QE22、QH21 等合金。EQ21 合金直到 250℃仍具有高强度。在室温到 200℃温度范围内,QE 型镁合金具有接近于含 Th 镁合金的优良的高温抗拉性能和蠕变抗力,QE22 合金具有很高的屈服强度和相对较好的疲劳抗力,200℃下的抗蠕变性能与 EZ33 相当,长期以来广泛用于飞机、导弹部件的生产。以 Th 代替部分的 QH21 合金具有比 QE22 合金更好的高温性能,其使用温度提高了 30～40℃;在含钇、钪镁合金开发以前,QH21 合金具有 250℃下最佳的拉伸强度和蠕变抗力。钇、钪对镁合金的有益影响是一个非常重要的发现。目前已开发出系列含 Y 的 WE 型合金,其中 Y 是以混合稀土形式加入的。WE54 是商业化合金中耐热性最好的,长期使用温度为 300℃,该合金具有显著的时效硬化效果,室温、高温拉伸性能和抗蠕变性能都非常优越,而且具有优良的抗腐蚀性能;其耐蚀性可与普通铸造铝合金媲美,高温强度甚至优于高温铝合金 RR350。在 WE54 基础上适当降低 Y、Nd 含量高温强度略有下降,但可以保持良好的韧性,因此开发了 WE43 合金,适于 250℃应用。该合金已广泛应用于赛车及航空飞行器变速箱壳体上。德国科学家试制的 Mg-Sc-Mn 新型耐热镁合金可望用于 300℃以上的工作温度。

稀土镁合金是耐热镁合金中开发和应用较为成功的一类合金,目前,含稀土镁合金牌号已占镁合金牌号总数的 50%以上。但是,由于稀土镁合金均含有 RE 元素和 Zr 元素,使得其原材料成本和工艺成本都大大增加,因而稀土镁合金目前仅用于航空航天和军事等高、精、尖领域。

8.2.2.6 弥散强化镁基合金和镁基复合材料

弥散强化因弥散相熔点很高且在基体中溶解度很小,其强化温度可大大提高,是提高镁合金高温性能最有潜力的方法。弥散强化曾使铝合金的耐高温极限提高到远超出传统析出强化铝合金所能达到的温度。但遗憾的是,至今尚未有弥散强化镁基合金的商业化应用。据报道,加拿大 ITM 在实验室开发出了两种弥散强化镁合金。美国对采用液态金属压力浸渗陶瓷颗粒预制块制备 Y_2O_3 弥散强化纯镁的工艺和材料性能进行了有意义的尝试和探索。

在镁基合金中加入纤维或颗粒增强体可以明显提高镁合金的弹性模量,改善合金的耐磨性能,提高合金的室温、高温强度和抗蠕变性能。复合材料的这些固有优点使得镁基复合材料在航空航天、国防、电子、体育器材等领域有着广阔的应用前景。镁基复合材料采用的增加体主要是碳纤维、SiC 颗粒和纤维、Al_2O_3 颗粒和纤维等;镁基合金主要有 Mg-Al-Zn、Mg-Al-Mn、Mg-Al-RE、Mg-Zn-Cu、Mg-Ag-RE 等合金系。目前,镁基复合材料制备技术仅限于搅拌铸造、粉末冶金、挤压铸造、喷射沉积等外加增加相的材料制备方法,至今未有原位内生颗粒增加镁基复合材料的报道。由于镁基体与增加体之间的界面结合状况、腐蚀问题、复合材料制备工艺、成本、回收以及镁基合金本身存在的性能不足等问题使得镁基复合材料的规模应用远未成为现实。

8.2.2.7 高温压铸镁合金的研发

A Mg-Al-RE 系列(AE 系列)

AE 系列合金是早期开发的耐热镁合金,

主要有AE41、AE42和AE21合金。添加1%的稀土元素可以有效地改善合金的高温强度，特别是铝含量少于4%的镁合金。

B Mg-Al-Sr系列(AJ系列)

加拿大诺兰达(Moranda)公司在AM50的基础上添加1.7%~2%的锶而开发出新型耐高温专利镁合金AJ52X。这种高温合金是Mg-Al-Sr系列，具有以下特点：

(1) 高温性能好于AE42合金；

(2) 铸造性能与AM系列合金类似；

(3) 工作温度为150℃，最高工作温度可达175℃；

(4) 导热和导电性好；

(5) 不含稀土或其他昂贵的合金元素。

C Mg-Al-Ca-RE系列(ACM系列)

日本本田(Honda)公司在AM50的基础上添加2%的稀土元素和2%的钙，开发出ACM522高温镁合金。这种基于Mg-Al-Ca-RE体系的高温合金在150℃的温度范围内的抗蠕变性能好于AE42，其耐高温和抗腐蚀性与A384铝合金相近，而且铸造性能也很好。这种高温镁合金已在本田公司燃料电力混合车的发动机油底盘上得到使用，其重量比原铝合金材料零件轻35%。

死海(DSM)公司和大众(VW)公司开发出了两种名为MRI153M和MRI230D的Mg-Al-Ca-RE系列新型镁合金。MRI153M是一种不含铍，在高压及150℃高温下仍有长期稳定工作能力的低成本、抗蠕变镁合金。这种合金具有很好的高温性能和抗蠕变性能，其铸造性与AZ91D近似，并已用于压铸帕萨特、奥迪等汽车的传动壳体之类的复杂件上。而MRI230D是一种全新的压铸镁合金，主要用于制造工作温度高达190℃的发动机缸体。这种合金具有很好的抗蠕变性和铸造性，并且强度高，抗腐蚀性强。

D Mg-Al-Si系列(AS系列)

海德鲁(Hydro)公司在老牌AS21合金的基础上加入少量铈镧稀土元素，同时减少锰含量而开发出一种名为AS21X的车用抗蠕变压铸镁合金。

E Mg-Al-Ca系列(AXJ系列)

通用(GM)公司在AM50合金的基础上添加1.7%~3.3%的钙以及至少0.2%的锶而研制的名为AXJ的Mg-Al-Ca-Sr新型镁合金。这种合金具有良好的抗蠕变性，但其钙元素的高含量对合金铸造性能的影响十分明显，因此AXJ合金的铸造性和热裂敏感性要比AM50A低一些。

F Mg-RE-Zn系列(MEZ系列)

ME(Magnesium Electron)公司摒弃Mg-Al系合金而开发出了一种名为MEZ的全新压铸镁合金。这种镁合金包括2.5%的稀土元素，0.35%的Zn，0.3% Mn以及少量的Zr和Ca。这种合金在150~175℃的温度范围内具有很好的抗蠕变性能。

G Mg-Zn-Al-Ca系列(ZAX系列)

美国IMRA公司在AX系列合金的基础上添加8%的Zn，开发了ZAC8506高温镁合金。这种合金的机械强度、耐腐蚀性及铸造性都很好，但由于ZAX系列合金的共晶温度只有385℃，因此只能用于引擎的缸头上。

表8-5和表8-6分别列出了几种高温压铸镁合金的化学成分和性能。

表8-5 几种高温压铸镁合金的化学成分(质量分数) (%)

合金代号	Al	Mn	Zn	Si	Cu	Fe	其他
AE42	3.55	0.23	0.002		<0.001	0.003	稀土2.15
AJ52X	4.53	0.27	0.0018	0.010	0.002	0.006	锶1.75
MRI153M	4.5~10	0.15~1.0					稀土0.05~1.0，锶0.01~0.2，钙0.5~1.2
ACM522	5.3	0.17			0.00018	0.00019	稀土2.6，钙0.5~1.2
AS21X	2.02	0.060	0.22	1.03	0.0004	0.0023	

表 8-6 几种高温压铸镁合金的性能比较

合金号	拉伸性能			蠕变条件	σ_b①/MPa	铸造性	备注
	$\sigma_{0.2}$/MPa	σ_b/MPa	δ/%				
AE42	室温,139 121℃,118 177℃,106	室温,226 121℃,177 177℃,135	室温,11 121℃,23 177℃,28	0.33(3 MPa/150℃/200 h) 0.11(83 MPa/150℃/200 h) 0.08(34 MPa/177℃/100 h)	50	好	成本高,不适用于175℃以上
AJ52X	室温,145 150℃,108 175℃,103	室温,202 150℃,164 175℃,148	室温,4 150℃,14 175℃,15	0.03(35 MPa/150℃/200 h) 0.09(35 MPa/175℃/200 h) 0.03(50 MPa/150℃/200 h)	N/A	一般	铸造温度较高
ACM522	室温,158 150℃,138 175℃,132	室温,200 150℃,175 175℃,152	室温,4 150℃,7 175℃,9	N/A	74	一般	成本高
MRI153M	室温,165 150℃,118	室温,250	室温,5	0.15(50 MPa/150℃/100 h)	N/A	好	不适用于125℃以上
AS21X	室温,120 150℃,90 175℃,80	室温,235 150℃,125 175℃,115	室温,12 150℃,35 175℃,32	0.1(40 MPa/150℃/100 h) 0.3(60 MPa/175℃/100 h) 0.7(80 MPa/200℃/100 h)	N/A	好	不适用于125℃以上
AXJ	室温 190 175℃ 146	室温,238 175℃,196	室温,8 175℃,15	0.05(83 MPa/150℃/100 h) 0.06(70 MPa/175℃/100 h) 0.20(56 MPa/200℃/100 h)	84	好	用于动力系统前景可观
MEZ	室温 97 150℃,78 175℃,73	N/A	室温,3 150℃,8 175℃,5	0.03(80 MPa/175℃/100 h)	N/A	一般	成本高
ZAC8506	室温,146 150℃,117	室温,219 150℃,159	室温,5 150℃,11	0.26(35 MPa/150℃/200 h)	N/A	一般	不适用于175℃以上

① 175℃。

从表 8-6 中可以看出,多数高温镁合金以 AM50 为基础,添加一定量钙、锶或稀土而成。但稀土含量高(大于 2.5%),成本就会很高,并且提高了压铸温度,出现粘膜现象,不易回收;而锶的添加会增加合金成本,钙容易引起合金件的热裂,不易压铸。

8.2.3 阻燃镁合金的研制

根据镁合金在熔炼中易氧化、燃烧的特点,众多研究者更多地是在熔剂保护、气体保护上去做大量工作,力求研制出一种阻燃镁合金,使其燃点高于熔点,从而阻止镁的氧化、烧损,这样就可以采用一般的铝合金熔炼方法来熔炼镁合金了,这是一个从逆向角度考虑的问题。在 AZ91D 合金中加入 Be 和 RE 元素,使镁合金的燃点提高了 250~300℃,最高在 800℃燃烧,常规力学性能与 AZ91D 相近,但由于 Be 的加入,会导致晶粒粗化,降低合金的塑性,因此如何提高合金的塑性,还需进一步的研究。阻燃镁合金构想的提出具有重要的实用意义。最近,据专利 US6818075B1 报道,韩国大韩机械与材料学院发明了一种新型的阻燃镁合金,其基本成分为:Ca0.5%~1.0%;以下元素至少添加一种:Al0.1%~3%;La0.1%~3%;Na0.1%~3%;Y0.005%~3%。余量为 Mg 和杂质。在这种镁合金基体上有一层致密坚固的氧化钙及下列氧化物如氧化铝、氧化镧、氧化钕、氧化钇之一组成的膜。最外层为 CaO 膜,相当厚,而且十分坚固,有阻燃作用,其下是氧化铝或其他氧化物薄膜。

8.2.4 超轻 Mg-Li 合金新材料的研制

Mg-Li 合金是密度最低的合金系,其密度可低至 1.35~1.65 g/cm^3,仅为铝合金的 1/2,传统镁合金的 3/4,因其具有高的比强度、比刚度,优良的减振性和低温韧性,故在航空航天及兵器工业中具有广阔的应用前景。

8.2.4.1 Mg-Li 合金发展概况

Mg-Li 合金研究伊始，其目标就是研究它在军事及航空、航天领域的应用。如美国最先开发成功的 LAZ933 Mg-Li 合金，于 20 世纪 60 年代就用于制造 MI13 装甲车车体部件，并通过了道路行驶试验；后来 LA141 Mg-Li 合金被纳入航空材料标准 AMS4386，并已应用于 Saturn-V 航天飞机的计算机、电器仪表框架和外壳、防宇宙尘壁板等。前苏联已采用 MA18、MA21 Mg-Li 合金制备了强度与延性较好、组织稳定的 Mg-Li 合金部件，应用于电器仪表件、外壳零件等部位。

80 年代以来，随着宇航器件减重、兵器轻量化的发展，对超轻材料的要求更加迫切，美国、欧洲国家、俄罗斯、日本以及朝鲜等国对 Mg-Li 合金及 Mg-Li 基复合材料的研制越来越重视。我国在这方面也开展了大量的基础性研发工作，但 Mg-Li 合金材料的应用刚刚起步。

8.2.4.2 典型 Mg-Li 合金

A Mg-Li 二元合金

纯 Mg 中加入 Li 元素，即构成了最简单的二元 Mg-Li 合金，目前主要对这种合金的加工过程进行了少量的研究。研究表明，加 Li 可提高合金的可加工性。与 β 相二元 Mg-Li 合金比较，$(\alpha+\beta)$ 相二元 Mg-Li 合金初始强度高且加工硬化倾向大，但 β 相合金塑性成形能力远高于含 $(\alpha+\beta)$ 相二元 Mg-Li 合金。这两种 Mg-Li 合金加工硬化态在室温下稳定，然而退火时将发生快速回复和再结晶软化。与 α 相 Mg-Li 合金比较，$(\alpha+\beta)$ 相合金退火时于 β 相中析出针状 α 相，阻碍其再结晶，使再结晶温度升高。

B Mg-Li-Zn 合金

Mg-Li-Zn 合金为时效硬化型合金，图 8-1 所示为不同 Mg-Li-Zn 合金的时效硬化行为曲线。当合金中 Li 含量较少，合金由 α 相组成，时效时于基体 α 相中析出稳定相 θ(MgLiZn) 而产生硬化。

Li 含量增加，合金由 $(\alpha+\beta)$ 两相组成，Zn 主要溶解于 β 晶粒中；α 晶粒基本无时效硬化效应，而 β 晶粒将出现时效硬化及过时效的软化效应。这里 β 晶粒的时效硬化效应主要是亚稳 θ'($MgLi_2Zn$) 析出而导致的；过时效效应则是由于 β 晶粒中析出 α 粒子及稳定的 θ 相所造成。

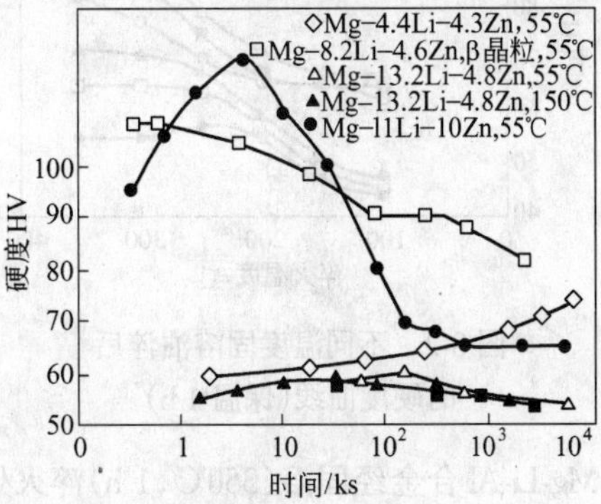

图 8-1 不同成分 Mg-Li-Zn 合金的时效硬化行为曲线

Li 含量进一步增加，合金全部由 β 相组成，同样由于 β 晶粒中 θ' 相及 α 粒子和稳定的 θ 相析出，而导致合金的时效硬化及过时效的软化。β 晶粒的时效析出过程及析出相的作用如下：

$$\beta \xrightarrow[\text{时效硬化}]{\text{析出 }\theta'(\text{MgLiZn})} \xrightarrow[\text{过时效软化}]{\text{析出 }\alpha+\theta(\text{MgLiZn})}$$

研究还表明，Mg-Li-Zn 合金时效温度越高，达到峰值硬度的时间越短，且峰值硬度越低。同时 β 晶粒中 Zn 含量越低，θ 相析出延迟，硬化效果更好。

C Mg-Li-Al 合金

Mg-Li 合金中添加 Al，将提高合金的硬度及强度。随 Li 含量降低及 Al 含量增加，合金硬度（强度）增加。$(\alpha+\beta)$ 相及 β 相组成的该系合金硬化（强化）的主要机制是固溶硬化（强化）。如 β 相合金经 1 h 固溶处理时，随固溶处理温度升高，Al 在 β 相中固溶量增加，晶格常数减小，原子间结合力增加，导致合金淬火后硬度增加。固溶处理温度升高至 350℃，Al 全部固溶有，合金硬度达到最大，如图 8-2 所示。相应地，随淬火温度增加，合金淬火后强度增加；然而 300℃ 以上淬火时，由于再结晶晶粒粗大，其强度反而有可能降低（如图 8-3 所示），且表现为脆性断裂；然而通过适当缩短保温时间，抑制再结晶仍可获得较高的强度及伸长率。

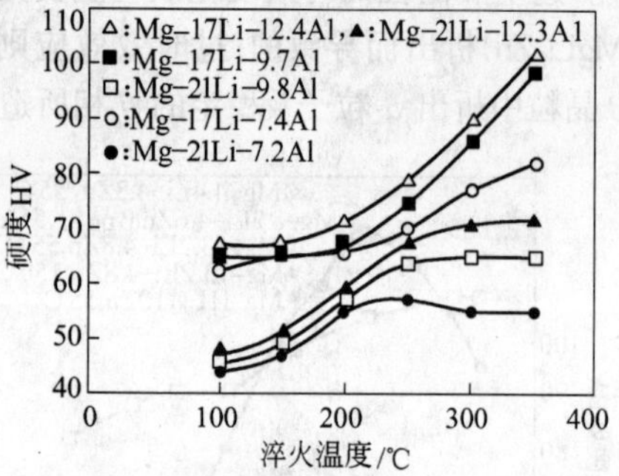

图 8-2　不同温度固溶油淬后的硬度曲线(保温 1 h)

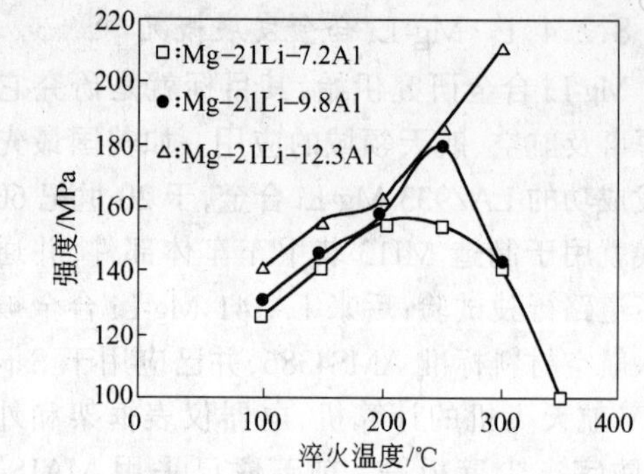

图 8-3　不同温度固溶油淬后的强度曲线(保温 1 h)

Mg-Li-Al 合金经固溶(350℃,1 h)淬火处理后的时效(50℃)过程中,由于 Spinodal 分解,将出现时效硬化及过时效的软化效应,如图 8-4 所示。

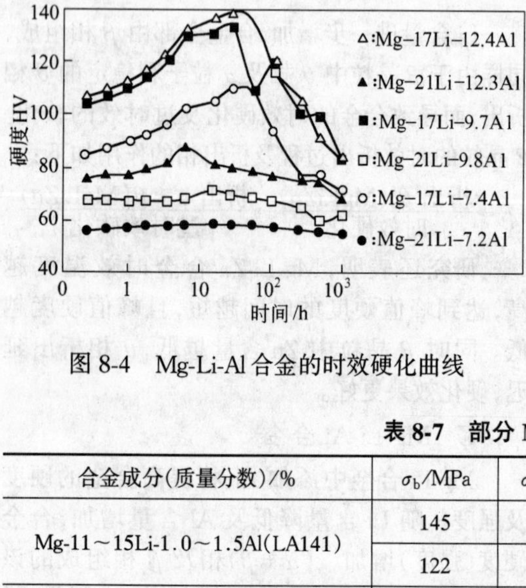

图 8-4　Mg-Li-Al 合金的时效硬化曲线

Zr 是一种常用的微量合金元素。研究表明,加 Zr 后 Mg-Li 合金铸态组织晶粒细化,冷加工性(压延量)增加,$(\alpha+\beta)$相合金的压延量可达到 90%,而不含 Zr 的合金通常是 β 相合金的压延量才可达到 90%。同时,Zr 抑制再结晶,加工组织的再结晶温度提高,以变形孪晶及滑移带为再结晶形核点。

Mg-Li 合金中添加稀土元素对合金有较好的强化作用;并可通过提高析出相的热稳定性,改善合金在较高温度下的力学性能。表 8-7 所列为部分 Mg-Li 合金的主要力学性能。

表 8-7　部分 Mg-Li 合金力学性能

合金成分(质量分数)/%	σ_b/MPa	$\sigma_{0.2}$/MPa	δ/%	备　注
Mg-11～15Li-1.0～1.5Al(LA141)	145	125	23	板、带(T7 态)
	122	85	17	铸　态
Mg-8.7Li	132	93	52	棒材,350℃挤压
Mg-8.8Li-6.4Al	239	184	33	棒材,350℃挤压
Mg-8.2Li-6.8Al-1.2Si-2.7Ce-1.81La	260	200	14	棒材,350℃挤压
Mg-10.6Li-1.57Al	117	100	40	板材 300℃,1 h 淬火 + 210℃,2 h 时效

由于含 Li 多的合金时效时发生 $\beta \rightarrow MgLi_2X \rightarrow MgLiX$ 转变(其中 X 为第三金属组元),其中 $MgLi_2X$ 为又硬又强的强化相,而 MgLiX 较软,过时效时析出 MgLiX 使合金强度降低,Li 含量越高,软化速度越快。这一原因促使人们逐渐把研究的重点放在双相组织$(\alpha+\beta)$的 Mg-Li 合金上。

8.2.4.3　Mg-Li 合金加工方法

随着 Mg-Li 合金的发展,科研工作者已不局限于通过常规的熔炼—铸造—加工等方法来制备 Mg-Li 合金,逐渐开始采用快速凝固、激光表面技术、半固态加工等加工(处理)方法来制备 Mg-Li 合金,以提高合金的性能。

通过快速凝固可以获得晶粒细化、第二相细小且均匀分布的组织，并可减少或避免宏观偏析，从而提高合金的性能。如成分为 Mg-8.35Li-1.08Si 的($\alpha+\beta$)相合金采用快速凝固的方法，得到细小的板条状 α 晶粒(厚 $0.70\pm0.33\ \mu m$，长 $1.2\pm0.5\ \mu m$)，以及微细的沉淀相(Mg_2Si)，在随后的致密化加工过程中，Mg_2Si 抑制合金的动态再结晶或使再结晶晶粒更加细化，保证合金强度不降低甚至有所增加。

前苏联对 Mg-Li 合金表面激光处理进行了较多的研究。通过调整熔化区结构使之精细化，细化晶粒，可提高 MA21 Mg-Li 合金的硬度、强度，虽然其塑性有一定下降，但其常温抗蠕变性能得到改善，同时，其耐蚀性提高，磷化及氧化处理后的磷化层和氧化层性能得到改善。近年来，还进行了 Mg-Li 合金半固态加工的研究。

8.2.5 稀土在镁及镁合金中的应用

8.2.5.1 稀土在铸造和压铸镁合金中的应用

A 用稀土 Nd 提高压铸镁合金 AM50HP 高温力学性能的开发研究

在压铸镁合金 AM50HP 中添加适量(0.2%～0.5%)的稀土 Nd，可提高其高温(200℃)力学性能。在 100℃ 时对拉伸性能改善最大。在该合金中，Nd 具有弥散强化作用，Mg_9Nd 能阻止晶界滑移。该合金的拉伸断口显示为混合型断口，随温度升高，韧性断裂部分增大，而脆性断裂部分减少，因而在高温下的塑性良好。该合金材料的压铸件已广泛用做高温使用的重要部件。

B 混合稀土对 AM60B 和 AZ91D 铸造镁合金组织性能影响的研究开发

在最常用的两种 Mg-Al 压铸合金 AM60B 和 AZ91D 合金中加入适量(0.3%～1.5%)的含有 Ce、La、Nd、Pr 等的混合稀土，可与合金中的 Mg、Al、Mn 形成多种金属化合物，如 $Al_{11}RE_3$、$Al_{11}RE_4$、Al_3RE 及 $Al_{10}CeMn_7$ 和 Al_6LaMn_6 等，它们的形态与分布改善了合金的组织，细化晶粒，提高了合金材料的力学性能及综合性能指标。该类合金已广泛应用于压铸生产，主要制作工作温度不高于 120℃ 的壳体及箱盖等零件(如发动机机匣、汽车仪表盘以及笔记本电脑外壳等)。目前正在调整成分和强化热处理工艺，使之应用于镁合金汽车轮毂之类，同时要求应用于高强、高韧、耐冲击和抗疲劳的零部件上。

C 稀土在高强铸造合金 ZM3、ZM6 中的开发应用

在铸造镁合金 ZM3、ZM6 中加入适量的稀土，能明显提高其铸造性能、高温塑性与强度。在良好的工艺条件下，可使成品率大大提高(由原来的 70% 提高到 90%)。该类材料主要用于飞机、汽车、机械制造中重要受力部件，由于比强度高，有明显的减重作用。

D 稀土在高温高强铸造镁合金中的开发应用

表 8-8 列出我国研制的四种高温高强稀土铸造镁合金 ZM2、ZM3、ZM4、ZM6。前三种加入含铈的混合稀土，后一种为含钕量不小于 85% 的钕混合稀土。这些合金都具有优良的高温抗拉强度和蠕变抗力，良好的室温和高温性能及高的热稳定性。该类合金的铸造性能良好，综合性能优良，在航空、汽车、交通运输和电子工业上均获得了广泛的应用。

表 8-8 稀土高温高强铸造镁合金的高温力学性能

合金成分	合金代号	热处理状态	σ_b /MPa		蠕变强度 /MPa	
			200℃	250℃	200℃	250℃
ZMgZn4RE1Zr	ZM2	T1	110			
ZMgRE3ZnZr	ZM3	F		110	50	25
ZMgRE3Zn2Zr	ZM4	T1		100	50	25
ZMgRE2ZnZr	ZM6	T6		145		30

另外，在上述合金中添加钪、钇、钐、钍等及重稀土金属后，也获得优良的力学性能，被广泛应用于赛车及航空飞行器变速箱壳体上。

8.2.5.2 稀土在变形镁合金中的应用

A 稀土在耐热高强度变形镁合金中的应用

研制开发成功了含钕、含钆的两种耐热高

强稀土变形镁合金，代号分别为122和127合金，其室温强度比MA13、HM21要高得多，300℃下的高温强度与MA13、HM21相当，已在国防军工上获得广泛应用。

B Mg-Y-Mn合金高性能板材的开发应用

在MB1合金的基础上，添加稀土Y开发成功的Mg-3%～4%Y-2Mn的新型变形镁合金，该合金是高强、耐热、抗蚀、可焊的板材合金，有优良的综合性能，室温 σ_b 达350 MPa，δ 可达5%，200℃的 σ_b 可达300 MPa，δ 达10%，可望在航天航空和交通运输上获得应用。

C Mg-Zn-Zr-Y锻造镁合金的开发

加Y的Mg-Zn-Zr合金与MB15合金相比，具有更优良的工艺性能和力学性能，特别是该合金可用铸坯直接进行自由锻造和模锻，变形率不小于50%时不会产生裂纹，新合金的铸坯和棒坯在自由锻和模锻后的强度均高于MB15合金，而伸长率基本相当。从Mg-Zn-Zr-Y合金工艺性能、力学性能、使用性能、实际操作和成本等方面来看，都优于MB15高强镁合金，挤压产品的性能与MB25合金相当，在国防军工和民用等方面都有广泛的应用前景。

8.2.5.3 快速凝固镁—稀土合金的开发

AZ91合金加入微量稀土后，采用快速凝固技术，可使抗拉强度提高40%～60%，蠕变强度提高50%～100%，疲劳强度提高45%～230%，伸长率提高22%，抗大气腐蚀能力和弥散硬化效应等均高于MB15镁合金和2014T6铝合金，因此，在军工和民用上都有推广应用前景。

8.2.5.4 稀土在阻燃镁合金中的应用

为了提高镁合金的着火点，在镁合金中同时加入Ca、Be和稀土可获得良好的结果，如研制开发的Mg-Be-RE(含Be0.1%～0.8%；RE0.4%～1.5%)稀土镁合金，其着火点可提高250℃，且力学性能与AZ91D相当，是一种很实用的阻燃镁合金，在煤炭矿井、天然气及其他与容易燃烧物质接触的部件上可获得广泛的应用。

8.2.6 快速凝固镁合金

快速凝固工艺也称急冷或液相淬火。随凝固速度的增加，导致合金显微组织的细化和均匀，晶粒度或枝晶间距的减小；在许多情况下，发现新相和新结构，扩大固溶度极限和形成非平衡晶体甚至非晶合金。如这些由于快速凝固造成的组织能在以后的加工过程中保留下来，可大大提高材料的性能。

快速凝固工艺改进镁合金性能的主要原因是：减小晶粒度而大大增加强度和塑性；晶界被沉淀或弥散质点所牵制，使合金高温强度得到改进；通过扩大溶解极限，有可能促使形成有效保护膜的合金元素，以及快速凝固合金呈现的成分高度均匀而消除铸件枝晶和枝晶间区之间形成的电偶，从而改进合金的耐蚀性。

采用溶液—离心铸造薄带，经切碎压实后，在几种不同温度下挤压成形的合金，挤压状态的拉伸性能比一般铸锭冶炼的合金有明显改进。如Mg-7.62Al-0.63Mn-1.0Zn-1.33Ce（质量分数，%）合金，在250℃压实和挤压，其平均 σ_b 为468 MPa，$\sigma_{0.2}$ 为431 MPa，δ 为14.9%，其压缩强度优于一般铸锭冶炼的合金，压缩和拉伸屈服强度比接近1，腐蚀性能优于普通合金。

快速凝固工艺已被用于一般合金和发展新合金。典型的合金有EA55和EA65等，其成分和应用见表8-9。

表8-9 快速凝固镁合金的成分和应用

合 金	化学成分(质量分数)/%			应 用
	Al	RE	Zn	
EA55	5.0	4.9Nd	5.0	高强度(＜150℃)
EA65	5.0	5.9Y	5.0	耐腐蚀

上述合金的强度性能可与高强度铝合金相比，而耐蚀性则与高纯镁合金相似，在中性盐雾中的腐蚀速率约为8MPY(按ASTMB117)。同样的合金如用金属型铸造，则镁件强度和耐蚀性比快速凝固合金低，但优于一般铸造镁合金。

20世纪50年代，人们就开始采用快速凝固粉末挤压成形方法制备以ZK60A为代表的一些镁合金,该合金的挤压件仍保留快速凝固微细组织的特征。近年来,快速凝固工艺已用于开发新型变形镁合金并取得了重要进展。一般而言,镁合金的屈服强度和抗拉强度分别低于200 MPa 和 300 MPa。通常情况下,快速凝固超高强度镁合金的抗拉强度高于 500 MPa,比强度高于 250 MPa/g·cm^{-3}。快速凝固工艺能显著提高镁合金室温力学性能、高温力学性能和抗腐蚀性能。

基于 Mg-Al 系,人们对添加了 Zn、Ce、Nd、Si、Ca 和混合稀土等元素的 80 余种不同成分的合金进行快速凝固工艺研究。研究结果表明,部分快速凝固合金在较高温度下的蠕变性能得到明显改善,而其他却因为微细晶粒内晶界滑移增加而加速蠕变变形。一些快速凝固镁合金呈现超塑性,在 150℃ 下就可以超塑性成形。此外,快速凝固镁合金显微组织细小且均匀,各种元素固溶度增加,从而抗蚀性得到明显改善,如图 8-5 所示。几种快速凝固 Mg-Ca 合金挤压成形件力学性能见表 8-10。从表中可以看出,Mg-Ca 系列合金室温强度很高,并随材料强度提高,伸长率大幅度下降。与室温性能相比,温度高于 200℃时,材料强度下降幅度超过 50%。这说明 Mg-Ca 系超高强度镁合金可以应用于室温工作环境,但无法用于 200～300℃ 的环境中。

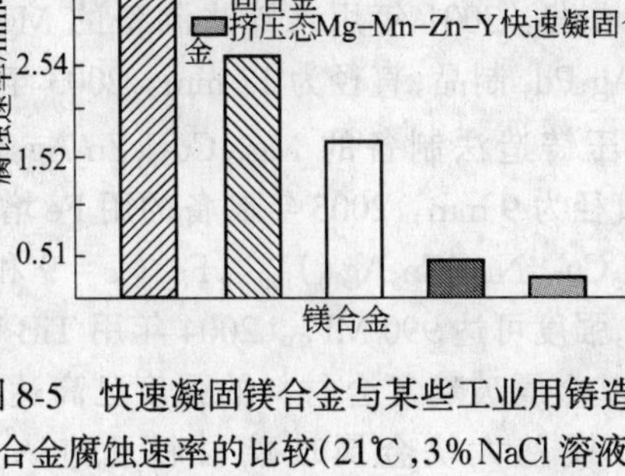

图 8-5 快速凝固镁合金与某些工业用铸造镁合金腐蚀速率的比较(21℃,3% NaCl 溶液)

据报道,美国 Allied Signal 公司采用平流铸造法已制备出了性能最好的 EA55RS 变形镁合金型材,其挤压件性能与 2024-T6 铝合金相当,拉伸屈服强度达 343 MPa,压缩屈服强度达 384 MPa,抗拉强度达 423 MPa,伸长率为 13%,腐蚀速率为 0.25 mm/a。日本东北大学金属研究所人员采用气体雾化粉末,中温挤压成形工艺制备了高强度、高延展性的 Mg-1Zn-3Y 合金,强度高达 600 MPa,伸长率达 16%。

表 8-10 Mg-Ca 系超高强度镁合金的力学性能(快速凝固,挤压材)

合金	σ_b/MPa			δ/%			E/GPa	ρ/g·cm^{-3}
	室温	200℃	300℃	室温	200℃	300℃		
Mg-2Ca	380			7.3			44.2	1.723
Mg-5Ca	458			0.9			47.8	1.715
Mg-12Ca		69	13		76.4	101.1		1.700
Mg-5Ca-5Zn	483	213	14	2.0	47.9	202.0	51.1	1.806
Mg3Ca-5Ce	419	173	29	0.4	44.4	94.5	46.4	1.789
Mg-5Ca-3Si	260	87	39	6.4	18.7	27.2	40.8	1.745

8.2.7 镁基非晶合金

8.2.7.1 镁基非晶合金的研发概况

非晶态镁合金具有无定形原子结构,与对应的晶态合金相比,力学性能大大提高,合金强度和延展性得到了明显改善。此外,由于其独特的原子无序结构,兼有一般金属和玻璃的特性,呈现独特的物理化学特性,如 MgNi 合金具有储氢性能。镁基合金具有较强的非晶形成能力,能在较低冷速下获得大块非晶,制备工艺简单。制备镁基非晶合金的方法主要有熔体快淬法、机械合金化、金属模铸造、高压压铸等。表 8-11 列出了采用单辊快淬法制备的镁基非晶合金种类。

表 8-11 单辊快淬法制备的镁基非晶合金

合金组元	金属—金属系	金属—类金属系
二元系	Mg-Ca, Mg-Ni, Mg-Cu, Mg-Zn, Mg-Y	
三元系	Mg-Ca-Al, Mg-Ca-Li, Mg-Ca-M, Mg-Sr-M, Mg-Al-Ln, Mg-Al-Zn, Mg-Ni-Ln, Mg-Cu-Ln, Mg-Zn-Ln	Mg-Ca-Si, Mg-Ca-Ge, Mg-Ni-Si, Mg-Ni-Ge, Mg-Cu-Si, Mg-Cu-Ge, Mg-Zn-Si, Mg-Zn-Ge

注:Ln 为镧系金属;M 为过渡族元素 Ni、Cu、Zn。

具有 Mg-Mn-Ln 组成的三元合金非晶化潜力最大，如 Y 等，如图 8-6 所示。这类合金的共性是含有镧系金属元素。Mg-Y 合金具有较负的混合焓，并且镧系原子尺寸比镁原子大，而铜、镍比较小，如果三种原子聚合，局部应变能小。在熔融态金属的冷却过程中，以上两大因素会减少原子扩散，抑制晶体形核。

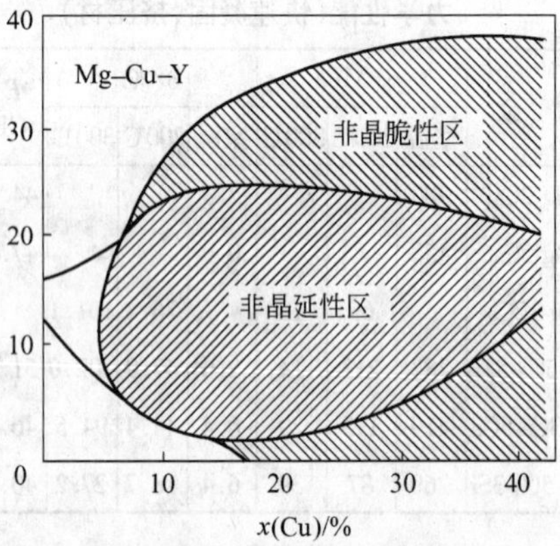

图 8-6　Mg-Cu-Y 合金相图中延展性较好的非晶成分范围

Mg-M-Ln 系非晶具有比其他合金系更高的抗拉强度，镁基非晶合金的力学性能见表 8-12。Mg-Ni-Y 和 Mg-Cu-Y 合金抗拉强度最高，达 800 MPa 以上，是传统晶态镁基合金的两倍。Mg-Ca-Al 和 Mg-Ca-Ni 合金强度比 Mg-Ni-Y 和 Mg-Cu-Y 合金低，但密度小，比强度仍很高。快速凝固 $Mg_{85}Zn_{12}Ce_3$ 合金，具有非晶和晶态两种微结构，具有更高的抗拉强度，断裂前具有明显的塑性变形。晶态相中含有超细密排六方结构的镁锌和镁铈的过饱和固溶体，并在非晶相中均匀分布。淬火状态下，非晶带抗拉强度达 665 MPa，在 110℃ 下退火 20 s 后，强度超过 930 MPa，退火使平均颗粒尺寸从 3 nm 增长到 20 nm。这些粒子有利于产生均匀的塑性变形。非晶合金为亚稳态材料，加热到某一临界温度 T_X 会出现晶化现象。随着固溶量增加，T_X 增高，T_X 与熔点的比值可达 0.64，从而非晶态镁合金热稳定性高，能获得大型铸件和带材。

镁基非晶合金不存在晶界、位错和层错等结构缺陷，也没有成分偏析和第二相析出，这种

表 8-12　镁基非晶合金的力学性能

合金成分（原子分数）/%	σ_f /MPa	E /GPa	硬度 HV	(σ_f/ρ)/ $MJ\cdot kg^{-1}$	$\varepsilon_{t,f}=\sigma_f/E$	$\varepsilon_{t,v}=9.8HV/3E$
$Mg_{70}Ca_{10}Al_{20}$	670	35	199	0.37	0.019	0.019
$Mg_{90}Ca_{2.5}Ni_{7.5}$	670	40	182	0.34	0.017	0.015
$Mg_{87.5}Ca_5Ni_{7.5}$	720	47	176	0.37	0.015	0.012
$Mg_{84}Sr_1Ni_{15}$	680	40	215	0.30	0.017	0.018
$Mg_{80}Y_5Ni_{15}$	830	46	224	0.25	0.018	0.016
$Mg_{85}Y_{10}Cu_5$	800	44	205	0.23	0.018	0.015
$Mg_{80}Y_{10}Cu_{10}$	820	46	218	0.25	0.018	0.016

组织和成分均匀性使其具备了抗局部腐蚀的先决条件。同时非晶态合金自身活性高，能在表面迅速形成均匀钝化膜，从而非晶合金抗腐蚀性优良。Mg-Ca-Al、Mg-Y-Al 和 Mg-Y-M 的耐蚀性十分优异。研究热处理对快速凝固非晶态 $Mg_{82}Ni_{18}$ 薄带抗腐蚀性的影响，发现在 160℃ 下热处理 4 min 后，部分晶化的试样在 NaCl 溶液中的腐蚀抗力明显提高。利用非晶晶化的特性，可以制备纳米晶或纳米非晶加纳米晶复相材料，获得最佳性能。因此，镁基非晶合金应用前景广阔。

8.2.7.2　镁基大块金属玻璃材料的研制

A　概述

非晶态的镁合金强度可达一般晶态镁合金的 2～3 倍，比强度也成倍提高，原本难以解决的镁合金耐蚀性问题也得到了改善。自从 20 世纪发现大块玻璃形成能力(GFA)强的镁基金属玻璃以来，镁基大块金属玻璃的合金体系、制备方法不断完善，制备出的制品尺寸和强度也不断增大。2001 年用水淬法制备的 $Mg_{65}Y_{10}Cu_{15}Ag_5Pd_5$ 制品，直径为 12 mm。2003 年用铜模低压铸造法制备的 $Mg_{65}Cu_{7.5}Zn_5Ag_5Y_{10}$ 制品，直径为 9 mm。2003 年制备的用 Fe 增强的 $(Mg_{65}Cu_{7.5}Ni_{7.5}Zn_5Ag_{10})_{100-x}Fe_x$（$x=9$ 和 13）制品，强度可达 990 MPa。2004 年用 TiB_2 增强的镁基金属玻璃复合材料的强度已高达 1135 MPa。镁基大块金属玻璃材料已进入实用阶段。

早期镁基金属玻璃的研究是在已有镁合金体系上进行的，1977 年 Calka A 等发现了用快淬法可以制备 Mg-Zn 非晶（Zn 占 25% ～

35%),1980 年 Sommer F 等发现了用快淬法可以制备 Mg-Cu 非晶(Cu 占 20%～40%),1980 年 Sommer F 等发现了 Mg-Ni 非晶,1989 年 Kim S G 等发现了 Mg-Y 非晶,1993 年 Shibata T 等发现了 Mg-Ca 非晶,1988 年 Inoue A 等发现了 Mg-RE-TM(TM 为过渡族金属)镁基非晶合金体系。目前的研究重点在三元和在三元的基础上发展的多元镁基金属玻璃。三元镁基金属玻璃主要有 Mg-Ce-Ni, Mg-Ni-La, Mg-Ni-Y, Mg-Cu-Y,其中又以 Mg-Ni-La 和 Mg-Cu-Y 具有宽的过冷液相区间(ΔT_X)而研究最多。表 8-13 列出几种主要的镁基大块金属玻璃的配方、制备方法、制品尺寸及其性质。总之,对大块镁基金属玻璃的研究具有十分重要的意义。目前对镁基金属玻璃的研究主要集中在以下几个方面:

(1) 镁基金属玻璃的形成机理,包括其合金热力学、动力学,以指导新合金系列的发展;

(2) 进一步提高镁基金属玻璃的玻璃形成能力,扩展过冷液态温度区域;

(3) 镁基金属玻璃制备的新工艺与新技术;

(4) 非晶合金基体与增强体构成的复合材料。

表 8-13 几种主要的大块镁基金属玻璃

镁基金属玻璃	T_g/K	T_X/K	$\Delta T_X = T_X - T_g$/K	制备方法	制品尺寸/mm
$Mg_{65}Cu_{15}Y_{10}Ag_5Pd_5$	436	468	32	水淬法	ϕ12,棒
$Mg_{65}Cu_{7.5}Ni_{7.5}Zn_5Ag_5Y_{10}$	426±1	464±1	38±1	铜模低压吹铸法	ϕ9,棒
$Mg_{65}Cu_{15}Y_{10}Ag_5Pd_5$	437	472	35	铜模低压吹铸法	ϕ7,棒
$Mg_{65}Cu_{15}Y_{10}Ag_{10}$	428	469	41	挤压铸造法	ϕ10,棒
$Mg_{65}Cu_{15}Y_{10}Ag_{10}$	428	469	41	高压压铸法	ϕ10,棒
$Mg_{85}Cu_5Y_{10}$	433	468	35	雾化粉末模压法	ϕ5,棒
$Mg_{65}Cu_{25}Y_{10}$	420	490	70	高压压铸法	ϕ7,棒
$Mg_{65}Cu_{20}Zn_5Y_{10}$	404	456	52	铜模低压吹铸法	ϕ6,棒
$Mg_{65}Cu_{20}Zn_5Y_{10}$	404	456	52	铜模低压吹铸法	厚 1,板条
$Mg_{62}Cu_{25}Y_{10}Li_3$	414	487	73	铜模低压吹铸法	厚 1,板条
$Mg_{65}Cu_{20}Co_5Y_{10}$	408	461	53	铜模低压吹铸法	厚 2,板条
$Mg_{65}Cu_{25}Gd_{10}$	408	478	70	铜模低压吹铸法	ϕ8,棒

镁基金属玻璃作为新一族非平衡材料,要实现工业化应用,必须朝着快速、简单、近终成形的方向发展。因此必须加大研发力度。

B 镁基金属玻璃成分选择依据及其玻璃的形成能力

获得大块金属玻璃应满足以下三个原则:

(1) 合金由三种以上元素组成;

(2) 各元素的原子尺寸差大于 12%;

(3) 主要组成元素间的混合焓为负值。

尺寸不同的相异原子之间相互使用所引起的短程有序,将使非晶态的转变温度 T_g 增高,由此引起过冷度降低,有利于非晶态的形成。计算机模拟结果表明,与具有同一半径的均匀硬球相比,在同样的压力下,由不同半径的硬球所形成非晶态的体积较小,熵取正值,从而自由能就比较低。满足这三个原则的镁基金属玻璃是 Mg-TM(过渡族元素)- Ln(镧系元素)三元合金体系。Mg-Cu-Y 金属玻璃是 Mg-TM-Ln

体系的典型代表,合金的基本参数见表 8-14。

表 8-14 Mg-Cu-Y 合金中组元的基本参数

元素	Mg	Cu	Y
原子半径/nm	0.16	0.128	0.182
组元-组元	Mg-Cu	Mg-Y	Cu-Y
原子半径差/nm	20	12.1	29.7
混合焓/kJ·mol^{-1}	−3	−6	−22

用 Ag 和 Pd 部分代替 Cu 可进一步提高其金属玻璃形成能力,由此发展了 Mg-Cu-Ag-Pd-Y 五元合金。采用 Zn 元素部分替代 $Mg_{65}Cu_{25}Y_{10}$ 合金中的 Cu 元素,得到 $Mg_{65}Cu_{20}Zn_5Y_{10}$ 合金,其金属玻璃形成能力显著提高,通过铜模低压吹铸可制备出直径为 6 mm 的 $Mg_{65}Cu_{20}Zn_5Y_{10}$ 合金圆棒,金属玻璃形成的临界冷却速率估计值为 25 K/s 数量级,与无 Zn 的合金相比,$Mg_{65}Cu_{20}Zn_5Y_{10}$ 四元合金的晶化转变更为复杂,晶化由四步完成,尽管过冷液态温度区间 ΔT_X 减小了约 9 K,但晶化玻璃转变温度 T_{rg} 值略有增加。在 $Mg_{65}Cu_{25}Y_{10}$ 合金中添加 Co,可得到 $Mg_{65}Cu_{25x}Co_xY_{10}$ 合金,当 x 小于 5 时,Co 的添加对金属玻璃形成能力没有明显的影响,但当 x 增加到 7.5 时,由于稳定化合物 Co_3Y 相的形成,合金的玻璃形成能力明显下降,金属玻璃形成的临界冷却速率提高大约 4 倍,与无 Co 合金相比,含 Co 金属玻璃的玻璃转变温度 T_g 降低。采用 Ni、Zn、Ag 元素部分替代 $Mg_{65}Cu_{25}Y_{10}$ 中的 Cu 元素,得到的 $Mg_{65}Cu_{7.5}Zn_5Ag_5Y_{10}$ 合金的晶化玻璃转化温度 T_{rg} 为 0.59($Mg_{65}Cu_{25}Y_{10}$ 合金的 T_{rg} 为 0.55),过冷液态温度区间 ΔT_X 稍有减小,玻璃形成能力与 $Mg_{65}Cu_{15}Y_{10}Ag_5Pd_5$、$Mg_{65}Cu_{15}Y_{10}Ag_{10}$ 合金的玻璃形成能力相当。由此有人提出 T_{rg} 值在 0.60 左右后,T_{rg} 对玻璃形成能力的影响就不再是主要影响因素。

C 镁基大块金属玻璃的制备方法

a 水淬法

首先熔炼母合金,由于镁合金具有低熔点、低沸点和易挥发的特点,所以在熔炼时一般都要抽真空,再通入高纯氩气保护。熔炼好的母合金粉碎后装入铁管(如用石英管则由于 Si 的溶入而使玻璃形成能力大大下降),通入高纯氩气封装,用感应线圈重新加热熔化,待溶液混合均匀后,把试管抛入冰水混合物中进行淬火。Inoue 等用这种方法成功制得 ϕ12 mm 的 $Mg_{65}Cu_{15}Y_{10}Ag_5Pd_5$ 试样,这是目前获得的最大尺寸的镁基金属玻璃试样。

b 金属模直接铸造法

金属模直接铸造是将熔炼好的液态金属直接浇入金属模型腔中,金属模具可水冷和不水冷。利用金属导热快从而实现快速冷却,以获得大块金属玻璃。工艺过程比较简单,也易于操作,但由于金属冷却速度有限,所能得到的金属玻璃尺寸也有限。用这种方法制得的 $(Mg_{0.98}Al_{0.02})_{60}Cu_{30}Y_{10}W$ 合金试样的最大直径为 2 mm。

c 铜模低压吹铸法

图 8-7 为铜模低压吹铸法的示意图。首先将熔炼好的母合金粉碎装入管中,为防止氧化,整个装置置于真空室内,先抽真空,然后再通高纯氩气保护,用感应加热熔化母合金,待混合均匀后从试管顶端通氩气,把熔融的金属压入下方的水冷或无水冷铜模中,用这种方法成功制备出了 ϕ9 mm 的 $Mg_{65}Cu_{7.5}Ni_{7.5}Zn_5Ag_5Y_{10}$ 和 ϕ7 mm 的 $Mg_{65}Cu_{15}Y_{10}Ag_5Pd_5$ 试样。

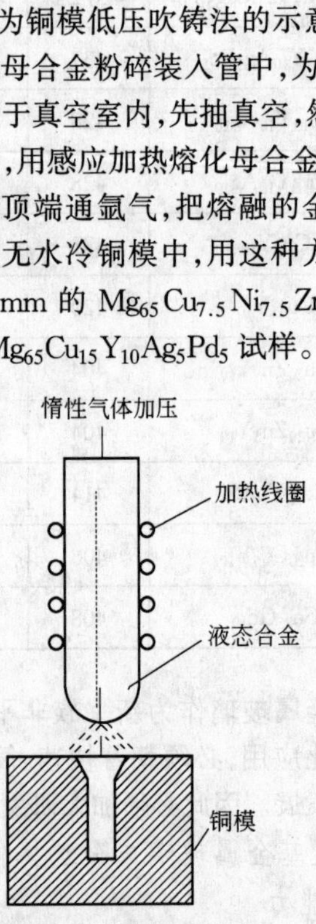

图 8-7 铜模低压吹铸法示意图

d 高压压铸法

图 8-8 为高压压铸法的示意图,它主要由

熔炼母合金的缸套与活塞、施加高压的液压系统、铜模、排气系统等组成。在氩气保护条件下，母合金在带有高频感应的缸套内熔炼，通过液压推动活塞，将熔融的金属快速推入铜模中。该设备具有以下特点：熔体在很短的时间内完全充入铜模中，这将会产生更高的冷却速度；高压将导致熔体与铜模更紧密的接触，因而导热因子增加，从而提高冷却速度；凝固收缩引起的疏松等缺陷将减少；可以由液体直接成形复杂的铸件。

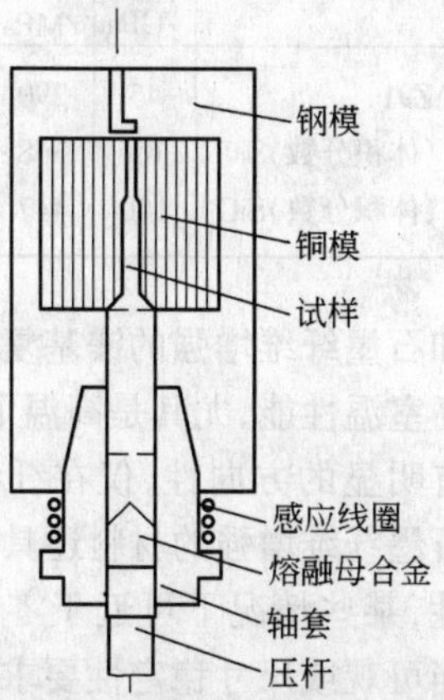

图 8-8 高压压铸法示意图

用这种方法制备出了 ϕ10 mm 的 $Mg_{65}Cu_{15}Y_{10}Ag_{10}$ 金属玻璃制品。

e 挤压铸造法

挤压铸造在提高铸件质量及其近终成形方面是一种极具潜力的制造方法。2000 年 Gu Kang Hyung 等利用挤压铸造的方法制备出了最大直径达 ϕ10 mm 的 Mg-Cu-Ag-Y 大块金属玻璃。其方法为：将 $Mg_{65}Cu_{15}Y_{10}Ag_{10}$ 合金放入真空下的石墨坩埚中感应熔化，然后用水压底注法将熔体压入水冷铜模型腔中，待熔体完全充满型腔后，在型腔内加压，直至金属完全凝固。

以上几种制备镁基金属玻璃的方法依次由简单到复杂，水淬法对流散热快，有较高的冷却速度。金属模直接铸造法工艺简单，也易于操作，但由于金属模冷却速度有限，所能得到的金属玻璃（BMG）尺寸也有限。铜模低压吹铸法由于铸件与模具之间的热膨胀系数不一样，又没有较大的压力去使很小的缝隙弥合，影响了铸件和模具之间的传热，但工艺简单，此种方法制备的镁基金属玻璃最多。高压压铸法由于在凝固的同时施以高压，可以保证铸件在凝固时与模具的紧密接触，传热效率高，挤压铸造法传热效率高，压力大，能近终成形，可减少铸件气孔和收缩等铸造缺陷，是一种极具潜力的金属玻璃（BMG）制备方法。

D 镁基金属玻璃的性能

a 镁基金属玻璃的力学性能

上面一些 Mg-Ln-TM 系镁基金属玻璃带材的测试结果表明，其 σ_b 为 610～850 MPa，E 为 40～61 GPa，硬度 HV 为 193～237。大多数成分的镁基金属玻璃的最大伸长率 δ 为 1.4%～1.8%，几乎没有什么塑性变形能力，但却具有较高的弯曲延伸变形能力。典型镁基金属玻璃的力学性能见表 8-15。

表 8-15 典型镁基金属玻璃的力学性能

合金（下标为摩尔分数）	σ_b/MPa	E/GPa	硬度 HV	最大应变 $\varepsilon_f=\sigma_b/E$
$Mg_{70}Ca_{10}Al_{20}$	670	35	199	0.019
$Mg_{90}Ca_{2.5}Ni_{7.5}$	670	40	182	0.017
$Mg_{7.5}Ca_5Ni_{7.5}$	720	47	176	0.015
$Mg_{84}Sr_1Ni_{16}$	680	40	215	0.017
$Mg_{80}Y_5Ni_{15}$	830	46	224	0.018
$Mg_{85}Y_{10}Cu_5$	800	44	205	0.018
$Mg_{80}Y_{10}Cu_{10}$	820	46	218	0.018
$Mg_{91}Y_5Mn_4$	550	30	140	0.018

新近开发的晶体与非晶体混合态的 $Mg_{65}Zn_{12}Ce_3$ 镁基合金薄带，既有较高的抗拉强度，同时还具有很高的塑性变形能力。其中的微晶相是由含有 Zn 和 Ce 的过饱和超细固溶体颗粒组成。这些颗粒弥散也均匀分布在整个非晶相的基体上。在淬火的条件下，混晶薄带的 σ_b 只有 655 MPa，δ 为 7%，但在 110℃ 下经 20 s 退火后，颗粒尺寸由 3 nm 增加到 20 nm，σ_b 则

超过 930 MPa,而 δ 降为 3%,这些颗粒的存在有助于实现均匀的塑性变形,而不像通常那样塑性变形仅发生在局部。

b　镁基金属玻璃的耐蚀性能

Inoue 等对 $Mg_{70}Ca_{10}Al_{20}$ 非晶与 AZ91-T6 合金的耐蚀性能进行了比较,试验采用的腐蚀液为 3% NaCl 溶液,温度为 27℃,结果与 AZ91-T6合金耐蚀性相比,$Mg_{70}Ca_{10}Al_{20}$ 合金的耐蚀性能有了显著提高。中国科学院金属研究所金属腐蚀与防护国家重点实验室还测量了 $Mg_{65}Cu_{25}Y_{10}$ 合金在 3.5% NaCl 溶液中的腐蚀行为,测试结果表明,$Mg_{65}Cu_{25}Y_{10}$ 合金在 3.5% NaCl 溶液中为活性溶解,发生不均匀腐蚀,原因是由于非晶金属中各种合金元素的电化学电位不同引起的微电偶腐蚀作用,晶态的 $Mg_{65}Cu_{25}Y_{10}$ 合金在 3.5% NaCl 溶液中有较好的腐蚀性能,非晶合金晶化后加以适当的热处理,改变组织结构可提高其耐蚀性能。

8.2.8　镁基复合材料

8.2.8.1　概述

镁基复合材料是以镁合金为基,用连续或不连续的纤维或陶瓷颗粒作为增强相的一种复合材料。与没有增强相的镁合金相比,弹性模量提高 40%,而其密度只有 0.2 g/cm³。镁基复合材料较普通镁合金有更好的耐磨性和较低的热膨胀系数。例如镁基合金锻压复合材料 Melramo 72 是一种新研制的管状合金,比同等铝管材轻 18%,同时又保持了应用强度和韧性。由于其密度小,并具有强度高、刚性好、耐磨性高、热膨胀系数低等一系列优点,在交通运输、航空航天工业应用方面有很大潜力。美国海军用箔冶金扩散焊接方法制备了 Mg-Li/B_4Cp 复合材料,其比刚度比工业钛合金高 22%,屈服强度提高,延展性优良。镁基体对增强颗粒的浸润性也优于铝基复合材料。

SiC、玻璃、Saffil Al_2O_3 陶瓷等不同纤维增强的 AZ91 合金挤压件具有特殊的力学性能,见表 8-16。在 180℃下,体积分数为 16% Saffil 纤维增强的 AZ91 合金挤压件的蠕变寿命比合金本身高 1 个数量级,疲劳极限是后者的两倍。通常,复合材料的室温弹性模量随纤维量的增加而线性增加。当 Saffil 纤维含量超过 10%～15%(体积分数)时,复合材料的延展性和断裂韧性非常低。颗粒增强镁合金锻件的力学性能有所改善,例如经 20 %(体积分数)SiC 晶须增强的 AZ91 合金挤压件弹性模量增加了两倍多,但伸长率从 15%下降至 1%。

表 8-16　SiC 晶须对挤压态 AZ91 镁合金力学性能的影响

材　料	E /GPa	σ_b /MPa	$\sigma_{0.2}$ /MPa	δ /%
AZ91	45	290	221	15
AZ91 + 10%(体积分数)SiC	69	368	314	1.6
AZ91 + 20%(体积分数)SiC	100	447	417	0.9

用硼和石墨纤维增强的镁基复合材料可大幅度地提高室温性能,尤其是高温下的性能;但其性能具有明显的方向性,仅在纤维取向的方向增强。石墨纤维增强的材料还具有热膨胀系数低的特性,某些情况下可近于零。这对于高温应力相当可观或尺寸稳定性要求极其严格的情况有着特殊用途。短纤维,如切断的氧化铝或碳化硅晶须,能随机取向,基本上是各向同性,但具有适中的性能改善。过高的成本限制着这类纤维增强复合材料的应用。

采用普通镁合金液体冶金方法,以碳化硅、氧化铝一类价格低廉的颗粒增强材料,利用砂型铸造、压力铸造和挤压等工艺来制取的镁基复合材料,由于工艺简单、成本较低而日益受到重视,并取得近于工业性应用的进展。

Dow Chemical Co. 研制的镁基复合材料,已经济地制造出汽车发动机的试验零件。三种压铸镁基复合材料的性能见表 8-17。

表 8-17　三种压铸镁基复合材料的力学性能

材　料	热处理状态	E /GPa	σ_b /MPa	$\sigma_{0.2}$ /MPa	δ/%
AZ91	F	44	196	155	3.0
AZ91 + 20% SiC	F	56	252	237	0.9
ZK60A + 20% SiC	T6	61	320	288	1.4

AZ91C/SiC 材料的弹性模量 E，屈服强度 $\sigma_{0.2}$和拉伸强度 σ_b 随 SiC 颗粒百分数含量的增加而提高。如在室温时，含 25% SiC（体积分数）的复合材料的弹性模量比未增强的合金高 72%，$\sigma_{0.2}$高 47%，σ_b 高 23%。当温度至 150℃时，复合材料的性能高于普通合金。缺点是当颗粒百分含量提高时，材料断裂应变降低。颗粒增强的镁合金铸锭可以用传统挤压工艺挤成各种型材，其性能见表 8-18。

表 8-18 增强 ZK60A-T5（Mg-5.5Zn-0.5Zr）**挤压棒材的力学性能**

增强材料①	增强材料含量（体积分数）/%	$\sigma_{0.2}$ /MPa	σ_b /MPa	δ /%	E /GPa
SiC_P	15	330	420	4.7	68
SiC_P	20	370	455	3.9	74
SiC_W	15	450	570	2.0	83
B_4C_P	20	405	490	2.0	83
未增强 P/W 同等材料		260	325	15.0	44

① P 为颗粒增强，W 为金属须增强。

镁基复合材料由于添加陶瓷颗粒等增强材料，切削加工十分困难。将精密铸造工艺用于铸造镁基复合材料，可满足各种形状复杂或薄壁零件的成形，并使切削加工量减至最小，两者的结合是降低成本、扩大应用的有效途径。

目前，镁合金的应用绝大部分为铸件，但快速凝固工艺和复合材料的研究成功，因其优点明显，将会扩大镁合金的应用。采用普通液体冶金方法的陶瓷颗粒增强复合材料，结合精密铸造成形工艺，由于工艺较简单和成本较低，预计在近期会有较大发展。

8.2.8.2 镁基复合材料的增强相

A SiC 颗粒或晶须

SiC 颗粒或晶须是最常见的镁基复合材料增强相。制备 SiC 增强镁基复合材料的方法，一种是利用陶瓷颗粒预制块下造成的真空产生负压，实现熔融基体对压实后的陶瓷颗粒预制块的浸渍，达到 SiC 颗粒在镁基体中均匀分布；另一种是采用挤压铸造法，已成功地制造出 SiC/ZK51A 镁基复合材料。通过 TEM 和 SEM 观察，最适宜的制备温度为 760℃，界面未发生任何反应，且结合良好。SiC 颗粒与镁基复合材料界面强度大于基体的撕裂强度，SiC 增强镁基复合材料的断裂形式趋向脆性断裂，材料的显微硬度、抗疲劳性和摩擦因数直接受界面距离的影响。

SiC 在镁基复合材料中的强化机制主要来自细晶强化、析出强化和增强体的强化，而抗拉强度主要取决于基体镁颗粒之间、增强体颗粒与镁颗粒之间的结合情况，以及增强体颗粒在基体上的分布情况。球磨后的 Mg 粉达到很高的加工硬化程度，具有较多的位错和孪晶亚结构，在试样制备过程中会阻碍基体晶粒的长大，这样使镁基复合材料的屈服强度提高很多，而抗拉强度、伸长率及弹性模量变化不大，热压可以使其性能更趋稳定，低温下晶体缺陷在界面附近，但不影响材料的热导率，随着温度升高，缺陷向基体扩展，降低了热导率。

SiC 颗粒尺寸和含量对复合材料超塑性影响很大，颗粒体积百分含量增加，有利于组织稳定，对复合材料超塑性能有利，而颗粒尺寸增大则导致超塑性能的下降。在高温高应变速率的变形条件下，可使材料的伸长率和应变速率敏感性指数得到明显的提高，少量的界面液相对晶粒及颗粒的滑移在超塑性变形过程中可能起了重要的协调作用，是材料呈现高温高应变速率超塑性的必要条件。

SiC 晶须与颗粒都能显著提高复合材料的室温强度和弹性模量，SiC 晶须作用更明显，SiC 晶须复合材料经低温处理及预变形后残余应力降低，拉伸屈服强度得到改善。当 SiC 质量分数一定时，复合材料的阻尼性能随 SiC 尺寸的增大而增加。

B 碳（石墨）纤维

制备此种复合材料采用真空－压力浸渍工艺，纤维和基体界面上无化学反应迹象，这种材料阻尼性能无论在室温还是在高温下都优于镁合金，并随着温度升高，效果更明显，抗破坏能力优于 Al_2O_3 颗粒增强，温度的变化对界面附近热应力造成的残余应变、位错结构及孪晶都产生影响。

碳纤维增强镁基复合材料分为连续的和非连续的，连续石墨纤维增强镁基复合材料Gr(连续)/Mg具有良好的比刚度、抗热变形和机械加工性；非连续石墨纤维增强的镁基复合材料Gr(非连续)/Mg虽然有些性能不如Gr(连续)/Mg，但它更经济，成形和加工都有明显的优势。通过合理的定向塑性变形加工，可使在镁基体中原来呈无序排列的短纤维将沿变形方向定向排列，当纤维的长径比超过临界值时，将呈现出接近连续纤维的增强效果。

C B_4C颗粒

利用B_4C颗粒在常压下浸渍，可以获得高硬度的B_4C/Mg复合材料，且B_4C颗粒在镁基体中分布较均匀，界面稳定，成本低，并具有良好的耐腐蚀性能，具有很大的应用潜力。最常用的制备方法是通过挤压铸造工艺，制造出B_4C颗粒增强镁基复合材料，相对于在常压下浸渍，它具有高强度、高硬度、良好的成形性能和二次加工性能。

用B_4C颗粒作为增强相，一般同时加入SiC晶须，挤压态$SiC_W + B_4C_P$/MB15复合材料由于颗粒的加入，抗拉强度提高50%，弹性模量增加一倍，深腐蚀SEM形貌表明适当的预制件制作方法和挤压工艺可使增强相分布均匀。

D Al_2O_3颗粒或纤维

Al_2O_3颗粒增强镁基复合材料一般采用挤压铸造法，陶瓷相Al_2O_3容易被镁基体腐蚀，有不连续MgO形成，在界面上还可看到少量粗大的共晶$Mg_{17}Al_{12}$析出相，经过长时间时效处理后，界面有较多的$Mg_{17}Al_{12}$时效析出相，此时基体合金内也观察到很多片状$Mg_{17}Al_{12}$连续析出物。

复合材料的温度发生变化时，Al_2O_3颗粒和基体热膨胀系数不同，界面上将产生热应力，且很小的温度变化就能产生超出材料屈服点的热应力，通过阻尼应力测量器，测量了在室温和400℃之间基体微观结构变化、塑性变形，表明位错以对数减少，且受到热处理和杂质原子的影响，进一步分析了应力曲线，计算了产生位错的来源和能量。

Al_2O_3纤维增强镁基复合材料也是采用挤压铸造法制取，室温下产生的界面张力主要受基体影响，而在高温下主要受Al_2O_3纤维控制。由于加入Al_2O_3纤维，复合材料抗蠕变性能大幅度提高，通过TEM观察界面微观结构，基体对于复合材料的抗蠕变性能没有影响，纤维和基体界面结合紧密，容易把所受外在的载荷转变成纤维和基体之间的塑性变形，达到提高其抗蠕变性能的作用。

E $Al_{18}B_4O_{33}$颗粒或晶须

$Al_{18}B_4O_{33}$颗粒或晶须增强镁基复合材料采用铸造方法制备，基体直接影响复合材料的力学性能。$Al_{18}B_4O_{33}$增强AZ91D、MB15和MB8镁合金，力学性能和热稳定性好；而$Al_{18}B_4O_{33}$增强ZK60镁合金，力学性能和热稳定性较差。通过TEM观察界面微观结构，$Al_{18}B_4O_{33}$颗粒增强的AZ91D合金在铸造和使用过程中，界面反应很少，但增强的MB15、MB8和ZK80合金中，界面反应较多。

F TiC颗粒

目前TiC颗粒增强镁基复合材料全部是采用原位反应法制取，具体过程一种是利用自蔓延高温Ti-Al合金，加入到熔化的镁中，通过半固态加工成形；另一种是直接将钛粉和碳粉加入到熔化的镁中，原位反应粉末尺寸小于1 μm，温度高于544℃。SEM和XRD分析表明，TiC颗粒在合金中形成球状，被Al包围着，使TiC颗粒的润湿性明显提高，硬度和抗疲劳性能非常好。

8.2.8.3 镁基复合材料的制备方法

制造镁基复合材料的方法有五种，见表8-19。

在五种制备方法中，半固态成形是镁基复合材料新的成形方法。半固态成形分为流变成形和触变成形，其中触变成形凭借其较容易控制和一定的特点，已形成了一定的商业化生产。

由于镁基复合材料锭料在二次加热时易氧化燃烧，触变成形正好能克服这种缺点。镁合金半固态成形的典型工艺之一是采用压铸和注

表 8-19 制造镁基复合材料的方法

方法	材料	过程	特点
粉末冶金法	陶瓷颗粒＋镁合金粉末	混合→冷压→热压→挤压成形	1. 不限制基体合金种类和增强体类型； 2. 增强体颗粒在基体内分布均匀； 3. 工艺、设备简单，成本较高
半固态注射法	增强颗粒＋金属晶粒	混合→加热→触变注射成形	1. 减少宏观偏析，降低凝固收缩和成形温度； 2. 增强颗粒在基体内分布均匀； 3. 降低了镁在高温下的氧化烧损； 4. 工艺设备简单，成本低
喷射沉积法	液态镁合金＋增强颗粒	液态镁合金雾化→喷射→颗粒喷入→沉积到衬底上→凝固	1. 颗粒在基体中分布均匀，无偏聚，凝固迅速，无界面反应； 2. 一般存在孔洞，不适合生产近终形零件
熔体浸渗法	陶瓷颗粒预制成形＋基体熔体	预制成形→倾入基体熔体→加压	1. 陶瓷相和基体之间的润湿性较差； 2. 工艺设备简单，成本低
熔体搅拌法	增强相颗粒＋基体熔体	颗粒加入→搅拌→挤压成形	1. 良好的界面； 2. 增强相分布均匀； 3. 晶粒尺寸小

射工艺合二为一，将具有触变特性的非枝晶组织复合材料高速注射到模具中，得到近终形的金属零件。具体过程如下：将基体切削加工成细颗粒状，同时加入增强颗粒，将混合物颗粒装入料斗中，通入氩气进行保护，当复合材料颗粒运动到加热部位时，被加热到部分融熔状态，形成了具有触变性的半固态浆料，在螺旋体的挤压作用下，当其累计到一定的体积时，再被高速注射到已经被抽空的预热模具中成形。在整个触变注射成形的过程中，镁基复合材料可以像热塑性塑料一样流动成形，清洁，安全，原材料消耗大大减少，没有熔渣产生，更不需熔炼液态金属和浇注等过程，成形件可达到很高的精度，缩松少，致密度高。

8.2.8.4 镁基复合材料的界面问题

镁基复合材料的设计和制备过程中，增强体、制备方法及工艺参数的选择是多种多样的，同时这些因素相互作用、相互影响，共同决定了材料的性能。而界面结构和性能是决定材料性能的关键因素，也是镁基复合材料中的热点问题。基体和增强体之间的结合状况，包括界面的形状、尺寸、成分、结构、增强体的种类和制备工艺、基体与增强体之间的物理和化学作用等，由于基体与增强体之间过度化学反应导致结合状况不好，共同影响复合材料的界面性能，复合材料达不到根据加和原则预期的性能，使得界面研究变得非常困难。界面问题就是通过界面优化，控制界面反应来获得能有效传递载荷、调节应力分布、阻止裂纹扩展的稳定的界面结构。

界面反应程度对形成合适的界面结构和性能有很大的影响，按界面反应程度的不同，可将其分为以下类型：

(1) 有利于基体与增强体浸润、复合和形成最佳界面结合，如在 $Al_{18}B_4O_{33}$增强 AZ91D 镁合金中，TEM 分析观察 $Al_{18}B_4O_{33}$纤维与镁基界面结合紧密，没有发生界面化学反应，且基体与 $Al_{18}B_4O_{33}$之间的力学性能好，热稳定性高，粘结强度大，通过热挤压工艺，结合力进一步提高。

(2) 有界面反应，增强体性能不下降，形成强界面结合，这类反应对颗粒增强的镁基复合材料是有利的，如在 Al_2O_3 颗粒增强镁基复合材料内，有不连续的 MgO 形成，在界面上还可看到少量粗大的共晶 $Mg_{17}Al_{12}$ 析出相，MgO、Al_2O_3 这两种尖晶相可以提高金属与陶瓷增强体之间的结合力，改善液体金属与陶瓷增强体的浸润性。

(3) 有界面反应，生成大量反应产物，材料的性能急剧下降，制备镁基复合材料过程中应严格避免此类反应的发生，如 $Al_{18}B_4O_{33}$ 增强 ZK60 镁合金中，就要尽量减少界面反应。

8.2.8.5 镁基复合材料的主要研发方向

(1) 金属间化合物本身由于其原子有序排列与共价键的共存性，使其兼顾金属和陶瓷的性能特点，具有低的密度、高的强度和抗氧化性能，在高温下具有较高的强度保持率，用金属间化合物增强的镁基复合材料，有望成为新一代高温结构材料。

(2) 增强相和镁基之间的界面问题将成为镁基复合材料研究的关键，直接影响材料的性能，进一步探究不同增强相和镁基体的界面反应、界面状态和界面的结合过程，将是镁基复合材料的研究重点，同时将成为计算机模拟材料的热点。

(3) 镁基复合材料的环境性能方面的研究，即如何解决与环境的适应性，实现其再生循环利用，实现社会可持续发展，将受到人们的关注。

8.2.9 其他新型镁合金材料

8.2.9.1 阻尼镁合金

纯镁的阻尼性能极好，但力学性能很低，几种列入国际品牌的镁合金，虽然力学性能、比刚度较高，但阻尼性能较低。Mg-Zr 阻尼合金是新型的、密度小的阻尼合金，主要用于航天航空、国防等尖端领域。这种新型 Mg-Zr 系高阻尼 ZMJD-IS合金，具有优良的阻尼性能（阻尼指数 SDC 大于 40%），良好的切削性能和力学性能，合金各项性能指标接近前苏联牌号 MЦИ 镁合金，成本也低于 MЦИ。研究表明，ZMJK-IS阻尼合金的晶粒大小适宜范围为 260～350 粒/mm^2，断口上有大量的洞坑，属延性断裂；ZM-JD-IS 合金的阻尼内耗机制属位错型，高振幅条件下，ZMJD-IS合金的阻尼性能随振幅增大而升高，而在 10 Hz 左右阻尼性能与频率无关，是静滞后型内耗。在小振幅条件下，ZMJD-IS 合金的阻尼内耗随着温度的升高而增大，随振动时间的增长而降低，其次随时效时间延长而下降，三者都符合静滞后型内耗的特点。这种阻尼镁合金在国防工业中有着很好的应用前景，比如可以作为鱼雷和导弹的减振部件。

纯镁、镁合金及镁基复合材料，由于成分、组织结构和微观缺陷的不同，其阻尼性能有所差异，但阻尼机理均属于位错型阻尼。镁合金中合金元素的含量与种类、晶界、相界以及一些热处理制度可在一定程度上影响其阻尼大小。由于镁基复合材料具有多种阻尼机制的作用，因此比镁合金有更高的阻尼性能。

最近，用 SEM 以及内耗测试仪研究了 AZ91D压铸镁合金的微观组织对减振性能的影响。结果表明，晶界、β 相、空洞和杂质等将使材料内耗增大，有利于减振。同时验证了 AZ91D 压铸镁合金是理想的减振材料。在室温下，振动频率为 5～8 Hz 条件下，AZ91D 镁合金的减振性能约比 1100H18 铝合金高近两倍，比60 号钢（淬火 + 回火态）的减振性能高近 4 倍。AZ91D镁合金中，随材料晶界和 $Mg_{17}Al_{12}$ 相增多，而内耗值增大，阻尼性能增高。

8.2.9.2 储氢镁合金

A 镁系储氢合金的优点

氢能是一种不依赖化石燃料的、储量丰富且无毒无害的二次清洁能源，但长期以来，氢的储存和运输一直是一个技术难题。储氢材料是伴随着氢能和环境保护在最近二三十年才发展起来的新型功能材料。由于其吸放氢特性优异，在配合氢能的开发中起着重要作用，从而受到各国的高度重视。迄今为止，在已开发的稀土系（AB_5 型）、钛系（AB 型）、锆系（AB_2 型）和镁系（A_2B 型）储氢合金中，镁系合金是最有发展前途的储氢材料之一。这是因为镁系储氢合金具有吸氢量大（吸氢质量 MH_2 为 7.6%，M_2NiH_4 为 3.6%）、电化学储氢容量高（理论值为 965 mA·h/g）、密度小（1.74 g/cm^3）、资源丰富（Mg 是地壳中储量列第六位的金属元素）、价格低廉和对环境负荷小等优点。但镁及其合金作为储氢材料也存在吸放速度慢、吸放氢温度高和反应动力学、热力学性能差等缺点，因而严重阻碍了其产业化的进程。

近年来的研究表明，镁系储氢合金可以通过下列途径改善其储氢性能：

(1) 元素取代。以降低其分解温度，并同时保持较高的吸氢量。

(2) 与其他合金组成复配体系。以改善其吸放氢动力学和热力学性质。

(3) 表面处理。采用有机溶剂、酸或碱来处理合金表面，使之具有高的催化活性及抗腐蚀性，加快吸、放氢速度。

(4) 新的合成方法。探索传统冶金法以外的新合成方法，而元素取代则被认为是改善镁系储氢合金性能最根本的途径。

B　Mg-Ni 系合金 A、B 两侧的元素构成

Mg-Ni 系合金的典型代表是 A_2B 型 Mg_2Ni，A 侧(Mg)元素和 B 侧(Ni)元素是两种性质不同的金属元素，其中，A 侧元素与氢的反应为放热反应($\Delta H<0$，称为放热型金属)，氢在其中的溶解度随温度的上升而减小；而氢溶于 B 侧元素中时为吸热反应($\Delta H>0$，称为吸热型金属)，氢的溶解度随温度上升而增大。前者控制着储氢合金的储氢量，是组成储氢合金的关键元素；后者控制着储氢合金吸放氢的可逆性，起着调节生成热(ΔH)与金属氢化物分解压力的作用。在对 Mg-Ni 系 A_2B 型合金进行元素取代时，其主要方法是用ⅠA～ⅤB族放热型金属元素，如 Ti、V、Ca、Zr、Re 和ⅢA 族的 Al 等部分取代 A 侧元素 Mg，以及用ⅥB～ⅧB 族吸热型过渡族金属元素，如 Mn、Fe、Cr、Co、Zn、W、Cu 和 Ti、V、Zr 等部分取代 B 侧元素 Ni，如图 8-9所示。最近几年来的研究显示，取代元素种类及化学计量对改善合金的吸放氢性能具有重要的影响，不仅如此，通过元素取代，还能够显著提高 Mg_2Ni 系合金的电化学性能。

近年来，随着机械合金化法(MA 或 MG)制备微晶级、纳米级和非晶 Mg-Ni 系储氢合金的研究工作不断深入，AB 型 MgNi 系逐渐受到了研究者的高度重视，其合金改性的主要方法之一也是采用元素取代，并且获得了一些较理想的结果。

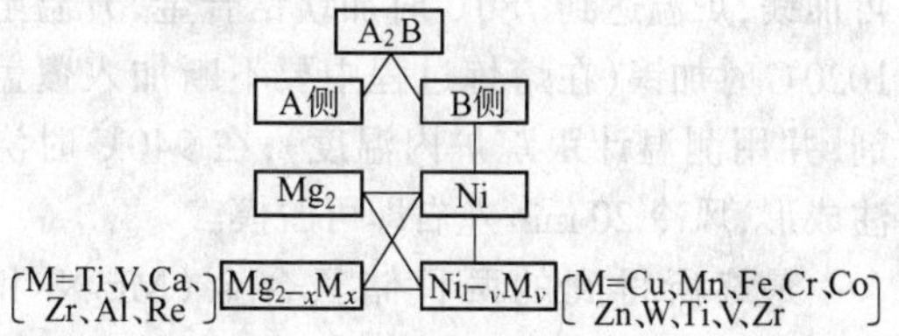

图 8-9　Mg-Ni 系储氢合金开发系统图

C　Mg_2Ni 系储氢合金的制备工艺与性能研究

采用高温感应熔炼法在不充入保护气体，只是添加覆盖剂的条件下，成功地制备出了 Mg_2Ni 系储氢合金，缩短了合金的制备时间，降低了合金制备成本。通过该方法制备的储氢合金 Mg_2Ni 活化性能优良，二次活化后，其吸氢量就达到其理论值。

a　原材料

原材料为镁(具体化学成分见表 8-20，块状)、镍(纯度 99%以上，块状)、镁锆合金(含镁 74.4%，锆 25.58%，块状)。

表 8-20　镁锭的化学成分(质量分数)　(%)

Mg	Al	Mn	Fe	Si	Ni
98.63	0.12	0.27	0.22	0.48	0.028

b　合金制备方法

按照 Mg_2Ni 和 $Mg_2Ni_{0.9}Zr_{0.1}$ 中各元素的质量比分别称取两份镁(0.575 kg 与 0.267 kg)、两份镍(0.651 g 与 0.599 g)和一份镁锆合金(0.404 g)，考虑到镁在熔炼过程中的烧损，其中镁都是按 5%的富余量计算的。熔炼设备为 SS81-21 型中频无芯感应炉，其额定功率为 75 kW，额定电压为 550 V。两种镁基储氢合金的制备工艺如下：

(1) Mg_2Ni 的制备工艺。先在坩埚底部撒布少量覆盖剂；然后加镁，炉子升温，使镁逐渐熔化，待炉温达到 725℃左右时加镍，继续升温至 890℃，镁镍全部互熔(在制备过程中要不断地添加覆盖剂，并用测温计跟踪炉内温度)；最后在 860℃浇注成形，风冷 20 min 左右即可脱模。

(2) $Mg_2Ni_{0.9}Zr_{0.1}$的制备工艺。与 Mg_2Ni 的制备工艺大致相同，先在坩埚底部加覆盖剂；再加镁，炉温达到780℃时加镁锆合金，升温至1020℃时加镍(在熔炼过程中要不断加入覆盖剂，并用测温计跟踪炉内温度)；在940℃时浇注成形，风冷20 min左右即可脱模。

最终所得到的两种储氢合金(Mg_2Ni 和 $Mg_2Ni_{0.9}Zr_{0.1}$)的样品为长15 cm、直径1.5 cm的棒材。

由于镁镍的熔点相差很大，分别为650℃与1455℃。所以采用传统的熔炼法将温度升高至1455℃以上，使镁与镍全部熔融来制备 Mg_2Ni 储氢合金是相当困难的。根据镁镍二元相图，若先将单质镁加热至熔融状态；继续升温至730℃左右，根据 Mg_2Ni 合金的化学计量比加入适量单质镍；再继续升温至900℃左右，形成熔融状态的 Mg_2Ni 合金。在较低的温度下，即900℃与1000℃左右制备 Mg_2Ni 和 $Mg_2Ni_{0.9}Zr_{0.1}$ 合金。

c　退火工艺

Mg_2Ni 和 $Mg_2Ni_{0.9}Zr_{0.1}$ 合金采用扩散退火法，在氩气的保护下(0.2 MPa)，在管式炉内加热至650℃，保温2 h。

d　性能测试与研究

(1) 金相组织观察与分析。采用常规机械抛光法制备金相试样；使用Leitz-MM6型光学显微镜对试样进行金相观察和分析，放大200倍。在铸态金相组织照片中，可看到Mg和 Mg_2Ni 的共晶组织和 Mg_2Ni 的单相组织。$Mg_2Ni_{0.9}Zr_{0.1}$ 合金中还可以看到Zr的颗粒，这可能是Zr原子大于Ni原子，致使 Mg_2Ni 合金难以扩散长大；Zr原子在合金中大量形核，Mg_2Ni 合金围绕其长大，由于形核很多，所以晶粒被细化。

从 Mg_2Ni 与 $Mg_2Ni_{0.9}Zr_{0.1}$ 两种合金经过650℃(2 h)扩散退火处理后的金相显微组织照片可以看出，与未经退火处理的试样对比，合金的组织变得均匀、细密，晶界变得圆滑；合金析出了球状体，而且 Mg_2Ni 相的相对含量增加。从理论上讲，这应该使氢气的扩散通道增加，同时在吸放氢的过程中，晶胞的膨胀和收缩比率相对减小，使合金不易粉化，这对提高合金的吸氢量和循环寿命是有益的。

(2) X射线结构分析和荧光能谱成分分析。试验在Rigakud/max-3A型X射线衍射仪上进行，采用Cu靶，石墨单色器，阳极电压为40 kV、阴极电流为30 mA。根据 Mg_2Ni 和 $Mg_2Ni_{0.9}Zr_{0.1}$ 两种合金的X射线衍射图谱，通过标定，可以看出合金的主相为 Mg_2Ni，尚有少量的Mg、Ni和 Fe_2Si 及 δ-Ni_2Si 相。

对这两种合金试样进行成分分析发现，Mg_2Ni 合金中镁占45.29%，镍占54.451%，另外合金中含有微量的Fe(0.058%)和Si(0.199%)。$Mg_2Ni_{0.9}Zr_{0.1}$ 合金中镁占43.68%，Ni占47.643%，Zr占7.556%及极少量的Fe和Si，完全符合合金的设计要求。

(3) 吸放氢性能测试与分析。吸放氢性能测试实验所用仪器是P-C-T测试仪。测试时，首先将合金块体在氩气保护下粉碎至3.5 mm颗粒，称取15 g合金装入化学床；然后接入实验系统，室温除气4 h，再阶梯加热至100℃、200℃、300℃，除气6 h后，将床温降低至250℃，通入高纯氢，进行第一次活化。加热到350℃开始解吸，除气3 h后进行第二次活化。

15 g储氢合金 Mg_2Ni 第一次活化吸氢达5.26 L(3.1%)；第二次活化吸氢达5.83 L(3.4%)基本上达到了理论吸氢量(3.6%)，活化完成。然而储氢合金 $Mg_2Ni_{0.9}Zr_{0.1}$ 活化相对困难，经过5个吸－放氢循环后，吸氢量仅为0.9%，远远低于理论值。

以往采用熔炼法制备出的镁基储氢合金大约需要10次活化才能达到最大吸氢量(约为2.4%)，而本次采用高温感应熔炼法制备 Mg_2Ni 合金在经两次活化后，吸氢量达到了3.4%，较以往用熔炼法制备的 Mg_2Ni 合金的储氢性能有很大改善。

加锆的合金活化性能差、吸氢量小的原因可能有以下几点：

1) 原料问题。根据Mg-Zr相图，Zr在Mg中的溶解度仅为0.3%，根本不能形成合金，而我们的原料Mg-Zr合金的标签标明其含锆量为25.58%。这就有可能使原料中的锆以游离态的形式存在,锆的熔点是1830℃,因而在制备过程中,不能完全融化形成合金。

2) 制备工艺的影响。由于制备全过程不在保护气氛下,只是在覆盖剂的保护下,有可能造成合金氧化,导致试样吸氢性能差。

(4) Mg_2Ni系储氢合金的研制结论:

1) 采用高温感应熔炼法,不通入保护气体,只添加覆盖剂,在较低的温度(加热温度远低于镍、锆的熔点)下,能够制备出储氢合金Mg_2Ni和$Mg_2Ni_{0.9}Zr_{0.1}$。

2) 两种Mg_2Ni系储氢合金的主相均为Mg_2Ni。

3) $Mg_2Ni_{0.9}Zr_{0.1}$晶粒明显较Mg_2Ni晶粒细小;通过扩散退火,可以细化晶粒、均匀组织。

4) 通过该法制备的Mg_2Ni储氢合金活化性能优良,只需两次活化,吸氢量就达到3.4%。

D Mg_2Ni系合金元素取代改性

Mg-Ni系储氢合金是很有发展前途的储氢材料之一,但其存在放氢温度高、反复充放氢后的循环稳定性差等缺点,从而限制了其实际应用。采用元素取代,结合机械合金化进行改性是一个根本而有效的途径,通过不同合金元素部分取代Mg-Ni中的Mg、Ni,可以降低氢化物的生成热和吸放氢温度,提高氢原子的扩散能力,使活性点增多。同时,元素取代还能够有效抑制Mg-Ni系合金电极中Mg的氧化腐蚀,从而提高其循环寿命,并保持其高的储氢密度。近年来,科学家们在利用机械合金化制备化学计量或非化学计量的Mg-Ni系非晶态合金,并用合金元素进行取代改性方面做了大量的探索。国内采用机械合金化法制备的非晶态Mg-Ni系合金具有比表面大和电化学活性高的特点,可使Mg-Ni合金在室温下的充放电过程顺利实现。研究表明,非晶态$Mg_{50}Ni_{50}$系合金电极在第一次充放电循环即能完全活化,放电容量可达500 mA·h/g左右,但其容量衰退很迅速。进一步对非晶态$Mg_{50}Ni_{50-x}M_x$(M代表Co、Al、Si等,$x=5\sim10$)三元合金研究表明,当采用Co、Al和Si等元素部分取代$Mg_{50}Ni_{50}$中的Ni时,三元合金的起始放电容量较合金有所降低(约为210~320 mA·h/g),但可使合金的抗腐蚀性能得到提高,因而可以在较大程度上改善非晶合金的循环稳定性。这说明对Mg-Ni系储氢合金进行元素取代可以显著改善合金的吸放氢性能,尤其是可以提高合金的循环寿命。

Orimo和Zuttel等用Co和Cu部分代替Ni和$Mg(Ni_{1-x}T_x)$(T=Co和Cu),机械合金化80 h后,在整个组成范围内形成非晶相,用Co和Cu替代时平衡氢压升高,平高线变陡,而H含量减少。以Al取代Mg制得的$(Mg_{1-x}Al_x)Ni$($x=0\sim0.5$)合金,从其室温下的p-c-T曲线可以看出,随Al取代Mg含量的增加,储氢量减小,p-c-T曲线上的平台变陡,平台压升高,认为主要是因为纳米晶的晶格缺陷浓度高所致。为进一步改善氢化性质,必须进行热处理,以使晶粒长大和结晶应力释放。

Ti、V是改善MgNi合金电极循环寿命的有效元素。由于合金电极的放电容量在经反复充放电循环后快速衰减是因合金在KOH电解液中发生不可逆氧化,在合金表面生成$Mg(OH)_2$所致,而用Ti、V部分取代Mg则可以在合金表面形成致密的TiO_2或VO保护层,从而限制了$Mg(OH)_2$的生成,使电极循环寿命得以提高。迄今为止,获得的最佳含Ti合金是非晶$Mg_{0.7}Ti_{0.3}Ni$,研究显示,该合金在20次充放电循环后,放电容量为初始值325 mA·h/g的92%。Zhang等研究的相同成分的合金,其初始放电容量达399 mA·h/g,20次充放电循环后,充电容量尚余74%。Ruggeri等通过对比$Mg_{0.5}Ti_{0.5}Ni$和MgNi两种电极在10次充放电循环后的容量衰减,证实因Ti的添加,在合金电极表面形成了TiO_2。Nohara等用V部分替代Mg,机械合金化制得$Mg_{0.9}V_{0.1}Ni$,与Mg-Ni相比,第一次放电容量差不多,但循环寿命提高,从而证明V的添加有效地防止了在合金表面形成$Mg(OH)_2$,在充放电循环过程中保护了合金的吸收氢性能。基于相同的原理,Iwakura等研究了机械合金化非晶$Mg_{0.9}Ti_{0.1}Ni$、$Mg_{0.9}V_{0.1}Ni$和$Mg_{0.9}Ti_{0.006}V_{0.04}Ni$合金,从三种合金的充放电循环试验结果来看,合金放电容量随循环次数的衰减由于 Ti、V 的添加而受到抑制，其中，以 Ti、V 共同取代 Mg 的 $Mg_{0.9}Ti_{0.06}V_{0.04}Ni$ 合金的性能为最佳。研究认为，正是由于 Ti、V 对 Mg 的部分取代，在合金表面优先形成含有 Ti、V 的复合氧化层，从而减缓了在充放电时合金表面 Mg 的氧化过程 $Mg(OH)_2$ 的形成速率，有利于合金在多次充放电循环后仍保持高的放电容量。

Co、Cu、Fe 等元素以及不同含 Ni 量对 Mg-Ni系合金储氢性能和电化学性能也有不同程度的改善。

8.2.9.3　低密度多孔(泡沫)镁合金材料

多孔材料是具有特殊性能(如能量吸收性能等)的超轻材料。多孔材料已广泛用做吸收撞击能，隔声、阻燃、隔热、热交换和结构材料等。多孔材料可分为两种类型：开孔型材料，即固体材料分布在形成孔隙面的小边缘的小圆柱内；闭孔型材料，即固体材料分布在形成孔隙的小平面上。为了能应用多孔金属的能量吸收性能，要求其流变应力应低于产生危险或损伤的阈值。镁是制造多孔金属的理想材料之一。因为镁的密度低，与铝相比，具备相对低的流变应力。密度为 0.05 g/cm^3 的开孔型镁合金多孔材料是一种典型的镁合金多孔(泡沫)材料。

用聚氨基甲酸酯模块制造开孔型 AZ91 镁合金。其生产原理为：将熟石膏倒入聚氨基甲酸酯模块中，形成石膏模，然后将此模加热到500℃。由于加热时聚氨基甲酸酯模块被去除，石膏就具备了多孔结构。将镁熔体倒入多孔的石膏模中，并加热到 600℃。由于模具是抽真空的，重力铸造时镁熔体不能通过窄小的线路流入多孔的石膏模。通过水喷射，石膏模破碎，最后可获得开孔型镁合金多孔材料。开孔型 AZ91 镁合金多孔材料的特性列于表 8-21 中。

表 8-21　开孔型 AZ91 多孔镁合金的特性

柱间距/mm	柱厚/mm	固体体积百分比/%	密度/g·cm^{-3}
3.8～5.7，平均值 4.5	0.2～0.4，平均值 0.3	2.7	0.049

从显微组织照片中可以看出，开孔型 AZ91 多孔镁合金的析出物为 $Mg_{27}Al_{12}$，这可能与多孔合金凝固时冷却速度高于 AZ91 铸造镁合金有关。

多孔金属的密度和压缩应力列于表 8-22 中。应当注意，开孔型 Mg 合金显示了较低密度（0.049 g/cm^3）和相对低的稳定应力(0.11 MPa)。由于多孔镁合金的低密度和相对低的稳定应力，所以具有较高的能量吸收潜力。

表 8-22　多孔金属密度和压缩应力

材　料	结构	密度/g·cm^{-3}	相对密度/g·cm^{-3}	平稳应力/MPa	相对应力
AZ91Mg	开孔	0.049	0.03	0.11	9.2×10^{-4}
Al	开孔	0.15～0.39	0.06～0.15	0.3～2.2	$6.0\times10^{-3}\sim4.1\times10^{-2}$
Al-7Mg	开孔	0.14～0.54	0.05～0.20	0.9～18.6	$3.8\times10^{-3}\sim8.1\times10^{-2}$
7075	开孔	0.25～0.56	0.09～0.21	1.6～13.5	$4.6\times10^{-3}\sim3.9\times10^{-2}$
Zn	开孔	0.34～0.54	0.05～0.08	0.1～2.2	$5.3\times10^{-4}\sim3.0\times10^{-2}$
AA6101	开孔	0.28	0.1	2.8	3.0×10^{-2}
Al-5Ca(Ti)(Alporas)	闭孔	0.22	0.08	1.3	1.0×10^{-2}
A356/15%SiC	闭孔	0.27	0.1	—	
Al(Si)(AluLight)	闭孔	0.66～0.85	0.24～0.31	17.1～29.0	$6.8\times10^{-2}\sim1.2\times10^{-1}$
Al-Gsi-4Cu	闭孔	0.2～0.8	0.07～0.30	5.9～23.7	$4.2\times10^{-2}\sim1.7\times10^{-1}$
Zn-4Cu	闭孔	1.0～2.0	0.15～0.27	5.6～22.3	$2.7\times10^{-2}\sim1.1\times10^{-1}$
Al-Ca(Ti)(Alporas)	闭孔	0.20	0.07	1.4	8.0×10^{-3}
Al-7Si-0.3 M1%-10%SiC	闭孔	0.08～0.20	0.03～0.07	6.07～0.29	$1.7\times10^{-4}\sim7.5\times10^{-4}$
M/SiC	闭孔	0.11～0.54	0.04～0.20	0.98～2.62	$2.5\times10^{-3}\sim6.7\times10^{-3}$

8.3 镁及镁合金材料制备新技术

8.3.1 高纯镁精炼工艺的开发

Mg90(99.9%)中的杂质平均为总重量的0.07%,其中主要的并符合规定的有:0.03% Fe,0.01% Mn,0.002% Cu,0.006% Si,0.01% Al,0.0005% Ni,0.002% Na,0.0008% Ti。

纯镁广泛用于钛、锆、铍、铀及其他一些金属的还原。杂质的主要部分已转入到还原金属,因此,要生产牌号较高的合金必须用高纯镁。

对于大多数镁基的铸造和变形合金而言,Mg90的纯度就足够了。只有一组合金要由Mg95(99.95%)或Mg96(99.96%)基镁才能生产。

某些技术领域要求镁的纯度必须达到99.98%或更高一些。比如,对于计算机和信息系统的刚性镁合金存储盘而言,就得采用杂质总含量不大于0.01%的铝镁合金。

在许多已知的精炼镁的方法中,实际上采用的是熔剂、沉淀、金属处理和过滤。精炼镁的标准熔剂主要是碱及碱土金属的氯化物和氟化物。这些成分中还有钛的氯化物($TiCl_2$ + $TiCl_3$)或硼的化合物($B_2O_3 + BF_4$)。

金属处理方法是通过往熔融镁中加入钛、锆或锰的氯化物和金属化合物来实现。该方法有很高的精炼效果,特别是精炼除铁、硅等杂质,但精炼添加剂费用也很高。

金属处理精炼除铁的方法还包括,存在于保护熔剂或保护介质中的熔融镁能通过氩气或其他气体物质的喷射来除氢。然后,锆和硅以一定的比例混合到熔融镁中。

在精炼镁时,采取了精炼铝的一些有效措施。其中一个措施是,在采用专门的搅拌器和相互作用的气体间质量交换的混合工艺时,应使加入的熔剂或添加剂固定在熔融金属内循环,从而使反应速度和加入试剂的使用程度达到很高。

另一个措施是,在旋转的冷却体中熔体以馏分结晶的方法进行精炼。由于分配系数的不同,含有杂质的纯金属结晶,即共晶杂质集中在熔体中,包晶集中在铸锭中。

以熔剂和添加剂精炼为主要方法,在舱式电炉中,用钢杯或人造刚玉杯熔化重750~1000 g的Mg90牌号的镁试料。熔化后取原始试样,涡轮搅拌器的转子下降到熔体中。当搅拌器旋转时,熔剂和其他精炼添加剂就加入到成形漏斗中。搅拌时间为10 min。之后沉淀15 min后取样。

试验时采用以下熔剂和添加剂(%):

(1) ВИ-2熔剂:43$MgCl_2$、37KCl、6.5BaCl、4CaF_2、4NaCl、4$CaCl_2$、1.5MgO。

(2) ФЛ5熔剂:36$MgCl_2$、36KCl、6$BaCl_2$、5CaF_2、7MgF_2、10AlF_3。

(3) ФЛ10熔剂:28$MgCl_2$、22KCl、10$BaCl_2$、20MgF_2、20CaF、0.5B_2O_3。

(4) 含低氯化钛的合金:6$MgCl_2$、70KCl、8NaCl、16($TiCl_3 + TiCl_2$)。

(5) 筛选及细化过的海绵钛(-16+1)。

(6) K_2TiF_6牌号为Ч的钛氟酸钾。

(7) $ZrOCl_2$在600℃温度下加热的氯酸锆$ZrOCl_2 \cdot 8H_2O$。

(8) 锆浓缩物:含7%氧化钪的氧化锆(由бТМК或СМЗ生产)。

(9) 锆:纯锆碎屑。

用精炼铝所采用的装置以馏分结晶法对镁进行精炼。方法如下:在钢坩埚中熔化1.5~2.0kg的Mg90牌号的镁试料,取原始试样,待熔体冷却至690℃后将其降到钛合金制成的空心圆锥体中。圆锥体同导管相连,当它旋转时,通过小管子往型腔供给冷却压缩空气。

当圆锥体边界层的熔体温度达到660℃时,圆锥体内的镁就开始结晶,铸锭直径也就逐步增大。在实验室条件下,铸重为300~400 g的铸锭大约需要10 min。在热状态下从圆锥体中取出铸锭,为了取液体试样,需再重熔。镁铸锭和铝锭结晶的外观特征是类似的,未发现镁的燃烧。金属试样的分析用JMS-0.1BM-2定量—光谱仪进行。

用熔剂和添加剂进行精炼的试验结果列于

表 8-23。所有试验的原始试样的成分是一样的，因为所有熔次都是由同一批次镁中的两个铸块的试片生产。从熔剂试验来看，加入 49% $MgCl_2$ + 49% MgF + 2% B_2O_3 混合物时，镁的纯度比较小。钢的浓度减小了 50%，硅减小了 35%，铁减小了 30%。

表 8-23　高纯镁用熔剂和添加剂的精炼结果（俄罗斯）

熔剂与添加剂	杂质含量（质量分数）/%										
	Na	Al	Si	Ti	Mn	Fe	Ni	Cu	Zr	Pb	Sn
原始试样	20×10^{-4}	63×10^{-4}	56×10^{-4}	7×10^{-4}	106×10^{-4}	340×10^{-4}	7×10^{-4}	22×10^{-4}	1.6×10^{-4}	3×10^{-4}	3×10^{-4}
熔剂精炼											
ФЛ5	15×10^{-4}	71×10^{-4}	52×10^{-4}	6×10^{-4}	100×10^{-4}	280×10^{-4}	6×10^{-4}	18×10^{-4}	1.3×10^{-4}	2×10^{-4}	3×10^{-4}
ФЛ3	18×10^{-4}	55×10^{-4}	58×10^{-4}	6×10^{-4}	102×10^{-4}	300×10^{-4}	6×10^{-4}	18×10^{-4}	1.5×10^{-4}	2×10^{-4}	2×10^{-4}
ВИ-2	18×10^{-4}	58×10^{-4}	67×10^{-4}	7×10^{-4}	100×10^{-4}	300×10^{-4}	5×10^{-4}	16×10^{-4}	1.0×10^{-4}	2×10^{-4}	2×10^{-4}
49$MgCl_2$ +、49MgF + 2B_2O_3	10×10^{-4}	60×10^{-4}	36×10^{-4}	2×10^{-4}	96×10^{-4}	240×10^{-4}	5×10^{-4}	20×10^{-4}	1×10^{-4}	0.4×10^{-4}	1.7×10^{-4}
冰晶石 + AlF_3(2∶1)	200×10^{-4}	440×10^{-4}	45×10^{-4}	4×10^{-4}	120×10^{-4}	350×10^{-4}	4×10^{-4}	21×10^{-4}	3×10^{-4}	0.7×10^{-4}	0.4×10^{-4}
含钛添加剂精炼											
低氯化钛合金 0.075Ti	7×10^{-4}	50×10^{-4}	22×10^{-4}	75×10^{-4}	104×10^{-4}	173×10^{-4}	3.5×10^{-4}	15×10^{-4}	1.3×10^{-4}	1×10^{-4}	1.4×10^{-4}
0.15Ti	7×10^{-4}	23×10^{-4}	20×10^{-4}	117×10^{-4}	85×10^{-4}	9×10^{-4}	5×10^{-4}	15×10^{-4}	1×10^{-4}	0.5×10^{-4}	2.5×10^{-4}
0.22Ti	9×10^{-4}	31×10^{-4}	25×10^{-4}	115×10^{-4}	75×10^{-4}	12×10^{-4}	3×10^{-4}	7×10^{-4}	1×10^{-4}	2×10^{-4}	3×10^{-4}
K_2TiF_6，0.8Ti	20×10^{-4}	38×10^{-4}	46×10^{-4}	6×10^{-4}	130×10^{-4}	360×10^{-4}	6×10^{-4}	20×10^{-4}	6×10^{-4}	0.7×10^{-4}	0.3×10^{-4}
海绵 Ti，1.0Ti	12×10^{-4}	40×10^{-4}	36×10^{-4}	3×10^{-4}	70×10^{-4}	300×10^{-4}	5×10^{-4}	18×10^{-4}	5×10^{-4}	3×10^{-4}	4×10^{-4}
含锆添加剂精炼											
$ZrOCl_2$1.1Zr	10×10^{-4}	42×10^{-4}	35×10^{-4}	4×10^{-4}	100×10^{-4}	280×10^{-4}	4×10^{-4}	16×10^{-4}	0.8×10^{-4}	2×10^{-4}	3×10^{-4}
锆浓度	6×10^{-4}	64×10^{-4}	39×10^{-4}	3×10^{-4}	106×10^{-4}	320×10^{-4}	8×10^{-4}	17×10^{-4}	0.7×10^{-4}	1×10^{-4}	4×10^{-4}
Zr + Si	12×10^{-4}	60×10^{-4}	340×10^{-4}	1.3×10^{-4}	60×10^{-4}	130×10^{-4}	10×10^{-4}	28×10^{-4}	8×10^{-4}	0.9×10^{-4}	0.4×10^{-4}

表 8-24 列出了馏分结晶时依次所得的两种铸锭的分析结果。从所得数据足以说明，馏分结晶在一次精炼过程中可除掉 28%～25% 的 Fe、50% 的 Al、67%～50% 的 Si、50%～25% 的 Cu 和 67%～25% 的 Na。

表 8-24　用馏分结晶法的精炼结果

试　样	杂质含量（质量分数）/%									
	Na	Al	Si	Ti	Mn	Ni	Cu	Sn	Pb	Zr
原始的	20×10^{-4}	46×10^{-4}	56×10^{-4}	6×10^{-4}	106×10^{-4}	5×10^{-4}	22×10^{-4}	1.5×10^{-4}	1.2×10^{-4}	1.6×10^{-4}
1 号铸锭	13×10^{-4}	26×10^{-4}	35×10^{-4}	9×10^{-4}	106×10^{-4}	1.9×10^{-4}	10×10^{-4}	0.8×10^{-4}	0.8×10^{-4}	1.3×10^{-4}
2 号铸锭	10×10^{-4}	20×10^{-4}	30×10^{-4}	2×10^{-4}	130×10^{-4}	2×10^{-4}	5×10^{-4}	0.4×10^{-4}	1.5×10^{-4}	0.3×10^{-4}

研究过程中的工艺参数表明正在改善，但精炼并不能去除锰。由于其浓度小和该分析方法的灵敏度不够，对其他加入的杂质（Ti、Ni、Sn、Pb、Zr）的精炼行为未做分析。

对该精炼方法，每种杂质的精炼程度都是由每对镁－杂质的分配系数决定的。精炼镁和铝时的分配系数非常接近，其主要杂质按同样顺序分布。

上述精炼效果为一个周期所得。为了深度精炼，对那些尚未精炼到的镁可重熔后再进行精炼。熔体中杂质浓度减小到 0.0001% 时，其分配系数不再变化。

由以上分析可以得出以下结论：

(1) 采用熔剂和添加剂对镁进行精炼的试验表明，往合金中加入低氯化钛是有效的。铁的浓度降低了 25.6%，钠降低了 65%，铝降低了 60%，硅降低了 64%，锰降低了 20%。

加入添加剂时采用有效的质量交换，同以往的方法相比，可使低氯化物的耗量减少近 1/3。

(2) 用馏分结晶法对镁进行试验性精炼。一周期内，铁的浓度减少了 3/4，铝减少了 1/2，硅减少了 1/2，铜减少了 3/4，钠减少了 1/2。

由于采用了低氯化钛对 Mg90 进行了预精炼，其综合精炼效果可得到杂质含量不大于下列值的镁：$2\times10^{-4}\%$ Fe；$10\times10^{-4}\%$ Al；$10\times10^{-4}\%$ Si；$4\times10^{-4}\%$ Cu；$4\times10^{-4}\%$ Na；$50\times10^{-4}\%$ Mn，纯度可达 99.99%。

8.3.2 镁合金熔炼及保护新技术的开发

镁合金在熔铸及静置时，为防止氧化、燃烧，要用干燥的熔剂覆盖，它们很容易进入制品中，形成非金属夹杂，导致铸件力学性能及耐蚀性的恶化。大多数镁合金厂采用 SF_6 和 Ar_2 或 CO_2 的混合气体来保护，近来 SF_6 对全球变暖的作用已经引起关注，有证据表明 SO_2 可以代替 SF_6，但 SO_2 同样存在大气污染问题。如何研制出一种无公害、有效的镁合金熔炼保护技术一直是国内外关注的问题。国内在熔体保护方面也做了大量的研究工作，并取得了较好的成果。如上海交大新研制的新型无公害熔剂 JDWJ 覆盖剂、JDWJ 精炼剂，各项性能均优于从德国进口的熔剂。

为了减少各种金属元素在加入时的氧化损失，并具有除杂除渣作用，我国目前在熔炼镁合金时通常采用如表 8-25 所列的熔剂组分。这种熔剂的熔点虽然比光卤石熔剂或 2 号钙熔剂的熔点高，但其精炼效果好。

表 8-25 熔炼镁合金用的熔剂组分 (%)

$MgCl_2$	KCl	$BaCl_2$	CaF_2	MgF_2
25～34	25～29	12～15	15～20	15～20

熔炼镁合金时，必须严格控制操作条件，才能避免在固溶体和复杂晶格结构的间隙出现机械混合物(如 MgO)，否则当出现氧化物后合金会变脆。

为了使压铸镁合金具有最好的高温性能(强度、硬度等)，熔炼时应采用定向凝固技术来控制合金(AE、AZ、AM 系列)相中的共晶体的生长，使共晶体任何一种金相结构沿凝固方向规则排列来提高合金相中的共晶体的力学性能。金相组织中的共晶成分越高，这种合金的冲击韧性、抗拉强度、高温性能越好，就越适合于汽车制造业的内部装备、驱动系统、发动机、弹簧及避振装置等部件的生产。

熔炼合金温度的控制与稳定是十分重要的，当 δ-固溶体与金属化合物的浓度较高时，随着温度的下降，会从固溶体中析出次生相，若次生相沿界面以连续或断续的网状析出，呈现针状物或带尖角的块状物时，合金的韧性及综合力学性能将大大降低，压力加工性也随之变坏。

近年发展起来的电磁搅拌、永磁搅拌、在线除气、多层过滤以及新型溶剂和多次精炼工艺、等温静置等新技术在镁合金熔炼生产中获得了广泛的应用。

镁合金在保护气体下的隔氧熔炼是一种比较成熟和普遍得到应用的先进工艺，与覆盖剂隔氧熔炼工艺相比，可显著提高镁合金熔炼纯度和减少工作环境的污染，因此越来越得到行业认可和应用推广。

镁合金熔炼保护气体的混配气系统，是镁合金在保护气体下隔氧熔炼的关键设备。目前一般采用将待混配单元气体直接进入混气阀，按所需比例节流混合的“动态节流混配方式”产生混合保护气体，该方式结构简单，但混配比精度较低，一般仅达到 0.5% 左右，且混配气稳定性较差，受混气阀结构的约束，可混配单元气体一般不超过三种，若需调节混配比还需配套购置气体分析仪方可测得气体的混配比情况。采用该“动态节流混配方式”的混配气系统，为确保镁合金熔炼过程中的隔氧安全性，只能提高其有效单元气体成分的混配比浓度，从而明显提高了设备的使用成本。

采用在静态储气罐内按所需比例高精度顺序控制待混配单元气体的静态进气压力的“静态压力混配方式”产生混合保护气体，并实行双罐轮换配供气组合结构，是一种高精度多元混配气系统。该方式占地面积较大，但可经济地获得高达 0.1% 的混配比精度，且混配气稳定性较高，可混配单元气体超过三种以上。采用该混配气系统，可在确保镁合金熔炼过程中的隔氧安全性能的条件下，显著降低贵重的有效单元气体成分的混配比浓度和设备使用成本。

镁合金熔炼保护气体的高精度多元混配气系统，主要由多元气体储气瓶、两个配供气罐以及相应的气阀管路和 PLC 微机电控系统组成。可达到的主要技术经济指标为：混配比精度为 0.1%；可混配单元气体大于三种数以上；最大混配供气流量大于 20 m^3/h；混配供气压力可调范围为 0.01～0.40 MPa。

如图 8-10 所示，以混配由 SF_6、CO_2 和空气这三种气体成分组成的镁合金熔炼保护气体为例，镁合金熔炼保护气体高精度三元混配气系统采用双储配气罐轮换配供气方式。

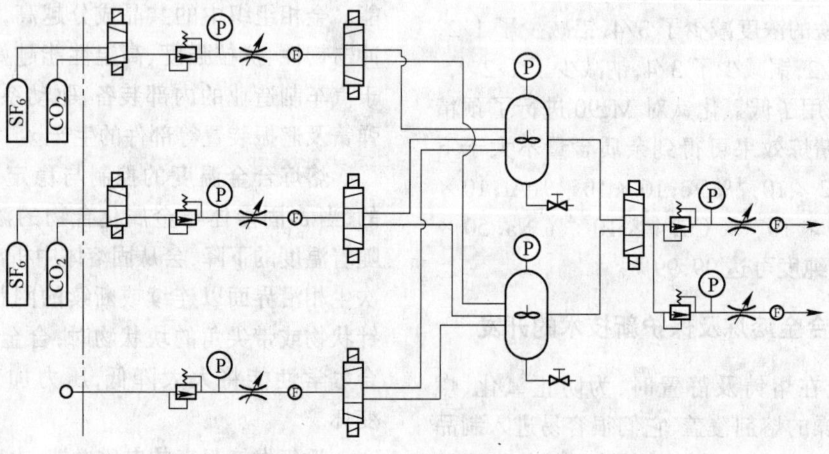

图 8-10 保护气体高精度多元混配气系统原理图

8.3.3 镁合金铸造与压铸技术的发展方向

8.3.3.1 镁合金压铸设备的发展状况

20 世纪 80 年代末期，美、日、德三国相继开发出镁合金金属型铸造装置，该装置由熔炼炉、铸造炉和压铸机三部分组成，采用虹吸管输送金属液，并用 SF_6 保护，避免了非金属夹杂带入铸件，大大地提高了铸件质量。目前，普遍应用于镁合金压铸生产的设备为冷室、热室压铸机。在冷室压铸机方面，美国 PRINCE 公司 1986 年生产出了第一台锁型力达 11.76MN 的大型镁合金压铸机，1990 年又生产出第一台锁型力达 13.72MN 的世界最先进的大型镁合金压铸机，该机集合金熔化、压铸于一体，并采用了取件机器人。用冷室压铸机生产的产品有奥迪汽车公司的 1440 mm×3.5 mm，重 4.2 kg 的汽车仪表板，美国通用汽车公司的 1470 mm×2 mm的直角承梁，还有汽车座框架和汽车轮毂产品。热室压铸机的锁型力一般在 7840 kN 以下，热室压铸生产效率是同容量冷室压铸机的 2 倍，压铸件重量一般在 2 kg 以下，非常适合于薄壁铸件的生产。用热室压铸机生产的产品有英国 Kirk precision 公司生产的 2.5 kg 重的自行车架，美国 White Metal Casting 公司生产的 610 mm×610 mm 的电脑外壳等产品。

据报道，1992 年仅美国、日本用于生产镁合金压铸件的冷、热室压铸机就超过了200台，生产的产品从汽车零部件到电子工业用电器壳体、手动工具、运动器材等等。而国内目前仅桑塔纳汽车公司一家采用德国引进技术生产镁合金压铸件。从铸造机械生产来看，国内目前仅有几家企业具有生产镁合金压铸专用设备的能力，在自动化方面与国外相比还有一定的差距。

镁合金半固态射铸技术是近年发展起来的一项高新技术，高度自动化的镁合金半固态射铸成形机及其自动生产线在世界各国发展很快，并将成为生产镁合金铸件的一种有效的方法。

8.3.3.2 镁合金压铸工艺技术的发展趋势

近20年来，一些新的压铸方法，包括真空压铸、充氧压铸、半固态压铸、挤压压铸也相继发展应用。其在消除铸造缺陷、提高铸件内在质量方面具有传统压铸方法无法比拟的优点。

A 真空压铸法

真空压铸通过在压铸过程中抽除型腔内的气体而消除或减少压铸件内的气孔和溶解气体，提高了压铸件的力学性能和表面质量。目前用该方法已成功地生产出了AM60B的汽车轮毂、方向盘零件，其铸件伸长率由8%提高至16%。

B 充氧压铸法

充氧压铸是在金属液充型前，将氧气或其他活性气体充入型腔，置换型腔内的空气，金属液充型时，活性气体与充型金属液反应生成金属氧化物微粒弥散分布在压铸件内，从而消除了压铸件中的气体，使压铸件可热处理强化，这方面的应用如日本轻金属公司用充氧压铸方法生产出了计算机镁合金整体磁头支架、汽车轮毂等产品。

C 半固态流变压铸技术

半固态流变压铸具有充型平稳、无金属飞溅，金属液氧化少、节能、操作安全、减少铸件内孔洞类缺陷等优点。该方法的另一个优点是减少了铸件的收缩率，对某些铸件甚至可以采用零起模斜度，显著减少了铸件的脱模阻力，提高了铸件的尺寸精度。1987年，美国DOW化学公司发明的镁合金半固态压铸工艺，使镁合金的半固态金属加工迈出了第一步，并取得了三项专利。目前该技术已在美国、加拿大、日本等国家得到了应用，逐步实现了商业化，该公司又于1991年推出了第二代半固态压铸设备。已生产出的镁合金半固态压铸件有汽车传动器壳盖、点火器壳体等。此外，用碳化硅增强的镁基复合材料结合半固态铸造的方法，虽然目前尚未达到商业应用阶段，但今后将是压铸领域的一个发展方向。

D 镁合金半固态射铸技术的发展

半固态射铸技术正处于高速发展与不断完善阶段。镁合金半固态射铸对于提高铸造工序铸件的表面质量有着特别重要的意义。如何降低设备造价、减少维修费用、降低原材料成本、缩短射铸周期等已成为半固态射铸技术开发的主攻方向。

E 挤压铸造

挤压铸造就是采用低的充型速度和最小的扰动，使金属液在高压下凝固，以获得可热处理的高致密度铸件的铸造工艺，其工艺原理如图8-11所示。与压铸相比较，液态金属在压力下凝固是挤压铸造最主要的特点，可制造出高致密度、高性能的零部件。

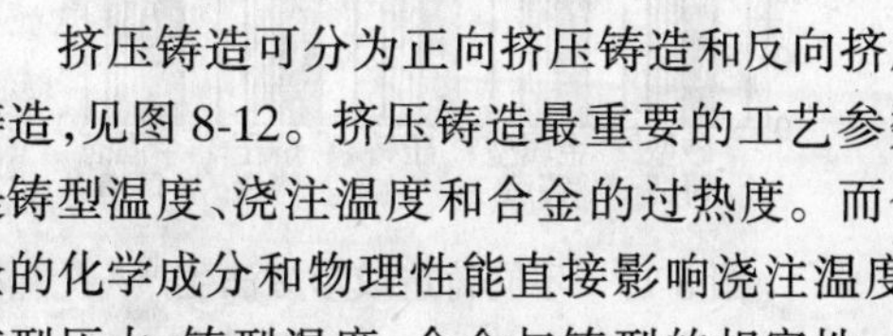

图8-11 挤压铸造工艺原理

挤压铸造可分为正向挤压铸造和反向挤压铸造，见图8-12。挤压铸造最重要的工艺参数是铸型温度、浇注温度和合金的过热度。而合金的化学成分和物理性能直接影响浇注温度、充型压力、铸型温度、合金与铸型的相容性，进而影响铸件的寿命。挤压铸造所获得的铸件组织致密均一，晶粒细小，对厚壁铸件尤为合适，同时铸件具有很高的尺寸精度和低的表面粗糙度，更高的强度和硬度，分别见表8-26和图8-13。

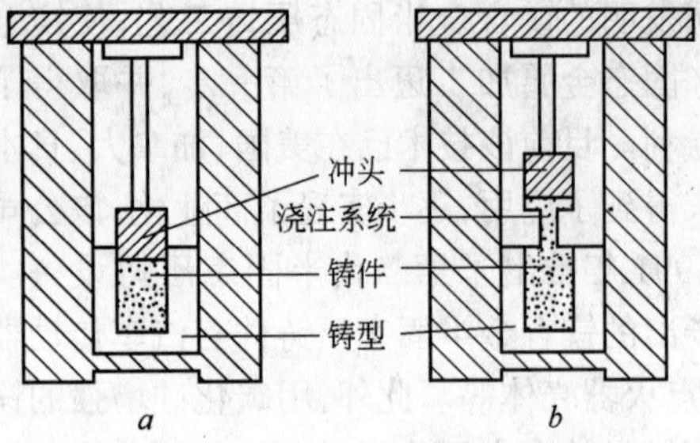

图 8-12　挤压铸造过程示意图
a—正向挤压铸造；*b*—反向挤压铸造

表 8-26　不同铸造成形方法生产的镁合金铸件的质量

对比的铸件指标	低压铸造	压力铸造	真空压铸	触变铸造	半固态铸造	挤压铸造
循环时间	3	2	3	1	4	2
表面精度	3	1	3	1	1	1
卷入气体	3	4	3	3	2	1
缩孔	4	4	4	1	1	1
可热处理性	1	4	1	1	1	1
可焊性	1	4	1	1	1	1

注：1 表示质量最好；2 表示质量较好；3 表示质量一般；4 表示质量最差。

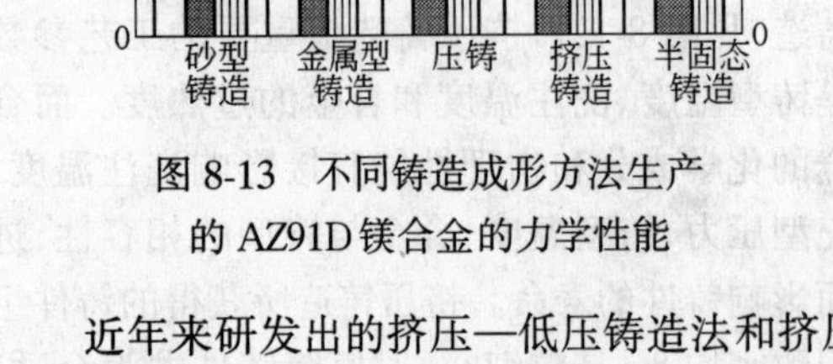

图 8-13　不同铸造成形方法生产的 AZ91D 镁合金的力学性能

近年来研发出的挤压—低压铸造法和挤压—流变铸造法具有缩短生产周期、防止氧化、铸件组织均匀、可提高铸型寿命等优点，但目前尚未广泛推广应用。

F　镁合金的金属压缩成形技术(MCF)

美国俄亥俄精密成形公司研究的镁合金金属压缩成形技术是在整个压铸件表面加压的成形方法。在压力下凝固，改善了金属微观组织，减小了晶粒尺寸和孔隙率，铸件致密均匀，生产出的铸件性能接近锻造方法，可用于生产性能要求高，形状复杂的铸件。

G　进一步改进与完善镁合金压铸技术

镁合金铸件生产技术包括从镁合金配料到成品件加工全过程的各项技术，其中包括高效的熔炼技术、环境友好的熔体保护技术、熔体净化技术、模具与压铸件的温度控制技术与装备、先进的真空压铸技术、高效脱模技术、压铸工艺的优化技术、工件尺寸精确控制技术、表面处理技术、安全生产技术、半固态压铸技术及深加工技术等新工艺、新技术的研究开发。近年来，在以上方面已获得了不同程度的改进和完善。图 8-14 为镁合金铸件和压铸件生产的先进工艺流程图。

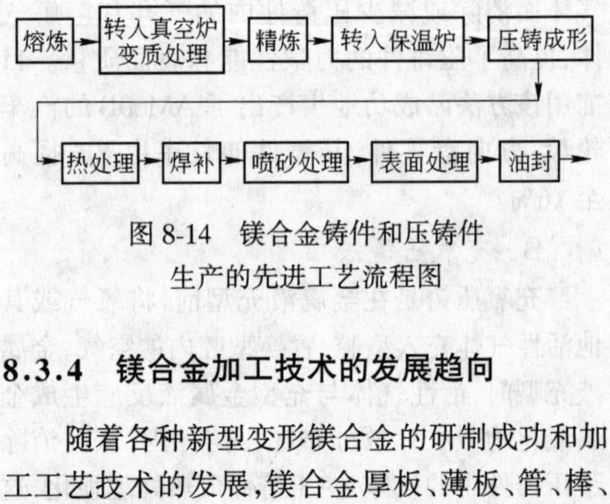

图 8-14　镁合金铸件和压铸件生产的先进工艺流程图

8.3.4　镁合金加工技术的发展趋向

随着各种新型变形镁合金的研制成功和加工工艺技术的发展，镁合金厚板、薄板、管、棒、型材和锻件、模锻件的应用越来越广泛，作为新型的轻质结构材料，已应用于汽车、造船、航天航空和电子工业等部门。图 8-15 为变形镁合金板材的生产工艺流程图。变形镁合金加工成形技术的关键是：设计合理的加工工艺流程和合理的加工配套工具；制定各种成分、各种规格镁合金铸锭、板坯、半成品的加热制度，热轧、挤压和锻造工艺参数，精轧、冷成形加工工艺参数和热处理制度等。

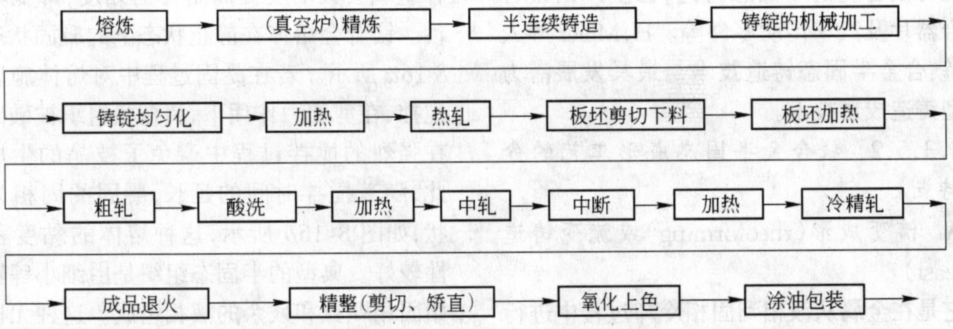

图 8-15　变形镁合金板材生产工艺流程图

同时,与变形镁合金加工成形有关的快速造型技术、模具 CAD/CAM 技术、模具高速切削技术、模具电火花加工技术、模具快速造型技术、模具标准化技术、模具 CAE 分析模拟技术等也发展迅速,并出现许多新工艺、新技术。

8.3.5　镁及镁合金的半固态成形技术

8.3.5.1　概述

半固态金属加工,又称半固态成形(SSF),是一种融合了铸造、锻造和挤压工艺的混合制造方法,被称为 21 世纪新兴的最具发展前途的金属精密成形关键技术之一。与普通的加工方法相比,半固态金属加工具有许多优点:

(1) 应用范围广泛,凡具有明显固液两相区的合金,如铁基、铝基、锌基、铜基等合金材料均可实现半固态加工。适用于多种加工工艺,如铸造、挤压、锻压等。

(2) SSF 充型平稳,无湍流和喷溅,加工温度低,凝固收缩小,因而铸件尺寸精度高,SSF 成形件尺寸与成品零件几乎相同,极大地减少了机械加工量,可以做到少或无切削加工,从而节约了能源和资源。同时 SSF 凝固时间短,有利于提高生产率。

(3) 半固态合金已释放了部分结晶潜热,因而减轻了对成形装置,尤其是模具的热冲击,使其寿命大幅度提高。

(4) SSF 成形装置表面平整光滑,铸件内部组织致密,内部气孔、偏析等缺陷少,晶粒细小,力学性能高,可接近或达到变形材料的力学性能。

(5) 应用半固态加工工艺可改善制备复合材料中非金属材料的漂浮、偏析以及与金属基体不润湿的技术难题,这为复合材料的制备和成形提供了有利条件。

(6) 与固态金属模锻相比,SSF 的流动应力显著降低,因此 SSF 模锻成形速度高,而且可以成形十分复杂的零件。

(7) 节约能源。以生产单位质量零件为例,半固态加工与普通铝合金铸造相比,节能 30%左右。

(8) 半固态浆料成形压力低,容易制备大件,成形速度快,可以成形结构和外形复杂的零部件。

(9) 成形零件的力学性能优异。

(10) 容易实现连续化和自动化生产,过程可控性能较强。

1987 年 DOW 化学公司开发成功了镁合金触变成形技术,从而使半固态技术在镁合金中的应用进入了商业化进程。日本长冈技术科学大学的小岛阳和谦士重晴采用半固态机械搅拌法制备 AZ91D 镁合金,研究了材料的组织和性能,取得了重要成果。Tisser 等人也采用机械搅拌法制备了 AZ91D 合金,研究了其流变铸造技术。研究结果表明,随着搅拌时间、剪切速率的增加以及搅拌速度的降低,浆料中固相颗粒的尺寸均匀性和表面圆整度也逐渐增加。Thixoma 公司以喷射沉积镁合金坯为原料,采用半固态成形技术制备了镁合金零件。美国威斯康辛 Linberg 触变成形发展中心采用触变成形机进行镁合金的半固态铸造，已生产出镁合金离合器片及汽车传动零件等。H.Miller 等人认为，镁合金半固态铸造技术是最具发展潜力的新型铸造成形技术。

8.3.5.2 镁合金半固态成形工艺的分类及特点

A 流变成形(rheoforming)或流变铸造(rheocast)

它是在金属从液相到固相冷却过程中进行强烈搅动，在一定的固相分数下挤压或压铸成形。流变铸造工艺简单，能耗(不需二次加热)和铸件成本低，由于直接获得的半固态金属浆液的保存和输送不方便，采用自动化生产较困难。因此，目前这种成形方法实际应用较少，但它是具有很大发展潜力的成形方法。

B 触变成形(thixoforming)或触变铸造(thixocast)

它是将由搅动铸造所制备的锭坯重新加热到半固态进行挤压或压铸成形。在触变铸造前，首先要制备具有非枝晶组织结构的坯料，因而成本高，二次加热增加了能耗，工艺过程较复杂。但由于半固态金属坯料的加热、输送很方便，并易于实现自动化操作，所以半固态合金触变成形是当今半固态成形的主要工艺方法。

C 注射成形(injection molding)

它与流变成形的区别在于不需要事先将原材料搅动成半固态浆液。它与触变成形的区别在于不需要将半固态浆液制成半固态铸坯，再将铸坯加热后送入成形设备。注射成形方法将塑料注射成形原理应用于半固态铸造工艺中，形成了流变和触变注射成形新工艺，它们集半固态金属浆料的制备、输送、成形等过程于一体，较好地解决了半固态浆料保存输送、成形控制困难等问题，这使半固态铸造技术的工业化应用成为可能。美国威斯康辛的触变成形发展中心采用注射成形进行镁合金的半固态成形生产。

8.3.5.3 镁合金半固态成形用原材料的制备和成形

A 半固态加工的组织特征及其形成机理

合金熔体在普通铸造过程中一般容易形成树枝状晶体、柱状晶体或粗大的等轴状晶体，这种组织会大幅度提高熔体的黏度，降低其流动性。镁合金熔体在静止状态下的凝固状态如图8-16a 所示。若在凝固过程中对熔体施以强烈搅拌，在剪切力作用下，树枝状组织被破碎或者在强烈的搅拌过程中避免了枝晶的生成。因此，随着搅拌时间的延长，凝固的固相为等轴状，如图 8-16b 所示，这种熔体的黏度和流动性较好。典型的半固态组织是由细小等轴的初始固相颗粒和残余的液相组成。这种无枝晶组织的半固态浆料具有独特的流变学特性，即触变性和伪塑性，可用表观黏度 η 来表征流变性能的好坏。影响表观黏度的因素很多，主要有浆料中的固相颗粒体积分数 f_s、固相颗粒的形状大小及粒度分布、颗粒间的相互作用及聚集状态、浆料的剪切速率 r 和冷却速度等。图8-17所示为 Mg-30Zn 合金的典型半固态特征组织(固相分数 0.5，剪切速率 2014 s^{-1})，具有这种组织的材料力学性能优异。

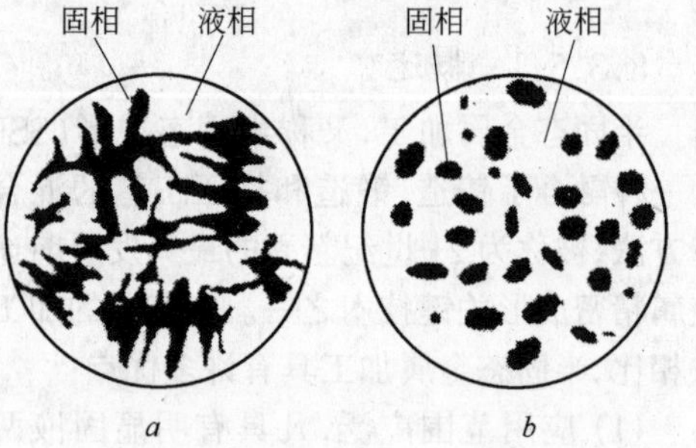

图 8-16 镁合金熔体的凝固状态
a—静态凝固；b—搅拌下凝固

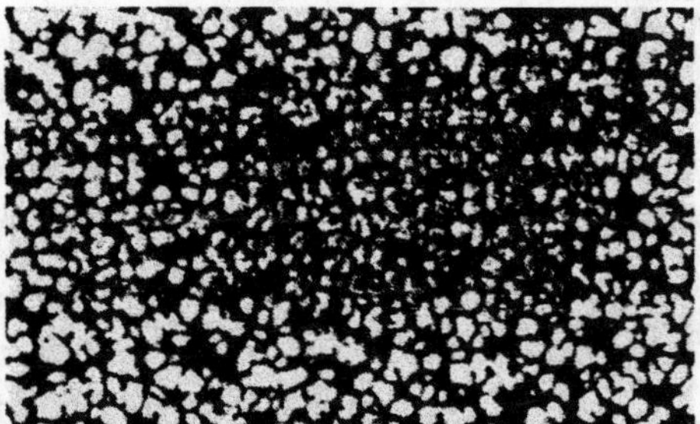

图 8-17 Mg-30Zn 合金的典型半固态特征组织

搅拌方式、剪切速率、熔体温度、冷却速度

和搅拌时间等都影响半固态合金组织。合金熔体在强烈搅拌作用下,结晶形成的枝晶被破碎,枝晶碎片在流动熔体的作用下逐渐球化,形成等轴状固相颗粒,其球化速率取决于剪切强度和搅拌速度。

C.D.Yim 等研究了黏度、浇注压力、浇口和型腔形状、浇注速度和铸型温度等对 AZ91D 合金半固态浆料流变和凝固特性的影响。开始阶段,AZ91D 半固态浆料的表观黏度随着剪切速率的增加而快速下降;然后随着剪切速率的增加其表观黏度缓慢下降。AZ91D 半固态浆料的流变特性与浇注速度和浇口长度有关。图 8-18 所示为不同浇注速度下得到的半固态压铸 AZ91D 合金的显微组织(浇口长度 8 mm,浇口速度为 v_g)。

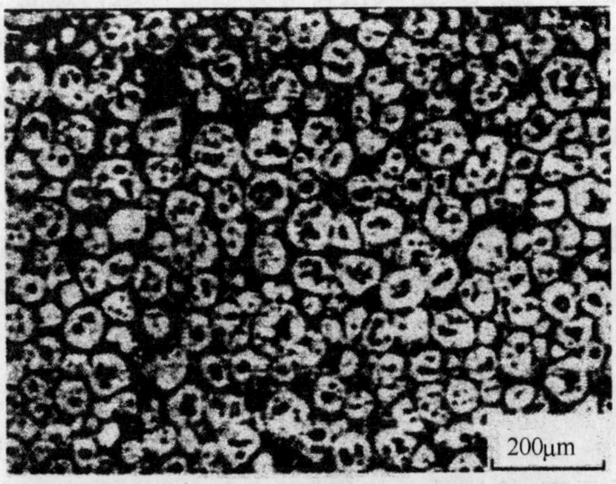

a

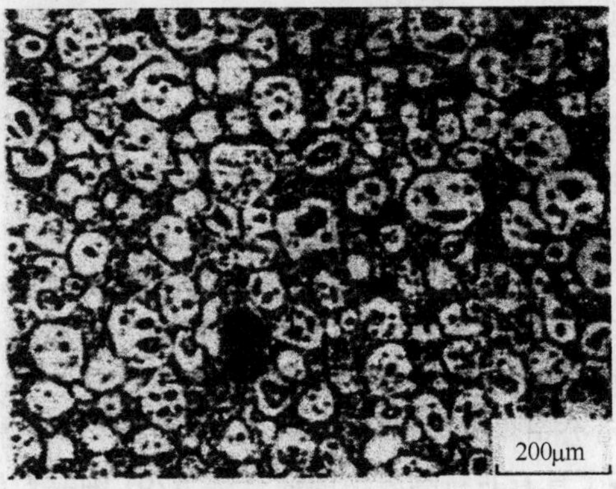

b

图 8-18 不同浇注速度下得到的半固态压铸 AZ91D 合金的显微组织

a—$v_g = 4\ m\cdot s^{-1}$;*b*—$v_g = 8.25\ m\cdot s^{-1}$

B 非枝晶组织半固态浆料的制备

a 液态法

该方法是采用外场,如机械搅拌、电磁场和超声波等,对熔体进行处理,破碎初生的固相枝晶组织,并形成球状颗粒。

(1) 机械搅拌法。这是最早采用的一种半固态浆料制备方法,分为间歇式和连续式两种,其装置原理如图 8-19 所示,但工艺参数(搅拌温度、搅拌速度、冷却速度等)难以控制,容易卷入气体,搅拌器与熔体接触容易造成污染,工艺重复性差,难以保证产品质量的一致性,并且坯料中固相颗粒的尺寸较大,一般为 200 μm。此外,机械搅拌法生产效率低,固相体积分数只能限制在 30%~60%。由于镁合金比较活泼,搅拌时容易产生严重的氧化、燃烧问题。目前,该方法还未应用于镁合金的生产中。

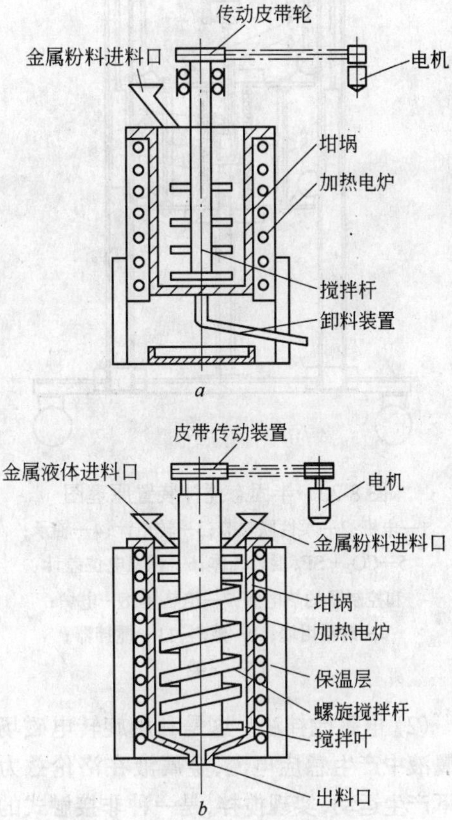

图 8-19 半固态机械搅拌装置原理图

a—间歇式;*b*—连续式

日本学者在镁合金的半固态搅拌及成形工艺方面进行了系统研究，重点研究了 AZ91D 合金在半固态加工过程中的组织演变规律，并开发出相关的镁合金半固态成形设备，其原理如图 8-20 所示。在搅拌镁合金时，为了防止氧化、燃烧，装置内通入了 SF_6 和 CO_2 混合气体（比例 1∶100），熔体温度通过热电偶测量和控制。搅拌在钢制坩埚内进行，搅拌结束后，将坩埚放入水槽中冷却，通过改变搅拌杆的臂长来控制搅拌强度。随着搅拌速度和搅拌强度增加，半固态浆料中的固相颗粒逐渐变成球形。

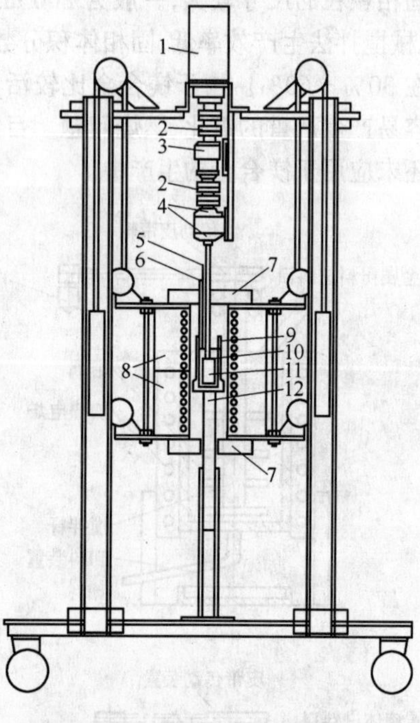

图 8-20　半固态搅拌装置原理图
1—电机；2—柔性联轴节；3—转矩计；4—轴承；5—$CO_2 + SF_6$ 混合气体；6—调温电位差计和控制器的热电偶；7—绝热体；8—电炉；9—钢制坩埚；10—浆料；11—搅拌器；12—支架

(2) 电磁搅拌法。这是利用旋转电磁场在金属液中产生感应电流，金属液在洛伦兹力作用下产生运动，实现搅拌，是一种非接触式的搅拌方法。按搅拌时金属液的流动方式可分为水平式和垂直式两种；按旋转磁场产生的方式可分为交变电磁场和永磁场两种。主要工艺参数有搅拌功率、冷却速度、金属液温度、浇注速度等。电磁搅拌能使金属液产生三维流动，增加搅拌效果，所制备的铸锭晶粒尺寸一般可达 60 μm，为球状等轴晶组织。电磁搅拌不污染金属浆料，不会卷入气体，可实现连续制备，生产效率高，且电磁参数控制方便灵活，是目前工业化生产中应用最为广泛的方法。但设备投资大，工艺复杂，成本高。另外，这种搅拌方法仅限于小直径(150 mm 以下的)锭坯的制备，锭坯内外组织不均匀。

b　固相法

固相法的原理是采用粉末冶金法和喷射沉积法制备出具有等轴晶粒组织的合金锭坯，将其加热到半固态温度区间，以获得具有球状固体悬浮于液相中的半固态浆料；或是采用挤压、拉拔、轧制、锻造或扭转等方法将普通铸造合金锭坯强烈地塑性变形，破坏锭坯中的枝晶组织，然后将其加热到再结晶温度以上使之再结晶，获得细小的晶粒组织，再将坯料加热到固－液两相线之间的温度形成半固态浆料，该方法又被称为应变诱发激活法。与其他方法相比，它增加了一道变形工序，且只适合于制备直径小于 60 mm 的坯料。

c　其他方法

通过控制合金熔体的凝固速度，或加入变质元素，抑制枝晶组织，形成含有等轴颗粒的细晶组织，再加热到固－液两相区而获得半固态浆料。主要工艺参数有变质元素种类、加入量、熔体温度和保温时间等。该方法在 AZ91D 合金中得到了成功应用，但是目前还处在实验室阶段。

近年来，又开发出了一些新的制备非枝晶半固态浆料方法，如控制浇注温度法、超声波处理法、剪切—冷却—滚动法等。挪威 Norsk Hydro 公司将晶粒细化与特殊凝固条件相结合制备了具有非枝晶组织的镁合金 AZ91 细晶粒铸锭。新近开发的一种半固态等温热处理法，由于其省略了半固态非枝晶组织坯料制备的步骤，在半固态成形前的二次加热过程中，直接实现半固态非枝晶化，因而具有设备简单、工艺简化、投资少、成本低、熔体不易污染、过程容易控制等优点。

8.3.5.4 半固态镁合金的流变成形技术

所谓流变成形是采用各种方法制备出合金半固态浆料，进行压铸或挤压成形的一种工艺方法。半固态浆料与全液态合金熔体显著不同，不能直接进行重力铸造，必须依靠一定的压力来完成浆料的流动充型，这类工艺也称为流变铸造。

流变铸造技术在半固态技术应用中，一直未能实现工业化生产，这可能与采用搅拌法制备的半固态浆料质量有关。由于采用棒式或叶轮式机械搅拌法制备的浆料中存在粗大蔷薇状颗粒(尺寸一般在几百微米至毫米之间)，这种浆料的流变性不够理想，不能很理想地铸造或锻造成形。采用电磁搅拌法又会产生退化的等轴枝晶组织，这也不适合于后续的直接铸造成形，除非保温时间足够长以实现颗粒的球化。此外，目前这种方法的生产效率低，工艺过程可控性不强，但是流变铸造法的工艺简单，能耗低，在技术进一步成熟的基础上，有可能实现工业应用。为了将该技术投入应用，最近研究开发了一种新的流变铸造工艺，简称为 NRC 技术，其基本思想是采用合适的工艺促使 α 晶粒强制均匀形核，并通过控制冷却使之生长成为球状粒子。

图 8-21 所示为 NRC 工艺过程，适度过热的合金熔体被倒入钢制坩埚内后，通过控制冷凝过程来获得半固态浆料，并形成形态稳定的圆柱状块体，然后再采用感应加热将这种固体浆料加热，达到温度均匀化状态后，将浆料倒入立式压铸机内压铸成最终形状。与触变成形和压铸工艺相比，该工艺流程简单，生产成本低，适合于各种合金系，已被用于镁合金、铸造铝合金和变形铝合金的制备。

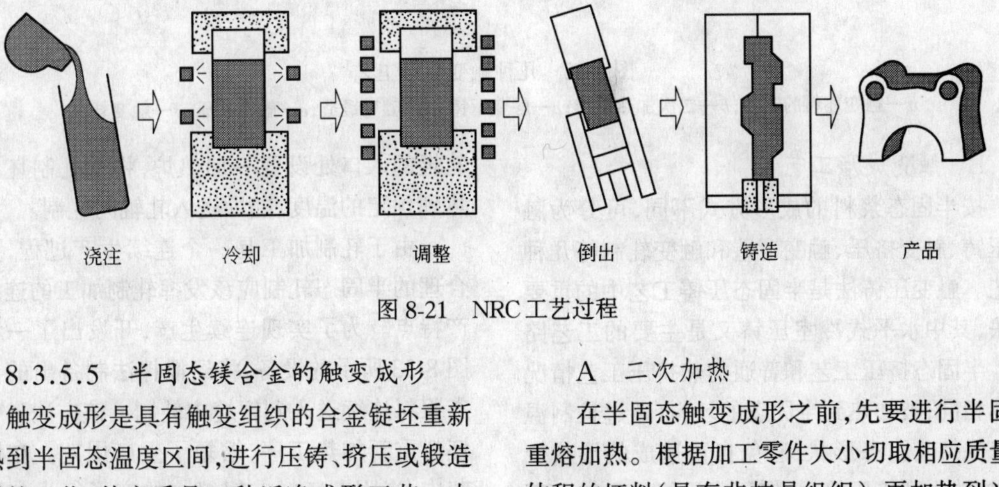

图 8-21 NRC 工艺过程

8.3.5.5 半固态镁合金的触变成形

触变成形是具有触变组织的合金锭坯重新加热到半固态温度区间，进行压铸、挤压或锻造成形的工艺，其实质是一种近净成形工艺。由于半固态金属坯料加热、输送方便，易于实现自动化操作，因此触变成形是目前应用最为广泛的半固态金属成形方法。用触变成形生产的模锻铝合金汽车制动泵体，其毛坯尺寸接近零件尺寸，机加工量只占铸件质量的 13%，同样的金属型铸件的加工量则占铸件质量的 40%。除此之外，机加工后的半固态成形汽车制动总泵体最终零件质量比相应的金属型铸造零件轻 13% 左右。目前我国已能生产多种半固态触变成形的专门设备。

A 二次加热

在半固态触变成形之前，先要进行半固态重熔加热。根据加工零件大小切取相应质量或体积的坯料(具有非枝晶组织)，再加热到半固态温度，然后进行成形加工。二次加热的目的是：

(1) 为了获得不同工艺所需的固体体积分数；

(2) 将有些工艺如电磁搅拌、化学晶粒细化法等获得的细小枝晶碎片进行球化处理，为触变成形创造有利条件。

对于金属半固态成形，坯料的半固态重熔加热是一个重要过程。为了保证坯料的重熔加热精度、加热速度和温度均匀性，目前普遍采用电磁感应加热，但它的缺点是能量利用率低。重熔加热可以采用电阻炉、盐浴炉加热，但需要严格控制加热温度，即精确控制温度。加热时应该直接进行温度测温，保证坯料不易坍塌。同时需要严格控制加热时间，因加热时间长，将造成镁合金的显微组织长大、坯料表皮氧化加重。为了实现精确加热金属坯料，对加热中的坯料进行温度监控尤其重要。几种触变成形工艺，如图 8-22 所示。

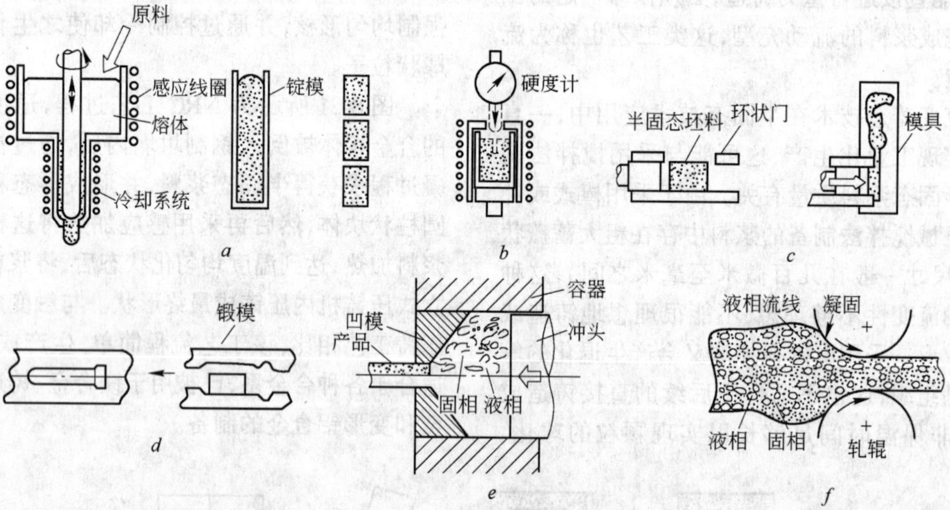

图 8-22　几种触变成形工艺

a—触变坯料的制备；*b*—二次加热重熔；*c*—触变压铸；*d*—触变锻造；*e*—触变挤压；*f*—触变轧制

B　触变成形工艺

按半固态浆料的成形方式不同，可分为触变压铸、触变挤压、触变锻造和触变轧制等几种工艺。触变压铸法是半固态压铸工艺中的重要方法，其中水平式冷室压铸又是主要的工艺路线。半固态挤压工艺和普通的热挤压工艺情况基本相同，被加热到半固态的坯料(通过控制温度来保持其固态形状，避免自重造成的形状变化)被放入到挤压筒内，挤压成最终产品。由于半固态浆料的晶界强度很低，坯料变形抗力很小。该工艺所需挤压力仅是普通热挤压的 1/4～1/5，这样就可以在较大范围内调节挤压比，提高产品的致密度。半固态坯料在锻模内锻造可以制成形状复杂的零部件，成形力低，工艺简单。该工艺的关键因素是模具结构、温度、坯料尺寸和形状、锻压设备的性能等。

具有触变性的半固态坯料的变形抗力较低，有利于轧制成形，这种工艺方法用于板带材的生产。通常半固态坯料的触变轧制过程是在轧辊的入口处设置一加热炉，将待轧制坯料加热到预定的温度，随即送入轧辊间轧制。

由于轧制加工是一个连续生产过程，更加合理的半固态轧制应该发挥轧制加工的连续生产特点。为了实现连续生产，开发出了一种如图 8-23 所示的设备，将经搅拌法制备出的半固态浆料连续送入到辊缝内轧制。该方法省去了坯料重新加热工序，缩短了生产周期。在该工艺中，半固态坯料在辊缝内的变形行为与固态金属的变形有显著的区别，且取决于固相体积分数 f_s。当 f_s 较大($f_s \geqslant 0.9$)时，两者的变形特点比较近似；但是当 $f_s \leqslant 0.7$ 时，半固态坯料中的液相在压力作用下，将流向压力减小的方向(流向坯料尾部)，并在辊缝的入口处被轧辊表面冷却凝固，然后再进入到辊缝中；同时坯料中的固相则通过辊缝形成板带材。如果坯料中的固相分数较高，则固相颗粒没有发生变形，导致板材组织不均匀，这种板材中心部位为轧制前的固相颗粒，而表面则是被冷凝并变形的液相。

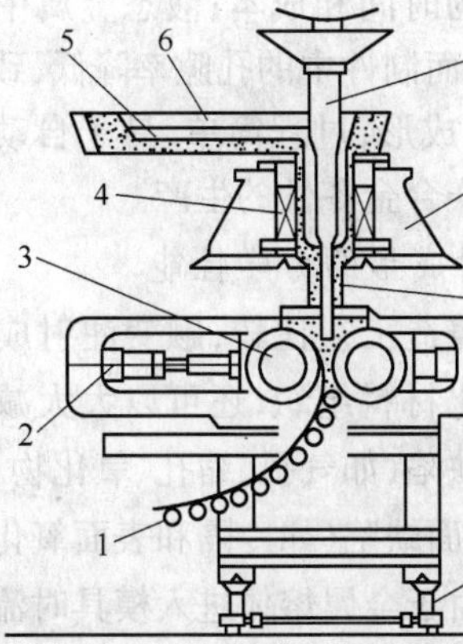

图 8-23 半固态浆料连续轧制成形镁合金板带材工艺及设备

1—金属带材；2—油缸；3—轧辊；4—电磁搅拌机；5—液态金属；6—料槽；7—中间棒；8—搅拌冷却槽；9—高频加热线圈；10—升降装置

8.3.5.6 镁合金注射成形技术

A 触变注射成形

从生产技术方面来看，压铸工业正经历着从液态压铸→半固态压铸→固态压铸的演变过程。这一过程反映了压铸工业正在发生一系列重大的变革。触变注射成形集半固态金属浆料的制备、输送、成形等过程于一体，目前在镁合金材料的半固态成形方面得到了一定的应用。

美国 The Dow Chemical Co. 公司开发的用于镁合金注射成形的工艺，采用了塑料注射成形的方法和原理，其装置如图 8-24 所示。成形工作过程是：切成 3～6 mm 左右的镁合金粒状原料，在室温下通过漏斗送入定量供料器，由螺旋驱动向前推进并加热至半固态，系统通过温控装置使注射筒体的温度控制在(560～590) ± 2℃，此时，镁粒同时受到剪切与加热，采用惰性气体 Ar 保护，剪切螺旋的平移速度为 3.8 m/s，一定量的糊状半固态金属浆料（固相率为 30%～50%）在螺旋的前端累积，最后在高压注射缸的作用下，半固态金属浆料通过喷嘴被高速注射入模具型腔内，经充填成形及冷却凝固得到制件。其特点是从固体坯料到制件在一个装置内完成，省去了外部熔融金属的处理及运输工序。注射成形所用的注射压力为 80～120 MPa，射出速率为 1.5～3.0 m/s。该技术已被用于 AZ91D、AM60 和 AM50 等镁合金产品的生产。

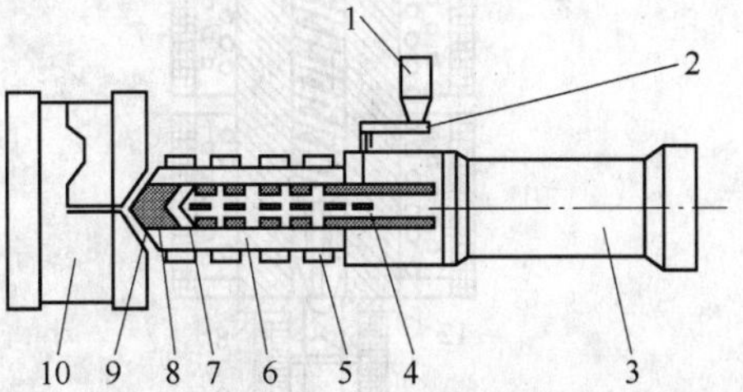

图 8-24 镁合金触变注射成形装置

1—镁粒漏斗；2—定量供料器；3—螺旋驱动及注射系统；4—螺旋剪切器；5—加热器；6—筒体；7—单向阀；8—半固态镁合金累积器；9—喷嘴；10—模具

该注射成形方法的主要优点是：成形温度低（比镁合金压铸温度低约 100℃）、制件的孔隙率较低（可低于 0.1%）、尺寸精度高、重复性好（制件的质量误差为 ±0.2%），此方法是目前国内外成功地用于实际生产的唯一的“一步法”成形工艺。为此，美国、德国、意大利和日本等国家大力发展这种半固态金属注射成形机，不仅机器逐步完善、精细，而且注射压力也显著增大。

B 流变注射成形

美国 Concell 大学 Wang K.K 等也将半固态金属流变铸造同塑料注射成形结合起来，形成了一种称为流变注射成形的半固态金属成形新工艺，流变注射成形机结构如图 8-25 所示。

流变注射成形的工作原理是：液态金属依靠重力从熔化及保温炉中进入搅拌筒体，然后在螺旋的搅拌作用下冷却至半固态，半固态金属液由注射装置注射成形，所有过程在保护气氛下进行。在流变注射成形过程中，温度控制精度很高，可高达 ±10℃，半固态金属固相分数 f_s 为 0.3～0.5。该注射设备用材料性能要求较高，如要求高温耐磨、耐蚀性能等，因此生产较困难，此外，单螺旋杆搅拌产生的剪切效率不高。

Kono Kaname 也发明了一种半固态金属注

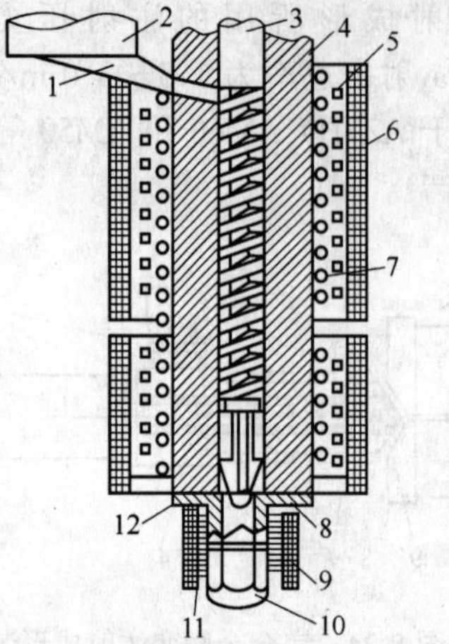

图 8-25　Wang K.K 的流变注射成形机结构
1—金属液输入管；2—保温炉；3—螺杆；4—筒体；5—冷却管；6—绝热管；7、11—加热线圈；8—半固态金属累积区；9—绝热层；10—注射嘴；12—单向阀

射成形系统，如图 8-26 所示。其工作过程是：金属液被送入给料器内保温搅拌；开启给料阀时，金属液被送入筒体内后在搅拌器作用下搅拌、剪切和推进并冷却至半固态；球阀有选择地开闭，使半固态金属在累积室内积累；一定量后由液压缸体完成零件的注射成形。对半固态镁合金，控制温度为(550～580)±1℃。

图 8-26　Kono Kaname 的流变注射成形系统
1、5、8、10—加热元件；2—球阀；3—搅拌器Ⅰ；4—金属液给料器；6—搅拌器Ⅱ；7—筒体；9—活塞；11—缸体；12—密封圈；13—半固态金属累积室

流变注射成形技术有一定的优势：金属以液态供料，原材料可以是锭、棒、回炉料等，节省材料预处理的时间和成本；液态金属中的气体容易析出，从而制件中的孔隙率降低，致密度提高；"一步法"成形，过程简单，易于自动化。该技术已用于镁合金零件的生产。

C　注射成形的力学性能

与普通铸造工艺比较，触变注射成形工艺不仅可以细化材料组织，还可以大大减少或消除各种铸造缺陷，如气孔、缩孔、氧化物、熔剂和熔渣夹杂、平面缺陷(如冷隔和表面氧化层)等。压铸过程中由于金属熔体进入模具时流动速度大，压铸件中特别容易产生孔隙和氧化物。而触变注射成形工艺可减少孔隙量，采用该工艺制备的材料性能优异。

虽然本工艺也可能存在因收缩应力造成的缩孔和热裂，但可以通过选择合适的工艺条件和工具来减小这种缩孔和热裂倾向。研究表明，增加半固态浆料的固相分数 f_s，可以将缩孔降低至最少。残余应力导致的热裂在一定程度上取决于工件设计，温度越低，热应力越小。通常薄壁与厚壁间设计成过渡带，从而不会因产生收缩而导致强度降低。

三种最常用的镁合金 AZ91D、AM60 和 AM50 的拉伸力学性能见表 8-27。由表可见，固相分数低于 0.3 的 AZ91D 合金的力学性能达到 ASTM 压铸件性能指标要求。固相分数较高时，通过热处理可以提高合金强度。同样 AM50 和 AM60 合金的力学性能也超过了 ASTM 压铸件性能指标要求。表 8-28 列出二次回收的 AZ91D 合金触变注射成形件力学性能的研究结果，其中原材料包括熔渣、浇口、浇道结块和废弃的触变注射成形件。重新研磨废品的工艺与新原料类似，不需要重熔或精炼。这些数据表明回收废旧的触变注射成形件是很容易的。减少或消除铸造缺陷和孔隙，将使镁合金触变注射成形件的力学性能显著提高。拉伸性能不变，特别是伸长率没有降低，表明触变注射成形件中没有氧化物颗粒和其他夹杂。若原材料和直接回收的废料中存在这些物质，将显著降低成形件的塑性。

表 8-27 触变注射成形和 ASTM 压铸镁合金的拉伸性能比较

合 金	触变注射成形			ASTM B94-94 压铸镁合金		
	σ_b/MPa	$\sigma_{0.2}$/MPa	δ/%	σ_b/MPa	$\sigma_{0.2}$/MPa	δ/%
AZ91D①	299～300	169～145	10～6	230	150	3.0
AM60	278.2	150	18.8	210	125	10.0
AM50	268.7	140	20.0	220	130	8.0
AS41A②	235		7.5			

① Thixomat.Inc 提供；② 固相分数控制在 0.05～0.20。

表 8-28 触变注射成形回收 AZ91D 合金的拉伸性能

回收合金/%	σ_b/MPa	$\sigma_{0.2}$/MPa	δ/%
100①	260.5	166.2	7.0
100②	254.5	167.3	6.1
100③	295.5		10.3
50①	261.9	169.5	6.0
50②	263	166.7	6.5
10①	258.9	164.7	6.3
10②	255.6	162.4	7.0

① 固相分数不大于 0.05；② 固相分数为 0.1；③ 固相分数不大于 0.02。

图 8-27 和图 8-28 所示分别为 ZA158 和 ZA105 合金的力学性能。所有的 ZA158 合金触变成形件的拉伸性能都高于普通铸件。显然，触变成形通过破碎常规铸态组织中的粗大共晶化合物，而提高拉伸性能。ZA158 合金触变成形件，经过 T4 态热处理后，由于仍存在网状的粗大共晶相，因而抗拉强度较低。就抗拉强度和屈服强度而言，ZA105 合金铸件与触变成形件的相当，但前者的伸长率稍高于后者。热处理对 ZA105 合金的力学性能有很大的影响。从图 8-28 可以看出，T4 态热处理能提高 ZA105 合金的抗拉强度和伸长率，而 T6 态处理显著提高了合金的抗拉强度和屈服强度。

另外，触变注射成形工艺还可以提高镁合金的抗蚀性。图 8-29 所示为两种加工制备的 AZ91D、AE42 和 AS41 合金的盐雾腐蚀性能的比较，可见压铸态合金的抗蚀性比触变注射成形合金的差得多。

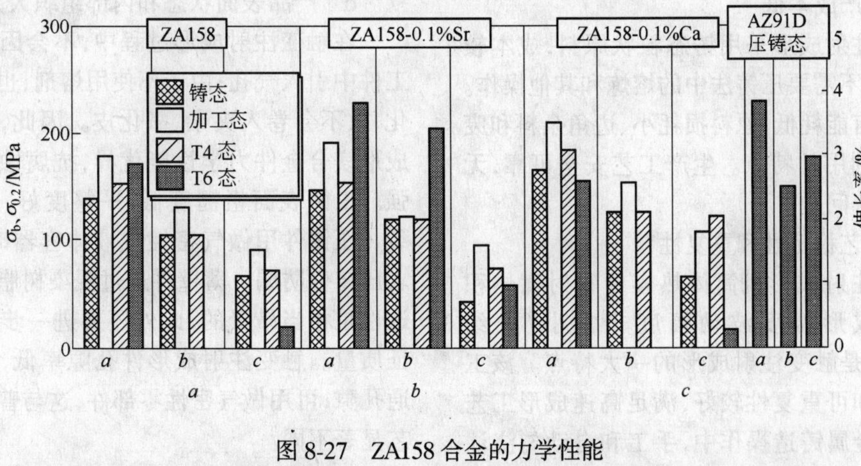

图 8-27 ZA158 合金的力学性能

a—抗拉强度 σ_b；b—屈服强度 $\sigma_{0.2}$；c—伸长率 δ

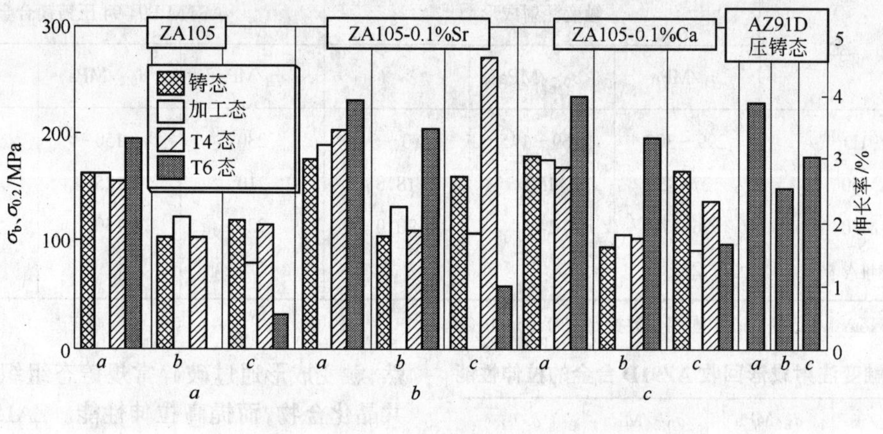

图 8-28　ZA105 合金的力学性能

a—抗拉强度 σ_b；b—屈服强度 $\sigma_{0.2}$；c—伸长率 δ

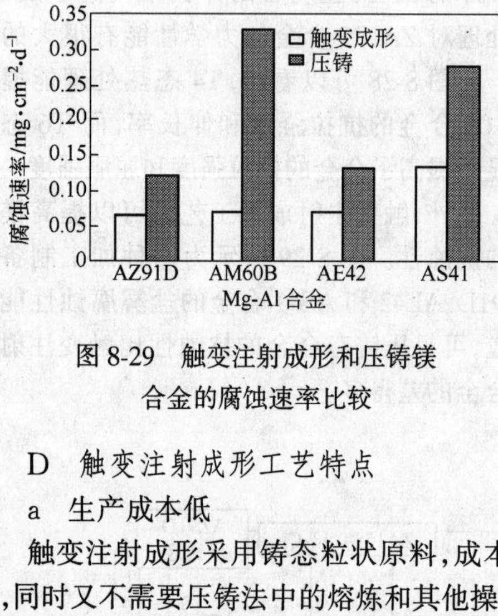

图 8-29　触变注射成形和压铸镁合金的腐蚀速率比较

D　触变注射成形工艺特点

a　生产成本低

触变注射成形采用铸态粒状原料，成本较低，同时又不需要压铸法中的熔炼和其他操作。该工艺具有能耗低、原料损耗小、边角余料和废品可回收利用的特点。生产工艺安全可靠，无环境污染等问题。

b　工艺稳定性和重复性

触变注射成形机筒体热容量和射嘴体积小，从而成形温度波动幅度非常小（大约±2℃），这是触变注射成形的一大特点。该工艺一致性和可重复性较好，满足高速成形工艺条件。在金属铸造操作中，手工和自动勺浇注以及压力传输系统的误差会导致工件质量变化，模具溢料过多和熔体损失都会影响产品成本和质量。

c　尺寸精度高

触变注射成形可以严格控制公差并且重复性好。由于触变成形件中残余热应力减少，大平面工件的平面度差不多可以提高 2 倍。注射模具的线收缩率为 0.4%，比热室压铸低 20%，比冷室压铸低 40%。对于薄壁产品，发生变形和翘曲的程度和概率极低。由于成形温度低，产品线收缩率低，尺寸精度极高。触变注射成形工件的型芯孔测量标准偏差为压铸件的 28%，收缩率是压铸件的 50%，工件力学性能显著提高，优于 ASTM 标准。

d　产品表面状态和内部组织大为改善

在触变注射成形过程中，不会因搅拌而在工件中引入气孔；由于不使用熔剂，也不产生氧化，故不会卷入夹杂、氧化皮。因此，触变注射成形镁合金件力学性能优异，抗腐蚀性大大增强。工件表面粗糙度低，平整度好，无收缩龟裂。压铸件用做气密性或液体容器时，通常要求压铸件防漏。薄壁件通过浸染树脂来降低渗透性是相当昂贵的，此外还要进一步检测以保证质量。触变注射成形件孔隙率低，不存在连通孔隙，可用做气密性零部件，这与普通压铸工艺显著不同。

表 8-29 列出了镁合金半固态触变注射成形与传统压铸工艺特点对比。

表 8-29 半固态触变注射成形与传统压铸工艺特点比较

项 目	比较项目	半固态注射成形	热室压铸	冷室压铸
工艺特点	AZ91 浇注温度/℃	低 590～600	中 630～650	高 680～700
	压射速度/$m \cdot s^{-1}$	1～4	1～4	1～8
	压射比压/MPa	50～120	25～35	40～70
	增压	无	无	有(厚壁件有利)
	铸件投影面面积	小	小	大
	成形稳定性	有时不稳定	良好	良好
	给料方式	供料器自动给料	坩埚直接给料	自动浇注机送料
	安全性	非常好	良好	普通(有料溢出)
	熔渣	无	一般	多
	压射周期	1(基准)	0.9	1.1
	保护气 SF_6 的使用	无	有	有
质量与性能	铸造流痕	一般(低温不利)	良好	良好
	气孔、收缩裂纹	小	中	中
	薄壁件充型流动性	一般(低温不利)	良好	良好(高速充型)
	氧化夹杂	一般	少	多
	气泡缺陷:薄壁	少	一般	多
	厚壁	因高固相率,可能有	不可能产生	可能有(要改善质量)
	收缩率	(3.8～4.5)/1000	(5～5.5)/1000	(7～8)/1000
	尺寸精度	良	一般	较差
	力学性能	良	一般	良
	耐腐蚀性	一般	良(使用 SF_6)	良好(使用 SF_6)
经济性	热效率	良	一般	良
	制品合格率	高	良	一般
	制品/原料量	1(基准)	0.9	1.2
	原材料费	1(基准)	0.85	0.9
	消耗备件费	高(耐热备件)	较高	少
	设备价格	1(基准)	0.8(镁专用机)	0.5(铝压铸机)
	专利费	有	无	无

目前,半固态工艺的实际生产成本明显高于传统的液态金属铸造,据统计大约为 1.5 倍。其主要原因是半固态成形过程复杂(增加坯料制备和二次加热环节等),为了严格控制过程工艺参数而导致较高的设备成本投入。为了弥补这种较大的早期投资,半固态技术工业化生产的必要条件是高质量产品和大批量生产以及较低的材料消耗和较高的生产率。据统计,半固态模锻铝合金汽车轮毂的重量比相应的压铸轮毂轻 10%～30%;与金属型铸造相比,半固态成形的原材料消耗降低更多。用半固态和压铸两种工艺年产 100 t 汽车铝件成本对比见表 8-30。结果表明,在一定条件下,半固态成形技术具有相当的成本优势。只要充分发挥半固态成形质量好、生产效率高、近净成形等优势,特别是随着环保要求的提高,半固态总成本指数与压铸总成本指数相当。综合来看,半固态成形技术具有很强的竞争力和适应性。

表 8-30　采用半固态与压铸工艺年生产 100 t 汽车铝铸件成本比较

成本项目（生产成本）	成形方法		项目成本所占比例/%	附加说明（成本指数估算基本理由）
	半固态成形	压铸成形		
原材料费用	100	100	60	半固态降低原材料的消耗（铝价以 14000 元/t 计算）
合金坯料制备	100	0	14	半固态工艺由于增加非枝晶坯料制备环节，相比较压铸成形加大了合金料的处理成本（含设备折旧与动力费）
加热熔化	100	90	8	半固态二次加热尽管加热温度低于压铸合金熔化，但对温度均匀性有较高要求，即半固态加热与控温系统费用增加
成形加工	100	110	8	半固态成形温度低，由于合金材料的触变性，充型平稳，充型阻力较小。故比压铸有较低的成形成本
产品质量	100	140	2～10（取 6）	半固态铸件晶粒细化、组织均匀，消除了缩松缺陷。提高了性能。成形零件尺寸精度高、加工余量小
环境保护	100	120	2～20	
模具工装	100	110	4	半固态加热、成形温度低，节能并降低了环境污染。简化环保措施。减少环保所需投入的费用
总成本指数	100	102	100	半固态较低成形温度（铝件可降低 120℃）和较低成形力，延长模具的使用寿命

e　注射成形工艺的研究方向

为了进一步促进镁合金半固态注射成形加工工艺的发展，今后应努力解决以下技术难题：开发高强耐热镁合金，并降低成本；开发镁合金零件的表面处理技术和废料二次利用技术；进一步研究镁合金半固态触变理论，完善触变模型；进一步扩大计算机控制系统的应用，包括半固态成形过程的计算机数字模拟、虚拟成形过程、优化工艺参数等。

8.3.6　细晶镁合金的制备与镁合金的超塑性成形

8.3.6.1　概述

目前，大多数的镁材产品都是通过铸造尤其是用压铸和触变注射成形来加工的。但是，为了生产出各种各样的镁合金材产品、提高镁材产品的消费，有必要使用锻造、轧制和挤压等塑性变形扩大镁材的应用。通过形变热处理（包括热加工和热处理）可以控制沉淀和晶粒细化，大大改善合金的力学性能，特别是塑性。

一般而言，屈服强度与晶粒尺寸之间的关系可用 Hall-Petch 方程表示：

$$\sigma=\sigma_0+Kd^{-1/2}$$

式中，σ 为屈服应力，σ_0 为单个晶体的屈服应力，K 为常数，d 为晶粒尺寸。K 值随 Taylor 系数的增大而增大。Taylor 系数一般取决于滑移系数。滑移系数是有限的，金属的晶粒尺寸对强度的影响很大。

晶粒细化不仅使合金在室温下具有高强度，而且在高温下还具有超塑性。一般而言，超塑性金属材料的伸长率高，大于 300%。这种高伸长率足以使金属用各种变形方式生产各种复杂的产品。至今为止，超塑性成形主要用于航空业用的铝合金、钛合金等等，但很少用于镁合金。由于镁合金具有很多优异的特性，因而人们致力于研究应用超塑性成形工艺，生产镁合金制品。

通常，对于传统超塑性材料，只有在非常低的应变速度范围（一般为 $-10^{-3}s^{-1}$）内才会获得高的伸长率。目前超塑性成形技术的缺点之一是成形速度低，因而降低了生产率。因此，超塑性成形工业发展受到了限制。但是，最近的研究结果表明，某些铝基材料在 $10^{-2}s^{-1}$ 以上的高应变速度下也具有超塑性。对于工业应用，高应变速度超塑性很有吸引力。近年来，细晶镁合金的制备技术取得了重大突破，并研发了多种超塑性镁合金，为镁合金超塑性成形技术的发展创造了条件。

8.3.6.2 细晶镁合金制备技术

纯镁的晶粒尺寸细化到 8 μm 以下时,其脆性转变温度可降至室温。若采用适当的合金化及快速凝固工艺将晶粒细化到 1 μm 时,甚至在室温下镁合金亦可以具有超塑性,其伸长率可达 1000%。因此通过镁合金晶粒细化可以调整材料的组织和性能,获得具有优良变形性能的材料。细化晶粒的方法有很多,下面介绍几种常见的制备细晶镁合金的方法。

A 等径角挤压(ECAE)

强应变大塑性变形法(SPD)可以在低温条件下使金属材料的微观结构得到明显的细化,从而大大提高其强度和韧性。近年来研究表明,大塑性变形可以成功制备具有超细晶(微米级,亚微米级和纳米级)微观结构的金属材料。1981 年苏联科学家 Segal 提出了等截面通道角形挤压法,即等径角挤压法(ECAE)。ECAE的基本原理:将润滑良好、与通道截面尺寸相差无几的块状试样放进入口通道,在外加载荷作用下,由冲头将试样挤到出口通道内。入口通道与出口通道之间存在一个夹角。在理想条件下,变形是通过在两等截面通道交截面(剪切平面)发生简单的切变实现的。经等径角挤压后,试样发生简单切变,但仍保持横截面积不变,挤压过程可以反复进行,从而在试样中实现大塑性变形。通过这项技术,可以不依赖粉末冶金和复杂的热机械处理而制备大体积块状细晶材料。

SPD 法通常有两种不同的工艺:扭转变形(HPT)和等径角挤压(equal channel angular extrusion,ECAE)。在扭转变形工艺中,通过对试样进行高压扭转变形来获得良好的晶粒细化效果,但该工艺比较复杂,且难以制备大尺寸材料,因而其应用受到限制。而等径角挤压是通过积累大的塑性应变导致位错重排来实现晶粒细化的,能够制备出大体积的超细晶金属材料,是镁合金研究领域中极具前途的工艺。有研究表明,经过 ECAE 工艺制备出的镁合金具有独特的显微组织和优异的力学性能。W.J.Kim 等研究了 AZ61 合金经过不同道次等径角挤压后的微观组织和力学性能,表 8-31 列出得到的结果。由表可知,随着挤压道次的增加,晶粒明显细化且塑性大幅度提高。AZ61 合金经过 275℃下 8 道次挤压后,其伸长率由 32%上升至 55%。晶粒细化导致加工硬化率增大,从而能有效抑制变形过程中缩颈的形成,但是晶粒细化并没有像预期的那样提高 AZ61 合金的强度。AZ61 合金经过 8 道次挤压后,抗拉强度特别是屈服强度反而有所下降。Yoshida 等在对 ECAE-AZ31 合金的研究中也发现了上述类似的现象。

表 8-31 不同道次 ECAE 挤压后 AZ61 合金的晶粒尺寸与力学性能

ECAE 道次编号	晶粒尺寸/mm	σ_s/MPa	σ_b/MPa	δ/%
0	24.4	215	322	32
1	15.8	191	300	35
2	12.5	204	320	38
4	10.6	190	318	45
8	8.4	161	313	55

在纯镁及大部分镁合金中,室温变形时基面滑移占主导地位,因而可以认为其强度不仅受晶粒尺寸的影响,而且与其特殊的晶体学取向织构有关。经过一道次挤压后,镁及镁合金中部分基面与挤压方向平等的硬取向晶粒通过旋转成为软取向晶粒,从而晶粒细化的强化与织构所引起的软化效果大致相当。经过 8 个道次挤压后,镁合金的织构主要为$(10\bar{1}1)[01\bar{1}1]+(10\bar{1}2)[12\bar{1}0]$,此时大部分晶粒的基面均为软取向,织构所引起的软化效应超过了晶粒细化所引起的强化效应,从而屈服强度明显降低。

Z.W.Huang 等进一步研究了 ZK31 及 AZ31 合金分别在 250~300℃经 4 道次等径角挤压后的晶体学取向。根据粉末样品 X 射线衍射峰强度 I_m 与标准 ASTMX 衍射峰强度 I_p 的比值 I_m/I_p,可以判断样品中织构的强弱。一般认为,如果 $I_m/I_p>1$,则存在较强的织构。表 8-32 和表 8-33 分别列出 ZK31 和 AZ31 合金经过 4 道次等径角挤压后在 X、Y 和 Z 平面(见图 8-30)上不同晶面的 X 射线衍射峰强度。可见,化学成分和挤压温度不同时,镁合金所形成的织构也不相同。ZK31 合金在 250℃挤压后，基面平行于 Y 平面；300℃挤压后，基面同时平行于 Y 平面和 Z 平面。AZ31 合金经过 250℃和 300℃挤压后都形成了很强的织构，其基面与挤压方向并不平行，而是构成一定的夹角。300℃挤压后，部分基面平行于 Y 平面。

表 8-32 ZK31 合金经 4 道次等径角挤压后不同晶面的 X 射线衍射峰强度

250℃

名称	晶面指数 hkil	衍射峰强度 I_p	衍射峰强度 I_m	I_m/I_p
X	1010	25	19	0.76
	0002	36	19	0.53
	1011	100	100	1
	1120	12	13	1.08
	1122	13	17	1.31
Y	1010	25	22	0.88
	0002	36	100	2.78
	1011	100	90	0.9
Z	1010	25	27	1.08
	0002	36	27	0.75
	1011	100	100	1
	1120	12	17	1.42

300℃

名称	晶面指数 hkil	衍射峰强度 I_p	衍射峰强度 I_m	I_m/I_p
X	1010	25	19	0.76
	0002	36	16	0.44
	1011	100	100	1
	1120	12	18	1.5
	1122	13	20	1.54
Y	1010	25	20	0.8
	0002	36	58	1.61
	1011	100	100	1
Z	1010	25	16	0.64
	0002	36	40	1.11
	1011	100	100	1
	1120	12	15	1.25

表 8-33 AZ31 合金经 4 道次等径角挤压后不同晶面的 X 射线衍射峰强度

250℃

名称	晶面指数 hkil	衍射峰强度 I_p	衍射峰强度 I_m	I_m/I_p
X	1010	25	20	0.8
	0002	36	8	0.22
	1011	100	100	1
	1012	15	34	2.27
	1122	13	17	1.31
Y	1010	25	49	1.96
	0002	36	35	0.67
	1011	100	100	1
	1120	12	32	2.67
	2021	8	16	2
Z	1010	25	9	0.36
	0002	36	23	0.64
	1011	100	100	1
	1122	13	20	1.54

300℃

名称	晶面指数 hkil	衍射峰强度 I_p	衍射峰强度 I_m	I_m/I_p
X	1010	25	32	1.28
	0002	36	24	0.67
	1011	100	100	1
	1012	15	25	1.67
Y	1010	25	44	1.76
	0002	36	50	1.39
	1011	100	100	1
	1120	12	35	2.92
Z	1010	25	10	0.4
	0002	36	24	0.67
	1011	100	100	1
	1122	13	20	1.54

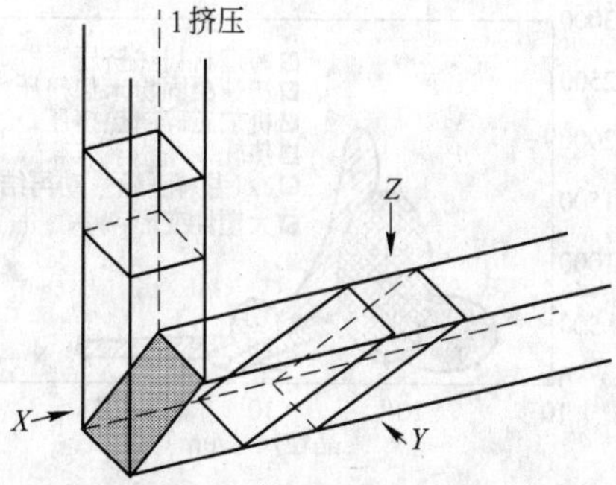

图 8-30 一次挤压的剪切应变图形

综上所述，镁合金中部分与挤压方向平行的基面会在 ECAE 过程中发生转动，并与挤压方向倾斜，从而降低挤压方向的强度。因此，等径角挤压镁合金制品的力学性能受细晶强化和织构软化的综合作用。

B 添加适当的合金化元素

根据合金化原理，明确各种元素在镁中产生的作用，针对不同的需要对镁合金中添加适当的微量合金元素，并进行显微组织和结构设计，引入固溶强化、沉淀强化或弥散强化等机制，可以达到细化晶粒、调整镁合金组织、提高和改善合金性能的目的。如 Sn、Sb、Bi 和 Pb 等元素在镁中有较大的极限固溶度，而且随着温度的下降，固溶度减小并生成弥散沉淀相。根据沉淀强化原理，这些元素能够提高镁合金的强度。而有的表面活性元素，可以减小粗大相的形成，起到细化晶粒的作用，甚至可以生成弥散相，阻碍晶界的滑移。锆元素在镁合金中就是一种最有效的晶粒细化剂。

C 大挤压比热挤压（$\lambda \geqslant 100$）

镁合金组织性能受塑性变形影响很大，因此可以通过塑性加工过程控制或改善镁合金坯料的组织性能，例如挤压镁合金棒材的性能有严重的各向异性，需采用热挤压法消除各向异性，通过采用不同的挤压温度，改变挤压比、挤压速度可以获得不同组织性能的镁合金，尤其通过大挤压比（变形量 80% 以上），可以改善挤压棒材的晶粒度和各向异性。

D 形变热处理

形变热处理是将压力加工与热处理结合起来的金属热处理工艺。形变热处理主要用于形状简单、截面变化和加工余量不大的工件。形变热处理的工艺方法很多，主要有高温形变热处理和低温形变热处理两大类。

采用形变热处理工艺时可以省去一般热处理时的重新加热过程，还可以同时达到成形和改善显微组织的双重目的，使工件获得优异的强度和韧性，改善工艺和使用性能，发挥金属材料的潜力，提高零件质量和寿命。但是，在形变热处理过程中热稳定性不高时，某些晶粒易于长大，所以其应用范围有一定的局限性。

E 快速凝固技术

采用快速凝固方法开发新型镁合金是一项新技术。快速凝固过程中，合金由液相到固相的冷却速度相当快（大于 105℃/s），能够获得在传统铸件和铸锭冷却速率下所得不到的成分、相结构或显微组织。采用快速凝固方法制备的镁合金材料具有以下特点：

(1) 室温的极限抗拉强度超过常规铸锭工艺(I/M)镁合金；压缩强度与拉伸强度的比值(CYS/TYS)由 0.7 增加到 1.1；挤压态制品的伸长率在 5%～15% 的范围内，经热处理后可达 22%，相应强度值仍高于 I/M 镁合金的强度。

(2) 快速凝固镁合金的大气腐蚀行为相当于新型高纯常规镁合金 AZ91E 及 WE43，比其他镁合金腐蚀速率小近两个数量级。

(3) 与其他轻合金相比，快速凝固镁合金在 100℃ 以上的温度下具有优良的塑性变形行为和超塑性，且由于明显晶粒细化效果，使其疲劳抗力为 I/M 镁合金的两倍。

(4) 快速凝固镁合金与 SiC 等增强剂的相容性好，已经得到证实，因此快速凝固镁合金是复合材料的优良载体。

双辊甩带快速凝固是采用双辊连续铸轧制备薄板带的近终成形技术，图 8-31 为利用双辊快速凝固成形原理制备镁薄带的示意图。双辊快速凝固成形镁薄带的工作原理：两辊直径相等，且内部通水强制冷却。镁合金熔液在惰性气体（Ar_2）气压作用下经喷嘴喷射到两相对旋转轧辊的缝隙处，建立起一个熔池，熔液从辊面处开始快速冷却、凝固,形成稳定的凝固壳。在不断转动的轧辊辊面摩擦力的作用下,两凝固壳向下移动,至最小缝隙处相遇形成薄带。

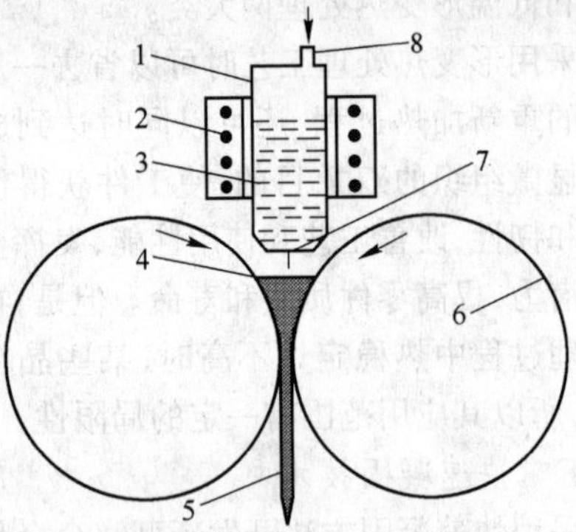

图 8-31 镁薄带双辊快速凝固成形原理示意图

1—熔体容器;2—加热线圈;3—熔体;4—熔池;5—薄带;6—辊;7—喷嘴;8—加压 Ar_2 气入口

同雾化、喷射沉积和平流铸造相比,双辊甩带快速凝固法不仅具有共同的优点,而且工艺路线短,制得的镁带不需破碎就可以进行后续加工,这样不仅大大降低了危险,生产效率也得到了提高。

目前新型镁合金及其成形工艺的开发,已经受到国内外材料工作者的高度重视。采用快速凝固(RS)+粉末冶金(PM)+热挤压工艺开发的 Mg-Al-Zn 系 EA55RS 变形镁合金,成为迄今报道的性能最佳的镁合金,其性能不但大大超过常规镁合金,比强度甚至超过 7075 铝合金,且具有超塑性(300℃,436%),腐蚀速率与 2024-T6 铝相当,还可同时加入 SiCp 等增强相,成为典型的先进镁合金材料。图 8-32 所示为镁合金经几种工艺细化晶粒后的晶粒尺寸与高温断裂伸长率的关系。

8.3.6.3 镁合金超塑性成形技术

镁具有密排六方晶体结构,塑性差,难以塑性加工。晶粒细化能够大幅度提高镁合金的室温强度、塑性和超塑性成形性。研究表明,晶粒度为 0.55 μm 的 ZK60 合金(Mg-6Zn-0.5Zr)在 270℃下以 $3.3\times10^{-3}\ s^{-1}$ 应变速率拉伸时所测得的最大应变速率敏感指数 m 值为 0.5 左右,

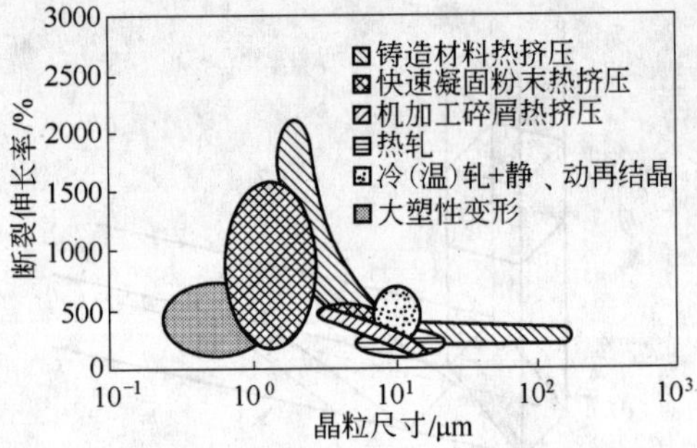

图 8-32 镁合金经几种工艺细化晶粒后的晶粒尺寸与高温断裂伸长率的关系

总伸长率 δ 高达 1000%以上。

快速凝固 Mg-Al-Zn 合金的超塑成形速率明显高于所有其他轻合金。例如,在 150℃下应变速率大于 $1\times10^{-3}\ s^{-1}$ 时,挤压态 EA55B-RS 及 EA65A-RS 合金的断裂伸长率为 190%~220%,从而有可能生产成形状极为复杂的锻件而不会开裂;高于 100℃时 EA55B-RS 的应变速率敏感性急剧增强。利用 EA55B-RS 合金的超塑成形性可以制造复杂形状的零件。275~300℃温度区间内,应变速率不小于 $0.1\ s^{-1}$ 时,超塑镁合金的断裂伸长率从 376%上升到 436%。300℃是 EA55B-RS 板材理想的超塑成形温度。当成形温度为 275℃,应变速率为 $0.01\ s^{-1}$ 时,实验室规模坯料所制试样的伸长率约为 300%,而小规模生产坯料制得的试样为 250%。当应变速率大于 $0.01\ s^{-1}$ 时,EA55B-RS 合金中出现某些应变硬化和屈服现象,这说明位错被溶质原子钉扎,但是塑性成形过程中并没有出现晶粒粗化。

275~300℃下,RSAZ91 合金的伸长率大于 1000%,而相应的铸锭材料仅为 240%。RSAZ91 的原始显微组织是 0.1~0.3 μm 大小的 $Mg_{17}Al_{12}$ 质点分布在(1.2±0.4)μm 的均一晶粒内,经过 300℃保温 21 h 后,晶粒长大到(1.9±0.7)μm,对合金的超塑性无影响。铸造冶金 AZ91 合金的应变速率比 RSAZ91 合金低两个数量级,二者最大的应变速度敏感指数 m 均为 0.6 左右。位于温度稳定性不高 $Mg_{17}Al_{12}$ 质点周围的孔隙随着应变速率的提高而增多,并且超塑变形激活能较镁的自扩散激活能低

18%～36%，这说明晶界扩散是控制快速凝固AZ91合金变形的主要机制。由于存在孔隙，快速凝固AZ91合金的室温强度下降至385 MPa，断裂伸长率降至17%。

对常规高温镁合金的研究表明，晶界滑移是超塑变形的最主要机制。冷轧态及退火态高温Mg-1.5Mn-0.3Ce合金板材在400℃、应变速率为$4\times10^{-4}\ s^{-1}$条件下变形时，其晶粒尺寸从100 μm减小至10 μm，相应的流变应力降至一半，且位错密度减小至1/16。此外，Mg-1.5Mn-0.3Ce合金板材发生晶界滑移所需的有效应力与晶内应力（消耗于位错运动，且对超塑变形不起作用）之间存在一个最佳的比例。400℃左右时，晶粒尺寸为100 μm的Mg-1.5Mn-0.3Ce有效应力与晶内应力的最佳比例为50∶50，晶粒尺寸为10 μm时，则为70∶30；350℃时，其最佳比例为65∶35。EA55-RS合金在这种最佳超塑性条件下可能发生软化，从而降低通过平流铸造工艺获得的显著强化效果。EA55-RS合金的显微组织中存在稳定性不高$Mg_{32}(Al,Zn)_{39}$型20面体晶界相，该20面体相与RSAZ91中的$Mg_{17}Al_{12}$类似，在300℃左右溶解。

目前，形变加工速率低和成形温度高是超塑成形技术存在的两大问题。近年来，日本通过将合金晶粒细化至1 μm以下获得了具有高速超塑性（应变速率不小于$10^{-2}\ s^{-1}$）和低温超塑性（温度约为$0.5T_m$）的镁合金。最近，也有研究报道AZ91铸件经等径角挤压后可获得晶粒尺寸约1 μm的微细组织，并在200℃即$0.5T_m$低温下产生伸长率达661%的超塑性。

通过形变热处理同时控制再结晶和析出过程可以获得变形速率为$10^{-1}\ s^{-1}$左右的高速超塑性镁合金。最近有报道，粉末冶金镁合金具有高应变速率超塑性或低温超塑性，甚至一种粉末冶金镁合金能同时具有高应变速率超塑性和低温超塑性。镁与铝的激活能相当，其晶界扩散系数比铝大1个数量级，从而镁合金的高温超塑性温度比铝合金低。

近年来，超塑性成形技术特别引人注意。一方面，它能将棒材、板材直接制造形状复杂的产品，且加工成本比相应的压铸件低；另一方面，超塑性成形件的力学性能比相应的压铸件高。通常，传统的超塑性材料只在低应变速率区间（$10^{-3}\ s^{-1}$左右）才有大的伸长率，因而成形速率和生产率低，其超塑性成形商业化应用受到极大的限制，但是高应变速率超塑性在商业化应用中极具吸引力。镁合金的超塑性特征不仅意味着具有非常大的伸长率，而且还表现出非常低的流变应力。镁合金的超塑性成形甚至有可能以压缩气体作为成形的动力，实现复杂形状结构件在固态下近净成形，这已成为当前镁合金超塑性研究的一个重要焦点。

高应变速率超塑性一般是指在应变速率超过$1\times10^{-2}\ s^{-1}$下，获得超过200%的伸长率的超塑性能。大部分高应变速率超塑性材料是铝合金，但是最近的大量研究表明，镁合金的临界应变速率远高于铝合金的临界应变速率，所以，与铝合金相比较，镁合金在高应变速率下更有希望获得较好的超塑性能。

我国对超塑性技术的研究取得了一系列重要成果。据报道，超轻Mg-8Li合金在300℃、应变速率为$5\times10^{-4}\ s^{-1}$的条件下超塑性变形，获得的最大超塑伸长率δ达到960%，通过实验确定的应变速率敏感性指数m为0.64，该合金在高温低速情况下的变形机制是以晶界滑移为主。新型高强度镁合金MB26是在MB15合金基础上添加了富钇混合稀土元素制得的，对该合金超塑性拉伸和压缩变形行为的研究表明，热挤压态MB26合金不经过任何预处理即可具有良好的超塑性，在350～500℃、初始应变速率$\dot{\varepsilon}_0$为$1.67\times10^{-3}\sim4.1\times10^{-2}\ s^{-1}$条件下进行超塑性拉伸时，伸长率都高于520%。热挤压态MB26合金在最佳变形条件（400℃、$\dot{\varepsilon}_0=1.17\times10^{-2}\ s^{-1}$）下，成形时伸长率高达1450%，流变应力$\sigma$为8.7 MPa，$m$为0.6。MB26合金试样在变形过程中均匀流变，没出现明显的颈缩现象。MB26合金在400℃、$\dot{\varepsilon}_0=8.3\times10^{-3}\ s^{-1}$变形条件下进行超塑性压缩，压缩真应变$\varepsilon$高达2.18时试样也没有出现破坏的迹象，$\sigma$仅为18 MPa，$m$值在0.4以上，呈现极好的超塑性。从两者的比较可以看出，MB26合金的超塑性拉伸最佳变形温度范围与超塑性压缩的相近，但是压缩过程中的稳态流变应力是拉伸时的2～3倍。此外,热挤压(或热轧)态MB26合金的超塑成形温度范围宽,超塑应变速率较高,从而不需要进行预处理,同时流变应力小以及塑性流动好,极有利于超塑成形的商业化应用。工业用MB8镁合金正交超塑性拉伸试验的结果表明,晶粒度仅为6.8 μm的MB8镁合金板料在400℃,初始应变速率为$0.22 \sim 5.56 \times 10^{-3}\ s^{-1}$的变形条件下成形时,其最大伸长率为312%,流变应力低于20 MPa,合金板材呈现良好的超塑性,适合一次超塑气压成形为形状较为复杂的壳体零件。

日本名古屋技术研究所复合材料研究室发现,采用熔液搅拌法铸造的镁基复合材料经挤压加工后进行轧制时,可出现高应变速率超塑性。在氩气保护气氛下熔炼的镁合金熔体与陶瓷颗粒搅拌混合后制备的铸件,可进行高速形变热处理。Mg-5%Zn(质量分数)/20%TiC(体积分数)复合材料以$0.1\ s^{-1}$左右的变形速率变形时,可以实现300%伸长率的变形加工。Mg-5%Al(质量分数)/15%AlN(体积分数)(粒径0.72 μm)的复合材料可以在$0.8\ s^{-1}$左右或更高的变形速度实现伸长率高达200%的超塑性成形。他们正在进一步深入研究这种新型超塑性镁合金基复合材料的结晶组织微细化机理及其高应变速率超塑性变形机制,并将确立实用的高应变速率超塑性成形技术。

日本大阪城市技术研究所研究了ZK60/17%SiCp(体积分数)复合材料的低温超塑性行为。基体镁合金的化学成分是Mg-6%Zn-0.5%Zr(质量分数),增强相SiC颗粒形状不规则,平均粒径为2 μm。研究结果表明,这种镁基复合材料具有良好的超塑性,断裂伸长率超过300%,应变速率与应力的平方成正比。ZK60/17%SiCp(体积分数)复合材料在高温(325～500℃)和低温(175～202℃)下的激活能近似等于镁的晶界扩散激活能,说明了其低温超塑性变形机理主要是受晶界扩散控制的晶界滑移。国内的相关研究还表明,在MB2合金中加入5%～10%(体积分数)平均粒径为2 μm的SiC颗粒能够大幅度细化基体晶粒组织,这种材料在485～540℃温度范围内呈现出高应变速率超塑性,在525℃,应变速率为$2.08\ s^{-1}$时,其最大伸长率可达228%,应变速率敏感性指数m为0.39。在高温高应变速率的变形条件下,当SiC颗粒的体积分数从5%增至10%时,材料的伸长率和应变速率敏感性指数明显提高。

近年来,对镁合金高应变速率超塑性的研究逐渐深入,越来越多的镁合金通过先进的制备技术,呈现出高应变速率超塑性。同时,对镁合金高应变速率超塑性变形机理的研究也有了很大的进展,其产品开始得到应用。目前研制成功的超塑性镁合金典型的细化晶粒工艺及超塑性材料性能见表8-34。表8-35列出了镁合金高应变速率超塑性的研究成果。

表8-34　镁合金典型的细化晶粒工艺及其超塑性性能

材　料	加工方法	合　金	晶粒度 d/μm	温度 t/℃	变形速率 ε/s^{-1}	流动应力 σ/MPa	伸长率 δ/%	m值
		Mg-1.86Al-0.79Zn	33	450	8.3×10^{-3}		195	<0.3
		AZ31	5.5	350	1.7×10^{-4}	13.0	319	0.53
		AZ31	130	370	3×10^{-5}	12.0	196	0.3
		AZ61	6～11	290	3.3×10^{-4}	28.3	213	0.69
		AZ61	30	450	1×10^{-5}	1.18	401	0.5
		AZ61	8.7	400	2×10^{-4}		580	0.5
铸造法	轧制	AZ91	39.5	300	1.5×10^{-4}	38	604	
		ZK60	6	290	1.7×10^{-4}	13.0	289	0.45
		ZK60	15.9	300	1.5×10^{-3}	22	501	
		MA8	9.6	400	1×10^{-2}	2.0	303	0.14
		Mg-5.5Li		350	4×12^{-3}	21.0	180	0.2
		Mg-8Li-0.2Zr	13.0	350	8.3×10^{-4}	2.6	510	0.67
		Mg-8Li-1Zn		300	4.2×10^{-4}	3	840	0.72

续表 8-34

材料	加工方法	合金	晶粒度 $d/\mu m$	温度 $t/℃$	变形速率 $\dot{\varepsilon}/s^{-1}$	流动应力 σ/MPa	伸长率 $\delta/\%$	m 值
铸造法	挤压	AZ31	5.1	325	1×10^{-4}	7.0	600	0.5
		AZ61	17.1	375	3×15^{-3}	3.5	461	0.5
		AZ91	2.9	300	3.3×10^{-4}	9	980	0.5
		ZW3	8	300	1.7×10^{-4}	24.5	160	0.5
		ZK60	2.4	300	4×10^{-1}	15.4	728	0.5
		ZK60	3.3	325	1×10^{-2}	27.7	544	0.5
		WE43	1.5	400	4×10^{-4}	6.8	358	0.43
		Mg-3.3Al	2.2	400	3.3×10^{-2}	17.4	2100	0.94
		Mg-8Ce	7.2	400	1×10^{-2}	28.0	623	0.29
		Mg-5Al/AlN/15p	<2	400	5×10^{-1}	33.8	236	0.39
		Mg alloy/AlN/15p		400	4.7×10^{-1}	17.7	256	0.43
		Mg alloy/AlN/20p		400	7.1×10^{-2}	19.0	231	0.43
		Mg-5Zn/TiC/20p	2	470	6.7×10^{-2}	8.0	295	0.43
		ZK51/TiC/20p		470	3×10^{-2}	4.1	136	0.3
		AZ91/SiC/20w		400	5×10^{-1}	16.8	120	0.37
	大变形加工	MA8	0.3	180	5×10^{-4}	33	>150	0.38
		AZ91	0.5	200	6×10^{-5}	25	661	0.5
粉末冶金法	切削粉末固化	AZ91	7.6	300	8.2×10^{-3}	3.9	310	0.5
		AZ91	4.1	250	3.3×10^{-4}	11.05	424	0.5
		AZ31	10.3	415	1.2×10^{-4}			0.38
		AZ91/SiC/5p	7.1	410	1.32×10^{-4}			0.58
	急冷凝固粉末固化	EA55RS		300	1×10^{-1}		436	
		AZ88		300	2×10^{-2}	13.0	800	0.65
		Mg-8.3Al-8.1Ca	2	300	1×10^{-2}	8.0	1080	0.5
		AZ91	1.2	300	3.3×10^{-3}		1480	0.5
		AZ91	1~2	300	2×10^{-3}	8.0	418	0.37
		AZ91	1.4	1305	1×10^{-2}	28.8	277	0.5
		AZ105		300	2×10^{-2}	13.0	918	0.65
		Mg-10Al-5Ca(at.%)		450	2×10^{-1}	19.3	733	0.47
		Mg-20Al-10Ca(at.%)		450	1×10^{0}	47.3	200	0.42
		ZK61	1.8	350	1×10^{-1}	10.7	445	0.5
		ZK61	0.5	200	1×10^{-2}	59.2	283	0.5
		ZK61	0.5	200	1×10^{-3}	21.7	659	0.5
		ZA124		300	2×10^{-2}	13.0	500	0.65
		ZA128		300	2×10^{-2}	13.0	500	0.65
		WE56	0.5	500	1.7×10^{-1}	17.1	346	
		Mg-2Y-1Zn(at.%)	0.1~0.2	350	2×10^{-1}		700	0.4
		Mg-7.5Y-5Cu(at.%)		450	3.2×10^{-1}	39.4	236	0.52
		Mg-4Al/Mg2Si/28p	1.4	515	1×10^{-1}	8.0	368	0.5
		Mg-4Zn/Mg2Si/28p	0.9	440	1×10^{-1}	10.0	290	0.5
		ZK60/SiC/17p	0.5	400	1×10^{0}	35.9	350	0.5
		ZK60/SiC/17p	2.1	350	1×10^{-1}	15.4	450	0.5
		ZK60/SiC/17p	1.7	190	1×10^{-4}	29.1	337	0.38

表 8-35 镁合金高应变速率超塑性的研究成果

镁合金材料	处理工艺	晶粒度 $d/\mu m$	最大伸长率 $\delta/\%$	应变速率 $\dot{\varepsilon}/s^{-1}$	温度 $t/℃$	m 值
P/MZK61	快速凝固粉末→烧结(235MPa)→热挤压(225℃/100:1)	0.5	283	1×10^{-2}	200	0.5
Mg-5%Zn	搅拌熔炼铸造→热挤压(400℃/25:1)→(TiCp 颗粒)→热轧制(400℃)		340	6.7×10^{-2}	470	0.33
Mg-5%Al	搅拌熔炼铸造→热挤压(400℃/44:1)→(AlN 颗粒)→热轧制(425℃)	2	200	5×10^{-1}	400～425	
MB26	铸态		1450	1.17×10^{-2}	400	0.6
MB2/SiC	铸态→热挤压(390℃)		228	2.08×10^{-1}	525	0.39
Mg-8.3%Al-8.1%Ca	快速凝固粉末→热挤压(180℃/620～930 MPa)→热轧制(180℃/770～1040 MPa/10:1)	2	1080	1×10^{-2}	300	0.5
ZK60/SiC/17p	粉末冶金法→热挤压	0.5	350	1	400	0.5
Mg-10.6%Si-4.0%Al	铸态→热挤压(350℃/100:1)→退火(515℃/0.5 h)	1	370	1×10^{-1}	515	0.3
Mg-11.0%Si-4.0%Zn	铸态→热挤压(350℃/100:1)→退火(340℃/0.5 h)	1	290	1×10^{-1}	440	0.3

镁合金高应变速率超塑性主要在晶粒度比较细小的镁合金中获得,晶粒度大都在 5 μm 以下,这是因为在较高的应变速率下,塑性变形时间很短,晶界扩散和扩散蠕变等协调机制对于晶界滑移的贡献较小,这样就要求具有更细的晶粒度。

在镁合金高速超塑性变形过程中,晶粒组织比较稳定,不会发生晶粒长大,能保持细小而稳定的晶粒组织。由于这时可滑动的晶界增多,晶界面积也增大,晶粒度指数增大。所以,镁合金超塑性变形的应变速率敏感系数较高,有利于晶界的滑移。

随着镁合金研究和应用的进一步发展,在节约能源、追求环保的新工业时代,超塑性镁合金的应用将会日益广泛,今后主要研究方向在以下三个方面:

(1) 高应变速率超塑性的研究;

(2) 大晶粒工业态镁合金超塑性的研究;

(3) 镁合金低温超塑性的研究。

8.3.7 快速凝固/粉末冶金法制备变形镁合金技术

8.3.7.1 概述

镁合金在接近平衡状态的常规凝固条件下,微观组织比较粗大,晶粒尺寸一般在数十微米到数百微米之间,甚至达到毫米级。同时,析出相也比较粗大,而且在高温下极易粗化,因此采用常规铸造方法生产的镁合金材料的室温强度和高温强度都不是很理想,难以满足高性能结构材料的需求,大都是用于要求较低的工作环境中,一直没能成为一种能够工业化应用的工程材料。

快速凝固是一种新型的金属材料制备技术,基本原理是设法将合金熔体分散成细小的液滴,减小熔体体积与散热面积的比值,提高熔体凝固时的传热速度,抑制晶粒长大和消除成分偏析。与传统材料制备技术相比,快速凝固技术具有一系列优点,如合金熔体的凝固速度快、冷速高、合金元素过饱和固溶度高、晶粒组织细小、合金成分及组织均匀、容易产生亚稳相等。因此,快速凝固材料具有优异的力学性能和抗腐蚀性能。此外,这种技术不仅可以大幅度提高传统结构材料的性能,还可以开发出新合金体系。目前,快速凝固技术已被广泛用于新合金材料研制中。

快速凝固镁合金的发展经历了以下两个阶段:第一阶段(1950～1960 年),1953 年和 1955 年美国 DOW 化学公司先后采用气体雾化法和旋转冷却盘法制备镁合金;第二阶段(1980 年至今),美国 Allied Signal 公司开发了平面流变铸造工艺制备镁合金,相继遍布欧美的 15 个研究机构也进行了进一步研究与开发。日本在镁合金的快速凝固制备技术研究方面取得了重大进展,并成功开发出了新型超高强变形镁合金。

8.3.7.2 镁合金快速凝固工艺及应用

快速凝固技术所包含的工艺方法很多,按照金属熔体的分散方式和冷却方式不同,可以将其分为三大类:雾化法、模冷法和气相沉积法。采用这些工艺可以制备出粉末、箔片、薄带、纤维和薄膜状产品。

A 雾化法

它是制备金属粉末的有效方法,主要工艺有双流雾化法(包括亚音速气流雾化法、超声雾化法和高压水雾法)、离心雾化法(包括旋转圆盘法和旋转水法)以及机械等作用力雾化法(包括双辊或三辊雾化法、电动力学雾化法、多级雾化法、快速旋转罩雾化法和多级快冷装置法)等。对于镁及其合金,不能采用水或其他溶剂作为雾化介质和冷却剂,一般采用惰性气体。气体雾化法是镁合金比较常用的雾化方法。粉末在固结成形前要进行真空脱气处理,以去除表面吸附的气体、水分等。粉末固结方法有挤压、等静压等;塑性加工方法有挤压、轧制、锻造等。

B 模冷法

采用模冷法可以制备出纤维状、带状、箔片状的产品,其制备工艺有枪法、双活塞法、熔体拖曳法、熔体提取法、急冷模法等。这些工艺的共同特点是使金属熔体与冷却模以接触热传导的方式散热,以获得冷速高、凝固速度快、组织细小均匀的产品。如果将金属蒸气沉积在低温基体上,则可以获得比上述方法更高的冷速,获得薄膜材料,这属于气相急冷法的范畴。

DOW 化学公司最早采用旋转圆盘气体雾化法制备镁合金粉末,所用的装置原理如图 8-33*a* 所示。该公司用自行发明的保护气氛下无预压粉末直接挤压法制备出了性能优异的镁合金结构件,并被用于制作 C133 运输机的地板和固定的装货滑道。由于镁合金粉末易燃易爆,粉末处理困难,该方法不久便淘汰了。后来,美国 Allied Signal 公司及 Pechiney/Norsk-Hydro 公司相继开发了镁合金的平流铸造法(PEC)和模冷法(如熔体旋铸及双辊淬火法),并获得成功应用。图 8-33*b* 所示为 Allied Signal 公司开发的平流铸造设备原理图。

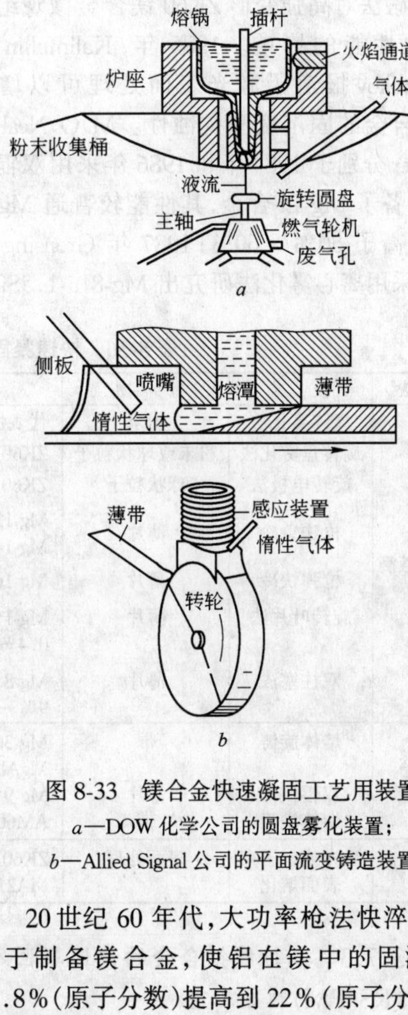

图 8-33 镁合金快速凝固工艺用装置
a—DOW 化学公司的圆盘雾化装置;
b—Allied Signal 公司的平面流变铸造装置

20 世纪 60 年代,大功率枪法快淬技术被用于制备镁合金,使铝在镁中的固溶度由 11.8%(原子分数)提高到 22%(原子分数),而弹射快淬法则将 Mn 的固溶度提高了 2.5 倍。英国 Shffield 大学采用悬浮熔融法、双活塞溅射快淬法制备了一系列的快速凝固镁合金。1970 年,S. Isserow 和 J. Rizzitano 采用旋转电极法制备了 ZK60 合金粉末,并进一步制备了结构材料,其性能比相应的铸件高 50%。

1977 年 Calka 等首次采用自由射流冷块熔体旋铸法生产了镁合金连续带材,并首次制得了 Mg-Zn 非晶,随后在 Mg-Sn、Mg-Pb 合金中获得了亚稳相，在 Mg-Ni、Mg-Cu、Mg-La（镧系元素）、Mg-Zn、Mg-Ca 等二元系以及 Mg-La-TM（过渡元素）、Mg-Ni-Ca、Mg-Y-Al、Mg-Y-Ca、Mg-Ca-Al、Mg-Zn-Al、Mg-Al-Ca、Mg-Ni-Y 等三元系合金中获得了非晶相。

1981 年 Kattamis 研究了激光束和电子束表面熔融法对高强变形 ZK60 镁合金微观组织和腐蚀性能的影响。1985 年，Kalimullin 和 Kozhevnikov 报道了激光表面处理可以增加 MA21 合金的固溶度和抗蚀性。M.O.Neal 和 Meschter 分别于 1984 年和 1986 年采用双辊快淬法制备了 Mg-Li 合金，其性能较普通 Mg-Li 合金提高了 50%～60%；1987 年 Grensing 及 Fraser 采用离心雾化法研究出 Mg-8Li-1.5Si 合金。由于快速凝固带状、纤维状、丝状、薄片状材料不能直接应用，必须将其进一步破碎成粉状，再固结成坯，并挤压成所需的管、棒、杆、线、带、板和异型产品。

1989～1991 年期间 Norsk Hydro 公司和 Pechiney 公司等开展了类似的研究工作，采用熔体旋铸法和平流铸造法制备出了 AZ91 合金条带，晶粒尺寸在 1.5～5 μm 左右，合金抗蚀性显著提高，为普通材料的 4 倍。往 AZ91D 合金中添加 Ca、Si 等后，合金的力学性能特别是蠕变抗力明显提高。与普通铸造相比，快速凝固微晶态 AZ91 合金的蠕变抗力提高了 100 倍。

快速凝固工艺在镁合金制备中的应用见表 8-36。

表 8-36　快速凝固工艺在镁合金制备中的应用

方　法	技　术	产　物	合　金	影　响
喷雾或液滴	气体雾化法	粉末	代表性工程合金和新型合金	改善挤压材料的力学性能
	旋转盘雾化法	粉末或球状粒子	ZK60B、ZE62	提高压缩屈服强度
	旋转电极法	球状粒子	ZK60A	提高抗拉和冲击强度
	枪法急冷	薄片	Mg-12%～23%Al（原子分数） Mg-14%～18%Sn（原子分数）	扩展固溶度 生成面心立方新相
	枪弹快冷	薄片	Mg-16%～23%Pb（原子分数）	扩展固溶度
	旋转叶片法	薄片	Mg-1%～6%Mn（原子分数）、Mg-0.4%～1.5%Zr（原子分数）	形成非晶
	双柱塞法	薄片	Mg-8%～25%Ni（原子分数）、Mg-9%～42%Cu（原子分数）	细化显微组织、提高硬度
连续急冷铸造	熔体旋铸	带	Mg-30%Zn（原子分数） MgAlZn 加 Si/Mn 或 Si/RE	形成非晶 提高强度和耐蚀性
	双辊快淬	薄片	Mg-9%Li（质量分数）加 Si 或 Ce	提高高温强度
	熔体溢流	带	AM60	降低镁管的生产成本
原位熔铸	激光或电子束表面熔化	表面处理	ZK60 MA21	改善组织 提高耐蚀性

8.3.7.3　高性能镁合金的快速凝固/粉末冶金(RS/PM)制备工艺

采用快速凝固工艺制备的镁合金产品，一般为尺寸很小的粉末和薄带、丝、薄片等，必须进行固结成形，并通过塑性加工（挤压、轧制、锻造等）制成管、棒、板、带、型材后才能使用。快速凝固镁合金在加热过程中容易发生非晶或准晶相的晶化反应、过饱和固溶体分解、沉淀相析出并迅速长大、微晶组织粗化等一系列相变和组织变化，从而破坏快速凝固材料所具有的优异的力学及物理化学性能。通过选择适当的固结、成形和塑性加工方法，并严格控制工艺条件，则可以克服以上不足，制备出高性能的快速凝固镁合金材。

粉末冶金技术中的一些通用粉末固结成形方法，如热等静压（HIP）、冷等静压（CIP）、热压（HP）、真空热压（VHP）、热挤压等可以用于快速凝固镁合金粉末及经破碎加工得到的粉末的成形。为了获得成形性能较好的合金坯锭，以供后续塑性加工成形使用，要求坯锭具有高密度、粉末颗粒间结合良好及无孔洞、裂纹等缺陷。固结成形的主要工艺参数有：固结成形的压力和加压时间、粉末的加热温度及保温时间等，这些参数要根据具体合金粉末状况，如粉末颗粒的形状、粒度分布，表面状态、粉末的硬度和塑性等来进行调整。

A 快速凝固镁合金的破碎加工方法

快速凝固镁合金的产物有粉末和条、带、丝、片、线等两大类，粉末可以直接进行固结成形，而后者必须经过破碎加工成粉末后才能进行固结成形处理，以保证固结坯件的致密度和结合强度。可以采用机械破碎和气流破碎两种方法来制备粉末。由于镁合金化学性质活泼，其处理过程必须在惰性气氛中进行，以防止其氧化、燃烧。对于厚度较小的镁合金产物，为了安全起见，机械粉碎碎片的尺寸在 0.1～1 mm 左右就可以直接进行固结处理，不像其他有色金属及黑色金属那样还要进一步做球磨处理。采用气流破碎时，会产生大量的超细粉尘，危险性很大，且微细粉尘的处理比较困难，故粉末不宜太细。为了控制粉末的粒度，可以进行过筛分级处理。

B 粉末固结致密化技术

粉末在固结前要经过真空加热脱气处理，以除去粉末颗粒表面吸附的气体和水分。镁合金的脱气加热温度在 200～300℃之间，时间 1～24 h 不等，可根据粉末情况进行调整。比较常用的快速凝固粉末固结方法有热等静压、热压、真空热压、热挤压、轧制和冲击波固结法等。图 8-34 所示为这几种工艺的原理。采用不同的固结成形工艺可以制得不同形状的合金坯锭，如粉末包套轧制法可以制备板坯，粉末挤压法可以制棒坯，等静压法和热压法可以制成不同形状的坯件等。这些坯锭经过进一步挤压、轧制、锻造后就可以制备出管、棒、杆、带、型材等产品。

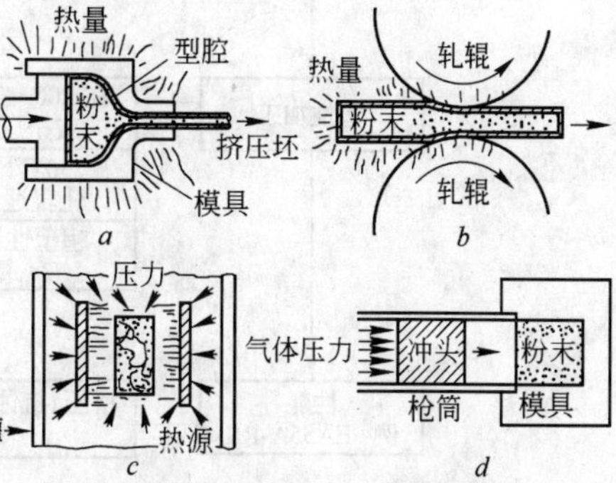

图 8-34 粉末固结工艺原理

a—热挤；*b*—热轧；*c*—热等静压；*d*—冲击压实

C 快速凝固/粉末冶金（RS / PM）技术在镁合金制备中的应用

Allied Signal 公司采用自行开发的 RS/ PM 工艺，如图 8-35 所示。成功研制出了高性能的 EA55A 型材，其力学性能见表 8-37，这种合金型材是已报道的性能最佳的镁合金型材。

表 8-37 Allied Signal 公司开发的 RS EA55A 产品及其力学性能

序号	状 态	腐蚀速率 /mm·a^{-1}	σ_b/MPa	$\sigma_{0.2}$/MPa	σ_{-1}②/MPa	δ/%	K_{IC}/MPa·m$^{1/2}$
1	挤压态的棒/杆	0.25	469～483	428～434	195	10～14	6
2	挤压态的棒/杆	0.25	482～474	400～415		12～14	6～8
3	经高温处理的 T4 状态棒①	0.25	415～434	371～406		14.7～24.5	长横向 *L-T*:9～15 短横向 *T-L*:6.5～7
4	轧制态	0.25	490～538	490～504		4～6	7
5	325℃，2 h 处理态	0.25	407	304		14	

① 在 300℃或 350℃保温 30 min 随后水淬；
② 在 2800 Hz 条件下的旋转弯曲疲劳强度。

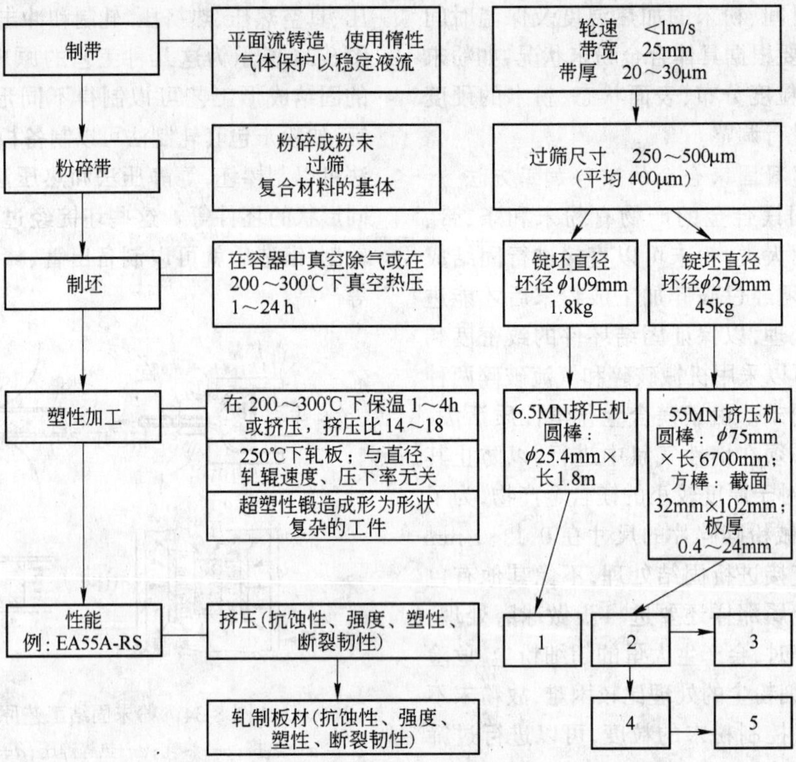

图 8-35 Allied Signal 公司的平面流铸造工艺制造快速凝固 EA 系镁合金及产品工艺流程
(图中 1～5 见表 8-37)

8.3.7.4 快速凝固镁合金的研究展望

快速凝固将成为未来高性能镁合金的主要制备方法。非晶态镁合金主要是通过合金熔体急冷法制备，当冷却速度高达 $10^4 \sim 10^6$ K/s 以上时，可获得一维尺寸很小的薄带、细丝或三维尺寸很小的微粉。非晶态镁合金的力学性能优异，是潜在的结构材料。Mg-Ni-Ca 三元非晶合金的 σ_b 可达 1150 MPa，比强度达 600 MPa/(g·cm^{-3})，是金属材料中比强度最高的。

非晶态镁合金的抗腐蚀性和储氢性能优良，是一种很有发展前途的新型材料。镁合金非晶化是改善抗腐蚀性的重要方法。非晶态镁合金具有良好的储氢特性，如非晶态 MgNiCr 合金的氢化和分解速度均得到明显改善，克服了晶态镁和镁镍储氢材料的缺点，增加了储氢能力，降低了放氢速度。镁系吸氢合金能有效用于 350～400℃的工业废热的利用，工业废热可提供氢化物分解所需的热量。随着无污染能源氢气的开发与广泛应用，非晶态镁合金必将引起人们的重视。此外，利用镁合金非晶化特性，在开发超导功能材料、纳米材料等方面也具有很大的潜力。

8.3.8 喷射沉积法制备镁合金

8.3.8.1 喷射沉积技术的基本原理及特点

喷射沉积技术是一种节能、低消耗、低成本的近净成形快速凝固新技术，是继铸造冶金和粉末冶金技术之后的第三类材料制备新技术，在美国、英国、日本等工业发达国家已经实现了产业化。不仅在军事、国防工业中有着重要应用，在民用工业如汽车等行业中也占有重要地位。

喷射沉积技术的原理是：将熔融金属或合金在惰性气氛中雾化，形成颗粒喷射流，直接喷射在较冷的基体上,经过撞击、聚结、凝固而形成沉积物,这种沉积物可以立即进行锻造、挤压或轧制加工,也可以是近净成形产品。图 8-36 所示为喷射沉积技术原理,它是一种介于铸造冶金和粉末冶金之间的技术,同时兼备了两者的大部分优点,并且克服了各自的主要缺点。

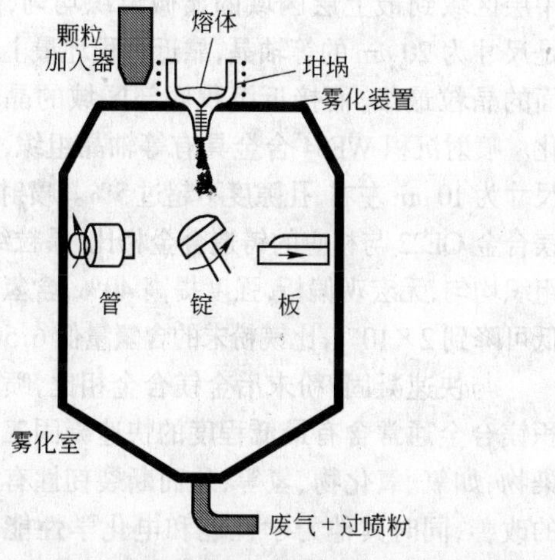

图 8-36 喷射沉积技术原理

与其他快速凝固技术相比,喷射沉积工艺具有更为广阔的发展前途,其主要特点表现在以下几个方面。

(1) 冷却速度高。在喷射沉积过程中,颗粒飞行时的冷却速度可达 $10^2 \sim 10^4$ K/s,沉积物冷却速度可达 $10^1 \sim 10^3$ K/s,比传统铸造冶金方法的冷速高得多,在沉积物中能够得到快速凝固态组织,细小均匀,成分偏析度小。若采用合适的喷射沉积工艺,沉积坯的冷速还可以更高。例如坩埚移动式喷射沉积工艺中沉积坯的冷速达到 10^4℃/s 以上。

(2) 材料氧化程度小。喷射沉积过程在惰性气氛中瞬时完成,金属氧化程度小。由于液态金属一次成形,工艺流程短,减轻了材料的污染程度。

(3) 材料力学性能优越。由于喷射沉积坯冷却速度大,组织细小均匀,且氧化程度比快速凝固/粉末冶金方法的低,因而材料的综合力学性能达到或高于粉末冶金/快速凝固材料,明显优于铸造材料,如断裂韧性 K_{IC}有较大改善。这些材料可以满足特殊领域的要求。

(4) 材料电化学性能优越。由于喷射沉积工艺不会像快速凝固和粉末冶金工艺那样产生污染物,氧、氧化物弥散相和氢等的含量很低,因此材料电化学性能有较大提高。

(5) 经济性。图 8-37 所示为不同制备技术(传统铸造冶金 I/M、粉末冶金 P/M 和喷射沉积 SF)的生产工艺流程,从图中看出喷射沉积是一种近净成形技术,工艺简单,与粉末冶金方法相比,产品生产工艺大大简化,且省去了粉末制备、除气、压制和烧结等工序,生产周期大大缩短,生产效率显著提高。

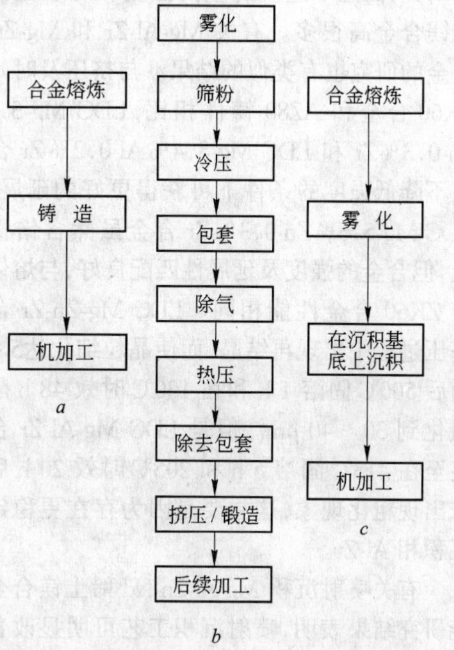

图 8-37 三种材料制备技术的工艺流程对比
a—传统铸造;*b*—粉末冶金;*c*—喷射沉积

(6) 灵活性强。喷射沉积工艺原则上能生产任何金属产品,如复合材料、双金属和多金属材料及摩擦材料等。

8.3.8.2 喷射沉积镁合金的制备技术

喷射沉积工艺生产周期短,生产效率高,且喷射沉积镁合金具有冷速高、晶粒细小均匀等特点,从而是制备高性能镁合金的有效方法。与普通铸造镁合金相比,喷射沉积镁合金在室温和高温下的抗拉强度和屈服强度有较大提高,而塑性明显改善。如果能摸索出最佳的喷射工艺条件，则力学性能有望进一步提高。由于喷射沉积工艺可以获得极高的冷速，人们可以自由地选择合金元素，并可提高合金元素浓度，为新型镁合金和高性能镁合金的研制和应用开辟了无限广阔的前景。此外，合金中含有一些非常规的元素，利用它们所生成的金属间化合物相和微细的弥散粒子，可以获得优异的力学性能和耐蚀性能。

Lavernia 和 Grant 等最早进行了镁合金喷射成形和挤压技术的研究。对不同 Mg、Ca 和 RE 含量的喷射 Mg-Al-Zn-X 合金力学性能进行了研究，高温下这些合金的强度和延展性比传统镁合金高很多。有关 Mg-Al-Zr 和 Mg-Zn-Zr 合金的研究也有类似的结果。与挤压及时效态 ZK60 合金和 AZ80 铸件相比，LDC Mg-5.6% Zn-0.3% Zr 和 LDC Mg-8.4% Al-0.2% Zr 合金在不降低强度的条件下可获得更好的延展性。LDC Mg-5.6% Zn-0.3% Zr 合金虽然含锆量较低，但合金的强度及延展性匹配良好，与熔体旋铸 ZK60 合金性能相同。LDC Mg-Zn-Zr 合金挤压过程中出现再结晶，而使晶粒细化达5 μm，随后 500℃ 固溶 1 h 和在 130℃ 时效 48 h 晶粒粗化到 30～40 μm。但是 LDC Mg-Al-Zr 合金甚至在 413℃ 固溶 5 h 和 205℃ 时效 20 h 后也未出现粗化现象，这主要是因为存在更稳定的沉积相 Al_3Zr。

有关喷射沉积 Mg-Al-Zn-Nd 稀土镁合金性能研究结果表明，喷射沉积工艺可明显改善稀土镁合金的性能。与传统铸锭冶金镁合金相比，喷射沉积稀土镁合金晶粒细小，组织均匀，σ_b 提高了 16.7%，$\sigma_{0.2}$ 提高了 27.8%，δ 提高了 8.3%。铸造和喷射沉积 WE54 合金的光学金相显微组织表明，喷射沉积镁合金的晶粒大小为 10～30 μm，远小于传统铸造镁合金。沉积坯从中层区域到最上层区域的显微组织均匀，晶粒是尺寸为 20 μm 的等轴晶，靠近沉积坯最上层表面的晶粒最细，而接近沉积底部区域的晶粒粗化。喷射沉积 WE54 合金具有等轴晶组织，晶粒尺寸为 10 μm 左右，孔隙度不超过 5%。喷射成形镁合金 QE22 与相应的铸造合金相比，晶粒细小，组织均匀，无宏观偏析，强度提高 40%，含氢量最低可降到 2×10^{-6}，比镁粉末的含氢量低 6.5 倍。

与快速凝固/粉末冶金镁合金相比，喷射沉积镁合金通常含有最低程度的快速凝固工艺污染物，如氧、氧化物、氢等，从而断裂韧性有较大的改善，同时其他力学性能和电化学性能有较大的提高。Faure 等报道，喷射沉积 Mg-7Al-4.5Ca-1.5Zn-1.0RE 和 Mg-8.5Al-2Ca-0.6Zn0-0.2Mn 合金的断裂韧性 K_{IC} 分别为 30 MPa·$m^{1/2}$ 及 35 MPa·$m^{1/2}$，较常规铸造态的有较大改善。这些合金的 σ_b 和 $\sigma_{0.2}$ 分别为 480 MPa、435 MPa和 365 MPa、305 MPa，δ 分别为 5% 及 9.5%。两合金的断裂韧性和 10^7 次旋转弯曲疲劳抗力优于铸造合金 AZ80 及由熔体旋铸薄带制得的 RS AZ91＋2% Ca 合金。表 8-38 列出气体雾化及喷射成形镁合金的性能。

表 8-38 气体雾化及喷射成形镁合金的性能①

方法及合金	σ_b/MPa	σ_s/MPa	δ/%	K_{IC}/MPa·$m^{1/2}$	腐蚀速率/mm·a^{-1}
LDC Mg-8.4Al-0.2Zr①	351	253	18		
LDC Mg-5.6Al-0.3Zr②	354	303	14		
SFMg-7Al-1.5Zn-4.5Ca-1.0RE	480	435	5	30	0.46
SF Mg-8.5Al-0.6Zn-2Ca-0.2Mn	365	305	9.5	35	0.15
SF QE22	350	290	10		3.3
Ca Mg-3.2Nd-1.1Pr-1.5Mn	427	420	5.1		0.28
Ca AZ91	400	350	10		
CaZE63	430	410	4		
Ca ZK60-T6	403	376	17		
GA QE22	415	380	4		
GA Mg-7.9Al-0.7Si	405	291	19		14.7

注：LDC 代表动态压实；SF 代表喷射成形；Ca 代表铸造；GA 代表气体雾化。

① 235℃ 时效 20 h；② 130℃ 时效 48 h。

Elias 等开展了镁合金的喷射沉积原位合金化工艺的研究，将铝粉和 Al-10％Si 粉末喷射到 Mg-Mn 合金的液流中进行喷射共沉积。纯铝及 Al-10％ Si 粉末（粒径 56 μm）分别与 Mg-Mn合金熔体在喷射共沉积时发生反应，研究表明合金中存在粒径仅 30 nm 的弥散相粒子。

喷射沉积技术不仅用于制备传统牌号的镁合金，如 WE54 耐热变形镁合金（可用于 300℃以上）、QE22 抗蠕变砂型铸造镁合金、AS21 压铸镁合金和 AE42 高温压铸镁合金，还研究一些三元镁合金，如 Mg-Al-Ca 等。另有研究表明，喷射沉积工艺可以扩大合金元素的固溶度。表 8-39 列出了已研究的喷射沉积镁合金的成分，它们与其他镁合金的力学性能比较分别如图 8-38 和图 8-39 所示。

表 8-39 喷射沉积镁合金的成分

合金		成分（质量分数）/%							
		Ag	Al	Ca	Mn	SE①	Si	Y	Zr
传统镁合金	WE54					4.0		5.1	0.5
	QE22	2.2				1.8			0.3
	AE42		4.2			1.5			
	AS21		2.9		0.25	0	1.0		
新型镁合金	AE42＋Ca		4.0	5.6		1.3			
	AS21＋Ca		3.2	4.4			0.9		
	Mg9Al4Ca1Si		9.5	4.3			1.1		
	Mg3Al4Ca		3.4	4.3					
	Mg6Al6Ca		6.5	5.9					
	Mg9Al6Ca		9.4	6.2					

① SE 为富 Nd 的稀土。

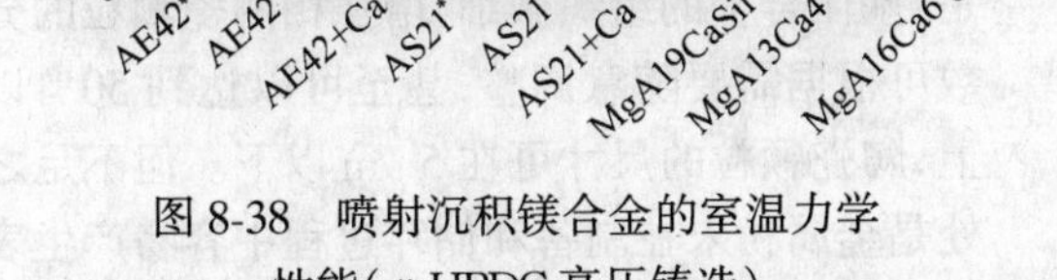

图 8-38 喷射沉积镁合金的室温力学性能（＊HPDC 高压铸造）

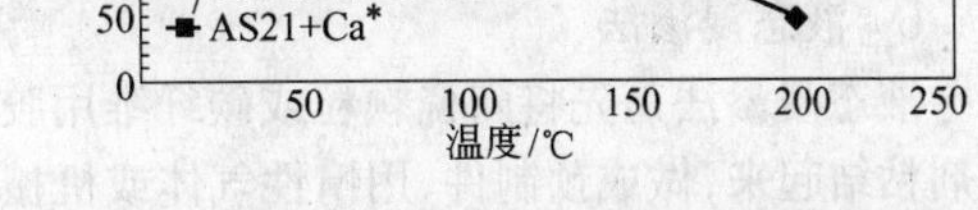

图 8-39 喷射沉积镁合金的屈服强度随温度变化的曲线（＊＊喷射沉积＋挤压工艺制备）

从目前喷射沉积技术制备镁合金的现状来看，进一步优化喷射沉积工艺，以获得更为优良的显微组织和性能，还有待于深入研究。另外，镁合金喷射沉积过程中的安全性需要特别注意。通常将体积分数为 1％的氧气通入惰性气体中来钝化处理粉末，防止喷射沉积过程中液滴和过喷粉末的自燃。为了安全处理过喷粉末，需要在喷射沉积结束后再对粉末进行一次钝化处理。

8.3.9　镁基复合材料的制备技术

镁及其合金具有密度低,比强度、比刚度高,抗冲击等优点,但作为结构材料使用时,由于其硬度、刚度及耐磨性不够理想,其应用受到很大的限制。通过在基体中添加陶瓷颗粒或碳纤维,制备出镁基复合材料,则可以明显改善以上性能,如提高抗拉强度、屈服强度、弹性模量、耐热性能、抗蠕变性能,降低的热膨胀系数等。

可用做增强相的颗粒有氧化物、碳化物、陶瓷颗粒等。此外,石墨颗粒和碳纤维也是有效的增强体。

8.3.9.1　镁基复合材料的制备方法

A　铸造冶金法

a　搅拌铸造法

搅拌铸造法是利用高速旋转的搅拌器桨叶搅动金属熔体,使其剧烈流动并形成以搅拌旋转轴为中心的漩涡,将颗粒加入漩涡中,依靠漩涡的负压抽吸作用让颗粒进入金属熔体中。经过一段时间的搅拌,使颗粒均匀分布在熔体中,这种最简便的颗粒增强金属基复合材料制备工艺,成本低。如能采取措施使增强物与金属熔体润湿良好,可以制取含有 SiC、Al_2O_3、SiO_2、云母或石墨等增强相的金属基复合材料。但在强烈搅拌的过程中,不可避免地会有气体和夹杂物混入,增强相偏析和结团现象也难以避免,而且最终组织粗大。同时,基体与增强相之间易发生有害的界面反应,增强相的体积分数也受到一定的限制,产品性能低,性价比优势不明显。

b　液态浸渗法

液态浸渗法是先将陶瓷颗粒或碳纤维用胶黏剂粘结起来,做成预制件,用惰性气体或机械化装置作为压力媒体将金属液压入预制件的间隙中,凝固后即形成复合材料。按其具体工艺不同,又可分为压力浸渗法、无压浸渗法和真空浸渗法。压力浸渗法是一种熔体浸渗和压力铸造相结合的方法。该工艺的基体流程是:首先制备颗粒增强相预成形块,然后在压差作用下将熔体渗入预制件间隙中,可制备体积分数高达 50%的复合材料。但该工艺存在预制件在压力作用下易变形、微观组织不均匀、晶粒尺寸粗大,易发生有害的界面反应等缺点。

由于镁极易氧化燃烧,除非有气体保护,否则不适宜用搅拌法制备,采用浸渗工艺则比较理想。浸渗过程可以在挤压铸造机上进行,也有专用的浸渗装置。

在浸渗工艺中,增强相与镁合金熔体之间的浸润性对浸渗过程有重要影响,是关键工艺参数。浸润性取决于液体的表面能 γ_{LS}、固相表面能 γ_{Sa} 和液固两相的界面能 γ_{LS}。根据 Young 方程

$$\gamma_{Sa}-\gamma_{LS}=\gamma_{Sa}\cos\theta$$

当 $\theta<90°$ 时,两相可以浸润;而 $\theta>90°$ 时,两者难以浸润。一般来说,镁与陶瓷颗粒之间的浸润性较好(与 Al 相比)。另一个影响浸渗过程的因素是预制坯中的胶黏剂,因为它对熔体与增强相之间的反应影响很大。在浸润性好的系统中,金属熔体首先会浸入到较狭小的毛细管中,而在浸润性差的系统中,熔体则先进入通道较大的区域,然后才在细小的毛细管中浸渗,为了克服浸渗阻力,需要对熔体施以一定的压力。

B　粉末冶金法

该方法是将预制好的纯镁粉或镁合金粉与陶瓷颗粒均匀地混合在一起,混合粉末通过真空除气、固结成形后,再进行热压、锻造、轧制等冷、热塑性加工,制成所需形状、尺寸和性能的复合材料,粉末的固结方式有热压、等静压(冷等静压、热等静压和温等静压)等方法。

采用粉末冶金法制备镁基复合材料的优点是:基体合金的组织微细,增强相陶瓷颗粒的分数可根据需要随意调整,甚至可以达到 50%以上,陶瓷颗粒的尺寸可在 5 μm 以下。但不足之处是金属粉末在制备和储存过程中容易产生表面氧化,对材料的塑性及韧性不利。另外,制备大尺寸坯件或零部件时需要大型的成形设备和模具,加工成本较高。采用粉末冶金法制备镁基复合材料时所采用的温度较低,不会发生有害界面反应,还有利于提高材料的塑性和韧性。

制备复合材料用的金属粉末一般用机械破

碎法和气体雾化法制备,机械破碎法制备的粉末形状复杂,尺寸较大,而雾化粉末颗粒的尺寸较细小,为球形和类球形。在采用气体雾化法制备粉末时,一般采用含有 1% ~2%(体积分数)氧的惰性气体做雾化介质,以保证生成的粉末表面被钝化,提高安全性。

为了提高粉末混合时陶瓷颗粒分散的均匀性,还可以采用球磨预处理工艺,在磨球的作用下,陶瓷颗粒被打击而粘附于金属粉末颗粒上,这样在随后的致密化和变形过程中就不易产生偏聚。另外,金属粉末与陶瓷颗粒的粒度搭配也会影响混合均匀性,当两者的平均粒度之比为 5:1 左右时,可以明显降低偏聚程度。粉末坯经挤压锻造等大变形处理后,粉末颗粒之间就会结合在一起,得到的材料可基本达到理论密度。

C 喷射沉积法

喷射沉积技术是制备高性能合金材料的有效方法,若在喷射沉积过程中将陶瓷颗粒引入到雾化锥中,与雾化颗粒共沉积,可以制备出陶瓷颗粒增强的复合材料。

Schroder 等, Vervoort 和 Duszczyk 等最早开展了喷射共沉积镁基复合材料的研究。Schroder 等采用的增强相为 Al_2O_3 和 SiC 颗粒,研究了颗粒的特性、含量、尺寸、形状对 AZ91 和 QE22 合金基复合材料(采用雾化粉末挤压成形的方法制备)的性能的影响,并与喷射成形 QE22/15%SiCp 材料进行了对比研究。这两种方法制备的复合材料的弹性模量、耐磨性都大幅度提高,膨胀系数下降。由于喷射成形是短流程工艺,材料制备比较简单、便利。喷射沉积颗粒增强金属基复合材料中颗粒的分布均匀,界面反应很轻微,因而性能优异。Vervoort 和 Duszczyk 采用喷射沉积工艺制备了 QE22 合金及 QE22/SiCp 复合材料坯,其孔隙体积分数高达 20%。QE22 合金经挤压后,具有优异的强度和塑性,其伸长率达到 12%,而传统铸造 QE22 合金的伸长率只有 2%。

8.3.9.2 镁基复合材料的组织与性能

A 镁基复合材料的超塑性

镁的塑性变形能力虽然较差,但可以通过细化晶粒的方法提高合金的塑性,改善其变形能力,且还可以大幅度提高力学性能。研究表明,具有微晶组织的镁合金和复合材料还能在高温下进行超塑性变形。在镁合金加入增强相后,材料的强度虽然可以进一步提高,但塑性降低,不过有研究发现这种复合材料的超塑应变速率有所提高,例如 H. Watanable 等在研究陶瓷颗粒增强的 WE43 合金的超塑性时发现,细小且弥散分布的增强颗粒可以稳定镁合金在高温下的组织,协调晶界滑移,使得合金在保持较高屈服强度的同时,也获得了很高的伸长率。

与镁合金不同的是,镁基复合材料的超塑变形行为的影响因素除了晶粒尺寸外,还有其他因素,图 8-40 所示为几种镁基复合材料的应变速率与晶粒尺寸之间的关系。增强颗粒可以抑制超塑变形过程中晶粒的长大。

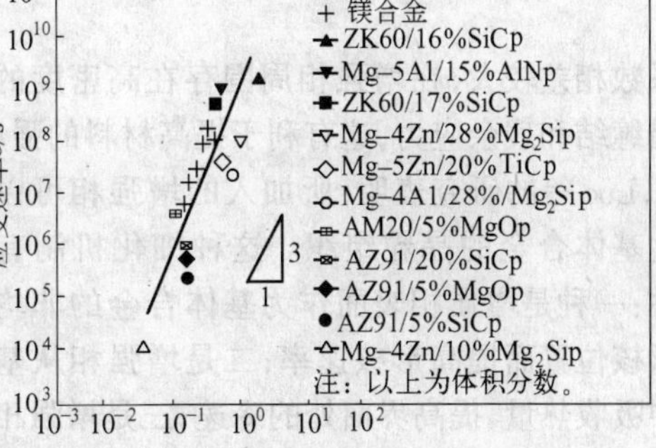

图 8-40 镁基复合材料的应变速率 $\dot{\varepsilon}$(晶界扩散补偿)与晶粒尺寸 d^{-1} 的关系

镁基复合材料的主要变形机制是晶界滑移,但在变形过程中,在晶界和基体与增强相的界面处会造成应力集中,因此必须有相应的变形协调机制来保证超塑变形的延续,以防断裂。镁基复合材料在变形时产生的局部应力可以通过扩散流变来松弛。部分镁基复合材料的超塑性试验结果见表 8-40。

B 镁基复合材料的组织特征

镁基复合材料的组织特征与其他金属基复合材料的组织相似,也是纤维状、颗粒状或晶须增强体分布于合金基体之中,由于两者的膨胀

表 8-40 部分镁基复合材料的超塑性试验结果

基体		增强相				超塑变形参数及结果				
材料	d_P/μm	材料	形状	d_P/μm	体积分数/%	温度/℃	$\dot{\varepsilon}$/s^{-1}	δ/%	σ/MPa	m
AZ31		SiC	P	2	10	525	2.08×10^{-1}	228	19.8	0.36
Mg-4Al	1.4	Mg_2Si	P	0.7	28	515	1×10^{-1}	368	8.0	0.5
Mg-5Zn		TiC	P	2～5	10	470	1.67×10^{-2}	205	9.4	0.33
Mg-5Zn	2	TiC	P	2～5	20	470	6.67×10^{-2}	295	8.0	0.43
ZK51		TiC	P	1	20	470	3×10^{-2}	136	4.1	0.3
Mg-4Zn	18.5	Mg_2Si	P	76	10	450	1.7×10^{-5}	206	1.6	0.5
Mg-4Zn	0.9	Mg_2Si	P	0.8	28	440	1×10^{-1}	290	10.0	0.5
AZ91		SiC	W	0.5(30～100)①	13	430	5×10^{-2}	100	16.6	0.29
AZ91	7.1	SiC	P	3	5	410	1.32×10^{-4}			0.58
AZ91	8.2	MgO	P	4	5	410	2.6×10^{-4}			0.24
ZK60	0.5	SiC	P	2	17	400	1	350	35.9	0.5
Mg-5Al	<2	AlN	P	0.72	15	400	5×10^{-1}	236	33.8	0.39
AZ91		SiC	W	0.1～1/(30～100)①	20	400	5×10^{-1}	120	16.8	0.37
AZ91	8.1	SiC	P	3	20	405	2.6×10^{-4}			0.52
AM20	8.7	MgO	P	4	5	370	9.99×10^{-4}			0.35
ZK60	1.7	SiC	P	2	17	350	1×10^{-1}	450	15.4	0.5
Mg-9Li	3.5	B_4C	P	<20	5	200	1×10^{-3}	445	6.5	0.5
ZK60	1.7	SiC	P	2	17	190	1×10^{-4}	337	29.1	0.4

① 晶须直径/晶须长度。

注：P 为颗粒增强相；W 为晶须增强相；m 为应变速率敏感性指数。

系数相差较大，在增强相周围存在高密度的位错缠结和残余应力，这有利于提高材料的强度。A. Luo 等的研究表明，所加入的增强相可以细化基体合金的晶粒组织。这种细化机制有三种：一种是增强相表面作为基体合金的非均匀形核位置而提高形核速率；二是增强相从基体中吸收热量，提高界面处的冷速；三是增强相通过阻碍晶粒界面的移动而阻碍晶粒的长大。由于上述原因，在同等条件下制备的复合材料的晶粒尺寸比合金晶粒尺寸要小得多。例如，AZ81/SiCp 复合材料基体的晶粒尺寸约为 AZ80 合金晶粒的 1/3，这种复合材料的力学性能也比较高。

研究铸态 AZ81/SiCp 复合材料的界面微观结构时发现，在 SiCp 颗粒表面上发生了 $Mg_{17}Al_{12}$相形核并向熔体中扩展的现象，两者之间的界面为半共格界面，但由于凝固时界面起排斥作用，SiC 颗粒容易富集在晶界处。

研究 ZCM30/SiCp 的界面结构时发现，在 SiC 颗粒表面生成的薄片状共晶相与 SiC 颗粒之间的结合强度比基体与 SiC 颗粒之间的结合强度高，这说明，这种共晶相的生成有利于提高复合材料的力学性能。

采用真空压力浸渍法制备了 ZM5/SiCp 复合材料，研究了复合材料的界面特征，发现界面结合紧密，界面区存在 Al 元素偏聚现象，并导致界面处针状和块状 β-$Mg_{17}Al_{12}$相的析出，由于 SiC 颗粒表面吸附了一定量的氧，在材料制备过程中，镁与氧反应，生成 MgO，附着在界面上，在界面附近的基体中存在高密度的位错缠结组织。

C 镁基复合材料的力学性能

美国 DOW 化学公司等几家单位系统研究了镁基复合材料的制备工艺、组织性能特征。采用所研究成功的熔体搅拌与铸造技术，解决了在搅拌过程中陶瓷颗粒难以分散均匀，在混合料中混入大量空气以及在铸造成锭坯时，由于其中的空气难以去除和流动性差而造成的锭坯组织疏松问题，制造出了 SiC 颗粒含量高达 26%（体积分数）的镁基复合材料锭坯，其相对致密度达到 95% 以上，锭坯的直径达到 ϕ250 mm以上，重达 70 kg。采用复合材料锭坯挤压出了 ϕ133 mm × 121 mm 的管材，直径为 ϕ79 mm 和 ϕ57.2 mm 的圆棒材，截面为

13 mm×19mm的矩形棒材，以及不规则截面的异型材。复合材料的基体合金有 AZ31B、AZ61A、AZ63A、AX80A、ZK60A、Z6（Mg + 6% Zn）、ZE62（Mg + 6% Zn + 2% Ce）、AZ90 和 AZ92A等，增强体有 Al_2O_3 颗粒（平均粒度为16 μm）、SiC 颗粒（平均粒度分别为 36 μm、16 μm、10 μm）、B_4C 颗粒（平均粒度 16 μm）。由于基体镁合金的塑性变形能力较差，因此镁基复合材料的挤压成形工艺难度非常大，要求采用慢速挤压工艺，挤压速度应小于 0.3～1.2 m/min。在上述材料中，AZ31B/SiCp 的挤压成形性能较好。表 8-41 为 AZ31B/SiCp 复合材料挤压管材（$\phi_{外}$ = 133 mm，$\phi_{内}$ = 121 mm）的力学性能。

表 8-41　AZ31、ZK60/20%SiCp 复合材料的室温力学性能

材　料	t/℃	E/GPa	σ_s/MPa	σ_b/MPa	σ_s(压缩)/MPa	δ/%
AZ31B/SiCp (粒度 16 μm)①	25	79(0.7)	251(0.7)	330(4.8)	179(2.1)	5.7(0.7)
	150	56(4.8)	154(0.0)	215(0.7)	158(11.0)	10.4(1.4)
AZ31B/SiCp (粒度 10 μm)①	5	79(4.8)	270(4.8)	341(10.8)	197(1.4)	4.0(0.8)
	150	68(4.8)	167(0.7)	215(0.7)	167(4.8)	9.2(1.1)
AZ31B②	25	45	165	250	85	12.0
	150		105	170	95	39.0
ZK60A-T5②	25	45	270	340	205	12.0
	150	36	140	175	155	53.0

① 各个温度下取三种复合材料试棒做试验，取性能平均值，括号内数据为标准偏差；
② 管材的室温性能值代表其典型的性能值，高温性能值对其而言不是典型数据。

由表 8-41 可知，AZ31B/SiCp 复合材料的强度、模量与 AZ31B 合金的相比，均有大幅度的提高，虽然 SiC 的含量高达 20%（体积分数），但材料的塑性仍然较好。另外，采用较细的 SiC 颗粒可以进一步提高复合材料的强度。虽然这几种复合材料的力学性能仅与未复合的 ZK60A(T5 态)合金的力学性能相当，但前者的模量高得多。图 8-41 对比了几种材料的比模量，可见镁基复合材料的比模量非常高。

表 8-42 列出了美国 DOW 化学公司研制出的一些铸造和粉末冶金镁基复合材料的力学性能。可见这些镁基复合材料的力学性能非常优异，具有广泛的用途。同时由于陶瓷颗粒来源广，价格便宜，从而镁基复合材料的生产成本也较低，适合于工业生产及应用。

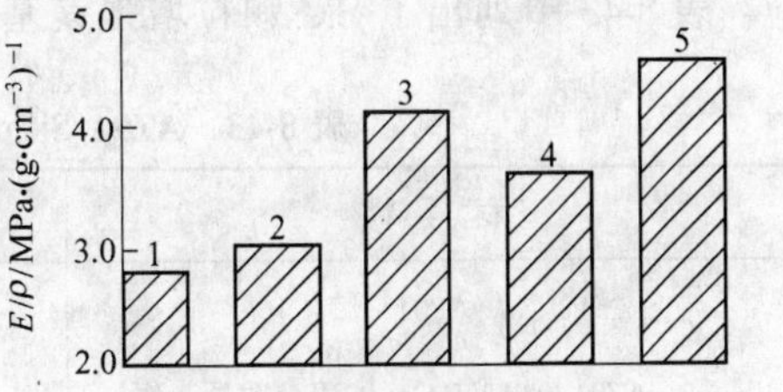

图 8-41　几种材料的比模量
1—AZ31B；2—2014-T6；3—AZ31B + 20%（体积分数）16 μm 的 SiC（LM 法制造）；4—2014-T6 + 15%（体积分数）Al_2O_3（LM 法制造）；5—ZK60A + 20%（体积分数）3 μm 的 SiC（PM 法制造）

Laurent 等采用熔体搅拌法制备了 AZ91D/SiCpMMCs，制备时在固相线和液相线温度区

表 8-42　粉末冶金镁基复合材料的力学性能

材料①②	热处理	E/GPa	σ_b/MPa	材料①②	热处理	E/GPa	σ_b/MPa
AZ61A + 15%B_4C②	F	61	229	Mg + 20%B_4C	F	59	273
AZ61A + 20%B_4C	F	64	254	AZ31B + 20%SiC	F	102	466
AZ61A + 25%B_4C	F	78	258	Mg + 15%SiC④	F	62	422
AZ90③ + 25%B_4C	F	97	460	Mg + 17%SiC⑤	F	68	465
ZK60A + 15%B_4C	T6	73	388	Mg + 18%SiC⑥	F	69	382
ZK60A + 20%B_4C	T6	78	398	Mg + 20%SiC⑦	F	72	386
ZK60A + 25%B_4C	T6	86	418	ZK60A + 15%SiC⑧	T5	78	399
Mg + 10%B_4C	F	57	280	ZK60A + 20%SiC⑨	T5	84	428

① 根据 ASTM 的规定确定基体符号。

② 材料中所加 B_4C 和 SiC 均为体积分数。

③ AZ90 为 Mg + 9%Al + 0.5%Zn + 0.15%Mn 的四元合金。

④ SiC 颗粒的平均尺寸为 1 μm，采用强化弥散工艺混合 Mg 和 SiC 粉末。

⑤ SiC 颗粒的平均尺寸为 2 μm，采用强化弥散工艺混合 Mg 和 SiC 粉末。

⑥ SiC 颗粒的平均尺寸为 3 μm，采用强化弥散工艺混合 Mg 和 SiC 粉末。

⑦ SiC 颗粒的平均尺寸为 3 μm，采用干球磨法来混合 Mg 和 SiC 粉末。

⑧ SiC 颗粒的平均尺寸为 4 μm，采用干球磨法来混合 Mg 和 SiC 粉末。

⑨ SiC 颗粒的平均尺寸为 3 μm。

间内加入 SiC，随后在液相线温度以上搅拌混合物以降低 SiC 颗粒与液态 AZ91D 之间的反应。表 8-43 中列出了 SiC 颗粒增强镁基复合材料 AZ91/SiCp、AZ61/SiCp 及未增强基体合金的力学性能。

表 8-43　AZ91/SiCp、AZ61/SiCp 及基体合金的力学性能

材　料	$\sigma_{0.2}$/MPa	σ_b/MPa	δ	E/GPa
AZ91	168	311	21.0	49.0
AZ91/9.4%SiCp(体积分数)	191	236	2.0	47.5
AZ91/15.1%SiCp(体积分数)	208	236	1.0	54.0
AZ61	157	198	3.0	38.0
AZ61/20%SiCp(体积分数)	260	328	2.5	80.0

为了研制性能更为优异的镁基复合材料，还可以采取 SiC 晶须、微细颗粒（2～5 μm）和碳纤维作为增强体。表 8-44 列出了几种典型的 SiC 增强镁基复合材料的力学性能。表中数据表明，镁基复合材料强度很高，通过挤压成形可以进一步提高强度。这与挤压变形可以消除复合材料中的铸造缺陷有很大关系。对于晶须增强的镁基复合材料，在挤压变形过程中晶须会沿着挤压方向定向排列，提高了承载能力。

表 8-44 SiC 增强镁基复合材料的力学性能

基体合金	SiC 形态	状态	体积分数/%	σ_b/MPa	E/GPa	δ/%
AZ91	晶须	压铸态	20	439		
		挤压态	20	623		
ZK51A	晶须	铸态	10	237.3	54.6	1.49
			20	308.7	65.1	0.91
		挤压态	10	280.5	62.3	1.86
			20	379.8	81.6	1.18
MB2	颗粒(2 μm)	挤压态	10	316		6.5
	颗粒(3 μm)	挤压态	10	282		4.2
AZ91	颗粒	铸态	0	245	46	21
			9.4	236	47.5	2
			15.1	236	54	7
			20	328	80	2.5
Mg-12Li	晶须	铸态	20	200	69	1.43

在所有的镁合金中，Mg-Li 合金的密度最低。Li 被加入到 Mg 中形成合金以后，降低了镁晶体的轴比 c/a 值，改善了其滑移变形性能，特别是 Li 含量达到 5.7% 以上时，形成了具有体心立方结构的 β 相，使合金的塑性得到了更大幅度的提高，因此 Mg-Li 合金的比强度和比刚度非常高。但 Mg-Li 合金的力学性能仍不够理想，通过添加陶瓷增强相的方法可以改善其强度、刚度、硬度和模量等性能。表 8-45 列出几种典型 Mg-Li 合金的力学性能，结果表明，与纯合金相比，含有增强相的 Mg-Li 基复合材料的强度和模量都有大幅度提高，但伸长率却很低。

表 8-45 几种典型 Mg-Li 合金的力学性能

复合材料基体	增强相	V_f①/%	σ_b/MPa	δ/%	HV	E/GPa
Mg-12Li	δ-Al_2O_3 短纤维	0	75	>10	35	45
		12	210	2.8	96	
		24	280	2.0	113	
	SiC 晶须	20	200	1.43		69
Mg-10.3Li-6Al-6Ag-4Cd	δ-Al_2O_3 短纤维	0	90	0.4	93	
		12	167.5	0.3	103	
		24	142.5	0.4	145	
Mg-9Li	B_4C 颗粒	0	110	55		45.4
		5	162	13		49.0
Mg-14.1Li	B_4C 颗粒	0	180②			50.2
		10	214			68.1
		20	220			79.3
		30	244②			101.1

① V_f 为短纤维、晶须和颗粒的体积分数；② 压缩屈服强度。

碳纤维和石墨纤维因具有高强度、高模量等一系列优点，是制备复合材料的理想增强体，对于镁来说，由于两者之间不易反应，也是一种理想的增强材料，但它不适合于高铝含量的镁合金，因为 Al 与 C 反应生成 Al_4C_3 相影响界面结合强度。此外 Al_2O_3、Saffil 纤维也是有效的增强纤维。纤维增强的镁基复合材料的强度和模量均很高，见表 8-46。

表 8-46 镁基复合材料的力学性能

复合材料	E/GPa	σ_s/MPa	σ_b/MPa	T/℃	备注
P55/AZ91C(体积分数为 40%)	172		827	室温	
FT700/AZ61(体积分数为 57%)			968	室温	
Mg/T300			325	室温	纤维表面经处理
Mg/T300			522	室温	无表面处理
Mg-4Al/T300			328	室温	纤维表面经处理
Mg-4Al/T300(体积分数为 30%)			645	室温	无表面处理
Mg/P55	159		659	室温	纵向
ZE41A/P55	204		279	室温	纵向
AZ91C/P55	184		587	室温	纵向
Mg/P55	20		12	室温	横向
ZE41A/P55	25		19	室温	横向
AZ91C/P55(体积分数为 40%)	28		45	室温	横向
AZ31B/SiCp(体积分数为 20%)	79	270	341	室温	搅拌+挤压
	68	167	215	150	
Mg-6Zn/SiCp(体积分数为 20%)	75	418	466	室温	搅拌+挤压
	65	332	390	95	
	48	227	281	150	
	50	133	173	200	
ZC71/SiCp(体积分数为 12%)		370	398	室温	搅拌+挤压
		230	346	100	
		121	159	200	
Mg/Al_2O_3	50		217	室温	挤铸
			134	200	
$Mg\text{-}2.4Ag/Al_2O_3$	53		258	室温	
			253	200	
$Mg\text{-}2.4Ag/Al_2O_3$	60		280	室温	
			253	200	
$QE22/Al_2O_3$(体积分数为 20% Saffil)	58		280	室温	
			252	200	
$QE22/Al_2O_3$10%(体积分数)+SiC15%(体积分数)	77	290	330	室温	挤铸
			190	200	

8.3.10 AZ31 变形镁合金零件的等温锻压成形

下面以 AZ31 变形镁合金复杂散热器零件的等温锻压成形为例,进行介绍和分析。

8.3.10.1 AZ31 变形镁合金散热器零件的特点

散热器是某电子系统的关键零件,该零件的几何形状复杂,其中部是 5 条纵向分布的高筋,筋的平均高宽比最大为 7.5,筋顶部最薄处 0.5 mm,筋高 13 mm,筋总长 375 mm;外周是高低不平的不规则形状,高度差 2～10 mm;散热器的不规则形状凸起部分用于固定电路板插件,5 条高筋是重要的散热功能部位,其余高低不平处用以固定和连接飞行器机身,飞行器在飞行及降落过程中承受着很大的振动负荷。因此,要求零件流线沿其几何外形分布,不允许有流线紊乱、涡流及穿流现象,且要求晶粒尺寸细小均匀。该零件的几何尺寸大,水平投影面积近 0.1 m^2,是航空无线电系统中较大的镁合金压制件。散热器的复杂形状和上述的高性能要求决定了该零件的成形工艺复杂,需采用合理的工艺和有效的措施,才能完成该零件的精密压制成形。

8.3.10.2 等温锻压成形工艺分析

A 成形工艺分析

镁合金锻压特点之一是热压次数不宜过多,每加热、压制一次。锻压次数多,强度性能没有提高,反而加剧烧损,尤其当压制前加热温度高、保温时间长时,烧损的程度更大。镁合金的压制温度范围窄(150℃左右),而其热导系数很大(167.25 W/m·℃),接近钢的两倍。模锻时,如模具温度低,坯料降温很快,尤其在薄壁处,温度迅速下降,使塑性降低,变形抗力增大,充填型腔困难。该散热器的形状复杂,且有多条带斜度高筋、投影面不规则的凹陷形状,如果仍采用机加工切削成形,不仅费工、费时,而且材料消耗特别大,达到60%。基于上述原因,采用等温成形工艺是最适宜的,不仅可以保证零件成形,而且能提高制品的强度和改善其表面组织状态。

对不同截面面积的计算,发现该零件各部位的体积分布很不均匀,尤其在筋部凸起部位需要金属量很大,而筋间恰需大量金属流走。上述两种情况对金属流动的需求相互补充,合理地利用其特点,可避免"充不满"和"压制缩孔"的缺陷,同时可用等厚的长方板坯直接模压成形。该零件在锻压方向具有陡壁的形状,其根部直棱直角不适合直接终成形压制,一次终成形模锻会发展成折叠甚至把筋部成形的模腔撑裂,因此必须采用预成形加整形,由圆角过渡成尖角。

镁合金和铝合金一样,在一次大变形量模压后,由于大量新生表面出现可能引起粘模现象,并且易产生折叠缺陷。因此,锻压后需酸洗清理、修伤,然后再进行二次模压,即整形。该零件的成形工艺是预制板→预成形→整形。

B 加热工艺分析

根据AZ31镁合金的塑性图,在液压机上成形时,其模锻温度范围是350～360℃。采用该成形温度,综合考虑了材料的塑性变形抗力和成形后零件的性能。一般铝合金零件模锻后需经固溶和时效处理,以提高其性能。而AZ31镁合金不同,该合金在模锻前加热的同时,已完成了固溶的作用,即锻压后可不再固溶,直接进行时效处理。为保证压制后晶粒细小和强度性能,加热温度不宜过高,但为保证固溶效果和降低变形抗力,加热温度又不宜过低。

采用成形的模具与毛坯一同合模放入低温电阻炉内加热,炉内带有空气强制循环装置,保持炉温均匀,使炉内温度差不超过±10℃,出炉后毛坯和模具在环境温度下快速放入液压机锻压。由于AZ31合金热敏性较强,在模锻过程中受操作人员熟练水平、模锻速度、热模搬运速度、环境温度等多种因素的影响,难以保证镁合金是在恒温下变形,因此对于变形程度大于80%的产品来说,会在型腔充满程度、压制力、模具强度、避免模锻件表面开裂等方面出现问题。为此设计了液压机用镁合金通用加热盘固定在压机工作台上,周边围有硅酸棉保温材料,并装配有热电偶温控装置,温度差控制在±8℃之内,以平衡热坯、模具与环境交换的热量。装置结构如图8-42所示。

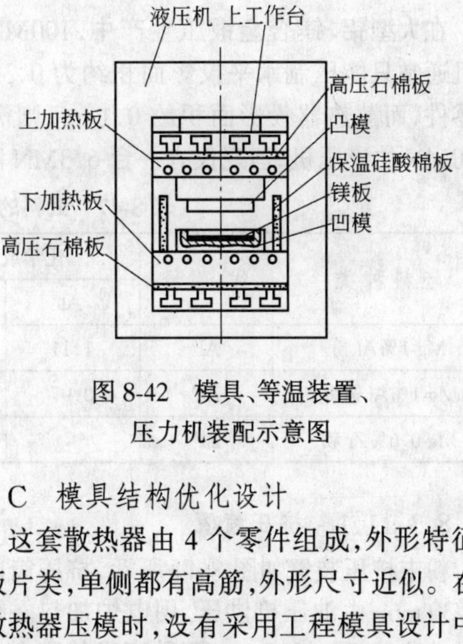

图8-42 模具、等温装置、压力机装配示意图

C 模具结构优化设计

这套散热器由4个零件组成,外形特征全是板片类,单侧都有高筋,外形尺寸近似。在设计散热器压模时,没有采用工程模具设计中把装料、压制、卸件、加热复合到一起的方式,而设计了通用模架。压制4种零件时,4种零件的凸、凹模可同时在等温炉内加热,节省了复合模的换模时间,形成4种零件和凸、凹模具循环加热,循环锻压的工作模式,最大限度地缩小模具与工件出炉后热量散失形成的温差。为此设计的快换模具保证了模具快速装卸,模具工作和

卸料部分按次序各自独立，锻压各零件的模具间形成互换。这样的模具通用性较好，维修方便，比复合型模具节省了三套模架，使模具加工工艺简化，成本降低。模具结构如图 8-43 所示。

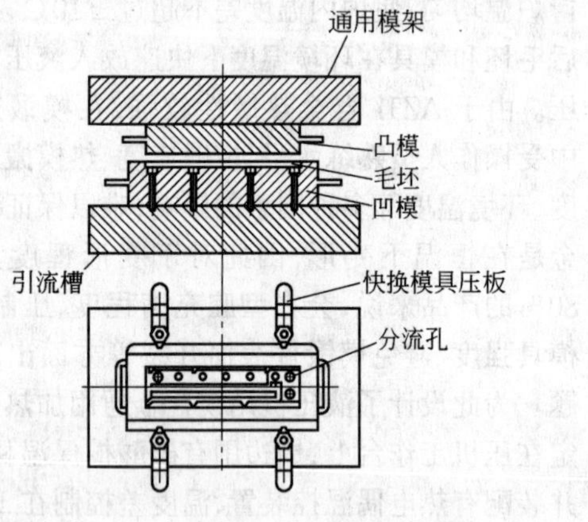

图 8-43 散热器模具装配示意图

8.3.10.3 降低模压力的措施

在大型铝、镁合金锻压生产中，100MN 液压机通常只能压制水平投影面积约为 0.33 m^2 的零件，而散热器投影面积约 0.1 m^2，则需 30～50MN 的液压机，但现仅有一台 6.3MN 液压机。另外，该散热器有 5 条高筋，为了充填好此处型腔，需在筋底建立足够大的模压力，这就使整个压力大幅度提高。因此，对该散热器件，需采取措施降低模压力，否则，在充填高筋型腔时，可能使模具损坏。除采用等温成形工艺外，还采取了在凸模和凹模压力正方向、零件形状凹处加设大引流槽，分流孔，使型腔在未充满前通过引流和分流加大金属流动惯性，降低压机及模具的载荷，使金属处于高速充填状态，达到高筋部饱满成形的目的。

采用以上的等温模锻工艺、模具快换技术、材料分流、引流理论等成形技术生产出了合格的镁合金散热器零件，成形质量良好。零件的力学性能、显微组织和尺寸精度均符合要求。

8.3.11 镁合金粉末挤压技术

粉末挤压是一种新工艺，特别是对于镁合金来说是近年来才开始研究的。用粉末挤压法成形的镁合金挤压件，与同组成的铸坯挤压的材料，晶粒细密且强度更高，研制所用的 Mg-1%Al 和 Mg-0.6%Zr 合金粉末的成分及各种粉末粒度的分布比例见表 8-47。

表 8-47 试料的化学成分及粉末粒度分布比例

坯料种类	代号	化学成分/%		粉末粒度分布比例/%			
		Al	Zr	>60 目	60～80 目	80～150 目	<150 目
Mg-1%Al 粉	AP	1.11		微量	17.8	63.2	19.0
Mg-1%Al 铸坯	AC	0.97					
Mg-0.6%Zr 粉	ZP		0.62	微量	12	64	24

8.3.11.1 挤压装置

粉末挤压装置如图 8-44 所示，挤压筒内径为 ϕ30 mm，由油压机供压，用电炉加热。挤压成形 ϕ6 mm 和 ϕ8.5 mm 两种直径的镁合金棒材，其挤压比分别为 25 和 13，变形程度为 96% 和 91%。

8.3.11.2 挤压程序

粉末挤压程序如下：封闭挤压模孔，待挤压筒加热至 350℃ 时放入粉末，保温时间 30 min，然后用约 10 t 的压力压缩。接着，当挤压筒规定位置达到要求温度 400～500℃ 时，保持约 30 min，然后以各种速度进行挤压。由试验机的自动记录装置绘出负荷行程曲线。铸坯挤压与粉末情形相同，即把坯料放在挤压筒内加热，当达到要求温度时保持 30 min，然后挤压。

8.3.11.3 挤压速度

挤压速度为试料的挤出速度，在 0.04～6.7 m/min 之间，速度的增减是靠调节试验机活门的送油速度实现的，所以不易正确控制。因而实际工作中是根据材料从挤压模挤出开始至完了时的时间和挤压出的长度测定的。测温时，要正确测出试料的温度，必须尽可能测量接

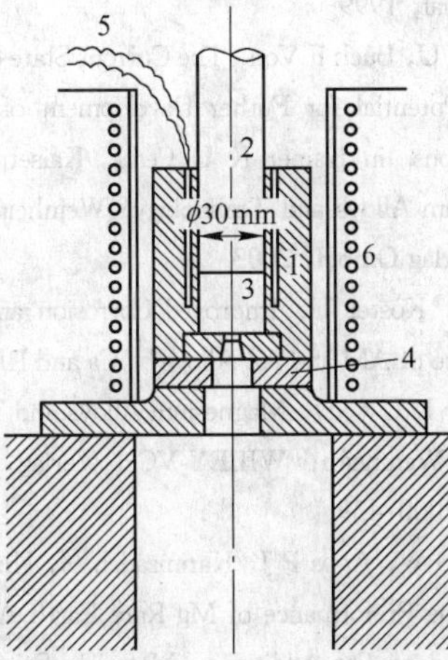

图 8-44 挤压装置

1—挤压筒；2—挤压轴；3—坯料；
4—挤压模；5—热电偶；6—电炉

近试料的挤压筒内侧的温度，以减小误差。此外，在挤压过程中均不采用润滑剂。

挤压时，对挤压力和摩擦力进行了测定。挤压后对产品的外观质量、组织、拉伸性能和硬度等进行了测试。

8.3.11.4 挤压工艺的特点

根据试验结果及其分析，可归纳出镁合金粉末挤压的工艺特点：

(1) 变形抗力 K_e 和摩擦系数 μ 比同一组成成分的铸坯挤压材的大，且随温度下降而增高。

(2) 随着挤压过程的进行，最初粉末中存在的空隙分化变细，粉粒外形伸长，其表面上氧化物向挤压方向伸长。

(3) 若挤压系数过小，则挤压材前端的粉粒结合不好，中心部与外层部变形程度差别很大。

(4) 粉末挤压时温度必须比铸坯挤压温度高 100℃以上。因为要破坏粉末表面的氧化膜使粉末相互结合，需要充分高的温度。温度低就显著产生松球状龟裂。

(5) 在适宜的温度下挤压，速度快则效果好。

(6) 挤压系数小时，挤出材各部的力学性能偏差大，且大于用铸坯挤压的偏差。

(7) 退火时，强度下降比铸坯的小。这是由于分散的氧化物阻碍了晶粒的成长。

(8) Mg-1%Al 和 Mg-0.6%Zr 合金粉等量混合物挤压时，比单一粉末挤压时材料退火后强度下降小。

8.3.12 镁合金连续铸轧技术

镁合金的板带材铸轧过程如图 8-45 所示，图中的两个环形轧辊有很大的直径，能提供较大的熔池使液态镁合金形成固态的固化区，使熔融金属处于稳定的凝固状态，便于控制轧制温度、轧制速度、轧辊间隙、金属热量，有较高的压缩率。

图 8-45 镁合金的板带材铸轧过程

此外，两个环形轧辊容易冷却，两个支承辊有很高的强度，这样才能保证轧制凝固后镁合金与熔融镁合金的供给与凝固同步，有效保证镁合金板带的内部组织和表面质量。要注意对供给的熔融金属的冷却，要使热量交换稳定，用水冷却环形轧辊的内壁和外壁。总之，镁合金板带的铸轧过程是高效制造高质量热轧板的生产过程，它节约能量，环保条件好。

熔炼时采用镁覆盖剂 ZS-MF1 为保护剂，专门的坩埚系统可避免镁合金液沉渣在浇注时进入熔池，保证轧带坯的质量。

铸辊辊缝小于 1 mm，辊速控制在 8～15 m/min，浇铸温度 640～680℃，可铸出厚 1～2 mm、宽 150 mm 的 AZ31 合金薄带。

8.3.13 复合成形技术

对于AZ31、AM60和AZ91之类的镁合金，可以采用铸轧成形工艺，将镁合金在电炉内熔化，然后注入一个喷嘴内，该喷嘴将熔融镁合金喷射至连续旋转的双辊轮之间的间隙中，如图8-46所示，边凝固边进行轧制，辊轮内部用水冷却。这样被喷射镁合金半固态或固态层通过外轧辊、内轧辊和外部支承辊使其辊轧成条料、管料和板料。其显微组织均匀，晶粒强化，性能优良，厚度为7.6～6.4 mm，可达到成品板材的厚度公差要求。

喷射也可能和锻造、挤压复合生产高性能的镁合金件。喷射锻造过程示意图如图8-47所示。

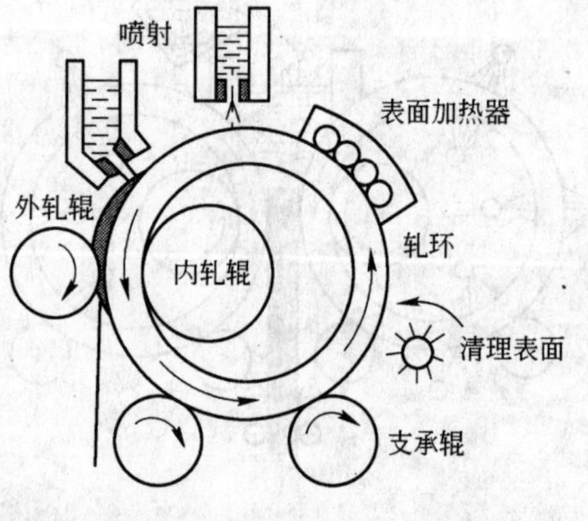

图8-46 喷射轧制过程示意图

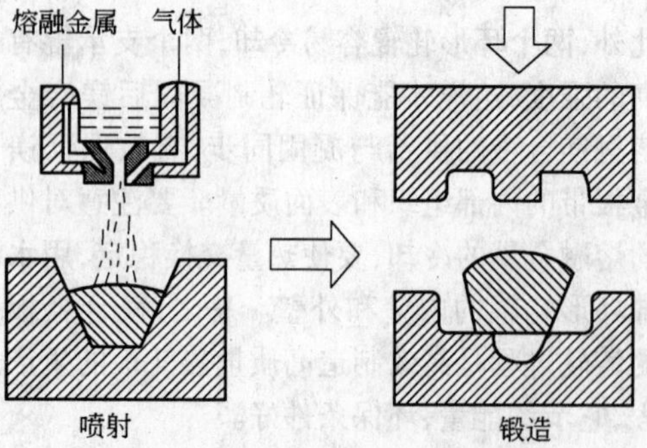

图8-47 喷射锻造过程示意图

参考文献

1 Michael M A, Hugh Baker. ASM Speciality Handbook —— Magnesium and Magnesium Alloys. Ohio: ASM International, 1999

2 Kainer K U, Buch F Von. The Current State of Technology and Potential for Futher Development of Magnesium Applications. in Kainer K U (ed). Kaiset F (trans). Magnesium Alloys and Technology. Weinheim: WILEY-VCH Verlag GmbH, 2003

3 Alves H, Koster U. Improved Corrosion and Oxidation Resistance of AM and AZ Alloys by Ca and RE Additions. in Kainer K U (ed). Magnesium Alloys and Their Applications. Weinheim: WILEY-VCH Verlag GmbH, D-69469, 2000:439

4 Lorimer G W, Apps P J, Karimzadeh H, King J F. Improving the Preformance of Mg-Rare Earth Alloys by the Use of Gd or Dy Additions. Materials Science Forum, 2003, 419:279～284

5 Rokhlin L L, Dobatkina T V, Nikitina N I. Constitution and Properties of the Ternary Magnesium Alloys Containing Two Rare-Earth Metals of Different Subgroups. Materials Science Forum, 2003,419: 291～296

6 陈振华等.镁合金.北京:化学工业出版社,2004

7 张津,章宗和等.镁合金及应用.北京:化学工业出版社,2004

8 Erickson S C, King J F, Mellerud T. Conservring SF6 in magnesium melting operations. Foundry management technology, 1998, 126(6):38～44,49

9 Watanabe H, Mukai T, Ishikawa K et al.. Superplastic characateristics in an extruded AZ31 magnesium alloy. Journal of Japan institute of light metals (Japan), 1999, 49 (8) : 401～404

10 刘正,张奎,曾小勤.镁基轻质合金理论基础及其应用.北京:机械工业出版社,2002

11 Wei L Y, Dunlop G L, Westengen H. Solidification Behaviour and Phase Constituents of Cast Mg-Zn-Misch Metal Alloys. Journal of Materials Science, 1997, (32): 3335～3340

12 Haferkamp H, Boehm R, Holzkamp U, Jaschik C, Kaese V, Niemeyer M. Alloy Development, Processing and Applications in Magnesium Lithium Alloys. Materials Transactions, 2001, 42 (7): 1160～1171

13 Polmear I J. Recent Developments in Light Alloys. Transactions JIM, 1996, 37 (1): 21～31

14 尉胤红,王渠东等.镁合金超塑性的研究现状及发展趋势.材料导报,2002,16(9):20

15 丁水,于彦车,张凯峰.MB15镁合金板材的超塑性能研究.锻压技术,2003(3):44

16 陈刚,陈鼎,严红革.高性能镁合金的特种制备技术.轻合金加工技术,2003,(6):40

17 胡亚民,王志强,钱进浩.金属复合成形技术的新进展.现代制造工程,2002,(10):94

18 王敏,杨根桓.工业用镁合金板材的超塑气压成形性能.锻压机械,1998,(4):27

19 陈拂晓,杨蕴林等.MB26镁合金的超塑性与超塑挤压研究.热加工工艺,2001,(4):16

20 曾荣昌,柯伟等.Mg合金的最新发展及应用前景.金属学报,2001,(2):673

21 潘复生,张静,汪凌云等.变形镁合金研究最新进展及应用前景,2002年材料科学与工程新进展.冶金工业出版社,2003

22 刘川林,曹洋,黄少东等.镁合金等温成形工艺的研究和应用.2002年材料科学与工程新进展.北京:冶金工业出版社,2003

23 杨春楣,丁培道,任正德等.双辊法连铸镁合金薄带坯工艺与碳钢组织研究.2002年材料科学与工程新进展.北京:冶金工业出版社,2003

24 Yukutake E, Sugamata M, Kaneko J. Formability Mechanical Properties and Texture of AZ31 Magnesium sheets. Advanced Technology of plasticity 2002 7th ICTP The Japan society for Technology of plasticity, 2002

25 李铮,赵凯等.双辊铸轧法生产变形镁合金薄带新工艺的研究.轻金属,2003:35~37

26 Shyong Lee, Yung Hung Chen, Jian Yih Wang. Isothermal sheet formability of magnesium alloy AZ31 and AZ61, Journal of Processing Technology, 2002,(124): 19~24

27 Okamoto H, Phase J. Equilibria. 1998, 19 (6) : 598

28 Petersen G, Westengen H, Hoier R. et al.. Microstructure of a pressure die cast magnesium-4wt% aluminium alloy modified with rare earth additions. Mater Sci. Eng.. 1996, 207A: 115

29 Kojima Yo. Project of platform science and technology for advanced magnesium alloys. Materials Transactions, 2000, 42 (7): 1154~1159

30 Mordike B L, Ebert T. Magnesium properties-application-potential. Materials Science and Engineering, 2001, A302 : 37~45

31 Aghion E, Bronfin B. Magnesium Alloys Development towards the 21st Century. Materials Science Forum, 2000, 350: 19~28

32 Robert Brown. Magnesium automotive meeting. Light Metal Age, 1992, (2) : 18~24

33 Raymond F, Deker. The Renaissance in magnesium. Advanced Materials & Process, 154 (3) : 31~33

34 曾荣昌,柯伟,徐永波等.Mg合金的最新发展及应用情景,金属学报,2001,37(7):673~685

35 Pekguleryuz M O, Avedesion M M. Magnesium alloying, some potentials for alloy development. Journal of Japan Institute of Light metals, 1992, 42(12) : 679~686

36 袁广银,孙扬善,张为民等. Tensile and creep properties of Mg-9Al based alloys containing bismuth. Transactions of Nonferrous Metals Society of China, 2000, (4): 469~472

37 William Unsworth. A new magnesium alloy for automobile applications. Light Metal Age, 1987, (7): 10~13

38 Horikir H, Kato A. New Mg Based Amorphous Alloys in Mg-Y-Mish Metal Systems. Materials Science & Engineering, 1994, 2: 702~706

39 William Unsworth. Meeting the High Temperature Aerospace Challenge. Light Metal Age, 1986, (8): 15~18

40 唐竣林,曾大本.镁合金触变成形技术的现状和发展,中国铸造装备与技术,2000,(6):3~5

41 Kubota K, Mabuchi M, Higashi K. Review processing and mechanical properties of fine-grained magnesium alloys. Journal of Material Science, 1999, (34) : 2255~2262

42 Junichi Kaneko, Makoto Sugamata et al.. Effect of texture on the mechanical properties and formability of magnesium wrought materials. Journal of Japan Institute of Light metals, 2000, 64 (2) : 141~147

43 Kim W J, Chung S W et al.. Superplasticity in thin magnesium sheets and deformation mechanism maps for magnesium alloys at elevated temperatures. Acta mater, 2001, 49 : 3337~3345

44 杨宁,龙晋明.稀土钝化-金属防腐蚀表面处理新技术.稀土,2002,23(2):55~62

45 郭兴伍,丁文江.镁合金阳极氧化的研究及发展现状.材料保护,2002,35(2):1~3

46 大下贤一郎,川口纯.镁合金的表面处理方法.中国专利:1288073.2001

47 李志远,钱乙余,张九海等.先进连接方法.北京:机械工业出版社,2000

48 周海涛,马春江,曾小勤等.变形镁合金材料的研究进展.材料导报,2003,11(17):16~18

49 Sebastian W, Stalmann A. Properties and Processing of Magnesium Wrought Products for Artomotive Applications. Advanced Engineering Materials, 2001, (12) : 969~974

50 Shoichiro Yoshihara, Hisashi Nishimura, Hirokuni Yamamoto et al.. Formability Enhancement in Magnesium

Alloy Stamping Using a Local Heating and Cooling Technique: Circular Cup Deep Drawing Process. Materials Processing Technology, 2003, 142 : 609～613

51 Yoshihara S, Yamamoto H, Manable K et al.. Formability Enhancement in Magnesium Alloy Deep Drqwing by Local Heating and Cooling Technique. Materials Processing Technoligy 2003, 143～144 : 612～615

52 Bartusch B, Schurack F, Eckert J. High Strength Magnesium-based Glass Matrix Composites. Mater. Trans. JIM, 2002,43 :1979～1984

53 Kato A, Inoue A et al.. Consolidation and Their Mechanical Properties of Amorphous $Mg_{87.5}Cu_5Y_{7.5}$ and $Mg_{70}Ca_{10}Al_{20}$ Powders Produced by High Press Gas Atomization . Mater. Trans JIM, 1995, 36 (7) : 977～981

54 Amiya K, Inoue A et al.. Preparation of Bulk Glassy $Mg_{65}Y_{10}Cu_{15}Ag_5Pd_5$ Alloy of 12 mm in Diameter by Water Quenching. Mater Trans JIM, 2001,42 (3) : 543～545

55 Ma H, Ma E, Xu E. A New $Mg_{65}Cu_{7.5}Zn_5Ag_5Y_{10}$ Bulk Metallic Glass with Strong Glass-forming Ability. J. Mater. Tes., 2003, 18 (10) : 228～229

56 Ma H, Xu J, Ma E. Mg-bassed Bulk Metallic Glass Composites with Plasticity and High Strength. Applied Physics Letters, 2003,83 (14) : 2793～2795

57 徐映坤,徐坚.陶瓷颗粒增强 $Mg_{65}Cu_{20}Zn_5Y_{10}$块体金属玻璃复合材料.金属学报,2004,(40)7:726～730

58 王晓军,陈学定等.大块镁基非晶态合金的研究进展.材料导报,2004,18(4):77～81

59 门华,徐坚.Mg-Cu-Zn-Y 块体金属玻璃的形成.金属学报,2001,(37)12:1243～1246

60 门华,杨明川,徐坚.添加 Co 对 $Mg_{65}Cu_{25}Y_{10}$合金玻璃形成能力的影响.材料研究学报,2002,16(4):379～384

61 孙国元,陈光,刘平.制备 Mg 基大块金属玻璃的特种铸造方法.特种铸造及有色合金,2004,(1):47～50

62 王成,张庆生,江峰等.非晶合金 $Mg_{65}Cu_{25}Y_{10}$在 3.5% NaCl溶液中的腐蚀行为.中国有色金属学报,2002,(12)5:1016～1020

63 王辉,曾美琴,罗堪昌等.镁基储氢合金研究进展.金属功能材料,2002,9(2):4～7

64 房文斌,张文从,于振兴等.镁基储氢材料的研究进展.中国有色金属学报,2002,12(5):853～862

65 Kohno T, Kanda M. Effect of partial substitution on hydrogen storage properties of Mg_2Ni alloy. J Electrochem Soc, 1997, 144 (7) : 2384～2388

66 袁华堂,李秋荻,王一菁等.新型镁基储氢合金的合成及电化学性能的研究.高等学校化学学报,2002,23(4):517～520

67 吕光烈,陈林深,胡秀荣等,Mg_3AlNi_2(M = Ti,Al)的晶体结构,金属学报,2001,37(5):459～462

68 Lu G L,Chen L S,Wang L B et al.. Study on the phase composition of $Mg_{2-x}M_xNi$ (M = Al, Ti) alloys. J Alloys Comp, 2001, 321: L1～L2

69 薛建设,李国勋,胡尧沁.Mg_2Ni 系储氢合金电化学性能的研究.稀有金属,2000,24(2):128～130

70 Yuan H T, Li Q D, Song H N et al.. Electrochemical chatacteristics of Mg_2Ni-type alloys ptepared by mechanical alloying. J Alloys Comp, 2003, 353 : 322～326

71 Ruden T J, Albright D I. High Ductility Magnesium Alloys in Automotive Applications. Advanced Mater and Processes, 1994, 145 (6) : 28～32

72 Dwaim M. Development in the globe Mg market. JOM, 1995, 47 (7) : 26～27

73 Flemings M C. Behavior of Metal Alloys in the Semi-Solid State. Metal Trans, 1991.22B (6) : 269～293

74 Byton B, Clow. Magnesium Industry Oerview. Advanced Materials & Processes, 1996, (4) : 9～16

75 Luo A, Renaud J, Nakatsugawa I et al.. Magnesium Casting for Automotive Applications. JOM, 1995, 47 (7) : 28～31

76 Flemings M C. SSM: Some Thoughts on Past Milestones and on the Path ahead. The 6th Int Conf on Semi-Solid Processing of Alloys and Composites. Turin (Italy), 2000, 11～14

77 Camahan R D. Influence of Solid Fraction on the Shrinkage and Physical Properties of Thixomolded Mg Alloys. Die Casting Engineer, 1996, (5/6) : 54～59

78 Pastermak L. Proceedings of the Second International Conference on the Semi-Solid Processing of Alloys and Composites. 1992, (6) :159～169

79 Wang K K, Peng H, Wang N et al.. Method and Apparatus for Injetion Molding of Semi-Solid Metal. US Patent, 5501266. 1996

80 Wang N, Peng H, Wang K K. Rheomolding A One-Step Process for Producing Simi-Solid Metal Castyigs with Lowest Porosity. Light Metals Proceedings of the 125th TMS Annual Meeting. feb. 1996,781～786

81 杨卯生,毛卫民,钏雪友.半固态合金成形的技术现状与展望.包头钢铁学院学报,2001,20(6):187～194

82 刘静安.镁合金加工技术发展趋势与开发应用前景.轻合金加工技术,2001,Vol.29,No.11

83 Eliezer D, Aghion E et al.. Magnesium science, technology and application. Advanced Performance Materials,

1998,(5):201～202

84 Brown R. Magnesium automotive meeting. Light metal Age, 1992,5:18～20

85 孙伯勤.镁合金压铸件在汽车行业中的巨大应用潜力.特种铸造及有色合金,1998,(3):40

86 Albright D L, Ruden T, Davis J. High Ductility Magnesium alloys in Automotive Applications. Light Metal Age, 1992,50 (2):28

87 Inoue A, Kato A, Zhong T, Kim S G, Matsumoto T. Mg-Cu-Y Amorphous Alloys with High Mechanical Strengths Produced by a Metallic Mold Casting Method, Mater. Trans. JIM, 1991, 32: 609

88 张颂阳,耿茂鹏,谢水生,周新民,张莹,王艳春.铸轧对半固态镁合金组织的影响.塑性工程学报,2006,Vol. 13,No.1:82～85

89 张莹,耿茂鹏,谢水生,周新珉,张颂阳.半固态镁合金板带双辊铸轧工艺参数研究.稀有金属,Vol.30,No.1:21～25

90 江运喜,黄国杰,谢水生,李雷.半固态AZ91D镁合金压铸过程的数值模拟,塑性工程学报,2006,Vol.13,No.2:89～92

91 杨浩强,谢水生,李雷,黄国杰.半固态镁合金连续铸轧过程的数值模拟.塑性工程学报塑性工程学报,2006,Vol.13, No.6

92 Shuisheng Xie, Haoqiang Yang, Lei Li, Guojie Huang. Numerical simulation of semi-solid Magnesium alloy in continuous roll-casting process, International Conference on Semi-Solid Processing of Alloys and Composites, Korea, Busan, 2006

93 Li Hua qing, Xie Shui sheng, Liu Jin ping, Wu Peng yue, Huang Guo jie. Applicating of Caol-water slurry on the rotary calcining kiln of pedgion magnesium reduction process, Journal of caol science and engineering, 2006, Vol. 12, No.1

94 Shuisheng Xie, Maopeng Geng, Xinmin Zhou, Ying Zhang, Songyang Zhang, Yanchun Wang, Guojie Huang. A New Technique of Casting-rolling Strips for Semi-solid Magnesium Alloys, J. Mater. Sci. Technol., 2005 Vol.21 No.6

95 谢水生,李兴刚,江运喜.镁合金汽车轮毂半固态触变成形的刚-粘塑性有限元分析.塑性工程学报, 2005 Vol.12, No.2

96 Li XingGang, Xie Shuisheng, Jiang Yunxi, Li Lei. Semi-solid Processing Technology of Magnesium Alloy, Materials Science Forum, 2005, 488: 307～312

97 Wu X, Luo P, Wang J T, Liang M, Xie S, Xia1 K. Severe Plastic Deformation of Magnesium Alloy AZ31 at Low Temperature, Materials Forum Volume 29, Institute of Materials Engineering Australasia Ltd, 2005

98 江运喜,谢水生,杨浩强,李雷.搅拌工艺参数对半固态AZ91镁合金流变特性的影响,中国有色金属学报,2005,Vol.15(特刊2):35～38

99 张莹,耿茂鹏,饶磊,谢水生.镁合金半固态双辊板带流变成形研究.铸造技术,2005,Vol.26,No.8

100 张莹,耿茂鹏,饶磊,谢水生,半固态镁合金双辊板带试验研究.热加工工艺,2005,No.10

101 张莹,耿茂鹏,王艳春,张庭芳,谢水生.镁合金的双辊板带连续铸轧技术.铸造技术,2005,Vol.26,No.1

102 张莹,耿茂鹏,张庭芳,王艳春,谢水生.模糊控制在半固态镁合金板带双辊连铸系统中的应用.冶金自动化,2004,No.6

103 Xie S S, Yang H Q, Wang H, Li X G, Li L. Damper Cooling Tube Method to Prepare Semi-Solid Slurry of Magnesium Alloy, International Conference on Semi-Solid Processing of Alloys and Composites, 2004

104 Xinggang Li, Shuisheng Xie, Yunxi Jiang. Rigid-viscoplastic Finite Element Analysis on Semi-solid Thixoforming Automobile Wheel of AZ91D Magnesium Alloy, International Conference on Semi-Solid Processing of Alloys and Composites, 2004

105 Yunxi Jiang, Shuisheng Xie, Xinggang Li, Lei Li. The Influence of Procedure Parameters on Rheological Property of Semi-solid AZ91D Magnesium Alloy, Journal of Rare Earths, 2004, Vol.22

106 Shuisheng Xie, Xinggang Li, Yunxi Jiang, Lei Li. Semi-solid Processing Technology of Magnesium Alloy, 2004 International Conference on Magnesium, Beijing, 2004

107 Shuisheng Xie, Xiaoshu Żeng, Yunxi Jiang, Guoxiang Chen, Shen Jian. The Influence of Procedure Parameters on The Characters of Semi-Solid AZ91 Magnesium Alloy, International Conference on Processing and Manufacture of Advanced Materials, Leganes, Madrid, Spain, 2003

108 李培技,房中学.镁阳极棒在电热水器上的应用.电机电器技术,1999(1):35～36

109 房中学.电热水器内胆腐蚀机理及实施阴极保护.全面腐蚀控制,2001(5):24～27

110 吴立鸿,关绍康,压铸镁合金在汽车方向盘的应用.铸造技术,2006,27(4)

111 房中学,徐河,赵彦学等.海洋平台用大吨位铸造镁阳极的制备技术研究.第十一届中国有色金属学会材料科学与合金加工学术年会文集.

112 江运喜,曾效舒,谢水生,陈国香.搅拌工艺对半固态AZ91镁合金性能的影响.特种铸造及有色合金(增

刊),2003

113　李亚琳,韩静涛,刘靖,谢水生.镁合金 AZ91D 半固态坯料不同制备方法的微观组织比较.兵器材料科学与工程,2003,Vol.26,No.5:28～31

114　李亚琳,韩静涛,谢水生.半固态 AZ91D 镁合金触变压缩过程中变形机制的研究.兵器材料科学与工程,2003,Vol.26,No.5:21～24

115　潘洪平,谢水生,丁志勇.镁合金加工技术的研究与应用.轻合金加工技术,2002,Vol.30,No.7:7～10

9

镁及镁合金材料的市场分析与应用开发

Market Analysis and Application Development of Magnesium Alloys

9.1 镁及镁合金材料的消费结构与市场分析

9.1.1 消费量与消费结构

9.1.1.1 概述

镁合金具有优异的性能，因而广泛应用于航空、航天、交通工具、3C 产品、纺织和印刷等行业。镁合金零部件运动惯性低，应用到高速运动零部件上，效果尤为明显。另外，由于镁合金密度低，适合应用到需要运动和搬运的零部件上，同时制备同一零件时壁厚可以增大，从而满足了零件对刚度的需求，简化了常规零件增加刚度的复杂结构（如筋、肋等）制造工艺。此外，镁合金的中温性能使得它能够在飞机和导弹上替代工程塑料和树脂基复合材料；其高减振性能使其在飞机和导弹的电子仓结构上获得应用；其对 X 射线和热中子的低透射阻力使得镁合金特别适用于 X 射线机框和核燃料盒等。镁合金还长期被用于制造各种军事装备，如帐篷骨架、迫击炮座和导弹壳体等。由于含铝小于 30% 的细小镁铝合金颗粒在燃烧时产生耀眼的白光，该白光比自然光线还有利于照相，因此被广泛用于照相用的闪光灯和烟火业。近年来，面临资源的枯竭以及环保和安全的需要，镁合金在汽车、摩托车、电子产品等方面的开发应用受到了全世界的极大关注。

在美国，镁作为镁合金结构材料，占镁全部需要量的 30% 左右，其余 70% 作为非结构用材，如作为铝合金的添加剂、球墨铸铁的球化剂等。在日本，镁作为镁合金结构材料还不足 10%，其中大部分是铸造用材，少量是挤压材、锻造用材。我国的情况更是如此，目前结构材料用量更少。镁合金作为结构件的用途和应用领域（见表 9-1），大多是利用镁合金质轻、强度高、减振性好等特性。

表 9-1 镁合金结构件的用途及应用领域

航空、航天	喷气发动机零件、车轮、窗框、人造卫星框架、直升飞机零件等
核工业	燃料覆盖材等
陆上运输机械	汽车、摩托车、雪上车等的曲轴箱、变速箱、盖子类、车轮、自行车架、轮毂等
装卸机械	搬运车、平板车、小推车、小艇等
电气、通信机械	携带式发报机机身、电子计算机零件、立体声拾音器、海滩救护电池与干电池外壳、手电筒、笔记本电脑等
光学机械	照相机、复印机、双筒望远镜机身、电视摄像机框架
其　他	纺织设备、印刷设备、包装设备、化学化工机械及高速往复运动部件等

自 1946 年以来，德国大众就在 2500 万台车上采用镁合金作为发动机、变速箱的基本结构材料。VW1500 发动机动力系统使用约 50 kg 的镁合金。

总的来说，镁作为一种新兴的环保材料和最轻的结构材料具有广阔的应用前景。

9.1.1.2 世界镁及镁合金的消费量与消费结构

1997 年世界镁产量为 33.7 万 t/a，据国际镁协会统计，工业发达国家的消费量结构如图 9-1 所示。该图表明，在 33.7 万 t 镁中，有 44% 的镁用做生产铝镁合金的合金化元素，还有 18% 的镁在钢铁生产中作为脱硫剂或用于生产球墨铸铁，其余的镁（仅 10.1 万 t，相当于总量的

30%左右)用于生产各种镁合金结构件,其中又以压铸件居首位(达9.53万t),结构件主要用于汽车、摩托车、电子电器、小五金等工业部门。

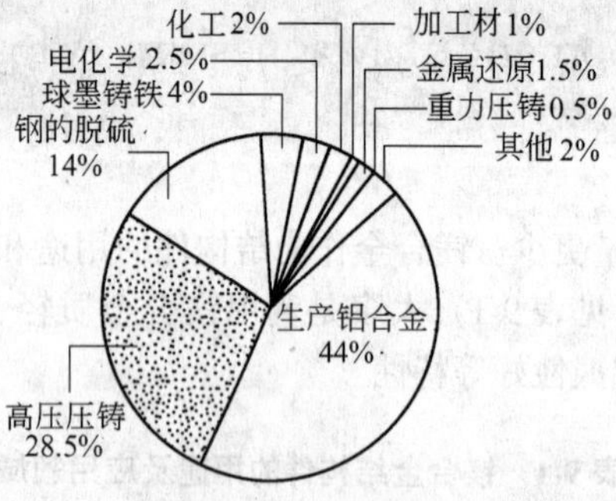

图9-1 1997年世界(西方工业发达国家)镁的消费结构(总量为33.7万t)

2000年世界镁消费量已达43万t/a,生产铝合金的用镁量仍高达40%以上,2002年用于这一部门的销售量超过14.5万t/a,见表9-2,比2001年增加约3000 t。2002年供压铸件的镁用量达12.8万t/a,比2001年增加1.9万t。2002年用于炼钢脱硫的镁销售量约5.7万t,表9-3列出2002年世界按地区和最终用途的原镁消费量。

表9-2 2002年按最终用途的原镁消费量

最终用途	消费量/万 $t\cdot a^{-1}$	最终用途	消费量/万 $t\cdot a^{-1}$
铝镁合金	14.56	化学制品	0.48
压铸件	12.78	球墨铸铁	0.30
脱硫	5.74	重力铸造	0.19
加工产品	0.9	金属还原	0.10
电化学制品	0.52	其他	0.93
		合计	36.5

表9-3 2002年按地区和主要最终用途的原镁消费量

主要最终用途	北美	西欧	亚洲和大洋洲	非洲和中东	拉美	世界合计
铝镁合金/万 $t\cdot a^{-1}$	5.62	4.29	3.20	0.96	0.49	14.56
压铸件/万 $t\cdot a^{-1}$	6.06	4.36	1.82	0.04	0.50	12.78
脱硫/万 $t\cdot a^{-1}$	2.77	2.10	0.37	0.03	0.46	5.73
合计	14.45	10.75	5.39	1.03	1.45	33.07

由于汽车工业和电子电器工业的发展,预计到2007年世界镁市场中铝合金生产用镁量会减少,而压铸件生产用镁量会增加,钢铁脱硫用镁量会保持现有水平,见表9-4。

表9-4 2007年世界镁消费结构预测

最终用途	铝合金化用镁	压铸生产用镁	钢铁脱硫用镁	其他方面用镁
2000年市场份额/%	45	30	14	11
2007年市场份额/%	35	44	13	8

日本是汽车工业和电子电器工业十分发达的国家,自2001年以来,其用镁量逐年增加,特别是铸造用镁,2003年较2002年增长10.6%以上,见表9-5。日本用镁主要依赖进口,由于其消费量增加,其进口量逐渐增大,金属镁和镁合金进口情况分别见表9-6和表9-7。

表9-5 日本2001～2003年镁合金铸件的消费情况

用途	2001年	2002年		2003年	
	用镁量/t	用镁量/t	增长率/%	用镁量/t	增长率/%
压铸	7704	8125	5.5	9000	10.8
重力铸造	191	166	-1.3	180	8.4
触变铸造		1933		2100	8.6
其他铸造	594	699	17.6	800	14.4
铝合金添加剂	17764	19067	7.3	19000	-0.4
炼钢脱硫	2070	2727	41.4	3000	1.5
球墨铸铁	1825	1821	0.0	1850	1.6
金属还原	520	296	-43.0	250	-15.5
镁粉、防腐剂及其他用途	2397	3239	35.1	3200	-1.2
日本国内总需求	33065	38273	15.8	39380	2.9
出口	121	240	16.1	200	-16.7
总计	33186	38513	16.1	39580	2.8

表9-6 2001～2002年日本金属镁进口情况

供货国(地区)	2001年进口量/t	2002年进口量/t	平均到岸价/日元·kg^{-1}
美国	166	33	561.9
挪威	5910	3218	250.6
加拿大	1022	2359	253.4
英国	115	133	518.0

续表 9-6

供货国(地区)	2001年进口量/t	2002年进口量/t	平均到岸价/日元·kg^{-1}
中国	26095	28887	177.1
俄罗斯	6	70	233.1
德国	42	42	243.5
以色列	288	317	215.8
中国台湾	2	20	157.1
总计	33646	35079	202.6

表 9-7 2001～2002 年日本镁合金进口情况

供货国(地区)	2001年进口量/t	2002年进口量/t	平均到岸价/日元·kg^{-1}
中国	3612	6305	266.3
中国台湾	2		192.5
菲律宾		26	
以色列	42	44	262.4
挪威	4816	2821	253.8
法国	18		298.5
德国	42	42	224.7

续表 9-7

供货国(地区)	2001年进口量/t	2002年进口量/t	平均到岸价/日元·kg^{-1}
俄罗斯	5	10	322.2
加拿大	56	1378	288.7
总计	8593	10626	242.5

9.1.1.3 中国镁及镁合金的消费量和消费结构

中国虽然是产镁大国,但由于产品质量不稳定,生产技术滞后,所以国内镁的消费水平比较低,2006 年中国生产原镁 52.56 万 t,但消费量仅为 15.65 万 t,大部分都以初级原料出口(我国是世界原镁出口大国)。在消费结构中,国内的镁合金压铸件和加工材所占比例很低,在汽车制造和 3C 行业的应用也都处于起步阶段。近年来,中国的镁合金应用有较大发展,2006 年国内的压铸件和加工材产量达5.1 万 t,其中压铸件约 4 万 t。镁作为牺牲阳极,在石油管道防腐、金属输水管和家用热水器等领域获得广泛的应用。中国镁的消费量和消费结构见表 9-8。

表 9-8 中国镁的消费量和消费结构

消费领域	1999 年	2000 年	2001 年	2002 年	2003 年	2004 年	2005 年	平均比例/%
铝合金/万 t	0.98	1.01	1.35	1.74	2.10	2.30	3.01	17.38
炼钢脱硫/万 t	0.50	0.11	0.45	0.50	0.80	1.50	1.92	21.19
压铸/万 t	0.30	0.40	0.47	0.61	1.01	1.80	2.59	36.06
金属还原/万 t	0.35	0.37	0.40	0.37	0.39	0.50	0.65	9.24
稀土合金/万 t	0.32	0.35	0.37	0.38	0.40	0.45	0.60	9.39
其他/万 t	0.35	0.31	0.36	0.41	0.50	0.50	0.83	13.12
合计/万 t	2.80	2.55	3.40	4.01	5.20	7.05	10.55	20.86

9.1.2 镁及镁合金应用市场趋势分析

由于镁及镁合金具有一系列优异特性,其用途十分广泛,应用市场越来越大。随着科学技术的发展和冶炼方法与设备的进步,镁产量的逐年增加,特别是铝产业、钢铁产业、汽车及现代交通工业、电子电器工业、机械制造工业等的发展,镁及镁合金材料的应用市场进一步扩大,镁工业将成为材料工业的一个重要组成部分。

9.1.2.1 传统应用市场的分析

镁及镁合金的传统市场包括照明器材、冶金、化工、防腐等行业的非结构件的应用,消费量大约占世界镁产量的 50%以上。随着镁产量的增加,以及铝、钢铁、化工、防腐器材(牺牲阳极等)等产业的发展,绝对值会有一定量的增加。但传统应用市场的相对比例会下降,特别是我国的传统市场的消费比例会有较大的下降。

9.1.2.2 应用市场的发展趋势

镁合金结构件主要包括铸件、压铸件和加工材料。目前,镁合金是世界上最轻的金属结构材料,其应用方兴未艾,前途十分广阔,特别是在汽车、摩托车等现代交通运输业的轻量化方面,以及电子、电器、通讯方面的应用市场潜力特别大。另外,在航天航空等军事工业和机械、电气、建筑、小五金等工业部门也有一定的市场。

A 镁合金在汽车、摩托车工业的应用市场的需求分析

镁合金在汽车上用做零部件的历史至少有60年。早在1930年,Louris Chevrolet就在一辆赛车上首次使用镁合金做活塞,Volkswagen Beetle也在其发动机及传动系统上用了20 kg以上的镁合金。不过,那时候,镁被认为是潜力有限的一种特殊的材料。1970年石油危机后,镁合金在汽车工业的应用日益受到重视。80年代初,福特汽车公司就率先开始了镁合金在汽车中应用的积极探索,如用镁合金制作离合器壳体、制动器与离合器的踏板支架、四轮驱动轿车的变速箱体、转向柱部件等。刚开始,福特公司是将镁合金应用在“皮卡”车上(一种小型轻便载货车),后来才拓展到轿车上。紧接着欧洲、日本、北美的汽车制造商也开始尝试着采用镁合金制造发动机的汽缸盖。奔驰公司将镁合金制造的座椅框架用在其SEL型跑车上,奥迪公司也在其V-8型的轿车上用镁合金制造仪表板,丰田公司则将镁合金的用途拓展到了转向轴上。

欧美等许多国家在20世纪80年代末和90年代初就相继开始了镁合金的研究发展计划,这些研究开发促进了镁合金应用技术的发展,例如,德国投资1700万美元,由多家大学联合57家工厂展开了代号为MADICA(magnesium die casting)的联合攻关项目,内容包括高压铸造、半固态成形、模具制造、焊接、机械加工、表面处理以及废品回收等。目前汽车工业镁合金用量较多的地区和国家主要是北美、欧洲、日本和韩国,在1991年仅为2.4 t,到1997年则增至6.4万t,年增长率达到20%,到2006年汽车工业对镁合金的需求将达到20万t。据预测,这些国家和地区由汽车工业拉动的镁合金需求将持续增长。国外在汽车上大规模应用镁合金生产的零部件已超过60种,如驾驶盘、仪表盘框架、变速箱、发动机零件、座椅架、离合器外壳、汽缸体、发动机罩、车顶板、门框和轮毂等零部件。瑞典最新推出的VolvoLCP2000车型是高科技、设计及材料发展研究项目的结晶,仅重700 kg,共用50 kg镁(占毛重的7%)。它的镁制部件有:轮毂、传动器箱、离合器箱、转向齿条箱、后悬臂、发动机架、进气歧管、汽缸体等。德国大众汽车公司早在1980年的“甲壳虫”汽车中就用了大量的镁合金,达到批量生产汽车用镁合金量的最高纪录。美国福特、通用、克莱斯勒三大汽车制造公司在每辆汽车上采用的镁合金铸件也分别达到30个、45个和20个。意大利生产的第二代镁轮毂仅重5.4 kg,比铝轮毂7.4 kg减重28%。可以预测,到2020年时全世界每辆汽车平均用镁量将会大幅增加,汽车设计的新思维会带来镁工业的大发展。表9-9为日本丰田轿车用镁材的减重效果。

表9-9 丰田轿车中镁合金零部件相对其原先材料重量减轻的百分比

镁合金零部件	原先材料	相对减重/%
转向柱上支架	锌合金	65
转向轴	钢材	45
汽缸盖	铝合金	30
制动踏板托架(整体压铸成形)	钢板冲压后焊接	40
轮盘	铝合金	15
四轮驱动的变速箱体	铝合金	25

汽车制造业的发展是镁及镁合金材料市场的强大拉动力。由于汽车轻量化的日益迫切的需要,镁合金压铸件在汽车上的应用正扮演着越来越重要的角色,过去10年的年均增长率约为15%。自称是汽车工业所用镁合金最大供应者的Hydro镁公司预测这种趋势还会继续,今后五年欧洲汽车压铸件市场的年均增长率达12%。从地区上看,2002年欧洲占镁压铸件总需求的34%,亚洲占14%,这两个地区的市场份额在增长。与之相反,北美的市场份额从1996年的70%降至2002年的48%。表9-10为轿车用镁合金铸件与压铸件按地区需求变化的情况。

表 9-10 轿车用镁合金铸件和压铸件的需求情况 (kt/a)

国家和地区	1991 年	1992 年	1993 年	1994 年	1995 年	1996 年	1997 年	1998 年	1999 年	2000 年	2006 年（预计）
北 美	10	12	14	18	23	31	38	41	47	45	80
欧 洲	8	7	6	9	10	20	17	23	29	33	58
日本和韩国	1	1	2	2	2	2	3	4	5	6	22
其 他	5	5	7	8	7	7	9	9	10	11	22
合 计	24	25	29	37	42	60	67	77	91	95	182

我国是世界上镁资源最丰富的国家，目前，原镁产能已超过 80 万 t/a，2006 年产量达 52.56 万 t，居全球第一位，是名副其实的镁业大国。但是，我国对镁及镁合金的研究，特别是对新型结构材料和新产品的研发落后于西方工业发达国家，镁合金压铸件也仅限于在上海大众汽车公司等少数车型上应用，桑塔纳轿车上的镁用量也只有 8.5 kg/辆，处于刚刚起步阶段，消费市场有待于进一步开发。

我国虽是镁业大国（镁产量占世界的 70%以上），但在镁材开发应用与消费方面还有不小的差距。近年来，政府、产业部门和学术界对实施“镁合金材料应用开发与产业化”项目做了大量的工作，并取得了可喜的成果。随着我国汽车和摩托车工业的飞速发展（2005 年汽车产量已突破 550 万辆），为我国镁及镁合金材料特别是铸件和压铸件开辟了广阔的应用市场。表 9-11 所示为我国 2005 年部分汽车和摩托车企业镁消费量。

表 9-11 我国 2005 年部分汽车和摩托车企业镁消费量

厂 家	车辆数/辆·a^{-1}	单车用镁量/kg·辆$^{-1}$	总用镁量/t·a^{-1}
上海乾通	12 万辆普通桑塔纳	12	1320
东风汽车公司	1 万辆汽车	15	150
长安汽车	5 万辆微车	30	1000
隆鑫摩托	70 万辆摩托车	8	5600
一 汽	4 万辆红旗	25	1000
成都发动机公司	5 万辆汽车	8	400

B 镁合金材料在电子电器工业中的应用市场分析

电子、电讯、家用电器是当今世界发展最为迅速的行业，也是新兴的镁合金材料应用的广阔市场。镁合金具有质量轻，比强度、比刚度大，薄壁铸造工艺性能良好以及热导性好、热稳定性高、阻尼性能好、回收费用低等特点，特别是具有良好的电磁屏蔽特性，近年来，已越来越受到电子工业的青睐。在国外，尤其是日本在便携式电脑、电视机、摄录器材、移动电话、手机外壳等产品中镁合金材料已有相当广泛的应用，并有取代塑料外壳的趋势。如日本巨型电子公司 NEC 用镁合金压铸件制造蜂窝电话的机壳，2003 年销售量已逾 4000 万台，而且还在大幅上升。国内对这方面也很重视，应用消费市场将会迅速扩大。2003 年国内第一台镁合金笔记本电脑在深圳光博会正式面市，为镁合金在笔记本电脑上的应用打开了通道，应用前景十分可观。海尔集团目前正在开发镁合金手机外壳，以替代传统的塑料外壳，另外几家手机制造厂家，如波导等也有这方面的强烈愿望。仅以海尔集团移动电话为例，其每年生产量为 300 万只，如手机外壳采用镁合金压铸件，则其用量为 300 万只 × 20 g/只 = 60 t/a，数量是十分可观的。随之而来的电脑、笔记本电脑、电视机、DVD、照相机、摄像机等电子和电器产品也将采用镁合金外壳。可以预见，随着镁合金材料加工技术的不断进步，电子工业的快速发展，镁合金材料在电子电器工业的应用将有很大的市场潜力。

C 镁合金材料在航天航空、兵器、舰船、机电等工业部门的应用市场分析

镁合金具有密度小、比强度与比刚度大的优势，特别是随着镁合金的高温、耐热、耐蚀等性能的提高，将可部分替代耐热耐蚀铝合金、钛合金零件。特别是密度更低的 Mg-Li 系合金，

具有很高的强度、韧性和可塑性,是航天航空及其他重要运载工具的很有发展前途的材料。如某型飞机上选用300~500种镁合金构件,其中最大零件的尺寸长达2 m多,最大质量达300 kg。变形镁合金加工材在飞机制造业中的应用日益增多,常见的有MB5、MB8、MB15等合金的板材、棒材、型材、管材和锻件,多用于操纵系统和内置部件上,其中MB15镁合金锻件就有40多件,ϕ20~95 mm的棒材和管材也不少。MB8和MB15镁合金的7~20 mm厚板常用做连杆机构、轮门等材料。在航天工业中常用MB8和MB15镁合金的带筋壁板制造导弹尾翼及其结构件。镁合金异型管材、实心和空心型材已广泛用来制作计算机硬件、纺织、印刷、包装等机器设备的高速往复运动部件以及容器装备的框架和手提箱、行李箱的骨架材料。另外,镁合金加工材料在船舶、防腐电极、电机外壳等方面也将获得更大的应用,镁合金加工材料的潜在市场也是十分可观的。

9.1.3 镁合金材料的消费与应用前景

汽车工业已成为镁合金应用增长的主要驱动力。镁合金在汽车上的应用范围在不断扩大。尽管镁合金的应用有近70年的历史,但在20世纪80年代中期以前,镁合金的应用量很少。高纯镁合金的开发结束了镁合金应用的徘徊局面,如美国三大汽车公司采用的镁合金压铸件从1983年的5个分别增加到1992年的30个(福特)、45个(通用)、20个(克莱斯勒);到1993年,则差不多增加了一倍,三大公司在生产中采用了60多个镁合金压铸件;主要是离合器壳体、转向柱架、制动器踏板支架、阀盖、阀板、变速箱体、进气歧管等汽车零部件。近年来镁合金结构件又有新的开发,如座椅架、镁车轮等。然而,从总体来看,目前镁合金在汽车上的用量还很少,每辆车的用量在0.5~17 kg之间,平均使用量为3 kg左右。根据汽车中典型镁构件的估计量及统计(见表9-12)可知,每辆汽车上镁件的重量最大可达到50~80 kg。据预测,到2030年世界拥有的汽车数量将达到10亿辆,年产汽车7000万辆,则每年消耗汽车镁材可达350~500万 t/a。就近期来说,到2006年,若每辆轿车平均使用10 kg镁材,按现在世界每年汽车总产量为6000万辆、保有量为6亿辆计算,则年耗镁量可达到100万 t以上。随着镁合金成形工艺技术的进一步提高,新开发的镁合金结构件将采用高性能的镁合金(如变形镁合金等),镁合金在汽车上的应用潜力将进一步扩大。

表 9-12 汽车中典型的镁构件的可能重量

构件名称	估计重量(以中型轿车为例)/kg
仪表盘	2.0~5.0
保险杠	2.5~4.5
支柱及托架	1.0~2.0
前座椅架	18.0~24.0
电子控制箱	0.2~0.7
传动齿轮箱	8.0~12.0
汽缸头盖	0.5~1.0
油　盘	0.8~1.2
踏板支架	1.0~1.8
轮　圈	14.0~16.0
驾驶盘	0.3~0.5
合　计	48.4~68.7

除汽车工业外,近年来电子工业也是镁合金应用快速增长的领域,镁合金在电子器材中应用的年增长速度高达25%。镁合金具有工程塑料不能满足计算机通信等电子产品的小型化所需要的结构刚度、散热性、电磁屏蔽性以及可回收性的环保要求,现已取代工程塑料,在欧美、日本和我国台湾的许多公司用做笔记本电脑、数码相机、数码摄像机、移动电话等产品的壳体部件。镁合金的低密度很受航空航天工业的青睐,目前主要在航空发动机部件、飞机框架、起落架和导弹部件等方面得到了应用。随着航天工业的发展,镁合金的应用前景将十分广阔。

9.2 镁合金材料在交通运输业上的应用与开发

9.2.1 镁材的轻量化效果

车身的轻量化是降低燃料消耗的最有效的手段。如重量为875 kg的汽车同1 t重的汽车相比,重的车每1 L汽油可行驶8.4 km,轻的则为8.69 km。即重量减轻12.5%,燃料费可降低2.6%。不仅如此,在轻量化以后,可使发动机至轮胎的齿轮传动速比减小,燃料消耗进一步下降。如果重量减轻10%,从齿轮速比和重量的减少两方面使燃料消耗可节约8.5%~10%。如果把10%轻量化普及到全部汽车的50%,其节约的能源换算成石油的话,可达100万t以上。此外,镁材的使用可使飞机、导弹、火箭、宇宙飞船以及摩托车、自行车和高速运动部件轻量化,显示出巨大的经济效益和社会效益。

9.2.1.1 镁合金作为轻量化材料的优点

A 密度小

表9-13列出了各种金属的密度。镁是最轻的用于结构材料的金属。同一体积铝的重量是镁的1.5倍,是铁的4倍。但从设计的角度考虑,这些密度小的金属,如不具有高强度,则是没有意义的。表8-14列出了压铸镁合金AZ91B和普通铝、压铸铝合金A380,锌合金AG40A的力学性能比较。可见压铸镁合金和铝合金在同样金属模铸造情况下得到大体相同的性能。由于镁比铝的弹性模量小,为了得到与铝相同的刚性,需要加固。然而在加固的情况下,镁制件也比铝制件的重量减轻25%。

表9-13 金属密度的比较

金属名称	Mg	Al	Ti	Zn	Fe
密度/$g \cdot cm^{-3}$	1.74	2.71	4.50	7.13	7.87
与铁的密度之比/%	23	35	58	90	100

表9-14 压铸合金的性能

性能指标	AZ91B 镁合金	A380 铝合金	AG40A 锌合金
抗拉强度/MPa	240	322	287
屈服强度/MPa	161	168	
剪切强度/MPa	140	196	217
冲击韧性/$J \cdot cm^{-2}$	270	480	590
疲劳强度(5×10^8周)/MPa	98	140	
硬度HB	63	80	82
弹性模量/GPa	45	72	

B 易于机械加工

镁合金在无冷却液、无润滑剂的情况下能实现高负荷的加工,并可得到光洁的加工面。衡量机械加工性的指标之一是动力消耗量。表9-15列出以镁合金为1的情况下,各种合金机械加工时的动力消耗量。由表可见镁合金具有良好的加工性。

表9-15 机械加工时动力消耗量的比较

合金种类	镁合金	铝合金	黄铜	铸铁	软钢	镍合金
动力消耗量之比	1.0	1.8	2.3	3.5	6.3	10

C 压铸件的经济性好

由于镁合金与铁的亲和力极小,铁在镁中的溶解度很低,因此熔炼时可采用钢制坩埚或钢制冷室铸机。当使用相同的金属模时,镁和锌大体以同样速度压铸成形,而铝却相当慢。即单位体积的热容量比铝小得多。压铸时的实际操作速度比铝要快。由于镁对金属模的热冲击小,故具有延长模子寿命的优点。

D 有优良的减振性

如果能正确地选择合金和采用合理的使用方法,完全可以设计出防止振动传播、没有噪声的零件。图9-2示出了各种材料在弯曲应力下声音的衰减率。由图可清楚看出镁具有比铸件更优良的衰减能。

此外,镁合金板材还具有抗凹性高的优点。

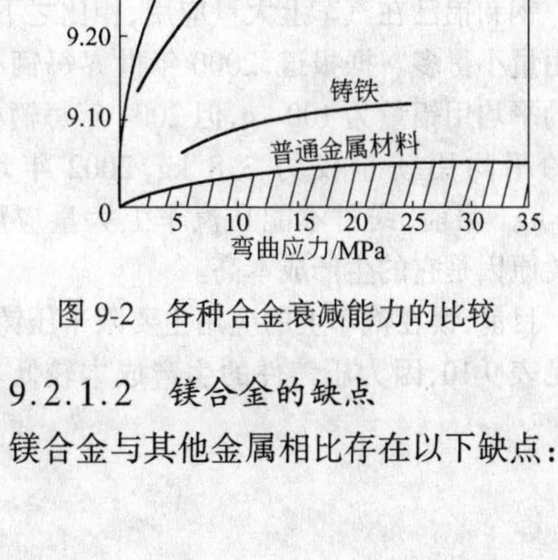

图9-2 各种合金衰减能力的比较

9.2.1.2 镁合金的缺点

镁合金与其他金属相比存在以下缺点:

(1) 镁为密排六方晶系,塑性比较差,特别是冷态下的塑性成形能力远不如铝和钢铁,因此生产冷加工产品比较困难,成本也比较高。

(2) 有些镁合金的铸造性能差,凝固时易产生显微气孔,因而降低铸件的力学性能。

(3) 镁的化学活性特别强,在生产中易氧化、爆炸,甚至燃烧,安全和防火特别重要。

(4) 耐高温性能差,在高温下的力学性能很差,而且容易燃烧起火。

(5) 耐腐蚀性差,特别是抗盐水腐蚀能力差,与其他材料接触时易产生电化学腐蚀,因此,必须进行防腐处理。

(6) 杨氏模量低,疲劳强度和冲击性能等指标比铝低,在替代铝合金零件时,厚度要增大,有时得不到期望的轻量效果。

(7) 镁合金对缺口的敏感性比较大,易造成应力集中,在125℃以上的高温条件下,多数镁合金的抗蠕变性能较差,在选材和设计零件时应考虑这一点。

(8) 镁材的综合成本比铝材高,单位重量的铸锭成本也比铝合金铸锭高。

因此,尚需对镁合金进行大量的基础研究和应用研究,研发一批耐蚀、耐磨、抗高温、抗腐蚀的新型材料和开发一些新的制备方法,以弥补镁合金材料的不足。但总的来说,作为一种最轻的新型结构材料,镁材在轻量化方面大有作为,潜力很大。

9.2.2　镁材的生产成本及在交通运输业上竞争力的评估

9.2.2.1　概述

钢和铝已在汽车上大量应用,相比之下,镁的用量小得多。据报道,2000 年世界每辆小汽车的平均用铝量为 100 kg,但 2001 年每辆小汽车的平均用镁量仅为 3.8 kg,2002 年增至 4.0 kg。目前,镁材不能在汽车上大量应用的主要原因是它的生产成本高。

目前,镁在汽车上的应用主要限于压铸件,参见表 9-10,因为压铸件的生产成本较低。对镁的塑性加工产品来说,主要是镁合金的加工过程比较复杂,同时加工过程的成品率较低也是一个不利的经济因素。对目前汽车用材的成本分析表明,用镁是最为昂贵的方案,在年产 40 万个镁制品零件的生产规模下,材料成本占了零件总成本的 84%。此外,相当高的废品率也导致镁零件的材料成本升高。据汽车工业业内人士分析,在材料价格方面,只有当镁材与铝材的价格比在 1.9:1 以下时,镁材才有竞争力。因此,目前镁的生产成本,主要是镁材加工成本和零件成品率是关键问题。只有了解镁合金零件的成本构成和与其他材料(钢、铝)竞争的可能性,才能进一步发展镁合金产品的市场占有率。

9.2.2.2　镁材的价格竞争力分析

2002 年纯金属镁锭价格为 1.20 美元/lb,纯金属铝锭价格为 0.65 美元/lb。按每磅金属计算,镁价比铝价高约 1.8 倍;但若按体积计算,则镁价仅高出 1.2 倍。竞争材料的成本比较,常常因材料的密度和性能不同而产生错误。虽然镁的密度约为铝的密度的 2/3,但镁的杨氏模量低,故在镁零件中,必须用较多量的镁才能保持相同的刚度(极限抗拉强度的安全界限)。2005 年年底,原镁的价格已经低于电解铝的价格,即镁铝价格比已经小于 1,因此镁合金的应用已经呈现出明显的优势。

表 9-16 列出了镁与其他结构材料的性能比较。从表中数据可以看出,镁合金特别适用于制造汽车、摩托车等交通车辆的结构件,不仅能降低车重和能耗,提高整车加速、制动性能,还能降低行驶振动和噪声,提高驾乘舒适度。用镁替代钢时,重量可降低 62%。替代铝时,重量可降低 10%～41%。但是,这些重量降低数据显著低于只考虑材料密度的理论上的重量降低数据。用镁替代铝时,重量降低的低端值 10%(以镁抗拉强度的最低值计算)比在汽车应用中得到的值低得多。当在汽车零件中用镁替代铝时,重量降低平均约 30% 是可以达到的(例如变速箱的重量就降低 30%)。

表 9-16 镁与其他结构材料的性能比较

材料类别	ρ /g·cm^{-3}	E /GPa	E/ρ /GPa·cm^3·g^{-1}	σ_b /MPa	σ_b/ρ /MPa·cm^3·g^{-1}	α /W·m^{-1}·K^{-1}	减振系数① /%	相等刚度下的重量降低/%
钢板	7.8	200	25.6	200～400	27～54	80	10～17	62
铝	2.7	70	25.9	200～350	73～128	247	2～5	10～41
塑料	1.5～2	15～25	10～12.5	100～250	50～167	20～50		
镁	1.74	45	25.86	180～300	118～172	157	30～60	

① 在 35 MPa 载荷下振动能量的吸收率。

9.2.2.3 原生镁的生产成本对镁材大量使用的影响

虽然开发了很多生产金属镁的方法，但目前只用了三种方法。其中最老的方法是 $MgCl_2$ 的电解还原法；另两种方法是皮江法和镁热法，它们都是在高温、固态或液态条件下直接热还原氧化镁。虽然电解还原法的能量利用效率较高，但它存在两个较大的缺点：一是电解槽原料制备的成本很高（约占总生产成本的 50%）和金属产率低；二是要求电解厂规模较大（投资成本加大），以便降低成本，提高效益。而采用直接热还原法，则在规模较小的工厂中，就可达到成本低、效益高的目的。直接热还原法不经济的主要原因是在低压下分批操作和制备还原剂硅铁的能量消耗大（约占总能量消耗的 42%）。在选择用电解还原法或直接热还原法时，厂址的选择是重要因素，这主要取决于原料和电力是否容易得到。

表 9-17 列出了 1999 年国外主要镁生产厂按生产能力满负荷运转时，生产标准镁锭的全部操作成本，包括全部变动成本和固定成本、运输到最近市场的运费成本、流动资金的利息成本。各工厂的全部操作成本有显著差别，变化范围为 0.60～1.19 美元/lb 之间，电解还原法厂的全部操作成本比热还原法厂要低。

表 9-17 1999 年国外主要原生镁厂的全部操作成本

电解还原法		热还原法	
公司名称	全部操作成本/美元·lb^{-1}	公司名称	全部操作成本/美元·lb^{-1}
Dead Sea Magnesium	0.73	RIMA	0.93
Magcorp	0.99	Northwest Alloys	0.97
Norsk Hydro: Becancour	0.83	Pechiney	0.95
Norsk Hydro: Porsgrunn	0.83	Timminco	1.19
Magnola	0.67		
AMC	0.60		

注：1 lb = 0.45359 kg（下同）。

1999 年电解还原厂和热还原厂的平均生产成本构成见表 9-18。由表可见，在热还原厂的生产成本中原料（主要是硅铁）成本所占份额最大，为 33%；而电解还原厂则是投资成本所占份额最大，为 39%。热还原厂的性质是劳动密集型，因此劳动成本的份额相当大。电解还原厂的原料成本低是因为副产品氯气分摊了成本。

表 9-18 1999 年国外原生镁的生产成本构成

生产成本		原料成本	投资成本	能源成本	劳动力成本	其他成本	总成本
电解还原厂	成本/美元·lb^{-1}	0.04	0.55	0.24	0.24	0.35	1.41
	比例/%	2.8	38.9	16.7	16.7	25.0	100
热还原厂	成本/美元·lb^{-1}	0.44	0.33	0.07	0.27	0.20	1.31
	比例/%	33.3	27.2	6.0	20.3	15.2	100

电解还原厂比热还原厂资本更为密集，现有工厂投资成本分别约为 1 万美元/t 和 6000 美元/t。未来新建的电解还原项目，由于其年生产能力显著升高，其单位投资成本将降低到约 8000 美元/t。

1999 年，CRU 对西方国家镁生产成本的预测，详见表 9-19。在 1999～2009 年间成本有显著下降。从总体看，预计 2009 年总计成本将下降 17%，主要是由于电解还原成本将下降 19%。电解还原镁和热还原镁的生产成本将分别为 1.14 美元/lb 和 1.27 美元/lb。

表 9-19 1999～2009 年西方国家镁生产厂的全部操作成本 (美元/lb)

工厂类型	1999 年	2004 年①	2009 年①
电解还原	0.86	0.77(−10%)	0.70(−19%)
热还原	0.98	1.01(4%)	0.94(−4%)
总计(平均值)	0.90	0.84(−7%)	0.75(−17%)

① 括弧内的值表示与 1999 年相比成本降低百分数。

竞争材料的价格也将是一个重要因素。随着金属市场的回升，镁可能更具竞争力。镁零件制造技术的改善也将有助于更大的重量降低，使镁在经济上的竞争力进一步提高。目前美国能源部的汽车轻量材料计划，支持了生产原生镁的另一低成本、高效益方法的研究。迄今为止在所支持的两个项目中，在高温下从氧化物中直接还原镁的固态氧化物氧离子传导膜技术显示出很有期望的结果。

值得注意的是：到 2005 年底，热还原法生产原镁已经占用世界原镁生产的主流，大大超过电解法生产原镁；同时原镁的价格已经低于电解铝的价格，2005 年年底，原镁的价格与电解铝的价格比在 0.85∶1。

9.2.2.4 镁材竞争力与汽车镁材市场的预测

与镁的生产成本不同，镁的市场价有很大波动，这是由于供需动态关系的影响。自 1990 年以来，美国和欧盟反倾销的申诉和关税的征收造成了北美、欧洲和太平洋沿岸主要贸易区之间的显著差别。2003 年西方国家的镁供应有限，中国和俄罗斯的镁出口继续强劲，2005 年两国的原镁出口量大于 30 万 t，远远高于西方国家目前可利用的生产能力。

如表 9-20 所示，2002 年美国的镁产量主要来自再生镁，国内镁产量低于进口量。结构铸件(主要是压铸件)占美国镁总消费量的将近 50%。比较而言，2000 年，占总消费量的 53% 的镁是作为铝基合金的组分；从 2001 年以来，由于美国国内铝产量下降，铝基合金中的镁用量持续下降。

表 9-20 2002 年美国的镁市场消费情况

项目	再生镁产量/t	镁出口量/t	镁进口量/t	镁消费量(合计 96100 t)				
				铸件/t	锻轧产品/t	铝合金/t	钢铁脱硫剂/t	其他/t
数量	73600	25400	88000	46362	1940	34900	8510	4388

可以预计，北美特别是欧洲未来的镁需求将主要来自汽车用铸件和压铸件。

目前该工业有很大增长。从历史上看，镁合金的世界增长率为 13%～14%，由于汽车面临燃料费用增加的压力，合金的用量日增，故该增长率还会继续保持。大的汽车制造公司和镁供应商已建立合作关系，以保证汽车用镁零件的供应。随着抗蠕变合金的研究和开发，预计镁在汽车应用中还会有突破性的增长。

镁在汽车中的广泛应用不仅取决于镁的生产成本，而且取决于其他竞争材料的经济性和其他因素，如全生命周期的评估，这些因素将支配镁在市场上的整个经济活力。与其他材料相比，镁在汽车等要求轻量化的领域具有较大的竞争潜力。

9.2.3 镁合金材料在汽车工业上的应用与开发

A 镁合金用做汽车零部件所具有的优点

(1) 提高燃油经济性综合标准，降低废气排放和燃油成本，据测算，汽车所用燃料的 60% 消耗于汽车自重，汽车每减重 10%，耗油将减少 8%～10%；

(2) 质量减轻以增加车辆的装载能力和有效载荷,同时还能改善刹车和加速性能;

(3) 可以极大改善车辆的噪声、振动现象。

此外,镁合金具有的优异能量吸收能力大大提高了汽车的安全性能;镁合金压铸件具有一次成形的优势,可以将原来多种部件组合一次成形,这种代替众多单个部件的方式可以大大提高生产率,同时还能达到减少制造误差和装配误差,减少部件间的摩擦和振动,降低车辆噪声。

自 1970 年中东石油危机以来,为减轻汽车重量以降低油耗,镁合金在汽车工业中的应用日益受到重视。从 1991 年至 2000 年的 10 年间轿车用镁合金量增加了 4 倍,使用镁合金零部件已超过 100 种,各个厂家、各种车型的镁合金使用量各不相同。图 9-3 所示为 1999 年北美汽车零部件镁合金使用的比例。

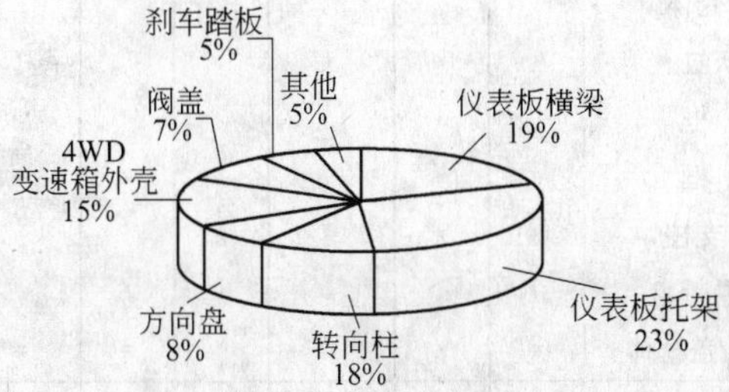

图 9-3 1999 年北美汽车零部件镁合金使用的比例

B 目前主要用镁合金材料的汽车零部件

(1) 车内构件。仪表盘、座椅架、座位升降器、座椅底架、操纵台架、气囊外罩、转向盘、锁合装置罩、转向柱、转向柱支架、收音机壳、小工具箱门、车窗马达罩、刹车与离合器踏板托架、气动踏板托架等。

(2) 车体构件。门框、尾板、车顶框、车顶板、IP 横梁等。

(3) 发动机及传动系统。阀盖、凸轮盖、四轮驱动变速箱体、手动换挡变速器、离合器外壳与活塞、进气管、机油盘、交流电机支架、变速器壳体、齿轮箱壳体、油过滤器接头、马达罩、前盖、汽缸头盖、分配盘支架、油泵壳、油箱、滤油器支架、左侧半曲轴箱、右侧半曲轴箱、空压机罩、左抽气管、右抽气管等。

(4) 底盘:轮毂、引擎托架、前后吊杆、尾盘支架。

美国福特、通用、克莱斯勒三家公司在每辆汽车上采用的镁合金铸件分别达到 30 个、45 个和 20 个。瑞典最新推出的沃尔沃 CP2000 车型全重 700 kg,所用镁合金件达 50 kg,包括轮毂、离合器箱、转向齿轮箱、后悬臂、发动机架、进气歧管、汽缸体等重要部件。表 9-21 ~ 表 9-24分别列出了欧美几种车型使用镁合金零部件的种类和数量情况。

表 9-21 欧洲菲亚特 Dino 型汽车使用镁合金零部件数量

零部件名称	每车使用件数/件	重量/kg	零部件名称	每车使用件数/件	重量/kg
汽缸头盖	2	2.7	油原壳	1	0.177
汽缸头小盖	4	0.21	油原喇叭口	1	0.354
分配盘支架	1	0.227	车 轮	5	27.78
引擎油雾供油箱	2	0.50	滤油器支架	1	0.512
			总 计	17	32.5

表 9-22 波舍尔 911 系列汽车使用镁合金零部件的数量

零部件名称	每车使用件数/件	重量/kg	零部件名称	每车使用件数/件	重量/kg
左、右侧半曲轴箱	2	15.69	左、右抽气管	2	1.26
左、右链罩	2	1.29	齿轮箱	1	6.16
左、右链罩盖	2	0.82	齿轮箱前盖	1	1.20
分配轴上、下盖	4	1.70	中隔板	1	1.03
空压机罩	2	1.62	侧 盖	1	0.83
转 子	1	0.65	开孔轮盘	5	24.97
油原腔Ⅰ、Ⅱ	2	0.54	封闭盖	1	0.05
通风口盖	1	0.11	总 计	27	57.92

表 9-23　欧、美主要车型使用镁合金的状况

公司名称	车　型	每辆车的镁合金用量/kg
GM	Full Size Van, Sabana 及 Express	最大 26.3
GM	Mini-Van, Safari 及 Astro	最大 16.7
Ford	F.150 卡车	14.9
Chrysler	Mini-Van	5.8
Buick	Pack Avenue	9.5
VW	Passat, Audi A4 及 A6	13.6～14.5
Porche	Boxster Roadster	9.9
Alfa-Romeo	156	9.3
Benz	SL	17.0～20.3

表 9-24　欧美汽车使用镁合金的部件

部件位置	镁合金化前材质	镁合金化前重量/lbs	镁合金化后重量/lbs	零部件	Ford	GM	Chrysler	Fiat	Benz	BMW
内装及车体相关件	Fe	3	1.5	内胎壳体						
	Fe/树脂	0.6	0.3	烟灰缸		*	*			
	Fe	11.5	5.9	顶　框		*				
	Fe	23.2	8.8	椅　框		*			*	*
	Fe	30	8	座椅支柱	*	*	*	*		
	Fe	2	1.5	座椅卷带盘			*			
	—	—	1.6	遮阳屏/盖框体	*	*			*	*
底盘相关件	Fe	1.25	0.9	ABS 固定架			*			
	Fe	2.3	1	叶片托架			*			
	Al	1.6	1.3	能量控制泵			*			
	Al	1.1	0.8	驾驶杆托架		*	*			
	Al	4.1	3.1	驾驶杆元件	*	*	*			
	Fe	2.8	1.2	方向盘	*	*	*			
	Al	58.8	30.8	轮　毂	*	*		*	*	*
动力及传动相关件	Al	23	15	4WD 传送箱	*	*				
	Fe	5	2.5	交流发动机/AC 托架		*				
	Al	22	14	离合器箱体和活塞		*				
	Al	12	8	发动机箱体		*				
	Al	11	7.5	集成歧管		*	*			
	Al	0.5	0.26	滤油适配器		*			*	
	Al	1.5	1	AT Internal 零件		*				
	Al	6.5	2.3	汽缸盖	*	*			*	*

注：1. 1lbs＝0.45 kg；

2. * 表示有应用。

图 9-4～图 9-11 为各国不同车型上所使用的镁合金汽车零部件的外形图。

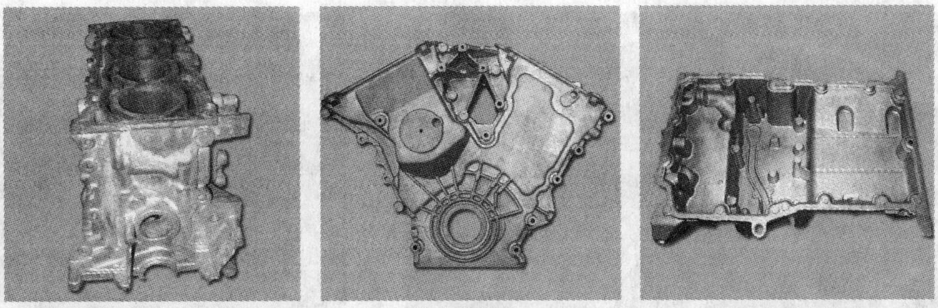

发动机机匣　　发动机前盖　　油盘结构

图 9-4　汽车发动机零件

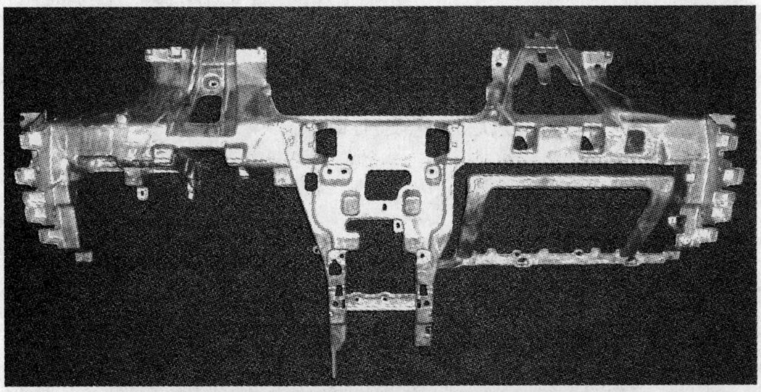

图 9-5　汽车表盘图

图 9-6　汽车轮毂

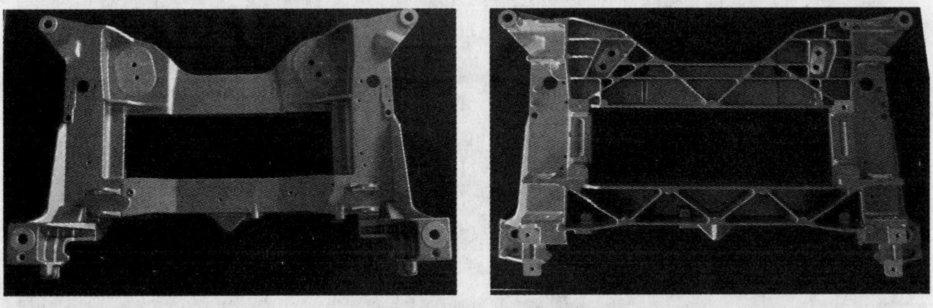

图 9-7　汽车发动机支撑架

图 9-8　汽车变速箱箱体

图 9-9　镁合金变速箱外壳

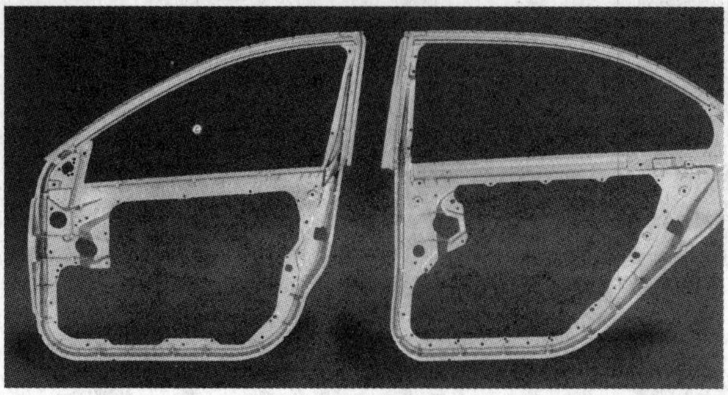

图 9-10　汽车车门

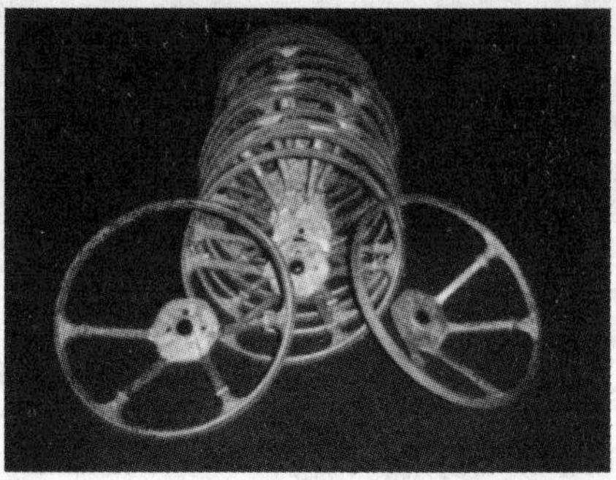

图 9-11　汽车方向盘

图 9-12 为 2004 年有关公司设计的一种镁合金概念车示意图，许多汽车部件可以采用镁合金制造。表 9-25 列出了几种新型汽车和卡车上的镁合金使用情况。

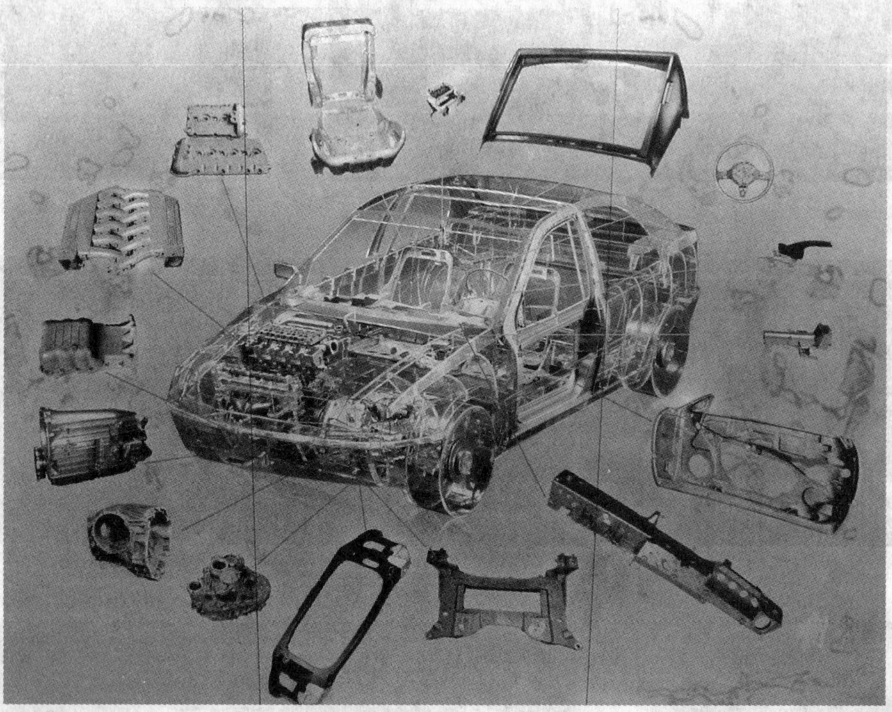

图 9-12　镁合金概念车

表 9-25　新型汽车和卡车上的镁合金部件

公司名称	零部件	车　型	合　金
Ford	离合器、油盘、导轴	Ranger	AZ91HP AZ91B
General Motors	四轮驱动传动箱 手动变速箱 阀盖、气体净化器、离合器(手动) 导热套 离合器底盘、刹车底盘、导向轴支架	Aerostar 1994 Bronco Corvette North Star V-8 1992 "W"Oldsmobile，Pontiac，Buick	AZ91D AZ91D AZ91HP AZ91D AZ91D

续表 9-25

公司名称	零部件	车型	合金
Chysler	传动托架、油盘 导向轴托座 传动托座、油盘	Jeep 1993 LH midsize 1993 Viper	
Daimler-Benz	座椅框架	500SL	AM20/50
Alfa-Romeo	各种零部件(45 kg)	GTV	AZ91B
Porsche AG	各种零部件(53 kg)	911	
	车轮(7.4 kg)	944 Turbo	AZ91D
Honda	缸体头罩 车轮(5.9 kg)	City Turbo Prelude	AZ91D AM60B
Toyota	导向轮	Lexus	AM60B
Fueling engineering	汽缸体、油槽、凸轮轴 外壳、前盖装配件	5HQ Quad 4 Aerotech	AZ91E ZE41A ZC63

图 9-13 所示为国际镁业协会与 Hydro Magnesium Marketing 统计和预测的近些年西方国家压铸镁合金在汽车工业中的应用情况。由于能源问题，北美在汽车工业发展方面比欧洲或泛太平洋地区所承受的压力大得多，特别是欧洲，由于能源及立法的要求，准备生产油耗仅 3 L/100 km 的新型汽车，这将刺激镁合金在汽车工业中的应用。

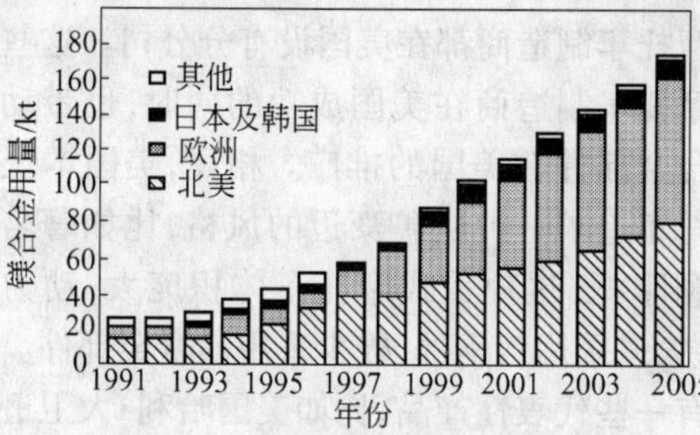

图 9-13 西方国家压铸镁合金在汽车工业中的应用情况

最近，Magers 分析了汽车市场镁合金的需求趋势，预测镁合金在汽车工业中的应用将会不断增长，至 2006 年用量将超过 20 万 t。

我国镁资源丰富，但镁合金压铸件的产业化还刚刚起步，大部分镁以原镁形式出口，国内应用很少。目前国内只有上海乾通汽车附件有限公司、东风汽车公司、长安公司等自主开发了变速箱壳体、壳盖及离合器外壳等，镁合金的用量仅为 8.5 kg/辆。有人预测，2020 年全世界每辆轿车平均用镁量将达 50 kg/辆以上。

9.2.4 镁合金材料在摩托车工业上的应用

9.2.4.1 镁合金材料在国外摩托车上的应用情况

镁合金应用于摩托车工业起源于 1930 年代的欧洲，和汽车工业应用镁合金处于同一时期。并且镁合金摩托车部件几乎与摩托车同时代诞生。例如 1938 年英国伯明翰轻武器工厂生产出一款名为“金星”的摩托赛车，其变速箱壳体采用镁合金制造，如图 9-14 所示。紧随其后的是 1939 年英国 AJS 公司推出的一款用于国际摩托车大奖赛的名为“超级动力”的摩托赛车（见图 9-15），其曲轴箱体采用镁合金制造。

图 9-14 1938 年英国的“金星”摩托赛车

图 9-15　1939 年英国的"超级动力"摩托赛车

除了发动机部件仍然作为主流之外，20 世纪 70 年代之后出现的其他镁合金部件，包括轮毂、制动盘、离合器外壳、前叉夹等 10 种部件。这些镁合金零件大多数由厂家根据自己的型号生产，只有轮毂、前叉夹和制动盘实现了专业化生产。其中轮毂的产业化水平最引人注目，镁合金摩托车轮毂的专业制造厂商多达十几家，其中知名的有意大利的马其西尼、马威克，英国的德玛格，美国的 OZ，德国的 PVM 和镁合金科技公司。其中英国德玛格公司制造的镁合金轮毂应用于全球各种著名品牌的摩托车，车型超过了 400 种。从 80 年代开始，摩托车部件的镁合金化不断高涨，应用部件多达 50 余种，涵盖了发动机系统、传动系统、悬挂系统、框架以及各种附件。应用厂家几乎涵盖了欧洲所有摩托车生产厂商，诸如意大利的阿普利亚、杜卡迪、英图古兹、比摩塔、奥古斯塔，英国的凯旋，德国的宝马，奥地利的 KTM 等顶级摩托车厂商。当然，早期摩托车工业的许多厂商都已销声匿迹，它们的摩托车产品也已成为收藏品，但取而代之的是对镁合金更大规模、更高层次的应用。其中较有代表性的有杜卡迪 749～999 系列，其采用的镁合金部件包括：轮毂、前叉夹、单侧摇臂、前灯总成、发电机盖、离合器边盖、凸轮箱盖、摇杆箱盖、引擎后盖、调速观察板盖、内汽缸盖、阀门盖、镜架、气帽等。

日本四大著名摩托车生产企业是本田、铃木、雅马哈、川崎。日本摩托车厂商对于镁合金部件的采用完全依照欧美的模式，最开始也是从发动机入手，而后扩展到其他部件。虽然镁合金部件的种类不如欧洲车多，但是其应用的规模丝毫不比欧洲逊色。其中最成功的是川崎 ZX 系列，其部件几乎包括了日本摩托车的所有镁合金部件。仅川崎 ZX-6 的发动机就采用了镁合金汽缸盖、机油箱面板、离合器盖、油泵盖，整个发动机减重达 4 kg，如图 9-16 所示。另一个成功车系是本田 RC51 系列，每种车型的镁合金部件各有侧重点。其中 RC51′S 型侧重于发动机部件，包括镁合金离合器盖、镁合金汽缸盖、镁合金左右曲轴箱盖。RC51-C 型摩托车侧重于运动部件，包括马其西尼牌镁合金前后轮毂、镁合金单侧摇摆臂。当然，其他 RC51 系列中的镁合金部件还包括后轮悬架、机油箱及隔板、离合器盖、油冷器阀门盖等。

图 9-16　川崎 ZX-6 型摩托车

美国的摩托公司在全球是最多的，比如日本的本田、铃木、雅马哈、川崎、意大利的阿普利亚、杜卡迪、德国的宝马、奥地利的 KTM 等著名摩托车制造商都在美国设有分公司。这些外国摩托车制造商在美国成功的同时，也带动了镁合金部件在美国的推广。相反，美国本土的摩托车追求一种粗犷豪迈的风格，比如著名的哈利摩托，这种美式摩托车体积庞大，动力十足，大量采用镀钢件，极少采用镁合金部件。但也有一些代表性产品，比如美国哈利·大卫逊的"姊妹厂"贝奥公司 2002 年所产的"霹雳 XB9R"型摩托车，如图 9-17 所示，其双前灯梁、头灯壳、仪表盘以及大量电镀配件和装饰件都由镁合金制成。

9.2.4.2　镁合金材料在国内摩托车上的应用情况

目前，镁合金在国内摩托车上的应用还较少，重庆镁业科技股份有限公司于 2001 年 4 月成功试制了型号为 LX150 的"镁合金绿色概念摩托车"，如图 9-18 所示。其中发动机曲轴箱体、箱盖及摩托车前后轮毂、尾盖、后扶手等 12

个零部件用镁合金材料，镁合金摩托车发动机如图 9-19 所示。特别是摩托车轮毂用镁合金制造，减重效果非常明显，仅轮毂就减重近 3 kg，整台摩托车总减重 6 kg 左右。目前已经批量生产摩托车镁合金发动机箱盖、箱体、轮毂等配件，实现了在摩托车上大规模地应用镁合金零件。

图 9-17 贝奥 2002“霹雳 XB9R”型摩托车

图 9-18 LX150 的“镁合金绿色概念摩托车”

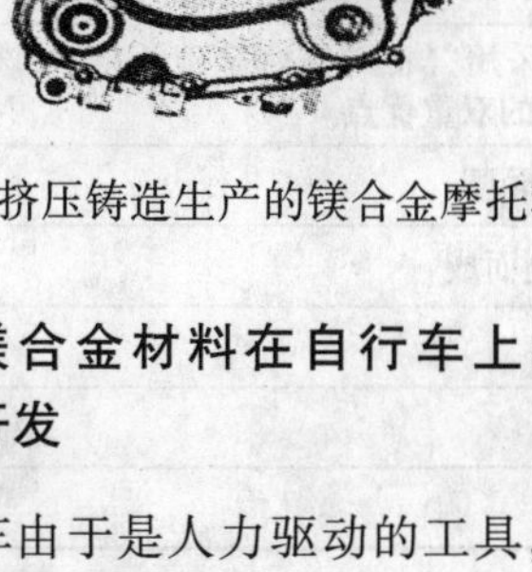

图 9-19 挤压铸造生产的镁合金摩托车发动机

9.2.5 镁合金材料在自行车上的应用与开发

自行车由于是人力驱动的工具，因而质量的减轻带来的效果非常显著，更轻的自行车能获得更好的加速性能、爬坡性能、转弯性能，并且更易操纵，因而在国外自行车行业流传着“产品轻 1 g 多卖 1 美元”的说法，镁合金质量轻的特性就满足了这一要求。用镁材制造自行车与用铝相比，可减重 33%。用镁材制造的折叠式自行车车架重量仅 1.4 kg，总重仅 4 kg。不仅如此，镁合金应用在自行车上还具有以下独特的优异性能：更好的动力学性能；更好的承力性（相对于塑料件）；极佳的减振特性（相对于钢、铝等金属部件）和舒适感。

9.2.5.1 镁材在国外自行车上的应用

目前，国外自行车使用的镁合金部件包括：轮毂、车把夹、脚踏板、制动器、手把、前叉、框架等十几个部件。提供这些部件的有意大利的 Grimace、ITM、Deda Elementi，美国的 Azonic、Easton、Sun Ringle、Time Impact、Primo、Odyssey，英国的 Avid、Mozo 等众多配件商。应用厂商诸如 ANNONDALE、Pinarello、Padeta、Saracen Kili、Zuruck 等全球著名自行车制造商，其中 Pinarello 公司是世界三大顶级自行车生产商之一。Paketa 公司 15″型（车架中轴中心与座管顶端的间距）的镁合金车架仅重 1190 g，如图 9-20 所示。

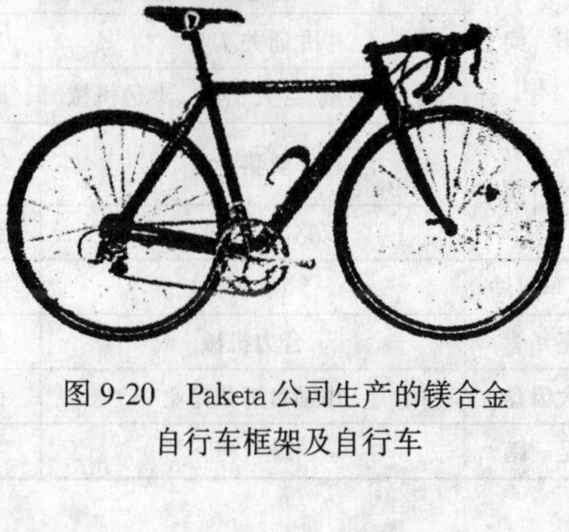

图 9-20 Paketa 公司生产的镁合金自行车框架及自行车

9.2.5.2 镁材在国内自行车上的应用

1996年达建公司率先投入镁合金前叉外管的开发。随后，中国台湾容轮业、司普等公司也相继投入，主要的开发项目着重于避振前叉外管等结构件。但是相对于在车架、车把、曲柄、座管及轮圈等大量主结构件的开发上，需利用挤压管件、锻造型材以及配合焊接技术等，目前在技术上仍有待解决。我国是一个自行车大国，但在镁材使用方面的工作还很薄弱。

目前，我国的自行车厂商已将大量镁合金零部件运用于自行车赛车、登山车、折叠车等高级车种。首钢远东、重庆镁业、中华自行车、上海交大、南京华宏等国内企业和研究院所都纷纷推出了镁合金自行车样车，其中首钢远东镁合金车型实现了上市销售，图9-23所示为北京首特钢远东镁合金制品有限公司生产的镁合金自行车。在2001年的中国台北国际自行车展会上，泰亿已展出了新型镁合金车架。至于零部件方面，达建(前叉)、中国台湾荣轮业(前叉、曲柄大轮盘)、凯特(曲柄)、司普(前叉)、久裕(花鼓)、六哥(锻造零件)、维格(脚踏)、仪铭东(轮圈)、远东(轮圈)、展轮(轮圈)、镒成等也都展出了商品化的镁合金自行车零部件。未来，在镁合金自行车的开发与制造上，将朝着更经济、大众化的方向发展。

值得一提的是中国台湾地区的镁合金自行车的发展。台湾地区近年来将提升自行车材料运用和功能设计作为发展自行车工业的突破口。美利达集团是全球自行车行业的一流企业，于1999年首次推出镁合金车架，目前已经有近十种型号镁合金自行车，但多为出口车型，价格较贵，比如镁合金精英型山地车售价高达8.6万台币，如图9-21所示。全车采用了镁合金车架、镁合金V形刹车、WELLGO公司的MG-10型镁合金脚踏板。表9-26列出中国台湾自行车采用镁合金零部件的情况。

图9-21 重庆镁业公司开发的镁合金自行车

表9-26 中国台湾自行车厂采用镁合金零部件的情况

产品名	生 产 厂	说 明
整 车	自行车研发中心	STRAUSS CIASS-C款，采用AZ61A合金，售价500美元
	美利达	Mag Light900跑车(全车重7.7 kg，镁合金车架)每台NT85000元
	泰亿机械	JUPITER9.0车款，车架、把手、蹬管、座管等采用镁合金
车 架	美利达	Mag Light，M-100登山车
	龙通关实业	MACT64折叠式自行车，重6.4 kg
	野宝、卜威、巨大、旭生、泰亿机械	车架重1.4 kg，采用AZ80A合金
轮 圈	亚猎士	MCF跑车，镁合金轮圈采用“MCF”镁合金碳纤技术，该轮圈具有镁合金轻量化及碳纤延展性的双重优点
	仪铭东、展轮、远东	仪铭东的为镁合金焊接轮圈
刹车组件	利 奇	采用AZ61A镁合金锻制而成
座 管	合力机械	新产品
大齿盘	中国台湾荣轮业	已开发成功并开始销售
足 踏	维 格	采用镁合金压铸制成

续表 9-26

产品名	生产厂	说明
前叉	Stinger	气压式前叉(重1.65 kg)镁合金本体+铝合金肩盖与后管,表面用CNC处理
	达建	镁合金一体成形的 Aerosa-HT 前叉,具有锁死功能
	中国台湾荣轮业、司普	中国台湾荣轮业已开始销售
	百尔斯国际	2000年推出一体成形的镁合金前叉(肩座、叉桥用6061-T6铝合金)
花鼓	久裕公司	

图 9-22 中国台湾美利达公司的镁合金精英型山地车

9.3 镁合金材料在航空航天工业上的应用与开发

9.3.1 概述

航空材料减重带来的经济效益和性能的改善十分显著,商用飞机与汽车减重相同重量所带来的燃油费用节省,前者是后者的近100倍。而战斗机的燃油费用节省又是商用飞机的近10倍,更重要的是其机动性能改善可以极大地提高其战斗力和生存能力。正因为如此,早在20世纪20年代就开发出镁合金部件,有发动机曲柄箱、发动机零件(铸件)、气球吊篮(薄板)、客机座椅、起落轮(薄板、挤压件);在40年代,开发出的镁合金产品有JU88起落架支持框(铸件)、He177&Ju90部件(铸件)、BMW801发动机部件(铸件)、机枪支架环(铸件)、无线电设备底座(压铸件)、定向仪(压铸件)、尾轮(压铸件)、B-36轰炸机部件;在50年代,镁合金的应用有RR Dart发动机部件(铸件),S55直升机发动机基座、蛤壳式门、尾锥(铸件)和蒙皮(薄板),火箭和导弹零部件(薄板),直升机齿轮箱(砂型铸造件),直升机车轮及发动机部件(砂型铸造件)、涡轮喷气发动机机罩(砂型铸造件),主起落轮(砂型铸造件、锻造件),B-47轮及发动机部件(砂型铸造件),机轮外壳(离心铸造薄板),C-121和C-124运输机地板横梁(挤压件);在60年代,镁合金的应用有B-47和B-52主起落轮(锻件)、卫星零部件、HC-18直升机地板(挤压件)、飞机座舱顶棚框架(砂型铸造件),Apollo振动监测设备(砂型铸造件),S-64B起落架齿轮箱(砂型铸造件);在70年代,镁合金的应用有F-20减速装置及座舱顶棚框(砂型铸造)和CH-53E直升机传送箱(砂型铸造件),在90年代,镁合金的应用有直升机传动系(砂型铸造),PW100涡轮发动机部件(砂型铸造件),Garrett TPE TPE331-14&-15主涡轮发动机部件(砂型铸造件),恒速传动、辅助动力设备进气管、喷气发动机传动齿轮箱。

随着镁合金制备技术的发展,材料的性能(如比强度、比刚度、耐热强度、蠕变等性能)不断提高,其应用范围也不断扩大。目前其应用领域包括民用、军用飞机的发动机零部件、螺旋桨、齿轮箱、支架结构以及火箭、导弹、卫星的一些零部件。如用ZM2制造WP7各型发动机的前支撑壳体和壳体盖;用ZM3镁合金制造J6飞机的WP6发动机的前舱铸件和WP11的离心机匣;用ZM4镁合金制造飞机液压恒速装置壳体、战机座舱骨架和镁合金机轮;以稀土金属钕为主要添加元素的ZM6铸造镁合金已扩大用于直升机WZ6发动机后减速机匣、歼击机翼肋等重要零件;研制的稀土高强镁合金MB25、MB26已代替部分中强铝合金,在歼击机上获得应用。

9.3.2 航空航天工业常用镁合金材料的性能与用途

结构减重和结构承载与功能一体化是飞机

机体结构材料发展的重要方向。航空、航天领域要求镁合金力学性能和高温性能优异，抗蚀性好，有良好的综合性能。适合的合金包括AZ91E、QE22（MSR）、ZE41（RZ5）、EQ21、（ZRE1）、WE43等，其性能比较见图9-23。从图中可知，飞机的各种机箱体、传送箱和电源装置，直升机主要传送系统的零部件、螺旋桨系统可以采用ZE41和QE22合金制造；而在高温下服役的零部件可采用WE43或EQ21合金制造。另外，WE43合金还具有极好的耐蚀性能，可用做飞机螺旋桨罩壳。McDonnell Dougles MD50直升飞机采用了WE43合金的变速箱壳体。

目前，常用的航空航天铸造镁合金及其性能和用途见表9-27。

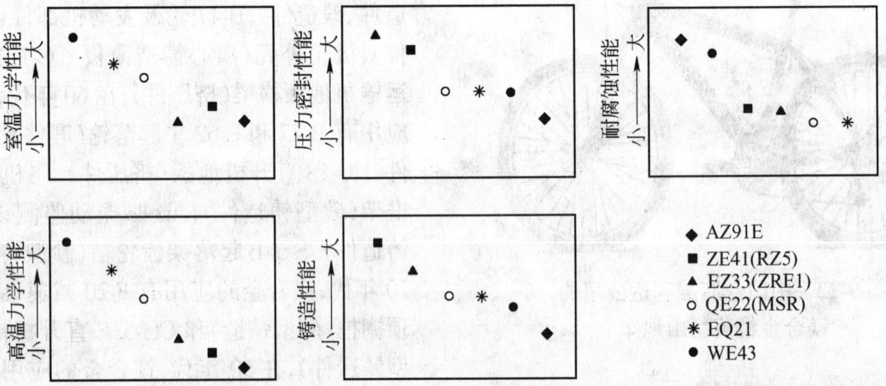

图9-23　镁合金的主要性能

表9-27　航空航天工业常用铸造镁合金的性能和用途

镁合金	性能	缺点	应用
AZ91 AZ91E	最常用的商业镁合金，属于低成本镁合金，新型高纯度AZ91E能提供优良的抗腐蚀能力	就收缩和脱模而言，其铸造性能一般；中等力学性能，在厚壁铸件中表现更差；最高工作环境温度不超过100℃；要求T6态热处理	用于航空器控制装置，各种支架、传动器壳体以及机轮
AZ92	由于更高含量的锌，比AZ91具有更高的室温抗拉强度；高纯净度牌号具有高的抗腐蚀性能，但生产较困难	与AZ91相近的铸造性能；比AZ91更好的力学性能，仍然不能用于高温环境；要求T6态热处理	与AZ91的应用相近
ZE41	良好的铸造性能，较容易生产；工作环境提高到了150℃；优异的抗腐蚀能力	中等强度、中等抗腐蚀合金，比AZ合金更倾向于氧化	广泛应用的中等强度，较好的高温性能镁合金；主要用于航空发动机部件、辅助推进装置（APU）、直升机壳体的铸造
QE22	优良的铸造性能，生产较容易；极好的振动吸收性能；工作环境可达到250℃；中等成本合金；要求T5热处理	比ZE41更难以铸造；高的综合腐蚀率；由于含有银属于高成本合金；要求T6态热处理	高强度高温合金；通常用于航空发动机壳体、发动机结构部件、发电机壳体等高温环境中工作的部件
WE43A	很高的室温强度性能；极好的高温性能，工作温度可高达300℃；优异的抗腐蚀能力	最难铸造的镁合金；需要额外的熔化和铸造控制手段；由于含有钇使其成为高成本合金；要求T6态热处理	高强度的高温抗蠕变合金；用于发动机变速箱和直升机传动箱
EZ33	优良的铸造性能，生产较容易；极好的振动吸收性能；工作环境可达到250℃；中等成本合金；要求T5热处理	低强度合金；中等综合腐蚀率；比AZ合金更易氧化	适合于较高工作温度的低强度应用，特别适合既要求铸造质量又要求减振的部件；适用于减振部件、齿轮传动部件

过去 RZ5 镁合金通常用于制造直升飞机的变速箱壳体和传动箱壳体,后来由于航空工业对材料的安全使用期限和抗腐蚀性能提出了更高的要求,使得 WE43 镁合金逐渐取代了 RZ5 的位置而成为制造包括主变速箱壳体在内的众多直升机部件的首选镁合金材料,比如欧洲直升机公司 EC120 型民用直升机和北约直升机工业公司的 NH90 军用直升机就采用了 WE43 合金制造的变速箱壳体。

ZRE1、MSR 和 EQ21 镁合金也都广泛应用于飞机的发动机部件,如同 WE43 镁合金由于具有优良的抗腐蚀性能和高温性能而广泛应用于变速箱壳体一样,这些合金的应用也将会得到持续增长。许多大型镁合金铸件由于有这些镁合金而得以制造,比如 MSR 镁合金制造的重达 130 kg 的劳斯莱斯 Tay 和 BR710 型发动机的空压机壳体。其他的航空应用包括 MSR 或 RZ5 制造的 F16、"欧洲战斗机"EF2000、旋风战斗机的辅助变速箱壳体,MSR 或 EQ21 制造的"空中客车"A320、旋风战斗机和协和超音速飞机的发电机壳体。

镁合金锻造件也用做航空部件,英国西陆公司"海王"反潜直升机上的变速箱部件就是用 ZW3 镁合金锻造的。除此之外,镁合金锻件在航空发动机上以及机轮上都有应用,将来还可能用于高温环境下工作的部件。

前苏联的情况与西方国家有点类似,镁合金曾在 1947 年设计的 AN-2 飞机上就有使用,并以 ML-5 合金(镁－铝－锰系)铸件的形式用于飞机的飞行控制系统中。从 1960 年起 BM65-1 合金(MA-14)就用于飞机上小型锻件的生产。

与铸造镁合金相比,变形镁合金在组织上更细、成分上更均匀、内部更致密,因此变形镁合金比铸造镁合金具有高强度和高伸长率等优点。同时,在满足相同工作条件下,比变形铝合金更轻。因此航空器特别是导弹、卫星以及航天飞机大量应用各种变形镁合金。例如 B-36 重型轰炸机每架使用 4086 kg 的镁合金薄板,喷气式歼击机"洛克希德 F-80"的机翼也是用镁合金制造的,由于采用了镁板,使结构零件的数量从 47758 个减少到 16050 个;Talon 超音速教练机有 11％的机身是由镁制造的(160 kg 板材,128 kg的铸件和少量挤压件、板材和管材);B-52 轰炸机用了 165 kg 的镁合金(其中 199 件挤压件、19 件锻件、542 件砂型铸件和 180 kg 的板材);Falon GAR-1 空对空导弹有 90％的结构采用镁合金制造,其中弹身是由 1 mm 的 AZ31B-H24 轧制板加工而成的,纵向焊接,然后拉深成形。"德热米奈"飞船的启动火箭"大力神"中曾使用了 600 kg 左右的变形镁合金;"季斯卡维列尔"卫星中使用了 675 kg 的变形镁合金;直径 1 m 的"维热尔"火箭壳体是用镁合金挤压管材制造的;战术航空导弹的舱段、副翼蒙皮、壁板、加强框、舵面、隔框等厚件,诱饵鱼雷壳体,以及雷达、卫星上用的井字梁,也都大量采用变形镁合金。图 9-24 所示为某型号飞机上使用镁合金零部件的情况。

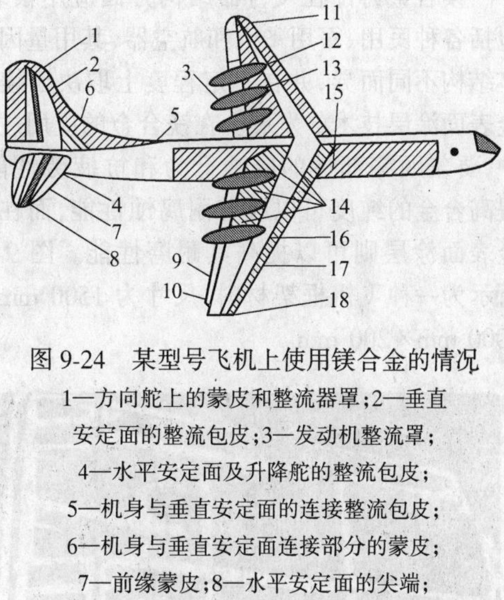

图 9-24　某型号飞机上使用镁合金的情况

1—方向舵上的蒙皮和整流器罩;2—垂直安定面的整流包皮;3—发动机整流罩;4—水平安定面及升降舵的整流包皮;5—机身与垂直安定面的连接整流包皮;6—机身与垂直安定面连接部分的蒙皮;7—前缘蒙皮;8—水平安定面的尖端;9、10—襟翼、副翼的蒙皮;11、18—翼尖;12、13—发动机包皮;14—机翼的中段蒙皮;15—机身蒙皮;16、17—机翼前缘蒙皮

9.3.3　主要航空航天器零部件的镁合金应用情况

9.3.3.1　框架结构部件的镁合金化

一般航空航天结构用镁合金主要是板材和挤压型材,也有部分是铸造件。用镁合金板材

制造的飞机零部件有：各种壁板、整流罩、发动机罩、门、盖板、口盖框架、内部加强型材组合件、各种连接整流包皮、翼尖、尾面、副翼及襟翼蒙皮、油箱等。飞机上大量采用镁合金零部件，其重量大大减轻，飞行速度及航程均显著提高。DOW 化学公司采用快速凝固 ZK60 镁合金挤压型材制造 C133 运输机的地板支撑梁和固定装货滑道，如图 9-25 所示。

图 9-25 C133 运输机使用镁合金的情况

镁合金铸件在飞行器结构方面应用很多，包括各种民用、军用飞机和航空器，其用量因具体结构不同而异，并在一定程度上取决于镁合金表面涂层技术的发展。在镁合金的应用过程中，要兼顾零部件的腐蚀行为和抗疲劳性能。提高合金的纯度可以改善耐腐蚀性能，而在合金表面涂层则可以提高其耐磨性能。图 9-26 所示为一种飞机框架材料，尺寸为 1500 mm×1000 mm×200 mm。

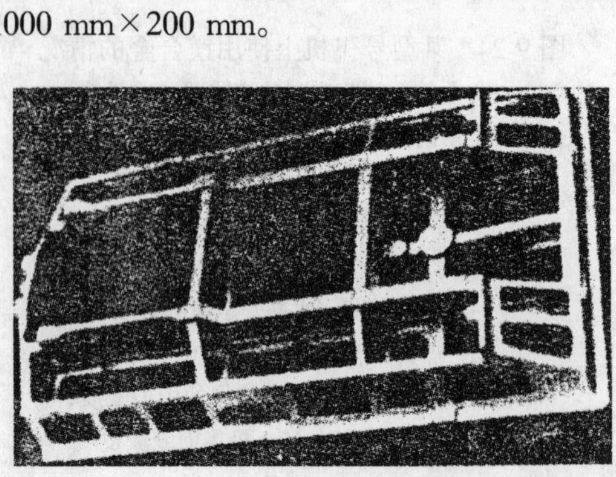

图 9-26 飞机框架材料

Mg-RE 合金的铸造性能及焊接性能均很好，被研制出来后就被用于制造结构复杂的军用飞机驾驶舱舱罩的框架。据 1969 年 Evans 报道，采用镁合金制造 Vampire 和 Venom 飞机的双座椅结构件是当时镁合金应用所达到的最高水平。由于镁合金双座椅结构件使用效果很好，从而直到现在还在应用。图 9-27 所示为座舱罩铸件。西班牙 CASA 在其战斗机上也采用了类似的结构件。镁合金飞行器中的另一个应用是钢丝索移动控制滑轮，然而欧洲生产商认为镁合金滑轮容易磨损，并不合适。但 BAe 公司通过在滑轮上涂上一层塑性涂层，如尼龙，从而使这种应用获得成功，并从 1960 年开始在大多数民用飞机上使用。

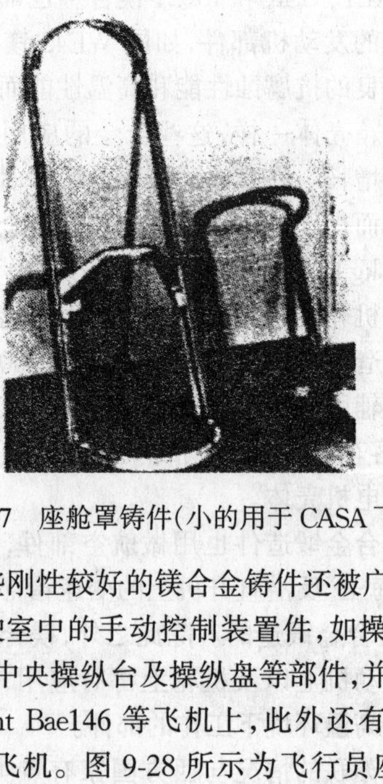

图 9-27 座舱罩铸件(小的用于 CASA 飞机)

一些刚性较好的镁合金铸件还被广泛用于制造驾驶室中的手动控制装置件，如操纵杆及方向盘、中央操纵台及操纵盘等部件，并被应用于 Trident Bae146 等飞机上，此外还有 Fokker 的 F100 飞机。图 9-28 所示为飞行员座椅架。Kent Aerospace 和 LMI France 将复杂的镁合金铸件用于 Bae146、125 和 Air Bus 的压缩系统。先后有很多民用飞机使用了镁合金部件，数量达到 250 多种。

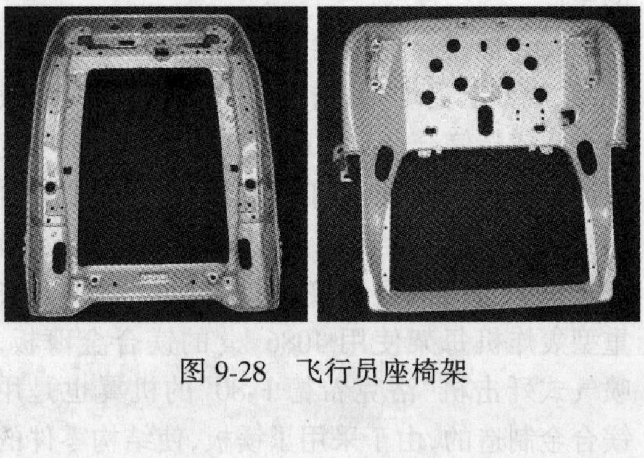

图 9-28 飞行员座椅架

9.3.3.2 航空航天发动机部件的镁合金化

镁合金在航空发动机中的应用主要是压缩机尾部箱体和装有大量减速齿轮辅助设备的大齿轮箱。Pratt 和 Witney 发动机公司在 Bae146 飞机上采用了镁合金 ACCO Lycoming 双路式涡轮喷气发动机罩。

另外，为了提高发动机热稳定性，允许较小的外壳间隙，同时提高发动机效率，制造商研制了适用于民用和军用飞机的发动机箱体。民用飞机发动机箱体一般采用镁合金铸件，而军用飞机发动机箱体一般采用铝合金铸件。图 9-29 所示为几种采用镁合金的发动机箱体。由此可见，镁合金用做发动机箱体材料优势明显。

a　　b　　c

图 9-29　发动机箱体

a—T117BMW-Rolls Roys 发动机箱体；*b*—Eurofighter ES Wedel 发动机箱体；*c*—四缸发动机箱体

齿轮箱是镁合金大型铸件的另一个典型应用实例。Kent 航空铸造公司曾采用镁合金制造巨大的 Rolls Royce RB211 发动机齿轮箱，这类装置在合理的保护条件下可以正常服役很多年。此外，直升机螺旋桨推进器的齿轮箱也可以采用镁合金制造，图 9-30 为几种镁合金齿轮箱实物图。所用材料包括 ZE41、WE43 和 AZ91E 等。连接 BR710 发动机换向系统各零部件的驱动系统也可以采用 WE43 和 AZ91E 合金(见图 9-31)，承载应力都处在合金强度和耐腐蚀能力范围内，部分铸件可以在较高温度下使用。图 9-32 所示为英国某型号直升机上使用的采用锻造法生产的齿轮箱及其连接件。

在用于制造以上零部件的材料中，稀土镁合金具有比强度和比刚度高、耐热强度及蠕变性能优异等特点，既可满足航空结构材料减轻自重的需要，也可满足在 200～300℃ 高温条件下长时间工作的航空发动机零部件的需要。欧美早期曾开发过 EK、EZ、EQ、AE 系列稀土镁合金，EK31、EZ33、QE22 等合金都曾用于航空发动机。20 世纪 80 年代末推出 WE 系列稀土镁合金，McDonnell 公司已经用 WE43 代替 ZE41 作为 MD500 直升机零部件。我国在前苏联合金牌号体系的基础上，至今已开发出了 ZM3、ZM4、ZM6、ZM9 系列稀土镁合金。

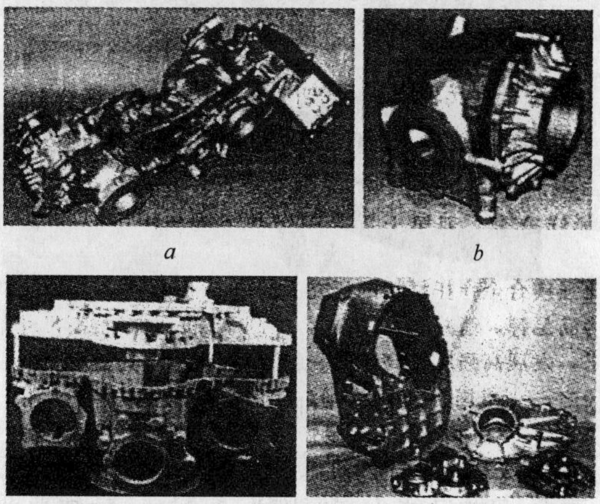

c　　d

图 9-30　镁合金齿轮箱

a—Turbine BR710 ZF-Luftfahrttechnik 齿轮箱及箱盖；

b—Tailrotorsystem Tiger ZF-Luftfahrttechnik 齿轮箱；

c—Tiger EC France 直升机主齿轮箱；

d—Strato2 ZF-Luftfahrttechnik 齿轮箱

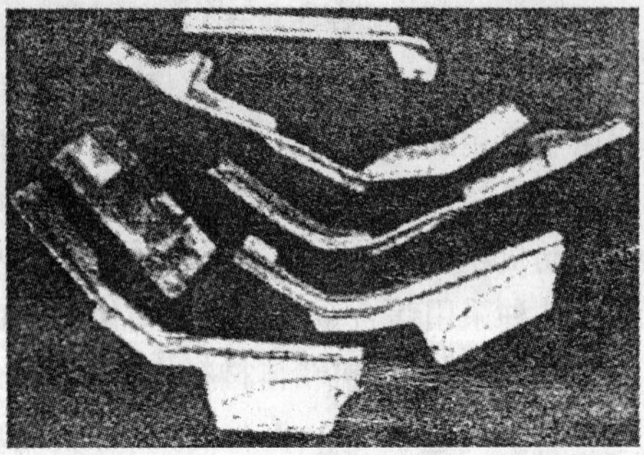

图 9-31 双臂曲轴(AZ91E、WE43)

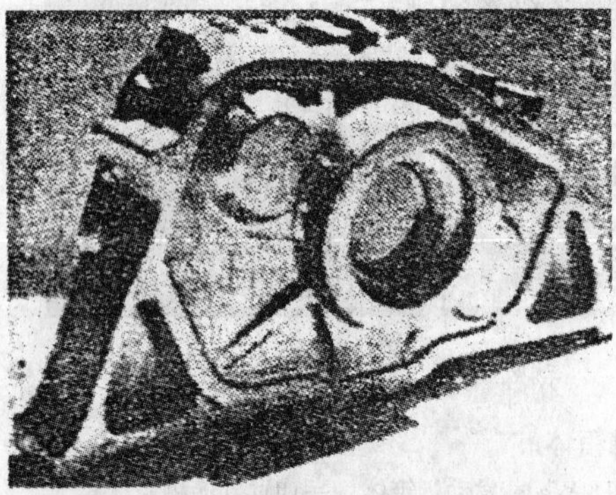

a

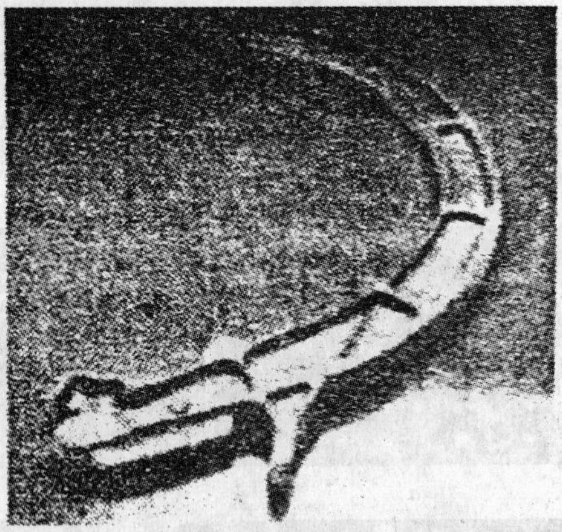

b

图 9-32 英国直升机齿轮箱及其连接件
a—阀盖(ZK60-T6,44 kg);*b*—连接件(AZ80-F)

随着航空工业对零部件小型化、高效率的要求,目前已能生产厚度为 3.5 mm 的铸造薄壁件,公差可以达到±0.5 mm。现已标准化生产直径为 2 mm 的液压传动管道,能够承受 9 MPa 的压强。

镁合金航空适用于零部件的种类繁多,应用范围很广。下面以加拿大 Magellan 公司为例介绍,分别见表 9-28 和表 9-29。

表 9-28 加拿大 Magellan 公司的部分航空镁合金产品

航空器系统	镁合金部件
镁合金航空发动机部件	前框、中间箱体、进气口箱体;螺旋推进器、变速箱壳体;压缩机进气口箱体;润滑泵壳体、传送泵壳体、燃料控制箱盖;发电机壳体、加速器壳体
机身零部件	支架、门壳体、货物装卸装置壳体;战斗机起飞助推系统;直升机主传动箱、副传动箱

表 9-29 加拿大 Magellan 公司部分航空镁合金产品的使用厂商及机型

航空器制造商	适用机型
阿古斯塔－西陆(Agusta-Westland)直升机公司	EH101
加拿大贝尔直升机公司	V22、BA609、206、427、430、AH-1T
波音民用	747、757、767
波音军用	CH47、AH-64
通用电气	J85、CF6-80、F404、F110、GE90、T700、LM6000、CFM56-5
美国汉密尔顿盛特兰(Hamilton Sundstrand)公司	F-15、F-16、F18-C/D、F-18E/F
美国霍尼韦尔(Honeywell)公司	TPE331、AS907、331-600、131-9、LV100、RE100
加拿大普惠(Pratt & Whitney Canada)公司	PT6、PW100、PW206、PW306、PW307、PW308、PW500、PW600
美国普惠(Pratt & Whitney)公司	PW2000、PW4000、PW6000、V2500
英国劳斯莱斯公司	T56、Model 250、AE2100、AE3007、T800
美国西科斯基飞机公司(Sikorsky Aircraft)	CH53、UH-60、SH-60、RAH-66、S92

注:以上铸件的直径为 ϕ127~2000 mm,重量为 0.45~365 kg。

9.4 镁合金材料在常规武器上的应用与开发

9.4.1 概述

镁合金是减轻武器装备重量,实现武器装备轻量化,提高武器装备各项战术性能的理想结构材料。镁合金在军事上的应用过去主要是在航空领域，近年来，镁合金及镁基复合材料已逐步在武器和弹药上得到成功应用，发展十分迅速。

镁合金最早应用于军事工业领域是在1916年，当时用于制造77 mm导线；20世纪30年代的应用有大炮车轮和小雷投掷器（铸造法制备），40年代的应用有60 mm迫击炮炮座（铸造件）、6000-16型大炮炮架（铸造件）、装填器杆（挤压件）、航空火箭发射器（挤压件）、机枪托架（铸造件）、空降部队用自行车框架部件（铸造件）、光学测距仪部件、探照灯灯壳（铸造件）、地面导弹发射器（挤压件）、T-31型20 mm火炮（挤压及铸造件）、SIG33 15 cm枪托架（铸造和锻造件）；50年代，镁合金又用于制造控制系统雷达（多种方法制造）、M113运输机机舱（花纹镁合金板）和齿轮箱（砂型铸造件）、M113用Mg-Li合金壳体结构件（板材）、M274战斗运输机机轮（铸造件）和底板炮手站台（挤压件）、M151 MUTT车轮（铸造件）、M116运输机舱顶拱部件和底板（挤压件和板材）、空降牵引机的车轮（铸造件）；60年代，镁合金用于生产迫击炮底座（锻件）、法国AMX30坦克车轮的变速箱（铸造件）、法国AMX10坦克枪枪架（铸造件）、XM102 105 mm榴弹炮炮架架尾（板材）、民兵导弹牵引车（板材和挤压件）、野外保养隐蔽所和直升机部件（挤压件）；80年代以后，为了实现武器轻量化，镁合金在军事领域的应用逐渐扩大。目前，为了减轻各种常规兵器的重量，提高机动性，便于运输，使用镁合金材料的零部件越来越多，发展潜力很大。

9.4.2　现代兵器零部件的镁合金化及发展趋势

从兵器零件的使用特点和性能要求分析，枪械武器、装甲车辆、导弹、火炮、弹药、光电仪器、武器用计算机及军用器材中有较大数量的铝合金零件和工程塑性件，根据目前镁合金材料的性能和使用特点，改用镁合金材料制造相关零件，技术上是可行的，并有以下发展趋向：

9.4.2.1　实现武器装备轻量化

采用镁合金及镁基复合材料替代武器装备的中、低强度要求的铝合金零件和部分黑色金属零件，主要产品有：

(1) 枪械武器。机匣、弹匣、枪托体、下机匣、提把、前护手、弹托板、瞄具座等使用镁合金制造。

(2) 装甲车辆。坦克座椅骨架、机长镜、炮长镜、变速箱箱体、发动机滤座、进出水管、空气分配器座、机油泵壳体、水泵壳体、机油热交换器、机油滤清器壳体、气门室罩、呼吸器等用镁合金件。

(3) 导弹。导弹舱体、舵机本体、仪表舱体、舵架、飞行翼片等用镁合金材料。

(4) 火炮及弹药。供弹箱、牵引器、脚踏板、炮长镜、轮毂、引信体、风帽、药筒等。

(5) 光电产品。镜头壳体、红外成像仪壳体、底座等。

(6) 计算机及通信器材。军用计算机、通讯器材箱体、壳体、板类等零件。

9.4.2.2　替代工程塑料，解决零件老化、变形和变色的问题

目前，轻武器、光电及通讯器材产品、战车仪表盘等采用工程塑料制造。工程塑料尤其是纤维增强塑料的比强度最高，但弹性模量小，比刚度远小于镁合金，且难以回收，环境适应性差，易磨损和老化变形、变色，既影响武器战术性能，又影响武器外观。该类零件采用镁合金及镁基复合材料可以从根本上克服工程塑料的这些缺陷。主要产品有：

(1) 枪械武器。塑料弹匣、护盖体、附件筒、前护手等。

(2) 光电产品。镜头塑料壳体、瞄具塑料壳体、夜视仪塑料壳体等。

(3) 军用器材。种类仪表盘、通讯器材箱体、壳体零件、军用头盔等。

图9-33所示为目前已开发出的部分镁合金武器零件。

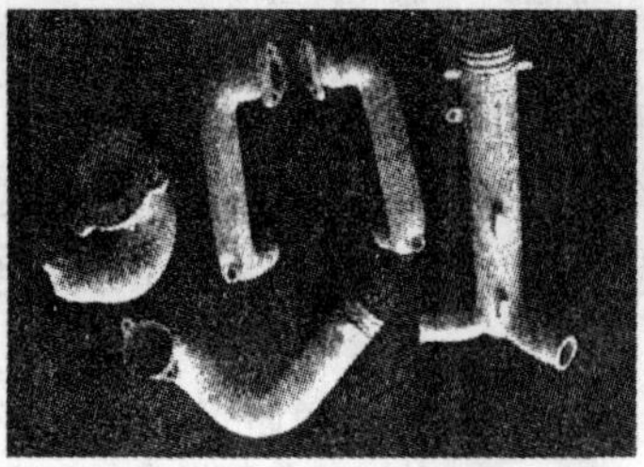

a

b

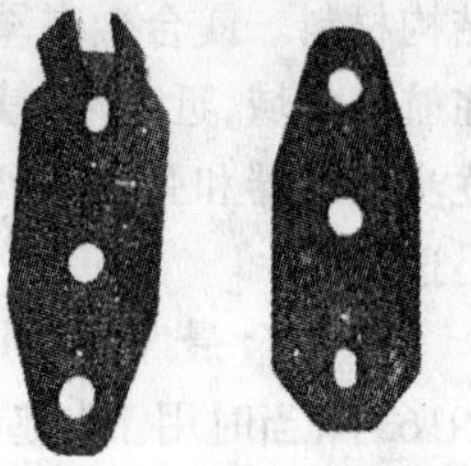

c

图 9-33　目前已开发出的部分镁合金武器零件
a—战车发动机镁合金水管；b—枪械镁合金机匣；c—枪械镁合金枪托

9.4.2.3　导弹及其他飞行器零部件的镁合金化

过去镁合金在导弹上的应用较少，只在照明弹中使用镁粉。由于镁合金密度小，近年来在导弹、火箭等结构件中应用广泛，主要用于战术防空导弹的支座舱段与副翼蒙皮、壁板、加强框、舵面、隔框等零件，材料为 MB2、MB3、MB8 变形镁合金。卫星上采用了 ZM5 镁合金制作井字梁与相机架，以及各种仪器支架和壳体等。我国 1995～2000 年期间，为了减轻脱壳动能穿甲弹重量，开展了高比强镁合金弹托材料的研究。

为满足弹、箭减重及高精度零件（如导弹控制系统）对材料高尺寸稳定性的需求，发展高强度、高刚度、低膨胀系数镁基复合材料是兵器材料的重要技术途径之一。美国陆军正在研制碳化硼颗粒增强镁基复合材料弹托来取代 XM829 型 120 穿甲弹的铝合金弹托，目的在于减轻弹托重量，提高穿甲威力。所研制出的镁基复合材料的热膨胀系数为 $1.28\times10^{-6}℃^{-1}$，σ_b 为 506 MPa，$\sigma_{压}$ 为 695 MPa，可满足兵器制导控制系统精密件的要求，例如光学系统万向支架、导弹控制元件、反射镜、陀螺仪等。

9.4.2.4　新型镁合金材料的研发，促进了兵器零部件的镁合金化

近年来，新开发的耐热、耐磨、超轻（Mg-Li）等新型镁合金及镁基复合材料，由于具有一系列特殊性能，加速了兵器零部件的镁合金化。美国利用 SiC 镁合金复合材料制造螺旋桨、导弹尾翼等，在海军卫星上已将镁合金复合材料用于支架、轴套、横梁、T 形架、支架、管件、直升飞机螺旋桨、导弹尾翼、内部加强的汽缸，战车和卫星天线结构、航天站镜架等结构件，其综合性能优于铝基复合材料。此外，Mg-Li 超轻合金用于洲际远程导弹和航天飞行器，其减重效果十分明显，对飞行器的速度、航程和载重等方面的提高产生了良好的作用。

9.4.3　兵器工业用典型镁合金零部件举例

（1）法国主力坦克 AMX-30 的 CN105F1 型 105 mm 线膛炮的炮身管热护套采用镁合金制造，其车轮变速箱也使用了镁合金铸件，使其重量大大减轻。

（2）法国 MK50 式反坦克枪榴弹部分零件应用了镁合金材料，其弹重仅 800 g。

（3）俄罗斯生产的 POSP6×12 枪用变焦距观测镜采用镁合金壳体，该观测镜可装在多种枪上。

（4）英国的大口径 120 mm 无后坐力反坦克炮采用了镁合金，大大减轻了重量，加上所配的 M8-0.5in 步枪，总重才 308 kg。

（5）美、法等国已将镁合金用于次口径脱壳弹软壳，穿甲弹弹托。并用镁合金制造了多种手枪零件。

（6）美军装备的 M274 A1 型军用吉普车采用了镁合金车身及桥壳，大大减轻了重量，具有良好的机动性及越野性能，4 名士兵可以抬起来。有的装上无后坐力炮，成了最袖珍的自行火炮。

（7）美国制造的一种 Racegun（强装药，运用了先进技术的战斗用手枪），其扳机等零件采用镁、钛合金，重量减轻 45%，击发时间减少 66%。

(8) 欧美一些国家已将镁合金用于便携式火器支架,单兵用通讯器材壳体,德国、以色列采用镁合金制造枪托。

(9) 美军正在研制的21世纪士兵武器——理想单兵综合作战系统(OICW),计划用镁合金做壳体等构件,使重量从8.17 kg降到6.37 kg。

(10) 美军正研制的先进水陆两栖突击车(AAAV)采用镁合金WE43A作为动力传送舱、变速箱的壳体,并采用了先进的镁合金表面防护技术,试验证明,表面性能良好。

9.5　镁合金材料在电子工业(家用电器和3C产品)上的应用与开发

9.5.1　现代电子产品对材料提出的要求

现代电子技术的发展,对电子器件用结构材料及部件的性能提出了越来越高的要求。为了适应电子器件轻、薄、小型化的发展方向,要求作为电子器件壳体的材料具有密度小、强度和刚度高、抗冲击和减振性好、电磁屏蔽能力强、散热性能好、容易成形加工、表面美观、耐用、成本低、易于回收和符合环保要求等特点。传统的塑料和铝材已逐渐难以满足使用要求,镁及其合金是制造电子器件壳体的理想材料,在电子及家用电器产品上具有广阔的应用前景。

采用镁及其合金制备的电子器件壳体具有一系列优点。

9.5.1.1　结构重量轻

电子器件的壳体一般采用工程塑料制造,如PC、PC/ABS、PBT/ABS、Nylon/PPE、碳纤维增强塑料等,也有一部分铝合金制件。为了减轻壳体重量,主要是采取减小壳体壁厚的方法。但上述材料在壁厚达到1 mm以下后,其刚度、耐冲击和抗变形能力就会大幅度降低,难以满足使用要求。镁合金具有密度小、比强度和比刚度高、耐冲击性能好等优点,是制作电子器件壳体的理想材料。表9-30列出了各种外壳材料的性能对比,表9-31列出不同便携式电器产品对镁合金材料提出的性能要求。

表9-30　外壳材料性质对比

材　　料	密度/$g\cdot cm^{-3}$	弹性模量/GPa	抗拉强度/MPa
ABS	1.23	2.25	35
PC/ABS	1.25	2.53	60
PC/ABS GF20	1.35	5.80	100
PC CF10	1.25	6.67	104
镁合金(AZ91D)	1.80	45	223

注:PC为聚碳酸酯;GF为玻璃纤维;CF为碳纤维。

表9-31　不同便携式电器产品对镁合金性能的要求

产　　品	性　　能						
	密度	强度	耐热	散热	电磁屏蔽	尺寸精度	回收
照相机	√	√				√	√
摄影机	√	√		√	√	√	√
数码相机	√	√				√	√
微型唱片播放器	√	√			√	√	√
PDAs	√	√		√	√	√	√
笔记本电脑	√	√		√	√	√	√
移动电话	√	√		√	√	√	√
硬盘驱动器	√	√			√	√	√
CD-ROM驱动器	√	√			√	√	√
电视机	√	√	√	√	√	√	√
等离子显示器	√	√		√	√	√	√
LCD投影仪	√	√	√	√	√	√	√
散热器	√		√	√			√

注:√表示产品对该性能要求较高。

个人电脑塑料外壳的典型壁厚为2.2 mm,用壁厚为0.82 mm的镁合金替换,可以减重46%,抗拉强度提高1.4倍。1995年3月,日本SONY公司首次将笔记本电脑的外壳厚度限制在1.0 mm。日本Steel Workers公司采用镁合金半固态注射成形工艺,成功地生产出了壁厚0.6~0.7 mm的MD和笔记本电脑的外壳。用镁合金制造的手提计算机、相机等3C产品机身(如图9-34和图9-35所示)可以提高产品的精度和耐久度,使相机变轻、结构变小,易于携带。

图 9-34　镁合金材料生产的 3C 产品外壳(1)

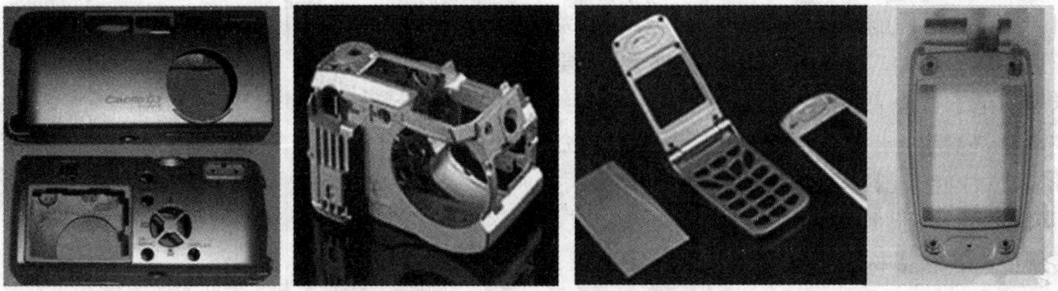

图 9-35　镁合金材料生产的 3C 产品外壳(2)

9.5.1.2　散热性好

计算机在运行过程中会产生大量热量,导致机器内部温度升高,因此必须将热量迅速散发,才能使关键元器件的温度维持在可靠范围内,以确保系统的稳定性。

一般金属的热导率比塑料的高 1～2 个数量级。例如,AZ91D 合金的热导率为 $79W\cdot(m\cdot K)^{-1}$,是塑料的数百倍。日本 IBM 分别采用 ABS 树脂和 AZ91D 镁合金制作了 A4 型笔记本电脑壳体,进行了散热性能对比试验,当电脑的功率为 27 W 时,ABS 树脂壳体内的温度为 62.5℃,而镁合金壳体内的温度为 56.5℃,这表明镁合金壳体的散热效果较好。

镁合金的热导率虽然略低于铝合金和铜合金,但远高于钛合金和钢铁材料,并且比热容是常用合金中较低的,因此镁合金外壳具有散热快的显著优点,是制作笔记本电脑外壳的首选材料。

目前的笔记本电脑采用的散热方式所允许的功率极限为 15 W,预计不久笔记本电脑的功率将达到 25 W,且散热设计可能主要取决于镁合金壳体的散热效果。日本松下公司 1997 年上市的采用镁合金外壳的便携式电脑 CF25 和 CF-25MarkⅡ十分畅销。1998 年以后,日本、中国台湾所有的笔记本电脑厂商均推出了以镁合金做外壳的机型,目前尺寸在 38 cm 以下的几种机型已全面使用了镁合金做外壳。美国 White Metal Casting 公司生产的外形尺寸为 610 mm×610 mm 的计算机外壳是用镁合金压铸而成的。中国的联想、华硕等笔记本电脑从 1999 年开始也部分采用了镁合金外壳。图9-36

为镁合金制笔记本电脑显示器外壳,采用该显示器外壳在旅途中可提供抗压保护等优点,其外壳较塑料外壳坚韧20倍。

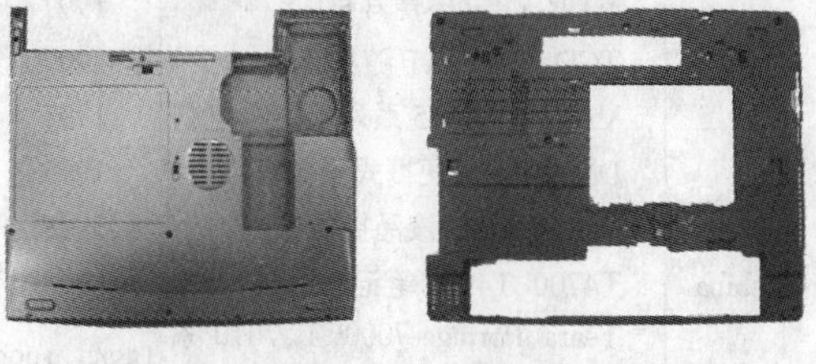

图9-36 镁合金制笔记本电脑显示器外壳

9.5.1.3 电磁屏蔽能力强

手机、个人电脑在使用过程中会发出高频率的电磁波,当它穿过机体外壳时,不仅会对人体健康造成危害,还会干扰无线电信号。采用塑料制造电器件壳体时,为了提高其电磁屏蔽能力,一般采取表面喷涂导电漆、表面镀层、金属喷涂、在塑料内添加导电材料或辅助金属箔或金属板等方法,但这会增加生产工艺的复杂性、提高产品的生产成本和价格,且电磁屏蔽效果仍然很有限。与塑料相比,镁合金的电磁屏蔽性能非常优异,镁合金电子器件壳体不做上述表面处理就能获得很好的屏蔽效果。

日本IBM公司在笔记本电脑上对比了ABS树脂和镁合金壳体(AZ91D,壁厚1.4 mm)对30~200 MHz电磁波的屏蔽能力。后者在整个频率范围内的屏蔽能力可以稳定在90~100 dB,而带电镀层(Cu2 μm + Ni0.25 μm)的ABS树脂壳体在30 MHz时为35 dB,200 MHz时约为55 dB。

镁合金在电子行业中的应用以3C产品(手机、笔记本电脑、数码相机等)和家电产品为主导,用镁合金制造的壳罩与传统塑胶壳罩相比具有越来越强的竞争力。表9-32为1997~2000年间全球笔记本电脑采用镁合金机壳和塑胶壳的情况。

表9-32 全球笔记本电脑采用镁合金壳和塑胶壳的情况

年 份	1997	1998	1999	2000
电脑市场规模/千台	14189	15543	19706	22809
市场增长/%	20.17	9.54	26.78	15.75
塑胶壳用量/t	17651	20245	21813	21237
镁合金壳用量/t	462	1245	2488	3610
镁合金壳比率/%	2.55	5.79	10.24	14.53

由表9-32可见,笔记本电脑镁合金外壳的使用比率在近几年直线上升。

国内目前在镁合金的应用上虽在起步阶段,但整个电子、电气行业市场广阔,发展速度极快,加之已普遍认识到镁合金材料的优点,并在着手开发研究。2005年我国家电行业用镁量已达到14520 t,如表9-33所示。

表9-33 国内家电市场镁合金使用量统计

项 目	1999年产量/万件	2005年产量/万件	产品用镁合金比例/%	单件用镁合金/kg	2005年镁合金用量/t
笔记本电脑	86	1800	70	0.70	8820
手 机	1763	6000	50	0.02	600
相 机	5037	8500	30	0.10	2550
摄录机及其他	430	8500	30	0.10	2550
合 计	7316	24800	平均45	0.92	14520

9.5.2 镁合金材料在现代电子产品上的应用情况

近十年来,世界上电子工业发达的国家,特别是日本和欧美一些国家在镁及其合金产品的开发方面开展了大量工作,并取得了重要进展,一大批重要电子产品使用了镁及其合金,取得了理想的效果。

3C产品(计算机类、通讯类、消费类电子产品)是当今全球发展最为迅速的产业,数字化技术导致了种类数字化产品的不断涌现。镁合金3C产品最早出现于日本,1998年,日本厂商开始在各种可携式商品(如PDA、手机等)采用镁合金材质,如今运用镁合金最普遍的3C产品是笔记本电脑,也是由日本 SONY 公司率先推出的。在 3C 产品朝着“轻、薄、短、小”方向发展的推动下,近年来镁合金的应用得到了持续增长。最近,SONY 公司的一款 MP3 播放器,其外壳全部是用镁合金材料,是世界上最轻、最薄、最小的播放器,重量仅为 118 g。

表 9-34～表 9-36 列出了日本、欧美等国家在电子器件上使用镁合金部件的情况。

表 9-34 日本镁合金电子器材部件的应用情况

公司名称	产品	上市年份
Cannon	CV11 数码摄影机	1998
Casio	A-20 掌上型电脑	1998
	QV-70 数码相机	1998
Fuji	DS-300、DS330 数码相机	1997～1998
IBM(Japan)	PS55T22SX 笔记本电脑	1992
	Think Pad 系列笔记本电脑	1993
Kenwood	DMC-G5 微型激光唱机	1996
Kyooera	Contax RTSⅡ单眼相机	1990
Mitsubishi	Pedion 笔记本电脑	1997
NEC	光碟机	1997
	MobioNX 笔记本电脑	1997
	LaVieNX 笔记本电脑	1998
Nikon	8×32SE,CF 双眼望远镜	1998
Olympus	D-220L、320L 数码相机	1998
	D1000 数码录音机	1998
Panasonic	V41 笔记本电脑	1994
	CF-25、CF-35、CF-62、CF-61 笔记本电脑	1997
	SJ-MJ5、SJ-MJ7 微型激光唱机	1997
	NV-DS55、DS7、C1、DJ100 数码摄像机	1997～1998
	Tough Book27、45、71 笔记本电脑	1998
	Let's note mini/S21 笔记本电脑	1998
	53 cm 电视机	1998
Ricoh	GR-1 相机	1998
Sanyo	VPC-X300 数码相机	1998
Sharp	MD-SS70 微型激光唱机	1998
	VL-PD1、VL-EF1 数码相机	1997～1998
	Mebius 笔记本电脑,PC-PJ 笔记本电脑	1998
Sony	DCR-VX1000、VX9000、DSF-220 数码摄像机	1995～1998
	MZ-E50、ME-E35 微型激光唱机	1996～1998
	DCR-PC7、CCD-CR1、DSC-MD1 数码相机	1996～1998
	DCR-PC10、DCR-PC100 数码相机	1997

续表 9-34

公司名称	产品	上市年份
	CCD-TR555Hi8 摄像机	1997
	MDR-F1 立体声耳机	1997
	TCD-D100DAT 随身听	1997
	VAIOPCG-505 系列笔记本电脑	1997
	DNW-A220 便携式摄像机	1998
	VPL-SC50U 液晶摄像机	1998
Toshiba	T4700、T4900 笔记本电脑	1993
	Teara、Portage 7000CT、7010 系列笔记本电脑	1886～1998
	Libretto50、Portage300 笔记本电脑	1997
	Dynabook SS3000 笔记本电脑	1998
Victor/JVC	GR-DVL、DVX、DVY 数码摄像机	1997～1998

表 9-35 欧美镁合金电子器材部件的应用情况

公司名称	产品	上市年份
Absolu Technologies	多媒体数码公用电话	1996
Apple	Power Book Duo	1993
Compaq	Armada 4100、3500、7400 系列笔记本电脑	1996～1998
Ericsson	CF 系列 GSM 移动电话	1997
Field Works	FW5000 笔记本电脑	1997
Gateway	Solo3100 笔记本电脑	1998
Hewlett Packard	Ommibook Sojourn 笔记本电脑	1998
Hrsky	FC-486 笔记本电脑	1995
IBM	影碟机、笔记本电脑	1997
	ThinkPad710T 笔记本电脑	1993
	RS/6000-N40 笔记本电脑	1994
Itronix	X-C6000 Cross COUNTY 笔记本电脑	1995
Kontron Electronik	IP Lite、IN Lite 工程及笔记本电脑	1997
Nokia	2190PCS-1900GSM 移动电话	1996
Polaroid	PDC-2000 数码相机	1997
Proxima	UltraLight LSI 液晶摄像机	1998
Stealth Computer	Warrior LR 笔记本电脑	1996
Tadpole Technology	P1000 笔记本电脑	1994
	ALPHAbook1 笔记本电脑	1995
	SPARCbook Server	1996
Telxon	PTC-1194 笔记本电脑	1998
Texas Instruments	Travelmate6000 笔记本电脑	1998

表 9-36 日本电子器件使用镁合金的情况及其成形方法

产 品	开发时间	生 产 商	机 械 名 称	使用部位数目	成 形 方 法
专业摄像机	1980	索尼		框体中心	
	1983	索尼		5~10点	压铸
	1996	索尼			压铸,触变铸造
	1996.2	索尼	DSR-200	3	压铸,触变铸造
	1998.2	索尼	DSR-300	9	压铸,触变铸造
	1998.2	松下电器	Cam. Reco(AJ-D700)		压铸
便携式 CD(MD)	1998.11	日本胜利者	DY-90	5	压铸
	1996.10	索尼	MZ-E50	3	压铸,触变铸造
	1997.12	松下电器	MJ-S17/MJ-S15		触变铸造
民用数码摄像机	1998.9	索尼	MZ-E36/E55	2	压铸
	1996	索尼	DCN-VX1000	5	压铸
	1997.1	索尼	DCR-PC7	3	压铸
	1997.11	夏普	VL-PD1	6	触变铸造
	1998.1	松下电器	NV-DJ100	1	压铸
	1998.1	日本胜利者	GR-DV PV(PRO-Q)		压铸
	1998.1	索尼	DCR-PC10	3	压铸,触变铸造
	1998.1	夏普	[EVA]VL-EF1	3	触变铸造
	1998.4	佳能	CV11	3	触变铸造
	1998.5	日本胜利者	GR-DVX	1	压铸
	1998.6	索尼	TRV-5	3	压铸
	1998.7	索尼	PC-1	3	压铸
	1998.7~9	松下电器	NV-C1/C2		压铸
	1998.9	日立	VM-D1		压铸
	1998.9	索尼	TRV-900	4	触变铸造
数码相机 液晶显示屏	1997.4	富士	PS-300	3	触变铸造
	1998.5	索尼	Port.	6	触变铸造
	1998.7	爱普生	Prol(VPL-X600J)		压铸,触变铸造
	1998.10	索尼	ELP-5600	4	触变铸造
移动电话	1998.7	NEC	VPL-SC50J	框体	压铸,触变铸造
录像机	1994.2	索尼	Mob. Phone(N206) PNW-A220	6	压铸
电视机	1998.9	松下电器	TV(TH-21MA9)	2	触变铸造
笔记本电脑	~1996	日本 IBM	Think Pad	框体	压铸
	1997.1	东芝	Libretto 50、70、100	2~3点	触变铸造
	1997.5	松下电器	CF-35	1	触变铸造
	1997.7	三菱电机	PRO-NOT	2	压铸,触变铸造
	1997.11	NEC	Epeddion	2	触变铸造
	1997.11	东芝	Mobio NK		触变铸造
	1997.11	索尼	Portage 300	4	压铸,触变铸造
	1998.6	松下电器	Vaio PCG-505	1	触变铸造
	1998.6	NEC	Let'not	2	触变铸造
	1998.6	夏普	Lavie NX LB20/30A	1	触变铸造
	1998.8	东芝	Mabius PJ-1	3	压铸
	1998.8	东芝	Dyna Book SS6000	3	压铸
	1998.8	东芝	Dyna Book SS6000	2	触变铸造
	1998.9	日本	Dyna Book SS6000	1	触变铸造
	1998.9	索尼	Salo 3100XL	2	压铸
			Vaio PCG C1(内置小型摄像机)		
	1998.11	卡西欧	Casio	2	触变铸造

我国虽然是世界上产镁大国，但与日本、北美和欧洲国家相比，在镁合金材料研究和生产技术及应用领域等方面还有相当大的差距，仍处于起步阶段。但是，近几年来，海尔集团也准备采用镁合金外壳替代手机塑料外壳。此外，国内的另外几家手机制造商，如科健、波导等也有这方面的强烈愿望。研究表明，镁合金用做手机外壳可以吸收90%的辐射。此外，还正准备采用镁合金制造电话交换机壳体和其他家电产品的外壳。

9.6 镁合金材料在核工业上的应用与开发

镁的热中子吸收截面非常小，大约只有铝的1/4。英国将镁合金作为天然铀燃料的包壳材料，在CO_2气体冷却的反应堆中使用。由于纯镁在高温CO_2气体中发生氧化并有质量迁移问题，在镁中添加少量的Ca和Be(0.005%～0.01%)后，在高温CO_2气体中具有良好的耐腐蚀性能，称为Magnox合金。后来发现该合金焊接后易出现裂纹与含Ca有关，因此用添加少量Al(0.8%～1.0%)替代Ca。现在把作为结构材料的Mg-Zr和Mg-Mn(Zr和Mn含量分别为0.55%和0.7%)也称为Magnox。表9-37列出了几种常用Magnox合金的化学成分。Mg-Al-Be和Mg-Zr合金在500℃空气中暴露1000 h的氧化可忽略不计，在500℃的CO_2气体中腐蚀速率只有20～30 μm/a。

表9-37 几种常用Magnox合金的化学成分(质量分数) (%)

合金元素	AL80	MN80	MN150	ZR55
Al	$(7000\sim9000)\times10^{-4}$	500×10^{-4}	500×10^{-4}	200×10^{-4}
Be	$(20\sim300)\times10^{-4}$			
Ca	80×10^{-4}	80×10^{-4}	80×10^{-4}	80×10^{-4}
Cu	100×10^{-4}	100×10^{-4}	100×10^{-4}	100×100^{-4}
Fe	60×10^{-4}	300×10^{-4}	300×10^{-4}	60×10^{-4}
Mn	150×10^{-4}	$(7000\sim9000)\times10^{-4}$	$(13000\sim17000)\times10^{-4}$	150×10^{-4}
Ni	50×10^{-4}	50×10^{-4}	50×10^{-4}	50×10^{-4}
Si	100×10^{-4}	200×10^{-4}	200×10^{-4}	100×10^{-4}
Tr	1×10^{-4}	4×10^{-4}	4×10^{-4}	4×10^{-4}
Zn	100×10^{-4}	300×10^{-4}	300×10^{-4}	150×10^{-4}
Zr	250×10^{-4}	250×10^{-4}	250×10^{-4}	$(4500\sim6500)\times10^{-4}$

核反应堆用包覆套管要能承受反应堆的恶劣条件：高热、表面热流、强烈的γ射线辐射以及套管内表面所受到的某些分破碎片的轰击等。大量的试验证明，镁合金套管在出口气体最高温度为400～500℃下工作的反应堆中作为包覆材料使用是完全胜任的。尤其在改善200～300℃的延性和400～500℃下的蠕变强度方面仍存在着可能。而对CO_2的相容性的极限温度可达500℃，保证了反应堆工作时的安全要求，不至于引起燃烧。

核能发电是一种清洁能源，工业发达国家已把核电作为一种主要能源，一般占整个发电量的15%以上。我国也正在大量开发核电。因此，核反应堆用的包覆套管会不断增加。镁合金在核工业上的应用潜力很大。

9.7 镁牺牲阳极产品的应用与开发

金属浸泡在电解液里容易发生化学反应，根据电化学原理可知，金属周围电解液成分、粘附杂质、应力和透气性等的不同都有可能发生电化学腐蚀。在电化学腐蚀过程中，金属本身形成了许多原电池，某些部位充当阴极，另一些部位充当阳极，在阳极区域金属离子进入溶液当中，电子通过溶液流向阴极，而进入溶液中的正离子通过电解液从阳极流向阴极区域，因此形成了电流回路，导致了阳极的腐蚀，钢结构的阴极保护就是使被保护的钢结构成为阴极，电负性更高的其他金属，如镁作为阳极并形成回路，电子就从阳极流向作为阴极的钢结构，使钢不能变成正离子进入溶液，这样钢就得到了保护。

镁阳极主要用来保护浸泡在海水中的钢结构件，如轮船船体，或者保护埋在土壤里的石油管道，镁阳极大量用于热水槽的保护，目前，大多数家用热水器的内胆都采用镁阳极保护。

镁阳极的有效阴极电热差远大于锌阳极。此外，镁与钢之间的电热差与电解液的 pH 值无关，这是镁阳极相对铝阳极和锌阳极的又一大优点。

纯镁是活泼金属，它可以直接用做牺牲阳极，添加元素是为了改善性能，阳极材料的合金组分对阳极有效电位及电流效率有着十分重要的影响，即使是微量的杂质元素也会影响其主要性能。

为适应各种环境，针对不同的保护对象，镁阳极可以做成各种各样，如在土壤及水中常用的为 D 形和梯形截面的棒状阳极，在热交换器中多用挤压的圆柱形阳极，在高电阻率土壤中或套管内多用带状阳极，在水下常用半球形阳极，在低电阻率环境中复合阳极是理想的阳极。

目前世界需求各种牺牲阳极的镁合金每年为 5 万 t 左右，并以 5% 左右的速率增长。我国是产镁大国，过去由于对镁阳极的认识不够，所以牺牲阳极应用和消耗量不大，1985 年为45 t/a 左右，到现在镁合金阳极年消耗量也不过 100 t/a，因此我国生产的原镁绝大部分出口。

目前，我国生产镁牺牲阳极的企业很多，但维恩克科技（WINCA）是最大的镁牺牲阳极企业，也是世界有名的镁业公司。它是以金属镁、镁合金及其加工产品研发，生产和销售为主的跨国集团公司。其主要产品有：金属镁及镁合金，如镁锭、高纯镁、铸造镁合金、变形镁合金；立式半连铸产品，如 ϕ92 ~ 482 mm 圆坯、150 mm × 400 mm、250 mm × 860 mm，长度 5500 mm 的方坯；各种铸造牺牲阳极，如高电位镁合金牺牲阳极、H－1 镁合金牺牲阳极、大吨位镁合金牺牲阳极、半球形等各种形状的牺牲阳极；挤压产品，如各种镁合金型材和棒材。该厂的生产工艺流程如图 9-37 所示。

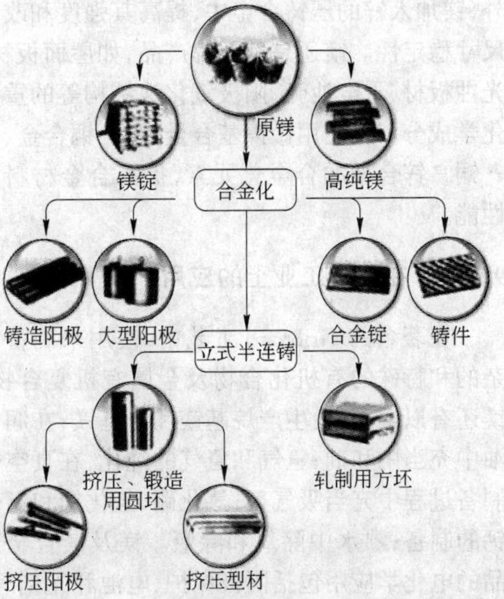

图 9-37 维恩克（科技）有限公司的产品生产工艺流程图

镁阳极主要用于石油、天然气、煤气、热水器和海水钢结构件的防腐保护。随着石油、天然气、煤气、热水器及船舶工业等的发展，镁阳极的需要量会大幅度增加。我国镁阳极市场刚刚起步，随着国民经济的高速、持续发展和人民生活水平的不断提高，镁阳极的应用范围和数量会成倍增长。

9.8 镁及镁合金在其他领域的应用与开发

9.8.1 在冶金工业上的应用

在冶金行业，镁用于铸铁熔体的脱硫和石墨的球化，使球墨铸铁强度和韧性得到大幅度改善。镁也用做钢的脱硫剂。另外，在铜基和镍基合金的生产过程中，镁通常用做脱氧剂或净化剂。在冶炼钛、锆、铍、铀、铪等过程中，可用镁作还原剂。特别是在 Betterton-Kroll 工艺中，镁和钙的联合使用是不可或缺的铅液脱铋工序。用镁还原氯化钛制取海绵钛。

现在，镁的最大应用领域是作为铝合金提高强度和抗腐蚀能力的合金化元素。铝镁合金既轻又硬，抗蚀性能好，可焊，可做表面处理，是制造飞机、火箭、快艇、车辆等的重要材料。另外，镁加入锌的压铸合金中，提高其强度和改善尺寸稳定性。镁还是其他锌产品，如屋面板材、光蚀板材、干电池壳、阳极氧化池结构等的重要化学成分。镁还用做镍基合金、镍－铜合金、镍－铜－锌合金的合金化元素，提高合金材料的性能。

9.8.2　在化学工业上的应用

在著名的 Gribnard 工艺中，镁用来制备复杂的和特殊的有机化合物及金属有机复合物。镁还有以下用途：生产烷基镁和芳基镁；在润滑油中充当中和剂；氩气和氢气的纯化，在真空管制备过程中充当吸气剂；氢化硼、氢化锂和氢化钙的制备；沸水中除氧和除氯。镁及其合金产品的电化学应用包括阴极保护、电池和光刻等。牺牲阳极镁已用于延长家庭热水器或工业热水器、地下结构（如电缆、管道、罐、塔基等）、海水蒸馏器、轮船壳体和海洋环境中的钢桩等的使用寿命。

镁合金可用于储氢，具有储氢量大、质量轻、资源丰富、价格便宜的优点，尤其是向 Mg 或 Mg_2Ni 中加入一定质量分数的其他系列储氢合金（如 TiFe、TiNi 等）可以明显催化 Mg 的吸、放氢性能。因此，它有望用于储氢介质和燃料电池。用镁制造的电池有干电池和蓄电池，如海水驱动电池。最近在制造半导体和太阳能电池采用的高纯 Si 的工艺中，制取 SiH_4 时使用了 MgSi 合金。此外，镁有良好的蚀刻特性、优良的力学性能和抗磨损能力，可用于光刻板。镁粉还可用于制备香料、农药等化学树脂的化学反应中。

9.8.3　在烟火和照明中的应用

铝含量超过 30% 的镁铝合金微细粉末燃烧时会产生耀眼的白光，因此镁早期的工业应用是制造烟火。另外，该白光比自然光更适合于摄影，从而被用做摄影闪光灯。镁粉还广泛应用于夜空摄影的焰火、各种礼花、军用信号弹、照明弹、燃烧弹等方面。

9.8.4　其他应用

镁及其合金还在电力工业、家庭消费品、家具、车床设备、办公室设备、光学设备、运动器械和医疗器械等众多领域广泛应用。

(1) 在电力工业领域，镁用于制造广播元件和盒体（压铸件）、开关盒、变压器箱体和盖板、电动马达机盒、扩音器框架、多频道手提式无线电话机机盒、散热片等。

(2) 在家庭消费品方面，镁用于制造手提箱（板材和挤压件）、公文袋（挤压件）、割草机机盒（压铸件）、轮椅车轮（压铸件）、安全帽（压铸件）、真空吸尘器叶轮（压铸件）、缝纫机零件（铸件）、梯子（挤压件）、折叠椅（挤压件）、书架托架（压铸件）、电动刀刀柄（压铸件）。玩具汽车和火车（AZ91 镁合金压铸件），见图 9-38，该模型质量为 21 g，仅为 Zn 产品的 1/4。

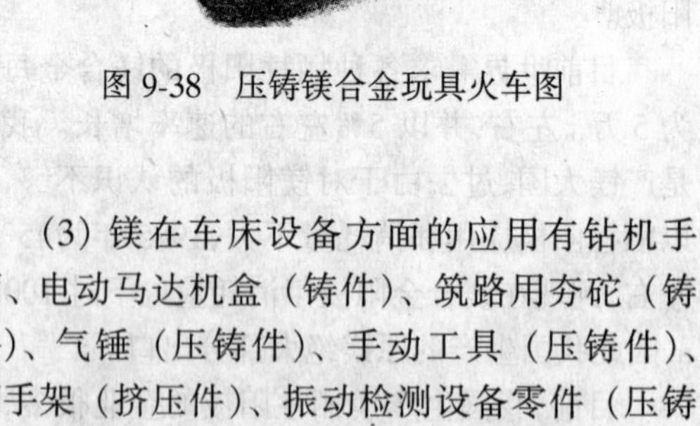

图 9-38　压铸镁合金玩具火车图

(3) 镁在车床设备方面的应用有钻机手柄、电动马达机盒（铸件）、筑路用夯砣（铸件）、气锤（压铸件）、手动工具（压铸件）、脚手架（挤压件）、振动检测设备零件（压铸件）、身钉枪（压铸件）、投币式电话机盒（压铸件）、振动台（砂型铸造件）、铸造芯盒式（砂型铸造件）。图 9-39 所示为压铸生产的钻床设备齿轮箱，仅重 400 g。

图 9-39 钻床设备齿轮箱(AZ91)

(4) 采用镁制作的办公设备有打字机框架(压铸件)、现金出纳机框架和机盒(压铸件)、铅笔刀(挤压件)、姓名住址印写机(压铸件)、打印机卷轴(挤压件)、仓库磅秤零件(压铸件)、簿记设备零件(铸件)、口述记录机结构件(声刻件和口述录音机部件,压铸件)、磁带卷轴(板材及挤压件)、记录磁盘(板材)、打印机台架(挤压件、压铸件)、照相机盒式(3 M,压铸件)等。

(5) 镁在光学器件领域的应用有野外用双筒望远镜和戏剧镜结构(压铸件)、箱体、显微镜及经纬仪(压铸件)、三脚架(铸件、挤压件)、照相机盒(压铸件)、电影放映机壳体(压铸件)、胶片盒(板材)、电视摄像机机盒(压铸件)。

(6) 在运动器械方面，采用镁材的零部件有淡水用独木舟和船体（板材和挤压件)、弓箭把手（压铸件)、垒球球棒（压铸件)、背包架（挤压件)、钓鱼竿绕线轮（压铸件)、乒乓球拍（压铸件)、滑雪橇捆绑件（压铸件)。用高强镁合金材料制成的网球拍、弓箭手柄与一般铝合金相比，具有更好的抗拉、拉扭强度及耐疲劳强度。

(7) 在纺织机械零部件制造方面,可用镁合金制造纺锤、纺织线卷轴、经纬杆、针杆、编织机部件、通丝框架等。

(8) 在医疗器械方面,用镁合金制造假肢等。

(9) 在建筑方面，用防锈性能好的铝镁合金丝编织窗纱，具有质量轻、刚性好、耐锈蚀、光反射率高、通风好、编织牢固、易清洁等优点，是宾馆、公用建筑、民用住宅理想的新型窗纱。

(10) 在医药方面,镁是人体不可缺少的元素之一。研究表明,镁是人体蛋白质、核酸、脂类、糖类等代谢以及神经肌肉传导收缩不可缺少的元素,人体中有 300 多种酶的代谢由镁离子调节。缺少镁元素会使人产生疲乏感,易激动、抑郁、心跳加快和易抽搐等。人体的许多疾病,如动脉硬化、心脑血管病、高血压、糖尿病、白内障、骨质疏松、抑郁症等均与缺镁有关。镁长期摄入量不足,将导致心血管疾病和肿瘤的发生率显著增加。美国 RDN 新标准规定成年男子的镁日摄入量为 350 mg,女性一般为 180 mg。许多中老年人在工作中体能的消耗往往过度,专家称这可能与人体内缺镁有关。每个成年人的体内含有 10～25 g 镁,约一半集中在骨骼内。因此,中老年人应多吃一些含镁元素的食品或服用含镁元素的药品以补充人体镁元素的不足。

9.9 使用镁合金材料制造零件时应注意的事项

9.9.1 镁材的设计形状

9.9.1.1 砂型铸件

砂型铸造的镁合金铸件的厚度限制同铝合金相当,但为了避免局部应力集中,一般采取以下措施:薄壁部位的面积应限制在最小范围;边缘棱角或圆角半径尽可能大些;有孔处应加凸缘;薄壁部分与粗肋连接处应避免断面尺寸的急剧变化。图 9-40 示出了最合理的铸件形状设计标准。

9.9.1.2 压铸件

镁合金溶液在压铸时不易熔敷在模具上,故在设计时不必考虑防止粘附的问题。形状设计与砂型铸件一样,应避免尖锐的棱角。浇口的最大长度被限制在壁厚的 100 倍左右。拔模也比铝合金容易。

9.9.1.3 锻件的形状

锻件的壁厚、肋的高度、最小半径等与其他相关联的部位,其尺寸应尽量匀称。图 9-41～

图 9-44 为各种形状镁锻件的设计值。图 9-41 中的尺寸见表 9-38。

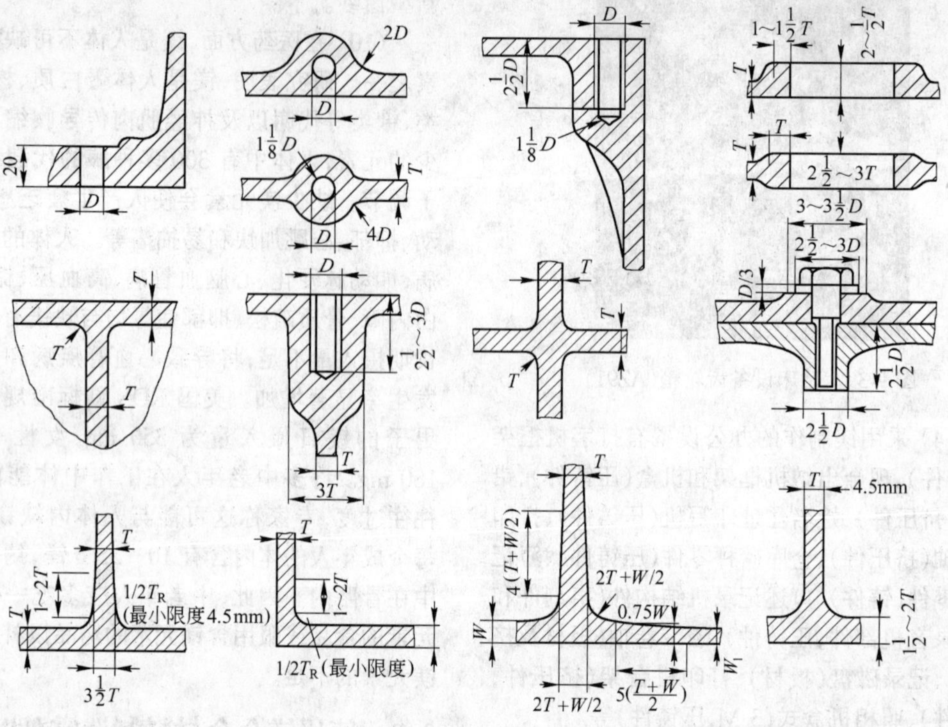

图 9-40　镁合金铸件的典型设计形状

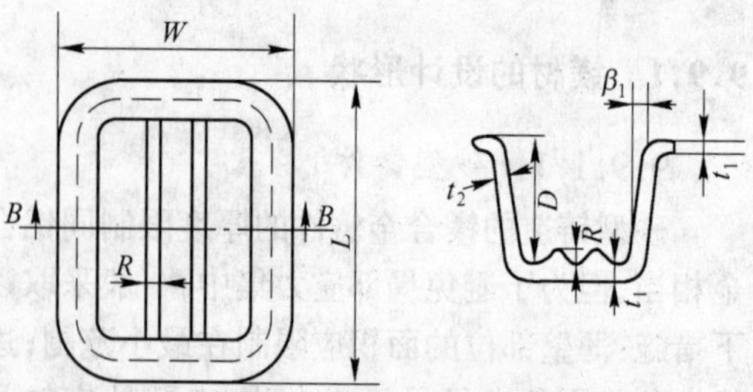

图 9-41　镁锻件的形状和厚度

表 9-38　图 9-41 中的尺寸

$W\times L$	约 10	10～20	20～40	40～80
W 最大	7	12	20	32
t_1 最小	1/8	3/16	7/32	1/4

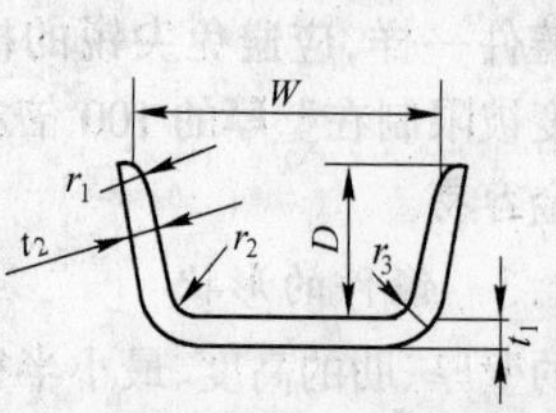

图 9-42　镁锻件的深度与最小半径

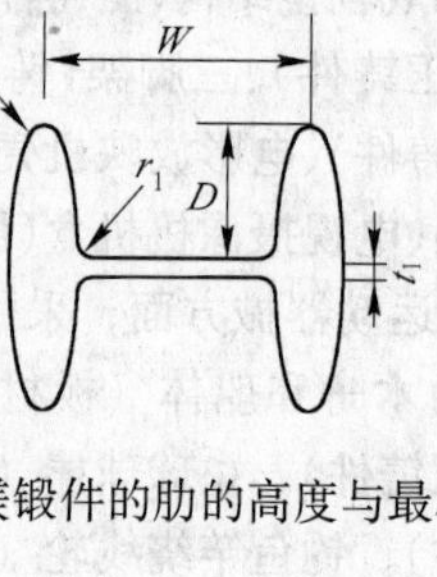

图 9-43　镁锻件的肋的高度与最小半径

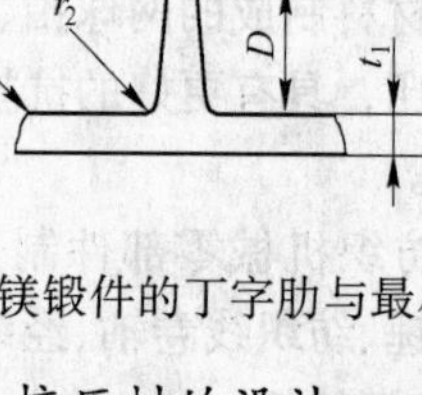

图 9-44　镁锻件的丁字肋与最小半径

9.9.1.4　挤压材的设计

图 9-45 示出了镁合金挤压材的最佳形状。

9.9.1.5　与异种金属的组装

镁合金与异种金属接触使用的场合，需根据零件工作条件和异种金属的种类而采取相应的防腐措施（参见本书第 7 章的有关内容）。

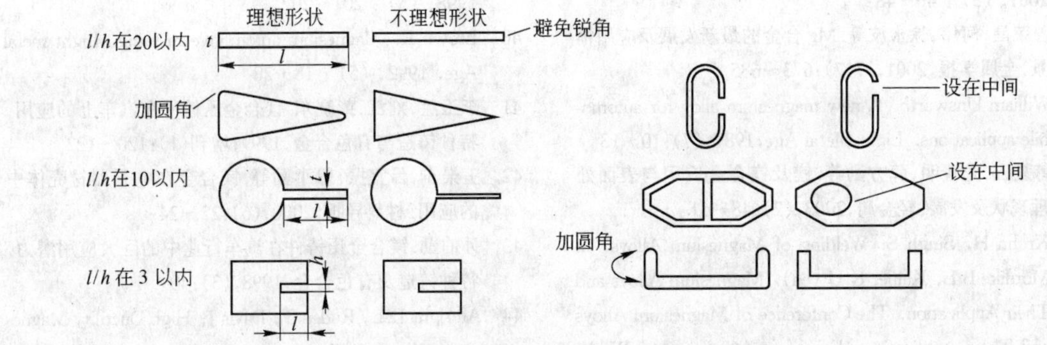

图 9-45 镁合金挤压件的最佳形状

9.9.1.6 填充金属

承受局部应力集中的部位或滑动处，可采用其他金属填充。一般使用铁或铜合金为填充材料。如果考虑电化学腐蚀作用或对废金属回收时的影响，从有利于钢铁方面考虑，一般对钢铁镀镉或镀锌。使用填充配件应注意以下几点：零件形状应避免承受集中应力；镁合金的薄壁部分不要用填充金属；尽量避免转角。

9.9.2 防火措施

在生产和使用镁合金材料和零部件时，要特别注意防火，确保安全。有关内容可参见本书第 11 章。

参考文献

1 《中国航空材料手册》编委会编. 中国航空材料手册(第3卷)，铝合金、镁合金. 北京：中国标准出版社，2002

2 Michael M Avedesian, Hugh Baker. ASM Speciality Handbook —— Magnesium and Magnesium Alloys. Ohio: ASM International, 1999

3 Kainer K U, Buch F Von. The Current State of Technology and Potential for Futher Development of Magnesium Applications. in Kainer K U (ed). Kaiset F (trans). Magnesium Alloys and Technology. Weinheim: WILEY-VCH Verlag GmbH, 2003

4 King J F, Fowler G A, Lyon P. Proc. Conf. Light Weight Alloys for Aerospace Applications Ⅱ. Minerals, Metals and Materials Society. 1991:423

5 Alves H, Koster U. Improved Corrosion and Oxidation Resistance of AM and AZ Alloys by Ca and RE Additions. in Kainer K U (ed). Magnesium Alloys and Their Applications. Weinheim: WILEY-VCH Verlag GmbH, D-69469, 2000:439

6 陈振华等. 镁合金. 北京：化学工业出版社，2004

7 张津，章宗和等. 镁合金及应用. 北京：化学工业出版社，2004

8 Haferkamp H, Boehm R, Holzkamp U, Jaschik C, Kaese V, Niemeyer M. Alloy Development, Processing and Applications in Magnesium Lithium Alloys. Materials Transactions, 2001, 42 (7): 1160～1171

9 柏柏工作室. 镁合金. http: home. kimo. com. tw/po. po2/mglist. html

10 ASM International Handbook Committee. Forming and Forging. Metals Handbook, Ninth Edition, 1988, Vol. 14

11 黄少东，唐全波，赵祖德等. 用镁合金促进兵器装备轻量化. 金属成形工艺，2002，(5)：8

12 张丁非，彭健，丁培道等. 镁及镁合金的资源使用与市场需求. 全国镁开发工作会议暨产业发展研讨会重庆地区论文集. 2003

13 杨成君，肖秀山等. 镁合金在微车变速器上的研究开发. 全国镁开发工作会议暨产业发展研讨会重庆地区论文集. 2003

14 曾荣昌，柯伟等. Mg 合金的最新发展及应用前景. 金属学报，2001，(2)：673

15 张永强，张奎等. 压铸镁合金及其在汽车工业中的应用. 特种铸造及有色合金，1999，3(1)：54

16 潘复生，张静，汪凌云等. 变形镁合金研究最新进展及应用前景. 2002 年材料科学与工程新进展. 北京：冶金工业出版社，2003

17 敖炳秋，袁序弟等. 镁合金材料在汽车上应用及展望. 2002 年材料科学与工程新进展. 北京：冶金工业出版社，2003

18 Robert Brown. Magnesium automotive meeting. Light Metal Age, 1992, (2): 18～24

19 William K. Toward the Light. Automotive Engineers,

2001, (3) : 46～48

20 曾荣昌,柯伟,徐永波等.Mg合金的最新发展及应用情景.金属学报,2001,37(7):673～685

21 William Unsworth. A new magnesium alloy for automobile applications. Light Metal Age, 1987, (7):10～13

22 韩夏云,龙晋明,薛方勤等.镁及镁合金应用与表面处理现状及发展.轻金属,2003,(2):48～51

23 Krohn H, Singh S. Welding of Magnesium Alloys. in Mordike B L, Kainer K U (ed). Magnesium Alloys and Their Application. The Conference of Magnesium Alloys and Their Application. Frankfurt (Germany): Werkstoff-Informationsgesellschaft mbH, 1998:625

24 Ruden T J, Albright D I. High Ductility Magnesium Alloys in Automotive Applications. Advanced Mater and Processes, 1994, 145 (6) : 28～32

25 Luo A, Renaud J, Nakatsugawa I, et al., Magnesium Casting for Automotive Applications. JOM, 1995, 47 (7) : 28～31

26 兰光华编译.镁在汽车上的应用.世界有色金属,2004

27 向冬霞,曾建勇,王军.镁合金配件在汽车、摩托车上的应用.汽车工艺与材料,2002,(8/9):41～43

28 吕宜振,王渠东,曾小勤等.镁合金在汽车上的应用现状.汽车技术,1999,(8):28～31

29 Mordike B L, Ebert T. Magnesium Properties-application-ptenuial. Mater Sci Eng A, 2001, 302 : 37～45

30 Inoue A. High Strength Bulk Amorphous Alloys with Low Critical Cooling Rates. Mater. Trans. JIM, 1995, 36 : 866～875

31 Busch R, Liu W, Johnson W L. Themodynamics and Kinetics of the Mg65Cu25Y10 Bulk Metslic Glass Foming Liquid. Jpn J. Appl. Phys., 1998, 83 : 4134～4141

32 刘静安.铝材在汽车工业上的开发与应用.铝加工,1996,No.3

33 王博平.铝材在汽车上的主要用途,铝加工技术,1993,No.1

34 陈深伟等.镁合金在汽车上的应用.稀有金属,1999,Vol.23

35 刘静安.镁合金加工技术发展趋势与开发应用前景.轻合金加工技术,2001,Vol.29,No.11

36 王祝堂.世界镁产量与镁的用途.轻金属,1999,No.11

37 潘玉敏等.未来十年镁业展望与新增产能的预测.轻金属,2001,No.8

38 陈力禾,赵慧杰,刘正等.镁合金压铸及在汽车工业中的应用.铸造,1999,(10):45～50

39 Eliezer D, Aghion E et al.. Magnesium science, technology and application . Advanced Performance Materials, 1998, (5) : 201～202

40 Brown R. Magnesium automotive meeting. Light metal Age, 1992, (5) : 18～20

41 李玉兰,刘江,彭晓东.镁合金压铸件在汽车上的应用.特种铸造与有色合金,1999,增刊(1):120～122

42 王渠东,吕宜振,曾小勤等.镁合金在电子器材壳体中的应用.材料导报,2000,(6):22～24

43 孙伯勤.镁合金压铸件在汽车行业中的巨大应用潜力.特种铸造及有色合金,1998,(3):40

44 Albright D L, Ruden T, Davis J. High Ductility Magnesium Alloys in Automotive Applications. Light Metal Age, 1992,50 (2) : 28

45 Juricka I, Ptacek L, Ustohal V, et al.. Magnesium Alloys In Czech Republic. In: Mordike B L, Kainer K U (ed): Magnesium Alloys and Their Application. The Conference of Magnesium Alloys and Their Application. Frankfurt (Germany): Werkstoff - Informationsgesellschaft mbH, 1998:133

46 Feirze C, Berek H, Kainer K U et al., Fibre Reinforced Magnesium for Automotive Applications. In: Mordike B L, Kainer K U (ed). Magnesium Alloys and Their Application. The Conference of Magnesium Alloys and Their Application. Wolfsburg, Germany, Frankfurt (Germany): Werkstoff-Inrofmationsgesellschaft mbH, 1998

47 小原久.マクネシゥム合金の市场动向,工业材料特集:需要泫大すゐマクネシゥム合金.1999,47(5):23

48 刘正,王中光,王越等.压铸镁合金在汽车工业中的应用和发展趋势.特种铸造及有色合金,1999,(5):55

49 王文先,张金山,许并社.镁合金材料的应用及其加工成型技术.太原理工大学学报,2001,32(6):599

50 Zeumer M, Honsel A G, Meschede, et al.. Magnesium Alloys in New Aeronauticiment. In: Mordike B L, Kainer K U (ed). Magnesium Alloys and Their Application. The Conference of Magnesium Alloys and Their Application. Wolfsburg, Germany, Frankfurt (Germany) : Werkstoff-Informationsgesellschaft mbH, 1998

51 Becker J, Fischer G, Schemme K . Light Weight Construction Using Extrued Forged Semi-Finished Products Made of Magnesium Alloys. In: Mordike B L, Kainer K U (ed). Magnesium Alloys and Their Application. The Conference of Magnessium Alloys and Their Application. Wolfsburg, Germany, Frankfurt (Germany): werkstoff-Informationsgesellschaft GmbH, 1998

52 翟春泉,曾小勤,丁文江等.镁合金的开发与应用.机械工程材料,2001,25(6)

53 工业材料编辑部.电气制品,工业材料特集:需要扩大

すゐマクネシゥム合金.1999,47(5):61

54 Borries Bark, Carlo Bark, Egon Hauschel. Magnesium Diecastings-Example Suppoker. In: Mordike B L, Kainer K U (ed). Magnesium Alloys and Their Application. The Conference of Magnesium Alloys and Their Application. Wolfsburg, Germany, Frankfurt (Germany): Werkstoff-Informationsgesellschaft GmbH, 1990, 31: 929

55 Li Huaqing, Xie Shuisheng, Liu Jinping, Wu Pengyue, Huang Guojie. Applicating of Caol-water slurry on the rotary calcining kiln of pedgion magnesium reduction process. Journal of caol science and engineering, 2006, Vol. 12, No. 1: 96～100

56 孟树昆.镁行业"十一五"发展规划.中国镁业,2006, No. 6

57 孟树昆.2005年镁工业发展报告.中国镁业,2006,No. 2

58 孟树昆,吴秀铭等.2005年中国镁工业发展报告.IMA63届世界镁业大会年会论文集.北京,2006

10 镁及镁合金废料回收与再生利用

Waste Recovery and Recycling of Magnesium Alloys

10.1 概述

镁资源丰富,制取容易,镁及镁合金具有一系列优良特性,回收性能也优于铝合金,因此,近年来,镁及镁合金材料获得了快速的发展。镁合金材料的应用范围和用量大幅度增加,近年来的平均增长率在15%以上。相应地,生产过程中产生的废旧料及产品报废所产生的废料也大幅度增加。因此,镁合金废料的回收与再生利用具有重大的经济效益和社会效益,不仅能节约资源,节省能源,而且对减少环境污染也有重要意义,是发展我国循环经济,建设节约型社会的一个重要方面。但是,镁合金废料回收和再生利用在我国还是一个新课题,不像铝合金那样已经基本建立了完整的回收市场,开发了系统的回收与再生技术。而且镁是一个比较活泼的金属,容易氧化、燃烧、爆炸,给其回收与再生利用带来了许多困难。尽管如此,经过十多年的研究和实际应用,国内外已取得不少有价值的成果,这将促进镁合金废料的回收与再生利用事业的发展。

镁合金废料的回收过程中,首先要严格对废料进行分类,然后按不同的类别进行前期的处理,将处理好的镁合金废料烘干。使用的坩埚必须要经过煤油渗透及X射线检验,证明无缺陷方可使用,所有熔炼工具要经过充分的预热。熔炼时根据废料的质量与一定比例的纯镁锭熔炼配制合金,废料和纯镁锭全部熔化后要取样化验,根据熔液中的化学成分和所需要生产的镁合金牌号的化学成分,计算出要添加的合金量,并根据要求依次加入。熔炼过程中要对熔液进行充分精炼,去除熔液中的杂质和气体,保证镁合金的质量。在实际生产中应严格按操作规程执行。目前,国内外已用镁合金废料生产出各种牌号、合格的镁合金锭几十万吨,促进了镁工业,特别是镁合金压铸工业的发展。

10.2 镁合金废料的产生

镁合金废料主要产生于压铸产品的生产和加工及镁制品的报废件。2006年我国的镁及镁合金废料在1万t以上。

在压铸过程中所产生的废料有两种:一种是在压铸过程中产生的过剩镁合金,如料柄、流道、溢边、废零件、冒口结块、飞边、切屑、熔渣等;另一种是在机械加工中、喷漆过程中产生的废件。在压铸过程中,仅有30%~50%的给料用于成形,剩下50%~70%的给料都消耗在料柄和流道上了。因此,要达到减少环境污染和降低成本的目的,就必须采用回收料柄和流道等过剩镁合金和废品的方法。对于压铸成形的铸件,大多需要进行两次高精密机械加工,以达到最终的尺寸与性能要求。除削去多余的金属料和钻空、抛光等产生的废料外,在机械加工中,由于加工尺寸没控制好也会产生废件;对于机械加工合格件,要进行表面处理和喷漆,在喷漆时由于没有控制好也会产生废品。近年,随着镁合金加工材的不断发展,产量不断增加,在塑性成形和深加工过程中也会产生不少(占50%左右)废料。此外,当镁及镁合金零件使用寿命到期或整机报废时,也会产生大量的废料。

10.3 废镁合金的分类

随着镁产品应用范围的不断扩大,在流通和再生产的过程中也会产生废料,但主要是产生于压铸产品的生产和加工中,因为目前绝大多数的镁制品都是通过压铸方法生产的。如何处理回收利用这些废料已经成为一个很重要的问题，引起了国际上的广泛重视。镁合金废料的分级运输、分级储存、分级处理非常重要，分级可以有助于加强镁合金废料的回收质量、节约能源和降低生产成本。

在对生产过程产生的废料、产品报废所产生的废料进行分析的基础上，根据2001年3月20日在美国华盛顿召开的ISO/TC79/SC5年会上关于镁及镁合金废料分级的提案，结合具体的情况制定了我国镁合金废料分类分级标准，见表10-1。

表10-1 我国镁合金废料分类分级标准

级别	废料特点	废料来源	典型举例
1级	清洁并已分类的废料	压铸及镁加工工序	料饼、浇道结块、废零件、加工材废料
2级	清洁并已分类的废料，但其中混有钢铁等夹杂物的清洁废料	压铸、机加工序	冒口结块、飞边毛刺和含有钢铁等夹杂物的废铸件
3级	沾有油污、油漆的1级和2级废料	压铸、涂装工序	生产废料
4级	各种镁粉、切屑、熔渣	熔化、压铸、机加工序	清理的镁粉、机加工切屑、熔渣
5级	除以上1～4级以外的废料。多种牌号的合金随意混放并已经长时间放置	回收废品和杂废料	外收废杂料

10.4 镁合金废料的前期处理

镁合金废料必须按照分级标准进行分开储存，也可以按处理的方法进行储存。为了防止污染，镁合金废料的运输和储存最好用干净的并加有盖子的回收桶或者干净的回收袋包装，在回收桶和回收袋上表明废料的等级及名称。

镁合金废料储存时应放置在干燥、通风良好、单独存放镁合金废料的屋内，禁止与可燃物放置在同一场所，存放镁合金废料的地点不能漏雨。

镁合金废料在熔炼前必须先对镁合金废料进行分类处理，处理方法如下：

(1) 清洁并已分类的废料，可直接进行熔炼；

(2) 清洁并已分类的废料，但其中混有木制夹杂物和钢铁夹杂物的废料，必须将夹杂物去除后方可入炉熔炼；

(3) 沾有油漆和油污的1级和2级废料，必须将油漆和油污去除后再进行熔炼；

(4) 沾有油和水的机加工碎屑、切屑和炉渣较难处理，最好的办法是用专门的炉子在高温和真空下汽化后进行回收和利用；

(5) 除上述废料以及多种牌号的合金随意混放，并且已经长时间放置的废料，应挑出杂物、烘干后再投入熔炼炉中熔化，取样分析后，根据成分再决定冶炼何种牌号的镁合金。

10.5 废镁合金的熔铸方法和生产过程

废镁合金材料重熔过程中，关键是要减少或消除各种金属或非金属夹杂物和气体，净化镁合金熔体。目前，生产中大多采用边加精炼剂边通入氮气或氩气的方法精炼，既可以有效地去除熔液中的非金属夹杂物，同时又能除气。镁合金废料熔炼的主要工艺有两种，下面以AZ91镁合金熔炼为例加以说明。

10.5.1 熔剂熔炼法

将坩埚预热至暗红色(400～500℃)，在坩埚内壁及底部均匀地撒上一层粉状底熔剂。炉料预热至150℃以上，待底熔剂全部熔化以后依次加入回炉料、镁锭，并在炉料上撒一层熔剂，底熔剂的用量约占炉料量的1%～1.5%。升温熔炼，使炉料由固态变为液态，当熔液温度达700～720℃时，根据产品成分要求准确计算后，加入适量的铝、锌及中间合金铝锰、铝铍，使其成分达到产品要求的成分；然后加入精炼熔剂，进行精炼，其作用是使镁合金液中的有害元素等杂质与镁合金液分离，从而净化镁合金液。一般合金化和精炼的温度在730℃左右，精炼熔剂的加入量视熔液中氧化夹杂含量的多少而定，一般约为炉料量的1.5%～2%。将精炼好的镁合金液静置一定的时间，使其中密度较镁合金大的杂质成分沉淀到坩埚底部，从而得到纯净的镁合金液。一般静置时间为30 min左右。同时将温度降到700℃左右，通过吹氩进行除气。完成除气工作后，将镁合金液再静置一定的时间，使其内部成分均匀而不产生偏析；同时将温度降至660～680℃取样进行分析，成分合格后准备浇铸。一般吹氩的时间为10～20 min(根据熔体内气体含量而定)，静置时间为20 min左右。在整个静置过程中，采用SO_2气体保护，以防止镁合金液表面氧化和燃烧。

10.5.2　无熔剂熔炼法

保护气体(SF_6、CO_2)的应用对于镁合金熔炼技术的发展具有重要意义。无熔剂法的原材料及熔炼工具准备基本上与熔剂熔炼时相同，不同之处在于：

(1) 使用SF_6、CO_2等保护性气体，C_2Cl_4变质精炼，氩气补充吹洗；

(2) 对熔炼工具清理干净，预热至200～300℃喷涂料；

(3) 配料时二、三级回炉料总量不大于炉料总量的40%，其中三级回炉料量不得大于20%。

首先将熔炼坩埚预热至暗红，约500～600℃，装满经预热的炉料，装料的顺序为合金锭、镁锭、铝锭、回炉料中间合金和锌等，盖上防护罩，通入防护气体，升温熔化。当熔液温度升至700～720℃时，搅拌2～5 min，使成分均匀，之后清除炉渣，浇注光谱试样。当成分不合格时进行调整，直至合格。升温至730～750℃并保温，用质量分数为0.1%的C_2Cl_6变质剂进行变质处理，然后除渣。在700～720℃用氩气补充精炼(吹洗)10～15 min(吹头应插入熔液下部)，通氩气气量以液面有平缓的沸腾为宜。吹氩结束后，扒除液面熔渣，升温至760～780℃，保温静置10～20 min，浇注断口试样，如不合格，可重新精炼变质(用量取下限)，但不得超过3次。熔液温度调至浇注温度进行浇注，并应在静置结束后2 h内浇完。否则，应重新检查试样断口，不合格时需重新进行精炼变质处理。

将炉内的镁合金液采用倾倒的方式或者通过镁液泵将镁合金液注入连续铸锭机模具中，铸成镁合金锭。浇铸前应先将模具清理干净，预热至120～150℃，喷涂料(质量分数为：10%滑石粉、5%硼酸、2.4%水玻璃，余量为水)再预热至150～200℃。在浇铸过程中，采用SO_2气体保护，以防止镁锭表面氧化或燃烧。

目前，镁合金冶炼行业所采用的熔炼方法主要是熔剂熔炼法。熔剂熔炼法的主要设备一般有预热炉、熔化炉、浇注炉、连铸机等，配套辅助设施有搅拌系统、压缩空气系统、熔炼过程气体保护系统、冷却循环水系统等。

熔剂熔炼法的熔炼工艺大致为：原材料及中间合金－预热炉－熔化炉－(熔化、合金化及精炼、静置)－浇注炉－(除气、变质处理及静置)－连铸机－(铸锭)－(表面精整、包装及入库)－镁合金锭。熔剂熔炼法的工艺流程见图10-1。

镁合金锭的表面精整过程是：去除浇铸冷却后的镁合金锭表面上的质量标准不允许存在的杂物，同时去除浇铸过程中产生的飞边等，挑出不符合质量标准的镁合金锭后，整齐堆码并称量记录，贴上合格证后包装入库。

10.5.3　用废镁生产镁合金锭的工艺要点

在利用回收的废镁进行镁合金生产过程中，要把握和控制好各重要环节，从而有助于提高镁合金的质量。

10.5.3.1　炉料的预热

所有炉料应预热去除其中的水分，以防止因炉料带入水分而导致在生产过程中发生爆炸等安全事故。同时可减少因炉料中的水分带入导致镁合金液中的气体含量增多。

10.5.3.2　熔化

在熔化时，根据回炉料质量的不同应配一定量的纯镁锭，严格控制好熔化的温度，不宜过高。合理的温度有助于延长坩埚的使用寿命，同时可以防止坩埚内的铁和其他杂质在高温下进入镁合金液中。

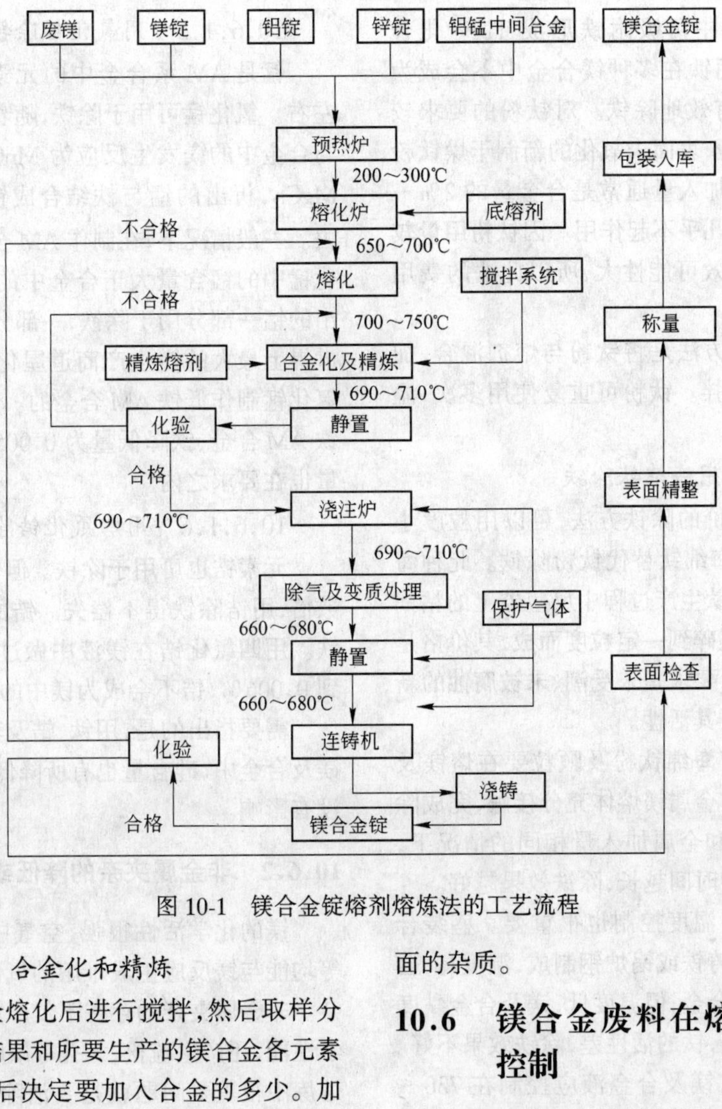

图 10-1　镁合金锭熔剂熔炼法的工艺流程

10.5.3.3　合金化和精炼

在镁液完全熔化后进行搅拌，然后取样分析。根据分析结果和所要生产的镁合金各元素的含量，经计算后决定要加入合金的多少。加入中间合金应在镁合金液上部加入，由于中间合金的比重比镁合金大，这样有助于使镁合金液的成分均匀而防止偏析；同时应控制好合金加入和精炼的温度，以使镁合金中杂质元素去除更彻底。

10.5.3.4　静置

静置过程有助于镁合金液中比重较大的杂质进行沉淀，主要是控制好静置的温度和时间。

10.5.3.5　浇铸

控制好镁合金熔液的浇铸温度。将模具烘干、烘透，涂上脱模剂，温度控制在250℃左右。同时在浇铸时，模具内镁合金液凝固前除去表面的杂质。

10.6　镁合金废料在熔炼中的质量控制

10.6.1　降低合金中铁的含量

10.6.1.1　用铝锰合金除铁

这种方法比较经济和简单，效果也很好，但有一定的局限性。在含有锰元素的合金中可以使用，但有些合金要求对锰的含量严格限制，如果加入铝锰合金后，就会使锰的含量增加，造成合金成分超标。对于在镁合金熔炼时需要加入一定量的锰元素的合金，加入时一般是以铝锰中间合金的形式加入镁液中。加入镁液中的锰与铁产生反应，通过静置沉淀使含铁和锰及其他合金元素的金属间颗粒沉积，可除去过多的铁。

10.6.1.2 用钛粉除铁

钛粉在熔镁中可吸附铁形成 Ti-Fe 化合物,沉淀下去。而钛在多种镁合金中不会成为合金成分,进而有效地除铁。对钛粉的要求较苛刻,存放时间短,表面未氧化的新制干燥钛粉才有效。钛粉的加入量通常是合金量的2%～3%,失效的钛粉几乎不起作用。因钛粉用量较大、价格较高、失效可能性大,所以此法的费用较高。

正确的使用方法是将钛粉与熔剂混合,加到坩埚中进行搅拌。钛粉可重复使用多次,温度也可灵活把握。

10.6.1.3 用海绵钛除铁

为了找到廉价的除铁方法,可以用粒度小于3 mm的新生海绵钛替代钛粉除铁。此种海绵钛可以是海绵钛生产过程中反应器上的粘锅料,或由等外钛破碎到一定粒度而成,其价格是钛粉的几分之一,要求是未受潮、未被腐蚀的新生海绵钛,以保证其活性。

除铁过程中,海绵钛粉及颗粒要在熔镁及合金液中翻滚,与金属镁熔体充分接触,完成除铁。在海绵钛粉和金属加入量相同的情况下,翻滚越强烈,搅拌时间越长,除铁效果越好。

除铁过程中,温度控制也很重要。盛装合金的容器一般由铸铁或锅炉钢制成,温度高,会加速铁溶解进入合金;但温度低,镁及合金黏度大,分子自由能低,钛的活性差,除铁效果不好。考虑到上述因素,镁及合金液应控制在730～740℃之间除铁。这样,既可避免容器壁铁的溶解,又可提高钛的除铁活性。

10.6.1.4 用低价钛除铁

钛的氧化物也可以除铁。钛厂可用还原炉生产低价氯化钛($TiCl_2$-$TiCl_3$)的复合盐。这种低价化合物是一定粒度的海绵钛在反应器中与一种或几种氯苯盐制得的,是多种氯化物的复合盐。这种低价氯化钛不仅可以有效地除去镁中的铁,同时由于其他氯化物的存在,还起到精炼剂的作用,除去钾、钠、钙、氯化镁、二氧化硅等杂质。此种复合盐密度在3.7 g/cm^3左右,在制作低铁镁和低铁镁合金中,由于密度差别大,有精炼时间短、除杂质效果好等特点。

10.6.1.5 用氯化锰除铁

锰是AM系合金中的元素,含量在0.5%左右。氯化锰可用于除铁,随着氯化锰的加入,与合金中的镁发生反应为 $MnCl_2 + Mg \rightarrow Mn + MgCl_2$,析出的锰与铁结合成铁锰合金沉降下去。一般情况下,在制作AM合金的过程中,氯化锰中的锰含量大于合金中的锰量,以满足析出的锰一部分用于除铁,一部分形成合金成分。世界上最大的镁生产商道屋化学公司,就是用氯化锰制作低铁AM合金的。用氯化锰试制低铁AM合金,铁降低量为0.005%,合金中的锰量也在要求之内。

10.6.1.6 用四氯化锆除铁

元素锆也可用于除铁。但锆的价格是钛的数倍,用锆除铁得不偿失。锆的氯化物也可除铁。用四氯化锆在镁液中做过除铁试验,铁降到0.006%,锆不会成为镁中的杂质。

需要指出的是,用钛、锆及其氯化物除铁的镁及合金中,硅含量也有所降低,而对其他元素没有影响。

10.6.2 非金属夹杂的降低或消除

镁的化学活性很强,空气中的氧、氮、水气等均能与镁反应生成难熔的氧化镁等非金属夹杂。非金属夹杂的存在不仅严重恶化合金的力学性能,还产生疏松、气孔等缺陷。在镁合金的熔炼中很重要问题就是要消除上述夹杂,净化熔液。目前生产中主要使用精炼剂对镁合金熔液进行精炼来达到上述目的。熔剂精炼法是用熔剂洗涤镁熔液,利用熔剂与熔液的充分接触来湿润夹杂物,并将其聚合于熔剂中,随同熔剂沉淀于坩埚底部。为达到此目的,熔剂应当具有良好的湿润、吸附夹杂的能力。精炼工艺还应当设计正确,以防止产生新的夹杂。

氯盐的存在易使镁及合金发生腐蚀,对其质量和寿命影响较大。在镁精炼及合金制作中,氯盐是不可缺少的,用来去除金属杂质和氧化物的精炼剂,会产生以下化学反应:

$$MgCl_2 + 2K \rightarrow Mg + 2KCl$$

$$Ca + MgCl_2 \rightarrow CaCl_2 + Mg$$

$$MgCl_2 + 5MgO \rightarrow MgCl_2 \cdot 5MgO$$

$$MgCl_2 + CaO \rightarrow MgCl_2 \cdot CaO$$

其他氯盐如氯化钾、氯化钠、氯化钙、氯化钡对调整精炼剂的熔点、润滑性、表面张力起作用。氯盐在镁精炼及合金制作中不可缺少。

由于密度差别小、精炼、静置时间的限制，在镁合金产品中不可避免地存在许多含氯盐杂质。这些含氯盐杂质的存在，使合金在潮湿环境易被酸化腐蚀。

由于氧化物对氯盐的亲和力强，镁合金中氧化物的存在是镁合金中氯盐存在的主要原因。要减少氧化物和氯盐在合金中的存在，就需要在保证精炼效果的前提下，提高精炼剂和金属间的密度差。镁的精炼温度为 690～710℃，2 号精炼剂的密度在 1.64 g/cm^3 左右，镁在此温度下密度为 1.54 g/cm^3，二者的密度差较小。随着精炼搅拌的进行，精炼剂附着在氧化物上，在合金中形成无数氯盐氧化物微元。这就需要提高精炼剂的表面张力和与金属间的密度差，以增加精炼剂的汇集，提高沉降速度。低价氯化钛精炼剂在上述方面优于 2 号精炼剂，精炼效果非常好。但此种精炼剂未广泛采用。

其他氯盐精炼剂在熔融状态下，与镁合金密度相差不大，在保证精炼效果的前提下，减少精炼静置时间已不容易。

有一种简便方法，可以在不改变精炼剂种类的情况下，提高精炼效果，有效降低镁合金中的氯盐和金属氧化物。此种方法是：先在精炼容器中加一定量的精炼剂，用通常的精炼方法搅拌精炼；之后，将盛金属的容器吊进三相通电加热的电炉中的上相进行加热。容器上部金属与下部金属形成温差，金属做由上至下的对流运动；当这种金属液流到容器底部，与容器底部的熔融精炼剂接触时，其中的氧化物和氯盐精炼剂微元被吸收。

熔融金属在精炼容器中进行对流运动，达到除杂质目的，要使金属都有时间与底部精炼剂接触。实践中，由容器中对流完成的时间控制，要考虑到以下几方面：金属液的温度、容器中金属的温度、炉子的加热情况。金属液温度的高低对其流动性有影响；金属的液面高度决定由上至下的对流时间；保证加热炉的上部与底部形成温差，是金属液形成对流的条件。

用高 1.64 m、直径 0.8 m、内装 2 t 镁合金的坩埚做试验。按常规方法精炼后，吊进上相通电加热，达到正常的红热状态，而下两相断电的三相竖式电炉中，进行静置对流精炼，时间都是 30 min。成品符合对杂质含量的要求。

10.6.3 在生产过程中防止外来杂质元素进入镁合金熔体中

10.6.3.1 防止电解质进入镁中

在精炼过程中，不断有熔剂撒到镁合金表面，熔剂熔化后进入金属；精炼结束后，为防止表面镁合金氧化燃烧，要向金属表面撒覆盖剂。覆盖剂是 20% 的硫粉和 80% 的精炼剂的混合物。表面精炼剂熔化后，逐渐向金属中渗透，即使在浇铸过程中，倾斜浇包中的镁合金表面保护膜破裂后，要向正待浇铸的镁合金表面撒覆盖剂。这些精炼后的工作，无疑给镁合金增加了外来杂质。有的制造厂商采用氩气保护方法，防止气体杂质的进入，但要在较密闭的氩气环境中进行精炼和浇铸才有效。在敞开容器表面喷氩气来阻止表面燃烧效果不大。

在精炼及浇铸温度不太高的情况下，采用喷硫粉的方法，抑制熔体镁合金的表面氧化和燃烧效果较好。将出口管朝向熔融金属的装有硫粉的盒中通入一定的风量，喷出的硫粉冲向镁合金表面燃烧，减轻了金属的表面氧化，防止了外来精炼剂的进入。

10.6.3.2 防止容器壁铁、锰进入镁中

盛装镁及其合金的精炼容器，通常由铸铁或锅炉钢制成。器壁上的铁容易进入镁及其合金中，形成杂质，影响镁合金质量，减少容器使用寿命。改用石墨坩埚器，又受到容量和成本的严格限制。解决的办法是在容器壁覆盖一层氧化锌涂层。其步骤是：先清理铁制容器内的脏物、毛刺、皮鳞，能砂洗更好。在干燥状态下将其加热到 100℃ 左右，将氧化锌粉用适当的水玻璃稀释后，均匀地刷在容器内表面，利用容器余温将其烘干。通过这些处理，氧化锌紧密

地覆盖在容器内表面，高温环境下不脱落，本身并不会成为杂质进入镁合金，效果较好。

上面介绍的改进镁及其合金质量的方法，可根据用户对质量的要求和自身的情况来选择。

10.6.4 高纯镁合金的成分控制

要生产铜、镍和铁含量少的新型高纯镁合金，必须特别注意对原材料及熔体和材料处理操作规程的选择。重熔铸锭的铜和镍含量应低，用于处理熔融金属的设备的材料中不得含铜和镍。

由于镁熔体通常是在用铁或钢制成的设备中进行处理的，因此必须特别小心，以避免增加铁在熔体中的含量。重熔铸锭中的最大铁含量为0.004%，这可通过在生产铸锭合金化熔体时添加锰来实现。通过静置沉淀使含铁和锰及其他合金元素的金属间颗粒沉积可除去过多的铁。在这项处理之后，铁含量处于饱和状态的铸锭按所选铸造温度进行生产。因此，只要能避免过大的温度波动，并保持所需的最小锰含量，熔炼过程将不会导致铁含量增加。目前有多种用于熔炼、转运和计量镁合金液的系统。当液态镁合金通过这些系统时，它在成为成品的过程中，会经历复杂的热工过程。温度偏差会影响到合金的化学成分，如表10-2所示。

表10-2 热工过程对镁合金成分的影响

元素	热工过程的影响
Al	在长时间的保温过程中，会损失少量的铝。这可能是由于在熔体表面形成的氧化层中增加了铝含量
Zn、Si、RE	锌、硅和稀土元素(RE＝铈＋铜＋镨＋钕)可大量溶于熔融镁合金，而且在整个熔炼和处理过程中，它们的浓度保持相当稳定
Mn、Fe	向镁合金中加入锰的目的是，将铁的溶解度降低到低于规定的最大值。当温度降低时，镁和铁的含量快速降低。当温度再次升高时，又缓慢增加。这反映了沉淀/沉积速度与金属间化合物颗粒的溶解度速度之间的差异。没有必要将锰和铁的含量恢复到它们最初的状态，因为铁可以从坩埚壁上溶解，从而在高铁和更低的锰含量之间建立起一种平衡关系
Be	加入0.0005%～0.0015%的铍可降低熔融合金的表面氧化速度。由于在熔体保持过程中，它优先氧化，因此铍容易失去。在熔体的热工循环过程中或金属在坩埚中失火的情况下，这种损失甚至会更快
Ni	镍对镁合金的耐腐蚀性有极其不利的影响，且在成品零件中必须将其最大含量限制在不超过0.002%(在重熔铸锭中为0.001%)。镍很易溶于镁合金中，它可以从处理设备中带入(如该设备采用高镍不锈钢制成)
Cu	铜也会降低镁合金的耐腐蚀性，尽管其允许含量远远大于镍。来自铜衬套等回收零件的污染，可使铜的含量增加到大于允许的最大极限值

采用上述方法，生产实践证明，已取得了较好的效果，所生产的镁合金锭的质量全部控制在要求的范围之内。用镁合金废料生产的AZ91D合金锭达到标准成分。

10.6.5 镁熔液中的除气处理

在镁合金的熔炼中，要消除镁液中的气体。溶入镁熔液中的气体主要是氢气。镁合金中的氢主要来源于熔剂中的水分、金属表面吸附的潮气以及金属腐蚀带入的水分。氢在镁熔液中的溶解度比在铝熔液中大2个数量级，凝固时的析出倾向也不如铝那么严重(镁合金熔液中氢的溶解度为固态的1.5倍)，用快冷的方法可以使氢过饱和固溶于镁中，因而除气问题往往不太引起重视。镁合金中的含气量与铸件中的疏松程度密切相关。这是由于镁合金结晶间隔大，尤其在不平衡状态下，结晶间隔更大，因此在凝固过程中如果没有建立顺序凝固的温度梯度，熔液几乎同时凝固，形成分散细小的孔洞，不易得到外部金属的补充，引起局部真空，在真空的抽吸作用下，气体很容易在该处析出，而析出的气体又进一步阻碍熔液对孔洞的补充，最终缩松更加严重。试验证明，在生产条件下，当100 g镁含氢气量超过14.5 cm^3时，镁合金中就会出现缩松。

传统除气工艺方法类似于铝熔炼所采用的通氯气方法。氯气经过石墨管引入镁熔液中，处理温度为725～750℃，时间为5～15 min。温度高于750℃生成液态的$MgCl_2$，有利于氯化物及其他悬浮夹杂的清除。如温度过高，形成的$MgCl_2$过多，产生熔剂夹杂的可能性增加。氯气除气会消除镁－铝合金加“碳”的变质效果，因此用氯气除气应安排在“碳”变质工艺之前进行。生产中常常用C_2Cl_6和六氯化苯等有机氯化物对镁熔液进行除气，这些氯化物以片状压入熔液中，与氯气除气相比具有使用方便、不需要专用通气装置等优点，但C_2Cl_6除气效果不如氯气好。

现在生产中大多采用边加精炼剂，边通入氮气或氩气的方法精炼，既可以有效地去除熔液中的非金属夹杂物，同时又可以除气。不但精炼效果好，而且可以缩短作业时间。

10.7 镁合金的检验方法

镁合金的质量不但在形成产品后需要检验，在熔炼过程中也需要检查，特别是用废镁熔炼时更是如此。熔炼过程中，镁合金主要检验化学元素成分是否在相关标准规定的范围内；而作为镁合金产品，不但需要检验其化学元素成分是否达到相关的标准，还需要检验其耐腐蚀程度、力学性能、含气体量、含氯离子量等是否符合要求，相应指标主要根据不同合金牌号的规定或用户要求而定。

一般情况下，大多数企业或用户都要求检验化学元素成分和耐腐蚀程度。

10.7.1 化学成分的检验

检验镁合金的化学成分，目前大多数企业都采用光谱分析仪进行检验，也可采用化学分析的方法进行检验。

对于AZ91等镁合金，一般采用原子吸收光谱分析法进行检验，主要检验以下化学元素：Al、Zn、Mn、Be、Si、Cu、Ni、Fe等。

10.7.2 耐腐蚀程度的检验

检验镁合金的耐腐蚀程度，主要是检验镁合金中的金属杂质是否过高。如果镁合金中的杂质元素含量过高，对镁合金的力学性能、切削加工性能及其他各方面的性能都有着严重的影响。对于镁合金的耐腐蚀程度，一般都是通过一定比例的盐水，在一定的时间内喷出一定浓度的盐雾，检验其对镁合金试样的腐蚀程度来确定一定的等级。也有部分企业不使用盐水，而使用其他腐蚀溶液进行检验。

根据国家相关标准，一般镁合金耐腐蚀程度可分为5～9级(9级表示耐腐蚀效果最好)。根据合金牌号的不同，大部分镁合金均要求耐腐蚀等级达到8级以上，也有部分特殊牌号的镁合金要求达到7级以上即可。

对于AZ91D等镁合金，大部分企业和用户要求其盐雾腐蚀等级在8级以上。

参考文献

1 《轻合金材料加工手册》编写组编. 轻金属材料加工手册(上、下册). 北京：冶金工业出版社，1979

2 《中国航空材料手册》编委会编. 中国航空材料手册(第3卷)，铝合金、镁合金. 北京：中国标准出版社，2002

3 Michael M, Avedesian, Hugh Baker. ASM Speciality Handbook - Magnesium and Magnesium Alloys. Ohio: ASM International, 1999

4 马存真. 镁及镁合金废料国际标准提案介绍及我国镁废料现状. 世界有色金属，2002，(6)：70～72

5 Koichi Kimura, Kota Nishii, Motonobou Kawarada. Recycling Magnesium Alloy Housings Notebook Computers. Fujitsu Sci. Tech.，2002，J.38(1)：102～111

6 李宏伟. 镁及其合金生产中的质量问题. 中国镁业，2002，(6)：1～3

11

镁及镁合金材料的安全生产与防护

Safety and Protective Measures for Magnesium Alloy Production

11.1 概述

镁具有非常活泼的化学性质,镁粉、镁屑又极具易燃、易爆性,这是安全生产和防范的关键。在镁合金生产经营中如不重视安全生产,将会酿成毁灭性的灾难。例如1964年,我国某厂的镁炉发生爆炸,不仅整个生产线化为灰烬,而且当场烧死4人、烧伤多人,造成重大的人身和财产损失。又如2001年3月20日西班牙Dalphimetal公司(生产镁合金汽车配件)在清理收集镁屑时不慎产生火花,引燃镁屑,并导致火灾发生。火灾造成25 t镁锭、600 t镁成品、4台全自动压铸机生产线和厂房被彻底烧毁。2003年12月某压铸配套厂,由于打磨工段没有做好镁粉的清扫工作,抛光轮产生火花引起堆积在地面上的镁粉燃烧,并酿成火灾。2003年12月29日美国Garfield公司(镁回收厂储藏库)发生燃烧和爆炸。因此,对安全生产必须高度重视。

11.2 镁合金发生燃烧的化学反应机理

(1) 镁与水中的氧发生作用,产生氢气释放和产生放热反应,热量的积聚和释放出来的易燃氢气,引起燃烧和爆炸。

化学反应:

$$Mg + H_2O = MgO + H_2\uparrow$$

$$Mg + 2H_2O = Mg(OH)_2 + H_2\uparrow$$

(2) 镁与空气中的氧发生作用,产生剧烈的燃烧,释放出高热,发出耀眼的白光。

化学反应:$2Mg + O_2 = 2MgO$

(3) 在潮湿状态下,镁与三氧化二铁中的氧发生作用,产生剧烈的燃烧,释放出高热,发出耀眼的白光。

化学反应:$3Mg + Fe_2O_3 = 3MgO + 2Fe$

因此,传统观念认为镁合金具有危险性,是一种不安全的材料。

近年来,通过大量的生产实践,人们已经逐步走出传统的误区。其实理论上存在的危险性,在实践中并不能一概而论,事实上镁的块状固体相当安全,不会发生燃烧和爆炸。甚至将镁块直接对着火焰加热和燃烧,也不会引起镁的燃烧。即使镁块被引燃,只要将火焰撤离,镁块也会因为热量迅速散失,温度降至燃点以下,火焰会自动熄灭。

镁块具有热容量大、热量散失快、燃点高的特性。镁块的燃烧必须是先将固体镁块加热到650℃(熔点),固体镁块熔化后再对液体的镁继续加热到1100℃(沸点),这时才会有镁蒸气逸出,气体的镁才具有极强的燃烧和爆炸危害性。

但是镁的粉尘、碎屑、轻薄料的确也存在一定的燃烧、爆炸危害性。一般认为:当空气中镁粉尘浓度达到20 mg/L时就可能引起爆炸;直接对镁粉尘加热到340～560℃也可能引起镁粉尘的燃烧。

镁合金生产在压铸行业中发生的燃烧、爆炸事故也往往是由镁的粉尘、碎屑、轻薄料引起的。由于镁的粉尘、碎屑、轻薄料导热好,热积聚快,彼此间又不能充分散热,以及它们的表面积大,与氧接触充分(有利于镁与氧发生反应),一旦镁粉尘遇上火星、火花、火焰就会导致迅猛的燃烧和爆炸。因此能否保证镁合金的生产安全,其关键在于对镁的粉尘、碎屑、轻薄料能否进行有效管理和控制。

11.3 镁合金的安全生产条件与要求

11.3.1 对管理工作的要求

(1) 要正确树立安全责任为天、生命至高无上的"安全第一"观念,增强安全是企业效益的保障,安全是企业最大的效益的意识。

(2) 建立相应的组织机构(公司、部门、班组),本着谁主管、谁负责的原则,落实安全生产责任制。

(3) 企业的安全生产和管理最终表现为不折不扣地贯彻执行《安全生产法》,并结合企业自身安全生产特点,制定各种安全生产的制度和操作规范,并严格执行。

11.3.2 对安全生产条件的要求

(1) 生产场地要求空间高,自然通风好,场地宽敞,有充足的避险逃生通道。

(2) 建筑设施必须是预制混凝土或砖混结构的,门窗和室内设施应具有阻燃或防火功能。

(3) 建筑设施应该分为若干个相互独立、保持有相对安全距离的区域,便于与各个作业区相互配套。

(4) 生产现场及四周不允许存放易燃易爆物品,并应该设置明显的安全警示标志,安装有遇险报警装置。

(5) 作业区和管理区配置的消防器材必须采用镁合金专用的"D级灭火器",配置的其他消防器材只能是干沙、石棉布、镁砂、覆盖剂,其他消防器材不得用于镁合金火灾救险。

(6) 消防器材的配置地点应该标志明显,取用方便,并实行专人维护和保养,不得挪作他用。

(7) 作业区必须实行严格的禁火、禁水管制,并防止火星、火花的产生。

(8) 电源线路、电器设备的安装必须符合国家安全规范的规定,并安装有合适的过电流断电装置。

(9) 电线排列和接头必须符合规范要求,不得乱接乱搭,并有可靠的防雷、防静电措施。吸尘设备、排风扇、照明灯具必须是防爆的。

11.3.3 对操作人员的要求

(1) 操作人员的个人防护是从事镁合金压铸的基本条件。镁合金压铸人员的基本保护用品有工作服、安全帽、防护面罩、隔热石棉手套、防火衣裤(耐热 700℃以上)、安全鞋。操作人员上岗前必须进行相应的安全培训,并考试合格方能上岗。

(2) 操作人员在进行作业以前,必须按规定正确穿戴劳动保护用品(穿劳保鞋,戴棉质口罩、平滑手套、平滑帽子,穿无口袋、无袖口的工作服),未穿戴防护用品的人员不能靠近作业区域,不能进行操作。

(3) 操作人员不准带病上岗和酒后上岗,作业区内严禁吸烟,并不得将火种、水及违禁物品带入。

(4) 生产现场必须保持清洁卫生,不得留下油污水渍,对镁屑、镁渣、飞边、轻薄料必须2 h清理一次,并装入专用中转容器内运走和进行无害化处理。

(5) 操作人员在镁合金熔炼炉前加料、打渣时,必须穿好工作服,戴上头盔,防止汗液滴入镁液中,引起爆炸和飞溅,导致灼伤皮肤。

11.3.4 人身与设备安全操作规范

镁合金熔炼铸造过程中的安全涉及个人防护、熔炼安全和铸造安全。

镁合金的熔炼是生产中的重要环节,也是镁合金生产安全的关键环节。一般应该注意以下几点:

(1) 炉体最好为双层结构设计,当内层坩埚破裂时,镁液可流到内外层之间的夹层中,同时报警并停止加热,使熔化的镁液不致流到外面造成危险。

(2) 要经常检查炉子有无锈蚀,如有锈蚀应及时清理,坩埚使用前必须经过煤油渗透及X射线检验,证明没有缺陷才能使用。

(3) 坩埚每半年至少要吊出炉外全面检查一次,或熔化××吨镁合金,当壁厚为原来一半时,停止使用。小的孔洞及锈蚀可以清理后补焊使用,不过一定要经过检查。

(4) 镁压铸时熔炉镁液面随加料周期少量升降,液面与坩埚壁面的交界上方受到高温镁液和 SF_6 保护气体的轮番浸蚀腐蚀,易发生腐蚀斑坑,应注意定期检查并及时清理补焊;操作中还要注意控制好 SF_6 的浓度,浓度过高会使坩埚迅速腐蚀。

(5) 镁锭在投入熔炉前，一定要预热到150℃以上。熔炉旁要备一有盖的装渣箱，从熔炉里面舀出来的料渣要放到容器内，并马上盖上密封。

(6) 熔化现场一般要始终保持有一瓶混合保护气，以备突然停电或发生其他突发事件时急用。

11.3.5　镁合金压铸生产过程的要求

(1) 镁合金压铸生产过程中，最重要的是保持现场的干燥、干净。

(2) 每次开机前应将模具预热到150℃以上，不要喷涂过多的涂料，以免型腔内积水，引起危险。另外冲头及模具的冷却尽量不要用水冷。冲头的冷却可用风冷，模具的加热及冷却一般用耐高温油。

(3) 镁合金压铸冲头速度也比铝合金压铸的高，为避免飞料伤人，有时在模具上分型面部位加装飞料挡板。压铸时前后安全门一定要关闭，操作者严禁站在分型面上。

(4) 生产现场的废料必须及时清理，应装在干燥的不燃容器内。飞料及粉尘也要及时清理。从各国镁压铸工厂以往所发生的起火事故来看，有50%以上是由镁粉尘、废料的清理和存放不当造成的，一部分发生在加工环节，而在熔炼环节发生的事故约占10%左右。

(5) 镁合金压铸车间除和普通压铸车间一样要求通风良好外，还对防火、防水有更严格的要求。车间建筑要使用不可燃材料，地板材料也要不吸水，耐热。屋顶抽风机不要设置在熔化炉的上方附近，以防漏雨。

(6) 压铸现场必须清洁，不允许有任何积水、油污存在，并要有良好的通风、排气条件。

(7) 镁合金锭要存放在阴凉、干燥、通风的库房中，熔炼现场不宜存放过多的镁锭。

(8) 镁合金的水口料、废料也应放在不燃的容器内单独存放。

(9) 压铸机主机及熔炉的电力、燃料、冷却水、气体等供给应有远端控制，以备意外发生时可以关掉。

(10) 如果打磨区设置在车间内，一般要配置湿式吸尘器。车间应划出紧急通道并保持畅通。

(11) 压铸车间配置灭火器材，用于镁合金的灭火剂有干沙、覆盖剂、D级灭火器，这些灭火器材应放置在醒目的地方，便于现场紧急使用，干沙及覆盖剂要存放在容器内防止潮湿，并要经常检查。

(12) 镁合金由于在燃烧时有耀眼的白光，以及有烟产生，看似可怕，其实镁合金的燃烧热只有汽油的一半。如果现场有少量的镁燃烧，可迅速铲起，放入集渣箱内并盖上，或者转移至空旷地带。如果镁液流散或无法铲起，则应迅速撒干沙或用覆盖剂覆盖，要均匀地撒在燃烧的镁上。当发现镁合金炉内有白烟时，可加大保护气体 SF_6 的流量，清理液面的氧化渣。如果仍不能制止，可投入几个预热过的镁锭，以迅速降低镁液温度。当发现镁液面燃烧时，要迅速关闭加热系统，同时加大保护气体 SF_6 的流量，并在镁液表面撒入覆盖剂。D级灭火器非在必要时尽量不用，因为其价格昂贵且加压的气体容易把火吹散。炉外的镁合金灭火大多采用干沙覆盖扑灭的方法。

(13) 镁压铸时熔炉坩埚的腐蚀锈蚀是难以完全避免的，当发生坩埚破裂泄漏时，处理方法如下：首先要迅速切断电源，穿戴防护用具，由泄液口的流量判断泄漏程度，做出不同的处理。如果泄液口没有镁液流出，可立即将覆盖剂大量丢入炉中及盛液皿中，然后用干燥的勺子从炉中舀出一些镁液，接着放入几个预热过的镁锭，使坩埚内的镁液尽快凝固；如果流出的镁液不多，则立即将覆盖剂大量丢入炉中及盛液皿中，在盛液皿尚未满之前，尽快用勺子将炉内的镁液舀出一部分，然后连续丢入大量覆盖剂及镁锭，同时盛液皿中也要放入大量覆盖剂。此后尽快离开现场，从远处观察动静。不过像这样的事故很少发生，关键是平时要按规定做好熔炉的定期检查及维护，以防患于未然。

镁合金压铸比锌、铝合金潜在的危险大些，但只要按照正确的操作规程作业，安全问题就不是影响镁合金压铸发展的关键。镁合金压铸生产中的安全要点是保持现场的干燥、干净，严格按照正确的操作规范作业并妥善处理压铸及后加工产生的粉尘、切屑、废料等。现场作业人员应有良好的安全作业训练，并切记不可用水及普通灭火器来扑灭镁合金起火。

11.3.6 镁合金压铸对设备的要求

由于镁合金的性质活泼，易燃易爆，镁合金压铸对设备的要求也较高，劣质的设备存在着潜在的危险。

压铸作业需将熔化的镁液以 70～100 m/s 的速度（浇口处）射入模腔成形。由于熔化的镁液易燃易爆，遇氧气剧烈燃烧，遇水爆炸，遇铁锈、有水分的混凝土、含硅的耐火材料等均会剧烈反应，且一旦发生火灾时难以扑灭，因此，对其压铸成套装备的性能、可靠性、安全性要求极高。劣质的设备极易造成灾害事故。综观国内外发生的一些重大安全事故，大都是设备问题造成的。

一般情况下，镁液初始的小面积的起火尚能采取一些措施扑救，一旦引起大火或蔓延、爆炸，则无法控制和扑救，将会造成巨大的人员、财产伤亡损失。

为了保证安全生产和长期生产使用及恶劣使用条件下的可靠性，对镁合金压铸设备的质量要求极高。一些不具备强大综合能力的厂家所生产的劣质设备，曾造成重大的灾害事故。列举如下：

(1) 劣质坩埚在 650℃以上（外层在 700℃以上）高温条件下长期生产，外层易迅速氧化，内层因镁液的腐蚀和 SF_6 保护气体的腐蚀也会迅速浸蚀深入，穿孔后熔化的镁液流出起火爆炸将造成重大灾害事故。用传统方法的覆盖剂保护更会加剧腐蚀进程。而优质设备的坩埚采用特殊研制的复合材料制成，内层耐腐蚀，外层耐热、耐高温氧化，可避免严重的穿孔事故。

(2)优质压铸设备的保护气体控制精确、稳定，气体成分、流量的稳定均有足够保障，并具有在突发停电、突发事故等情况下的特殊自动保护装置，安全性极高。而劣质设备的气体成分、流量控制不准确，极易因浓度、流量过低造成熔炉起火或因浓度、流量过高造成熔炉迅速腐蚀、镁液泄漏起火爆炸，并缺少特殊情况下的可靠自动保护措施。

(3) 优质设备采用特殊研制的耐火材料，不与镁液反应；而劣质设备往往采用普通耐火材料，当发生镁液泄漏时，因发生剧烈反应导致起火爆炸。

(4) 优质设备采用特殊研制的热轧钢材，能耐高温镁合金的腐蚀，并能在 650～700℃高温下保持良好的高温性能，如硬度、抗拉强度、屈服强度、韧性、抗蠕变性能和回火稳定性等。而劣质设备采用普通热轧钢材，不能耐高温镁合金液的腐蚀，并难以保持良好的高温性能，其变形、破裂或泄漏后，在高压（40～80 MPa）、高速（70～100 m/s）下极易造成高温镁合金液的飞溅伤人或爆炸起火事故。

(5) 优质设备对压射系统的控制精确、可靠，而劣质设备设计不成熟，采用的元件、材料质量低、不可靠，极易发生安全及压铸产品质量事故；优质设备采用优质液压件，工作极为可靠且不漏油。而劣质设备采用劣质液压元件，工作不可靠且漏油，泄漏的油污与脱模剂喷洒的水分混合形成油水积聚在机器周边，一旦与高温镁液接触极易发生爆炸。

在设备的综合性能、质量方面，两者更是有着显著的差异。坩埚材质不良、保护气体成分不稳定均会影响合金的成分和性能，造成压铸件的内在质量下降，例如冷、热裂倾向的迅速增大，综合力学性能下降，耐蚀性达不到要求等。压射系统的性能不稳定也会造成铸件内部组织疏松、压铸产品力学性能不稳定及其他各种压铸缺陷。

11.4 各生产工序的安全生产要求和防护措施

11.4.1 镁合金熔炼过程中的安全与防护

镁合金熔炼时的常规保护措施比其他熔融金属的要求更加严格，要求生产人员必须使用面罩和防水衣。对镁而言，水汽不论其来源如何，都会增大熔体发生爆炸和着火的危险，尤其是当水汽与镁熔体接触时，会产生潜在的爆炸源 H_2，因此必须采取以下最基本的防护措施：

(1) 所有镁碎屑必须是干净的，并保持干燥，腐蚀产物应该预先清理干净。

(2) 所有熔剂都必须密封保存，并保持干燥，含水量小于3%。

(3) 避免镁熔体与铁锈接触。

(4) 工作场地应经常保持干燥、整洁、通风良好和道路畅通。

(5) 熔炼场地应常备下列灭火剂：滑石粉、RJ-1和RJ-3熔剂、干石墨粉、氧化镁粉等。镁合金燃烧时，严禁用水、二氧化碳或泡沫灭火剂灭火，这些物质会催化镁的燃烧并引起爆炸。严禁用砂子灭火，因为火势相当大时，SiO_2 与Mg反应，放出大量的热并促使镁剧烈燃烧。

(6) 坩埚使用前必须严格检查以防穿孔，其底部应备有安全装置以防渗漏。

(7) 炉料和锭模必须预热，熔炼和浇注工具使用前应在洗涤溶剂中洗涤，并预热后方可使用。

(8) 炉料不得超过坩埚实际容量的90%。

(9) 由于使用钢坩埚生成的铁锈积存在炉底，若坩埚泄漏，使镁熔液与铁锈接触发生剧烈的炽热反应。为了使与铁锈的反应控制到最小限度，必须定期清除炉底铁锈和定期检查坩埚泄漏情况并及时处理。通常，坩埚的维护应注意：

1) 坩埚的检查。用水冲洗坩埚，去除挂着的铁锈，目检龟裂孔、坑等。这些缺陷处通常是漏液的地方，使用中应经常检查。作为定期检查项目，需测定坩埚厚度，用卡钳、超声波测厚仪进行全面的测定。如果有比规定厚度薄的地方，整个坩埚就要报废。

2) 熔液从坩埚漏出的情况。熔液从坩埚漏出时会产生剧烈的白烟，若大量漏出，接近火焰是很危险的。因此一旦发现白烟，应立刻将坩埚吊出炉外，放到安全地方或放入有熔剂的事故箱里，使熔液凝固不再漏出。在有火焰的情况下，因有爆炸危险，应立刻停止供给燃料，采用铁板围挡等紧急措施，操作人员应迅速撤离。

11.4.2　压铸工序的安全要求

(1) 打开镁合金熔炉前应检查各项电器、仪表是否工作正常，气管是否连接完好，防止 N_2 和 SF_6 的泄漏。

(2) 加料前应检查各开口是否密闭，料嘴、料筒是否配合恰当。加料后要迅速盖上加料口，防止空气过多进入熔炉而引起氧化燃烧。

(3) 熔化镁合金必须有气体保护，不得将有杂质的镁锭、镁粉、镁渣加入。进入熔炉前的镁锭和清渣工具必须干燥、无油，至少预热到150℃。

11.4.3　镁合金热处理安全技术

不正确的热处理操作不但会损坏镁合金铸件，而且可能引起火灾，因此必须十分重视热处理时的安全技术。

(1) 加热前要准确地校正仪表，检查电气设备。

(2) 装炉前必须把镁合金工件表面的毛刺、碎屑、油污或其他污染物及水汽等清理干净，并保证工件和炉膛内部的干净、干燥。

(3) 镁合金工件不宜带有尖锐棱角，而且绝对禁止在硝盐浴中加热，以免发生爆炸。

(4) 生产车间必须配备防火器具。炉膛内只允许装入同种合金的铸件，并且必须严格遵守该合金的热处理工艺规范。

(5) 由于设备故障、控制仪表失灵或操作错误导致炉内工件燃烧时，应当立即切断电源，关闭风扇并停止保护气体的供应。如果热处理炉的热量输入没有增加，但炉温迅速上升，从炉中冒出白烟，则说明炉内的镁合金工件已发生剧烈燃烧。

(6) 绝对禁止用水灭火。镁合金发生燃烧后应该立刻切断所有电源、燃料和保护气体的输送，使得密封的炉膛内因缺氧而扑灭小火焰。如果火焰继续燃烧，那么根据火焰特点可以采取以下几种灭火方法。

1) 如果火势不大，而且燃烧的工件容易安全地从炉中移出，则应该将工件转移到钢制容器中，并且覆盖上专用的镁合金灭火剂。如果燃烧的工件既不容易接近又不能安全转移，则可用泵把灭火剂喷洒到炉中，覆盖在燃烧的工件上面。

2）如果以上几种方法都不能安全地灭火，则可以使用瓶装的 BF_3 或 BCl_3 气体。BF_3 气体通过炉门或炉壁中的聚四氟乙烯软管将高压的 BF_3 气体从气瓶通入炉内，最低含量为0.04%（体积分数）。持续通入 BF_3，直到火被扑灭而且炉温降至370℃以下再打开炉门。BCl_3 气体也通过炉门或炉壁中的管道导入炉内，含量约为0.4%（体积分数）。为了保证足够的气体供应，最好给气瓶加热。BCl_3 可与燃烧的镁反应生成浓雾，包围在工件周围，达到灭火的目的。持续通入 BCl_3，直到火被扑灭而且炉温降至370℃为止。在完全密封的炉子内，可以使用炉内风扇，使得 BF_3 或 BCl_3 气体在工件周围充分循环。

BCl_3 是首选的镁合金灭火剂，但是 BCl_3 的蒸气具有刺激性，与盐酸烟雾一样，对人体健康有害。BF_3 在较低浓度下就能发挥作用，同时不需要给气瓶加热就能保证 BF_3 气体的充足供应，而且其反应产物的危害性比 BCl_3 的小。

如果镁合金已燃烧了较长时间，并且炉底上已有很多液态金属，则上述两种气体也不能完全扑灭火焰，但仍有抑制和减慢燃烧的作用，可与其他灭火剂配合使用，以达到灭火的目的。可供选择的灭火剂还有：干燥的铸铁屑、石墨粉、重碳氢化合物和熔炼镁合金用熔剂（有时）等。这些物质可以隔绝氧，从而闷熄火焰，扑灭火灾。

扑灭镁合金火灾时，除了要配备常规的人身安全保护设施外，还应该配戴有色眼镜，以免镁合金燃烧时发出的强烈白光伤害眼睛。

镁合金热处理时应特别注意以下几点：

(1) 温度控制要严格。

(2) 处理温度在350℃以上时，必须用1%以上的 SO_2 气体保护。

(3) 制品表面不可附着铝或锌。因这些污物会使局部发生熔化，成为着火的原因。

(4) 若着火时，可加助熔剂，尽可能移出炉外放到安全场所。在无法移开的危急情况下，通入 BF_3 0.04%气体可灭火。

11.4.4 镁合金材料机械加工时的危险及对策

镁呈细微粉状，在熔点以下是不会燃烧的。但切削粉或粉尘经局部受热而着火的危险性很大。

切屑着火是由于刀具与材料的摩擦热过大，使得细粉尘的温度达到着火点以上而造成的。

对镁合金进行机加工时，必须考虑切屑着火的问题。切屑被加热到接近熔点以后会引燃。粗加工或中等精加工所产生的切屑大，机加工时不易引燃，然而火花可以引燃精加工产生的切屑，因此在镁合金机加工时，要注意以下因素：

(1) 保持刀具锋利，前、后角大小合适，避免使用钝、卷边或有缺口的刀具；

(2) 采用大进刀量的强力切削以形成厚切屑，避免小进刀量；

(3) 当进刀量小时，采用矿物油冷却以减少热量产生；

(4) 切削结束时应立刻退刀，否则工件继续转动形成细小的切屑易着火；

(5) 尽量不使用切削液，特别是不使用水溶性切削液；

(6) 在产生细切屑的高速切削场合，可吹压缩空气或二氧化碳气；

(7) 加工机械附近的机床应保持干燥；

(8) 经常打扫切屑，并将其储藏在带盖的钢桶中；

(9) 机械加工前应清除铸件粘附的砂或其他硬物；

(10) 避免刀具撞击钢铁镶嵌件而引起火花；

(11) 烟、火不允许靠近加工区；

(12) 不允许在机床或工作服上积累切屑，灰尘和切屑应经常清除，并保存在贴有标签的有盖阻燃容器中；

(13) 在操作者能到达的地方，保证有充足的灭火设施。

切屑被引燃后，除非受到拨动，否则燃烧不起火苗。一旦切屑发生燃烧，严禁用水、泡沫、二氧化碳扑救，应当避免粉尘飞扬，用石棉布轻轻覆盖，并用铝锹把干镁砂压在石棉布上，使镁屑隔绝空气，闷灭火焰。

11.4.5 镁合金材料在研磨时的危险及对策

粉状物质同空气混合，其爆炸的可能性较大，镁也同样。为了防止爆炸，操作时应注意以下几点：

(1) 操作在干燥的状态下进行，必须用研磨液时，应使用不含酸的油使粉末立刻消除。

(2) 铬酸盐处理的表面不要研磨；化学处理的表面膜应去除。

(3) 在研磨镁的研磨机上，不要研磨铁制品等易发生火花的材料，应使用有色金属制品。应采用专用研磨机。

(4) 工作场地要保持清洁、干燥、通风。粉尘应集装在除钢以外的材料或镀锌钢板制的容器内，至少一周倒一次，粉尘和至少5倍的砂子混合埋入地下，也可烧掉，或放入氯化铁水溶液中生成稳定的氧化镁之后埋掉。

(5) 加工机床要平稳。

(6) 操作场地严禁烟火。

(7) 要用特殊的湿式集尘机。

11.4.6 打磨、抛光、烤漆工序的安全要求

(1) 应注意消除因撞击、静电和电源接头处产生的火花；生产现场不得穿有铁鞋钉的皮鞋，不得使用铁制工具(可以使用木制、铜制工具)和进行击打，严禁将火源、火种及水带入，吸尘、排风、照明设备必须是防爆的。

(2) 在作业岗位上，必须按规定正确穿戴劳动保护用品(戴棉质口罩、平滑手套、平滑帽子，穿无口袋、无袖口的工作服)，并做到勤更换。

(3) 设置的湿式吸尘器应安装在户外，让镁粉尘浸泡在水容器中(溶液中含3%的NaCl和5%的$FeCl_2$)。并留有排气孔，以有利于氢气的逸出。

(4) 油漆和稀释剂是含苯有毒的易燃品，应避免过多的皮肤接触和吸入，并注意防火。场地勤打扫，2小时清洁一次，保持环境清洁卫生，防止镁粉、镁屑积聚。

(5) 烤漆工序必须做到无尘化施工，涂层宜使用耐高温、耐腐蚀的氟碳树脂漆类。

11.4.7 物资的安全存储管理要求

(1) 镁产品和镁材料仓库适宜小型化、分隔化、分散化，镁锭堆垛高不能超过5.5 m，防止因过量存储引起镁合金火灾而造成重大损失。

(2) 镁的废料应实行专库存储，堆垛一般不超过1.4 m^3，并适宜储存于加盖阻燃的容器内。

(3) 氧化剂、还原剂及易燃物质不能与镁产品、镁材料混存混放。并留足通道(大于堆垛高度的50%)。

(4) 严禁火源、火种及水带入仓库，防止镁产品、镁材料被雨淋、水浸、受潮，并保持通风散热。

11.5 消防安全措施

镁合金安全生产的中心任务是：防止镁尘、镁粉、镁屑及镁的轻薄料发生燃烧和爆炸。

消防安全及相关内容如下：

(1) 消防安全措施的内容。安全第一，排除安全隐患；防消结合，有效地扑灭初期火灾。三懂四会：懂得如何报警；懂得镁及镁合金的消防知识以及镁合金燃烧、爆炸的危害性；懂得如何查找安全隐患；会设置和维护消防器材；会报警；会正确使用消防器材；会扑灭初期火灾。

(2) 镁火灾防护的“三用”、“三防”和“四危害”。“三用”，即会用“D灭”(D级灭火器)、干沙、覆盖剂；“三防”，即防火、防水、防高温；“四危害”，即强光、高热、迅猛燃烧、遇水爆炸。

(3) 镁火灾防护八项措施：1) 尽早使用D级灭火器、干沙、覆盖剂来扑灭初期火灾；2) 报警；3) 断电；4) 降温；5) 禁水；6) 隔绝空气；7) 遇险逃生；8) 防止火源扩大。

安全管理的相关内容如下：

(1) 管理的模式。安全生产管理的职能结

构为安全生产委员会,并实行公司、部门、班组三级管理模式。

(2) 安全管理的核心内容。安全生产实行“谁主管,谁负责”的原则。

(3) 安全生产检查制度。安全生产委员会每月月末实施安全生产检查和考核。

日常管理实行安全督察员巡查制度,并代表安全生产委员会深入基层巡视实施“一日四查”工作:查安全生产制度和安全生产作业规范的制定与落实;查有无违章操作的现象;查是否存在不安全的隐患;查不安全的隐患及是否得到及时、有效的整改,从而确保安全生产方针的贯彻实施。

参考文献

1 冶金部安全教育中心．爆炸．陈汉量译．北京：冶金安全技术研究所(内部资料),1986

2 金德福．煤气熔炼反射炉爆炸实例．轻金属,1999(4)

3 中国有色金属工业总公司．中国有色金属工业企业管理全书．北京:经济科学出版社,1988

4 全国热处理标准化技术委员会．国家标准应用指南:金属热处理生产过程安全卫生要求(第二版).机械工业标准化技术服务部(内部资料),1998

5 周国泰．危险化学品安全技术全书．北京:化学工业出版社,1997

6 肖亚庆,谢水生,刘静安.铝加工技术实用手册,北京:冶金工业出版社,2005

7 刘静安,谢水生.铝合金材料的应用与技术开发.北京:冶金工业出版社,2004

8 谢水生,刘静安,黄国杰.铝加工生产技术500问.北京:化学工业出版社,2006

9 徐日瑶.金属镁生产工艺学.长沙:中南大学出版社,2003

10 《轻合金材料加工手册》编写组编.轻金属材料加工手册(上、下册).北京:冶金工业出版社,1979

11 《中国航空材料手册》编委会编.中国航空材料手册(第3卷),铝合金、镁合金.北京:中国标准出版社,2002

12 美国金属学会.金属手册(第九版),第十四卷,成型和锻造.北京:机械工业出版社,1994

13 美国金属学会.金属手册(第九版),第二卷,性能与选择:有色金属及纯金属.范玉殿等译,北京:机械工业出版社,1994

14 工程材料实用手册编辑委员会.工程材料实用手册(3)铝合金 镁合金 钛合金.北京:中国标准出版社,1989

附录

国内外镁及镁合金现行标准目录

Standards for Magnesium and Magnesium Alloys form Different Countries

1 基础标准目录

GB/T 5153—2003	变形镁及镁合金牌号和化学成分
GB/T 8005—1987	铝及铝合金术语
GB/T 8170—1987	数值修约规则
GB/T 16475—1997	变形铝及铝合金状态代号
GB/T XXXXX—2006	镁及镁合金废料分类分级(送审稿)
ISO 7773—1983	镁合金——圆棒和圆管——尺寸偏差
ISO 23079—2005	镁及镁合金——废料——要求、分类和验收规则
EN 1754—1997	镁及镁合金——阳极、铸锭和铸件——牌号体系
ASTM B 296—2003	镁合金铸件及变形产品状态代号
ASTM B 660—2002	铝/镁产品包装规范
ASTM B 661—2003	镁合金热处理规范
ASTM B 666/B 666M—2001	铝镁产品标志规范
ASTM B 881—1998a(2004)	铝合金和镁合金产品术语
JIS H 2120—2002	镁及镁合金废料分类

2 产品标准目录

2.1 镁锭

GB/T 3499—2003	原生镁锭
ISO 8287—2000	镁及镁合金——纯镁——化学成分
EN 12421—1998	镁及镁合金——纯镁
ASTM B 92M—2001	重熔用纯镁锭和纯镁条
JIS H 2150—1998	镁锭

2.2 镁合金铸锭和铸件

GB/T 1177—1991	铸造镁合金
GB/T 13820—1992	镁合金铸件
GB/T 19078—2003	铸造镁合金锭
JB/T 3070—1982	压铸镁合金
ISO 16220—2005	镁及镁合金——镁合金铸锭和铸件
EN 1753—1997	镁及镁合金——镁合金铸锭和铸件
ASTM B 80—2001	镁合金砂模铸件
ASTM B 93M—2004	砂型铸件、熔模铸件、压模铸件用镁合金锭

ASTM B 94—2005	镁合金压模铸件
ASTM B 199—1999(2005)	镁合金永久模铸件
ASTM B 40—2002	镁合金熔模铸件
JIS H 2220—2000	铸造镁合金锭
JIS H 2222—2000	压铸用镁合金锭
JIS H 5203—2000	镁合金铸件
JIS H 5303—2000	镁合金模铸件

2.3 镁及镁合金加工产品

GB 5149.1—2004	镁粉 第1部分 铣削镁粉
GB/T 5150—2004	铝镁合金粉
GB/T 5154—2003	镁及镁合金板带材
GB/T 5155—2003	镁及镁合金热挤压棒材
GB/T 17731—2004	镁及镁合金热挤压型材
YS/T 495—2005	镁合金牺牲阳极
ISO 3116—2001	镁合金热挤压管材
EN 12438—1998	镁及镁合金——变形镁合金产品
ASTM B 90M—1998	镁及镁合金——铸造阳极用镁合金
ASTM B 91—1997	镁合金薄板和厚板
ASTM B 107M—2000	镁合金锻件
ASTM B 843—1993(2003)	阴极保护用镁合金阳极
JIS H 6125—1995	阴极保护用镁牺牲阳极
JIS H 4201—2005	镁合金薄板和厚板
JIS H 4202—2005	镁合金无缝管
JIS H 4203—2005	镁合金棒
JIS H 4204—2005	镁合金挤压型材

3 镁及镁合金分析检测方法标准目录

GB/T 4296—2004	镁合金加工制品的显微组织检验方法
GB/T 4297—2004	镁合金加工制品的低倍组织检验方法
GB/T 13748.1～13748.19—2005	镁及镁合金化学分析方法
ASTM B 480—1988(2001)	镁及镁合金电镀预处理规范
JIS H 8651—1998	镁及镁合金防腐蚀处理工艺

4 其他辅助材料标准目录

GB/T 1196—2002	重熔用铝锭
GB/T 2272—1987	硅铁
GB/T 2881—1991	工业硅技术条件
GB/T 4137—2004	稀土硅铁铁合金
GB/T 4138—2004	稀土镁硅铁合金
YB/T 5208—2004	菱镁石
YB/T 5217—1997	萤石

YB/T 5278—1999	白云石
YB/T 5279—1999	石灰石

5 环保安全标准目录

GB/T 17269—2003	铝镁粉加工粉尘防爆安全规程
GB 3095—1996	环境空气质量标准
GB 16297—1996	大气污染物综合排放标准
GB 9078—1996	工业炉窑大气污染物排放标准
GB 16487.7—1996	进口废物环境保护控制标准—废有色金属
GB 5085—1985	有色金属工业固体废弃物污染控制标准

实验技术

灶福 李胜祇 主编

业出版社
v.cnmip.com.cn